U0178646

恒星的形成
The Formation of Stars

〔美〕斯蒂芬·斯塔勒 (Steven W. Stahler)

〔意〕弗朗切斯科·帕拉 (Francesco Palla)　著

钱　磊　译

科学出版社

北京

图字：01-2022-0125 号

内 容 简 介

本书讲述了恒星形成理论的基本思想和一些基本观测事实. 主要讲述的是银河系内的恒星形成的观测现象、物理过程及理论模型. 内容包括小质量恒星形成、大质量恒星形成, 以及其他地方很少会讲到的中等质量恒星形成. 这是一本关于恒星形成的比较全面的教科书, 虽然年代有一些久远, 但书中的内容多数并未过时, 是为数不多(如果不是唯一的话)可用的恒星形成教科书.

本书适合天体物理专业研究生或相关研究方向的天文工作者阅读.

图书在版编目(CIP)数据

恒星的形成/(美) 斯蒂芬·斯塔勒 (Steven W. Stahler), (意) 弗朗切斯科·帕拉 (Francesco Palla) 著; 钱磊译. —北京：科学出版社, 2023.3

书名原文: The Formation of Stars

ISBN 978-7-03-074273-5

Ⅰ. ①恒… Ⅱ. ①斯… ②弗… ③钱… Ⅲ. ①恒星-研究 Ⅳ. ①P152

中国版本图书馆 CIP 数据核字（2022）第 241123 号

责任编辑：王丽平 田轶静／责任校对：彭珍珍
责任印制：吴兆东／封面设计：无极书装

科学出版社 出版
北京东黄城根北街 16 号
邮政编码：100717
http://www.sciencep.com

北京九州迅驰传媒文化有限公司印刷
科学出版社发行 各地新华书店经销
*
2023 年 3 月第 一 版 开本：720 × 1000 1/16
2025 年 1 月第三次印刷 印张：53 3/4 插页：4
字数：1080 000
定价：**288.00 元**
(如有印装质量问题，我社负责调换)

译 者 序

本书的翻译从译者开始学习恒星形成以来断断续续持续了十余年. 本书英文版出版于 2005 年, 是恒星形成领域为数不多的全面覆盖各个相关主题的教科书. 恒星形成是一个发展非常迅速的领域, 尤其是近年来 ALMA (Atacama Large Millimeter/submillimeter Array, 阿塔卡马大型毫米波/亚毫米波阵列) 的观测研究取得了很多进展. 这使得书中的一些观测事实显得有些过时. 之所以没能更早地将本书翻译出来是由于一个曲折的故事. 早年开始翻译的时候, 有传闻这本书英文版马上就要出第二版. 于是译者将已经翻译了三章的书稿放下, 开始等待第二版的出版. 2019 年从科学出版社得知, 外方出版社已经无限期推迟了本书第二版的出版, 很大可能不会再有第二版 (可能是因为第二作者 Francesco Palla 在 2016 年意外去世). 于是又将书稿捡起来重新翻译.

正如本书作者在书中所说, 虽然很多基本事实随着时间的推移可能会变得不准确, 但基本思想没有太大变化. 本书是一本讲述关于恒星形成的思想的书, 适合作为学习恒星形成的入门书, 也可以为研究者提供参考. 译者才疏学浅, 读者如果发现不妥之处, 请邮件联系或访问译者博客 (http://blog.sciencenet.cn/blog-117333-1270984.html) 留言. 本书的封面图片 (我国科学家使用 FAST 第一次测量了云核中的磁场强度, 更新了我们对恒星形成过程中磁场演化的认识) 由庆道冲、李荫和王培免费授权使用, 封底图片 (M42 和 M43: 猎户座分子云中的很小一部分, 位于猎户座中下部. 恒星照亮了周围的星际介质, 使之非常明亮) 由潘之辰免费授权使用, 特此感谢!

译者是中国科学院大学教师. 本书的出版得到了中国科学院西部青年学者计划和中国科学院青年创新促进会资助 (会员编号: 2018075, Y2022027).

钱 磊

2022 年 2 月

电子邮箱: lqian@nao.cas.cn

前　言

　　长期以来都有关于恒星生命早期的理论推测, 这个课题在 20 世纪中叶首次变为一个经验性课题. 从 20 世纪 40 年代开始, 人们证认出了暗云中的金牛座 T 型 (T Tauri) 天体, 随后进行了相当仔细的研究. 这种兴趣源于人们逐渐意识到这些奇怪的变星代表了类太阳恒星的原始阶段. 另外变得明显的是, 这些观测到的天体一定是从暗云中凝聚出来的, 现在仍然能在暗云中发现它们. 到 20 世纪 50 年代中期, 理论家开始为主序前演化阶段构建数值模型. 接下来的十年, 对云坍缩基本物理的理解取得了进展.

　　发现的脚步在 20 世纪 70 年代加速, 这主要是新设备导致的. 红外天文学的问世让观测者能看到厚厚尘埃遮挡的更年轻的天体. 毫米波天线、X 射线望远镜以及光学和近红外波段灵敏的阵列探测器都对观测产生了重大影响. 与此同时, 理论研究仍保持前进步伐, 对从云环境下的化学反应网络到最年轻恒星内部的每个课题进行了研究. 到 20 世纪 80 年代, 恒星形成变成了天文学研究中蓬勃发展的领域之一.

　　这项研究活动还没有减弱的迹象. 实际上, 其他领域的平行发展强调了恒星形成问题的核心重要性. 自 20 世纪 90 年代以来, 观测者已经探测到了大量围绕近邻恒星的巨行星. 这些系统具有广泛的性质, 需要对行星形成过程进行更一般的理解. 这些天体产生于富含尘埃的拱星盘 (circumstellar disk) 中, 这些盘在分子云坍缩过程中出现. 所以, 对行星形成的完整解释不能忽视中心恒星的早期演化.

　　同样相关的是当前宇宙学中的进展. 过去几十年的数值模拟追踪了遍布于膨胀宇宙中的暗物质团块中气体的凝聚. 这些气体最终转化为恒星. 我们甚至可以在观测上追踪近邻和远古的遥远星系中的这种转换. 星系中的恒星形成模式是一个基本特征, 与其观测结构相关, 并且从某种意义上决定了其观测结构. 一个传统上被看作局域现象的现象现在被看作一个真正的全局现象了.

　　在当前的兴趣和进展中, 明显需要总结一下我们的认识水平以及紧迫的、尚未解决的问题. 一批优秀的教科书已经覆盖了诞生恒星的星际介质的物理、化学. 恒星结构和演化理论同样得到了很好的呈现. 行星科学和星系形成成为标准课程的一部分已经有很长一段时间了. 然而, 仍然缺乏对触及所有这些课题的领域——恒星形成本身的综合处理.

任何试图包含一个迅速发展领域的工作必须面对时效性这个问题. 任何我们阐述的"事实"是否会非常快速地过时? 答案是, 这在很大程度上取决于所传递信息的类型. 自我们开始这一合作的十年中, 确实出现了很多令人兴奋的发现. 然而, 这些理解的核心内容基本保持原封不动. 这件事可以简单而清楚地理解为图片和数字确实会快速变化, 但思想不会.

所以, 这主要是一本关于恒星形成思想的书. 发展和展示这些思想通常需要详细解释. 这种必要性加上这个领域纯粹的气息, 形成了一本比我们原先所预期的厚得多的书. 我们请读者保持耐心, 花费时间和精力去经历这个旅程是值得的.

在这个项目一开始我们就碰到两个主要障碍. 第一个是收集大量不同课题的研究成果. 在收集的同时, 我们也在评估. 我们假定在领域内"众所周知"的事实通常经过审查最终被证明要么是错误的, 要么需要显著修改. 还需要注意的是, 我们无法用经过时间考验的那些构建方法来收集信息, 或者借鉴恒星形成课程的讲义. 我们强调, 在我们自己的和其他的研究所非常缺乏这样的课程, 这就是我们写这本书最初的动机.

我们面对的第二个相关困难是以符合逻辑的方式组织这些材料. 在此, 我们的解决方案是将相似的章节归结为若干部分. 六个部分的顺序决定了整体的叙述流程. 我们以对恒星及其诞生环境的一般描述开始 (第一部分), 随后对星际介质云中的物理过程进行详细考察 (第二部分). 第三部分从云过渡到恒星. 我们描述了云可能的平衡位形, 以及这些结构如何通过坍缩而瓦解. 我们也研究了最小的坍缩实体中形成的原始恒星. 年轻恒星对其周围深刻的热效应和力学效应是第四部分的主题. 在第五部分中, 我们考察恒星从云气体中剥离出来后如何演化成熟. 最后, 第六部分的两章回到更大尺度的图像上. 第 19 章描述了本地星系和更远的星系中的恒星形成活动, 而第 20 章简要总结了我们在理解这个领域关键课题中的进展.

本书名义上处于物理和天文学科的研究生水平. 整本书包含了比一个学期所能消化的内容多得多的内容. 作为教师的指南, 我们在此列出我们认为最重要的章节. 也建议了每一部分投入的时间, 例如一门 15 周的课, 每周 3 个课时.

部分	周	章/节
I	2	1;2;3;4.1~4.3, 4.5
II	2	5.1~5.3;6.1, 6.2;7;8.1, 8.2
III	4	9.1, 9.4,9.5;10.1,10.2, 10.4;11.1~11.3, 11.5;12.1~12.3
IV	2	13.1,13.2;14.1,14.2;15.1,15.2, 15.5
V	4	16.1~16.4;17.1~17.3, 17.5;18.1,18.2, 18.4,18.5
VI	1	19.1~19.3;20

　　我们的书也可以供专业研究者参考. 可以发现我们不是简单地把每个课题当前流行的模型收集起来. 相反, 我们按照自己的理解选择了对恒星形成的广泛认识符合得最好的解释. 这个认识的一些方面毫无疑问将在未来一些年发生变化. 尽管如此, 我们认为, 对于任何试图掌握这个课题的人最好有一个统一、连贯的阐述. 任何希望更密切地跟踪背后争议的人或者对任何课题有历史视角的人都应了解关键研究文章和评论文章, 其中很多列为了每章结尾的推荐阅读.

　　作为准备, 未来的读者应该有本科物理学的坚实基础. 我们不要求有类似的天文学基础. 很多基础天文学结果以及很多术语都在书中进行了介绍. 实际上, 恒星形成研究本身提供了对天体物理概念很好的介绍, 因为这个领域包含了众多课题. 在这种情况下, 学生应该对理论论证和观测结果感到舒服. 需要注意的是, 我们并没有回避那些没有合适模型的观测. 我们认为, 这些结果是最有趣的, 因为它们代表了可能产生根本性进展的领域.

　　多年来, 我们得到了很多人的慷慨帮助和建议, 在此感谢他们. 我们感谢 Amanda McCoy 不知疲倦地制作了数百张图. Kevin Bundy 阅读了整本书稿并对科学内容和叙述方式提出了宝贵意见. Eric Feigelson 在一门一学期的课程中使用了本书的初稿; 我们感谢 Eric 和他宾州大学学生的意见和修订. 其他审阅了部分章节的人包括 Gibor Basri、Peter Bodenheimer、Jan Brand、Charles Curry、Daniele Galli、Dave Hollenbach、Richard Larson、Gary Melnick、Karl Menten、Mario Pérez、Steve Shore 和 Hans Zinnecker. 我们也从与 Philippe André、Leo Blitz、Paola Caselli、Riccardo Cesaroni、Tom Dame、George Herbig、Ray Jayawardhana、Chung-Pei Ma、Thierry Montmerle、Antonella Natta、Sean Matt、Maria Sofia Randich、Leonardo Testi、Ed Thommes、Malcolm Walmsley 和 Andrew Youdin 的讨论中获益匪浅.

目 录

第二部分　分子云中的物理过程

第三部分　从云到恒星

第四部分　年轻恒星对环境的影响

第 13 章　喷流和分子外流 ······················· 419

第五部分　主序前恒星

第六部分　恒星组成的宇宙

彩图

图 形 列 表

表 格 列 表

第一部分
我们银河系中的恒星形成

第 1 章　概　　览

恒星形成的复杂过程一定在遥远的过去发生过无数次. 毕竟大爆炸没有造就一个充满恒星的宇宙, 而是造就了一个充满弥散气体的宇宙. 气体如何变成恒星是本书的主题. 任何希望研究这个问题的人都有这个事实的辅助: 恒星形成现在也正在发生, 并且是在距离近到这个转换过程可以在一些细节上进行研究的那些区域发生. 实际上, 这个领域中的大多数研究包括了我们大胆的、经常是被误导的尝试, 试图解释我们身边究竟在发生什么.

因此, 我们以数据开始. 第一部分的四章描述了银河系中恒星形成活动的各个方面. 我们讨论了星际空间中气体的性质、产生恒星的云的结构和年轻星群的形态. 这里的处理是相当宽泛的, 因为所有这些主题都将在后面重新讲述. 我们的第一个任务是向读者介绍有趣的主题——年轻恒星本身和它们诞生的环境. 我们以对两个相对较近的区域描述性的介绍开始, 然后再对恒星和它们的演化进行更定量化和更物理的描述.

1.1　恒星育婴院: 猎户座

猎户座的图像是北半球冬季星空熟悉的景象. 它是最容易辨认的星座之一, 包含了 70 颗最明亮恒星中的十分之一. 或许大家不太熟悉的是, 这个区域是一个异常活跃的恒星形成的地点. 多年来, 没有类似的区域得到过这样密集的天文学上的关注以及被用以这样多的观测工具进行研究. 我们向读者指出图 1.1 中的天图. 这里, 这个星座中一些较突出的成员被标注出来, 包括在猎人右肩的红超巨星参宿四 (Betelgeuse), 以及他左脚明亮的蓝色的参宿七 (Rigel). 组成猎人腰带的三颗星的南边是一个明亮的模糊的斑块. 这是猎户星云, 是被内埋于其中的猎户四边形星团 (Trapezium) 恒星的强烈辐射加热的一块气体云.

1.1.1　巨分子云

类似猎户座四边形星团中恒星的那些年轻恒星是从一块被称为猎户分子云的气体团中形成的. 这个天体的范围用图 1.1 中的阴影表示. 在它最长的方向, 这个云块在天空中覆盖了 15°, 或者 120 pc(在 450 pc 的距离处)[①]. 猎户座不过是银河系中发现的数千块巨分子云, 或称分子云复合体中的一个. 这里的气体主要是分

[①] 不熟悉天文学中常用单位 (例如秒差距 (pc)) 的读者可以阅读附录 A.

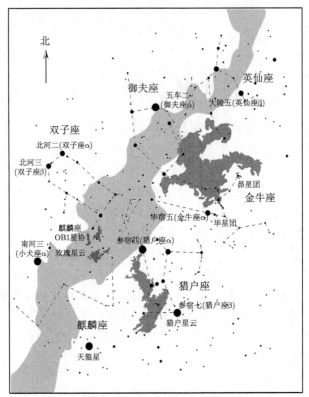

图 1.1　北天的一部分. 银河系以浅灰色表示, 较暗的斑块表示巨分子云. 图中也根据相对亮度
显示了更亮的恒星及主要的星座

子氢, H_2, 总质量为 $10^5 M_\odot$ 的量级, 这些结构是银河系中最大的连续实体, 并且几乎都在产生新的恒星.

"我们了解分子云" 这件事是射电天文学的胜利. 这些区域中的气体对于产生可见光波段的辐射来说太冷了, 但可以通过示踪分子 (如 CO) 的射电辐射探测到. 这里, 观测者经常依赖可以扫描天空的延展区域的单天线. 对于单个区域的更细致的研究, 人们可以利用这个事实: 连接在一起的一些天线等效地增大了探测器面积并且提高了角分辨率. 这样的干涉仪 已经成为强有力的研究工具, 特别是对于研究新形成的恒星周围的物质分布.

图 1.2 的左图是整个猎户分子云的高分辨率的 CO 成图. 在这种情况下, 观测是用一台相对较大的单天线望远镜完成的. 探测的谱线通常使用主要的同位素分子 $^{12}C^{16}O$ 的 2.6 mm 跃迁. 我们在图中区分两个主要的子区域, 标为猎户座 A(Orion A) 和猎户座 B (Orion B). 整个复合体的长条形状和它的高度团块化是这些结构的一般特征.

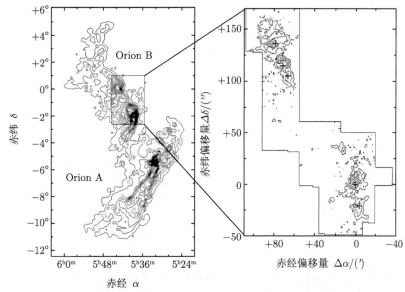

图 1.2　猎户座分子云的 $^{12}C^{16}O$ 2.6 mm 谱线成图. 这里和本书其他地方使用的坐标的解释见附录 A. 插图显示了 CS 3.1 mm 谱线观测的 Orion B 细节. 插图中的阴影标明了有 2.2 μm 强烈发射的区域. (0, 0) 点和反射星云 NGC 2024 的位置重合. 这个星云和其他星云用十字表示

除了气体, 分子云还包含小的固体颗粒, 星际尘埃颗粒的混合物. 这些粒子能够有效地吸收波长小于它们直径 (大约 0.1 μm) 的光并且将这能量重新辐射到红外波段. 尘埃有效遮挡来自背景恒星的光的那些区域传统上被称为暗云. 一般地, 这些区域代表了一个荧光云复合体中较高密度的子单元, 尽管它们也可以被单独发现. 注意：尘埃导致的消光依赖于它的柱密度, 即体密度沿视线方向的积分. 图 1.3 描绘了猎户座中主要的暗云, 通过追踪光学照片中的强遮挡来确定. 一些最突出的结构, 诸如 L1630 和 L1641, 是由它们在 Lynds 云星表中的标号标记的. 阴影区域, 包括有 NGC 序号的区域, 主要是反射星云, 即将来自附近的恒星的光学光散射到我们的方向的尘埃云.[①]

来自温暖的尘埃粒子的中红外和远红外辐射提供了另外一个研究猎户座区域的方法. 第一台专门用于红外测绘天空的仪器是 IRAS(红外天文卫星), 于 1983 年发射. 图 1.4 和前两个图有相同的角尺度, 以在 12 μm、60 μm 和 100 μm 拍摄的三幅单色 IRAS 图像的合成图像显示了猎户分子云. 这个光谱区域的辐射主要来自加热到大约 100 K 的尘埃. 在这样一个延展的区域保持这个适中的温度需要许多具有高内禀光度的恒星.

---

① NGC 的名称是历史性的, 指的是星云状天体 "新的一般星表", 可以追溯到 19 世纪.

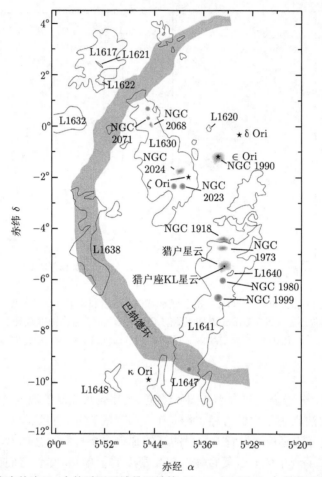

图 1.3　猎户座中的暗云. 大的弧形区域是巴纳德 (Barnard) 环, 一个有增强的光学发射的弥散区域. 有标注的暗块是反射星云. 主要的云也用它们的 Lynds 星表序号进行了标注

回到图 1.2 的 $^{12}C^{16}O$ 成图, 我们看到一些和反射星云相关的区域有封闭的嵌套轮廓, 表明局域射电强度的增强. 接收到的 $^{12}C^{16}O$ 强度和氢的柱密度相关, 因而这些增强表明存在内埋的团块. 2.6 mm 跃迁最容易被数密度接近 10^3 cm^{-3} 的气体激发, 并且这个跃迁在更高的数密度相对较弱. 不过, 有其他的示踪物可以探索较密的区域. 图 1.2 的插图是 CS 的 3.1 mm 线——在 10^4 cm^{-3} 附近被激发的跃迁——Orion B 的成图. 这里, 大多数团块的大小大约是 0.1 pc, 推测的质量接近 $20M_\odot$, 而那些最大的有十倍于此的质量. 这些宽广的分子云气体海洋中局域的峰被称为致密云核, 是真正恒星形成的地点.

在致密云核中诞生的恒星主要在光学波段辐射, 但是这些短波长的辐射不能穿透高柱密度的尘埃. 但是和之前一样, 尘埃可以被加热到发出可以逃出的波段

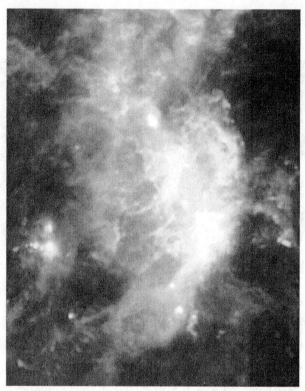

图 1.4 猎户座分子云的红外图像. 这是 12 μm、60 μm 和 100 μm 三幅单色图像的合成图

的辐射. 图 1.2 插图中的阴影部分显示了在 2.2 μm 探测到的区域. 事实上, 可以看到的是一些内埋星团, 包含几十到几百个成员的致密的恒星群. 每个星团和质量更大的分子气体云相伴, 并且星团的几乎所有成员仍然内埋在形成它们的致密云核中. 于是, 我们看到, 恒星形成于巨分子云中局域的大质量峰的地方, 并且主要是以星团的模式, 而不是以单星的模式形成.

1.1.2 猎户星云和 BN-KL 区域

位于 Orion B 南边的 Orion A 云包含一个类似的分子气体的团块分布. 在一个长的、高密度区域中存在著名的猎户星云, 也称为 NGC 1976 或者 M42, 后一个名称来自 18 世纪的梅西叶星表. 如图 1.5 的光学照片 (左图) 所示, 星云是一个湍动气体的延展结构, 被一个内埋星团照亮. 照片底部突出的是猎户棒 (Orion Bar), 它的辐射也来源于被星团中的星加热和电离的气体. 这个辐射波前是从侧面看的, 是很明显的, 因为正好在它之外就是冷的含有尘埃的区域. 和这个剧烈活动性相关的星团是 Ori Id OB 星协——巨分子云复合体中一些大质量星的星群中的一个. 在图的中心附近是猎户座四边形星团的四颗星, 它最突出的成员, O 型星 θ^1 Ori C, 有 $4 \times 10^5 L_\odot$ 的光度和 4×10^4 K 的表面温度.

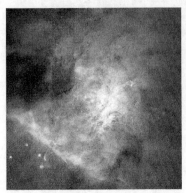 

光学   近红外

图 1.5   左图：猎户座星云的光学照片, 构成猎户座四边形星团的恒星位于中央. 右图：同一
天区的红外 (2.2 μm) 图像. BN-KL 区域位于右上

这么热的恒星主要将它们的能量在紫外波段辐射, 因而可以电离相当远距离之外的氢气. 猎户座星云——直径大约有 0.5 pc, 是这样一个 HⅡ 区最好的例子. 在电离的等离子体中, 气体温度和激发恒星的表面温度相当. 当电子和原子核复合时, 原子发出很多谱线, 包括从氢和更重的元素发出的可见光辐射. 这里, 这些谱线可以被探测到是因为星云位于 Orion A 云边缘附近, 如图 1.6 所示. 而 OB 星协产生的电离慢慢进入云时, 另一面的热物质向外流入和云相邻的更稀薄的气体中. 如这幅图中所示, 这个朝向地球的流动从氢复合线的多普勒蓝移来看是明显的. 电离气体以 3 km·s^{-1} 的速度靠近地球, 而猎户座四边形星团中的星以 11 km·s^{-1} 退行.

O 型和 B 型恒星尽管内禀明亮, 但是它们在分子云中的数量很少. 更为经常地, 气体凝聚成小质量恒星, 即大约 $1M_\odot$ 或者更小的恒星. 于是, Ori Id 星协对于恒星产生来说只是冰山一角, 如已经通过灵敏的光学和红外巡天弄清楚的. O 型和 B 型恒星位于恒星众多的猎户座四边形星团 (也称为猎户星云星团) 的中心. 图 1.5 的右图显示了这个区域中超过 500 颗恒星, 这是 2.2 μm 的图像. 这幅照片覆盖了大约 $4' \times 4'$ 的角范围, 或者说 0.6×0.6 pc. 其中心的恒星数密度超过 10^4 pc^{-3}, 猎户座四边形星团是银河系中最拥挤的恒星形成区之一.

近红外图像包含了右上角的一个明亮区域, 它是光学不可见的. 这个星团实际上位于猎户星云后方大约 0.2 pc, 在被称为 OMC-1 的分子云复合体的一部分内 (图 1.6). 这里有两个神秘而强的红外源, Becklin-Neugebauer (BN) 天体和 IRc2, 每个都发出 $10^3 L_\odot$ 到 $10^5 L_\odot$ 的光度. 二者都是更大、更弥散的 Kleinman-Low

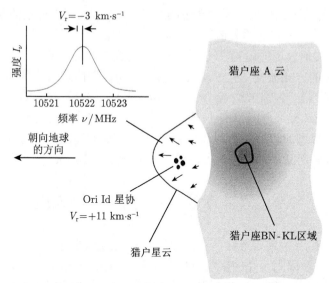

图 1.6 猎户座星云的膨胀 (示意图). 插图描绘了蓝移的 $n = 86 \rightarrow 85$ 的氢复合线, 其静止频率为 10522.04 MHz

(KL) 星云的一部分, 这个星云的直径大约有 0.1 pc. 图 1.7 的灰度图——代表 19 μm 的辐射——更详细地显示了这个区域. 作为这幅图尘埃成分的补充, 叠加的轮廓示踪了来自 NH_3 分子的 1.3 cm 辐射. NH_3 的射电谱线在尘埃辐射弱或者缺失的地方最强. 因为分子的辐射对环境温度敏感, 这种模式表明气体已经被加热到尘埃被破坏的程度.

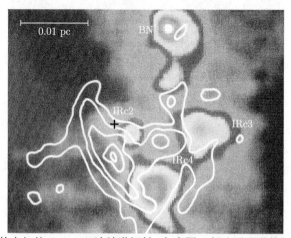

图 1.7 KL 星云的中红外 (19 μm) 连续谱辐射 (灰度图). 标出了明显的红外天体. 等值线表示 NH_3 的 1.3 cm 发射

BN-KL 区域正在产生一个大质量的分子外流, 即离开红外星的高速分子云气体流. 恒星形成区中普遍的外流现象首先是通过探测 $^{12}C^{16}O$ 线的多普勒移动发现的. 对很多其他分子的观测表明, 这种风对附近气体影响的结果是激波加热, 这以一种有特征的方式改变了化学丰度的模式. 同样在附近看到的是大量来自 H_2 的近红外辐射, 源于在激波波前中分子的碰撞激发. 最后, BN-KL 区域含有很多星际脉泽, 就是具有来自例如 H_2O 和 SiO 分子强列集束辐射的那些小区域. 测量到来自这些脉泽斑的辐射强度远远高于大约 100 K 的周围温度的辐射强度. 脉泽现象是这个异常活跃的区域中风致激波 (wind-induced shock) 的另一个表现.

1.2   恒星育婴院: 金牛座-御夫座

回到图 1.1, 我们现在继续从猎户座沿着猎人的腰带向西北走. 我们很快就碰到金牛座. 金牛座因为明亮的橙色恒星毕宿五 (Aldebaran) 以及毕星团 (Hyades), 标记了牛的脸的 V 形星群, 以及骑在它肩膀上的昴星团 (Pleiades) 而引人注意. 毕星团和昴星团都是持续为演化研究提供有价值信息的邻近的年轻星团. 然而, 我们更感兴趣的是北边一个更为年轻的区域, 它延伸到附近的御夫座. 这里, 和猎户座中一样, 分子云正活跃地产生为数众多的新恒星.

图 1.8   金牛座-御夫座中的暗云. 左下和中间偏右对应于图 1.9 中的 TMC-1 和 L1495

1.2.1 暗云

金牛座-御夫座中的云——由图 1.1 中的阴影区域表示——长期以来甚至在光学像上就已经被注意到了. 图 1.8 是 20 世纪早期巴纳德 (E. E. Barnard) 拍摄的

照片, 它覆盖了一个大约 50 平方度的区域. 从这里可以看到显著的暗条, 而其他地方是密集的星场. 关于他 1927 年银河系图册中的这幅照片, 巴纳德写道:

> 天上很少有区域像金牛座区域这么不同寻常. 确实, 这张照片是这个系列中最重要的, 它是星际空间中存在遮挡物质的最强证据.

更具有说服力的——实际上是决定性的——星际尘埃的证据来自这之后一些年, 特朗普勒 (J. Trumpler) 展示了遥远星团在逐渐变红.

伴随遮挡的尘埃的分子主要可以在 $^{12}C^{16}O$ 中看到, 如图 1.9 所示. 金牛座-御夫座区域覆盖了一个比猎户座分子云 (图 1.1) 更大的角面积, 但这只是因为它更近. 在 140 pc 的距离, 整个区域的线尺度大约是 30 pc. 和前面一样, 我们已经标注了主要暗云中的一些, 它们在 CO 辐射中表现为局域的峰; 巴纳德的光学图像中心位于 L1521 和 L1495. 致密云核 TMC-1 已经得到了仔细研究, 因为它富含星际分子. 图 1.9 也显示了著名的年轻金牛座 T(T Tauri), 我们不久会继续讲述它. 最后注意到, 北边的细长结构, 包括 L1459 和 L1434, 以及西边的包含 Barnard 5(B5) 和 NGC1333 的高亮度区域, 在物理上和金牛座-御夫座系统没有联系, 而是更远的, 大质量云的投影.

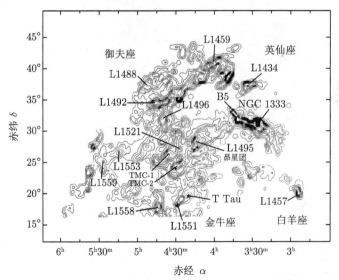

图 1.9　金牛座-御夫座的 $^{12}C^{16}O$ 2.6 mm 谱线图像. 图中标出了显著的暗云

从猎户座到金牛座-御夫座, 不仅恒星形成区的物理尺度减小, 恒星产生的模式也不同. 金牛座-御夫座中的气体不是巨分子云复合体的一部分; 分子氢的总质量是 $10^4 M_\odot$ 的量级. 形成大质量恒星的区域以及相伴的反射星云和 HⅡ 区也不是巨分子云复合体的一部分. 最后, 小质量恒星不像在猎户座四边形星团中或者甚至更稀疏一点的猎户座 B 中的星群那样密集成团.

　　现在让我们聚焦在这个区域的暗云上, 使用两种不同的示踪物. 图 1.10 的上图是金牛座-御夫座中心部分的图, 覆盖了 TMC-1, TMC-2 和图 1.9 中的暗云 L1495. 这幅图显示了来自 $^{13}C^{16}O$ 的辐射. 这种同位素分子是在与更常见的 $^{12}C^{16}O$ 相同的体密度下被激发的. 然而, 它有效地突出了有更大柱密度的区域, 这些区域倾向于吸收来自丰度更高的物质的辐射. 注意这些暗云有伸长的外观, 不像猎户座中的暗云 (图 1.3).

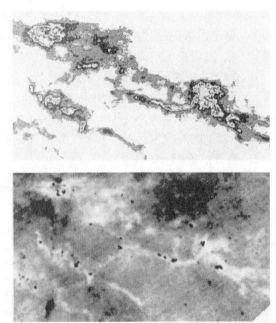

图 1.10　　上图: 金牛座-御夫座的 ^{13}CO 2.7 mm 谱线图像. 下图: IRAS 观测的同一天区. 这里, 亮的区域表示相对冷的尘埃的聚集

　　和前面一样, 来自温暖的尘埃颗粒的红外辐射是另外一种有用的分子气体的示踪物. 图 1.10 的下图是和上图相同区域的 IRAS 图像. 这里显示的是 100 μm 和 60 μm 流量的比值, 它突出了来自较冷的 (接近 30 K) 尘埃颗粒的贡献. 尘埃成分和 $^{13}C^{16}O$ 示踪的气体结构的分布之间明显符合得很好.

1.2.2　T 星协

　　暗云也是年轻恒星的诞生地, 如在图 1.11 中看到的, 这是射电 $^{12}C^{16}O$、红外、光学数据的组合. 对于恒星, 我们已经将在红外波段看到的深埋源和光学可见的小质量天体区分开了. 后者属于称为金牛座 T 型星的一类, 这是用图 1.9 中标注的原型天体命名的. 金牛座 T 型星只是主序前恒星的一种. 在类似猎户座的区域, 人们也发现了被称为赫比格 Ae/Be 星 (Herbig Ae/Be star) 的更大质量的主序前天体. 最后, 我们已经看到, 猎户座含有 (但金牛座-御夫座不含) 一些 O 型和 B 型恒星, 它们是主序天体. 注意一个给定的源是根据特定的观测判据被归类为金牛座 T 型星或者赫比格 Ae/Be 星的, 而主序前和主序指的是推定的恒星演化阶段.

从图 1.11 可以明显看到, 金牛座-御夫座的红外和光学可见的年轻恒星被限制于致密分子气体中. 猎户座也是如此, 但恒星的分布非常不同. 金牛座分子云含有一个 T 星协, 其中恒星更均匀地散开. 尽管某种程度的成团性是明显的, 但我们没有看到猎户座那样极端拥挤的情况. 回想一下, 例如在图 1.5 中显示的整个猎户座四边形星团的直径大约是 0.4 pc, 而图 1.10 中的每一个较稀疏星群延展超过了这个长度的大约十倍.

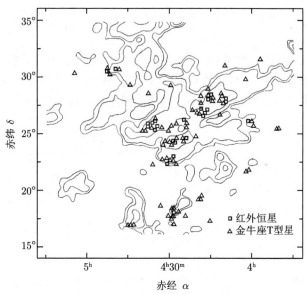

图 1.11 金牛座-御夫座中心区域的 $^{12}C^{16}O$ 图像以及红外恒星 (方块) 和光学可见恒星 (三角形) 的位置

金牛座-御夫座中的年轻恒星相对独立, 加上这个区域比较邻近, 所以可以比在猎户座中更细致地对单独的恒星形成进行研究. 特别地, 相比 CO 对较高密度更敏感的那些分子跃迁已经被高效地用于研究这个区域的致密云核. 图 1.12 是 TMC-1C 的射电成图, 这是 TMC-1 中的若干子结构中的一个. 这里的观测是对 NH_3 的 1.3 cm 线进行的, 这条线示踪了数密度接近 10^4 cm^{-3} 的气体. 在中心密度、线尺度和总质量方面, 金牛座-御夫座致密云核类似于大多数猎户座中由 CS 示踪的致密云核, 但是没有探测到非常大质量的碎块.

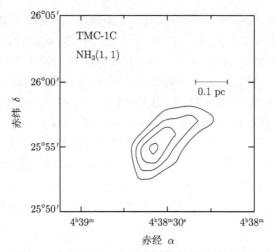

图 1.12   NH₃1.3 cm 谱线示踪的致密云核 TMC-1C

图 1.12 中所示的致密云核不含年轻恒星, 但是超过半数的在 NH₃ 中观测到的致密云核在它们的中心有红外点源. 这些内埋的天体代表了比可见的金牛座 T 型星更早的演化阶段. 有趣的是, 这些红外星中的大多数与分子外流相伴. 图 1.13

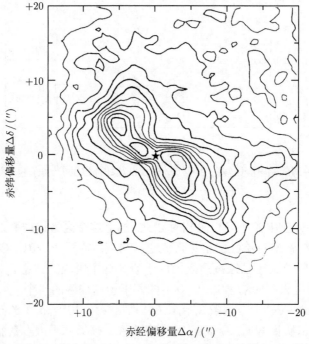

图 1.13   金牛座-御夫座天区分子云 L1551 的 ¹²C¹⁶O 图像. 星号表示红外源 IRS 5 的位置

是暗云 L1551 的 CO 成图, 这块暗云可以在图 1.9 中找到. 引人注目的双极瓣代表了从中心红外源被拖曳到很大距离的分子云气体, 在此情形, 中心红外源是被统称为 IRS5 的内埋双星. 这两颗星总光度低于 $30L_\odot$, 总质量小于 $2M_\odot$. 与此相对, 一颗大质量星或者一群恒星正在猎户座 BN-KL 区域产生外流. 发现于 1980 年的 L1551/IRS5 系统是第一个被探测到的小质量外流, 现在已经知道数百个这样的系统. 确实, 频繁发现的外流可能表明每颗恒星在它光学可见之前都产生了一个强大的喷流.

1.3   恒星及其演化

前面的例子充分展示了在今天的银河系中, 只要有合适的条件, 产生很多恒星是没有困难的. 当然, 我们的部分任务是阐明这些 "合适的条件" 是什么. 另外一个目标一定是分辨稀薄的云凝聚到恒星状态的一系列事件. 很明显, 两方面的努力应该得到恒星作为物理客体的基本知识以及为它们的研究所发展的概念性工具的支持.

1.3.1   基本性质

几乎所有关于恒星的信息都来自它发射的电磁辐射. 来自深层的光子从光球层向外流到空间中. 恒星的两个最基本的性质是它的光度, 即单位时间发射的总能量, 以及光球层的温度. 当我们的焦点在恒星的物理上时, 我们将把光度记为 L_*, 而符号 L_{bol} 留给讨论发出的辐射总量. 后一个符号强调, 我们对热的 (bolometric), 或者说总的光度感兴趣, 而不是一个特定波长范围[①]内的光度. 对于第二个变量, 传统上使用等效温度 T_{eff}, 即一个相同半径的等效黑体的温度 (见第 2 章).

如果这颗恒星的距离是已知的, 那么 L_{bol} 原则上可以通过测量足够宽的波长范围的流量获得. 另一方面, 温度 T_{eff} 必然总是通过理论建模得出的. 因此, 天文学家经常用两个相关的更容易测量的物理量表征恒星. 可以使用一个对数量 M_V, 恒星在 V(可见) 波段——一个中心在 5500 Å 的相对窄的波段——的绝对星等代替 L_{bol}. 假设 F_V 是在这个波段接收到的流量, 即单位波长、单位面积、单位时间内的能量. 对于更远的天体, 流量更小. 为测量本征亮度, 我们想象感兴趣的恒星位于某个固定的距离, 传统上取为 10 pc. 于是 M_V 定义为

$$M_V \equiv -2.5 \log F_V(10 \text{ pc}) + m_{V_0}, \tag{1.1}$$

[①] 当提到仅仅来自恒星的观测推定的光度, 并且排除任何多余的来自星际物质的贡献时, 我们应该使用符号 L_*. 对于缺少这种星际物质的成熟恒星来说, 物理量 L_* 在数值上等同于 L_{bol}, 但在较年轻的、内埋的天体中可能会不同.

其中 m_{V0} 是一个常数. 注意, 根据定义, 较暗的星在数值上有较大的星等. 这里使用的 V 波段是标准的约翰逊-摩根 (Johhson-Morgan) 滤波片序列中的一个, 这个序列也包括紫外 (U 在 3650 Å) 和蓝 (B 在 4400 Å) 波段. 如在附录 A 中详述的, 另外一个滤波片组, 标记为 $R, I, J, \cdots, Q$ 延伸到红外. 另外斯特龙根 (Strömgren) 四色系统也在使用. 这里滤波片序列 u, v, b 和 y 覆盖 3500~5500 Å 范围.

写为任意波长 λ 的形式, 方程 (1.1) 变为

$$M_\lambda \equiv -2.5 \log F_\lambda(10 \text{ pc}) + m_{\lambda_0}. \tag{1.2}$$

这个方程可以进一步推广到恒星不位于 10 pc, 而是位于任意距离 r 的情况. 所以新的方程定义了一个距离依赖的物理量, 称为表观星等:

$$m_\lambda \equiv -2.5 \log F_\lambda(r) + m_{\lambda_0}. \tag{1.3}$$

因为流量以 r^{-2} 衰减, 所以表观星等和绝对星等以

$$m_\lambda = M_\lambda + 5 \log \left(\frac{r}{10 \text{ pc}} \right) \tag{1.4}$$

相联系, 其中和 M_λ 相加的项是距离模数.

为了找到一个 T_{eff} 的替代量, 我们利用恒星的表面温度与其颜色相关这个事实. 后者可以通过 V 波段的流量和其他波段 (通常选 B 波段) 的流量的比定量描述. 等效地, 我们定义 $B - V$ 色指数为 $M_B - M_V$. 注意, 由方程 (1.4), 这个物理量也等于 $m_B - m_V$. 我们记内禀色指数为 $(B - V)_0$. 这里流量不是直接观测到的, 而是在到恒星的路径上没有尘埃的假设下计算得到的. 这些颗粒红化星光并且改变表观颜色 (见 2.3 节). 两个任意波长 λ_1 和 λ_2 的内禀的色指数写为 C_{12}^0. 根据习惯, λ_1 小于 λ_2.

色指数是基于测光观测, 即使用宽波段滤波片的观测, 对表面温度的度量. 另外一个有用的指标是光谱型. 天文学家通过观测光谱中尖锐的吸收线的相对强度估算这个量. 以降低的 T_{eff} 为顺序的光谱型序列标记为 O、B、A、F、G、K 和 M, 其中命名纯粹具有历史意义. 因此, 主导猎户星云的 O 型星的特征是来自高度电离的重元素, 诸如 C$_{\text{III}}$(即 C^{++}), O$_{\text{III}}$, 等等的吸收线. 另一方面, 金牛座-御夫座区域有丰富的 K 和 M 型星, 它们的光谱显示出强的诸如 CH 和 TiO 的分子带. 作为对这个系统的完善, 每个光谱型进一步分为十个子类, 标记为 0~9, 较大的数表示较低的温度. 太阳的 T_{eff} 为 5800 K, 是一颗 G2 型星. A0 型星用于标定色指数. 也就是说, 方程 (1.3) 中的常数 m_{λ_0} 取为使得对于这样的天体在所有波段的绝对星等为零.

1.3.2　主序

恒星天文学中最强大的概念性工具是赫罗 (HR) 图. 这是对于单独的一颗星或者一个星群的光度和表面温度 (或者它们的等价量) 所作的图. M_V 对 $(B-V)_0$ 的图也被称为颜色星等图, 而 L_*-$T_{\rm eff}$ 平面经常被称为理论赫罗图. 图 1.14 是相对较近的恒星的颜色星等图. 绝大多数, 包括太阳自身, 位于一条被称为主序的带中. 太阳的位置用 $M_V = +4.82$ 和 $(B-V)_0 = +0.65$ 处的大圆圈表示. 天文学家经常称主序星为矮星, 以和右上方稀疏的群, 巨星, 进行区分. 左下的一群, 白矮星也很明显.

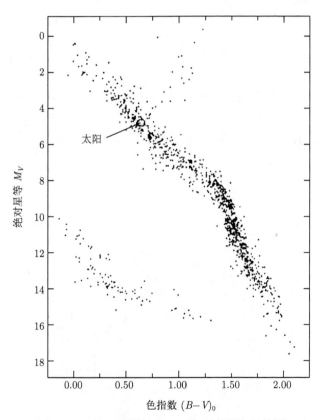

图 1.14　太阳附近的 1094 颗恒星的颜色星等图

图 1.15 显示了理论赫罗图上的主序. 在任意坐标系中都存在这个带, 这个事实反映了恒星结构的基本物理. 一颗恒星是一个自引力作用下的气体球, 由其内部的热压力抵抗坍缩. 在它的一生中, 恒星持续地从它的表面以速率 L_* 辐射能量. 在一个主序天体中, 这些能量是由中心的从氢到氦的聚变来补充的. 于是在这种情况下, 物理量 L_* 等于通过任意内部球壳的光度 (图 1.16). 因此主序星是处

于流体静力学平衡和热平衡的.

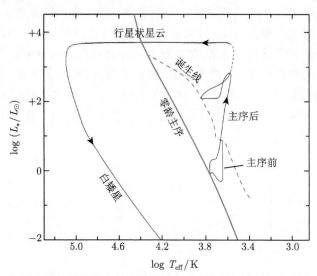

图 1.15 $1M_\odot$ 恒星在理论赫罗图上的演化轨迹. 粗实线代表零龄主序 (ZAMS), 虚线是诞
生线

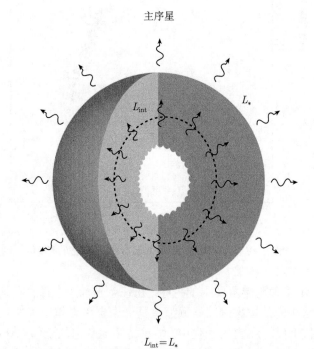

图 1.16   主序星中的能量输运. 内部光度 L_{int} 是在中心附近的核燃烧区产生的, 和表面值 L_*
相等

在一颗给定质量 M_* 和半径 R_* 的恒星中, 流体静力学平衡的条件要求内部的温度和密度必须满足某种关系, 这两个物理量向外减小. 穿过任意壳层的辐射能流依赖于局域温度梯度, 因此对于这个天体, L_{int} 也是指定的. 如果我们现在想象, 把这颗恒星压缩到较小的半径 R_*, 它内部的密度增加. 为抵抗更大的自引力, 温度也要增加. 作为对更大的温度梯度的回应, 穿过内部壳层的光度也将增大. 另外一方面, 恒星的核反应率 (反映了质子碰撞的频率和能量) 有自己的对中心密度和温度的依赖形式. 于是, 对于每一个 M_*, 我们不能真正按照意愿改变 R_*; 对于内部光度可以由中心核反应维持不变的情况, R_* 只有一个值. 恒星半径通过

$$L_* = 4\pi R_*^2 \sigma_B T_{eff}^4 \qquad (1.5)$$

与 L_* 和 T_{eff} 相联系, 其中 σ_B 是斯特藩-玻尔兹曼常量. 这个黑体关系 (我们在第 2 章得到) 实际上定义了 T_{eff}. 总结一下, 一颗固定质量的主序星有一个唯一的 L_* 和 T_{eff}. 赫罗图上的曲线就是让恒星质量范围自由变化获得的函数关系 $L_*(T_{eff})$.

1.3.3 早期阶段

对于一个不聚合氢的天体, L_* 和 T_{eff} 都随时间变化. 相应地, 它的代表点在赫罗图上移动. 大多数恒星被观测到位于主序上这个事实反映了氢燃烧阶段的漫长, 在此期间 L_* 和 T_{eff} 仅发生微小变化. 较年轻的天体更膨大一些, 中心温度太低, 不足以维持聚变反应. 然而, 这些主序前恒星相对较亮. 因为它们在可见光波长也可以探测到, 它们的性质得到了很好的研究.

在这个早期阶段是什么提供了恒星的光度? 答案是引力的压缩功, 它慢慢挤压这个天体达到更高的密度. 这个过程的局域能量损失率在中心为零, 向外单调增加. 于是, 如图 1.17 所示, 通过主序前恒星内任意质量壳层的 L_{int} 小于L_*. 现在表面辐射导致一个净的能量损失, 导致稳态的收缩以及 L_* 和 T_{eff} 的持续改变.

对于不同的恒星质量确定主序前恒星在赫罗图上的轨迹是恒星形成理论的一个重要方面. 图 1.15 预测后面的结果, 显示了一颗 $1M_\odot$ 恒星的演化轨迹. 这颗恒星首先在一条被称为诞生线的曲线上以一个光学可见的天体出现. 在随后收缩时, 这颗恒星开始以近似垂直的路径下降. 在这段时间里, L_* 很高, 能量不是通过辐射向外转移, 而是通过热对流, 即漂浮气体的机械运动. 在恒星的路径尖锐地向上和向左拐折的时候, 能量也部分地通过辐射转移. 在 3×10^7 yr 之后, 这颗恒星进入主序.

其他质量的恒星在赫罗图上以不同的速率通过类似的路径. 较小质量的天体倾向于具有较低的表面温度. 根据方程 (1.5), 它们的 L_* 对于一个给定的表面积也较小, 源自较慢的收缩. 为定量表述这个速率, 我们首先注意到恒星的热能和引力能之和是一个负的量, 绝对值大约是 GM_*^2/R_*. 这个天体在开尔文-亥姆赫兹时

主序前恒星

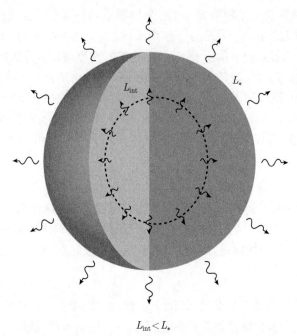

$L_{\mathrm{int}} < L_*$

图 1.17   主序前恒星中的能量输运. 在这个情形, 没有核燃烧区. 光度 L_{int} 从中心为 0 单调
增加到表面的 L_*

标 (Kelvin-Helmholtz time)

$$t_{\mathrm{KH}} \equiv \frac{GM_*^2}{R_* L_*}$$

$$= 3 \times 10^7 \ \mathrm{yr} \left(\frac{M_*}{1 M_\odot} \right)^2 \left(\frac{R_*}{1 R_\odot} \right)^{-1} \left(\frac{L_*}{1 L_\odot} \right)^{-1} \tag{1.6}$$

内辐射了可观的能量. t_{KH} 的意义是恒星从它的主序前阶段的任何一点开始在这
个时标内收缩到一半. 注意 t_{KH} 在收缩的时候变长. 于是方程 (1.6) 也提供了一
颗恒星收缩到它主序时 M_*、R_* 和 L_* 值所需要的总时间的近似度量.

图 1.18 显示了一个较宽质量范围内主序前恒星的轨迹. 所有这些轨迹从诞生
线下降, 在 $8 M_\odot$ 附近和主序相交. 更大质量的恒星不显示出光学可见的主序前阶
段, 而是一开始就出现在主序上. 如果我们想象一群恒星从 $t = 0$ 开始在诞生线上
收缩, 它们随后以任意固定时刻在图上沿一个光滑曲线的序列下降. 图 1.18 也显
示了一组这样的等年龄线. 读者可以验证, 等年龄线和较小质量的天体较慢的演
化以及在任意质量持续变慢的收缩是自洽的.

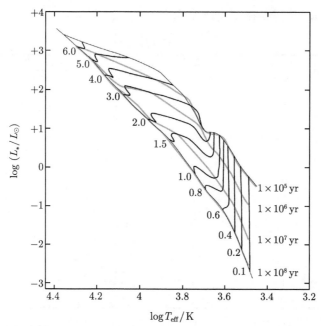

图 1.18　主序前恒星的演化轨迹. 每条轨迹用以 $M_\odot$ 为单位的恒星质量标记. 灰线是等年龄线, 以 yr 标记. $t = 0$ 等年龄线和诞生线 (顶部的细实线) 重合. 注意, $t = 1 \times 10^8$ yr 等年龄线几乎和零龄主序 (底部的细实线) 重合

演化的主序前阶段不是第一个阶段. 在一个更早的时期, 恒星仍然从它们的母体致密云核中通过引力坍缩形成. 这样的原恒星甚至比主序前恒星更亮, 但是被星际尘埃遮挡, 它们的辐射全都在红外和更长的波长. 在这种情况下, $T_{\rm eff}$ 不能通过传统的方法得到. 确实, 观测谱的特性更多反映出围绕恒星的尘埃的性质而不是恒星表面的性质. 原恒星因此不能放在一个传统的赫罗图上, 并且它们在分子云中的证认仍旧是不确定的.

回到主序前演化, 我们早先注意到任何恒星的收缩都导致其中心温度上升. 只要恒星质量超过 $0.08 M_\odot$, 温度最终达到一个值 (接近 10^7 K), 氢聚变开始. 仅仅是在这一点, 这颗恒星被称为位于零龄主序 (ZAMS), 并且相应的 L_* (或者 $L_{\rm bol}$) 和 $T_{\rm eff}$ 的关系在赫罗图上标记了一个非常精确的位置. 零龄主序是一条在图 1.15 和图 1.18 中都能看到的曲线, 它的性质也列在表 1.1 中. 读者应该记住这个表代表了一个单参数集, 其中基本的物理变量是恒星质量. 也注意到天文学家有时用热星等 (bolometric magnitude)

$$M_{\rm bol} \equiv -2.5 \log \left(\frac{L_{\rm bol}}{L_\odot} \right) + m_0 \tag{1.7}$$

代替 $L_{\rm bol}$, 其中常数 m_0 是 $+4.75$. 对于一个任意光谱型的主序星的差值 $M_{\rm bol} -$

M_V 称为热改正, 这里是在 V 波段计算的.

表 1.1 主序星的性质

质量 /$M_\odot$	光谱型	M_V/星等	$\log(L_{\text{bol}}/L_\odot)$	$\log T_{\text{eff}}$/K	t_{ms}/yr
60	O5	-5.7	5.90	4.65	3.4×10^6
40	O6	-5.5	5.62	4.61	4.3×10^6
20	O9	-4.5	4.99	4.52	8.1×10^6
18	B0	-4.0	4.72	4.49	1.2×10^7
10	B2	-2.4	3.76	4.34	2.6×10^7
8	B3	-1.6	3.28	4.27	3.3×10^7
6	B5	-1.2	2.92	4.19	6.1×10^7
4	B8	-0.2	2.26	4.08	1.6×10^8
2	A5	1.9	1.15	3.91	1.1×10^9
1.5	F2	3.6	0.46	3.84	2.7×10^9
1	G2	4.7	0.04	3.77	1.0×10^{10}
0.8	K0	6.5	-0.55	3.66	2.5×10^{10}
0.6	K7	8.6	-1.10	3.59	
0.4	M2	10.5	-1.78	3.54	
0.2	M5	12.2	-2.05	3.52	
0.1	M7	14.6	-2.60	3.46	

1.3.4 核燃料的消耗

恒星在主序上停留相对长的时期是因为有大量氢可以用于聚变. 为了估算主序的寿命 t_{ms}, 我们利用这样的事实, 基本的核反应是四个质子聚变为 ^{4}He. 这个过程中每个氦原子核释放 26.7 MeV 或者说每个质量为 m_{p} 的质子释放 $0.007 m_{\text{p}} c^2$. 如果 f_{H} 是消耗的氢的比例, 那么恒星在这个时期内释放的总能量

$$E_{\text{tot}} = 0.007 f_{\text{H}} X M_* c^2. \tag{1.8}$$

这里, X 是恒星氢的质量比例, 典型值为百分之七十. 总能量 E_{tot} 除以 t_{ms} 应该等于 (近似不变的) 光度 L_*. 详细的计算表明对于大多数质量 $f_{\text{H}} \approx 0.1$, 寿命近似为[①]

$$\begin{aligned} t_{\text{ms}} &\approx 5 \times 10^{-4} \frac{M_* c^2}{L_*} \\ &= 1 \times 10^{10} \frac{(M_*/M_\odot)}{(L_*/L_\odot)} \text{ yr}. \end{aligned} \tag{1.9}$$

这里我们将时间归一化到太阳的参数. 因为 L_* 随 M_* 快速增加, t_{ms} 相应地下降很快. 于是, 太阳 (现在的年龄是 4.6×10^9 yr) 差不多处于它主序阶段的中期.

---

① 在本书中, 符号 "$\approx$" 的意思是 "在一个 2 到 3 的因子内相等", 而符号 "$\sim$" 的意思是 "在一个量级之内相等".

表 1.1 给出了 t_{ms} 更准确的值. 我们看到, 一颗质量 $40M_\odot$ 的 O 型星能存在一个相对短的时间, 仅仅 4.3×10^6 yr, 而一颗 $0.6M_\odot$ 的 K 型星燃烧氢 6.7×10^{10} yr, 长于银河系现在的年龄.

在一颗恒星结束其主序阶段时, 它在赫罗图上的代表点遵循另外一条明确的路径. 再次考虑 $1M_\odot$ 的情况, 它的主序后轨迹在图 1.15 中以虚线表示. 氢的耗尽留下一个富氦的热惰性中心区域, 即温度太冷, 无法引发自己的核反应. 这个区域周围是一个厚的氢聚变壳层. 持续的壳层燃烧为核区添加了更多的氦, 核区最终由于自引力和覆盖的物质包层的重量而收缩. 这个收缩释放出来的能量使包层膨胀, 恒星快速移动到赫罗图的右边. 这个时期在包层变得对流不稳定的时候结束. 大大膨胀的恒星随后几乎垂直地沿红巨星支向上移动, 这类似于一个时间反演的主序前轨迹.

在巨星支上升的时候, 恒星的特征是具有一个收缩的惰性的氦组成的核区, 一个氢燃烧的壳层和一个膨胀的包层. 来自核区和壳层的能量使光度上升了几乎 10^3 倍. 核区的温度最终达到原子核可以开始聚变形成 ^{12}C 的点. 恒星随后沿水平分支移动到赫罗图的左边. 在另外的 10^8 yr 之后, 氢燃烧耗尽核区的氦, 并转移到靠外的壳层. 现在恒星有两个燃烧的壳层, 沿渐近巨星支上升. 渐近巨星支这个称呼是因为它靠近原始的巨星支.

一颗恒星的最终命运依赖于它的初始质量. 在 $1M_\odot$ 的情形, 渐近巨星抛出大质量的风, 在中心露出一个小的惰性天体. 图 1.15 中的路径是在 $0.4M_\odot$ 这个阶段损失的合理的假设下计算的. 残余的中心星是一颗白矮星, 一种致密到不可能由普通气体压强支撑的天体. 向外的力源于电子简并压, 即电子的量子力学波函数的相互排斥. 这样的星没有核反应, 逐渐沿图 1.15 中虚线所示的曲线从视线中消失.

更大质量的星在遍历赫罗图上部的时候重复核-壳形式的核聚变许多次. 这些多重的点火产生了更重的元素. 然而, 用这样的方式所取得的能量有一个极限. 在质量大于 $8M_\odot$ 的恒星中, 中心核最终经历一次剧烈的坍缩变成一颗中子星或者黑洞. 这个坍缩释放出很多能量, 它完全分散了恒星的外层. 释放的大多数能量都到中微子中去了. 然而, 与这颗超新星相伴的光学光度稍微超过整个银河系的光度. 留下的中子星或黑洞逐渐变暗, 直到其存在仅能从其引力质量知道.

1.4 银河系的情况

以上最多是一颗单独的恒星的演化过程. 然而, 我们的理论也有一个整体的方面, 因为恒星的诞生和死亡是在所有与我们自己的星系类似的星系里进行的宏大的演化过程的一部分. 尽管我们将贯穿本书地强调这个问题较为局域的方面,但是记住这个更大的图像是重要的. 因此, 让我们简单地看一下我们的银河系和其中的恒星形成过程所起的作用.

1.4.1　银河系结构

银河系最突出的特征是它高度扁平化的恒星盘. 我们的太阳以银心距 8.5 kpc, 或者说到外边缘三分之一的距离做轨道运动. 局域的旋转速度是 220 $km \cdot s^{-1}$, 对应这个较差旋转系统中 2.4×10^8 yr 的周期. 盘的局域厚度, 即其中恒星的平均垂向距离, 系统地随光谱型变化. O 型星和 B 型星的特征半厚度是 100 pc, 而这个数值对于类似太阳的 G 型星增加到 350 pc. [1]这些观测指的是太阳附近, 即, 比 0.5 kpc 更近的天体.

最密集的恒星聚集体是中心核球. 这个近似球形的结构从盘面延伸出来, 半径是 3 kpc. 离盘面更远的是一个延展的由球状星团和很多场星组成的恒星晕 (或者球). 每个星团是一个致密的有大约 10^5 个成员的群. 晕星, 总称为星族 Ⅱ, 是银河系中最老的, 只有盘中的星 (星族 Ⅰ) 重元素含量的百分之一或更少. 恒星晕的总质量最多可以和盘相比, 大约是 $6 \times 10^{10} M_\odot$. 最后, 有证据表明存在一个额外的非盘状成分, 看不见的暗晕. 这种 (或许非恒星) 物质的组成和空间分布仍然未知, 但它的总质量超过了盘和晕的质量, 或许超过了一个量级.

银河系看起来是什么样的? 太阳系是镶嵌在盘中的, 所以难以通过直接观测获得一个整体的图像, 需要理论重建. 海量的恒星在光学波段是可见的, 星际尘埃使来自更远距离的恒星的光变暗. 因此, 有效的观测距离限制在若干个 kpc. 但是, 红巨星相对明亮并且有很低的表面温度, 它们在近红外波段大量辐射. 它们的辐射穿透尘埃因此可以在更远的距离上探测到. 图 1.19 顶上的图是 COBE (cosmic background explorer, 宇宙背景探索) 卫星得到的银河系的近红外图像. 这幅显著的图像中近乎明显的是非常薄的盘和中心的核球. 这幅图下面的一幅显示了更熟悉的光学图像.

1.4.2　旋臂

真正正视我们银河系的图像当然是不可能获得的, 但图像应该类似河外星系 M51(NGC 5194), 如图 1.20 的两幅图所示. 这里最突出的特征是存在明确的旋臂. 从形态上, M51 是一个比银河系稍微晚型的星系, 银河系有更大的核区和较不延展的旋臂. 其他星系根本不显示旋臂结构. 极端早型的系统, 椭圆星系, 类似三维椭球而不是扁平的盘. [2]另外还有一个不规则星系的杂牌军, 典型代表是图 1.20

---

[1] 我们定义一个物质的平板分布的半厚度为总面密度和中心平面体密度之比的一半. 或者, 可以指定标高 h, 定义为体密度降到中心平面值的 e^{-1} 的位置. 对于一个高斯分布的密度, $\Delta z = (\sqrt{\pi}/2)h = 0.89h$.

[2] 称呼 "早" 和 "晚", 应用到星系, 指的是沿哈勃形态序列的位置. 同样的名称用于恒星, "早" 的恒星是 T_{eff} 高于太阳的恒星. 在两种情况下都不表示时间顺序.

图 1.19 银河系的两幅图像. 上图显示了 COBE 卫星看到的近红外辐射. 下图是相同角尺度
的光学图像

中看到的 M51 的小的伴星系.

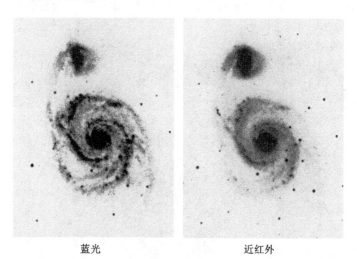

蓝光　　　　　　　　　　　近红外

图 1.20 M51 星系的蓝光图像 (左图) 和近红外图像 (右图). 注意蓝光图像中显著的旋臂

　　根据密度波理论, 漩涡星系中的旋臂不是由固定的恒星群组成的, 而是由一个类似波的以一个特征的图样速度 (pattern speed) 旋转的密度和光度的增强. 盘中的恒星和气体周期地超过旋臂并穿过它们. 注意到, 在图 1.20 中, 旋臂在左图中更明显, 这是在蓝光波段拍摄的, 而中心的核球在右边的近红外照片中更明显. 星系的颜色是由其成员恒星在光谱型中的相对丰度和分布确定的. O 型星和 B 型星 (有最高的表面温度) 主导了蓝色的图像, 而红巨星, 即, 正在死亡的较小质量的恒星, 可以通过红外滤波片更好地看到. 显然, 最大质量的恒星特别集中在旋臂中.

回想一下, 一颗典型的 O 型星的寿命是 10^6 yr, 仅仅是旋臂旋转周期的百分之一. 于是旋臂必然在盘中的每一个地方产生了一个暂时的气体密度的增大, 导致局域恒星形成率的增加. 尽管所有质量的恒星都在形成, 但是特别明亮的 O 型星和 B 型星在光学照片上是最突出的. 在螺旋波通过之后, 形成新恒星的速率将回落到它之前的低水平.

这幅图通过观察漩涡星系的气体成分而被增强了. 如我们已经看到的, 形成恒星的分子云最容易通过它们的 CO 发射探测到. 图 1.21 是星系 M51 的另外一幅图像. 这里, 2.6 mm CO 谱线的强度图被叠加到红的 Hα——由温度接近 10^4 K 的原子氢产生——的光学图像上. 很清楚的是, 分子气体确实是沿旋臂聚集的. 注意这里看到的射电轮廓只代表了总 CO 发射的百分之三十. 其余发射来自旋臂间的区域, 但是分布太光滑, 这次观测中所用的干涉仪探测不到这些发射. 更仔细的检查发现, Hα 旋臂与 CO 旋臂相比向后偏离了大约 300 pc. 因为 Hα 主要来自 O 型星和 B 型星, 也就是说, 进入旋臂的冷气体首先聚集形成大的云结构, 这些结构随后产生大质量恒星. 对于一个有代表性的 100 km · s^{-1} 的物质进入旋臂的速度, 相应的时间延迟是 3×10^6 yr.

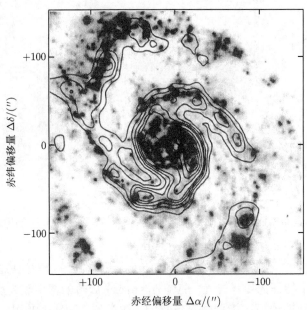

图 1.21　M51 的 $^{12}C^{16}O$ 2.6 mm 谱线图像 (实线等值线) 以及 Hα 6563 Å 线图像 (暗块)

1.4.3 气体和恒星的循环

银河系分子气体 (所有新恒星来源于此) 的总质量估计为 $2 \times 10^9 M_\odot$, 或者大约是恒星盘质量的百分之三. 在更早的时候, 非常年轻的银河系完全由弥散气体组成. 这种物质可能是在大爆炸后最初的几分钟里在遍及整个宇宙的核合成之中产生的. 如果是这样, 那么气体应该只含有氢、氦和痕量的氘和锂. 另一方面, 今天的星际气体和恒星本身, 尽管主要由氢和氦组成, 也包含所有的重元素, 天文学中称为 "金属". 这些元素只可能通过恒星核合成产生. 于是原初气体必须首先凝聚成恒星, 后来把弥散物质抛回空间中去. 这气体本身有时间形成新一代的恒星, 它们再次把核反应之后的气体抛出. 因此今天的星际物质已经通过恒星内部循环很多次了.

图 1.22 以高度示意性的方式展示了循环过程. 恒星通过星际气体云的凝聚和坍缩持续形成. 这些恒星慢慢消耗它们的核燃料, 最终以白矮星、中子星或者黑洞的形式结束它们的生命. 这样一个致密天体中的物质不可挽回地损失在了星际介质中. 但是这个质量总是少于 (通常相当程度地少于) 原始的恒星, 因为恒星演化本身不可避免地产生了质量损失.

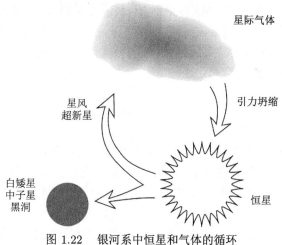

图 1.22 银河系中恒星和气体的循环

在那些注定成为白矮星的天体中, 恒星的质量抛射过程是温和而长期的. 如我们已经看到的, 这样的恒星的外包层在耗尽中性氢之后极大地膨胀. 松散的包层在红巨星阶段和渐近巨星阶段以星风的形式逃离. 当这些膨胀的气体冷却时, 其中的重元素形成星际尘埃颗粒, 随着气体分散开来. 尽管我们已经提到尘埃颗粒遮挡星光, 我们将有更多关于这些亚微米尺度的粒子的话要说, 这些粒子在恒星的形成中扮演了一个重要角色.

通常, 在质量抛射中存活下来的白矮星是双星系统的一部分. 在它自己的演化过程中, 伴星可能抛出物质落到这颗致密星的高密度表面. 一旦受到足够的挤压, 这些热物质将经历不可控的核聚变; 由此产生的新星把多余的物质抛到太空. 最后, 由于质量太大而不能变成白矮星的恒星在它们相对较短的一生中会吹出强的风. 它们的外层在超新星爆发中的分散是银河系气体的另一个来源.

所描述的三个机制中, 来自 $M_* \lesssim 3M_\odot$ 的恒星的风提供了返回星际介质的物质的大约百分之九十. 超新星和大质量恒星的风解释了余下的部分. 后两个过程也产生了大批重元素. 所有被抛出的气体和已经存在的气体混合形成新恒星的原材料. 混合的过程部分是非局域的, 因为来自超新星爆发的物质可以被吹得很远, 它最终在银河系中非常远的地方沉积下来.

致密天体的形成为银河系气体成分提供了持续了流失机制. 相应地, 恒星形成率在 1×10^{10} yr(最老的盘恒星的年龄) 内已经下降了. 这个整体的形成率 (我们可以记为 $\dot{M}_*$) 现在大约是 $4M_\odot$ yr^{-1}. 这里的估算依赖于 O 型星和 B 型星的观测, 它们可以在最远的距离上被看到. 使用一颗单独恒星的辐射输出和合适的寿命, 由一个区域的观测光度可以得出相应类型恒星的诞生率. 所有恒星的诞生率通过采用诞生时的质量分布得到. 另外一个有趣的量是 $\dot{m}_*$, 即局域的在盘的单位面积测量的恒星形成率. 在银河系中心半径 $\varpi_\odot$ 附近, 这个量大约是 3×10^{-9} $M_\odot$ yr^{-1}·pc^{-2}. 这个速率向内增加直到一个大约 3 pc 的半径, 在此之内, 在到达一个中心的峰值之前它陡然下降. 这个行为是与银河系气体的分布相关联的, 这是我们接下来要讨论的话题.

本 章 总 结

银河系内新恒星的原材料是相对较小规模的气体混合物, 特别在旋臂附近集中. 这些弥散物质的大多数束缚在一起形成被称为巨分子云的延展结构. 在离散的地点, 诸如猎户星云, 类似太阳的小质量天体和明亮很多的 O 型星和 B 型星一起在富集的星团中形成. 其他的云复合体, 例如金牛座-御夫座中的那些, 更稀疏一些, 并且重于巨分子云. 这些稀疏的实体创造了稀疏的小质量和中等质量天体的群组.

每一颗单独的恒星都来源于云块的坍缩. 在这个光学不可见的原恒星阶段之后, 接下来的演化可以在赫罗图 (光度-有效温度图) 中画出来. 从称为诞生线的地方开始, 恒星沿主序前轨迹下降, 慢慢在其引力作用下收缩. 图中的代表点在主序停留一段长的时间. 在这里, 恒星由核聚变产生能量. 在耗尽这些燃料之后, 这个天体最终从视线中消失, 在此之前暂时地增大半径. 它也喷出气体, 这些气体进入到了制造其他恒星的其他气体库中.

建 议 阅 读

关于我们对杂志和评论的缩写的解释, 参见本书最后的来源列表.

1.1 节 猎户星云丰富的恒星形成区持续产生新的发现. 有用的总结 (覆盖了气体和恒星成分) 包括

Genzel, R. & Stutzki, J. 1989, ARAA, 27, 41

O' Dell, C. R. 2003, The Orion Nebula: Where Stars are Born (Cambridge: Harvard U. Press).

1.2 节 对金牛座-御夫座分子云复合体以及其星族的一个简短而清晰的总结是

Lada, E. A., Strom, K. M., & Myers, P. C. 1993, in Protostars and Planets Ⅲ, ed. E. H. Levy and J. I. Lunine (Tucson: U. of Arizona Press), p. 245.

1.3 节 恒星结构和演化的两本教科书是

Clayton, D. D. 1983, Principles of Stellar Structure and Nucleosynthesis (Chicago: U. of Chicago)

Hansen, C. J. & Kawaler, S. D. 1994, Stellar Interiors: Physical Principles, Structure, and Evolution (New York: Springer-Verlag).

如它们的标题所表明的, 两本书都强调了基本的物理. 第二本书的第二章是恒星演化主要阶段的一个有用的概述.

1.4 节 很不幸, 用于描述银河系组成部分的名称在不同作者之间有变化. 这里我们沿用由

King, I. R. 1990, in The Milky Way as a Galaxy, ed. G. Gilmore, I. R. King, and P. C. van der Kruit (Mill Valley: University Books), p. 1

建立的习惯.

银河系尺度的恒星形成将在第 19 章中更全面地处理. 对于一般性的教科书, 我们推荐

Binney, J. & Merrifield, M. 1998, Galactic Astronomy (Princeton: Princeton U. Press)

Scheffler, H. & Elsasser, H. 1987, Physics of the Galaxy and Interstellar Matter (New York: Springer-Verlag).

第一本强调了银河系结构, 而第二本也包括了关于星际介质的很多课题.

第 2 章 星 际 介 质

对早期恒星演化更深的理解一定开始于形成恒星的那些稀薄介质. 在本章中, 相应地, 我们描述星际物质的总体性质. 我们将气体成分和固体颗粒都包括进来. 对于前者, 我们强调氢的物理状态而把星际分子的讨论推迟到第 5 章. 我们对尘埃的处理自然会引入辐射转移理论的内容. 这里介绍的概念将广泛应用在本书余下的部分.

2.1 银河系气体和它的探测

我们前面讨论了旋涡星系的分子氢成分, 强调了这种气体在制造恒星中的角色. 同样重要的是原子成分 (HI), 它在我们银河系中的总质量超过 H_2, 并且是最初形成分子云的原料库. 最后, 氢也可以处在电离形式 (HII). 虽然总质量相对小, 但是这个成分作为大质量恒星的示踪物是重要的.

2.1.1 来自原子氢的射电发射

使用 CO 观测遥远的分子云基于这样的事实, 星际尘埃对毫米波光子是透明的 (见 2.4 节). 示踪 HI 气体, 幸运的是有另外一条可探测的, 长波长的跃迁, 21.1 cm 的氢线. 自 1951 年发现以来, 21 cm 谱线已经成为研究银河系和其他星系中星际介质最重要的谱线.

我们可以通过回想氢原子的量子力学来理解这种辐射的来源. 在基于薛定谔方程的非相对论模型中, 束缚于质量 m_p 的质子的一个质量为 m_e、电荷为 e 的电子的能量是

$$
\begin{aligned}
E &= -\frac{\mu_{ep} e^4}{2\hbar^2 n^2} \\
&= 13.6 \text{ eV} n^{-2},
\end{aligned}
\tag{2.1}
$$

其中 n, 主量子数, 可以是 1, 2, 3 等, 而 μ_{ep} 是约化质量, $m_e m_p / (m_e + m_p)$. 对于大 n 渐近达到的能量零点代表了临界束缚态. 由向下跃迁到 $n = 1$ 产生的紫外谱线形成赖曼线系, 其中 $n = 2 \to 1$ 产生 1216 Å 处的 Lyα 线, $n = 3 \to 1$ 产生 1026 Å 处的 Lyβ 线, 等等. 类似地, 通过跃迁到 $n = 2$ 形成的可见光谱线组成巴尔末线系, $n = 3 \to 2$ 是我们已经遇到过的 6563 Å Hα 线.

在非相对论处理中, 一个量子数为 n 的态实际上由 n^2 个相同能量的能级组成. 每个能级不只是以 n 标记, 还使用这些标记: 经典对应于电子轨道角动量 $\boldsymbol{L}$ 大小的量子数 l 和第三个量子数, 对应于 $\boldsymbol{L}$ 沿任何固定轴的投影的 m_l. 对于一个给定的 n, l 可以取任何 0 到 $n-1$ 之间的整数, 而 m_l 可以从 $-l$ 到 l. 通常在星际气体中发现的 $n=1$ 态, l 和 m_l 都为 0.

电子还有内禀自旋, 经典上可以认为是另外一个角动量矢量 $\boldsymbol{S}$ 以及一个相伴的磁矩 $\boldsymbol{\mu}$. 在电子自己的参考系中, 带电的质子的运动产生一个磁场使自旋的电子扭转. 相对论性狄拉克理论显示了这个自旋-轨道相互作用如何导致 n^2 个能级有略微不同的能量. 能量的这种精细分裂在 $l=0$ 时消失. 然而, 即使在这种情况下, 由于质子本身有一个内禀自旋 $\boldsymbol{I}$, 因而有磁矩, 仍然存在超精细分裂. 在一个半经典的图像中, 原子的能量依赖于矢量 $\boldsymbol{S}$ 和 $\boldsymbol{I}$ 平行与否 (图 2.1). 在量子力学里, 这两个态以量子数 F 标记, 上、下能态分别为 1 和 0. 这个能量差异很小, 只有 5.9×10^{-5} eV, 因此发射的光子的波长处于射电波段.

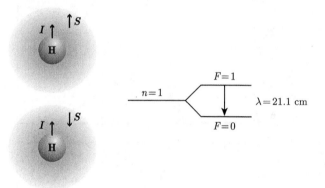

图 2.1 21 cm 线的起源. 氢原子在其质子自旋和电子自旋平行时能量较高

在中性氢气体填充的区域中, 一个氢原子可以通过和一个邻近的原子碰撞被激发到 $F=1$ 态. 通常, 这个原子随后会被碰撞退激发, 但是有一个很小的概率向下跃迁发射一个 21 cm 光子. 尽管对于一个给定的原子, 辐射事件之间的间隔平均长达 1×10^7 yr, 但足够大量的原子还是能产生可观的射电信号. 实际上, 中性氢柱密度 N_{HI}, 即, 沿任何视线方向单位面积的原子数目, 完全正比于接收到的 21 cm 辐射强度.

将柱密度转换为体密度需要知道发出辐射的气体的空间位置. 由于多普勒效应, 实际接收到的 21 cm 信号在波长上是有移动以及一个有限大小的展宽的. 也就是, 一个氢原子朝向和离开观测者的任何运动都会使接收到的波长和内禀发射的值不同. 峰值强度的整体移动主要来源于银河系的较差转动. 由于转动的形式是众所周知的, 速度移动可以和盘中的位置相联系. 于是对许多方向的辐射轮廓进行分析得到了大区域的数密度 $n_{\mathrm{H_I}}$.

偶尔可以发现原子氢区域后面的河外射电源, 例如类星体. 如果这个源在 21 cm 波段发射, 那么它的一些光子会被介于中间的物质吸收. 图 2.2 显示了类星体 3C 161 方向的有代表性的中性氢光谱.[①] 上面的实线是对略微偏离这个点源的四个视线方向的信号平均得到的. 得到的轮廓代表了来自中性氢气体的发射, 只有一部分来自感兴趣的区域. 当望远镜直接指向类星体时, 附加的信号随波长几乎没有变化, 除了有限的范围被吸收带走了. 于是把之前的平均从对源观测的信号中减去可以得到吸收谱, 这也显示在图中了. 在更温暖的气体中, 有更多碰撞导致的 21 cm 辐射. 因此光谱中相应的吸收就更不明显. 随后我们可以看到 21 cm 吸收轮廓如何能探测气体温度.

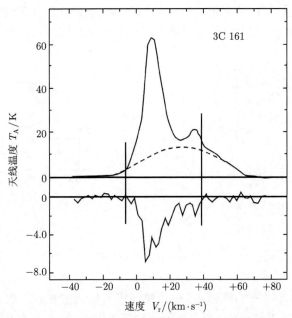

图 2.2 被中性氢气体部分遮挡的类星体的射电频谱. 靠上的实线显示了 21 cm 谱线强度作为速度 (或者等价地, 波长) 的函数. 靠下的实线以不同的标尺显示了吸收. 这个吸收主要局限在两条竖线之间的速度区间. 最后, 靠上的虚线表示暖中性介质对总的辐射的贡献

2.1.2 中性氢分布

在四十年里进行的这些射电研究得到了众多背景恒星的光学和紫外吸收线观测的补充. 最终得到了中性氢气体非常详细的图像. 星际介质的这种分量弥漫在

---

① 我们将在第 3 章对这幅图中使用的单位进行解释, 这个解释对于画出光子强度和波长的关系是必不可少的.

银盘中, 在银心半径 4 kpc 和 8.5 kpc 之间的标高大约是 100 pc. 在外银河系中, 这个标高随半径线性增加, 而更远处的中性氢层是翘曲的, 偏离平面形状若干 kpc. 在银河系中, 大部分这种气体处于被称为中性氢云 (HI cloud) 的独立团块中. 云的性质差别较大, 典型的数密度处于 10~100 cm^{-3} 范围, 直径在 1~100 pc. 单独的云的随机运动叠加在整体的银河系转动上, 对观测到的 21 cm 发射的展宽有可观的贡献, 并且产生了图 2.2 中所示的多个发射峰. 典型的云温度是 80 K, 上下变化两倍.

图 2.2 也说明, 很大一部分中性氢发射位于类星体辐射被吸收的波长范围之外. 图中以虚线表示的剩余辐射通常是光滑的, 来自不局限于单独的云中的原子气体. 这些暖中性介质也分布广泛, 标高是冷成分的两倍, 总质量可能也更大. 这些气体的数密度大约是 0.5 cm^{-3}, 温度由于这些介质透明而难以确定, 估计是 8×10^3 K. 注意, "中性" 一词对于冷气体和暖气体都不是严格正确的, 因为二者中的一些金属被恒星光子电离. 特别是电离碳是这些气体的一种重要的冷却剂, 如我们马上要讨论的.

盘中的中性氢气体延展到比可见恒星远得多的地方. 实际上, 对河外旋涡星系中这个成分的圆周运动速度的观测提供了延展的暗物质晕最强的证据. 图 2.3 显示了我们自己星系中的中性氢面密度分布. 在中心核球处, 面密度非常低, 但面密度随半径增加到 4~14 kpc 的均一值. 在更大的半径, 面密度降低, 但降低的模式非常不确定, 因为对这些距离上的银河系旋转知道得很少.

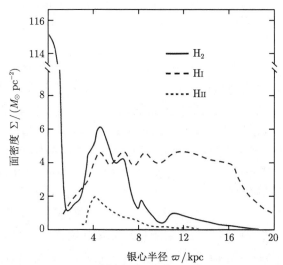

图 2.3 银河系中 H$_2$、中性氢和电离氢气体的面密度. 密度表示为银心半径的函数. 注意分子成分在中心的峰. 图中只显示了电离氢区中的电离成分

2.1.3 分子气体

回到分子气体, 通常用于示踪这个成分的 CO 发射线波长比 21 cm 氢线短, 故而空间分辨率更高. 很多巡天已经确定, 分子气体也遍布银河系, 主要处于独立的云中. 转动激发的 CO 分子比 $F = 1$ 态的中性氢原子跃迁快很多, 故 CO 分子内禀发射更强. 然而, 由于产生了很多辐射, 大多数分子云对这条 2.6 mm 谱线是光学厚的, 即一个光子在到达表面之前被吸收和再发射了很多次. 在这种情形下, 接收到一块云的强度不正比于柱密度. 然而, 这条谱线对于示踪引力束缚云的集团中总的 H_2 仍然是有用的, 如我们将在第 6 章所讨论的.

H_2 的全局分布和中性氢大不相同 (图 2.3). 10 kpc 之外少有分子气体, 10 kpc 之内的面密度快速增加, 达到一个宽的以 6 kpc 为中心的极大. 这个大质量分子气体环的起源不确定, 可能和银河系旋臂结构有关. 在这个环内, 密度下降, 和测量到的恒星形成率的降低一致. 银心 1 kpc 之内分子密度快速增加特别有意思. 无论这些气体的起源为何, 观测表明大量大质量恒星正在形成. 最后注意到, 太阳附近的恒星形成活动向内增加与此事实一致, 即恒星和气体中观测到的金属丰度有同样趋势的径向梯度.

相比原子成分, 分子气体更局限在银道面上, 在太阳的位置标高为 60 pc, 是中性氢标高的一半. 原子气体填满盘的大半部分, 达到名义上的标高, 而分子成分只占据了百分之一的体积. 标高的不同反映了分子云群体较低的随机速度. 这个速度的中值为 4 km·s^{-1}, 看起来随云质量或银心半径变化都非常小. 指向盘的、最主要的引力来自恒星, 它们的密度随半径快速降低. 所以 H_2 厚度应该向外增加, 此结论被 CO 巡天证实.

2.1.4 电离氢区

除了原子和分子, 星际氢还以电离态存在. 部分这种气体局限于单独的 O 型星和 B 型星周围的电离氢区中. 由于氢复合产生的恒星赖曼连续谱辐射 (光子能量超过 13.6 eV) 电离了半径为数秒差距的球形空间. 这个区域里复合的电子和离子发出很多谱线, 包括光学波段的氢巴耳末线系. 氢原子更高能级之间的跃迁产生厘米波长的辐射. 这种辐射在很大距离上为电离氢区提供了射电波段的指示.

图 2.4 显示了猎户座中研究得最好的电离氢区. 这里, 1.3 cm 的射电等值线叠加在 Hα 线图像的负片上. 等值线中心位于猎户座四边形星团, 这些星以 Hα 照亮了大部分区域. 注意到射电辐射比光学谱线对称得多, 光学谱线已经受到了尘埃消光的影响. 将银道面上这些射电峰的流量加起来可以得到总的面密度 (图 2.3). 和分子成分类似, 电离氢气体在 5 kpc 半径附近达到峰值. 因为电离氢区由年轻的、大质量恒星产生, 所以这个相似性进一步确立了恒星形成活动和分子气体之间的联系. 这些区域中包含的总质量大约为 $1 \times 10^8 M_\odot$, 比分子或原子氢质

量小一个量级. [1]

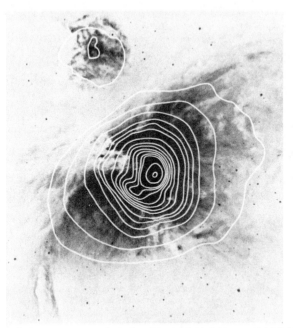

图 2.4 猎户星云 1.3 cm 连续谱辐射. 光学照片是 Hα 线图像的负片

电离氢区中更重元素的发射线使得我们可以重建星际气体的化学组成. 分析来自中性氢云后面恒星的吸收线是另外一种方法. 这种研究中的比较基准是太阳的成分, 即太阳光球层和诸如陨石的原始太阳系天体中的元素分布. 表 2.1 列出了太阳的气体成分中最常见的元素相对于氢的丰度. 同时也显示了电离氢区 M42 中的丰度. 相对于太阳的标准, 显然这个区域中系统性地缺乏金属. 在星际气体中一般性地观测到这种缺乏, 对于铁和钙, 可以少几个量级. 因为我们假定在太阳附近总的金属丰度均匀, 所以这个趋势是较大部分重元素原子被锁定在固态物质 (即星际尘埃颗粒) 中的证据.

表 2.1 太阳系和 M42 中的元素丰度

元素	太阳系	M42
He/H	0.1	0.1
C/H	3.6×10^{-4}	3.4×10^{-4}
N/H	1.1×10^{-4}	6.8×10^{-5}
O/H	8.5×10^{-4}	3.8×10^{-4}
Si/H	3.6×10^{-5}	3.0×10^{-6}

注: 所有丰度都是相对于氢的倍数.

[1] 我们强调, 这个估算的质量仅包含孤立的电离氢区. 大量气体包含在暖电离介质中, 下面介绍.

一个对定量研究有用的概念是星际气体的平均分子量. 这个量以 μ 表示, 代表了一个气体粒子平均质量相对于氢的质量 m_H 的值. 所以, 在质量密度为 ρ 的气体中, 粒子的总数密度为

$$n_\mathrm{tot} = \frac{\rho}{\mu m_\mathrm{H}}. \tag{2.2}$$

一种元素的数密度表示为

$$n_i = \frac{X_i f_i \rho}{A_i m_\mathrm{H}}. \tag{2.3}$$

这里, X_i 是这种元素的质量分数; A_i 是其相对于氢的原子量; f_i 是单位原子核的自由粒子 (包括电子) 数. 氢的质量分数通常记为 X, 在太阳组分的气体中为 0.70, 对于氦 (记为 Y) 是 0.28. 对于更重的元素, 质量分数是金属丰度 $Z = 0.02$, 平均分子量是 $A_Z = 17$. 将方程 (2.3) 对三种 "元素" 相加, 与方程 (2.2) 比较得到 $\mu = 2.4$, 而对于中性氢气体是 $\mu = 1.3$. 在完全电离气体的情形, 如在恒星内部所发现的, 我们使用一个方便的事实 $f_Z \approx 2A_Z$ 导出 $\mu = 0.61$.

2.2 星际介质的相

星际氢以不同的化学形式存在——电离形式、原子形式和分子形式. 此外, 原子氢本身以独立的云的形式以及较暖的、较稀薄气体的形式存在. 这种多样性的起源为何? 如何维持? 我们本节的目标是看看理论能为这些问题提供什么洞见.

2.2.1 压力平衡

我们首先要区分电离氢区和其他天区. 电离氢区中的电离气体产生于附近大质量恒星的紫外辐射. 故每个单独的区域都是暂现的, 在其母星 10^6 yr 寿命的时标上消失. 而中性氢在长得多的时标、没有恒星的广大区域存在.

首先考虑原子成分. 关于其起源和稳定性, 一个主要的线索是气体压强提供的. 对于典型的中性氢云, 数密度 $n = 30$ cm^{-3}, 温度 $T = 80$ K, 乘积 nT 约为 2×10^3 cm^{-3}·K. 这个数值在两倍的范围内和暖中性介质 ($n = 0.5$ cm^{-3}; $T = 8 \times 10^3$ K) 相符. 这些数值表明中性氢云和暖中性介质可以看作在压力平衡态共存的星际介质的两相.

我们可以定量讨论一下这个想法. 任何气体的热能含量都取决于加热和冷却过程的平衡. 如我们将在第 7 章详述的, 这些过程的速率可以通过理论和经验方法确定. 假设有这些信息, 想象将星际气体缓慢压缩到一系列更高的密度. 每一步, 假设气体都处于平衡温度和压强, 它们可以通过令加热率和冷却率相等来确定. 我们随后可以研究压强和已知星际值相符的状态.

图 2.5 显示了对于太阳成分的气体的计算结果. 在所示的密度范围内, 加热主要由星光通过从星际尘埃表面发射电子来提供. 图 2.5(a) 显示, 这种加热在较低的密度产生达到 10^4 K 的温度, 在这个温度, 氢内部的电子能级被激发. 这种情形的气体主要通过 Lyα 线冷却. 在更高的密度, 氢处于基态, 变成低效的辐射体. 然而, 原子碳仍然被周围的紫外光子电离, 气体通过电离碳的 158 μm 跃迁冷却.

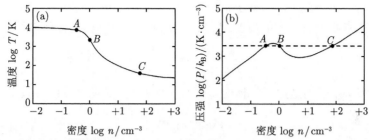

图 2.5　(a) 星际气体平衡温度的理论预言, 以数密度 n 的函数表示. (b) 平衡压强 nT 作为数密度的函数. 水平虚线表示星际介质 nT 的经验值

图 2.5(b) 中的实线显示了预言的压强 (以 $nT = P/k_{\mathrm{B}}$ 表示, 其中 k_{B} 是玻尔兹曼常量) 作为密度的函数的变化规律. 压强在这条曲线上方的一团气体的冷却比加热快, 反过来对于曲线下方点成立. 平衡区域在三个不同的点穿过 P/k_{B} 的平均经验值, 3×10^3 K · cm^{-3}(水平虚线). 首先想象气体位于 B 点. 进一步假设它在保持与周围压力平衡的条件下被轻微压缩. 因为其代表点现在超过了平衡曲线, 它必须冷却直到达到 C 点. 反过来, 同一团气体的任何轻微膨胀都将导致其变热, 直到达到 A 点. 因而, B 点代表了一个热不稳定态. 此外, 可以看到稳定点 A 的密度和温度 ($n = 0.4$ cm^{-3}; $T = 7000$ K) 和暖中性介质的值相符. 点 C 的条件 ($n = 60$ cm^{-3}; $T = 50$ K) 正好是典型中性氢云的条件, 处于这里的气体被认为是冷中性介质.

由这个分析, 我们有足够理由相信, 任何原子氢气体都自然地分为两种性质非常不同的成分. 当然, 我们仍然不知道实际的分离细节. 前面的讨论也没有告诉我们这两相的相对体积分数, 关于单块中性氢云的大小和质量就更少. 现在, 我们关于原子成分的知识太粗糙, 不足以从理论上讨论这些课题.

分子气体又如何? 它也可以看作星际介质的一种相吗? 在任何分子云中, 密度都足够高, 自引力在云的力学平衡中发挥了主导作用. 换句话说, 内部深处的乘积 nT 可以比背景值高很多, 因为内部压强必须抵抗上方的气体. 另一方面, 如果这个区域没有膨胀和收缩, 云外层更稀薄的物质必须和外部压强匹配. 在第 8 章中我们将使用这个要求确定分子云合理的表面条件.

2.2.2　中性氢的垂向分布

在原子气体中, 热力学条件和力学条件也密切相关. 考虑银盘中心平面上方和下方的气体分布. 在垂向引力的影响下, 两个成分应该在空间上分离, 较冷和较密的介质更靠近中心平面. 实际上, 我们可以通过引力和内部压强梯度的平衡估计冷中性介质的标高. 令 Φ_g 为银河系引力势, 故 $\nabla\Phi_g$ 是单位质量的力矢量. 流体静力学平衡方程为

$$-\frac{1}{\rho_{\mathrm{HI}}}\nabla P_{\mathrm{HI}} - \nabla\Phi_g = 0. \tag{2.4}$$

令 z 代表在中心平面上方的高度. 用矢量 $\hat{z}$ 点乘这个方程并移项得到

$$\frac{1}{\rho_{\mathrm{HI}}}\frac{\partial P_{\mathrm{HI}}}{\partial z} = -\frac{\partial\Phi_g}{\partial z}, \tag{2.5}$$

其中 P_{HI} 和 ρ_{HI} 分别是原子气体的压强和质量密度. 这两个量的关系是

$$P_{\mathrm{HI}} = \rho_{\mathrm{HI}}c_{\mathrm{HI}}^2. \tag{2.6}$$

其中 c_{HI} 代表了介质的随机内部运动, 具有速度量纲. 它也是声速, 如果假设介质在波通过时保持温度不变. 对于理想气体, c_{HI} 由温度和平均分子量给出 $(\mathcal{R}T/\mu)^{1/2}$, $\mathcal{R}$ 是气体常量. 如果我们假设 c_{HI} 不随 z 变化, 那么把方程 (2.6) 代入方程 (2.5) 并积分就得出 ρ 和 Φ_g 的关系

$$\frac{\rho_{\mathrm{HI}}(z)}{\rho_{\mathrm{HI}}(0)} = \exp\left[\frac{\Phi_g(0) - \Phi_g(z)}{c_{\mathrm{HI}}^2}\right]. \tag{2.7}$$

为更进一步, 我们需要指定引力势. 这个量通过泊松方程和银河系中的总质量密度 ρ_* 相联系

$$\nabla^2\Phi_g = 4\pi G\rho_*. \tag{2.8}$$

在薄盘中, 我们可以放心地忽略水平梯度, 把方程 (2.8) 写为

$$\frac{\partial^2\Phi_g}{\partial z^2} = 4\pi G\rho_*(z). \tag{2.9}$$

银河系大部分物质由小质量恒星组成, 其标高 h_* 比中性气体大 (图 2.6). 于是, 我们可以放心地在方程 (2.9) 中用中心平面的值 $\rho_*(0)$ 代替 $\rho_*(z)$. 我们随后对这个方程积分两次, 注意到, 由于对称性, 中心平面处的引力, $-\partial\Phi_g/\partial z$ 必须为零. 最终的引力势为

$$\Phi_g(z) = \Phi_g(0) + 2\pi G\rho_*(0)z^2. \tag{2.10}$$

方程 (2.7) 和 (2.10) 表明, 冷中性介质分布为高斯分布. 相应的标高为

$$h_{\mathrm{HI}} = \left[\frac{2\pi G\rho_*(0)}{c_{\mathrm{HI}}^2}\right]^{-1/2}. \tag{2.11}$$

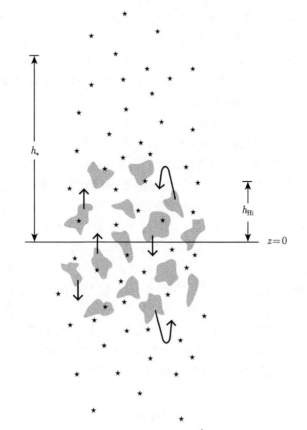

图 2.6 银河系中性氢气体的运动. 单独的云离开 $z = 0$ 的银河系中心平面, 到达上方和下方
平均距离 h_{HI} 处. 这个距离比小质量恒星的标高 h_* 小

这个理论预言和观测符合得怎么样? 由对各种质量恒星的垂向分布和速度的测量得知太阳附近的 $\rho_*(0)$ 为 $0.18 M_\odot \ \mathrm{pc}^{-3}$. 如果我们随后用 80 K 温度计算 c_{HI}, 我们由方程 (2.11) 得到 h_{HI} 为 10 pc, 只是观测值的百分之十! 事后看来, 这个失败并不奇怪. 毕竟, 21 cm 观测表明, 冷气体实际上是由似乎处于随机运动的独立的云组成的. 云在 z 方向的典型速度是 $6 \ \mathrm{km \cdot s^{-1}}$. 在方程 (2.11) 中把 c_{HI} 代换为这个值得到更接近观测值的标高. 如图 2.6 所示, 这里, 冷中性氢气体的垂向分布源自单独云块的整体运动而不是内压的支撑. 现在, 突出的问题是这个运动的能量来源.

2.2.3 暖的和热的云间气体

超新星可以搅动广泛的中性气体. 尽管超新星爆发不常见, 在类似银河系的星系中每 50 年仅发生一次, 但每次爆发事件的膨胀物质扫过巨大的体积并在周围的气体中注入可观的动量. 超新星遗迹运动的壳层中极热的气体冷却太慢, 新的遗迹和较老的遗迹不可避免地交叉, 形成相互连接的气泡网络. 实际上, 有很好的证据表明太阳系位于这样一个稀疏的区域 (见 7.2 节). 在更大的尺度上, 人们认为热气体填满了盘中围绕中性成分的巨大空间, 构成了星际介质的第三相. 理论预言这些热的云间介质的温度为 10^6 K, 密度为 0.003 cm^{-3}.

证实这些性质 (包括第三相的空间分布) 的过程是缓慢的, 因为相关数据难以获得. 到目前为止, 高度电离的重元素谱线提供了仅有的坚实线索. 因为这些谱线位于紫外波段, 所以必须在空间进行观测. 在 20 世纪 70 年代早期, 哥白尼卫星观测了无处不在的 OVI 发射. 其他空间设备随后探测到了更多种类的谱线. 有趣的是, 也看到了来自较低电离态元素的光学谱线. 这些谱线, 加上广泛存在的 Hα 弥散发射, 表明存在另外一种气体成分. 首次于 20 世纪 80 年代进行了系统性研究的这种暖电离介质和暖中性介质的密度和温度相同, 但是其中的氢大部分是电离的. 解释维持这个电离态所需的能量输入对理论提出了另一个挑战.

从这个简单的讨论应该清楚, 星际气体的很多方面都还未得到解释. 特别地, 近期的观测强调了这种介质基本上是一种动态实体的一般原则. 这个特征自然使得理论家的任务更加艰巨. 然而, 这些气体是由近似压力平衡的离散相组成的这个见解将继续发挥关键作用. 作为给读者的一个方便的参考, 我们在表 2.2 中总结了已知相的基本性质. 注意, 我们已经包括了重要的分子成分, 尽管这些气体没有和其他相处于压力平衡.

表 2.2   星际介质的相

相	n_{tot}/cm^{-3}	T/K	$M/(\times 10^9 M_\odot)$	f
分子相	> 300	10	2.0	0.01
冷中性相	50	80	3.0	0.04
暖中性相	0.5	8×10^3	4.0	0.30
暖电离相	0.3	8×10^3	1.0	0.15
热电离相	3×10^{-3}	5×10^5	—	0.50

注: f 是体积填充因子.

2.3   星际尘埃: 消光和热发射

来自远方恒星的光学辐射被中间的尘埃减弱. 如果不考虑这个效应, 那么一颗观测到的恒星要么被认为光度太小或者被放在一个错误的远距离上. 实际上, 问题会更糟, 因为尘埃颗粒也会红化通过它们的光. 所以在确定任何恒星的两个基本性质——光度和等效温度时必须考虑星际介质的尘埃成分. 消光和红化不仅在可见光波段发生, 而且在整个电磁波段都有, 程度不同. 因为它们在天文学中无处不在, 我们暂停对星际介质的探索, 讲述和这些相关现象有关的基本概念和术语. 此外, 我们需要研究尘埃被星光加热产生的发射.

2.3.1 消光和红化

首先将消光对波长的依赖定量化. 回顾第 1 章, 恒星在任意波长 λ 附近的亮度以其表观星等 m_λ 和绝对星等 M_λ 度量. 存在于恒星和地球之间的尘埃将两个量之间的关系从方程 (1.4) 变为

$$m_\lambda = M_\lambda + 5\log\left(\frac{r}{10\ \mathrm{pc}}\right) + A_\lambda, \tag{2.12}$$

其中 A_λ, 一个以星等度量为正的量, 被简单地称为波长 λ 处的消光. 注意到, 即使在基准距离 10 pc 处, 恒星现在也满足 $m_\lambda > M_\lambda$, 即它比绝对星等暗.

尘埃对遥远天体红化的一般趋势表明 A_λ 一定随 λ 的增大而减小, 至少在光学波段如此. 考虑对同一颗恒星在不同波长 λ_1 和 λ_2 写出方程 (2.12). 消去 r 得到

$$(m_{\lambda_1} - m_{\lambda_2}) = (M_{\lambda_1} - M_{\lambda_2}) + (A_{\lambda_1} - A_{\lambda_2}). \tag{2.13}$$

此式 (2.13) 右边第一项是 C_{12}^0——在 λ_1 和 λ_2 测量的内禀色指数. 如我们在 1.3 节提到的, 这个量也可以用 UBV 滤光片名称写为 $(B-V)_0$、$(U-B)_0$ 等. 方程 (2.13) 左边的量一般记为 C_{12} 或者 $B-V$、$U-B$ 等, 是观测色指数. 内禀色指数和观测色指数之间的差是对红化的度量, 称为色余, E_{12}

$$E_{12} \equiv C_{12} - C_{12}^0 \tag{2.14a}$$
$$= A_{\lambda_1} - A_{\lambda_2}. \tag{2.14b}$$

色余在 UBV 系统中写为 E_{B-V}、E_{U-B} 等. 在可见光波长, 对于 $\lambda_1 < \lambda_2$, $A_{\lambda_1} > A_{\lambda_2}$, E_{12} 是正的量.

消光和色余都正比于视线上尘埃颗粒的柱密度.[①]考虑第三个波长 λ_3. 比例 A_{λ_3}/E_{12} 和 E_{32}/E_{12} 只依赖于内禀的尘埃颗粒性质. 如果我们现在在固定 λ_1 和 λ_2, 同时让第三个波长取任意值 λ, 那么每一个比例都提供了对尘埃消光随波长变化的度量. 反过来, 选择 λ_1 和 λ_2 分别对应于 B 波段和 V 波段滤光片. 在这个情形, $E_{\lambda-V}/E_{B-V}$ 是 λ 处的归一化的选择性消光 (selective extinction), 而 A_λ/E_{B-V} 是归一化的总消光. 由方程 (2.14b), 这两个量的关系为

$$\frac{E_{\lambda-V}}{E_{B-V}} = \frac{A_\lambda}{E_{B-V}} - \frac{A_V}{E_{B-V}} \tag{2.15a}$$

---

① 一个有用的事实是, 在对银道面所有视线方向平均后, 离开太阳, A_V 以 1.9 mag·kpc^{-1} 增加. 在第 3 章中, 我们将讲述 A_V 和氢柱密度之间的一般关系.

$$= \frac{A_\lambda}{E_{B-V}} - R. \qquad (2.15b)$$

这里, 基准比例 R 为

$$R \equiv \frac{A_V}{E_{B-V}}$$
$$= 3.1. \qquad (2.16)$$

这个值适用于弥散星际介质, 但 R 在致密分子云 (包括那些形成恒星的分子云) 中可以高得多.

$\quad$ $E_{\lambda-V}/E_{B-V}$ 或者 A_λ/E_{B-V} 与 λ 的关系图被称为星际消光曲线. 图 2.7 显示了标准曲线, 其中自变量是 $1/\lambda$. 这个重要的结果总结了星际介质的消光和红化性质, 通过经验性地应用方程 (2.14b) 得到, 即比较很多恒星和同样光谱型的未红化天体的色指数. 比例 R 由方程 (2.15b) 通过测量 $E_{\lambda-V}/E_{B-V}$ 的长波极限得到, 假设 A_λ 在这个极限下趋向于零. 在实践中, 中红外观测就足以满足这个目的.

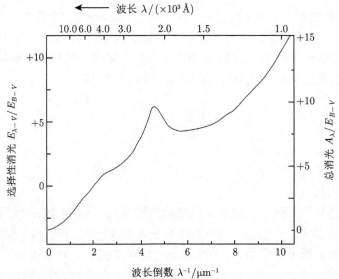

图 2.7   星际消光曲线. 画出了选择性消光和总消光作为波长倒数 λ^{-1} 的函数. 注意, 顶部横坐标显示了真正的波长 λ

2.3.2   辐射转移

$\quad$ 到目前为止, 我们只考虑了消光改变对固定距离恒星的观测. 现在改变视角, 观察尘埃对来自恒星表面的光的积累影响. 我们以一些定义开始. 任何辐射场都可以用其比强度 I_ν 描述. 这个量定义为使得 $I_\nu \Delta\nu \Delta A \Delta\Omega$ 是立体角 $\Delta\Omega$ 内垂直于

面积 ΔA 传播的、频率 ν 到 $\nu + \Delta \nu$ 之间的单位质量的能量 (图 2.8). 注意, 我们同样可以定义某个波长范围内的量 I_λ; 我们将在 ν 和 λ 之间自由变换我们的自变量. 一般来说, I_ν 不仅是 ν 和相对于辐射源空间位置的函数, 也是传播方向的函数, 后者用图 2.8 中的单位矢量 $\hat{n}$ 表示. 我们接下来定义比流量 F_ν, 也称为流量密度. 这是单位时间穿过一个固定方向 $\hat{z}$ 的表面的单位面积的单色能量, 写为

$$F_\nu \equiv \int I_\nu \mu \mathrm{d}\Omega. \tag{2.17}$$

这里 $\mu \equiv \hat{n} \cdot \hat{z}$ 是传播方向和表面法向夹角的余弦值 (图 2.8). 因为光以速度 c 传播, 所以 I_ν/c 代表了在 $\hat{n}$ 方向传播的能量密度. 因此在一个固定位置的单位频率的总能量密度为

$$u_\nu \equiv \frac{1}{c} \int I_\nu \mathrm{d}\Omega. \tag{2.18}$$

这个量和平均强度 J_ν 紧密相关, J_ν 即 I_ν 对所有方向的平均

$$J_\nu \equiv \frac{1}{4\pi} \int I_\nu \mathrm{d}\Omega. \tag{2.19}$$

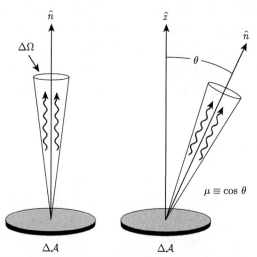

图 2.8　比强度 I_ν 的定义. 想象在以 $\hat{n}$ 方向为中心立体角 $\Delta\Omega$ 的圆锥内传播的光. $\hat{n}$ 矢量本身可以相对 $\hat{z}$ 倾斜 θ 角. $\hat{z}$ 定义表明了面积 ΔA 的法向

　　现在考虑 ΔI_ν, I_ν 沿传播方向的变化 (图 2.9). 在一小段距离 Δs 上, 尘埃颗粒可以通过很多过程减少波束中的辐射. 一个过程是吸收, 在这个过程中辐射能量被转化为尘埃颗粒的内部运动. 光子也通过散射从波束中损失. 这里, 激发后快

速地退激发, 在不同的方向发出另一个光子. 在尘埃静止参考系中, 第二个光子的
频率和第一个光子相同. 一个外部观测者会看到尘埃运动造成少许多普勒频移.

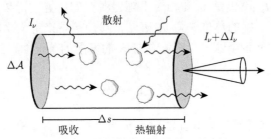

图 2.9　光通过尘埃颗粒. 比强度 I_ν 的辐射进入左边的一块面积 ΔA. 在它传播了一段距离
Δs 后, 强度由于吸收、散射和尘埃热辐射变成了 $I_\nu + \Delta I_\nu$

　　对于目前的问题, 我们可以把吸收和散射放在一起, 只需要注意到总的消光
一定正比于 Δs. 此外, 光子减少率应该随入射强度, 即 I_ν 线性变化. 最后, 对于
混合了尘埃的气体介质, 消光一定正比于总密度 ρ. 故我们把这个对 ΔI_ν 负的贡
献写为 $-\rho \kappa_\nu I_\nu$. 这里 κ_ν 是不透明度, 以 $\mathrm{cm}^2 \cdot \mathrm{g}^{-1}$ 度量, 依赖于入射频率、尘埃
颗粒的相对数量和它们的内禀物理性质.

　　I_ν 可以有很多途径在 Δs 内增加. 辐射激发的晶格振动也发出辐射, 通常
在红外波段. 除了热辐射, 光子也通过从其他方向传播的波束中散射而被添加到
当前波束中. 和之前一样, 我们把这些过程放在一起定义一个*发射系数 j_ν*, 使得
$j_\nu \Delta \nu \Delta \Omega$ 是单位时间单位体积在 $\hat{n}$ 方向发射的能量. 将单位体积写为 $\Delta A \Delta s$ 并
回想, I_ν 定义为单位面积的能量, 我们看到, I_ν 的增量就是 $j_\nu \Delta s$. 于是 I_ν 总的变
化是

$$\Delta I_\nu = -\rho \kappa_\nu I_\nu \Delta s + j_\nu \Delta s.$$

除以 Δs, 我们得到*转移方程*

$$\frac{\mathrm{d}I_\nu}{\mathrm{d}s} = -\rho \kappa_\nu I_\nu + j_\nu. \tag{2.20}$$

尽管这个结果是对辐射通过尘埃颗粒传播的特殊情形得到的, 但是方程 (2.20) 和
相关术语可以用于任何去除和产生光子的连续介质. 例如, 我们将用第 6 章的转
移方程讨论射电波和星际分子的相互作用.

　　物理量 $1/\rho \kappa_\nu$ 具有长度量纲, 被称为光子平均自由程. Δs 和这个长度的比例,
即乘积 $\rho \kappa_\nu \Delta s$ 是光深[①], 记作 $\Delta \tau_\nu$.[②] 当光子通过光学厚介质传播, 即当 $\Delta \tau_\nu \gg 1$
时, 消光概率高. 反过来, 辐射可以自由地在光学薄环境中 $(\Delta \tau_\nu \ll 1)$ 传播. 注意
到, 同样的物理介质可以是光学薄或光学厚, 这取决于所讨论的辐射的频率.

---

　　① 译者注: 光深也称为光学厚度. 光深比较大称为 "光厚", 反之称为 "光薄".
　　② 这里我们沿用不准确但是为人接受的步骤, 在可见光波段之外的频率也使用术语 "光" 深.

2.3.3 消光和光学厚度

至此, 我们有两个度量消光的无量纲量, 光学厚度和方程 (2.12) 中引入的 A_λ. 为考察它们之间的关系, 我们首先使用转移方程得到位于距离恒星中心 r 的 P 点的比强度 (图 2.10). 计划是用这个结果得到恒星在 P 处的表观星等. 假设我们测量了一个频率处的比强度, 之间的尘埃辐射可忽略, 故方程 (2.20) 中 $j_\nu = 0$. 将频率换为波长, 我们从恒星表面到 P 对方程积分得到

$$I_\lambda(r) = I_\lambda(R_*) \exp(-\Delta\tau_\lambda). \tag{2.21}$$

这里 $\Delta\tau_\lambda$ 表示从恒星表面到 P 的光学厚度. 参考图 2.10, 我们看到, 这个光学厚度依赖于辐射点在以 P 为顶点的圆锥中的精确位置. 然而, 我们假设 $r \gg R_*$, 所以这个变化可以放心地忽略. 类似地, 如果假设恒星表面发出黑体辐射, $I_\lambda(R_*)$ 不依赖于圆锥中的传播方向 (见下文).

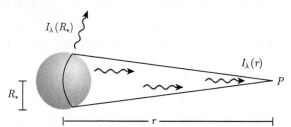

图 2.10 星际介质对星光的衰减. P 点, 位于距离半径为 R_* 的恒星 r 处, 接收到的比强度为 $I_\lambda(r)$. 这个强度比恒星表面各向同性发出的 $I_\lambda(R_*)$ 值小

下一步是用方程 (2.17) 求解 P 点处的比流量. 在当前情形, $\mu \approx 1$, 恒星所张的立体角 $\Delta\Omega$ 为 $\pi R_*^2/r^2$. 所以

$$F_\lambda(r) = \pi I_\lambda(R_*) \left(\frac{R_*}{r}\right)^2 \exp\left(-\Delta\tau_\lambda\right). \tag{2.22}$$

现在想象同样一颗恒星位于距离 P 点 r_0 处, 其间没有消光. 将此情况接收到的流量写为 $F_\lambda^*(r_0)$, 我们就得到

$$F_\lambda^*(r_0) = \pi I_\lambda(R_*) \left(\frac{R_*}{r_0}\right)^2. \tag{2.23}$$

如果现在用方程 (2.22) 除以方程 (2.23), 那么结果可以写为

$$-2.5 \log F_\lambda(r) = -2.5 \log F_\lambda^*(r_0) + 5 \log\left(\frac{r}{r_0}\right) + 2.5(\log e)\Delta\tau_\lambda. \tag{2.24}$$

参考方程 (1.2) 和方程 (1.3), 令 r_0 等于 10 pc. 在方程 (2.24) 两边加上常数 m_λ 发现

$$m_\lambda = M_\lambda + 5\log\left(\frac{r}{10\ \text{pc}}\right) + 2.5(\log e)\Delta\tau_\lambda. \tag{2.25}$$

将此方程与方程 (2.12) 比较得到我们想要的结果:

$$A_\lambda = 2.5(\log e)\Delta\tau_\lambda$$
$$= 1.086\Delta\tau_\lambda. \tag{2.26}$$

所以, 对消光的两种测量①实际上给出相当接近的数值结果.

2.3.4 黑体辐射

现在定量研究尘埃颗粒的热辐射. 想象一团混合了尘埃颗粒的星际气体周围有一个容器, 其壁面保持温度 T. 进一步假设这些容器壁吸收所有碰到它们的光子, 而气体对辐射是透明的. 然后被加热的容器壁将产生它们自己的光子, 容器的内部将被与容器壁达到热平衡的辐射所充满. 这意味着光子在可能的量子态上的分布是最可几的, 和能量在辐射和物质间自由交换一致. 这些条件下的辐射能量密度由普朗克公式给出:

$$u_\nu = \frac{8\pi h\nu^3/c^3}{\exp(h\nu/k_\text{B}T) - 1}. \tag{2.27}$$

我们刚才描述的所谓黑体辐射也是各向同性的, 即比强度 I_ν 不依赖于方向. 由方程 (2.18), 我们有 $I_\nu = cu_\nu/4\pi$. 此情形下的比强度由特别的符号 B_ν 给出. 它只是温度的函数:

$$B_\nu(T) = \frac{2h\nu^3/c^2}{\exp(h\nu/k_\text{B}T) - 1}. \tag{2.28}$$

我们也可以定义一个 $B_\lambda(T)$, 用

$$B_\lambda = B_\nu\left(\frac{\text{d}\nu}{\text{d}\lambda}\right)$$
$$= -\left(\frac{c}{\lambda^2}\right)B_\nu$$

得到

$$B_\lambda(T) = \frac{2hc^2/\lambda^5}{\exp(hc/\lambda k_\text{B}T) - 1}. \tag{2.29}$$

在我们假设的容器里, 辐射场的空间均匀性表明, 从方程 (2.20) 看, 物质的发射率满足

$$(j_\nu)_\text{therm} = \rho\kappa_{\nu,\text{abs}}B_\nu(T), \tag{2.30}$$

---

① 译者注: 即 A_λ 和 $\Delta\tau_\lambda$.

其中我们已经标明, 这里只考虑 k_ν 的吸收成分. 现在移除容器壁. 同样的物质必然以精确相同的速率发出热辐射. 应用方程 (2.30), 我们必须谨慎使用 T_d, 即尘埃颗粒的温度, 这可能和周围气体的温度大不相同 (见第 7 章)[①].

图 2.11 对一些 T 画出了重要的函数 $B_\nu(T)$. 我们看到, 增加 T 使所有频率的强度上升, 但曲线的形状得以保持. 对方程 (2.28) 作代换 $x \equiv h\nu/k_B T$, 读者可以验证 $B_\nu(T)$ 在 $x_0 = 2.82$ 达到极大, 故

$$\frac{\nu_{\max}}{T} = \frac{x_0 k_B}{h}$$
$$= 5.88 \times 10^{10} \ \mathrm{Hz \cdot K^{-1}}. \tag{2.31}$$

类似地, 把 $y \equiv hc/\lambda k_B T$ 代入方程 (2.29), 得到 $B_\lambda(T)$ 在波长 $\lambda_{\max}$ 处达到峰值, 其中

$$\lambda_{\max} T = 0.29 \ \mathrm{cm \cdot K}. \tag{2.32}$$

方程 (2.31) 和 (2.32) 是维恩位移定律的另外一种形式[②]. 这个关系式, 特别是方程 (2.32) 这种形式, 特别实用.

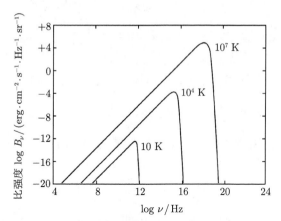

图 2.11 黑体谱的比强度 $B_\nu(T)$. 图中展示了三个代表性温度下这个量作为频率的函数关系

为了将来所用, 我们注意到, 方程 (2.27)~(2.29) 中的黑体关系也可以用于恒星内部. 任何恒星在所有频率都是特别光学厚的, 其物质和辐射非常接近热力学平衡. 于是, 内部任何温度为 T 的一点的辐射能量密度都由方程 (2.27) 给出. 此外, 离开恒星的光的比强度由方程 (2.28) 和方程 (2.29) 给出, 现在 T 是 1.3 节中引入的等效温度 T_{eff}. 因此我们有

$$I_\lambda(R_*) = B_\lambda(T_{\mathrm{eff}}). \tag{2.33}$$

---

① 方程 (2.30) 是基尔霍夫定律的一种表述; 也可参见附录 E. 注意到, 我们用下标 d 表示尘埃, g 表示气体.
② 读者可以思考为什么峰值频率和峰值波长相乘不等于光速.

为了得到离开表面的比流量, 我们回到方程 (2.17), 但是换成波长的函数. 写出 $d\Omega = 2\pi d\mu$, 并从 $\mu = 0$ 积分到 1, 我们得到

$$F_\lambda(R_*) = \pi B_\lambda(T_{\mathrm{eff}}).\tag{2.34}$$

我们将此方程对所有波长积分得到总流量. 再一次令 $y \equiv hc/\lambda k_{\mathrm{B}} T$, 我们得到

$$F_{\mathrm{bol}} = \frac{2\pi k_{\mathrm{B}}^4 T^4}{c^2 h^3} \int_0^\infty \frac{y^3 dy}{e^y - 1}.$$

这个积分结果为 $\pi^4/15$, 故我们可以写出

$$F_{\mathrm{bol}} = \sigma_{\mathrm{B}} T_{\mathrm{eff}}^4,\tag{2.35}$$

其中斯特藩-玻尔兹曼常量为

$$\begin{aligned}\sigma_{\mathrm{B}} &\equiv \frac{2\pi^5 k_{\mathrm{B}}^4}{15c^2 h^3}\\ &= 5.67 \times 10^{-5}\ \mathrm{erg \cdot cm^{-2} \cdot s^{-1} \cdot K^{-4}}.\end{aligned}\tag{2.36}$$

方程 (2.35) 乘以恒星表面积 $4\pi R_*^2$ 得到方程 (1.5) 中 L_{bol} (或 L_*) 和 T_{eff} 的关系.

我们的推导顺带让我们确定了任意黑体辐射场中的总能量密度. 也就是说, 我们现在可以将方程 (2.27) 对所有频率积分. 习惯上把这个积分的结果写为

$$u_{\mathrm{rad}} = aT^4.\tag{2.37}$$

这里, 我们引入辐射密度常量 $a \equiv 4\sigma_{\mathrm{B}}/c$, 其数值为 $7.56 \times 10^{-15}\ \mathrm{erg \cdot cm^{-3} \cdot K^{-4}}$.

2.4 星际尘埃: 尘埃颗粒的性质

我们接下来转向讨论尘埃颗粒自身的物理特征, 从它们对背景星光的影响以及它们自己的辐射推导出来. 这些信息当然会增加我们对星际介质的一般认识. 但是如我们将要看到的, 尘埃颗粒的性质也和恒星形成云的性质紧密相关.

2.4.1 消光效率

不透明度 κ_ν 代表单位星际物质质量的总消光截面. 如果我们现在想研究每个尘埃颗粒的贡献, 那么换一下符号. 由于气体本身只贡献了星际介质消光的一小部分, 我们可以写出

$$\rho\kappa_\nu = n_{\mathrm{d}}\sigma_{\mathrm{d}} Q_\nu.\tag{2.38}$$

这里 n_{d} 是单位体积的尘埃颗粒数. 物理量 σ_{d} 的量纲为面积, 是一颗典型尘埃的几何截面. 为了简单, 假设尘埃颗粒为球形. 也就是说, $\sigma_{\mathrm{d}} \equiv \pi a_{\mathrm{d}}^2$, 其中 a_{d} 是尘埃

半径. 实际的消光截面和投影截面的比为 Q_ν, 即消光效率因子. 如往常一样, Q_ν 可以写为吸收和散射成分之和, 我们分别记为 $Q_{\nu,\mathrm{abs}}$ 和 $Q_{\nu,\mathrm{sca}}$.

Q_ν(或等价的 Q_λ) 的经验形式可以从星际消光曲线 (图 2.7) 结合一些理论输入得到. 方程 (2.26) 和方程 (2.38) 表明效率因子随波长的变化正是

$$\frac{Q_\lambda}{Q_{\lambda_0}} = \frac{A_\lambda / E_{B-V}}{A_{\lambda_0} / E_{B-V}}, \tag{2.39}$$

其中 λ_0 是任意参考波长. 在零波长极限, 经典电磁理论给出 $Q_{\nu,\mathrm{abs}}$ 和 $Q_{\nu,\mathrm{sca}}$ 都趋近于 1, 得到总的效率因子为 2. 图 2.7 显示, 在最后一个数据点 $\lambda = 1000$ Å 处, $A_\lambda / E_{B-V} = 14$. 理论给出, 消光在更短的波长仅少量增加, 故我们可以将这个数作为我们的渐近值, 得到

$$Q_\lambda = 0.14 \frac{A_\lambda}{E_{B-V}}. \tag{2.40}$$

任何尘埃颗粒的理论模型都必须重现这个和观测的基本联系. 例如, 消光曲线的行为告诉我们, Q_λ 在光学波段大致以 λ^{-1} 变化. 在更长的波长, 在 10 μm 附近有一个局部极大, 在图中不明显. 在紫外波段 2200 Å 处也有一个更明显的峰. 最后, 尘埃颗粒模型必须解释在可见光和近红外观测到的星际介质的散射和偏振.

在恒星形成研究中, 已有人努力在远红外和毫米波确定 Q_λ. 一般星际介质在这个波段是透明的, 所以人们转向观测被加热的尘埃云的发射. 假设通过张角 $\Delta\Omega$ 的一块云的总光深 $\Delta\tau_\lambda$ 小于 1. 进一步假设这块云在光学波段足够透明, A_V 可以通过背景恒星的计数确定, 这个技术在第 6 章讨论. 于是方程 (2.20) 和 (2.30) 表明, 离开云的比强度近似为

$$I_\lambda = B_\lambda(T_\mathrm{d})\Delta\tau_\lambda$$

这里, 我们忽略了方程 (2.20) 中的吸收项. 使用方程 (2.17) 表明, 接收到的流量可以写为

$$F_\lambda = B_\lambda(T_\mathrm{d})\Delta\Omega\Delta\tau_\lambda, \quad \Delta\tau_\lambda \ll 1, \tag{2.41}$$

其中我们还假设了 $\Delta\Omega$ 较小. 如果尘埃温度通过其他观测或理论考虑得到, 那么方程 (2.41) 可以得到 $\Delta\tau_\lambda$. 知道 A_V, 加上方程 (2.16)、(2.26) 和 (2.40) 给出 Q_λ.

T_d 和 A_V 的确定通常是有问题的, 所以 Q_λ 对波长的依赖在这种情况下确定得也不好. 通常将 30 μm $\lesssim \lambda \lesssim$ 1 mm 这个依赖关系写为 $\lambda^{-\beta}$. 这里 β 是一个正数, 在这个波长范围被认为从大约 1 变为 2. 也有证据表明 β 通常在最致密的云和星周盘中较小, 但是在更弥散的环境中更接近 2. 这个差异可能反映了较密的区域中尘埃的物理成团性.[①]这些考虑总的结果是, Q_λ 以及不透明度目前在 $\lambda = 1$

---

① 如我们刚才看到的, 尘埃颗粒的不透明度不依赖于被吸收的辐射的波长 λ, 如果其几何尺寸大于 λ. 由方程 (2.38), 效率因子在这个极限也不依赖于波长. 于是, 厘米尺寸的尘埃颗粒在毫米波的 β 较小.

mm 有一个量级的不确定性. 我们后面将看到这妨碍了对盘质量的测量.

2.4.2　尺寸分布和丰度

回到尘埃颗粒结构的话题, 如果颗粒由难熔的核和周围的冰质幔组成, 那么大部分消光观测都可以进行. 核富含硅酸盐, 例如地球上岩石中发现的矿物橄榄石. 硅可以通过 SiO 键的振动解释 10 μm 的特征. 通常, 2200 Å 的尖峰归结为石墨的电激发, 石墨因而被认为是另一种尘埃核的材料. 然而, 在彗星和陨石中没有探测到石墨导致了对这种解释的一些怀疑. 尘埃幔由水冰和其他可能从周围气体吸附的分子的混合物组成. 这样的幔可以在冷星际云中留存, 但是一旦尘埃颗粒温度超过大约 100 K 就升华了.

尘埃颗粒有多大呢? 在大多数模型中, 采用半径 $a_d \sim 0.1$ μm, 这通常作为一个粗略近似. 然而, 我们清楚, 为了符合消光数据, 一个连续的尺寸分布是必须的. 最常使用的分布是 Mathis、Rumpl 和 Nordsiek 给出的. 这里单位半径间隔内尘埃颗粒的相对数目以 $a_d^{-3.5}$ 变化, 上限和下限分别是 0.25 μm 和 0.005 μm. 因而类似方程 (2.38) 的方程写为对尺寸分布的积分更好, 但是我们不需要这个改进. [①]

在我们简化的均匀球状尘埃颗粒的图像中, 我们想象一块氢的数密度为 n_H 的 HI 云. 随后会发现知道单位氢原子的尘埃颗粒的总几何截面 Σ_d 是有用的

$$\Sigma_d \equiv \frac{n_d \sigma_d}{n_H}. \tag{2.42}$$

如果我们假设云沿视线方向的长度为 L, 那么 Σ_d 也可以写为柱密度比:

$$\Sigma_d = \frac{N_d \sigma_d}{N_H}, \tag{2.43}$$

其中 $N_d \equiv n_d L$, $N_H \equiv n_H L$. 我们可以估计这个方程中的分子, 首先注意到方程 (2.38) 在乘以 L 后可以重新写为

$$\Delta \tau_\lambda = N_d \sigma_d Q_\lambda. \tag{2.44}$$

物理量 $\Delta \tau_\lambda / Q_\lambda$ 可以用方程 (2.26) 和 (2.40) 求得. 将这个结果应用于方程 (2.42), 我们得到

$$\Sigma_d = 7.8 \left(\frac{E_{B-V}}{N_H} \right) \text{ cm}^2. \tag{2.45}$$

方程 (2.45) 中色余和中性氢柱密度之比已经通过一些重要的观测经验性地确定了. 为了测量任意区域中的 N_H, 我们利用云后方的 O 型星和 B 型星可以激发

---

① 平均颗粒尺寸的概念是有用的, 因为很多重要效应随粒子半径的增加而增强. 这些效应包括星光的消光和 H_2 形成的催化 (第 5 章). 在这些情形中, 使用合理权重平均的半径离分布的上限不远. 一个例外是光电加热 (第 7 章), 它在小半径特别有效, 完整的积分是必要的.

中途的氢的电子跃迁这个事实. 对于弥散云, 这些恒星仍然可见, 但是有额外的吸收线. 这些线在紫外, 只能在地球大气之上观测. 1972 年, OAO-2 卫星上的一个紫外光谱仪首先测量了 69 颗 O 型星和 B 型星光谱中的 Lyα 跃迁. 吸收线的深度可以转换为氢的柱密度. 此外还观测了这些恒星的 B 波段和 V 波段星等以确定它们的色余. 这两个量是以一个线性关系很好地相关的:

$$\frac{E_{B-V}}{N_{\rm H}} = 1.7 \times 10^{-22} \text{ mag} \cdot \text{cm}^2. \tag{2.46}$$

在方程 (2.45) 中使用这个结果最终得到

$$\Sigma_{\rm d} = 1.0 \times 10^{-21} \text{ cm}^2. \tag{2.47}$$

这个对 $\Sigma_{\rm d}$ 的估计让我们可以得到 κ_λ 的一个用标准消光曲线表示的方便表达式. 参考方程 (2.38), 我们首先把 ρ 写为 $m_{\rm H} n_{\rm H}/X$. 随后求解这个方程以得到不透明度

$$\kappa_\lambda = \frac{X n_{\rm d} \sigma_{\rm d} Q_\lambda}{m_{\rm H} n_{\rm H}}.$$

使用 $\Sigma_{\rm d}$ 的定义及其数值, 我们有

$$\begin{aligned}
\kappa_\lambda &= 420 \text{ cm}^2 \cdot \text{g}^{-1} \, Q_\lambda \\
&= 59 \text{ cm}^2 \cdot \text{g}^{-1} \, \frac{A_\lambda}{E_{B-V}},
\end{aligned} \tag{2.48}$$

其中我们也使用了方程 (2.40).

估计尘埃颗粒占星际介质的质量比 $f_{\rm d}$ 也是有益的. 在均匀球的图像中, 这个比例为

$$f_{\rm d} = \frac{4\pi a_{\rm d}^3 \rho_{\rm d}}{3\mu m_{\rm H}} \left(\frac{n_{\rm d}}{n_{\rm H}} \right), \tag{2.49}$$

其中 $\rho_{\rm d}$, 内部尘埃密度大约为 3 g·cm^{-3}. 数量分数 $n_{\rm d}/n_{\rm H}$ 正是 $\Sigma_{\rm d}/\pi a_{\rm d}^2$, 对于 $a_{\rm d} = 0.1$ μm 为 3×10^{-12}. 于是我们得到质量分数

$$\begin{aligned}
f_{\rm d} &= \frac{4\rho_{\rm d} a_{\rm d} \Sigma_{\rm d}}{3\mu m_{\rm H}} \\
&= 0.02.
\end{aligned} \tag{2.50}$$

因为这个数符合气体的金属丰度, 所以我们证实了大部分重元素一定以固态形式存在.

2.4.3 星光的偏振

尘埃的另一个重要方面是它们导致辐射产生偏振的能力. 考虑明亮的年轻恒星周围可见的反射星云. 这里, 恒星光子不受阻碍地穿过零散的云之间的空隙直到它们碰上尘埃被散射到我们的方向. 在这个散射事件之前, 入射的电场矢量 $\boldsymbol{E}$ 在垂直于传播方向 $\hat{\boldsymbol{n}}$ 的平面内随机振荡 (图 2.12). 现在集中在散射到离开 $\hat{\boldsymbol{n}}$ 方向 90° 方向 (例如图中的 $\hat{\boldsymbol{s}}$ 或 $\hat{\boldsymbol{s}}'$) 的辐射. 这些新的方向矢量定义了它们自己的法平面. 散射场 $\hat{\boldsymbol{E}}$ 只沿着新平面和旧平面的投影线振荡. 于是, 这个辐射是线偏振的. 散射到其他方向, 例如 $\hat{\boldsymbol{s}}''$, 产生部分偏振. 也就是说, $\hat{\boldsymbol{E}}$ 沿两条正交线振荡, 但是幅度不同.

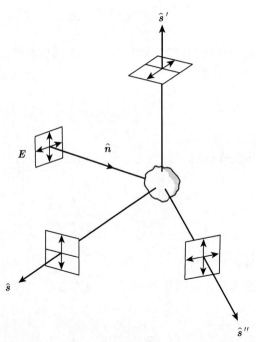

图 2.12   尘埃颗粒散射导致的光偏振. 入射辐射沿 $\hat{\boldsymbol{n}}$ 方向传播. 散射到 $\hat{\boldsymbol{s}}$ 或 $\hat{\boldsymbol{s}}'$ 方向的那部分
光是线偏振的, 而散射到任意方向 $\hat{\boldsymbol{s}}''$ 的光只是部分偏振的

如果旋转源前方的起偏器, 那么在任意波长接收到的强度会从最小值 $I_{\min}$ 变化到 $I_{\max}$. 对应于 $I_{\max}$ 的起偏物方位角是 $\boldsymbol{E}$ 的方位角, 而偏振度定义为

$$P \equiv \frac{I_{\max} - I_{\min}}{I_{\max} + I_{\min}}. \tag{2.51}$$

这个量是波长的函数, 因为 $Q_{\lambda,\mathrm{sca}}$ 一般随 λ 增加而减小. 结果是, 反射星云显得比它们的中心恒星更蓝. 在年轻恒星周围的反射星云中, 光学波段的 P 值通常为

百分之几, 但是也可能高达 0.2. 注意到这样的星云中偏振方向 (即 E 的方位角) 的变化依赖于恒星相对于视线的位置. 在很多情形, E 矢量的图样精确位于照明源处, 这个源由于埋得太深而无法直接观测.

当存在磁场时, 尘埃颗粒也会通过二向消光 (dichroic extinction) 使辐射产生偏振. 这个现象依赖于尘埃粒子不是完美的球形, 而是不规则结构, 倾向于倾倒地转动 (即绕最短的主轴旋转) 这个事实. 尘埃颗粒材料带有少量电荷, 是顺磁性的. 这两个性质都使得它获得一个沿瞬时转轴的磁矩 M. 和周围磁场相互作用产生一个扭矩 $M \times B$, 逐渐迫使尘埃颗粒的短轴和磁场平行. 对于理想的圆柱形尘埃颗粒, 图 2.13 展示了这种情形.

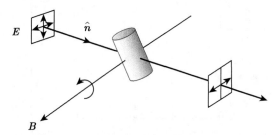

图 2.13   二向消光导致的偏振. 在 n 方向传播的辐射碰到绕磁场 B 转动的长条形尘埃. 发出的辐射的偏振沿 B 方向

现在考虑照射到这颗转动的尘埃颗粒上的无偏振的辐射. 电场驱动电荷到物体的长轴方向最为有效. 这个方向因而成为吸收电磁波最多的方向. 如图 2.13 所示, 发出的辐射的电矢量沿周围的磁场方向 B. 读者可以核对, 这个效应在入射辐射的传播方向和磁场接近垂直时最强. 对背景恒星的偏振光的观测是一种测量银河系磁场的强有力方法.

2.4.4 PAH

回到大质量恒星周围的反射星云, 我们通常发现这些区域除了光学和紫外, 在远红外波段也发出了大量辐射. 这些辐射代表了尘埃颗粒自身的热辐射. 对于距离 r 的恒星, 作用于尘埃颗粒上的流量以 r^{-2} 衰减. $Q_{\lambda,\mathrm{abs}}$ 以 λ^{-2} 变化, 热辐射正比于 T_d^6 (见第 7 章). 所以尘埃温度以 $r^{-1/3}$ 降低. 对于与一颗 B 型星的代表性距离 0.1 pc, T_d 大约是 100 K. 这个温度对于较小的尘埃要高一些, 小尘埃发射效率因子要小一些. 然而, 发射对温度高度敏感表明这个效应不强.

很多反射星云的发射有定量上较小但很明显的异常. 光度中最大的一部分在紫外、可见光和远红外波段, 大约百分之一在近红外波段发射. 图 2.14 给出了一个例子. 这里, 观测到的近红外流量很好地符合一个温度大约 1500 K 的黑体, 加上 3 μm 附近的一个较窄的发射. 宽带发射不可能是发射的星光, 因为 B 型星的辐射主要在可见光和紫外. 此外, 导出的温度比加热的尘埃 (即使是 Mathis, Rumpl 和 Nordsiek 分布中那些最小的尘埃) 高一个量级. 最有趣的是, 温度不随与恒星的距离增加而降低.

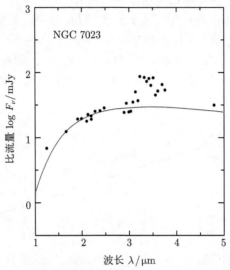

图 2.14   反射星云 NGC 7023 的近红外辐射. 比流量 F_ν 是波长的函数. 实线表示一个
1500 K 黑体的流量. 注意到 3∼4 μm 的辐射超

解决这个问题需要考虑到尘埃颗粒太小, 其总内能比一个单独的恒星光子的能量小得多. 因为一个光子的能量和恒星的流量 F_ν 不同, 它不随距离降低, 所以峰值温度 T_d 可以不依赖于距离. 在这种情况下, 平衡尘埃温度这个概念就失去了重要性. 每个尘埃颗粒的温度可能在每个光子撞击时经历随机跳动, 随后随着尘埃颗粒冷却而快速降低. 因为发射率强烈依赖于温度, 所以观测到的 T_d 可能会在峰值附近占很大权重.

这样的尘埃颗粒需要有多小呢? 如果 ΔT_d 是温度跳变, 那么尘埃晶格获得能量 $3Nk_B\Delta T_d$, 其中 N 是原子数目. 我们令这个能量等于光子能量 $h\nu$ 求解 N

$$N = \frac{h\nu}{3k_B\Delta T_d},\tag{2.52}$$

对于典型的 10 eV 的光子能量和 1000 K 的温度跳变, 我们发现 $N = 40$. 如果 Δr 是原子间的晶格距离, 那么这个数量的原子可以放在一个半径 $R \approx N^{1/3}\Delta r = 10$ Å 的球内, 假设 Δr 的典型值为 3 Å.

图 2.14 中的 3 μm 峰实际上是标准尘埃模型中未能解释的若干个峰的一个. 自 20 世纪 80 年代以来, 已在可以产生这些特征的微小尘埃 (或高分子) 的实验

室研究中进行了很多工作. 最有希望的在化学上被称为多环芳香碳氢化合物, 或
PAH. 它们由位于一个平面内的连起来的碳环组成. 图 2.15 显示了一种有代表性
的 PAH 及其近红外发射谱. 这里, 峰来自 C—H 和 C—C 键的振动.

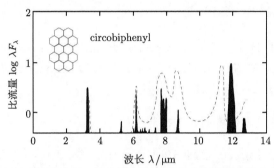

图 2.15　一种 PAH 候选体的发射 (任意单位). 阴影表示的峰代表由实验室测量的这种有机
化合物的吸收谱计算的发射谱. 作为比较, 虚线表示观测到的来自反射星云 NGC 2023 的发
射. 再次注意到 3 μm 附近的尖峰

　　除了截面小, 云中的 PAH 也是重要的加热媒介, 帮助将星光能量转移到星际
介质中. 在这个角色中, 它们的平面结构起了作用, 使得电子容易被紫外光子打
出. 包含 PAH 以符合观测到的云的温度的理论研究发现, 它们相对普通尘埃的数
量仍然可以通过对标准尺度分布的外插得到. 这个事实支持了这个分布具有普适
特征的观点, 反映了星际尘埃的起源和散播的必要方面.

本 章 总 结

　　恒星之间的大部分物质由大约 100 K 的气体组成, 其中氢以原子态形式存在
(HI). 分立的 HI 云遍布银河系, 在银盘内外具有较大的速度. 也存在温度接近
10^4 K 的较暖和更加稀薄的气体, 但是对其结构知之甚少. 关于更热的 10^6 K 的
气体的形态也是如此. 所有这些成分看起来以大致的压强平衡态共存.

　　从恒星形成的角度来看, 氢最有趣的另一种形式是 H_2 分子. 虽然其总质量和
HI 形式的氢相当, 但是空间分布却非常不同. 银盘内的分子气体面密度在半径 6
kpc 处达到局域峰值, 随后向中心急剧攀升. 因为自引力的影响, 分子云内部压强
比其他相态的星际介质高.

　　混合在气体中的固体尘埃颗粒吸收背景的辐射并将其颜色红化. 两个效应都
用星际消光曲线量化为波长的函数. 每个尘埃颗粒由相对致密的核和周围的冰质
幔组成. 热恒星周围尘埃的辐射显示较大的尘埃颗粒在恒星加热和热辐射间达到
平衡. 然而, 最细微的结构, 称为 PAH, 通过异常高的温度显现出来.

建 议 阅 读

2.1 节 原子氢 21 cm 谱线在天文学上的重要性由 van de Hulst 在 1945 年指出. 关于这篇文章的英文翻译, 见

> van de Hulst, H.C. 1979, in A Source Book of Astronomy and Astrophysics: 1900-1975, ed. K. R. Lang and O. Gingerich (Cambridge: Harvard U. Press), p. 627

这条谱线实际上是以下作者第一次探测到的

> Ewen, H.I. & Purcell, E.M. 1951, Nature, 168, 356
>
> Muller, C.A. & Oort, J. 1951, Nature, 168, 357

关于银河系中 HI 气体的一篇有用的综述

> Burton, W.B. 1992, in The Galactic Interstellar Medium, ed. D. Pfenninger and P. Bartholdi (Berlin: Springer-Verlag), p. 1

分子氢的分布, 包括其对旋臂结构和云的性质的启示见

> Combes, F. 1991, ARA&A, 29, 195

HII 成分总结在

> Gordon, M. A. 1988, in Galactic and Extragalactic Radio Astronomy, ed. G. L. Verschuur and K. I. Kellerman (Berlin: Springer-Verlag)

2.2 节 星际介质的相的现代概念见

> Field, G. B., Goldsmith, D. W., & Habing, H. J. 1969, ApJL, 155, L149

另外两篇重要的早期文献为

> Cox, D. P. & Smith, B. W. 1974, ApJL, 189, L105
>
> McKee, C. F. & Ostriker, J. P. 1977, ApJ, 218, 148

第一篇文章讨论了超新星遗迹的效应, 而第二篇介绍了三相介质. 这个领域的一篇当前的综述为

Dopita, M. A. & Sutherland, R. S. 2002, in Astrophysics of the Diffuse Universe (Berlin: Springer-Verlag), Chapter 14

2.3 节和 2.4 节 对星际尘埃颗粒的物理性质和天文学上重要性的介绍见

Whittet, D. C. B. 1992, Dust in the Galactic Environment (Bristol: Institute of Physics)

对尘埃物理各个方面更细节的处理见

Krügel, E. 2003, The Physics of Interstellar Dust (Bristol: Institute of Physics)

经验性地导出尘埃尺度的分布见

Mathis, J. S., Rumpl, W., & Nordsieck, K. H. 1977, ApJ, 217, 425

E_{B-V} 和 N_H 的关系见

Bohlin, R. C., Savage, B. D., & Drake, J. F. 1978, ApJ, 224, 132

一项对尘埃不透明度细致的理论研究见

Draine, B. T. & Lee, H. M. 1984, ApJ, 285, 89

对正在进行的远红外和毫米波消光定量研究的综述见

Henning, Th., Michel, B., & Stognienko, R. 1995, Planet. Sp. Sci., 43, 1333

第 3 章 分 子 云

概览过银河系的气体成分后, 我们现在来更仔细地看一下分子成分. 表 3.1 总结了银河系分子云的物理性质. 作为后面的参考, 我们分辨出了若干云的类型, 但是任何这种分类标准都必然有一定的任意性. 例如, 邻近类型的云直径 L 的典型值范围有重叠. 注意到, 我们的列表是按 A_V(沿一条穿过云内部的视线的典型可见光消光) 增加的顺序排列的. 位于低端的是弥散云. 这些云是相对独立的实体, 原子氢和分子氢含量相当. A_V 接近于 1 意味着背景恒星的大部分光穿过了这些天体. 在这些光中看到的吸收线 (特别是在紫外波段) 已经被证明对于研究分子丰度和化学反应网络有重要价值. 然而, 弥散分子云只代表了星际气体的一小部分, 并且从未发现它们产生了恒星, 所以我们不对它们进行仔细研究.

表 3.1　分子云的物理性质

云的类型	A_V/mag	$n_{\rm tot}$/cm^{-3}	L/pc	T/K	$M/M_\odot$	例子
弥散云	1	500	3	50	50	蛇夫座 ζ
巨分子云	2	100	50	15	10^5	猎户座
暗云						
复合体	5	500	10	10	10^4	金牛座-御夫座
单块云	10	10^3	2	10	30	B1
致密云核/Bok 球状体	10	10^4	0.1	10	10	TMC-1/B 335

我们看表 3.1 中的另外一类, 巨分子云. 这里, 读者已经遇到了一个重要的例子, 猎户座中的分子云复合体. 我们首先更系统性地讨论这些结构的性质. 为帮助分析, 我们引入并在随后使用维里定理, 这是理解自引力天体力学平衡的一个强有力工具. 下面我们将注意力集中在致密云核和 Bok 球状体, 以及和单颗恒星诞生有关的小得多的天体.

3.1　巨 分 子 云

中性氢云和弥散分子云都能通过压力平衡的方式存在很长时间. 也就是说, 周围更稀薄更温暖的介质限制了气体的内部热运动而阻止云散开. 在巨分子云中, 我们碰到一个完全不同的动力学情形. 这里, 主要的凝聚力是云自身的引力, 在总体的力平衡中内部的热压力只起到很小的作用. 这样的环境显然对于通过引力凝聚进行的恒星形成过程更为适宜.

3.1.1 银河系中的分布

在银河系中, 超过百分之八十的分子氢位于巨分子云复合体中. 巨分子云复合体也解释了大部分新恒星的形成. 我们后面将展示, 一块典型的巨分子云在被内埋于其中的 O 型星和 B 型星的强烈星风毁灭前可以存活 3×10^7 yr. 平均来说, 分子云在这段时间内把大约百分之三的质量转化为恒星. 已知银盘中 H_2 的总质量为 $2 \times 10^9 M_\odot$, 于是得到巨分子云贡献的恒星形成率大约为 $2M_\odot$ yr^{-1}. 这个恒星形成率比第 1 章中给出的 $\dot{M}_*$ 小, 但还是一致的. $\dot{M}_*$ 是基于大质量恒星的观测光度和它们的理论寿命得到的. 考虑到数据的巨大不确定性, 这个一致性是令人满意的.

在猎户座的情形, 我们已经看到在复合体中发现的数量相对稀少的 O 型星和 B 型星如何成为众多小质量天体形成的标志. 有其他不容置疑的恒星形成区被大柱密度的尘埃隐藏. 从猎户座推而广之, 引人注意的是, 到目前为止观测到的每个银河系 OB 星协都和巨分子云紧密相关. 这个事实是通过广泛观测 $^{12}C^{16}O$ 的 2.6 mm 谱线发现的. 实际上, 分子云复合体一开始是在 20 世纪 70 年代通过附近天区已知的电离氢区、红外源以及高的光学消光天区的 CO 研究发现的. 因为可以在较远距离上探测到, 所以 2.6 mm 谱线仍然是大规模河内和河外巡天的工具之一.

图 3.1 是具有代表性的 $^{12}C^{16}O$ 谱. 这幅图沿袭了射电天文传统, 不画比强度 I_ν, 而是画一个与之成正比的量, 称为天线温度 T_A. 这个量在附录 C 中有明确定义. 同时也注意到, 图 3.1 中的自变量不是频率本身, 而是气体沿视线方向的 "径向" 速度 V_r. 这是通过多普勒效应将线心频率从 ν_0 移到 ν 的速度. 于是 V_r 为 $c(\nu_0 - \nu)/\nu_0$. 正的 V_r 值对应于红移的谱线 $(\nu < \nu_0)$.

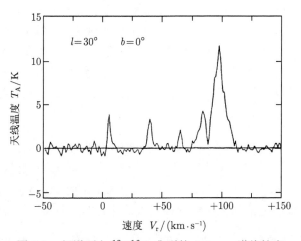

图 3.1　银道面上 $^{12}C^{16}O$ 典型的 2.6 mm 谱线轮廓

图 3.1 中的频谱显示了很多分立的峰. 每个峰代表视线上一块独立的巨分子云, 这里给出的是 $l = 30°$, $b = 0°$(即在银盘中). 每块云的径向速度反映了特定的银心轨道速度. 这个速度随着距离银心的距离以已知的方式变化. 所以, 使用大量频谱可以绘制银盘大天区的分子云分布. 此外, 每个峰 T_A 的积分值是云总质量的一个测量量 (第 6 章). 图 3.2 显示了使用这些工具的一个分子云巡天的结果. 这里, 观测限制在和太阳相当或更小的银心半径且质量非常大的云, 质量超过 $10^5 M_\odot$. 指向银心的 "禁戒区" 是云的圆周运动速度在视向的分量太小, 无法精确确定距离的区域. 注意到两个区域中云的排列如何描绘了旋臂的片段. [①]

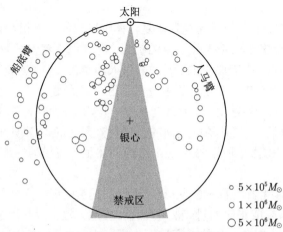

图 3.2   太阳位置之内巨分子云的银河系分布. 注意 "禁戒区", 那里的径向速度太小, 无法精确确定距离

图 3.3 是玫瑰分子云的 $^{12}C^{16}O$ 分布图. 这个研究得很多的巨分子云复合体位于麒麟座天区, 距离 1.5 kpc. 它在图 1.1 中表现为小的阴影区域, 就在猎户座分子云左边, 在银河带内. 这块云包含玫瑰星云, 五颗 O 型星的致密星团产生的一个电离氢区. 和猎户座分子云的情形一样, 大质量恒星内埋在一个更为延展的小质量恒星组成的星团中. 这个叫做 NGC 2244 的星团的位置也标示在图 3.3 中.

3.1.2   内部的团块

玫瑰分子云具有长的团块化形态, 使人想起猎户座分子云 (图 1.2). 我们必须记住, 在巨分子云中, $^{12}C^{16}O$ 的 2.6 mm 谱线总是光学厚的, 仅从表面层发出. 为探测内部结构, 可以使用更稀有的同位素分子发出的谱线, 例如 $^{13}C^{16}O$. 在这种情况下, 来自内部深处的光子在较低柱密度的 $^{13}C^{16}O$ 中被吸收的概率小一些. 另

---

① 在一些银河系结构的效果图中, 图 3.2 中所示的两个局部特征是相接的 "人马座-天鹅座旋臂" 的片段. 另一个全局结构, 英仙座旋臂延伸到了太阳位置之外.

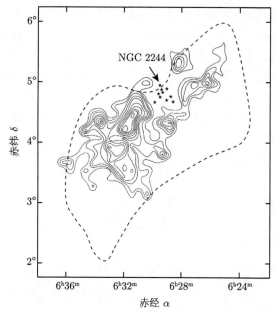

图 3.3　用 $^{12}C^{16}O$ 的 2.6 mm 谱线看到的玫瑰分子云. 虚线轮廓表示 HI 包层的边界

一方面, 接收到的强度总是比主要的同位素分子弱, 需要更长的望远镜积分时间. 图 3.4 是玫瑰星云内部的 $^{13}C^{16}O$ 分布图. 我们再一次看到发射显示出高度团块化的形态. 然而, 我们可以肯定, 强度分布的峰代表了真实的内部密度增加.

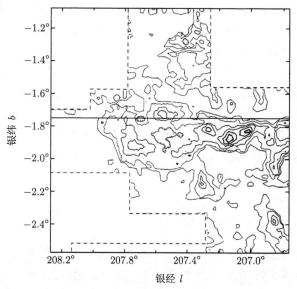

图 3.4　玫瑰分子云的 $^{13}C^{16}O$ 分布图. 水平线是图 3.5 所用的切割线

　　任何分布图都是对天球面的二维投影, 所以会把物理上不同的结构混在一起. 和以前一样, 发出辐射的气体的径向速度可以等效为第三个坐标. 速度分布包含在每个采样点的谱线里, 但是很难显示所有光谱的二维数组. 作为另一种选择, 可以取完整分布图的切片, 仅给出切片上的 I_ν 值 (或者 $T_A(V_r)$ 值). 图 3.5 显示了在 $b = -1.75°$ 切片上得到的位置-速度图; 这个切片在图 3.4 中标出. 例如, 这幅图显示了在 $l = 207.75°$ 附近看到的团块实际上由两个重叠的、在速度上相差 5 km·s^{-1} 的结构组成.

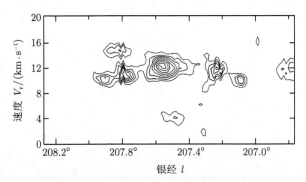

图 3.5　图 3.4 所示切割的位置-速度图

　　这种高分辨率扫描和将复合体作为一个整体显示的速度变化之间有一个重要不同, 如图 3.1 所示. 在后一种情况, 巨分子云的速度系统性地和银心半径相关. 相反, 复合体内团块的速度看起来是在一个平均值附近随机弥散. 对于玫瑰分子云, 这个平均值是 +13 km·s^{-1}, 而径向速度的一维弥散, 即方均根为 2.3 km·s^{-1}. 这个局域弥散最简单的解释是团块代表了一团相对高密度的气团, 它们在分子云复合体内部运动时能保持其完整性.

　　在单个团块边界内对 $^{13}C^{16}O$ 强度积分可以可靠地确定团块质量和体积平均的密度. 我们将在第 6 章仔细讨论这个技术. 在玫瑰星云中, 典型团块半径为 1.5 pc, 这样得到的平均质量为 $250M_\odot$, 对应于氢的密度 $n_H = 550$ cm^{-3}. 因为整个复合体的平均密度只有 60 cm^{-3}, 所以团块不可能占据大部分体积.

　　图 3.6 显示了团块质量 M 的实际分布. 在某个最小值之上, 单位质量的团块数目 $\mathcal{N}$ 以幂律下降:

$$\mathcal{N} = \mathcal{N}_0 \left(\frac{M}{M_{\min}} \right)^{-1.5} \qquad (M \geqslant M_{\min}), \tag{3.1}$$

其中 $\mathcal{N}_0$ 是一个常数, $M_{\min} \approx 30M_\odot$. 单纯的幂律关系在图中用虚线表示. 其他巨分子云得到了类似的结果. 有趣的是, 诸如图 3.2 所示的分子云巡天对于复合体整体的质量也发现了这个幂律. 这个普适性表明巨分子云是由很多团块集聚起来形成的, 这些团块质量分布符合方程 (3.1).

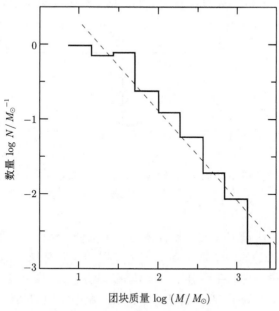

图 3.6　玫瑰分子云中的团块质量分布

　　回到玫瑰星云的例子, 可以通过研究云中气体的可见光消光进一步研究这个复合体的结构. 用方程 (2.16) 乘以方程 (2.46), 我们第一次得到广泛有用的结果

$$A_V / N_H = 5.3 \times 10^{-22} \text{ mag} \cdot \text{cm}^2. \tag{3.2}$$

穿过密度 n_H、半径 R 的球形云的典型视线对应的柱密度 N_H 为 $n_H R$. 于是我们发现玫瑰分子云中团块平均的 A_V 为 1.0. 复合体作为一个整体, 平均的 A_V 值为 1.9, 通过 $^{12}C^{16}O$ 和 $^{13}C^{16}O$ 成图确定. 因为团块间气体太稀薄, 对 A_V 难有贡献, 所以这些结果表明我们穿过复合体的视线通常和两个团块相交. 总结起来, 团块占了总质量 $1 \times 10^5 M_\odot$ 的百分之九十, 填满了复合体的投影面积但没有填满其内部体积.

3.1.3　原子成分

　　团块间的空间被一种较低密度的气体占据, 其性质还知道得不详细. 这种物质的一部分肯定是分子, 因为它可以探测到弱的 $^{13}C^{16}O$ 的强度. 余下的可能是温度为团块温度 10 K 的 2~4 倍的原子气体. 这个成分的证据来自对巨分子云复合体和更孤立的暗云的 21 cm 观测. 这些研究经常发现, 一个中心的吸收坑叠加在无处不在的 HI 发射上. 作为例子, 图 3.7 显示了在恒星形成暗云蛇夫座 ρ 附近观测到的两条 21 cm 谱线轮廓. 直接朝向云时看到的吸收坑 (图 3.7(a)) 源自相对冷的 HⅠ 气体吸收了来自较暖的背景物质的发射. 在视线稍微偏离时没有这个吸收坑 (图 3.7(b)).

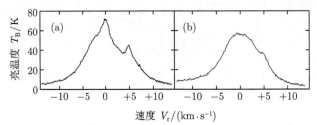

图 3.7   暗云复合体蛇夫座 ρ 中的 HⅠ 发射线轮廓: (a) 直接指向复合体的方向, (b) 指向旁边的分子气体

团块间气体在质量上代表了复合体的一小部分. 然而, 玫瑰分子云和气体系统也有延展的大质量的原子氢包层. 这些包层的尺寸跨越了复合体尺寸的数倍, 具有差不多的质量. 它们在巨分子云的位置和速度处表现为 21 cm 发射的超出. 这些包层气体的温度处于 50~150 K, 即和银河系中发现的其他 HⅠ 云类似. 由于厘米波观测较差的分辨率, 这些结构还没有像分子云那样仔细成图, 但是有丝状结构、弧状结构和其他非均匀性存在的证据. 图 3.3 中的虚线轮廓显示了玫瑰分子云系统 HⅠ 强度为峰值的一半的位置. 在孤立暗云周围也探测到了类似的包层, 但是尺度要小一些.

3.1.4 起源和消亡

我们已经看到巨分子云通过很多单独团块的聚集而形成的一个证据. 分子云复合体沿银河系旋臂成团表明, 这种聚集在气体流进与旋臂相关的势阱时发生 (回顾图 1.19). 这里, 起初的气体可能是原子态的. 分子团块可以在凝聚的介质内部通过它们对紫外辐射的自遮蔽效应形成 (见第 8 章), 留下现在的 HⅠ 包层. 进一步注意到, 观测到的旋臂间 H_2 面密度下降表明, 典型的巨分子云不能存在旋臂间穿越时标 (即在太阳的位置大约为 10^8 yr) 那么长的时间.

什么摧毁了这些复合体呢? 很强的经验证据表明, 和内埋大质量恒星相关的强烈星风和辐射加热是主要原因. 在玫瑰分子云中, 星云中的 O 型星已经吹散了大部分附近的原子气体和分子气体, 正在往其他部分驱动一个厚的 HⅠ 壳层. 这个 18 pc 的壳层半径结合从 21 cm 谱线得到的膨胀速度 5 km·s^{-1} 表明膨胀已经进行了 4×10^6 yr. 这个时间和部分内埋的 NGC 2244 星团的年龄相符, 这个年龄是由主序终止拐点 (turnoff) 方法确定的 (见第 4 章).

对于其他系统, 也有可能看到分子云性质作为相伴的星团年龄的函数逐渐变化. 较老的复合体通常含有更多的直径更小的团块, 并且显示出电离气体流的证据. 此外, 云的碎块以典型速度 10 km·s^{-1} 退离恒星. 图 3.8 展示了已知星团 25 pc 之内、用 CO 辐射估计的总分子质量. 这个质量作为星团年龄的函数在图中画出. (我们将在第 4 章中看到星团年龄是如何得到的.) 注意到在年龄 5×10^6 yr($\log t = 6.7$) 处质量的明显下降, 在 5×10^7 yr 之后就完全没有了. 第一颗 O 型星一定是在复合体形成之后相对较快地出现的, 因为今天看到的大部分巨分子云都含有一个星协. 于是, 消失时间也提供了对复合体最长持续时间的估计.

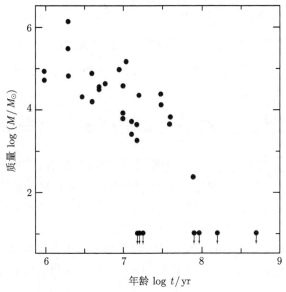

图 3.8   疏散星团附近的分子气体质量作为星团年龄的函数. 垂直方向的箭头表示上限

3.2   维里定理分析

复合体中团块速度的随机特性是分子云形态的一个重要线索. 现在采用一个更定量的方法考察速度弥散的大小是否和内部引力场相符. 为此, 我们暂停对分子云的讨论, 开始介绍维里定理, 这个定理不仅可以帮助我们研究巨分子云复合体和其他类型的分子云中的这个问题, 也可以帮助我们一般性地评估处于流体静力学平衡的任何结构中的力平衡.

3.2.1   定理的描述

我们的出发点是无黏流体的运动方程. 我们将流体静力学方程 (2.4) 推广到包含加速度以及周围磁场的影响:

$$\rho \frac{D\boldsymbol{u}}{Dt} = -\nabla \boldsymbol{P} - \rho \nabla \Phi_{\mathrm{g}} + \frac{1}{c} \boldsymbol{j} \times \boldsymbol{B}. \tag{3.3}$$

Du/Dt 代表流体速度 $\boldsymbol{u}$ 对时间的全 (或随动) 导数, 包含在固定空间点 $\boldsymbol{x}$ 的变化率以及流体元以不同的速度移动到新位置导致的变化率:

$$\frac{D\boldsymbol{u}}{Dt} \equiv \left(\frac{\partial \boldsymbol{u}}{\partial t}\right)_{\boldsymbol{x}} + (\boldsymbol{u}\cdot\nabla)\boldsymbol{u}. \tag{3.4}$$

方程 (3.3) 的最后一项是单位体积作用于电流密度 $\boldsymbol{j}$ 的磁力. $\boldsymbol{j}$ 和 $\boldsymbol{B}$ 两个物理量通过安培定律相联系:

$$\nabla \times \boldsymbol{B} = \frac{4\pi}{c}\boldsymbol{j}. \tag{3.5}$$

对应于方程 (3.5) 的完整麦克斯韦方程在右边也包含位移电流项 $\frac{1}{c}\left(\frac{\partial \boldsymbol{E}}{\partial t}\right)_{\boldsymbol{x}}$, 其中 $\boldsymbol{E}$ 是电场强度. 这一项对于感兴趣的相对慢速的变化可以放心地忽略. 使用方程 (3.5), 我们将方程 (3.3) 重写为

$$\rho\frac{D\boldsymbol{u}}{Dt} = -\nabla P - \rho\nabla\Phi_{\mathrm{g}} + \frac{1}{4\pi}(\boldsymbol{B}\cdot\nabla)\boldsymbol{B} - \frac{1}{8\pi}\nabla|\boldsymbol{B}|^2. \tag{3.6}$$

这里我们也已经使用了矢量三重积的恒等式. 方程 (3.6) 右边的三项代表和弯曲磁力线相关的张力, 最后一项是大小为 $|\boldsymbol{B}|^2/8\pi$ 的标量磁压的梯度, 这个磁压和热压类似, 但是一般不是各向同性的. 注意到, 张力的存在需要弯曲磁力线, 而压强来源于磁力线的密集, 无论是弯的还是直的.

方程 (3.6) 控制了流体的局域行为. 为推导气态天体全局性质之间的关系, 我们用位置矢量 $\boldsymbol{r}$ 点乘方程 (3.6) 并对体积积分. 我们也利用质量连续性方程:

$$-\left(\frac{\partial \rho}{\partial t}\right)_{\boldsymbol{x}} = \nabla\cdot(\rho\boldsymbol{u}) \tag{3.7}$$

以及泊松方程, 现在方程 (2.8) 右边含有气体密度 ρ. 我们在附录 D 中展示改变微分顺序和重复分部积分如何导出维里定理:

$$\frac{1}{2}\frac{\partial^2 I}{\partial t^2} = 2\mathcal{T} + 2U + \mathcal{W} + \mathcal{M}, \tag{3.8}$$

其中我们去掉了偏微分的下标. 这里 I 是和转动惯量类似的一个量:

$$I \equiv \int \rho|\boldsymbol{r}|^2 d^3\boldsymbol{x}. \tag{3.9}$$

在方程 (3.8) 右边的项中, $\mathcal{T}$ 是整体运动的总动能:

$$\mathcal{T} \equiv \frac{1}{2}\int \rho|\boldsymbol{u}|^2 d^3\boldsymbol{x}, \tag{3.10}$$

而 U 是随机热运动中所含的能量:

$$
\begin{aligned}
U &\equiv \frac{3}{2} \int n k_{\mathrm{B}} T d^3 \boldsymbol{x} \\
  &= \frac{3}{2} \int P d^3 \boldsymbol{x}.
\end{aligned}
\tag{3.11}
$$

物理量 $\mathcal{W}$ 是引力势能:

$$
\mathcal{W} \equiv \frac{1}{2} \int \rho \Phi_{\mathrm{g}} d^3 \boldsymbol{x},
\tag{3.12}
$$

$\mathcal{M}$ 是和磁场相关的能量:

$$
\mathcal{M} \equiv \frac{1}{8\pi} \int |\boldsymbol{B}|^2 d^3 \boldsymbol{x}.
\tag{3.13}
$$

在写出方程 (3.8) 时, 我们已经忽略了一些表面积分, 包括代表任何外压强的表面积分. (见附录 D 中的方程 (D.12)) 这样的近似对于 Hɪ 或弥散云是不成立的, 但是对于强自引力巨分子云复合体是对的. 这里的问题是方程 (3.8) 中的哪一项可以平衡引力束缚能 $\mathcal{W}$. 注意到积分 U、$\mathcal{M}$ 和 $\mathcal{T}$ 都是正的, 而 $\mathcal{W}$ 是负的. 如果这三项中没有一项可以在量级上和 $\mathcal{W}$ 匹配, 那么一块典型的巨分子云将处于引力坍缩状态.

3.2.2 自由下落时标

让我们探索后一种可能性. 我们把一块质量 M 的云的特征 "半径" 记作 $R \equiv L/2$. 在一个量级为 1 的因子范围内, $\mathcal{W}$ 就是 $-GM^2/R$. 在此情形, 方程 (3.8) 简化为

$$
\frac{1}{2} \frac{\partial^2 I}{\partial t^2} \approx -\frac{GM^2}{R}.
$$

如果我们进一步将 I 近似为 MR^2, 对这个关系式的量纲分析告诉我们, 坍缩云的 R 在一个典型的自由落体时标 t_{ff} 内减小到一半. 这大约是

$$
\begin{aligned}
t_{\mathrm{ff}} &\approx \left(\frac{R^3}{GM} \right)^{1/2} \\
&= 7 \times 10^6 \ \mathrm{yr} \left(\frac{M}{10^5 M_\odot} \right)^{-1/2} \left(\frac{R}{25 \ \mathrm{pc}} \right)^{3/2},
\end{aligned}
\tag{3.14}
$$

其中我们代入了表 3.1 中有代表性的数值. 进一步注意到, 因为 $M/R^3 \approx \rho$, 时标也可以写为 $(G\rho)^{-1/2}$. 习惯上 t_{ff} 精确定义为

$$
t_{\mathrm{ff}} \equiv \left(\frac{3\pi}{32 G\rho} \right)^{-1/2}.
\tag{3.15}
$$

这个表达式实际上给出了零内压均匀球坍缩为一个点所需的时间 (第 12 章).

方程 (3.14) 表明, 巨分子云的自由下落时标和观测到的寿命相当. 这是不是意味着这些分子云确实在坍缩? 这里的一个问题是我们在方程 (3.14) 中使用全局的体积平均的密度是可疑的. 对于单个团块的较高密度将得到一个接近 10^6 yr 的 t_{ff} 值. 在任何情形都没有在此时标内大尺度收缩或变扁的令人信服的经验证据. 这个复合体的内部速度看起来也是随机的, 没有系统性地指向坍缩中心. 看起来, 这些天体会存活, 直到被它们产生的大质量恒星摧毁.

3.2.3　巨分子云复合体的支撑

如果复合体在其生命周期内保持近似力平衡, 我们实际上有可能忽略方程 (3.8) 左边, 得到适合于长期稳定性的维里定理的形式:

$$2\mathcal{T} + 2U + \mathcal{W} + \mathcal{M} = 0. \tag{3.16}$$

对于处于这种 "维里平衡" 的云. 这个问题再次变为如何平衡 $\mathcal{W}$. 为了评估内压强在支撑分子云中的有效性, 我们首先注意到, 在我们的近似下, U 由 $M\mathcal{R}T/\mu$ 给出, 其中 T 是代表性的气体温度. 于是我们得到比例

$$\frac{U}{|\mathcal{W}|} \approx \frac{M\mathcal{R}T}{\mu}\left(\frac{GM^2}{R}\right)^{-1}$$

$$= 3 \times 10^{-3}\left(\frac{M}{10^5 M_\odot}\right)^{-1}\left(\frac{R}{25\text{ pc}}\right)\left(\frac{T}{15\text{ K}}\right). \tag{3.17}$$

考虑 M、R 和 T 值的合理范围, 这个结果明确地表明, 巨分子云复合体不是由热压维持的.

我们转向方程 (3.16) 中最后的和磁场有关的项. 对背景星光偏振的研究表明在银盘中存在大尺度磁场. 这个磁场穿过巨分子云, 可以施加主要的动力学影响, 帮助阻止坍缩. 磁力相对于自引力的强度由

$$\frac{\mathcal{M}}{|\mathcal{W}|} \equiv \frac{|\boldsymbol{B}|^2 R^3}{6\pi}\left(\frac{GM^2}{R}\right)^{-1}$$

$$= 0.3\left(\frac{B}{20\text{ μG}}\right)^2\left(\frac{R}{25\text{ pc}}\right)^4\left(\frac{M}{10^5 M_\odot}\right)^{-2} \tag{3.18}$$

度量, 其中我们粗略地用半径 R 的球代表这块云来估计 $\mathcal{M}$. 现在, 分子云中的磁场强度是从中性氢 21 cm 谱线和 OH 在 18 cm 附近的一系列谱线的塞曼分裂得到的 (见第 6 章). 不幸的是, 这个技术还没有给出巨分子云中团块或团块间气体的结果 [1]. 方程 (3.18) 中有代表性的 B 值来源于对近邻暗云的测量, 和巨分子云复合体暖 Hı 包层中探测到的较低的值相一致.

---

① 译者注: 2022 年, 已经使用 FAST 进行了中性氢窄线自吸收观测, 测量了分子云核中的磁场.

对 $\mathcal{M}/|\mathcal{W}|$ 数值的估计表明磁场是重要的, 但是准确情况是什么样的? 根据方程 (3.3), 相应的力施加于流体元上, 垂直于 $\boldsymbol{B}$ 的方向. 于是任何主要由有序的磁场支撑的自引力分子云都可以沿磁力线自由滑动, 直到变为近似平板的位形. 这样的变平过程在巨分子复合体中不明显, 所以我们不得不放弃内部场完全光滑的假设. 现在可以由之前提到的光学偏振确定 $\boldsymbol{B}$ 在天平面中的方向, 但是不能确定大小. 我们在第 2 章看到了垂直于磁力线的长尘埃颗粒如何通过二向消光使星光产生偏振. 然而, 在任何局部区域观测到的 $\boldsymbol{E}$ 矢量从来不会很好地平行分布, 而是显示出显著的弥散. 这个弥散表明 $\boldsymbol{B}$ 随机成分和光滑背景共存. 场的扭曲至少部分来源于磁流体动力学 (MHD) 波, 也称为流体磁波. 如我们将在第 9 章讨论的, 这些波可以提供各向同性的支撑, 阻止云变平.

方程 (3.16) 中的最后一项是动能 $\mathcal{T}$. 巨分子云中的整体速度主要源自它们的团块的随机运动. 将这个速度的平均值记作 ΔV, 我们发现

$$\frac{\mathcal{T}}{|\mathcal{W}|} \approx \frac{1}{2} M \Delta V^2 \left(\frac{GM^2}{R} \right)^{-1}$$
$$= 0.5 \left(\frac{\Delta V}{4\ \mathrm{km \cdot s^{-1}}} \right)^2 \left(\frac{M}{10^5 M_\odot} \right)^{-1} \left(\frac{R}{25\ \mathrm{pc}} \right). \tag{3.19}$$

为得到有代表性的 ΔV(我们用作三维速度弥散), 我们将玫瑰分子云的视线方向速度弥散 $2.3\ \mathrm{km \cdot s^{-1}}$ 增加了一个 $\sqrt{3}$ 因子, 这对于随机的三维速度场适用. 我们得到的 $\mathcal{T}/|\mathcal{W}|$ 数值表明, 典型的内部 ΔV 接近维里速度V_{vir}, 定义为

$$V_{\mathrm{vir}} \equiv \left(\frac{GM}{R} \right)^{1/2}. \tag{3.20}$$

和方程 (3.14) 比较显示, V_{vir} 是一团气体在自由下落时标 t_{ff} 内穿过云的速度. 换句话说, 它是物质在云的内引力场影响下获得的典型速度.

任何云中实际的速度弥散可以由一些谱线 (通常是 CO 线中的一条) 的展宽确定. 图 3.9 显示, 尽管有相当程度的弥散, 但是 ΔV 和 V_{vir}(或者等价地, $\mathcal{T}$ 和 $|\mathcal{W}|$) 不仅在典型的巨分子云中, 而且在更大的尺度范围都符合. 在巨分子云复合体中, 这个近似等式和一群小团块, 每一个在整体形成的引力场中运动的图像一致. 团块运动的动能和内部磁场能量匹配, 这些磁场也有显著的随机分量. 因为能量可以通过流体磁波在物质和磁场之间交换, 所以这种均分性不太令人吃惊. 然而, 还没有包含均匀场和涨落场的巨分子云定量理论模型能自然地解释这个结果.

巨分子云中的团块被看作独立的实体, 在表 3.1 中归为 "单块暗云". 最大的团块具有 $10^3 M_\odot$ 量级的质量, 但存在更大质量的暗云. 第 1 章中描述的金牛座-御夫座系统和研究得很多的蛇夫座 ρ 区域是两个主要的例子. 大致处于同样距离处的另外一个例子是南半球的南冕座. 尽管在形态上彼此不同, 但是所有这

些系统平均密度都和团块类似, 但是总质量接近 $10^4 M_\odot$. 我们可以称这些天体为暗云复合体. 虽然它们解释了银河系恒星形成的很大一部分, 但值得注意的是, 它们不产生大质量系统的标志, OB 星协. 另一方面, 蛇夫座 ρ 这样的复合体确实含有 A_V 峰值为 100 量级的区域. 这些区域总是含有大量深埋的年轻恒星.

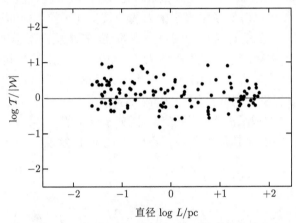

图 3.9   分子云整体动能 $\mathcal{T}$ 和引力势能 $|\mathcal{W}|$ 的比, 作为分子云直径 L 的函数

3.3   致密云核和 Bok 球状体

我们现在集中于最小的分子云实体. 很多情况下, 在这些致密云核和 Bok 球状体中可以观测到红外点源. 因此, 我们知道, 它们是恒星形成的场所. "这些恒星是怎么诞生的?" 这个问题将吸引我们的大部分注意力. 但是, 我们首先概述云的性质.

3.3.1   宁静的气体

分子云的层级性展示出一些有趣的特征. 我们看到的一个特征是 $\mathcal{T}$ 和 $|\mathcal{W}|$ 的相似性. 少得多的对磁场强度的观测也与 $\mathcal{M}$ 和 $|\mathcal{W}|$ 大致相等这个结论一致, 这个结论对广泛的云参数成立. 最后, 存在与对能量的考虑没有明显联系的第三种趋势. 假设观测到一块云的谱线展宽而没有对其进行空间分辨. 如我们已经看到的, 这个展宽可以直接转换为速度弥散. 图 3.10 展示了测量到的速度弥散系统性地随云的大小变化:

$$\Delta V = \Delta V_0 \left(\frac{L}{L_0}\right)^n, \tag{3.21}$$

其中 $n \approx 0.5$, 对于 $L_0 = 1$ pc, $\Delta V_0 \approx 1$ km $\cdot$ s^{-1}. 这个经验关系通常被称为 Larson 关系, 其基础还没有被完全理解. 从表面上看, 方程 (3.21) 结合方程 (3.20)

表明, 不同分子云的柱密度 ML^{-2} 不变. 实际上, 成正比的量 A_V 向较密和较小的云有缓慢的增加, 如表 3.1 所示. 然而, A_V 近似不变也是有趣的, 有可能是解密分子云起源和结构的线索.

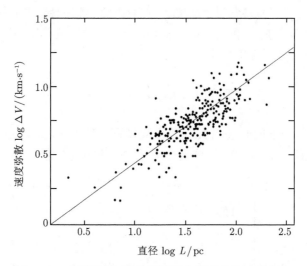

图 3.10　分子云的三维速度弥散与其直径的函数关系

任何分子云的谱线展宽都来源于热运动和气体的整体运动. 方程 (3.21) 中的物理量 ΔV 只表示非热成分, 这可能是流体磁波导致的.[①]随着我们依次考虑更小的云, ΔV 最终达到周围的热运动速度, 其均方根值为 $(3\mathcal{R}T/\mu)^{1/2}$. 方程 (3.21) 表明, 这个转变是在尺度 L_{therm} 的云上达到的,

$$L_{\text{therm}} = \frac{3\mathcal{R}TL_0}{\mu\Delta V_0^2}$$
$$= 0.1 \text{ pc} \left(\frac{T}{10 \text{ K}}\right).$$

一个同样具有 $U \approx |W|$ 的大小为 L_{therm} 的天体比具有强内波的较大暗云宁静得多. 实际上, 巨分子云复合体和孤立暗云中的团块都含有这个尺度的可分辨的子结构. 这些实体是致密云核, 和单颗恒星的形成有关.

我们对猎户座和金牛座-御夫座的巡天显示了这些云核是怎么在暗云内部被发现的 (回顾图 1.2). 这些结构的密度超过 10^4 cm^{-3}, 不能用通常的 ^{12}C^{16}O 甚至 ^{13}C^{16}O 谱线观测, 它们都是光学厚的. 其他种类的分子, 例如 NH$_3$、^{12}C^{18}O 和 CS, 发出光学薄的射电谱线, 也就是说可以用于了解整体性质, 也可以进行空间成图. 这些自 20 世纪 80 年代早期以来进行的观测显示, 典型的致密云核由数倍太

---

① 与此相对, 图 3.9 中的动能 $\mathcal{T}$ 是用热运动速度弥散和非热运动速度弥散计算的.

阳质量的气体组成, 温度接近 10 K. 尽管暗云中的一些云核的质量可能大得多, 但所有云核的总和只占了总的气体的百分之十不到.

最广泛的研究是用 NH_3 的 1.3 cm 谱线进行的. 图 3.11 是典型的 NH_3 谱线, 是朝向距离 160 pc 的致密云核 L260 中心的谱线. 虚线是仅考虑热运动所预期的轮廓, 根据内温度 9 K 计算. (后面我们将看到这个图是如何得到的.) 这里, 假设视向速度 V_r 的概率由麦克斯韦-玻尔兹曼分布给出, 故而观测到的强度为

$$T_A(V_r) \propto \exp\left(-\frac{m_{NH_3}V_r^2}{2k_BT}\right) \tag{3.22}$$

其中 m_{NH_3} 是氨分子的质量. (关于谱线展宽的一般性讨论见附录 E.) 注意到 V_r 的均方根值为 $(k_BT/m_{NH_3})^{1/2}$, 这是热运动的一维速度弥散.

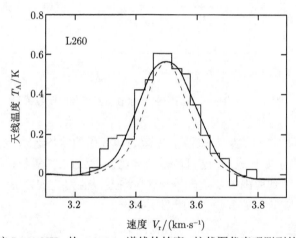

图 3.11 致密云核 L260 NH_3 的 1.3 mm 谱线的轮廓. 柱状图代表观测到的轮廓, 虚线是假设纯热运动的理论结果. 粗实线是包含了高斯分布的湍流速度的理论轮廓

方程 (3.22) 中的谱线轮廓的半高全宽为

$$\Delta V_{FWHM}(therm) = \left(\frac{8\ln 2 k_BT}{m_{NH_3}}\right)^{1/2}, \tag{3.23}$$

对于 L260, 这个值为 0.15 km·s^{-1}. 图 3.11 显示, 观测到的谱线轮廓实际上比这个宽. 额外的展宽可能来自随机的湍流速度场, 实线是模型计算的结果. 这个模型中的湍流速度遵守和方程 (3.22) 类似的高斯概率分布, 但是宽度为 $\Delta V_{FWHM}(turb)$. 因为两个分布是不相关的, 所以总轮廓宽度为

$$\Delta V_{FWHM}^2(tot) = \Delta V_{FWHM}^2(therm) + \Delta V_{FWHM}^2(turb), \tag{3.24}$$

如我们在附录 E 所示. 在我们的例子中, 我们发现, $\Delta V_{\mathrm{FWHM}}(\mathrm{turb})$ 必须为 $0.11\ \mathrm{km\cdot s^{-1}}$ 以得到观测到的总宽度 $0.19\ \mathrm{km\cdot s^{-1}}$.

比较一个云核的不同谱线的空间分布图是有启发性的. 图 3.12 是 L1489 的合成天图, 如图所示, 这是一个含有红外点源的致密云核. 图中所示为 $\mathrm{NH_3}$(1.3 cm 谱线)、CS(3.0 mm) 和 $^{12}\mathrm{C}^{18}\mathrm{O}$(2.7 mm) 的极大值一半的等值线. 观测到的谱线是通过和周围的氢分子碰撞激发的. 不同分子跃迁要求不同的氢密度阈值, 这部分地解释了分布图的系统性变宽. $\mathrm{NH_3}$ 的 1.3 cm 谱线的密度阈值比 $^{12}\mathrm{C}^{18}\mathrm{O}$ 高, 所以示踪了致密的内部区域. 根据方程 (3.21), 较小的区域湍流程度较低, 所以我们可以理解非热 $\mathrm{NH_3}$ 线宽相对较小.

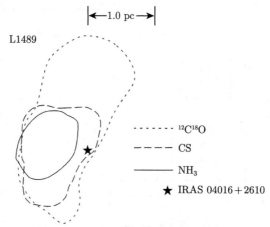

图 3.12　致密云核 L1489 的 $\mathrm{NH_3}$、CS 和 $^{12}\mathrm{C}^{18}\mathrm{O}$ 谱线合成分布图. 每个等值线轮廓对应于峰值强度的一半. 注意到内埋红外源位置的偏移

然而, 这个图像有一些复杂之处. CS 谱线临界密度甚至比 $\mathrm{NH_3}$ 还大. 然而图 3.12 显示其分布延展更广. 一个合理的解释是 CS 分子附着于周围密度最高的尘埃颗粒上. 故而观测到的中心强度会降低, 流量的径向变化变得较为缓慢. 所以最大值一半的等值线向外移动, 如所看到的. 另外一个谜是图 3.12 中所有分布图对内埋恒星的偏移. 自然的预期是恒星在最密的地方形成. 这个偏移在其他情形也看到了但是没有很好的解释.

在类似 L1489 这样的云核中存在点状红外源当然是这些结构确实形成恒星的直接证据. IRAS 卫星在金牛座-御夫座和蛇夫座 ρ 中之前通过分子谱线证认的一半致密云核中发现了这些内埋恒星. 虽然这些源中的一些有光学对应体, 但是同等数量的源中没有. 最后, 云核中这些光学可见的恒星大部分和 CO 探测到的外流相伴. 这些重要的发现告诉我们, 首先, 致密云核在形成恒星之前存在了相当长的时间. 其次, 因为光学可见的恒星可能是最年轻的那些, 所以外流产生于恒星演化非常早的时期. 再次, 致密云核在形成恒星后不会突然消失, 而是在其内的天体变老的过程中逐渐消散.

从观测的角度看, 缺乏红外源和含有年轻恒星的致密云核没有显著不同. 例如, 两种类型的云核都有 5~15 等的可见光消光. [①]另一方面, 含有深埋的光学可见恒星的样本包括一些具有显著较大 NH₃ 线宽的云核, 如图 3.13 所示. 因为有恒星和没有恒星的云核之间测量到的气体温度差异可以忽略, 所以较大的线宽一定是由于湍流运动. 将较高的湍流程度和最年轻恒星产生的分子外流联系起来是吸引人的. 如我们将在第 13 章看到的, 湍流确实是外流的整体特征, 但是还需要建立与观测到的线宽更令人信服的联系.

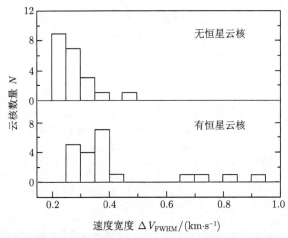

图 3.13　致密云核分布和 NH₃ 速度宽度 ΔV_{FWHM} 的函数关系. 最顶上的直方图显示, 从 NH₃ 看, 最临近的恒星位于其边界之外的那些云核. 底下的直方图是含有内埋恒星的云核

3.3.2　内禀形状

现在转向致密云核更细节的性质, 从它们的形状开始. 这里, 图 3.12 所示的这种合成分布图代表了已有最好的数据. 对于通常使用的 1.3 cm NH₃ 谱线, 40 m 望远镜的波束直径为 $80''$ 或者在金牛座-御夫座距离对应 0.05 pc. 对于 CS 的 3.0 mm 谱线, 这个数值为 0.01 pc. 所以, 当前单天线 (和干涉仪相对) 观测的分辨率对于 NH₃ 适中, 不过在更短的波长对于分辨大的空间特征是足够的. 特别地, 对数十个致密云核的研究显示, 平均轴比大约为 0.6, 和这里所示 L1489 的情形类似. 对于一个给定的云核, 这个比值以及长轴的方位对于不同谱线变化不大. 这个问题现在是, 什么三维结构投影到天球面可以产生这种形状.

---

① 致密云核中消光的测量目前依赖于 A_V 和诸如 $^{12}C^{18}O$ 光学薄示踪物柱密度之间的经验关系. 我们在第 6 章中讨论这些关系.

作为一级近似, 我们假设所有云核有同样的内禀形状, 我们取为椭球. 图 3.14 展示了扁椭球和长椭球在投影到天平面时如何能显得有同样的轴比. 然而, 如果我们进一步假设椭球是随机取向的, 那么扁椭球是不太可能的.

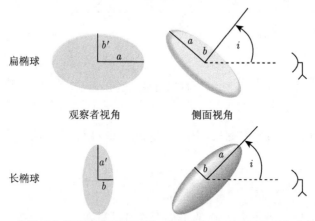

图 3.14 扁椭球和长椭球的投影视图. 两种物体在天平面上看起来都是椭圆

这里的论据有一点偏技术性, 但是值得讨论. 参考图 3.14, 分别定义扁椭球的真实和表观 (即投影的) 轴比为 $R_{\text{true}} \equiv b/a$ 和 $R_{\text{app}} \equiv b'/a$. 注意到, 对于视线和椭球旋转轴的任意夹角 i, $R_{\text{true}} < R_{\text{app}} < 1$. 图 3.15 更明确地显示了 b' 和真实轴之间的关系. 它也定义了一个长度 y_0, 和 b' 的关系为 $b' = y_0 \sin i$. 作为几何学练习, 读者可以验证

$$y_0^2 = a^2 \cot^2 i + b^2, \tag{3.25}$$

由此我们可以导出

$$(b')^2 = a^2 \cos^2 i + b^2 \sin^2 i. \tag{3.26}$$

于是我们发现

$$\sin^2 i = \frac{1 - R_{\text{app}}^2}{1 - R_{\text{true}}^2}. \quad \text{扁椭球} \tag{3.27}$$

现在考虑对一些随机取向、有相同 R_{true} 的椭球的观测轴比进行平均. 把对立体角的平均记作 $\langle\rangle$, 回想 $\langle \sin^2 i \rangle = 2/3$, 我们发现无论多小, 没有 R_{true} 能产生给定的 $\langle R_{\text{app}}^2 \rangle$, 除非 $\langle R_{\text{app}}^2 \rangle > 1/3$. 到目前为止的观测勉强满足后一个条件, 要求 R_{true} 大约为 0.2, 即一般的扁椭球是高度扁平的.

对于长椭球情形, 和方程 (3.26) 类似的关系式为

$$(a')^2 = a^2 \sin^2 i + b^2 \cos^2 i, \tag{3.28}$$

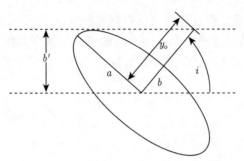

图 3.15   扁椭球截面内的几何关系

其中轴的标记在图 3.14 中定义. 因为 R_{true} 仍然为 b/a, 但是 R_{app} 现在是 b/a', 我们发现

$$\cos^2 i = \frac{R_{\text{true}}^{-2} - R_{\text{app}}^{-2}}{R_{\text{true}}^{-2} - 1}. \quad \text{长椭球} \tag{3.29}$$

注意 $\langle \cos^2 i \rangle = 1/3$, 方程 (3.29) 的平均形式可以写为

$$R_{\text{true}}^{-2} = \langle R_{\text{app}}^{-2} \rangle + \frac{1}{2}(\langle R_{\text{app}}^{-2} \rangle - 1). \tag{3.30}$$

与扁椭球情形的不同现在就明显了. 最后一个方程给出了对于任意 $\langle R_{\text{app}}^{-2} \rangle$ 的 R_{true} 的值. 此外, 第一个量只是稍微超过第二个量. 再现观测只需要 R_{true} 处于 0.4~0.5. 也就是说, 结构可以比扁椭球情形圆一些.

我们可以从非数学的角度回顾一下主要的论证. 即使是像剃须刀一样薄的盘在投影到天平面时通常也产生一个相当大的纵横比. 另一方面, 一根完美的细针在投影时看起来是一样的, 除非正好从针尖方向看. 所以一个长椭球天体需要更大的内禀厚度以使得其投影图像有可观的表观厚度.

哪种情形更合理: 一个高度扁平的盘还是粗的雪茄? 由于不要求较圆的长椭球形状, 观测当然倾向于长椭球. 测量到的致密云核中的线宽表明它们很大程度上, 尽管不是全部, 由热压强梯度支撑, 这种作用是各向同性的. 此外, 含有云核的暗云区域具有条纹状的外观 (回顾图 1.9). 在很多情形, 云核的长轴明显和这些遮挡可见光的 "手指" 平行. 我们的几何论证表明, 较大的结构由于极端的轴比, 不大可能是扁平的. 同样的结论对内埋云核也应该是对的. 我们将在第 12 章中看到, 长椭球云在理论上作为双星的前身也是吸引人的.

分子谱线不是仅有的探测云核结构的工具. 和气体共存的尘埃颗粒由于其有限的温度也会发出连续谱辐射. 在毫米波波段探测这种辐射已经得到了高空间分辨率的分布图. 图 3.16 显示了无星致密云核 L63, 位于大约 160 pc 外的一块相对孤立的暗云中. (a) 是 NH_3 的 1.3 cm 谱线分布图, 而 (b) 是用 1.3 mm 连续谱观测的同一天体. 尽管第二幅图覆盖了较小的空间范围, 但是它展示了和 NH_3 分布图相似的伸长. 连续谱分布图也揭示了更多小尺度结构. 这里, 望远镜的角分辨率为 $12''$, 在所估计的距离处对应于 0.01 pc.

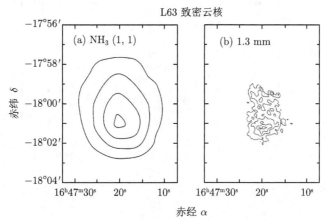

图 3.16　(a) 用 NH_3 的 1.3 cm 谱线成图观测的致密云核 L63. (b)1.3 mm 连续谱成图观测的这个云核

在这个情形, 连续谱辐射和分子谱线都是光学薄的, 所以可以得到云核内部深处的条件. 如我们已经指出的, 谱线辐射只能在周围密度超过和这个跃迁相关的临界值 n_{crit} 时才能产生. 在 $n > n_{crit}$ 时辐射也倾向于减弱, 所以任何给定的谱线都对应相对窄的密度范围. 尘埃辐射不受此限制, 只要求沿视线方向的密度和温度足够高就能被探测到. 所以连续谱分布图对于重构内部密度结构有潜在的用处, 尽管细节的结果仍然要求精确知道内部温度分布. 这些研究已经表明, 类似 L63 的无星云核密度从外向内急剧增加, 然后在 10^5 cm^{-3} 达到一个较缓的平台.

3.3.3　磁场

因为预期致密云核中磁力强, 所以如果磁场强度可以直接通过对这些区域的观测确定, 那将极有价值. 不幸的是, 情况不是这样的. 到现在, 塞曼分裂的测量限于少量尺度较大、密度较低的暗云. 使用背景恒星进行的光学和近红外偏振成图 (可以得到 $\boldsymbol{B}$ 的方向, 但是得不到强度) 也局限于这些零星的区域.

图 3.17 是蛇夫座 ρ 暗云复合体的光学偏振成图. 这里, 更接近丝状的密度等值线展示了之前提到的伸长的结构. 短线段表示恒星辐射电矢量的方向. 假设偏振是受磁场影响排列的尘埃颗粒导致的, 这个方向也是周围磁场的方向. 注意到这个复合体的大部分质量以及强烈的恒星形成活动都包含在右下角的 L1688 里. 在这个区域里, 磁场方向和云的形态没有很强的对应关系. 然而, 质量较小的 L1709 和向东北方向伸展的 L1755 是令人惊异地平行的. 再往南, 磁场保持同样

的方向, 系统性地偏离分子云 L1729 和 L1712 的方位.

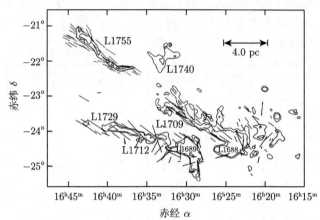

图 3.17   蛇夫座 ρ 复合体中的暗云. 等值线代表 $^{13}C^{16}O$ 发射. 短线段表示电场矢量的方向和
偏振度

一个研究得特别多、磁场测量跨越一个密度范围的天体是 B1, 这是英仙座暗
云复合体中大约 3 pc 直径的一块碎块. OH 发射线的测量得到了从云靠外的稀疏
部分 10 μG 到直径 0.2 pc 的致密中心区域的 54 μG 的磁场强度. 因为后一个区
域包含一颗内埋恒星, 含有大约 $10M_{\odot}$ 的气体, 所以磁维里项 $\mathcal{M}$ 大约是引力势
能 $\mathcal{W}$ 的三分之一. 这个比例和典型致密云核中 NH_3 谱线轮廓的分析一致, 只要
涨落场的幅度和更均匀的成分相当.

这个领域一个有前途的发展方向是对被加热尘埃的偏振亚毫米波辐射观测.
这个技术至少在原理上使我们可以直接追踪致密云核中的磁场几何位形. 奇怪的
是, 到目前为止得到的这些分布图都显示偏振度向云核中心急剧减小. 尚不清楚
这个趋势是由于磁场拓扑结构的改变还是尘埃本身性质的改变. 在 B1 的情形, 偏
振在一些内部密度团块减小, 但不为零 (包括有内埋恒星的那些团块). 各个团块
的磁场矢量不平行.

3.3.4 转动

随着云核坍缩形成恒星, 磁场被拖着随气体运动. 由此积累的磁压成为进一
步坍缩的阻碍, 改变动力学演化的方向. 类似地, 由于角动量守恒, 云核中的任何
初始转动必然增加, 最终产生阻止坍缩的离心力势垒. 因此在观测上寻找云核的
转动是重要的. 这里的想法是寻找云表面的径向速度 V_r 的变化. 和通常一样, 我
们通过某条谱线的多普勒移动测量 V_r. 到目前为止分析过的大部分致密云核确实
显示出预期的变化.

作为示意图, 图 3.18 是 L1251A 中一个致密云核的 NH_3 成图, 这是一块距离 200 pc 的细长的暗云. 叠加在 1.3 cm 谱线等值线图上的实心方块的大小正比于每个点测量的 V_r. 从左到右明显存在速度梯度. 其大小为 $1.3\ \mathrm{km \cdot s^{-1} \cdot pc^{-1}}$, 是观测到的典型值, 其范围从 $0.3\ \mathrm{km \cdot s^{-1} \cdot pc^{-1}}$ 的探测极限到此值的 10 倍. 除 NH_3 的其他示踪分子也得到类似的图. 如果每个致密云核都像刚体一样绕其垂直于视线的自转轴转动, 那么观测到的梯度应该对应于云的角速度 Ω. 对于和视线夹角为 i 的倾斜轴, 梯度应该为 $\Omega/\sin i$.

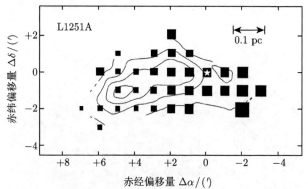

图 3.18 致密云核 L1251A 的转动. 每个实心方块的大小正比于 NH_3 1.3 cm 谱线测量的径向速度. 星号标记内埋源 IRAS 22290+7458 的位置

看待这些结果必须小心. 例如, 分子外流的投影运动也可以产生径向速度梯度. 然而, 这个效应不可能主导, 因为在含有和不含年轻恒星的云核中看到了相似的速度梯度. 假设观测表明是真的转动, 我们可以测量其动力学显著性. 如果理想化为质量均匀的球, 那么质量为 M、直径为 L 的致密云核的转动动能为 $\mathcal{T}_{\mathrm{rot}} = (1/20)ML^2\Omega^2$. 这个结果对于平均直径为 L 的长椭球位形和适中的轴比相差在两倍以内. 因为球形情形的势能为 $\mathcal{W} = (6/5)GM^2/L$, 所以我们可以估计 $\mathcal{T}$ 和 $|\mathcal{W}|$ 的比值:

$$\frac{\mathcal{T}_{\mathrm{tot}}}{|\mathcal{W}|} \approx \frac{\Omega^2 L^3}{24GM}$$

$$= 1 \times 10^{-3} \left(\frac{\Omega}{1\ \mathrm{km \cdot s^{-1} \cdot pc^{-1}}} \right)^2 \left(\frac{L}{0.1\ \mathrm{pc}} \right)^3 \left(\frac{M}{10\ M_\odot} \right)^{-1}. \quad (3.31)$$

方程 (3.31) 表明, 致密云核转动太慢 (典型的周期为 $2\pi\Omega = 6 \times 10^6$ yr), 相应的离心力和真正决定平衡结构的自引力以及压强梯度相比可以忽略. 观测到的转轴方位和云核的空间伸长方向没有明显相关一点也不令人惊奇. 转动真正的重要性不在于云的结构, 而在于其对坍缩本身的影响.

3.3.5　Bok 球状体的结构

我们最后讨论没有内埋在较大复合体中的致密区域. 这些天体是 Bok 球状体, 根据 20 世纪 40 年代首次发现它们在恒星诞生中的潜在角色的天文学家命名. Bok 的洞见已经通过对内埋红外源以及和这些天体中大部分相关的强有力的分子外流的观测得到充分证实. 除了相对孤立, Bok 球状体在很多方面和通常的致密云核类似. 它们中大约 200 个位于太阳 500 pc 内, 它们可以按照光学消光的小斑块被挑出来. 图 3.19 中的光学照片显示了蛇夫座中的 Bok 球状体 B68 异常清晰的边界. CO 的射电观测确定了这些结构实际上围绕着延展数秒差距的更弥散气体的包层.

图 3.19　蛇夫座中的 Bok 球状体 B68 的光学照片

Bok 球状体外形相对简单, 加上周围物质稀疏, 这让它们成为高分辨率成图有吸引力的候选体. 研究得最好的天体是 B335, 距离 250 pc. 这个 Bok 球状体由一个 $11M_\odot$ 的光学不透明的核区和两倍质量的细长的包层组成 (图 3.20). 在核区的峰值密度附近有一颗光度 $3L_\odot$ 的远红外星. 这颗恒星驱动了一个延展的分子外流. CO 观测构成了图 3.20 的基础, 还有使用其他示踪物的观测进行补充, 以便得到密度轮廓作为与恒星距离 r 的函数关系. 数据符合 r 从 0.3 pc 减小到 0.03 pc 时以 r^{-2} 变化, 而在此内较平的密度轮廓 $n_{\mathrm{H}}(r)$.

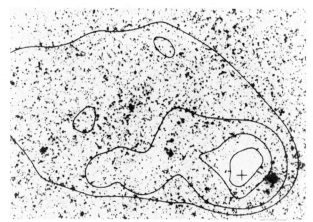

图 3.20　Bok 球状体 B335 的核和包层. 等值线表示由 CO 测量估计的分子氢柱密度. 最外的等值线直径 2.5 pc. 内部的十字标记了 H_2 柱密度的峰值

我们将在第 6 章中描述分子谱线观测如何能够通过同一种分子的多个跃迁给出分子云内部的温度. 在 B335 中, 这个技术已经得到内部温度接近 10 K. 在更远的距离, 温度估计准确性差一些, 部分地依赖于 CO 同位素分子的化学增丰 (见第 6 章). 图 3.21 展示了 B335 中经验的温度分布和 n_{H} 的函数关系. 注意到测量的密度值超过 10^4 cm^{-3}, 就像致密云核中那样. 温度向外 (即向 n_{H} 低的地方) 升高这一事实值得注意, 这在含有内埋恒星的天体中也是有些令人惊奇的. 然而, 恒星加热局限在和这些观测相比小得多的半径内. 在包层中向外的升高实际上来源于这些 Bok 球状体所沉浸其中的宇宙线和紫外辐射场.

迄今在 Bok 球状体中观测到的红外恒星光度相对较低. 对致密云核中的恒星也是如此. 那么, 什么样的云碎块形成了大质量恒星? 这个基本问题的答案未知. 确实存在具有非常高光度的红外点源, 但是这些源通常非常远, 周围云的结构无法进行高分辨率研究. 此外, 这些观测在统计意义上是不利的. 原恒星和内埋大质量主序星必然会在比数百万年的典型恒星寿命短的时间内吹散它们的母云. 于是难以见证一颗 O 型星或 B 型星的实际诞生过程, 但是观测这个诞生过程在周围碎裂的分子气体中造成的灾难性后果相对简单.

大质量恒星造成的破坏可以帮助解释 Bok 球状体的存在, 否则难以解释. 也就是说, 一些 Bok 球状体可能代表了星风和辐射压吹散的较大的云的遗迹. 最后, 大质量恒星对其周围的影响也可以通过比较金牛座-御夫座中的致密云核和猎

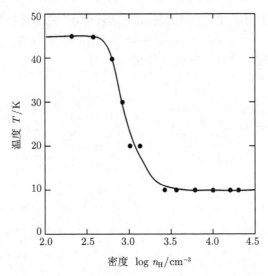

图 3.21 Bok 球状体 B335 中气体温度和 n_{H} 的函数关系

户座分子云中的致密云核进行了解. 对两种环境中分辨率相当的数十个例子的研究显示, 猎户座云核温度系统性地高大约 5 K. 这些天体的 NH_3 线宽也要宽 2~3 倍, 表明有更多的湍流支撑. 此外, 我们将在第 5 章看到, 靠近猎户座大质量恒星的升高的气体温度导致了定性不同的化学反应网络. 最后注意到典型猎户座致密云核质量是金牛座-御夫座中相应天体的三倍, 直径是其两倍. 这个差异可能与巨分子云中大质量恒星的增长以及它们在暗云复合体中少见有关. 阐明这种联系是未来研究的另一个任务.

本 章 总 结

大部分恒星形成发生在巨分子云中. 这些结构是富含团块的, 具有延展的 $\mathrm{H\,I}$ 气体包层. 团块的随机运动以及与内部磁场相关的压强阻止即时的引力坍缩. 在此情形热压强不重要. 在不超过 10^7 yr 很多的时间之后, 整块云因为之前形成的大质量恒星的星风和辐射加热而散去.

分析分子云或其他自引力结构的一个方便的工具是维里定理. 这里我们比较诸如引力势和整体动能这些全局的整体量的大小. 通过这种方法可以避免建立一个详细的内部模型, 同时仍然能够了解起主要作用的力.

巨分子云位于形态类型等级的一端, 线尺度和质量密度都有差异. 所有云的内部运动系统性地随尺度的减小而减小. 靠近等级的另一端是实际上产生单星和双星的致密云核和 Bok 球状体. 云核和 Bok 球状体是内禀细长的, 在空间中慢速转动. 在原恒星坍缩开始前, 它们是由热压和磁压共同抵抗自引力的.

建 议 阅 读

3.1 节 巨分子云的性质总结在

Blitz, L. 1993, in Protostars and Planets Ⅲ, ed. E. H. Levy and J. I. Lunine (Tucson: U of Arizona Press), p. 125

中. 这些云的大部分数据来源于大尺度 CO 巡天, 比如

Solomon, P. M. & Rivolo, A. R. 1989, ApJ, 339, 919

3.2 节 磁场在维里定理中的作用见

Shu, F. H. 1991, The Physics of Astrophysics, Vol Ⅱ: Gas Dynamics, (Mill Valley: University Science Books), Chapter 24.

3.3 节 一篇令人信服的从观测角度对致密云核和 Bok 球状体的综述是

Myers, P. C. 1995, in Molecular Clouds and Star Formation, ed C. Yuan and J. You (Singapore: World Scientific), p. 47.

历史上, Bok 球状体在恒星形成中的重要性首先在

Bok, B. J. & Reilly, E. F. 1947, ApJ, 105, 255.

有预见性的工作中被认识到. 我们对 B335 的讨论基于

Frerking, M. A., Langer, W. D. & Wilson, R. W. 1987, ApJ, 313, 320.

的全面研究. 云的尺度和速度弥散之间的关系首先被

Larson, R. B. 1981, MNRAS, 194, 809.

发现. 对于致密云核的三维形状, 见

Ryden, B. S. 1996, ApJ, 471, 822.

其中也含有较早的参考文献. 使用尘埃辐射观测内部结构的例子见

André, P. Ward-Thompson, D. & Motte, F. 1996, A&A, 314, 625.

第 4 章　年轻恒星系统

天空中位于类似昂星团这样明确的星团中的可见恒星比例相对较小. 或是通过光球层性质, 或是通过存在临近的气体, 我们发现这些恒星总是年轻的. 此外, 任何随机选择的恒星属于某个聚集体的概率随着恒星质量的增加而增加. 因为平均来说质量越大的恒星倾向于越年轻, 这些事实表明成团性可能是早期恒星演化的一个重要特征. 我们现在相信, 事实上所有恒星都是在散布于银盘的星群中诞生的. 这些星群或者是真的星团, 具有高空间密度, 通常是引力束缚的实体, 或者是较为松散的星协, 可以延展超过 100 pc 或更远.

我们在第 1 章中记录了大质量恒星的理论寿命结合 OB 星协总质量的估计如何得出银河系中这些星群中当前的恒星产生率. 类似地, 其他类型的星协和星团的总质量给出了它们当前的诞生率. 这些结果的比较显示, 所有光学可见星团中的恒星形成只能解释银河系总量的百分之十. 剩下的恒星形成主要发生在 OB 星协中, 尽管它们的准确分布仍然不确定. 困难在于, 到目前为止典型 OB 星协的低光度成员不能直接看到, 总质量必须从理论外插推测. 幸运的是, 这个情况已经通过使用红外和 X 射线波段灵敏的探测器而快速改善.

本章是对诞生恒星的各种星群的描述性综述. 我们以仍然内埋于分子云气体和尘埃中的光学不可见的聚集体开始. 下一个话题是部分可见的星协. 我们依次讲述 T、R 和 OB 星协, 每一种星协按其主要成员的质量来区分. 这些传统的具有观测动机的术语有些误导, 因为每个区域都包含相当大的质量范围. 4.3 节是对完全暴露的疏散星团的简单概述, 对于这些星团的观测是最完备的. 最后, 我们讨论初生星群以及一般星场中恒星质量的分布.

4.1　内 埋 星 团

光学发现的星团是在分子云复合体致密内部形成的、成员数量更多的系统剩余的一小部分. 尽管没有完备的统计, 但是观测结果与大部分恒星形成于这种环境这个假设相符. 我们将一般地使用术语 "内埋星团" (embedded cluster) 表示任何物理上相联系的、被周围分子气体遮蔽而只能在红外或更长的波长探测到的恒星群. 在应用这个术语时, 我们发现一个问题, 任何特定星群在其气体消散后是否保持引力束缚这件事很少确切知道.

4.1.1 近红外巡天

内埋恒星集团的发现源自红外天文学中一项关键的技术进步. 在 20 世纪 80 年代早期以前, 这些较长波长的巡天观测无法得到光学设备那样精细的细节. 情况随着近红外阵列探测器的发展而大为改观. 这些固态元件在相对短的曝光时间里得到了内埋系统的细节图像, 甚至对那些角尺度大的系统也是如此. 标准波长的滤波片位于探测器之前, 故而得到一幅单色图像. 将若干这种图像结合起来也使得我们可以得到合成的伪彩色图像. 我们稍后将展示这两种情形的例子.

使用近红外辐射能穿透大量分子云气体的原因从星际消光曲线来看是很明显的 (图 2.7). 可以看到, 中心在 2.2 μm 的 K 波段中的光子的消光只有 0.555 μm 的 V 波段光子 1/10. 现在考虑有代表性的光谱型 K7 的金牛座 T 型星, $M_V = +6.5$, $M_K = +2.2$. 如果这颗星距离我们 200 pc, 方程 (2.12) 告诉我们, 它将具有一个合理的探测阈值 (例如 $m_V = +25$) 之上的 V 波段视星等, 仅当云的消光 A_V 小于 12 等. 另一方面, 同一颗恒星可以位于一块 $A_V = 100$ 的云中, 但仍然可在 K 波段探测到, 此波段大型地基望远镜的极限星等现在大约为 +20 等. 当然, 这么看中红外和远红外会更有效. 然而, 这些辐射会被地球大气强烈吸收, 在最长的波长观测需要空基设备. 1983 年发射的 IRAS 首次使得重建很多内埋的恒星近乎完整的光谱成为可能.

分子云内的星团到目前为止主要是通过近红外单波段巡天发现的. 星团通常首先被证认为与附近的星场相比显著密集的区域. 然而, 这个初始的勘查工作根本不足以确定真实的成员归属. 这个星群中的很多 (如果不是大多数的话) 恒星内禀亮度比首先看见的那些恒星暗. 除了考虑完备性, 也有必要分离出被同一块云红化的背景天体. 我们有可能使用云外的观测扣除这个区域中预期的背景和前景恒星的数量, 从统计上估计星团总的恒星数量. 原则上可以用自行 (在天空中相对于背景的运动) 选择单个星团中的成员, 但是需要至少两次时间上相隔很长的观测. 其他证认技术包括光谱和多色测光.

让我们进一步考虑测光方法. 这些方法通常将 K 波段观测与 $J(1.25\ \mu m)$ 和 $H(1.65\ \mu m)$ 波段观测结合起来. 这些研究中的主要工具是近红外的颜色-颜色图. 如图 4.1 所示, $J - H$ 颜色为纵轴, $H - K$ 颜色为横轴. 星等的定义表明, 对于较红和较冷的恒星, $J - H$ 和 $H - K$ 的数值都会增加. 在任何情况下观测到的颜色都依赖于光球层的性质和云的消光. 然而, 背景恒星的这两种颜色显示出明确的关系.

为了得到这个关系, 我们假设所有星团外的源都是主序星或者更稀少但更明亮的红巨星. 如果恒星表面以完美的黑体进行辐射, 那么方程 (2.29) 表明, 任意两个波长的出射流量比将只是温度 T_{eff} 的函数. 图 4.1 中的点线展示了所示 T_{eff} 范围

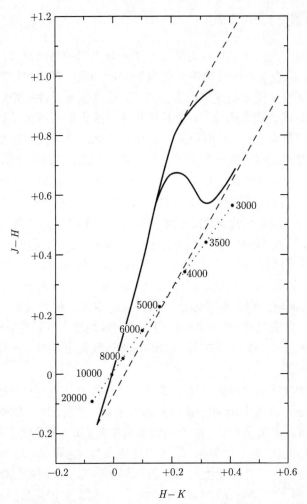

图 4.1   近红外波段的颜色-颜色图. $J-H$ 和 $H-K$ 色指数分别为纵轴和横轴. 实线显示了
主序星 (下分支) 和巨星 (上分支) 的这些指数之间的关系. 点线显示了在所示温度的黑体谱的
颜色. 直虚线表示因为星际红化导致的相对颜色改变

内的 $J-H$ 和 $H-K$ 的黑体辐射值. 恒星光球层偏离黑体, 因为它们不是在所有
波长都同样不透明. 在小质量恒星 (包括太阳) 外层, 主要的不透明度源是 H⁻ 离
子. 来源于 H⁻ 的不透明度在 1.6 μm 附近接近 H 波段有一个较宽的极小. 于是,
以这种机制辐射其大部分能量的冷恒星的近红外波段颜色和黑体差异显著. 这个
偏离可以从图中的实线清晰地看到. 这条实线代表了主序星和巨星的光球层序列.
沿这条曲线向右移动到较低的 T_{eff}, 表面不透明度越来越由分子谱线主导. 在近红
外的一个主要不透明度源是 CO, 我们将在第 5 章再次接触到其丰富的谱线. 众多

的 CO 吸收线的深度及相应的宽带颜色对恒星表面重力 (在巨星中较低) 敏感. 于是, 实线最终在谱型为早 K 型处分叉. 上分支代表巨星, 而下分支是主序星.

到目前为止, 我们只考虑了未红化的恒星, 例如那些在所感兴趣的星团前景的恒星. 如我们在第 2 章中看到的, 颜色也会由于尘埃消光改变. 色余 E_{J-H} 和 E_{H-K} 的真实值依赖于柱密度, 但二者之间的一般关系可以从消光曲线导出. 再次参考图 2.7, 我们发现

$$
\begin{aligned}
\frac{E_{J-H}}{E_{H-K}} &= \left(\frac{E_{J-V}}{E_{B-V}} - \frac{E_{H-V}}{E_{B-V}}\right)\left(\frac{E_{H-V}}{E_{B-V}} - \frac{E_{K-V}}{E_{B-V}}\right)^{-1} \\
&= \frac{2.58 - 2.25}{2.77 - 2.58} = 1.74.
\end{aligned} \tag{4.1}
$$

所以, 对于任何内禀颜色为 $(J-H)_0$ 和 $(H-K)_0$ 的背景恒星, 观测到的颜色沿

$$
(J-H) - (J-H)_0 = 1.74[(H-K) - (H-K)_0]. \tag{4.2}
$$

给出的红化矢量分布. 回到图 4.1, 测得的一群恒星的 $J-H$ 和 $H-K$ 值应该位于虚线包围的带内.

在图 4.2 中, 我们展示了位于英仙座分子云中距离 320 pc 的一个致密星团 IC

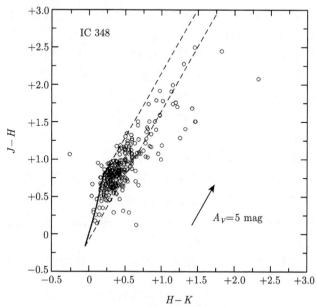

图 4.2　内埋星团 IC 348 的颜色-颜色图. 空心圆圈代表成员恒星. 左下的实线, 部分不可见, 是图 4.1 中的主序星的关系, 用相关的红化波段 (虚线) 显示. 对应于 $A_V = 5$ mag 的红化矢量位于右下

348 的一幅颜色-颜色图. 这个系统确实包含众多光学可见的恒星, 但更多的恒星仍然被内埋. 在画出的 342 个源中, 和邻近天区的比较表明大约百分之六十应该是星团成员. 图中大部分恒星的近红外颜色接近但高于主序星的曲线, 沿红化矢量的位移对应于 $A_V \lesssim 5$ mag. 少数源具有显著更大的 A_V, 而总共大约百分之二十明确位于虚线边界之外. 这后一部分恒星的 $H - K$ 颜色比从它们的 $J - H$ 颜色推断的要红, 被称为展现出了红外超.

4.1.2　成员恒星的分类

年轻恒星的红外超并非来源于远处尘埃的红化, 而是来源于相对靠近恒星表面的辐射. 也就是说, 这个现象是源于拱星的 (星周的)(circumstellar), 而不是星际的 (interstellar). 如我们当前的例子所展示的, 所有内埋星团内的恒星都受到前景尘埃红化的影响, 无论它们是否有红外超. 一旦一个源完整的光谱能量分布通过观测确定, 就可以用估计的贯穿云的 A_V 以及消光曲线来计算在其他所有波长的消光 A_λ. 如此, 源自恒星及其拱星物质的 "去红化" 的能量分布就能够被重构出来. 具有大的红外超的恒星和那些没有红外超的恒星位于相当明确的宽带光谱的形态序列的两端.

为展示这个趋势, 我们转向另一个研究得较多的区域, 位于蛇夫座 ρ 暗云复合体中心的致密星团. 近红外巡天已经在这个复合体西端的 L1688 分子云中探测到数百颗内埋恒星 (回顾图 3.17). 在这块云的中心, 可见光消光超过 50 等. 三个有代表性的源的去红化光谱能量分布如图 4.3 所示. 画出了以每对数波长区间测量的流量 λF_λ 作为波长的函数. 恒星 WL 12 的光谱显示出明显的红外超. 正常情况下在 1 μm 附近达到峰值的 λF_λ 一直增长到 60 μm. 流量最终在亚毫米和更长的波长下降, 这里没有显示. 对于恒星 SR 24, 流量在中红外和远红外有一个较缓的负斜率, 而对于 SR 20, 流量快速下降. 在最后一个例子中, 光谱开始与黑体谱 (也在图中) 类似.

前两个源丰富的红外辐射源自被加热的尘埃颗粒. 由方程 (2.32) 注意到, 峰值在 10 μm 的热辐射的温度接近 300 K. 典型的红外超不是纯黑体谱, 表明温度有一个很大的范围. 此外, 这些温度足够高, 涉及的尘埃一定相对接近恒星. 自然的假设是, 这些尘埃颗粒是分子云物质的一部分, 参与原恒星坍缩, 另一部分在坍缩结束后留存下来. 这些遗留物质随时间逐渐消失.

沿这条思路推理, 我们可以将红外超用作恒星初期的经验性测量. 我们可以通过考虑红外色指数 $\alpha_{\rm IR}$

$$\alpha_{\rm IR} \equiv \frac{d \log(\lambda F_\lambda)}{d \log \lambda} \tag{4.3}$$

量化物质. 通常对 2.2 μm 和 10 μm 之间的流量进行数值差分来估计导数. 诸如 WL 12 这样 $\alpha_{\rm IR}$ 的红外源被归为 I 型. 这些源一般和致密云核相伴, 如 NH₃

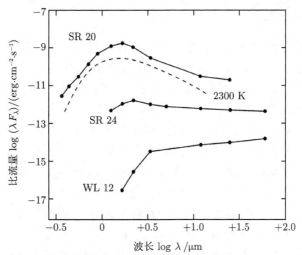

图 4.3　蛇夫座 ρ 暗云复合体中三颗恒星的光谱能量分布. 虚线对应 2300 K 的黑体. 从下到上这些宽带光谱分别给出了 I、II、III 型源的例子

发射所见的那样. 内埋较浅的恒星 SR 24 是 II 型源的一个例子, $-1.5 < \alpha < 0$. 类似 SR 20 的 III 型恒星有 $\alpha_{\rm IR} < -1.5$. 最后, 已加入 "0 型" 以包含内埋的源. 这些源只能在远红外和毫米波波段被探测到. 图 4.4 所示的一个例子是被称为 L1448/mm 的天体. 这颗光度 $10L_\odot$ 的恒星位于英仙座天区一个 Bok 球状体内, 距离 300 pc. 注意到, 其光谱能量分布相比图 4.3 中那些源移动到了波长长得多的波段. 和所有 0 型天体一样, L1448/mm 驱动了一个强的分子外流.

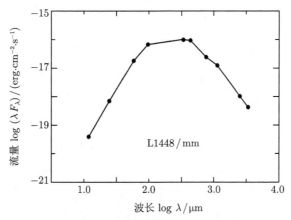

图 4.4　英仙座中 0 型源 L1448/mm 的光谱能量分布

4.1.3 星团光度函数

光谱分类是一种评估无法直接观测的星团恒星演化阶段的方便方法. 一个同样重要的补充工具是星团光度函数. 这里我们算出光度在 $L_* \sim L_* + \Delta L_*$ 范围内恒星的总数 ΔN, 其中 L_* 取遍观测到的值. 我们回顾第 1 章, 主序前恒星光度随收缩演化, 速率高度依赖于质量. 因为任何足够年轻的星团都含有较大比例的这种天体, $\Delta N(L_*)$ 的形式随时间变化直到大部分成员稳定到主序中. 故光度函数作为演化探针的潜在价值是显见的, 但是观测者还没有充分利用这个技术.

主要的障碍是实际中难以得到大量内埋成员恒星的热光度. 长波波段使用的卫星观测到目前还缺乏对致密星团中拥挤的星场进行采样所需的高空间分辨率. 结果, 目前最完备的光度函数是在单个近红外波段, 通常是 K 波段的光度函数. 图 4.5 显示了蛇夫座 ρ 复合体中心区域 (L1688 云) 中 90 颗恒星的 K 波段光度函数. 注意到 $m_K \gtrsim 10$ 的恒星数量下降仅反映了在此星等观测的不完备. 随后的观测已经发现恒星数量增加到至少 $m_K = 14$. 在此暗弱的水平以及其之下, 附近的大量源是否为成员是不太确定的.

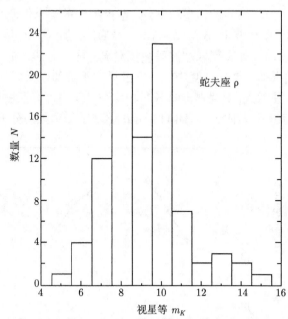

图 4.5　蛇夫座 ρ 的 L1688 区域中 90 颗恒星的 K 波段光度函数

其他波长的测量已经可以确定大约 50 颗 L1688 中的蛇夫座 ρ 恒星的热光度. 图 4.6 展示了当前已知的热光度函数. 这里也显示了源在光谱型中的分布. 在此指出, 恒星数量在最高光度处的减少是真实的, 但是在低 $L_{\rm bol}$ 处是不真实的, 更灵敏的巡天否定了此处的减少. 我们将在本章稍后部分以及在第 12 章再次回到光度函数的物理解释. 在第 12 章我们从一个更理论的视角重新审视星团演化.

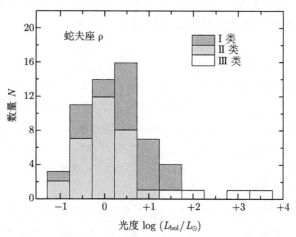

图 4.6   L1688 中 55 颗蛇夫座 ρ 恒星的热光度函数. 标记了三种光谱型的分布

4.1.4 星群的形态

现在让我们转向实际星团的形态. 更完整的图像是通过结合恒星和与其相伴尘埃的红外研究以及对气体的射电观测得到的. 一个重要的例子是猎户座 B 的 L1630 区域中的星团群落. 这里, 恒星形成几乎完全局限在四个独立的区域: NGC 2071、2068、2023 和 2024(回顾图 1.2 和图 1.3). 这些星团中每一个的直径都是大约 1 pc, 都和之前已知的 HII 区或反射星云成协, 表明存在至少一颗 O 型星或 B 型星. 恒星密度为 100 pc^{-3} 量级, 和蛇夫座 ρ 中 L1688 分子云的核区类似. 在上述两天区, $n_H > 10^4$ cm^{-3} 的分子气体占据了星团边界内数百 $M_\odot$ 的总质量的百分之五十到百分之九十.

很多星团中大量产生的明亮大质量恒星使得这些系统在整个银河系中都能看到. 随后的近红外阵列成图揭示了那些小质量的个体. 底片 1~8(见本章末) 是一系列显示了位于猎户座距离上的或更远、正在形成的星群的图片. 第一个是 NGC 2024, 是 L1630 星团中成员最多的. 底片 1 左边是光学图像, 引人注意的是宽的、垂直尘埃带, 遮住了大部分内部的恒星. 这些恒星中的数百颗在红外图像中被揭示出来, 如底片 1 右边所示. 这里, 很明显, 最亮的恒星倾向于处在星团中最拥挤的部分, 这个部分光学不可见.

类似于这样的大部分内埋系统不一定会形成疏散星团, 但会在其气体消散后变得非束缚. 这个论证是统计性的. 假设猎户座分子云中的恒星形成能代表别的复合体, 那么大约 50 个类似 NGC 2024 的星团现在应该正在太阳的 2 kpc 内形成. 我们在第 3 章中注意到, 和星团成协的很多分子气体在 5×10^6 yr 时消失, 我们可以将这个时间取为一个有代表性的形成时间. 于是, 在 10^8 yr 稳态地产生星团后, 在同一个银河系区域中应该发现大约 $50 \times 20 = 10^3$ 个星团. 实际上, 这种年龄或更年轻的疏散星团的总数小于 100, 所以它们的形成应该是非常低效的.

底片 2 是 S106 的近红外图像, 这是一个最近的 (距离 600 pc)、研究得最好的大质量恒星照亮的双极星云. 很早就知道 S106 是一个光学电离氢区, 在其中心区域也有一条明显的暗条. 这里, 射电研究已经揭示了丰富的分子气体. 位于遮挡片内的是红外源 IRS 4, 一颗 $10^4 L_\odot$ 的晚 O 型星或早 B 型星, 它驱动高速电离气体流进入每一个射电瓣. 后两种结构的总长为 0.7 pc. 大约 200 颗 $m_K < +14$ 的恒星位于 IRS 4 半径 0.3 pc 内. 恒星密度在大质量恒星附近达到峰值, 超过 10^3 pc^{-3}, 接近猎户座四边形星团中的值.

并非所有大质量恒星都与小质量星团重合, 至少根据当前的观测是这样的. 底片 3 是显示了距离 2.5 kpc 的 Gem OB1 星协中的三个电离氢区的红波段照片. 左边和中间区域分别记为 S225 和 S227, 而右边更弥散的区域是 S254. 下图 (底片 4) 是尺度更小的近红外图像. 最左边和最右边的两个最明亮的天体分别是孤立的 B0 型星 S255 和 S257. 没有探测到这些恒星的小质量伴星. 另一方面, 它们之间明显的星团仅在红外看到, 在 0.5 pc 半径内包含 70 个成员. 在星团中心是一颗内埋恒星, 称为 S255/IR, 光度接近 $10^5 L_\odot$, 主要在远红外波段. 星团本身夹在一块致密分子云的两个射电辐射峰之间.

中等质量恒星也通常位于质量更小的天体组成的星团中, 但这个星团致密程度较低. 考虑 1 kpc 外、位于天鹅座旋臂方向的赫比格 Be 型恒星 BD+40°4124. 近红外成像 (底片 5) 显示, 几十颗内埋的源与这颗恒星相伴, 这是附近可见的金牛座 T 型恒星数量的三倍. $^{12}C^{18}O$ 和 CS 观测揭示了两颗这样的可见恒星, V1318 Cygni 和 V1686 Cygni 位于由数百倍太阳质量非常致密的气体组成的脊 (ridge) 中. 同样在这个区域中探测到的分子外流和脉泽活动源自 V1318 Cygni 非常明亮的红外双星伴星, 而不是光学 Be 星. 这颗伴星具有星团中最大的红外超. 其他可见的赫比格星是否确实驱动了分子外流仍然是一个未解决的问题.

偶尔会发现不同年龄的恒星形成区相互邻近, 如底片 6 所示. 这幅图展示了 Cas BO2 星协中之前已知的一个 HII 区 NGC 7538 的环境. 来自这个 HII 区自己的辐射由反射的星光和热气体辐射组成, 看起来像是围绕炽热的白色 OB 恒星的新月状星云. 两块明显的红块是更年轻的区域, 含有分子气体和内埋恒星组成的致密星团.

NGC 3603 是最壮观的 HII 区之一, 如底片 7 中间区域所示. 这个大质量星团 (这里在红外波段看) 位于船底座旋臂中, 距离 6~7 kpc. 光是 O 型星和 B

型星的质量就有 $2000M_\odot$, 光度有四边形星团电离光度的 100 倍. 实际上, NGC 3603 中心是银河系中最致密的大质量天体聚集区. 尽管周围有尘埃, 但很多 O 型星和 B 型星在光学波段可见. 然而, 数量多得多的小质量恒星只在红外波段可见. 它们在颜色光度图上的位置告诉我们它们是年龄 $3 \times 10^5 {\sim} 1 \times 10^6$ yr 的主序前天体.

在这么短的时期内产生数千颗恒星使得 NGC 3603 成为令人印象深刻的电离氢区, 但仍然没有达到真正星暴的水平. 为了看到这些事实, 我们需要走出银河系. 举个例子, 近邻的大麦哲伦云含有剑鱼座 30(底片 8). 这个巨大的电离氢区形态上和 NGC 3603 类似, 但是具有十倍的总光度, 达到 $10^8 L_\odot$ 的量级. 中心星团亮到即使在 50 kpc 的距离也足以在光学波段可见. 注意到致密星团周围巨大的卷须状气体. 这些结构使得这个区域有另外一个名字, 狼蛛星云. 在不规则矮星系和旋涡星系中有更明亮的星暴, 都位于很远的距离.

4.2 T 星协和 R 星协

内埋星团的命运部分取决于它的气体如何逸散. 在很多情形, 一颗或更多大质量恒星相对快速地驱散星际物质. 结果形成称为 OB 星协的膨胀星团. 其他系统诞生在从未含有大质量恒星的暗云复合体中. 金牛座-御夫座中延展分布的小质量恒星 (图 1.11) 不是快速逸散的产物, 而更多反映了母云的初始范围. 不仅很多可见恒星太年轻了, 走不远, 而且大量更年轻的内埋源在空间上和其他恒星混合在一起. 因为这个系统中大部分成员是金牛座 T 型星, 金牛座-御夫座恒星复合体一般称为 T 星协. 这个术语是 V. 安巴楚米安在 1949 年引入的, 也是金牛座 T 型星这一类星被 A. H. 乔伊 (A. H. Joy) 证认四年之后.

4.2.1 金牛座 T 型星的诞生地

尽管内埋星团的存在可以通过简单查看近红外图像确定, 但是找到一个 T 星协还需要证认金牛座 T 型星本身. 这些星有两类. 经典金牛座 T 型星光谱中有显而易见的强 Hα 光学发射线, 以及 CaII 分别在 3968 Å 和 3934 Å 的 H 和 K 波段谱线. 于是, 一种实用而高效的搜寻方法是在宽视场望远镜上装备可以同时记录数平方度天区中的多条恒星光谱的物端棱镜. 然而, 这种巡天只找到了部分感兴趣的天体. 数量至少和经典金牛座 T 型星相当的是弱线金牛座 T 型星. 如它们的名字所示, 这些恒星没有强发射线, 尽管这两类在年龄上有很大重叠. 弱线金牛座 T 型星实际上是通过相对主序场星增强的 X 射线辐射发现的. X 射线探测最初是爱因斯坦卫星完成的. 这颗卫星在 1979 年发射, 运行到 1981 年. 更灵敏的 ROSAT 卫星在 1991 年发射, 提供了更多弱线候选体.

图 4.7 展示了近邻的 T 星协在银盘上的分布. 这些 T 星协包含了从仅仅 50 pc 外的一个小的金牛座 T 型星星团, 长蛇座 TW(TW Hydrae) 到英仙座分子云复合体中含有很多恒星的高度活跃的 NGC 1333. 后者是一块明亮的反射星云的名称. 后一个区域含有数十颗可见的年轻恒星和超过一百颗内埋星, 包括很多驱动了分子外流的内埋星. 在这里也展示了在巨蛇座区域中, 大部分可见恒星与含有一个致密红外源星团的分子云 L572 相伴. 最后, 天鹅座中的大型分子云复合体揭示了 L984 和 L988 分子云中的金牛座 T 型星和内埋源.

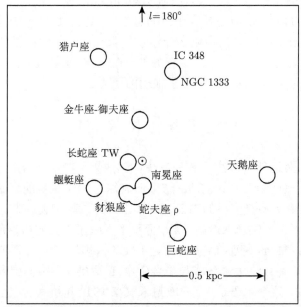

图 4.7   近邻 T 星协和内埋星团在银盘内的分布. 注意到表示经度的习惯: 银心在 $l = 0°$ 处, 而天鹅座位于 $l = 90°$ 附近. 同时注意到代表太阳位置的符号

我们的图也包含了主要的内埋星团, 比如蛇夫座 ρ 和 IC 348(也是英仙座分子云的一部分). 实际上, 这幅天图中展示的所有这些天区既含有被遮挡的天体也包含可见的天体. 例如, 在蛇夫座 ρ 内部, 在致密的 L1688 核心周围是一大群小质量天体. IC 348 的众多可见恒星更多聚集在中心. Hα 巡天辨别出位于猎户座 B 的四个被遮挡的星团之外散落的可见星族. 总结起来, 内埋星团和 T 星协应该视作形态类型序列中的极端情形.

最邻近的显著例子, 金牛座-御夫座很好地展示了 T 星协的性质. 它已经被全面仔细地在红外、光学和 X 射线波段观测过了. 这里, 有可能从运动学上确立大部分恒星是否为成员星. 我们首先通过光学光谱得到每颗恒星的径向速度 V_r. 我们将吸收线和同样光谱型的标准星吸收线作比较, 得到多普勒移动也就得到了 V_r.

在金牛座-御夫座中, 经典和弱线成员都很好地符合从分子谱线得到的本地分子云气体速度. 注意到分子云和恒星 V_r 值在分子云复合体中变化, 但整体看起来是引力束缚的.

得到速度的正交分量, 即自行 (proper motion), 需要比较不同时间的至少两幅宽视场图像. 这种比较显示, 金牛座-御夫座恒星自行紧密地集中于一个统一的矢量周围, 如所预期的那样. 一维速度弥散在 $2\sim3$ km·s^{-1}. 更深内埋的 (I 类) 成员没有速度信息, 它们占总数的大约百分之十. 图 1.11 中所示的分子云复合体边界内由运动学确认的成员的总数大约是 100 个, 其中 60 个是经典金牛座 T 型星, 剩下的是弱线金牛座 T 型星. 这个统计完备到 V 星等 +15.5 等.

尽管星协不像内埋星团那样显示出高度的中心聚集, 但所有大分子云, 包括暗云复合体, 本身都是团块化的. 所以, 某种程度上可以预期恒星从这样的结构中形成. 图 4.8 在金牛座-御夫座中证实了这个假设. 粗的等值线是天球面上具有相同的恒星表面密度的线, 而细线是图 1.11 中的 CO 辐射的边界. 这六组每组含有 $5\sim20$ 颗恒星, 投影半径小于 1.0 pc, 内部的径向速度弥散为 $0.5\sim1.0$ km·s^{-1}. 所以, 在复合体中测量的总的速度弥散大部分源自这些子单元之间的相对运动.

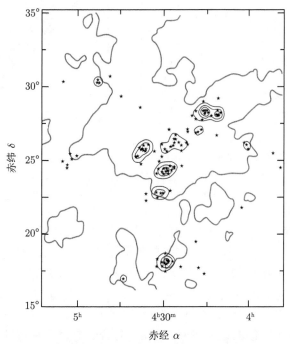

图 4.8　金牛座-御夫座中的恒星团. 粗的等值线是天球面上具有不变的恒星表面密度的线, 而细线是图 1.11 中的 CO 辐射的边界

4.2.2   赫罗图: 主序起始

显示 T 星协组成和演化阶段的一个特别有效的方法是将其光学可见的成员画在赫罗图上. 图 4.9 展示了四个星协的赫罗图. 大多数情况下, L_* 是从 J 波段光度外推得到的. 在这个单色值上加一个热改正. 严格地讲, 后者仅适用于主序星. 然而, 细致的比较发现, 得到的 L_* 精确到大约百分之二十以内.

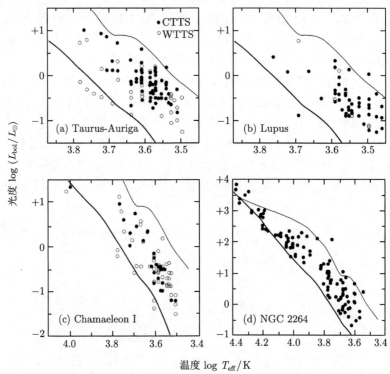

图 4.9   四个星协的赫罗图. 在图 (a)~(c) 中, 实心圆圈代表经典金牛座 T 型星, 而空心圆圈是弱线金牛座 T 型星和后金牛座 T 型星. 对于 NGC 2264, 我们展示了经典金牛座 T 型星和赫比格 Ae/Be 星, 以及主序天体. 每幅图中上面和下面的实线分别是诞生线和零龄主序

从金牛座-御夫座 (图 4.9(a)) 开始, 我们看到, 很多恒星挤在诞生线附近, 如每幅图所示. 这些成员星最近才驱散了遮蔽它们的尘埃和气体外包层. 内埋的红外源代表了一类更年轻的源, 它们缺少可测量的有效温度, 无法画在传统的赫罗图上. 最年轻的光学可见成员大多是经典金牛座 T 型星, 用实心圆表示, 但其中也包含弱线成员 (空心圆圈). 在诞生线以下, 小质量恒星的数量在达到主序前, 在对应数百万年等年龄线的地方下降. 于是, 复合体整体在那时开始形成恒星并且在今天也在继续形成恒星.

同样明显的是, 无辐射的恒星比例随年龄显著增加. 这个趋势符合这个事实:

经典金牛座 T 型星中存在的强发射线在同样质量的零龄主序星中缺失. 此外, 大部分弱发射线恒星, 包括这里展示的那些, 缺少经典金牛座 T 型星中的红外超.[①]所以, 产生光学发射线的热气体 ($T \sim 10^4$ K) 和在近红外和中红外波段发射的较冷尘埃 ($T = 10^2 \sim 10^3$ K) 在小质量主序前天体中逐渐消失.

恒星密度最高的邻近 T 星协出现在南天的豺狼座中. 由于其位置在蛇夫座 ρ 南边 10°, 这个大而活跃的星协相比金牛座-御夫座的研究较少. 恒星形成主要局限在镶嵌于一个延展暗云复合体中的四个子星团中 (图 4.10). 分子气体的总质量是 $3 \times 10^4 M_\odot$, 接近金牛座-御夫座, 很大一部分位于孤立的 B228 云中. 最集中的 CO 辐射对应于光学照片中明显的纤维状尘埃暗条.

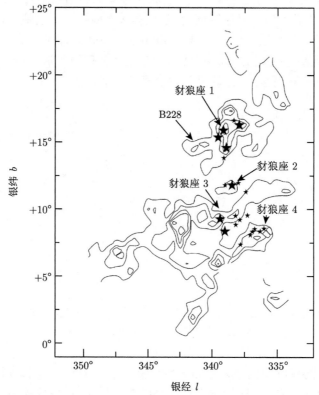

图 4.10 豺狼座中的恒星和分子气体. 等值线图表示 $^{12}C^{16}O$ 的强度. 大的星标表示紧密星团 (tight cluster)

最初, 豺狼座中编目的年轻恒星是物端棱镜巡天中发现的经典金牛座 T 型星. 随后的 X 射线研究中发现了其他的弱线天体. 此外, 有一颗 $71L_\odot$ 的赫比格 Ae

---

① 红外超总是标志着存在拱星的尘埃. 所以那些具有主序光谱能量分布的弱线恒星过去称为 "裸的" 金牛座 T 型星. 图 4.9 中的空心圆圈也包含一些较老的 "后金牛座 T 型星", 稍后给出定义.

星. 一半的星协成员在豺狼座 3 子星团中; 这些恒星只在图 4.10 中示意性地标出. 这颗 Ae 星 (HR 5999) 是这个高度致密的恒星诞生地中心处双星的一部分. 所有子星团的赫罗图 (图 4.9(b)) 再一次显示了诞生线附近的一个族群, 表明了当前的恒星形成活动. 只要红外和弱线源得到更系统的研究, 这幅图就会更完整. 最后, 我们注意到, 背景星光的偏振图揭示了有序的磁场, 其方向大致垂直于最明显的纤维状结构.

在金牛座-御夫座的情形, 可以通过这种方法可靠地得到距离 140 pc: 比较拥有反射星云的主序星 (也就是说这些主序星和暗云成协) 的绝对星等和消除了红化的表观星等. 对于稀疏得多的豺狼座区域, 150 pc 这个值更不确定, 由它靠近天蝎座-半人马座 OB 星协这个事实得到. 相似距离上的第三个 T 星协是蝘蜓座的 T 星协. 在这个靠近南天极的区域, 分子气体被局限在三个清晰、连贯的结构中, 如图 4.11 所示. 在这几个结构中, 蝘蜓座 I 具有最高的目视波段消光和最大的年轻恒星族群, 而更不规则的蝘蜓座 III 看起来没有任何恒星形成活动. 因为蝘蜓座距离银盘 15°, 相对而言, 这三块云都缺少背景恒星.

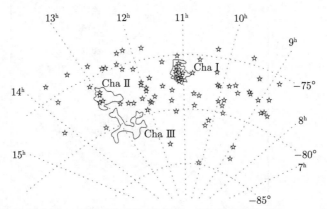

图 4.11   蝘蜓座区域发射 X 射线的恒星组成的晕. 实线等值线表示 100 μm 连续谱辐射, 代表尘埃和气体. 点线表示赤经和赤纬

蝘蜓座 I 的赫罗图包含大约 80 个星协成员. 大约一半是首先被光学证认的, 来源于 Hα 巡天或者使用测光光变, 这是经典金牛座 T 型星的另一个特征性质. 剩下的成员最初是 ROSAT 卫星通过 X 射线辐射发现的. 从图 4.9(c) 可以明显看到经典金牛座 T 型星和弱线金牛座 T 型星在质量和年龄上是完全混在一起的, 很多接近诞生线. 恒星形成正在进行的进一步证据是存在没有光学对应体的红外源, 其中一些是激动人心的哈比格-哈罗天体和分子外流.

X 射线观测已经在蝘蜓座区域发现了更多恒星族群. 一些在分子云边界以内, 但大部分不在, 而是分布在数十秒差距范围 (图 4.11). 类似的恒星晕围绕着金牛座-御夫座、猎户座和豺狼座区域. 这些天体中的一些含有锂元素, 说明年龄相对年轻, 因为锂在恒星演化过程中逐渐减少 (第 16 章). 这个子集主要由后金牛座 T 型星组成, 也就是说, 性质介于经典和弱线天体之间的收缩天体, 以及那些已经稳定到主序上的天体 (第 17 章). 剩下的更年老, 年龄可能到达 10^8 yr. 无论如何, 这个晕族恒星或者从今天的蝘蜓座迁徙而来, 或者从很早以前就已经消失的分子气体中形成.

  图 4.9 的第四幅赫罗图展示了 NGC 2264, 这是麒麟座中的一大群恒星. 在演化和形态上, 这个区域都代表了从内埋星团向疏散星团的转变. 星团中数百个光学可见成员的质量范围从 O7 型恒星麒麟座 S 到非常晚型的金牛座 T 型星. 这个系统位于 800 pc 距离上, 太远了, 所以没法通过 X 射线完全证认弱线恒星. 如图 4.12

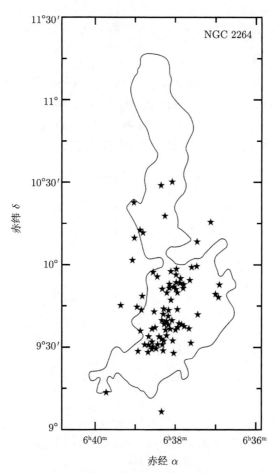

图 4.12　NGC 2264 中的恒星和气体. 实线等值线表示 $^{12}C^{16}O$ 辐射的边界

中所见, 大部分可见的成员挤在一块大分子云的南部. 这块云是麒麟座 OB1 复合体 (其边界也包含在图 1.1 中) 的一部分. 从观测到少量的色余判断, 这个可见的星团正好在云的前方, 而很多内埋的红外星——其中一些驱动了强大的分子外流——延伸到更后方. 这块云本身有 25 pc 长, 质量有 $3 \times 10^4 M_\odot$, 正好阻挡了光学波段的背景星光, 便于研究星团成员.

　　NGC 2264 的赫罗图再一次显示了大量靠近诞生线的恒星, 包括质量最大的、接近 $10M_\odot$ 的主序前天体. 此外, 存在一个明显的主序, 但只延伸到 $3M_\odot$, 对应于光谱型 A0. 质量更小的恒星收缩速率更慢, 还没有时间到达零龄主序 (ZAMS). 历史上, 沃克尔 (M. Walker) 在 1956 年在等价的颜色-星等图上发现了主序起始, 明确证明了存在主序前阶段. 通过光谱分析, 沃克尔随后证实了, 最年轻的小质量成员是最近形成的金牛座 T 型星. 注意到, 对于 $3M_\odot$ 的恒星, 从诞生线到零龄主序的收缩时间是 2×10^6 yr. 这幅图代表了过去的时间, 那时可见的恒星首次开始从麒麟座 OB1 云的正面浮现. 显然, 这个过程今天还在继续.

4.2.3　星协光度函数

　　T 星协的热光度函数和那些内埋星团一样, 是另一个潜在的有价值的判据, 并且在此情形受到样本不完备的影响较少. 图 4.13(a) 展示了金牛座-御夫座中 130 颗恒星的光度函数. 这里, 如图 4.6, 我们按近红外类型划分了这些恒星. $L_{bol} \sim 1L_\odot$ 附近的峰是真实的, 因为这个巡天的极限光度接近 $0.1L_\odot$.

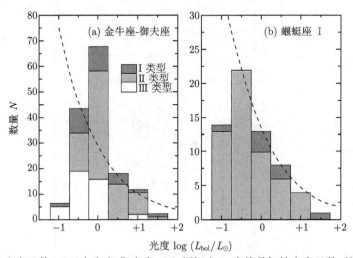

图 4.13　热光度函数: (a) 金牛座-御夫座; (b) 蝘蜓座 I. 虚线是初始光度函数, 这里定义为每对数单位的 L_{bol} 中场星的相对数量 (见 4.5.1 节). 阴影表示不同的红外类型, 如子图 (a) 中所解释的那样

图 4.13(b) 展示了蝘蜓座 I 中 62 颗恒星的一些数据. 在此情形存在一个极大值更有问题. 此外, 缺少 Ⅲ 型天体仅仅反映了成员的选择判据, 其中包括探测到近红外超. 对于这两个星协, 光度函数中的恒星比各自赫罗图中多, 因为赫罗图需要光谱分析确定 $T_{\rm eff}$.

我们如何衡量图 4.13 的重要性? 将这些结果和理论上场星首次出现在零龄主序上的光度分布作比较是有益的. 这个所谓的初始光度函数, 记作 $\Psi(L_{\rm bol})$, 在图 4.13 中用虚线表示. 如后面 4.5 节所示, 我们结合恒星光度和主序寿命得到这个函数. 在金牛座-御夫座和蝘蜓座 I 中, $\Psi(L_{\rm bol})$ 和观测中在高光度端降低符合得非常好. 然而, 对于金牛座, 数据显示在 $1L_\odot$ 附近有更陡的下降. 图 4.6 显示对于内埋星团蛇夫座 ρ 也是这样. 和光滑的场星曲线的另一个不同是金牛座-御夫座光度函数中的极大值. 这些特征都和理论预期一致 (第 12 章). 实际上, "初始" 光度函数在一个星团或星协中, 只是随着主序前恒星收缩和冷却而逐渐达到的.

4.2.4 中等质量天体

我们已经看到, T 星协的发现一般开始于物端棱镜搜索发射线天体. 此类中包含较罕见的赫比格 Ae 和 Be 星, 它们通常是通过同样的技术找出来的. 然而, 大多数中等质量恒星更接近零龄主序, 并且缺乏发射线. 另一方面, 它们的收缩时间太短, 这些恒星通常还辐照了近邻的分子气体. 所以, 一组年轻的中等质量恒星在光学照片上通过相伴的反射星云显现出来. 这些反射星云看起来像模糊的斑块, 比寄主恒星颜色更蓝, 因为尘埃对可见光的反射在短波长端效率更高. 我们称这些恒星群为 R 星协.

因为中等质量恒星没有质量更大的天体那么明亮, 数量也没金牛座 T 型星那么多, R 星协没有得到太多关注. 典型的系统含有数十颗 A 型或 B 型星, 散布在超过 10 pc 范围. 和这些天体混在一起的是大量小质量恒星, 其中很多是金牛座 T 型星. 这个星协中的大部分中等质量恒星位于主序上, 但一些有发射线, 表明它们处于主序前收缩中. 从图 1.18 可以看到, 后面这些星具有与同样质量的零龄主序恒星几乎相同的光度, 但有效温度更低. Mon R1 是一个著名的 R 星协, 位于 NGC 2264 星团附近. 另外的例子包括 Ori R1 和 Ori R2. Ori R1 位于猎户座 B 分子云复合体的 L1630 区域中 (图 1.3), Ori R2 是更分散的反射星云的集合, 中心位于猎户座 A 的猎户座四边形星团. 表 4.1 列出了所有 1 kpc 以内的 R 星协. 这里, 我们给出了距离和已证认的 B 型恒星的数量.

测光技术被用于研究 R 星协中尘埃的性质. 回想一下, 已经位于主序上的恒星有众所周知的依赖于光谱型的绝对星等和内禀颜色. 对于后者, 辐照反射星云的主序恒星的表观 $B-V$ 颜色马上得到其色余 E_{B-V}. 现在假设星协的距离已经确定. 于是, 同一颗星的表观 V 星等通过方程 (2.12) 给出相应的 A_V. 这种研究

表 4.1   最近的 R 星协

名称	距离/pc	B 型星数量
金牛座 R1	110	4
金牛座 R2	140	2
天蝎座 R1	150	9
英仙座 R1	330	4
金牛座-猎户座 R1	360	5
仙王座 R2	400	5
船帆座 R1	460	3
仙后座 R1	530	5
猎户座 R1/R2	470	6
仙王座 R1	660	3
大犬座 R1	690	8
麒麟座 R1	800	4
麒麟座 R2	830	7
船帆座 R2	870	6
天蝎座 R5	870	4

的一个共同结果是, A_V 在 R 星协中不同恒星之间变化很大, 表明尘埃分布是不均匀的. 更有趣的事实是, 比例 A_V/E_{B-V} 通常比方程 (2.16) 给出的基准星际值高. 这种 "更灰的" (greyer) 消光是一个迹象, 说明典型的尘埃颗粒异常大, 这个结果可能是因为包裹云中更致密的部分中尘埃幔在持续增长.

4.3   OB 星 协

当我们考虑越来越大质量的年轻恒星时, 附近的任何分子云物质不仅反射星光, 还开始产生自己的光学辐射. 这种辐射源自恒星光谱的紫外成分产生的电离. 能产生这种电离的 O 型和早 B 型恒星通常聚集成有几十个成员的群. 尽管边界通常难以精确定位, 但这些 OB 星协分布在小至通常疏散星团大小的区域, 或者大至直径数百秒差距的区域.

历史上, 在 20 世纪初具备精确光谱分类能力之时, 人们就发现 O 型和 B 型恒星成团的趋势. 光谱和自行研究发现猎户座、英仙座和天蝎座-半人马座区域中的亮星有同样的速度, 为观测到的聚集现象给出了一个物理基础. 逐渐变得清楚的是, 它们较大的内部 (internal) 速度通常大约为 4 km·s^{-1}, 注定这些系统会膨胀并最终消散. 膨胀的观测确认是 1952 年实现的, 布洛乌测量了现在叫做 Per OB2 的星协 (表示英仙座区域中的第二个 OB 星协) 中的自行. 这个发现使人们理解了这些系统的巨大尺度. 最大的就是最老的, 推测出的最大年龄大约是 3×10^7 yr.

4.3.1   银河系中的位置

OB 星协中的大质量恒星没有光学可见的主序前收缩阶段. 因此, 在任意给定的系统中, 大部分最明亮的成员星位于主序上, 而一小部分是正在离开主序的超巨星. 这个事实使得可以通过叫做分光视差的技术确定星协的距离. 第一步是通过分析吸收线得到尽可能多成员星的光谱型. V 波段测光可以将这个星协放在 m_V-光谱型图上. 这里, 我们再次使用这个事实, 在主序带上, 绝对星等 M_V 是光谱型的已知函数 (表 1.1). 每颗星的 M_V 和 m_V 之间的差可以由方程 (2.12) 得到距离. 当然, 这个方程在不知道星际消光 A_V 时不能用. 因为消光正比于距离, 必须通过试错得到自洽的解.

对于星协外单独的恒星, 还可能有这个方法的一个变体. 首先, 用光谱分析证实天体位于主序上. 随后, 两个波段的测光给出表观颜色. 这和内禀色指数比较得出红化和消光, 以及距离. 注意到, 分光视差隐含的一个基本假设是, 红化和消光之间以及消光和距离之间的标准关系成立. 所以这个方法不适合研究分块的云或者含有异常大尘埃颗粒的云, 尽管这些局域效应在更大的距离上影响逐渐减小. 实际上, 很多可见的 OB 星协太遥远了, 不能进行准确的光谱分析. 在这些情形, 三个波段的测光足以把成员星放到类似图 4.2 的颜色-颜色图上. 如果恒星偏离合适的主序带, 那么就可以画出红化矢量, 读出消光, 得到距离. 当应用到 $(U - B, B - V)$ 图时, 这个方法传统上称为 Q 方法.[①]

这些技术帮助发现了银盘中数百颗 O 型星和 B 型星. 早期的研究首次令人信服地描绘了本地旋臂, 这一发现很快被使用 21 cm 中性氢谱线的研究者证实. OB 星协和星际气体一样可靠地示踪旋臂结构, 因为它们的成员星非常年轻, 还没有远离它们的诞生地. 太阳周围 3 kpc 之内的 200 颗 O 型星中, 大约百分之七十五处于星协中. 对于 B0 到 B2 型恒星, 这个数字降到百分之五十, 这些恒星没有完备地采样. OB 星协的现代研究得到了电荷耦合探测器 (CCD) 非凡灵敏度的帮助. 此外, 近红外阵列和 X 射线探测器让我们能够探测这些系统的小质量成分.

在深入研究单个星协的形态之前, 让我们首先考虑它们的空间分布. 图 4.14 画出了 1.5 kpc 内的所有系统, 投影到银道面上. 读者可以和图 3.2 中的巨分子云比较, 那幅图聚焦于太阳银心半径内的天体. 注意到, 英仙旋臂最近的部分含有诸如 Cep OB1 和 Per OB1 的星协, 位于图 4.14 右上角之外, 在 2∼3 kpc 之外. 也要注意到, 我们已经在其他情况下碰到过这些系统. Mon OB1 是相对较小的星协, 含有 NGC 2264 星团, Mon OB2 包含 NGC 2244, 位于玫瑰分子云中, Ori OB1 是包含猎户座四边形星团的大星协, 而 Per OB2 围绕内埋星团 IC 348. 这些例子展示了膨胀的恒星系统含有更小的内部星团. 它们进一步提醒我们 OB 星协和巨分

---

① 对于任意观测到的恒星, 考虑 E_{U-B}/E_{B-V}. 类似方程 (4.1) 的关系加上星际消光曲线 (图 2.7) 得出, 这个比例为 0.71, 不依赖于恒星实际的红化和光谱型. 从色余的定义 (方程 (2.14)) 得到

$$(U - B) - 0.71(B - V) = (U - B)_0 - 0.71(B - V)_0 \equiv Q.$$

所以 Q 也不依赖于红化, 但是随光谱型变化. 注意到, $(U - B)_0$ 和 $(B - V)_0$ 在主序带上有函数关系. 于是从视星等得到关于 Q 的信息也得到恒星的内禀颜色以及红化.

子云之间的密切关系. 事实上, 这是罕见的星协, 与一些分子云复合体并不靠近.

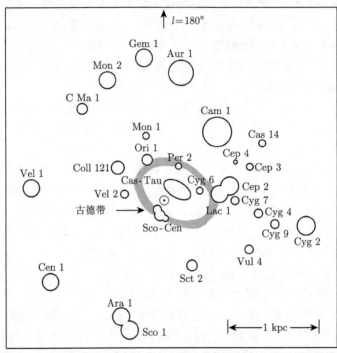

图 4.14   最近的 OB 星协在银河系中的分布. 太阳画在画面中心附近. 圆圈的大小代表了每个系统的物理尺度, 在少数情形, 也代表了大致的形态. 注意古德带中的恒星和气体辐射环 (阴影区域), 围绕太阳的符号

表 4.2 总结了伊巴谷卫星测量的大约 600 pc 内星协的基本性质. 这里列出了距离和估计的物理尺度. 如图 4.14 近似表示的, 物理尺度是用每个系统的平均角尺度和距离得出的. 这张表也单独给出了通过光谱和自行确定的 O 型星和 B 型星的数量. 注意到这些系统超过半数没有 O 型星. O 型星确实是非常罕见的天体. 最后注意到, 被称为特朗普勒 10 的相对较小的星协没有画在空间分布图中, 因为它位于更大的船帆座 OB2 的前面.

回到图 4.14, 围绕太阳的阴影状开放结构是古德带 (Gould's belt). 这个巨大的明亮恒星和气体组成的环直径达 700 pc, 将数个最近的星协联系起来. 靠近中心的是仙后座-金牛座 (Cas-Tau) 系统. 这个弥散的系统没有亮于 $M_V = -5$ 的恒星, 延展超过 200 pc, 能从背景中脱颖而出靠的仅仅是其成员相似而平行的自行. 整个金牛座-御夫座分子云复合体位于其边界之内, 表 4.2 中列出的较小的或许是束缚的英仙座 α 系统也是如此. 仙后座-金牛座星协似乎代表了来自早先一个剧烈恒星形成时期的多半已经消散了的遗迹. 银河系中一定还存在其他的这种处于

表 4.2 最近的 OB 星协

名称	距离/pc	直径/pc	O 型星数量	B 型星数量
半人马座下部-南十字座	120	50	0	42
半人马座上部-豺狼座	140	75	0	66
天蝎座上部	150	30	0	49
α 英仙座 (英仙座 3)	180	10	0	30
仙后座-金牛座	210	200	0	83
仙王座 6	270	40	0	6
英仙座 2	320	50	0	17
特朗普勒 10	360	45	0	22
蝎虎座 1	370	60	1	35
船帆座 2	410	75	1	81
猎户座 1	470	75	9	327
科林德 121	590	120	2	85
仙王座 2	610	110	1	53

高度分离状态的系统, 但在目前还不可能在太阳邻近区域之外找到.

4.3.2 膨胀

古德带上更致密星协的速度表明有来自仙后座-金牛座区域的普遍膨胀. 研究得最好的这种系统是天蝎座-半人马座 (Sco-Cen). 这个星协的最大尺寸和仙后座-金牛座相当, 由一列三个空间上离散的子群组成 (图 4.15). 一端是蛇夫座 ρ 分子云的内埋恒星. 豺狼座 T 星协及其分子云复合体就在位于中间的子星群 (半人马座-豺狼座上部) 的边界内, 如图所示. 这些区域都没有形成 O 型星, 但是蛇夫座 ρ 复合体明显被附近的这些活动扰动了. 在图 3.17 中, L1688 附近分子云形态和偏振矢量模式的变化表明天蝎座上部的子星群对其右边有压缩. 这一印象被 21 cm 数据加强, 这些数据揭示了位于天蝎座上部以大质量恒星为中心、正在撞击蛇夫座 ρ 分子云的原子氢壳层结构.

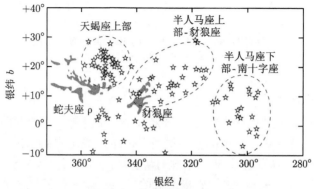

图 4.15 天蝎座-半人马座 OB 星协中的子星群. 图中所示的是主要恒星, 以及蛇夫座 ρ 和豺狼座中的分子云

从图 4.15 所示的虚线边界可以明显看到天蝎座-半人马座内具有不同大小以及年龄的三个光学可见的子星群. 也就是说, 这些子星群在空间和时间上是分开的. 很自然会假设所有三个子星群起源于一个巨分子云复合体, 其中蛇夫座 ρ 和豺狼座是仅有的遗存. 子星群年龄的模式对应于原复合体中各个高密度区域经历引力坍缩的顺序. 因此, 第一个形成大质量恒星的子星群是半人马座-豺狼座上部的子群, 随后是半人马座-南十字座下部的子星群, 然后是天蝎座上部的子星群.

　　为了测定质量和真实年龄, 需要使用各颗恒星的速度. 回溯它们的运动得到一个独特的位形, 其恒星密度最高. 对应的时间就给出了所研究的子星群的年龄. 实践中, 难以得到预期大小的 (几千米每秒) 径向速度和自行速度. 在天蝎座-半人马座内, 在天蝎座上部有精确的自行, 而这里的径向速度太小, 难以测定. 图 4.16 画出了自行矢量, 以及推测的初始位形, 对应的年龄为 4×10^6 yr. 这个位形最大的尺度大约为 45 pc, 和今天的巨分子云复合体符合得很好. 注意到所示的所有速度是相对于子星群的平均自行的. 后者反映了前面提到的古德带的整体膨胀.

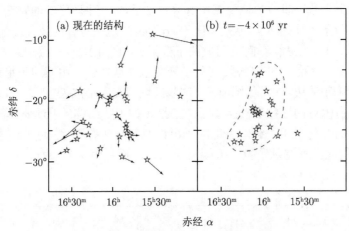

图 4.16　天蝎座上部子星群的初始位形的重构. (a) 主要恒星的自行矢量. (b) 最致密的结构导致了现在的位形

4.3.3　主序终结拐点

　　对这个运动学方法的一个独立检验来自另一个时钟——赫罗图. 正如小质量 T 星协的情形, 赫罗图中恒星的分布构成了恒星形成历史的记录, 提供了补充信息. 图 4.17 展示了天蝎座上部子星群的赫罗图. 中等质量恒星分布在主序带上, 更大质量的恒星开始偏离主序, 质量最大的恒星已经没有了. 这个主序终结拐点 (turnoff) 反映了这个系统的年龄. 偏离发生在大约 $30M_\odot$, 换算成主序年龄为

5×10^6 yr. 天蝎座上部区域至少在过去很久就已经开始形成恒星了. 那个时候或更早形成的质量大得多的恒星现在可能已经结束氢燃烧, 离开了赫罗图, 从而解释了主序的截断. 如图 4.17 所示, 我们可以方便地 (以前面所述的方式) 通过将经验的终结拐点和理论上的主序后等年龄线 (即各种质量的恒星的相同演化时间的位置) 相匹配, 读出系统年龄. 这里 $t = 0$ 对应于零龄主序上氢聚变的开始.

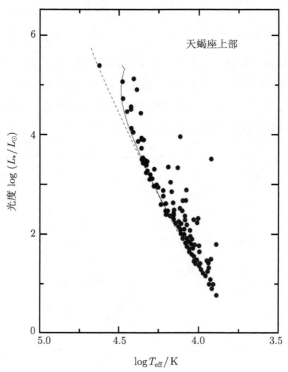

图 4.17　天蝎座上部子星群的主序终结拐点. 虚线代表零龄主序, 而实线是 5×10^6 yr 的等年龄线

　　这些考虑将自然地提醒读者我们之前对 T 星协中的主序起始拐点 (turnon) 的讨论. 这两个赫罗图上的特征都是对年龄的指示, 但是要注意到它们在概念上的不同. 在星协中, 起始拐点给出了星协中最年老的主序前恒星, 即指示了相对小质量的天体什么时候形成. 相反, 终结拐点指示了最年轻的主序后恒星, 因而告诉了我们前一批最大质量的恒星是什么时候诞生的. 在目前没有分子气体的区域中, 后一个时间标记了恒星形成过程的结束. 非常具有一般性的是, 起始拐点 "年龄" 应该总是超过终结拐点给出的年龄, 它们之间的差是恒星形成活动总的持续时间的一个度量.

由于恒星质量的统计性质, 并非所有正在形成的星群都同时表现出起始拐点和终结拐点. 类似豺狼座或金牛座-御夫座的纯 T 星协就是缺少大质量恒星, 没有终结拐点. 而考虑 OB 星协, 很多巡天都支持这样的观点, 拥有大质量恒星的区域总是含有更多小质量恒星. 在天蝎座上部之内, 爱因斯坦卫星的 X 射线观测发现了数十个之前未知的成员星. 随后的测光和光谱表明, 这些成员星大部分是弱线金牛座 T 型星. ROSAT 和 Chandra X 射线卫星进行的更深的巡天发现了更多的源, 其数量至今已经超过了图 4.17 所示的大质量恒星.

4.3.4 猎户座星协

让我们将这些思想应用到最为著名的 OB 星协, 猎户座中的那个 OB 星协. 图 4.18 展示了巨分子云中常见的 CO 辐射的轮廓, 以及四个经过证认的子星群的大致边界. 标记为 1c 的那个子星群大致和 Ori R1 星协重合, 而小的 1d 子星群是半径 2.5 pc 的区域, 包含了更致密的猎户座四边形星团.

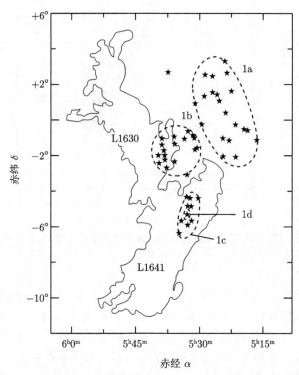

图 4.18 猎户座 OB 星协中的子星群. CO 辐射的轮廓也画出来了

所有子星群的空间分布模式再次生动地表明了大质量恒星的形成过程, 并进一步阐明了这一过程是如何清除分子气体的. 所以, 最年老和最大的 1a 子星群位于现在没有 CO 辐射的区域. 只要稍加想象, 人们就可以描绘出猎户座 A 分子云曾经是如何向北延伸到这个区域的. 稍微年轻一些的 1b 系统仍然部分含有稠密气体 (dense gas), 而最小的 1c 和 1d 星群完全内埋在猎户座 A 中. 这个时间顺序被恒星的分布所证实. 例如, 1b 中最明亮的恒星是超巨星 ζ Ori, 质量 $49M_\odot$, 主序年龄 4×10^6 yr. 1a 相应的成员是 η Ori, 一颗质量为 $16M_\odot$, 年龄为 1.4×10^7 yr 的 B1 型主序星.

我们在第 1 章中看到了近红外巡天如何揭示了猎户座 B 分子云中的众多年轻的小质量恒星. 类似地, 在 1d 子星群中, 一大群小质量恒星在光学和红外都显现出来. 猎户座 1a 中也有类似的分布, 在那里起始拐点应该存在于大约 $1.5M_\odot$ 以下, 这个质量的主序前收缩时间是 1.4×10^7 yr. 在如此大范围的区域中从大量背景源中挑出 F 型星和 G 型星是一个挑战.

然后, 回到图 4.18, 我们现在可以理解 OB 星协为何仅仅代表了更广泛恒星形成活动的一方面 (尽管是最显著的一方面). 未能认识到这一事实已经误导了一些人, 认为在子星群形成中有因果联系. 其思想是, 在一个区域中产生的 O 型星和 B 型星以某种方式导致邻近区域坍缩, 导致一种 OB 型星的链式反应. 然而, 尽管有充足证据表明大质量恒星可以在相当大的空间中终止恒星形成活动, 但几乎没有证据表明它们也引发了恒星形成活动 (除了在有限的空间尺度上, 见第 15 章). OB 子星群的相对年龄和位置当然令人感兴趣, 但是恒星诞生真正的全局模式只能通过多次观测来辨别. 一个典型的例子是猎户座 A 的 L1641 区域, 同样描绘在了图 4.18 中. 这里, X 射线和红外研究已经发现了一个由数百颗小质量恒星组成的分散群体. 最年老的是弱线金牛座 T 型星, 年龄和 1a 子星群中的大质量星相当, 而最年轻的是内埋的红外源或诞生线附近的经典金牛座 T 型星.

物理图像是, 猎户座分子云在超过 10^7 yr 的一段时间内引力沉降. 这个收缩在不同地方速率不同, 结果不同. 收缩显然是从现在的 1a 子星群内开始的, 在观测到小质量恒星起始拐点的时期可以最好地测量. 最终, 这里形成了足够的大质量恒星来驱散周围的气体. 不久之后, L1641 区域也收缩到产生恒星形成的条件, 但从未达到形成大质量恒星所必需的密度. 1c 和 1d 区域也紧随其后, 猎户座 A 和 B 中的强烈恒星形成活动今天仍在继续. 随着未来的研究越来越集中在小质量恒星成员, 毫无疑问这幅极不完整的图像将会发生改变. 在猎户座和其他地方, 看起来确定的是, 任何特定区域中的恒星形成可以在没有外部触发的情况下发生, 纯粹通过一个大的分子云区域的引力收缩. 我们将在随后的章节详细阐述这一核心思想.

4.3.5 内埋星和逃逸星

我们一直在关注光学可见的大质量恒星. 在过去几百万年内, 它们或者已经远离, 或者已经毁灭了它们附近的气体和尘埃. 它们激发的 HⅡ 区是延展结构, 典型直径为 10^{18} cm(即 0.3 pc). 更年轻的 O 型星和 B 型星也存在, 它们的遮蔽物完全吸收了所有紫外和可见光光子. 这些天体占太阳系附近大质量恒星数量的大约 10%, 它们通过在射电和红外波长再发射的光子被探测到. 这些极致密电离氢区, 尺度大约为 10^{17} cm, 位列远红外波段最亮的银河系天体. 天鹰座中强大的射电源 W49 在直径仅仅 0.8 pc 的区域内包含了至少七个这样的区域. 这样致密的系统可以代表可见 OB 星协中类似猎户座四边形星团的那些星团的祖先, 并且可能包含了众多目前无法探测到的小质量成员.

图 4.19 展示了 IRAS 在远红外观测揭示的银盘上超致密电离氢区的分布. 它们和同一幅图中 CO 等值线描绘的巨分子云的分布完美符合. 这种符合凸显了深度内埋恒星是极度年轻的.

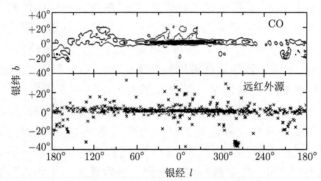

图 4.19　上图: 银盘上的 $^{12}C^{16}O$ 辐射. 下图: 远红外点源的分布, 每一个对应一个超致密电离氢区

另一个极端是几乎没有或完全没有相伴星际介质的大质量天体. 如我们提到的, 大约 25% 的 O 型星看起来不是星团或星协的成员. 这些场星倾向于比它们在星群中的同伴更远离银河系中心平面. 相对于仅从银河系旋转所预期的局域值, 它们的径向速度也显示出更大的弥散. 这些速度的统计分析表明, 这些天体大部分在离开这个平面, 而不是从上面或从下面进入这个平面. 所以, 这些恒星可能是在普通星协中形成的, 但速度比平均值大.

这些场星中的一大部分是逃逸 OB 型星. 它们有异常高的空间速度, 典型值 $50 \sim 150$ km·s^{-1}, 并且有时位于银盘上方很高的地方. 从某种意义上来说, 逃逸星的起源并不神秘, 因为它们的自行通常可以回溯到一个已知的 OB 星协. 真正的问题是这些天体的速度表明它们曾经受到很大的力. 所以, 每颗逃逸星可能最初都是两颗大质量恒星组成的密近双星的成员. 如果伴星爆炸为超新星, 我们所感兴趣的恒星可能以和轨道速度相等的速度逃逸. 或者, 这颗恒星可能在和致密

星团 (就像通常在 OB 星协中心发现的那些) 中的其他恒星近距离交会后被弹射出来.

每个假设都有困难. 双星演化的计算表明, 起初质量更大的恒星 (主星) 在变为超新星之前向伴星转移大量物质. 随后的超新星爆发抛射的物质太少, 不足以解开系统的束缚. 这个双星系统此后由此时的大质量伴星和一颗中子星或黑洞组成. 至少, 这是理论预言. 事实上, 从未观测到这种双星. 几乎所有观测到的逃逸 OB 型星都是单星, 和一般的恒星星族形成对比 (第 12 章).

简单修改这个图景可以解决这个困难. 假设超新星爆发是非各向同性的. 于是, 作用在致密天体上的强大反冲力很容易将其从伴星的束缚中解放出来, 尽管抛射的质量相对较小. 观测表明, 事实上, 最年轻的中子星 (恰好为射电脉冲星) 具有非常高的速度, 通常为 $500 \ \mathrm{km \cdot s^{-1}}$ 或更高. 这个量级的速度可以合理地由非对称超新星产生. 不幸的是, 假定的各向异性爆发的原因还不清楚.

对于星团假设, 数值模拟确实已经通过两对双星的交会产生了高速单星. 通常的结果是四颗恒星中质量最小的恒星被抛出. 然而小质量逃逸星表观上非常罕见. 为了使这个假设成立, 这个星团必须具有不同于银河系标准的质量分布, 非常偏向大质量端. 或者, 这两对双星可能由四个中等质量的天体组成, 其中两个在交会中经历并合. 数值研究表明, 这样的碰撞确实会发生, 尽管逃逸的并合后恒星自然地比逃逸的单星速度低. 读者应该记住这些可能性, 因为我们会定期回来探讨与大质量恒星形成有关的特殊问题.

4.4 疏散星团

最后一类年轻恒星系统包括最容易用肉眼辨识的星团. 这些星团被称为疏散星团, 因为它们的单个成员通常可以明显地分辨. 相比之下, 只有最大的望远镜才能分辨出质量更大、更致密的球状星团的中心区域. 这些非常古老的恒星系统位于银盘之外很远的地方. 疏散 (或者 "星系") 星团是我们讨论过的年龄最老的恒星集团. 它们中半数的年龄达到 $1 \times 10^8 \ \mathrm{yr}$, 而大约 10% 可以存在长达 $1 \times 10^9 \ \mathrm{yr}$. 然而, 即使到 $1 \times 10^8 \ \mathrm{yr}$, 所有质量小于 $0.5 M_\odot$ 的恒星仍然处于主序前阶段, 所以对于我们的目的来说, 这些系统大部分都足够年轻.

4.4.1 基本性质

最大的疏散星团是靠近最致密 OB 星协中心的那些. 例子包括 NGC 2244, Mon OB2 星协中直径 11 pc 的恒星集团, 以及 IC 1396、Cep OB2 内的 12 pc 的星团 (图 4.14). 抛开外观, 这类系统很少是引力束缚的, 因为它们很少仍然待在更古老和更大的星协中. 大多数其他疏散星团确实是束缚的, 直径 2~10 pc, 中位数接近 4 pc. 任何一个星团的成员总数总是难以评估的, 但照片上看到的成员数为 $10\sim10^3$. 在银河系中, 疏散星团主要聚集在银盘上, 这个分布在太阳附近的标高是 65 pc. 目前有 1200 个已知系统, 几乎所有都在太阳的 6 kpc 以内. 这个样本在 2 kpc 内基本是完备的, 而尘埃消光在更大的距离会越来越影响光学观测.

表 4.3 列出了 300 pc 内所有已知的疏散星团. 我们很快会讨论实际的距离是怎么估计的. 直径是根据距离从照相底片目视得到的. 这些图显然有些不确定性, 可能代表了大多数成员星所在的地方. 表中所列的年龄来自对赫罗图主序终结拐点的分析. 最后, 我们注意到最后一列给出的成员数代表了有 U、B 和 V 波段光学测光的天体总数的真实计数 (或估计).

表 4.3　最近的疏散星团

名称	距离 /pc	直径/pc	年龄 /10^6 yr	成员数
大熊座	25	0.9	300	25
毕星团	41	4.3	630	550
后发座	96	2.7	450	45
梅洛 227	120	2.4	370	25
昴星团	130	5.2	130	800
IC 2602	160	4.7	32	120
IC 2391	175	3.1	46	80
英仙座 α	185	16	72	380
鬼星团	190	3.8	730	500
科林德 359	250	17	32	13
布兰科 1	270	5.5	63	190
NGC 6475	300	7.0	250	120
NGC 2451	300	4.4	45	180

疏散星团中几乎没有分子气体, 现在也不形成原恒星. 所以它们所代表的星团成员都位于近似相同的距离, 具有相同的年龄和化学组成. 这些特征使得它们在超过一个世纪的时间里成为非常有价值的研究工具. 在 1930 年, 特朗普勒 (Trumpler) 首次证实了星际吸收现象, 他展示了平均距离更远、表观直径较小的星团也系统性地更暗弱, 超过了通常流量下降的平方反比规律. 在接下来的 30 年中, 对不同年龄的疏散星团的比较为主序前和主序后演化理论的发展建立了经验基础. 最近, 对恒星表面活动 (如 X 射线发射)、自转和轻元素损耗的研究在很大程度上也非常依赖于这些系统.

我们已经提到过得到 OB 星协距离所必须使用的间接方法. 相比之下, 我们所熟悉的疏散星团——毕星团是少数足够近, 仅从速度测量就可以得到距离的恒星集团之一. 恒星自行矢量都收敛到一点, 表明这个星团在退行. 如果 θ 是这个系统当前的角直径, 那么自行导致 $\dot{\theta}$, 即这个直径减小的速率. 对于小的 θ, 减小率比率 $\dot{\theta}/\theta$, 也等于 V_r/d. 这里, V_r 是距离 d 的恒星共同的径向速度. 只要从谱线的多普勒频移确定这个速度, 这个移动星团法就给出了 d, 在现在这个例子中是 41 pc.

在天文定标中, 毕星团距离的实际价值没有移动星团法重要. 在毕星团中, 知道星团距离使得我们可以由测量的视星等给出每颗成员星的光度. 因为很多恒星位于主序, 这样给出的光度结合光谱温度, 建立了一定范围的 L_* 和 T_{eff} 的零龄主序 (ZAMS). 转向其他疏散星团, 现在可以应用 4.3 节描述的分光视差技术. 也就是说, 我们垂直移动每个 “m_V-光谱型” 图直到它和毕星团相符, 从而既得到星团距离, 也完成了主序本身的定标. 这种主序拟合是图 1.15 和图 1.18 中的理论曲线代表的零龄主序的基础. 移动星团法和分光视差给出的距离构成了宇宙距离阶梯最低的层级. 为了走出我们的银河系, 我们必须使用其他技术——包括观测脉动恒星和超新星——来引导我们向外走. 然而, 在每一步中, 最可靠的测量都是相对的, 因此即使是最大的宇宙距离最终也取决于用动力学方法对邻近疏散星团的少数测量.

4.4.2 赫罗图中的演化

和以前一样, 赫罗图是衡量任何观测到的恒星系统演化阶段的强大工具. 令人困扰的对内埋 T 星协和 OB 星协影响更大的不完备性问题在此大大缓解. 此外, 疏散星团的年龄跨度使得有时可以在一个星团内观测到主序终结拐点和开始拐点. 图 4.20 是按年龄增加顺序的四个图的组合. L_* 和 T_{eff} 值在所有情形都是在对每个星团进行了消光改正后, 从可见光和红外测光得出的. 除了零龄主序, 这幅图还包括每个情形中能最好地拟合大质量拐点的理论主序后等年龄线.

最年轻星团的例子 (图 4.20) 是 NGC 4755, 或者称为 “赫歇尔的珠宝盒”, 是一个由几百颗成员星组成的丰富系统. 这个星团位于南十字座, 其距离 2.1 kpc 太远了, 无法充分研究更暗弱的天体, 这些天体中无疑混入了场星. 即使在更亮的星群中, 赫罗图也显示出相当大的弥散, 其中大部分源自不均匀消光对光度估计的影响. 尽管如此, 恒星分布显示, 除了终结拐点, 在大约 $\log T_{eff} = 3.9$ 以下的小质量端对零龄主序有明显偏离. 由表 1.1, 这个温度对应于 $2M_\odot$ 的质量. 这样一颗恒星的主序前收缩时间为 8×10^6 yr. 图中的主序后等年龄线具有相似的年龄, 1×10^7 yr.

这么年轻的包含大质量恒星的系统并不罕见, 有些可能实际上是 OB 星协而不是疏散星团. 大多数情况下, 分类是一种历史的偶然. 然而, 这种差异是真实的物理差异, 因为它涉及这个系统的最终命运. 它会很快散开, 还是会在很长一段时间内保持引力束缚? 原则上, 通过精确测量恒星的空间速度可以得到经验性答案.

邻近的优势对于昴星团是显而易见的 (图 4.20(b)), 它只有 130 pc 远. 这里, 赫罗图上的弥散比 NGC 4755 小多了, 并且那大约 800 颗已知成员星的小质量部

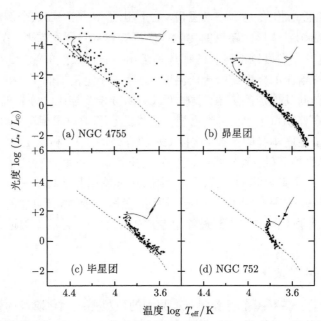

图 4.20 四个疏散星团的赫罗图, 按年龄排列. 对于每个系统, 展示了零龄主序 (虚线) 和最佳拟合的等年龄线 (实线)

分有更好的采样. 这些恒星中最亮的几颗在北方天空被称为七姐妹, 它们是位于一个角半径约为 $4°$ (10 pc) 的延展晕中的中心星核的一部分. 光学照片上看到的薄雾证明了存在星际介质, 但是消光不大不小, $A_V = 0.12$ mag. 在赫罗图中, 主序终结拐点是清楚的. 所显示的等年龄线对应于年龄 1×10^8 yr. 主序开始拐点不太明显, 但是仔细的检查证实其存在于 $L_* = 0.1L_\odot$ 附近. 如我们的前一个例子, 主序开始拐点和终结拐点年龄粗略一致, 但测量仍然很不精确, 无法进一步评估它们的差异.

得到更精确的主序开始拐点年龄的一个困难是, 即使是经验性的零龄主序在最小质量处也没有很高的精度. 如我们已经看到的, 这个测量中的一个关键是毕星团, 它的赫罗图我们展示在图 4.20(c) 中. 光谱分析表明, 毕星团中的金属丰度是其他近邻星团的 1.5 倍. 这个差异足以将毕星团的主序稍微向低温方向移动, 在构建基准零龄主序时, 适当的补偿是必须的. 至于星团本身的演化状态, 核反应确定的年龄 6×10^8 yr 是相对可靠的, 这意味着主序只填充到 $2M_\odot$. 相应地, 主序开始拐点现在降低到大约 $0.1M_\odot$, 或者 $1 \times 10^{-3}L_\odot$ 的光度. 这一点位于图中观测截断之下.

图 4.20(d) 描绘了 NGC 752, 少数明显比毕星团古老的疏散星团之一. 这个距离 400 pc 的成员稀少的系统只有不到一百颗可观测到的成员星. 它的晚期演化

阶段是显而易见的, 因为缺少大质量和中等质量的恒星. 在主序终结年龄, 据估计是 2×10^9 yr, $1.5M_\odot$ 的恒星刚结束主序氢聚变. 毫无疑问在这里显示的 $0.8M_\odot$ 的最小质量之下还有其他成员星. 然而, 只有小于 $0.09M_\odot$ 的那些成员星还处于主序前阶段.

NGC 752 赫罗图的一个有趣特征是主序上方和右边的一团恒星. 一个类似的较小星群在毕星团中也可见. 演化计算表明这些恒星是正在经历核区氢燃烧的红巨星. 最后, 我们看到, 赫罗图再一次展示了零龄主序相当大的弥散, 尽管这个星团位于高银纬, 几乎没有消光. 这种弥散的一个可能来源是存在未分辨的双星, 如果它们的质量比接近 1, 那么它们可以提高表观光度.

4.4.3 质量分层

回到昴星团, 它最明亮和质量最大的成员星在中心聚集是我们在前面碰到过的现象. 我们回想一下猎户座中 L1630 的那些深埋星团, 它们有明亮的 O 型星和 B 型星组成的核区 (图 1.2), 或者围绕 S106 中大质量天体的恒星聚集 (底片 2). 在更著名的 NGC 2264 星团中, 对恒星密度的仔细成图揭示了两个聚集体——一个围绕麒麟座 S(S Mon), 另一个和一颗在其所在局域质量最大的恒星相伴. 原则上, 对质量分层更精细的观测对于疏散星团应该是可能的, 但迄今只对少于二十四个系统进行了足够仔细的研究. 在大多数情况下, 平均恒星质量从中心向外稳步下降.

因为质量分层在某种程度上存在于最年轻的系统中, 所以它显然是恒星形成过程本身的一部分. 因此, 我们稍后将要探讨的一个突出问题不是质量最大的天体如何到达密度最大的区域, 而是它们为什么首先在那里形成. 尽管如此, 疏散星团的年龄也确实足够老, *动力学弛豫过程可以进一步促使大质量恒星沉到星团中心*.

为了理解动力学弛豫, 考虑一个假想的 1000 颗恒星的星团, 总质量 $500M_\odot$, 直径 5 pc. 星团成员的典型速度由方程 (3.20) 的维里速度给出, 大约 1 km·s^{-1}, 如果我们假设系统中没有剩余气体. 恒星穿越星团大部分区域的穿越时标是 5×10^6 yr. 在每次这样的穿越过程中, 恒星轨道主要由系统整体产生的平滑变化的引力决定. 然而, 每次和单颗场星的相互作用都产生一个额外的拉力, 很多这种拉力完全改变了轨道. 系统逐渐弛豫到一个不依赖于初始条件的状态, 在这个状态, 总的可用能量在给定成员之间大致平均分配.

在新的条件下, 质量最小的恒星具有最大的速度, 因此占据了最大的体积. 相反, 大质量成员倾向于挤在中间. 对于我们的样本星团, 理论预测这样一个状态在 15 倍穿越时标内占优势, 准确的数值依赖于恒星质量谱. 因此, 弛豫时间大约为 7×10^7 yr, 对于内埋系统太长, 但对于疏散星团来说在范围内. 根据这一论点, 人们可能预期, 较老星团的成员平均质量向外会更陡地下降, 但在已有的数据中, 这种效应不明显.

4.4.4　巨分子云造成的毁灭

疏散星团中心达到峰值的外观是它们引力束缚的强有力证据, 尽管不是决定性证据. 这并不是说它们永远保持完整. 动力学弛豫使较轻恒星组成的晕逐渐膨胀, 其中一些恒星实际上逃逸掉了. 然而, 这种 "蒸发" 通常需要 100 倍穿越时标才能耗尽一个孤立系统. 那么, 为什么很少有观测到的星团能存活到 10^9 yr? 显然, 一些外部过程正在发挥作用, 以更高效地摧毁它们.

关于这个问题几乎没有直接观测证据, 但是理论指出, 主要的罪魁祸首是与巨分子云的交会. 这种交会的概率很低——星团每绕银河系转一周发生一次——但是巨分子云的质量太过巨大, 其影响可能是毁灭性的. 分子云和星团在银盘中都有相似的随机运动. 它们典型的相对速度超过星团内部速度弥散大约一个量级. 在一次交会中, 巨分子云向每颗恒星传递一个短暂的脉冲, 方式有点像动力学弛豫. 然而, 在这种情况下, 星团作为整体获得一个净的能量增加.

额外的能量来自引力相互作用的潮汐分量. 距离途经的巨分子云最近的恒星反应最强烈, 导致恒星系统沿着连接质心的线延展. 顺便说一句, 产生于一般的银河系星场中的同样效应将恒星从星团晕中剥离, 在太阳系附近将它们的半径截断到大约 10 pc. 通常和巨分子云的一次交会就足以完全摧毁一个星团. 如果没有摧毁, 那么几次这样的交会积累的潮汐拉伸就可以完成这个任务. 具有讽刺意味的是, 正是产生了所有年轻星团的这些结构导致了它们的最终消亡.

4.5　初始质量函数

试图了解星群起源, 必须解决它们内部的质量分布问题. 当然, 任何单一函数足以描述所有已有系统这一点并不显然. 原则上, 磁场或分子云温度这些环境因素的自然变化可能产生多种分布. 然而, 我们已经从很多例子中看到, 大质量恒星在内禀上比小质量恒星稀有. 现在我们试图量化这个概念. 作为一个实际问题, 内埋星的质量很难从经验中获得, 所以我们首先看太阳附近的场星. 然后我们将展示, 这里发现的质量分布似乎也适用于, 至少近似适用于单个星团和星协. 这一重要发现支持了所有恒星都在这种星群中诞生这个观点.

4.5.1　过去和现在的光度

即使对于已知距离未受遮挡的场星, 可以直接观测的也只是某个波长范围的光度, 而不是质量. 因此场星的一个基本统计性质是一般光度函数, $\Phi(M_V)$. 这个函数定义为使得 $\Phi(M_V)\Delta M_V$ 是太阳附近每立方秒差距中绝对可见光星等在

$M_V - \Delta M_V/2$ 和 $M_V + \Delta M_V/2$ 之间的恒星数量. 得到一般光度函数不是件简单的事. 我们必须得出大量恒星的距离并且对更大数量距离无法直接测量的恒星进行合适的外推. 其他更微妙的复杂性比比皆是. 例如, 银河系恒星标高反比于恒星质量, 最亮的恒星在其相对较短的生命周期内踌躇在中心平面附近. 同样, 这些恒星可以分布在远大于其标高的距离上. 因此, 它们似乎占据了变平的盘, 在得到密度时必须精确估计盘的体积. 从 20 世纪 20 年代范瑞金 (P. J. van Rhijin) 的开创性工作开始, 这些困难逐渐被克服, 现代的结果如图 4.21 所示.

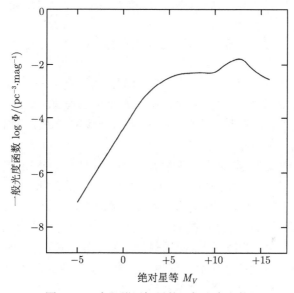

图 4.21　太阳附近恒星的一般光度函数

在所示的大部分星等范围, 一般光度函数随 M_V 的增大而增大, 也就是说, 在任何给定星等区间, 暗星比亮星多. 这个趋势持续到 $M_V \approx +12$, 在此之后是稳定下降. 这个缓慢下降的细节仍然有些不确定, 因为在此情形很多观测到的 "恒星" 实际上是空间上没有分辨的双星. 另一方面, 毫无疑问 $\Phi(M_V)$ 的斜率比最明亮的恒星陡得多. 这个初始的快速上升在大约 $M_V^* = +5$ 突然变平. 参考表 1.1 可以发现, 处于这个转变星等的恒星具有比 10^{10} yr 稍长的主序寿命 t_{ms}. 这个时间接近银盘的年龄, 现在估计为 $t_{\mathrm{gal}} = 1 \times 10^{10}$ yr. 如果我们回想起任何恒星的主序后寿命相比 t_{ms} 要短, 这个斜率变化的起源就变得明显了. 相对暗弱的 $M_V \gtrsim M_V^*$ 的小质量恒星在银河系生命周期内稳定积累, 而只有一部分较亮的 $M_V \lesssim M_V^*$ 的短寿命恒星存活了下来.

显然, $\Phi(M_V)$ 本身并不能准确地反映各种 M_V 值的恒星的相对产生率. 然而, 容易量化上述论点以作出必要的修改. 按照第 1 章的概念, 令 $\dot{m}_*(t)$ 为太阳附近每平方秒差距的银河系恒星形成率. 注意到我们使用了对星系盘厚度积分的恒星形成率, 以考虑恒星在演化过程从中心平面向外的扩散. 事实上, 在合理的近似下, 恒星的体密度从中心平面指数下降, 标高 H 是 M_V 的函数. 我们进一步定义初始质量函数 $\Psi(M_V)$ 为一个给定 M_V 的恒星首次出现的相对频次 (relative frequency). 这个函数归一化到 1: $\int \Psi(M_V)dM_V = 1$. 将 M_V^* 设为 $t_{\mathrm{ms}} = t_{\mathrm{gal}}$ 时的星等, 我们可以将一般光度函数对时间积分, 其中积分上下限依赖于 M_V:

$$\Phi(M_V) = \begin{cases} \displaystyle\int_{t_{\mathrm{gal}}-t_{\mathrm{ms}}}^{t_{\mathrm{gal}}} dt\dot{m}_*(t)\Psi(M_V)[2H(M_V)]^{-1}, & M_V < M_V^* \\ \displaystyle\int_0^{t_{\mathrm{gal}}} dt\dot{m}_*(t)\Psi(M_V)[2H(M_V)]^{-1}, & M_V \geqslant M_V^*. \end{cases} \tag{4.4}$$

在写方程 (4.4) 时, 我们已经忽略了 $\Psi(M_V)$ 或 $H(M_V)$ 中任何可能的时间依赖. 此外, 我们实际上对不同星等的主序星的外观感兴趣, 其中 $\Phi(M_V)$ 包含了明亮的场星——巨星和超巨星. 因此, 方程 (4.4) 左边的光度函数必须在 M_V 最小 (对应最亮的恒星) 处减小.

在实施这个改正后, 关于主序年龄 $t_{\mathrm{ms}}(M_V)$ 的知识让我们可以求解方程 (4.4) 得到 $\Psi(M_V)$, 只要我们知道速率 $\dot{m}_*(t)$. 在这方面, 除了 $\dot{m}_*(t)$ 应该随时间减小的一般性说法, 理论和观测都没有多大帮助. 幸运的是, 最终结果对这里采用的假设相当不敏感, 因此我们遵循标准的权宜之计, 忽略对时间的依赖, 使用固定的速率. 在掌握了 $\Psi(M_V)$ 的情况下, 应用热改正并获得作为 L_{bol} 的函数而不是 M_V 的函数的恒星相对诞生率是件简单的事. 初始质量函数的形式 $\Psi(L_{\mathrm{bol}})$ 已经在图 4.13 中展示. 正如预期的那样, 这条曲线比 $\Phi(M_V)$ 平滑, 因为它缺少依赖于年龄的对于最亮的恒星的截断.

4.5.2　质量分布的特征

然而, 我们真正的目标是得到在诞生时各种恒星的质量分布. 因此, 我们定义 $\xi(M_*)$ 为初始质量函数 (IMF), 单位质量区间中诞生的恒星的相对数量. 再一次将这个函数归一化到 1, 我们就得到

$$\xi(M_*) = \Psi(M_V)\frac{dM_V}{dM_*}. \tag{4.5}$$

右边的导数表示沿主序的变化, 可以从表 1.1 数值地得到.[①]

历史上, 萨尔皮特 (E. E. Salpeter) 以我们所描述的方式发现 $\xi(M_*)$ 以 M_*^γ 变化, $\gamma = -2.35$. 这个简单的幂律仍然被频繁使用以得到近似结果, 但早已被使

---

① 很多作者将 IMF 定义为单位对数质量区间中恒星的相对数量, 即 $M_*\xi(M_*)$. 读者对每个情形都应该仔细检查.

用更广泛数据的其他研究取代. 图 4.22 展示了晚些时候的研究结果. 为了方便, 我们可以将质量函数近似为一系列幂律:

$$\xi(M_*) = \begin{cases} C(M_*/M_\odot)^{-1.2}, & 0.1 < M_*/M_\odot < 1.0 \\ C(M_*/M_\odot)^{-2.7}, & 1.0 < M_*/M_\odot < 10 \\ 0.40 C(M_*/M_\odot)^{-2.3}, & 10 < M_*/M_\odot, \end{cases} \qquad (4.6)$$

其中 C 是归一化常数. 显然在 $1.0 M_\odot$ 以下, $\xi(M_*)$ 要比萨尔皮特函数 (虚线) 平得多, 并且在 $M_* \gtrsim 10 M_\odot$ 趋向于它. 这些一般特征都已经被充分证实. 我们的简单幂律没有给出图中看到的 $0.1 M_\odot$ 附近宽的极大, 但在最小质量处的真实行为仍然不清楚. 它们的低光度使得这样的天体难以探测. 经过广泛的搜寻, 目前正在发现越来越多的褐矮星, 即质量小于氢燃烧极限 $0.08 M_\odot$ 的天体. 这些和其他数据表明 $\xi(M_*)$ 在褐矮星极限附近是相对较平的. 确定其精确形式将需要额外的努力.

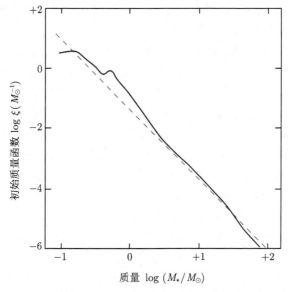

图 4.22　太阳附近恒星的初始质量函数. 虚线具有和萨尔皮特的幂律相同的斜率

这种挥之不去的不确定不应掩盖图 4.22 的基本信息. 在任何正在形成恒星的空间内, 单位质量范围新恒星数量在大约 $0.1 M_\odot$ 以上都快速下降. 如果我们简化假设, $\xi(M_*)$ 在这个值之下不变, 那么方程 (4.6) 表明, 所有恒星中的一半 $M_* \geqslant 0.2 M_\odot$. 只有 12% 的恒星质量超过 $1 M_\odot$, 而这个比例对于超过 $10 M_\odot$ 的恒星降到 0.3%. 反过来, 70% 的恒星具有 $M_* \geqslant 0.1 M_\odot$. 我们得出结论, 恒星形成过程产生特征质量为十分之几 $M_\odot$ 的天体. 事情可能不是这样的. 人们可以想象,恒星形成时, 延伸到非常小的行星尺度都具有一个纯粹的幂律质量谱. "事实并非如此" 这一点无疑意义重大. 不幸的是, 当前的理论无法以任何令人信服的方式解释 $\xi(M_*)$ 的形式. 甚至基本质量标度本身的起源仍然不确定. 不用说, 我们将在后面的章节再次讨论这个核心问题.

4.5.3　星群中的质量函数

值得再次强调的是, $\xi(M_*)$ 代表了数千颗场星的平均, 即已知星团或星协之外的天体. 这些星群中相应的函数是什么? 在任何一个由几百颗恒星或更少恒星组成的系统中, 在处理这个问题时, 统计涨落变得显著. 考虑到这一点, 最好的研究对象是相对不受遮挡的疏散星团. 在这里, 成员星不再吸积分子气体, 而如果知道 L_* 和 T_{eff}, 恒星质量本身可以从赫罗图中可靠地得到. 另一方面, 主序终结拐点将观测到的最大质量限制为适中的值, 对于星团年龄 10^7 yr, 大约为 $15 M_\odot$. 要探测这个分布的大质量端, 必须研究 OB 星协. 不幸的是, 更远的距离以及存在主序开始拐点使得最小质量的成员星难以探测. 因为没有一个系统是理想的, 人们被迫以零碎的方式对星群的质量谱进行采样.

图 4.23 展示了疏散星团和 OB 星协的互补作用. 左图展示了昴星团的大部分已知成员星在单位质量区间的恒星数量, 记作 $\xi_{\mathrm{cluster}}(M_*)$, 以及由方程 (4.6) 得到的曲线. $M_* \approx 0.15 M_\odot$ 以下的变平类似于图 4.22 中看到的场星的情况. 注意到, 很多星团成员的光度和等效温度是从 R 和 I 波段星等得到的. 和理论的主序前轨迹比较得到恒星质量. 相比之下, V 波段的测量对大质量恒星就足够了, 它们肯定在主序上. 很明显, 这个不受遮挡且成员众多的系统的质量分布也符合 $0.15 M_\odot$ 到 $5 M_\odot$ 之间的场星 (即方程 (4.6)). 其他疏散星团的质量函数类似, 但显示出显著的变化. 这种对场星的结果的偏离似乎与星团形态或年龄无关, 如果把至少十二个星团加在一起, 这种偏离就基本消失了.

谈到 OB 星协, 最可靠的方法是关注丰富的、空间紧凑的子星群. 一个这样的子星群是 NGC 6611, 一个巨蛇座 OB1 星协中的星团, 距离 2.2 kpc. 这里的恒星照亮了老鹰星云 (M16), 长期以来被认为是一个可见的电离氢区, 有宽阔的遮蔽带. NGC 6611 中的大多数恒星仍然埋在当地的分子云中. 然而, 约 150 颗质量大于 $5 M_\odot$ 的成员星足够明亮, 它们可以通过光学观测画到赫罗图上. 图 4.23(b) 展示了这个分布上端的质量. 幂律衰减很明显. 实际上, 最佳拟合线具有 $\Gamma \equiv d\log\xi / d\log(M_*/M_\odot) = -2.1$, 接近萨尔皮特的 -2.35. 星协中其他成员较少的星团的 Γ 值从 -1.7 到 -3.0, 平均值和场星的初始质量函数的斜率一致.

因此, 我们得出结论, 所有拥有足够成员的星群表现都类似, 成员数量随质量增大而减少, 至少在褐矮星质量上是这样的. 对于超过几倍 $M_\odot$ 的恒星, 这个陡峭下降使得难以得到任何星群的完整质量或成员, 而只能从非常亮的成分外推得

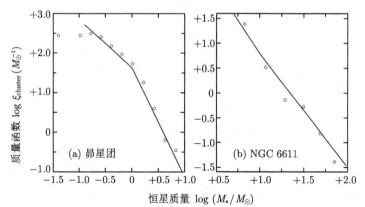

图 4.23   经验质量函数：(a) 昴星团, (b)NGC 6611 星团. 实线代表方程 (4.6) 给出的初始质量函数

到. 我们强调, 初始质量函数的实际形式必须看作完全经验的结果, 它的合理解释需要更好地理解星团形成和原恒星坍缩的终结. 特别地, 观测到的分布中缺少任何明显的拐折不一定意味着单一机制在所有恒星的起源中起作用. 相反, 它们在引力束缚的星团中独特的中心聚集表明, 质量最大的恒星的形成过程与它们数量众多的小质量同伴截然不同.

本 章 总 结

　　恒星不是独立形成的, 而是在分子云中成群形成的. 所有观测到的这种原始内埋星团都受到星际尘埃的严重消光和红化. 此外, 它们显示出变化的拱星物质, 即恒星附近的尘埃产生的红外超. 观测到的光谱能量分布分为四类, 似乎定义了演化顺序.

　　稍微年老一些的可见天体通常位于 T 星协或 OB 星协中. 前者包含经典和弱线金牛座 T 型星以及残余的分子云气体, 并且在 10^7 yr 的时间内保持完整. OB 星协之所以得名是因为它们还包含少数大质量天体, 它们已经扩散到场星中. 这里, 分子气体被质量最大的成员星的星风和辐射压猛烈地驱散. 最后, 一小部分恒星在母星云的消散中幸存下来成为引力束缚的星团.

　　观测到的场星光度, 加上它们的主序寿命, 使得可以得出诞生时质量的统计分布. 初始质量函数峰值在 $0.1M_\odot$ 到 $1.0M_\odot$ 之间, 这是一个未得到解释的基本事实. 通过将成员星放到赫罗图上得到的特定星群中的分布和场星的结果大致一致.

建 议 阅 读

4.1 节 对于不同星团环境中恒星的相对诞生率, 参见

Miller, G. E. & Scalo, J. M. 1978, PASP, 90, 506.

两篇内埋星团的综述, 都强调了近红外观测

Zinnecker, H., McCaughrean, M. J., & Wilking, B. A. 1993, in Proto-stars and Planets III, ed. E. H. Levy and J. I. Lunine (Tucson: U. of Arizona Press), p. 429

Lada, C. J. & Lada, E. A. 2003, ARAA, 41, 57.

2MASS(两微米全天巡天) 项目提高了银河系在三个波段的图像:

Skrutskie, M. F. et al. 1997, in The Impact of Large Scale Near-Infrared Surveys, ed. F. Garzon et al. (Dordrecht: Reidel), p. 25.

2MASS 数据是在 2003 年释放的. 关于内埋星的原始分类和它们的红外谱指数, 参见

Lada, C. J. 1987, in Star Forming Regions, ed. M. Peimbert and J. Jugaku (Dordrecht: Reidel), p. 1.

4.2 节 现在称为经典金牛座 T 型星的天体首先由

Joy, A. H. 1945, ApJ, 102, 168

辨认为独特的一类, 而它们的弱线同伴是由

Walter, F. W. 1986, ApJ, 306, 573

分类的. 注意到 Walter 实际上证认了 "裸的" 星群, 即缺少近红外超的弱线金牛座 T 型星. 对于近邻的 T 星协的形态, 见对蝘蜓座的讨论

Schwarz, R. D. 1991, in Low-Mass Star Formation in Southern Molec-ular Clouds, ed. B. Reipurth (ESO Publication), p. 93,

以及对金牛座-御夫座的讨论

Palla, F. & Stahler, S. W. 2002, ApJ, 581, 1194.

对 R 星协的证认见

Van den Bergh, S. 1966, AJ, 71, 990.

4.3 节 对 OB 星协动力学膨胀有历史意义的两篇文章是

Blaauw, A. 1952, BAN, 11, 405

Ambartsumian, V. A. 1955, Observatory, 75, 72.

关于这些星协的一篇现代综述是

Garmany, C. D. 1994, PASP, 106, 25.

这些星群和分子云的关系的分析见

Williams, J. P. & McKee, C. F. 1997, ApJ, 476, 166.

4.4 节 想知道分光视差如何用于实际导出年轻星团距离的读者可以参考

Perez, M. R., Thé, P. S., & Westerlund, B. E. 1987, PASP, 99, 1050.

对于银河系疏散星团的性质, 见

Janes, K. A., Tilley, C., & Lyngå, G. 1988, AJ, 95, 771.

一项清晰讨论了它们演化中主要问题的理论工作是

Terlevich, E. 1987, MNRAS, 224, 193.

4.5 节 初始质量函数的概念及其第一篇文献见

Salpeter, E. E. 1955, ApJ, 121, 161.

深入探讨了这项研究中的许多微妙之处的全面综述见

Scalo, J. M. 1986, Fund. Cosm. Phys., 11, 1.

更近的一个讨论见

Kroupa, P. 2002, Science, 295, 82.

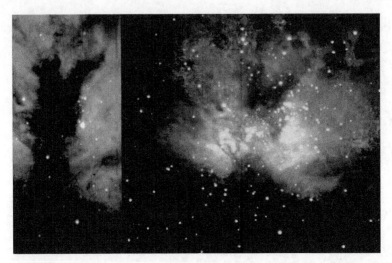

底片 1　左：猎户座 B 中的 NGC 2024 星团的光学照片. 这幅图覆盖了 $4' \times 10'$ 的角尺度, 或者 0.4 pc $\times$1 pc. 右：同一个星团的近红外图像. 垂向标高和光学图像相符. 这是综合了 J、H 和 K 波段的合成照片. 颜色编码分别为蓝、绿和红 (后附彩图)

底片 2　S106 双极星云的近红外图像. 这是 J、H 和 K 波段的合成图. 这幅图和其他合成图的颜色编码和底片 1 相同 (后附彩图)

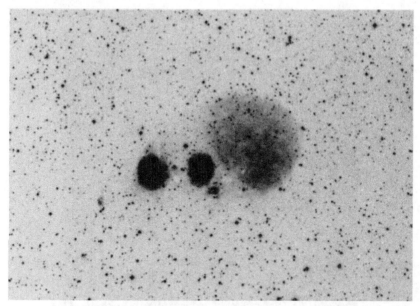

底片 3 双子座 OB1 星协中的三个电离氢区的光学负片. 这个区域跨越了 9 pc 的距离 (后附彩图)

底片 4 双子座 OB1 扩展的近红外 (J、H 和 K) 图像. 中心明亮的星云位于底片 3 的左边和中心电离氢区之间, 光学可见 (后附彩图)

底片 5 赫比格 Be 星 BD+40°4124 周围区域的合成的近红外图像 (J、H 和 K). 这个天体是最亮的中心点. 最突出的伴星是一颗发射线星 V1686 Cyg, 也是光学可见的, 但其他大部分近邻的天体只能在近红外波段看到 (后附彩图)

底片 6 NGC 7538 的近红外图像 (J、H 和 K). 整幅图覆盖 $12' \times 12'$, 或者在 2.7 kpc 距离上覆盖 9.5 pc $\times$9.5 pc. 红色的小块是看起来比突出的电离氢区年轻的内埋星团 (后附彩图)

底片 7　密集星团 NGC 3603 的 J、H 和 K 波段合成的近红外图像. 视场是 $3'.5 \times 3'.5$, 或者在 6 kpc 距离上为 6 pc $\times$6 pc (后附彩图)

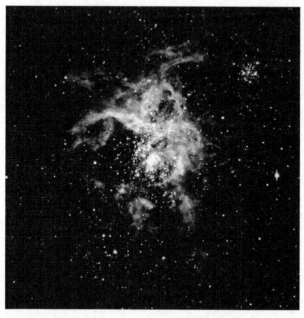

底片 8　小麦哲伦云中的剑鱼座 30 的 B、V 和 R 波段的合成图像. 中心星团周围气体组成的丝状结构跨越大约 50 pc (后附彩图)

第二部分
分子云中的物理过程

第 5 章　分子跃迁：基本物理

本章我们从物理的角度开启对分子云的广泛讨论. 我们在第二部分中的讨论会比之前更加理论和定量, 因为目标是为理解第三部分的主题——分子云结构和原恒星坍缩提供基础. 我们不会尝试详尽讨论分子云物理, 而是集中于现在看起来与恒星形成最相关的那些领域.

为了探索产生恒星的分子云中的物理条件, 天文学家主要依靠对各种分子发射谱线的观测. 所以, 本章的最初目标是描述在星际空间中形成了多少种分子, 以及它们的丰度如何反映了当地的物理条件. 我们接下来讨论用作分子云性质示踪物最简单和常见的分子. 目标是简洁而准确地介绍最容易观测的分子跃迁的物理原理. 第 6 章将展示这些分子跃迁如何在实践中用来确定分子云的性质.

5.1　星　际　分　子

从化学的角度看, 暗云的一个重要特征是它们相对高的尘埃柱密度. 尘埃高效地遮挡了周围的光学和紫外辐射. 所以在没有遮蔽的空间区域中, 紫外光解下寿命很短的星际分子得以幸存和增加. 到目前为止, 已经证认了超过 100 种分子, 从最简单的双原子分子到氰基多炔烃 (Cyanopolyyne)$HC_{11}N$ 这样的长链分子. 致密云核含有目前已经发现的大部分复杂分子, 而猎户座的激波加热区域以及银心的人马座 B2 云也是富含分子的源. 同样重要的是主序后巨星的膨胀包层, 我们已经注意到它们是星际尘埃的诞生地.

5.1.1　反应热力学

分子天体物理学开始于 20 世纪 30 年代末, 那时在弥散分子云中发现了 CH、CH^{+} 和 CN. 这些简单分子是用它们对背景恒星的光学吸收探测到的. 这些分子如何形成的问题立刻产生了理论上的挑战, 这个挑战在 20 世纪 60 年代发现 OH、NH_3 和 H_2O 后变得更严重. 问题关乎能量. 首先考虑两个原子的碰撞. 粒子以正的总能量彼此接近. 除非能量交给第三个客体, 否则原子只会在交会之后弹开. 第三个原子同时碰撞在地球上这种密度下会以可观的频率发生, 但是在稀薄得多的分子云内部不是这样的. 能量也可能集中到一个光子中, 即两个原子形成一个激发态分子, 这个分子在离解之前跃迁到基态. 再一次, 这种辐射缔合的概率在感兴趣的分子云中通常都太低.

在实验室中, 分子也通过中性-中性反应形成. 这里, 碰撞的原子或分子暂时结合成一种叫做活化络合物的位形. 这个活化络合物随后分解为两个或多个产物, 分担总能量. 这个过程涉及化学键的形成和断裂, 通常需要能量的净消耗. 相应的**激活势垒**的典型能量用温度单位表示为 $\Delta E/k_B \sim 100$ K. 这么大的势垒在激波加热的分子云中并非无法克服, 但完全抑制了非常冷的宁静分子云内部的中性-中性反应.

在 20 世纪 70 年代早期, 人们已经清楚地认识到, 离子-分子反应可以缓解这个能量上的困难. 当带电离子接近中性分子 (或原子) 时, 它在后者中诱导出一个偶极矩, 产生二者之间的静电吸引. 这个吸引的长程性质意味着等效截面远大于直接碰撞的几何截面 (图 5.1). 即使在接近 10 K 的温度下, 这样的反应也可以进行得足够快, 足以解释观测到的大部分星际分子. 然而, 因为任何时候存在的离子比例是相对小的, 这不能解释 H_2 本身巨大的丰度. 在这个重要的特殊情形, 我们后面会讲到, 两个中性原子可以反应, 但只能通过尘埃颗粒表面的催化作用.

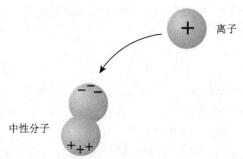

图 5.1   离子分子反应的力学. 带电离子在中性分子中诱导出一个偶极矩, 在二者之间产生静电吸引

一般的离子-分子反应可以用符号形式写为

$$A^+ + B \longrightarrow C^+ + D, \tag{5.1}$$

其中所有成分都可以是原子或分子. 如果 C = B 且 D = A, 那么这个反应就是**电荷交换**. 涉及负离子和中性分子的反应也是可能的, 在这种情况下, 产物是一个自由电子. 如果 n_{A+} 和 n_B 表示反应物的数密度, 我们令 $k_{im}(n_{A+})(n_B)$ 为单位时间单位体积的反应速率. 对于正离子或负离子, 反应速率系数 k_{im} 都是 10^{-9} $cm^3 \cdot s^{-1}$ 的量级, 只对温度有弱依赖.

分子云中带正电的分子也被周围的自由电子毁灭. 电子复合产生能量上不稳定的中性分子. 大多数时候, 这种分子会 "自电离", 把电子吐回去. 然而, 如果它的组成原子在自电离发生前分开, 这个分子分开成中性产物:

$$A^+ + e^- \longrightarrow B + C. \tag{5.2}$$

这种解离复合的速率系数在温度 T 接近 100 K 时为 $k_{dr} \sim 10^{-7}$ cm$^3 \cdot$ s^{-1}, 随温度降低而缓慢增大. 注意, 如果 A 代表原子而不是分子, 那么和电子的反应形成一个中性原子加上一个光子. 这种辐射复合的典型速率为 $k_{rr} \sim 10^{-11}$ cm$^3 \cdot$ s^{-1}, 对于大多数情形也是非常低的.

5.1.2 丰度模式

假设我们希望通过特定谱线发射观测某种分子. 探测到这条分立能级之间跃迁产生的谱线, 需要周围温度足够高, 能激发我们所感兴趣的上能级. 在宁静分子云中, 这个要求通常就挑出了能量低的转动跃迁, 相应的光子波长在毫米波段. 然而, 即使有这样的跃迁, 高度复杂的分子也难以探测. 在这种情况下, 在任何可观的能量范围内都存在大量能级. 很多能级在足够温暖的环境中都有布居, 因此任意跃迁中的功率都相对较小.

到目前为止观测到的大部分分子都含有一个或多个碳原子. 尽管没有在太空中发现比 NH$_3$ 含有更多原子的无机分子, 但有机分子含有复杂的环和链. 因此在地球化学中起主导作用的碳键在星际环境中也很重要. 此外, 因为宇宙中氧的丰度超过碳, 相对紧密结合的 CO 是继 H$_2$ 之后最丰富的分子就毫不奇怪. 自 1970 年以来, 由 CO 观测得到的恒星形成区的信息比任何其他分子都多.

理论家使用时间依赖的计算机模型来理解任何区域中的化学丰度模式. 这些程序模拟大型反应网络, 通常运行在固定的周边密度和温度. 随着时间推移, 产生和破坏各种成分的反应趋于平衡, 丰度接近稳态值. 没有内部恒星的致密云核提供了特别简单的环境来检验这些方案. 从合理的初始条件开始, 模型不难与观测到的类似 CO、CS 或 HCO$^+$ 的简单分子的丰度符合. 这种符合表明这些反应网络根本的离子-分子化学是令人满意的. 另一方面, 这些模型也不是没有问题. 人们发现, 复杂有机分子最初总是随时间积累, 然后随着碳被锁在 CO 中而消失. 在 TMC-1 这样的致密核的密度和温度下, 原子碳会在 1×10^6 yr 几乎完全转变为 CO.

这个时标很难和我们对分子云历史的理解相调和. 尽管没有致密云核的精确年龄, 但产生它们的引力沉降过程持续的时间为 10^7 yr 的量级. 因此, 观测到存在这些有机分子仍然令人费解. 此外, 目前的化学模型难以解释在 TMC-1 和其他无星云核中看到的分子丰度显著的空间变化. 两种最简单的可能性——年龄或元素组成的梯度——当作普遍解释似乎都很不自然. 观测到的梯度也可能反映了仍然存在未探测到的年轻恒星, 其光度可以在热力学上改变当地的化学过程.

化学梯度也存在于大质量恒星形成区, 例如猎户座 BN-KL 区域. 从图 5.2 可以明显看到明亮的红外源 IRc2 和 BN 对周围环境产生了显著影响. 这里展示了

KL 星云和称为猎户座南 1.5′(Orion 1.5′ South, 距离 IRc2 有 0.2 pc) 的无恒星致密云核中 H^{13}CN 在 868 μm ($\nu = 345$ GHz) 附近光谱的一部分. 尽管两个云核在中心有相似的总柱密度, 但 KL 星云中的云核有丰富得多的分子谱线. 同时, 这个区域有较低的复杂分子丰度. 实际上, 猎户座南 1.5′ 具有和 TMC-1 类似的化学组成, 尽管它的温度是后者的 5 倍, 密度是后者的 10 倍. 显然, 这里的关键因素是靠近大质量恒星.

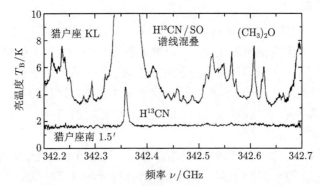

图 5.2   猎户座中两个区域的亚毫米频谱. KL 星云 (上面的光谱) 展示了比猎户座南
1.5′(Orion 1.5′ South) 的致密云核 (下面的光谱) 更多的分子谱线

很多因素会改变和增丰 IRc2 附近的分子. 恒星周围的云核物质有差不多 200 K 的温度, 足以蒸发尘埃幔, 从而将分子重新变为气态. 在更接近恒星的地方, 大质量外流驱动的激波可以将气体加热到足以摧毁尘埃核本身. 这种加热过程解释了为什么硫和硅这两种尘埃的主要组分在这个区域和其他外流区域中相对丰富. 同时, 这种环境不利于长链分子, 它们显然需要高度屏蔽的致密云核以形成和幸存.

在所有已知的星际分子中, 大约一半是首先在距离银心 200 pc 以内的巨分子云, 人马座 B2(Sgr B2) 中发现的. 可见光消光大约为 30 等, 即使对这个区域的近红外观测也只能探测到最明亮的源. 图 5.3 是加热的尘埃发出的 800 μm 连续谱的高分辨率成图. 分子云复合体 Sgr B2 位于距离银河系中心仅有几个秒差距的致密射电源 Sgr A* 所在的尘埃脊 (dust ridge) 中. 和猎户座的情形一样, 分子的丰度和众多内埋恒星造成的温度升高有关. 大部分分子在一块气体温度 200 K, H$_2$ 密度高达 10^7 cm^{-3} 的致密团块——Sgr B2/North 中看到. 在这里, 不可能直接看到这个星团, 但从加热的尘埃发出的 $5 \times 10^6 L_\odot$ 推测其存在. 分子丰度模式大致类似猎户座 KL. 有趣的是, 距离 Sgr B2/North 仅 2 秒差距的一个同样明亮的团块中分子谱线相对稀疏. 被称为 Sgr B2/Middle 的后一个区域, 其亮度来源于和数十颗 O 型星和 B 型星相伴的可辨识的电离氢区. 这里的教训是, 使电离氢区膨胀的紫外辐射也会破坏之前恒星在内埋更深时围绕恒星的分子.

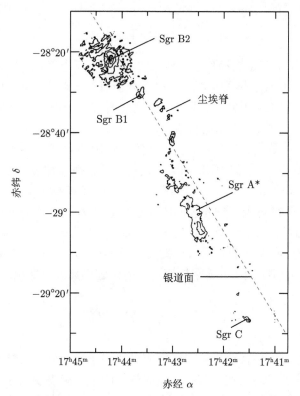

图 5.3　银心附近被加热的尘埃在 800 μm 处的连续谱辐射. 在距离强射电源 Sgr A* 200 pc 的巨分子云 Sgr B2 中发现了很多分子. 虚线划定了银道面

5.1.3　附着到尘埃

任何关于致密云中化学的描述都必须考虑分子黏附到尘埃颗粒的倾向. 考虑半径为 a_d 的尘埃颗粒的数密度为 n_d、体积为 V 的气体. 在分子参考系中, 尘埃颗粒都以分子的热运动速度

$$V_\mathrm{therm} = \left(\frac{3k_\mathrm{B}T}{2Am_\mathrm{H}}\right)^{1/2} \tag{5.3}$$

运动. 其中 A 是分子相对于氢的质量. 在时间间隔 Δt 内, 每个尘埃颗粒扫过的圆柱体积为 $\pi a_\mathrm{d}^2 V_\mathrm{therm}\Delta t$, 所有尘埃颗粒扫过一个 $n_\mathrm{d}V$ 倍的体积. 所以, 单位时间分子被某尘埃颗粒黏附的概率是这个总体积和 V 的比, 或者 $n_\mathrm{d}\pi a_\mathrm{d}^2 V_\mathrm{therm}$. 取这个概率的倒数得到发生一次碰撞的平均时间

$$t_\mathrm{coll} = \frac{1}{n_\mathrm{d}\pi a_\mathrm{d}^2 V_\mathrm{therm}}$$

$$= \frac{1}{n_H \Sigma_d V_{\text{therm}}} \tag{5.4}$$

这里, 对于每氢原子的尘埃颗粒总几何截面, 我们可以用方程 (2.42).

物理量 t_{coll} 度量了显著消耗一个给定分子所需的时间, 前提是碰撞时有很高的黏附概率. 除了 H_2 不容易吸附到尘埃幔, 所有分子都有很高的黏附概率. 考虑 CS, 在 $T = 10$ K 时, $V_{\text{therm}} = 5.3 \times 10^3$ cm $\cdot$ s^{-1}. 由方程 (5.4), 我们发现在 $n_H = 10^4$ cm^{-3} 的致密云核中心, t_{coll} 只有 6×10^5 yr. 再一次地, 我们面临的困境是, 与预期的分子云年龄相比, 消失的时标很短. 换句话说, 不考虑尘埃颗粒对分子消耗的化学模型给出了和观测符合得很好的 CS 丰度.

显然, 一定存在将尘埃颗粒表面的分子重新变为气相的某种机制. 紫外光子可以达到这个目的, 但是穿透到暗云内部的紫外光子太少了. 在足够小的尘埃颗粒中, 表面化学反应产生的热量可以提高颗粒温度, 足以使许多成分升华. 然而, 对于暗云中的标准尘埃颗粒, 分子快速消耗的问题仍然没有解决.

5.2 氢 分 子

我们现在考虑一些在分子云研究中成果特别丰硕的分子. 表 5.1 列出了本章中讨论的所有分子以及其他一些感兴趣的分子的丰度和重要跃迁. 第六列给出了上下能级之间的能量差. 这个能量用玻尔兹曼常量 k_B 表达为一个等效的温度. 一同给出的是爱因斯坦系数 A_{ul}, 即单位时间从上能级跃迁到下能级的概率. 附录 B 更系统地介绍了爱因斯坦系数. 最后, 表 5.1 列出了临界密度, $n_{\text{crit}} \equiv A_{ul}/\gamma_{ul}$, 其

表 5.1   一些有用的分子

分子	丰度 [a]	跃迁	类型	λ	T_0^{b} /K	A_{ul} /s^{-1}	$n_{\text{crit}}^{\text{c}}$ /cm^{-3}	备注
H_2	1	$1 \rightarrow 0\ S(1)$	振动	2.1 μm	6600	8.5×10^{-7}	7.8×10^7	激波示踪物
CO	8×10^{-5}	$J = 1 \rightarrow 0$	转动	2.6 mm	5.5	7.5×10^{-8}	3.0×10^3	低密度探测物
OH	3×10^{-7}	$^2\Pi_{3/2}; J = 3/2$	Λ 双重态	18 cm	0.08	7.2×10^{-11}	1.4×10^0	磁场探测物
NH_3	2×10^{-8}	$(J, K) = (1, 1)$	反转	1.3 cm	1.1	1.7×10^{-7}	1.9×10^4	温度探测物
H_2CO	2×10^{-8}	$2_{12} \rightarrow 1_{11}$	转动	2.1 mm	6.9	5.3×10^{-5}	1.3×10^6	高密度探测物
CS	1×10^{-8}	$J = 2 \rightarrow 1$	转动	3.1 mm	4.6	1.7×10^{-5}	4.2×10^5	高密度探测物
HCO$^+$	8×10^{-9}	$J = 1 \rightarrow 0$	转动	3.4 mm	4.3	5.5×10^{-5}	1.5×10^5	电离示踪物
H_2O		$6_{16} \rightarrow 5_{23}$	转动	1.3 cm	1.1	1.9×10^{-9}	1.4×10^3	脉泽
H_2O	$< 7 \times 10^{-8}$	$1_{10} \rightarrow 1_{11}$	转动	527 μm	27.3	3.5×10^{-3}	1.7×10^7	暖气体探测物

a 主要同位素分子相对于氢的数密度, 在致密云核 TMC-1 中测量;

b 跃迁能量的等价温度, $T_0 \equiv \Delta E_{ul}/k_B$;

c 在 $T = 10$ K 计算, 除了 $H_2(T = 2000$ K) 和 H_2O 是在 527 μm $(T = 20$ K).

中 γ_{ul} 是以单位碰撞伙伴粒子测量的分子碰撞激发跃迁速率. 这个量, 如我们已经提到的, 是上能级可以在通过辐射退激发前发生碰撞退激发的最小环境密度的估计值. n_{crit} 的用处通过具体例子将变得显而易见.

5.2.1 容许跃迁

不幸的是, 作为冷星际云的主要成分, 分子氢也是最难探测的. 即使是最低的激发能级, 那些对应于分子转动的能量也离基态太远, 难以布居. 此外, 氢分子 (H_2) 由两个相同的氢原子组成, 所以没有固有电偶极矩. 转动激发的分子必须通过相对缓慢的四极跃迁辐射. 为了找到 H_2, 最好在较热的环境中寻找, 例如, 被明亮恒星辐照的云或被恒星风激波加热的云. 这里, 光子或粒子碰撞可以激发在相对短的时间内退激发的振动或电子能级. 分子实际上第一次在 1970 年被发现, 尽管火箭观测在 O 型星英仙座 ξ 的方向发现了一些紫外吸收线. 这些线来自中间的弥散云中的 H_2 电子态的光致激发.

因为氢分子在恒星形成的很多方面起到了主导作用, 所以值得更仔细地研究它的跃迁. 我们从转动能级开始. 在经典力学中, 绕穿过质心垂直于转动平面的轴转动的哑铃的动能为

$$E_{rot} = \frac{J^2}{2I},\tag{5.5}$$

其中 I 是转动惯量, J 是角动量. 方程 (5.5) 的量子力学类比为

$$E_{rot} = \frac{\hbar^2}{2I}J(J+1)$$

$$\equiv BhJ(J+1).\tag{5.6}$$

这里 J 是无量纲的转动量子数, 可以取 $0, 1, 2$ 等. 方程 (5.6) 的第二项中的物理量 B 现在称为转动常数, 单位是频率单位.

H_2 的转动惯量是双原子分子中最小的, 所以方程 (5.6) 展示了为什么它的能级间距很大. 图 5.4 展示了转动能级. 这里能量 E 由等效温度 E/k_B 和波数 E/hc 给出. 注意, 这两个值在数值上是差不多的, 因为 $k_B/hc = 0.70 \ \mathrm{deg}^{-1} \cdot \mathrm{cm}^{-1}$. 第二个量比较方便, 因为两个能级的差直接给出了发射的光子波长的倒数.[①] 如已经注意到的, H_2 的转动能级主要通过电四极矩退激发, 其中 J 减小 2. 可能的最低跃迁是 $J = 2 \rightarrow 0$, 具有相应的能量变化 510 K 以及相对小的爱因斯坦 A 系数 $3.0 \times 10^{-11} \ \mathrm{s}^{-1}$. 每次退激发产生一个波长 28.2 μm 的光子. 这条远红外谱线已经通过空间观测被探测到了.

氢分子的总能量是转动、振动和电子贡献的和:

$$E_{tot} = E_{rot} + E_{vib} + E_{elect}.\tag{5.7}$$

---

① 仅在本章中, 我们沿用波数的光谱学定义, $k \equiv 1/\lambda$.

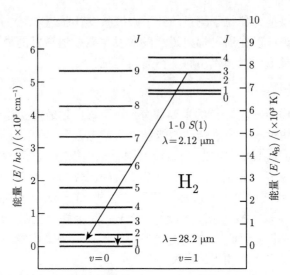

图 5.4 H_2 的前两个振动态的转动能级. 在 $v = 0$ 态, 展示了 28.2 μm 的 $J = 2 \to 0$ 跃迁. 也给出了 2.12 μm 的 1-0 S(1) 振转线. 注意, 使用了两个不同的能量标度

在量子力学中, 自然频率 ν_0 简谐振子的能量为

$$E_{\mathrm{vib}} = \hbar\varpi_0(v + 1/2), \tag{5.8}$$

其中 $\varpi \equiv 2\pi\nu_0$, 振动量子数 v 可以取 $0, 1, 2$ 等. $v = 1$ 态的 $J = 0$ 的转动能级比基态高的能量等价于 6.6×10^3 K 以及 A 值 8.5×10^{-7} s^{-1}. 在热得可以激发振动能级的环境里, 分子通过振转跃迁弛豫, J 和 v 都变化 (图 5.4). 这里, v 的变化不受限制, 而 ΔJ 可以为 0 或 ± 2. 假设 v' 和 v'' 分别表示初始和最终的振动能级. 那么对于 $J'' - J' = 2, 0$ 或 -2, 我们把振转跃迁标记为 $v' - v''$ $O(J'')$、$Q(J'')$ 或 $S(J'')$. 于是, 通常观测的 1-0 S(1) 线, 波长是 2.12 μm, 代表从 $(v' = 1, J' = 3)$ 跃迁到 $(v'' = 0, J'' = 1)$.

电子态间距更大, 能量差可达 10^5 K 的量级. 图 5.5 是基态和头两个激发态的能级图, 是把一个电子激发到较高的轨道形成的. 这幅图展示了质子的库仑能加上电子的束缚能, 作为质子间距的函数. 这个总能量就像一个质子在其中振荡的势阱. 对于每个电子态, 原子核的平衡间距位于势阱的极小处.

电子基态含有 14 个振动能级, 加上 $E > \Delta E_{\mathrm{diss}} = 4.48$ eV(这个分子的解离能) 的连续能级. 在高密度区域, 例如激波或坍缩云中, H_2 可能通过强烈碰撞而被摧毁. 否则, 紫外光子的吸收会导致离解. 对于能量超过 14.7 eV 的光子, 这个过程是直接的, 会使其中一个氢原子处于电子激发态. 然而, 间接的辐射离解更为常见. 这里, $E > 11.2$ eV 的光子把 H_2 激发到更高的电子态. 大约 85% 的情况, 激发的分子通过电子和振转跃迁回到基态. 连接第一电子激发态内不同 v 和 J 的能级和电子基态的一组跃迁称为赖曼带, 而第二电子激发态和基态之间的跃迁在沃纳带中. 在整个被称为荧光的跃迁过程中, 发出的谱线频率从紫外到红外. 观测者已经在热云区域中探测到了很多这种跃迁. 要离解, 分子必须从激发的电子态跃迁到基态的一个 $v = 14$ 之上的振动连续谱能级 (图 5.5). 在离解后, 分子的剩余能量变成了辐射能和原子动能.

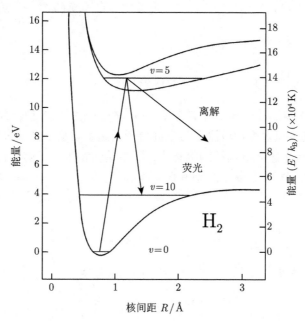

图 5.5　作为原子核间距离函数的 H_2 势能. 再一次注意, 使用了两种能量标度. 三条实线代表基态和两个激发的电子态. 水平线代表振动能级. 箭头描绘了光致激发到赖曼带, 随后是荧光跃迁或离解

5.2.2　形成速率

现在让我们回到 H_2 形成的问题. 电子基态内允许的辐射跃迁太慢, 所以两个自由原子的简单结合很少发生. 需要第三个粒子吸收释放的能量. 星际尘埃扮演了这个角色. 两个落在尘埃颗粒上的氢原子沿尘埃颗粒表面游荡, 直到相遇. 尘埃颗粒的热容很大, 所以它可以轻易地吸收复合能, 而不引起明显的温度上升.

为了量化 H_2 的形成速率, 考虑单位体积中含有 n_{HI} 个氢原子的气体. 假设它们具有热运动速度 V_{therm}. 所以平均来说, 在碰撞时标

$$t_{coll} = (n_{HI} \sigma_d V_{therm})^{-1} \tag{5.9}$$

内一个几何截面为 σ_d 的尘埃颗粒被一个原子撞击. 入射原子不是被化学键吸引

到尘埃颗粒表面, 而是被较弱的范德瓦耳斯力吸引, 典型的结合能为 0.04 eV. 原子通过量子隧穿快速探索尘埃表面, 直到停在晶格缺陷处. 在这里, 未配对的电子与晶格形成一个稍强的键, 能量为 0.1 eV 量级. 在另一个时间 t_{coll} 内, 第二个原子落在尘埃颗粒上并快速找到第一个原子附近的结合位点. 只有这样, 两个原子才能结合.

得到的 H_2 分子没有未配对电子, 所以只是和它形成处的晶格缺陷有弱的结合. 所以, 它很快回到气相中, 我们可以把单位体积中总的 H_2 形成速率写为

$$\mathcal{R}_{H_2} = \frac{1}{2}\gamma_H n_d t_{coll}^{-1}$$
$$= \frac{1}{2}\gamma_H n_d \sigma_d n_{HI} V_{therm}. \tag{5.10}$$

这里, n_d 是尘埃颗粒数密度, γ_H 是附着概率, 即碰撞到尘埃颗粒并最终复合的原子的比例. 在气体和尘埃颗粒温度为宁静分子云温度时这个概率大约为 0.3.

即使在完全没有尘埃颗粒的气体中, 只要温度和密度足够高, 氢气仍然可以通过纯气相过程形成. 会发生两个耦合反应:

$$H + e^- \longrightarrow H^- + h\nu$$
$$H^- + H \longrightarrow H_2 + e^-, \tag{5.11}$$

其中我们用 $h\nu$ 表示一个光子. 此外, 周围的质子通过

$$H + H^+ \longrightarrow H_2^+ + h\nu$$
$$H_2^+ + H \longrightarrow H_2 + H^+ \tag{5.12}$$

提供 H_2. 在早期宇宙中, 在尘埃颗粒从恒星的重元素遗迹中凝结出来之前, 分子氢可能是通过这些反应形成的. 因为自由电子和质子有限, 只有一小部分原子氢通过这个过程转变为分子. 然而, 如果原始的氢气达到足够高的密度, 那么三体过程

$$H + H + H \longrightarrow H_2 + H$$

和

$$H + H + H_2 \longrightarrow 2H_2 \tag{5.13}$$

可能产生了最早的分子云.

我们已经提到, H_2 在低密度下的主要破坏机制是能量 11.2 eV 或更高的紫外光子的光致解离. 这种辐射主要是由 O 型星和 B 型星产生的, 其穿透星际空间的流量足以在大约 400 yr 时间内使每个分子离解. 因此, 纯 H_2 的云不可能存在,

因为靠近表面的所有分子都被有效地破坏了. 然而, 正是这个过程, 加上尘埃颗粒对辐射的有效吸收, 降低了紫外流量, 直到更深处的分子能够幸存下来. 所以星际 H_2 被认为是自遮蔽 (self-shielding) 的. 我们将在第 8 章回到这个现象, 在那里我们讨论恒星形成云的化学组成.

5.3 一 氧 化 碳

简单而丰富的一氧化碳 (CO) 仅通过气相反应形成. 较大的束缚能 11.1 eV 帮助这个分子抵抗了进一步的破坏性反应. 所以, 和 H_2 类似, CO 在周围的紫外辐射场中是自遮蔽的. 在分子云的外区中, 这两种分子以相似的方式积累, 尽管 CO 在更大的光深也会离解 (第 8 章).

对于天体物理学来说, 幸运的是, CO 分子实际上有永久的电偶极矩, 并且以射电频率强烈地发射. 自 1970 年在猎户座分子云中被发现以来, CO 已经成为我们自己的星系以及河外星系中分子气体的主要示踪物. 最丰富的同位素分子, $^{12}C^{16}O$ 自然是最容易探测的, 但 $^{13}C^{16}O$、$^{12}C^{18}O$, 以及 $^{12}C^{17}O$ 和 $^{13}C^{18}O$ 有时也被证明是有用的.

5.3.1 填充转动能级

转动能级具有方程 (5.6) 给出的能量. 这些能级比 H_2 的能级距离更近, 因为转动惯量更大 (图 5.6). 更重要的是, 可以发生更快的电偶极跃迁. 这里 J 改变 ± 1. $J = 1$ 在 $^{12}C^{16}O$ 基态上方 $\Delta E_{10} = 4.8 \times 10^{-4}$ eV, 等效为温度仅有 5.5 K. 所以容易在宁静云中激发这个能级, 甚至可以填充 $J = 2$, 这个能级比基态高 16 K. 当 $J = 1 \to 0$ 跃迁是辐射性的, 所发射出来的光子波长为 2.60 mm.

在分子云内, CO 激发到 $J = 1$ 态主要通过和周围的 H_2 碰撞发生. 在总数密度 n_{tot} 相对低的云中, 每个向上跃迁都马上跟随着一个光子的发射. 反过来, 当 n_{tot} 高, 激发的 CO 通常将多余的能量转移到碰撞的 H_2 分子中, 不发射光子. 区分两种情况的临界密度由 A_{10}/γ_{10} 给出. 使用 $A_{10} = 7.5 \times 10^{-8}$ s^{-1} 和 $\gamma_{10} = 2.4 \times 10^{-11}$ cm$^3 \cdot$ s^{-1}(温度为 10 K 时和 H_2 碰撞的近似值), 我们得到 n_{crit} 为 3×10^3 cm^{-3}.

一般来说, 单位体积中 $J = 1 \to 0$ 跃迁的自发光子发射速率为 $n_1 A_{10}$. 这里 n_J 表示量子数为 J 的能级中 CO 分子的数密度. 我们可以通过令碰撞和辐射激发和退激发速率相等确定这些布居数. 附录 B 讲述了简化的但有指导意义的二能级系统. 密度 n_1 和 n_0 的比值通常用激发温度 T_{ex} 表达. 我们用玻尔兹曼定律的推广来定义这个量:

$$\frac{n_1}{n_0} = \frac{g_1}{g_0} \exp\left(-\frac{\Delta E_{10}}{k_B T_{ex}}\right), \tag{5.14}$$

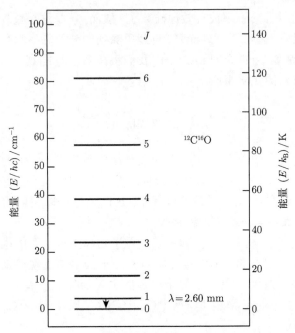

图 5.6 $^{12}\text{C}^{16}\text{O}$ 基态振动态 $(v=0)$ 的转动能级. 展示了天体物理中重要的 2.60 mm 的 $J=1\to0$ 跃迁

其中 g_1 和 g_0 是这两个能级的简并度. 在 CO 转动态的情形, $g_J = 2J+1$. 对于 $n_{\text{tot}} \ll n_{\text{crit}}$, n_1/n_0 小, 并且正比于 n_{tot}(见附录 B). 这个情形的激发温度比表征碰撞分子速度分布的动力学温度T_{kin} 低. 然而, 对于 $n_{\text{tot}} \gg n_{\text{crit}}$, CO 分子和环境达到局域热动平衡 (LTE). $J=1$ 和 $J=0$ 能级布居也通过方程 (5.14) 联系起来, 但 T_{ex} 现在等于 T_{kin}.

所以, 增大分子云中的密度可以增强 $J=1\to0$ 发射, 但仅对低于临界值的 n_{tot} 如此. 我们在图 5.7 中展示了完整的行为, 这是通过数值计算能级布居得到的. 在固定的 T_{kin}, $1\to0$ 发射率在 n_{tot} 增加到 n_{crit} 及以上时达到峰值. 在高密度时的降低是分子被更多地激发到 $J>1$ 的能级导致的. 这个效应慢慢把 $J=1$ 能级的布居抽走, 最终迫使其达到局域热动平衡的值. 这里的计算忽略了这个事实, 很多 $1\to0$ 光子自己会激发 CO 分子, 而不是离开分子云. 考虑这个辐射俘获会导致峰值在小于 n_{crit} 的密度达到.

图 5.7 涉及具有均匀密度 n_{tot} 的气体团. 沿任意穿过分子云的视线, 真实的密度会变化, 大部分物质处于最小的"背景"值. 如果周围气体的 n_{tot} 远低于所感兴趣跃迁的 n_{crit}, 那么这些气体对辐射就没有明显的贡献. 另一方面, 我们已经看到, 对于远高于 n_{crit} 的 n_{tot}, 发射率会下降, 通常在任何情形下, 物质都很少.

对 CO 这个特定情形以外的情形也成立的结论是, 对某个跃迁的观测对密度接近对应的 n_{crit} 的气体最敏感. 在解释分子谱线的研究时, 应该记住这个事实.

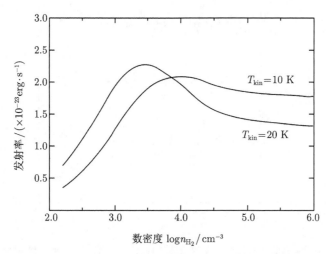

图 5.7　$^{12}\mathrm{C}^{16}\mathrm{O}$ 的 $J = 1 \to 0$ 线的辐射. CO 浸没在纯 H_2 气体中. 辐射是以每 CO 分子测量的, 展示为 H_2 数密度的函数

5.3.2　振动带发射

在被附近年轻恒星加热的气体中, CO 的上振动能级布居数变得很大. 方程 (5.8) 仍然比较准确地给出了能级的能量, 但理解观测到的复杂光谱需要我们考虑更高阶的改正. 特别地, CO 在抛物线势阱中振动的物理图像在振幅较大时必然会失效, 那时这个分子会最终分裂. 所以, E_{vib} 不会精确地以 $v+1/2$ 增长, 而是会含有一个正比于 $(v+1/2)^2$ 的负的项. 结果就是, $v = 1 \to 0$, $2 \to 1$ 等跃迁发射光子的频率随起始 v 值减小. 这些基本振动跃迁具有最大的 A 值. 其他 $\Delta v = -2, -3$ 的谐波 (overtone) 跃迁也会发生. 图 5.8 展示了猎户座 BN 天体中观测到的一次谐波系统. 这里, 振动能级是在动力学温度接近 4000 K 的气体中碰撞激发的.

图 5.8 中的发射峰实际上是很多间距很近谱线组成的光谱带 (band). 每个辐射带对应一组振动量子数, 比如 v' 和 v'', 而一个辐射带中的谱线是单独的振转跃迁. 这些谱线之间的间距随频率升高而逐渐减小. 最终, 这些谱线合并在谱带头 (band head) 中. 让我们看看如何从物理上理解这个在图 5.9 的更高分辨率的光谱中明显的行为.

对于同一个振动态的向下偶极跃迁 $(J \to J-1)$, 方程 (5.6) 预言 ΔE_{rot} 正比于 J, 因而谱线是等距分布的. 然而, 在更高 v 态的 CO 分子的原子间有更大的平

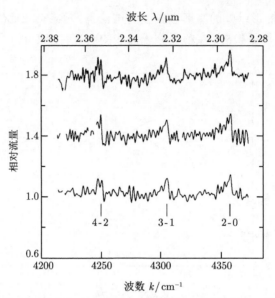

图 5.8   三次不同时间观测的猎户座 BN 天体的近红外光谱. 图中画了相对流量和波数 k 的
图, 波数定义为 $1/\lambda$

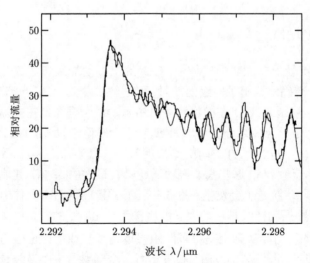

图 5.9   内埋恒星源 SSV 13 的高分辨率近红外光谱. $^{12}\mathrm{C}^{16}\mathrm{O}$ 的 $v = 2 \to 0$ 光谱带头结构很
明显. 平滑的曲线是用 3500 K 的等温平板的理论模型得到的. 注意到这里的光谱只代表 R 分
支的一部分

均间距. 因此, 其转动惯量 I_v 更大, 转动常数 B_v 更小. 如果 v' 和 v'' 分别标记上
振动能级和下振动能级, 那么 $J \to J - 1$ 跃迁的能量为

$$\Delta E(v', J \to v'', J-1) = \Delta E_{v'v''} + (B_{v'} + B_{v''})hJ + (B_{v'} - B_{v''})hJ^2$$
$$\approx \Delta E_{v'v''} + 2B_{v'}hJ + (B_{v'} - B_{v''})hJ^2 \tag{5.15}$$

这里 $J = 1,2,3$ 等, $\Delta E_{v'v''}$ 是两个 $J=0$ 态之间的能量差. 注意到 $J=0 \to 0$ 的偶极跃迁不存在, 所以, 这个光谱带在相应的频率含有一个空缺. 因为 $B_{v''}$ 比 $B_{v'}$ 略大, 方程 (5.15) 表明, $J \to J-1$ 谱线的频率 (统称为光谱带的 R 分支[①]) 增加, 达到一个极大值, 然后开始随 J 增加而减小. 对于基本的 $v=1 \to 0$ 带, 这个极大在 $\lambda = 4.30\ \mu m$ 达到, 而在一次谐波 $v=2 \to 0$ 带中发生在 $2.29\ \mu m$. 图 5.9 展示了一个驱动了分子外流的内埋红外源 SSV 13 的 $v=2 \to 0$ 的光谱带头.

对于 CO 分子, J 在不同振转能级之间可以变化 -1 或者 $+1$. 从 $J-1 \to J$ 的谱线落在中心空缺 (图 5.9 所示光谱的右边) 的另一边. 这个 P 分支[②]的能量为

$$\Delta E(v', J-1 \to v'', J) = \Delta E_{v'v''} - (B_{v'} + B_{v''})hJ + (B_{v'} - B_{v''})hJ^2$$
$$\approx \Delta E_{v'v''} - 2B_{v'}hJ + (B_{v'} - B_{v''})hJ^2 \tag{5.16}$$

其中, $J = 1,2,3$ 等. 因为相比方程 (5.15) 有符号改变, 对于任何 J, 频率都在中心空缺之下. 相继谱线之间的间距变宽, 不会收敛到一个谱带头.

CO 上电子能级的布居需要更高能量的环境. 第一电子激发态对应的等效温度比基态高 9.3×10^4 K. 向下的振转跃迁产生紫外波段的光谱带. 谱带头和中心空缺之间的谱线更少, 因为方程 (5.15) 中的差 $B_{v'} - B_{v''}$ 要大得多. 如果有足够的能量, CO 会离解. 如 H_2, 碰撞离解是直接的, 而光致离解要经历两步的过程. 也就是, 分子首先必须通过谱线吸收被激发到更高的电子能级, 从那里它可以弛豫到基态, 或者分离为碳原子和氧原子.

5.4 氨

我们已经看到 CO 的最低振转能级的布居如何在 n_{crit} 之上的分子云密度达到饱和. 这种分子不再能用于测量 n_{tot}. 此外, 我们已经注意到, 一个给定 CO 分子发出的光子在离开分子云之前被其他相同的分子吸收和再发射了很多次. 换句话说, 分子云对这种辐射变得光学厚, 这个条件对于主要的同位素分子 $^{12}C^{16}O$ 的最低跃迁首先达到. 所以, 探测到的辐射仅仅反映了分子云稀薄的最外区的情况.

自 1969 年发现星际氨以来, 它就是最广泛用于探测高密度分子云区域的探针之一. 通过气相反应网络形成, 多原子的氨 (NH_3) 具有比 CO 复杂得多的跃迁, 因而是对分子云物理条件更敏感的探针. 很多有用的跃迁落在狭窄的频率范围, 因而极大地减小了仪器定标中的相对误差.

[①] 译者注: R 分支对应 $\Delta J = 1$.
[②] 译者注: P 分支对应 $\Delta J = -1$.

5.4.1　对称陀螺

让我们首先考虑这个分子的转动跃迁. 这个分子是一个金字塔结构, 氢原子形成等边三角形 (图 5.10). 在经典力学中, 三维转子的动能可以用方程 (5.5) 的推广得到

$$E_{\text{rot}} = \frac{J_A^2}{2I_A} + \frac{J_B^2}{2I_B} + \frac{J_C^2}{2I_C}. \tag{5.17}$$

这里, I_A、I_B 和 I_C 是沿旋转主轴的转动惯量, 而 J_A、J_B 和 J_C 是相应的总角动量矢量 $\boldsymbol{J}$ 的投影. 图 5.10 中也画出了 NH_3 的主轴. 这个分子是对称陀螺, 其中两根轴在这里标记为 B 和 C, 它们具有相同的转动惯量. 注意到 $I_A < I_B$, 即分子是长椭球 (和扁椭球相反) 转子. 在没有外力矩的情况下, 对称陀螺绕旋转轴 (A) 转动, 这个轴又绕矢量 $\boldsymbol{J}$ 进动 (图 5.11). 因此标量 J 和 J_A 都是运动常数.

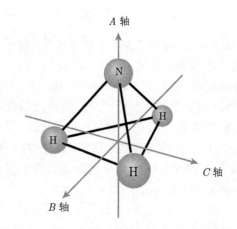

图 5.10　NH_3 的分子结构. 显示了三根旋转主轴

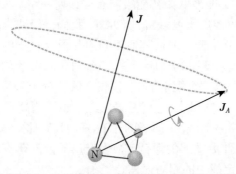

图 5.11　NH_3 的无力矩运动. 分子绕垂直于氢原子形成的平面的轴转动, 相应的角动量为
J_A. 这个矢量绕总角动量 $\boldsymbol{J}$ 方向的轴进动

　　为了得到量子力学能级, 我们首先使用 I_B 和 I_C 相等这个条件重写方程 (5.17) 为

$$E_{\text{rot}} = \frac{J^2}{2I_B} + J_A^2 \left(\frac{1}{2I_A} - \frac{1}{2I_B} \right).　\quad (5.18)$$

因为 J 和 J_A 在经典力学中守恒, 方程 (5.6) 推广为

$$E_{\text{rot}} = BhJ(J+1) + (A-B)hK^2.　\quad (5.19)$$

这里 A 和 B 是两个转动常数, 而 J 和 K 分别是度量总角动量及其沿对称轴分量的量子数. 对于给定的 J 值, 可能的 K 值从 $-J$ 到 $+J$. 因为, 根据方程 (5.19), $\pm K$ 的态具有相同的能量, 通常, 在标记量子态时, 把 K 限制为大于等于 0 的值.

　　转动能级总的集合方便地排列为固定 K 值的列 (图 5.12). 在给定的一列中, 最低能量的态有 $J = K$. 从 (J, K) 到 $(J-1, K)$ 的向下跃迁发生得非常快, 典型的 A 值从 10^{-2} s^{-1} 到 10^{-1} s^{-1}. 由对称性, 这个分子的电偶极矩矢量 $\boldsymbol{\mu}$ 沿中心轴. 在经典物理中, 绕这根轴的转动不能产生偶极辐射. 相应地, ΔK 非零的量子力学偶极跃迁是禁戒的. 沿图中下边界的态组成了转动能级主干 (rotational backbone). 沿这个边界的向下四级跃迁, $(J, K) \rightarrow (J-1, K-1)$ 确实会发生, 但是 A 值是 10^{-9} s^{-1} 的量级. 所以沿转动能级主干的态是亚稳的 (metastable).

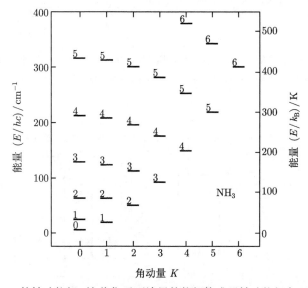

图 5.12　NH$_3$ 的转动能级. 这些位于下边界的能级构成了转动能级主干 (rotational backbone)

5.4.2   反转线

如我们将在第 6 章所证明的, NH_3 最有用的谱线来自反转 (inversion), 氮原子穿过氢原子平面的振动. 在大多数分子中, 振动跃迁产生红外光子, 频率远高于转动模式产生的光子. 然而, NH_3 的反转跃迁产生微波光子, 与远红外转动谱线截然不同. 原因在于, 从经典物理的观点看, 氮原子没有足够的能量穿过中心平面, 即在势阱中存在一个势垒 (图 5.13). 在量子力学中, 只要有足够的时间, 这个原子的波函数就可以隧穿这个势垒. 于是发生振动, 但比简单的抛物线势阱中的速率小得多. 每个 $K > 0$ 的转动能级 (J, K) 分裂为能量差为 10^{-4} eV 量级的两个子能级, 产生低频辐射 (图 5.14). 从上子能级到下子能级的跃迁产生 NH_3 微波光谱的主线 (main line). 对于 $(1, 1)$ 态, 这条线的波长为 1.27 cm.

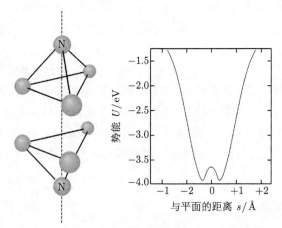

图 5.13   左图：NH_3 的反转, 氮原子隧穿氢原子组成的平面. 右图：这个分子的势能, 表示为氮原子距离氢原子平面的距离的函数. 注意中心的势垒

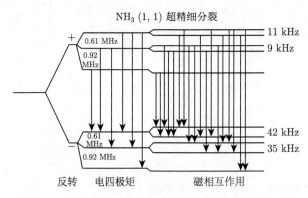

图 5.14 $NH_3(1, 1)$ 态反转线的分裂. 标出了各种频率差, 以及允许跃迁

其他效应进一步分裂这两个反转态. 氮原子有非球对称的电荷分布, 具有电四极矩. 因此在有电场梯度时它会受到力矩. 系统能量依赖于核自旋和电子的总角动量矢量 (它随分子的转动态变化) 的相对方位. 结果, 每个反转态分裂为三个子能级, 如图 5.14 所示. 使用合适的选择定则, 上下能级之间的允许跃迁总共产生五条谱线——最初的主线和两对卫星线 (satellite line), 距离主线大约 1 MHz.

最终, 各个原子核自旋之间更弱的磁相互作用再次分裂这些谱线, 典型间距为 40 kHz. 结果是, 观测上重要的 (1,1) 和 (2,2) 转动态各有 18 条谱线. 最初的主线现在分裂为 8 个间距很近的成分, 总强度大约是反转跃迁的一半, 每组卫星线有大致相等的强度.

5.5 水 分 子

水分子 (H_2O) 有相对大的偶极矩, 大约是 CO 的 20 倍. 这里, 相应的矢量 μ 沿着穿过氧原子的对称轴 (图 5.15). 在振动基态, 有大量在远红外和毫秒波波段允许的转动跃迁. 这些能级的激发伴随着快速的辐射跃迁, 为激波加热的分子云 (在这里, 加速的化学反应产生了相对高丰度的水分子) 提供了一种重要的冷却机制. 大气中水的吸收使得 H_2O 不能成为分子云物理条件的主要探针. 空基观测 (SWAS 卫星是第一次) 已经得到了宁静分子云中 H_2O 丰度的上限 (表 5.1). 很多高阶跃迁之前已经被探测到了, 首先是重要的 22 GHz(1.35 cm) 谱线在 1969 年被发现. 这条谱线和随后发现的其他谱线实际上是脉泽 (maser) 跃迁, 其中增大的上能级布居产生了异常强的发射. 我们将在第 14 章讨论水脉泽和它们的应用.

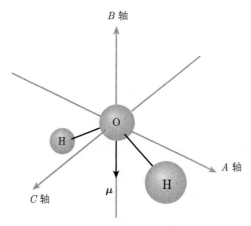

图 5.15　H_2O 的分子结构. 展示了三根主轴和电偶极矩 μ

5.5.1　不对称陀螺

H_2O 转动发射谱比 NH_3 复杂得多, 因为这个分子是不对称陀螺, 沿主轴有三个不等的转动惯量 (图 5.15). 经典物理中, 在转动中守恒的量是总角动量 J 及其在惯性空间中一根固定轴 (而不是沿固定在分子本身的任何轴) 上的投影. 所以 J 之外没有第二个量子数来对转动能进行参数化. 这个能量可以表达为 J 和对应图 5.15 中三根主轴的转动常数 A、B 和 C 的复杂函数. 通常把这些常数排序, 使得 $A > B > C$. 因为 B 数值上更接近 C, 所以这个分子更接近长椭球而不是扁椭球.

由对称陀螺的 J_K 标记推广, 转动态用三个数标记为 J_{K_{-1}, K_1}. 第一个下标是长椭球对称陀螺态的 K 值, 是转动常数 B 换成 C 得到的. 类似地, K_1 是令 B 趋向于 A 得到的扁椭球位形的下标.[1]偶极选择定则允许 J 变化 0 或 ± 1, 而 K_{-1} 或 K_1 可以变化 ± 1 或 ± 3. 所谓的 eo 态[2], 即 K_{-1} 为偶数, K_1 为奇数的态, 只能变为 oe 态, 反过来也一样, 而 ee 和 oo 态有类似的联系. 物理上, 这两个不同的类通过改变分子波函数的符号区分, 这是通过绕对称轴转 $180°$ 达到的.

任何给定转动态都有一些对应两个氢原子核自旋的不同方位、能量相等的子能级. eo 和 oe (“正”) 态的简并性是 ee 和 oo (“仲”) 态的三倍, 所以相应的布居数更多. 图 5.16 的能级图分别展示了较低的正转动能级和仲转动能级. 这些都排列为使得同样 J 值的能级在同一列.

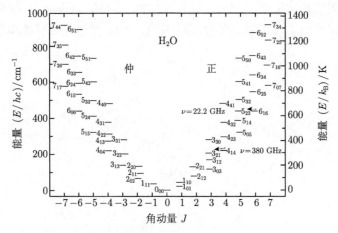

图 5.16　H_2O 的转动能级. 右边标出了两个脉泽跃迁, $6_{16} \to 5_{23}$ 和 $4_{14} \to 3_{21}$

---

① 这种非常笨拙的下标反映了这样的事实, 测量分子非对称性的标准参数在长椭球位形趋向于 -1, 在扁椭球位形趋向于 $+1$.

② 译者注: e 是 even(偶) 的缩写, o 是 odd (奇) 的缩写.

5.5.2 观测到的转动线

水分子的大偶极矩表明很多向下跃迁有相对大的 A 值, 特别是那些有相同 J 值和相邻 K 值的能级之间的跃迁. 结果, 很难碰撞激发更高的能级. 例如, $1_{10} \to 1_{01}$ 跃迁有 $A = 3.5 \times 10^{-3}$ s^{-1}, 在 $T_{\mathrm{kin}} = 20$ K 时的碰撞退激发速率为 2.0×10^{-10} cm$^{-3} \cdot$ s^{-1}. 相应的 n_{crit} 值为 2×10^7 cm^{-3}. 这比宁静云中的密度高得多, 但在大质量恒星附近的激波区域中是可以达到的. 在较低的温度, 转动能级仍然可以通过被加热的尘埃颗粒的红外连续谱光子激发.

不管能量来源是什么, 受到激发的分子倾向于向下级联到由 $1_{01}, 2_{12}, 3_{03}$ 等组成的转动能级主干. 查看图 5.16 可以发现, 只有正态的两个允许跃迁 $4_{14} \to 3_{21}$ 和 $6_{16} \to 5_{23}$, 分子可以通过它们离开转动能级主干而不直接掉到下一个更低的主干能级. 因此, 能级 3_{21} 和 5_{23} 积累分子, 但相对它们邻近的主干能级, 布居数仍然少. 实际上, 所述的两个跃迁观测上都是脉泽, 第二个跃迁是 22.2 GHz 谱线.

类似 CO 和 NH$_3$, H$_2$O 通过气相反应形成. 在激波作用过的区域, 主要的反应序列为

$$\begin{aligned}
\mathrm{H_2 + O} &\longrightarrow \mathrm{OH + H} \\
\mathrm{OH + H_2} &\longrightarrow \mathrm{H_2O + H.}
\end{aligned} \tag{5.20}$$

如我们在 5.1 节中注意到的, 这种中性-中性反应在冷的暗云中是不起作用的. 这里, 离子-分子反应仍然可以进行. H$_2$O 的形成涉及反应链

$$\begin{aligned}
\mathrm{H_3^+ + O} &\longrightarrow \mathrm{H_2 + OH^+} \\
\mathrm{OH^+ + H_2} &\longrightarrow \mathrm{OH_2^+ + H} \\
\mathrm{OH_2^+ + H_2} &\longrightarrow \mathrm{H_3O^+ + H} \\
\mathrm{H_3O^+ + e^-} &\longrightarrow \mathrm{H_2O + H.}
\end{aligned} \tag{5.21}$$

最后一个反应是方程 (5.2) 中引入的解离复合过程的一个例子. 只要有足够的自由电子, 这些反应进行得非常快.

5.6　羟　　基

我们在第 3 章中看到了分子云如何被贯穿星际空间的磁场线穿过. 这些磁场的压缩产生了一个等效压强, 部分地支撑了分子云, 对抗引力坍缩. 为了准确测量 $\boldsymbol{B}$, 分子探针应该有相对大的磁矩. 这里, 特别重要的是有一个未配对电子的分子, 它有非零的电子角动量. 这些化合物在化学上被归类为自由基, 在实验室中有强烈的反应性, 但在分子云稀薄的环境中可以长期存在. 最常用的这类自由基是羟基 (OH).

5.6.1 转动运动的本质

OH 转动能级具有方程 (5.6) 给出的能量. 但它是间距更小的超精细结构跃迁, 可以应用于磁场测量. 一个给定的转动态, 也用量子数 J 标记, 它会通过一种称为 Λ 双重态的现象分裂为两个能量接近相等的子能级. 这里, $\Lambda\hbar$ 是未配对电子的轨道角动量沿分子连接原子核轴的投影. 分子对这个轴是旋转对称的, 所以没有力矩改变角动量相应的分量. 因此 Λ 是一个好的量子数. 因为 $-\Lambda$(即轨道运动反过来) 的态具有和 $+\Lambda$ 态几乎相同的能量, 标记 Λ 通常限制为非负整数. 电子自旋角动量沿连接原子核轴的投影是另一个好的量子数, 记为 Σ. 因为 OH 只有一个未配对的电子, Σ 限制为 $\pm 1/2$. 电子总角动量的投影是一个记作 Ω 的量, 由 $|\Lambda + \Sigma|$ 给出.

我们在这里强调, 在这个运动中仅有电子角动量的轴向投影是常量. 在半经典描述中, 分别记为 $\boldsymbol{S}$ 和 $\boldsymbol{L}$ 的自旋和轨道角动量矢量在空间中是不固定的, 而是进行复杂的运动 (图 5.17). 首先, 未配对的电子被化学键强大的静电力吸引向核间轴. 产生的力矩导致 $\boldsymbol{L}$ 绕这根轴快速进动. 其次, 电子在自己的参考系中看到原子核和剩余电子的运动产生的磁场. 这个磁场对与 $\boldsymbol{S}$ 相伴的磁矩产生一个力矩. (回忆 2.1 节中对氢原子的讨论) 这个自旋轨道耦合的一个结果是, $\boldsymbol{S}$ 也绕核间轴快速进动. 最后, 核间轴通过 O 和 H 原子的旋转而缓慢旋转. 注意到和这个运动相伴的角动量记作 $\boldsymbol{O}$, 垂直于这根轴, 因为原子核绕穿过它们的线的转动惯量可以忽略.

不管这些内部力矩如何, $\boldsymbol{S}$、$\boldsymbol{L}$ 和 $\boldsymbol{O}$ 矢量合成得到的角动量 J 在幅度和方向上接近不变. 我们可以画出围绕固定的 J 进动的两个矢量 $\boldsymbol{O}$ 和 $\boldsymbol{S}+\boldsymbol{L}$ 沿核间轴的投影 (图 5.17). 这个运动类似于一个对称陀螺 (回忆图 5.11).[①] 所以, J 是另一个好的量子数, 可能的值为 Ω、$\Omega+1$、$\Omega+2$ 等. 这个序列是对没有电子角动量的 $J = 0,1,2$ 等的推广.

所以, 这个分子的转动态不仅用 J 标记, 也用量子数 Λ 和 Ω 标记. 此外, 我们必须指定电子自旋的大小 S. 这个数对所有转动态都一样, 这里等于 1/2. 用光谱学符号, OH 基态记作 $^2\Pi_{3/2}$, $J = 3/2$. Π 表示 $\Lambda = 1$, 而下标是 Ω. 因为这个态 $\Sigma = +1/2$, $\Omega = |1 + 1/2| = 3/2$. 图 5.18 展示了 $^2\Pi_{3/2}$ 的 $J = 3/2, 5/2, 7/2$ 等的转动态. 这个光谱符号中的上标是多重性 (multiplicity), 等于 $2S + 1$. 在此情形, 多重性为 2 表明存在另一个有相同 Λ 的态, 但未配对电子的自旋方向相反, 即 $\Sigma = -1/2$, 故而 $\Omega = 1/2$. 任何具有这些 Λ 和 Ω 值的态记作 $^2\Pi_{1/2}$, 最低的态有 $J = 1/2$. 图 5.18 包含了 $J = 1/2, 3/2, 5/2$ 等的 $^2\Pi_{1/2}$ 态的能级阶梯.

[①] 这里描述的角动量矢量的进动只对 OH 的较低转动态适用. 在更高 J 的态, 自旋-轨道耦合不再能有效地将 $\boldsymbol{S}$ 直接锁定到 $\boldsymbol{L}$.

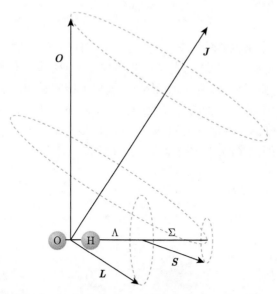

图 5.17 OH 的无力矩运动. 矢量 **L** 和 **S** 分别代表未配对的电子的轨道和自旋角动量, 在核间轴的投影为 Λ 和 Σ. **L** 和 **S** 绕这根轴快速进动. 同时, 核间轴自身以及相应的核角动量 **O** 也绕总角动量 **J** 缓慢进动

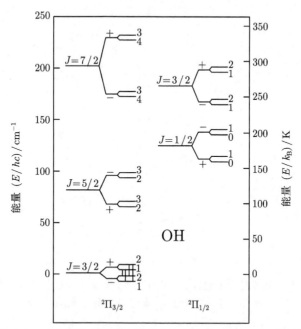

图 5.18 OH 的转动态. 两个能级阶梯对应相反方向的未配对电子. Λ 双重态和磁场超精细相互作用造成的能级分裂如示意图所示. 图中也画出了基态的允许跃迁

5.6.2 Λ 双重态

再次聚焦于一个单独的转动态, 我们看一下核间轴的运动如何导致 $S+L$ 在轴上的投影绕 J 进动. 这个进动本身不会影响分子的能量. 然而, 核转动也会使电子的轨道运动有微小形变. 图 5.19 描绘了垂直于核间轴的平面中电子的两个正交的概率分布. 由于分子对轴的对称性, 可以预期 (a) 和 (b) 两个情形有相同的能量. 然而, 分子整体绕图中画出的垂直轴转动. 这个转动产生一个离心力, 使得 (a) 的分布比 (b) 的能量高, 电子平均来说更远离转动轴[①].

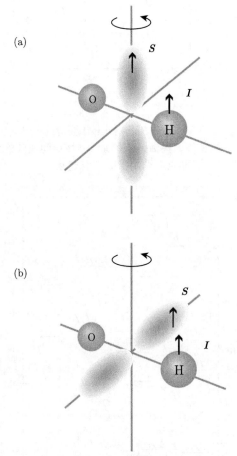

图 5.19　OH 中 Λ 双重态的物理起源. 分子的能量依赖于未配对电子的轨道运动的对称轴是否 (a) 与核间轴重合, 或者 (b) 垂直于这根轴

之前简并的 ±Λ 能级的分裂产生了 Λ 双重态. 注意到这两个本征态 (称为

① 译者注：这里的叙述似乎有误.

+ 态和 − 态) 的真实波函数是对应两个正交的电子转动方向的本征态的线性组合. 因为分子的核转动相比电子轨道速度是非常慢的, 所以对能量的扰动很小. 图 5.18 示意了更高 J 的转动能级阶梯 (即更快的分子转动) 的能量分裂更大. 对于 $^2\Pi_{3/2}(J = 3/2)$ 态, 能级差的等价温度为 8.0×10^{-2} K. 在子能级间跃迁发射出的光子的频率大约为 1700 MHz, 波长为 18 cm.

5.6.3 磁超精细分裂

$^2\Pi$ 态的每个子能级通过未配对的电子和氢原子核的相互作用进一步分裂. 参考图 5.17, 结果 J 都不是严格的常量, 而是与质子角动量 I 一起绕它们之和, 总角动量 F, 进动. 这个新的相互作用的出现是因为自旋电子在质子处的磁场依赖有两个自旋轴的相对方位. 所以, 在图 5.19 中, 电子角动量 S 在两幅子图中看起来都平行于 I. 然而, 电子的磁场实际上在 (a) 与 I 平行, 在 (b) 与 I 反平行. I 反向会产生其他两个不同的态.

这个磁超精细分裂的净效应在定量上很小, $^2\Pi_{3/2}$ 基态的每个子能级在频率上仅相差大约 60 MHz. 最终态的 F 值如图 5.18 所示. 联系相同 F 态的跃迁被称为主线, 而其他发射称为卫星线. 读者可以回忆第 2 章, 相同的磁相互作用产生了著名的原子氢 21 cm 谱线. 其能级分裂对应频率 1420 MHz, OH 中的能级分裂更大, 因为电子和质子的平均间隔更小.

图 5.18 中的短竖线表示 OH 的 $^2\Pi_{3/2}(J = 3/2)$ 基态中允许的辐射跃迁. 历史上, 1963 年探测到 1612 MHz、1665 MHz、1667 MHz 和 1720 MHz 的四条谱线是首次用射电观测证认星际分子. 在这次观测中, 谱线是对射电源 Sgr A* 的吸收线. 它们的相对强度接近理论预测的光学薄介质的值, 最强的线是 1665 MHz 和 1667 MHz 的主线. 之后不久, 观测者在发射线中发现了四条线中的三条, 但 1665 MHz 谱线远比其他线明亮. 这条线最初被称为 "神秘线" (mysterium), 也远比预期的窄, 并且有强烈变化. 实际上, 这是第一次看到星际脉泽.

本 章 总 结

即使在暗云那样冷的环境中也可以发现大量分子. 大部分是一种离子极化一个附近的电中性原子, 增加相互的吸引力而形成的. 一个主要的例外是 H_2, 它是在尘埃颗粒表面形成的. 令人费解的是, 这些尘埃颗粒并没有迅速清除云中的其他分子, 将它们从气相移除. 显然, 有一些过程从尘埃颗粒中释放分子, 但目前对它们了解不多.

分子的转动、振动和电子跃迁的激发需要增加能量. 当周围密度为临界密度时, 即密度高到使辐射退激发刚刚超过碰撞抽运, 某个跃迁会强烈辐射. 在大多数分子云中, H_2 不可探测, 所以观测者主要使用 CO 的转动线. 更密的分子云物质可以用氮原子的量子隧穿产生的复杂的 NH_3 微波谱线示踪. 激波产生的高温和高密度使 H_2O 能级布居数反转, 导致脉泽发射. 最终, OH 转动微弱地影响了这个分子未配对电子的运动. 由此产生的 18 cm 附近的四重线是星际磁场很有价值的诊断谱线.

建 议 阅 读

5.1 节 两篇一般文献为

Hartquist, T.W. & Williams, D. A. 1995, The Chemically Controlled Cosmos (Cambridge: Cambridge U. Press)

Van Dishoek, E. F. & Blake, G. A. 1998, ARAA, 36, 317.

第一篇是星际化学的一般综述, 而第二篇综述了恒星形成区的分子组成. 关于对更重要跃迁的全面物理介绍, 读者可以参考

Townes, C. H. & Schawlow, A. L. 1975, Molecular Spectroscopy (New York: Dover)

Gordy, W. & Cook, R. L. 1984, Microwave Molecular Spectra, Techniques of Chemistry, Vol. XVIII (New York: Wiley).

5.2 节 空间中 H_2 的首次探测见

Carruthers, G. R. 1970, ApJ, 161, L81.

它在尘埃表面形成的理论见

Hollenbach, D. & Salpeter, E. E. 1971, ApJ, 163, 155.

这个分子已经在很多天体物理条件下观测到了. 一篇有用的综述是

Shull, J. M. & Beckwith, S. 1982, ARAA, 20, 163.

这篇文章没有包括后来在恒星喷流中的 H_2 观测, 见第 13 章.

5.3 节 星际 CO 的发现见

Wilson, R. W., Jefferts, K. B., & Penzias, A. A. 1970, ApJ, 161, L43,

在有关 H_2 的同一期《天体物理杂志》中. 这个分子在天体物理上有趣的性质见

van Dishoek, E. F. & Black, J. H. 1987, in Physical Processes in Inter-stellar Clouds, ed. G. E. Morfill and M. Scholer (Dordrecht: Reidel), p. 241.

5.4 节 星际 NH_3 首先在 Sagittarius A 方向发现：

Cheung, A. C., Rank, D. M., Townes, C. H., Thornton, D. D., & Welch, W. J. 1968, Phys. Rev. Lett., 21, 1701.

对这个分子随后的观测的综述见

Ho, P. T. P. & Townes, C. H. 1983, ARAA, 21, 239.

5.5 节 H_2O 最初的探测是通过其 22.2 GHz 脉泽线：

Cheung, A. C., Rank, D. M., Townes, C. H., Thornton, D. D., & Welch,W. J. 1969, Nature, 221, 626.

对基态转动跃迁的卫星观测见

Melnick, G. J. et al. 2000, ApJ, 539, L87.

5.6 节 OH 谱的首次观测是对银心的吸收：

Weinreb, S., Barrett, A. H., Meeks, M. L., & Henry, J. C. 1963, Nature, 200, 829,

而接下来的发射线光谱中的脉泽现象记录在

Weaver, H., Williams, D. R. W., Dieter, N. H., & Lum, W. T. 1965, Nature, 208, 209.

第 6 章 分子跃迁：应用

我们已经对最重要的分子跃迁 (谱线) 有了一些物理理解, 接下来探讨这些谱线如何在实际中使用. 产生 H_2 的红外发射需要比宁静云中更高的能量. 所以, 这些线作为一般的诊断谱线没什么用. 然而, 注意到, 2.12 μm 谱线已经被证明在示踪激波和恒星喷流中很有效. 潜在重要的 H_2O 转动跃迁被大气吸收所遮蔽, 这些谱线中的一些现在可以被卫星探测到. 在我们之前考虑的分子中, 使用最多的是 CO、NH_3 和 OH. 当我们依次考虑每种分子, 我们只关注其常见应用. 我们将 H_2O 脉泽发射的处理推迟到第 14 章.

6.1 一 氧 化 碳

因为临界密度相对低, 一氧化碳 (CO) 最常用于研究大质量云, 而不是其中的致密云核. 在更大的区域中, $^{12}C^{16}O$ 的 $J = 1 \to 0$ 跃迁几乎总是光学厚的, 而更稀少的同位素的同一条谱线通常不是光厚的. 这个光学厚度问题在解释这个分子的观测时扮演了关键角色.

6.1.1 观测到的轮廓

图 6.1 展示了三个有代表性的 $J = 1 \to 0$ 谱线轮廓, 都来自金牛座-御夫座同一区域. 和通常一样, 我们画图时用天线温度 T_A 代替 I_ν 本身, 用视线速度 V_r 代替频率 ν. 图中的 $^{12}C^{16}O$ 轮廓是平顶的或者说是饱和的, 这是光学厚的典型标志. 任何在线心 ν_0 附近发出的光子非常快地被附近的 $^{12}C^{16}O$ 分子吸收. 因为吸收光子的分子有一个相对速度, 所有重发射 (reemitted) 的光子在频率上有少许多普勒移动. 当这个过程被重复了很多次, 光子在频率上扩散到线翼, 即最初的发射轮廓被展宽了.

分子云中的大部分分子具有相对小的速度. 所以, $^{12}C^{16}O$ 在以 ν_0 为中心的某个频率范围仍然是光学厚的. 在这个范围内, 分子云像一个黑体一样从其表面辐射. 观测到的 I_ν 正比于表面激发温度的普朗克函数 B_ν(附录 C). 这个函数在辐射为光学厚的相对窄的频率范围内几乎没有变化. 所以, 轮廓看起来是平的. 离线心足够远, 吸收分子足够少, 光子可以逃逸, 强度下降.

图 6.1 也展示了更为光学薄的跃迁, 例如 $^{13}C^{16}O$ 和 $^{12}C^{18}O$ 谱线, 轮廓的幅度降低, 峰更尖. 在这些情形, 视线方向的每个分子都对发射有贡献, 所以对所

有频率积分的强度 (或者等效地, T_A 对 V_r 积分) 正比于所研究的同位素分子的总柱密度. 重要的是要理解, 这种正比性对 $^{12}C^{16}O$ 不成立, 其辐射仅来自云的表层.

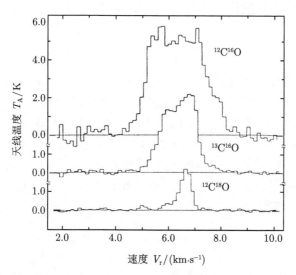

图 6.1　CO 的三种同位素分子的 $J = 1 \rightarrow 0$ 谱线的强度轮廓, 是对金牛座-御夫座的观测

　　为了更定量地看这个问题, 考虑两种分子 $^{12}C^{16}O$ 和 $^{13}C^{16}O$ 的柱密度比. 因为氧原子是相同的, 所以邻近分子云中的这个数应该近似等于地球上碳同位素的比值, 记作 $[^{12}C/^{13}C]^*$. 这个比值的测量值为 89. 我们不期望这是精确的, 因为分子云中的很多化学反应稍微偏爱稀有的同位素分子. 因为 $^{13}C^{16}O$ 比 $^{12}C^{16}O$ 结合得更紧密, 结合能多了 3.0×10^{-3} eV, 即等效温度 35 K, 这种化学分馏在分子云温度下非常重要. 在较暖的云中, 得到的 $[^{12}C/^{13}C]$ 确实相当接近地球上的值, 尽管有证据表明向银心有系统性的降低. 然而, 对于图 6.1 中的例子, 两条线的 $\int T_A dV_r$ 的比值仅有 2.2, 太小了, 不可能是化学分馏单独导致的. 真正的解释是, 对于光学厚的 $^{12}C^{16}O$ 发射, $\int T_A dV_r$ 不示踪总柱密度, 它必须通过其他方法得到.

6.1.2　温度和光深

　　我们探讨的一般问题是如何用接收到的任意谱线的强度得到分子云中的物理条件. 让我们首先集中在温度和密度. 附录 C 中推导的一个关键关系是探测方程 (detection equation):

$$T_{B_0} = T_0[f(T_{ex}) - f(T_{bg})][1 - \exp(-\Delta\tau_0)]. \tag{6.1}$$

这里, $\Delta\tau_0$ 和 T_{B_0} 分别是分子云在线心的光学厚度和在同样的频率接收到的亮温度. 如在附录 C 中讨论的, $T_B(\nu)$ 通过波束效率和波束稀释因子直接和观测到的 $T_A(\nu)$ 相联系. 方程 (6.1) 中的量 T_{bg} 是任何背景辐射场 (这里假定其能量分布近似为普朗克函数) 相应的黑体温度. 最后, 函数 $f(T)$ 定义为

$$f(T) \equiv [\exp(T_0/T) - 1]^{-1}. \tag{6.2}$$

这里 T_0 是跃迁的等效温度, 即 $T_0 \equiv h\nu_0/k_B$.

让我们将探测方程用于图 6.1 中的轮廓. 对于这个特定观测, 波束效率和稀释因子凑巧都接近 1, 所以 $T_B \approx T_A$. 首先考虑 $^{13}C^{16}O$ 谱形. 而 $T_{B_0}^{13}$ 直接从观测轮廓得到, 方程 (6.1) 除了 T_{bg}, 还含有两个未知量 T_{ex}^{13} 和 $\Delta\tau_0^{13}$, 这里我们使用上标表示碳同位素. $^{13}C^{16}O$ 轮廓的解释明显需要更多信息. 然而, 对于光学厚的 $^{12}C^{16}O$ 谱形, $\Delta\tau_0^{12} \gg 1$ 通常是对的, 所以方程 (6.1) 最右边的因子变为 1. 于是在很好的近似下, 得到

$$T_{B_0}^{12} = T_0^{12}[f(T_{ex}^{12}) - f(T_{bg})]. \tag{6.3}$$

假设云后面的辐射源是宇宙微波背景, 我们把 T_{bg} 设为 2.7 K. 我们也知道 T_0^{12} 是 5.5 K. 现在可以用方程 (6.3) 求解以观测量 $T_{B_0}^{12}$ 表示的 T_{ex}^{12}. 对于我们的轮廓, $T_{B_0}^{12} = 5.8$ K, 所以得到 $T_{ex}^{12} = 9.1$ K. 通常 $^{12}C^{16}O$ 光深太大了, $J = 0$ 和 $J = 1$ 能级布居数可以取为处于局域热动平衡的值, 即使周围密度低于 n_{crit}(见 6.2 节). 因此我们对内部的动理学温度有一个测量:

$$T_{kin} = T_{ex}^{12}. \tag{6.4}$$

同样有趣的是计算分子云对观测到谱线的光学厚度. 在 $^{13}C^{16}O$ 的情形, 每个分子的碰撞和辐射跃迁速率及其 n_{crit} 非常接近 $^{12}C^{16}O$ 的值. 在固定的周围介质密度 n_{tot} 得到 T_{ex} 不仅要考虑 n_{crit}, 还要考虑局域的辐射强度 (见附录 B). 在没有细致的模型时, 难以评估辐射俘获的量, 但如果 $^{12}C^{16}O$ 是非常光学厚的, 那么把 $^{13}C^{16}O$ 的低能级取为处于局域热动平衡是安全的. 于是两种同位素分子在这些能级的相对布居数是相同的, 所以我们有

$$T_{ex}^{13} = T_{ex}^{12}. \tag{6.5}$$

这个等式最终让我们可以将探测方程用于 $^{13}C^{16}O$. 观测得知 $T_{B_0}^{13}$ 为 4.1 K, $T_0^{13} = 5.3$ K, 我们有 $\Delta\tau_0^{13} = 1.2$. $^{13}C^{16}O$ 谱线仅仅是勉强光学薄的这个事实和图 6.1 中轮廓一致, 我们可以看到开始有饱和展宽.

为了估计 $^{12}C^{16}O$ 的光学厚度, 我们首先注意到 $\Delta\tau_0^{12}$ 和 $\Delta\tau_0^{13}$ 一定正比于它们各自同位素分子的总柱密度:

$$\frac{\Delta\tau_0^{12}}{\Delta\tau_0^{13}} = \frac{N_{CO}^{12}}{N_{CO}^{13}}. \tag{6.6}$$

然而, 我们已经看到

$$\frac{N_{CO}^{12}}{N_{CO}^{13}} = \gamma\left[\frac{^{12}C}{^{13}C}\right]^*. \tag{6.7}$$

这里 γ 是一个小于 1 的数, 代表化学分馏和更弱的周围紫外辐射的光致离解效应. 在接近 10 K 的云温度, γ 从 0.1 到 0.3, 更大的值产生在更高的光深. 结合方程 (6.6) 和方程 (6.7), 我们求解 $\Delta\tau_0^{12}$:

$$\begin{aligned}\Delta\tau_0^{12} &= \gamma\left[\frac{^{12}C}{^{13}C}\right]^*\Delta\tau_0^{13}\\ &= 89\gamma\Delta\tau_0^{13}.\end{aligned} \tag{6.8}$$

对于我们的例子, 我们用 $\gamma = 0.3$ 得出 $\Delta\tau_0^{12} = 27$.

我们讲述的基本方法有很多变体. 例如, 一个想得到更高角分辨率的观测者可能喜欢用 1.3 mm 的 $^{12}C^{16}O$ $J = 2 \to 1$ 谱线而不是 $J = 1 \to 0$ 谱线. 在此情形, 光深一般没有高到使方程 (6.3) 成立. 然而, 假设 $^{13}C^{16}O$ 类似的谱线仍然是光学薄的. 那么我们可以观测 $^{12}C^{16}O$ 的另一个更高的跃迁. 可以对所有三条线写出方程 (6.1), 求解未知量 T_{ex}、$\Delta\tau_0^{13}$ 和 $\Delta\tau_0^{12}$. 这些光深仅对 $J = 2 \to 1$ 跃迁, 因为较高的一个可以通过局域热动平衡假设得到. 我们将在第 13 章讨论分子外流中温度时遇到这个技术的一个实际应用.

6.1.3 柱密度

现在让我们考虑分子云体密度 n_{tot} 的确定. 这里, 想法是首先计算沿每条视线的柱密度. 对于这个目的, 光学薄跃迁显然是最理想的选择. 尽管 $^{13}C^{16}O$ 经常只是勉强满足这个要求, 但它比更稀少的同位素分子, 例如明确为光学薄的 $^{12}C^{18}O$ 要容易探测得多. 相应地, 很多基于 CO 的 n_{tot} 估计由柱密度 N_{CO}^{13} 开始.

我们已经使用了这个事实, 任何成分的柱密度都正比于发射谱线的光学厚度. N_{CO}^{13} 和 $\Delta\tau_0^{13}$ 之间实际的正比系数可以直接从谱线的转移方程得到. 由附录 C 的方程 (C.15) 和 (C.16) 我们得到

$$N_{CO}^{13} = \frac{8\pi\nu_0^2\Delta\nu^{13}Q^{13}\Delta\tau_0^{13}}{c^2 A_{10}}\left(\frac{g_0}{g_1}\right)\left[1 - \exp\left(-\frac{T_0^{13}}{T_{ex}^{13}}\right)\right]^{-1}. \tag{6.9}$$

这里 $\Delta\nu^{13}$ 是观测到的 $J = 1 \to 0$ 谱线的半高全宽. 方程 (6.9) 的推导假设了这个宽度是内禀的, 并且忽略了饱和展宽. 物理量 Q^{13} 是转动能级的配分函数. 方程 (C.18) 表明 $Q^{13} = 2T_{\mathrm{ex}}^{13}/T_0^{13}$. 再一次回到我们的例子, 观测到的速度宽度, $\Delta V_{\mathrm{r}}^{13} \equiv (\Delta\nu^{13}/\nu_0)c$ 是 $1.5\ \mathrm{km\cdot s^{-1}}$. 之前已经确定了 $\Delta\tau_0^{13}$, 我们得到 $N_{\mathrm{CO}}^{13} = 8.8 \times 10^{15}\ \mathrm{cm^{-2}}$.

对于给定的 CO 相对于氢的丰度, N_{CO}^{13} 应该正比于氢的总柱密度 $N_{\mathrm{H}} \equiv N_{\mathrm{HI}} + 2N_{\mathrm{H_2}}$. 当然, 知道 N_{H} 并不能给出内部各点的体密度. 然而, 如果这块分子云有很好的成图, 我们就有可能在一些点沿视线方向估计云的物理厚度. 用柱密度除以这个厚度就给出了氢的平均数密度 n_{H}.

6.1.4　与氢含量的关系

那么, 我们如何能从 CO 数据得到氢的柱密度? 通常的方法是使用经验性的 N_{H}-N_{CO}^{13} 关系. 由于这个关系, 或者涉及其他 CO 同位素分子云的类似关系是估计很多分子云和分子云复合体质量和密度的基础, 我们应该理解它的推导. 图 6.2 示意了基本步骤, 这些步骤依赖于从紫外到毫米波波段的观测.

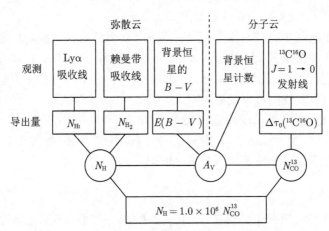

图 6.2　推导 $^{13}\mathrm{C}^{16}\mathrm{O}$ 和氢的总柱密度关系的步骤

我们从一开始就认识到, 仅仅通过对静止分子云 (在那里不可能直接观测 N_{H}) 的测量无法建立所需的关系. 然而, 我们在第 2 章中看到, 使用位于弥散云后面的 O 型星和 B 型星可以通过 $\mathrm{Ly}\alpha$ 跃迁的光致激发估计 N_{HI}. 使用赖曼带激发的类似方法可以用来得到早型恒星前面的 $\mathrm{H_2}$ 柱密度. 这样, 我们可以估计含有原子和分子氢的分子云的总的 N_{H}. 不幸的是, 在这种方法可行的分子云中探测不到 $^{13}\mathrm{C}^{16}\mathrm{O}$. 我们要做的是将柱密度和可以在弥散云和分子云中观测的其他参数联系起来. 这个参数是 A_V. 这是从用于确定氢柱密度的同一批 O 型星和 B 型星的色余得到的. 实际上, 恒星吸收和色余被用于确立方程 (2.46) 中 N_H-E_{B-V} 的线性关系. 然后我们用方程 (2.16) 确立方程 (3.2) 中 N_H 和 A_V 的正比关系. 尽管是从弥散云的观测中得到的, 但后一个关系可以安全地扩展到分子云中, 只要其中的尘埃颗粒的成分没有显著差异.

最后的步骤是确立 N_{CO}^{13} 和 A_V 之间的联系. 回到分子云, 我们已经看到了第一个量如何能从 $J = 1 \rightarrow 0$ 发射线的强度得到. 如果云不是太不透明, 那么我们可以通过考虑背景恒星的遮蔽来估计 A_V. 为了简单, 考虑均匀分布相同的场星, 空间密度为 n_*, 绝对可见波段星等为 M_V. 进一步假设距离 r_1 和 r_2 之间存在一块立体角为 Ω_c 的分子云, 是消光的唯一来源 (见图 6.3). 于是, 任何位于 $r > r_2$ 的恒星的视星等都比没有分子云时大了 A_V. 相反, 这些背景恒星的径向距离作为 m_V 的函数, 是一致地较低的. 根据方程 (2.12), 这些距离随 m_V 增加

$$\Delta \log r = 0.2 \Delta m_V. \tag{6.10}$$

这个线性关系仅在云的前面和后面成立. 在中间, 必然有一个弯折.

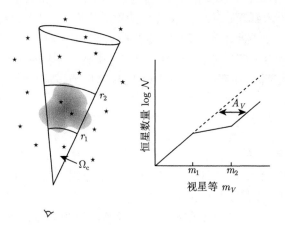

图 6.3 通过恒星计数得到分子云 A_V 的方法

写出联系 $\log r$ 和 m_V 的完整方程没有实际价值, 因为第一个量不能直接观测. 然而, 在任意径向区间 Δr, Ω_c 内的恒星数量为

$$\Delta N_* = n_* \Omega_c r^2 \Delta r$$
$$= 2.3 n_* \Omega_c r^3 \Delta \log r. \tag{6.11}$$

所以, 如果 $\mathcal{N}$ 代表 dN_*/dm_V, 单位表观星等区间中观测到的恒星数量, 那么方程 (6.10) 和方程 (6.11) 表明对于 $r < r_1$ 或 $r > r_2$, $\mathcal{N}$ 正比于 r^3. 所以 $\log \mathcal{N} =$

$3\log r$, 仅相差一个相加的常数. 两个可观测量 $\log \mathcal{N}$ 和 m_V 的图展示了和 $\log r$-m_V 关系同样的特征——光滑的初始上升, 在分别对应于 r_1 和 r_2 的星等 m_1 和 m_2 之间有一个斜率变化, 然后回到初始的斜率. 图 6.3 展示了如何能从这样的图中直接读出 A_V.

在实际中, 不可能观测具有均匀空间分布的完全相同的恒星. 然而, 基于同样原理推广的方法确实得到了 N_{CO}^{13}-A_V 关系. 这个关系为

$$\frac{N_{\mathrm{CO}}^{13}}{A_V} = 2.5 \times 10^{15}\ \mathrm{cm}^{-2} \cdot \mathrm{mag}^{-1}. \tag{6.12}$$

方程 (3.2) 和方程 (6.12) 最终得到了氢和 CO 柱密度之间的联系:

$$N_{\mathrm{H}} = 7.5 \times 10^{15} N_{\mathrm{CO}}^{13}. \tag{6.13}$$

这里, 比例常数有 50% 的不确定度. 最后一次回到金牛座的例子, 我们得到 $N_{\mathrm{H}} = 6.6 \times 10^{15}\ \mathrm{cm}^{-2}$.

我们应该记住, 方程 (6.13) 中的相关性代表了太阳附近的一个平均. 在很多情形下, 例如分子云暴露在附近恒星强烈的紫外辐射下, CO 相对氢的浓度会发生变化. 此外, 分子云可能对于 $^{13}\mathrm{C}^{16}\mathrm{O}$ 也有极大的光学厚度. 于是不再可能从方程 (6.1) 导出 $\Delta\tau_0^{13}$. 为了应用方程 (6.13), 我们必须首先用更稀有的 CO 同位素分子进行观测, 然后将新的柱密度和 $^{13}\mathrm{C}^{16}\mathrm{O}$ 的柱密度通过同位素分子的自然丰度比联系起来.

6.1.5　X 因子

当我们考虑银河系中更远的分子云, 或者其他星系中的分子云时, $^{13}\mathrm{C}^{16}\mathrm{O}$ 的发射对于实际使用就变得太弱了, 即使从原理上方程 (6.13) 依然成立. 在最大尺度上的观测巡天回到 $^{12}\mathrm{C}^{16}\mathrm{O}$, 仅使用速度积分的轮廓. 如果我们再一次假设波束稀释和波束效率因子为 1, 那么氢柱密度由简单的经验关系得到

$$N_{\mathrm{H}} = X \int T_{\mathrm{A}}^{12} dV_{\mathrm{r}}. \tag{6.14}$$

当前估计的比例常数 X 为 $2 \times 10^{20}\ \mathrm{cm}^{-2} \cdot \mathrm{K}^{-1} \cdot \mathrm{km}^{-1} \cdot \mathrm{s}$, 同样在各个方向有 50% 的不确定度. 卫星的伽马射线观测在确立方程 (6.14) 和 X 值中都起到了主要作用. 我们将在第 7 章看到, 穿透分子云的宇宙线质子通过和氢原子的碰撞产生了这些高能光子. 充分了解了宇宙线流量, 伽马辐射就提供了 N_{H} 的一个直接测量, 可以和同一区域的 $^{12}\mathrm{C}^{16}\mathrm{O}$ 观测比较.

方程 (6.14) 的理论基础是什么? 早先, 我们强调, $^{12}\mathrm{C}^{16}\mathrm{O}$ 的光学厚度表明它的积分强度不应该正比于任何视线方向的柱密度. 然而, 这个论述说的是可以很

好地分辨的分子云区域. 在遥远距离上的发射实际上来源于许多云的集合. 为了使方程 (6.14) 成立, 这个弥散的集合必须以光学薄的方式辐射[①], 即使单独的云不是光学薄的.

这个观点假设所有辐射实体之间至少在统计意义上具有一定程度的一致性. 为了阐明基本假设, 让我们粗略地将方程 (6.14) 中的积分估计为 $T_{A_0}^{12} \Delta V_r$, 其中 $T_{A_0}^{12}$ 是来自单独一块未分辨云的天线温度, ΔV_r 是云的观测线宽. 方程 (6.13) 和方程 (6.4) 一起表明了 $T_{A_0}^{12}$ 仅依赖于局域的动理学温度. 由 3.3 节的讨论, 我们可以将 ΔV_r 联系到方程 (3.20) 中的维里速度. 这个速度反过来正比于 $n_H^{1/2} L$. 这里, n_H 和 L 代表最小辐射单元中的平均值. 对于大尺度巡天, 最小辐射单元有可能是整个分子云复合体. 我们得出结论, 方程 (6.14) 中的 "常量" X 实际上正比于 $n_H^{1/2} / T_{A_0}^{12}$. 于是, 不足为奇的是, 仔细的研究表明 X 因子在我们的星系和河外星系中有变化, 在靠近星系中心有可观的降低. 但是, 上面引用的数值在很多情形都可以作为一个合理的一级近似. [②]

6.2 氨

在使用氨确定分子云密度和动理学温度时, 我们利用一个反转跃迁的很多条观测谱线. 基本想法是改变猜测的密度和温度直到重现观测谱. 在本节中, 我们将详细探索这个方法, 因为这个分子在确定致密云核的性质中起到了关键作用.

6.2.1 为反转谱线建模

沿转动能级主干的态为亚稳态这个事实意味着我们可以等效地将每个态处理为一个孤立的二能级系统. 也就是说, 我们把反转跃迁两边的所有能级合并为两个虚构的 "超能级". 使用这个模型, 一个成功的方法是先通过匹配理论和观测的发射谱确定 $(1,1)$ 和 $(2,2)$ 主干态的激发温度和光学厚度. 接下来, 我们求解控制每个主干态内超能级布居数的速率方程, 以便将先前导出的量和分子云密度以及动理学温度联系起来.

让我们按照这个程序, 遵循基本步骤. 为了简单起见, 我们将分子云取为一个半径为 R 的均匀密度球. 考虑穿过其中心的一条视线 (图 6.4). 我们聚焦于处于某个特定主干态 (例如 $(1,1)$) 分子的辐射转移. 参考这幅图, 从云的远端发出的辐射的路径长度为 $\Delta s = 2R$. 因此, 相应的光学厚度为 $\Delta \tau_\nu = 2\rho \kappa_\nu R$, 其中 ρ 和 κ_ν 分别是云的质量密度和不透明度. 我们现在将探测方程 (6.1) 推广到偏离线心

[①] 译者注: 这里指的是分子云互相不遮挡.

[②] 在观测河外星系时, 望远镜波束通常含有很多未分辨的分子云. 由云间速度导致的线宽, 远大于单个天体的线宽 ΔV_r. 然而, 我们假设这些客体分布非常稀疏, 它们互相不遮挡. 于是积分天线温度是具有相同的总柱密度的一组静态云产生的. 所以我们对 X 的标度论证仍然成立.

频率：

$$T_{\mathrm{B}}(\nu) = (T_{\mathrm{ex}} - T_{\mathrm{bg}})[1 - \exp(-\Delta\tau_\nu)].\tag{6.15}$$

在写出方程 (6.15) 时, 我们已经对函数 f 使用了瑞利-金斯近似, 即我们已经假设了 $T_0 \ll T_{\mathrm{ex}}$ 和 $T_0 \ll T_{\mathrm{bg}}$. 实际上, 这个近似仅是勉强成立, 因为反转跃迁的 T_0 大约为 1 K, 而 T_{ex} 和 T_{bg} 处于 3 K 到 20 K 之间.

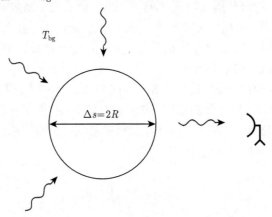

图 6.4　推导 NH$_3$ 反转谱线假设的分子云几何

为了从方程 (6.15) 产生理论谱, 我们必须以某种方式考虑复杂的谱线结构. 在我们的二能级模型中, 我们令不透明度 κ_ν 的峰值位于分立的频率区间. 特别地, 我们把 $\Delta\tau_\nu$ 写为求和的形式：

$$\Delta\tau_\nu = \Delta\tau_0^{\mathrm{tot}}\sum_{i=0}^{N}\alpha_i\exp\left[-\left(\frac{\nu - \nu_0 - \Delta\nu_i}{\Delta\nu}\right)^2\right],\tag{6.16}$$

其中, 指标 i 从最强的中心线 0 到 $N = 17$. 假设每条线是有相同宽度 $\Delta\nu$ 的高斯形, 对 $i = 1$ 的线心频率 ν_0 的偏离为 $\Delta\nu_i$. 系数 α_i 是每个超精细跃迁的相对吸收概率. 这些概率从理论得知. 最后, $\Delta\tau_0^{\mathrm{tot}}$ 是所有线心光学厚度之和, 方程 (6.16) 表明, $i = 0$ 谱线中心的光学厚度为

$$\Delta\tau_0 = \alpha_0\Delta\tau_0^{\mathrm{tot}},\tag{6.17}$$

其中概率 α_0 为 0.23.

假设背景温度 T_{bg} 为 2.7 K, 方程 (6.15) 和 (6.16) 对每组参数 T_{ex}、$\Delta\tau_0^{\mathrm{tot}}$ 和 $\Delta\nu$ 给出一条谱, $T_{\mathrm{B}}(\nu)$. 想法是调整这些 $(1,1)$ 和 $(2,2)$ 态的参数, 直到符合观测到的发射谱. 图 6.5 显示了一对观测和计算的致密云核 L1489 的 $(1,1)$ 谱线. 再一次注意到自变量是 V_{r} 而不是 ν. 所以, 为了得到理论谱, 方程 (6.16) 中

的 $(\nu - \nu_0 - \Delta\nu_i)$ 被替换为 $(V_r - \Delta V_i)/\sigma$. 这里 ΔV_i 是每条卫星线对 $i = 0$ 的偏移量, σ 是每条高斯轮廓的共同速度宽度. 同样注意到, 这幅图展示了天线温度 T_A, 可以通过波束效率和填充因子转换为 T_B. 在这里, 这两个数值分别为 0.25 和 0.60. 对谱线最好的拟合对应于 $T_{ex} = 6.6$ K、$\Delta\tau_0^{tot} = 14$ 和 $\sigma = 0.23$ km·s^{-1}.

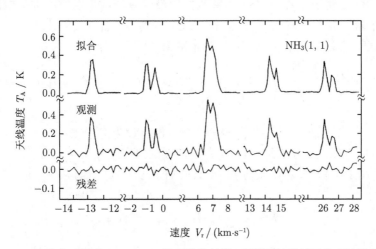

图 6.5　L1489 致密云核中 NH$_3$(1, 1) 的理论发射谱. 观测到的谱以及和理论谱的差在下面显示

6.2.2　辐射俘获

下一步是将两个主干态的 T_{ex} 和 $\Delta\tau_0^{tot}$ 与 n_{tot} 和 T_{kin} 联系起来. 物理上, 我们需要找到通过辐射和碰撞产生观测到的两个反转跃迁激发的密度和温度. 所以我们在高度简化的模型框架内求解耦合的辐射转移和统计平衡方程.

根据附录 B 中的方程 (B.3), 如果碰撞和辐射效应平衡:

$$\gamma_{lu}n_{tot}n_l + B_{lu}\bar{J}n_l = \gamma_{ul}n_{tot}n_u + B_{ul}\bar{J}n_u + A_{ul}n_u, \qquad (6.18)$$

那么, 主干态的上能级和下能级的布居数 n_u 和 n_l 仍然不随时间变化. 物理量 $\bar{J}$ 和周围场的平均强度 J_ν 通过方程 (B.1) 相联系:

$$\bar{J} \equiv \int_0^\infty J_\nu \phi(\nu)d\nu. \qquad (6.19)$$

我们把吸收轮廓 $\phi(\nu)$ 取为与方程 (6.16) 中的 $\Delta\tau_\nu$ 有同样的频率依赖:

$$\phi(\nu) = \phi_0 \sum_{i=0}^{N}(\alpha_i/\alpha_0)\exp\left[-\left(\frac{\nu - \nu_0 + \Delta\nu_i}{\Delta\nu}\right)^2\right]. \qquad (6.20)$$

在这个关系中, $\phi_0 \equiv \phi(\nu = \nu_0)$ 通过要求轮廓归一化到 1 来确定:

$$\int_0^\infty \phi(\nu)d\nu = 1.$$

为了简单, 对于方程 (6.18) 的解我们假设所有物理量在空间上是常量. 我们使用 I_ν 的辐射转移方程的严格解 (附录 C) 得到 $\bar{J}$. 然后我们计算图 6.4 中球中心的比强度. 方程 (C.3) 和 (C.8) 合起来给出

$$I_\nu = \frac{2\nu_0^2 k_{\rm B} T_{\rm bg}}{c^2} \exp\left(-\frac{\Delta\tau_\nu}{2}\right) + \frac{2\nu_0^2 k_{\rm B} T_{\rm ex}}{c^2}\left[1 - \exp\left(-\frac{\Delta\tau_\nu}{2}\right)\right]. \quad (6.21)$$

这里我们已经将方程 (B.3) 中的光学厚度 $\alpha_\nu \Delta s$ 设为等于 $\Delta\tau_\nu/2$, 并再一次使用了瑞利-金斯近似. 因为 I_ν 在球心是各向同性的, 所以 $J_\nu = I_\nu$. 为了得到 $\bar{J}$, 我们使用方程 (6.19) 和 (6.20). 把方程 (6.21) 中的 $\Delta\tau_\nu$ 写为 $\Delta\tau_0 \phi(\nu)/\phi_0$, 得到

$$\bar{J} = \frac{2\nu_0^2 k_{\rm B}}{c^2}[\beta T_{\rm bg} + (1 - \beta)T_{\rm ex}], \quad (6.22)$$

其中

$$\beta \equiv \int_0^\infty d\nu \phi(\nu) \exp\left[-\frac{\Delta\tau_0 \phi(\nu)}{2\phi_0}\right]. \quad (6.23)$$

注意到参数 β 在光学厚度 $\Delta\tau_0$ 大的时候很小, 随 $\Delta\tau_0$ 趋向于 0 而接近 1. 所以这个物理量是频率接近 ν_0 光子的逃逸几率的一个度量.

回到方程 (6.18), 附录 B 导出了对于任意 $\bar{J}$ 的能级布居数. 方程 (B.10) 把这个解用 $T_{\rm ex}$ 和 $\bar{J}$ 相应的辐射温度 $T_{\rm rad}$ 写出. 此外, 方程 (B.7) 表明, 方程 (B.10) 和 (B.11) 的参数 $f_{\rm coll}$ 在瑞利-金斯极限简化为

$$f_{\rm coll} \approx \left(1 + \frac{n_{\rm crit} T_{\rm rad}}{n_{\rm tot} T_0}\right)^{-1}.$$

根据方程 (6.22), 在同样的极限, $T_{\rm rad} = \beta T_{\rm bg} + (1 - \beta)T_{\rm ex}$. 把这个结果代入方程 (B.10) 并将指数展开, 我们得到

$$\frac{T_{\rm bg}}{T_{\rm ex}} + \frac{n_{\rm tot}}{\beta n_{\rm crit}}\left(\frac{T_0}{T_{\rm ex}} - \frac{T_0}{T_{\rm kin}}\right) = 1. \quad (6.24)$$

我们回忆, $n_{\rm crit} \equiv A_{\rm ul}/\gamma_{\rm ul}$, 所以方程 (6.24) 中的无量纲量 $n_{\rm tot}/\beta n_{\rm crit}$ 度量了碰撞退激发和辐射退激发的相对速率. 因子 β 改变了净发射率, 考虑了球有限的光学厚度.

将方程 (6.24) 写为这种形式是有益的:

$$T_{\text{ex}} = \alpha T_{\text{bg}} + (1-\alpha)T_{\text{kin}}, \tag{6.25}$$

其中

$$\alpha \equiv \left(1 + \frac{n_{\text{tot}}T_0}{\beta n_{\text{crit}}T_{\text{kin}}}\right)^{-1}. \tag{6.26}$$

我们看到 T_{ex} 是 T_{bg} 和 T_{kin} 的加权平均. 在以下条件

$$\frac{n_{\text{tot}}}{\beta n_{\text{crit}}} \gg \frac{T_{\text{kin}}}{T_0}$$

我们有 $\alpha \ll 1$, 局域热动平衡成立: $T_{\text{ex}} \approx T_{\text{kin}}$. 在光学薄的环境, 即当 $\beta \lesssim 1$, 只要碰撞体的密度 n_{tot} 超过 n_{crit} 一定倍数, 这个条件就得到满足. 反过来, 当碰撞相对稀少, $\alpha \approx 1$, 这个二能级系统和背景辐射场达到热平衡: $T_{\text{ex}} \approx T_{\text{bg}}$. 最后注意到, 在任意密度 n_{tot}, α 都可以远小于 1, 只要 β 足够小. 换句话说, 大的光学厚度驱使能级布居数达到局域热动平衡, 即使周围密度小于临界密度. 这里对二能级系统的特殊情形展示的这个辐射捕获效应在分子云中普遍重要.

假设我们通过拟合观测的超精细结构谱知道了 $(1,1)$ 系统的 T_{ex} 和 $\Delta\tau_0^{\text{tot}}$. $\phi(\nu)$ 由方程 (6.20) 给出, 在从方程 (6.17) 得到 $\Delta\tau_0$ 后, 我们可以用方程 (6.23) 计算逃逸几率 β. 我们随后把 β 和 T_{ex} 值代入方程 (6.24), 得到 n_{tot} 和 T_{kin} 之间的一个关系. 如果我们现在对 $(2,2)$ 系统重复这个过程, 我们就得到了第二个这样的关系, 可以得到密度和动理学温度. 对于图 6.5 中有代表性的致密云核, 这个方法得到 $n_{\text{tot}} = 2.5 \times 10^4\ \text{cm}^{-3}$ 和 $T_{\text{kin}} = 10\ \text{K}$.

6.3　　羟　　　　基

在远离明亮恒星的宁静云中, 羟基 (OH) 转动态难以激发. 再看一下图 5.18, $^2\Pi_{3/2}$ 能级阶梯的基态和第一激发态之间能隙的等价温度为 120 K, 而到 $^2\Pi_{1/2}$ 能级阶梯基态的跃变为 180 K. 所以我们可以将注意力集中在图中所画的四个基态超精细跃迁. 最强的、位于 1667 MHz($F = 2^+ \to 2^-$) 的谱线的爱因斯坦 A 系数相当小, 为 $7.2 \times 10^{-11}\ \text{s}^{-1}$. 所以这条谱线的碰撞退激发临界密度也很低. OH 是非常弥散物质的示踪物. 图 6.6 给出了一个例子, 英仙座中研究得很多的 B1. 这里, OH 成图覆盖了和更丰富的 $^{13}\text{C}^{16}\text{O}$ 看到的区域一样延展的区域. 这两种分子的强度在最密的中心区域外面都饱和了. 另一方面, NH_3 的 $(2,2)$ 跃迁仅在内埋星附近看到.

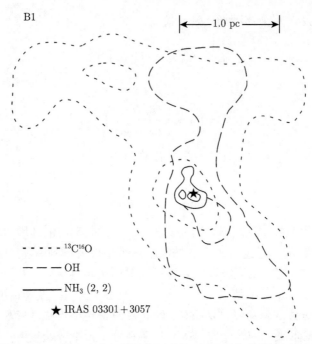

图 6.6 对英仙座 B1 云以及中心内埋星的分子谱线观测. 每条谱线展示了两条等值线, 靠内
的等值线接近峰值强度, 靠外的等值线是这个值的一半

6.3.1 塞曼分裂

OH 的主要用途不是作为分子云气体的示踪物, 而是作为局域磁场强度的探针. 这种测量的物理基础是塞曼效应[①]. 位于磁场 $\boldsymbol{B}$ 中的 OH 分子的能量依赖于磁场和分子磁矩 $\boldsymbol{\mu}$ 的相对方位:

$$E_{\mathrm{mag}} = -\boldsymbol{\mu} \cdot \boldsymbol{B}. \tag{6.27}$$

因为 OH 的磁矩主要来源于一个未配对的电子, 故 E_{mag} 的计算需要对电子波函数进行微扰分析. 这样的分析表明 $\boldsymbol{\mu}$ 有电子轨道角动量和自旋角动量的贡献:

$$\boldsymbol{\mu} = \boldsymbol{\mu}_l + \boldsymbol{\mu}_s. \tag{6.28}$$

第一项为

$$\boldsymbol{\mu}_l = -\frac{e}{2m_{\mathrm{e}}c} \boldsymbol{L}, \tag{6.29}$$

其中 $-e$ 和 m_{e} 分别是电子电量和质量. 读者可以验证, 如果电子磁矩来源于轨道运动产生的电流, 也可以用经典物理得到方程 (6.29). 因为轨道角动量量级为 $\hbar$,

---

[①] 分子云的原子气体包层中的磁场通过 H I 的塞曼效应观测.

可以方便地重写方程 (6.29) 为

$$\boldsymbol{\mu}_l = -g_l\mu_{\mathrm{B}}(\boldsymbol{L}/\hbar). \tag{6.30}$$

这里, g_l 是一个无量纲量, 称为朗德 g 因子, 在此情形等于 1. 物理量 μ_{B} 是玻尔磁子,

$$\begin{aligned}\mu_{\mathrm{B}} &\equiv \frac{e\hbar}{2m_{\mathrm{e}}c}\\&=5.8\times10^{-3}\ \mathrm{eV}\cdot\mu\mathrm{G}^{-1}\end{aligned} \tag{6.31}$$

自旋的贡献 $\boldsymbol{\mu}_s$ 遵守一个类似于方程 (6.30) 的方程, 但是 g_s 的值为 2.0.

给定 $\boldsymbol{\mu}_l$ 和 $\boldsymbol{\mu}_s$, 我们可以用方程 (6.27) 和 (6.28) 计算 E_{mag}. 然而, 在分子波函数通常的表象中, $\boldsymbol{L}$ 和 $\boldsymbol{S}$ 在 $\boldsymbol{B}$ 方向的分量都没有相应的量子数. 如我们在 5.5 节中看到的, 由于原子核和余下的配对电子施加于这个电子上的磁场, $\boldsymbol{L}$ 和 $\boldsymbol{S}$ 都快速地绕核间轴进动. 在图 5.15 所示 Λ 双重转动态的每个态中, 精确的能量依赖于 $\boldsymbol{B}$ 与总角动量 $\boldsymbol{F}$ 的相对方位. 让我们把对 $\boldsymbol{B} = 0$ 能量的扰动记作 ΔE_{mag}. 于是 ΔE_{mag} 依赖于表征量子态的所有量子数 $(\Lambda, \Omega, S, J, I$ 和 $F)$, 以及额外的量子数 M_F. 后者代表 $\boldsymbol{F}$ 在 $\boldsymbol{B}$ 的投影, 可以取 $2F + 1$ 个整数值, 范围从 $M_F = -F$ 到 $+F$. 能量扰动的最终表达式为

$$\Delta E_{\mathrm{mag}} = -g\mu_{\mathrm{B}}M_F B. \tag{6.32}$$

这里总的朗德 g 因子是 1 的量级, 是除 M_F 外所有量子数的函数.

方程 (6.32) 除以 h, 我们得到用频率表示的能级分裂. 我们可以把结果写为

$$\Delta\nu_{\mathrm{mag}} = \left(\frac{b}{2}\right)B. \tag{6.33}$$

1/2 因子是方便的, 因为频率分裂相对未扰动的谱线是对称的. 对于主导的 1665 MHz 和 1667 MHz 跃迁, 常量 b 分别取 3.27 Hz $\cdot\mu\mathrm{G}^{-1}$ 和 1.96 Hz $\cdot\mu\mathrm{G}^{-1}$. 所以, 实际典型分子云磁场强度的 $\Delta\nu_{\mathrm{mag}}$ 相对小 $(\Delta\nu_{\mathrm{mag}}/\nu_0 \sim 10^{-8})$. 但它比缺少未配对电子的分子大得多. 这里没有 Λ 双重态, 分裂转动能级的磁相互作用涉及两个核子的自旋, 而不是一个电子和一个核子. 由方程 (6.31), **核磁子** μ_{N} 比 μ_{B} 小一个电子-核子的质量比 1/1836. 例如, NH_3 和 $\mathrm{H}_2\mathrm{O}$ 的 b 值分别只有 7.2×10^{-4} Hz$\cdot\mu\mathrm{G}^{-1}$ 和 2.3×10^{-3} Hz$\cdot\mu\mathrm{G}^{-1}$.

6.3.2　偏振的谱线

图 6.7 系统展示了存在外磁场 $\boldsymbol{B}$ 时基态转动态的完整分裂. 各种可能的谱线可以根据相应的 ΔM_F 值分类. 选择定则现在可能的值为 $\Delta M_F = 0, +1$ 和 -1,

分别标记为 π、σ$_R$ 和 σ$_L$ 跃迁. 这些符号与辐射的偏振态即电场矢量振荡的方式有关.

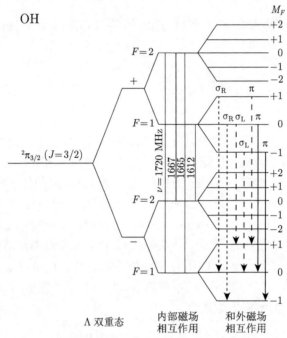

图 6.7   OH 基态转动态的塞曼分裂. 能级的多重性来源于 Λ 双重态, 内部的自旋-轨道耦合和
外磁场的效应. 图中展示了 1665 MHz 附近 7 条可能的谱线

让我们集中于 1665 MHz 附近的一组谱线. 这七个容许的能级跃迁 (只有三条不同的谱线) 如图 6.7 所示. 观测到的谱线分裂的模式和偏振依赖于磁场和视线方向的夹角 θ(图 6.8). 当 $\theta = \pi/2$ 时, 出现了三条单独的线: 处于原始频率 ν_0 的 π 跃迁和两个在频率 $\nu_0 \pm \Delta\nu_{\text{mag}}$ 较弱的 σ 谱线. 这里, 频率移动由方程 (6.33) 给出. 如图所示, 所有三条线都是线偏振的, 对于频率没有移动的线, 电场矢量在平行于 B 的方向振荡, 而对于两条 σ 线, 电场矢量垂直于 B.

当 B 直接指向观测者 (即 $\theta = 0$), 图 6.8 表明只有两条线. 频率 $\nu_0 + \Delta\nu_{\text{mag}}$ 的 σ$_R$ 线具有右旋圆偏振, 即从观测者看来, 电矢量逆时针转动.[1]反过来, 频率 $\nu_0 - \Delta\nu_{\text{mag}}$ 的 σ$_L$ 线具有左旋圆偏振. 对于任意倾角 θ, 每条 $\nu_0 \pm \Delta\nu_{\text{mag}}$ 的谱线是线偏振和圆偏振的混合, 即它是椭圆偏振的. 此外, 每个频率的圆偏振分量的强度随 $\cos\theta$ 变化.

有趣的是, 1665 MHz 谱线的分裂和偏振与振荡电子电磁辐射的简单经典模

---

① 我们遵循 IEEE 定义, 右旋圆偏振是辐射源看到的电矢量顺时针转动, 即观测者看到的是逆时针转动.

型精确一致. 这里, 频率没有移动的谱线是沿 B 方向的电子运动产生的, 而两个 σ 分量来源于在垂直于磁场的平面内的圆周运动 (图 6.8). 当 B 沿视线方向, 中心的成分消失, 因为振荡电荷在其运动方向没有辐射. 然而, 经典和量子解释的这种一致是偶然的. 例如, 1612 MHz($F = 1^+ \to 2^-$) 谱线对于任意 B 方位都分裂为多于三条谱线. 读者可以顺便验证, 经典图像中的频率移动对应于一个正好等于 1 的朗德 g 因子.

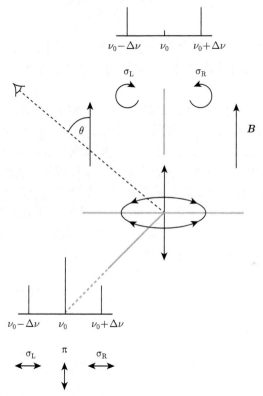

图 6.8　1665 MHz 附近三条 OH 谱线的强度和偏振态. 这个模式与电子在 B 方向振荡, 并且在垂直的平面内转动的经典电磁理论预测相同

6.3.3　B 场的测量

因为对于任意谱线, 分裂模式依赖于角度 θ, 似乎很容易测出沿视线方向的场分量 $B_\parallel$ 和垂直分量 $B_\perp$. 然而, 我们的讨论到目前为止假设了宽度为零的理想谱线. 实际上, 在脉泽环境之外, 每条 OH 谱线至少是热展宽的, 即被分子随机运动的多普勒移动所展宽. 由附录 E, 这个展宽为

$$\frac{\Delta\nu_{\text{therm}}}{\nu_0} \approx \frac{v_{\text{s}}}{c}, \tag{6.34}$$

其中 v_s 是分子云中的声速. 这里的估计足够好, 最多相差一个量级为 1 的因子. 物理量 v_s 是 $(\mathcal{R}T_{\mathrm{kin}}/\mu)^{1/2}$, 其中 $\mathcal{R}$ 是理想气体常量, 相对于氢的平均分子量 μ 大约是 2. 将这个谱线展宽和方程 (6.33) 中的磁致谱线分裂相比, 我们发现

$$\frac{\Delta\nu_{\mathrm{mag}}}{\Delta\nu_{\mathrm{therm}}} \approx \frac{bB}{\nu_0}\left(\frac{c}{v_s}\right)$$

$$\approx 10^{-3}\left(\frac{B}{\mu\mathrm{G}}\right)\left(\frac{T_{\mathrm{kin}}}{10~\mathrm{K}}\right)^{-1/2}. \tag{6.35}$$

除了脉泽, 实际感兴趣的 B 值大小从冷的宁静分子云中的大约 10 μG 到 HⅡ区附近的 100 μG. 所以, 图 6.8 中那种很好地分开的谱线一般看不到, 必须使用间接的方法.

热展宽对辐射的所有偏振成分的作用相同. 例如, 想象通过两个螺旋度相反的圆偏振滤波器观测 1665 MHz 谱线. 两个轮廓 $I_R(\nu - \nu_0)$ 和 $I_L(\nu - \nu_0)$ 形状相同, 但频率移动了 $\Delta\nu_{\mathrm{mag}}$(图 6.9). 这个事实提示我们考虑两个轮廓的差. 一般地, 任何单色辐射的电场矢量可以分解为右旋和左旋偏振波. 这两个成分的强度差称为斯托克斯 V 参量, 完全表征辐射偏振态的三个独立标量之一. 在现在这个情形, 辐射不是单色的, 但 $I_R(\nu - \nu_0) - I_L(\nu - \nu_0)$ 仍然称为这个源的 V 频谱.[①]

我们之前注意到 $I_R(\nu - \nu_0)$ 和 $I_L(\nu - \nu_0)$ 的幅度都比总强度 $I(\nu - \nu_0)$ 降低了 $\cos\theta$. 所以我们可以把它们的差写为

$$I_R(\nu - \nu_0) - I_L(\nu - \nu_0) = \cos\theta[I(\nu - \nu_0 - \Delta\nu_{\mathrm{mag}}) - I(\nu - \nu_0 + \Delta\nu_{\mathrm{mag}})]$$

$$\approx -2\cos\theta\,\Delta\nu_{\mathrm{mag}}\frac{dI}{d\nu}(\nu - \nu_0). \tag{6.36}$$

使用关于 $\Delta\nu$ 的方程 (6.33), 我们得到近似的等式

$$I_R(\nu - \nu_0) - I_L(\nu - \nu_0) = -bB\cos\theta\frac{dI}{d\nu}(\nu - \nu_0)$$

$$= -bB_{\parallel}\frac{dI}{d\nu}(\nu - \nu_0). \tag{6.37}$$

方程 (6.37) 代表了一种确定磁场分量 $B_{\parallel}$ 的实用方法. 首先直接测量方程左边的 V 频谱. 最好是用 $I_R(\nu - \nu_0)$ 和 $I_L(\nu - \nu_0)$ 的平均计算右边的导数. 这样的平均等于 I 频谱的一半, 其中斯托克斯 I 参量是两个圆偏振分量的和. 最后, 通过拟合确定 $B_{\parallel}$. 注意到负的 $B_{\parallel}$ 表示指向观测者的场.

---

① 在实践中, 我们通过使用偏振滤波器测量所有三个斯托克斯参量. 然后可以将这些参量的代数组合定义波束的分数偏振度, 无论是圆偏振还是线偏振. 另见方程 (2.51).

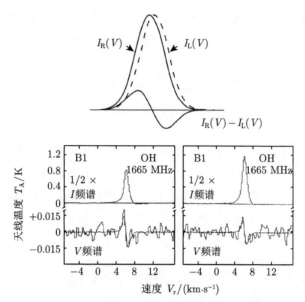

图 6.9　上图：将 OH 谱线的右旋和左旋偏振成分相减得到 V 频谱. 下图：B1 中观测到的
1665 MHz 和 1667 MHz 的 I 和 V 频谱

　　这个方法的第一次成功应用是对猎户座 A 分子云复合体中的 NGC2024(底片 1) 进行观测. 在此情形, 1665 MHz 和 1667 MHz 谱线出现在对背景 Hⅱ区连续谱的吸收中, 得出的 $B_{\parallel}$ 为 38 μG. 到目前为止, 已经证明很难将此技术扩展到致密云核. OH 分子式通过离子-分子反应产生, 这些成分的相对丰度在非常光学厚的区域降低. 尽管如此, 还是有一些相关的观测. 图 6.9 展示了 B1 分子云中心区域 OH 发射的塞曼分裂. $B_{\parallel}$ 的最佳拟合值 -27 μG 表明这个场提供了足够的支撑, 抵抗分子云的自引力. 随后我们将深入研究分子云结构的这个重要方面.

本 章 总 结

　　CO 的转动跃迁有效地测量了分子云在一个视线方向的温度和柱密度. 这里可以使用从分子云表面发出的光学厚谱线和探测内部的光学薄谱线的组合. 对于我们星系和其他星系中更遥远的分子云, 只能探测到 $^{12}C^{16}O$ 最强的光学厚谱线. 在所有情形, 必须依赖经验相关性得到氢的柱密度.

　　NH_3 反转线的观测给出了温度和局域体密度. 步骤是对很多能级的碰撞激发和辐射退激发建模, 同时包括部分捕获光子的影响. 这些能级布居使得分子好像有一个介于表征背景辐射的温度和表征它们平移运动的温度之间的温度.

　　OH 中未配对的电子给了分子一个净磁矩. 因此, 环境磁场通过改变圆偏振谱线的频率显现出来. 这个塞曼分裂被证明在相对适中密度的分子云中最有用. 在这些结构中, 磁场足以在分子云的力学平衡中发挥关键作用.

建 议 阅 读

6.1 节 对于 CO 同位素分子比例的讨论, 见

Langer, W. D. 1997, in *CO: Twenty-Five Years of Millimeter-Wave Spectroscopy*, ed. W.B.

Latter, S. J. E. Radford, P. R. Jewell, J. G. Magnum, and J. Bally (Dordrecht: Kluwer), p. 98.

探测方程在 CO 和 NH_3 观测中的应用见

Martin, R. N. & Barrett, A. H. 1978, ApJSS, 36, 1.

N_H-A_V 相关性首先由这篇文章得到

Bohlin, R. C., Savage, B. D., & Drake, J. F. 1978, ApJ, 224, 132.

而 N_{CO}^{13}-A_V 和 N_{CO}^{13}-N_H 关系来源于

Dickman, R. L. 1978, ApJSS, 37, 407.

N_H 和 $^{12}C^{16}O$ 积分强度的比例常量 X 是下文的中心话题

Combes, F. 1991, ARAA, 29, 195.

6.2 节 NH_3 超精细结构跃迁的分析在这里给出

Barrett, A. H., Ho, P. T. P., & Myers, P. C. 1977, ApJ, 211, L39,

并广泛应用于致密云核

Jijina, J., Myers, P. C., & Adams, F. C. 1999, ApJSS, 125, 161.

对 NH_3 频谱的标准解释的批判性讨论, 见

Stutzki, J. & Winnewisser, G. 1985, AA, 148, 254.

6.3 节 塞曼效应的物理在这里有清晰的解释

Powell, J. L. & Crasemann, B. 1961, *Quantum Mechanics* (Reading: Addison-Wesley), Chapter 10.

在分子云中第一次对这个效应的探测见

Crutcher, R. M. & Kazés, I. 1983, AA, 125, L23.

对随后用 OH 和其他示踪物的观测的综述见

Crutcher, R. M. 1999, ApJ, 520, 706

Bourke, T. L., Myers, P. C., Robinson, G., & Hyland, A. R. 2001, ApJ, 554, 916.

第 7 章 加热和冷却

对分子云的正确理解必须包括它们如何吸收能量并重新辐射到太空中. 我们本章的目的是阐明最重要的机制. 我们首先讲述星际宇宙线和光子的加热. 后者包括弥散的辐射背景和来自主序前恒星的 X 射线. 我们接下来描述分子云如何通过组成它们的原子、分子和尘埃颗粒的辐射进行冷却.

在每个情形, 我们的主要目的是为相关过程提供物理描述, 但我们也为读者提供了加热和冷却的实用公式.[①] 我们将限制在宁静云的情形, 即忽略任何近邻恒星的加热或内部气体整体运动. 这些问题将在后面的章节中讨论. 为方便查阅, 表 7.1 列出了这里讨论的所有热力学过程.

表 7.1　云的加热和冷却

	过程	反应	方程
云的加热	宇宙线和 H_I	$p^+ + H \longrightarrow H^+ + e^- + p^+$	(7.12)
	宇宙线和 H_2	$p^+ + H_2 \longrightarrow H_2^+ + e^- + p^+$	(7.14)
	碳电离	$C + h\nu \longrightarrow C^+ + e^-$	(7.16)
	光电发射		(7.18)
	尘埃辐照		(7.20)
	恒星 X 射线	$H + h\nu \longrightarrow H^+ + e^-$	(7.23)
云的冷却	O 碰撞激发	$O + H \longrightarrow O + H + h\nu$	(7.26)
	C^+ 精细结构激发	$C^+ + H \longrightarrow C^+ + H + h\nu$	(7.27)
	CO 转动激发	$CO + H_2 \longrightarrow CO + H_2 + h\nu$	(7.35)
	尘埃热辐射		(7.39)
	气体-尘埃碰撞		(7.40)

7.1　宇　宙　线

分子云加热的一个重要来源是无处不在的粒子流, 这种粒子流的存在我们已经知道了将近一个世纪, 但其起源现在才变得清楚. 在 1900 年时, 物理学家们通常使用电离室测量放射性元素的微量发射. 即使没有放入任何物质, 电离室也会记录到存在某些电离剂. 使用一个气球上的一个这种装置, V. Hess 在 1912 年发现, 粒子流量随着高度增加而增加, 没有周日变化, 因此它们是来自地球之外和太

[①] 我们给出的公式是研究论文中那些公式的简化近似版本. 在给定的条件下, 定量的速率的可信度在 2 倍之内.

阳系之外的. 后来又花了几十年才弄清楚这种轰击粒子流的本质.

7.1.1　成分和能量

我们现在知道, 宇宙线大部分由相对论性质子组成, 混合了重元素和电子. 它们的成分实际上差不多是太阳的成分, 但有很大不同. 轻元素锂、铍和硼的超丰反映了通过质子和星际介质之间核反应的次级粒子的产生. 这些次级粒子产生于散裂, 即从更重的靶核中喷射出来. 宇宙线质子和星际原子氢中缓慢移动的质子更频繁地碰撞. 碰撞激发目标质子, 使其发射一个 π^0 介子. 这个介子又衰变为两个 γ 光子. 这个过程解释了卫星在 20 世纪 60 年代和 70 年代发现的大部分弥散星际 γ 辐射背景. 质子撞击分子云会产生更多的局部 γ 射线源. COS-B 卫星及随后的康普顿伽马射线天文台的观测作为示踪巨分子云复合体中 H_2 的分布的独立方法, 是非常有用的.

观测到的宇宙线能量跨越了巨大范围, 从 $10 \sim 10^{14}$ MeV. 注意到一个 10^{14} MeV 的质子动能相当于一个受到重击的网球. 从大约 10^3 MeV 到 10^9 MeV, 接收到的粒子流量 $\Phi_{CR}(E)$ 遵循幂律: $\Phi_{CR}(E) \sim E^{-2.7}$. 这里, 流量是单位能量 E 范围的 (图 7.1). 在比图中更高的能量下, 粒子流量随 E^{-3} 下降. 相反, $\Phi_{CR}(E)$ 变平然后在大约 10^3 MeV 以下反转. 这个反转是太阳风的效应, 既扫除了入射粒子, 又产生了与太阳活动周期同步的流量周期性调制.

宇宙线从何而来, 又如何获得如此高的能量? 关于后一个问题, 所有粒子都带电, 因此受到磁偏转的影响. 事实上, 正是太阳风内部的磁场阻止了低能粒子到达地球. 没有时变的场不能改变质子的能量, 因为洛伦兹力垂直于速度矢量. 而变化的磁场可以产生能做功的电场. 所以, 如费米在 1949 年指出的, 宇宙线可以被冻结在湍动星际等离子体中的磁场加速. 早十五年, 巴德和兹维基已经提出, 超新星是宇宙线的基本来源. 在最近几十年, 这两个想法以卓有成效的方式融合在一起. 现在人们相信, 能量高达 10^9 MeV 的宇宙线是粒子在超新星遗迹推动星际介质时产生的磁化激波中加速所产生的. 能量更高的粒子可能源于河外.

银河系中宇宙线的能量密度大约为 0.8 eV$\cdot$cm^{-3}, 接近相应的典型星际磁场 3 μG. 这种相似性表明, 银河系磁场足够强, 至少可以暂时容纳内部产生的宇宙线. 任何进入磁化区域的带电粒子都会做圆周运动. 质量 m、电量 q、速度为 v 的粒子在强度为 B 的磁场中的回转半径 r_B 为

$$r_B = \frac{\gamma m c v}{q B}, \tag{7.1}$$

其中 γ 是洛伦兹因子 $(1 - v^2/c^2)^{-1/2}$. 即使对于 3 μG 磁场中 10^6 MeV 的质子, r_B 仅有 10^{15} cm, 远小于银河系大小. 所以轨道是一个紧密的螺旋, 速度在垂直于磁场的平面内受到严格限制, 但在平行方向不受限制 (图 7.2). 磁场中的不规则性

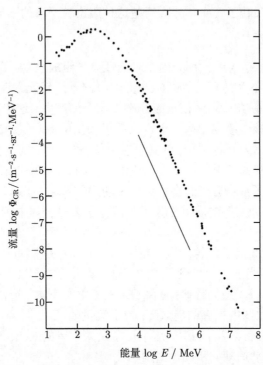

图 7.1   观测到的宇宙线粒子流量, 测量的是单位立体角单位能量的流量. 这个流量为 E 的函数, 每个粒子的能量. 直线是斜率 -2.7 的幂律

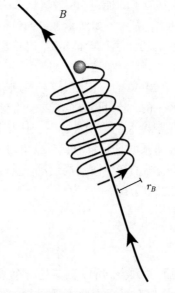

图 7.2   磁场中宇宙线质子的螺旋运动. 标出了回转半径 r_B

改变了这些螺旋轨道的方位, 导致粒子逐渐漂移出银河系. 从重核同位素丰度的测量我们知道平均禁闭时间是 10^7 yr 的量级. 穿过磁场线的扩散也解释了进入我们太阳系的宇宙线中看到的高度各向同性.

7.1.2　和分子云的相互作用

在进入分子云后, 转动的宇宙线质子通过库仑力和核力与周围的原子核和电子相互作用. 原子核的激发主要通过 γ 射线发射退激发, 这些 γ 射线马上逃逸. 在宇宙线能量下, 质子和 H_2 之间通过库仑斥力产生的弹性散射可以忽略不计. 相反, 质子非弹性散射会将 H_2 激发到导致离解的更高电子态. 平均来说, 每次散射转移 1.6 eV 到气体, 作为动能. 然而, 质子碰撞最常见的结果是电离:

$$p^+ + H_2 \longrightarrow H_2^+ + e^- + p^+. \tag{7.2}$$

除了加热分子云, 电离也提供了电流, 将气体和内部磁场耦合起来. 这种耦合即使在净的电离比例很低时也会发生. 带电分子的存在也有助于引发第 5 章中所述的离子-分子反应.

实际上正是方程 (7.2) 中的次级粒子通过随后与周围氢原子的相互作用提供了加热. 让我们把分子云中单位体积的热沉积速率记作 $\Gamma_{CR}(H_2)$. 我们可以把这个量写为

$$\Gamma_{CR}(H_2) = \zeta(H_2) n_{H_2} \Delta E(H_2). \tag{7.3}$$

这里 $\zeta(H_2)$ 是一个氢分子的电离速率 (单位时间的概率), n_{H_2} 是这些分子的体密度, $\Delta E(H_2)$ 是每次电离事件给气体增加的热能.

为了得到 $\Delta E(H_2)$, 我们必须考虑次级电子的能量, 这自然依赖于宇宙线质子的能量. 能量 $E \geqslant 1$ GeV 的质子根本没有加热效应. 这些质子不会电离 H_2, 而是会产生核激发和 γ 射线. 我们可能会预期低能质子导致的电子产生和加热会达到峰值然后随 E 减小而显著下降. 然而, p-H_2 碰撞中涉及长程库仑相互作用的一个奇怪特性是, 次级电子的能量对入射质子的能量非常敏感. 因此, 我们可以把注意力集中在由 10 MeV 质子产生的 30 eV 的 “典型” 电子.

这个电子有很多反应路径. 一个可能性是进一步电离周围的分子:

$$e^- + H_2 \longrightarrow H_2^+ + e^- + e^-. \tag{7.4}$$

这个反应本身不提供热能, 但会产生一个额外的可以加热云的电子. 尽管入射电子能量远低于初始宇宙线质子, 但 H_2 被电子电离的截面在阈值 15.4 eV 的数倍时达到峰值. 所以, 方程 (7.4) 描述的过程是重要的. 对于 10 MeV 的质子, 这个反应使得总电离速率 $\zeta(H_2)$ 增加到质子单独的电离速率的 1.6 倍.

　　无论是如何产生的, 电子都可能被氢分子弹性碰撞. 由于电子与质子的质量比很小, 这样的碰撞传递给气体的动能相对较少. 电子也可能发生非弹性碰撞, 激发 H_2 的内部能级. 如果激发能级是基态电子和振动能态内的转动能级, 那么就有时间通过碰撞将能量传递给相邻的分子. 更常见的是, 更高的电子态和振动态被填充. 这些态有大的 A 值, 它们总是辐射退激发而不是碰撞退激发. 然而, 这些高能光子大部分被尘埃吸收. 如果发射了光子的 H_2 处于基态电子态的高振动态, 那么它会继续退激发, 直到达到基态内的一个激发转动能级. 再次强调, 这些高 J 态通过碰撞加热气体.

　　电子提供加热最重要的方式是离解

$$e^- + H_2 \longrightarrow H + H + e^-. \tag{7.5}$$

超过离解 H_2 所需能量的那部分入射电子能量进入两个氢原子的运动中. 碰撞快速地将这些能量散布在气体中. 在以合适的分支比将所有可能过程加起来后, 我们发现, $\Delta E(H_2)$ 是 7.0 eV. 作为比较, 1 MeV 和 100 MeV 宇宙线质子相应的数值分别为 6.3 eV 和 7.6 eV.

　　在弥散云中, 宇宙线对原子氢的加热也很重要. 和分子的情形一样, 质子碰撞最常见的结果是电离:

$$p^+ + H \longrightarrow H^+ + e^- + p^+. \tag{7.6}$$

仍然是电子 (现在的典型能量为 35 eV) 实际上加热了气体, 速率为

$$\Gamma_{CR}(H\text{I}) = \zeta(H\text{I})n_{H_{\text{I}}}\Delta E(H\text{I}). \tag{7.7}$$

在弱电离的 HI 气体中, 次级电子最初通过电离和额外氢原子的激发而减慢. 次级电离的效应是增加总电离速率到 1.7 倍. 激发和电离的原子快速辐射它们多余的能量. 因此, 只有当电子能量降低到激发氢原子到第一激发电子态所需的 10.2 eV 以下时, 真正的加热才能开始. 从那时起, 电子通过多次弹性碰撞逐渐损失剩余的能量. 数值计算表明, 每次电离事件平均传递的热能 $\Delta E(H\text{I})$ 为 6.0 eV.

7.1.3　氢的电离速率

　　确定 $\Gamma_{CR}(H_2)$ 或 $\Gamma_{CR}(H\text{I})$ 都需要测量相对电离速率, $\zeta(H_2)$ 或 $\zeta(H\text{I})$. 这里, 主要的障碍是我们对星际低能宇宙线流量的无知. 然而, 我们已经注意到, 电离是导致形成更复杂的分子离子-分子反应网络的第一步. 所以我们可以使用观测到的分子丰度间接推测电离速率.

　　其中一个这样的分子是 OH, 它和氢一起, 有时可以通过紫外吸收线在弥散分子云中探测到. 通过这种方式, 观测者测量到 OH 相对于 HI 的典型数密度为

2×10^{-7}. (比较表 5.1) 从原子氧和氢形成 OH 的反应在宇宙线产生的 H^+ 碰到来自周围气体的氧原子时开始:

$$H^+ + O \longrightarrow O^+ + H. \tag{7.8}$$

注意到 H^+ 在这种电荷交换发生之前也可能和自由电子复合. 我们将忽略这种可能性以简化分析. 如图 7.3 所示, O^+ 的产生开启了一系列和 H_2 的反应:

$$O^+ + H_2 \longrightarrow OH^+ + H$$
$$OH^+ + H_2 \longrightarrow H_2O^+ + H$$
$$H_2O^+ + H_2 \longrightarrow H_3O^+ + H. \tag{7.9}$$

最后一个反应形成的 H_3O^+ 不能再获得更多氢原子, 而是经历有两种产物的离解复合:

$$H_3O^+ + e^- \longrightarrow \left\{ \begin{array}{l} OH + H_2 \\ H_2O + H. \end{array} \right. \tag{7.10}$$

由实验室测量知道, 方程 (7.10) 中的第一个反应的发生概率是 $p_1 = 0.75$.

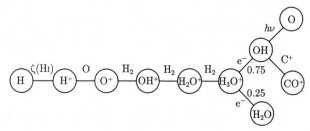

图 7.3　弥散云中形成 OH 的反应序列. 注意 H_3O^+ 离解复合的两种可能结果的分支比. OH 自己或者光致离解, 或者被 C^+ 这样的离子摧毁

　　因为氢原子每次被宇宙线质子电离会以概率 p_1 产生一个 OH, 所以 OH 的体积产生速率是 $p_1\zeta(\mathrm{HI})n_{\mathrm{HI}}$. 在稳态, 这个速率与 OH 的破坏相平衡. 分子可以和诸如 C^+ 的周围离子碰撞, 但更频繁地被穿透到云内部的紫外辐射离解. 把光致离解的特征时标写为 τ_{photo}, 我们令产生和破坏相平衡得到宇宙线电离速率的表达式:

$$\begin{aligned} \zeta(\mathrm{HI}) &= \frac{n_{\mathrm{OH}}}{n_{\mathrm{HI}}}(p_1\tau_{\mathrm{photo}})^{-1} \\ &= 2 \times 10^{-17}\ \mathrm{s}^{-1}. \end{aligned} \tag{7.11}$$

在数值计算中, 我们带入对感兴趣的弥散云适用的理论结果 $\tau_{\mathrm{photo}} = 2 \times 10^{10}$ s. 注意到我们对 $\zeta(\mathrm{HI})$ 的经验值包括了质子的电离和发射出的电子的次级电离. 把

这个值代入方程 (7.7), 我们发现

$$\Gamma_{\mathrm{CR}}(\mathrm{HI}) = 1 \times 10^{-13} \left(\frac{n_{\mathrm{HI}}}{10^3 \ \mathrm{cm}^{-3}} \right) \ \mathrm{eV} \cdot \mathrm{cm}^{-3} \cdot \mathrm{s}^{-1} \qquad (7.12)$$

氢分子的相应速率还有待确定. 理论计算表明, 氢分子被宇宙线质子电离的概率是氢原子值的 1.6 倍. 使用次级电离的增强因子, 我们得到

$$\zeta(\mathrm{H_2}) = \frac{1.6 \times 1.6 \times \zeta(\mathrm{HI})}{1.7}$$

$$= 3 \times 10^{-17} \ \mathrm{s}^{-1}, \qquad (7.13)$$

所以

$$\Gamma_{\mathrm{CR}}(\mathrm{H_2}) = 2 \times 10^{-13} \left(\frac{n_{\mathrm{H_2}}}{10^3 \ \mathrm{cm}^{-3}} \right) \ \mathrm{eV} \cdot \mathrm{cm}^{-3} \cdot \mathrm{s}^{-1}. \qquad (7.14)$$

和方程 (7.12) 比较给出简单的结果, 无论气体为原子形式还是分子形式, 以每氢原子测量的宇宙线加热速率是相同的.

7.2　星际辐射

分子云的第二种重要加热机制是穿透星际空间的弥漫辐射场. 我们需要详细理解这些撞击气体的光子是如何产热的. 我们还应该把埋在云里的恒星视为额外的热源.

7.2.1　主要成分

图 7.4 展示了星际辐射场强度作为频率的函数. 这个分布的形式是由太阳附近恒星以及遮挡它们的气体和尘埃的质量谱和空间密度得出的. 所以, 在考虑相对较近的星际云时, 我们可以放心地使用图 7.4, 但不能描述银盘外或靠近银心的条件. 这幅图实际上画的是 νJ_ν, 其中 J_ν 是对天空中所有立体角平均的比强度. 由第 2 章中的讨论, 后一个物理量和单色能量密度 u_ν 的关系为

$$J_\nu = \frac{cu_\nu}{4\pi}$$

在使用这个方程后, 经验的 J_ν 对所有频率积分得到总的辐射能量密度为 $1.1 \ \mathrm{eV} \cdot \mathrm{cm}^{-3}$. 这个数字非常接近宇宙线的值.

在能量上主导的辐射场成分是毫米波、远红外和光学辐射, 峰值分别位于 $\log \nu_{\max} = 11.3, 12.4$ 和 14.5. 这里每个频率 $\nu_{\max}$ 都用 Hz 度量. 第一个成分来源于宇宙背景辐射, 一个温度 2.74 K 的黑体分布. 背景光子主要通过激发 CO 这样丰富的分子的最低转动能级加热云. 图 7.4 中的远红外成分来自被星光加热的星际尘埃. 分子云对这种辐射透明, 所以这不是一种热源.

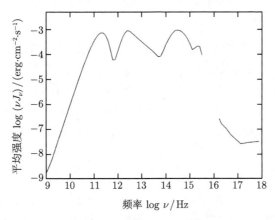

图 7.4   星际辐射场的平均强度, 表达为频率的函数

光学成分由来自场星的光组成. 假设我们粗略地将能量分布建模为来自温度为 $\bar{T}$ 的稀释的黑体. 为了估计这个温度, 我们发现峰值频率 $\nu_{\max}$ 是黑体比强度 $B_\nu(T)$ 达到最大值的频率. 我们得到 $\bar{T} = h\nu_{\max}/x_0 k_{\rm B} = 5400$ K, 我们使用了来自 2.3 节的结果 $x_0 = 2.82$. 这个温度是主序 G3 恒星的表面值. 我们可以把这种光谱型看作实际上主导了太阳附近光度的 A 型矮星和 K 型和 M 型红巨星的平均. 一个真正温度 5400 K 的黑体辐射场的 νB_ν 峰值为 9.3×10^9 erg $\cdot$ cm^{-2} $\cdot$ s^{-1} $\cdot$ sr^{-1}. 为了和观测到的峰值 $\nu J_\nu = 9.1 \times 10^{-4}$ erg $\cdot$ cm^{-2} $\cdot$ s^{-1} $\cdot$ sr^{-1} 符合, 每个频率的黑体强度必须乘以一个稀释因子 $W = 1 \times 10^{-13}$. 这个因子基本上是恒星表面占天空立体角的比例.

图 7.4 展示了紫外波段 ($\log \nu_{\max} = 15.3$) 的一个小一些的局部极大. 将 $\nu_{\max}$ 匹配到黑体值得出一个等效温度 3.4×10^4 K, 稀释因子为 1×10^{-17}. 为了标定大质量恒星对分子云的影响, 理论家通常考虑远高于局域背景的紫外流量. 在这种情况下, 通常假设一个各向同性但强度分布增大某个因子 (通常记作 G_0) 的辐射场.

在最高的频率, 图 7.4 展示了软 X 射线波段 ($16.5 < \log \nu < 16.8$) 的贡献, 以及在极紫外波段 ($15.5 < \log \nu < 16.5$) 明显缺乏数据. 两种辐射都首先通过 20 世纪 60 年代和 70 年代的火箭实验被观测到. EUVE(极紫外探索者) 卫星后来探测了紫外谱. 温度 10^6 K 量级的弥散气体可以发射这个波段的光子. 在星际介质的三相模型中, 这样的热等离子体从超新星遗迹和大质量恒星的快速星风获得能量. 注意到, 这些恒星自己会产生紫外光子. 然而, 这些贡献主要通过恒星自己的 HⅡ区或中间的分子云中的氢和氦的电离被吸收. 为了避免这种吸收, 推测 10^6 K 的气体肯定相对邻近, 距离可能在 100 pc 以内.

7.2.2　碳的电离

辐射场的紫外成分在高于 13.6 eV 处太弱, 不足以电离分子云中的氢或氦. 然而, 很多更重的元素具有较低的电离势. 其中, 原子碳 (CI) 是最丰富的, 相对于氢的数密度为 $n_C/n_H = 3 \times 10^4$(见表 2.1). 任何能量高于 11.2 eV 的光子都将从 CI 中弹出一个电子. 因为这个电子的动能通过碰撞很快扩散到周围的原子中, 所以碳的电离是一个有效的加热机制. 体积加热速率 (我们记作 Γ_{CI}) 是

$$\Gamma_{CI} = \zeta(CI)n_C\Delta E(CI). \tag{7.15}$$

这里, $\zeta(CI)$ 是一个碳原子的电离速率, $\Delta E(CI)$ 是弹出电子的平均能量.

$\zeta(CI)$ 和 $\Delta E(CI)$ 的计算需要辐射强度 J_ν 以 CI的电离截面加权对频率的积分. 结果是 $\zeta(CI) = 1 \times 10^{-10}$ s^{-1} 和 $\Delta E(CI) = 1$ eV. 把这些值代入方程 (7.15), 使用碳丰度, 得到

$$\Gamma_{CI} = 4 \times 10^{-11} \left(\frac{n_H}{10^3 \text{ cm}^{-3}}\right) \text{ eV} \cdot \text{cm}^{-3} \cdot \text{s}^{-1}. \tag{7.16}$$

注意到我们的结果隐含假设了碳仍然主要以中性形式存在. 在实践中, 这种元素可以在有显著加热的分子云区域中被大量电离, 我们必须适当降低 Γ_{CI}.

7.2.3　光电加热

紫外光子也能从星际尘埃颗粒弹出电子. 这些电子加热周围的气体. 从中性尘埃表面分离一个电子所需的能量, 类似于电离势, 被称为功函数, 对于标准尘埃成分大约为 6 eV. 光子实际上在尘埃颗粒内部 100 Å 释放了电子 (图 7.5). 只有大约 10% 的电子到达了表面. 那些到达了表面的电子还要克服功函数, 最终离开尘埃颗粒时只有 1 eV 的能量. 我们看到, 和典型的光子能量 10 eV 相比, 净的能量效率 ϵ_{PE} 仅有大约 0.01. 但光电过程是气体的主要热源, 因为尘埃颗粒截面大. 我们可以把相应的速率 Γ_{PE} 用尘埃颗粒的数密度和几何截面写出:

$$\Gamma_{PE} = 4\pi n_d \sigma_d \epsilon_{PE} \int_{FUV} J_\nu d\nu. \tag{7.17}$$

频率积分延伸到 6 eV 之上的远紫外波段, 4π 因子来源于几何的考虑. 对于各向同性的比强度, $J_\nu = I_\nu$, 通过一个平面元的流量应该为 $\int J_\nu \mu d\Omega = 2\pi \int_0^1 J_\nu \mu d\mu = \pi J_\nu$. 然而, 我们把尘埃颗粒的形状看作 (大致) 球形. 方程 (7.17) 中额外的因子 4 就是球的面积和这个球在平面平行辐射中的截面的比值. 物理量 σ_d 是后面这种意义下的截面.

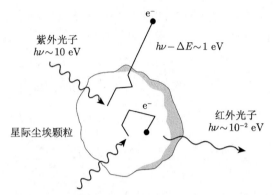

图 7.5 紫外光子和星际尘埃的相互作用. 发出的电子有时从尘埃表面逃逸, 但更经常地将其能量沉积到晶格中, 然后晶格辐射红外光子

我们在第 2 章中看到 $\Sigma_d \equiv n_d\sigma_d/n_H$ 如何通过结合经验和理论确定为 1.5×10^{-21} cm^2. 物理量 $4\pi \int_{\text{FUV}} J_\nu d\nu$ 由观测估计为 1.6×10^{-3} erg·cm^{-2}·s^{-1}, 这个值通常称为 "哈宾流量" (Habing flux). 使用方程 (7.17) 中 ϵ_{PE} 的代表值 0.01, 我们发现 Γ_{PE} 的值为 $2 \times 10^{-11}(n_H/10^3 \text{ cm}^{-3})$ eV·cm^{-3}·s^{-1}. 然而, 这个估计忽略了非常小尘埃颗粒的影响, 包括 PAH(多环芳香烃). 对于这些尘埃颗粒, 发出的电子可以轻易到达表面, 即效率因子更高. 此外, 这些尘埃颗粒的数密度相对高. 回忆 10 Å 尘埃颗粒的丰度和 0.1 μm 粒子丰度的比为 $(10^{-7}/10^{-5})^{-3.5} = 10^7$. 尽管每个 PAH 的截面很小, 但它们的积累效应是可观的. 对实际的尘埃颗粒尺寸分布进行积分, 我们得到最终的加热率为

$$\Gamma_{PE} = 3 \times 10^{-11} \left(\frac{n_H}{10^3 \text{ cm}^{-3}} \right) \text{ eV} \cdot \text{cm}^{-3} \cdot \text{s}^{-1}. \tag{7.18}$$

这个数值假设了每个尘埃颗粒是电中性的. 这个条件在足够强的紫外辐射场中是不满足的. 我们将在第 8 章中讨论大质量恒星附近的光致离解区时考虑对 Γ_{PE} 的改变.

7.2.4 尘埃颗粒的辐照

没离开尘埃颗粒的电子通过碰撞将能量传递给晶格 (图 7.5). 所以, 大部分紫外辐射起到了提高尘埃温度 T_d 的作用. 更强的光学光子流提供了更多的尘埃加热. 光学光子也激发了内部电子. 仅计算这一可见成分, 单位体积的总尘埃加热速率为

$$\Gamma_d = 4\pi n_d \sigma_d \int_{\text{VIS}} Q_{\nu,\text{abs}} J_\nu d\nu. \tag{7.19}$$

这里尘埃吸收效率 $Q_{\nu,\mathrm{abs}}$ 在可见光波段正比于 ν. 和前面一样, 我们把 J_ν 看作是特征温度为 $\bar{T}$, 峰值频率为 $\nu_{\max}$ 的稀释黑体发出的. 方程 (7.19) 变为

$$\Gamma_\mathrm{d} = 4\pi W n_\mathrm{d} \sigma_\mathrm{d} Q_{\nu_{\max}} \int_0^\infty \left(\frac{\nu}{\nu_{\max}}\right) \frac{2h\nu^3/c^2}{\exp(h\nu/k_\mathrm{B}\bar{T}) - 1} d\nu,$$

其中 W 是稀释因子. 我们定义无量纲变量 $x \equiv h\nu/k_\mathrm{B}\bar{T}$, 得到

$$\Gamma_\mathrm{d} = \frac{8\pi W Q_{\nu_{\max}} n_\mathrm{d} \sigma_\mathrm{d} k_\mathrm{B} \bar{T} \nu_{\max}^3}{x_0^4 c^2} \int_0^\infty \frac{x^4}{e^x - 1} dx.$$

这个无量纲积分的数值为 24.9. 我们接下来使用 $n_\mathrm{d}\sigma_\mathrm{d}$ 和 n_H 的关系, 并且把 $Q_{\nu_{\max}}$ 设为 0.1, 适合光学峰值频率 $\nu_{\max} = 3 \times 10^{14}$ s^{-1}. (回忆方程 (2.40) 和图 2.10)Γ_d 的表达式变为

$$\Gamma_\mathrm{d} = 2 \times 10^{-9} \left(\frac{n_\mathrm{H}}{10^3 \text{ cm}^{-3}}\right) \text{ eV} \cdot \text{cm}^{-3} \cdot \text{s}^{-1}. \tag{7.20}$$

我们强调, 这个关系描述的是尘埃颗粒的加热, 而不是气体的加热. 仅在分子云密度足够高, 尘埃和气体能有效地碰撞耦合时, 尘埃才向气体传递能量.

我们还没有提到星际辐射对恒星形成云的主要成分, 即分子氢本身的影响. 如我们在第 5 章中看到的, 能量 $h\nu$ 高于 11.2 eV 的光子的吸收使 H$_2$ 进入激发态. 最常见的情况是, 被激发的分子落到电子基态, 然后在这个态内级联到振转能级. 在宁静分子云中, 这种退变是通过发出紫外和红外光子实现的, 但在激波后的高密度和高温下, 能量可以提供给其他发生碰撞的分子. 如果激发的 H$_2$ 离解, 它会发射一个能量 $h\nu - \Delta E_{\mathrm{diss}} - \epsilon$ 的光子, 并把能量 ϵ 传递给单独的原子. 平均来说, ϵ 大约是 2 eV. 这个能量通过碰撞快速分散到气体中.

在一块完全暴露在星际辐射场的分子氢云中, 这个 H$_2$ 离解的次级效应可能完全主导加热. 然而, 如我们已经注意到的, 这样的云无法存在. 分子氢仅在云表面以下一定深度被发现, 那里紫外流量已经被外区 H$_2$ 分子的激发和离解以及尘埃吸收大幅减弱. 结果, 离解造成的加热只起次要作用.

7.2.5   恒星 X 射线

分子云也被它们创造的年轻恒星的辐射加热. 在大的分子云复合体内, 密度最高的区域被内部产生的星风和外流吹散, 但密度较低的气体可以保留下来. 大质量恒星发出大量紫外辐射. 这种辐射直接吸收加热附近的尘埃, 通过尘埃光电效应加热气体. 紫外流量相对星际值增强的 G_0 因子对于 O 型或 B 型恒星附近的云可以高达 10^6. 相比之下, 小质量主序前天体, 即金牛座 T 型星在光学和近红外波段发出了大部分光度. 这种辐射很容易被尘埃颗粒吸收, 速率由方程 (7.19) 给

出, 但 J_ν 适当增强. 在分子云内部典型的密度下, 尘埃颗粒在通过碰撞传递能量之前就把能量辐射走了.

小质量恒星光度的大约 10^{-4} 是 X 射线, 确实直接加热了气体. X 射线与分子气体相互作用使组成分子的原子核电离. 能量低于大约 0.5 keV 的光子主要电离氢和氦, 而能量更高的光子会打出重元素最内层 (K 壳层) 的电子. 光致电离的总截面 σ_ν 近似以 ν^{-3} 降低, 除光子能量符合某个电离阈值时向上跃迁的情形. 回忆第 2 章, 这种随频率的降低与红外和光学光子遇到星际尘埃的行为形成了对比.

金牛座 T 型星的 X 射线来源于温度 $T_X = 1 \times 10^7$ K, 或者 $k_B T_X$ 在 1 keV 附近的热等离子体. 正是等离子体中随机运动电子的加速产生了辐射, 这种发射机制被称为热轫致辐射. 这些电子的动能很少会超过 $k_B T_X$ 太多. 因此, 等离子体产生的平均强度 J_ν 在 $\nu \lesssim \nu_X \equiv k_B T_X/h$ 几乎不依赖于频率, 而在更高频率快速降低. 图 7.6 展示了在典型小质量主序前恒星附近会探测到热轫致辐射的 νJ_ν. 这个强度图忽略了所有星际吸收. 实际上, 发射到密度 n_H 的分子云中的恒星 X 射线将大部分能量沉积在典型距离 r_X 之内,

$$r_X \equiv (n_H \sigma_X)^{-1}$$
$$= 2 \left(\frac{n_H}{10^3 \text{ cm}^{-3}} \right)^{-1} \text{ pc.} \tag{7.21}$$

这里, σ_X 是每个氢原子在 ν_X 的吸收截面, 对于 $k_B T_X = 1$ keV 为 2×10^{-22} cm^2.

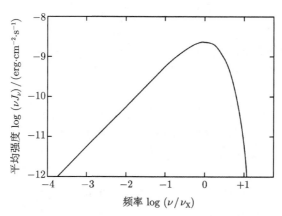

图 7.6 距离主序前恒星 0.1 pc 处的 X 射线平均强度. 这颗星的总 X 射线光度为 $L_X = 1 \times 10^{30}$ erg · s^{-1}. 假设这种辐射来自温度 $T_X = 1 \times 10^7$ K 的等离子体的热轫致辐射

现在考虑总 X 射线光度 L_X(图 7.7) 的恒星周围半径 r_X 的球内的体积加热率. 吸收导致在任意频率的比强度随距离指数下降. 令 $\nu \lesssim \nu_X$ 的内禀 J_ν 为平的,

半径 r 处频率在 ν 和 $\nu + \Delta\nu$ 之间的光子流量 $F_\nu \Delta\nu$ 一定是

$$F_\nu \Delta\nu = \left(\frac{\Delta\nu}{\nu_X}\right)\frac{L_X}{4\pi r^2}\exp(-\tau_\nu).$$

这里, 光深 τ_ν 由 $n_H \sigma_\nu r$ 给出, 其中截面 σ_ν 是 $\sigma_X(\nu_X/\nu)^3$. 假设每个电离光子的能量全部转化为热量. 然后, 为了得到距离 r 处的体积加热率, 我们首先用流量乘以 $n_H \sigma_\nu$. 对频率积分, 我们得到

$$\Gamma_X = \frac{n_H L_X}{4\pi r^2 \nu_X}\int_0^{\nu_X} d\nu\, \sigma_\nu \exp(-\tau_\nu). \tag{7.22}$$

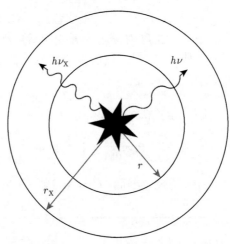

图 7.7 恒星 X 射线加热的分子云. 具有最高频率 ν_X 的光子可以穿透到最大距离 r_X. 频率 $\nu < \nu_X$ 的光子截面更大. 在内部任意半径 r, 一些光子被吸收, 剩下的向外传播

为了计算这个表达式, 我们首先令 τ_X 代表 $\nu = \nu_X$, 距离 r 处的光深, 即 $\tau_X \equiv n_H \sigma_X r$. 由这个定义, 我们也得到 $\tau_\nu = \tau_X(\nu_X/\nu)^3$. 我们接下来定义一个新的变量 $y \equiv \nu/\nu_X$, 于是方程 (7.22) 变为

$$\Gamma_X = \frac{n_H^3 \sigma_X^3 L_X}{4\pi \tau_X^2}\int_0^1 dy\, y^{-3}\exp(-\tau_X y^{-3}).$$

在右边出现的指数以及 Γ_X 在远大于 r_X 的距离处 (即对于 $\tau_X \gg 1$) 为零. 为了计算这个半径以内的 Γ_X, 我们首先注意到被积函数在小 y 和大 y 时趋向于零, 在 $y_0 = \tau_X^{1/3}$ 达到峰值. 我们可以粗略地把这个函数近似为中心 $y = y_0$、具有合适高度和曲率的高斯函数. 可以方便地把积分限扩展为从 $y = -\infty$ 到 $y = +\infty$. 加热速率简化为

$$\Gamma_{\mathrm{X}} = \frac{1}{6e\sqrt{2\pi}} \frac{L_{\mathrm{X}}}{\tau_{\mathrm{X}}^{8/3} r_{\mathrm{X}}^3}$$

$$= 2 \times 10^{-13} \left(\frac{n_{\mathrm{H}}}{10^3~\mathrm{cm}^{-3}}\right)^{1/3} \left(\frac{L_{\mathrm{X}}}{10^{30}~\mathrm{erg\cdot s^{-1}}}\right) \left(\frac{r}{0.1~\mathrm{pc}}\right)^{-8/3}~\mathrm{eV\cdot cm^{-3}\cdot s^{-1}}. \tag{7.23}$$

我们强调这个公式仅对 $r < r_{\mathrm{X}}$ 成立. 读者可以验证, 对 Γ_{X} 体积分到这个半径给出总的热输入率 $\sqrt{2\pi}/eL_{\mathrm{X}}$, 接近 L_{X} 的正确值.

7.3 原子导致的冷却

我们现在把注意力转向分子云向星际空间损失能量的机制. 在宁静云中, 氢和氦都不能辐射掉大部分热量. 于是, 这些气体的冷却必然是间接的, 依赖于那些表现为高效辐射体的次要成分. 氢和氦与周围原子、分子和尘埃颗粒非弹性碰撞, 激发内部自由度. 这些激发通过发射光子退激发.

7.3.1 密度依赖

首先考虑一个简化的原子, 仅有一个上能级和一个下能级, 相差 ΔE_{ul}. 如果这种原子和氢碰撞以每个原子 $n_{\mathrm{H}} \gamma_{\mathrm{lu}}$ 的速率被激发, 那么体冷却速率 Λ_{ul} 是多少? 我们知道, 对于 $n_{\mathrm{H}} \ll n_{\mathrm{crit}} \equiv A_{\mathrm{ul}}/\gamma_{\mathrm{ul}}$, 每个向上的碰撞跃迁会紧跟着一个向下的辐射跃迁. 所以, 在这个低密度情形, 氢碰撞的冷却率是

$$\Lambda_{\mathrm{ul}}(n_{\mathrm{H}} \ll n_{\mathrm{crit}}) = n_{\mathrm{l}} n_{\mathrm{H}} \gamma_{\mathrm{lu}} \Delta E_{\mathrm{ul}}$$
$$= \frac{g_{\mathrm{u}}}{g_{\mathrm{l}}} n_{\mathrm{l}} n_{\mathrm{H}} \gamma_{\mathrm{ul}} \Delta E_{\mathrm{ul}} \exp(-T_0/T_{\mathrm{g}}), \tag{7.24}$$

其中 n_{l} 是下能级的布居数. 这里, 我们已经使用了方程 (B.4) 把 γ_{lu} 和对温度相对不敏感的速率 γ_{ul} 通过气体温度 $T_{\mathrm{g}} \equiv T_{\mathrm{kin}}$ 联系起来. 因为任何时候仅有一小部分原子或分子被激发, 方程 (7.24) 中出现的乘积 $n_{\mathrm{l}} n_{\mathrm{H}}$ 可以非常精确地由 n_{H}^2 和冷却分子的分数丰度的乘积给出.

在更高的密度, $n_{\mathrm{H}} \gg n_{\mathrm{crit}}$, 每一个向上碰撞激发通常跟随着碰撞退激发而不是辐射退激发. 在这些条件下, 这两个能级的布居是局域热动平衡的, 不再依赖于 n_{H}. 冷却速率是 n_{u} 和 $A_{\mathrm{ul}} \Delta E_{\mathrm{ul}}$ 的乘积, 上能级的能量损失速率为

$$\Lambda_{\mathrm{ul}}(n_{\mathrm{H}} \gg n_{\mathrm{crit}}) = n_{\mathrm{u}} A_{\mathrm{ul}} \Delta E_{\mathrm{ul}}$$
$$= \frac{g_{\mathrm{u}}}{g_{\mathrm{l}}} n_{\mathrm{l}} A_{\mathrm{ul}} \Delta E_{\mathrm{ul}} \exp(-T_0/T_{\mathrm{g}}). \tag{7.25}$$

我们看到, 这种超临界状态的 Λ_{ul} 可以由亚临界的结果把 n_H 替换为 n_{crit} 而从形式上得到. 所以人们通常说, 碰撞 "淬灭" (quench) 原子冷却. 这个术语有点误导, 因为 Λ_{ul} 仍然随密度增加而升高, 尽管速率低一些.

7.3.2　精细结构分裂

这些一般性考虑有实际应用. 实际上, 很多原子具有很低的精细结构能级, 容易发生碰撞激发. 这些能级的存在源自自旋-轨道相互作用. 根据我们在 2.1 节中对氢原子的讨论, 任何轨道电子和带电原子核的相对运动都会产生作用于与电子内禀自旋相关的磁矩的力矩. 氢和氦的电子由单粒子波函数描述, 没有轨道角动量 ($l = 0$). 所以, 这些原子的电子基态缺少内部力矩, 没有精细结构分裂. 我们需要转向氧, 丰度次一等的元素.

分子云大部分区域中氧以中性原子形式 (OI) 存在. 在其电子基态, OI有四个 p 电子 ($l = 1$). 它们各自的轨道角动量矢量合成产生一个总轨道角动量 $L = 1$, 而电子自旋加起来得到 $S = 1$. 尽管其他的 L 和 S 值是可能的, 但电子之间会产生更大的库仑斥力, 因而有更高的能量. OI的电子基态用光谱符号记作 ^3P, 其中符号 P 标记 $L = 1$, 上标等于 $2S + 1$. 如图 7.8 所示, 对应于 $L = 2$ 和 $S = 0$ 的第一激发态记作 ^1D.

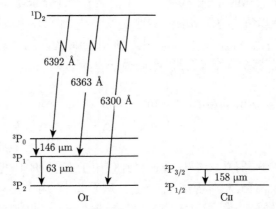

图 7.8　OI和CII电子基态的精细结构分裂. 图中标出了这些能级之间跃迁相应的远红外谱线. 图中也展示了OI第一电子激发态的光学跃迁. CII中类似的跃迁不产生光学谱线

这幅图也表明, ^3P 态实际上是一个包含三个有微小差异的不同能级的多重态. 每个能级由其自旋-轨道相互作用强度区分. 我们可以把轨道和自旋角动量矢量 $\boldsymbol{L}$ 和 $\boldsymbol{S}$ 绕它们的固定的和 $\boldsymbol{J} = \boldsymbol{L} + \boldsymbol{S}$ 进动 (和 5.5 节中对 OH 分子的讨论比较). 自旋-轨道能量正比于 $\boldsymbol{L} \cdot \boldsymbol{S}$, 在进动时保持不变. 按照惯例, 每个能级用下标 J, 即总角动量的大小表示. 对于 ^3P 态, 这个数可以取 0,1 或 2, 对于第一激发

态 (^{1}D) 限制为 2. O$_{\rm I}$的 ^{3}P$_2$ 能级是真正的基态, 而 ^{3}P$_0$ 能级的能量最高. 多重态中这种能量的排序被称为倒置, 因为, 在半经典模型中, $\boldsymbol{L}$ 和 $\boldsymbol{S}$ 倾向于反平行, 表明 J 通常在基态最小. [①]

7.3.3 O$_{\rm I}$和 C$_{\rm II}$的发射

O$_{\rm I}$的 ^{3}P$_1$ 和 ^{3}P$_2$ 能级之间的能量差是 2.0×10^{-2} eV, 对应于 230 K 的温度 T_0. 上能级在分子云中较温暖的区域可以被碰撞激发, 并以相应的 9.0×10^{-5} s^{-1} 的 A 值退激发. 注意到, 所有的向下精细结构跃迁按照量子力学的电偶极选择定则都是禁戒的, 所以是通过更慢的磁偶极相互作用发生的. 对于 O$_{\rm I}$的 ^{3}P$_1 \to ^3$P$_2$ 跃迁, 发出的谱线记作 [O$_{\rm I}$]63 μm, 其中括号标记禁戒跃迁. 除了在分子云中密度非常高的区域, 这种远红外辐射容易逃逸, 提供了一种重要的冷却途径. 氢碰撞的退激发速率 $\gamma_{\rm ul}$ 在感兴趣的温度 ($T_{\rm g} \lesssim 40$ K) 为 4×10^{-11} cm$^3 \cdot$s^{-1}, 所以 $n_{\rm crit} = 2 \times 10^6$ cm^{-3}. 所以我们可以从亚临界表达式, 方程 (7.24) 计算体冷却速率 $\Lambda_{\rm O_I}$. 使用氧相对于氢的数密度 4×10^{-4}(表 2.1), 并注意到每个 J 态的简并度为 $2J + 1$, 我们得到

$$\Lambda_{\rm O_I} = 2 \times 10^{-10} \left(\frac{n_{\rm H}}{10^3 \ {\rm cm}^{-3}} \right)^2 \exp\left(-\frac{230 \ {\rm K}}{T_{\rm g}} \right) \ {\rm eV} \cdot {\rm cm}^{-3} \cdot {\rm s}^{-1}. \tag{7.26}$$

这个表达式在更密的区域需要修改, 那里大部分氧在 CO 或尘埃幔中. 然而, 在这些情况下, 其他冷却机制主导 (第 8 章). 碳也有精细结构冷却. 碳元素丰度和氧相当. 正如我们已经看到的, 原子碳可以容易地被星际辐射场的紫外成分电离, 所以实际上是 C$_{\rm II}$提供了大部分冷却. 这种离子仅有一个 p 电子, 自旋-轨道相互作用将其基态分裂为 ^{2}P$_{3/2}$ 和 ^{2}P$_{1/2}$ 能级. 图 7.8 表明, 在此情形, 能量顺序是正常的, 即 ^{2}P$_{1/2}$ 能级实际上是基态. 能级之间的能量差为 7.93×10^{-3} eV, 对应的 T_0 为 92 K, 对应的光子波长为 158 μm.

现在合适的 $\gamma_{\rm ul}$ 值是 6×10^{-10} cm$^3 \cdot$s^{-1}, $A_{\rm ul}$ 是 2.4×10^{-6} s^{-1}. 所以, 临界密度仅为 3×10^3 cm^{-3}, 这是通常在分子云中可以达到的值. 在更高的密度, 大部分碳被锁在了 CO 中, 亚临界冷却速率仍然是合适的. 我们发现

$$\Lambda_{\rm C_{II}} = 3 \times 10^{-9} \left(\frac{n_{\rm H}}{10^3 \ {\rm cm}^{-3}} \right)^2 \exp\left(-\frac{92 \ {\rm K}}{T_{\rm g}} \right) \ {\rm eV} \cdot {\rm cm}^{-3} \cdot {\rm s}^{-1}. \tag{7.27}$$

方程 (7.26) 和 (7.27) 都假设了仅通过与周围的氢原子碰撞跃迁到精细结构上能级. 实际上, 这些能级更容易被自由电子激发. 仅仅因为整块宁静分子云的电离分数非常低, 我们才可以安全地忽略电子的贡献.

---

① 在电子参考系中, 原子核产生一个平行于 $\boldsymbol{L}$ 的磁场 $\boldsymbol{B}$. 对于自旋磁矩 $\boldsymbol{\mu}_S$, 最低能量产生于 $\boldsymbol{\mu}_S$ 平行于 $\boldsymbol{B}$, 也就是平行于 $\boldsymbol{L}$ 时. 因为电子带负电, $\boldsymbol{\mu}_S$ 反平行于 $\boldsymbol{S}$. 所以预期 $\boldsymbol{L}$ 和 $\boldsymbol{S}$ 是反平行的.

7.4　分子和尘埃导致的冷却

从原子转向分子, 紧密排列的转动能级容易通过碰撞布居. 在亚临界密度, 这些激发快速通过辐射退激发, 但发射的光子在分子云内可能被吸收. 我们需要仔细考虑这种辐射俘获 (trapping) 以计算净的能量损失. 分子云的另一种重要成分是尘埃, 可以加热或冷却气体.

7.4.1　CO 谱线的俘获

尽管很多诸如 H_2O 和 O_2 的分子表现为冷却剂, 但主导的冷却剂是 CO. 这里, $J = 1 \rightarrow 0$ 转动跃迁在分子云中总是光学厚的. 事实上, 相关的截面太大, 很多更高的跃迁也是光学厚的. 内部俘获降低了给定谱线的发射, 增加了高能级的布居, 超过仅通过碰撞所能达到的值.

现在考虑密度和温度在空间上均匀的理想分子云. $J = 1 \rightarrow 0$ 跃迁线心的光学厚度是多少? 使用方程 (6.9), 应用到主要的同位素分子 $^{12}C^{16}O$, 我们可以用柱密度 N_{CO} 写出 τ_{10}:

$$\tau_{10} = \left(\frac{g_1}{g_0} \right) \frac{A_{10} N_{CO} c^3}{8\pi \nu_{10}^3 Q \Delta V} \left[1 - \exp\left(\frac{h\nu_{10}}{k_B T_g} \right) \right]. \tag{7.28}$$

这里我们已经把线心频率标记为 ν_{10}, 并把 T_{ex} 设为等于 T_g. 如我们在 6.2 节所述, 只要谱线辐射变得光学厚, 这个局域热动平衡假设就是对的. 在写出方程 (7.28) 时, 我们也已经假设了谱线的展宽主要是由于分子云内部的整体运动. 所以, 我们把线宽 $\Delta\nu_{10}$ 设为等于 $\nu_{10}\Delta V/c$, 其中 ΔV 是内部速度弥散. 对于配分函数 Q, 我们使用了方程 (C.18) 写为 $Q = 2k_B T_g/h\nu_{10}$. 展开指数项 (其宗量小于 1) 后, 我们可以计算 τ_{10}

$$\tau_{10} = 8 \times 10^2 \left(\frac{N_H}{1 \times 10^{22}~\text{cm}^{-2}} \right) \left(\frac{T_g}{10~\text{K}} \right)^{-2} \left(\frac{\Delta V}{1~\text{km} \cdot \text{s}^{-1}} \right)^{-1}. \tag{7.29}$$

这个表达式假设几乎所有碳都以 CO 形式存在, 相对于氢的丰度为 3×10^{-4}.

除了典型分子云条件下非常大的 τ_{10}, 更高阶跃迁的光深 $\tau_{J+1,J}$ 随 J 的增加快速减小. 原因是 J 能级的柱密度 N_J 下降. 为了量化这个趋势, 我们推广方程 (7.29), 使用量子力学转子的结果, $A_{J+1,J}$ 正比于 $(J+1)/(2J+3)\nu_{J+1,J}^3$. 将局域热动平衡假设应用于 N_J 并使用方程 (5.6) 得到 $\nu_{J+1,J}$ 对 J 的依赖, 我们得到

$$\tau_{J+1,J} = \tau_{10} \left(\frac{J+1}{2J+1} \right) \frac{1 - \exp[-(J+1)/\theta]}{1 - \exp(-1/\theta)} \exp\left[-\frac{J(J+1)}{2\theta} \right]. \tag{7.30}$$

这里, θ 是无量纲温度:

$$\theta \equiv \frac{k_B T_g}{h\nu_{10}} = \frac{T_g}{5.5 \text{ K}}. \tag{7.31}$$

在固定的 θ, 玻尔兹曼因子 $\exp[-J(J+1)/2\theta]$ 的存在保证了 $\tau_{J+1,J}$ 在适当的 J 值减小到 1, 我们将其记作 J_*. 可以通过求解

$$\exp\left[\frac{J_*(J_*+1)}{2\theta}\right] = \tau_{10}\left(\frac{J_*+1}{2J_*+1}\right)\frac{1-\exp[-(J_*+1)/\theta]}{1-\exp(-1/\theta)}$$

$$= \frac{3A_{10}N_{CO}c^3}{16\pi\nu_{10}^3\Delta V}\left(\frac{J_*+1}{2J_*+1}\right)\frac{1-\exp[-(J_*+1)/\theta]}{\theta} \tag{7.32}$$

得到这个临界能级. 在这个方程的第二个形式中, 我们代入了 τ_{10} 的表达式, 方程 (7.28). 图 7.9 显示了 J_* 作为温度的函数, 是对这样一块分子云计算的, $\Delta V = 1 \text{ km} \cdot \text{s}^{-1}$, $n_{H_2} = 1 \times 10^3 \text{ cm}^{-3}$, 直径 1 pc, 即相应的氢柱密度为 $N_H = 6 \times 10^{21} \text{ cm}^{-2}$. 在这个例子中 $N_{CO} = 2 \times 10^{18} \text{ cm}^{-2}$. J_* 随温度增加而上升表明辐射俘获变得越来越重要.

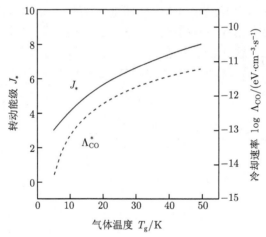

图 7.9 产生光学厚谱线的最高阶 CO 转动能级 J_* 的图, 作为气体温度的函数. 图中还画出了体冷却速率 Λ_{CO}^*. 这里我们把 J_* 展示为光滑变化的实数, 避免相应的冷却速率中的人为跳变

7.4.2 CO 冷却

所有 $J \lesssim J_*$ 的跃迁都是光学厚的, 并且能级布居处于局域热动平衡. 在分子云深处, 这些频率的光子通过从一个区域向另一个区域扩散来传输能量, 仅在分子云表面逃逸. 这里, 流量是 $F_{CO}(J+1, J) = \pi B_\nu(T_g)\Delta\nu_{J+1,J}$, 其中普朗克比强度 $B_\nu(T_g)$ 在线心计算. 也就是

$$F_{\text{CO}}(J+1,J) = \frac{2\pi h\nu_{J+1,J}^4}{c^3} \frac{1}{\exp(h\nu_{J+1,J}/k_{\text{B}}T_{\text{g}})-1}\Delta V. \tag{7.33}$$

在用 ν_{10} 重写 $\nu_{J+1,J}$ 后, 我们得到

$$\begin{aligned}
F_{\text{CO}}(J+1,J) &= \frac{2\pi h\nu_{10}^4}{c^3} \frac{(J+1)^4}{\exp[(J+1)/\theta]-1}\Delta V \\
&= 4\times 10^{-20} \frac{(J+1)^4}{\exp[(J+1)/\theta]-1} \left(\frac{\Delta V}{1\ \text{km}\cdot\text{s}^{-1}}\right)\ \text{eV}\cdot\text{cm}^{-2}\cdot\text{s}^{-1}.
\end{aligned} \tag{7.34}$$

在固定的 T_{g} 和 ΔV, 方程 (7.34) 表明 $F_{\text{CO}}(J+1,J)$ 仅是变量 $\alpha \equiv (J+1)/\theta$ 的函数. 冷却流量最初以 α^3 增大, 在 $\alpha \approx 4$ 达到峰值, 之后降低. 所以, 看起来峰值流量可能来自 $J \approx 4\theta - 1$ 的跃迁. 然而, 在实践中, 这条谱线总是光学薄的, 相应的能级布居数远低于局域热动平衡值, 对净的冷却几乎没有贡献. 发射的真正极大发生在方程 (7.32) 给出的较低的 J_*, 画在了图 7.9 中. 因为发射随 α(或 J_*) 陡然增大, 总的 CO 冷却的大部分来自这一条临界谱线.

为了得到 $J_* + 1 \to J_*$ 跃迁的光度, 我们将方程 (7.34) 中的流量乘以云的表面积. 或者, 因为这条谱线只是稍微光学厚, 我们可以计算体冷却速率 Λ_{CO}^*. 这个形式和其他来源的速率相比更方便. 对于体冷却速率的形式, 我们可以使用之前二能级原子的结果. 假设辐射俘获可以保持 $J_* + 1$ 能级在局域热动平衡, 我们用方程 (7.25) 得到

$$\begin{aligned}
\Lambda_{\text{CO}}^* &= \frac{f(J_*)\Delta E_{10}A_{10}n_{\text{CO}}}{2\theta} \exp\left[-\frac{(J_*+1)(J_*+2)}{2\theta}\right] \\
&= 5\times 10^{-12} \frac{f(J_*)}{\theta} \exp\left[-\frac{(J_*+1)(J_*+2)}{2\theta}\right] \left(\frac{n_{\text{H}}}{10^3\ \text{cm}^{-3}}\right)\ \text{eV}\cdot\text{cm}^{-3}\cdot\text{s}^{-1},
\end{aligned} \tag{7.35}$$

其中

$$f(J_*) \equiv \frac{(J_*+1)^5}{2J_*+1}.$$

读者可以验证, Λ_{CO}^* 乘以分子云的体积得到一个光度, 和方程 (7.34) 的光度只相差一个量级为 1 的因子.

总结起来, 首先从方程 (7.32) 估计 J_*, 得到 N_{H}、T_{g} 和 ΔV 给定的分子云的体冷却速率. 我们随后可以用方程 (7.35) 得到主导的 $J_* + 1 \to J_*$ 谱线的发射. 为了更精确地估计总的 CO 冷却, Λ_{CO}, 我们应该加上一些光学厚谱线, 即 $J < J_*$ 谱线的发射. 这里还需要给定分子云的表面积. 除了 J_*, 图 7.9 还画出了对于同

样的分子云参数, Λ_{CO}^* 作为气体温度的函数. 注意到, 随着辐射俘获激发了更多分子到临界 J_* 能级, 冷却速率如何随 T_g 指数增长.

7.4.3 尘埃的热效应

星际尘埃颗粒也是重要的冷却剂. 在此情形, 和气体原子和分子的碰撞导致晶格振动, 这种振动通过发射红外光子衰减. 如我们已经看到的, 同样的尘埃颗粒也通过吸收光学和紫外光子被加热. 所以, 尘埃温度 T_{d} 一般和气体温度 T_{g} 不同.

让我们首先考虑 Λ_{d}, 尘埃颗粒发射导致的体冷却速率. 注意到, 体速率在这里是合适的, 因为分子云通常对这些红外光子是光学薄的. 再把 $\rho\kappa_{\nu,\mathrm{abs}}$ 替换为等价的 $n_{\mathrm{d}}\sigma_{\mathrm{d}}Q_{\nu,\mathrm{abs}}$ 后, 我们可以用方程 (2.30) 中热发射的一般公式确定 Λ_{d}. 将 $(j_\nu)_{\mathrm{therm}}$ 对所有立体角积分并注意到辐射是各向同性的, 我们发现

$$\Lambda_{\mathrm{d}} = 4\pi n_{\mathrm{d}}\sigma_{\mathrm{d}} \int_0^\infty Q_{\nu,\mathrm{abs}} B_\nu(T_{\mathrm{d}}) d\nu. \tag{7.36}$$

对于典型的尘埃温度 30 K, $B_\nu(T_{\mathrm{d}})$ 峰值在波长大约 100 μm, 这个波长比尘埃大得多. 如我们在第 2 章中注意到的, 长波的吸收效率 $Q_{\nu,\mathrm{abs}}$ 趋向于平方形式

$$Q_{\nu,\mathrm{abs}} = Q_{\nu_{\max}}(\nu/\nu_{\max})^2. \tag{7.37}$$

使用方程 (7.36) 中的最后一个关系, 加上 $n_{\mathrm{d}}\sigma_{\mathrm{d}} = \Sigma_{\mathrm{d}}n_{\mathrm{H}}$, 我们发现

$$\Lambda_{\mathrm{d}} = \frac{4\pi Q_{\nu_{\max}}\Sigma_{\mathrm{d}}n_{\mathrm{H}}}{\nu_{\max}^2} \int_0^\infty \nu^2 B_\nu(T_{\mathrm{d}}) d\nu$$

$$= \frac{8\pi Q_{\nu_{\max}}\Sigma_{\mathrm{d}}n_{\mathrm{H}}k_{\mathrm{B}}^6 T_{\mathrm{d}}^6}{h^5 c^2 \nu_{\max}^2} \int_0^\infty \frac{x^5}{e^x - 1} dx. \tag{7.38}$$

为了数值计算 Λ_{d}, 我们也回忆一下第 2 章, $Q_{\nu_{\max}}$ 可以用相应的不透明度写为 $\mu m_{\mathrm{H}}\kappa_{\nu_{\max}}/\Sigma_{\mathrm{d}}$. 这里, μ 是每个离子相对于氢原子的平均分子量 (见方程 (2.2) 和 (2.38)). 对于不透明度, 我们使用理论结果, 在波长 100 μm, $\kappa = 0.34$ cm^2·g^{-1} ($\nu_{\max} = 3.0 \times 10^{12}$ s^{-1}). 对于 HI 气体使用 $\mu = 1.3$ 并注意到无量纲积分的值为 122, 我们得到

$$\Lambda_{\mathrm{d}} = 1 \times 10^{-10} \left(\frac{n_{\mathrm{H}}}{10^3 \text{ cm}^{-3}}\right) \left(\frac{T_{\mathrm{d}}}{10 \text{ K}}\right)^6 \text{ eV} \cdot \text{cm}^{-3} \cdot \text{s}^{-1}. \tag{7.39}$$

在写这个方程的时候, 我们已经隐含地假设了各种大小的尘埃有相同的温度. 真实情况一般不可能这样. 例如, 暴露在紫外线中的尘埃, 只要尘埃直径超过入射波长, 就具有不依赖于尘埃半径 a 的吸收 Q. 另一方面, 同一颗尘埃粒子在红外发射, 相应的 Q 随 a 变化. 所以, 较小的尘埃颗粒应该更热, 以补偿它们较低的内部

发射率. 然而, 在实践中, 温度范围是适中的, 足以保证平均的 T_d 仍然是一个有用的概念.

最后, 我们讨论与尘埃碰撞的气体冷却. 我们强调, 这个过程代表了能量在分子云中两个成分之间转移, 而不是直接散失到星际空间. 我们把这个速率记作 $\Lambda_{g\to d}$, 它对于确定气体和尘埃的温度通常是必须的. 一个尘埃颗粒在方程 (5.9) 给出的时间 t_{coll} 内被氢分子击中一次, 这里我们把 HI 下标换为 H_2. 撞击分子带有平动动能 $(3/2)k_B T_g$, 它将其传递给尘埃晶格. [①] 假设分子在离开之前有时间和晶格达到热平衡, 它离开的时候带有能量 $(3/2)k_B T_d$. 故气体的净冷却速率为

$$
\begin{aligned}
\Lambda_{g\to d} &= \frac{3}{2} k_B (T_g - T_d) \frac{n_d}{t_{coll}} \\
&= \frac{3}{4} k_B \Sigma_d n_H^2 v_{H_2} (T_g - T_d) \\
&= 2 \times 10^{-14} \left(\frac{n_H}{10^3 \ cm^{-3}} \right) \left(\frac{T_g}{10 \ K} \right)^{1/2} \left(\frac{T_g - T_d}{10 \ K} \right) \ eV \cdot cm^{-3} \cdot s^{-1}. \quad (7.40)
\end{aligned}
$$

本 章 总 结

不透明分子云气体加热最重要的外来热源是宇宙线. 相对论性质子电离 H_2, 释放电子, 这些电子随后离解其他仍然完好的分子. 分子云中离子的产生促进了产生大多数分子的反应. 其中之一是 OH, 对其丰度的测量可以让人们经验地确定宇宙线的电离速率.

紫外辐射是另一个热源. 来自场星的辐射流容易电离 HI 云中的碳. 再次强调, 实际上是弹出的电子提供了加热. 同样的辐射也可以直接从尘埃颗粒表面释放电子. 这些被尘埃内部吸收的光子使尘埃温度升高到一般和气体温度不同的值. 来自大质量恒星的紫外辐射可以加热距离很远的气体. 另一方面, 小质量恒星, 通过 X 射线提供加热. 这里, 效应是更局域的.

分子云中更少的成分, 而不是氢本身, 把能量发射到太空中. 氢与 OI 和 CII 碰撞, 激发精细结构能级, 通过发射远红外谱线退激发. 分子云中最重要的冷却剂是 CO. 最低阶转动跃迁的光子在云内部被俘获, 而更高阶跃迁的光子从分子云表面逃逸. 最后, 气体通过和尘埃颗粒碰撞传递能量. 这些尘埃发射红外连续谱.

建 议 阅 读

7.1 节 宇宙线的唯象理论以及早期研究的历史记录可以见

---

① 一个分子传递给尘埃表面的平均动能实际上是 $2k_B T_g$, 因为更快的分子尽管少, 但撞击更频繁. 我们忽略这个改正, 以及分子弹开而不是撞击尘埃颗粒的可能性.

Friedlander, M. W. 1989, Cosmic Rays (Cambridge: Harvard U. Press).

更广泛且更技术性的书是

Schlickeiser, R. 2000, Cosmic Ray Astrophysics (Berlin: Springer-Verlag).

我们对分子云中热沉积的讨论使用了这些理论研究

Cravens, T. E. & Dalgarno, A. 1978, ApJ, 219, 750

Van Dishoeck, E. F. & Dalgarno, A. 1984, ApJ, 277, 576,

其中后一篇得到了 OH 在光致离解下的寿命.

7.2 节 分子云被弥散辐射场加热在这篇有用的综述中有讨论

Black, J. H. 1987, in Interstellar Processes, ed. D. J. Hollenbach & H. A. Thronson (Dordrecht: Reidel), p. 731.

尘埃颗粒光电效应的物理已在这里总结

Hollenbach, D. J. 1990, in The Evolution of the Interstellar Medium, ed. L. Blitz (ASP Conf. Ser. Vol. 12), p. 167.

PAH 对这个过程的贡献在这里讨论

Bakes, E. L. O. & Tielens, A. G. G. M. 1994, ApJ, 427, 822.

关于分子云被恒星 X 射线加热, 见

Krolik, J. H. & Kallman, T. R. 1983, ApJ, 267, 810,

尽管我们的处理方法非常不同.

7.3 节 造成原子精细结构跃迁的 L-S 耦合在这里有解释

Messiah, A. 1975, Quantum Mechanics, Vol. II (Amsterdam: North Holland), Chapter 16.

对分子云中这些谱线的观测已有综述

Melnick, G. J. 1990, in Molecular Astrophysics, ed. T. W. Hartquist (Cambridge: Cambridge U. Press), p. 273.

7.4 节 我们对 CO 冷却的讨论很大程度基于这篇文章的详细分析

Goldreich, P. & Kwan, J. 1974, ApJ, 189, 441,

得到了和这篇文章类似的数值结果

Neufeld, D. A., Lepp, S., & Melnick, G. J. 1995, ApJSS, 100, 132.

这篇文章也包含了气体丰富的分子的冷却速率.

第 8 章　分子云的热结构

我们刚刚详细描述的物理过程使我们能够以更定量的方式重新研究分子云的结构. 在本章中, 我们聚焦于气体和尘埃温度的变化, 以及所含分子和原子的离解和电离. 我们考虑宁静云以及受到邻近大质量恒星产生的紫外辐射场和激波影响的云. 在宁静云的情形, 我们详细分析了自遮蔽过程, 这个过程控制着从原子氢向分子氢的转变. 我们还研究了分子气体中的残余电离, 因为这个特性控制着磁场的动力学影响. 我们展示了, 这些磁场强烈改变了源自星风的激波. 注意到我们对分子云的处理很大程度上基于热平衡和离解平衡. 所以, 在有关力学的问题上, 例如内部密度分布, 我们几乎什么都说不了. 为了在这方面取得进展, 我们还必须考虑力平衡, 如我们将在第 9 章做的那样.

8.1　分子的堆积

图 8.1 以示意的方式描绘了我们研究的一般分子云. 参考表 3.1, 所显示的实体可能代表了一块单独的暗云或者一个巨大复合体中的大质量团块. 最靠外的区域是原子包层, 在其中, 来自星际辐射场或邻近大质量恒星的紫外光子快速离解

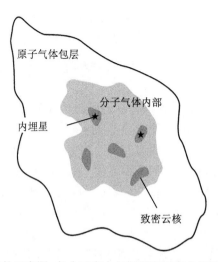

图 8.1　分子云的示意图, 包含了有内部恒星和没有内部恒星的致密云核

所有分子氢. 如我们在第 3 章中讨论的, HI 的 21cm 观测确定了, 至少在某些巨分子云复合体周围有这个稀薄的成分 (回忆图 3.3), 但还没有在更小的尺度上对类似的结构进行成图. 一些埋得特别深的团块可能缺少这个外层. 无论如何, 云的大部分质量都被分子组成的内部占据了. 这是主要通过各种 CO 同位素分子观测到的区域. 在其中, 我们发现了致密云核, 这里画出了一些. 这些云核中的一些含有年轻恒星. 我们现在的目标不是解释这种等级结构, 而是探索进入密度逐渐增高的区域时, 温度和化学组成的内部变化.

8.1.1 原子包层

让我们从最外的区域开始我们的分析. 在没有来自邻近年轻恒星的 X 射线的情况下, 这里的气体成分主要由宇宙线加热 (体加热速率由方程 (7.12) 给出) 以及尘埃颗粒的光电效应加热 (方程 (7.18)). 没有额外的碳电离加热机制 (方程 (7.16)), 因为这种元素已经在整个包层中完全电离. 气体通过原子和离子的精细结构跃迁发射红外光子来冷却. 最有效的冷却途径是 OI 的 63 μm 谱线 (方程 (7.26)) 和 CII 的 158 μm 谱线 (方程 (7.27)), 二者对于典型的包层密度 $n_H \lesssim 10^3$ cm^{-3} 都是光学薄的.

比较各种速率的大小, 我们发现在亚临界密度, Λ_{CII} 超过 Λ_{OI}, 所以所要求的热平衡实际上是

$$\Gamma_{PE} = \Lambda_{CII}. \tag{8.1}$$

光电加热速率随密度 n_H 线性变化, 而精细结构冷却速率正比于 n_H^2. 所以, 方程 (8.1) 立即得出所需的温度-密度关系:

$$T_g = \frac{40 \text{ K}}{2.0 + \log(n_H/10^3 \text{ cm}^{-3})}. \tag{8.2}$$

图 8.2 用上面的实线画出了这个关系. 在较高密度下 T_g 的稳步下降源于精细结构冷却效率的提高.

由最后这个方程, 我们可以推导在云的外边界处典型的密度和温度. 我们在第 2 章中讨论了星际介质的各种成分 (包括分子云) 如何看起来都大致处于压力平衡. 在自引力分子云中, 来自周围的压强作用于边缘, 但在内部深处压强陡然增大. 为了确定边界上的条件, 我们使用方程 (8.2) 作为 n_H 和 T_g 之间的一个关系. 至于第二个关系, 我们令乘积 $n_H T_g$ 和经验的数值 3000 cm$^{-3} \cdot$ K 相等. 通过这种方式, 我们得到 56 cm^{-3} 的密度和 54 K 的气体温度. 图 8.2 中的空心圆圈表示这一对边界值.

包层中的气体太稀薄, 无法与尘埃热耦合, 因此我们必须独立确定后者的温度. 包层的可见光波段消光相对较小. 所以, 光学光子可以以方程 (7.20) 给出的

速率 Γ_d 加热尘埃. 尘埃冷却通过以速率 Λ_d(方程 (7.39)) 发射远红外辐射进行. 因为 Γ_d 和 Λ_d 都随 n_d 线性变化, 令二者相等得到唯一的温度, 在这里等于 16 K. 图 8.2 中的虚线显示了 T_d 的这个均匀分布.

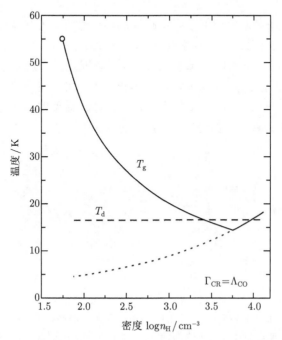

图 8.2　分子云低密度区域的温度轮廓. 实线代表气体温度, 而虚线表示尘埃颗粒的温度. 下面的点线来自气体中宇宙线加热和 CO 冷却的平衡

8.1.2　H_2 的破坏和形成

从原子成分的包层到分子成分的内部的转变是通过自遮蔽过程 (即吸收那些可以离解分子的星际光子造成 H_2 的逐渐损失 (图 8.3)) 发生的. 为了得到 H_2 堆积更定量的理解, 让我们考虑这个理论中最关键的元素. 基本想法是在任意地点, 令 H_2 的离解和复合速率相等, 从而得到分子比例 $f_{H_2} \equiv 2n_{H_2}/n_H$ 的空间变化.

我们把频率 ν 的光子将 H_2 激发到第一或第二电子激发态内以指标 i 标记的那些能级中的一个能级的截面记作 $\sigma_i(\nu)$(回忆图 5.5). 注意到一般的指标 i 实际上代表振动和转动量子数的某种组合 (v, J). 我们进一步把从这些激发态退激发导致分子解离的概率记作 β_i. 对所有相关能级求和, 我们得到体离解速率

$$\mathcal{D}_{H_2} = 4\pi n_{H_2} \sum_i \beta_i \int \frac{J_\nu}{h\nu} \sigma_i(\nu) d\nu. \tag{8.3}$$

这里 J_ν 是局域辐射场的平均比强度. 如果我们首先使用星际辐射场, 那么方程

(8.3) 给出 t_{diss}, 未遮蔽区域中 H_2 离解的典型时标. 这个时标可以由此得到,

$$t_{\mathrm{diss}}^{-1} = 4\pi \sum_i \frac{\beta_i J_{\nu_i}}{h\nu_i} \int \sigma_i(\nu)d\nu, \tag{8.4}$$

数值为 400 yr. 这里, ν_i 标记每个电子跃迁的线心频率. 从方程 (8.3) 到方程 (8.4), 我们已经使用了这个事实, 随频率变化, 最快的部分在每个 $\sigma_i(\nu)$ 中. $\sigma_i(\nu)$ 的积分通过原子常数正比于跃迁的振子强度, 这个物理量已经用量子力学对所有相关谱线进行了计算. 注意到可以确定振子强度, 故而可以确定 t_{diss}, 而不需要知道谱线展宽的机制, 即 $\sigma_i(\nu)$ 的精确函数形式. 对于感兴趣的跃迁, ν_i 的典型值为 $3 \times 10^{-15}\ \mathrm{s}^{-1}$, 积分截面大约为 $1 \times 10^{-4}\ \mathrm{cm}^2 \cdot \mathrm{s}^{-1}$.

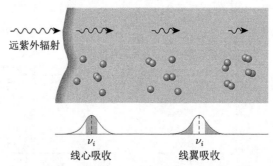

图 8.3　H_2 在云表面的光致离解. 最初的远紫外光子的吸收在接近每个振转跃迁线心附近的频率. 线翼的吸收发生在更靠内的地方, 那里的辐射强度更低, 大部分原子复合了

　　我们接下来令 $\mathcal{D}_{H_2}$ 和方程 (5.10) 给出的复合速率 $\mathcal{R}_{H_2}$ 相等. 首先在包层边界使用这个方法, 我们令方程中的 V_{therm} 等于 $(3\mathcal{R}T_g/2\mu)^{1/2}$, 其中 $T_g = 54$ K, $\mu = 1.3$. 后一个数对 HI 区适用. 在进一步令 $n_d\sigma_d$ 和 $n_H\Sigma_d$ 相等后, 我们得到分子氢比例在边界上的值:

$$\begin{aligned} f_{H_2} &= \gamma_H \Sigma_d n_{HI} V_{\mathrm{therm}} t_{\mathrm{diss}} \\ &= 3 \times 10^{-5}. \end{aligned} \tag{8.5}$$

这里我们已经把边界的 HI 密度设为 $56\ \mathrm{cm}^{-3}$. 所以, 实际的分子氢密度 n_{H_2} 有个非常低的值 $9 \times 10^{-4}\ \mathrm{cm}^{-3}$. [①]

8.1.3　光子穿透

　　往里面看, 我们必须修正方程 (8.3) 中的 $\mathcal{D}_{H_2}$ 来解释紫外光子的吸收. 尘埃提供了一部分吸收, 正如 H_2 的电子激发. 所以, 氢柱密度 N_H 和分子氢柱密度

① 译者注: 原文此处误为 cm^{-4}.

N_{H_2} 对应光深 $N_H \Sigma_d + N_{H_2} \sigma_i(\nu)$. 这里, 我们忽略了尘埃散射并使用了这个事实, 尘埃吸收离解 H_2 的远紫外光子的截面基本就是其几何截面 (这对非常小的尘埃颗粒和 PAH 失效.). 正确确定每个半径处的平均辐射强度需要用球面几何进行数值计算. 我们采用一个更简单的公式 (对于平行平板是对的) 把在边界上每个频率的强度简化为 $\exp[-N_H \Sigma_d - N_{H_2} \sigma_i(\nu)]$, 其中两个柱密度都是从云的边界径向向内测量的. 破坏速率现在变为

$$\mathcal{D}_{H_2} = 4\pi n_{H_2} \exp[-N_H \Sigma_d] \sum_i \frac{\beta_i J_{\nu_i}}{h\nu_i} \int \sigma_i(\nu) \exp[-N_{H_2} \sigma_i(\nu)] d\nu. \qquad (8.6)$$

计算方程 (8.6) 中的积分需要给定 $\sigma_i(\nu)$ 的形式. 我们使用附录 B 中引入的归一化谱线轮廓函数 $\phi(\nu - \nu_i)$ 来实现这一点. 截面 $\sigma_i(\nu)$ 正比于轮廓函数. 这里, 比例常数是振子强度, 如我们在使用方程 (B.2) 的归一化条件时看到的:

$$\sigma_i(\nu) = \phi(\nu - \nu_i) \int \sigma_i(\nu') d\nu'. \qquad (8.7)$$

我们现在可以把方程 (8.6) 重写为

$$\mathcal{D}_{H_2} = 4\pi n_{H_2} \exp[-N_H \Sigma_d] \sum_i \frac{\beta_i J_{\nu_i} \delta_i}{h\nu_i} \int \sigma_i(\nu) d\nu. \qquad (8.8)$$

这里 δ_i 是存在自遮蔽时谱线光子到达柱密度 N_{H_2} 的穿透概率:

$$\delta_i \equiv \int d\nu \phi(\nu - \nu_i) \exp\left[-N_{H_2} \phi(\nu - \nu_i) \int \sigma_i(\nu') d\nu'\right]. \qquad (8.9)$$

注意到, 对于一条给定的谱线, δ_i 是对所有频率的积分, 只依赖于 N_{H_2}, 随着柱密度减小而增大. 还要注意, 除了符号的变化, 方程 (8.9) 和光子在球形介质中的逃逸几率 β 的方程 (6.23) 相同.

假设谱线被高斯湍流运动展宽 (附录 E). 那么所有频率在 ν_i 的多普勒宽度 $\Delta\nu_D$ 内的光子很快通过电子激发被吸收. 在发生这种吸收的较浅深度, 分子的比例仍然较小. 然而, 大截面补偿使得入射流量快速下降. 参考方程 (8.9), 线核 (line core) 的轮廓函数峰值会大大降低指数因子, 即使对于适中的 N_{H_2} 也是如此. 对于 $1 \text{ km} \cdot \text{s}^{-1}$ 的速度弥散 ΔV, $\Delta\nu_D = \nu_i \Delta V / c = 9 \times 10^9 \text{ s}^{-1}$. 现在, 频率 ν 的光子在柱密度 N_{H_2} 被吸收的比例为 $N_{H_2} \sigma_i(\nu)$, 或者对线核平均得到 $N_{H_2} \int \sigma_i(\nu) d\nu / \Delta\nu_D$. 相反, 初始的线核吸收基本在柱密度 $\Delta N_{H_2} = \Delta\nu_D / \int \sigma_i(\nu) d\nu = 9 \times 10^{13} \text{ cm}^{-2}$ 内完成. 即使是比较低的 n_{H_2} 边界值 $9 \times 10^{-4} \text{ cm}^{-3}$, 这个柱密度在相对短的距离 $1 \times 10^{17} \text{ cm}$ 也达到了.

在更大的深度, 唯一能穿透的光子是频率和 ν_i 相差超过 $\Delta\nu_\mathrm{D}$ 的线翼光子. 再次参考方程 (8.9), 指数中轮廓函数相对较小的值意味着穿透概率现在随着柱密度的增加缓慢减小. 为了追踪这种下降, 我们使用附录 E 中的结果, 线翼的轮廓是

$$\phi(\nu - \nu_i) = \frac{\gamma_i/4\pi^2}{(\nu - \nu_i)^2 + (\gamma_i/4\pi^2)^2}$$
$$\approx \frac{\gamma_i}{4\pi^2(\nu - \nu_i)^2}. \tag{8.10}$$

这里阻尼常数 γ_i 等于跃迁的爱因斯坦 A 系数. 方程 (8.10) 的第二个近似形式假设了 $|\nu - \nu_i| \gg \gamma_i$. 把这个轮廓代入方程 (8.9) 积分, 我们得到

$$\delta_i = \left(\frac{N_i}{N_{\mathrm{H}_2}}\right)^{1/2}. \tag{8.11}$$

柱密度 N_i 确定了 δ_i 的大小, 由下式给出:

$$N_i \equiv \frac{\gamma_i}{4\pi \int \sigma_i(\nu)d\nu}. \tag{8.12}$$

对于典型的 $\gamma_i = 2 \times 10^9 \ \mathrm{s}^{-1}$, 我们发现 $N_i = 1 \times 10^{12} \ \mathrm{cm}^{-2}$. 现在我们对吸收过程有了更完整的图像. 一旦光子穿过了初始的柱密度 ΔN_{H_2}, 方程 (8.11) 实际上表明它们后续的穿透概率随深度以 $N_{\mathrm{H}_2}^{-1/2}$ 逐渐减小. 反过来, 这个行为源自线翼的吸收截面随频率缓慢下降.

8.1.4 $\mathbf{H_2}$ 和 $\mathbf{CO}$ 的出现

大部分 H_2 的积聚实际上发生在内部区域, 即在柱密度高于 ΔN_{H_2} 处. 相应地, 我们可以使用方程 (8.11) 给出方程 (8.8) 中的 δ_i 来明确追踪这个转变. 在令 $\mathcal{D}_{\mathrm{H}_2}$ 和 $\mathcal{R}_{\mathrm{H}_2}$ 相等后, 方程 (8.4) 可以让我们写出

$$\frac{n_{\mathrm{H}_2}}{t_{\mathrm{diss}}} \frac{\langle N_i \rangle^{1/2}}{N_{\mathrm{H}_2}^{1/2}} \exp[-N_\mathrm{H}\Sigma_\mathrm{d}] = \frac{1}{2}\gamma_\mathrm{H}\Sigma_\mathrm{d} n_\mathrm{H} n_{\mathrm{HI}} V_{\mathrm{therm}}$$
$$= \frac{1}{2}\gamma_\mathrm{H}\Sigma_\mathrm{d} n_\mathrm{H}(n_\mathrm{H} - 2n_{\mathrm{H}_2})V_{\mathrm{therm}}. \tag{8.13}$$

左边的尖括号表示对各条谱线的平均.

再说一次, 我们的目的是得到分子比例 f_{H_2} 的分布. N_H 和 N_{H_2} 都是体密度对深度的积分. 这里, R 和 r 分别是云的表面和感兴趣的点的径向位置. 很明显, 在能够求解方程 (8.13) 得到 f_{H_2} 之前需要得到 $n_\mathrm{H}(\Delta r)$ 的函数形式. 为了简单起见, 让我们考虑空间均匀的 n_H. 我们可以把方程 (8.13) 重写为

$$N_{H_2} = \int_0^{\Delta r} n_{H_2} d(\Delta r) = \frac{4 \langle N_i \rangle \exp(-2 n_H \Sigma_d \Delta r)}{[\gamma_H t_{diss} \Sigma_d V_{therm}(n_H / n_{H_2} - 2)]^2}. \tag{8.14}$$

我们引入一个无量纲参量 η_0, 定义为

$$\eta_0 \equiv \frac{4 \langle N_i \rangle}{\gamma_H^2 t_{diss}^2 \Sigma_d V_{therm}^2 n_H^2}, \tag{8.15}$$

以及尘埃在远紫外频率的 "光深": $\tau \equiv n_H \Delta r \Sigma_d = N_H \Sigma_d$. 如果我们进一步把自变量换为 $h \equiv (1 - f_{H_2})^{-1}$, 那么方程 (8.14) 变为

$$\int_0^\tau \left(\frac{h-1}{h} \right) d\tau = \frac{\eta_0}{2}(h-1)^2 \exp(-2\tau).$$

这个方程对 τ 求导, 整理后最终得到

$$\frac{dh}{d\tau} = \frac{1}{\eta_0 h} \exp(2\tau) + h - 1. \tag{8.16}$$

在数值求解 (8.16) 后, 我们可以重新得到 f_{H_2}. 图 8.4 展示了这个比例的空间变化. 这里我们已经把 n_H 设为 $100\ \text{cm}^{-3}$, 把温度 (用于计算 V_{therm}) 设为 30 K. 我们看到尘埃对紫外光子的衰减如何确保 f_{H_2} 在 $\Delta \gtrsim 2(n_H \Sigma_d)^{-1}$ 的深度, 即可见光波段消光 A_V 大约为 2 的地方达到 1. 这个结果仍然适用于对这个问题更详细的处理.

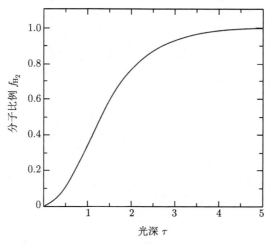

图 8.4　云表面内 H_2 的积聚. 画出来的是在远紫外波段, 束缚为分子的中性氢原子的比例, f_{H_2} 作为尘埃光深的函数

从原子氢到分子氢的转变与另一个重要的转变 (CO 的积聚) 同步发生. 类似 H_2, CO 通过电子激发被紫外光子离解. 然而, 这个分子不是通过尘埃颗粒表

面的催化作用从中性原子成分形成的. 相反, 它是通过气相的离子-分子反应形成的. 这些反应中的基本成分是电离成分 C_{II}, 它能很快地与原子或分子氢反应. 例如, 在云的表面区域中, CO 产生的一个主要路径是

$$C^+ + H_2 \longrightarrow CH_2^+$$
$$CH_2^+ + e^- \longrightarrow CH + H \qquad (8.17)$$
$$CH + O \longrightarrow CO + H.$$

碳的一次电离势为 11.2 eV, 恰好和 H_2 的赖曼带激发能量非常接近. 因此, 在整个包层中, 能量更高的光子被这两种元素耗尽, H_2 和 C_I 的丰度共同增长. 然而, 重要的是要记住, H_2 通过吸收分立的谱线离解, 而任何能量高于 11.2 eV 的连续谱光子都可以电离 C_I. 所以, 即使在氢几乎全部复合, 每条线心 ν_i 处的强度基本为零时, 依然有能量足够大的中间频率的光子来维持可观的 C_{II} 丰度. 离子-分子反应持续使用这些 C_{II} 形成 CO, 有时首先产生 C_I. 一旦形成, CO 就以类似于 H_2 的方式遮蔽自己. 随着深度增加, 基本上所有气相的碳都被从 C_{II} 转变为 CO, 在中间层一般也存在 C_I. 剩余的自由氧以中性原子形式 (O_I) 存在于内部的更深处. 在此情形, 相对小的 O_2 离解能 5.1 eV 使得分子容易受到入射紫外流量的一小部分残余流量的影响. 图 8.5 描绘了云中主要的化学变化, 图中的云处于相对较强的辐射场中. 这些转变展示为 A_V 的函数, 从表面开始测量.

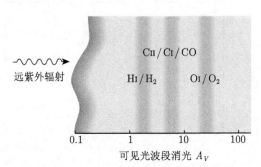

图 8.5 暴露在星际远紫外辐射中的分子气体的化学变化. 变化量表示为可见光波段消光 A_V 的函数, 从表面向内测量. 消光值适合类似猎户座的条件, 即对于紫外增强因子 $G_0 \sim 10^5$ 适用

8.2 分子云内部

随着进入到原子气体包层以内, 我们进入了一个对外辐射场至少有部分遮蔽的区域. 环境温度相应地下降, 正如我们在 B335 中注意到的那样 (图 3.21). 尽管

有这种下降, 并且密度也在同时上升, 但电离度仍然不为零. 我们需要仔细测量这个电离度, 因为它决定了任何内部磁场的影响.

8.2.1 温度分布

首先考虑分子云内部的温度变化. 因为尘埃颗粒的光电效应依赖于紫外光子, 所以在分子云内部它不能再加热气体. 我们只剩下宇宙线作为主要热源. 几乎所有的碳都在 CO 中, CO 现在变成了主要的冷却剂. 所以这个区域的气体温度由此得出

$$\Gamma_{CR}(H_2) = \Lambda_{CO}, \tag{8.18}$$

其中方程 (7.14) 给出了宇宙线的贡献. 图 8.2 中上升的曲线是方程 (8.18) 给出的温度-密度关系. $T_g(n_H)$ 的行为源自这个事实, Λ_{CO} 在此情形对密度非常不敏感. 所以, Γ_{CR} 随密度增大只能通过温度升高实现.[①]考虑包层中 T_g 的减小, 很明显气体温度必然在某处达到极小. 这个位置方便地标出了和分子云内部的边界. 为了简单起见, 我们已经展示了位于两条曲线交点的极小, 但其真实位置以及局域温度分布依赖于紫外流量随深度增加而减小的细节.

进入分子云内部的可见光波段消光 A_V 的量级为 1, 故尘埃颗粒仍然大部分被星际的光学光子加热. 因为尘埃的红外发射冷却, 在我们有代表性的模型中, 其温度保持在包层温度, 16 K. 根据图 8.2 中大致的分布, 气体温度在包层-内部的边界处开始上升之前, 暂时地低于这个值. 对于超过大约 10^4 cm^{-3} 的 n_H, 我们进入了致密云核的情形. 在这里, 气体-尘埃碰撞变得足够频繁, 两个成分之间产生显著的热传递. 如果尘埃颗粒相对较冷, 这个热交换会冷却气体, 体冷却速率 $\Lambda_{g \to d}$ 由方程 (7.40) 给出.

气体热平衡的条件现在变为

$$\Gamma_{CR}(H_2) = \Lambda_{CO} + \Lambda_{g \to d}. \tag{8.19}$$

由于存在耦合项, 我们求解这个方程必须同时确定 T_d. 在这些高密度条件下, 典型的 A_V 值非常大, 光学光子不再能穿透进去加热尘埃. 星际中红外光子流量也快速下降. 由于在 10 μm 处不透明度的尖峰, 这些光子是有潜在可能性加热尘埃的. (回忆 2.3 节中的讨论.) 波长更长的光子由靠外的被加热的尘埃产生. 如果我们忽略辐射场的这个成分, 那么内部的尘埃主要靠与气体的碰撞耦合加热. 我们把相应的加热速率记作新符号 $\Gamma_{d \to g}$, 尽管其大小就是由方程 (7.40) 取负号给

---

① 对于 CO 体冷却速率, 这里我们已经使用了方程 (7.35) 的 Λ_{CO}^*. 对于典型的分子云密度和大小, 来自光学厚 CO 谱线额外的流量可以提升总的速率到原来的 5 倍. 图 8.2 中展示的上升的温度分布会因此减低大约 30%.

出的. 只要柱密度 $N_{\rm H}$ 没有高到阻止远红外辐射逃逸, 那么冷却速率仍然是方程 (7.39) 中的 $\Lambda_{\rm d}$. 尘埃温度由下式得到

$$\Gamma_{\rm d \to g} = \Lambda_{\rm d}. \tag{8.20}$$

对于给定的 $n_{\rm H}$ 值, 我们可以同时求解方程 (8.19) 和 (8.20) 得到 $T_{\rm g}$ 和 $T_{\rm d}$. 如图 8.6 所示, 之前 $T_{\rm g}$ 的上升现在停止了, 气体因为和非常冷的尘埃热接触增加而冷却. 所以已经是 $n_{\rm H} = 10^4 \ {\rm cm}^{-3}$ 处 $\Lambda_{\rm CO}$ 两倍的 $\Lambda_{\rm g \to d}$ 的重要性快速增加, 因为它依赖于密度的平方. 尘埃本身也比包层中冷得多, 因为没有了星际辐射. 正确考虑这种消光以及入射光子在更长波长的再辐射将导致从靠外的区域开始, $T_{\rm d}$ 更平稳地下降以及 $T_{\rm g}$ 反转.

尽管我们做了简化, 但图 8.2 和图 8.6 中的一般温度分布至少和对单独的云的连续谱和分子谱线研究得到的经验分布大体一致. 我们在第 6 章中的讨论清楚地表明, 以好的空间分辨率对密度和温度成图仍然存在很大问题. 因此, 虽然存在更细致的理论计算, 但仍然缺少这些结果与观测的系统性比较. 最后注意到我们已经把图 8.6 推广到比典型致密云核高的密度, 以强调这一点, $T_{\rm g}$ 和 $T_{\rm d}$ 最终必然趋于同一个值. 物理上, 这两个成分之间的热接触变得很强, 它们可以被认为是同一种成分, 其温度由下式确定

$$\Gamma_{\rm CR}({\rm H_2}) = \Lambda_{\rm d}. \tag{8.21}$$

这里我们已经使用了 $\Lambda_{\rm CO}$ 在此极限变得不重要这个事实. 可以求解方程 (8.21) 得到唯一的温度 4 K.

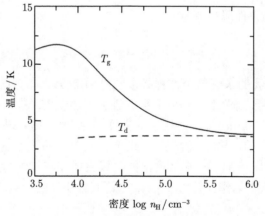

图 8.6　一块分子云中较高密度区域中的温度分布. 如图 8.2 中一样, 气体 (实线) 和尘埃 (虚线) 是分别画出的

到目前为止, 我们的讨论集中在相对孤立的云上. 当分子云被埋在其他冷的分子气体中, 例如巨分子云复合体的内部, 那里没有邻近的大质量恒星, 这块云接收到的紫外流量就比这里假设的星际辐射场要小. 所以, Γ_{PE} 和包层中的 T_g 都减小. 此外, H_2 和 CO 的积聚发生在较低密度. 净的结果是, 这块分子云的包层相对于内部会收缩. 不受星际辐射影响的致密云核的热力学性质没有变化.

8.2.2 测量电离度

如我们将在第 10 章讨论的, 致密云核由气体在周围的磁场中滑落形成. 这个过程, 反过来非常依赖于电离分数, 因为只有带电的成分能直接感知磁场. 现在让我们看看这个分数是如何根据经验确定的. 然后我们将研究可以让我们追踪电离到远高于目前观测的那些密度的理论. 我们关注自由电子的相对密度: $[e^-] \equiv n_{e^-}/n_H$. 因为电子是带负电的主要成分, 电中性决定了它们的密度几乎等于正离子的总密度. 想法是把不能直接观测的 $[e^-]$ 和另一种可以直接观测的成分的浓度联系起来. 一个实际的选择是 HCO^+, 一种相对丰富的分子, 它和 CO 都是通过转动能级被探测到的 (表 5.1).

图 8.7 画出了暗云或致密云核中 HCO^+ 主要的产生和破坏途径. 这个过程开始于宇宙线碰撞 H_2 产生 H_2^+. 这个电离的分子随后和中性 H_2 反应:

$$H_2^+ + H_2 \longrightarrow H_3^+ + H. \tag{8.22}$$

我们把相应的反应常数记作 k_1, 单位为 $cm^3 \cdot s^{-1}$. 产生的 H_3^+ 通常经历离解复合:

$$H_3^+ + e^- \longrightarrow H_2 + H. \tag{8.23}$$

不太常见的是, H_3^+ 和 CO 反应形成 HCO^+:

$$H_3^+ + CO \longrightarrow HCO^+ + H_2, \tag{8.24}$$

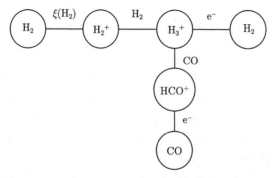

图 8.7 暗云或致密云核中 HCO^+ 产生和破坏的主要反应

其中我们把反应速率记作 k_2. [①]

通过这个反应序列形成的 HCO^+ 被离解复合破坏:

$$HCO^+ + e^- \longrightarrow CO + H. \tag{8.25}$$

令 $k_{dr}(HCO^+)$ 为复合速率. 在平衡态, HCO^+ 的数密度为

$$[HCO^+] = \frac{k_2[H_3^+][CO]}{k_{dr}(HCO^+)[e^-]}, \tag{8.26}$$

其中方括号还是表示相对于 n_H 的密度. 为了确定 $[H_3^+]$, 我们类似地使用方程 (8.22) 和 (8.23), 现在将方程 (8.24) 作为定量上不重要的消耗途径忽略掉. 我们发现

$$[H_3^+] = \frac{k_1[H_2^+]}{k_{dr}(H_3^+)[e^-]}. \tag{8.27}$$

这里, $k_{dr}(H_3^+)$ 是对应于方程 (8.23) 的反应速率. 最后, 我们通过平衡速率为 $\zeta(H_2)n_{H_2}$ 的宇宙线电离和中性的氢分子的破坏得到 $[H_2^+]$:

$$[H_2^+] = \frac{\zeta(H_2)}{k_1 n_H}. \tag{8.28}$$

我们现在把方程 (8.26)~(8.28) 结合起来得到所需的、用所知的和可观测的量表示的 $[e^-]$ 的表达式:

$$[e^-]^2 = \frac{k_2\zeta(H_2)}{k_{dr}(H_3^+)k_{dr}(HCO^+)} \frac{[CO]}{[HCO^+]} \frac{1}{n_H}. \tag{8.29}$$

对应数值的计算, 我们使用 $k_2 = 2 \times 10^{-9}$ cm$^3 \cdot$ s^{-1}, 在当前的实验值范围内. 对应 10 K 的温度, 我们也有 $k_{dr}(H_3^+) = 4 \times 10^{-6}$ cm$^3 \cdot$ s^{-1} 和 $k_{dr}(HCO^+) = 3 \times 10^{-6}$ cm$^3 \cdot$ s^{-1}. 我们从表 5.1 看出, HCO^+ 的典型数密度是 CO 的 10^{-4}. 所以, 有代表性的致密云核密度 n_H 为 10^4 cm^{-3}, 方程 (8.29) 表明 $[e^-]$ 是 10^{-7} 的量级.

8.2.3 理论推导

我们怎么从理论的角度理解这个数? 类似 HCO^+ 的成分在实践中是重要的, 但只占了分子云中离子的一部分. 大部分离子是单个的带电原子, 主要是 Na$^+$、Mg$^+$、Ca$^+$ 和 Fe$^+$. 致密云核中的大部分重元素实际上都被锁在固体颗粒中, 按质量计算, 只有一小部分存在于气相. 然而, 气体成分的密度足够高, 可以在很好的近似下, 保证总体的电中性条件

---

① 方程 (8.23) 中 H_3^+ 的离解复合速率仍然不确定. 所以, 也不确定 CO 造成破坏的相对重要性.

$$n_{e^-} = n_{M^+}. \tag{8.30}$$

这里, M^+ 表示一个金属离子. 右边是所有金属离子的总和.

金属离子是中性原子和诸如 H_3^+ 和 HCO^+ 的分子离子经历电荷交换产生的. 一般性地把分子记作 m, 我们把这个过程记作

$$m^+ + M \longrightarrow m + M^+, \tag{8.31}$$

并且把相应的反应速率写为 k_{ce}. 金属离子在碰到自由电子时可以被破坏. 然而, 这种辐射复合的速率对于感兴趣的电子比例是可以忽略的 (回忆 5.1 节). 更重要的是与尘埃颗粒的碰撞. 后者有少量负电荷 (等价于一两个自由电子), 因此这些碰撞中的黏附概率较高. 回忆尘埃颗粒数密度 n_d 正比于 n_H, 我们可以把体碰撞速率写为 $k_{dM}n_Hn_{M^+}$. 在适当平均后, 系数 k_{dM} 在 10 K 附近取值 5×10^{-17} $cm^3 \cdot s^{-1}$. 令产生速率和破坏速率相等得到金属离子丰度

$$k_{ce}n_Mn_{m^+} = k_{dM}n_Hn_{M^+}. \tag{8.32}$$

转向分子离子, 它们在宇宙线轰击 H_2 的时候形成, 随后与其他成分经历了电荷交换. 它们的消耗部分源于与中性金属原子的电荷交换. 我们也注意到, 它们与自由电子经历了离解复合, 如方程 (8.25) 所示. 因此它们在稳态的丰度遵循

$$\zeta(H_2)n_{H_2} = k_{ce}n_{m^+}n_M + k_{dr}n_{m^+}n_{e^-}, \tag{8.33}$$

在这两种消耗分子离子的方法中, 只要电子丰度不是太低, 离解复合就快得多. 我们预期 $[e^-]$ 随着 n_H 上升而下降, 因为较高的密度会促进复合. 忽略方程 (8.33) 右边第一项的实际条件是 $n_H \lesssim 10^8$ cm^{-3}. 在这个范围内, 我们可以消去方程 (8.32) 和简化的方程 (8.33) 中的 n_{m^+}. 在使用方程 (8.30) 后, 我们发现

$$n_{e^-} = \left[\frac{\zeta(H_2)k_{ce}n_M}{2k_{dM}k_{dr}}\right]^{1/2}. \tag{8.34}$$

这里我们也已经把 n_H 设为等于 $2n_{H_2}$. 因为金属的数密度正比于氢的数密度, 所以方程 (8.34) 预言 $[e^-]$ 以 $n_H^{-1/2}$ 变化. 更仔细的处理, 把各种金属和分子成分加起来, 给出同样的结果并且得出数值系数:

$$[e^-] = 1 \times 10^{-5}n_H^{-1/2}, \quad n_H \lesssim 10^8 \ cm^{-3} \tag{8.35}$$

这个关系和通过 HCO^+ 和其他示踪物丰度得到的 $[e^-]$ 经验值自洽. 方程 (8.35) 经常重写为

$$\rho_i = C\rho^{1/2}, \tag{8.36}$$

其中在温度 10 K 时常数 C 为 3×10^{-16} cm$^{-3/2} \cdot$ g$^{1/2}$.

最后两个方程没有精确追踪一块坍缩云中的电离度, 那里的密度升到了非常高的值. 对于 $n_\mathrm{H} \gtrsim 10^8$ cm^{-3}, 和金属的电荷交换变成了破坏分子离子的主要模式. 我们再一次消去方程 (8.32) 和 (8.33) 之间的 $n_\mathrm{m+}$, 并使用方程 (8.30) 得到

$$n_\mathrm{e^-} = \frac{\zeta(\mathrm{H_2})}{2k_\mathrm{dM}}, \quad n_\mathrm{H} \gtrsim 10^8 \text{ cm}^{-3} \tag{8.37}$$

在对 $\zeta(\mathrm{H_2})$ 使用方程 (7.14) 后, 我们发现 $n_\mathrm{e^-}$ 具有不变的值 0.3 cm^{-3}. 因此, 在此情形, [e$^-$] 正比于 n_H^{-1}.

当 n_H 达到更高的值时, 电子和离子的数密度最终减小到低于带电尘埃颗粒的数密度. 由方程 (2.47), 尘埃的比例为

$$\begin{aligned} \frac{n_\mathrm{d}}{n_\mathrm{H}} &= \frac{\Sigma_\mathrm{d}}{\pi a_\mathrm{d}^2} \\ &= 3 \times 10^{-12}, \end{aligned} \tag{8.38}$$

其中数值估计用到了尘埃颗粒半径 $a_\mathrm{d} = 1 \times 10^{-5}$ cm. 所以, 由方程 (8.37), 对于大于 1×10^{11} cm^{-3} 的 n_H, [e$^-$] 降到 $n_\mathrm{d}/n_\mathrm{H}$ 以下. 实际上, 对方程 (8.37) 的偏离稍早一点, 在 $n_\mathrm{H} \gtrsim 10^{10}$ cm^{-3} 就出现了. 一旦尘埃颗粒变成了正电荷和负电荷的主要载体, 那么它们和中性气体的碰撞就控制着磁场的滑移. 随着密度持续增加, 宇宙线变弱, 主要的电离源变成放射性元素 (主要是 ^{40}K) 或者中心恒星的 X 射线. 最终, 一旦温度超过大约 10^3 K, 气体粒子之间的强烈碰撞就提供了大部分自由电子. 金属原子还是最先电离的成分. 流动气体中的电子分数开始急剧增加, 与局部磁场耦合变得更强.

8.3　光致离解区

分子云热结构最显著的改变来自近邻恒星. 这些诞生在致密云核中心的恒星加热了周围很大体积中的尘埃. 如我们将在后面章节讨论的, 实际上正是这些暖的尘埃提供了证认内埋年轻恒星最好的方法. 分子气体也被与星风相关的激波加热.

我们已经看到 O 型星和 B 型星尽管数量稀少, 但却破坏了大量分子气体, 以至于使诞生它们的巨分子云复合体散开. 这里的影响既有通过强大恒星风产生的力学影响, 也有通过辐射和激波加热分子云气体的热学影响. 在本节中, 我们仔细考虑辐射效应. 这个理论广泛适用. 例如, 来自热尘埃的红外辐射已经成为在遥远星系中定位恒星形成区的主要工具.

8.3.1 尘埃加热和发射

大质量恒星在光谱的紫外波段发射大部分能量. 在这样一颗恒星附近的分子云接收到比星际辐射高几个量级的紫外流量. 例如, 考虑内埋在巨分子云复合体中光谱型 B0 的主序恒星. 这颗星的有效温度为 3×10^4 K, 等于表征热光度 $L_* = 5 \times 10^4 L_\odot$ 的星际辐射场紫外成分的 $\bar{T}$ 值. 恒星发射高于 13.6 eV 的所有能量的光子在到达分子气体之前就在周围的 HII 区中被吸收了. 如果位于距离巨分子云复合体中团块 D 处, 恒星在云表面产生的流量 F_* 等于 $L_*/4\pi D^2$. 另一方面, 星际辐射贡献了流量 $F_{\mathrm{int}} = \pi \int_{\mathrm{UV}} J_\nu d\nu$. 要使 F_* 等于 F_{int}, 恒星必须位于距离

$$D = \left(\frac{L_*}{4\pi F_{\mathrm{int}}} \right)^{1/2}$$
$$= 50 \text{ pc.} \tag{8.39}$$

这里, 我们已经估计了 J_ν 对紫外波段的积分为对 6 eV 以上的远紫外波段积分的两倍. 因为后者经验地从哈宾流量得到, 所以我们有

$$\pi \int_{\mathrm{UV}} J_\nu d\nu \approx 2\pi \int_{\mathrm{FUV}} J_\nu d\nu = 8 \times 10^{-4} \text{ erg} \cdot \text{cm}^{-2} \cdot \text{s}^{-1}.$$

复合体中的一些团块确实位于 50 pc 量级的距离. 另一方面, 我们将在第 15 章中看到, 分子气体可以在所讨论的恒星近达 0.1 pc 的地方持续存在. 这些邻近的刚好位于恒星 HII 区之外的气体接收到星际流量 G_0 倍的流量, 这里等于 $(50/0.1)^2 = 2.5 \times 10^5$.

这个强辐射场在更大的深度扰动了云的物理和化学平衡. 因为所有外层的分子被快速离解, 受到影响的区域被称为光致离解区, 这个名词是 A. 蒂伦斯 (A. Tielens) 和 D. 霍伦巴赫 (D. Hollenbach) 在 1985 年创造的. 光致离解区不仅在大质量恒星附近看到, 如猎户星云 (M42) 和欧米茄星云 (天鹅座星云, M17), 也在行星状星云和河外星系中心看到.

紫外辐射的命运是什么? 答案可以从观测中很清楚地得到, 光致离解区在红外波段都有大量发射. 最近研究得最好的例子, 猎户星云的远红外光度据估计为 $3 \times 10^5 L_\odot$. 这种巨大的能量输出只能来自该区域被恒星加热的尘埃, 既有猎户座四边形星团中的可见成员, 也有其他被这些尘埃遮挡的成员. 由方程 (7.39) 的 Λ_{d} 给出的尘埃颗粒冷却速率随尘埃温度 T_{d} 陡然上升. 反过来, 对于入射辐射流量的大幅度增加 T_{d} 反应迟钝. 为了定量评估, 我们必须首先计算 $\Gamma_{\mathrm{d}}(\mathrm{UV})$, 紫外的尘埃加热速率. 使用增强因子 G_0, 这个速率由对方程 (7.19) 的适当修改给出:

$$\Gamma_{\mathrm{d}}(\mathrm{UV}) = 4\pi G_0 n_{\mathrm{d}} \sigma_{\mathrm{d}} \int_{\mathrm{UV}} Q_\nu J_\nu d\nu$$

$$\begin{aligned}&= 4\pi G_0 \Sigma_{\mathrm{d}} n_{\mathrm{H}} Q_{\nu_{\max}} \int_{\mathrm{UV}} J_\nu d\nu \\ &= 2 \times 10^{-9} G_0 \left(\frac{n_{\mathrm{H}}}{10^3 \ \mathrm{cm}^{-3}} \right) \ \mathrm{eV} \cdot \mathrm{cm}^{-3} \cdot \mathrm{s}^{-1}.\end{aligned} \tag{8.40}$$

在这个方程的第二个形式中, 我们把 Q_ν 提出了被积函数, 因为它在紫外波段变化缓慢. 对于 $Q_{\nu_{\max}}$, 我们使用 0.7, 对应于星际辐射场峰值频率 $\nu_{\max} = 2 \times 10^{15}$ Hz 处的不透明度 κ, 500 g · cm^{-2}. 令 $\Gamma_{\mathrm{d}}(\mathrm{UV})$ 等于 Λ_{d}, 我们发现

$$T_{\mathrm{d}} = 16 G_0^{1/6} \ \mathrm{K}. \tag{8.41}$$

在我们的 B0 型星的例子中, T_{d} 可以升高到 120 K. 处于这个温度的黑体发出的峰值波长为 30 μm.

8.3.2 精细结构冷却

观测发现, O 型星和 B 型星附近的分子云物质也辐射精细结构谱线, 主要是 OI 和 CII 的精细结构谱线. 图 8.8 展示了猎户座中著名的马头星云的 CII158 μm 发射. 这个星云位于遮挡严重区域的边缘, 大约在猎户座腰带上的恒星, 猎户座 ζ 以南 1°(图 1.3). 这颗 O9 型星以及西边同样大质量的猎户座 σ 以紫外线照亮了分子云的边缘, 提供了大约为 100 的 G_0. 在图 8.8 中, 星云的光学图像显示为负片, 而等值线代表 158 μm 辐射的强度分布. 我们已经习惯于认为分子云是用它们的 CO 发射来描绘的, 但是这里的 CII 光度要大得多.

来自光致离解区强烈的原子谱线发射源自尘埃周围的热气体, 总共只占红外连续谱光度的大约 1%. 如果我们假设, 和宁静云中一样, 这些气体主要通过尘埃的光电效应加热, 这个 1% 的比例就可以很好地解释了. 如我们已经看到的, 紫外光子用其能量加热气体的效率 ϵ_{PE}, 相对于尘埃, 实际上大约是 0.01. 大质量恒星形成区的精细结构谱线光度非常大, 它是首先在空间中探测到, 而不是在宁静分子云中探测到的. M42 和 M17 中发现的 OI 63 μm 发射的光度分别为 600 $L_\odot$ 和 3000 $L_\odot$.

之前我们用方程 (7.26) 和方程 (7.27) 论证说, CII 的冷却超过分子云包层中 OI 的冷却. 当在致密光致离解区中看到这些谱线, OI 通常更强. 让我们看一下这种反转是怎么发生的. 方程 (7.26) 和 (7.27) 是假设碰撞的氢原子的密度 n_{H} 低于两个跃迁的临界密度而得出的. 这个假设在宁静分子云的包层中是足够可靠的, 但是在大质量恒星周围的气体中并非如此, 那里的激波压缩可以导致高得多的密度. 然后考虑具有任意 n_{H}, 处于增大的紫外流量中的分子云物质的精细结构发射. 需要记住的两个基准密度是, CII 线的临界密度 n_{crit}, 3×10^3 cm^{-3} 以及典型气体温度 300 K 的 OI 63 μm 谱线对应的值, 5×10^5 cm^{-3}, 其中 $\gamma_{\mathrm{ul}} = 2 \times 10^{-10}$ cm$^{-3} \cdot$ s^{-1}.

图 8.8　猎户座马头星云中光学照片的负片. 白色的等值线展示了 CII 158 μm 精细结构谱线的发射

对于低于 3×10^3 cm^{-3} 的分子云密度, Λ_{OI} 和 Λ_{CII} 仍然由方程 (7.24) 给出, 它们的比值为

$$\frac{\Lambda_{\mathrm{OI}}}{\Lambda_{\mathrm{CII}}} = 0.07 \exp\left(-\frac{138}{T_{\mathrm{g}}}\right), \tag{8.42}$$

确实小于 1. 主导的 CII 线的发射相对于尘埃的发射为

$$\frac{\Lambda_{\mathrm{CII}}}{\Lambda_{\mathrm{d}}} = \frac{\Gamma_{\mathrm{PE}}}{\Gamma_{\mathrm{d}}(\mathrm{UV})} = 0.01, \tag{8.43}$$

其中我们已经将方程 (7.18) 中的 Γ_{PE} 乘以了因子 G_0, 对于 $\Gamma_{\mathrm{d}}(\mathrm{UV})$ 使用了方程 (8.40). 气体温度通过令 Γ_{PE} 和 Λ_{CII} 相等得到. 方程 (8.2) 对宁静包层合适的修正为

$$T_{\mathrm{g}} = \frac{40\ \mathrm{K}}{2.0 + \log(n_{\mathrm{H}}/10^3\ \mathrm{cm}^{-3}) - \log G_0}. \tag{8.44}$$

注意到上面这个方程如果在 n_{H} 为 10^3 cm^{-3} 时计算, 对于大于适中的值 $10^{2.0} = 100$ 的 G_0, 形式上会得到一个无穷大的 T_{g}. 真实情况是, 光电加热速率是自限性的. 随着 G_0 增大到 1 以上, 分子云边缘的 T_{g} 确实一开始上升, 可以达到数百开, 如方程 (8.44) 所预言的. 然而, 如果电子从尘埃表面弹出太快, 那么正电荷的积累会产生强的静电力. 这个吸引力阻止电子进一步弹出, 等效地降低

了 ϵ_{PE}, 直到能再次建立热平衡. 从此开始, G_0 的进一步增加实际上降低了分子云边缘的 T_{g}.

对于 3×10^3 cm^{-3} 和 5×10^5 cm^{-3} 之间的密度, Λ_{OI} 没有变化, 但 Λ_{CII} 现在必须从方程 (7.25) 得出, 这等效地降低了速率, 3×10^3 cm$^{-3}/n_{\mathrm{H}}$. 现在 Λ_{OI} 和 Λ_{CII} 的比值为

$$\frac{\Lambda_{\mathrm{OI}}}{\Lambda_{\mathrm{CII}}} = 2 \times 10^{-2} \left(\frac{n_{\mathrm{H}}}{10^3 \text{ cm}^{-3}} \right) \exp\left(-\frac{138}{T_{\mathrm{g}}} \right), \tag{8.45}$$

所以 Λ_{CII} 在较低的密度仍然主导. 然而, 这两个冷却速率在最高的 n_{H} 变得差不多大, 因为 Λ_{OI} 随密度平方增长. 这里应该记住, 我们仅讨论局域速率. 整块云的发射更倾向于 OI, 因为中性氧能在更深的地方存在. 不管哪条谱线主导, 我们对方程 (8.43) 的推导清楚地表明, 精细结构冷却和尘埃冷却的比仍然是大约 0.01, 只要我们可以忽略 ϵ_{PE} 的减小.

最后, 对于密度高于 5×10^5 cm^{-3} 的分子云, OI和CII都处于超临界状态, 我们发现

$$\frac{\Lambda_{\mathrm{OI}}}{\Lambda_{\mathrm{CII}}} = 11 \exp\left(-\frac{138}{T_{\mathrm{g}}} \right). \tag{8.46}$$

因为所有能级布居现在已经达到局域热动平衡, 所以现在是上能级的单位原子的发射速率, 即乘积 $A_{\mathrm{ul}} \Delta E_{\mathrm{ul}}$ 决定了两个冷却速率. 这个以相对化学丰度和简并因子加权的乘积对于 OI跃迁较高. 尽管 $n_{\mathrm{H}} \gtrsim 5 \times 10^5$ cm^{-3} 的团块可能确实在大质量恒星周围存在, 但两条谱线的辐射在这种环境中可能是光学厚的. 所以两种分子的冷却率是表面流量, 由对方程 (7.33) 适当的修改给出. 这两个流量的比值是

$$\frac{F_{\mathrm{OI}}}{F_{\mathrm{CII}}} = \left(\frac{230}{92} \right)^4 \frac{\exp(92/T_{\mathrm{g}}) - 1}{\exp(230/T_{\mathrm{g}}) - 1}, \tag{8.47}$$

所以在高于 40 K 的 T_{g}, OI线主导.

光致离解区中的基本化学反应就是在宁静分子云包层中发现的那些. 实际上, 各种复合也发生在相似的 A_V 值, 因为更大的 G_0 倾向于补偿更高的环境密度. 在表面区域, 紫外流量不仅离解 H_2, 也电离原子, 例如碳, 电离势小于 13.6 eV. 碳在分子云内部仍然变为 CO, 它在那里还是主要的气体冷却剂. 其他重要的热力学过程仍然是一样的, 除了在密度以及 G_0 非常高的云中, 那里来自热尘埃的红外辐射可以激发精细结构谱线, 从而加热气体. 气体和尘埃的温度结构定性和宁静情形类似 (图 8.2), T_{g} 和 T_{d} 随 G_0 增加, 在分子云的边缘, T_{g} 总是远远超过 T_{d}. 一个重要的不同是, T_{d} 在反转之前总是先升高, 然后在包层内经历其特征的缓慢下降. 暂时的上升源于与紫外流量衰减相伴的 ϵ 升高. 对于接近 10^5 的 G_0 值, 气体温度峰值可以超过 10^3 K. 在分子云深处, 气体和尘埃之间增加的热接触再一次使它们达到一个相同的、对外界紫外流量相对不敏感的温度.

8.3.3 被加热的 H_2

让我们最后考虑分子氢的观测. 我们之前注意到通过赖曼和维纳带激发的光致离解是一个低效过程, 因为激发的分子通常会完好地弛豫到基态. 与这种弛豫相伴的荧光发射是光致离解区的另一个重要标志. 来自较低振转跃迁的辐射在近红外波长可以用地面望远镜观测. 如果周围的密度 n_H 相对这些跃迁 ($n_{crit} \sim 10^6 \text{ cm}^{-3}$) 是亚临界的, 那么荧光级联中的分支比只依赖于辐射退激发的跃迁速率, 即内部分子常量. 所以, 各条谱线的相对强度也可以确定, 虽然绝对强度仍然随 G_0 和 n_H 变化. 参考图 5.4, 考虑 1-0 $S(1)$ 和 2-1 $S(1)$ 谱线, 分别是 $v = 1 \to 0$ 和 $v = 2 \to 1$ 的相同转动子能级之间的跃迁. 因为两个跃迁的 A 值接近相等, 理论荧光强度非常接近, 预言的 1-0 $S(1)$ 线强度为 1.8 倍, 这并不奇怪.

实际上, 观测到的相对谱线强度通常和预测的荧光值相差很大. 为了定量表示这个不同, 我们回忆一下, 与任意上能级到下能级跃迁相关的体发射速率为

$$\Lambda_{ul} = n_u A_{ul} \Delta E_{ul}. \tag{8.48}$$

如果我们把能级布居数 n_u 用方程 (5.14) 的广义玻尔兹曼关系表示, 那么方程 (8.48) 变为

$$\ln(\Lambda_{ul}/g_{ul}A_{ul}\Delta E_{ul}) = C_0 - \Delta E_u/k_B T_{ex}. \tag{8.49}$$

这里 C_0 是一个依赖于 n_{H_2}、T_{ex} 和分子常数的无量纲常数, ΔE_u 是上能级高于基态的能量. 在光学薄的环境中, 观测到的强度 I_{ul} 正比于 Λ_{ul}. 现在, 如果所讨论的区域处于局域热动平衡, 那么 T_{ex} 会等于气体温度 T_g. 于是, 所有观测到的 H_2 谱线的 $\ln(I_{ul}/g_u A_{ul}\Delta E_{ul})$-$\Delta E_u$ 图会形成一条斜率为 $-1/k_B T_g$ 的直线. 当然, 处于亚临界密度的光致离解区中的分子氢不处于局域热动平衡, 所以这样的激发图不会只有一个斜率. 在观测到的某些 H_2 谱线发射的情形, 这是对的. 然而, 在其他情形, 这些激发图显然表示了一个单一的温度.

图 8.9 展示了一个这种类型的例子. 第一幅图中是分子云 L1630 中被一颗 B 型星照亮的反射星云, NGC 2023 的激发图. 空心和实心圆圈分别表示 "仲氢" 和 "正氢". (在经典语言中, 在仲氢中, 两个质子自旋方向相反.) 从观测到的强度来看, 尽管在谱线的子集中有斜率的模式, 故而有激发温度的模式, 但没有明显的单一斜率. 特别地, 1-0 $S(1)$ 和 2-1 $S(1)$ 谱线 (通过图中其他靠外的圆区分) 的强度比为 3.7. 因为这个比值大于 1.8, 所以这个区域除了荧光退激发, 还表现出能级的碰撞抽运. 将方程 (8.49) 应用于每一行并减去后, 观测到的比值得出 T_{ex} 为 3600 K. 这样的 "振动温度" 是有用的信息, 但它不一定对应于任何实际的 T_g.

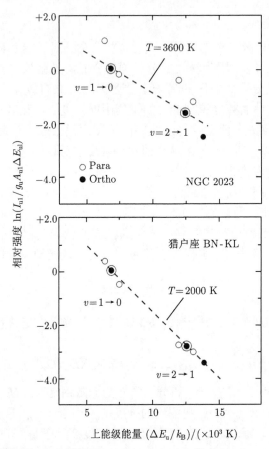

图 8.9 H₂ 发射的激发图. (a) 反射星云 NGC 2023. (b) 猎户座 BN-KL 区域. 观测到的强度
作为每条谱线的能量的函数画出. 对应于 $v = 1 \to 0$ 和 $v = 2 \to 1$ 的谱线分别标出

第二幅图展示了猎户座 BN-KL 区域中发射峰值区域的结果, 这个区域和红
外源 IRc2 重合. 这里, 单一斜率明显可以拟合数据. 1-0 $S(1)$ 和 2-1 $S(1)$ 的强度
比现在要高得多, 大约为 10, 使用所有点拟合得最好的 T_{ex} 为 2000 K. 这幅图可
能确实代表了气体的动理学温度. 然而, 在光致离解区中, 这么高的气体温度只能
在暴露于最大 G_0 值的分子云包层中保持, 那里几乎没有 H₂ 云可以存活. 那么激
发机制为何? 一般认为, 所有这些区域 (发现的第一个例子是猎户座 BN-KL) 代表
了之前经过激波, 被剧烈加热的气体, 现在已经冷却到通常的分子云温度. 对于通
过碰撞维持在局域热动平衡的 H₂ 能级, 环境密度必须非常高, 至少为 10^6 cm^{-3}.
在目前的例子中, 产生发射的激波是大质量恒星的星风撞到附近的分子云气体所
产生的. 然而, 激波的产生和所有质量的恒星相关, 也和恒星形成的很多方面有关,
我们应该以更宽的视野来探索这个现象.

8.4 跃变激波

激波是在大的压强梯度下, 在流体中产生的急剧转变. 例如, O 型星和 B 型星以两种不同的方式产生激波. 这种恒星的风在撞击分子云时会产生一个静止的激波波前, 即突然的反向压强梯度. 在更大的距离, 恒星产生 HII区, 一个被紫外辐射加热和电离的延展区域. 这些热气体对周围物质的压强产生了超声速运动以及一个移动的激波, 这个激波在离开恒星的传播中压缩和加热它前方的分子云气体. 当然, 通过适当的参考系变换, 激 "波" 总是可以看作静止的 "波前", 从这里开始我们将使用这个特殊的参考系进行讨论.

激波跃变的性质依赖于激波前的密度和速度. 后者被称为激波速度, 记作 V_{shock}. 激波仅在 V_{shock} 超过局域声速时产生. 此时, 运动流体元没有时间收到不断接近的高压区域的声波的 "警告". 因此, 它经历了突然变化, 这个变化由与更热和更密的激波后气体的直接接触而产生. 稍后我们将研究相对缓慢的激波, 这种变化的发生更缓慢. 现在, 我们关注的是更快的跃变激波 (J-Shock), 其中所有流体变量跃变到它们在激波后的值.

8.4.1 温度和密度变化

从动力学观点看, 激波把激波前气体中的大部分有序的整体运动转变为随机热运动. 对于足够高的激波速度, 热的激波后气体会发出辐射, 这些辐射进一步加热了上游和下游更远处的气体. 图 8.10 展示了与分子云中强度适中的激波相关的温度和密度分布. 横轴代表激波波前两边与波前的距离, 用柱密度 N_{H} 度量. 在图 8.10(a) 中, 激波前数密度为 n_{H} 的气体以速度 V_{shock} 流入, 这里等于 $80 \ \text{km} \cdot \text{s}^{-1}$. 同时, 气体温度 T_{g} 由于激波波前下游发出的辐射而升高. 被加热的激波前区域被称为辐射前导区. 激波波前是通过激波前与激波后原子和分子之间的碰撞发生实际的运动热化的转换层.[①] 这一层的厚度大约是激波后气体中一个粒子的平均自由程. 对于图中所示的例子, 相应的平均自由程与离子和电子之间的碰撞有关, 为 $4 \times 10^{10} \ \text{cm}$. 这个距离和激波波前之外的变化尺度相比太小了, 流体性质基本上经历了不连续的变化. 温度、密度和压强向上跃变, 而速度减小为与局域声速相比亚声速的值. 在激波波前的下游, 气体温度首先快速下降, 然后在一个延展的弛豫区更缓慢地下降 (图 8.10(b)). 正是在这个冷却区产生的辐射为我们提供了恒星形成环境中激波的信息.

跨越激波的气体性质的变化不依赖于激波波前中的热化机制, 容易通过质量守恒、动量守恒和能量守恒来确定. 我们在附录 F 中推导了相应的兰金-于戈尼奥

---

① 这种通过粒子之间碰撞的动量交换是普通流体黏度的基础. 因为这个原因, 跃变激波也被称为黏性激波.

跃变条件. 我们也推导了以上游马赫数 $M_1 \equiv V_{\text{shock}}/a_1$ 表示的各种激波后物理量和激波前物理量的比. 这里, 我们用下标 1, 2 和 3 分别代表上游、激波后和最终的激波下游的物理量. 对于 $\gamma = 5/3$ 的理想气体中强激波 $(M_1 \gg 1)$ 的情形, 方程 (F.16) 告诉我们 $T_2/T_1 = (5/16)M_1^2$. 绝热声速 a_1 等于 $(5k_{\text{B}}T_1/3\mu m_{\text{H}})^{1/2}$, 所以激波后温度为

$$T_2 = \frac{3\mu m_{\text{H}} V_{\text{shock}}^2}{16k_{\text{B}}}$$

$$= 2.9 \times 10^5 \text{ K} \left(\frac{V_{\text{shock}}}{100 \text{ km} \cdot \text{s}^{-1}}\right)^2. \tag{8.50}$$

在这个方程的第二个形式中, 我们已经假设了 $\mu = 1.3$(中性的激波前气体), 并且使用了小质量年轻恒星中典型的星风速度作为基准的 V_{shock}. 注意我们讨论的大质量恒星的星风速度可以超过 $1000 \text{ km} \cdot \text{s}^{-1}$. 在任何情形, 我们看到, 分子云中星风产生的激波产生的温度远超过我们到目前碰到的温度.

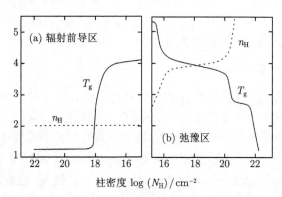

图 8.10　被激波作用过的分子云中的气体温度和氢的数密度, 其中 $V_{\text{shock}} = 80 \text{ km} \cdot \text{s}^{-1}$. 图中实际展示了 $\log(T_{\text{g}})$ 和 $\log(n_{\text{H}}) - 3$. 两个物理量都展示为氢柱密度的函数. (a) 激波上游, (b) 激波后. 参考系是激波处于静止的参考系

激波后的热气体减速并冷却. 一旦速度小于局域声速, 弛豫区域的压强就不再随深度变化. 所以, 在理想气体中正比于 P/T_{g} 的密度在温度弛豫到未扰动值 T_3 时可以升高很多 (图 8.10(b)). 在实际中, 这个升高受限于气体中磁压的增大. 然而, 激波压缩效应似乎是在产生猎户座 BN-KL 这样的区域中看到的非常高的密度的基础.

我们也可以使用守恒关系表示弛豫区域总的能量损失速率. 将附录 F 中的方程 (F.17) 应用于理想气体, 我们得到

$$\left[\frac{1}{2}v^2 + \frac{\gamma}{\gamma-1}\frac{P}{\rho}\right]_1^3 = -\frac{2F_{\text{rad}}}{\rho_1 V_{\text{shock}}}, \tag{8.51}$$

其中 v 是相对于激波波前的流体速度, F_{rad} 是向每个方向发射的流量. 对于强激波, $(1/2)V_{shock}^2$ 项超过了左边的其他项, 我们得到

$$F_{rad} \approx \frac{1}{4}\rho_1 V_{shock}^3. \tag{8.52}$$

所以, F_{rad} 随激波速度陡然增加.

8.4.2 氢的电离

来自强激波的强烈辐射可以轻易破坏激波前流体中的任何分子. 此外, 激波后的气体辐射的光子可以具有超过 HII 区 13.6 eV 极限的能量. 如果它们的能量超过 15.4 eV, 那么 H_2 的离解就不是通过通常的赖曼带和维纳带的激发, 而是通过直接电离以及之后的辐射复合:

$$H_2 + h\nu \longrightarrow H_2^+ + e^-$$

$$H_2^+ + e^- \longrightarrow H + H. \tag{8.53}$$

现在考虑前导区, 即 $x < x_0$(其中 x_0 表示激波波前的位置) 中电离流量的空间变化. 令 $\mathcal{F}_{rad}(x)$ 表示这个流量, 以 photon·cm^{-2}· s^{-1} 为单位. 如果我们假设所有光子最终被吸收, 那么 $\mathcal{F}_{rad}(x)$ 从零开始, 在激波波前增加到某个有限值. 对于激波前气体, 氢最初全部是分子, 以这种方式产生的两个 H 原子从激波波前产生的辐射场中吸收一个离解光子[①]. 额外还需要两个光子电离这两个原子. 所以, 在前导区中很小的距离区间 Δx, 流量的增加和原子以及电离氢数密度的变化关系为

$$\Delta\mathcal{F} = V_{shock}\left(\frac{1}{2}\Delta n_{HI} + \frac{3}{2}\Delta n_{HII}\right).$$

所以在激波波前处, 我们有

$$\frac{\mathcal{F}_{rad}(x_0)}{(n_H)_1 V_{shock}} = \frac{1}{2}f_{HI}(x_0) + \frac{3}{2}f_{HII}(x_0). \tag{8.54}$$

这里, $(n_H)_1$ 是入流的数密度, 而 f_{HI} 和 f_{HII} 分别是原子和电离氢的数量比. 为了完全电离前导流 ($f_{HI} = 0, f_{HII} = 1$), 向外的光子流量必须比流入的粒子流量大一个 3/2 因子. 确定实际的发射谱需要仔细的数值计算. 为了达到这个临界电离条件, 需要速度 120 km · s^{-1} 的激波速度. 在更高的激波速度, HI在一个电离波前 (在离开激波的某个固定位置 $x_i < x_0$) 中被转化为 HII.

我们讨论中的隐含假设是, 从 H_2 和 HI 弹出的电子在激波前气体被扫进激波中之前没有时间复合. 库仑力的聚焦效应使复合截面随电子速度以 v^{-2} 变化. 在

---

① 译者注: 原文为电离光子.

所关注的高温下, 这些截面足够小, 这个假设是合理的. 同样的道理, 激波波前内的氢也不能迅速复合, 因为其密度最多增加到 4 倍 (见附录 F). 所以, 激波后气体的初始电离态继承自前导区, 并不像局域热动平衡态中那样由局域密度和温度决定. 如果入流气体是轻微电离的, 这个结论也适用. 例如, 考虑 $(n_{\mathrm{H}})_1 = 10^5 \ \mathrm{cm}^{-3}$ 和 $V_{\mathrm{shock}} = 80 \ \mathrm{km \cdot s^{-1}}$ 的激波. 计算表明, 在此情形, 激波波前中的氢仅有百分之一被电离. 另一方面, 由方程 (8.50), 激波后的温度为 2×10^5 K, 这将导致局域热动平衡态中的完全电离.

8.4.3　非平衡冷却

激波后气体辐射其内能的方式敏感地依赖于其电离状态. 因为电离状态会显著偏离局域热动平衡, 所以这些气体被称为经历了非平衡冷却. 激波波前之后的大部分辐射是相对丰富的重元素 (如 C、N 和 O) 的电子态被电子碰撞激发后产生的. 它们的初始电离态依赖于激波产生的辐射场的特征, 故而依赖于 V_{shock}. 一旦激发, 较高的电子能级会通过允许的电偶极跃迁非常快速地退激发. 由此产生的紫外光子是那些真正使前导区电离的那些光子.

任何以原子形式留存下来的氢也可以被碰撞激发. 发射的光子很快被附近的氢原子吸收, 这些氢原子通常再发射同样能量的光子. 这个共振散射过程会持续到激发原子在到达基态之前跃迁到一个中间能级. 产生的较低能量的光子发生散射, 直到最初的辐射被转化为 $n = 2 \rightarrow 1$ 跃迁中发射的 Lyα 谱线. 这条谱线加上额外来自重离子的紫外光子构成了激波总辐射输出的大部分.

下游的氢首先由于碰撞和离子产生的辐射场被逐渐电离. 同时, 气体温度降低, 直到 10^4 K, 复合开始抵消光致电离. 气体的冷却现在大部分是由于电子和 HI 碰撞, 最终产生 Lyα 发射. 这种冷却对温度高度敏感, 因为较低的电子热运动速度无法激发氢的电子能级. 所以, 温度在 10^4 K 附近保持一个平台, 延伸到所有的能量超过 13.6 eV 的激波紫外光子被吸收且复合结束 (图 8.10(b)). 注意到非平衡冷却也在这个平台中主导, 但氢的电离比例现在高于局域热动平衡, 因为复合相对慢.

因为 HI 自身是糟糕的冷却剂, 氢复合结束使得发射再次被金属主导. 这些金属是中性的, 或者最多是一次电离的. 现在周围的温度太低, 碰撞不足以布居金属原子中对应于允许跃迁的那些能级. 然而, 任何处于基态之上大约 $k_{\mathrm{B}}T_{\mathrm{g}}$(对于 10^4 K 大约为 1 eV) 的能级仍然可以被激发. 这样的亚稳态实际上大量存在. 一个重要的离子是 OI 的 $^1\mathrm{D}_2$ 态. 这是用总的电子量子数 $L = 2$ 和 $S = 0$ 表征的能级, 我们在讨论精细结构分裂时碰到过 (回忆 7.3 节和图 7.8). 到基态的电偶极跃迁 ($L = 1, S = 1$) 是禁戒的, 但 "半禁戒" 的磁偶极跃迁可以发生. 这里, 相应的 A 值是 6.3×10^{-3} s^{-1}. 发射的 [OI] 6300 Å 谱线是年轻恒星星风产生的激波的重要示踪物.

8.4.4 分子的形成

亚稳态的激发使得激波后温度再次急剧降低, 直到熟悉的精细结构跃迁主导冷却. 特别重要的是 [OI]63 μm 谱线, 超过了 [CII] 158 μm 发射, 因为温度和密度较高. 一旦温度降到几千 K, 分子就开始重新形成并且此后控制了加热和冷却. 首先出现的是 H_2, 最初是由残余电子导致形成的 H^- 所产生的 (回忆方程 (5.11)). 在电子耗尽之后, H_2 通过尘埃表面的催化作用继续形成. 新形成的分子在首次注入气相时被振动激发. 如果此时的 n_H 至少有 10^5 cm^{-3}, 那么这些能级的退激发会偶尔发生. 在这些条件下, H_2 的形成变成气体的主要热源, 将 T_g 稳定在大约 500 K 的第二平台, 直到所有氢变成分子. 这个特征在图 8.10(b) 中也很明显.

其他分子也会通过纯气相过程形成. 较低的电离度和较长的温度增长平台有利于中性-中性反应. 这些反应的网络被激活, 产生了各种物质, 包括重要的冷却剂 CO、OH 和 H_2O. 后面两种分子主要是这样形成的,

$$H_2 + O \longrightarrow OH + H$$
$$OH + H_2 \longrightarrow H_2O + H. \tag{8.55}$$

这些分子的远红外和毫米波转动发射, 加上与相对较冷的尘埃的热接触的增加, 使得分子云气体最终降到初始的未扰动温度. 注意, 对于撞击分子云的激波, 激波后总的冷却时间只有几年. 图 8.10 中所示的例子中, 弛豫区的距离为 10^{13} cm 的量级.

8.4.5 尘埃的加热和破坏

对于深埋的激波, 只有非常少的激波后产生的光学和近红外辐射能逃逸出分子云. 和光致离解区中一样, 这些辐射中的大部分, 包括电离的成分, 都被尘埃吸收并在远红外波段重新发射. 吸收加热了尘埃颗粒, 特别是那些真正进入了激波波前的尘埃颗粒. 这样的尘埃颗粒在单位时间接收到能量 $\sigma_d F_{rad}$. 这里, F_{rad} 由方程 (8.52) 给出, σ_d 是几何截面, 适用于紫外辐射. 为了估计 T_d, 我们可以令体加热速率 $\sigma_d n_d F_{rad} = \Sigma_d n_H F_{rad}$ 等于方程 (7.39) 中的 Λ_d. 对于 $n_H = 10^3$ 和 $V_{shock} = 100$ km · s^{-1}, 我们得到 $T_d = 190$ K.

进入高速激波的尘埃的热效应和激波后区域中的碰撞相关的力学效应相比较小. 尘埃-尘埃碰撞驱动固体物质中的激波, 当沉积的能量超过晶格束缚能的几倍后就将固体物质气化. 晶格束缚能典型值是每个原子 5 eV. 这样的碰撞也可以直接粉碎尘埃颗粒. 最为重要的是, 快速运动的离子会带走尘埃颗粒的表层. 当激波速度超过 200 km · s^{-1}, 这个溅射现象高效地破坏大部分进入的尘埃颗粒. 和超新星遗迹相关的激波溅射是星际介质中尘埃的主要破坏机制.

我们之前提到, 激波后气体的发射率对电离态敏感. 对于增大的激波速度, 首先是氢, 随后是重元素变得完全电离, 故而不能有效冷却. 假设弛豫区的深度受到某些限制, 比如受到激波作用的云的几何厚度的限制. 存在一个临界激波速度, 超过这个临界速度后, 激波气体在流动时间内无法冷却. 所以激波前气体注入的能量在较长的一段时间仍然被禁闭. 例如这种无辐射激波是 O 型星和 B 型星星风和周围分子云物质碰撞产生的, 我们将在第 15 章考虑这种情况.

8.5　连续激波

我们最后考虑流体变量不经历不连续跃变, 而是平稳连续变化的激波. 这种可能性最初是从理论上推测的. 后来, 对被加热的分子氢的观测似乎就是要求有这样的转变. 随后的研究证实了这个想法, 并证明了其在恒星形成区适用.

8.5.1　最大压缩

在猎户座 BN-KL 区域, H_2 的振转跃迁提供了大部分发射. 图 8.9 表明, 尽管存在高光度源, 但分子没有处于荧光态, 而是处于接近 2000 K 的局域热动平衡中. 如我们之前所说的, 能量的最终来源好像是星风驱动的激波. 这个假设得到了 [OI]63 µm 谱线的支持, 这实际上是一种主要的激波后冷却剂. 另一方面, H_2 的激发实际是如何发生的并不清楚. 即使中等速度的激波也会使分子离解, 而分子仅在更下游的尘埃颗粒表面重新形成. 此时, 环境温度约为 500 K, 远低于观测值. 可以引入一个弱激波, H_2 在穿过激波波前也不被离解. 然而, 得到的红外辐射就太弱了. 增加激波前原子密度 n_H 确实增加了 H_2 的碰撞激波速率, 但也导致了其他类似于 H_2O 的分子的快速形成, 这些分子主导了冷却.

那么, 分子氢怎么可能完好无损地穿过激波波前而又被加热到足以辐射掉大部分进入的能量流呢? 答案是这个情形的激波前气体含有相对强的磁场. 如我们将在第 9 章详细讨论的, 运动中的磁化星际气体有效地携带着它的内部磁场. 通过激波波前会压缩气体和磁场. 磁场的压缩吸收了一些进入的动量. 激波后气体压强以及动力学温度都低于以同样速度进入的未磁化的流体. 温度的降低阻止了分子离解. 另一方面, 如果激波速度足够高, 即使降低的激波后温度也足以使 H_2 和其他分子强烈发射.

磁场的缓冲作用也限制了物质在穿越激波时所能达到的密度增长. 假设和磁场相关的压强 $B^2/8\pi$ 在激波前和初始动压强 $\rho_1 v_1^2$ 相比可以忽略. 穿过激波压缩了气体并增加了磁压, 因为磁场冻结在物质中. 实际上, 激波后的磁场强度 B_2 和激波前的值的关系是

$$\frac{B_2}{B_1} = \frac{\rho_2}{\rho_1}. \tag{8.56}$$

这个关系仅适用于磁场垂直于流动方向的情况, 如图 8.11 所示.

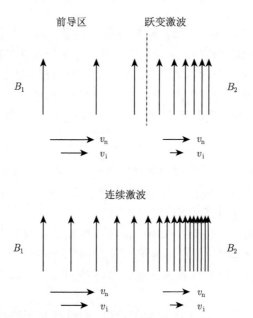

图 8.11 磁化流体中的激波. 图示为磁场以及中性和离子速度. 这里, 磁场垂直于流动, 参考系还是激波波前为静止的参考系. 上图: 在磁场强度低时, 中性物质在穿过磁前导区后经历一个跃变激波. 下图: 对于更强的磁场, 中性速度平稳减小. 在所有情形, 磁场强度和离子速度都平稳变化. 磁场的净变化总是由方程 (8.56) 描述

最大压缩在 $B^2/8\pi$ 的激波后值远超过热压和动压时发生. 在这个极限情形, 动量守恒给出

$$\frac{B_2^2}{8\pi} = \rho_1 v_1^2. \tag{8.57}$$

结合方程 (8.56) 和 (8.57), 我们发现

$$\left(\frac{\rho_2}{\rho_1}\right)_{\max} = \frac{\sqrt{8\pi\rho_1}v_1}{B_1}$$

$$= \sqrt{2}\left(\frac{v}{V_A}\right)_1. \tag{8.58}$$

这里, V_A 是阿尔芬速度, 定义为

$$V_A \equiv \frac{B}{\sqrt{4\pi\rho}}. \tag{8.59}$$

我们后面将展示 V_A 代表了扰动沿磁场传播的速度. 流体速度和阿尔芬速度的比

称为阿尔芬马赫数. 方程 (8.58) 告诉我们, 可能的最大压缩是在激波前计算的这个比值的 $\sqrt{2}$ 倍.

将我们的结果与未磁化气体的结果进行比较是有益的. 在这种情况下, 压缩比是普通马赫数 (即流体速度与局部声速的比值, 见附录 F) 的平方. 这里假设激波后温度已经降低到了激波前的值, 这个情况可以有最高的激波压缩. 星际云中阿尔芬速度通常超过声速一个数量级. 因此, 对于任何给定的流体速度, 普通的马赫数超过阿尔芬马赫数. 我们看到, 磁场的存在严重限制了激波压缩的程度.

8.5.2　磁性前导区

磁场对激波结构有另一个重要效应. 只有流体中的离子和电子受到洛伦兹力作用. 这些带电粒子通过离子-中性碰撞或者重要性小一些的电子-中性碰撞将力传递到中性流体中. 在分子云非常低的电离水平下, 离子-电子流体和中性流体可能有非常不同的速度. 特别地, 磁场可以在中性粒子显著改变速度之前使带电粒子减速. 中性粒子的速度最终在通常的 (即中性原子核分子之间碰撞所产生的) 跃变激波处经历剧烈跃变. 跃变激波前磁场逐渐增强、粒子速度逐渐降低的区域被称为磁性前导区.

除非运动速度快于内部压强扰动的速度, 否则流体无法产生激波. 在气体的中性成分中, 这个信号传播的速度就是声速. 现在, 磁性前导区中中性粒子和离子之间的碰撞不仅传递动量, 也升高中性气体的温度, 从而提高声速. 因为流入速度超过声速不多, 所以跨越跃变激波的密度增加量降低了. 对于足够强的磁场, 跃变激波完全消失了, 流体也没有剧烈的不连续. 我们把这种情况下的这种转变称为连续激波 (C-Shock), 其中前缀表示 "连续" (continuous). 中性气体的平稳减速源于相对慢的离子的碰撞阻力. [①]

总之, 磁化气体内有两种可能的激波 (图 8.11). 如果磁场相对较弱, 中性物质会经历跃变激波, 其特征是温度和密度急剧增加, 以及相应的速度从超声速下降到亚声速值. 上游是延展的磁性前导区, 其中磁场增强, 电子和离子速度下降. 如果周围的磁场更强, 就根本不存在黏性激波. 流体温度和密度平稳增大, 密度的增加受方程 (8.58) 限制. 中性粒子速度仍然在下降, 但这个下降还是逐渐的, 速度本身在转换区保持超声速.

图 8.12 展示了分子云中连续激波的结构的数值结果. 如前一张图所示, 气体从左边进入静止的波前. 在这个特殊的例子中, 激波前云的密度为 $n_{\mathrm{H}} = 10^4 \ \mathrm{cm}^{-3}$, 而 V_{shock} 为 25 $\mathrm{km \cdot s}^{-1}$. 激波前的磁场强度 B_1 是 100 $\mu\mathrm{G}$. 如果激波以同样的速

---

① 流入的中性粒子比声速或 V_A 都快, 如方程 (8.59) 给出的. 然而, 离子-电子流体中的信号速度是修改的阿尔芬速度, 通过在方程 (8.49) 中把 ρ 换为离子和电子的总密度 $\rho_i + \rho_e \approx \rho_i \ll \rho$ 而得到. 因为实际的离子速度总是小于新的信号速度, 所以带电粒子平稳减速, 对中性粒子产生阻力.

度进入未磁化的分子云, 那么方程 (8.50) 会给出 3.4×10^4 K 的激波后温度. 仔细的计算证实了, 在激波前密度 10^4 cm^{-3}, 所有分子氢都会被离解. 然而, 图 8.12 展示了实际的峰值温度仅有 1200 K, 离解可以忽略. 这幅图也展示了离子首先减速, 而中性粒子速度后来才减小. 然而, 最终, 所有分子都再次达到共同运动. 这种情形下整个连续激波跨越了 3×10^{16} cm 的距离.

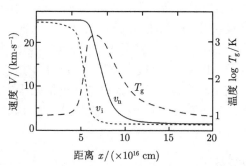

图 8.12　分子云中连续激波的结构. 这里, $V_{shock} = 25$ km $\cdot$ s^{-1}, $n_H = 10^4$ cm^{-3}, $B = 100$ μG, 其中 n_H 和 B 是激波前的值. 图示为气体温度 T_g、中性粒子速度 v_n 和粒子速度 v_i. 激波在所选取的参考系中保持静止

8.5.3　加热和冷却机制

在跃变激波中, 中间的激波后温度来自兰金-于戈尼奥跃变条件, 而随后弛豫区中的下降是由于各种已经讨论过的冷却机制. 在连续激波中, 温度上升和下降都是平稳的, 如我们所见, 它们覆盖了更大的距离. 温度分布敏感地依赖于内部加热和冷却. 然而, 跃变条件仍然可以用于联系相互作用区 (即带电粒子和中性粒子有相同速度和动力学温度的区域) 外的上游和下游物质. 激波中的加热主要源自离子和中性粒子之间的不同速度. 由于反复散射, 这种滑移在中性原子和分子中产生随机运动.

星际尘埃颗粒同样通过碰撞传递热能, 尽管它们的温度远低于气体温度. 此外, 尘埃高效地在中性粒子和离子之间传递动量. 原因是单个尘埃颗粒携带电荷, 即使在宁静云中也是如此. (回忆 8.3 节中大质量恒星附近的情况.) 带电物体, 像离子和电子一样绕局域磁场旋转. 它们和中性粒子的碰撞对流体施加阻力.

大部分冷却来自分子谱线, 所有都在红外波段. 我们已经提到了 H$_2$ 的振转跃迁. 来自 CO、OH 和 H$_2$O 的转动谱线也很可观, 有时候在能量平衡中是最重要的. 注意到 CO 谱线包含了比宁静云高得多的能级 (例如, $J = 15 \rightarrow 14$). H$_2$O 的冷却直到激波前速度大约为 10^6 cm^{-3} 时才开始主导. 原子的精细结构谱线也有贡献, 主要是 [OI]63 μm 谱线. 值得注意的是, 不存在表征跃变激波的紫外和光学跃迁. 在图 8.12 的例子中, 初始的温度上升反映了离子-中性粒子加热超过了

OI冷却. 温度达到峰值和下降在 H_2 冷却开始主导时发生. 此外, 中性粒子最终减速到离了速度, 所以速度滑移不再是一个热源.

到目前为止, 我们已经把连续激波描述为在周围磁场超过某个强度时发生的一种现象. 我们也可以考虑对一个固定的周围磁场, 改变激波前流动速度会发生什么. 现在很明显的是, 有效的冷却是连续激波存在的基础. 只要周围磁场的强度超过某个阈值, 适度的超声速就会产生这些连续的转变. 对于太大的速度, 增加的离子-中性粒子滑移加热超过了冷却, 分子开始离解. 然而, 分子本身提供了大部分冷却. 所以这个效应是灾变性的. 甚至少量的离解也会减少冷却, 升高温度, 导致进一步离解, 最终导致电离. 温度接近方程 (8.50) 中的 T_2, 我们得到跃变激波, 尽管有磁性前导区. 这个转变发生在什么地方不仅依赖于磁场强度, 也依赖于激波前的电离度. 涉及对于分子云环境而言合理的磁场值和电离度的数值研究发现, 临界激波速度介于 $40 \ \mathrm{km \cdot s^{-1}}$ 到 $50 \ \mathrm{km \cdot s^{-1}}$.

8.5.4 沃尔德不稳定性

回到猎户座 BN-KL 区域, H_2 发射的特征仍然存在问题, 至少对于最简单的连续激波来说是这样. 单条谱线非常宽, 速度宽度通常超过 $100 \ \mathrm{km \cdot s^{-1}}$. 垂直于流动的平面连续激波可以产生一个速度范围的发射, 依赖于激波前气体实际的速度. 然而, 总的速度范围不能超过 V_{shock} 的上限, 大约 $50 \ \mathrm{km \cdot s^{-1}}$. 另一方面, 假设气体倾斜进入平面激波. 平行于激波波前的速度分量保持不变. 这个分量可以轻易超过 $100 \ \mathrm{km \cdot s^{-1}}$, 依赖于星风速度和激波相对于这个流动的方位. 展宽的谱线可能是很多这种倾斜激波叠加产生的, 每一个都有不同的方位, 即来自弯曲的而不是平面的激波波前. 在曲面的一部分, 冲击速度可以大到产生跃变激波, 而其他部分可能是连续激波.

我们将在第 13 章详细讲述, 当准直的类似喷流的星风撞击分子云时, 弯曲的激波波前如何自然地产生, 以及激波波前如何产生了宽发射线. 在猎户座区域中, 高空间分辨率的红外观测发现了大量发出 H_2 辐射的小弧形结构. 这些结构可能是单独的弓形激波, 当来自 IRc2 的广角喷射物撞击周围的分子云气体时产生. 是否该区域所有的氢发射都能用这种方式来建模还有待观察.

即使最简单的平面连续激波也一定是基于理论的理想化模型. 考虑作用于典型离子的力. 在图 8.11 的下图中, 和中性粒子碰撞产生的拖曳作用于右边, 正比于速度差 $v_{\mathrm{n}} - v_{\mathrm{i}}$. 这些离子也受到洛伦兹力, 正比于 $\boldsymbol{j} \times \boldsymbol{B}$. 在所示情形, $\boldsymbol{j}$ 指向纸面之外, 故而 $\boldsymbol{j} \times \boldsymbol{B}$ 与拖曳相反. 实际上, 洛伦兹力较大, 在流动到右边时导致离子减速.

现在假设我们在磁场上施加一个正弦波. 那么, 如图 8.13 所示, 洛伦兹力在局域必须仍然垂直于每一条磁场线, 所以会改变方向. 因为速度 v_{n} 和 v_{i} 没有改变, 拖曳力仍然是水平的. 从图中明显看到 $v_n - v_i$ 会有一个沿磁场线的分量, 不能被 $j \times B$ 抵消. 结果是离子沿磁场滑动, 密度在某些点增加, 在其他点减小. 然而, 密度的增加导致对中性粒子更大的拖曳力, 反过来进一步将离子沿流动方向拉动, 进一步扭曲磁场.

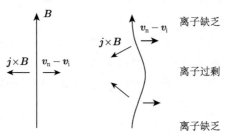

图 8.13 沃尔德 (Wardle) 不稳定性的来源. 当磁场是直的并且垂直于流动, 施加于离子的拖曳力和洛伦兹力是反平行的. 当磁场受到弯曲时, 这两个力不能共线, 离子在不同地方积聚或耗尽

有很多缓和因素可以抑制扰动增长. 例如, 如果初始波动的波长太短, 磁场张力的急剧增加会再次拉直磁场. 然而, 存在一个波长范围, 即使微小的扰动也会增长到很大的幅度, 只要阿尔芬马赫数足够大. 沃尔德不稳定性的数值模拟发现气体倾向于聚集在沿流动方向且垂直于磁场的薄片中. 在最终的稳态模式中, 薄片内增大的拖曳力被扭曲的磁场抵消. 薄片内密度远高于我们在方程 (8.58) 中的估计. 尽管如此复杂, 大多数分子谱线的激发发生在薄片形成的区域的上游. 因此, 观测到的流量和理想的平面连续激波的流量差别不大.

本 章 总 结

暴露于星际辐射中的分子云具有原子氢的外包层. 在更里面的地方, 原子在尘埃颗粒表面复合形成 H_2. 新形成的分子以及周围的尘埃颗粒吸收紫外光子, 从而保护了其他分子免于离解. 在没有邻近大质量恒星的情况下, H_2 的积聚在对应于 $A_V = 2$ 的深度基本就完成了.

分子云内部的气体主要由宇宙线加热. 即使在密度最高的区域, 穿透的流量也可以维持一个低电离水平. 这样产生的带电分子将它们的正电荷传递给金属原子, 这些原子随后吸附在尘埃颗粒上. 离子和自由电子的平衡丰度可以理论计算, 符合由类似 HCO^+ 的分子的探测间接得到的值.

来自大质量恒星的紫外辐射在分子云气体中形成了光致离解区. 这些离解区主要通过它们的热尘埃红外辐射进行观测. 从尘埃颗粒弹出的电子也会加热气体,

使其发出 63 μm 的 OI谱线和 158 μm 的 CII谱线. 任何直接暴露于紫外光子中的 H_2 都发出具有特征红外谱线的荧光谱.

　　大质量恒星也产生强烈的星风. 和轻微磁化的分子云物质碰撞的星风产生跃变激波. 穿过激波波前的物质突然被加热, 发出可以完全电离上游气体的辐射. 尘埃颗粒也可以通过相互碰撞在激波中被摧毁. 下游远处的气体冷却直到分子最终重新形成. 如果分子云是强烈磁化的, 那么星风会产生连续激波, 至少在某个极限速度之下是这样的. 由于离子-中性粒子摩擦, 入流的所有性质平稳变化. 这个摩擦产生热量, 但温度升高相对较小. 激波波前中的任何波动都被放大, 气体在沿流动方向的薄片中聚集. 观测上, 跃变激波和连续激波在某些环境中共存, 包括猎户座 BN-KL 区域.

建 议 阅 读

8.1 节 分子云包层中氢的自遮蔽理论在下文中给出

Hollenbach, D. J., Werner, M. W., & Salpeter E. E. 1971, ApJ, 163, 155.

后来一篇有用的参考文献是

Federman, S. R., Glassgold, A. E., & Kwan, J. 1979, ApJ, 227, 466.

CO 的积聚在这篇文章中有讨论

Van Dishoeck, E. F. & Black, J. H. 1987, in Physical Processes in Interstellar Clouds, ed. G. E. Morfill and M. Scholer (Dordrecht: Reidel), p. 214.

8.2 节 分子云内部的温度结构在这篇文章中已经计算过

Le Bourlot, J., Pineau de Forets, G., Roueff, E., & Flower, D. 1993, AA, 267, 233.

用 HCO$^+$ 确定暗云中电子比例的方法来自

Wootten, A., Snell, R., & Glassgold, A. E. 1979, ApJ, 234, 876.

后来对这个比例的计算见

Caselli, P., Walmsley, C. M., Terzieva, R. & Herbst, E. 1998, ApJ, 499, 234.

分子云中电离平衡的理论已经有全面的综述

Nakano, T. 1984, Fund. Cosm. Phys., 9, 139.

8.3 节 光致离解区的基本模型来自这篇文章

Tielens, A. G. G. M. & Hollenbach, D. J. 1985, ApJ, 291, 722.

OI的 63 μm 谱线的发现是在这篇文章中报道的

Melnick, G., Gull, G. E., Harwit, M. 1979, ApJ, 227, L29,

CII的 158 μm 谱线是在这篇文章中报道的

Russell, R. W., Melnick, G., Gull, G. E., & Harwit, M. 1980, ApJ, 240, L99.

H_2 荧光发射的简单理论回顾见

Sternberg, A. 1990, in Molecular Astrophysics, ed. T. W. Hartquist (Cambridge: Cambridge U. Press), p. 384.

8.4 节 对快速激波的物理过程和发射的详细分析见

Hollenbach, D. J. & McKee, C. F. 1979, ApJSS, 41, 555,

我们的数值结果取自这里. 气相化学在这篇综述中得到强调

Neufeld, D. A. 1990, in Molecular Astrophysics, ed. T. W. Hartquist (Cambridge: Cambridge U. Press), p. 374.

对于溅射破坏尘埃颗粒的理论, 见

Draine, B. T. & Salpeter, E. E. 1979, ApJ, 231, 77,

以及

Tielens, A. G. G. M., McKee, C. F., Seab, G., & Hollenbach, D. J. 1994, ApJ, 431, 321,

这篇文章包含了后来的实验发现.

8.5 节 连续激波的发现见

Mullan, D. J. 1971, MNRAS, 153, 145

Draine, B. T. 1980, ApJ, 241, 1021.

第一篇文章阐述了一般概念, 但应用局限于 H$_I$气体中相对弱的激波. 第二篇文章
证明了分子云中可以存在更强的激波, 因为增强的冷却.

对于沃尔德不稳定性及其数值模拟, 见

Wardle, M. 1990, MNRAS, 246, 98

MacLow, M. & Smith, M. D. 1997, ApJ, 491, 596.

两篇有用的综述见

Draine, B. T. & McKee, C. F. 1993, ARAA, 31, 373

Brand, P. W. J. L. 1995, ApSS, 224, 125.

第一篇是非常一般性的, 而第二篇讨论了弯曲的弓形激波是否能解释红外观测的
问题.

第三部分
从云到恒星

第 9 章　云的平衡和稳定性

我们现在将注意力转向恒星形成的动力学理论. 在这一过程中, 我们将重点从分子云的热性质转向它们的力学行为, 它们既是恒星诞生前的静态实体 (本章), 也是坍缩过程中的实体 (第 10 章). 这里提出的理论考虑, 结合我们之前的经验, 将清楚地表明, 恒星的形成并不是简单地由巨分子云碎裂为小而致密的子结构的结果. 坍缩的开始是在大型分子云复合体中高度局域化的过程, 这种坍缩的特征决定了新生原恒星的结构 (第 11 章). 话虽如此, 但单独的坍缩也可以发生在复合体中的广大区域. 第 12 章考察了关于星群形成的经验数据和主要理论观点.

因为大部分分子气体明显没有处于坍缩状态, 所以重要的是首先理解使分子云可以长期存在的力平衡. 对抗引力的支撑一部分来自热压力, 但也来自星际磁场, 尤其是在最大的尺度. 本章后面的部分相应地讨论了磁场支撑的问题. 这些章节的论述比前几章的更具技术性. 然而, 具备基本电磁理论知识的读者在理解各种论证时, 应该没有什么困难.

9.1　等温球和金斯质量

我们首先分析一块简化的分子云, 它仅通过自引力和热压强维持平衡. 我们进一步忽略任何内部温度梯度, 也就是说, 我们指定一个等温的状态方程. 由我们在第 8 章中的讨论, 这最后一个条件对于更大的分子云的建模是不合适的, 但对于致密云核和 Bok 球状体的情形 (图 3.21 和图 8.6) 是一个有用的一级近似. 我们还应该回顾这个经验性的发现, 正如增大的分子谱线宽度所证明的, 磁流体动力学波的支撑只在这些最小的尺度会减小 (第 3 章). 然而, 我们将发现, 从纯压力支撑的等温构型中学到的知识即使对巨分子云复合体也有启发作用.

9.1.1　密度结构

读者已经遇见过流体静力学平衡的数学表达式 (方程 (2.4)), 以及理想等温气体的状态方程 (方程 (2.6)). 这两个方程最初都是对 HI 云写出的. 推广到任意化学组成, 我们有

$$-\frac{1}{\rho}\nabla P - \nabla \Phi_g = 0, \tag{9.1}$$

以及

$$P = \rho a_T^2, \tag{9.2}$$

其中等温声速 a_T 为 $(\mathcal{R}T/\mu)^{1/2}$. 方程 (9.1) 中的引力势 Φ_g 遵守泊松方程 (2.8), 现在, 右边写出的是云本身的密度:

$$\nabla^2 \Phi_g = 4\pi G\rho. \tag{9.3}$$

起初, 我们限制在球对称云. 非常一般地, 方程 (9.1) 和 (9.2) 合起来表明 $(\ln\rho + \Phi_g/a_T^2)$ 在空间上不变. 对于球对称的情形, 我们写出

$$\rho(r) = \rho_c \exp(-\Phi_g/a_T^2). \tag{9.4}$$

这里, 我们已经令 Φ_g 在云的中心 $(r=0)$ 处等于零, 那里的密度记作 ρ_c. 方程 (9.3) 现在变为

$$\frac{1}{r^2}\frac{d}{dr}\left(r^2\frac{d\Phi_g}{dr}\right) = 4\pi G\rho \tag{9.5a}$$

$$= 4\pi G\rho_c \exp(-\Phi_g/a_T^2). \tag{9.5b}$$

将方程 (9.5b) 重写为无量纲形式是有益的. 我们定义一个新的因变量 ψ 为 Φ_g/a_T^2, 以及一个无量纲长度

$$\xi \equiv \left(\frac{4\pi G\rho_c}{a_T^2}\right)^{1/2} r. \tag{9.6}$$

方程 (9.5b) 变为等温莱茵-埃姆登方程:[①]

$$\frac{1}{\xi^2}\frac{d}{d\xi}\left(\xi^2\frac{d\psi}{d\xi}\right) = \exp(-\psi). \tag{9.7}$$

这个方程的一个边界条件已经给定: $\psi(0)=0$. 为了推导第二个条件, 我们注意到, 单位质量的引力为 $-GM(r)/r^2$, 其中 $M(r)$ 是 r 以内的质量. 因为这个质量趋近于 $(4\pi/3)\rho_c r^3$, 因此力, 以及 $\psi'(\xi)$ 随 ξ 变为零而趋向于零.

图 9.1 中的虚线展示了函数 $\psi(\xi)$, 如方程 (9.7) 积分所得到的. 更有意思的是比值 ρ/ρ_c(实线), 根据方程 (9.4), 这个比值由 $\exp(-\psi)$ 给出. 注意到密度和压强如何从中心往外单调下降. 这个压强在所有半径处的降低是所有流体静力学平衡位形的特征, 无论是否等温, 这对于抵消向内的引力是必要的. 在远距离处 $(\xi \gg 1)$, ρ/ρ_c 渐近地趋向于 $2/\xi^2$. 读者可以验证相应的势 $\psi = \ln(\xi^2/2)$ 实际上满足方程 (9.7), 但不满足 $\xi=0$ 处的边界条件. 这个奇异等温球中的密度为

$$\rho(r) = \frac{a_T^2}{2\pi Gr^2}, \tag{9.8}$$

---

① 一般的莱茵-埃姆登方程在恒星结构理论发展的历史上非常重要, 它描述了多方球的结构. 这些多方球是 P 正比于 $\rho^{1+1/n}$ 的流体静力学位形, 其中 n 是常数. 方程 (9.7) 用于 $n\to\infty$ 的极限.

通常对于估计分子云性质很有用.

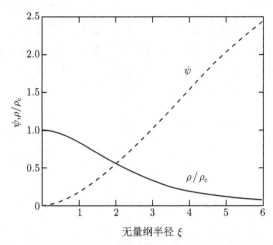

图 9.1 球形等温分子云中的无量纲引力势 (虚线) 和密度 (实线). 两个量都作为无量纲半径的函数画出

在任何实际的分子云中, 压强都不会降到零, 而是会降到某个表征外部介质的值 P_0. 假设我们固定 P_0 和 a_T. 给定这些限制, 图 9.1 是如何告诉我们分子云性质的? 由方程 (9.2), 我们知道边缘的密度, ρ_0. 假设我们进一步给定分子云中心和边缘的密度比 ρ_c/ρ_0. 那么我们可以从图 9.1 读出无量纲半径 ξ_0. 相应的半径 r_0 容易从方程 (9.6) 得到. 总结起来, 图 9.1 实际上描述了无穷多个模型的序列, 方便地用 ρ_c/ρ_0 参数化.

现在让我们考虑每个模型的质量 M. 对球壳积分得到

$$
\begin{aligned}
M &= 4\pi \int_0^{r_0} \rho r^2 dr \\
&= 4\pi \rho_c \left(\frac{a_T^2}{4\pi G \rho_c} \right)^{3/2} \int_0^{\xi_0} e^{-\psi} \xi^2 d\xi.
\end{aligned}
\tag{9.9}
$$

使用方程 (9.7) 和边界条件 $\psi'(0) = 0$, 最后一个积分等于 $\xi^2 d\psi/d\xi$ 在 ξ_0 取值. 如果我们定义一个无量纲的分子云质量

$$
m \equiv \frac{P_0^{1/2} G^{3/2} M}{a_T^4},
\tag{9.10}
$$

我们的最终结果为

$$
m = \left(4\pi \frac{\rho_c}{\rho_0} \right)^{-1/2} \left(\xi^2 \frac{d\psi}{d\xi} \right)_{\xi_0}.
\tag{9.11}
$$

ξ_0 的值现在对于每个 ρ_c/ρ_0 都已知. 所以方程 (9.11) 右边的最后一个因子可以从图 9.1 的 $\psi(\xi)$ 曲线读出. 图 9.2 展示了用这种方式得到的函数 $m(\rho_c/\rho_0)$. 在序列开始处, $\rho_c/\rho_0 = 1$, $\xi_0 = 0$, 表明 $m = 0$. 随着质量比增加, m 首先增加到最大值 $m_1 = 1.18$, 在 $\rho_c/\rho_0 = 14.1$ 处取得. 质量随后降低到最小值 $m_2 = 0.695$, 最终以振荡的方式趋向于渐近极限 $m_\infty = (2/\pi)^{1/2} = 0.798$. 读者可以从方程 (9.8) 直接验证, m_∞ 代表了奇异等温球的无量纲质量.

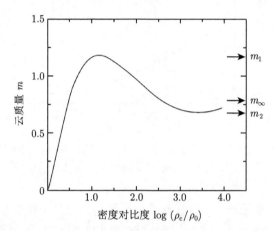

图 9.2　压强束缚等温球的无量纲质量. 质量作为中心和边缘密度对比度的函数展示

9.1.2　引力不稳定性

现在应该很明显, 等温球的所有物理性质都是从方程 (9.7) 的积分得到的. 然而, 模型序列中只有有限的一部分是引力稳定的. 在所有其他云中, 结构中任意小的初始扰动都随时间快速增长, 最终导致坍缩. 引力稳定性的问题是恒星形成理论的核心, 所以我们应该仔细研究一下. [1]

对于稳定的分子云, P_0 的增加会导致整体的压缩和内部压强的增大, 压强的增大导致这个位形再次膨胀. 让我们对于相对低密度的云, 即在接近图 9.2 中曲线的开始处, 验证这两个效应. 我们首先看内部压强. 如果我们保持质量 M 固定, 那么方程 (9.10) 表明, 任何 P_0 的增加 (对不变的 a_T) 都导致 m 增大. 根据图 9.2, ρ_c/ρ_0 也一定增大, 只要这个值没有一开始就超过 14.1. 因为 P 正比于 ρ, 向外单调减小, 我们看到, 中心压强和体积平均的压强都增大到超过 P_0.

---

[1] 天体物理流体中会有很多不稳定性. 引力不稳定性是动力学不稳定性的一个例子, 特征是内部扰动快速增长. 我们很快会碰到的其他例子是转动和对流不稳定性. 在第 2 章中, 我们讨论了弥散星际气体的热不稳定性, 这是不涉及动力学运动的完全不同的一类. 最后, 我们将在第 10 章中看到, 磁化的分子云是长期不稳定的, 因为它们通过摩擦耗散缓慢演化到低能量位形.

图 9.1 展示了 ρ_c/ρ_0 的增大伴随着 ξ_0 的增大. 为了看到这个物理半径 r_0 如何变化, 我们对方程中的 $\psi(\xi)$ 进行泰勒展开. 我们发现, 对于小的 ξ 值,

$$\psi(\xi) = \frac{\xi^2}{6} + \mathcal{O}(\xi^4), \tag{9.12}$$

故 $\rho_c/\rho_0 = \exp(-\psi) \approx 1 - \xi_0^2/6$ 是无量纲、半径为 ξ_0 的云的密度对比度. 在方程 (9.11) 和 (9.12) 中使用这些结果得到

$$M \approx \frac{\xi_0^3}{6\pi^{1/2}} \frac{a_T^4}{P_0^{1/2} G^{3/2}}. \tag{9.13}$$

方程 (9.6) 可以重写为

$$\xi_0^3 = (4\pi)^{3/2} \left(\frac{\rho_c}{\rho_0}\right)^{3/2} \frac{P_0^{3/2} G^{3/2} r_0^3}{a_T^6}, \tag{9.14}$$

其中我们可以在感兴趣的情况下设 ρ_c/ρ_0 为 1. 作了这个近似后消去方程 (9.13) 和 (9.14) 之间的 ξ_0^3, 我们最终得到

$$r_0^3 \approx \frac{3Ma_T^2}{4\pi P_0}. \tag{9.15}$$

我们得出结论, r_0 确实随 P_0 增大而减小. 此外, P_0 和云的体积 $(4\pi/3)r_0^3$ 的乘积保持不变. 故而方程 (9.15) 是理想等温气体的玻意耳定律的重新表述.

常数 G 不出现在方程 (9.15) 中这个事实意味着密度对比度小的分子云主要由外压强而不是自引力束缚. 这个情况随着我们沿图 9.2 中的曲线走向更大 ρ_c/ρ_0 的模型而发生变化. 在引力主导的位形, 在施加了增大的 P_0 后, 中心区域就更难膨胀了. 再次参考图 9.2, 所有 $\rho_c/\rho_0 > 14.1$ 的云, 即第一个极大值右边的那些云, 是引力不稳定的. 这个临界 M 值被称为博纳-伊伯特质量 (Bonnor-Ebert mass):

$$M_{\mathrm{BE}} = \frac{m_1 a_T^4}{P_0^{1/2} G^{3/2}}. \tag{9.16}$$

为了更好地理解 M_{BE} 的重要性, 让我们拓宽对稳定性问题的认识. 任何处于平衡态的云的扰动都会产生内部振荡. 在简正模式 (normal mode), 任何物理量在给定位置的正弦变化以相同的频率和相位在整个体积中发生, 只有振幅在空间上有变化. 从数学上讲, 我们把每个因变量写为其静态平衡值和一个小的振荡成分之和. 所以, 如果我们考虑等温分子云的球对称振荡, 那么密度是

$$\rho(r,t) = \rho_{\mathrm{eq}}(r) + \delta\rho(r) \exp(i\omega t), \tag{9.17}$$

的实部, 其中 $\rho_{\text{eq}}(r)$ 是未扰动的函数. 振幅 $\delta\rho(r)$ 是复数, 允许不同变量的振荡之间有相对相位. 另一方面, 频率 ω 对所有变量相同. 我们将这种扰动引入基本方程 (9.2) 和 (9.3), 以及质量连续性关系 (3.7) 和动量方程的非磁化版本方程 (3.3):

$$\rho \frac{Du}{Dt} = -\nabla P - \rho \nabla \Phi_{\text{g}}. \tag{9.18}$$

仅保留对各个振幅为线性的项, 可以求解扰动方程得到每个感兴趣模式的本征函数 $\delta\rho(r)$ 和本征值 ω^2. 如果 $\omega^2 > 0$, 密度和所有气体物理量都经历固定幅度的振荡. 另一方面, $\omega^2 < 0$ 表明扰动可以指数增长.[1]

对于任何平衡的分子云模型, 存在无限多个简正模式, 每个模式有自己的 ω^2 值. 这些模式可以用节点数排序. 节点就是扰动流体位移的振幅为 0 的半径. 第一个, 或者基本模式没有位移节点. 这里, 被扰动的云整体地向内和向外 "呼吸". 基模也具有最小的 ω^2 值. 第一谐波有一个节点和下一个更高 (正得更多) 的 ω^2 值.

假设我们再次固定 P_0 和 a_T, 如图 9.3 中那样, 考虑两块在图 9.2 中曲线的一个极值附近的两块相同质量 m 的云. 如图所示, 这些模型有不同的半径和中心密

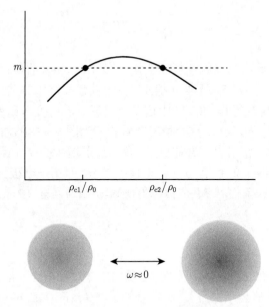

图 9.3　等温云中的稳定性转变. 图中展示了分子云质量的翻转作为密度对比度的函数. 峰值两边的模型可以看作频率为零的振荡的极端状态, 如下图所示

---

[1] 我们的讨论假设了, ω^2 是实数. 在详细的分析中, 这个事实从扰动的径向对称性得出. 对某中心轴不对称的模式具有复数值的 ω^2, 对应于随时间增长或减弱的振荡. 增长的振荡也可以发生在恒星外区, 如我们将在第 18 章看到的.

度. 然而, 因为它们的质量相同, 一个模型中每个流体元对另一个模型中相应流体元的位移可以看作一个频率为零的简正模式. 根据这个推理, 每当我们沿质量曲线经过一个极大值或极小值, 一些简正模式就会经历稳定性转变.

密度对比度最小的云是稳定的这个事实意味着它们的所有简正模式具有正的 ω^2. 在博纳-伊伯特质量, 基模变得不稳定. 一系列更高的模式在质量曲线的其他极值处经历这个转变. 所以奇异等温球对所有球对称简正模式都不稳定. 然而, 因为在实际星际环境中扰动不可避免, 所以只要存在一个不稳定模式就可以保证没有潜在的平衡模型. 线性理论允许不稳定云膨胀或收缩. 在实际中, 初始膨胀的云永远没有足够能量将其自己扩散到无穷远, 所以不稳定模式的存在总是导致引力坍缩.

9.1.3 临界尺度

到目前为止我们集中在球状云, 但引力稳定性的现象更一般. 例如, 对方程 (9.16) 中包含结果的另一种解释是, 无论三维位形如何, 某个尺寸的等温气体都容易坍缩. 为了展示后一种观点, 让我们使用金斯对在密度 ρ_0 的均匀等温气体中传播的自引力波进行的经典分析. 代替描述了驻波扰动的方程 (9.17), 我们采用平面行波:

$$\rho(x,t) = \rho_0 + \delta\rho \exp[i(kx - \omega t)], \tag{9.19}$$

其中 x 是传播方向, $k \equiv 2\pi/\lambda$ 是波数. 根据假设, 扰动引入的小的速度也在这个方向. 我们把类似的各个变量的行波形式代入方程 (3.7)、(9.2)、(9.3) 和 (9.18). 在对振幅线性化并消去指数项之后, 我们发现

$$-i\omega\delta\rho + ik\rho_0\delta u = 0 \tag{9.20a}$$

$$\delta P = \delta\rho a_T^2 \tag{9.20b}$$

$$-k^2\delta\Phi_g = 4\pi G\delta\rho \tag{9.20c}$$

$$-i\omega\rho_0\delta u = -ik\delta P - ik\rho_0\delta\Phi_g. \tag{9.20d}$$

方程 (9.20a) 乘以 $-i\omega$, 方程 (9.20d) 乘以 $+ik$, 相减得到

$$-\omega^2\delta\rho = -k^2\delta P - k^2\rho_0\delta\Phi_g$$
$$= -k^2 a_T^2\delta\rho - k^2\rho_0\delta\Phi_g, \tag{9.21}$$

其中对于 δP 我们已经使用了方程 (9.20b). 如果我们现在将方程 (9.20c) 代入 $\delta\Phi_g$, 消去 $\delta\rho$, 发现

$$\omega^2 = k^2 a_T^2 - 4\pi G\rho_0. \tag{9.22}$$

如图 9.4 所示, 色散关系方程 (9.22) 描述了波的传播. 这里我们画出无量纲变量 ω/ω_0 和 k/k_0 的关系, 其中 $\omega_0 \equiv (4\pi G\rho_0)^{1/2}$ 和 $k_0 \equiv \omega_0/a_T$. 对于足够短的波长 (大的 k), $\omega \approx ka_T$. 在此极限, 扰动表现为声波, 以相速度 $\omega/k = a_T$ 传播. 这是和背景介质相关的通常的等温声速. 然而, 在 $k = k_0$ 时, ω^2 和相速度都为零. 相应的波长 $\lambda_{\mathrm{J}} \equiv 2\pi/k_0$ 为

$$\lambda_{\mathrm{J}} = \left(\frac{\pi a_T^2}{G\rho_0} \right)^{1/2}$$

$$= 0.19 \; \mathrm{pc} \left(\frac{T}{10 \; \mathrm{K}} \right)^{1/2} \left(\frac{n_{\mathrm{H}_2}}{10^4 \; \mathrm{cm}^{-3}} \right)^{-1/2}. \tag{9.23}$$

波长超过这个金斯长度的扰动, 幅度会指数增长. 为了和我们之前的讨论比较, 读者可以验证, 如果我们把 ρ_0 取为 P_0/a_T^2, 那么直径 λ_J 的均匀球含有方程 (9.16) 所给质量的两倍. 实际上, 用密度和声速 (或温度) 写出时, M_{BE} 经常被称为金斯质量, 这个术语我们也会使用. 采用新的符号 M_{J}, 我们把方程 (9.16) 重新写为

$$M_{\mathrm{J}} = \frac{m_1 a_T^3}{\rho_0^{1/2} G^{3/2}}$$

$$= 1.0 M_\odot \left(\frac{T}{10 \; \mathrm{K}} \right)^{3/2} \left(\frac{n_{\mathrm{H}_2}}{10^4 \; \mathrm{cm}^{-3}} \right)^{-1/2}. \tag{9.24}$$

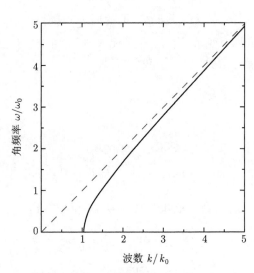

图 9.4　自引力等温气体中平面波的色散关系 (实线). 虚线是声波的色散关系

方程 (9.23) 和 (9.24) 中的数值展示了, 典型的致密云核和 Bok 球状体接近引力不稳定性的边缘. 实际上, 含有内部恒星的这种结构已经超过这个阈值, 这些结

构中至少有一部分显示出正在进行的坍缩. 我们将在第 11 章重新讨论这个观测的问题. 反过来, 测得的质量远小于 M_J, 或者尺度小于 λ_J 的结构可能是稳定的, 只要有足够的外压强. 或者, 它们可能是具有正的总能量的临时位形, 很快就会冷却或散开. 经过激波作用的物质提供了一个这种例子. 所以, 考虑猎户座中 IRc2 附近的 H_2 发射斑. 使用 $T = 2000$ K 和 $n_{H_2} = 10^6$ cm^{-3}, 我们发现 $M_J = 280 M_\odot$ 和 $\lambda_J = 0.41$ pc. 相比之下, 观测展示了这些发射源自厚度估计仅为 10^{13} cm 或 3×10^{-6} pc 的片状结构.

质量和大小的另一个极端是巨分子云. 如我们已经看到的, 分子云复合体似乎是更连贯的自引力主导的团块群. 采用方程 (9.24) 中典型团块的参数 $n_{H_2} = 10^3$ cm^{-3} 和 $T = 10$ K, 我们发现, $M_J = 3 M_\odot$, 比实际的质量低两个级量. 换言之, 一个 $200 M_\odot$ 的团块的内部温度要达到 100 K 才能完全靠热压强支撑. 因为测得的温度要低得多, 至少在内部大部分区域如此, 并且因为团块显然没有经历整体坍缩, 所以必须有另外的支撑. 最可能的支撑是星际磁场, 我们将在 9.4 节开始探讨它的动力学效应.

9.2 转动位形

作为走向对分子云更完整的理论描述的下一步, 我们允许有内部转动. 我们在第 3 章中看到, 很多致密云核测量到了转动速率, 如 NH_3 的 1.27 cm 谱线相对其他示踪谱线的多普勒频移所确定的. 在巨分子云的尺度上, 高空间分辨率和高谱分辨率的 CO 成图通常揭示出系统性的径向速度梯度. 例如, 猎户座 A 最南边的部分相对于靠近猎户四边形星团的北部是蓝移的. 得出的平均速度梯度, 0.1 km $\cdot$ s^{-1} $\cdot$ pc^{-1} 是其他复合体中典型观测值的两倍. 在这个例子和大多数其他例子中, 这个梯度的方向和分子云的长轴重合, 而长轴大致平行于银盘. 这个事实表明, 分子云复合体是在银盘中较差转动的气体凝聚时旋转起来的.

9.2.1 庞加莱-瓦弗定理

转动如何影响分子云的形态? 在 9.1 节中, 我们能够得到球形结构, 因为支撑的热压强本质上是各向同性的. 如果我们现在考虑云绕着一根固定的轴转动, 那么对应的离心力迫使每个流体元离开这根轴, 从而使平衡结构膨胀. 因此, 建立一个 z 轴沿转动方向的坐标系是很自然的 (图 9.5). 我们假设每个流体元有某个围绕此轴的稳定速度 u_ϕ, 但沿 z 方向和 ϖ 方向没有运动. 这里 $\varpi \equiv r \sin\theta$ 表示圆柱半径. 我们进一步假设分子云是轴对称的, 故而所有 ϕ 梯度为零, 并且对 $z = 0$ 的赤道面有镜像对称性.

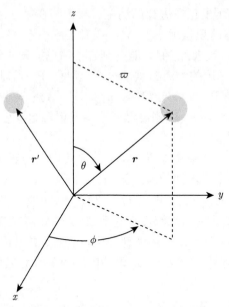

图 9.5　研究转动云的坐标系. 原点位于云的中心, z 轴沿转动方向. 显示了两个流体元——一个位于感兴趣的 r 点, 另一个位于另外某个点 r', 对 r 处的总引力势有贡献

一个核心的物理量是 $j \equiv \varpi u_\phi$, 对 z 轴的比角动量. 每个流体元的单位质量离心力用 j 写出来是 j^2/ϖ^3. 这一项必须用到方程 (9.1) 中以实现流体静力学平衡. 如果我们再次假设等温状态方程, 那么 ϖ 和 z 方向的力平衡要求

$$-\frac{a_T^2}{\rho}\frac{\partial \rho}{\partial \varpi} - \frac{\partial \Phi_{\mathrm{g}}}{\partial \varpi} = -\frac{j^2}{\varpi^3}, \tag{9.25a}$$

$$-\frac{a_T^2}{\rho}\frac{\partial \rho}{\partial z} - \frac{\partial \Phi_{\mathrm{g}}}{\partial z} = 0. \tag{9.25b}$$

这些方程的一个重要结果是, 比角动量只能是 ϖ 的函数. 也就是说, j 和 u_ϕ 沿着以 z 轴为中心的圆柱必须为常量 (图 9.6). 为了看出原因, 我们将方程 (9.25a) 对 z 求导, 方程 (9.25b) 对 ϖ 求导, 然后将二者相减. 消去交叉导数项后, 我们得到

$$-\frac{1}{\varpi^3}\frac{\partial j^2}{\partial z} = \frac{a_T^2}{\rho^2}\left[\frac{\partial \rho}{\partial z}\frac{\partial \rho}{\partial \varpi} - \frac{\partial \rho}{\partial \varpi}\frac{\partial \rho}{\partial z}\right]$$
$$= 0,$$

所以前面的论断得到了证明. 读者可以验证, 如果气体压强是密度的任意函数, 也可以得到同样的结果. 这个更一般性的论断就是庞加莱-瓦弗 (Poincaré-Wavre) 定理.

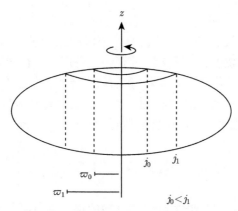

图 9.6　庞加莱-瓦弗定理的图示. 比角动量 j 沿以转动轴为中心的圆柱为常量. 为了转动稳
定, j 值必须向外增加

　　j 不依赖于 z 的事实使得我们可以用更简明的方式重写力平衡. 我们定义一
个离心势Φ_{cen}, 也只是 ϖ 的函数:

$$\Phi_{\mathrm{cen}} \equiv -\int_0^{\varpi} \frac{j^2}{\varpi^3} d\varpi. \tag{9.26}$$

于是我们可以把方程 (9.25) 的两个部分表示为

$$-\frac{a_T^2}{\rho}\nabla\rho - \nabla\Phi_{\mathrm{g}} - \nabla\Phi_{\mathrm{cen}} = 0. \tag{9.27}$$

扩展无转动情形, 我们看到 $(\ln\rho + \Phi_{\mathrm{g}}/a_T^2 + \Phi_{\mathrm{cen}}/a_T^2)$ 现在是空间上的常量. 于是
写出

$$\rho(r) = \rho_{\mathrm{c}} \exp\left[\frac{-\Phi_{\mathrm{g}} - \Phi_{\mathrm{cen}} + \Phi_{\mathrm{g}}(0)}{a_T^2}\right]. \tag{9.28}$$

这里, $\Phi_{\mathrm{g}}(0)$ 是引力势的中心值, 我们不再设为零. 相反, 我们通过对所有源 r' 的
积分得到任意位置 r 的 Φ_{g}(图 9.5):

$$\Phi_{\mathrm{g}}(r) = -G \int \frac{\rho(r')}{|r - r'|} d^3 x'. \tag{9.29}$$

　　在写出方程 (9.26) 时, 我们已经允许比角动量 j 为 ϖ 的任意函数. 然而, j
向外减小的分子云是转动不稳定的. 为了看到这个动力学不稳定性的起源, 我们
首先注意到分子云的轴对称性排除了任何内部力矩. 如果我们想象一个流体元向
外移动了一点, 比如从 ϖ_0 到 ϖ_1, j 是一个运动常量. 新的离心力 j^2/ϖ_1^3 大于作
用于已经位于 ϖ_1 的未扰动流体元的离心力. 扰动流体元感受到净的力, 促使它
向外移动更多, 而不是返回 ϖ_0. 避免这个不稳定性和它引起的快速的内部运动需
要 $j(\varpi)$ 是单调增加的 (图 9.6).

9.2.2　数值模型

除了这个一般性限制, 对于 $j(\varpi)$ 的正确形式几乎没有任何指南. 当然, 已有的分子云转动速度的测量过于粗糙, 没有多大帮助. 这种无知不应阻止我们探索旋转平衡的主要特征. 为了简单起见, 我们假设分子云从一个相同质量 M 和初始半径 R 的更大的均匀球收缩而来. 进一步假设这块球形云以角速度 Ω_0 转动. 那么, 如果 M_ϖ 是圆柱半径 ϖ 内所含的质量, 那么在均匀密度球内, j 为

$$j(M_\varpi) = \Omega_0 R_0^2 \left[1 - \left(1 - \frac{M_\varpi}{M} \right)^{2/3} \right], \tag{9.30}$$

由角动量守恒, 同样的函数形式对于感兴趣的平衡态也必然成立. 我们通过要求球形云具有符合背景值的内压强 P_0 来确定 R_0.

平衡分子云的构建现在是通过同时求解方程 (9.28) 和 (9.29), 以及辅助关系 (9.26) 和 (9.30) 实现的. 最广泛使用的数值方法是自洽场方法. 首先猜测一个密度分布 $\rho(r)$, 并马上从方程 (9.29) 和 (9.26) 得到 $\Phi_g(r)$ 和 $\Phi_{\rm cen}(r)$. 把这些势代入方程 (9.28), 得到一个不同于初始猜测的新的密度分布. 这个新的密度成为了新的势的源, 这个新的势又产生了另一个密度分布. 迭代继续进行, 直到用于计算势的密度和从流体静力学平衡方程 (9.28) 得到的密度的偏差可以忽略.

与球形云的情形一样, 最好用 a_T、P_0 和 G 构建的无量纲变量来描述这个问题. 这样一来, 每个平衡模型都处于一个连续的序列中, 但现在由两个独立参量表征. 一个参量还是中心和边缘的密度对比度 $\rho_c/\rho_0 = \rho_c a_T^2/P_0$. 第二个参量通常记作 β, 与旋转程度有关. 把 β 定义为球面参考态的转动动能和引力势能的比值是方便的. 所以我们有

$$\beta \equiv \frac{\Omega_0^2 R_0^3}{3GM}. \tag{9.31}$$

读者可以验证, $\beta = 1/3$ 对应于球形云破碎的速度. 所以, 至少在原理上, β 的取值范围可以从零到这个上限.

图 9.7(a) 展示了 β 值为 0.16, 即大约最大值的一半的模型的等密度线. 这幅图只展示了整块云的一个象限, 由于绕 z 轴的转动而明显变平. 这个特定模型的密度对比度为 15.9, 无量纲质量 (在方程 (9.10) 中定义) 为 2.35. 回忆一下, 球形 ($\beta = 0$) 云对于超过 14.1 的密度对比度是不稳定的, 会坍缩. 然而, 图 9.7 的模型实际上是稳定的, 正如我们将要展示的. 在整块云中, 主要的支撑力是内压强梯度, 而自引力提供了大部分约束. 在更小的 m 的模型中, 重力的重要性逐渐减弱, 力的平衡主要是内压强和外压强之间的平衡. 这样的小质量模型有小的质量对比度 (对 $\beta = 0$ 也是如此), 并且与麦克劳林椭球非常类似, 即处于刚体转动状态的均匀密度位形.

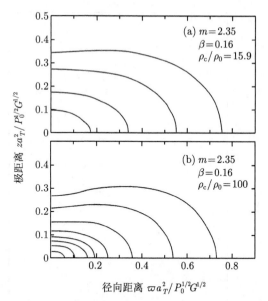

图 9.7 (a) 引力稳定的转动云在一个象限中的等密度线. (b) 具有同样质量 m 和转动参数 β 的不稳定云的等密度线

9.2.3 坍缩的易发性

如果我们保持 β 固定在 0.16 并考虑质量对比度增大的模型, 那么质量 m 首先增大然后反转 (图 9.8). 和以前一样, 峰值标记了引力不稳定性的开始. 为了看到为什么, 我们再一次选取具有相同 m 值但位于峰值两边的两个模型. 在固定的 a_T 和 P_0, 这些云有相同的质量. 因此, 它们收缩而来的球面参考状态具有相同的半径 R_0, 由方程 (9.21), 它们有相同的 Ω_0. 从方程 (9.30) 可以看出, 它们的 j 值分布也是相同的. 所以这两块分子云是零频率振荡的极端状态. 我们从图 9.8 看到, $\rho_c/\rho = 34.0$ 和 $m = 2.42$ 的模型处于不稳定的边缘. 所以, 图 9.7(a) 中所示的那个模型确实是稳定的, 尽管相差不多. 图 9.7(b) 展示了有相同 β 和 m, 但更大密度对比度 $\rho_c/\rho = 100$ 的不稳定模型. 如果我们用这个位形作为完整动力学方程的初始状态, 而不仅仅是流体静力学平衡, 那么分子云在几个自由落体时标内就会坍缩.

图 9.8 也展示了 $\beta = 0.33$ 的例子. 很明显, 所有这些曲线都表现出类似的稳定性转变. 总结这些结果的一个有用的方法是画出峰值质量, 我们记作 m_{crit}, 它是 β 的函数 (图 9.9). 物理量 m_{crit} 是推广的无量纲金斯质量, 从 $\beta = 0$ 的博纳-伊伯特值 $m_1 = 1.18$ 开始随 β 单调增加. 这种稳定增长从数量上表明了旋转如何使分子云稳定下来, 防止引力坍缩. 质量最大的稳定云的 β 为 1/3, 具有质量 $m = 4.60$, 密度对比度接近 200, 赤道半径大约是极半径的三倍.

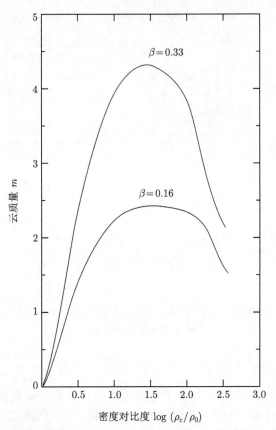

图 9.8　转动等温云中无量纲质量作为密度对比度的函数. 这两条曲线对应于图中所示的转动
参数 β

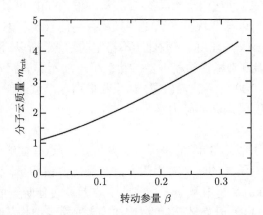

图 9.9　处于转动平衡的临界无量纲分子云质量. 图示的这个质量是转动参量 β 的函数

尽管我们在相当人为的均匀刚性转动的假设下构造了分子云, 但这些模型的主要特征对 $j(m_\varpi)$ 的细节形式不敏感. 特别地, 除非转动动能与引力势能之比 $\mathcal{T}_{\mathrm{rot}}/|\mathcal{W}|$ 大于大约 0.1, 否则极向不会显著变平. 在我们的模型序列中, $\mathcal{T}_{\mathrm{rot}}/|\mathcal{W}|$ 近似等于球面参考状态下的同一比值, 变量 β.

分子云能量和几何结构之间的这个联系清楚地表明, 在分子谱线成图中看到的分子云拉长的形态主要不是由旋转导致的. 首先考虑致密云核, 其长宽比大约为 0.6(回忆 3.3 节). 在方程 (3.31) 中, 我们估计了典型的 $\mathcal{T}/|\mathcal{W}|$ 仅为 10^{-3}. 此外, 我们还用统计证据证明了云核实际上是长椭球形状的. 现在转向巨分子云. 如果它们的平均速度梯度 $0.05~\mathrm{km \cdot s^{-1} \cdot pc^{-1}}$ 代表刚体转动, 那么直径 2 pc 的 $200 M_\odot$ 的团块也有 $\mathcal{T}/|\mathcal{W}| \sim 10^{-3}$, 根据方程 (3.31). 再说一次, 离心力不能解释观测到的对球对称的偏离.

否定的结果可能是有用的. 这里, 它们引出了更深入地探索恒星形成动力学的问题. 例如, 致密云核的低转动速率促使我们研究, 角动量是否确实像我们的简单模型所假设的那样, 在初始凝聚过程中守恒. 不幸的是, 分子云形成的理论解释和转动的经验测量都不足以解决这个问题. 我们之前指出, 较大的分子云主要由内部磁场支撑抵抗坍缩. 我们将看到, 这些磁场在分子云收缩过程中施加了抑制自转加速的力矩. 所以观测到的 Ω 值可能实际上是致密云核和周围气体转动锁定的结果.

9.3 磁通量冻结

我们已经看到, 内部热压强和离心力都不足以支撑大多数分子云对抗坍缩. 所以我们将注意力转向星际磁场. 从简单的维里定理分析可以看出, 磁力足以完成这项任务. 如我们在第 3 章中注意到的, 巨分子云复合体中的典型磁场足够强, 方程 (3.18) 中的项 $\mathcal{M}$ 和 $\mathcal{W}$ 在量级上相当. 有趣的是, 这种大致相等出现在所有被认为是自引力束缚的天体中.

9.3.1 观测到的磁场强度

为了详细说明最后一点, 我们在表 9.1 中总结了在许多不同环境中的磁场测量值, 以气体密度增加的顺序排列. 除了第 3 章所涵盖的标准分子云类型外, 还包含了夹在 S106 的外流瓣之间的致密分子气体团块 (底片 2), 位于银心的盘 (Sgr A West) 和天鹅座中强大的 OH 脉泽辐射源 (W75 N). 在所有情况中, 视向磁场成分 $B_\parallel$ 实际是通过 21 cm 中性氢谱线或 18 cm 附近的 OH 超精细结构谱线的塞曼分裂测量的. 除了 W75 N, 所有测量都是在对背景连续谱源的吸收线中进行的. 在估计每个天体的维里项 $\mathcal{M}$ 时, 我们可以将 $B_\parallel$ 乘以 2, 以得到随机取向的总磁场的值 B.

表 9.1　塞曼分裂测量磁场

天体	区域的类型	诊断谱线	$B_{\parallel}/\mu\mathrm{G}$
大熊座	弥散云	HI	+10
L204	暗云	HI	+4
NGC 2024	巨分子云团块	OH	+87
B1	致密云核	OH	−27
S106	HII 区	OH	+200
Sgr A West	分子盘	HI	−3000
W75 N	脉泽	OH	+3000

　　从表 9.1 中可以明显看出, B 随密度增加的一般趋势表明, 分子云中的磁力线可以和气体一起被压缩. 我们将很快为这一观测结果提供理论依据. 在小质量端, 大熊座中的分子云是细长的天体, 宽度大约 3 pc, 平均 n_{HI} 密度仅为 15 cm^{-3}. 这样稀薄的区域不会是自引力束缚的. 实际上, 对云表面仔细的积分表明 $|\mathcal{W}|$ 大约是 $\mathcal{M}$ 的 1/60. $\mathcal{M}$ 和维里定理中的动能项 $\mathcal{T}$ 相当. 从分子谱线展宽的观测中得到的动力学项代表了气体的无序运动. $\mathcal{T}$ 和 $\mathcal{M}$ 大致相等表明在云内部存在磁流体动力学波.

　　当我们考虑更致密的天体时, $\mathcal{M}$、$\mathcal{T}$ 和 $|\mathcal{W}|$ 项都变得差不多大. 在 B1 的中心区域 (其值如表 9.1 所示), 对 $\mathcal{T}$ 有贡献的观测线宽大致是热展宽. 该区域密度 $n_{\mathrm{H}_2} = 2 \times 10^4$ cm^{-3}, 直径为 0.24 pc, 类似于其他致密云核, 热压和磁压都抵抗其强大的自引力. 在 Sgr A West 的奇异环境中, 物理条件不太清楚, 这是围绕射电源 Sgr A* 的高密度 ($n_{\mathrm{H}_2} \sim 10^6$ cm^{-3}) 小半径 (1.5 pc) 团块化盘或环的一部分. 这里 $\mathcal{T}$ 代表明显的非热运动, 包括可能源自中心黑洞破坏分子云的快速流动. W75 N 中的分子气体可能密度是 Sgr A West 的 10 倍, 和一个观测到脉泽谱线的致密 HII 区成协.

　　所以, 就能量而言, 内部磁场对于抵抗引力是重要的. 引力实际上提供了主要的凝聚力. 在很多环境中, 磁力至少部分地来自磁场和气体中的动力学波. 然而, 这些波有时会被抑制甚至消失, 比如在最宁静的致密云核中. 磁流体动力学理论的一个重要结果是, 一个没有波的纯静态场也可以支撑自引力云, 尽管不是无限期的. 这种力学支撑的物理基础以及观测到的 B 随密度增大, 是磁通量冻结的现象. 定性地, 磁力线的行为就像它们被束缚在气体上一样. 因此, 气体的任何聚集都将附近的磁力线聚集在一起, 导致更大的 B 值. 数学上, 力方程 (3.6) 中的两个磁场项代表了磁张力和磁压梯度, 它们都增大. 随着热压力梯度增加, 这些力可以有效地抵抗自引力.

9.3.2　磁流体动力学方程

为了看到磁通量冻结如何产生, 我们离开平衡模型, 考虑具有内部运动的云. 穿过这个天体的任何磁场都是由电流密度 $\boldsymbol{j}$ 产生的, 它和 $\boldsymbol{B}$ 通过安培定律相联系:

$$\nabla \times \boldsymbol{B} = \frac{4\pi}{c}\boldsymbol{j}. \tag{9.32}$$

注意到对于较低的频率, 我们已经忽略了右边的位移电流项, $c^{-1}\partial\boldsymbol{E}/\partial t$. 方程 (9.32) 中剩下的真正的电流是云中的一小部分带电粒子携带的. 如我们在第 8 章中所见, 这些粒子包括自由电子、离子和尘埃颗粒. 尘埃颗粒的带电可忽略, 它们的数密度也太低, 它们对电流的贡献可忽略, 所以电流为

$$\begin{aligned}\boldsymbol{j} &= n_{\mathrm{i}}e\boldsymbol{u}_{\mathrm{i}} - n_{\mathrm{e}}e\boldsymbol{u}_{\mathrm{e}} \\ &= n_{\mathrm{e}}e(\boldsymbol{u}_{\mathrm{i}} - \boldsymbol{u}_{\mathrm{e}})\end{aligned} \tag{9.33}$$

这里 n_{e} 和 n_{i} 是电子和离子的数密度, 而 $\boldsymbol{u}_{\mathrm{e}}$ 和 $\boldsymbol{u}_{\mathrm{i}}$ 是各自的速度. 方程 (9.33) 使用了这个事实, 大多数离子是带一个电荷的粒子 (如 Fe^+ 和 Mg^+), 所以电中性要求 n_{i} 和 n_{e} 相等.

接下来我们使用一个描述电流如何由局部磁场产生的唯象关系. 众所周知的欧姆定律, 即 $\boldsymbol{j}$ 正比于 $\boldsymbol{E}$, 仅适用于静止介质. (移动铜丝穿过磁场会产生一个电流, 即使施加的电压为零.) 为了得到合适的推广, 我们暂时转换到以中性物质的局部速度 $\boldsymbol{u}$ 运动的参考系, 我们去掉了第 8 章中使用的下标. 给这个参考系中的所有物理量加上撇, 我们得到

$$\begin{aligned}\boldsymbol{j}' &= \sigma\boldsymbol{E}' \\ &= \boldsymbol{j},\end{aligned} \tag{9.34}$$

其中 σ 是电导率. 方程 (9.34) 中的第二个等式来自方程 (9.33), 我们看到在新的坐标系中 n_{e} 和相对速度 $\boldsymbol{u}_{\mathrm{i}} - \boldsymbol{u}_{\mathrm{e}}$ 都不变. 这里我们忽略了量级为 $(u/c)^2$ 的相对论改正. 在同样的精度下, 新的电场 $\boldsymbol{E}'$ 为

$$\boldsymbol{E}' = \boldsymbol{E} + \frac{\boldsymbol{u}}{c} \times \boldsymbol{B}. \tag{9.35}$$

方程 (9.34) 和 (9.35) 表明, 在原始参考系中推广的欧姆定律为

$$\boldsymbol{j} = \sigma\left(\boldsymbol{E} + \frac{\boldsymbol{u}}{c} \times \boldsymbol{B}\right). \tag{9.36}$$

使用这个结果, 我们现在可以替换方程 (9.32) 中的 $\boldsymbol{j}$, 得到场之间的关系:

$$\nabla \times \boldsymbol{B} = \frac{4\pi\sigma}{c}\left(\boldsymbol{E} + \frac{\boldsymbol{u}}{c} \times \boldsymbol{B}\right). \tag{9.37}$$

最后, 我们可以用法拉第定律

$$\nabla \times \boldsymbol{E} = -\frac{1}{c}\frac{\partial \boldsymbol{B}}{\partial t} \tag{9.38}$$

消去 $\boldsymbol{E}$. 方程 (9.37) 乘以 $c/4\pi\sigma$, 然后两边取旋度, 我们结合方程 (9.38) 的结果得到基本的磁流体动力学方程:

$$\frac{\partial \boldsymbol{B}}{\partial t} = \nabla \times (\boldsymbol{u} \times \boldsymbol{B}) - \nabla \times \left(\frac{c^2}{4\pi\sigma}\nabla \times \boldsymbol{B}\right). \tag{9.39}$$

9.3.3　估计电导率

方程 (9.39) 右边第二项代表欧姆耗散效应, 在电导率变得很大时变为零. 在当前情况下, 假设 L 是 $\boldsymbol{B}$ 发生变化的特征尺度. 这个尺度比云的直径小不了多少. 我们可以忽略欧姆耗散——得到磁通冻结——仅当物理量 $\sigma L^2/c^2$ 远大于任何感兴趣的时标时. 我们现在通过推导 σ 的近似表达式证明, 这对于大多数分子云的情形确实是对的.

让我们首先更仔细地考虑导电电子的运动. 物理量 $u_{\rm e}$ 既包括围绕 $\boldsymbol{B}$ 的紧密螺旋运动, 也包括更平滑的漂移分量. 后一个速度成分由于和其他分子的碰撞 (主要是 H$_2$ 分子) 而发生突然和随机的变化. 这种只发生在多次螺旋轨道运动之后的碰撞对电子产生一个等效的阻力. 这种阻力与环境电场的加速度相反, 在相对短的时间内建立了稳定的漂移速度.

记住这个物理图像, 我们回到之前的共动参考系, 写出电子运动的近似方程, 它在比单次碰撞长的时标上是正确的. 在稳态条件下, 加速度很小, 我们有

$$0 = -en_{\rm e}\left(\boldsymbol{E}' + \frac{\boldsymbol{u}_{\rm e}'}{c} \times \boldsymbol{B}'\right) + n_{\rm e}\boldsymbol{f}_{\rm en}'. \tag{9.40}$$

第一项代表洛伦兹力, 而第二项中的 $\boldsymbol{f}_{\rm en}'$ 是大量中性粒子施加在每个电子上的阻力. 为了简单起见, 我们忽略了相对罕见的电子-离子交会. 在任意一次与中性粒子的碰撞中, 大质量的原子或分子几乎不会移动. 如果电子以随机的方向散射, 那么平均来说, 它一定会将全部原始动量转移给中性粒子. 也就是说, 电子获得负的动量 $-m_{\rm e}\boldsymbol{u}_{\rm e}'$. 用中性粒子密度 n, 单位时间的碰撞数写为 $n\langle\sigma_{\rm en}u_{\rm e}'\rangle$, 其中 $\sigma_{\rm en}$ 是碰撞截面, 尖括号表示对电子速度的热分布的幅值和方向的平均. 注意到括号中包括了 $\sigma_{\rm en}$, 因为截面也依赖于速度.[1] 所以我们有

$$\boldsymbol{f}_{\rm en}' = -nm_{\rm e}\langle\sigma_{\rm en}u_{\rm e}'\rangle\boldsymbol{u}_{\rm e}'. \tag{9.41}$$

---

[1] 回忆 5.1 节中对离子-分子碰撞的讨论, 截面反比于相对速度.

转向离子, 使用 $n_i = n_e$ 后, 我们可以写出一个类似方程 (9.40) 的运动方程:

$$0 = +en_e \left(\boldsymbol{E}' + \frac{\boldsymbol{u}_i'}{c} \times \boldsymbol{B}' \right) + n_e \boldsymbol{f}_{in}'. \tag{9.42}$$

现在, 在和中性粒子的碰撞中, 平均质量为 $28m_H$ 的离子是较重的成分. 在离子静止系中, 动量转移是中性粒子质量 m_e 乘以其入射速度. 在与中性粒子共动的坐标系中, 平均每次碰撞向离子传递 $-m_n \boldsymbol{u}_i'$ 的动量. 所以阻力是

$$\boldsymbol{f}_{in}' = -nm_n \langle \sigma_{in} u_i' \rangle \boldsymbol{u}_i'. \tag{9.43}$$

我们关心的 $\boldsymbol{u}_e'$ 和 $\boldsymbol{u}_i'$ 成分沿 $\boldsymbol{E}'$ 和阻力共同的方向. (其他成分确实存在, 并且使电导率依赖于方向, 这一点我们不关心.) 将方程 (9.40) 和 (9.42) 投影到这个方向, 涉及 $\boldsymbol{B}'$ 的叉乘都为零. 在使用方程 (9.41) 和 (9.43) 后, 我们分别得到两个 $\boldsymbol{u}_e'$ 和 $\boldsymbol{u}_i'$ 与 $\boldsymbol{E}'$ 的关系式. 代入这些表达式并在我们的共动参考系中使用方程 (9.33), 我们发现

$$\sigma = \frac{n_e e^2}{n} \left[\frac{1}{\langle \sigma_{en} u_e' \rangle m_e} + \frac{1}{\langle \sigma_{in} u_i' \rangle m_n} \right]. \tag{9.44}$$

这里, $\langle \sigma_{en} u_e' \rangle$ 的值为 1.0×10^{-7} cm$^3 \cdot$ s^{-1}, 我们现在可以计算 $\sigma L^2/c^2$. 考虑巨分子云中的一个团块, $L \sim 1$ pc, $n \sim 10^3$ cm^{-3}. 根据方程 (8.32), 在此密度, n_e/n 大约为 4×10^{-7}. 尽管电离度很低, 但 $\sigma L^2/c^2$ 是 10^{17} yr 的量级. 当然, 这个时标是巨大的, 即使在更细致地处理 σ 之后也是如此. 所以, 在感兴趣的分子云环境, 欧姆耗散一定可以忽略.

9.3.4 理想磁流体动力学中的场输运

如果我们忽略右边第二项, 那么方程 (9.39) 简化为理想磁流体动力学方程:

$$\frac{\partial \boldsymbol{B}}{\partial t} = \nabla \times (\boldsymbol{u} \times \boldsymbol{B}). \tag{9.45}$$

这个方程是磁通冻结的数学表达式. 为了看到为什么, 想象一个和气体共动的闭合圈 $\mathcal{C}$(图 9.10). 在时间 t, 通过这个圈的磁通 Φ_B 由对内部共动曲面 $\mathcal{S}$ 的二维积分给出:

$$\Phi_B(t) = \int_{\mathcal{S}} \boldsymbol{B}(t) \cdot \boldsymbol{n} d^2 \boldsymbol{x},$$

其中 $\boldsymbol{n}$ 是垂直于曲面的单位矢量. 在时刻 $t + \Delta t$, 圈和曲面都发生变化, 分别变为 $\mathcal{C}'$ 和 $\mathcal{S}'$. 现在我们的目标是证明, 如果方程 (9.45) 成立, 那么通过运动曲面的磁通的变化 $\Delta \Phi_B$ 为零. 首先考虑在 $t + \Delta t$ 计算的通过由 $\mathcal{S}$、$\mathcal{S}'$ 和环的运动产生

的侧面所组成的闭合曲面总磁通. 麦克斯韦方程 $\nabla \cdot \boldsymbol{B} = 0$ 加上高斯定理, 表明通过任意闭合曲面的磁通为零. 参考图 9.10, 我们有

$$\int_{\mathcal{S}} \boldsymbol{B}(t + \Delta t) \cdot \boldsymbol{n} d^2 \boldsymbol{x} - \int_{\mathcal{S}'} \boldsymbol{B}(t + \Delta t) \cdot \boldsymbol{n} d^2 \boldsymbol{x} - \Delta t \int_{\mathcal{C}} \boldsymbol{B}(t + \Delta t) \cdot (d\boldsymbol{s} \times \boldsymbol{u}) = 0.$$

注意最后一项, 围绕 $\mathcal{C}$ 的线积分, 代表了侧面的贡献. 这里 $d\boldsymbol{s} \times \boldsymbol{u}$ 是图 9.10 中阴影区域所示单元的面积.

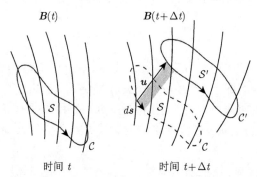

图 9.10   磁通冻结的证明. 闭环在时间 Δt 内 $\mathcal{C}$ 移动变为 $\mathcal{C}'$. 它包含的面积 $\mathcal{S}$ 在此时间内变为 $\mathcal{S}'$. 同时, 以速度 $\boldsymbol{u}$ 运动的线元 $d\boldsymbol{s}$ 扫过阴影面积 $d\boldsymbol{s} \times \boldsymbol{u}$. 这个面积矢量的方向和外法线方向重合

根据这一结果, 我们可以计算 $\Delta \Phi_B$

$$\begin{aligned}
\Delta \Phi_B &\equiv \int_{\mathcal{S}'} \boldsymbol{B}(t + \Delta t) \cdot \boldsymbol{n} d^2 \boldsymbol{x} - \int_{\mathcal{S}} \boldsymbol{B}(t) \cdot \boldsymbol{n} d^2 \boldsymbol{x} \\
&= \int_{\mathcal{S}} \boldsymbol{B}(t + \Delta t) \cdot \boldsymbol{n} d^2 \boldsymbol{x} - \int_{\mathcal{S}} \boldsymbol{B}(t) \cdot \boldsymbol{n} d^2 \boldsymbol{x} - \Delta t \int_{\mathcal{C}} \boldsymbol{B}(t + \Delta t) \cdot (d\boldsymbol{s} \times \boldsymbol{u}) \\
&\approx \Delta t \left[\int_{\mathcal{S}} \frac{\partial \boldsymbol{B}}{\partial t} \cdot \boldsymbol{n} d^2 \boldsymbol{x} - \int_{\mathcal{C}} \boldsymbol{B}(t) \cdot (d\boldsymbol{s} \times \boldsymbol{u}) \right],
\end{aligned}$$

其中的近似忽略了 Δt^2 的误差. 如果我们现在假设方程 (9.45) 在整块云中成立, 那么我们可以使用斯托克斯定理转换以上方程的最后一行. 于是我们得到

$$\begin{aligned}
\Delta \Phi_B &= \Delta t \left[\int_{\mathcal{C}} (\boldsymbol{u} \times \boldsymbol{B}) \cdot d\boldsymbol{s} - \int_{\mathcal{C}} \boldsymbol{B} \cdot (d\boldsymbol{s} \times \boldsymbol{u}) \right] \\
&= 0,
\end{aligned}$$

其中我们已经使用了三重积在循环置换下的不变性.

磁通冻结既意味着磁场与流体的运动有关, 又意味着气体受磁场位形的约束. 对于给定的云环境哪一个是最合适的描述, 依赖于磁场和流体运动的相对能量密

度. 因为维里项 $\mathcal{M}$ 和 $\mathcal{T}$ 在大多数云中是可以比拟的, 所以磁场和气体有很强的相互影响. 所以, 很多巨分子云复合体分层的外观可以很好地指示大尺度环境磁场的排列, 正如致密云核的长椭球形状所能指示的那样. 毫无疑问, 磁通冻结在所有尺度的分子云的结构和演化中都发挥了关键作用.

然而, 同样可以肯定的是, 在恒星形成之前, 理想磁流体动力学近似一定会失效. 考虑例如, $n_{\mathrm{H}_2} = 10^4 \ \mathrm{cm}^{-3}$ 的致密云核中心区域一个 $1 M_\odot$ 的球. 假设这个半径 $R_0 = 0.07 \ \mathrm{pc}$ 的球穿插了强度 $B_0 = 30 \ \mathrm{\mu G}$ 的均匀磁场. 进一步假设这个球一定会形成一颗金牛座 T 型星. 于是这个半径会变为 $R_1 \approx 5 R_\odot = 3 \times 10^{11} \ \mathrm{cm}$. 如果在恒星形成过程中磁通冻结成立, 那么 BR^2 保持不变. 为了简单, 这里我们假设最终的磁场在恒星的球形星体内也是均匀的. 那么, 恒星的磁场为 $B_1 = 2 \times 10^7 \ \mathrm{G}$, 这个值超过了金牛座 T 型星观测值至少四个量级 (第 17 章).

这个简单的例子展示了原恒星坍缩理论中的磁通冻结问题, 这是一个还没有完全解决的问题. 困难在于细节, 因为很明显, 两个经过充分研究的过程可以大幅度减小磁通量. 在坍缩开始之前, 致密云核经历了双极扩散 (ambipolar diffusion). 这里, 电子和离子仍然被束缚在磁力线上, 而占优势的中性粒子可以滑过, 使得收缩可以继续进行. 一旦坍缩开始, 磁场的纠缠会通过磁重联导致强烈的欧姆耗散. 本质上, $\boldsymbol{B}$ 的扭结使得方程 (9.45) 中的长度标度 L 减小, 直到磁流体动力学方程 (9.39) 中的耗散项变得非常大. 我们将在第 10 章回过来考虑这两个效应.

9.4 静 磁 位 形

分子云收缩期间的磁力线冻结意味着磁平衡的研究可以以类似研究旋转、无磁场结构的方式进行. 因此, 磁通量的内部分布继承自更早、更稀薄的环境, 就像之前的比角动量一样. 现在我们想象云从磁场 $\boldsymbol{B}_0$ 在每个地方都是直线平行的状态凝聚而来. 为了方便, 我们使用一个原点在云中心, z 轴沿磁场方向的坐标系. 在收缩过程中, 物质可以沿磁力线自由滑动, 直到由于热压强的升高而停止. 在正交方向向轴运动的气体会拖曳磁场, 并受到压强 (热压和磁压) 以及磁张力, 即磁力线的弯曲的阻碍. 所以, 在最终的平衡态, 存在一个额外的向外的力, 和转动造成的类似 (图 9.11).

然而, 更详细地说, 磁场和转动的类比明显失效. 转动平衡云中的离心力正好指向 ϖ 方向, 意味着比角动量沿圆柱不变. 如果这个类比是精确的, 那么平衡的磁通量沿圆柱也是不变的, 但事实并非如此. 如我们已经注意到的, 磁力线被气体向内拖曳而弯曲. 新的力平衡方程为

$$0 = -a_T^2 \nabla \rho - \rho \nabla \Phi_{\mathrm{g}} + \frac{\boldsymbol{j}}{c} \times \boldsymbol{B}, \qquad (9.46)$$

其中我们再次使用了等温状态方程. 如果云在收缩过程中没有转动, 那么平衡的 $\boldsymbol{B}$ 矢量是极向的, 即位于 $\varpi\text{-}z$ 平面内. 安培定律表明电流 $\boldsymbol{j}$ 是环向的, 指向 ϕ 方向. 因此, 与离心力不同, 单位体积的磁力 $\boldsymbol{j} \times \boldsymbol{B}/c$ 一定是一个有 ϖ 和 z 分量的极向矢量. 总之, $\boldsymbol{B}$ 在平衡态可以保持扭曲这一事实使得庞加莱-瓦弗定理的磁场类比不存在, 并且使得实际的平衡计算更加困难.

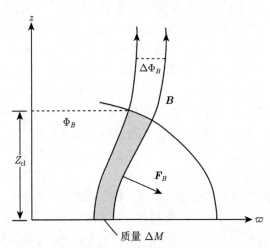

图 9.11　磁支撑云的一个象限 (示意图). 当围绕轴转动时, 内部的磁力线产生一个包围了磁通 Φ_B 的曲面, 穿透在中心面上方 $Z_{\rm cl}$ 的云表面. 邻近的磁力线包围额外的磁通 $\Delta\Phi_B$ 和质量 ΔM. 如图所示, 磁场的曲率产生一个向外的磁力

9.4.1　模型的构建

　　进一步, 我们再一次假设我们的位形既有对 $z = 0$ 平面的反射对称性, 又对中心轴是轴对称的. 我们的第一个任务是从繁琐的矢量变量 $\boldsymbol{B}$ 变为更方便的标量, 磁通量 Φ_B. 如图 9.11 所示, Φ_B 是任意磁力线绕轴转动产生的面之内的磁通量. 等式 $\nabla \cdot \boldsymbol{B} = 0$ 使得我们可以将 $\boldsymbol{B}$ 重新用磁势 $\boldsymbol{A}$ 写出:

$$\boldsymbol{B} = \nabla \times \boldsymbol{A}.$$

令 $\mathcal{S}$ 是任意以轴为中心、半径 ϖ 的圆所围的二维曲面. 于是

$$\begin{aligned}
\Phi_B &= \int_{\mathcal{S}} (\nabla \times \boldsymbol{A}) \cdot d^2\boldsymbol{x} \\
&= 2\pi\varpi A_\phi.
\end{aligned}$$

矢量 $\boldsymbol{A}$ 仅有一个非零的 ϕ 分量以产生任意极向 $\boldsymbol{B}$ 场. 使用单位矢量 $\hat{\boldsymbol{e}}_\phi$, 我们写出

$$\boldsymbol{B} = \nabla \times (A_\phi \hat{\boldsymbol{e}}_\phi) \tag{9.47a}$$

$$= -\frac{\hat{e}_\phi}{\varpi} \times \nabla(\varpi A_\phi) \tag{9.47b}$$

$$= -\frac{\hat{e}_\phi}{2\pi\varpi} \times \nabla\Phi_B. \tag{9.47c}$$

读者可以通过分量展开验证方程 (9.47b). 由方程 (9.47c), 我们证实了 $\nabla\Phi_B \cdot \boldsymbol{B} = 0$, 故 Φ_B 磁力线不变.

我们的下一个任务是建立方程 (9.28) 的类比, 即借助力平衡方程 (9.46) 找到 ρ 和 Φ_g 之间的关系. 因为磁力不能简单地用势的梯度表示, 因此不存在单一的全局关系. 然而, 沿磁力线的流体静力学平衡表明, 乘积 $\rho\exp(\Phi_g/a_T^2)$ 在这个特定方向守恒. 这个物理量的实际值对每条磁力线不同. 为了量化这个变化, 我们定义一个具有压强量纲的新标量 q:

$$q \equiv \rho a_T^2 \exp(\Phi_g/a_T^2). \tag{9.48}$$

回忆 $\boldsymbol{j}$ 仅有一个 ϕ 分量, 于是我们用方程 (9.47) 把方程 (9.46) 重写为

$$\exp(-\Phi_g/a_T^2)\nabla q = \frac{j_\phi}{2\pi\varpi c}\nabla\Phi_B.$$

方程两边对 $\boldsymbol{B}$ 点乘, 我们发现 $\boldsymbol{B} \cdot \nabla q = 0$. 所以 q 沿磁力线不变, 仅是 Φ_B 的函数. 力平衡方程简化为标量关系

$$\frac{j_\phi}{2\pi\varpi c} = \frac{dq}{d\Phi_B}\exp(-\Phi_g/a_T^2). \tag{9.49}$$

j_ϕ 和 Φ_B 之间的另一个关系来自安培定律, 方程 (9.32). 展开方程 (9.47c) 的旋度并使用方程 (9.49), 我们得到 Φ_B 的一个场方程:

$$\frac{\partial}{\partial\varpi}\left(\frac{1}{\varpi}\frac{\partial\Phi_B}{\partial\varpi}\right) + \frac{1}{\varpi}\frac{\partial^2\Phi_B}{\partial z^2} = -32\pi^3\varpi\frac{dq}{d\Phi_B}\exp(-\Phi_g/a_T^2). \tag{9.50}$$

我们现在寻找控制引力势 Φ_g 的类似关系. 当然, 这个物理量是通过泊松方程从质量分布产生的. 通过方程 (9.48) 把方程 (9.3) 中的密度 ρ 换成 q, 我们得到

$$\frac{1}{\varpi}\frac{\partial}{\partial\varpi}\left(\varpi\frac{\partial\Phi_g}{\partial\varpi}\right) + \frac{\partial^2\Phi_g}{\partial z^2} = \frac{4\pi G}{a_T^2}q\exp(-\phi_g/a_T^2). \tag{9.51}$$

方程 (9.50) 和 (9.51) 是这个问题的两个基本关系, 用于求解 Φ_B 和 Φ_g. 为此我们需要指定函数 $q(\Phi_B)$, 这需要了解磁通量分布. 我们也需要描述云周围的介质. 在这里, 和以前一样, 通常的做法是想象云浸没在密度为零压强为 P_0 的假想气体中. 我们再次要求我们的位形的表面压强和 P_0 匹配. 因为声速在外部介质中是无限大的, 所以方程 (9.48) 表明 q 变为常数 P_0. 由方程 (9.49), 电流 j_ϕ 为

零. 所以, 我们继续在云的外面求解方程 (9.50) 和 (9.51), 但把两式的右边变为零. 在某个适当大的外边界, 我们给出磁场具有初始值 $\boldsymbol{B}_0$ 以及 Φ_g 由总质量导致的条件.

我们的下一个任务是推导用磁通量分布表示的 $q(\Phi_B)$ 的表达式. 我们首先令 $M(\Phi_B)$ 表示磁通量 Φ_B 相关的磁力线所包含的分子云质量. 由图 9.11, Φ_B 和 $\Phi_B + \Delta\Phi_B$ 之间的小质量 ΔM 为

$$\Delta M = 2 \int_0^{Z_{\mathrm{cl}}(\Phi_B)} dz \int_{\varpi(Z_{\mathrm{cl}},\Phi_B)}^{\varpi(Z_{\mathrm{cl}},\Phi_B+\Delta\Phi_B)} d\varpi 2\pi\varpi\rho,$$

其中 $Z_{\mathrm{cl}}(\Phi_B)$ 是云的边界. 只要把自变量 ϖ 换为 Φ_B, 则第二个积分是平凡的 (trivial). 在进一步用 q 替换 ρ 后, 我们得到一个 q 的积分表达式:

$$q = \frac{a_T^2}{4\pi} \frac{dM}{d\Phi_B} \left[\int_0^{Z_{\mathrm{cl}}(\Phi_B)} dz\varpi \frac{\partial\varpi}{\partial\Phi_B} \exp(-\Phi_g/a_T^2) \right]^{-1}. \tag{9.52}$$

一旦计算了这个表达式, 方程 (9.50) 中的 $dq/d\Phi_B$ 就可以通过数值微分得到. 注意到, 因为方程 (9.52) 的被积函数中的 ϖ 是 z 和 Φ_B 的函数, 所以函数 $q(\Phi_B)$ 依赖于磁场空间分布的细节. 所以, 必须通过和自洽场方法类似的迭代过程同时求解方程 (9.50)~(9.52).

9.4.2　变平的平衡位形

剩下只需要选择磁通量分布 $dM/d\Phi_B$. 原则上, 我们可以利用单块云以及嵌入其中的磁场的观测结果, 但现有的数据对于这个目的而言太少了. 作为替代, 我们使用一个公认的简化物理模型, 研究平衡位形对模型参数的依赖. 和在转动问题中一样, 我们假设云是从穿插了背景场 $\boldsymbol{B}_0$ 的均匀密度球收缩而来. 如果 ρ_i 和 R_0 分别是这个球的密度和半径, 则

$$\begin{aligned} \frac{dM}{d\Phi_B} &= \frac{2\rho_i R_0}{B_0} \left(1 - \frac{\Phi_B}{\Phi_{\mathrm{cl}}}\right)^{1/2} & \Phi_B &\leqslant \Phi_{\mathrm{cl}} \\ &= 0, & \Phi_B &> \Phi_{\mathrm{cl}}, \end{aligned} \tag{9.53}$$

其中 $\Phi_B \equiv \pi B_0 R_0^2$ 是穿过云的总磁通量. 假设磁通冻结在参考球收缩过程中成立, 那么方程 (9.53) 也给出函数 $dM/d\Phi_B$, 用于方程 (9.52) 中的 $q(\Phi_B)$.

在数值求解中, 使用四个基本量 a_T、P_0、G 和 B_0 把所有变量变为无量纲形式是方便的. 如果参考球的内压强等于 P_0, 那么这个问题有两个自由参量, 正如转动的情形. 一个是密度对比度 ρ_c/ρ_0, 其中云表面的密度还是等于 P_0/a_T^2. 第二个参量, 对应于转动情形的 β, 是背景介质中磁压和热压的比:

$$\alpha \equiv \frac{B_0^2}{8\pi P_0}. \tag{9.54}$$

在实践中, 人们习惯于让参考球的内压也变化. 所以我们需要第三个自由参量, 可以是 ρ_i/ρ_0, 但通常取为初始球的无量纲半径:

$$\xi_0 \equiv \left(\frac{4\pi G\rho_0}{a_T^2}\right)^{1/2} R_0. \tag{9.55}$$

注意到这个定义和方程 (9.6) 不同, 那里用了中心密度.

图 9.12(a) 展示了参量 $\xi_0 = 2.4$、$\alpha = 1.0$ 和 $\rho_c/\rho_0 = 10$ 的代表性模型的等密度线和磁力线. 注意到这里的距离单位是 R_0. 云在极向的变平显然很类似于转动的情形. 在当前的例子中, 赤道半径仍然为初始球的百分之九十, 而极向半径缩小到了大约百分之四十. 如果我们考虑一个更高密度对比度 ($\rho_c/\rho_0 = 10^3$, 图 9.12(b)) 但 ξ_0 和 α 相同的模型, 赤道半径会再缩小一些, 而中心区域会拽着磁场一起收缩很多. 极半径也会减小, 使整个结构呈现凹陷的外观. 在旋转云中也发现了这种中心凹陷. 这种凹陷来源于沿极向更大的重力, 而没有磁张力的抵抗.

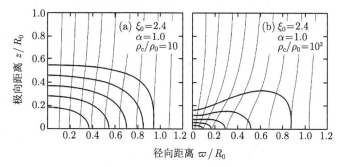

图 9.12　(a) 引力稳定的磁化云的一个象限的等密度线 (粗实线). (b) 具有相同 ξ_0 和 α 但密度对比度更高的不稳定云的等密度线. 细实线是磁力线

增加 α 或者 ξ_0 也会产生更平的云. 在第一种情况, 我们增加周围磁压相对于热压的值. 由于水平方向有更大的阻力, 云需要更大的质量来达到给定的中心密度. 由此引起极区引力增大. 在第二种情形, 更大的初始云含有更多磁通量, 也会导致平衡态更大的质量. 所以, $\xi_0 = 2.4$、$\alpha = 50$ 和 $\rho_c/\rho_0 = 10$ 的云, 赤道和极向半径的比为 2.0, 而对于 $\xi_0 = 4.8$、$\alpha = 1.0$ 和同样的密度对比度, 这个比值为 4.5.

9.4.3　临界质量和面密度

给出一组计算模型, 我们就可以检验云的无量纲质量 m 和密度对比度的关系, 固定 ξ_0 和 α. 图 9.13 展示了三条这样的质量曲线. 在所有情形, m 首先从零开始单调上升, 在 $\rho_c/\rho_0 = 1$ 时达到极大, 然后在更大的密度对比度减小. 和以前一样, 这个反转表明, 振荡的基模变得动力学不稳定, 即引力坍缩开始了. 这个峰值质量的实际值 (我们还是记作 $m_{\rm crit}$) 对于更强的内磁场更大, 因为磁场帮助抵抗坍缩. 所以, 在图 9.13 中, 我们可以看到, $m_{\rm crit}$ 从 $\xi_0 = 2.4$ 和 $\alpha = 1.0$ 时的 2.0 变为 $\xi_0 = 4.8$ 和 $\alpha = 1.0$ 时的 5.1, 达到 $\xi_0 = 4.8$ 和 $\alpha = 5.0$ 时的 8.9. 这些结果证明了图 9.12(a) 所示的模型是引力稳定的, 因为其密度对比度小于合适的 ξ_0 和 α 处的 $m_{\rm crit}$ 对应的密度对比度. 相反, 图 9.12(b) 中的模型是不稳定的. 在很宽的 ξ_0 和 α 值范围内对 $m_{\rm crit}$ 数值的拟合为

$$m_{\rm crit} \approx 1.2 + 0.15\alpha^{1/2}\xi_0^2. \tag{9.56}$$

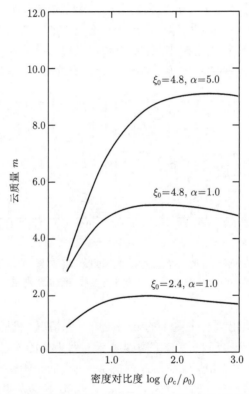

图 9.13　磁化平衡态的临界无量纲质量. 质量表示为密度对比度的函数, 对于三组 ξ_0 和 α

方程 (9.56) 的物理意义在转换回有量纲形式时变得明显. 乘以 $a_T^4/P_0^{1/2}G^{3/2}$ 后, 我们辨认出第一项就是方程 (9.16) 中的博纳-伊伯特质量. 回想一下, 这是没有任何磁场的情况下, 即 $\alpha = 0$ 时的临界稳定值. 因此我们可以把方程 (9.56) 改写为更明确的形式

$$M_{\rm crit} \approx M_{\rm BE} + M_{\Phi}. \tag{9.57}$$

这里, 第二项是

$$M_\Phi = 0.15 \frac{\alpha^{1/2} \xi_0^2 a_T^4}{P_0^{1/2} G^{3/2}} \tag{9.58a}$$

$$= 0.15 \frac{2}{\sqrt{2\pi}} \frac{B_0 \pi R_0^2}{G^{1/2}} \tag{9.58b}$$

$$= 0.12 \frac{\Phi_{\rm cl}}{G^{1/2}}. \tag{9.58c}$$

物理量 M_Φ 代表非常冷的云的临界质量, 其热能和引力能以及磁能相比可以忽略. 我们已经得出了一个重要的事实, 这个质量与穿过云的总磁通量成正比.

磁化云的引力稳定性与 9.1 节中所述的纯热力学情形有定性的不同. 考虑通过增加 P_0 缓慢挤压质量为 M 的初始稳定位形. 在没有磁场和转动的情况下, 球形云会自然收缩. 假设温度保持不变, 方程 (9.16) 表明临界质量 $M_{\rm BE}$ 会降低. 这个降低会持续到 $M_{\rm BE} = M$, 此时云会坍缩. 现在对于额外受到磁场支撑的稳定云想象同样的过程. 任何 P_0 的增加也会导致更小的位形. 在关于 $M_{\rm crit}$ 的方程 (9.57) 中, $M_{\rm BE}$ 项会减小, 但 M_Φ 保持不变, 只要磁通量冻结成立. 所以, 如果云最初的质量太小, $M < M_\Phi$, 它会保持稳定而不能坍缩.

任何质量足够小的磁化云都有一个独特的平衡位形, 并且总是引力稳定的. 这里, 我们假设了固定的内部磁通量分布, 如方程 (9.53) 所给出的. 图 9.13 展示了, 对于给定的 α 和 ξ_0, 两个平衡态可能有相同的质量但有不同的中心密度. 只有低于某个转换值 (依赖于 α 和 ξ_0) 的质量具有独特的状态. 在有量纲的形式下, 这个转换质量近似由 $0.59 M_{\rm BE} + M_\Phi$ 给出. 这里, 第一项是图 9.2 中的热质量曲线的第一极小值 m_2 的有量纲形式. 对于超过这个转换值的质量, 具有更高 $\rho_{\rm c}$ 的态总是引力不稳定的. 最终, $M > M_{\rm crit}$ 的云没有平衡态, 从一开始就在坍缩.

值得注意的是, 方程 (9.56) 和 (9.58) 中的数值系数 0.15 和 0.12 对应的是方程 (9.53) 中相当任意地假定的磁通量分布. 在以 $dM/d\Phi_B$ 的其他形式构建的模型中, 这些数值可以显著减小或增大. 然而, 对于 $M_{\rm BE} \ll M_\Phi$, 所有平衡位形都类似平板, 至少在它们最致密的内部区域. 在此极限, 拥有两个平衡位形的质量范围相对较小, 稳定性判据变为简单的 $M < M_\Phi$. 在平板的几何形状, 更合理的是把稳定性判据用云沿轴的面密度 $\Sigma_{\rm c}$ 以及中心的磁场 $B_{\rm c}$ 表示. 实际上, 仔细的数值计算表明, 这些高度磁化的云是稳定的, 只要

$$\frac{\Sigma_{\rm c}}{B_{\rm c}} < 0.17 G^{-1/2}, \quad \text{平板极限} \tag{9.59}$$

现在, 数值系数不依赖于假设的磁通量分布.

方程 (9.59) 中的判据太简单, 我们应该尝试用更直接, 物理上更吸引人的方式理解它. 图 9.14 描绘了面密度 Σ_0 的平板, 穿插了均匀的垂直磁场 $\boldsymbol{B}_0$. 现在考虑半径 ϖ_0 位于平板内的盘, 这个盘的质量为 $\pi\Sigma_0\varpi_0^2$. 如果这个半径缩小了一个分数值 ϵ, 那么盘边缘处单位质量的引力额外增加 $F_G \approx 2\pi\epsilon G\Sigma_0\varpi_0^2/\varpi_0^2 \approx 2\pi\epsilon G\Sigma_0$. 这个力和拉扯初始直线磁力线所产生的磁张力相反. 相应的单位质量的向外的力为 $F_B = \mathcal{J}B_z/c\Sigma_0$, 其中面电流 $\mathcal{J}$ 是通常体电流密度 j 对垂直厚度的积分. 注意到这个由磁力线弯曲而来的电流在盘内沿方位角方向流动. 安培定律, 方程 (9.32) 沿盘的高度积分, 我们发现 $\mathcal{J} = c|B_\varpi|/2\pi$, 其中 B_ϖ 很小, 是收缩产生的径向磁场分量. 如图 9.14 所示, B_ϖ 跨过盘的时候反号, $\mathcal{J}$ 的表达式指的是表面上方的值. 相差一个量级为 1 的因子, 我们有 $F_B \approx |B_\varpi|B_z/2\pi\Sigma_0$.

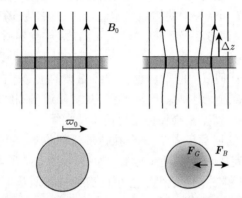

图 9.14　穿插了均匀磁场 $\boldsymbol{B}_0$ 的冷平板的引力稳定性. 初始半径 ϖ 的小圆盘的侧向压缩产生额外的引力和磁力, 如图所示. 在平板上方 Δz, 外磁场弛豫到均匀垂直的位形

现在的任务是计算 B_ϖ. 假设平板外的物质密度非常低, 与磁场有关的洛伦兹力必须为零, 也意味着电流为零. 也就是说, 在平板的上方和下方, $\nabla \times \boldsymbol{B} = 0$, 所以我们有 $|\partial B_\varpi/\partial z| = |\partial B_z/\partial \varpi|$. 令 Δz 为盘上方、磁场弛豫到直线位形的初始值的垂直距离. 作为磁通量冻结的结果, 盘中心的 B_z 增加了大约 $2\epsilon B_0$. 所以我们有 $B_\varpi \approx 2\epsilon B_0(\Delta z/\varpi_0)$. 另一方面, $\nabla \cdot \boldsymbol{B} = 0$ 表明 $|\partial B_\varpi/\partial \varpi| = |\partial B_z/\partial z|$. 因此, 我们也有 $B_\varpi \approx 2\epsilon B_0(\varpi_0/\Delta z)$. 结合这些结果, 我们发现, $\Delta z \approx \varpi$ 以及 $B_\varpi \approx 2\epsilon B_0$, 故 $F_B \approx \epsilon B_0^2/\pi\Sigma_0$. 要使磁张力超过引力, 我们需要 $F_B > F_G$, 或者 $\Sigma_0^2/B_0^2 < 1/(2\pi^2 G)$. 这个结果和方程 (9.59) 的判据相差在两倍以内.

9.4.4　和观测比较

我们提出的理论模型如何与实际的分子云比较? 首先, 让我们重温一下 9.1 节末尾介绍的引力稳定性的基本问题. 在那里, 我们注意到较大的分子云碎块, 例如巨分子云复合体中的团块, 具有远超过临界值 M_{BE}(或 M_J) 的观测质量. 另一方

面, 方程 (9.58c) 的计算告诉我们, 一块冷磁化云的最大稳定质量为

$$M_\Phi = 70 M_\odot \left(\frac{B}{10\ \mu G}\right)\left(\frac{R}{1\ \text{pc}}\right)^2, \tag{9.60}$$

其中 B 在这里是穿插在半径 R 的云中的平均磁场. 因为一块有限温度磁化云的临界质量大约为 $M_{BE} + M_\Phi$, 所以我们看到基本问题在很大程度上已经解决了 (回想表 3.1). 也就是说, 大多数暗云仅仅依靠其内部磁场就可以稳定下来, 避免坍缩. 另一方面, 致密云核有 $M \approx M_\Phi \approx M_{BE}$. 这些结果和我们之前基于维里定理的讨论相符. 读者可以验证, 经验关系 $M \approx |W|$ 表明, 在很大一个范围, 云的质量不会比 M_Φ 低太多.

不幸的是, 理论和观测之间更细致的比较就没那么令人鼓舞了. 如我们已经注意到的, 云较大的谱线宽度表明存在磁流体动力学波, 和模型中假设的平滑、静态磁场不同. 考虑到这个重要的警告, 我们首先要问, 对于 $M_{BE} \ll M \lesssim M_\Phi$ 的云, 理论预言了什么. 用 P_0、a_T 和 M 替代 ρ_0 和 R_0, 我们可以把无量纲半径 ξ_0 重写为 $(M/M_{BE})^{2/3}$ 乘以一个 2.3 的数值系数. 类似的处理让我们可以把方程 (9.54) 中的参数 α 重写为 $2.1(M/M_{BE})^{2/3}(M/M_\Phi)^{-2}$. 所以, $M/M_{BE} \approx 10$ 的临界稳定暗云有 $\xi_0 \approx 5$, $\alpha \approx 10$. 更稳定的云的 α 更大. 由我们对数值结果的描述, 这样的模型中的赤道半径至少是极半径的 5 倍. 仅有一小部分暗云显示出这么极端的长宽比. 此外, 没有令人信服的证据表明这些确实是侧视的扁平结构, 与细长的纺锤状结构相反.

转向致密云核, M、M_{BE} 和 M_Φ 接近相等表明, ξ_0 适中和 α 值接近于 1. 此外, 观测到的线宽近似是热展宽的, 因此静态磁场更为合理. 所以, 图 9.12(a) 中描述的模型, $M/M_{BE} = 1.1$ 和 $M/M_\Phi = 1.5$ 应该是个有代表性的选择. 模型的密度对比度 $\rho_c/\rho_0 = 10$ 和观测相符, 1.6 的赤道-极半径比也在 NH_3 和其他高密度示踪分子成图中发现的范围之内. 不幸的是, 3.3 节中给出的统计论证表明, 云核更可能是长椭球位形.

假设未来的研究证实了这一发现, 那么我们将面临理论和观测之间的直接矛盾. 显然, 理论框架中最薄弱的部分是磁通量分布 $dM/d\Phi_B$. 所采用的具体形式, 方程 (9.53) 是从这个图景中得到的: 感兴趣的云从埋在有限压力的零密度介质中更大的球形母体收缩而来. 当然, 不存在这样的介质. 更现实地说, 现在的致密云核的质量和尺寸都在增长, 因为它们吸积了周围密度稍低的物质. 为了得到长椭球位形, 函数 $dM/d\Phi_B$ 需要在 $\Phi_B = 0$ 具有比方程 (9.53) 更大的峰值. 修改后的云核形成图景是否能自然地产生这样的结果仍然是个悬而未决的问题. 我们会在第 10 章讨论分子云通过双极扩散演化时回到这个问题.

9.5　磁流体动力学波的支撑

　　光学和近红外偏振研究表明分子云磁场是很有序的, 但有显著的局域变化. 因此, 我们考虑的磁场结构虽然作为第一近似是有用的, 但还需要改进. 观测到的 B 的子结构可能是内波的表现. 因为磁通冻结, 对一个流体元的任何脉冲扰动都被传送到穿插其中的磁场. 磁张力抵抗了这种磁场的扭结. 在消除 B 中的局域畸变时, 磁张力也会导致扰动沿磁力线传播, 就像弹性张力使行波沿拨弦传播一样. 这些磁流体动力学波早就通过太空飞行器探测在太阳风中探测到了. 也可以看到它们从太阳黑子和大耀斑传播出去. 事实上, 由于表面下的对流, 整个太阳光球层处于连续的湍流运动状态. 这种运动产生磁流体动力学波, 可能帮助将外层气体加热到超过 10^6 K 的温度. 类似的活动至少部分地导致了来自金牛座 T 型星强烈的光学、紫外和 X 射线发射 (第 17 章).

　　在分子云中, 和磁流体动力学波相关的气体运动不能直接看到, 但很可能是 CO 和其他示踪分子谱线超热展宽的基础. 如我们将要看到的, 推断的幅度足够大, 这些波至少原则上可以提供相当大的支撑来抵抗引力坍缩. 这些扰动最终如何产生这个基本问题仍然没有答案. 我们在 3.3 节中提到, 含有恒星的单个致密云核虽然大部分是宁静的, 但具有比无恒星云核更宽的线宽. 然而, 恒星外流不太可能在分子云复合体中产生更大规模的湍流. 一个重要的反例是玛达莱娜 (Maddalena) 分子云. 这个复合体距离大约为 2 kpc, 没有产生大质量恒星, 其红外光度将恒星形成率限制在一个相对较低的水平. 尽管如此, CO 观测表明, 高的内部速度和具有这种大小和质量的其他分子云一致. 其他示踪分子揭示了丰富的子结构, 包括大质量团块和内埋的致密云核.

　　我们对于类波运动如何帮助对抗大分子云的自引力的理解仍然是示意性的. 定量描述这个想法可能需要内能对波长依赖的基本数据. 这些信息尚不可观测. 因此, 没有包含波动支撑的详细分子云模型就不足为奇了. 因此, 在本节中, 我们仅限于推导波的基本性质, 以及描述它们的动力学效应. 我们在最后将简单地重新讨论波的产生.

9.5.1　扰动分析

　　我们首先考虑假设的均匀气体的小扰动, 就像我们在 9.1 节中推导金斯判据时做的那样. 背景介质现在包含一个均匀磁场 B_0. 我们也取扰动波长远小于 $\lambda_{\rm J}$, 这样我们就可以忽略波本身的自引力了. 最后, 我们假设扰动的周期足够长, 气体保持等温.[①]然后, 想象一下以矢量波数 k(指向传播方向) 表征的行波扰动. 我们

---

　　① 对于恒星中的磁流体动力学波, 最后一个假设失效, 那里绝热近似更合适. 实际的结果是, 等温声速 a_T 应该替换为方程 (9.63) 中的绝热声速 a_S.

取这个方向为任意方向, 则方程 (9.19) 对扰动密度的推广为

$$\rho(\boldsymbol{r}, t) = \rho_0 + \delta\rho \exp[i(\boldsymbol{k} \cdot \boldsymbol{r} - \omega t)]. \tag{9.61}$$

对于扰动速度 $\boldsymbol{u}(\boldsymbol{r}, t)$ 和磁场 $\boldsymbol{B}(\boldsymbol{r}, t)$, 我们采用类似的形式, 其中 $\delta\boldsymbol{u}$ 和 $\delta\boldsymbol{B}$ 也是常量. 和以前一样, 速度在背景状态取为零.

以质量连续性方程 (3.7) 开始, 方程 (9.20a) 的推广为

$$-i\omega\delta\rho + i\rho_0 \boldsymbol{k} \cdot \delta\boldsymbol{u} = 0. \tag{9.62}$$

方程 (9.20b) 的扰动方程保持不变. 对于动量守恒, 我们采用方程 (3.3), 但是舍去引力项. 对于 P 使用等温假设, 对于电流 $\boldsymbol{j}$ 方程 (9.32), 我们得到

$$\rho\frac{D\boldsymbol{u}}{Dt} = -a_T^2 \nabla\rho + \frac{1}{4\pi}(\nabla \times \boldsymbol{B}) \times \boldsymbol{B}. \tag{9.63}$$

这个方程的线性扰动给出

$$-i\omega\rho_0\delta\boldsymbol{u} = -ia_T^2\delta\rho\boldsymbol{k} + \frac{1}{4\pi}(i\boldsymbol{k} \times \delta\boldsymbol{B}) \times \boldsymbol{B}_0. \tag{9.64}$$

最终我们使用磁通量冻结条件, 方程 (9.45). 在扰动后, 我们有

$$-i\omega\delta\boldsymbol{B} = i\boldsymbol{k} \times (\delta\boldsymbol{u} \times \boldsymbol{B}_0). \tag{9.65}$$

9.5.2 阿尔芬波和声波

如果我们用 $\boldsymbol{k}$ 点乘方程 (9.65), 我们发现 $\boldsymbol{k} \cdot \delta\boldsymbol{B} = 0$. 所以, 磁场的扰动和传播方向正交. 磁流体动力学波的其他性质依赖于 $\boldsymbol{k}$ 和 $\boldsymbol{B}_0$ 的相对方向. 首先假设这两个矢量平行, 即波沿背景磁力线方向传播. 在这个框架内, 我们也希望分别研究横波和纵波. 在前一种情形中, 速度扰动 $\delta\boldsymbol{u}$ 垂直于 $\boldsymbol{k}$, 而在纵波情形是平行的. 首先考虑横波, 方程 (9.62) 告诉我们 $\delta\rho = 0$, 即密度不变. 对于任意传播方向, 横波的这一性质一般都是真实的.

为了继续处理手头的情况, 我们展开方程 (9.65) 中的三重矢量积, 得到

$$-\omega\delta\boldsymbol{B} = (\boldsymbol{k} \cdot \boldsymbol{B}_0)\delta\boldsymbol{u} - (\boldsymbol{k} \cdot \delta\boldsymbol{u})\boldsymbol{B}_0. \tag{9.66}$$

根据假设, 乘积 $\boldsymbol{k} \cdot \boldsymbol{B}_0$ 是正的, 而 $\boldsymbol{k} \cdot \delta\boldsymbol{u}$ 对于横波为零. 于是, $\delta\boldsymbol{u}$ 反平行于 $\boldsymbol{B}_0$, 它们的幅值关系为

$$\delta u = -\frac{\omega\delta B}{kB_0}. \tag{9.67}$$

矢量关系如图 9.15(a) 所示, 其中我们取 k 沿 x 轴, δu 指向 y 轴正方向. 转向动量方程 (9.64), 右边第一项为零, 而三重积也沿 y 轴. 因此, 我们发现

$$\delta u = -\frac{k\delta B B_0}{4\pi\omega\rho_0}.\tag{9.68}$$

消去方程 (9.67) 和 (9.68) 的 δu 得到色散关系:

$$\frac{\omega^2}{k^2} = \frac{B_0^2}{4\pi\rho_0}.\tag{9.69}$$

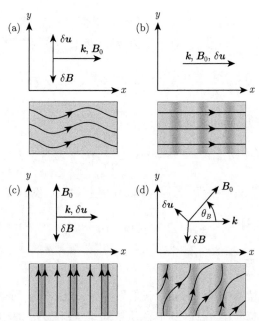

图 9.15　传播矢量 k 和背景磁场 B_0、磁场的扰动 δB 以及磁流体动力学波中的流体速度 δu 的关系. 如果 k 和 B_0 平行, 那么模式可以是 (a) 横波或 (b) 纵波. (c) 如果 k 和 B_0 垂直, 那么模式必须是纵波. (d) 在最一般的情形, 波既不是纯横波也不是纯纵波

对于任意平面波, ω/k 给出相速度. 在我们的特殊情形 (k 平行于 B_0, 横波), 这个物理量是 V_A, 第 8 章中引入的阿尔芬速度:

$$V_A \equiv \frac{B_0}{\sqrt{4\pi\rho_0}}$$
$$= 0.5 \text{ km} \cdot \text{s}^{-1} \left(\frac{B_0}{10\ \mu\text{G}}\right)\left(\frac{n_{H_2}}{10^3\ \text{cm}^{-3}}\right)^{-1/2}.\tag{9.70}$$

这个扰动被称为阿尔芬波. 因为 ω 和 k 的关系是线性的, V_A 也等于 $d\omega/dk$, 描述

波包运动的群速度. 此外, 色散关系中没有声速, 说明这种情况下的回复力只有磁张力. 因此, 横向扰动对应于背景磁力线的正弦波动 (图 9.15(a)).

沿背景磁场传播的纵波的 δu 平行于 k 和 B_0(图 9.15(b)). 所以方程 (9.65) 中的乘积 $\delta u \times B_0$ 为零, 故而 $\delta B = 0$. 因为仅气体受到影响, 所以这些扰动一定可以和普通的声波区分开. 在投影到 x 轴后, 方程 (9.64) 给出

$$\delta u = \frac{a_T^2 k \delta \rho}{\omega \rho_0}. \tag{9.71}$$

类似地, 我们从方程 (9.62) 得出

$$\delta u = \frac{\omega \delta \rho}{k \rho_0}. \tag{9.72}$$

消去方程 (9.71) 和 (9.72) 中的 δu 给出

$$\frac{\omega^2}{k^2} = a_T^2. \tag{9.73}$$

如所预期的, 这是通常声波的色散关系, 其中热压强提供了回复力.

9.5.3 磁声波

接下来我们考虑沿垂直于周围磁场方向传播的波. 在图 9.15(b) 中, 我们保持 k 在 x 方向, 令 B_0 指向 y 轴. 第一件事是注意到横波在这些条件下不存在. 我们已经看到所有这些波满足 $\delta \rho = 0$, 故而气体压强对回复力没有贡献. 另一方面, 沿 B_0 的气体运动也不受磁压力或磁张力的阻碍. 注意到, 由方程 (9.65), $\delta u \times B_0$ 表明 $\delta B = 0$, 我们从数学上得到相同的结论. 方程 (9.64) 也给出 $\delta u = 0$.

然而, 纵波仍然存在. 实际上, 现在压缩受到热压力和磁力的双重阻碍. 观察方程 (9.66), 在 $k \cdot \delta k > 0$ 时, $k \cdot B_0 = 0$, 所以 δB 反平行于 B_0, 和幅度 δu 的关系为

$$\delta u = -\frac{\omega \delta B}{k B_0}. \tag{9.74}$$

方程 (9.62) 也表明

$$\delta u = \frac{\omega \delta \rho}{k \rho}. \tag{9.75}$$

在方程 (9.64) 中, 我们现在有 $(k \times \delta B) \times k_0 = +k B_0 \delta B \hat{e}_x$. 方程 (9.64) 沿 x 方向投影, 使用方程 (9.74) 和 (9.75) 给出色散关系

$$\frac{\omega^2}{k^2} = a_T^2 + \frac{B_0^2}{4\pi \rho_0}, \tag{9.76}$$

其中明显可见热压和磁压的组合效应. 如图 9.15(c) 所示, 被称为磁声波的扰动由周围磁场和气体交替的压缩和变稀薄组成, 没有 $\boldsymbol{B}$ 的弯曲, 所以没有磁张力. 我们把从方程 (9.76) 得到的相速度记作 $V_{\max}$, 因为这是磁流体动力学波所能达到的最大值:

$$V_{\max} = (a_T^2 + V_A^2)^{1/2}. \tag{9.77}$$

在最一般的情形, $\boldsymbol{k}$ 相对于 $\boldsymbol{B}_0$ 有某个夹角 θ_B, 既不是 0 也不是 $\pi/2$(图 9.15(d)). 如果我们所展示的, 有三种可能的波. 代入方程 (9.62) 的 $\delta\rho$, 方程 (9.65) 的 $\delta\boldsymbol{B}$ 后, 方程 (9.64) 只含有小振幅 $\delta\boldsymbol{u}$:

$$\omega^2\delta\boldsymbol{u} = a_T^2(\boldsymbol{k}\cdot\delta\boldsymbol{u})\boldsymbol{k} + \frac{1}{4\pi\rho_0}\{\boldsymbol{k}\times[\boldsymbol{k}\times(\delta\boldsymbol{u}\times\boldsymbol{B}_0)]\}\times\boldsymbol{B}_0.$$

右边第二项展开得到一个用 $\boldsymbol{k}$ 和 $\boldsymbol{B}_0$ 表示的 $\delta\boldsymbol{u}$ 的非常长的表达式:

$$\left(\omega^2 - \frac{|\boldsymbol{B}_0\cdot\boldsymbol{k}|^2}{4\pi\rho_0}\right)\delta\boldsymbol{u} = \left[a_T^2(\delta\boldsymbol{u}\cdot\boldsymbol{k}) - \frac{(\delta\boldsymbol{u}\cdot\boldsymbol{B}_0)(\boldsymbol{B}_0\cdot\boldsymbol{k})}{4\pi\rho_0} + V_A^2(\delta\boldsymbol{u}\cdot\boldsymbol{k})\right]\boldsymbol{k}$$
$$- \frac{(\delta\boldsymbol{u}\cdot\boldsymbol{k})(\boldsymbol{B}_0\cdot\boldsymbol{k})}{4\pi\rho_0}\boldsymbol{B}_0 \tag{9.78}$$

这个方程点乘 $\boldsymbol{k}$ 得到更简单的标量关系

$$(\omega^2 - V_{\max}^2 k^2)(\delta\boldsymbol{u}\cdot\boldsymbol{k}) = -\frac{(\delta\boldsymbol{u}\cdot\boldsymbol{B}_0)(\boldsymbol{B}_0\cdot\boldsymbol{k})k^2}{4\pi\rho_0}, \tag{9.79}$$

而方程 (9.78) 点乘 $\boldsymbol{B}_0$ 得到

$$a_T^2(\boldsymbol{B}_0\cdot\boldsymbol{k})(\delta\boldsymbol{u}\cdot\boldsymbol{k}) = \omega^2(\delta\boldsymbol{u}\cdot\boldsymbol{B}_0). \tag{9.80}$$

方程 (9.79) 和 (9.80) 的解满足 $\delta\boldsymbol{u}\cdot\boldsymbol{k} = 0$ 和 $\delta\boldsymbol{u}\cdot\boldsymbol{B}_0 = 0$. 在横波模式, 一种推广的阿尔芬波中, $\delta\boldsymbol{u}$ 垂直于 $\boldsymbol{B}_0$ 和 $\boldsymbol{k}$ 确定的平面. 由方程 (9.78), 色散关系可以写为

$$\omega^2 = \frac{|\boldsymbol{B}_0\cdot\boldsymbol{k}|^2}{4\pi\rho_0}$$
$$= k^2 V_A^2 \cos^2\theta_B, \tag{9.81}$$

所以相速度是 $V_A\cos\theta_B$. 由方程 (9.66), $\delta\boldsymbol{B}$ 仍然反平行于 $\delta\boldsymbol{u}$, 回复力仅仅是磁张力.

其他两个模式的 $\delta\boldsymbol{u}$ 位于 $\boldsymbol{B}_0$-$\boldsymbol{k}$ 平面内. 磁场扰动 $\delta\boldsymbol{B}$ 也位于这个平面内, 并且总是垂直于 $\boldsymbol{k}$. 然而, $\delta\boldsymbol{u}$ 既不垂直也不平行于 $\boldsymbol{k}$, 所以波既不是纯横波也不是

纯压缩波, 而是兼有两种特性. 为了推导色散关系, 我们用方程 (9.79) 除以 (9.80), 得到

$$\omega^4 - \omega^2 k^2 V_{\max}^2 + a_T^2 V_A^2 k^4 \cos^2 \theta_B = 0. \tag{9.82}$$

这给出相速度

$$\frac{\omega}{k} = \frac{1}{2} \left[V_{\max}^2 \pm \sqrt{V_{\max}^4 - 4 V_A^2 a_T^2 \cos^2 \theta_B} \right]^{1/2}. \tag{9.83}$$

因此, 这两个额外的模式以不同的相 (群) 速度传播, 命名为快磁声波和慢磁声波. 对于任意角度 θ_B, 阿尔芬速度 V_A 处于这两个速度之间. 随着 k 靠近 $\boldsymbol{B}_0$ 的方向, 快波变为阿尔芬波, $\delta \boldsymbol{u}$ 和横波模式的 $\delta \boldsymbol{u}$ 正交. 在同样这个极限, 慢波退化为声波. 随着 k 变得正交于 $\boldsymbol{B}_0$, 快波变为磁声波, 而慢波不能传播.

这三种波中的哪种实际在分子云中存在? 在一块假想的仅由热压强支撑的非磁化云中, 任何超声速运动的流体元最终都会形成激波. 事实上, 激波也会从普通的声波通过非线性陡化 (steepening) 的过程形成. 考虑孤立的小幅度压强扰动, 以速度 a_T 穿过分子云. 当这个波经过任何一点, 相应的压缩稍微升高气体温度, 这是我们在等温近似中忽略掉的效应. 声速以 $T^{1/2}$ 随温度增大. 所以, 暂时被加热的区域内的任何扰动传播速度都比初始的波稍快. 由此产生的堆积增大了压强梯度, 直到波前变成真正的激波. 物质跨越激波波前时的加热会导致能量的辐射损失. 所以, 超声速运动和内声波都会快速耗散.

这种情况随着增加内磁场而改变. 额外的压强使得激波更难形成. 对于垂直于流动的 $\boldsymbol{B}_0$, 判据是流体元必须快于方程 (9.77) 中的 $V_{\max}$. 由方程 (9.70), 较大的云通常有远大于 a_T(在 10 K 的温度仅有 0.2 km · s^{-1}) 的 $V_{\max}$. 从分子谱线宽度得出的超声速有时是亚阿尔芬的, 至少当望远镜波束在一个单独的团块内是这样的 (回忆方程 3.21). 这种运动可以比典型的穿越时标 L/V_A 长, 对于 $L = 1$ pc、$n_{H_2} = 10^3$ cm^{-3} 和平均磁场 10 μG, 这个时标是 2×10^6 yr. 然而, 快磁声波和慢磁声波都会陡化, 因为它们会压缩气体. 如果观测到的运动确实代表磁流体动力学波, 那么它是横波的阿尔芬模式, 至少能存在到它通过模式转换 (见后文) 或双极扩散 (第 10 章) 被抑制的时候.

9.5.4 等效压强

现在让我们看一下磁流体动力学波如何产生了额外的压强. 在这种波穿过的任意固定位置, 物理量都会经历快速的正弦波动. 对一个周期平均, 如何产生一个稳定的力并不显见. 关键在于额外的力依赖于振荡变量的乘积, 而这些乘积可以有非零的平均. 为了定量地说明这一点, 我们再次从动量方程 (9.63) 开始. 展开

左边的对流导数和右边的三重矢量积, 我们把这个方程重写为分量形式:

$$\rho\frac{\partial u_i}{\partial t} + \rho u_j\frac{\partial u_i}{\partial x_j} = -a_T^2\frac{\partial \rho}{\partial x_i} - \frac{1}{8\pi}\frac{\partial}{\partial x_i}(B_i B_j) + \frac{1}{4\pi}B_j\frac{\partial B_i}{\partial x_j}, \qquad (9.84)$$

其中对于重复指标我们使用了爱因斯坦求和规则. 连续性方程 (3.7) 和 $\nabla \cdot \boldsymbol{B} = \partial B_j/\partial x_j = 0$ 使得我们可以把前面这个方程写为 "守恒形式":

$$\frac{\partial}{\partial t}(\rho u_i) = -\frac{\partial \Pi_{ij}}{\partial x_j}. \qquad (9.85)$$

这里压强 (或动量流) 张量 Π_{ij} 为

$$\Pi_{ij} = \rho u_i u_j + a_T^2\rho\delta_{ij} + \frac{1}{8\pi}B_k B_k\delta_{ij} - \frac{1}{4\pi}B_i B_j. \qquad (9.86)$$

为了得到波产生的力, 对于所有变量, 我们把扰动形式 (9.61) 代入方程 (9.85) 右边, 推广到包含了在空间中平缓变化的振幅和波矢. 随后我们对一个波的周期积分得到平均力增量. 在 Π_{ij} 中, 只有平衡项和依赖于涨落变量平方的项在积分中留存下来. $\cos^2 \varpi t$ 的周期平均是 $1/2$, 故我们发现压强张量的扰动部分为

$$\Pi_{ij}^{\mathrm{wave}} = \frac{1}{2}\rho_0\delta u_i\delta u_j + \frac{1}{16\pi}\delta B_k\delta B_k\delta_{ij} - \frac{1}{8\pi}\delta B_i\delta B_j. \qquad (9.87)$$

波产生的单位体积的力为

$$F_i^{\mathrm{wave}} = -\frac{\partial}{\partial x_j}\Pi_{ij}^{\mathrm{wave}}. \qquad (9.88)$$

对于一般的磁流体动力学波, 方程 (9.87) 和 (9.88) 表明波的压强张量是各向异性的, 所以任意方向的力部分地依赖于正交方向的梯度. 扩展我们之前的力学类比, 这是一种我们可以从弹性膜预期的行为, 其中应力同时产生于拉伸和剪切变形. 然而, 对于阿尔芬波, 我们回忆一下, $\delta\boldsymbol{u}$ 和 $\boldsymbol{B}$ 是反平行的. 由方程 (9.67)、(9.69) 和 (9.70), 它们的分量关系为

$$\frac{\delta u_i}{V_A} = -\frac{\delta B_i}{B_0}. \qquad (9.89)$$

把这个结果代入方程 (9.87) 可以消去 Π_{ij} 的非对角元. 回到矢量形式, 改为下标, 我们可以把力写为标量的梯度:

$$\boldsymbol{F}_{\mathrm{wave}} = -\nabla P_{\mathrm{wave}}, \qquad (9.90)$$

其中波压强 (wave pressure) 现在为

$$P_{\mathrm{wave}} = \frac{1}{16\pi}|\delta\boldsymbol{B}|^2. \qquad (9.91)$$

$\boldsymbol{F}_{\mathrm{wave}}$ 项可以加到方程 (9.46) 右边给出更完整的力平衡的形式. 如果波有一个波长范围, 它们各自的压强可以根据方程 (9.91) 计算, 然后加起来给出总的贡献.

如前所述, 我们对波振幅的了解对于建立详细的模型而言仍然过于不精确. 然而, 一般来说, 额外压强的存在缓解了分子云结构的问题, 至少对于表现出非热运动的较大分子云来说是这样. 如果波的振幅在 $\boldsymbol{B}_0$ 方向减小, 那么方程 (9.91) 表明, 相应的力也指向这个方向. 因此, 对于相对冷的静磁分子云高度扁平化的预测不再成立. 从本质上讲, 分子云比气体温度所指示的要温暖一些.

让我们进一步探讨这个想法. 为了使额外的压强有效对抗引力, 等价的 "声速" 必须和维里速度相当. 是这样的吗? 测得的大分子云的线宽给出的内部速度大致是阿尔芬速度. 由方程 (9.89), 这意味着 $|\delta B| \approx B_0$, 这个结果已经由偏振研究给出. 由方程 (9.91), 这个关系表明, 由 $(P_{\mathrm{wave}}/\rho_0)^{1/2}$ 给出的波 "声速" 接近 V_A. 最后, 经验发现 $\mathcal{M} \approx |W|$ 意味着 $V_A \approx V_{\mathrm{vir}}$. 假设所看到的扰动是发生在内部的典型扰动, 这个推理链表明阿尔芬波确实施加了一个与自引力相当的力, 因而能够改变云的形状.

在整个讨论中, 我们利用了平面波作为一个方便的工具来推导重要的物理结果. 然而, 团块状分子云中的波前实际上在某些区域快于其他区域, 依赖于局域阿尔芬速度. 由此产生的波前畸变在实验室等离子体中有很好的记录, 在那里这被称为相混合. 分子云密度的不均匀性也会导致波的反射和模式转换, 即能量向快磁声波和慢磁声波转移.

简单波动图景的这些不可避免的复杂性表明, 考虑磁流体动力学湍流的模型可能更合适. 很多数值模拟已经详细探讨了这一思想. 人们将随机速度扰动引入包含磁化气体的计算区域. 结果是模式转换的生动例证. 无论初始扰动性质如何, 能量都很快出现在磁声波中. 这些波陡化并通过激波耗散. 额外的能量通过黏滞加热损失.

特征尺度 L、特征速度 V 的湍流涡旋的体能量降低速率为 $\rho V^3/L$ 的量级, 其中 ρ 是这个区域的质量密度. 所以每个涡旋在大约一个反转时标 L/V 损失所有动能. 总之, 模拟发现流体中压缩湍流的耗散对流体是否被磁化根本不敏感.

这些发现至少有两种解释方法. 一方面, 它们可能意味着实际的扰动不是完全湍流的. 或许运动是更有序的, 故而可以更有效地避免内激波. 如果另一方面, 湍流确实存在, 那么必须有某种外部能源持续供能, 避免快速衰减. 这个能源的性质是未知的. 但即使扰动存在于分子云外更弥散的气体中, 这些能量会有效地穿透而不是在云表面被反射这件事也并不明显. 在任何情况下, 无论随机湍流还是平面波系综都不能完全令人满意地描述内部状态.

本 章 总 结

分子云的简单理论模型包括内压强支撑自引力的温度均匀的球. 这样的天体有最大可能的质量——博纳-伊伯特 (或金斯) 质量. 质量超过这个极限的云或者由于太冷或者由于太密, 达不到力平衡, 经历引力坍缩.

转动是一种稳定机制, 在固定的温度和背景压强增加金斯质量. 如果转动能量和引力势能相比很可观, 那么数值构建的分子云模型会沿中心轴方向变平. 然而, 实际的分子云转动太慢了, 它们的非球面形状不能通过这种方式形成.

所有观测到的大于致密云核的云都具有超过金斯极限的质量, 但一般没有坍缩. 额外的支撑来自星际磁场, 它被有效地冻结在分子云物质中. 因此, 磁场在更高密度时增大, 同时提供磁压和磁张力. 详细的静磁模型是扁平结构, 在强磁场极限变为平板. 同样, 模型形状与从射电成图推断出的形状不符.

磁化气体可以承受各种周期性扰动. 快磁声波和慢磁声波交替膨胀和压缩磁场和气体, 最终以激波形式耗散. 阿尔芬波是磁场中的横波扰动, 不压缩气体. 气体中的波压强, 特别是来自阿尔芬模式的波压强可以提供额外的支撑力, 缓解云的形状的问题.

建 议 阅 读

9.1 节 本章高度依赖于使用平衡序列判断稳定性的 "静态方法". 在恒星的背景下, 对这种方法的清晰解释在这本书中

Tassoul, J.-L. 1978, Theory of Rotating Stars, (Princeton: Princeton U. Press), Chapter 6.

历史上, 等温球的引力不稳定性是被两个作者独立发现的

Ebert, R. 1955, ZAp, 37, 222

Bonnor, W. B. 1956, MNRAS, 116, 351.

1902 年对金斯长度的原始推导重印在

Jeans, J. H. 1961, Astronomy and Cosmogony (New York: Dover), Chapter 13.

9.2 节 我们对转动平衡态的讨论基于

Stahler, S. W. 1983a, ApJ, 268, 155

Stahler, S. W. 1983b, ApJ, 268, 165.

研究更高角动量和密度对比度位形的数值研究是

Kiguchi, M., Narita, S., Miyama, S. M., Hayashi, C. 1987, ApJ, 317, 830.

9.3 节 对理想磁流体动力学方程的推导及磁通冻结的物理解释见

Parker, E. N. 1979, Cosmical Magnetic Fields, (Oxford: Clarendon Press), Chapter 4.

显然, 仍然缺乏对分子云中电导率的详细计算. 任何轻度电离等离子体的一般公式见

Braginskii, S. L. 1965, in Reviews of Plasma Physics, Vol. 1, ed. M. A. Leontovich (New York: Consultants Bureau), p. 205.

9.4 节 我们对磁化平衡态的处理很大程度上是基于

Mouschovias, T. Ch. 1976a, ApJ, 206, 753

Mouschovias, T. Ch. 1976b, ApJ, 207, 141.

我们也使用了这些研究

Tomisaka, K., Ikeuchi, S., & Nakamura, T. 1988, ApJ, 335, 239

Tomisaka, K., Ikeuchi, S., & Nakamura, T. 1989, ApJ, 341, 220,

它们强调了引力稳定性问题.

9.5 节 磁流体动力学波在分子云中的重要性首先在这里注意到

Arons, J. & Max, C. E. 1975, ApJ, 196, L77.

这一领域的大部分研究来自太阳物理学界. 更多关于各种波模式的讨论, 见

Priest, E. R. 1982, Solar Magneto-hydrodynamics (Dordrecht: Reidel), Chapter 4.

阿尔芬波的压强的讨论见

Hollweg, J. V. 1973, ApJ, 181, 547.

关于数值模拟中磁流体动力学湍流的衰减, 见

MacLow, M.-M., Klessen, R. S., Burkert, A., & Smith, M. D. 1998, Phys. Rev. Lett., 80. 2754.

第 10 章 致密云核的坍缩

在很多致密云核中探测到红外点源清楚地表明这些分子云结构形成了恒星. 在本章和第 11 章, 我们将面对一个核心问题, 这种转变是如何发生的. 这里, 我们再次从理论角度研究坍缩过程本身. 第 11 章将研究新生恒星及其由气体和尘埃组成的内落包层的性质.

在平衡态的研究中, 我们注意到, 没有一个模型可以自洽地将引力、热压强、转动和磁场的效应结合起来. 同样的情况也适用于分子云坍缩的问题, 除了假设了盘状几何进行的计算 (见下面的 10.1 节). 即使有更普遍的结果, 如果没有必要的背景知识它们也很难被理解. 因此, 我们遵循之前的方法, 通过仅包含部分相关效应的简化模型让读者建立直觉. 但是, 我们的首要任务是观察一块初始稳定的云, 例如观测到的无恒星致密云核, 如何能演化到坍缩不可避免的状态.

10.1 双 极 扩 散

我们研究的静磁平衡态通过热压强和磁力抵抗自引力. 更准确地说, 是云中的带电粒子真正感受到了磁场. 快速绕 $\boldsymbol{B}$ 转动的电子和离子与中性粒子碰撞, 由此产生的阻力有助于抵抗引力. 如我们所见, 任意带电成分和中性粒子之间的单位体积的阻力涉及密度和这些成分的相对速度的乘积 (回忆方程 (9.41) 和 (9.43)). 如果云的电离度足够低, 那么这些相对速度就变得很大. 中性粒子受引力作用逐渐漂移穿越磁力线. 随着磁通量损失, 分子云收缩, 直到最终变得不稳定, 产生真正的坍缩, 即达到自由落体速度. 用第 9 章的符号, 质量 M_{crit} 减小, 直到小于分子云实际的质量 M.

10.1.1 离子-中性粒子漂移

为了详细了解磁通损失, 我们首先注意到电子和离子一定以非常接近的速度运动. 也就是说, 如果 L 是云的平均直径, 那么 $L/|\boldsymbol{u}_{\text{i}} - \boldsymbol{u}_{\text{e}}|$ 比分子云演化的时标长得多. 我们可以从矢量方程 (9.33) (它用相对速度表示了 $\boldsymbol{j}$) 的幅度看出这一点. 对于 $\boldsymbol{j}$, 使用安培定律, 方程 (9.32), 我们有

$$\frac{L}{|\boldsymbol{u}_{\text{i}} - \boldsymbol{u}_{\text{e}}|} = \frac{n_{\text{e}}eL}{|\boldsymbol{j}|}$$

$$= \frac{4\pi n_{\text{e}}eL}{c|\nabla \times \boldsymbol{B}|}$$

$$\sim \frac{4\pi n_e e L^2}{cB}. \tag{10.1}$$

对于 $L = 0.1$ pc、$B = 30$ μG、$n_{H_2} = 10^4$ cm^{-3} 和 $n_e = 5 \times 10^{-8} n_{H_2} = 5 \times 10^{-4}$ cm^{-3} 的致密云核, 时间 $L/|u_i - u_e|$ 为 10^{10} yr 的量级. 因此, 我们可以认为电子和离子等效地是相对中性粒子漂移的单一等离子体.

我们对 $v_{\rm drift} \equiv u_i - u$ 的测定始于电子和离子的运动方程. 回想一下, 方程 (9.40) 和 (9.42) 是在与中性粒子共动的坐标系中写出的. 把两个方程加起来, 我们发现

$$0 = e n_e (u_i' - u_e') \times B'/c + n_e(f_{\rm in}' + f_{\rm en}')$$
$$= j \times B/c + n_e(f_{\rm in}' + f_{\rm en}'). \tag{10.2}$$

这里对于非相对论性中性粒子速度, 我们已经使用了 $j = j'$(方程 (9.34)) 和 $B = B'$. 接下来我们使用方程 (9.41) 和 (9.43) 中的阻力表达式. u_e' 和 u_i' 接近相等以及 $u_i' \equiv u_i - u = v_{\rm drift}$ 的事实使我们可以把方程 (10.2) 写为用 $j \times B/c$ 表示的 $v_{\rm drift}$ 的表达式. 对于 j 再次使用安培定律, 我们发现

$$v_{\rm drift} = \frac{(\nabla \times B) \times B}{4\pi n n_e [m_n \langle \sigma_{\rm in} u_i' \rangle + m_e \langle \sigma_{\rm en} u_e' \rangle]}$$
$$\approx \frac{(\nabla \times B) \times B}{4\pi n n_e [m_n \langle \sigma_{\rm in} u_i' \rangle]}. \tag{10.3}$$

在最后的近似中, 我们使用了这个事实, $\langle \sigma_{\rm in} u_i' \rangle$ 和 $\langle \sigma_{\rm en} u_e' \rangle$ 的数值表明离子-中性粒子碰撞是主导的, 和电导率 σ 的情况正好相反 (回忆方程 (9.44)). 我们之前对 σ 的估计实际上需要修正, 因为对于给定的外磁场, $v_{\rm drift}$ 会改变 j. 更重要的是, $v_{\rm drift}$ 的存在迫使我们重新评估磁通量冻结的物理意义. 回顾 9.3 节中的推导, 我们注意到, 欧姆定律, 方程 (9.34) 的第一种形式在等离子的静止参考系中确实成立. 所以, 出现在方程 (9.35)~(9.39) 中的速度应该是 u_i. 在方程 (9.39) 的修改形式中, 代表欧姆耗散的最后一项仍然是小的. 使用 $u_i = u + v_{\rm drift}$, 方程 (9.45) 现在替换为

$$\frac{\partial B}{\partial t} = \nabla \times (u_i \times B)$$
$$= \nabla \times (u \times B) + \nabla \times (v_{\rm drift} \times B). \tag{10.4}$$

总结起来, 如果电导率足够大, 那么磁通量冻结仍然成立, 表明电子和离子绑定到 B, 而云中的中性原子和分子可以滑过.

这种滑动在定量上有多重要? 让我们把之前的技术用于估计相应的时标, 这

里是 $L/|\boldsymbol{v}_{\text{drift}}|$. 使用方程 (10.3), 我们有

$$\frac{L}{|\boldsymbol{v}_{\text{drift}}|} \approx \frac{4\pi n n_{\text{e}} m_{\text{n}} \langle \sigma_{\text{in}} u_{\text{i}}' \rangle L}{|(\nabla \times \boldsymbol{B}) \times \boldsymbol{B}|}$$

$$\approx 3 \times 10^6 \text{ yr} \left(\frac{n_{\text{H}_2}}{10^4 \text{ cm}^{-3}} \right)^{3/2} \left(\frac{B}{30 \text{ μG}} \right)^{-2} \left(\frac{L}{0.1 \text{ pc}} \right)^2, \qquad (10.5)$$

其中对于电离分数我们使用了方程 (8.32). 将这个结果和第 3 章中我们对分子云寿命的估计比较, 我们看到 $\boldsymbol{v}_{\text{drift}}$ 确实重要. 事实上, 人们相信, 双极扩散是决定致密云核在坍缩前演化速率的主要过程.

我们现在看到 9.3 节中讨论的磁化结构实际上是准静态的. 气体和磁场都在移动, 但速度很慢, 因此可以认为分子云是沿一系列平衡态变化的. 所以, 在完整的动量方程 (3.3) 中, 速度 $\boldsymbol{u}$ 是亚声速的 (故而是亚阿尔芬的), 故 $\rho D\boldsymbol{u}/Dt$ 相对较小, 可以放心地忽略. 随着这样的分子云长期演化, 它变得更加向中心聚集. 引力的影响增加, 直到流体速度变大, 至少在内部深处是这样的. 一旦 $|\boldsymbol{u}|$ 接近声速 a_T, 准静态描述失效, 分子云开始坍缩.

10.1.2 磁通量损失

更准确地说, 分子云平衡态的序列由函数 $dM/d\Phi_B$ 的连续变化表征. 漂移速度正比于离子施加于中性物质的阻力, 且方向相同. 如图 10.1 所示, 在磁力线被向中心轴压缩的地方, $\boldsymbol{v}_{\text{drift}}$ 指向外. 就在这些地方, $\boldsymbol{u} - \boldsymbol{u}_{\text{i}} = -\boldsymbol{v}_{\text{drift}}$ 指向内, 即中性物质从外面穿过磁力线. 结果是固定 Φ_B 的 $M(\Phi_B)$ 随时间增长. 如果 $\boldsymbol{n}$ 是磁通量管向外的法矢量 (图 10.1), 那么

$$\left(\frac{\partial M}{\partial t} \right)_{\Phi_B} = \int \rho \boldsymbol{v}_{\text{drift}} \cdot \boldsymbol{n} d^2 \boldsymbol{x}. \qquad (10.6)$$

这里, 面积分是对磁通量管的表面进行的.

对于数值计算, 我们可以使用方程 (9.48) 中 $q(\Phi_B)$ 的定义, 结合力平衡方程 (9.46), 写出

$$\boldsymbol{v}_{\text{drift}} = \frac{\exp(-\Phi_{\text{g}}/a_T^2)\nabla q}{n n_{\text{e}} m_{\text{n}} \langle \sigma_{\text{in}} u_{\text{i}}' \rangle}, \qquad (10.7)$$

这里我们再次忽略了电子-中性粒子碰撞项. 我们把 ∇q 重写为 $(dq/d\Phi_B)\nabla\Phi_B$. 注意到 $\nabla\Phi_B$ 平行于 $\boldsymbol{v}_{\text{drift}}$ 和 $\boldsymbol{n}$, 这两个矢量本身是互相平行的 (图 10.1). 我们可以用增量 dz 和磁力线斜率 $(\partial\varpi/\partial z)_{\Phi_B}$ 写出方程 (10.6) 中的面元. 我们也可以用这个斜率表达 $\nabla\Phi_B$ 的大小. 用这种方法, 我们发现

$$\nabla\Phi_B \cdot \boldsymbol{n} d^2 \boldsymbol{x} = 2\pi\varpi dz \frac{\partial\Phi_B}{\partial\varpi} \left[1 + \left(\frac{\partial\varpi}{\partial z} \right)_{\Phi_B}^2 \right].$$

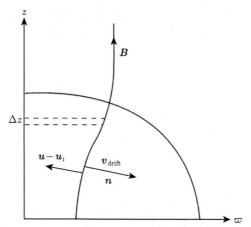

图 10.1　磁化云中的双极扩散. 离子相对于中性粒子的扩散速度指向离开轴的方向, 和磁通量管向外的法矢量方向相同. 中性粒子以相反方向漂移经过磁场. 磁通量管面积的计算需要对小的距离增量 Δz 求和

最终, 我们使用 $m_{\mathrm{n}} = \mu m_{\mathrm{H}}$, 加上 n_{e}/n 的方程 (8.32) 发现

$$
\left(\frac{\partial M}{\partial t}\right)_{\Phi_B} = \frac{4\pi \mu m_{\mathrm{H}}}{C\langle \sigma_{\mathrm{in}} u_{\mathrm{i}}' \rangle} \frac{dq}{d\Phi_B} \cdot \int_0^{Z_{\mathrm{cl}}(\Phi_B)} \frac{dz\,\varpi}{\rho^{1/2}} \frac{\partial \phi_B}{\partial \varpi}
$$

$$
\times \left[1 + \left(\frac{\partial \varpi}{\partial z}\right)_{\Phi_B}^2\right] \exp(-\Phi_{\mathrm{g}}/a_T^2). \tag{10.8}
$$

这个方程中的积分是对每个 Φ_B 值计算的. 回想一下, 我们通过对方程 (9.52) 数值微分得到 $dq/d\Phi_B$. 随着时间推移, 我们必须使用方程 (10.8) 不断更新 $M(\Phi_B)$. 随着磁通量逐渐泄漏出分子云 (图 10.2), 总质量对应的 Φ_B 减小. 而且, 在每个时刻, 我们可以将方程 (10.8) 对 Φ_B 数值微分, 从而得到 $\partial^2 M/\partial \Phi_B \partial t$, 这也是 $dM/d\Phi_B$ 对时间的导数. 在间隔 Δt 之后, 我们有了这个函数更新的形式, 可以用于通过 9.4 节中的步骤构建下一个平衡模型.

双极扩散的一个重要特征是, 它在云中心进行得最快. 为了知道原因, 首先注意到引力和磁力在 ϖ 方向大体是平衡的, 特别是在外区. 在坐标 (ϖ, z) 的点, 我们有

$$
\frac{1}{4\pi}|(\nabla \times \boldsymbol{B}) \times \boldsymbol{B}| \approx \frac{GM\rho}{\varpi^2}, \tag{10.9}
$$

其中这里的 M 是这一点之内的分子云质量. 如果我们把这个内部区域看作扁椭球, 那么 $M \approx (4\pi/3)G\bar{\rho}\varpi^2 z$, 其中 $\bar{\rho}$ 是内部的平均密度. 扩散时标 $\varpi/|\boldsymbol{v}_{\mathrm{drift}}|$ 为

$$
\frac{\varpi}{|\boldsymbol{v}_{\mathrm{drift}}|} \approx \frac{3n_{\mathrm{e}}\langle \sigma_{\mathrm{in}} u_{\mathrm{i}}' \rangle}{4\pi G\bar{\rho}} \left(\frac{\varpi}{z}\right).
$$

因为 n_e 正比于 $\rho^{1/2}$, 这个时标以 $\rho^{-1/2}(\rho/\bar{\rho})\varpi/z$ 变化. 对于最初适度的密度变化, 特征时标向外增加, 因为 $\rho^{-1/2}\varpi$ 沿那个方向增加. 在这个阶段, 扩散率的反差还不大.

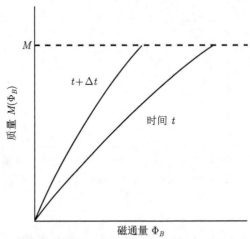

图 10.2　准静态收缩分子云的磁通量损失 (示意图). 一个给定磁通量管所包含的质量随时间增加. 因为云的质量不变, 所以总的磁通量减小

另一方面, 最终会形成一个致密的内部区域. 如果 M_{inner} 表示这个区域的质量, 我们现在有

$$\frac{1}{4\pi}|(\nabla \times \boldsymbol{B}) \times \boldsymbol{B}| \approx \frac{GM_{\text{inner}}\rho}{\varpi^2}. \tag{10.10}$$

在此情形, 扩散时标变为

$$\frac{\varpi}{|\boldsymbol{v}_{\text{drift}}|} \approx \frac{n_e \langle \sigma_{\text{in}} u_i' \rangle \varpi^3}{GM_{\text{inner}}}.$$

因为乘积 $n_e \varpi^3$ 向外快速增大, 时标的差距变得更大. 这些公认的粗糙论据表明, 分子云中心密度的增加应该是一个加速的过程.

10.1.3　扁平云的收缩

从一开始追踪流体运动的数值模拟证实了这种效应, 并提供了更多有趣的细节. 注意到这些计算一般忽略了离子和电子的加速, 如我们在方程 (10.2) 中所隐含的那样. 我们只需要通过方程 (3.3) 结合安培定律方程 (3.5) 求解中性粒子的动量. 我们强调, 有助于确定中性粒子运动的洛伦兹力仅依赖于磁场的瞬时位形. 为了更新这种位形, 我们使用方程 (10.3) 和演化方程 (10.4) 中的漂移速度. 然后泊松方程 (9.3) 提供了引力势.

图 10.3 的四幅图展示了一个演化研究的结果. 这里初始参考状态是密度均匀的圆柱体, 而不是 9.4 节中讨论的球. 在计算中, 圆柱边界固定, 气体不允许进入或离开内部. 初始均匀磁场的强度为 30 μG, 数密度为 300 cm^{-3}, 圆柱的半高和半径都是 0.75 pc. 用第 9 章的术语, 参数 α 为 87, 而方程 (9.55) 中的 ξ_0 为 1.4, 只要我们用圆柱半径 ϖ 替换 R_0.

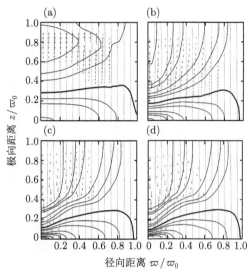

图 10.3　收缩的磁化云的数值模拟. 四幅图对应初始坍缩后 (a) 1.02×10^7 yr, (b) 1.51×10^7 yr, (c) 1.60×10^7 yr, (d) 1.61×10^7 yr. 细线是磁力线, 粗线是等密度线, 箭头表示流体的相对速度. 每幅图中最粗的实线对应于 $n_{\text{tot}} = 300$ cm^{-3}

因为圆柱的高度超过了金斯长度, 所以均匀气体立即开始坍缩. 根据方程 (3.15), 这个情形的自由落体时标为 4×10^6 yr. 初始柱密度和磁场强度之比小于方程 (9.59) 中的临界值. 所以在早期阶段, 引力不能把 $\boldsymbol{B}$ 向中心轴挤压, 流动沿着基本刚性的磁力线朝向 $z = 0$ 平面. 到 6×10^6 yr 时, 分子云几乎完全变成了图中所示的扁椭球位形. 注意到每幅图中最粗的线对应于原始的 n_{tot}, 300 cm^{-3}. 在接下来的演化中, 密度较低的剩余物质继续落在表面, 但动力学效应可以忽略. 也要注意到, 图 (a) 中向上的速度矢量代表坍缩过程中云在赤道面反弹所产生的瞬态脉冲.

当稳定平衡结构首次形成, 其中心密度仅为均匀圆柱的 8 倍. 此后密度随着向内的横向双极扩散而增大. 如图 10.4 所示, 这个增加起初非常缓慢. 然而, 到 1.5×10^7 yr, 沿中轴的 Σ/B 已经超过了这个临界值, 并且凝聚速度加快. 从那时起, 收缩的内部深处有效地从演化更缓慢的分子云靠外部分 (那里的双极扩散要慢得多) 分离出来. 图 10.3 展示了分子云在轴附近的厚度如何随中心密度的增加而减小. 同时, 部分冻结的磁场被向内拖曳, B 的中心值增加了数个量级.

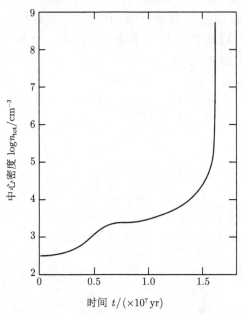

图 10.4   图 10.3 中的收缩云中心密度的增长

这种对可能由双极扩散产生的密度大幅增加的追踪令人印象深刻, 数值计算提供了丰富的信息. 我们推迟到 10.2 节进一步考虑经历坍缩的最靠内的物质. 首先, 我们回到致密云核大尺度演化的问题, 并研究当前的模拟和已有观测符合得有多好.

再次回到图 10.3, 分子云的总质量为 $46M_\odot$, 所以计算实际追踪了更大的结构中一个致密云核的形成以及内部天体趋向坍缩的过程. 母分子云相对较大的质量解释了为什么它比我们之前遇到的静磁位形要平得多 (回忆图 9.12). 因为在观测上或理论上没有给出更大的质量, 计算的母分子云性质以及稳定之前的历史应该被视为是相当任意的.

我们集中在分子云中 $n_{\rm tot} \gtrsim 10^4 \ \rm cm^{-3}$ 的部分. 这种结构向中心轴逐渐缩小并不是这个特定计算的人为效应, 而是引力收缩不可避免的后果, 假设分子云是平板状的. 为了了解原因, 注意平板的任意一点的厚度相等, 在金斯长度 $\lambda_{\rm J}$ 的两倍以内, 其中我们应该使用方程 (9.23) 中的局域中心平面密度. 所以, 任何允许这种云密度增长的过程一定导致更薄的结构, 无论是时间上 (在固定半径, 比如在中心) 还是空间上, 因为中心平面的密度总是向着极区增长的. 图 10.3 中所示的计算追踪演化到中心数密度 $3 \times 10^8 \ \rm cm^{-3}$. 由方程 (9.23), 致密云核中心的厚度大约为 0.0017 pc(500 AU), 而赤道 (那里 $n_{tot} = 10^4$ cm^{-3}) 半径为 0.15 pc. 这些中心基本为零厚度的特殊结构实际上存在么?

在金牛座-御夫座 140 pc 的距离, 500 AU 的张角为 4″, 比当前的毫米波干涉仪的分辨率小[①]. 所以, 我们的问题可以通过未来的直接成图回答, 但目前必须通过统计和其他间接方式研究. 实际上, 我们在第 3 章给出了一个统计论证, 致密云核很可能是长椭球形天体. 我们也在第 9 章中注意到, 密度对比度适中的理论分子云模型已经是扁椭球的了. 我们现在看到这种不一致只有云通过双极扩散收缩时才会加剧.

目前理论计算的一个缺点是人为地限制了质量流动沿磁力线. 所以, 图 10.3 中的云被限制在刚性圆柱边界内. 在 9.4 节的静态模型中, 分子云有柔性边界, 但被密度为零的介质围绕. 然而, 对于实际的分子云, 存在巨大的低密度气体库, 在收缩过程中可以被吸积. 使用透过率更高的外边界条件的演化计算可以更好地实现细长结构. 如我们在后面的 10.3 节所讨论的, 沿磁力线的流动也在趋向于坍缩的过程中发挥了关键作用.

10.1.4 阿尔芬波的衰减

图 10.3 中的时间序列描绘了超过 1 pc 总距离上的静态收缩. 然而, 我们从分子谱线的研究知道, 这么大的分子云有磁流体动力学波穿过. 波的振幅和相关的动能太大, 准静态假设显然是不成立的. 另一方面, 同样的研究表明, 致密云核没有受到波的强烈影响. 显然, 这些波不能影响尺度大约为 0.1 pc 或更小的气体. 令人鼓舞的是, 磁流体动力学理论一旦包含了双极扩散, 就会给出这种预测, 阿尔芬波在临界波长以下会迅速衰减. 此外, 如我们现在所展示的, 这个波长确实为 0.1 pc 的量级.

回想一下, 阿尔芬波代表了磁力线以及附着其上的流体元的周期性横向位移. 当然, 实际上是旋转的离子和电子随着磁场运动, 它们通过碰撞拖着中性粒子运动. 如果磁场位移太快而碰撞来不及发生, 那么中性粒子只会反应迟钝, 振幅减小. 实际上, 这种波是通过双极扩散衰减的.

为了定性地得到这个结果, 我们重新推导波的色散关系 $\omega(k)$, 但现在考虑了中性粒子和带电等离子体之间的耦合. 我们再次考虑施加在静态均匀背景上形式为 $\exp[i(\boldsymbol{k} \cdot \boldsymbol{r} - \omega t)]$ 的扰动, 我们考虑了中性粒子速度振幅 $\delta \boldsymbol{u}$ 和离子相应的速度振幅 $\delta \boldsymbol{u}_i$. 和以前一样, 我们的基本方程包括质量连续性方程, 方程 (3.7) 和等温状态方程 (9.2). 忽略引力, 中性成分的动量方程为

$$\rho \frac{D\boldsymbol{u}}{Dt} = -a_T^2 \nabla \rho - n_i \boldsymbol{f}_{in}. \tag{10.11}$$

---

① 译者注: 本书英文版出版时 ALMA 尚未建成.

这里阻力 $\boldsymbol{f}_{\mathrm{in}}$ 和方程 (9.43) 中的 $\boldsymbol{f}'_{\mathrm{in}}$ 相同, 因为我们可以忽略离子-电子等离子体的相对加速度 (相对于速度). 由方程 (10.2), 这些等离子体的运动方程为

$$
\begin{aligned}
0 &= \boldsymbol{j} \times \boldsymbol{B}/c + n_{\mathrm{i}} \boldsymbol{f}_{\mathrm{in}} \\
&= \frac{1}{4\pi}(\nabla \times \boldsymbol{B}) \times \boldsymbol{B} + n_{\mathrm{i}} \boldsymbol{f}_{\mathrm{in}},
\end{aligned}
\tag{10.12}
$$

其中我们忽略了相对小的电子-中性粒子阻力. 最后, 磁场遵守磁流体动力学方程, 即方程 (10.4) 的形式.

施加了扰动并减去平衡条件后, 质量连续性方程和状态方程分别遵循方程 (9.62) 和 (9.20b). 将方程 (9.43) 中的 $\boldsymbol{f}_{\mathrm{in}}$ 代入方程 (10.11) 得到扰动的中性粒子动量方程:

$$
-i\omega \rho_0 \delta\boldsymbol{u} = -ia_T^2 \delta\rho \boldsymbol{k} + (n_{\mathrm{i}}\rho)_0 \langle \sigma_{\mathrm{in}} u'_{\mathrm{i}} \rangle (\delta\boldsymbol{u}_{\mathrm{i}} - \delta\boldsymbol{u}).
\tag{10.13}
$$

对于离子和中性粒子密度的乘积, 我们仅保留平衡态的值 $(n_{\mathrm{i}}\rho)_0$, 因为它的扰动产生的项是 δ^2 的量级. 为了推导扰动的等离子体动量方程, 我们再次用速度写出 $\boldsymbol{f}_{\mathrm{in}}$, 得到

$$
0 = \frac{1}{4\pi}(i\boldsymbol{k} \times \delta\boldsymbol{B} \times \boldsymbol{B}_0) - (n_{\mathrm{i}}\rho)_0 \langle \sigma_{\mathrm{in}} u'_{\mathrm{i}} \rangle (\delta\boldsymbol{u}_{\mathrm{i}} - \delta\boldsymbol{u}).
\tag{10.14}
$$

最后, 对方程 (10.4) 的第一种形式引入扰动得到

$$
-i\omega \delta\boldsymbol{B} = -\lambda\boldsymbol{k} \times (\delta\boldsymbol{u}_{\mathrm{i}} \times \boldsymbol{B}_0).
\tag{10.15}
$$

对这个方程点乘 $\boldsymbol{k}$ 会再次看到 $\delta\boldsymbol{B} \cdot \boldsymbol{k} = 0$. 此外, 展开三重积得到和方程 (9.66) 类似的表达式:

$$
-\omega \delta\boldsymbol{B} = (\boldsymbol{k} \cdot \boldsymbol{B}_0)\delta\boldsymbol{u}_{\mathrm{i}} - (\boldsymbol{k} \cdot \delta\boldsymbol{u}_{\mathrm{i}})\boldsymbol{B}_0.
\tag{10.16}
$$

我们没有考虑最一般的波模式, 而是直接研究了 "纯" 阿尔芬波, 其中 $\boldsymbol{B}_0$ 和 $\boldsymbol{k}$ 平行, 而 $\delta\boldsymbol{u}$ 和 $\delta\boldsymbol{u}_{\mathrm{i}}$ 都垂直. 在这些条件下, 方程 (10.16) 导出振幅 δu_{i} 和 δB 之间的关系:

$$
\delta u_{\mathrm{i}} = -\frac{\omega \delta B}{k B_0}.
\tag{10.17}
$$

对于横波模式, 物态方程和质量守恒合起来得到 $\delta P = \delta\rho = 0$. 所以, 方程 (10.13) 变为

$$
-i\omega \rho_0 \delta u = (n_{\mathrm{i}}\rho)_0 \langle \sigma_{\mathrm{in}} u'_{\mathrm{i}} \rangle (\delta u_{\mathrm{i}} - \delta u),
\tag{10.18}
$$

我们重写为

$$
\delta u = \delta u_{\mathrm{i}} \left(1 - \frac{i\omega}{n_{\mathrm{i}} \langle \sigma_{\mathrm{in}} u'_{\mathrm{i}} \rangle}\right)^{-1}.
\tag{10.19}
$$

我们辨认出 $n_i\langle\sigma_{in}u_i'\rangle$ 是一个给定的中性原子或分子被离子撞击的频率. 方程 (10.19) 展示了中性粒子速度振幅 δu 仅对远小于碰撞频率的 ω 等于 δu_i, 而 δu 随着 ω 增大很多而减小. 方程 (10.19) 的分母为复数这个事实意味着中性粒子和离子速度在相位上也不同.

关于扰动的等离子体动量方程 (10.14), 我们展开三重积并使用方程 (10.18), 仅用 δu 表达离子-中性粒子速度差. 代数运算得到

$$\delta u_i = -\left(1 - \frac{i\omega}{n_i\langle\sigma_{in}u_i'\rangle}\right)\frac{kB_0\delta B}{4\pi\omega\rho_0}. \tag{10.20}$$

方程 (10.17) 和 (10.20) 是两个用 δB 表达的 δu_i 的表达式. 在消去 δu_i 和 δB 后, 我们得到所需的色散关系:

$$\frac{\omega^2}{k^2} = \frac{B_0^2}{4\pi\rho_0}\left(1 - \frac{i\omega}{n_i\langle\sigma_{in}u_i'\rangle}\right). \tag{10.21}$$

这个新的关系明显是方程 (9.69) 的推广, 并证明了后者为何仅在相对低的频率有效. 如果我们令 k 为实数, 那么方程 (10.21) 表明 ω 是复数. 写出 $\omega = \omega_R + i\omega_I$, 其中 ω_R 和 ω_I 都是实数, 我们有

$$\exp[i(\boldsymbol{k}\cdot\boldsymbol{r} - \omega t)] = \exp(\omega_I t)\exp[i(\boldsymbol{k}\cdot\boldsymbol{r} - \omega_R t)]. \tag{10.22}$$

扰动由平面波组成, 其相速度为 ω_R/k, 振幅随时间指数增长或衰减, 依赖于 ω_I 的符号.

这些考虑促使我们求解方程 (10.21) 得到 ω 的显式. 通过方程 (9.70) 引入阿尔芬速度 V_A, 我们把方程 (10.21) 重写为 ω 的二次方程:

$$\omega^2 + \frac{iV_A^2 k^2}{n_i\langle\sigma_{in}u_i'\rangle} - V_A^2 k^2 = 0.$$

于是我们得到

$$\omega = -\frac{iV_A^2 k^2}{2n_i\langle\sigma_{in}u_i'\rangle} \pm \frac{V_A k}{2}\sqrt{4 - \frac{V_A^2 k^2}{n_i^2\langle\sigma_{in}u_i'\rangle^2}}. \tag{10.23}$$

为了使扰动具有传播分量, 平方根里的量必须为正. 如果我们用波长 $\lambda \equiv 2\pi/k$ 重写这个条件, 我们发现传播要求 $\lambda > \lambda_{\min}$, 其中

$$\lambda_{\min} \equiv \frac{\pi V_A}{n_i\langle\sigma_{in}u_i'\rangle}$$

$$= 0.06\ \mathrm{pc}\left(\frac{B_0}{10\ \mu\mathrm{G}}\right)\left(\frac{n_{H_2}}{10^3\ \mathrm{cm}^{-3}}\right)^{-1}.$$

有趣的是, 临界波长 $\lambda_{\min}$ 接近观测到的致密云核的大小. 这个结果支持了云核在相对宁静、没有波的环境中形成的想法, 但其本身并不能帮助理解形成的过程. 还要注意, 即使是 $\lambda < \lambda_{\min}$ 的波, 振幅也会变化. 考察方程 (10.22) 表明, 在此情形, 两个 ω 值是负的和虚的, 对应于衰减. 特征衰减时间是 $|\omega_I|$ 的倒数, 大约是

$$\tau_{\mathrm{damp}} \approx \frac{n_i \langle \sigma_{in} u_i' \rangle}{V_A^2 k^2}$$

$$= 1 \times 10^4 \ \mathrm{yr} \left(\frac{\lambda}{0.06 \ \mathrm{pc}} \right)^2 \left(\frac{B_0}{10 \ \mu\mathrm{G}} \right)^{-2} \left(\frac{n_{\mathrm{H_2}}}{10^3 \ \mathrm{cm^{-3}}} \right)^{3/2}. \quad (10.24)$$

我们看到, 如果波长 λ 达到 $30\lambda_{\min}$ 的波要在母分子云寿命 10^7 yr 内存活下来, 它们必须周期性地重新产生.

10.2 由内而外的坍缩

引力坍缩建模的一个主要困难是, 这个过程跨越了巨大的距离. 考虑不同效应占主导地位的情况可以得到最好的物理理解. 星际磁场在所关心的最大的尺度 (L 为 $10^{17} \sim 10^{18}$ cm) 强烈地影响分子云的形态. 在离较小的原恒星较近的距离, 即 L 为 $10^{11} \sim 10^{14}$ cm, 分子云物质高速运动, 但被离心力转向 (10.4 节). 在两种情况之间, 气体挣脱热压强支撑和磁力支撑, 进入自由落体状态. 这里的坍缩是由内而外的 (或者非同调的 (nonhomologous)). 也就是说, 内落区慢慢扩散, 充满静态的更稀薄的气体.

10.2.1 球对称的问题

我们可以通过一个高度简化的模型来阐明这个扩散过程以及坍缩的其他关键因素. 暂时忽略磁场和转动的效应, 让我们追踪完全由热压支撑的完美球形云的演化. 不言而喻, 这样的天体只存在于理论家的想象中. 但我们可以通过探索它们的动力学性质学到很多, 正如我们在 9.1 节中分析它们的流体静力学结构和稳定性时所做的那样.

在球形云中, 距离原点 r 的流体元仅感受到其内部质量产生的引力. 假设我们把这些内部的质量记作 M_r, 一个 r 和 t 的函数. 也就是说, 我们定义

$$M_r \equiv \int_0^r 4\pi r^2 \rho dr. \quad (10.25)$$

我们的目标是用 M_r 作为一个微分方程组的因变量. 由方程 (10.25) 得到

$$\frac{\partial M_r}{\partial r} = 4\pi r^2 \rho. \quad (10.26)$$

为了估计 $\partial M_r/\partial t$, 我们在方程 (10.25) 的积分号内求导并使用连续性方程 (3.7) 的球对称版本:

$$\frac{\partial \rho}{\partial t} = -\frac{1}{r^2}\frac{\partial(r^2\rho u)}{\partial r}, \tag{10.27}$$

得到

$$\frac{\partial M_r}{\partial t} = -4\pi r^2 \rho u. \tag{10.28}$$

最后, 我们需要零磁场的完整动量方程 (3.3). 采用通常的等温近似并注意到单位质量的引力为 $-GM_r/r^2$, 我们有

$$\frac{\partial u}{\partial t} + u\frac{\partial u}{\partial r} = -\frac{a_T^2}{\rho}\frac{\partial \rho}{\partial r} - \frac{GM_r}{r^2}. \tag{10.29}$$

对于一组给定的初始条件和边界条件, 我们可以数值求解方程 (10.26)~(10.29) 得到变量 M_r、ρ 和 u 作为 r 和 t 的函数. 注意到正的 u 值表示膨胀, 而负值表示收缩. 选初始状态为 9.1 节的球形平衡位形只会给出无趣的结果, 任何时候都有 $u = 0$, 即云会保持力平衡. 当然, 我们总是可以指定一块稍微受到扰动偏离平衡态的云, 例如, 内部有很小的 (压声速) 速度的云. 如果平衡是稳定的, 那么云会以叠加的简正模式振荡. 如果不稳定, 这个天体会经历坍缩或扩散. 实际中难以实现不稳定的初始状态, 因为这样的云在坍缩之前不能存在很长时间. 尽管考虑一系列初始状态是有益的, 但在物理上最相关的一个是刚好处于稳定态边缘的平衡态模型. 在 9.1 节所述的序列中, 这就是具有博纳-伊伯特质量的云, 由方程 (9.16) 给出.

最简单和使用最广的边界条件是在边缘有不变的压强或者有不变的体积. 在第一种情形, 云随时间收缩以补偿外区的密度 (故而压强) 的降低. 在第二种情形, 设一个半径处的流体速度为零, 密度和压强最终会降低. 没有一种选择是令人非常满意的. 对边界的处理应该理想地反映计算区域外的物理条件. 因为没有足够的方法描述球对称模型中非各向同性的磁支持力或双极扩散的磁通损失, 所以被迫使用这些特定的假设. 然而, 一旦由内而外的坍缩建立起来, 边界条件对计算结果的影响就几乎没有了.

另一方面, 最早期的数值结果受到初始条件和边界条件影响很大. 图 10.5 展示了速度 $u(r)$ 的演化, 是对固定压强的情形计算的. 注意到, 径向距离是方程 (9.6) 定义的无量纲距离. 初始位形是临界稳定 (博纳-伊伯特) 态, 但是每个地方的密度增加了 10%. 因此云的质量太大了, 无法达到力平衡, 开始坍缩. 从外边缘开始, 速度增长直到每个质量壳层都向内加速. 图中追踪了 $0.05t_{\mathrm{ff}}$ 时间间隔内的变化, 其中 t_{ff} 是和云的初始中心密度相关的自由落体时标 (回忆方程 (3.15)). 在所示的最后一个时刻, 44% 的质量在超声速运动.

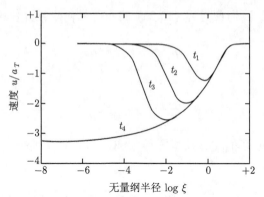

图 10.5　坍缩等温球的速度轮廓, 显示为无量纲半径 ξ 的函数. 四个时间是相对原恒星形成的时刻, 以 t_{ff} 为单位处理的, $t_1 = -0.0509$、$t_2 = -0.0026$、$t_3 = -0.0001$ 和 $t_4 = 0$. 这里 t_{ff} 是和云的初始中心密度相关的自由落体时间

　　这个快速的向内运动导致激波形成以及中心区域的强烈压缩. 追踪这个过程在技术上具有挑战性, 要求在数值计算中不断细化所使用的空间网格. 另一种方法是简单地将所有流入的物质收集到一个中央的 "汇单元" (sink cell) 中. 我们只追踪这个单元中的质量, 要认识到, 需要单独的内部计算来分辨这个小体积内的细节. 质量增加准确地代表了原恒星积累的总质量, 尽管单元的尺度远超过恒星的大小.

10.2.2　质量吸积率

　　一个最重要的物理量是单位时间汇单元 (sink-cell) 质量的增加. 这个质量吸积率记作 $\dot{M}$, 很大程度上决定了增长的原恒星的性质 (第 11 章). 数学上, 我们需要 $\partial M_r/\partial t$ 的内极限:

$$\dot{M} \equiv \lim_{r \to 0} -4\pi r^2 \rho u. \tag{10.30}$$

图 10.6(a) 展示了和前一幅图相同的计算中 $\dot{M}(t)$ 的演化, 不过 t 是原恒星形成后的时间. 注意到吸积率单位为 a_T^3/G, 仅仅是有合适量纲的相应常量的组合. 这个时间还是相对于初始中心密度的 t_{ff}.

　　原恒星形成后不久, $\dot{M}$ 相对较高, 因为之前开始运动的物质到达了中心. 然后吸积率迅速下降, 并且在突然降到零之前开始趋于平稳. 这个最后的截断代表云的边界坍缩到了汇单元中. 因为周围的物质被假设密度为零, $\dot{M}$ 变为零. 这里对环境的这个假设是不现实的, 因为它是针对磁化位形的. 在两个情形中, 没有理由认为减小的压强会引入额外的质量.

　　就在坍缩结束之前, 函数 $\dot{M}$ 接近

$$\dot{M} = m_0 \frac{a_T^3}{G}, \tag{10.31}$$

其中 m_0 是量级为 1 的数. 如果我们从一个更为中心聚集的平衡模型开始, 这种渐近行为就被强化了. 图 10.6(b) 中的曲线展示了密度对比度 $\rho_c/\rho_0 = 220$ 的初始状态下的 $\dot{M}$. 因为中心 t_{ff} 更短, 经历的无量纲时间 t/t_{ff} 增加. 吸积率起初仍然快速下降, 但是在最终截断前较长的时间维持适中的 m_0 值. 更聚集的云是动力学不稳定的, 所以我们必须谨慎看待这个结果. 然而, 对比表明, 虽然 $\dot{M}$ 的初始行为对精确的初始位形 (包括扰动的方式) 敏感, 但最终变平缓对此不敏感.

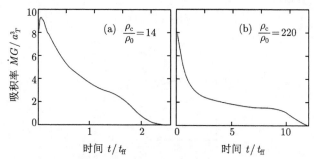

图 10.6　两个坍缩等温球中的质量吸积率的演化. 时间是在原恒星形成后测量的, 单位还是 t_{ff}. 每块云有图中所示的初始密度对比度

　　许多其他计算尽管在细节上有所不同, 但基本上给出了相同的结果. 例如, 可以从均匀密度球开始. 如果应用恒定体积边界条件, 那么刚性外表面内的密度会立即下降. 随之而来的压强降低阻碍了这一区域中的气体流动, 而中心密度会更快地增大. 通过这种方式, 云获得了一个类似于临界稳定情形的有峰值的密度分布, 但是超过了原恒星形成前的速度. 然后质量吸积率会大致稳定到一个值, 而不会出现早期的瞬时爆发.

　　那么, 我们如何解释方程 (10.31)? 一旦原恒星形成, 附近的气体就处于自由落体状态. 也就是说, 热压强支撑的阻碍作用相比引力要小, 流体元的速度几乎等于 $V_{ff} \equiv (2GM_*/r)^{1/2}$. 这里, M_* 是增长中的原恒星质量, 对于稳定吸积率等于 $\dot{M}t$.[①] 随着和原恒星距离的增加, 引力减弱直到压强的效应变得可观. 转换为自由落体坍缩发生在 $V_{ff} \approx a_T$ (即 $GM t/R_{ff} \approx a_T^2$) 的半径 R_{ff}. 我们可以把后一个条件重写为

$$\dot{M} \approx \frac{a_T^2 \dot{R}_{ff}}{G}, \tag{10.32}$$

---

　　① 自由落体速度 V_{ff} 不应和方程 (3.20) 引入的相似的维里速度 V_{vir} 混淆. 前者说的是朝向点质量下落的试探粒子, 而后者是一团自引力气体中的特征速度.

其中我们已经使用了 $R_{\mathrm{ff}}/t \approx dR_{\mathrm{ff}}/dt \equiv \dot{R}_{\mathrm{ff}}$.

由这个方程, 我们导出 $\dot{R}_{\mathrm{ff}} > 0$, 只要 $\dot{M} > 0$. 也就是说, 自由落体的区域随时间扩展, 因为质量和原恒星引力的影响在增大. 在内落区之外, 云仍然处于流体静力学平衡. 一个给定的质量壳层在失去压强支撑后才开始下落. 一旦这个过程开始, 这个壳层的向内运动就减弱了它对外面的一个壳层的支撑. 因此, 压强侵蚀引起的坍缩是一种渐进的类波现象 (图 10.7). 实际上, 内落区的边界由稀疏波组成, 这是流体力学中普遍会遇到的现象. 稀疏波和声波都代表环境压强中小扰动的传播, 并且二者都以声速传播, 这里是 a_T. 令 a_T 等于方程 (10.32) 中的 a_T, 我们得到 $\dot{M}$ 的方程 (10.31).

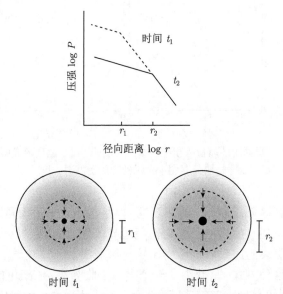

图 10.7   由内而外坍缩中的稀疏波 (示意). 压强减小的内部区域从 t_1 时的半径 r_1 增长到 t_2 时的半径 r_2. 在此区域内, 气体落到质量增长的中心原恒星上

10.2.3   热效应

方程 (10.31) 指出, 在一个量级为 1 的因子之内, 渐近吸积率仅依赖于环境温度. 在某种程度上, 这个简单的结果反映了我们忽略了坍缩之前的磁支撑. 然而, 这个额外力的影响微小. 如我们将在 10.3 节中讨论的, 最终坍缩的那部分云是没有磁支撑的, 方程 (10.31) 仍然是我们最佳的定量估计. 所以, 这个重要的关系设定了原恒星阶段的基本时标. 代入数值, 我们有

$$\dot{M} \approx 2 \times 10^{-6} M_\odot \ \mathrm{yr}^{-1} \left(\frac{T}{10 \ \mathrm{K}}\right)^{3/2}. \tag{10.33}$$

所以, 一颗 $1M_\odot$ 的原恒星在大约 5×10^5 yr 的时间内积累其质量. 在恒星演化中, 这个时期极其短暂, 甚至和同样质量的恒星的主序前收缩时间 3×10^7 yr 相比也是如此.

云自由下落部分的结构是由原恒星强大的引力决定的, 而不是由坍缩前的条件决定的. 如果我们把注意力集中在相对靠近恒星的某个固定体积, 那么气体穿过这个区域的时间相比演化时标 $M_*/\dot{M}$ 短得多. 因为在任何这样的体积内都不可能有可观的质量积累, 所以我们可以忽略连续性方程 (10.27) 的左边, 并得出结论, $r^2\rho u$ 在坍缩的内部为常量. 令 $u = -V_{\mathrm{ff}}$ 并使用方程 (10.30), 我们求解密度得到

$$\rho = \frac{\dot{M}r^{-3/2}}{4\pi\sqrt{2GM_*}}. \tag{10.34}$$

作为对比, 我们回忆由 9.1 节, 所有球对称平衡态的 ρ 在外区以 r^{-2} 下降. 所以, 密度和压强分布在坍缩区变平, 如图 10.7 所示.

我们讨论的数值计算不仅假设初始位形为球对称的, 而且假设在所有接下来的时间都是球对称的. 放松第二个限制并不难. 也就是说, 仍然从球对称热支撑的云开始, 但是现在用完整的三维质量连续性方程 (3.7) 和动量守恒方程 (3.3) 以及引力势的泊松方程 (9.3) 追踪其坍缩过程. 结果是云的演化几乎没有变化. 在三维, 小的局域密度增加不可避免地出现. 然而, 一旦这些结构进入坍缩区域, 原恒星引起的应变运动 (即 $|V_{\mathrm{ff}}|$ 随 r 的减小而增大) 就倾向于将它们撕裂. 所有由内而外的坍缩对碎裂是稳定的. 最初远离力平衡的云的情况非常不同, 如我们将在第 12 章讨论的.[①]

压强最终对于停止坍缩不很有效的一个原因是, 气体温度已经被假设是常量. 建立一个反向的压强梯度需要密度向内急剧增加. 另一方面, 高密度只会增加自引力的影响. 当然, 出于这个原因, 等温平衡位形在变得不稳定而坍缩之前只能容忍适中的密度对比度.

那么等温假设有多符合实际? 在流体静力学位形, 我们已经看到温度对宇宙线加热的响应相当缓慢, 因为 CO 和尘埃颗粒的冷却很有效 (回忆图 8.6). 坍缩云中的流体元有两个额外的能量源. 一个是周围气体的压缩功. 这里, 单位体积的功率输入为

$$\begin{aligned}\Gamma_{\mathrm{comp}} &= \frac{P}{\rho}\frac{D\rho}{Dt}\\ &= \frac{Pu}{\rho}\frac{\partial\rho}{\partial r},\end{aligned} \tag{10.35}$$

[①] 细致的分析揭示出, 自由落体区域的非球对称扰动确实会增长, 但非常弱. 与背景的密度对比度以 $(t_0 - t)^{1/3}$ 增长, 其中 t_0 是未扰动的流体元将到达原点的时间.

其中我们在这个关系的第二种形式中假设了稳态流动.

假设我们现在用方程 (10.34) 的 $\rho(r)$ 估计 Γ_{comp}. 那么在这个速率可观的半径, 我们发现它被第二个新的能源, 来自原恒星及其周围的盘的辐射所淹没. 这个光度来源于内落的动能, 在恒星和盘表面产生 (第 11 章). 实际上是气体流中的尘埃颗粒受到辐照, 然后它们如往常一样通过发射自己的红外光子作出反应. 内落包层的温度不会急速上升, 直到周围密度高到禁闭这种冷却辐射. 如我们将在 11.1 节中看到的, 这种禁闭发生在大约 10^{14} cm 的半径. 这个距离处的气体已经达到很高的速度, 内落过程无法阻挡. 所以, 对等温的偏离在物理上有趣, 在观测上关键, 但并不影响由内而外坍缩的整体动力学.

10.3　磁化的内落

在 9.1 节中讨论的球对称平衡序列中, 只有一个临界不稳定的模型. 我们认为, 一个致密云核准静态地 (即不远离力平衡) 接近坍缩状态. 这意味着, 这个天体最终在坍缩之前必然达到唯一的博纳-伊伯特位形. 不管云核之前的历史为何, 这个说法都是对的. 不幸的是, 加入磁场后就没这么简单了.

10.3.1　致密云核的起源

从数学的角度看, 产生新的复杂性的原因是一个额外的函数 $dM/d\Phi_B$ 进入了方程. 现在有无穷多个而不是一个临界态, 每个临界态由自己的磁通量分布表征. 此外, 由于 $dM/d\Phi_B$ 的变化是双极扩散的结果, 选择正确的临界稳定态的问题和先前历史的问题分不开. 严格地说, 我们必须追踪致密云核的起源才能了解它们的坍缩.

用这种方式表述, 坍缩问题听起来实际上是难以解决的. 几乎没有致密云核起源的观测证据, 尽管当前对小质量无星结构的毫米波成图是朝着正确方向迈出的一步. 在理论方面, 在可以计算宁静子结构增长之前, 我们需要更好地理解磁流体动力学波提供的力学支撑. "宁静" 这个词在这里是有效的. 一个可行的理论必须解释, 在这个重要的意义下, 与环境不同的区域从环境中出现、存活直到坍缩.

顺便说一句, 我们注意到, 在第 9 章末尾简要提到的完全湍流分子云的计算机模拟经常发现块状的子结构. 在一个典型的计算中, 人们在初始均匀气体上施加一个随机速度场. 起初模拟中忽略自引力. 除非持续保持随机速度扰动, 否则湍流会快速衰减. 如果持续存在, 那么整个磁化流体中会出现密度不均匀性.

此时, 在动力学方程中引入了自引力. 受到压缩的区域会立即坍缩. 也就是说, 随着它们的尺寸缩小到程序的空间分辨率以下, 它们的密度快速增大. 计算区域的快照展示了湍流背景中的小团块的集合. 这种视觉印象和形成星团的分子云类似.

在这些数值研究中甚至可以得到观测到云核的长椭球结构. 然而, 这种相似性只是表面上的. 模拟的实体从一开始就是完全动态的. 也就是说它们的内部速度和局域自由落体速度相当. 它们处于什么坍缩状态? 在更高分辨率下, 我们会看到相反的气体流碰撞产生激波. 由此产生的冷却确实会导致更致密的结构. 但一颗恒星的形成 (它的密度要高得多) 要求由内而外的坍缩. 在这些情况下我们不期望发生这种坍缩.

10.3.2 坍缩期间的磁通量损失

现在回到最初接近力平衡的结构. 它的演化一定体现了某些关键特征. 一个是双极扩散. 分子云物质漂移穿过磁力线设定了收缩的时标, 使得引力可以压缩气体而不会过度积聚相反方向的磁力. 不可避免的结果是, 函数 $dM/d\Phi_B$ 在靠近中心轴 ($\Phi_B = 0$) 处上升, 无论其初始形式为何. 这个趋势持续到云变得引力不稳定, 并且在随后的坍缩中继续. $dM/d\Phi_B$ 的实际形式在临界稳定态不太可能是方程 (9.53) 中那个示意性的形式. 如果当前的数值模型是对的并且致密云核变成越来越扁的结构, 那么关于薄平板的方程 (9.59) 适用. 图 10.3 中的序列确实显示了, 一旦中心的 $dM/d\Phi_B$ (等于 Σ_c/B_c) 接近方程 (9.59) 中的极限, 快速的中心收缩就开始了. 然而, 对于更圆的位形或长椭球位形, 薄平板近似是不对的. 这里, 在坍缩前 $M \gtrsim M_{BE}$, 故 M 和 M_Φ 不代表稳定性转变.

从理论上得到的另一个一般结论是, 在云的不同区域, 对抗引力的支撑作用的性质各不相同. 热压强在致密的中心区域最强, 那里的磁通量已经通过扩散泄漏出去了. 在分子云最远的地方, 即距离比方程 (10.23) 中 $\lambda_{\min}$ 更远的地方, 阿尔芬波支撑是显著的, 而普通的气体压强不显著. 同样重要的是来自静态环境磁场的张力和压强. 这种静态力在大部分中间区域一定是主导的.

最后, 坍缩本身以一种由内而外的方式进行, 至少在中心原恒星形成之后是这样. 原因是朝向恒星的引力增加太快, 热压强无法抗衡. 因此, 正如我们看到的, 恒星质量的增长一定伴随着内落区域的扩张. 这种扩张导致分子云原本有压强支撑的那部分开始坍缩.

图 10.8 勾勒了致密云核演化的概念, 其中包含了这三个基本元素. 图 (a) 描绘了具有相对均匀气体和磁场的区域, 大致是云核从其中产生的环境. 任何初始的密度增加, 如图所示, 都会通过引力吸引额外的质量. 流入的物质要么穿过磁场扩散, 要么顺着磁场滑下来. 两类运动都会发生. 然而, 气体倾向于沿磁场方向聚集, 即沿阻力最小的方向. 所以会形成图 (b) 所示的细长结构. 同时, 穿过磁场的漂移也会以图示的方式使 B 扭曲. 流入的中性气体通过对旋转的离子和电子施加的碰撞阻力产生这种扭曲, 导致磁张力增大.

随着中心密度增大, 磁场继续收缩, 直到达到类似图 (c) 中所描绘的位形. 这里我们正在接近一个"分裂单极子"结构. 磁力线几乎径向地从中心发散, 但它们的方向越过赤道后会反过来. 所以, 根据 $\nabla \cdot \boldsymbol{B} = 0$, 通过任何包围原点的曲面的净磁通量仍然为零. 分裂单极子等效地将分子云分为两类区域. 在中心上方和下方的挤压柱中 (图中标记为 $\mathcal{A}$ 和 $\mathcal{A}'$), 引力几乎完全被热压强梯度抵消. 在以轴对称绕中心轴的延展赤道区域 $\mathcal{B}$ 中, 磁张力和磁压起到了这个作用, 前者向原点增大. 最后, 波支撑在最外围区域主导, 这里没有画出.

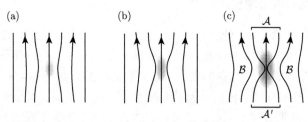

图 10.8   致密云核的起源 (示意). 一个密度增大的小区域慢慢通过积累外部物质缓慢增长, 同时把周围的磁场拽进来. 在所示的最后一个时期, 强烈的磁场挤压从宽阔的赤道区域分离出两个柱体

随着时间推移, 挤压柱 $\mathcal{A}$ 和 $\mathcal{A}'$ 随着质量从湍流和波支撑更多的外部沉积下来而增大. 一旦柱体的线尺度超过以未扰动的密度和温度计算的金斯长度 λ_J, 快速的收缩和最终的坍缩就开始了. 随着原恒星质量增长, 内落区在挤压柱中产生, 相关的稀疏波波前以局域声速运动.[①] 所以, 方程 (10.31) 仍然是质量吸积率 $\dot{M}$ 的一个合理的近似, 尽管几何显著偏离了球对称. 原恒星的引力也拉动了赤道区域的物质. 这种拉力可以部分地通过增加的磁场曲率和张力来抵抗, 这样向内的物质流就不会像从两个柱体中流出来那么大.

现有的坍缩计算通常从质量受限的不稳定云开始, 迅速变平, 如图 10.3 所示. 这种迅速向赤道面的整体坍缩和我们所描绘的序列大不相同. 我们所描绘的序列涉及沿磁力线的缓慢聚集, 然后是由内而外的坍缩. 然而, 这些更详细的研究在继续提供见解. 已经提到的一点是, 即使在坍缩过程中, 双极扩散也一定会持续. 图 10.9 展示了对坍缩云的另一个数值研究中 $M(\Phi_B)$ 的演化. 初始的磁通量分布对应于方程 (9.53), 即它代表一个穿透球形分子云的均匀磁场. 随着坍缩的进行, $M(\Phi_B)$ 对于相对小的 Φ_B 值增大. 也就是说, 最靠内的磁通量管获得了靠外的那些磁通量管的质量. 注意到, 这里的磁通量是相对分子云总的值 Φ_{tot} 测量的, 这个量自身也随时间减小, 如图 10.2 所示.

---

① 严格地说, 这个情况中运动的波前是磁流体动力学波. 因为扰动是纵波, $\boldsymbol{k}$ 近似平行于 $\boldsymbol{B}$, 相速度接近 a_T, 如方程 (9.73) 所示.

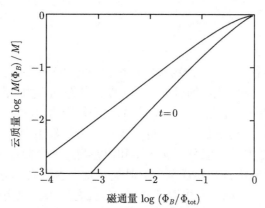

图 10.9　坍缩云中的磁通量损失. 和图 10.2 一样, 给定磁通量所包含的质量增加. 穿透分子云
的总磁通量 Φ_{tot} 随时间减小

在我们的演化图景中, 双极扩散主要发生在赤道区域 $\mathcal{B}$. 应该记住, 图 10.9
是假设每个地方的电子比例按 n_{H}^{-1} 减小而得到的. 如我们在第 8 章中看到的, 这
样的减小仅发生在相对高的密度, 那里的离子和电子在尘埃颗粒表面复合. 对于
较低的密度, 方程 (8.32) 中的 $n_{\text{H}}^{-1/2}$ 适用, 双极扩散没那么有效. 赤道区域最内部
分的磁通量在坍缩过程中不能大幅减小, 即使通过更深的内部的快速扩散也不行.

为了量化物质的多少, 我们可以比较 v_{drift} 的大小和中性物质的局域速度. 一
旦坍缩开始, 并且原恒星已经形成, 我们就可以粗略地将后者近似为自由落体速
度 V_{ff}. 然而, 我们假设磁力和引力相当 (尽管磁力小于引力). 注意到, 当我们接近
恒星, 一阶近似变得更准确. 另一方面, 第二个假设最终在同一极限下失效, 所以
我们被限制在云的某个中间区域. 方程 (10.3) 和 (10.10) 表明在合适的区域中,

$$\frac{|\boldsymbol{v}_{\text{drift}}|}{V_{\text{ff}}} \approx \frac{V_{\text{ff}}}{2n_{\text{e}}\langle\sigma_{\text{in}}u_{\text{i}}'\rangle\varpi}$$

$$= 0.02\left(\frac{n_{\text{H}}}{10^4\ \text{cm}^{-3}}\right)^{-1/2}\left(\frac{\varpi}{0.1\ \text{pc}}\right)^{-3/2}\left(\frac{M_*}{1M_\odot}\right)^{1/2}. \qquad (10.36)$$

这里, 我们用 M_* 代入了方程 (10.10) 中的 M_{inner}, 并在 V_{ff} 的定义中用 ϖ 代替了
r. 数值估计进一步采用了方程 (8.32) 的电离定律.

方程 (10.36) 证实了 $|\boldsymbol{v}_{\text{drift}}|/V_{\text{ff}}$ 在远距离处小于 1. 这里, 类波运动仍然普遍
存在, 物质和磁场是绑在一起的. 然而, 即使在这个局域区域, 速度比也是可观的,
随着气体接近恒星而增大, 因为乘积 $n_{\text{H}}\varpi^3$ 减小. 一旦两个速度变得差不多, 中性
物质就会有效地和磁场解耦. 在赤道区域没有可靠密度分布的情况下, 难以更加
定量地分析. 然而, 这个结论似乎是不可避免的, 这个区域中收缩的气体会很快将

磁场甩在后面.[①]

10.3.3　磁重联

尽管有这种滑移, 但流入的物质仍然保持一定的磁化. 这个剩余磁场会变成什么样子? 到目前为止, 我们的讨论忽略了欧姆耗散的作用. 也就是说, 我们继续假设离子-电子等离子体表现得像完美的带电流体, 即使这种流体和嵌入其中的磁场相对中性物质运动, 这个假设最终也失效. 在足够高的密度下, 被拖入的磁场会发生磁重联. 这个过程在其被输运到恒星和恒星盘之前有效地损耗了磁通量.

当方向相反的磁力线被挤压到一起时就会发生磁重联. 历史上, 这个现象首先被用于解释在脉冲太阳耀斑中看到的高光度. 这里, 和所有磁重联事件一样, 爆发代表能量从磁场中释放. 因为 B 反号, 其大小必然经过了零 (图 10.10). 所以磁压有个局域极小, 界面每一边的磁场都被向内挤压. 同时, 流体从侧向排出, 如图所示. 然后磁力线被挤得更紧, 局部梯度继续增大. 磁能在图中虚线矩形所示的有限区域内耗散为热量. 这里, 反平行的磁力线互相湮灭, 改变了磁场的拓扑结构. 从数学的角度看, 磁流体动力学方程 (9.39) 中的最后一个欧姆项会增大, 直到它变得主导, 无论比导电率为何.

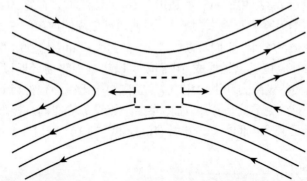

图 10.10　磁重联的拓扑结构 (示意). 方向相反的磁力线被挤压到一起, 产生一个高欧姆耗散的小区域 (虚线长矩形). 如图所示, 该区域的压强将流体从侧向排出

这些考虑显然适用于原恒星坍缩, 在那里任何剩余磁场最终都会产生大的梯度. 例如, 图 10.8 表示了赤道的 B 在物质流向原恒星时受到严重挤压. 如果不把方向相反的磁力线挤得近到可以发生磁重联, 这样的挤压就不能无限持续下去. 拓扑结构的变化如图 10.11 所示. 在这里, 我们看到内部磁场被拉到左边, 然后断

---

① 这个滑移甚至发生在真正的原恒星形成之前. 一旦分子云物质大量聚集, 内部流体速度就近似为 $V_{\rm ff}$, 其中相关的质量为中心团块的质量. 这种磁场支撑的早期损失与阿尔芬波在和致密云核大小相当的距离上解耦是一致的; 回忆方程 (10.23).

开再形成一个闭环. 这后一种被称为 "O 型中性点" 的结构随着所包围的电流的消失而逐渐缩小. 环的外面是重联的 "X 型中性点", 与图 10.10 所示的类似. 再往右, B 又连接到大尺度赤道磁场.

图 10.11 的解析研究不包括被压缩的磁场对收缩物质的反作用. 它也忽略了气体的旋转, 旋转会进一步使 B 缠绕 (见 10.4 节). 考虑到这些复杂因素, 再加上双极扩散导致的滑移, 到目前为止还不能进行任何关于原恒星磁重联的详细计算. 实际上, 磁重联本身的理论还不完整. 例如, 目前还不清楚 X 型中性点附近的反向磁场是在单个区域内湮灭还是在由较小区域组成的小区域网络上湮灭. 再次参考图 10.10, 如果被挤压在一起的磁场有小的摆动, 那么会出现第二种可能性, 某些位置的耗散大于其他位置. 然而, 最终这些问题可能和净能量耗散率几乎没有关系. 净能量耗散率可能只由向内的磁通输运决定.

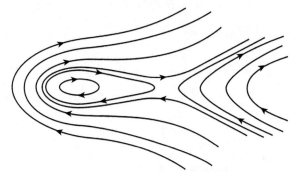

图 10.11　收缩分子云中磁力线的扭曲. 流向左边的物质拖动磁场, 直到它被挤压形成一个 O 型中性点和一个重联的 X 型点

如我们已经指出的, 赤道区域增加的磁张力会阻碍这个方向的内落. 什么截断了沿磁力线 (即图 10.8 中来自柱体 A 和 A') 的坍缩还不太清楚. 最终, 稀疏波一定会进入阿尔芬波支撑的更为湍动的区域. 波经过时产生的热压强下降不再触发新的内落. 由于缺乏对波支撑更详细的图像, 我们对这种转变实际如何发生几乎没什么可说的. 在第 13 章中, 我们将引用来自恒星演化理论中的证据, 支持方程 (10.31) 作为时间平均的 $\dot{M}(t)$ 的合理估计. 同样的计算表明, 吸积的减少不能太缓慢, 因为由此得到光学观测的恒星半径会小于从观测中推测的值. 从这个意义上说, 新的分子云物质的截止一定非常有效.

10.4　转动效应

到目前为止, 我们完全忽略了离心力. 我们之前考虑过, 但最终忽略了它在分子云平衡态的影响, 引用了观测到的致密云核的低转动速率. 然而, 在坍缩过程中,

位于圆柱半径 ϖ_0 处流体元的初始角速度 Ω_0 在流体元到达更小半径 ϖ 时增加到 $\Omega_0(\varpi_0/\varpi)^2$. 所以离心力以 ϖ^{-3} 增加, 比固定的内部质量产生的引力的 ϖ^{-2} 要快. 如果这两个力的比值最初为 10^{-3} (回忆方程 (3.31)), 一旦 ϖ 减小到最初的 10^{-3}, 它会达到 1. 所以, 转动在坍缩分子云内部深处一定发挥了关键作用.

这种推理定性正确, 但过度简化了. 首先, 除了理想的球对称坍缩, 一个内落流体元内部的质量不是固定的. 其次, 我们默契地假设每个流体元的比角动量严格守恒. 这种说法在轴对称、非磁性流体介质中是对的, 那里没有方位角方向的梯度, 就不会有任何相对中性轴的力矩. 实际上, 我们在第 9 章中使用角动量守恒生成了旋转云的模型. 然而, 即使位形始终保持完美的轴对称, 嵌入的磁场也会引入力矩和角动量输运. 原因是 $\boldsymbol{B}$ 被锚定在分子云外更稀薄的介质中. 因此, 坍缩过程中任何自转加快都会扭曲磁场, 增加局域磁张力 (图 10.12). 这种磁张力反过来在流体元上产生一个制动力矩, 抵消自转加快, 降低比角动量.

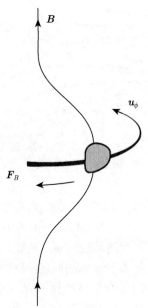

图 10.12   磁力线的转动扭曲 (示意). 指向纸面以内的方位角方向的流体速度弯曲了磁场, 产生了抵抗的磁张力 $\boldsymbol{F}_B$

10.4.1   磁制动

为了更定量地评估磁制动, 我们采用图 9.5 的柱坐标系. 我们考虑三个方向都有分量的磁场, 并令 $B_P \equiv \sqrt{B_\varpi^2 + B_z^2}$ 为极向贡献, 即 $\boldsymbol{B}$ 在 ϕ 为常数的子午面上的投影. 图 10.13 展示了两条邻近的极向磁力线. 在它们之间, 距离轴 ϖ 的

地方是一个厚度为 Δs 的小流体元. 这里, s 测量了沿极向磁力线的距离. 该流体元被夹在两个子午面之间, 跨越了小角度 $\Delta\phi$, 如图 10.13 所示.

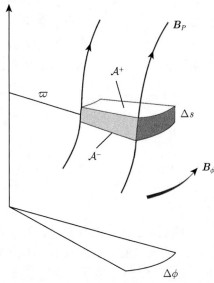

图 10.13　磁力矩的推导. 厚度为 Δs, 顶部和底部面积分别为 $\mathcal{A}^+$ 和 $\mathcal{A}^-$ 的平板元位于距离 ϖ 的位置, 所张的方位角为 $\Delta\phi$. 两条邻近的极向磁力线和平板的边缘相切. 方位角方向的磁场分量指向页面内, 如图所示

　　假设流体位形和磁场位形都是轴对称的, 磁力矩唯一不为零的分量是 z 方向的分量. 这个分量, 按单位体积测量, 是 $\gamma_z = \varpi f_\phi$, 其中体积磁力为

$$f_\phi = \frac{1}{4\pi}[(\nabla \times \boldsymbol{B}) \times \boldsymbol{B}]_\phi$$
$$= \frac{1}{4\pi}\left[\frac{B_\varpi}{\varpi}\frac{\partial(\varpi B_\phi)}{\partial\varpi} + B_z\frac{\partial B_\phi}{\partial z}\right]. \tag{10.37}$$

这里我们再次使用了轴对称性, 将所有 ϕ 的导数设为零. 所以力矩为

$$\gamma_z = \frac{1}{4\pi}\left[B_\varpi\frac{\partial(\varpi B_\phi)}{\partial\varpi} + B_z\frac{\partial(\varpi B_\phi)}{\partial z}\right]$$
$$= \frac{1}{4\pi}\boldsymbol{B} \cdot \nabla_p(\varpi B_\phi),$$

其中 $\nabla_p \equiv (\partial/\partial\varpi, \partial/\partial z)$ 是极向梯度. 将最后一式重写为

$$\gamma_z = \frac{1}{4\pi}B_p\frac{\partial(\varpi B_\phi)}{\partial s}. \tag{10.38}$$

施加在流体元上的实际力矩 Γ_z 由 γ_z 和小体积的乘积给出:

$$\Gamma_z = \frac{1}{4\pi} B_p \mathcal{A} \frac{\partial(\varpi B_\phi)}{\partial s} \Delta s, \tag{10.39}$$

其中 $\mathcal{A}$ 是小区域的表面积. 在图 10.13 中, 实际有两个相应的区域, $\mathcal{A}^+$ 和 $\mathcal{A}^-$, 稍有不同. 类似的考虑也适用于 B_p, 在 Δs 中也有变化. 然而, $\nabla \cdot \boldsymbol{B} = 0$ 表明进入小体积的总磁通量一定等于离开的. 轴对称性保证了这个条件对于穿透侧壁的磁通量 (即由 B_ϕ 贡献的磁通量) 是成立的. 对于外表面和内表面, 我们需要

$$(B_p \mathcal{A})^+ = (B_p \mathcal{A})^-.$$

因此, 我们可以把方程 (10.39) 重写为

$$\Gamma_z = \frac{1}{4\pi}[(\varpi B_\phi B_p \mathcal{A})^+ - (\varpi B_\phi B_p \mathcal{A})^-]. \tag{10.40}$$

10.4.2　扭转的阿尔芬波

方程的这种形式暗示了磁制动的另一种解释. 我们认为扭曲的磁场本身沿极向输运一定的角动量流 $\mathcal{F}_J$. 磁场施加于小区域上的净力矩就是角动量进入内表面的速率减去从外表面流出的速率. 这个解释对应于方程 (10.40), 只要我们确定

$$\mathcal{F}_J = -\frac{\varpi}{4\pi} B_\phi B_p. \tag{10.41}$$

回忆一下, 实际输运的是角动量的 z 分量. 方程 (10.41) 中的负号意味着这个分量在图 10.12 中向上流动, 其中 B_ϕ 在流体元附近是负的.

现在假设我们取某个闭合的二维曲面 $\mathcal{S}$ 代表转动分子云的边界. 那么磁制动导致的总角动量外流通过方程 (10.41) 对这个曲面积分得到. 因为 $B_p = \boldsymbol{B} \cdot \boldsymbol{n}$, 其中 $\boldsymbol{n}$ 是向外的法矢量, 角动量增长为

$$j = \frac{1}{4\pi} \int_{\mathcal{S}} \varpi B_\phi \boldsymbol{B} \cdot \boldsymbol{n} d^2 \boldsymbol{x}. \tag{10.42}$$

如果 B_ϕ 方向和转动方向相反, 那么这个量是负的. 离开分子云的角动量流入周围介质. 也就是说, 转动云施加的扭曲通过相关的磁张力沿磁力线传播. 传播速度为局域的 V_A. 因此, 这种演化的磁场位形被称为扭转阿尔芬波, 尽管它和我们之前讨论的波有很大不同.[①]

磁制动对致密云核的净效应是强迫它和周围介质共同转动. 正如我们强调的, 一旦涉及磁场, 就无法清楚地区分致密云核的形成和随后的收缩. 磁制动现象一

---

① 9.5 节中引入的平面极化阿尔芬波是小振幅扰动, 其中 $\delta\boldsymbol{B}$ 和 $\boldsymbol{k}$ 至少对很多波长保持方向不变. 在扭转波中, $\delta\boldsymbol{B}$ 可以任意大, 但一定有一个绕传播方向的成分. 最后注意到可以通过将两个 $\delta\boldsymbol{B}$ 矢量相互正交, 相位相差 90° 的平面极化的波加起来得到圆极化的阿尔芬波. 这些扰动和平面极化的扰动一样, 不携带角动量.

定是从最早的时候开始的, 当气体沿磁力线凝聚并开始产生图 10.18 所示的赤道挤压. 在分子云的大部分区域, 共转是一个好的近似, 即使在坍缩过程中也是, 也就是说, 在内部, 局域 Ω 应该等于更稀薄的外部的 Ω_0. 原因是制动过程以 V_A 传播, 这个量接近声速 a_T. 因此, 在特征半径 ϖ_0 处达到共转所需的时间等于声波穿越时间, 接近分子云的 t_{ff}. (以维里定理的语言, 后一个论断等价于 $U \approx |\mathcal{W}|$, 回忆 3.3 节.)

维持共转所需的实际扭转程度相当小. 为了看到这一点, 考虑一块高度理想化的密度为常量 ρ_0 的柱状云, 方向沿 z 轴, 嵌入初始静止的外部介质中 (图 10.14). 均匀磁场 $\boldsymbol{B}_0$ 也沿 z 方向. 如果在 $t = 0$ 时, 设置分子云以角速度 Ω_0 均匀转动, 制动作用会向下传播, 如图中阴影部分所示. 同时, 扭转阿尔芬波向上传播, 使介质转动起来. 假设在 Δt 后, 分子云长度 Δz 的一部分停止转动. 如果 ϖ_0 是云的半径, 那么到此时角动量的变化为

$$\Delta J = -\pi \rho_0 \varpi_0^4 \Omega_0 \Delta z.$$

接下来考虑方程 (10.42) 中的 $\dot{J}$. 令 B_ϕ 为分子表面处半径平均的方位角方向的磁场分量, 我们有

$$\dot{J}\Delta t = \frac{B_0 B_\phi}{6} \varpi_0^3 \Delta t.$$

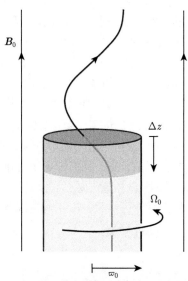

图 10.14　转动圆柱的磁制动. 直线磁场 $\boldsymbol{B}_0$ 冻结在半径 ϖ_0 的圆柱中, 圆柱开始以角速度 Ω_0 转动. 扭转阿尔芬波向上传播, 而圆柱的高度为 Δz 的一部分 (阴影区域) 停止转动

我们现在令 ΔJ 等于 $\dot{J}\Delta t$. 注意到 $\Delta z/\Delta t = V_{\mathrm{A}} = B_0/\sqrt{4\pi\rho_0}$, 我们发现

$$\frac{|B_\phi|}{B_0} = \frac{3\varpi_0\Omega_0}{2V_{\mathrm{A}}}$$

$$= 0.1 \left(\frac{\varpi_0}{0.1\ \mathrm{pc}}\right)\left(\frac{\Omega_0}{10^{-14}\ \mathrm{s}^{-1}}\right)\left(\frac{B_0}{30\ \mathrm{\mu G}}\right)^{-1}\left(\frac{n_{\mathrm{H_2}}}{10^4\ \mathrm{cm}^{-3}}\right)^{-1/2}. \qquad (10.43)$$

10.4.3　离心半径

这些考虑表明磁制动是快速而有效的. 另一方面, 磁制动在更实际的坍缩云内部深处一定会失效. 随着密度增大, 由于电离分数下降, 物质和磁场解耦. 此外, 被严重挤压和重联后, 大部分剩余磁场会被留下. 所以, 赤道区域某些体积内的物质确实保留了角动量, 在接近中心原恒星时自转加快. 由于离心力增长比引力快, 所以每个流体元都不可避免地偏离云的几何中心. 流体元落到原恒星上还是错过原恒星并进入赤道盘取决于它的比角动量 j.

实际上, 任何时候内落物质中都存在一个比角动量范围. 那些具有最大 j 值的流体元最早偏离径向轨迹并最终远离中心. 赤道面上最大的碰撞距离被称为离心半径, 这里记为 ϖ_{cen}. 如我们将在 11.3 节中看到的, ϖ_{cen} 也设定了拱星盘的大小. 坍缩由内而外的性质表明某个靠后时期到达的流体元从较远的位置开始下落. 这些区域有更大的 j 值 (回忆图 9.6), 故而一些新的流体元在更远的距离穿过平面. 换句话说, ϖ_{cen} 随时间推移而增大.

要更定量地探索这一观点需要我们确定实际的流体轨迹. 假设磁场已经有效解耦, 且速度是超声速的, 故而热压强不再显著. 于是只有引力和转动影响内落. 前者主要由原恒星及其吸积盘提供, 我们可以把它们合在一起看作一个点质量. 在这些条件下, 轨迹一定是椭圆, 即对应于负能量的束缚轨道的圆锥曲线. 实际上, 与流体元靠近恒星或赤道面时的幅度相比, 内落开始时的引力势和动能都很小. 所以轨迹非常接近能量为零的圆锥曲线, 即抛物线.[①]

图 10.15 展示了一个典型的抛物轨道, 原恒星位于焦点. 这里, 我们通过半径 r 和角度 ψ 指定了流体元的瞬时位置. 角度以 π 开始, 在流体元到达赤道面时减小为 $\pi/2$, 那时它距离原恒星 r_{eq}. 此时, 垂直于赤道面的流体速度突然变为零, 因为流体元要么和已经存在的吸积盘相撞, 要么和从相反方向接近的流线相撞. 我们将在第 11 章进一步考虑这两种可能性. 在任何情况下, 实际上流体元从未经过对应于 $\psi < \pi/2$ 的抛物线的虚线部分.

---

① 注意到我们忽略了任何原恒星或吸积盘在流体元穿过感兴趣距离的相对短时间内的质量增加. 同样的限定条件适用于方程 (10.34), 这个方程和球对称坍缩有关. 在这两种情形, 我们都对流动的内部区域使用了稳态近似. 数学上, 我们忽略流体方程中显式的时间导数 $\partial/\partial t$, 并求解所有变量的空间变化.

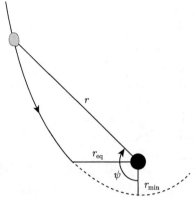

图 10.15 转动内落中的抛物线轨道. 轨道平面中瞬时极坐标 (r, ψ) 的流体元落到盘上径向距离 r_{eq} 处. 如果没有盘, 这个流体元在绕回来之前会达到更小的距离 $r_{\min}$

r 和 ψ 之间的函数关系为

$$r = \frac{r_{\mathrm{eq}}}{1 + \cos \psi}. \tag{10.44}$$

为了将 r_{eq} 用运动常数写出, 我们假设轨道实际上延伸到最小半径 $r_{\min}$, 也如图 10.15 所示. 在这一点, 零能条件表明

$$V_{\max}^2 = \frac{2GM_*}{r_{\min}}.$$

这里, $V_{\max}$ 是最大轨道速度, 即在 $r_{\min}$ 处达到的速度, 而 M_* 是原恒星和吸积盘加起来的质量. 如果 j_n 表示垂直于轨道平面的比角动量, 那么

$$j_n^2 = r_{\min}^2 V_{\max}^2 = 2GM_* r_{\min},$$

其中我们可以求解 $r_{\min}$. 但是流体元会在 $\psi = 0$ 到达 $r_{\min}$, 所以方程 (10.44) 表明 $r_{\min}$ 也等于 $r_{\mathrm{eq}}/2$. 由这些事实, 我们导出

$$r_{\mathrm{eq}} = \frac{j_n^2}{GM_*}. \tag{10.45}$$

在更大的母分子云中, 任意流体元的轨道平面相对转动轴有一个倾角 θ_0 (图 10.16(a)). 知道这个角会帮助我们确定这个流体元起源于何处, 故而确定方程 (10.45) 中所用的合适的 j_n. 如之前解释的, 比角动量一定随时间增长, 即使在固定的 θ_0. 离心半径 ϖ_{cen} 也如图 10.16(a) 所示是 r_{eq} 在任意时刻的最大值, 对应于最大的 j_n.

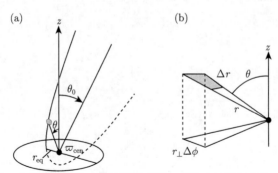

图 10.16　(a) 坍缩云中轨道平面的方位. 轨道平面相对转动轴的倾角为 θ_0. 流体元相对轴的瞬时极角为 θ, 以小于最大值 ϖ_{cen} 的径向距离 r_{eq} 穿过赤道面. (b) 在流体元的位置, 质量持续地通过阴影区域向下流

为了给出函数 $j_n(\theta_0, t)$, 让我们使用最简单的分子云模型来展示转动和由内而外的坍缩. 我们把坍缩之前的密度分布取为奇异等温球 (方程 (9.8)) 并加上一个均匀的角速度 Ω_0. 除了动力学稳定性问题, 这样的模型甚至是不自洽的, 因为转动位形不能是球对称的. 然而, 靠近原恒星和吸积盘的内落模式在更真实的母分子云中不会有太大的改变.

图 10.17(a) 描绘了坍缩球内的轨道平面的侧视图. 每个流体元在距离中心 R, 相对轴的角度为 θ_0 的稀疏波中开始其内落. 在波到达前绕轴的轨道速度是 $\Omega_0 R \sin\theta_0$. 所以, 方向如图所示的法向角动量矢量的大小为

$$j_n = R^2 \Omega_0 \sin\theta_0. \tag{10.46}$$

因为波以局域声速传播, 我们也有

$$R = a_T t'. \tag{10.47}$$

这里, t' 是流体元开始下落的时间, 是从中心原恒星初始积累之后开始测量的.

时间 t' 自然小于流体元穿过赤道面所经历的时间. 把后者记作 t, 我们可以推导它和 t' 的关系. 首先注意到稀疏波在小时间间隔 $\Delta t'$ 占据体积增量 $4\pi R^2 a_T \Delta t'$. 使用方程 (9.8), 相应的质量增加为

$$\Delta M = \frac{2a_T^3 \Delta t'}{G}.$$

这个壳层中的所有物质在时间间隔 Δt 内最终到达恒星和吸积盘. 我们现在用方程 (10.31) 表示质量吸积率, 其中取 m_0 为严格的常量. 于是有

$$\Delta M = \frac{m_0 a_T^3 \Delta t}{G}.$$

比较这两个 ΔM 的表达式, 我们推导出 $\Delta t' = m_0 \Delta t/2$. 因为两个时间在原恒星形成时都为零, 我们发现

$$t' = \frac{m_0}{2} t. \tag{10.48}$$

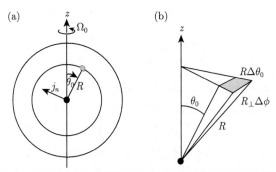

图 10.17　(a) 转动云中轨道平面的侧视图. 其他在经过稀疏波后开始下落, 如靠内的圆圈所示. 这些下落气体的比角动量矢量 j_n 不变, 垂直于轨道平面. (b) 在稀疏波波前附近, 质量向内流过阴影区域

我们最终组合了计算 r_{eq} 所需的所有信息. 结合方程 (10.45)~(10.48), 得出结论

$$r_{eq} = \frac{m_0^3 a_T \Omega_0^2 t^3 \sin^2 \theta_0}{16}. \tag{10.49}$$

这里我们已经把方程 (10.45) 中的 M_* 替换为 $\dot{M}t$, 其中 $\dot{M}$ 还是由方程 (10.31) 给出. 我们看到, 以更大的倾角 θ_0 下落的流体元落到更远离中心的地方, 因为 j_n 值更大. 我们在方程 (10.49) 中令 $\theta_0 = \pi/2$ 得到离心半径. 结果是

$$\begin{aligned} \varpi_{cen} &= \frac{m_0^3 a_T \Omega_0^2 t^3}{16} \\ &= 0.3\ \text{AU} \left(\frac{T}{10\ \text{K}} \right)^{1/2} \left(\frac{\Omega_0}{10^{-14}\ \text{s}^{-1}} \right)^2 \left(\frac{t}{10^5\ \text{yr}} \right)^3, \end{aligned} \tag{10.50}$$

其中我们在数值表达式中使用了 $m_0 = 1$. 如所预期的, ϖ_{cen} 是时间的增函数.

10.4.4　内部结构

得到分子云内部深处密度和速度的空间分布也是有趣的. 前者是球对称坍缩的方程 (10.34) 的推广, 而后者是 V_{ff} 每个速度分量的某种角度依赖的修正. 我们要把所有物理量表示为通常的球极坐标 (r, θ, ϕ) 的函数, 而不是我们到目前为止一直使用的 (r, θ_0, ψ). 首先, 我们必须建立三个角度, 球坐标 θ、轨道平面倾斜角

θ_0 和这个平面内的角位移 ψ 之间的几何关系 (回忆图 10.15). 通过将图 10.16 中的流体元投影到 z 轴和抛物线的轴上, 读者可以看到

$$\cos\theta = -\cos\theta_0\cos\psi. \tag{10.51}$$

我们把这个关系代入轨道方程 (10.44) 并使用得到的方程发现, 沿流体轨迹

$$\frac{r}{\varpi_{\mathrm{cen}}} = \frac{\sin^2\theta_0\cos\theta_0}{\cos\theta_0 - \cos\theta}. \tag{10.52}$$

这个方程可以数值求解得到分子云坍缩的部分中任意一点 (r,θ) 轨道倾角 θ_0. 注意到得到的 θ_0 也通过 ϖ_{cen} 项依赖于时间.

为了推导速度分量, 我们首先从图 10.17(a) 看到, 比角动量的 z 分量是 $j_n\sin\theta_0$. 令其等于 $r\sin\theta u_\phi$ 并使用方程 (10.44)、(10.45) 和 (10.51), 我们发现

$$u_\phi = \left(\frac{GM_*}{r}\right)^{1/2}\frac{\sin\theta_0}{\sin\theta}\left(1 - \frac{\cos\theta}{\cos\theta_0}\right)^{1/2}. \tag{10.53}$$

这个方程必须在 θ_0 的方程 (10.52) 的补充下才能给出 u_ϕ 的空间依赖. 至于其他分量, 我们采用 $u_r = \dot{r}$, 其中时间导数应用于方程 (10.44), 考虑到 r_{eq} 实际上是常数. 类似地, 我们使用 $u_\theta = r\dot\theta$ 并得到比例

$$\frac{u_\theta}{u_r} = \frac{\cos\theta - \cos\theta_0}{\sin\theta}. \tag{10.54}$$

抛物线轨道的零能条件意味着分量的平方和必须等于 V_{ff}^2. 结合这个事实和方程 (10.53) 和 (10.54), 我们发现

$$u_r = -\left(\frac{GM_*}{r}\right)^{1/2}\left(1 + \frac{\cos\theta}{\cos\theta_0}\right)^{1/2} \tag{10.55}$$

$$u_\theta = \left(\frac{GM_*}{r}\right)^{1/2}\left(\frac{\cos\theta_0 - \cos\theta}{\sin\theta}\right)\left(1 + \frac{\cos\theta}{\cos\theta_0}\right)^{1/2}. \tag{10.56}$$

最后, 密度分布遵循质量守恒. 参考图 10.17(b), 我们看到垂直于稀疏波波前的小区域面积为 $R\Delta\theta_0\cdot R_\perp\Delta\phi$, 其中 $R_\perp\equiv R\sin\theta_0$. 单位时间进入这个区域的质量是面积乘以质量流 $M/4\pi R^2$. 类似地, 图 10.16(b) 展示了垂直于抛物线轨迹的区域面积为 $\Delta r\cdot r_\perp\Delta\phi$, 其中 $r_\perp\equiv r\sin\theta$. 这里, 相应的质量流为 ρu_θ. 如果令两个质量输运率相等, 我们发现

$$\frac{\dot{M}}{4\pi}\frac{\sin\theta_0}{\sin\theta} = \rho u_\theta r\left(\frac{\partial r}{\partial\theta_0}\right)_\psi,$$

注意到导数是在固定的轨道角 ψ 计算的. 将这个导数应用于方程 (10.44) 并使用方程 (10.45)、(10.46) 和我们关于速度分量的表达式, 求解密度得到

$$\rho = -\frac{\dot{M}}{4\pi r^2 u_r}\left[1 + \frac{2\varpi_{\mathrm{cen}}}{r}P_2(\cos\theta_0)\right]^{-1}. \tag{10.57}$$

这里我们引入了勒让德多项式

$$P_2(\cos\theta_0) \equiv \frac{3}{2}\cos^2\theta_0 - \frac{1}{2}.$$

图 10.18 画出了这种转动吸积流在子午面中的流线和等密度线. 注意到这两个空间坐标都是相对于 ϖ_{cen} 测量的. 因此, 随着时间推移, 整组曲线以 t^3 展开, 没有任何扭曲. 因为角度 θ_0 在流线上不变, 每条轨迹可以通过求解方程 (10.52) 得到 r/ϖ_{cen} 作为 θ 的函数. 每个点的 $rd\theta/dr$ 值等于速度比 u_θ/u_r. 出于展示的目的, 图 10.18 中的 θ_0 值的选择使得任何两条相邻流线包含相同的流向原点的质量流.

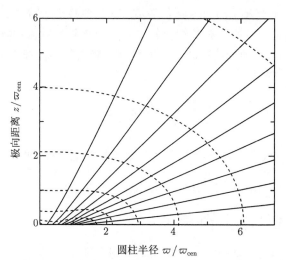

图 10.18　坍缩转动云中的流线 (实线) 和等密度线 (虚线). 相邻等密度线的密度值相差 2 倍, 相邻的流线包含相等的质量流

在 $r \gg \varpi_{\mathrm{cen}}$ 的距离, 等密度线逐渐变为球对称的, 对应于纯的径向内落. 注意到, 由方程 (10.55) 和 (10.57), 在此情形 ρ 以 $r^{-3/2}$ 变化, 和球对称坍缩一样 (回忆方程 (10.34)). 反过来, 密度在 ϖ_{cen} 之内的深处的径向变化为 $r^{-1/2}$. 在这个区域中, 流线弯曲, 等密度线变平. 由方程 (10.57), 形式上密度在赤道面 ($\theta_0 = \pi/2$)$r = \varpi_{\mathrm{cen}}$ 处发散. 图中展示了这种发散是由流线拥挤导致的, 因为流入

的气体被离心力排出. 我们将在第 11 章描述 ϖ_{cen} 如何变为在恒星周围聚集的吸积盘的边界.

本 章 总 结

分子云中的磁力通过碰撞从带电粒子传递到中性气体. 致密云核电离度太低, 离子和中性粒子之间有明显的滑移, 分子云逐渐损失磁通量. 这种双极扩散造成的准静态演化可能是引力坍缩的前兆. 然而, 分子云形状的问题仍然存在. 最初垂直于磁场变平的静磁结构随时间变得更平, 和观测相反. 阿尔芬波不能在致密云核的尺度上扰动分子云, 因为这些扰动通过双极扩散被抑制.

原恒星坍缩的基本原理通过理想化的球对称非磁化云得到了很好的说明. 内落首先发生在中心, 然后以声速向外扩展. 质量在中心原恒星上积累的速率主要取决于母致密云核的温度. 在更真实的磁化云中坍缩的细节就不太清楚了. 当最外层物质受到磁流体动力学波强烈扰动时, 磁场和更宁静的内落区域中的物质解耦. 任何剩余磁场在更靠近新生恒星的地方都会经历剧烈的磁重联.

转动的磁化分子云发出扭转阿尔芬波, 有效地减小了分子云的角速度. 这个机制解释了观测到的致密云核的缓慢转动. 内部与磁场解耦的物质进入抛物线轨道. 随着内落持续, 这种气体在离中心恒星越来越大的距离撞击赤道面. 结果产生了一个快速增长的拱星盘.

建 议 阅 读

10.1 节 关于致密、轻度电离云中双极扩散的重要性, 见

　　Mestel, L. & Sptizer, L. 1956, MNRAS, 116, 503.

包含了这种效应的第一个详细的演化计算的综述见

　　Nakano, T. 1984, Fund. Cosm. Phys., 9, 139,

而随后的工作的例子见

　　Mouschovias, T. Ch. & Fiedler, R. A, 1993, ApJ, 415, 680,

这是本节定量结果的来源. 一个更近类似的计算是

　　Tomisaka, K. 2002, ApJ, 575, 306.

阿尔芬波阻尼的理论见

Kulsrud, R. & Pearce, W. P. 1969, ApJ, 156, 445.

10.2 节 由内而外的坍缩首先由数值模拟发现, 例如

Bodenheimer, P. & Sweigart, A. 1968, ApJ, 152, 515

Larson, R. B. 1969, MNRAS, 145, 271.

这些研究还在继续, 往后的一个例子是

Foster, P. N. & Chevalier, R. A. 1993, ApJ, 416, 303.

同样具有指导意义的是描述无限介质中坍缩的半解析计算:

Penston, M. V. 1969, MNRAS, 144, 425

Shu, F. H. 1977, ApJ, 214, 488.

后一个研究推导了关于质量吸积率的方程 (10.31). 由内而外的坍缩对破碎成团块的稳定性是由

Boss, A. P. 1987, ApJ, 319, 149.

数值地证明的.

10.3 节 关于湍动云中致密团块的外观, 参见

Klessen, R. S. 2001, ApJ, 556, 837.

双极扩散对磁化坍缩的影响在这些文献中有研究:

Black, D. C. & Scott, E. H. 1982, ApJ, 263, 696

Safier, P., McKee, C. F., & Stahler, S. W. 1997, ApJ, 485, 660

Li, Z.-Y. 1998, ApJ, 493, 230.

关于磁重联的物理, 见

Parker, E. N. 1979, Cosmical Magnetic Fields, (Oxford: Clarendon Press), Chapter 15.

10.4 节 转动云通过扭转阿尔芬波的制动在这些文献中研究:

Mouschovias, T. Ch. & Paleologou, E. V. 1980, ApJ, 237, 877

Nakano, T. 1989, MNRAS, 241, 495.

将这个效应包含在内的坍缩的详细研究还有待完成. 非磁化转动云中的吸积流被这些文献独立发现

Ulrich, R. K. 1976, ApJ, 210, 377

Cassen, P. M. & Moosman, A. 1981, Icarus, 48, 353.

我们的推导更接近第二篇文献.

第 11 章 原 恒 星

到目前为止, 我们仅仅把坍缩云中的原恒星看作周围弥散物质的一个质量汇和引力源. 我们现在利用恒星演化理论的工具更仔细地研究这种天体的性质. 我们还要考虑被明亮的中心天体显著加热的云的内部. 正是这个区域最有希望通过热辐射和向内运动被观测到. 当我们深入研究原恒星本身的结构时, 我们强调亚太阳质量恒星中氘聚变的作用. 从这一反应中稳定释放的能量虽然几乎不增加恒星表面的光度, 但却产生了强大而持久的影响.

如果不引入周围的吸积盘就不能正确讨论原恒星的演化. 已经在较老的光学可见恒星周围观测到了这种吸积盘, 它们是恒星系统的源头. 本章第 3 节讲述了它们的起源和早期增长的理论. 回到恒星, 我们将先前对结构的分析扩展到中等质量情形, 从而为从理论上理解赫比格 Ae/Be 星奠定基础. 最后, 我们评价了红外和亚毫米波观测者在邻近恒星形成区正在进行的探测原恒星的努力.

11.1 首次云核和主吸积阶段

原恒星最初是怎么形成的? 在回答这个问题时, 我们应该记住, 此时分子环境的特征是缓慢收缩而非剧烈坍缩. 我们已经看到了双极扩散是如何通过逐渐侵蚀分子云内部磁场的支撑来促成这种收缩的. 我们也注意到了磁通量的泄漏在密度更大的区域进行得更快. 因此图 10.4 所示的密度的加速增大必然会发生, 即使定量细节还不完全清楚. 然而, 所产生的结构还不是真正的原恒星, 而是一种被称为首次云核 (first core) 的暂态位形. 让我们简单追踪一下它的增长和快速消亡. 当然, 我们的处理是基于球对称的计算, 忽略了旋转和磁支撑. 因此, 我们将自己局限于描述演化的一般特征, 即使在进行更完整的研究后, 这些特征也不应发生显著变化.

11.1.1 早期增长和坍缩

与我们之前对分子云的分析的一个关键不同点是, 在描述更大尺度的平衡和动力学时很好的等温近似现在完全失效了. 随着密度增大, 中心团块很快变得对自己的红外冷却辐射不透明. 进一步的压缩导致其内部温度稳步上升. 增大的压强减缓了物质向内流动, 使其轻轻落在流体静力学结构上. 沉降的气体仍然可以相当自由地在红外波段辐射, 至少在它被持续不断进入的物质层覆盖之前. 这种外层的能量损失进一步增强了压缩. 实际上, 计算表明, 云核最终会停止膨胀并开始收缩, 即使新的物质不断到来. 在此阶段, 受到压缩的总质量仍然很小, 大约为 $5 \times 10^{-2} M_\odot$, 但以恒星的标准看, 半径很大, 大约 5 AU(8×10^{13} cm).

中心天体的内部和它周围一样, 主要由分子氢组成. 这个事实本身就决定了首次云核的命运, 并确保了它的早期坍缩. 为了看到原因, 让我们首先使用方程 (3.16) 形式的维里定理估计内部平均温度. 这个天体是从母分子云中受到转动和磁支撑最少的那部分建立起来的. 因此我们在维里定理中暂时忽略整体动能 $\mathcal{T}$ 和磁能项 $\mathcal{M}$. 对应质量为 M、半径为 R 的云核, 我们进一步把引力势能 $\mathcal{W}$ 近似为 $-GM^2/R$. 内能变为

$$U = \frac{3}{2} \int P d^3 \boldsymbol{x}$$
$$= \frac{3}{2} \frac{\mathcal{R} T}{\mu} M, \tag{11.1}$$

其中 T 和 μ 分别是体积平均的温度和分子量. 应用方程 (3.16) 并求解温度, 我们发现

$$T \approx \frac{\mu}{3\mathcal{R}} \frac{GM}{R} \tag{11.2a}$$
$$= 850 \text{ K} \left(\frac{M}{5 \times 10^{-2} M_\odot} \right) \left(\frac{R}{5 \text{ AU}} \right)^{-1}. \tag{11.2b}$$

这里我们已经设 μ 为 2.4, 这个值适用于分子气体.

内部温度和真正的恒星相比虽然非常低, 但比宁静分子云高, 平均质量密度现在是 10^{-10} g·cm^{-3} 的量级. 随着质量增大和半径减小, T 很快超过 2000 K, H$_2$ 的碰撞离解开始了. 此时, 温度趋于平稳. 这个效应在图 11.1 中很明显, 图中展示了温度作为中心密度的函数. 从能量的角度看, 我们注意到云核中 H$_2$ 分子的数量为 $XM/2m_\text{H}$, 其中 $X = 0.70$ 是星际空间氢的质量分数. 由方程 (11.1), 每分子的热能为 $3k_\text{B}T/X$ 或者 0.74 eV, 其中 $T = 2000$ K. 这个数和离解一个分子所需的 4.48 eV 相比为小. 所以在转换时期, 即使离解氢的比例适度上升, 也会吸收大部分重力的压缩功, 温度不会大幅上升.

随着首次云核的密度不断升高, 含有原子氢的区域从中心向外扩张. 我们回忆一下 9.1 节, 在达到引力不稳定之前, 纯等温位形只能容忍适度的密度对比度. 原因是, 一旦温度保持不变, 任何扰动引起的压缩就不再能被有效地通过内压强的升高来抵消. 首次云核的内部温度不是一个常量, 但其上升受到离解过程的严重抑制. 因此, 在整个位形变得不稳定并开始坍缩之前, 部分为原子的区域只能有限地扩张和增加质量. 这个事件标志着首次云核的终结.

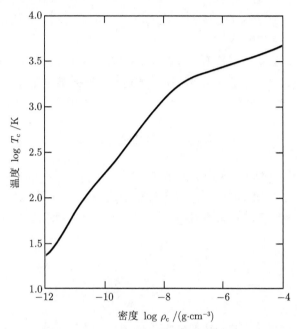

图 11.1   首次云核中心温度的演化. 温度画成了中心密度的函数

11.1.2   吸积光度

部分离解气体的坍缩使得中心区域达到更高的密度和温度. 实际上, 后者现在足以使大部分氢碰撞电离. 真正的原恒星不易受到另一个内部转变的影响, 并保持动力学稳定. 由方程 (11.2a), 一颗半径为几倍 $R_\odot$、$0.1M_\odot$ 的原恒星的平均内部温度大约为 10^5 K. 这个值结合量级为 10^{-2} g·cm^{-3} 的质量密度, 表明这个天体已经归于恒星的范畴.

接近原恒星表面的气体现在基本以自由落体速度运动, 这个速度远远高于当地声速. 原恒星质量的稳步上升使这个超声速内落区逐渐膨胀, 因此分子云坍缩是以通常的由内而外的方式进行的. 到这个时候, 就认为原恒星进入了主吸积阶段. 现在, 我们继续将这一时期的主要特征描述为球对称坍缩. 我们很快将以不同的细节指出转动和磁场引起的变化. 然而, 到目前为止, 球对称计算提供了迄今最完整的信息, 并且仍然是使原恒星演化到足够大的质量的唯一一种研究.

让我们首先考虑主吸积阶段的总能量. 质量 M_*、半径 R_* 的原恒星从冷的、接近静态的分子云 (其大小和 R_* 相比是巨大的) 物质中形成. 所以我们可以等效地将初始的机械能和热能设置为零. 然而, 恒星本身是具有负的总能量的引力束缚实体. 在坍缩过程中, 一部分能量差被辐射到空间中, 而其余大部分用于离解和电离氢、氦. 我们将这后一部分的内能分量记作 $\Delta E_{\rm int}$, 其中

$$\Delta E_{\text{int}} \equiv \frac{XM_*}{m_{\text{H}}} \left[\frac{\Delta E_{\text{diss}}(\text{H})}{2} + \Delta E_{\text{ion}}(\text{H}) \right] + \frac{YM_* \Delta E_{\text{ion}}(\text{He})}{4m_{\text{H}}}.$$

其中 $\Delta E_{\text{diss}}(\text{H}) = 4.48$ eV 是 H_2 的束缚能, $\Delta E_{\text{ion}}(\text{H}) = 13.6$ eV 是 H I 的电离势, $\Delta E_{\text{ion}}(\text{He}) = 75.0$ eV 是完全电离氦所需的能量. 根据维里定理, 原恒星的热能 U 等于 $-\mathcal{W}/2$. 将 $\mathcal{W}$ 近似为 $-GM_*^2/R_*$, 我们可以写出

$$0 = -\frac{1}{2}\frac{GM_*^2}{R_*} + \Delta E_{\text{int}} + L_{\text{rad}}t, \tag{11.3}$$

其中 L_{rad} 是在形成时间 t 内发出的平均光度.

假设我们先采取极端的一步, 完全忽略 L_{rad}. 那么方程 (11.3) 得到任意质量 M_* 的原恒星可能拥有的最大半径为 R_{max}. 我们容易得到

$$R_{\text{max}} = \frac{GM_*^2}{2\Delta E_{\text{int}}}$$
$$= 60R_\odot \left(\frac{M_*}{M_\odot} \right). \tag{11.4}$$

这个数值估计对于引力势能 $\mathcal{W}$ 更仔细的处理会稍微有些变化. 在任何情况下, 我们都知道 R_{max} 比太阳类型原恒星的真实半径大得多. 它们的直系后代, 最年轻的金牛座 T 型星比我们将在第 16 章中看到的小一个量级.

因为 $R_* \ll R_{\text{max}}$, 所以方程 (11.3) 中的最后一项实际上和第一项相当. 令 $\dot{M} = M_*/t$, 我们得出结论, L_{rad} 接近吸积光度,

$$L_{\text{acc}} \equiv \frac{GM_*\dot{M}}{R_*}$$
$$= 61L_\odot \left(\frac{\dot{M}}{10^{-5}M_\odot\ \text{yr}^{-1}} \right) \left(\frac{M_*}{1M_\odot} \right) \left(\frac{R_*}{5R_\odot} \right)^{-1}. \tag{11.5}$$

我们稍后将证明 $\dot{M}$ 和 R_* 的典型数值. 重要的物理量 L_{acc} 是内落气体在落到恒星表面, 将所有动能转化为辐射, 在单位时间释放的能量. 尽管推导中有近似, 但 L_{rad} 在整个吸积阶段都非常接近 L_{acc}, 无论 $\dot{M}$ 具体对时间的依赖为何. 此外, 即使气体首先撞击拱星盘, 随后再螺旋落到恒星上, 这个等式仍然成立 (见下面的 11.3 节). 唯一的要求是每个流体元进入原恒星后, 其热能加上动能就相对较小. 例如, 恒星不能以接近分裂的速度转动. 金牛座 T 型星的观测表明, 实际上后一个条件是得到很好满足的 (第 16 章).

尽管是云坍缩的产物, 但吸积光度大部分是在靠近原恒星的表面产生的. 额外的辐射能量来源于核聚变和内部的准静态收缩. 然而, 对于小质量和中等质量情形, 这些贡献和 L_{acc} 相比是小量. 因此, 通常定义原恒星为光度主要来自外部

吸积的、获得质量的恒星. 这种辐射可以逃逸出分子云, 因为它向外传播时逐渐退变为红外辐射. 红外光子甚至可以穿过位于恒星表面和致密云核外边缘之间的很大柱密度的尘埃. 在观测上, 原恒星在光学波段不可见, 它们在更长的波长上表现为致密的源.

图 11.2 更详细地展示了辐射如何向外扩散. 这幅图还展示了自由落到原恒星上的分子云物质的主要物理转变. 大部分辐射是在吸积激波中产生的. 因为更靠内的物质以相对低的速度沉降, 激波波前本身就构成了原恒星的外边界. 注意到, 这幅图表明更深的内部处于湍动状态. 这种湍流是由中心的核聚变引起的, 我们很快会讲到这一点.

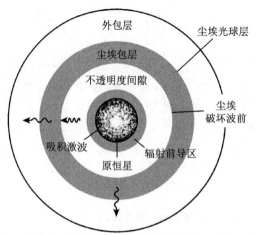

图 11.2 球对称原恒星和它的内落包层的结构. 在这幅草图中, 外部区域的相对尺寸已经大大减小. 注意中心流体静力学天体中氘燃烧引起的对流. 同时注意到尘埃包层中光学光子向红外光子的转换

11.1.3 尘埃包层和不透明间隙

落到原恒星表面的气体来源于更远的地方, 即外包层. 正如我们在 10.2 节中指出的, 这是内落区, 由于尘埃的高效冷却, 气体温度随密度缓慢上升. 尽管有这样的名称, 但我们回忆一下, 这里的物质在处于逐渐传遍分子云的稀疏波内时才会下落. 这个膨胀体大部分对原恒星的辐射几乎是透明的. 然而, 随着内落气体继续被压缩, 辐射最终被尘埃颗粒导致的相对高的不透明度困住. 在位于 $R_{\mathrm{phot}} \sim 10^{14}$ cm 的尘埃光球内, 温度更快速地上升. 如外部观测者看到的, 半径为 R_{phot} 的球是原恒星的有效辐射面.

我们定义尘埃包层为 R_{phot} 所包围的对原恒星辐射不透明的区域. 一旦这里的温度超过 1500 K, 所有的热尘埃颗粒都会升华. 精确的温度依赖于所采用的尘埃模型, 但定性的效应总是相同的. 在这个尘埃破坏波前 ($R_\mathrm{d} \sim 10^{13}$ cm) 之内, 不透明度大大降低. 流入的气体在 2000 K 以上也会发生碰撞离解, 它们对辐射场几乎是透明的. 因此尘埃升华区被称为不透明度间隙. 在更靠内的地方, 气体的碰撞电离以及随之而来的不透明度上升都发生在吸积激波外的辐射前导区中. 我们回忆第 8 章, 这些层是高速跃变激波的普遍特征.

简单的论证就足以展示激波附近和尘埃光球层中的辐射场特征的巨大差异. 气体以接近表面自由落体速度 V_ff 的速度接近 R_*. 这个速度为

$$V_\mathrm{ff} = \left(\frac{2GM_*}{R_*}\right)^{1/2}$$

$$= 280 \ \mathrm{km \cdot s^{-1}} \left(\frac{M_*}{1M_\odot}\right)^{1/2} \left(\frac{R_*}{5R_\odot}\right)^{-1/2}. \tag{11.6}$$

在方程 (8.50) 中令 V_ff 等于 V_shock, 我们看到激波后温度 (在第 8 章中称为 T_2) 超过 10^6 K. 这种热气体发出极紫外和软 X 射线 ($\lambda \approx hc/k_\mathrm{B}T_2 \lesssim 100$ Å) 光子. 这里的发射主要来自高度电离金属物质的谱线, 比如 FeIX. 在任何情况下, 激波后沉降区和辐射前导区中的物质对这些光子都是不透明的. 因此, 原恒星几乎像黑体一样辐射到不透明度间隙中. 这个表面的有效温度 T_eff 可以近似从下面式中得到

$$4\pi R_*^2 \sigma_\mathrm{B} T_\mathrm{eff}^4 \approx L_\mathrm{acc}. \tag{11.7}$$

代入方程 (11.5) 的 L_acc 并求解温度, 我们得到

$$T_\mathrm{eff} \approx \left(\frac{GM_*\dot{M}}{4\pi\sigma_\mathrm{B} R_*^3}\right)^{1/4}$$

$$= 7300 \ \mathrm{K} \left(\frac{\dot{M}}{10^{-5}M_\odot \ \mathrm{yr}^{-1}}\right)^{1/4} \left(\frac{M_*}{1M_\odot}\right)^{1/4} \left(\frac{R_*}{5R_\odot}\right)^{-3/4}. \tag{11.8}$$

物理量 T_eff 至少粗略表征了辐射场的光谱能量分布. 我们看到不透明度间隙浸没在和类似质量的主序恒星发出的类似光学辐射中. 在整个体积中, 辐射的特征温度没有明显变化, 尽管向外的频率积分的流量 F_rad 以 r^{-2} 下降. 气体温度也从前导区中没比 T_eff 低太多的值开始缓慢降低.

11.1.4 包层的温度

这种情形在穿越尘埃破坏波前之后发生了巨大变化. 内落物质现在对光学辐射是高度不透明的, 主要的光子频率通过多次吸收和再发射向下移动. 在这种环境中, 物质和辐射的温度相等, 和 F_rad 通过辐射扩散方程相联系 (附录 G). 设 F_rad

等于 $L_{\text{acc}}/4\pi r^2$ 并将温度梯度变为 $\partial T/\partial r$(其中导数不随时间变化), 方程 (G.7) 变为

$$T^3 \frac{\partial T}{\partial r} = -\frac{3\rho\kappa L_{\text{acc}}}{64\pi\sigma_{\text{B}} r^2}. \tag{11.9}$$

这个关系控制着整个尘埃包层的温度下降. 这里, 密度遵循方程 (10.34). 罗斯兰平均不透明度 κ 由尘埃的贡献主导. 在感兴趣的温度范围, 大约 100~600 K, 这个物理量可以近似用幂律代表:

$$\kappa \approx \kappa_0 \left(\frac{T}{300 \text{ K}}\right)^\alpha, \tag{11.10}$$

其中 $\kappa_0 = 4.8 \text{ cm}^2 \cdot \text{g}^{-1}$, $\alpha = 0.8$. 注意到幂律行为源自这个事实, 单色不透明度以 $\lambda^{-\alpha}$ 变化 (见附录 (G.9)). 在任何情况下, 方程 (11.9) 的量纲分析告诉我们, $T(r)$ 以 $r^{-\gamma}$ 降低. 这里, γ 是另一个常数:

$$\gamma \equiv \frac{5}{2(4-\alpha)}, \tag{11.11}$$

在当前情形接近 0.8.

温度持续下降, 直到气体变得对红外辐射透明. 粗略地说, 这个转变发生在 "平均" 光子的自由程 $1/\rho\kappa$ 变得与恒星的径向距离相当的时候. 此时, 整个尘埃包层的发射就像一个半径 R_{phot}、温度 T_{phot} 的黑体. 所以我们的两个条件为

$$\rho\kappa R_{\text{phot}} = 1 \tag{11.12a}$$

$$L_{\text{acc}} = 4\pi R_{\text{phot}}^2 \sigma_{\text{B}} T_{\text{phot}}^4. \tag{11.12b}$$

ρ 由方程 (10.34) 给出, L_{acc} 由方程 (11.5) 给出, κ 由方程 (11.10) 给出, 这就给出了关于两个未知量 R_{phot} 和 T_{phot} 的两个方程. 对于 $\dot{M} = 10^{-5} M_\odot \text{ yr}^{-1}$ 和 $M_* = 1 M_\odot$, 数值解给出 $R_{\text{phot}} = 2.1 \times 10^{14}$ cm 和 $T_{\text{phot}} = 300$ K.

我们强调这两个关系是非常粗略的近似, 即使在理想化的球对称原恒星中也是如此. 严格地说, 没有唯一的光球边界, 因为介质对不同波长在不同半径变得透明. 当然, 对于恒星大气也是如此, 但是那里陡得多的密度下降划定了边界. 最好把 R_{phot} 看作携带光谱分布的平均能量的光子逃离分子云的半径. 我们的数值结果表明, 这个光子的典型波长为 $\lambda \approx hc/k_{\text{B}} T_{\text{phot}} = 49$ μm, 在远红外波段.

超越我们的简单描述, 更精确地确定辐射场和物质的温度在技术上要求很高, 因为必须同时包含高度不透明和近乎透明的区域. 在尘埃光球内部深处, 比强度 I_ν 近乎各向同性, 接近 $B_\nu(T)$. 然而, 在不透明度间隙中, I_ν 是高度各向异性的,

在远离中心原恒星的方向达到峰值. 在靠近尘埃光球更稀薄的区域, 这个强度也在向外方向达到峰值.

最精确的数值计算以迭代的方式求解辐射和物质性质. 例如, 在尘埃包层中, 可以首先猜测几乎等于 T_g 的温度 T_d 的空间分布. 这个猜测通过方程 (2.30) 给出了每个格点的发射率 j_ν. 关于这个函数的知识使得我们可以将辐射转移方程 (2.20) 的比强度 I_ν 作为径向距离和角度的函数进行积分. 给定辐射场, 方程 (7.19) 得到了尘埃颗粒的加热速率. 令这个速率和冷却速率 (方程 (7.36)) 相等, 给出新的 T_d. 重复这个过程直到尘埃包层中计算和猜测的温度符合到足够的精度. 这个情况在包含了不透明度间隙后变得更复杂, 那里的光子既来自辐射前导区也来自尘埃破坏波前之外的热尘埃.

尽管存在这些困难, 理论家们还是提供了对原恒星环境越来越精确的描述. 图 11.3 展示了一个包含了详细辐射转移的数值研究的温度分布. 这里, 中心原恒星用一个光度为 $L_{rad} = 26L_\odot$ 的点源代表. 尘埃包层中的密度由方程 (10.34) 给出, 其中 $M_* = 1M_\odot$, $\dot{M} = 2 \times 10^{-6} M_\odot$ yr^{-1}. 注意到这个方程给出了总密度, 尘埃质量分数取为百分之一. 为了模拟不透明度间隙, 这个包层包围了一个中心空腔, 半径 0.2 AU 是 $T_d = 1500$ K 的地方. 尽管温度在刚刚超过这个值的时候快速下降, 但之后的下降是相当平缓的, 大致遵循幂律.

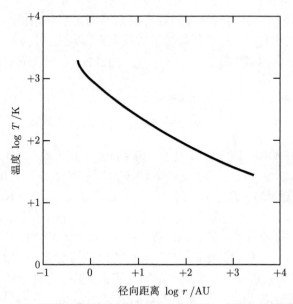

图 11.3　$1M_\odot$ 的球对称原恒星的尘埃包层的温度. 自变量是与恒星的距离

正如预期的那样, 一旦温度降到大约 100 K 以下, 包层就变得对向外的辐射透明. 在此情形, T_d 的行为可以从简单的能量论证得到. 恒星辐射流量以 r^{-2} 下降. 此外, 根据方程 (7.39), 尘埃发射率以 T_d^6 变化. 所以, T_d 以 $r^{-1/3}$ 减小. 这个光学薄的分布通常对于模拟在远红外和亚毫米波观测到的、来自含有内埋星的尘埃云的发射有用. (回忆 2.4 节中对反射星云的讨论.)

回到原恒星本身, 测量转动对温度分布的影响是很有趣的. 这里, 我们可以利用 10.4 节的转动内落模型并使用方程 (10.57) 的非球对称密度分布. 我们用辐射穿过这个包层的单个点源代替原恒星和它的吸积盘. 这种点状表示现在更让人怀疑, 因为吸积盘半径可以轻易延伸超过尘埃破坏波前 (见 11.3 节). 另一方面, 大部分吸积光度仍然源自恒星表面或者吸积盘内区.

图 11.4 展示了这种计算的等温线. 这里, 参数是 $L_{\rm rad} = 21L_\odot$、$M_* = 0.5M_\odot$ 和 $\dot{M} = 5 \times 10^{-6}M_\odot~{\rm yr}^{-1}$, 而采用的分子云转动速率为 $\Omega = 1.35 \times 10^{-14}~{\rm s}^{-1}$. 这幅图也展示了相应的等密度线. 读者可以验证, 使用方程 (10.50) 将 m_0 设为 1, 离心半径为 $\varpi_{\rm cen} = 0.4$ AU, 确实延伸超过了尘埃破坏波前. 后者在图中如最内的等值线所示, 对应于 $T_d = 1050$ K, 这是在这个模型中占主导的硅尘埃颗粒的升华温度. 注意到内腔壁扁率较小. 展宽源于离心半径附近内落密度的增大, 这部分阻挡了向外的辐射并提高了局域尘埃温度. 相反, 这种环状分布尘埃的增加遮蔽了外部区域, 并导致了适度长椭圆的等温线. 看看计算中包含了拱星盘后这些结果怎么变化将是很有趣的. 在任何情况下, 等温线会在极向保持伸长, 那里的光深较小.

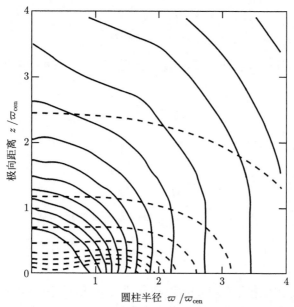

图 11.4　转动原恒星包层中的二维温度分布 (实线). 等温线从 1050 K 向外以 50 K 的步长降低. 虚线等值线代表密度, 和图 10.18 中的那些类似

11.2   内部演化：氘燃烧

现在让我们把注意力从原恒星周围的物质转移到中心天体本身的结构和演化上. 和以前一样, 强调的是理论结果而不是观测结果. 我们要谨慎地提出基本论据, 因为它们会在其他情形经常重复出现. 这里, 我们将看到这个理论提供了一个关于原恒星的图景, 几乎和后面的演化阶段的图像一样详细.

11.2.1   恒星结构方程

最后一点值得重复. 原恒星可以并且应该用和红巨星、白矮星或主序星相同的计算技术进行研究. 因为它们聚集在坍缩云的中心, 所以有可能将原恒星作为大尺度流体动力学流动数值解的一部分. 然而, 这个过程既烦琐, 又由于使用了有限差分计算而容易导致不准确. 对于吸积激波波前内的物质使用恒星结构方程可以获得物理洞察和数值精度. 于是, 可以将原恒星表面的条件和内落包层相匹配, 后者是从流体动力学计算中得到的.

力学的恒星结构方程仅仅是流体静力学平衡的重新表述. 如果我们继续忽略内部转动, 那么我们的球对称原恒星中一个方便的空间变量就是质量坐标 M_r, 由方程 (10.25) 定义. 于是半径 r 表现为因变量, 它随 M_r 的变化由方程 (10.26) 反过来得到

$$\frac{\partial r}{\partial M_r} = \frac{1}{4\pi r^2 \rho}. \tag{11.13}$$

和以前一样, 我们在固定的时间取导数. 方程 (9.1) 现在表示力平衡, 并且在球对称情形变为

$$\frac{\partial P}{\partial r} = -\frac{G\rho M_r}{r^2}. \tag{11.14}$$

用方程 (11.14) 除以 (11.13), 我们得到另一种形式

$$\frac{\partial P}{\partial M_r} = -\frac{GM_r}{4\pi r^4}, \tag{11.15}$$

再次用 M_r 作为自变量. 压强本身遵守理想气体的状态方程:

$$P = \frac{\rho}{\mu}\mathcal{R}T. \tag{11.16}$$

这里平均分子量 μ 依赖于气体的电离和离解状态, 所以是 ρ 和 T 的函数. 可以用统计平衡从第一性原理出发计算或者查表得到这个函数.

我们接下来讨论热力学恒星结构方程. 因为原恒星的内部是高度不透明的, 辐射输运由扩散方程 (11.9) 描述. 将光度换为内部值 $L_{\rm int}$ 并再次使用方程 (11.13),

我们得到

$$T^3 \frac{\partial T}{\partial M_r} = -\frac{3\kappa L_{\text{int}}}{256\pi^2 \sigma_{\text{B}} r^4}. \tag{11.17}$$

罗斯兰平均不透明度 κ 仍然是 ρ 和 T 的函数. 和 μ 一样, 它有数值形式 (图 G.2).

最后, 我们考虑 L_{int} 的空间变化. 回忆一下, L_{int} 是 $|\boldsymbol{F}_{\text{rad}}|$ 对球壳的面积分, 其中流量径向向外. 一般来说, 流体元或者通过外部辐照或者通过内部核反应获得热量. 令 $\epsilon(\rho, T)$ 代表单位质量释放核能的速率. 这个速率和 $\boldsymbol{F}_{\text{rad}}$ 都进入热传导方程的热源项:

$$\rho T \frac{\partial s}{\partial t} = \rho \epsilon - \nabla \cdot \boldsymbol{F}_{\text{rad}}, \tag{11.18}$$

其中 s 是单位流体质量的熵. 对于球形恒星, 把这个关系重写为

$$\frac{\partial L_{\text{int}}}{\partial M_r} = \epsilon - T \frac{\partial s}{\partial t}. \tag{11.19}$$

是方便的.

方程 (11.13)、(11.15)、(11.17) 和 (11.19) 是所需的因变量为 r、P、T 和 L_{int} 的恒星结构方程. 它们必须补充物态方程 (11.16) 以及 μ、κ、ϵ、s 与 ρ、T 的函数关系[①]. 实践中, 编制熵的表格利用了热力学第二定律:

$$T\Delta s = c_v \Delta T - P\Delta\rho/\rho^2, \tag{11.20}$$

它控制着状态变量的微小变化. 这里 c_v 是定容比热. 知道了这个量 (或者等价的比内能) 作为 ρ 和 T 的函数就可以将方程 (11.20) 沿 ρ-T 平面上某条方便的路径积分, 数值地得到函数 $s(\rho, T)$. 注意到, 纯的单原子气体有 $c_v = (3/2)\mathcal{R}/\mu$, 其中 μ 现在是一个常量. 在此情形, 我们可以解析地对方程 (11.20) 积分得到

$$s = \frac{\mathcal{R}}{\mu} \ln\left(\frac{T^{3/2}}{\rho}\right) + s_0, \tag{11.21}$$

其中 s_0 是任意常量. 方程 (11.21) 通常在恒星内部是一个有用的近似, 那里的气体是完全电离的, $\mu = 0.61$.

11.2.2 边界条件

恒星结构方程的求解指定四个边界条件. 其中两个说的是 $r(M_r)$ 和 $L_{\text{int}}(M_r)$ 在中心为零:

$$r(0) = 0 \tag{11.22a}$$

$$L_{\text{int}}(0) = 0. \tag{11.22b}$$

---

① 译者注: 即 $\mu(\rho, T)$、$\kappa(\rho, T)$、$\epsilon(\rho, T)$ 和 $s(\rho, T)$。

第三个条件是 $P(M_r)$ 在 $M_r = M_*$ 时必须等于合适的激波后的值. 这个值是内落物质导致的动压强, 由 ρu^2 给出. 对于刚刚在激波外的 ρ, 使用方程 (10.34), 对于 $u = -V_{\text{ff}}$ 使用方程 (11.6), 我们发现

$$P(M_*) = \frac{\dot{M}}{4\pi} \left(\frac{2GM_*}{R_*^5} \right)^{1/2}. \tag{11.23}$$

第四个边界条件涉及温度的表面值及其与光度的关系. 对于主序星, 这个关系是由方程 (1.5) 给出的标准光球的关系. 然而, 原恒星的总光度是吸积释放的光度和内部辐射的光度之和:

$$L_* = L_{\text{acc}} + L_{\text{post}}. \tag{11.24}$$

这里, L_{post} 是方程 (11.19) 从 $M_r = 0$ 到 M_r 积分得到的 L_{int} 值, 说的是激波后的弛豫区 (回忆图 8.10). 令 T_{post} 表示相应的温度, 如方程 (11.17) 向外积分所得到的. 注意到这个值比图 8.10 所示高得多. 这幅图涉及分子云的表面层而不是光学厚的恒星. 无论如何, 我们现在的任务是将 T_{post} 与 L_{post} 和 L_{acc} 联系起来.

我们首先注意到 L_{post} 实际上是向内和向外贡献的总和, 如图 11.5 所示. 只有源自内部深处的向外光度由黑体公式 $4\pi R_*^2 \sigma_B T_{\text{post}}^4$ 给出. 这个贡献在图中记作 L_{out}. 紧靠在激波后面的热气体各向同性地发射软 X 射线. 所以, 对 L_{post} 的向内贡献包括 X 射线中的 $L_{\text{acc}}/2$. 此外, 还有源自前导区的光学光子. 假设这一层完全吸收了进入其中的 X 射线, 也在两个方向上等量地辐射, 那么激波后的点接收到额外的 $L_{\text{acc}}/4$ 的光学光子.[①]总结起来, 我们发现

$$L_{\text{post}} = 4\pi R_*^2 \sigma_B T_{\text{post}}^4 - 3L_{\text{acc}}/4, \tag{11.25}$$

这就是所需的边界条件.

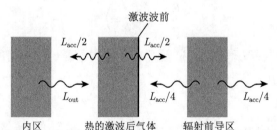

图 11.5　小质量原恒星对光度的贡献. 吸积激波波前 (粗竖线) 前面和后面的两个区域被明显区分开. 净的表面光度, 在文中称为 L_{post} 是内部向外的贡献 L_{out} 和来自热的激波后气体的 X 射线以及来自辐射前导区的光学光子向内贡献的和

---

① 在小质量原恒星中, 前导区对激波后产生的 X 射线是不透明的, 但对局域发射的光学光子是透明的. 所以, 方程 (11.8) 仅对这个区域中的气体温度给出了一个粗略近似. 大质量原恒星的前导区对 X 射线和它们自己的冷却辐射都不透明.

11.2.3 质量-半径关系

构建原恒星模型所需的最后一个要素是质量吸积率 $\dot{M}$. 方程 (11.23) 和 (11.25) 的边界条件中有这个物理量, 它告诉我们从一个时间步到下一个时间步, M_* 要增加多少. 理想情况下, 应该直接从坍缩计算中得到这个速率, 如图 10.6 所示. 然而, 到目前为止, 对原恒星内部最详细的研究只考虑了恒定的速率, 等效地将 $\dot{M}$ 处理为一个自由参量. 通过在方程 (10.31) 中代入合理的分子云温度 (或等价的声速) 得到这个参量的范围. 对于 10~20 K 的分子温度, 可以发现 $\dot{M}$ 跨越一个数量级, 10^{-5}~$10^{-6} M_\odot \ \mathrm{yr}^{-1}$.

在实践中, 我们可以通过猜测 T 和 P, 用方程 (11.22) 给出 $r(0)$ 和 $L_{\mathrm{int}}(0)$ 并向外积分求解任意时刻 t 的四个结构方程. 在这个过程中, 我们追踪比熵 $s(M_r)$. 我们在每个 M_r 值减去先前模型中时刻 $t - \Delta t$ 相应的熵. 于是生成了方程 (11.19) 右边的时间导数 ds/dt. 一般而言, 在积分到达 $M_r = M_*$ 时不会满足方程 (11.23) 和 (11.25). 因此我们改变对中心温度和压强的猜测直到满足这两个条件.

刚刚概述的过程使我们可以详细了解球形原恒星的演化. 对应于主吸积阶段开始的初始状态有点任意, 反映了我们对这个最早期阶段的认识的浅薄. 幸运的是, 这里的选择对后续的演化几乎没有影响. 图 11.6 展示了这一点, 它对于 $M_* \lesssim 1 M_\odot$ 展示的是原恒星半径作为质量的函数, 其中假设了恒定的吸积率 $1 \times 10^{-5} M_\odot \ \mathrm{yr}^{-1}$. 三条曲线在初始质量 (此处取为 $0.1 M_\odot$) 下有不同的 R_*. 在 M_* 加倍时, 这些曲线几乎相同.

为了理解 $R_*(M_*)$ 的快速收敛以及随后的稳步上升, 将吸积的原恒星看作一系列嵌套的质量壳是有帮助的. 每个新的壳层都代表刚刚通过激波波前并沉降到流体静力学表面上的物质. 和首次云核的情形一样, 沉降流体元快速被上面的气体层覆盖, 即我们有 $L_{\mathrm{post}} \ll L_{\mathrm{acc}}$. 在没有核燃烧的情形, 方程 (11.18) 告诉我们, 那个质量壳层的比熵停止下降并达到一个恒量. 所以原恒星由其熵分布 $s(M_r)$ 表征, 这反过来反映了吸积激波波前变化的条件.

因为比熵代表相应质量壳层的热含量, s 随 M_r 增长会导致原恒星随着质量的增大而膨胀. 这种特征的熵分布会自然地出现, 因为吸积激波一般随时间增强. 因此, 引力质量 M_* 的增大会增大入流速度 V_{ff}. 结果, 激波后温度 T_2 也增大, 稳定值 T_{post} 和相应的熵也增大. 总结起来, 更强的吸积激波导致内部 $s(M_r)$ 单调增大. 这种分布的发展趋势是图 11.6 中 $R_*(M_*)$ 最终上升的原因.

然而, 假设不管出于什么原因, *初始半径都非常大*. 那么 V_{ff} 会相应地小, 激波就更弱. 随着质量壳层加入, 熵的分布会下降, 半径减小. 相反, 非常小的初始半径会导致强烈的激波, $s(M_r)$ 会急剧上升. 由此产生的半径增大在图 11.6 中也很明显. 尽管我们不知道初始状态, 但这些计算提供了有力证据证明自然的演化是半径随质量缓慢增加, 如图中中间的曲线所示.

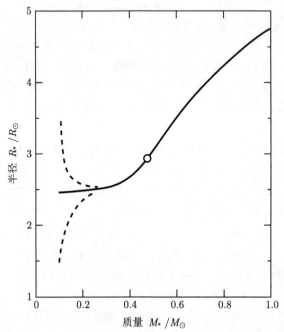

图 11.6　不同初始半径的球形原恒星的质量-半径关系. 所有情形的吸积率为 $1 \times 10^{-5} M_\odot \, \mathrm{yr}^{-1}$. 空心圆圈表示完全对流的内部开始的地方

11.2.4　对流的开始

上升的熵分布对对流稳定性也有根本的重要性. 想象一下, 如图 11.7 所示, 我们将一个内部密度为 ρ_{int} 的流体元沿着与局域引力加速度 g 相反的方向 (即, 朝向原恒星表面) 移动一小段距离 Δr. 我们从流体静力学平衡的研究中知道, 压强总是朝这个方向下降的. 因此我们的流体元如果要保持与周围环境的压强平衡就必须膨胀, 其密度从 $(\rho_{\mathrm{int}})_0$ 下降到较低的值 $(\rho_{\mathrm{int}})_1$. 一个突出的问题是, 这种密度下降是否使这个流体元受到浮力而继续向上运动. 如果是这样, 那么原恒星在那个区域是对流不稳定的, 向上的运动变成热量输运的一种重要方式. 另一方面, 如果位移使得流体元比周围环境密, 它会落回来. 于是原恒星是辐射稳定的. 我们现在证明, 后一个条件只要 $s(M_r)$ 是一个增函数就成立.

我们比较 $(\rho_{\mathrm{int}})_1$ 和同一位置的外部背景密度 $(\rho_{\mathrm{ext}})_1$. 如果小位移发生得很快, 流体元的辐射热损失可以忽略, 那么其比熵就不会变化. 所以外部介质中熵分布的增加意味着 $(s_{\mathrm{int}})_1 < (s_{\mathrm{ext}})_1$. 回想一下, 内部和外部压强在此位置是相等的. 普通气体的一个性质是, 在固定的压强下, 密度随比熵的增大而降低, 即

$(\partial\rho/\partial s)_P < 0.$[①] 对于单原子气体, 读者可以通过结合方程 (11.21) 和物态方程 (11.16) 验证这个事实. 无论如何, 我们现在已经证明了 $(\rho_{\text{int}})_1 > (\rho_{\text{ext}})_1$, 因此熵分布的上升意味着辐射稳定性. 我们的稳定性条件 $\partial s/\partial M_r > 0$ 是史瓦西判据的一个表达式, 这个判据在恒星结构理论中占有重要地位.

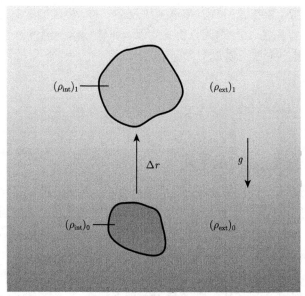

图 11.7 辐射稳定性的判据. 一个最初和周围密度相同的流体元沿引力加速度 g 反方向移动距离 Δr. 在所示的情形, 内部密度 ρ_{int} 虽然降低, 但还是高于外部值 ρ_{ext}, 故而这个流体元会落回来

回到原恒星, 我们现在看到, 增强的吸积激波导致一种结构, 热量通过辐射而不是通过流体元的对流向外输运. 实际上, 在我们采用辐射扩散方程 (11.17) 时, 我们已经假设了这种状态. 然而, 这种情况不会永远持续下去. 从图 11.6 可以看到, 半径的初始增大和 M_* 的增长不同步. 也就是说, 比例 M_*/R_* 必然增大. 内部温度也会上升, 如在合适地改变 μ 后由方程 (11.2) 可以看到的. 核反应最终在靠近中心处开始, 温度在那里达到峰值. 它们的效应是使中心的熵增大, 直到分布反转, 即直到 $\partial s/\partial M_r$ 变为负值. 数学上, 方程 (11.19) 中的 ϵ 项在 $M_r = 0$ 附近变大. 因为 L_{int} 被大的光深保持得相对小, 所以导数 $\partial s/\partial t$ 也会变大. 重要的物理后果是原恒星变得对流不稳定.

第一种被点燃的核燃料是含有少量的氢同位素氘 (^{2}H) 的混合物. 氘由一个

---

① 我们可以把偏导数写为 $(\partial\rho/\partial s)_P = -\rho T \kappa_P/c_P$, 其中 $\kappa_P \equiv [\rho\partial(1/\rho)/\partial T]_P$ 是热膨胀系数, $c_P \equiv T(\partial s/\partial T)_P$ 是定压比热. 在恒星中遇到的所有条件下, κ_P 和 c_P 都是正的, 所以 $(\partial s/\partial\rho)_P$ 确实是负的.

质子和一个中子结合而成, 是原初核合成的产物, 在宇宙大爆炸后整体冷却和膨胀的数分钟之内形成. 一旦进入恒星, 这种同位素就会被与质子的聚变破坏:

$$^2\mathrm{H} + {}^1\mathrm{H} \longrightarrow {}^3\mathrm{He} + \gamma. \tag{11.26}$$

这个反应放热 $\Delta E_\mathrm{D} \equiv 5.5$ MeV. 和很多核反应一样, 相应的速率对局域温度高度敏感. 氘的聚变首先在 10^6 K 附近变得可观. 在接近这个温度时, 计算表明, 方程 (11.19) 中的能量产生项可以近似为

$$\epsilon_\mathrm{D} = [\mathrm{D/H}]\epsilon_0 \left(\frac{\rho}{1\ \mathrm{g \cdot cm^{-3}}} \right) \left(\frac{T}{1 \times 10^6\ \mathrm{K}} \right)^{n_\mathrm{D}}. \tag{11.27}$$

这里, $\epsilon = 4.19 \times 10^7$ erg $\cdot$ g^{-1} $\cdot$ s^{-1}, $n_\mathrm{D} = 11.8$, [D/H] 是氘相对氢的星际数密度. 这个比值必须从观测得到, 已经成为相当多研究的研究对象. 对弥散分子云后恒星的吸收线的分析给出 [D/H] 的平均值 2×10^{-5}, 表观上可以变化大约两倍.

对流开始于原恒星中, 因为氘聚变产生了太大的光度, 无法通过辐射从不透明的内部传输出来. 相反, 离散的流体 "元胞" 浮向表面. 因为 $\partial s/\partial M_r < 0$, 流体的上升现在是低密度的, 相对周围较热, 最终将多余的热量输运到介质中. 这样做之后, 温度更低、密度更大的元胞又沉下来, 循环往复. 这种上升和下落运动必然使原恒星内部既是湍动的, 化学上又是很好地混合的.

从计算的角度看, 对流的开始修正了热力学恒星结构方程. 光度 L_int 仍然从热量方程 (11.19) 的积分得到. 然而, 扩散方程 (11.17) 不再正确, 必须用另一个 L_int 和温度 (或熵) 梯度之间的关系替代. 由于对流的湍流本性, 仍然没有从第一性原理得到的被普遍接受的关系式. 相反, 理论家在传统上依赖一种称为混合长理论的半经验模型. 这里, 每个给定半径 r 的元胞在运动了相同距离后排出其热量. 这个 "混合长" 通常取为某个量级为 1 的因子乘以局域压强标高, 即 $P(r)$ 下降到 $1/e$ 对应的径向距离. 元胞速度以及热量流是假设在这个距离上有稳定的浮力加速度而得到的.

混合长理论的详细公式我们不需要关心, 但它的一般结果是令人感兴趣的. 主要结果是, 通过内部运动进行的热量输运是高效的. 也就是说, 即使它们的平均上升速度远低于当地声速, 上升的元胞也只需要在背景的熵分布上有一个微小的梯度就可以携带任意合理的 L_int. 因此, 在较好的精度上, 我们可以将方程 (11.17) 替换为更简单的关系

$$\frac{\partial s}{\partial M_r} = 0. \tag{11.28}$$

我们强调，从恒星的某些区域可能不稳定而其他区域仍然保持辐射稳定这个意义上来说，对流不稳定性是一种局域现象. 计算程序必须通过在每个 M_r 值测试稳定性来解释这个事实. 一个方便的方法是将 L_{int} 和辐射扩散所能携带的最大值 L_{crit} 比较. 为了得到这个重要的物理量，我们首先用方程 (11.17) 除以 (11.15)，以便用 $\partial T/\partial P$ 表示辐射光度. 回想一下，这里的微分是在固定的时间进行的. 在稳定极限，比熵是固定的，即 $\partial T/\partial P$ 变成热力学导数 $(\partial T/\partial P)_s$. 后一项可以从状态方程和熵的数值表中得到. 于是我们得到

$$L_{\text{crit}} = \frac{64\pi G M_r \sigma_{\text{B}} T^3}{3\kappa}\left(\frac{\partial T}{\partial P}\right)_s. \tag{11.29}$$

在任何对流区，我们使用方程 (11.28) 直到 L_{int} 减小到 L_{crit} 以下. 那时，我们回到方程 (11.17). 注意到，如果只是因为密度下降最终导致对流低效，那么这种转变总是在到达表面之前至少发生一次. 因此，任何恒星的最外层都是辐射稳定的.[①]

11.2.5 氘恒温器

一旦氘在小质量原恒星中心附近点燃，产生的对流就快速扩张. 很快，除了一个质量微不足道的薄的外部沉降区，整个内部都变得不稳定. 图 11.6 中的空心圆圈表示了完全对流的开始. 到此时，氘燃烧已经显著增大了原恒星半径. 膨胀程度在某种程度上依赖于所假设的吸积率. 图 11.8(a) 展示了对三个不同 $\dot{M}$ 值的 $R_*(M_*)$. 对于所示最低的 $\dot{M}$，半径增加是一个相当短暂的效应，而对于超过 $1\times10^{-5}M_\odot\,\text{yr}^{-1}$ 的吸积率，这条曲线会缓慢变化. 再说一次，空心圆圈表示原恒星变得完全对流的时刻.

为了强调氘造成的结构变化，图 11.8(b) 展示了一组类似的半径曲线，是通过在模型中人为设置 [D/H] 等于零得到的. 半径现在继续其先前的缓慢上升，曲线很好地由 $\dot{M}$ 值区分开. 在实际中，一旦氘燃烧开始，这种适度的半径增加是不可能的. 如我们已经看到的，相应的 M_*/R_* 增加会使中心温度 T_c 升高. 然而，ϵ_D 也对温度非常敏感，它会大幅增大，将足够的热量注入原恒星中，使半径增大，T_c 降低. 氘以这种方式充当了恒温器，试图保持中心温度接近点火温度 1×10^6 K.

这种温控机制仅当原恒星有稳定的核燃料供应时是有效的. 此外，ϵ_D 对温度敏感意味着活跃的燃烧被限制在中心区域. 原先位于这里的氘在点燃之后很快就被消耗掉了. 虽然额外的燃料通过内落不断落在表面，但只要原恒星是辐射稳定的，这些燃料就无法达到内部深处. 然而，一旦内部是完全对流的，湍流涡旋就会

---

① 就在辐射稳定性达到之前，对流可能变得非常低效，(负的) 熵梯度不再是小的. 于是我们必须把方程 (11.28) 替换为 $\partial s/\partial M_r$ 和 L_{int} 之间完整的混合长关系. 这样的超绝热区在主序前恒星的外区是重要的，如我们将在第 16 章讨论的.

把这些氘带到中心. 因为这个输运时间相对较短, 所以消耗速率接近内落提供的速率. 所以, 氘产生的总光度 L_{D} 接近稳态值:

$$L_{\mathrm{D}} \equiv \int_0^{M_*} \epsilon_{\mathrm{D}} dM_r$$

$$\approx \dot{M}\delta. \tag{11.30}$$

这里 δ 是每克星际气体中的氘所能提供的能量:

$$\delta = \frac{[\mathrm{D/H}]X\Delta E_{\mathrm{D}}}{m_{\mathrm{H}}}. \tag{11.31}$$

对于吸积率 $1 \times 10^{-5}M_\odot\ \mathrm{yr}^{-1}$, 稳态的 L_{D} 是 $12L_\odot$.

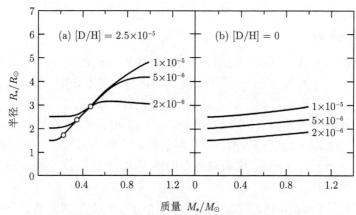

图 11.8   (a) 三个不同吸积率的原恒星质量-半径关系, 吸积率单位为 $M_\odot\ \mathrm{yr}^{-1}$. 假设了标准的星际氘丰度. (b) 同样吸积率的没有氘的质量-半径关系

如果大部分氘产生的光度逃离原恒星, 那么这个恒温机制也仍然是低效的. 然而, 我们已经看到, 在相对稳定的激波后气体层中 L_{post} 相对较小, 因为这些物质被新来的吸积气体覆盖. 因此, 在任何时候, $L_{\mathrm{int}}(M_r)$ 确实首先增加到接近 L_{D} 的高水平, 然后最终下降 (图 11.9). 方程 (11.19) 展示了在这种空间上的向外下降伴随着接近均匀的内部熵随时间上升. 最后, 原恒星的光度穿过激波跃升到吸积光度 L_{acc}, 在我们的计算中为 $60L_\odot$. 总结起来, 我们现在看到熵增加和原恒星膨胀来自两个不同的源头——吸积激波的反向加热, 提供了 $(3/4)L_{\mathrm{acc}}$ 的光度, 以及氘燃烧产生的内部加热, 这个贡献虽然更小, 但仍然重要.

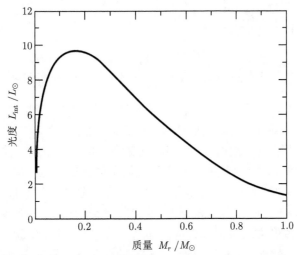

图 11.9　$1M_\odot$ 原恒星的光度. 自变量是一个球壳中包含的质量. 假设了吸积率为 $1 \times 10^{-5} M_\odot \ \mathrm{yr}^{-1}$

11.3　原恒星盘

我们分析中的一个关键简化是假设来自分子云包层的流体元直接撞到原恒星. 然而, 我们在第 10 章看到, 转动扭曲了内落的轨迹. 具有足够大的比角动量的物质首先落到一个盘上, 然后螺旋落到恒星表面. 原恒星盘本身非常有趣, 因为它是最终形成行星的介质. 因此我们要追溯其起源和增长的主要理论观点. 在这一过程中, 我们讨论仍然存在问题的"向中心星输运质量"的课题.

11.3.1　首次出现

当内落气体开始错过原恒星表面时, 吸积盘就诞生了. 10.4 节中对转动坍缩的分析使得我们可以精确地确定这个时间, 以及相应的恒星质量. 回忆一下, 离心半径 ϖ_{cen} 标记了流体元穿过赤道面的最大距离. 令方程 (10.50) 给出的这个物理量和原恒星半径 R_* 相等, 我们求解临界时间:

$$
\begin{aligned}
t_0 &= \left(\frac{16 R_*}{m_0^3 \Omega_0^2 a_T} \right)^{1/3} \\
&= 3 \times 10^4 \ \mathrm{yr} \left(\frac{R_*}{3 R_\odot} \right)^{1/3} \left(\frac{\Omega_0}{10^{-14} \ \mathrm{s}^{-1}} \right)^{-2/3} \left(\frac{a_T}{0.3 \ \mathrm{km \cdot s}^{-1}} \right)^{-1/3},
\end{aligned} \tag{11.32}
$$

其中我们已经设 $m_0 = 1$. 此时原恒星的质量为 $M_0 \equiv \dot{M} t_0$. 对于 $\dot{M}$ 使用方程 (10.31), 得到

$$M_0 = \left(\frac{16 R_* a_T^8}{G^3 \Omega_0^2} \right)^{1/3}$$

$$= 0.2 M_\odot \left(\frac{R_*}{3 R_\odot} \right)^{1/3} \left(\frac{\Omega_0}{10^{-14} \text{ s}^{-1}} \right)^{-2/3} \left(\frac{a_T}{0.3 \text{ km} \cdot \text{s}^{-1}} \right)^{8/3}. \quad (11.33)$$

方程 (11.33) 给出了合理的结果, 吸积盘形成时的原恒星质量随 a_T 的增大 (即内落速率增大) 或 Ω_0 的减小而增大. 从表面上看, 这个数字表明很多恒星可以通过直接内落积累起来. 然而, 内落和转动速率正确值的不确定性很大, 我们应该继续探索更普遍的形成机制, 即使对于质量最小的恒星也是如此.

进入方程 (11.32) 和 (11.33) 的第三个因子是半径 R_*, 这里读者可能已经注意到一个问题. 所选择的 "典型" 值确实和 M_0 相恰, 但仅对之前考虑的球形原恒星适用. 由旋转气体形成的原恒星会自转加速并被离心力扭曲, 就像我们在 10.2 节中考虑的分子云. 然而, 我们从经验上知道, 即使是最年轻的主序前天体——那些靠近诞生线的天体——旋转速度也很小, 至少在它们的外层是这样的 (第 16 章). 这个事实是一个强烈的迹象, 表明它们之前的原恒星并不是简单地积累坍缩分子云的物质携带的角动量. 相反, 原恒星必须经受强大的制动力矩, 可能和磁流体动力学星风的抛射有关 (第 13 章). 因此, 我们有理由把它们想象成几乎为球形的天体, 即使在讨论表征它们附近环境的快速转动时也是如此.

恒星和吸积盘之间的另一个关键不同是它们在 z 方向的几何厚度. 在两个情形中, 内力平衡是向上的热压强梯度和向下的重力之间的平衡. 在相对小质量的最年轻的吸积盘中, 重力就是中心恒星径向引力的 z 分量 (图 11.10). 位于中间平面上方高度 z 的流体元的垂向力平衡为

$$-\frac{\partial P}{\partial z} = \frac{\rho G M_* z}{\varpi^3}.$$

结合状态方程 (11.16), 这个关系式使得我们可以估计吸积盘的标高, 即 P 显著下降的距离:

$$\Delta z \approx \left(\frac{a_T}{V_{\text{Kep}}} \right) \varpi. \quad (11.34)$$

这里, a_T 是吸积盘内区半径 ϖ 的平均声速, 而 $V_{\text{Kep}} \equiv \sqrt{G M_*/\varpi}$ 是开普勒轨道速度. 注意到 V_{Kep} 接近所研究的半径的 V_{ff}. 我们已经看到, 在方程 (11.6) 后面的讨论中, R_* 处的 V_{ff} 的典型值对应于至少 10^6 K 的温度. 这远高于前导辐射场的等效温度 (方程 (11.8)), 这个温度大致设定了内盘的 a_T 值. 随着与恒星距离的增大, 吸积盘的温度和 a_T 进一步降低, 不等式 $a_T \ll V_{\text{Kep}}$ 总是得到很好的满足. 于是, 我们可以方便地采用薄盘近似, $\Delta z \ll \varpi$. 读者可以验证 $a_T \ll V_{\text{Kep}}$ 也表明, 径向压强梯度 $|\partial P/\partial \varpi|$ 远小于恒星引力或转动产生的单位体积的径向力.

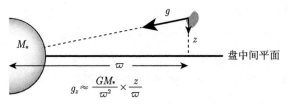

图 11.10 薄盘近似的物理基础. 小质量吸积盘中的流体元被恒星引力的 z 分量拉向中间平面

对于大于 t_0 的时间, 越来越多的坍缩气体错过恒星. 我们强调, 这种变化与落向赤道面的总质量内落速率无关. 后者仍然由方程 (10.31) 的 $\dot{M}$ 给出, 由更大距离尺度上的平衡分子云结构确定. 无论如何, 坍缩模式的变化在中心平面的上下是对称的. 如图 11.11 所示, 一条错过恒星的轨迹会与相反的 z 速度的镜像相遇. 这两条相反的气流以超声速碰撞. 因此, 吸积激波现在不仅覆盖了原恒星, 还等效地扩展到包含了扩张的离心半径 ϖ_{cen} 之内的整个区域.

进入这个延展波前的气体的动量分量保持在赤道面上. 因此, 吸积激波使得这部分内落气体偏转向原恒星 (图 11.11). 实际上, 中心天体的质量继续以速率 $\dot{M}$ 增长, 只要这些流体迅速到达原恒星表面. 由于没有时间让物质在赤道平面上大量堆积, 所以这个时期的吸积盘是一个面密度非常低的结构. 注意, 通过激波后, 内落物质仍然有相对分子云转动轴的角动量. 一旦 ϖ_{cen} 增长到足够大, 最靠外的流体元就不再能穿透到 R_*, 吸积盘的性质发生根本性的变化.

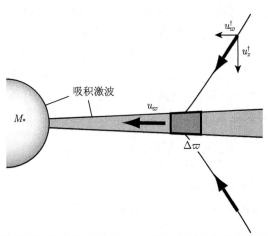

图 11.11 转动原恒星坍缩过程中的流线碰撞. 任意流内落流体元的速度包含垂直和水平分量. 吸积盘中的流体元通过外部气流的撞击获得一个水平速度 u_ϖ. 吸积激波现在覆盖了原恒星和吸积盘表面

11.3.2 演化方程

我们可以通过首先推导从上方和下方撞击吸积盘的气体流的性质来量化这些想法. 回到第 10 章中我们的转动内落模型, 我们设方程 (10.52) 中的 θ 等于 $\pi/2$, 得到任意轨迹着陆位置相对于吸积盘外边缘的位置:

$$\frac{\varpi}{\varpi_{\text{cen}}} = \sin^2 \theta_0. \tag{11.35}$$

方程 (10.53)、(10.55) 和 (10.56) 的类似处理得到吸积盘上方的三个速度分量, 而方程 (10.57) 给出密度. 转换到柱坐标系中, 我们得到

$$u_\varpi^\dagger = -\left(\frac{GM_*}{\varpi}\right)^{1/2} \tag{11.36a}$$

$$u_z^\dagger = -\left(\frac{GM_*}{\varpi}\right)^{1/2} \cos \theta_0 \tag{11.36b}$$

$$u_\phi^\dagger = +\left(\frac{GM_*}{\varpi}\right)^{1/2} \sin \theta_0 \tag{11.36c}$$

$$\rho^\dagger = -\frac{\dot{M}}{8\pi\varpi^2 u_\varpi^\dagger} \tan^2 \theta_0. \tag{11.36d}$$

这里, $\dagger$ 符号将内落量和吸积盘中的量区分开. 注意到, 由方程 (11.35) 和 (11.36c), $u_z^\dagger$ 随 ϖ 的增大而减小. 所以, 吸积激波随吸积盘扩张逐渐变弱.

我们接下来使用守恒定律推导吸积盘物质遵循的三个基本演化方程. 再次参考图 11.11, 我们首先注意到, 在单位时间内总质量 $-4\pi\varpi(\rho u_z)^\dagger \Delta\varpi$ 进入半径 ϖ、宽度 $\Delta\varpi$ 的小圆环. 如果 $\Sigma(\varpi)$ 表示吸积盘的面密度, 那么任意半径处朝向恒星的内部质量输运速率为 $\dot{M}_{\text{d}} \equiv -2\pi\varpi\Sigma u_\varpi$. 这个物理量通常是 ϖ 的函数, 任何 $\Delta\dot{M}_{\text{d}}$ 的变化都代表我们的圆环质量的微小增加. 因为圆环质量由 $2\pi\varpi\Sigma\Delta\varpi$ 给出, 所以我们发现质量连续性合适的表达式为

$$\frac{\partial\Sigma}{\partial t} + \frac{1}{\varpi}\frac{\partial(\varpi\Sigma u_\varpi)}{\partial\varpi} + 2(\rho u_z)^\dagger = 0, \tag{11.37}$$

其中我们再次略去了所有偏导数的下标.

我们可以用类似的方式推导控制径向和方位角方向动量的守恒律. 在前一种情形下, 一般要考虑来自原恒星和吸积盘本身的引力. 然而, 对于这个早期阶段, 可能会忽略盘的自引力. 回想一下, 内部压强梯度也可以放心地忽略. 经过一些操作后, 我们发现径向动量方程为

$$\frac{\partial u_\varpi}{\partial t} + u_\varpi \frac{\partial u_\varpi}{\partial\varpi} = \frac{j^2}{\varpi^2} - \frac{GM_*}{\varpi^2} - \frac{2(\rho u_z)^\dagger}{\Sigma}(u_\varpi^\dagger - u_\varpi) = 0. \tag{11.38}$$

右边第一项代表离心加速度, 它依赖于比角动量 $j \equiv \varpi u_\phi$. 右边最后一项是撞击的气体产生的单位质量的径向力. 内落也会在 ϕ 方向施加一个进入方位角方向动量守恒方程的等效力. 如果用 j 而不是用 u_ϕ 表示, 最后一个关系式为

$$\frac{\partial j}{\partial t} + u_\varpi \frac{\partial j}{\partial \varpi} = -\frac{2(\rho u_z)^\dagger}{\Sigma}(j^\dagger - j). \tag{11.39}$$

早期, 速度分量 u_ϖ 和 u_ϕ 的大小都是 V_{Kep} 的量级. 与 ϖ_{cen} 显著增长所需的时间相比, 流体元的内部穿越时间较短. 所以我们可以对推导的关系式使用稳态近似. 从方程 (11.37)~(11.39) 中丢掉所有的时间导数项, 这些方程变为三个因变量 Σ、u_ϖ 和 j 的常微分方程, 可以用标准技术求解.

11.3.3 内盘和外盘

基于稳态方程的数值求解, 图 11.12(a) 展示了在这个早期阶段吸积盘中的一些有代表性的流线. 这些流线追踪流体元向内的运动, 我们应该记住, 它们在不断地从内落包层得到质量. 内落的轴对称性表明, 任意一条曲线都可以绕原点旋转产生其他所有曲线. 也注意到整个螺旋图案以 t^3 扩张, 反映了 ϖ_{cen} 和内落轨迹相似的扩张 (回忆图 10.18). 所以, 如图 11.12(b) 所示, 流线最终错过中心原恒星. 这个转变是吸积盘角动量积累不可避免的后果.

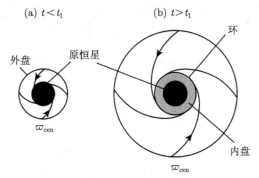

图 11.12 原恒星吸积盘的早期膨胀. (a) 在时刻 t_1 前, 来自外盘的弯曲流线直接撞击原恒星. (b) t_1 后, 这些流线收敛形成一个致密的环, 它向恒星周围的一个内盘输运物质. 在任何时候, 外盘边界都是不断增大的离心半径 ϖ_{cen}

图 11.12(b) 展示了每条流线如何与相切的圆 (即 u_ϖ 为零的半径) 内相邻的流线相撞. 数值积分给出这个半径为 $0.34\varpi_{\text{cen}}$. 所以, 流线交叉发生在时刻 t_1,

$$t_1 = (0.34)^{-1/3} t_0$$
$$= 1.43 t_0. \tag{11.40}$$

对于 $t \gtrsim t_1$, 吸积盘在紧靠原恒星表面之外含有高度耗散性的湍动区域. 一旦吸积盘膨胀得更大, 相切的圆内流体会弛豫到接近圆轨道, 即消除流线交叉并使能量耗散最小化的位形. 因此, 这个内盘被一圈环形湍动气体与低能量的外区分离开来. 图 11.12(b) 将这个环描绘为一个相对狭窄的区域, 尽管其实际宽度尚未确定. 所有三个成分——内盘、环和外盘——都持续以 t^3 膨胀.

在高密度的内盘中, u_ϕ 接近开普勒值 $(GM_*/\varpi)^{1/2}$. 然而, 这里的轨道不是精确的圆形. 我们还必须考虑分子云物质撞击产生的方位角方向的力, 如方程 (11.39) 所示. 方程 (11.36c) 表明, u_ϕ 在任意半径都小于开普勒速度. 因此, 内落对吸积盘施加阻力, 导致轨道向内旋进. 因为面密度现在比较高, 所以这个阻力相对较小, 螺旋线是紧紧缠绕的. 然而, $\dot{M}_{\rm d}$ 中的 Σ 和 u_ϖ 的乘积仍然重要, 即质量继续以占总内落速率的很大比例流过任意半径.

对内盘的数学分析使用同样的演化方程 (11.37)~(11.39). 因为有缓慢的径向漂移, 所以我们不能采用稳态近似. 然而, 方程 (11.38) 中右边前两项使方程中的其他项相形见绌, 所以我们对 $j \approx (GM_*\varpi)^{1/2}$ 有准确的估计. 把这个表达式代入方程 (11.39) 得到 u_ϖ 和 Σ 之间的代数关系. 于是我们可以仅用面密度写出偏微分方程 (11.37). $\Sigma(\varpi, t)$ 的实际求解需要在环的界面与外盘正确匹配.

图 11.13 同样由详细的积分得到, 展示了盘内质量输运速率的变化. 注意到这里的径向坐标实际上是 $\varpi/\varpi_{\rm cen}$, $\dot{M}_{\rm d}$ 展示为内落速率 $\dot{M}$ 的函数. 在任何时候, $\varpi/\varpi_{\rm cen}$ 从某个有限值增大到盘边缘处的 1. 这个比值最靠内的值随 $\varpi_{\rm cen}$ 的增大稳步下降. 所以, 这幅图对于追踪边缘处的质量输运速率的时间演化也是用的.

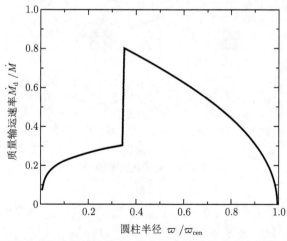

图 11.13   原恒星吸积盘中的质量输运速率. 这个速率展示为来自内落分子云的总 $\dot{M}$ 的函数. 自变量是与原点的距离, 以扩张的离心半径 $\varpi_{\rm cen}$ 度量

在 $t = t_0$, ϖ 等于 ϖ_{cen}(它等于 R_*), $\dot{M}_{\mathrm{d}}$ 为零. 所以, 当扩张的吸积盘包含了更多内落气体 (对恒星的直接撞击减少) 时, 内盘边缘的 $\dot{M}_{\mathrm{d}}$ 单调增大. $\dot{M}_{\mathrm{d}}$ 在时刻 t_1 急剧下降, 反映了湍流环的突然出现. 这个环具有不断增大的质量, 所以在 $t > t_1$, $\dot{M}_{\mathrm{d}}$ 在空间上是不连续的. 在更晚的时候, 向着原恒星表面的质量输运速率稳步下降. 现在, 内落导致的阻力太小, 不足以影响内盘, 其质量几乎以速率 $\dot{M}$ 随时间线性增大. 同时, 原恒星的质量只是缓慢上升, 因为几乎所有内落轨迹都落在 R_* 之外.

11.3.4 内部扭转

$t > t_1$ 时吸积盘质量 M_{d} 的稳定增长导致了一个严重问题. 如果这种上升势头不减, 那么 M_{d} 将很快超过 M_*. 然而, 观测到的主序前恒星的吸积盘质量总是相对较小, 典型值为恒星质量的百分之几. 刚刚概述的理论清楚地表明, 恒星-吸积盘系统中如此极端的物质中心聚集并不仅仅是引力坍缩的结果, 引力坍缩本身总是使质量分散得更均匀. 这个困境是角动量问题的一个表现, 角动量问题和磁通量问题一样贯穿了整个恒星形成理论. 在这两种情况下, 简单地应用守恒定律会导致与观测完全不同的结果.

为了避免快速形成大质量吸积盘, 必须有一些比内落物质阻力更强的过程使得物质可以持续旋进到原恒星上. 如图 11.14, 考虑时刻 t 的两个相邻圆环, 其中内环的比角动量为 j_1, 外环为 j_2 (这里, j_1 必须比 j_2 小才能使吸积盘是转动稳定的, 回忆 9.2 节). 在随后的时间间隔 Δt 中, 内环只有在其比角动量减小时才会收缩, 比如 $j_1 - \Delta j$. 发生这种角动量减小的一种途径是具有低角动量的物质混入这个区域. 如我们所看到的, 内落提供了这些物质, j_1 的减小是这些物质的阻力造成的. 而 j_1 的减小在这个环对相邻的环施加力矩, 使 j_2 增长到更大的值 $j_2 + \Delta j$ 时也会发生. 当内环收缩时, 外环的半径随之增大. 因此, 当撞击物质的阻力减小后, 进一步的质量内流通常伴随着角动量向外流动以及同时发生的吸积盘扩张.

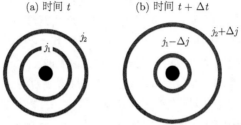

图 11.14 拱星盘中的扭转. 在时间间隔 Δt 内, 一个内环将角动量转移到一个外环. 所以第一个环收缩, 而第二个膨胀

　　实现这种内部扭转最简单方法是通过某种摩擦. 再次参考图 11.14, 我们注意到内环具有较高的转动速度, 虽然它的比角动量较低. 因此, 任何剪切黏度的存在都确实会导致该圆环如所要求的那样扭转其相邻圆环. 这个想法简洁而优雅, 定量模型证实了向内的质量流是容易实现的, 其速率正比于假设的黏度. 那么, 这种内摩擦的物理来源是什么?

　　即使经过了数十年的深入研究, 这个问题仍然没有被普遍接受的答案, 无论是在恒星形成还是其他明显盘状天体的研究中, 比如星系核中的吸积. 就我们当前的目的而言, 可以从积累的经验中学到两件事. 首先, 孤立的吸积盘没有明显的扩张或向中心天体输运物质的倾向. 注意词语孤立的. 举个例子, 双星系统中的吸积盘确实有助于从一颗星向其伴星输运物质. 第二件事是, 将内部扭矩描述为等效黏度可能是不合适的. 特别是, 没有令人信服的理由解释为什么扭矩应该正比于方位角速度的局域梯度.[①] 当然, 原恒星吸积盘不是孤立的, 而是不断从母分子云中获得物质. 因此, 抛开黏性类比的思想负担, 探索质量积累本身如何促进内部扭转是明智的.

11.3.5　引力不稳定性

　　让我们回到增长的原恒星吸积盘的演化图景. 我们首先提出技术性的观点, M_d 的任何可观的增长都会使得我们之前的一个基本假设失效. 我们已经把流体元上的引力看作仅仅来自原恒星, 这个近似明显不成立. 在某种程度上, 修正足够简单. 对于内盘的任意面密度分布, 我们可以对所有圆环进行积分得到固定半径处的额外力. 然而, 更深层次的问题是动力学问题. 一旦吸积盘自身的质量提供了显著的束缚力, 整个结构就有可能变得引力不稳定. 事实上, 这种情况是不可避免的, 因为我们的假设是, 来自分子云的角动量和质量供应是无限的. 这种不稳定性必然会对后续的演化产生深远的影响, 当然也会对质量输运问题产生影响. 但是, 当前对这个阶段的吸积盘的理解还远远没有完善.

　　在深入研究主要问题之前, 让我们更仔细地研究不稳定性起初是怎么产生的. 回顾我们在第 9 章中对磁化平衡态的分析, 特别是 9.4 节中对高度扁平位形的讨论. 像以前一样, 考虑大得多的原恒星盘中的一个面密度 Σ_0、半径 ϖ_0 的盘状流体元 (图 11.15). 如果我们挤压这个小流体元使得其半径缩小一个比例 ϵ, 那么单位质量的额外引力为 $F_\mathrm{G} \approx \epsilon G \Sigma_0$. 现在, 角动量守恒 (而不是磁通量守恒) 表明, 角速度从初始值 Ω_0 增加一个比例 ϵ. 所以额外的离心力为 $F_\mathrm{R} \approx \epsilon \varpi_0 \Omega_0^2$. 最后, 对盘高度积分后的热压强的增量大约为 $\epsilon \Sigma_0 a_\mathrm{s}^2$, 其中 a_s 是内部声速, 计算假设了压缩是绝热的. 所以, 相应的向外的力的增量为 $F_\mathrm{P} \approx \epsilon a_\mathrm{s}^2 / \varpi_0$.

---

　　① 然而, 文献中仍然充斥着 "α 盘" 模型. 这里 α 是度量黏滞强度的一个无量纲参量. 传统的做法是专门指定这个参数, 然后追踪吸积盘的演化.

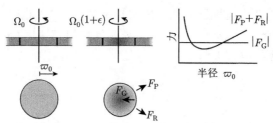

图 11.15 转动吸积盘的引力稳定性. 初始半径 ϖ_0 的内部小流体元收缩并自转加速, 从而产生额外的引力、压强和转动力. 在所示的情形下, 对于有限范围的 ϖ_0 值, 引力超过了压强和转动力的总和. 所以母吸积盘是不稳定的

因此, 压缩吸积盘产生的总斥力为

$$F_R + F_P \approx \epsilon\varpi_0\Omega_0^2 + \frac{\epsilon a_s^2}{\varpi_0},$$

而引力增量 F_G 不依赖于 ϖ_0. 对于固定的 a_s 和 Ω_0, $F_R + F_P$ 在小 ϖ_0 和大 ϖ_0 都发散. 所以这个和有一个极小值, $2\epsilon a_s\Omega_0$. 如果这个力的极小值小于 F_G, 则存在一个有限的 ϖ_0 范围, 引力是主导的, 更大的吸积盘是不稳定的, 这个情形如图 11.15 所示. 相反, 如果斥力在所有 ϖ_0 都更大, 则吸积盘是稳定的. 这在 $\epsilon G\Sigma_0 < 2\epsilon a_s\Omega_0$, 即 $2\Omega_0 a_s/G\Sigma_0 > 1$ 时发生. 对吸积盘仔细的扰动分析大致会得到同样的结果. 丢掉所有的下标后, 更精确的判据是

$$Q \equiv \frac{\kappa a_s}{\pi G\Sigma} > 1, \quad \text{对于稳定情形.} \tag{11.41}$$

这里 Q 是 Toomre Q 参量. 如果 $\Omega(\varpi)$ 是作为圆柱半径函数的转动速率, 那么方程 (11.41) 右边的物理量 κ 通过这个式子定义:

$$\kappa^2 \equiv \frac{1}{\varpi^3}\frac{d(\varpi^4\Omega^2)}{d\varpi}, \tag{11.42}$$

κ 被称为本轮频率 (epicyclic frequency).[①]读者可以验证, 如果 Ω 随半径的下降接近开普勒轨道的 $\varpi^{-3/2}$, 那么 κ 会靠近 Ω.

这个稳定性判据和控制恒星中对流的判据类似, 是局域的, 因为 Q 是任意特定吸积盘中半径的函数. 在对应于图 11.4 的模型中, 这个参数实际的变化范围并不非常宽, 因为 κ、Σ 和 a_s 都以差不多的速率向外减小. 这里, a_s 的减小反映了两个加热方式——原恒星流量和表面激波在较大距离处减弱. 一般来说, 我们早期的 Q 在任何地方都足够高, 这样相对热和小的吸积盘无疑是稳定的. 随后的冷却和扩张最终导致这个参数在某个内半径处降低到 1 以下.

---

① 物理上, κ 代表稍微偏离圆轨道的流体元的小振动频率. 这个术语参考了托勒密宇宙形成论. 在现代天体物理中, κ 在星系结构理论中起到了基础性的作用. Toomre 的判据, 方程 (11.41) 首先在此情形中推导出来.

这个过渡时期吸积盘性质的细节仍然不清楚, 但可以粗略估计. 为了得到质量, 我们首先令 $\Omega \approx V_{\mathrm{Kep}}/\varpi$, 其中 V_{Kep} 还是局域轨道速度. 进一步将 Σ 近似为 M_{d}/ϖ^2, 我们发现当 $Q \approx 1$ 时,

$$\frac{M_{\mathrm{d}}}{M_*} \approx \frac{a_{\mathrm{s}}}{V_{\mathrm{Kep}}}. \tag{11.43}$$

但由方程 (11.34), 右边是吸积盘相对厚度的度量, 我们已经知道它很小. 因此, 该结构在小于 M_* 的质量开始达到自引力阶段, 目前的计算表明大约 10% 的部分处于自引力状态. $t > t_{\mathrm{q}}$ 时 M_{d} 和 ϖ_{cen} 的快速增长表明 ϖ_{cen} 在转变发生时不会远超过 R_*, 肯定不会超过一个量级. 但是主序前恒星的吸积盘被认为大约有 100 AU 或 $10^4 R_*$. 因此, 当恒星在光学波段被探测到时, 吸积盘的外半径一定已经扩张到很大了. 同时, 吸积盘总质量要么略有上升, 要么下降.

11.3.6　螺旋波

当 Q 第一次减小到接近 1 的位置, 密度的任何瞬时上升都不再被压强和转动力抑制, 而是快速增长. 初期的团块是较差转动剪切出来的, 而不是从背景中分离出来的. 在几个轨道周期内, 被剪切的气流重新组成连贯的螺旋波图案. 这种波, 无论是产生在星系中还是在原恒星盘中, 都是自引力和转动的自然产物.

图 11.16 展示了一个特别的数值模拟中这个引人注意的波形成过程. 这里, 中心恒星的质量为 $0.60 M_\odot$, 而盘的质量为 $0.40 M_\odot$. 外边缘被牢牢固定在 230 AU,

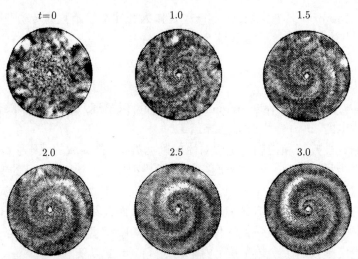

图 11.16　原恒星吸积盘中双臂螺旋波的发展, 展示了 6 个有代表性的时刻. 灰度表示了扰动的面密度值. 初始的随机扰动快速组织为连贯的扩张的波模式

并且这个边界吸收任何撞击它的流体元. a_s 和 Σ 的初始分布使得 Q 在 1 和 3 之间变化, 最小值产生在 80 AU 附近.[①]注意到所展示的时间单位是 $T \equiv 480$ yr, 大约是吸积盘边缘轨道周期的一半. 但在 $t = 3T$ 产生了强的双臂螺旋波并向外运动, 一直以固定的图样速度 (pattern speed) 转动. 这个波随后在边缘被吸收, 但另一个波在内部深处重新产生. 在总的 $10T$ 时间内, 会出现几个不稳定循环.

从我们的角度来看, 螺旋波最有趣的方面是它们输运角动量的能力. 注意到, 任意非轴对称密度扰动都会产生内力矩. 这些力矩的空间分布在 "宏观" 螺旋波中尤其平滑. 在这里展示的例子中, 角动量的净流动是向外的, 而内部的环确实向中心恒星迁移. 图 11.17 通过展示半径 ϖ 内的总质量 $M(\varpi)$ 的分布说明了这种移动. 注意 $M(\varpi)$ 在计算的末尾是如何向中心增大的.

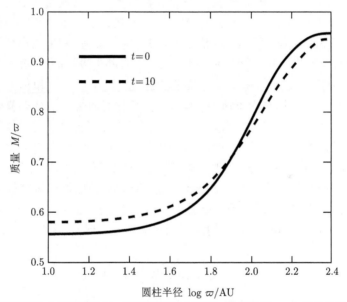

图 11.17　原恒星盘中的质量输运. 在所示的两个时刻, 圆柱半径 ϖ 内包含的质量画成了 ϖ 的函数. 这个质量被标度为任意的固定值

这些结果支持了这样的想法, "引力力矩" 可以同时在吸积盘 (或许在 ϖ_{cen} 之外) 传播并将内落物质输运到原恒星上. 当然, 这些力矩可能比内落产生的力矩大得多. 然而, 我们对演化还远没有一个完整的甚至自洽解释. 图 11.15 所示的模拟完全忽略了内落并假设吸积盘半径和需要解释的半径大小相同. 引力力矩真的能使一个小得多的初始吸积盘扩张所需的量么? 具体来说, 螺旋波会导致角动量

[①] 方程 (11.41) 中的稳定性判据实际上与轴对称 (环状) 扰动有关. 在 Q 稍高时, 吸积盘变得对非轴对称扰动不稳定.

持续向外流动么? 波真的会消散并周期性地再生, 还是这种循环是所选的背景状态和边界条件造成的人为效应? 注意, Q 值低得多的吸积盘会产生很强的螺旋波, 这些吸积盘会分裂成自引力的小块. 什么物理效应保证了 Q 真的会接近 1, 如这里所隐含假设的?

从实际的角度看, 回答这些问题的一个障碍是, 数值模拟只能追踪少量的轨道周期. 回忆一下, 在 0.1 AU 绕 $0.3M_\odot$ 恒星的周期仅有 21 天. 这是自引力阶段恒星的典型值. 然而, 原恒星内落持续 10^5 yr. 动力学时标和长期时标之间的巨大差异使得无法对整个演化过程进行直接数值模拟. 另一种方法是对多个轨道取平均, 集中关注螺旋波振幅相对缓慢的变化. 最后, 我们回到原恒星本身. 即使引力力矩确实能够在很大的面积上重新分配吸积盘质量, 我们也仍然必须理解这些物质是怎么跑到恒星表面的. 气体的快速旋转需要一个高效的制动机制和能量的汇, 使得持续的吸积可以进行. 这里, 图景里可能包含了恒星磁场的扭曲和磁流体动力学风的产生 (第 13 章). 我们也将在第 17 章中看到, 和星风耦合的最靠内的吸积盘如何容易产生团块和湍流运动, 这些可能有助于吸积的过程.

最后, 我们可能会问, 一个部分从吸积盘吸积的中心天体和早先考虑的球对称模型有什么不同? 答案尚不清楚, 但原恒星演化对质量增加速率肯定比对内落的空间分布细节更敏感. 第 17 章将给出证据表明, 较老的主序前恒星周围的吸积盘内边缘处于几倍恒星半径处. 吸积盘物质可以沿磁通量管向内流动穿过这个间隙. 如果原恒星也以这种方式收到质量, 那么总的 $\dot{M}_d$ 被分配到表面上离散的 "热点". 在这种情形下, 吸积盘的辐射流量有强的局域峰值, 但面积分的光度 L_{acc} 仍然和球对称模型相同. 表面下的比熵至少近似地也是如此. 和以前一样, 随着恒星质量增加, 这种熵也会增大, 我们的演化图景应该基本保持不变.

11.4 更大质量的原恒星

由于形成小质量原恒星的吸积率与母分子云的吸积率匹配, 这些分子云在坍缩前是临界稳定的, 主要是热支撑的, 内部温度是 10~20 K. 我们把这些结构证认为研究得很好的致密云核. 当我们试图将理论扩展到更大质量, 观测的情况会变得更加模糊. 这些恒星来自相似分子云的坍缩, 还是来自和致密云核类似的大质量天体? 射电巡天确实在类似仙王座和猎户座区域 (已经知道它们在形成大质量恒星) 系统性地发现了更大更温暖的分子云碎块. 这些分子云实体中的一些包含了整个红外星团, 而其他一些看起来没有恒星, 但它们都有相对大的非热分子谱线线宽. 第一类中含有更大比例的高密度气体 ($n \gtrsim 10^5$ cm^{-3}), 但其中一些压缩来自星风引起的激波. 此外, 不清楚较高的速度弥散在多大程度上仅仅反映了空间上没有分辨出来的相对运动的子结构的混合. 在仙王座恒星形成区的情形, 730

pc 的距离确实严重限制了分辨率. 猎户座 A 和 B 中发现的大质量云核不可能轻易消失. 无论什么样的子结构都应该在不久的将来被揭示出来.

目前, 我们对大质量原恒星的理论探讨必须保留这种基本的不确定性. 我们将尝试假设我们发展的包含了一个范围 $\dot{M}$ 值的坍缩图景适用于所有恒星质量, 并让观测结果来评判这个假设什么时候失效. 在这里和第 18 章中, 我们将看到所得到的模型在很大程度上成功地解释了中等质量天体, 即那些大约 $(2{\sim}10)\,M_\odot$ 的天体. 我们还将看到, 对于 O 型星来说, 公认的理想化球对称坍缩确实是站不住脚的, 因为它们的光度异常大. 最后, 第 12 章重温了星团的话题并探索了它们在最大质量恒星的形成中可能的作用.

11.4.1 回到辐射稳定性

然后我们继续通过求解四个恒星结构方程来构建演化模型, 把 $\dot{M}(t)$ 看作一个可以自由指定的函数. 如果我们限定在和以前一样的吸积率范围, 我们发现在发生重要的变化之前, M_* 不能增加到远超过 $1M_\odot$. 氘燃烧导致的完全对流的原恒星内部现在又恢复到辐射稳定状态. 这是因为平均不透明度下降, 使得内部光度更容易达到表面. 如果原恒星继续获得质量, 它将保持辐射稳定, 直到最终开始普通氢的核聚变.

为了定量解释为什么对流一定会停止, 我们再次使用方程 (11.29) 中的光度 L_{crit}. 这个物理量在任意给定恒星中都有空间变化, 但衡量其整体大小如何随恒星质量和半径变化是有用的. 因此, 我们将方程 (11.29) 分子中的 M_r 替换成总质量 M_* 并注意到, 由方程 (11.2a), 内部平均温度应该正比于 $M_*R_*^{-1}$. 本着同样的精神, 我们将 $(\partial T/\partial P)_s$ 设为等于 T/P. 根据方程 (11.15), 压强本身以 $M_*^2R_*^{-4}$ 变化. 最后, 在相关的密度和温度范围内, 不透明度 κ 正比于 $\rho T^{-7/2}$ (见附录 G). 将 ρ 替换为 $M_*R_*^{-3}$ 后, 我们将这些结果结合起来发现 L_{crit} 正比于 $M_*^{11/2}R_*^{-1/2}$. 对质量的敏感依赖很大程度上反映了克莱默定律的不透明度对温度的敏感性.

这里的教训是, 在原恒星吸积过程中, 平均的 L_{crit} 增加太快, 它最终超过了实际的内部光度. 此时, 对流消失了. 真实的光度大部分源自氘聚变, 其峰值正比于 $\dot{M}$(回忆方程 (11.30)). 我们看到, 转换质量的值对吸积率不敏感. 对于感兴趣的 $\dot{M}$ 值, 这个质量降到接近 $2M_\odot$.

图 11.18 更详细地展示了这种变化是如何发生的. 这里, 数值计算使用了固定的吸积率 $1 \times 10^{-5}M_\odot\ \mathrm{yr}^{-1}$. 代表 $L_{\mathrm{crit}}(M_r)$ 的虚线在所示的 M_* 值范围内随 M_* 快速增大. 同时, 真实的内部光度 (实线) 几乎没有变化. 在这个特定的序列中, $L_{\mathrm{crit}}(M_r)$ 在 M_* 达到 $2.38M_\odot$ 时和 $L_{\mathrm{int}}(M_r)$ 相交. 两条曲线实际在 $M_r = 1.70M_\odot$ 接触. 就在图中竖向箭头所示的那个质量壳层, L_{int} 下降到 L_{crit} 以下, 满足史瓦西判据. 此时出现了一个辐射壁垒, 它将很快改变原恒星的热结构.

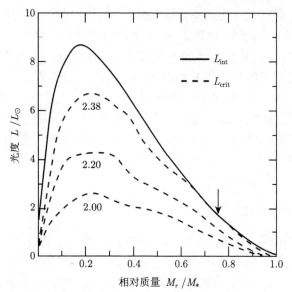

图 11.18   原恒星中对流的结束. 临界光度 (虚线) 的分布逐渐接近真实的内部光度 (实线). 和每个临界光度分布相伴的数字是以太阳质量为单位的原恒星质量. 自变量是相对于原恒星总质量的内部质量. 短的竖向箭头表示辐射壁垒刚刚消失的地方

11.4.2   氚壳层燃烧

图 11.18 中 $1.70 M_\odot$ 附近的稳定区域构成了一个壁垒, 因为它阻止新吸积的氚通过与对流相关的湍流输运到达中心. 我们回忆一下, 对流本身是由核聚变驱动的. 一旦建立起壁垒, 内部剩余的氚快速消耗, 内部的对流会消失. 再次回到图 11.18, $L_{\mathrm{int}}(M_r)$ 的峰值降低, 直到光度分布在 $1.70 M_\odot$ 以内都降低 $L_{\mathrm{crit}}(M_r)$ 以下.

只要分子云坍缩和内落持续, 氚就在最初的辐射壁垒外形成厚厚的幔. 原恒星的中心温度随时间缓慢而稳定地上升. 随着内部核燃料的耗尽, 开始于较小质量处的 R_* 增加实际上停止了. 所以, 比值 M_*/R_* 增长得比以前快, 温度增长加速了. 很快, 氚组成的幔的底部也达到了 10^6 K. 燃料点燃并产生到达表面的对流. 新鲜的氚再一次通过内落到达并快速流到燃烧层. 图 11.19 展示了这个氚壳层燃烧的开始, 反映在内部光度的变化中. 这里我们看到 L_{int} 峰值的快速增大, 它再次接近方程 (11.30) 给出的稳态值.

图 11.20 形象地总结了原恒星中的氚聚变阶段. 活跃燃烧的位置从耗尽的中心区域转移到上面的壳层让人想起主序后演化中的氢聚变. 在这两种情形下, 壳层源的建立都伴随着重大的结构变化. 这里, 热量的注入提高了外层的比熵, 原恒星急剧膨胀. 这种增加在图 11.21 中很明显. 这幅图把原恒星半径画成了质量的

函数. 第一个空心圆圈还是表示完全对流的开始, 而第二个圆圈表示辐射壁垒的出现. 在这幅透视图中, 我们注意到中心氦燃烧导致的 $R_*(M_*)$ 的第一次上升如何占据了相对狭窄的质量范围. 然而, 对初始质量函数的了解告诉我们, 大多数原恒星实际上都在这个区间, 而只有一小部分因为壳层燃烧产生了第二次膨胀.

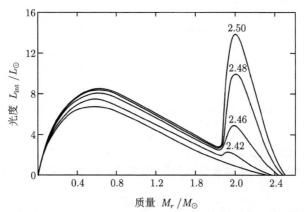

图 11.19　氦壳层燃烧的开始. 对所示以太阳质量为单位的原恒星总质量画出了以光度作为内部质量的函数关系. 最低的分布对应 $2.38 M_\odot$, 在这个原恒星质量辐射壁垒首次出现

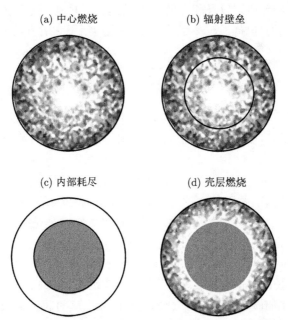

图 11.20　原恒星中氦燃烧的四个阶段. 活跃燃烧从中心开始, 一直持续到出现辐射壁垒. 整颗原恒星是辐射稳定的, 其内部的氦被耗尽. 随后燃料在一个厚的壳层中重新点燃, 在最外的区域产生对流

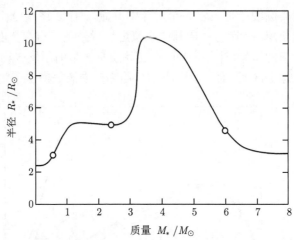

图 11.21　吸积率 $1 \times 10^5 M_\odot \ \mathrm{yr}^{-1}$ 的球对称原恒星中的质量-半径关系. 三个空心圆圈标注了完全对流的开始、辐射壁垒的出现和氢聚变导致的第二次中心对流的开始

11.4.3　收缩和氢点火

如果我们继续给原恒星增加质量, 对流和膨胀都会逐渐消失. L_crit 不可阻挡的上升推动了活跃燃烧层以及相关的对流区向表面移动. 现在这颗恒星几乎是完全辐射稳定的, 我们推导的 L_crit 的比例关系也适用于它的真实光度. 对恒星内部平均, 发现

$$\langle L_\mathrm{int} \rangle \approx 1 L_\odot \left(\frac{M_*}{1 M_\odot} \right)^{11/2} \left(\frac{R_*}{1 R_\odot} \right)^{-1/2}. \tag{11.44}$$

我们强调, 这个近似 (且非常有用的) 关系对于任何辐射恒星都是正确的, 无论其处于什么演化阶段. 实际上, 我们可以从太阳的大部分是对流稳定的这个事实给出数值系数.

方程 (11.44) 表明, 原恒星的内部光度很快超过了稳态壳层燃烧产生的光度. 对于 $M_* \gtrsim 3 M_\odot$, 内部的贡献达到 $100 L_\odot$ 的几倍, 超过 L_acc. 在 $(5 \sim 6) \ M_\odot$ 内, 光度超过了 $10^3 L_\odot$. 什么原因导致了这个显著的增大? 答案是整个内部的引力收缩. 这个能源在最早的时候就已经存在了, 但直到中心氘燃烧停止后才真正发挥作用. 从这时开始, 自引力的影响不断增大, 直到变得最为重要. 图 11.21 展示了壳层燃烧导致的巨大膨胀也很快被扭转, 恒星开始快速地整体收缩.

考虑这一时期恒星的观测和演化状态. 持续内落的假设意味着这个变亮的天体在光学波段被它的尘埃包层遮蔽. 当然, 这对它的小质量对应体也是如此. 然而, 光度大部分来自内部引力收缩这个事实违反了之前提出的 "原恒星" 的定义. 另一方面, 恒星肯定不在主序前阶段, 那时任何质量增加都以比恒星收缩慢得多的速率发生. 我们将继续把我们感兴趣的天体称为"中等质量原恒星", 同时认识到它们相当独特的混合的性质.

重要的是认识到吸积恒星并没有进入终结了首次云核的那种动力学坍缩状态. 吸积激波内部的速度保持亚声速, 因为重力缓慢挤压这个位形对抗热压. 所以 R_* 显著减小的时标远远长于 $t_{\rm ff}$, 由辐射损失的大小确定. (回忆第 1 章中 $t_{\rm KH}$ 的定义.) 我们将在第 16 章研究主序前演化时更仔细地研究这种准静态收缩. 目前, 我们仅注意到这个过程的两个一般特征. 首先, 平均值大致由方程 (11.44) 给出的内部光度现在单调地向外增大. 图 11.9 和图 11.19 中所示的 $L_{\rm int}(M_r)$ 的局部极大值已经消失, 内部深处的比熵随时间减小. 其次, R_* 的减小意味着内部温度更快地上升. 一旦中心值 $T_{\rm c}$ 超过 1×10^7 K, 原恒星就开始聚合普通的氢.

从四个氢原子形成 ^{4}He 释放了足够的能量 ($\Delta E = 26.7$ MeV) 来阻止恒星收缩. 至此, 读者可能会问为什么这个反应只在 10^7 K 开始, 而先前氘核质子的聚变发生在低得多的温度. 答案是 ^{4}He 的产生需要四个质子中的两个变为中子. 这种转变涉及弱相互作用. 因此, 粒子动能必须更高才能使聚变以显著的速率发生.

原恒星的氢燃烧在总质量达到大约 $5M_\odot$ 时开始. 最初, 质子对开始结合:

$$^1{\rm H} + {}^1{\rm H} \longrightarrow {}^2{\rm H} + {\rm e}^+ + \nu. \tag{11.45}$$

发射的正电子和周围的电子湮灭, 而中微子逃离恒星. 这里产生的氘几乎立即以方程 (11.26) 给出的快得多的反应和另一个质子聚合形成 ^{3}He. 随后 ^{3}He 到 ^{4}He 的转变沿许多不同路径进行, 统称为 pp 链 (见第 16 章). 所有这些反应同时进行. 然而, 收缩的原恒星中的温度变得太高, 一种不同的聚变模式很快就占据了主导地位. 较重的原子核开始持续增加质子直到它们最终衰变, 发出 α 粒子 (^{4}He 核). 这个过程被称为 CNO 双循环. 如我们后面将看到的, 这是早型主序恒星中主导的反应网络.

在刚刚开始氢聚变的原恒星中, 整个反应网络只有一部分是活跃的. CN 循环包含这些反应

$$
\begin{aligned}
^{13}{\rm C} + {}^1{\rm H} &\longrightarrow {}^{14}{\rm N} + \gamma \\
^{14}{\rm N} + {}^1{\rm H} &\longrightarrow {}^{15}{\rm O} + \gamma \\
^{15}{\rm O} &\longrightarrow {}^{15}{\rm N} + {\rm e}^+ + \nu \\
^{15}{\rm N} + {}^1{\rm H} &\longrightarrow {}^{12}{\rm C} + \alpha \\
^{12}{\rm C} + {}^1{\rm H} &\longrightarrow {}^{13}{\rm N} + \gamma \\
^{13}{\rm N} &\longrightarrow {}^{13}{\rm C} + {\rm e}^+ + \nu,
\end{aligned}
\tag{11.46}
$$

如图 11.22 所示. 如图所示, 反应序列确实形成了一个闭环. ^{13}C(或任何其他所涉

及的重原子核) 仅仅起到催化剂的作用, 在每个循环的末尾重新产生. 整个过程消耗四个质子产生一个 ^{4}Hc 核. 所以, 净的反应是

$$4{}^1\mathrm{H} \longrightarrow {}^4\mathrm{He} + 2e^+ + 2\nu, \tag{11.47}$$

能量和 pp 链一样, 是 26.7 MeV.

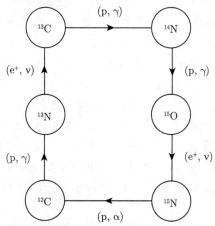

图 11.22 氢聚变的 CN 循环. 所示反应对应于文中的方程 (11.46). 然而, 注意到质子现在写为 p 而不是 ^{1}H, 并且我们采用了简洁的记号表示入射和终态的粒子、光子

　　当原恒星质量为 $6M_\odot$, 中心温度达到 2×10^7 K 时, CN 循环主导. 从图 11.21 可以清楚地看到, 收缩在此时开始放缓. 而方程 (11.44) 仍然控制着总的内部光度, 核燃烧贡献的增长以引力收缩为代价. 中心附近的比熵开始增大, 就像第一次氘点火之后一样. 很快, 熵的分布反转, 出现一个中心对流区. 这个事件在图 11.21 中用第三个空心圆圈标记. 对于接近 $8M_\odot$ 的原恒星质量, 当收缩真正停止时, 这个区域延伸到 $M_r = 1.3M_\odot$. 这个天体现在被更准确地描述为一颗正在吸积的主序恒星. 内落对总光度 $3.5\times10^3 L_\odot$ 仅有微小的贡献, 并继续遮挡发出的光学和紫外光子.

　　到目前为止, 我们引用的数值结果都是用固定的吸积率 $1\times10^{-5}M_\odot$ yr^{-1} 得到的. 观察改变这个吸积率产生的结果是有益的. 例如, 假设我们将 $\dot{M}$ 降低到 1/10. 恒星外的吸积光度现在减小了, 并且内部产生的热量有更多的时间逃逸. 所以, 对于任何恒星质量, 半径都比以前小. 结果比例 M_*/R_* 和内部温度都更高. 所以, 原恒星在接近 $4M_\odot$ 的质量开始主序氢聚变. 较低吸积率的结果从经验上排除了这一点, 至少作为普遍的假设排除了这一点. 经过深入研究的赫比格 Ae/Be 星的质量通常超过 $4M_\odot$. 这些天体一定是起源于尚未收缩和氢点火的原恒星 (第 18 章).

相反, 将 $\dot{M}$ 提高到 $1 \times 10^{-4} M_\odot$ yr^{-1} 会导致演化序列中每个质量处的半径更大、内部温度更低. 特别地, 进入主序被推迟到 $15 M_\odot$. 这个情形很难立即反驳, 但可能也是不真实的. 方程 (10.31) 告诉我们, 增大的 $\dot{M}$ 对应于超过 100 K 的坍缩前分子云温度. 这样的温度远远超过孤立致密云核中的温度, 但在暴露于附近的 (或内埋的)O 型星和 B 型星下的分子云碎块中通常可以看到. 然而, 没有证据表明 Ae/Be 恒星仅在早期产生了更大质量天体的区域中出现. 总之, 我们所采用的吸积率的数量级是合理的, 尽管预期它有一个取值范围以及随时间的变化.

11.4.4 辐射压的效应

一个更棘手的问题是原恒星辐射对内落包层的力学效应. 气体和尘埃的加热产生了一种压强, 我们至今都忽略掉了. 随着恒星获得质量和光度快速增加, 我们再也无法承受这种简化. 事实上, 这个新的压强变得太大, 它一定会改变坍缩的模式. 找到新的模式是困难的 (并且是没有完成的), 但我们至少可以猜测一下这种变化的方向.

首先我们应该更精确地了解辐射阻碍气流的方式. 我们已经看到尘埃包层中的温度向着原恒星急剧上升. 这里, 尘埃颗粒在红外波段大量发射, 但这些光子很快就被吸收了. 吸收光子动量的尘埃颗粒通过与气相的原子或分子的碰撞而迅速转移这些动量. 因此, 辐射和气体基本上构成了单一流体的两种成分, 各自施加分压. 光子的贡献是相应能量密度的 1/3, 就像任何相对论性粒子的气体一样. 使用方程 (2.37) 的 u_{rad} 公式, 我们发现辐射压为

$$P_{\text{rad}} = \frac{1}{3} a T^4. \tag{11.48}$$

P_{rad} 和普通气体的压强都随温度的升高而增大, 但 P_{rad} 在靠近尘埃破坏波前处主导.

作为一阶近似, 假设我们继续忽略气体压强. 于是单位体积的阻力为 $-\partial P_{\text{rad}} / \partial r$. 尘埃包层中的辐射转移由扩散方程控制. 将方程 (G.7) 的自变量从 z 换成 r, 我们看到辐射力还是 $\rho \kappa F_{\text{rad}}/c$. 这个结果很直观, 因为不透明度 κ 代表了物质对光子流 (每个光子携带动量 $h\nu/c$) 的有效截面. 一旦 $\rho \kappa F_{\text{rad}}/c$ 变得和单位体积的引力相当, 内落的延迟就开始了. 因为单位体积的引力是 $-\rho G M_* / r^2$, 并且因为 F_{rad} 可以写成 $L_* / 4\pi r^2$, 这个条件变为

$$\frac{L_*}{M_*} = \frac{4\pi c G}{\kappa}$$
$$\approx 1 \times 10^3 \frac{L_\odot}{M_\odot}. \tag{11.49}$$

计算方程右边的数值需要不透明度, 它依赖于特征辐射温度. 注意到这个阻力

在尘埃破坏波前外最大, 我们使用了大约 1500 K 的尘埃升华温度. 这里, $\kappa \approx$ 10 cm$^2 \cdot$ g^{-1}, 如近红外波段的标准星际消光曲线所示. 尘埃颗粒组成合理的变化可以在两个方向使这个值变化一个 3 的因子.

即使存在这种不确定性, 方程 (11.49) 的数值形式也证实了辐射压强对于小质量原恒星并不重要. 实际上, L_*/M_* 的值足够高, 这颗恒星一定是正在经历主序氢燃烧的恒星. 参考表 1.1, 临界的比值出现在质量 $11M_\odot$ 附近. 因此, 对于大多数中等质量原恒星来说, 吸积在很大程度上不受阻碍, 但对于更大质量的中心天体, 吸积会受到显著影响.

对坍缩球的数值模拟证实了这一发现. 这里可以通过 11.1 节描述的迭代程序自洽地确定包层内的温度分布和辐射强度. 由于这个任务计算量大, 人们被迫通过球对称假设来简化流体动力学. 这些计算也将原恒星本身理想化为一个点光源. 在早期, 光度主要源于吸积. 在这个时期, 内落并不能真正停止, 即使 $P_{\rm rad}$ 开始在动力学上变得重要. 原因是气流的减速会使 $\dot{M}$ 和 $L_{\rm acc}$ 都减小, 从而导致 $P_{\rm rad}$ 本身的减小. 阻力的减小使得 $\dot{M}$ 和 $L_{\rm acc}$ 再次增大. 在实践中, 人们发现 $\dot{M}(t)$ 展现出振荡行为, 没有实际的反转. 然而, 一旦 L_* 增大到显著高于 $L_{\rm acc}$, $\dot{M}$ 和 $P_{\rm rad}$ 之间的反馈被切断. 只有分子云靠内的部分坍缩到恒星上, 而其余部分分散到较大的距离上. 这一运动背后的驱动力部分来自被禁闭的红外辐射. 同样重要的是恒星紫外光子在尘埃颗粒升华之前对它们的直接影响.

这些计算为辐射压潜在的破坏性影响提供了有力证据. 另一方面, 质量大于 $11M_\odot$ 的恒星肯定存在. 这怎么可能? 毫无疑问, 恒星光度的快速增长携带了足够的能量反转内落并使母分子云碎裂. 因为 L_* 超过 $L_{\rm acc}$, 这种扩散可能发生在短于吸积时间 $M_*/\dot{M}$ 的时间内. 真正的问题是辐射将能量转移到包层中有多高效. 这里, 任意对球坍缩的理想化情形的偏离都可能会起到关键作用.

要知道原因, 回想一下云转动引起的不对称性. 我们已经看到, 从远离中心轴 (大的 θ_0) 处开始内落的流体元遵循高度非径向的轨迹. 这些流体元会在很大的距离撞到赤道面, 它们的尘埃颗粒从来没有被加热到升华温度. 一旦进入吸积盘, 流体将进一步依靠中心平面的高不透明度屏蔽辐射压. 吸积盘有效地吸收恒星光子, 并从表面重新辐射. 内部扭转促进向恒星的吸积. 这样, 即使 L_* 很高, 一部分内落物质也会不受扰动地继续吸积.[①]基本的要求是吸积盘半径超过赤道面上的尘埃破坏波前. 如图 11.4 所示, 这一条件不难满足.

剩下那部分内落气体呢? 在尘埃颗粒升华以前, 一些靠近极区的流体元将不可避免地承受升高的辐射压. 在球形几何中, 这些气体必须制动并开始反转其速度. 然而, 在二维转动坍缩中, 流体可以通过向旁边转向而对增大的压强作出反

---

① 然而, 请注意, 一颗暴露的 O 型星会发出强烈的紫外辐射, 它会很快蒸发掉自己的吸积盘, 见第 15 章.

应. 此外, 任何高超声速内落的强烈减速都会产生一个驻激波波前. 这会有效地取
代小质量原恒星中的吸积激波, 但空间上离开恒星和吸积盘, 距离尘埃破坏波前
不远. 我们可以想象气体倾斜进入激波, 然后在激波后物质聚集的壳层中转向赤
道 (图 11.23).

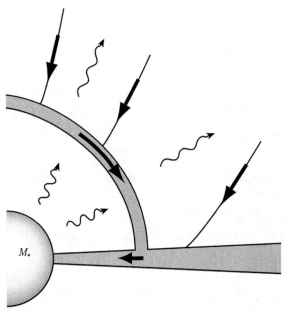

图 11.23　辐射压可能引起的转动内落的偏转 (示意). 一些流线直接撞击原恒星盘, 而另一些
首先进入壳层, 然后转向进入吸积盘. 来自恒星的可见光和紫外辐射在穿过壳层后退化为更长
的波长. 壳层可能是动力学不稳定的, 不会保持这张理想化草图中描绘的连贯的结构

　　尽管这个图景有吸引人的特征, 但它不太可能提供大质量原恒星问题的完整
解决方案. 辐射压支撑的壳层可能是动力学不稳定的. 任何小的初期翘曲都会增
长, 直到离散的部分断裂掉向恒星, 而其他部分被迅速向外吹走. 此外, 大质量恒
星从表面发出强星风. 相应的动压强能有效清除内落包层, 特别是在极区.

　　我们的讨论涉及另一个长期存在的基本问题. 恒星质量有没有一个理论极
限? 根据经验, 这个上限粗略估计为 $100 M_\odot$. (如我们将在第 12 章中描述的那样,
最可靠的质量是用光谱得到的.) 因为人们对界定所有恒星质量的因素了解甚少,
因此这个观测的物理基础更加不确定就不足为奇了. 很可能恒星形成过程本身不
能产生超过一定质量的天体. 方程 (11.49) 表明, 即使在中等质量阶段, 辐射压自
己就能阻止球坍缩. 考虑非球对称内落有助于解决这个问题. 然而, 对于质量非常
大的恒星, 辐射和星风的联合作用太强, 从静止的初始状态开始的坍缩可能根本
不适用. 我们需要更好地理解任何其他产生模式, 才能评估其固有的局限性.

11.5 观 测 搜 寻

我们对原恒星结构的理论解释很大程度上是基于从其他恒星演化领域久经考验的物理过程. 我们能够对一些问题进行一些详细的探讨, 例如对流和核聚变的开始. 虽然这个图景并不完整, 但不幸的是, 我们对原恒星的经验知识远远落后了. 当然, 问题是这些天体仍然埋在孕育它们的致密云核中. 周围的尘埃吸收了几乎所有从吸积激波和恒星内部发出的辐射. 当这些能量从尘埃光球重新发出时, 发出的光谱很大程度上反映了尘埃颗粒本身的性质. 在这些情形下, 即使证实内落本身的存在也被证明是具有挑战性的, 更不用说恒星和吸积盘的结构特征了. 另一方面, 原恒星的探测仍然是高优先级任务, 已经出现了几种策略. 我们在这里描述了使用最广泛的搜寻技术的基本思想, 以及一些结果. 其他相关主题, 如深埋恒星的 X 射线发射和近红外光谱将在后面的章节讨论.

寻找原恒星最直接的方法是将已知源发射的流量和预期的内落环境的结果进行比较. 在这个过程中, 我们必须首先构建一个详细的可以重现感兴趣数据的定量模型. 一个主要的困难是这种模型很少是唯一的, 其他的解释可能根本不涉及原恒星的坍缩. 此外, 还不完全清楚哪些源是最好的研究对象.

11.5.1 I 型天体的性质

我们回忆第 4 章, 年轻恒星可以方便地根据它们的宽带光谱能量分布进行分类. II 型和 III 型天体有显著的光学发射, 分别和经典及弱线金牛座 T 型星有关. 它们的可见光光谱和主序星不同, 但没有完全偏离. 具体地说, 它们包含吸收线, 可以精确测定有效温度. 对于这些源, 红外和毫米波段的辐射可以合法地视为相对于具有差不多的光谱型的主序天体的 "超出". 在第 17 章中, 我们将描述通过合适的拱星物质分布来模拟这种超出.

对于剩下的埋得更深的源, 情况就大不一样了. 在这些源中, 更长波长的发射主导了能量输出, 而通过光学吸收线进行光谱分类的可能性很小. 因此大多数天体不能放在传统的赫罗图中. 最常见的是 I 型天体中的那些源. 这里我们回忆一下, 对于长于 2.2 μm 的波长, 乘积 λF_λ 仍然增大 (图 4.3). 这些源总是位于致密云核中心附近, 但它们真的是原恒星吗?

我们已经看到, 原恒星的红外发射源于它的尘埃光球层. 根据我们在 11.1 节中的分析, 这个辐射面位于距离恒星大约 10 AU 的地方, 有效温度 T_{phot} 大约为 300 K. 如果光谱是以 T_{phot} 表征的完美黑体, 那么 λF_λ 的峰值在 10 μm 附近. 然而, 包层的发射区域实际上包含了很宽的温度范围. 温度低于 T_{phot} 的部分占据了更大的体积, 权重更大. 净的效果是, 预期 λF_λ 的极大值在 10 μm 之外, 但对于 $\lambda \gtrsim 100$ μm 会下降.

这个理论预期一般和 I 型天体的观测一致. 因此, 许多研究者将光谱能量分布建模为来自坍缩分子云, 假设是球形的或转动的. 通过调整类似 $\dot{M}$ 和分子云转动速率 Ω_0 的参数, 通常有可能在所有红外波长都和光谱形状匹配. 不幸的是, 动力学模型预言的热光度, 即 F_λ 对 λ 积分, 通常都太高, 有时达到了观测值的 10 倍.

让我们进一步研究这种差异. 我们首先回忆, 由方程 (11.24), 从原恒星包层吸积的天体的 L_* 大于同样质量的不吸积的天体. 因此, 典型的 I 型天体应该比 II 型或 III 型天体更明亮, 如果这个 I 型天体确实是原恒星. 原则上, 应该能够用年轻星团的数据检验这个假设, 但是有热光度测量的内埋源的总数仍然很少. 研究得最好的两个例子是金牛座-御夫座和蛇夫座 ρ. 在金牛座-御夫座中, 观测者到目前已经探测到几乎所有 $L_{bol} > 0.1 L_\odot$ 的恒星. 并没有 I 型天体更亮的趋势. 相反, 这个星群的热光度函数非常类似于 II 型天体 (回忆图 4.13(a)). 同样类似的是单个源在毫米波波段的典型光度, 它反映了被恒星加热的尘埃的量. 这意味着 I 型天体还是代表主序前的天体, 不过是被严重消光到没有光学辐射的天体.

在蛇夫座 ρ 的情形, I 型天体群体确实比 II 型天体明亮 (图 4.6). 另一方面, III 型天体的平均光度更高. 我们怎么理解这些事实? 第一点要记住的是, 这个系统含有比金牛座-御夫座多得多的恒星. 比例相对小的有 L_{bol} 测量的蛇夫座 ρ 源代表了光度分布较亮的尾巴. 这种大质量星团成员在金牛座-御夫座中就没有.

蛇夫座 ρ 的第二个显著特征是它的分子气体柱密度更大. 在 L1688 云的中心 (图 3.17), 粗略估计 A_V 为 60 等. 相应地, K 波段 (2.2 μm) 的消光大约为 6 等, 在 7 μm 仍然超过 1 等. 在这些条件下, 必须小心地对分子云环境进行建模, 以将观测到的光谱去红化并将星际尘埃和拱星尘埃的影响区分开. 现在我们能说的是, I 型天体代表了明亮恒星被严重遮蔽的子集. 质量和光度更大的成员已经进一步演化, 现在已经接近或处于零龄主序上. 一些天体几乎完全暴露在光学波段, 显示出 III 型光谱. 进一步观测应该发现大量低光度 I 型天体, 和金牛座-御夫座中一样.

蛇夫座 ρ 中的一些 I 型源可能是原恒星, 但没有足够的理由相信所有这些源都是原恒星, 无论是这里还是其他地方. 金牛座-御夫座中的数据表明, 许多 I 型天体不够亮, 不是由吸积驱动的. 此外, 这一类别在内埋星团中似乎相对常见, 这一事实使得这方面值得怀疑. 以 $1 \times 10^{-5} M_\odot \, yr^{-1}$, 形成 $1 M_\odot$ 的原恒星只需要 10^5 yr. 这个天体在主序前的寿命为 3×10^7 yr. 所以可以预期原恒星和主序恒星的比例在此质量范围是非常小的, 大约为百分之一的量级. (我们将在第 12 章通过更详细的论证验证这个结论.) 这个数字很难和 I 型天体较高的比例相一致——在金牛座-御夫座和蛇夫座 ρ 中从 10% 到 30%. 随着观测者不断发现和分析更多的内埋源, 这些比例必然会发生变化, 但基本的信息已经很清楚: I 型天体和原恒星不同.

11.5.2 为光谱能量分布建模

对于光度适中的 I 型天体, 更合适的模型可能是位于残余尘埃包层中的主序前恒星. 除此之外, 现在的理论几乎没有提供什么指导, 因为我们还没有关于从主吸积阶段存活下来的致密云核的详细图景. 然而, 从严格的经验角度研究任何模型与观测到的红外发射相匹配所需的基本元素, 是很有趣的.

图 11.24 展示了 IRAS 源 04016+2610 的光谱能量分布. 这个 I 型天体 $L_{bol} = 4L_\odot$, 位于金牛座-御夫座中的致密云核 L1489 西部边缘处, 展示在了图 3.12 中这个云核的分子谱线成图中. IRAS 卫星给出了 12~100 μm 的观测流量, 而其他波长的数据来自很多地基和空基望远镜. 从 $^{12}C^{18}O$ 观测得到的这个云核的平均光学消光大约为 10 等. 任何正好位于这块分子云后面的场星在光学波段肯定是看不到的, 只能在红外或更长的波长才能探测到. 观测到的源能够仅仅代表这样一颗背景恒星吗?

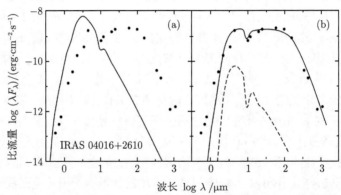

图 11.24　L1489 中的 I 型源 IRAS 04016+2610 的光谱能量分布. (a) 实线显示受到消光的背景恒星的光谱. (b) 内埋在光学厚尘埃壳层的恒星的光谱. 虚线是衰减的星光的贡献

答案是它不能, 图 11.24(a) 展示了原因. 根据假设, 前景云核中的尘埃不会受到恒星的显著加热, 因此对光谱没有热辐射的贡献. 辐射转移方程 (2.20) 将 j_ν 设为零, 意味着在穿过分子云时每个波长的比强度指数下降, 总光学厚度 $\Delta\tau_\lambda$ 随波长的变化遵循星际消光曲线 (也参见方程 (2.21)). 假设我们把恒星的发射光谱表示为一个完美 $T_{eff} = 4000$ K 的黑体. 图中的实线展示了这个谱被分子云部分吸收. 注意到, 恒星的光度和距离以及分子云的消光 (用 A_V 度量) 是任意的, 只要该组合给出的 F_λ 对波长积分等于观测值.

很明显, 简单地减弱背景星光会产生过于尖锐和狭窄的宽带光谱, 特别是不能给出观测到的较长波长处相对较高的发射水平. 可以用不同的恒星有效温度重复这个过程, 但基本的差异仍然存在. I 型天体光谱的宽度表明它们来自一个较宽范围的物质温度, 而不是表征恒星光球层的单一温度. 长波成分最合理的来源是被加热的尘埃颗粒. 这些尘埃一定位于相对靠近恒星的地方, 因此恒星实际上被埋在分子云中.

因此我们考虑另一个简化模型, 其中恒星位于一个球形的光学厚尘埃壳层中心. 我们现在假设观测到的 $4L_\odot$ 的 L_{bol} 实际代表了恒星的所有能量输出. 将原始的能量分布 (再次假设为源于 $T_{eff} = 4000$ K 的黑体) 转换到红外波段需要求解完整的辐射转移方程 (2.20). 为了进行详细的研究, 我们必须在右边加上一个额外的辐射项, 用来解释环境辐射的散射. 和通常一样, 在不知道尘埃温度的情况下, 不能指定 j_ν. 尘埃温度是从尘埃颗粒成分的能量平衡中得到的. 从图 3.12 可以看出, 在这种情况下, 球对称包层只能作为最粗略的近似. 然而, 如果被加热的尘埃的密度峰值接近恒星, 那么恒星相对更弥散的分子云物质的位移可能并不关键.

对于壳层内物质的空间分布, 我们指定密度与距离恒星的径向距离成反比, 即 $\rho(r) = \rho_{out}(r_{out}/r)$. 这里 r_{out} 是壳层的外半径. 这个密度假设代表了等温球外区 r^{-2} 行为和所预期的任意流体静力学天体平得多的内部分布 (回忆图 9.1) 的简单折中. 当然, 一个完整的理论解会发现密度和温度分布都是自洽的. 这里, 我们将 r_{out} 视作一个自由参数, 也同时改变基准密度 ρ_{out} 和内半径 r_{in}, 直到得出的光谱和观测尽可能接近.

图 11.24(b) 中的实线展示了最佳模型拟合, $r_{out} = 1 \times 10^{17}$ cm, $r_{in} = 2.5 \times 10^{12}$ cm, $\rho_{out} = 2 \times 10^{-19}$ g·cm^{-3}($n_{tot} = 5 \times 10^4$ cm^{-3}). 选择这些参数, 尘埃温度从 15 K 上升到内边界的 1500 K. 加热的尘埃作为发射源显著拓宽了模型光谱. 事实上, 与数据的符合在大多数波长都非常好. 虚线展示了衰减星光的贡献, 它现在只包含一部分近红外流量. 剩下的部分来自相对热的尘埃颗粒和散射, 这种散射等效地降低了较短波长的不透明度.

由于我们不是从力平衡的考虑推导出密度分布, 所以具有非常不同特性的其他模型能同样好地拟合数据也不奇怪. 然而, 它们都有某些共同点. 首先是存在被加热的尘埃颗粒, 密度向恒星增大. 我们模型中的包层沿中心视线的 A_V 为 30 等, 远大于观测到的 L1489 云核的平均消光. 增大的内部密度和 A_V 是遮挡恒星直接辐射的必要条件. 另一方面, 如果消光太高, 产生的光谱将没有近红外成分. 因此, 第二个一般特征是相对低光学厚度的内部区域. 尘埃颗粒在高温时的升华显然有所帮助, 但可能不够, 至少根据图 11.24(b) 是这样的. 在尘埃消失之前, 气体密度本身也可能减缓其上升的速度. 读者可以在这里回忆我们在 10.3 节中关于磁化内落结果的讨论. 诱人的 (但在这一点上是完全推测性的) 是将内部 "空腔" 证认为已经向恒星坍缩的柱体, 即图 10.8 中的 $\mathcal{A}$ 和 $\mathcal{A}'$ 区域.

11.5.3 O 型天体中的尘埃发射

无论这个内部区域的性质为何, 对于被认定为 O 型的天体, 它显然要小一些. 在这些天体中, 根本探测不到波长短于 10 μm 的流量, 尽管在相关的致密云核中心存在一颗恒星. 这颗恒星通常表现为厘米波波段的明亮的、空间上无法分辨的峰. 此外, O 型源驱动准直性非常好的分子外流, 这些外流显然源自射电峰. 测到的速度远高于内埋较浅恒星附近的外流. 在分子云中搜寻高速 CO 外流和连续谱发射的峰是发现这些严重遮蔽的恒星的主要途径.

它们的性质表明 O 型天体处于非常早期和活跃的演化阶段. 发射的光谱在红外和毫米波完全来自被加热的尘埃, 其柱密度一定高于 I 型天体中尘埃的柱密度. 这里, 尘埃对其透明的毫米波连续谱对于探测分子云内部结构是有价值的 (回忆图 3.16). 对发射区域积分可以发现 O 型天体的 $\lambda > 350$ μm 总光度确实高于 I 型天体. 具体地说, 这种长波光度和 L_{bol} 的比通常为百分之一, 在 I 型和 II 源中它至少要降低一个量级. 一定有相对大量的尘埃 (以及气体) 位于距离恒星足够近的地方被加热.

让我们更仔细地研究一个典型的 O 型源, Bok 球状体 B335 中的内埋星. 图 11.25 展示了它的光谱能量分布. 我们立即发现, I 型天体的 λF_λ 不仅峰值波长更长, 而且整个分布更窄. 近红外和中红外流量的严重消光不可能来自星际空间, 因为球状体本身是具有适中光深的更延展分子包层中相对独立的实体 (回忆图 3.20).

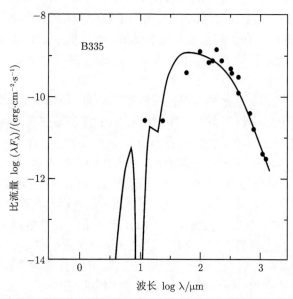

图 11.25   B335 中的 O 型源的光谱能量分布. 实线是球形尘埃壳层中心的恒星的理论结果

对这些球状体的 NH_3 观测表明, 这颗恒星的位置与气体密度的峰重合.

用 r^{-1} 密度变化的球形尘埃壳层表示拱星物质也是很有启发性的. 在此情形, 假定的密度规律和从分子和尘埃观测中发现的内部规律大体一致 (3.3 节). 为了匹配最长波长的流量, 我们现在发现 r_{out} 应该增加到 2×10^{17} cm. 另一方面, 内半径可以仍然为 2×10^{12} cm. 最大的变化是外部密度的增加, 在最佳拟合模型中对应的 n_{tot} 为 3×10^5 cm^{-3}. 这个模型的出射流量如图 11.25 中的实线所示. 通过尘埃壳层的 A_V 值现在是 320 等, 光深在 $\lambda = 80$ μm 才降到 1. 在这么高的总柱密度下, 10 μm 附近的尘埃吸收特征在出射光谱中表现为一个深坑.

考虑到目前关于尘埃不透明度的不确定性, 我们对壳层的具体参数不能赋予很大的权重. 我们在第 2 章中提到, 这个问题在远红外和毫米波变得尤为严重. 然而, 这是所有 0 型源的主导光谱范围. 在现在的例子中, 可以为 B335 构造具有高得多的光学厚度的壳层模型. 再现观测到的流量 F_λ 需要每个 λ 有更小的立体角 $\Delta\Omega$ (回忆方程 (2.41)) 和更紧凑的结构. 在包层在所有相关波长都被很好地解析之前, 我们不能忽视这种可能性.

11.5.4 自蚀谱线和不对称谱线

即使考虑到可接受的壳层模型的范围, 0 型源相比 I 型天体也毫无疑问被更致密的包层围绕. 但它们真的是原恒星么? 在 B335 的情况, 热光度大约是 $3L_\odot$, 对于经历吸积的恒星来说仍然很低. 其他源更明亮, 但总的 0 型天体的样本只有几十个成员. 实际上, 这些源的极度匮乏表明它们代表了一个相对短暂的阶段. 必须通过光谱研究来解决这个阶段是否发生内落的问题. 也就是说, 我们需要检查示踪分子的谱线轮廓, 以发现流向原恒星和吸积盘的运动导致的多普勒展宽. 这种展宽应该可以从致密云核或 Bok 球状体的宁静气体中分辨出来.

图 11.26 展示了 B335 红外源的两条发射光谱. 在左图中, 谱线是 CS$J = 5 \rightarrow 4$ 的转动跃迁 ($\lambda = 1.2$ mm), 而右图展示了同一个分子的 $J = 3 \rightarrow 2$ 跃迁 ($\lambda = 2.0$ mm). 第一条线是光学薄的, 所以每个速度的亮温度代表了观测的柱体 (column) 中所有发射分子的贡献. 这里, 气体中的某种整体运动具有对线心对称展宽的轮廓, 线心对应分子云平均速度 $+8.4$ km·s^{-1}. 这个内部运动可以想象为内落、转动或者已知存在于这个区域的外流. 在任何情况下, 以同样相对速度接近和离开观测者的物质显然是等量的. 第二个轮廓的复杂结构表明, 2.0 mm 谱线对于 CS 自己的吸收是光学厚的. 在第 6 章中, 我们注意到 $^{12}C^{16}O$ 的光学厚轮廓通常具有平顶的外观, 这和饱和展宽有关 (图 6.1). 图 11.26(b) 中的轮廓展示了一个靠近中心的明显的凹陷. 这种自蚀 (self-reversal) 实际上是光学厚谱线的一个共同特征, 但只在内埋年轻恒星的方向有. 之前, 我们在蛇夫座 ρ 的 21 cm HI 谱线中看到了类似的凹陷 (图 3.7). 在 NGC 2264 中的麒麟座 R2 星协方向也看

到了和图 11.26(b) 非常类似的轮廓, 不过是在 $^{12}C^{16}O$ 的谱线中. 在所有情形中, 中心的凹陷表明存在相对冷的前景气体吸收后面较温暖物质发出的光子. 这些前景气体不参与整体运动, 而是静止的, 因此解释了线心的凹陷. 由于内埋恒星的辐照, 温度显然向分子云内部深处升高.

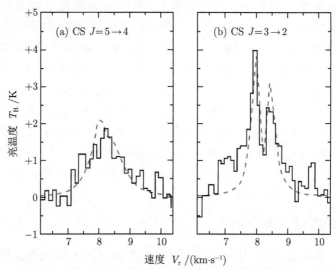

图 11.26　B335 方向的两条 CS 发射线. 图中标出了每条线的转动跃迁. 虚线来自假设球对称内落的理论模型

为了更定量地研究这个图景, 对于从厚度 Δs 的平板状云发出的谱线的比强度, 我们从附录 C 中的方程 (C.2) 开始. 在进一步对源函数使用方程 (C.8) 并将光深作为自变量, 我们发现

$$I_\nu = \exp(-\Delta\tau_\nu) \int_0^{\Delta\tau_\nu} d\tau_\nu' B_{\nu_0}(T_{\mathrm{ex}}) \exp(\tau_\nu') + I_\nu(0) \exp(-\Delta\tau_\nu). \qquad (11.50)$$

这里, τ_ν 是从分子云的背面开始测量的, 在每个频率的总光深为 $\Delta\tau_\nu$ (图 11.27). 假设激发温度 T_{ex} 随 τ_ν 的增加而减小. 这种减小可能来源于相应的气体动理学温度的下降. 如果密度是亚临界的且向着观测者减小, 这也可能发生.

我们接下来使用方程 (C.10), 用亮温度 $T_{\mathrm{B}}(\nu)$ 替代 I_ν. 因为我们关注毫米波谱线, 所以我们可以用瑞利-金斯近似, $T_0 \ll T_{\mathrm{ex}}$. 我们发现

$$T_{\mathrm{B}}(\nu) = \exp(-\Delta\tau_\nu) \int_0^{\Delta\tau_\nu} d\tau_\nu' T_{\mathrm{ex}} \exp(\tau_\nu') - T_0 f(T_{\mathrm{bg}})[1 - \exp(-\Delta\tau_\nu)]. \qquad (11.51)$$

这里最后一项中的函数 f 在方程 (6.2) 中定义. 同时注意到我们已经将背景辐射场取为温度 T_{bg} 的普朗克函数并且忽略了在谱线范围内的频率依赖, 即我们取

$I_\nu(0)$ 等于 $B_{\nu_0}(T_{\rm bg})$. 我们可以使用从正面度量的光深 $t_\nu \equiv \Delta\tau_\nu - \tau_\nu$(图 11.27) 作为自变量进一步简化. 在接近线心时, 我们假设分子云是非常光学厚的, $\Delta\tau_\nu \gg 1$. 方程 (11.51) 简化为

$$T_{\rm B}(\nu) = \int_0^\infty dt'_\nu T_{\rm ex} \exp(-t'_\nu) - T_0 f(T_{\rm bg}), \quad \Delta\tau_\nu \gg 1. \tag{11.52}$$

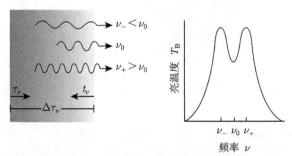

图 11.27　光学厚发射线自蚀的起源. 平板中的阴影表示激发温度的变化. 在每个频率 ν, 平板有一个总的光深 $\Delta\tau_\nu$, 可以从后表面 (τ_ν) 或前表面 (t_ν) 度量. 线心频率 ν_0 的光子源自相对接近正面的地方, 而其他光子来自内部深处. 结果是亮温度 $T_{\rm B}$ 的自蚀轮廓

这个方程的第一项代表 $T_{\rm ex}$ 的平均值, 是在分子云的前表面和 $t_\nu \sim 1$ 的点之间计算的. 因为不透明度在线心达到峰值, 这个点的深度随 ν 大于或小于 ν_0 而增大. 如图 11.27 所示, 平均的 $T_{\rm ex}$ (故而 $T_{\rm B}(\nu)$) 在 ν_0 最低, 在两边对称增大. 这个增大持续到整块分子云的光学厚度接近于 1 的频率. 离线心更远的地方, 分子云是光学薄的, 方程 (11.51) 变为

$$T_{\rm B}(\nu) = [\bar{T}_{\rm ex} - T_0 f(T_{\rm bg})]\Delta\tau_\nu, \quad \Delta\tau_\nu \ll 1, \tag{11.53}$$

其中 $\bar{T}_{\rm ex}$ 现在是对分子云平均的值. 因为 $\Delta\tau_\nu$ 继续随着 ν 偏离 ν_0 而降低, 所以在此情形 $T_{\rm B}$ 轮廓本身也会下降.

这个模型为自蚀轮廓提供了一个基本解释, 但它在几个关键方面失败了. 首先, 平板是静止的, 因此预测的线翼衰减和观测相比要陡得多. 更有趣的是光学厚轮廓明显的不对称性, 红移侧相比蓝移侧要低. 这个性质不仅出现在 B335 中, 而且也出现在其他具有自蚀发射轮廓的 0 型源中. 这种不对称性的一个可能的解释是这些情形的整体运动是向恒星的坍缩.

图 11.28 展示了这一想法背后的基本推理. 这里, 靠近恒星的阴影表明我们的理想化球形云中 $T_{\rm ex}$ 的上升. 为了简单起见, 我们忽略了导致自蚀的最冷的静态物质. 从远端内落的气体发出蓝移的光子, 因为它们朝向观测者. 反过来, 分子

云近端贡献轮廓的红移部分. 两种光子都仍然受到其他具有同样速度的分子的消光. 蓝移的光子如果源自更靠近分子云中心的地方就有更大概率留存下来. 这里, T_{ex} 更高, 所以相应的 T_B 更高. 另一方面, 大部分观测到的红化的光子是从更低 T_{ex} 的外区发出的. 光学厚谱线的不对称性因此得到了很好的解释.

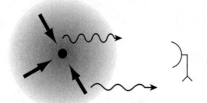

图 11.28   内落对分子发射线不对称性的贡献. 阴影表示 T_{ex} 向中心原恒星升高

图 11.26 中的虚线是根据 10.2 节所述的想法根据径向内落模型得出的理论 CS 光谱. 两个轮廓的中心部分得到了很好的再现, 但预测的线翼的下降显然还是太陡了, 至少在右图中是这样的. 把延展发射和外流联系起来是很诱人的. (快速转动这个替代方案和这个源中观测到的小的径向速度梯度不一致.) 事实上, 内落和外流对展宽的相对贡献还很不确定. 没有中心恒星的致密云核, 例如金牛座-御夫座中的 L1544 也展示出不对称轮廓, 这一事实加深了这个谜团. 这里, 坍缩和星风应该都不存在. 尽管图 11.28 中展示的效应一定在某种程度上起作用, 但对于现在观测到的不对称性可能大不相同.

总结起来, 目前的观测和理论还没有确定任何天体的原恒星本性, 尽管 0 型天体代表了特别有吸引力的候选体. 然而, 这些源中最引入注目的观测特征是存在强烈的外流, 这需要更多的努力来明确证明存在另外一个内落气体的成分. 我们对尘埃不透明度认识的改进和毫米波段持续的高分辨率成图对于阐明这些包层的物理性质都是必要的. 这样的观测研究加上对外流结构本身的更好理解最终会分辨出对分子谱线轮廓的各种贡献.

本 章 总 结

经过一个短暂的暂态阶段后, 一颗稳定的原恒星在坍缩的致密云核中心形成. 分子云物质在强烈辐射的吸积激波波前中撞击恒星. 激波产生的光子加热流入的气体, 摧毁量级为 0.1 AU 半径内的尘埃颗粒. 吸积光度扩散通过尘埃包层, 发出远红外连续谱辐射.

来自激波的高能量损失导致适中的原恒星半径, 不比相应的主序恒星大多少. 随着天体大小和质量的增长, 氘最终点燃并驱动对流. 氘聚变产生的能量也严格限制了作为质量的函数的恒星半径. 对流在中等质量原恒星中停止, 而氘继续在内部壳层中燃烧. 如果吸积继续, 原恒星会收缩并加热到点燃普通的氢聚变. 真正大质量的中心天体, 即 O 型星的前身星会通过星风和辐射压排斥内落包层, 因此不能通过这种方式形成.

在原恒星演化中, 吸积盘由具有过多角动量的撞击恒星的内落物质形成. 这些几何薄的结构随时间快速扩展. 来自外盘的流线碰撞形成一个湍动的环, 将物质送入中心恒星. 最终, 吸积盘变得引力不稳定. 螺旋波产生力矩, 可能有助于质量输运和维持原恒星吸积.

观测到的深埋天体的光谱能量分布证明了热尘埃的存在. 简单的尘埃壳层模型再现了 0 型和 I 型源的相对流量, 但没有给出哪一类源是真正原恒星的证据. 0 型天体和无星致密云核中看到的分子发射线通常是自蚀的和不对称的. 第一个特征表明存在上方冷气体的吸收, 而第二个特征表征向内的运动.

建 议 阅 读

11.1 节 首次云核在球坍缩中形成是这篇文献的主题

Masunaga, H., Miyama, S. M., & Inutsuka, S.-I. 1998, ApJ, 495, 346.

我们对主吸积阶段的讨论源自

Stahler, S. W., Shu, F. H., & Taam R. E. 1980, ApJ, 241, 637.

更近期的计算见

Masunaga, H. & Inutsuka, S.-I. 2000, ApJ, 531, 350.

对包层热结构的仔细处理见

Chick, K. M., Pollack, J. B., & Cassen, P. 1996, ApJ, 461, 956.

11.2 节 恒星结构方程以及它们的基本求解方法见

Clayton, D. D. 1983, Principles of Stellar Structure and Nucleosynthesis (Chicago: U. of Chicago), Chapter 6,

这篇文献也引入了对流的混合长理论. 对混合长理论更全面的阐述见

Hansen, C. J. & Kawaler, S. D. 1994, Stellar Interiors: Physical Principles, Structure, and Evolution (New York: Springer-Verlag), Chapter 5.

氘燃烧对原恒星演化的影响见

Stahler, S. W. 1988, ApJ, 332, 804.

11.3 节 有关控制早期吸积盘增长的方程的推导, 参阅

Cassen, P. & Moosman, A. 1981, Icarus, 48, 353.

这篇文章也描述了很多不同的演化情形. 我们自己的论述来自

Stahler, S. W., Korycansky, D. G., Brothers, M. J., & Touma, J. 1994, ApJ, 431, 341.

对引力不稳定性的最初讨论涉及星系:

Toomre, A. 1964, ApJ, 139, 1217.

后来对各种情形吸积盘演化的建模的工作综述见

Lin, D. N. C. & Papaloizou, J. C. B. 1995, ARAA, 33, 505.

这里的重点是数值模拟和吸积盘对流不稳定性的可能性.

11.4 节 原恒星回到辐射稳定和氢燃烧的开始在下面的文献中研究

Palla, F. & Stahler, S. W. 1991, ApJ, 375, 288

Palla, F. & Stahler, S. W. 1992, ApJ, 392, 667.

关于 CNO 双循环作为核能源, 见

Rolfs, C. E. & Rodney, W. S. 1988, Cauldrons in the Cosmos (Chicago: U. of Chicago), Chapter 6.

辐射压对大质量原恒星的动力学效应的计算见

Yorke, H. W. & Krügel, E. 1977, AA, 54, 183

Jijina, J. & Adams, F. C. 1996, ApJ, 462, 874.

11.5 节 I 型源尘埃包层模型的两项代表性研究是

Adams, F. C. & Shu, F. H. 1986, ApJ, 308, 836

Butner, H. M., Evans, N. J., Lester, D. F., Levreault, R. M., & Strom, S. E. 1991, ApJ, 376, 636.

0 型天体演化阶段的讨论见

André, P., Ward-Thompson-D., & Barsony, M. 1993, ApJ, 406, 122.

不对称轮廓作为坍缩特征的例子见

Leung, C. M. & Brown, R. L. 1977, ApJ, 214, L73

Evans, N. J. 1999, ARAA, 37, 311.

第 12 章 聚星的形成

我们在第 10 章和 11 章的重点是致密云核中单颗原恒星的形成. 然而, 恒星形成是一种群体现象. 我们在第 4 章中探讨的每个星团和星协都源自一块大分子云或分子云复合体的凝聚. 因此, 向引力不稳定性的转变和原恒星的坍缩一定同时发生在很多地方和各种分子气体中. 此外, 致密云核通常不只产生一颗恒星, 而是至少两颗. 我们之所以知道这一点是因为双星系统在场星和年轻恒星中很普遍. 双星的成员有相似的年龄, 意味着有共同的起源.

因此, 任何关于单星形成的图景都是一种方便的模型, 是对未来更全面的理论的一阶近似. 我们的发现仅在年轻恒星之间相互作用相对较弱的情况下是可信的. 如果, 如我们将要论证的, 双星是由相距数倍恒星半径的单独原恒星形成的, 那么它们之间的相互引力实际上和每个成员的自引力相比是微不足道的. 这不是说外力在恒星形成中不起作用. 来自先前形成的恒星的星风和超新星确实会产生强烈的影响. 在更大的尺度上, 两个星系的碰撞触发了惊人的星暴现象. 然而, 在这两种情形, 可能的影响是改变形成新恒星的介质, 而不是基本的坍缩过程本身.

那么, 为什么恒星倾向于成群形成呢? 我们对此的理解是相当有限的, 至少与单颗恒星的演化相比是这样的. 本章首先回顾了分子云坍缩的理论结果来解决这个问题. 我们接下来完成之前对星群的描述性调查, 总结关于最年轻双星的经验知识. 这个相对新的领域已经有丰富的现象, 为我们随后对双星形成的讨论提供了信息. 当我们在 12.4 节转向讨论星团的起源时, 我们深入研究光度函数的演化并从经验上找到所选星群中的恒星产生速率. 我们以一种定性的方式来讨论为什么一些分子云形成 T 星协, 而其他分子云形成束缚的星团. 最后, 12.5 节重新审视了 OB 星协. 再一次, 根据观测, 我们勾勒出它们的历史并论证大质量恒星很可能是通过星协拥挤的中心附近的聚集过程形成的.

12.1 大质量分子云的动力学碎裂

传统上, 引力坍缩理论主要关注的是质量太大, 无法经历之前研究过的由内而外演化的那些天体的命运. 这些云在自由落体坍缩过程中碎裂. 让我们先来看看这些动力学碎裂 (dynamical fragmentation) 的主要结果. 如我们将要看到的, 这个理论在定量上得到了很好的发展, 对我们了解坍缩物理有很多帮助. 另一方面, 我们也将看到为什么这种演化模式可能不适用于大多数恒星形成系统.

12.1.1 金斯长度的角色

我们继续并扩展了之前对引力坍缩的讨论, 首先指出金斯长度的概念以两种不同的方式巧妙地进入了这个理论. 在 9.1 节所述金斯最初的分析中, λ_J 表征了小扰动的行为. 具体来说, 我们考虑均匀密度和均匀温度介质中的等温涨落. 长度小于 λ_J 的扰动会周期性振荡, 而更长的扰动振幅会增大.

另一方面, 分子云模型的详细构造解释了 λ_J 的一个非常不同的方面. 这个物理量现在代表了可能平衡态尺度的近似上限. 例如, 图 9.7(a) 所示的转动云的赤道半径和极半径都是 λ_J 的量级. 这个位形也几乎是 $\beta = 0.16$ 序列中最大的一个. (回想一下, β 度量了转动能量的相对值.) 如图 9.7(b) 所示, 具有更高 ρ_c/ρ_0 的模型由于增强的自引力而变得更小. 等温球序列提供了一个更简单的例子. 方程 (9.6) 和 (9.23) 表明, 分子云半径 r_0 可以用金斯长度写为

$$\frac{r_0}{\lambda_J} = \frac{\xi}{2\pi} \left(\frac{\rho_c}{\rho_0} \right)^{-1/2} . \tag{12.1}$$

对于任意密度对比度 ρ_c/ρ_0, 我们可以从图 9.1 中读出无量纲半径 ξ, 图中实际展示的是倒数 ρ_0/ρ_c. 用这种方式, 我们发现, r_0/λ_J 从 $\rho_c/\rho_0 = 1$ 时的零增长到 $\rho_c/\rho_0 = 5.1$ 时的极大值 0.29, 然后逐渐减小到渐近值 0.23.

λ_J 的这两个角色逻辑上不仅是独立的, 而且是矛盾的. 考虑到模型研究中的尺寸限制, 金斯假设的非常大的背景状态不可能存在. 一旦我们意识到在推导方程 (9.20a)~(9.20d) 时, 我们隐含地忽略了背景引力势 Φ_g 的任何梯度, 这个事实就变得更加清楚了. 动量方程 (9.18) 显然证明了这一点. 在静态 ($u = 0$) 均匀密度和均匀压强 ($\nabla P = 0$) 的介质中, $\nabla \Phi_g$ 确实为零. 然而, 泊松方程 (9.3) 表明 Φ_g 不可能是空间均匀的, 而必然会显著变化, 即在特征距离 $(a_T^2/G\rho_0)^{1/2} \approx \lambda_J$ 上变化 a_T^2. 背景压强和密度也在同样的距离上变化, 这设定了整个系统的大小.[①]

虽然金斯的推导仍然具有指导意义, 但只有把 λ_J 解释为平衡态的最大空间范围的第二种解释才有真正物理上的重要性. 较大的结构不可能处于力平衡状态, 从一开始就坍缩. 因此可以确信, 尺度远远超过金斯极限的静态分子云, 特别是巨分子云复合体中的团块是除气体压强以外的内力维持的. 我们已经确认这些力来自星际磁场. 在这些实体中小云核的形成一定是通过逐渐失去这种额外的支撑而不是通过金斯设想的涨落进行的. 最后, 云核本身会增长到大致超过 λ_J, 此时它们开始坍缩.

我们对目前为止所说的已经足够熟悉了. 现在希望更深入地探索比 λ_J 大的云 (或者等价地, 质量比 M_J 大的云) 的坍缩. 历史上, 这个问题一直是很多理论

---

① 我们明显看到为什么最初的 λ_J 的推导有时被称为金斯欺诈 (Jeans swindle). 当然, 如果仅考虑尺度远小于 λ_J 的扰动, 这些分析是可以挽救的. 然而, 这些扰动本质上是声波, 自引力不起作用.

研究的焦点. 随着对恒星形成环境理解的不断加深, 这个问题的重要性逐渐减弱. 我们刚刚指出, 质量超过 M_{J} 的云永远不会处于力平衡状态, 所以不清楚它们最初是如何产生的. 我们推迟考虑这个重要的一般性问题, 以及我们对聚星 (multiple star) 形成研究的相关性.

12.1.2　无压坍缩

从最简单的例子开始是很自然的: 根本没有内压强的分子云, 即 $\lambda_{\mathrm{J}} = 0$. 如果我们进一步假设这块分子云最初是球形的, 具有均匀密度 ρ_0, 那么它的坍缩可以解析地研究. 我们使用动量方程 (10.29), 设右边的 $a_T = 0$. 得出的方程, 加上质量连续性方程 (10.27) 组成了球对称无压坍缩的欧拉描述, 其中自变量是 t 和通常的球半径 r. 事实证明更方便的是采用拉格朗日描述, 其中空间坐标和流体运动绑定. 也就是说, 我们将 r 换为内部质量 M_r. 如方程 (10.26) 和 (10.28) 给出的, M_r 的偏导数可以用于转换类似 $(\partial u/\partial r)_t$ 的项. 注意到, 在新的描述中, r 是因变量. 它的时间变化就是速度 u:

$$
\begin{aligned}
\left(\frac{\partial r}{\partial t}\right)_{M_r} &= -\frac{(\partial M_r/\partial t)_r}{(\partial M_r/\partial r)_t} \\
&= \frac{4\pi r^2 \rho u}{4\pi r^2 \rho} \\
&= u.
\end{aligned}
\tag{12.2}
$$

动量方程 (10.29) 的无压强版本现在变为

$$
\left(\frac{\partial^2 r}{\partial t^2}\right)_{M_r} = -\frac{GM_r}{r^2},
\tag{12.3}
$$

而连续性方程 (10.27) 变换为

$$
\frac{1}{\rho^2}\left(\frac{\partial \rho}{\partial t}\right)_{M_r} = -4\pi \left[\frac{\partial (r^2 u)}{\partial M_r}\right]_t.
\tag{12.4}
$$

现在想象一个位于初始半径 r_0 的流体元 (图 12.1). 在坍缩过程中, 这个流体元内部的质量 M_0 保持不变. 在方程 (12.3) 两边乘以 $(\partial r/\partial t)_{M_r}$ 之后, 我们从 $t = 0$ 开始积分, 得到一个速度的表达式:

$$
\left(\frac{\partial r}{\partial t}\right)_{M_r} = -\sqrt{\frac{2GM_0}{r_0}}\left(\frac{r_0}{r} - 1\right)^{1/2}.
\tag{12.5}
$$

这里, 负号表示坍缩是向内的, 即 r 随时间减小.

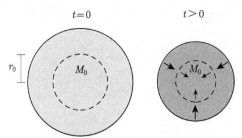

图 12.1　均匀密度无压球的坍缩. 内部球体最初质量 M_0, 半径为 r_0. 后来, 这个区域收缩, 而速度矢量在原点处降低到 0

为了对方程 (12.5) 积分, 我们转换为无量纲变量, $\xi \equiv r/r_0$ 和 $\tau \equiv t/t_0$. 如果我们取基准时间 t_0 满足

$$
\begin{aligned}
t_0^2 &\equiv \frac{r_0^3}{2GM_0} \\
&= \frac{3}{8\pi G\rho_0},
\end{aligned} \tag{12.6}
$$

于是方程 (12.5) 简化为

$$
\frac{d\xi}{d\tau} = -\left(\frac{1}{\xi} - 1\right)^{1/2},
$$

其中我们已经舍去了偏导数的标记. 进一步令 $\xi \equiv \cos^2 \alpha$, 故而随 ξ 从 1 变化到 0, α 从 0 变化到 $\pi/2$. 这个方程变为

$$
\frac{d\alpha}{d\tau} = \frac{1}{2\cos^2 \alpha},
$$

积分可以得到

$$
\alpha + \frac{1}{2}\sin 2\alpha = \tau. \tag{12.7}
$$

方程 (12.7) 表明我们的流体元在 $\tau = \pi/2$ 到达原点. 回到有量纲变量, 我们看到坍缩跨越了时间间隔 $t_{\text{ff}} \equiv (\pi/2)t_0$. 由方程 (12.6), 这也就是

$$
t_{\text{ff}} = \left(\frac{3\pi}{32G\rho_0}\right)^{1/2}, \tag{12.8}
$$

这促成了方程 (3.15) 中自由落体时间的定义. 因为这个结果仅依赖于 ρ_0, 不依赖于起始半径, 所以所有流体元在精确的同一时刻到达 $r = 0$.

坍缩过程中密度的行为由连续性方程 (12.4) 得到. 我们首先使用方程 (12.5) 和 (12.6) 写出

$$
r^2 u = -\frac{r_0^3}{t_0}\cos^3 \alpha \sin \alpha.
$$

这里, 仅有 r_0^3 依赖于空间坐标. 此外, 其对 M_r 的导数在所有时刻都相同:

$$\left(\frac{\partial r_0^3}{\partial M_r}\right)_t = \frac{3}{4\pi\rho_0}.$$

省略左边的 M_r 下标, 方程 (12.4) 现在变为

$$\frac{\partial(1/\rho)}{\partial\alpha} = -\frac{6\cos^5\alpha\sin\alpha}{\rho_0}$$
$$= \frac{1}{\rho_0}\frac{\partial(\cos^6\alpha)}{\partial\alpha},$$

故而

$$\rho = \rho_0\sec^6\alpha. \tag{12.9}$$

密度在坍缩过程中无限增长, 并保持空间上的均匀. 图 12.2 画出了 ρ 作为时间的函数, 其中时间是无量纲值 $\tau^* \equiv \log[t_{\mathrm{ff}}/(t_{\mathrm{ff}}-t)]$. 随 t 从 0 变化到 t_{ff}, 这个 "拉伸的" 坐标从 0 变化到 ∞.

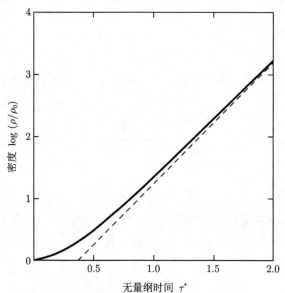

图 12.2   坍缩无压球中的密度作为时间的函数. 图中画的是 ρ/ρ_0, 密度和初始值的比. 时间坐标 τ^* 在文中定义. 虚线是对后面时间的解析近似

12.1.3   扰动的增长

无压坍缩的一个有趣的方面是它对初始条件的敏感性. 可能有多种方式快速偏离刚才描述的简单演化图景. 例如, 想象一下, 起始位形是一个稍微有些扁的均

匀密度椭球. 作用于极区的引力会比赤道边缘的引力大一些. 无论这个差异有多小, 这个椭球都会倾向于变平. 力的差异会增大, 变平的过程加速. 在短于 $t_{\rm ff}$ 的时间, 初始的天体会坍缩为一个盘. 反过来, 初始为长椭球的云, 长轴比短轴长了多么小的比例, 这块云都不可避免地沿中心轴变细为一根针.

　　即使坍缩保持球对称, 任何小的扰动的幅度也都会增长. 这种扰动会增大云的密度或速度场. 它们的增长部分源自主体流动的会聚性. 方程 (12.5) 可以重新写为

$$
\begin{aligned}
u &= -\frac{r_0}{t_0}\tan\alpha \\
&= -\frac{r}{t_0}\sec^2\alpha\tan\alpha.
\end{aligned}
\tag{12.10}
$$

因为 α 只是时间的函数, 坍缩速度向原点线性减小, 如图 12.1 所示.[①]这种流动模式倾向于压缩内部扰动. 在经历由内而外坍缩的云中情况就大不相同了. 这里, 稀疏波中的流体速度近似为自由落体速度 $V_{\rm ff}$, 向中心以 $r^{-1/2}$ 增大. 小团块被潮汐拉伸, 无法快速增长.

　　在无压情形, 扰动增长的一个更强有力的原因是团块内的自引力. 最终, 这种效应导致它们在背景流之前达到很高的密度. 我们将这种坍缩过程中局域的失控凝聚称为动力学碎裂 (dynamical fragmentation). 为了定量描述这个效应, 我们首先使用方程 (12.7) 和 (12.9) 推导母分子云密度增大的公式. 在坍缩末期, 用另一个小参数代替 α 是合适的:

$$
\epsilon \equiv \frac{\pi}{2} - \alpha,
$$

其中 $\epsilon \ll 1$. 方程 (12.7) 的泰勒展开告诉我们对应任意 ϵ 值的时间:

$$
t \approx t_{\rm ff}\left(1 - \frac{4\epsilon^3}{3\pi}\right).
$$

类似地, 方程 (12.9) 给出密度为

$$
\rho \approx \rho_0\epsilon^{-6}.
$$

结合上面两个结果我们发现

$$
\rho(t) \approx \rho_0\left[\frac{3\pi(1 - t/t_{\rm ff})}{4}\right]^{-2}.
\tag{12.11}
$$

图 12.2 中的虚线表明这个近似在 $\tau^* \approx 1$, 或者 $t/t_{\rm ff} \approx 0.9$ 是非常精确的.

_____

① 无压坍缩被称为是同调的 (homologous), 因为任意流体变量在任何时候都保持相同的空间依赖. 同样, 回想一下 10.2 节, 由内而外的坍缩是非同调的 (nonhomologous).

现在想象开始时球的中心区域有稍微高一些的密度 $\rho'(0) = \rho_0 + \delta\rho(0)$. 由方程 (12.8), 这部分将更快一点坍缩到原点, 时间近似为

$$t'_{\mathrm{ff}} \approx t_{\mathrm{ff}}\left[1 - \frac{\delta\rho(0)}{2\rho_0}\right]. \tag{12.12}$$

使用方程 (12.11), 我们发现密度相对背景的增加:

$$\begin{aligned}\frac{\rho'(t)}{\rho(t)} &\approx \left(\frac{t_{\mathrm{ff}} - t}{t'_{\mathrm{ff}} - t}\right)^2 \\ &\approx \left[1 + \frac{\delta\rho(0)t_{\mathrm{ff}}}{2\rho_0(t'_{\mathrm{ff}} - t)}\right]^2 \\ &\approx 1 + \frac{\delta\rho(0)t_{\mathrm{ff}}}{\rho_0(t_{\mathrm{ff}} - t)}.\end{aligned}$$

在最后一步, 我们假设 $\rho'(t)$ 仍然只比 $\rho(t)$ 稍微大一些. 因此密度增加 $\delta\rho(t) \equiv \rho'(t) - \rho(t)$ 以

$$\frac{\delta\rho(t)}{\rho(t)} \approx \frac{\delta\rho(0)t_{\mathrm{ff}}}{\rho_0(t_{\mathrm{ff}} - t)}. \tag{12.13}$$

增长. 初始的百分之一的扰动在 $t/t_{\mathrm{ff}} \approx 0.99$ 才变成分离的碎块 ($\delta\rho \approx \rho$), 此时, 母分子云密度已经增长了四个量级. 我们的坍缩球中的扰动以一种定性上不同于第 9 章中金斯所预测的方式凝聚. 首先, $\delta\rho/\rho$ 的增长慢于 (虚拟) 静态介质中的指数增长. 其次, 无压坍缩极易碎裂, 所有大小的扰动都以相同的速率增长. 也就是说, 不存在方程 (9.22) 预言的小尺度截断. 最后一个差异源于我们的初始假设, $\lambda_{\mathrm{J}} = 0$, 这使得无法给出任何关于碎块的特征尺度和质量的结论.

我们可以通过考虑大于 λ_{J} 但从一开始就有有限压强的分子云的演化而取得进一步进展. 对初始均匀密度球的详细分析证实, 长度 λ 大于 λ_{J} 的扰动相对于背景增长, 而小于这个尺度的扰动有内压强支撑. 即使最大的扰动最初也会在某种程度上受到压强的阻碍. 然而, 在等温介质中 λ_{J} 以 $\rho^{-1/2}$ 减小 (回忆方程 (9.23)), 而固定质量的团块中的 λ 大致以 $\rho^{-1/3}$ 下降. 所以比例 $\lambda/\lambda_{\mathrm{J}}$ 随时间增大. 扰动的增长速率会加快, 直到接近方程 (12.13) 给出的速率.

12.1.4 数值方法

这些结果仅适用于小扰动的线性区. 追踪坍缩到真正的碎裂需要多维数值模拟. 从小的随机扰动开始, 分析结果表明必须追踪坍缩到碎裂发生前的相对高的密度. 这给传统的在固定的欧拉坐标网格中追踪流体运动的流体动力学求解器带来了沉重负担. 另一方面, 上面所使用的在球对称几何中效果最好的纯拉格朗日格式不容易追踪严重扭曲的凝聚.

两项创新的数值技术被证明能灵活有效地提高空间分辨率. 在光滑粒子流体动力学 (smoothed-particle hydrodynamics, SPH) 中, 我们将连续的流体替换为一组运动的点. 这个方法从这个事实得名: 和每个点相关的物理量按照某种规定的平滑函数在一个小体积内平滑. 这些区域互相重叠, 变量的值和梯度在任意空间位置都必须通过对多个流体元的贡献求和得到. 这些粒子通过由密度和温度梯度计算的压强和相互的引力进行相互作用. 计算机同时追踪所有单独的轨迹, 就像模拟星系中的恒星一样. 原则上, 可以追踪任何收缩的区域到任意高的密度, 只要它含有足够数量的粒子.

另一种策略是保留连续流体动力学的基本图景, 但是在需要的时候引入额外的坐标区域. 最成功的计算程序采用灵活的嵌套网格技术. 如果物质聚集在原始网格的单个单元中, 则该单元被细分为一系列新的单元. 随着演化, 每个这些新的单元可能被进一步分割, 或者变得更粗粒化. 注意到, 引力收缩的特征时标 t_{ff} 以 $\rho^{-1/2}$ 减小. 因此弥散包层中的一个高度聚集区域比周围演化得快得多. 相应地, 必须在子网格中追踪这些流体若干时间步, 同时冻结更大尺度上的运动. 然后这些短时间内积累的变化以指定的间隔传输到母网格中.

我们在第 10 章看到了坍缩云内的物质如何达到只能被发出强烈辐射的激波波前阻止的超声速运动. 在球对称或轴对称坍缩中定位这个波前相对容易, 在那里它构成了原恒星及其周围吸积盘的边界. 在正在经历碎裂的大质量云中, 准确追踪激波是真正的挑战. 最广泛使用的策略是采用某种形式的人工黏性. 引入一个内部摩擦力, 使得局域速度梯度变得太陡的时候就使流动减速. 以这种方式, 弯曲的激波波前可以在出现的时候至少在一两个区域内被自动识别. 波前的前方和后方的物质遵循正确的激波跃变条件, 因此也可以得到相应的能量损失. 另一方面, 这种技术不适用于计算靠近波前的详细热弛豫和化学弛豫过程.

12.1.5 扁椭球和长椭球位形

使用这些和其他计算工具的理论家已经可以在很大范围的初始条件下追踪三维坍缩. 大多数模拟都是从具有显著转动的均匀球形云开始的. 这里的选择是切实可行的. 坍缩同时有转动的云会沿转动轴变平. 出于计算的目的, 在这个延展的位形中追踪随后的碎裂比在更紧凑、集中的区域中更容易. 然而, 基本结果与无转动球的结果相同. 总质量 M 超过 M_{J} 的云差不多碎裂为 M/M_{J} 个碎块.

当然, 这种宽泛的概括掩盖了大量有趣的细节, 我们不指望充分讲述这些细节. 一些有代表性的研究就足够了. 让我们首先看看模拟告诉了我们关于分子云是否经历动力学碎裂这个主要问题的什么内容. 如果初始的位形是均匀密度的刚性转动球体, 那么可以用无量纲质量 m 和转动参量 β 表征. 这里, 我们从 9.2 节回忆, m 很好地近似了金斯质量的数值. 一旦这块云开始坍缩, 它总是在大约一个自由落体时标内显著变平. 根据 m 和 β 的值, 演化遵循两条路径之一. 云要么反弹为不太平的形状, 要么变平会继续并且平面中的密度以更快的速度增大. 为了便于计算, 先前的计算要求流体保持围绕原始旋转轴的对称轴. 在这种人为的限制下, 沿第二条路径的云合并为一个致密的赤道环. 如果用完全三维的程序追踪同样的坍缩, 任何初始的环都会分裂为两个或更多的碎片.

图 12.3 的左图展示了这样碎裂位形的一个例子. 这个 SPH 计算使用了 1000 个粒子来模拟 $m = 2.0$ 和 $\beta = 0.3$ 球体的等温坍缩. 注意, 后一个值接近 $\beta = 1/3$ 的上限, 对应于初始天体的碎裂. 图中展示了坍缩开始后 $t = 2.3t_{\mathrm{ff}}$, 赤道面上的粒子分布. 此时, 云变得高度扁平, 纵横比为 $6 : 1$. 有三个明显的碎块, 最大密度是母分子云的 4×10^3 倍.

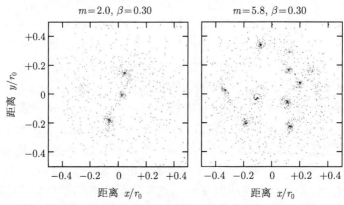

图 12.3   转动球状云的坍缩. 这两幅图展示了赤道面的密度分布. 它们对应于所标出的转动参
数 β 和无量纲分子云质量

图 12.4 用图形的方式总结了几十个转动球坍缩的结果. 每个点代表一个特定的数值模拟, 在平面上的位置依赖于 m 和 β 值. 实心圆圈对应于反弹的坍缩. 空心圆圈表示赤道密度不受限制地增大的情况, 无论是通过环的形成还是更直接的碎裂. 最后, 图 9.9 中的实线是 $m_{\mathrm{crit}}(\beta)$, 即临界稳定的平衡位形. 很明显, 几乎所有的失控坍缩都位于这个包络的上方. 相反, 其他云反弹到和具有合适的 m 和 β 值的稳态平衡位形非常相似的状态. 因此, 我们可以看到, 如果坍缩的云没有可以达到的平衡位形, 它们就会碎裂. 也就是说, 碎裂只发生在 $M > M_{\mathrm{crit}}$ 的情况, 其中 M_{crit} 是对 M_{J} 有旋转的推广.

特别有趣的是追踪演化仅略高于图 12.4 中的临界线的云. 这些天体在密度上表现出失控增长, 但没有碎裂. 在二维和三维计算中, 它们演化为中心密度急剧上升的扁平结构. 它们的坍缩一定会以非同调的、由内而外的方式 ($\beta = 0$ 的特殊情形已经得到了很好的研究) 持续下去. 因为这种内落的类型不容易发生动力学碎裂, 我们现在看看什么东西非常一般性地限制了这个过程. 任何分子云, 无论质量多大, 一旦单独的碎块有显著的热支撑, 就会停止碎裂. 这些质量大约为 $M_{\rm J}$ 的碎块的进一步坍缩可以继续进行而没有额外的碎裂.

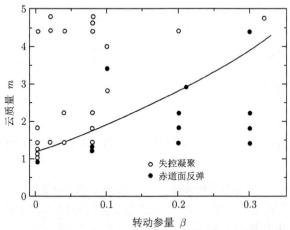

图 12.4　转动球坍缩的数值结果. 在 m-β 平面上, 空心圆圈代表中心密度增长没有上限的坍缩. 实心圆圈是经历赤道面反弹的云. 实线追踪平衡态的最大质量

这并不是说每个碎块都会形成一颗恒星. 在最小的那些碎块中, 热支撑可能足以阻止进一步凝聚. 图 12.3 左图中的三个天体的系统可能是不稳定的, 就像三星系统一样. 在几个轨道周期内, 其中一个天体 (可能是质量最小的) 可能会被弹射出去, 剩下的一对天体会更紧密地结合在一起. 碎块也可能合并, 特别是产生了大量碎块时. 图 12.3 右图展示了一个这种情形, 源自 $m = 5.8$ 的云的坍缩. 这里, 初始球坍缩到一个平得多的盘, 长宽比为 $14:1$. 一旦这个盘形成了, 赤道面中靠近中心的物质就被离心力抛出, 撞到额外从更远处靠近的物质. 此时盘开始碎裂, 不形成环. 对于所展示的时间 $t = 2.2t_{\rm ff}$, 八个清晰的碎块互相绕转. 如果继续计算, 预期其中一些会合并.

我们之前提到过, 即使是轻微拉长的无压云也会坍缩成越来越窄的丝状结构. 严格地说, 只要温度严格不变, 具有相对低温度的天体不改变这个结果. 更实际地说, 内部深处最终会因为光学厚度的增加而升温. 增加的压强梯度减缓了收缩, 给了分子云沿轴线碎裂的时间. 图 12.5 展示了拉长的天体翻滚时会发生什么. 在 SPH 计算中, 初始结构是密度均匀的椭球, 在 x-y 平面中经历较差转动. 椭球是三轴的, 轴比为 $2:\sqrt{2}:1$, 质量大约为 $20M_{\rm J}$. 坍缩再次导致非常细的丝状结构, 但现在由于转动而展现出大尺度弯曲. 在图示的坍缩开始后的 $1.6t_{\rm ff}$, 出现了一系列高密度的扭结.

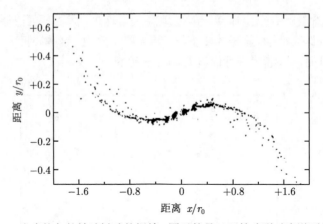

图 12.5　密度均匀的转动椭球的坍缩. 图示的是云开始碎裂时赤道面的密度

作为一个整体, 我们的例子说明了两个核心观点. 首先, 任何特定坍缩的详细结果都对初始条件敏感. 云的形状、内部密度变化和转动状态都对碎块的空间分布和它们随后的相互作用起着决定作用. 其次, 云是否会碎裂的基本问题在很大程度上与这些因素无关. 只要热压强是坍缩前的主要支撑力, 分子云在这个方面的命运就主要取决于它相对于 $M_{\rm J}$ 的质量. 如果这个比例很大, 则无论如何, 这个天体都极易碎裂. 因此, 最初为扁平盘或平板的云会碎裂为大小与原初云的厚度相当的碎块. 拉长的丝状结构迅速分裂为长度与丝状结构直径相当的碎块. 在每种情况下, 热支撑在新形成的子结构中比在母天体中重要得多, 它们随后的演化在定性上是不同的.

12.2　年 轻 双 星

前面的计算有助于约束这样一个问题: 大的分子云如何形成很多注定成为恒星的较小结构. 让我们暂停理论描述, 转向对星群的经验描述. 第 4 章已经描述了星协和束缚星团, 包括它们的内禀性质和它们与分子云的关系. 这里, 我们通过处理最简单的星群, 双星, 来完成这个图景. 人们早就知道, 一颗典型的场星更有可能有一颗伴星. 某些区域的主序前恒星有更高的双星比例这个发现是一个令人兴奋的进展, 其含义仍然不清楚.

12.2.1　基本性质

图 12.6(a) 展示了质量 M_1 和 M_2 的恒星组成的双星运动. 每颗星遵循绕系统质心 (图中用叉表示) 的椭圆轨道. 这两个椭圆有相同的偏心率 e, 但半长轴 a_1 和 a_2 反比于相应的质量. 如果 u_i 和 r_i 分别是每颗星在任意时刻的速度和径向距

离, 那么我们有

$$\frac{M_1}{M_2} = \frac{u_2}{u_1} = \frac{r_2}{r_1}. \tag{12.14}$$

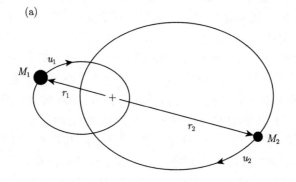

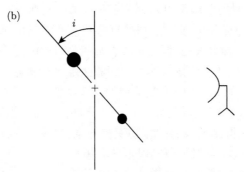

图 12.6 双星成员在轨道平面内的运动 (a) 以及侧视图 (b). 这些恒星在相同但经过缩放的椭圆上绕质心运动. 质心在两幅图中都用十字表示. 图中还展示了质心参考系中的径向距离和速度, 以及轨道平面和视线的夹角

图中, 我们已经假设 M_1 大于 M_2. 对于主序天体, 质量越大的恒星也越亮, 也就是说, 它是系统中的主星. 最后, 注意到两颗恒星都在相同的周期 P 内完成一个轨道, 这是由推广的行星运动的开普勒第三定律得到的

$$P = \frac{2\pi a_{\text{tot}}^{3/2}}{(GM_{\text{tot}})^{1/2}}$$

$$= 1 \text{ yr} \left(\frac{a_{\text{tot}}}{1 \text{ AU}}\right)^{3/2} \left(\frac{M_{\text{tot}}}{1 M_\odot}\right)^{-1/2}. \tag{12.15}$$

这里, a_{tot} 和 M_{tot} 是

$$a_{\text{tot}} = a_1 + a_2$$

$$M_{\text{tot}} = M_1 + M_2. \tag{12.16}$$

证认双星最直接的方法是观测两颗星的自行. 如果两颗星沿平行的轨迹穿过天空, 我们就可以确定它们组成了一个束缚系统. 然而, 轨道周期可能很长, 两个天体都只是沿对应于质心速度的直线运动. 在更好的情况下, 我们可以看到两个路径偏离直线运动的扭曲. 这种目视双星的周期可能为几十年或几个世纪. 相对罕见的天体测量系统显示出单星自行的调制, 它的伴星太暗了, 探测不到.

更紧密的系统中周期较短的轨道运动只能通过谱线多普勒移动的变化来辨别. 如果看到两套恒星吸收线, 那么这些分光双星是双线的; 否则, 它们是单线的. 注意, 每颗恒星的多普勒移动并不完全追踪它的速度 u, 而只是投影 $u \sin i$. 如图 12.6(b) 所示, i 代表轨道平面 (这里是侧视的) 和垂直于视线的平面的夹角. 最后, 一颗恒星在某个波段的重复测光通常揭示出流量的周期性下降. 这种极小可能表示了转动的恒星黑子, 或者伴星的部分遮挡. 在后一种情形, 这个双星被称为食双星. 当然, 这些分类不是互斥的. 例如, 食双星系统通常也显示出光谱变化.

双星观测可以追溯到望远镜引入天文学的早期, 但真正的多重恒星的巡天是相对近期进行的. 这里必须面对一系列严重影响原始数据的选择效应. 最明显的是探测相对暗弱或小质量伴星的难度越来越大. 在实践中, 在任何波段, 目视双星的成员之间有一个最大的可观测星等差. 随着接近这个极限, 伴星变得更加难以找到. 类似地, 分光双星仅在径向速度变化的某个阈值之上才能被探测到. 随着恒星质量降低, 它们的发现就更成问题了. 另一方面, 大质量恒星的旋转往往更快. 转动使吸收线展宽, 使得测量线心的移动变得困难. 最后, 轨道恰好位于天球切面上的双星系统无论质量如何都不会出现多普勒频移.

使这种效应造成的偏差最小化首先需要对研究进行仔细设计. 例如, "星等限定的"巡天, 观测所有亮于某个指定 m_V 的天体, 往往会夸大分光双星的数量. 这些双星的次星亮度几乎相同, 因此比单线系统更有可能超过星等极限. 为恒星设定一个最大距离可以克服这个困难. 考虑到与各种质量有关的特殊困难, 也应谨慎集中于有限范围的光谱型. 即使是这样距离限定的样本, 我们也需要广泛的研究来改正不完备性.

12.2.2 主序系统

研究得最好的族群是太阳附近的 G 型主序星. 在 164 个 22 pc 以内的系统中, 单星、双星、三星和四星的比例为 $57 : 38 : 4 : 1$. 所以, 43% 的恒星至少有一颗伴星. 这个数字只包含了质量超过主星 10% 的那些恒星. 考虑到不完备性后, 多星系统 (以同样的质量比极限) 的真实比例估计为 57%.

这个局域族群中的双星系统包括分光双星、目视双星和天体测量双星以及有共同自行的恒星对. 对最后一种系统的观测不能直接给出周期. 然而, 可以从它们的光谱型给出两颗星的质量, 将观测到的间距 (在统计的基础上) 转换为半长轴 $a_{\rm tot}$, 然后用方程 (12.15) 得到 P. 图 12.7 展示了整个双星样本的周期分布. 纵坐标是双星差分比例 (differential binary frequency) $f_{\rm B}$, 定义为单位对数周期间隔内的双星数量除以单星和多星系统的总数. 注意, 三星系统贡献了两个双星系统, 以此类推. 图 12.7 还包括了由于选择效应而没有探测到的十几个估计的系统. 很明显, 这些周期跨度很大, 从不到一天到数千年不等. 分布有惊人的对称性, 最大值接近 180 yr.

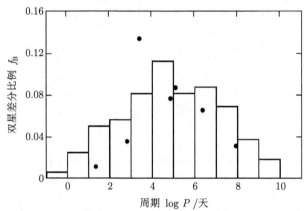

图 12.7 太阳附近主序双星的周期分布. 实线直方图是 G 型矮星的双星差分比例, 而实心圆圈是 M 型恒星的结果

图 12.8 的左图展示了次星和主星的质量比 (通常记作 q) 的分布. 这些观测本身只能明确给出恰好有掩食 (见下文) 的目视双星和双线分光双星的质量. 因此, 图中既包括了轨道倾角的统计改正, 也包括了通常的外推来解释未探测到的系统. 注意到在被观测的恒星中主星平均质量是 $1.3M_\odot$. 所以, 图 12.8 中所见的在相对大的 q 处的下降类似于场星初始质量函数在这个质量附近的急剧下降. 我们通过虚线用方程 (4.6) 的初始质量函数的解析近似来量化这种相似性. 这里我们通过假设主星质量恰好为 $1.3M_\odot$ 将场星质量函数用 q 写出. 幂函数序列确实模拟了 $q \gtrsim 0.3$ 的次星质量分布的尾部, 但没有较低 q 值处的拐折. 另一方面, 在图 4.22 所示的更详细的场星初始质量函数中看到了类似的变平. 最后, 我们注意到, 如果我们不考虑整个 G 型矮星样本而考虑有限周期间隔内的子样本, 那么次星质量分布仍然基本不变.

观测或推测的这些双星的轨道从圆到高度偏心的都有. 一般来说, 周期越长的系统偏心率越大. 图 12.9 将 e 描绘为 P 的函数, 展示了长周期系统实际上具有很大的偏心率范围. 最大的 e 值随 P 稳步增长. 有趣的是, 在 11 天附近有一个明确的截止, 低于这个截止的轨道都是圆形的. 一定有某种物理机制使密近双星圆化. 我们后面把这个效应证认为引力的潮汐分量, 在主序前阶段和后面都会产生可观的力矩.

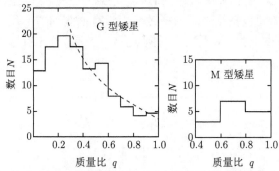

图 12.8　G 型矮星 (左图) 和 M 型矮星 (右图) 中主星和次星质量比的分布. 左边的虚线代表场星的初始质量函数

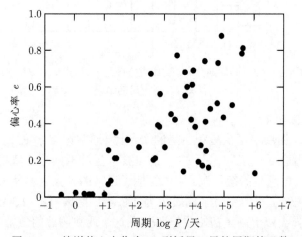

图 12.9　轨道偏心率作为 G 型矮星双星的周期的函数

太阳附近恒星中大约 60% 是 M 型矮星, 所以研究这个族群的聚星尤其重要. 许多观测研究都在寻找伴星, 使用了从光学和红外成像到高分辨率径向速度测量的技术. 在改正了不完备性后, 单星、双星、三星和四星的比例为 58 : 33 : 7 : 1. 在此情形下, 观测到的恒星有 42% 至少有一颗伴星. 为了理解这个数字和 G 型矮星的 57% 的聚星比例之间的差异, 考虑观测的 M 型恒星中最大质量仅有 $0.5M_\odot$. $q \lesssim 0.2$ 的次星可能是特别难探测的褐矮星 (没有包括在上面对不完备性的改正). 所以 M 型恒星真正的多星比例可能高得多, 更接近 G 型矮星的多星比例.

这种族群的相似性也可以从图 12.7 中的实心圆圈所示的周期分布中看到. 这些点再次展现出宽的单个极大, 现在位于 10~200 yr. 然而, 图 12.8 (右图) 展示了 q 的轮廓比 G 型恒星平得多. 这种明显的差异很容易调和. 即使 M 型恒星最大的 q 值也只对应不超过 $0.5M_\odot$ 的次星, 大部分质量都要小得多. 因此相对平坦的 q 分布至少和 G 型双星和图 4.22 中所示的小质量反转基本一致. 总结起来, M 型和 G 型矮星的研究也得到了相同的结论. 双星中的主星和次星质量的分布遵循初始质量函数.

主星为 O 型星的系统不符合这条规则. 如果次星确实是从初始质量函数随机抽取的, 那么它是 O 型或者 B 型恒星的可能性非常小. 然而, 这种两颗大质量恒星组成的恒星对不难找到. 仔细的研究表明, 在很多适合光谱研究的更紧密的系统中, 这些成员正在交换质量. 然而, 在其他大质量恒星对中, 两颗星保持分离. 考虑麒麟座 S, 这颗 O7 型恒星是 NGC 2244 星团最亮的成员. 视向速度测量和干涉测量揭示了一颗分立的伴星以 24 年的周期绕转. 由于该系统是一个双线的分光双星和天体测量双星系统, 因此可以得到两颗恒星的质量, $35M_\odot$ 和 $24M_\odot$.

除了 q 的分布, 包含 O 型星的双星与质量较小的双星类似. 观测和估计的周期跨越了非常宽的范围, 大约 8 个数量级. 轨道宽得无法进行光谱探测同时又窄得无法在空间上分辨的那些系统严重缺乏数据. 在任何情况下, 目视双星系统的比例看起来都是正常的, 至少在 OB 星协中是这样的. 有趣的是, 双星在星协外的 O 型场星中并不常见, 在逃逸星中更不常见. (回忆 4.3 节中的讨论.) 我们必须时刻牢记, 考虑到和主星的光度对比度以及这些系统较远的距离, 要找到 O 型星的小质量伴星是非常困难的. 甚至有可能在某些情况下, 一对分得很开的 O 型星的两个成员本身就是低 q 值的双星. 灵敏的红外观测最终可能探测到这种级别的系统.

12.2.3　成像方法

现在让我们转向小质量恒星并探索主序前恒星中的聚星. 从 20 世纪 40 年代对金牛座 T 型星进行初步分类以来, 人们一直都注意到它们会偶尔成对. 在进行全面普查时, 人们立即面临一个超出通常选择效应的严重问题. 最近的恒星形成区比 G 型和 M 型矮星巡天有限的距离要远得多. 考虑金牛座-御夫座中由两颗太阳质量恒星组成的典型双星. 如果, 如我们将要证实的, 这种系统的周期分布与矮星的周期分布相似, 那么我们的例子很可能是周期大约为 200 yr 的目视双星. 由方程 (12.15), a_{tot} 大约为 40 AU, 或者在金牛座-御夫座距离 150 pc 处对应 $0.4''$. 达到这样的空间分辨率在技术上是个挑战.

另一个困难源自这个事实: 大部分主序前恒星发出的流量在近红外最高. 光学仪器虽然有用, 但对于系统性的观测并不理想. 这方面的一个重要进展是近红外阵列的引入. 我们在第 4 章中看到, 这些探测器革新了内埋星团的研究. 这些阵列已经导致了大量金牛座 T 型星密近伴星的发现, 角距离从大约 0.7″ 到 15″. 基于统计, 大部分这种系统一定是主序前双星, 而不是天球面上的偶然重叠. 观测者已经可以测量一些恒星对的相对自行, 计算得到的速度看起来和引力束缚系统的预期相符.

图 12.10 生动地说明了近红外观测揭示小质量伴星的能力. 四幅图都以恒星金牛座 T(金牛座 T 型星的原型) 为中心. 每幅图都是用所示波长的阵列探测器得到的. 下面的伴星相距 0.69″ 或 97 AU, 在 3.42 μm 很明显, 但在更长或更短的波长就不太明显. 额外的研究已经揭示了这个源本身是一个密近双星系统. 一颗星是被遮蔽的 M 型星. 另一颗星被埋得更深. 其光谱能量分布峰值在近红外, 和经典金牛座 T 型星一样, 但完全没有光学流量. 所以, 宽带光谱并不能很好地适应标准的分类. 这些伴星中有一颗驱动了电离风和分子外流. 仔细的观测已经将这个外流和上面那颗星驱动的接近正交的外流区分开来.

金牛座 T 型星系统

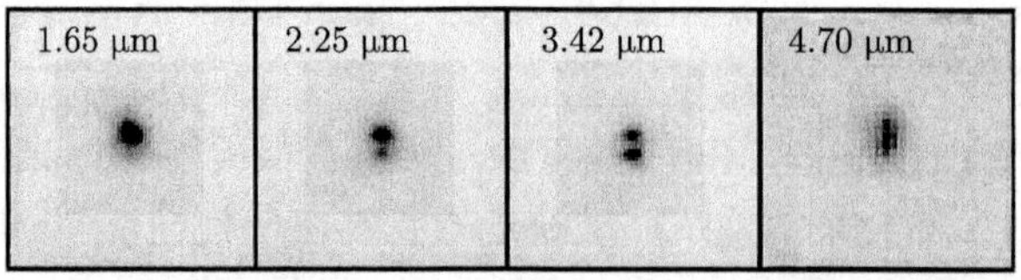

图 12.10　金牛座 T 型星双星系统的近红外阵列观测. 每一幅图是所示波长的图像. 下面的源实际上是一个密近双星, 这里没有分辨出来

金牛座 T 系统中最明亮的两个成员用近红外阵列探测器进行传统的测光几乎无法分辨. 实际上, 以前被认为是单星的伴星最初是通过另一种被称为散斑干涉测量的技术发现的. 这里, 通过补偿地球大气中湍流的模糊效应来提高分辨率. 湍流表现为沿任意视线方向的折射率的间歇性涨落. 这种 "闪烁" 会扭曲入射的波前. 结果, 如果在足够短的时间间隔内对任意源进行成像, 它就会分裂为不规则分布的光点, 或光斑 (speckle). 对于更长的积分时间, 在近红外典型值为 100 ms 或更长, 光斑合并产生通常更宽的强度图样.

每个光斑的角尺度接近衍射极限 λ/D, 其中 λ 是辐射波长, D 是望远镜口径.[①] 可以通过将每次短暂曝光和一个附近点源的短暂曝光 (也展示出类似的光斑) 相比较来恢复这个源在这个分辨率的内禀结构特征. 在实践中, 观测者在一次观测中对目标和参考源进行数百次曝光, 然后对结果进行平均得到最终图像. 在用近红外阵列来实现时, 散斑干涉法使得可以探测到投影间隔从 0.07″ 到大约 3″ 的

---

① 回忆一下平面波入射到带有圆孔的不透明屏幕的环形衍射图案. 对于孔直径 D, 从中心强度峰到第一个零点的角度为 0.61λ/D. 按惯例, 这个值翻倍就给出了同样口径望远镜的理想极限分辨率. 天文学家把通常测光中得到的点源的角尺度称为视宁度 (seeing).

双星. 上限是由阵列探测器总的视场设定的.

在适当的情形, 可以探测更紧密束缚的系统. 月球前缘经过一个源会产生流量的快速下降, 可以用高速测光系统监测. 相反, 变亮伴随着同一个天体的再现. 在任意情形, 源的内禀光度分布都会影响这种变化的精确特征. 观测者已经用这种近红外月球掩星技术探测了间距从 0.01″ 到 1″ 的双星. 这里, 测得的间距是掩食点处垂直于月球边缘方向的间距.

图 12.11 展示了主序前恒星金牛座 DF 在重现事件中的 K 波段流量的变化. 这个信号首先跳到一个暂时的平台, 然后再次上升到最终的恒定值. 这种行为表明存在一个双星系统. 光滑实线是两个点源在时间上相差 84 ms 出现所预期的结果. 注意最后一次跳跃后明显的 "回声", 这是锐利的月球边缘衍射的结果. 对于这次观测边缘穿过天空的速度是每秒 0.29″. 因此, 伴星出现的时间延迟转化为 0.024″ 的间隔, 或者在金牛座-御夫座距离处的物理间隔 3.4 AU.

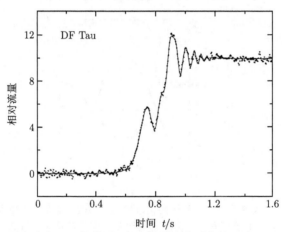

图 12.11　月球对双星金牛座 DF 的掩星. 画出的是这个系统从月球后面出来的时候近红外相
对流量的时间变化. 光滑的曲线是对两个点源的理论预测

12.2.4　光谱研究

目前还没有技术可以对间隔小得多的双星进行成像. 另一方面, 这种恒星对可以观测光学光谱的多普勒移动. 现在让我们更清楚地看一下, 变换的径向速度使得我们可以推导重要的物理性质. 图 12.12 展示了三个主序前双星系统的 V_r 的测量. 这些速度没有展示为时间的函数, 而是展示为轨道相位 ϕ (即一个周期内经过的时间的比例) 的函数. 为了实现这种转换, 我们首先通过检查速度时间序列的周期行为得到 P.

图 12.12(a) 展示了单线分光双星 155913-2233 的数据. 这个 $P = 2.42$ 天的系统中的主星是天蝎座-半人马座中的弱线金牛座 T 型星. 水平虚线代表平均的

V_r 值, 这里等于 $-2.3 \text{ km} \cdot \text{s}^{-1}$. 这个物理量是视线方向的质心速度, 和这个区域中单星的观测值一致. 光滑曲线是对 V_r 的相位变化的理论拟合. 它的内禀形状依赖于两个参数——偏心率 e 和主星长轴在轨道平面内的方位.[①]变化两个参数以得到与数据的最佳拟合. 在现在这个情形, 曲线非常接近正弦曲线, 对应于圆轨道. 所以, 拟合程序以很高精度得到 $e = 0$.

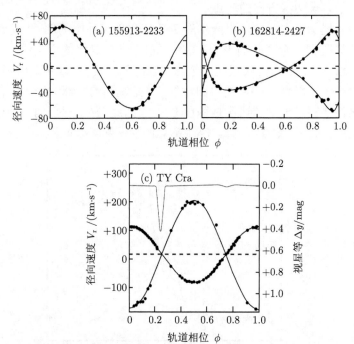

图 12.12 三个主序前双星的径向速度作为轨道相位的函数. 实线是各种偏心率和方位的双星的理论结果. 下图也展示了在 y 波段测量的宽带可见光流量的时间变化

　　理论对观测的拟合还需要指定速度变化的幅度. 更准确地说, 令 K_1 为主星 V_r 值总的变化的一半. 这个物理量在我们的例子中为 $63 \text{ km} \cdot \text{s}^{-1}$. 周期和速度变化幅度显然给出了轨道线尺度的信息, 即半长轴 a_1. 我们在附录 H 展示了投影值 $a_1 \sin i$ 遵守

$$a_1 \sin i = \frac{K_1 P}{2\pi} (1 - e^2)^{1/2}. \tag{12.17}$$

对于图 12.12(a) 中的双星, 我们发现 $a_1 \sin i = 0.014 \text{ AU}$.

　　我们还没有提到恒星质量. 这里必须使用开普勒第三定律, 即方程 (12.15). 如果只观测了主星, 如我们的例子, 我们不能独立导出关于 M_1 或 M_2 的任何东

[①] 这个轨道平面内的方位角和倾角 i 不同. 如之前提到的, 后者是轨道平面和天球切面之间的夹角 (回忆图 12.6(b)).

西. 所知仅限于被称为质量函数的组合物理量 $f(M)$, 定义为

$$f(M) \equiv \frac{M_2^3 \sin^3 i}{(M_1 + M_2)^2}.$$ (12.18)

附录 H 也导出了用已知物理量表示的这个函数的表达式

$$f(M) = \frac{K_1^3 P}{2\pi G}(1 - e^2)^{3/2}.$$ (12.19)

代入我们当前的值给出 $f(M) = 0.064 M_\odot$.

在次星的光谱也存在的情况下, 自然可以得到更多信息. 图 12.12(b) 展示了蛇夫座 ρ 中的双星分光双星 162814-2427. 这对恒星首先用 X 射线探测到, 由两颗以周期 36.0 天互相绕转的弱线金牛座 T 型星组成. 用相位表示的径向速度现在沿偏离正弦的曲线下降, 所以存在显著的偏心率. 拟合程序给出 $e = 0.48$. 注意到在此情形, 质心速度为 -6.1 km·s^{-1}.

每条速度曲线有其自己的幅度, 这里测得 $K_1 = 44$ km·s^{-1} 和 $K_2 = 48$ km·s^{-1}. 将方程 (12.7) 应用到两个轨道给出投影的半长轴 $a_1 \sin i = 0.128$ AU 和 $a_2 \sin i = 0.139$ AU. 这些结果表明, 主星和次星质量接近相等, 但不知道倾角依然造成了困难. 可以把方程 (12.15) 重写为

$$M_1 \sin^3 i + M_2 \sin^3 i = \frac{4\pi^2}{GP^2}(a_1 \sin i + a_2 \sin i)^3,$$ (12.20)

而方程 (12.14) 表明

$$\frac{M_1 \sin^3 i}{M_2 \sin^3 i} = \frac{K_2}{K_1}.$$ (12.21)

同时求解这两个方程分别给出 $M_1 \sin^3 i$ 和 $M_2 \sin^3 i$ 为 $1.02 M_\odot$ 和 $0.94 M_\odot$. 所以, 我们只能得到这两个质量的下限.

只有在有某种确定倾角的独立方法时, 这些约束才能确定真实的质量. 对双线分光双星中掩食的观测提供了这样一个机会. 然而, 轨道平面必须接近侧视这个效应才会出现. 图 12.12(c) 展示了这样一个幸运的情形, 双星南冕座 TY. 这里的主星是南冕座暗云复合体中的赫比格 Be 星. 这个中等质量天体是位于这块云的一端的一个年轻星团最亮的成员之一 (回忆图 4.7).

周期 2.89 天的南冕座 TY 是另一个无法进行直接成像的密近双星系统. 径向速度曲线接近正弦, 所以轨道偏心率接近于零. 测量到的幅度 $K_1 = 85$ km·s^{-1} 和 $K_2 = 165$ km·s^{-1} 表明成员的质量相差大约一个 2 的因子. 使用方程 (12.17)、(12.20) 和 (12.21) 给出 $M_1 \sin^3 i = 3.08 M_\odot$, $M_2 \sin^3 i = 1.59 M_\odot$, $a_1 \sin i =$

$4.86R_{\odot}$ 和 $a_2 \sin i = 9.38R_{\odot}$. 再次注意到投影的半长轴非常小. 仔细的光谱观测揭示了第三颗恒星在远得多的距离绕转, 大约 1 AU. 这第三颗星表现为靠内的双星系统的小扰动, 我们可以忽略它.

图 12.12(c) 中还展示了系统性的宽带流量记录. 这里, 视星等是在 y 波段 (斯特龙根光谱序列中 5500 Å 处的可见光波段) 测量的. 在 $\phi = 0.25$ 处的急剧下降标志着主掩食. 这个降低发生在主星位于较暗的伴星正后面的时候. 半个周期之后, 在 $\phi = 0.75$, 主星完全挡住伴星. 这个次掩食处的流量下降要小得多. 还要注意到这点前后总流量的轻微上升. 恒星之间的距离足够小, 主星的辐射显著加热了次星的一部分表面. 这个暴露区域在次星被掩食之前以及之后很短的一段时间可以看到, 这解释了流量的暂时增大. 对整条光变曲线的仔细建模可以得到单颗恒星的半径、光度和有效温度. 最重要的是, 这个模型还得到了倾角 i 为 83°. 因此, 我们最终得出 $M_1 = 3.16M_{\odot}$ 和 $M_2 = 1.64M_{\odot}$.

12.2.5　周期和偏心率

在整理了光谱和各种成像技术提供的数据之后, 观测者们已经对主序前恒星中的双星进行了普查. 最完整的信息来自金牛座-御夫座区域和蛇夫座 ρ 区域, 但巡天范围在迅速扩大. 图 12.13 总结了当前知道的双星差分比例. 这里的这些系统只是以金牛座 T 型星作为主星的那些系统. 所以这幅图忽略了像南冕座 TY 这种质量较大的双星. 图中也展示了主序 G 型星的 f_B 分布作为参考.

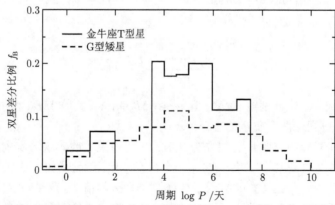

图 12.13　主序前双星的周期分布 (实线直方图). 从图 12.7 重绘的虚线直方图展示了 G 型矮星的结果作为比较

比较这两组, 很明显, 金牛座 T 型星覆盖了同样广泛的周期. 注意到 100 天和 10 年之间的明显间隙, 这个区间位于分光双星和那些可以直接成像的双星之间. 最大部分的主序前双星也位于 $10^2 \sim 10^3$ yr. 图 12.13 的一个显著方面是, G

型矮星的总体比例较高. 考虑到诸如探测极限等因素, 我们应该谨慎看待光学和红外研究的任何直接比较. 然而, 这些数据表明的一种可能性是, 恒星形成区的双星数量可能会随时间减少. 如果是这样, 那么我们根本不清楚是什么原因导致这些系统解体. 另一种观点是, 图 12.13 所示区域的双星族群和这个区域最有代表性的区域不同.

随着我们继续探测所发现的这些系统的详细性质, 演化对双星系统的影响应该会逐渐变得清晰. 对于通过成像发现的双星, 在不同波长分离出的单颗星对流量的贡献往往是有问题的. 即使这种分离可行, 也必须对两颗星进行光谱观测以得到有效温度. 总结起来, 没有太多情形可以确定地把两颗星画到赫罗图上. 所以质量的确定很大程度上源自相对少数的分光双星. 同样这些双星也提供了现有的少数几十个轨道偏心率值.

图 12.14 展示了金牛座 T 型星双星的偏心率作为周期的函数. 很明显, 较长周期、间距较大的系统往往具有更高的 e 值. 这一趋势与 G 型矮星的趋势惊人地相似 (图 12.9). 我们再次注意到周期分布出现了一个较低的截止, 低于这个周期的轨道是圆的. 在这一组年龄集中在 10^6 yr 附近的恒星中, 这个值大约为 4 天. 有趣的是, 年龄 6×10^8 yr 的毕星团的类似数值为 8 天. 回想一下图 12.9, 我们的主序 G 型星样本的截止为 11 天, 而对于银晕中较老的双星, 截止为 19 天.

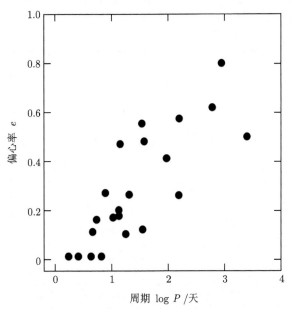

图 12.14 轨道偏心率作为主序前双星周期的函数

12.2.6　红外伴星和原双星

在将我们的搜寻扩展到最年轻的双星时, 我们自然会把注意力集中在具有最大红外发射的那些天体. 我们已经注意到金牛座 T 系统中有一颗星没有光学成分. 这种可见的主序前恒星和深埋 (特别是红外) 恒星成对相对少见, 但并非唯一. 观测者已经发现了十二个这种系统, 大约占金牛座 T 型双星的 10%. 这些被称为红外伴星的内埋星的本质仍然非常不清楚.

一方面, 毫无疑问的是, 严重的遮蔽来源于高的尘埃柱密度. 金牛座 T 的例子中 10 μm 的硅酸盐吸收支持了这个观点. 另一方面, 红外辐射也表现出明显的变化, 甚至在几年的时间里. 从红外伴星到轻度遮蔽的金牛座 T 型星的急剧消光变化进一步强调了中间物质分布在有限的空间范围. 总之, 几乎没有迹象表明所讨论的天体年龄较小, 只是周围的环境非常不同.

红外伴星热光度和可见星类似, 提供了这个系统波长长于 10 μm 的大部分流量. 图 12.15 展示了双星御夫座 UY 的光谱能量分布. 这里可以通过散斑干涉法分离单颗恒星的流量. 有趣的是, 在 1944 年早期金牛座 T 型星巡天期间, 现在的红外伴星是一个光学可见的天体. 目前, 这颗恒星的流量在 10 μm 以外上升到最大值. 在我们讨论了 0 型和 I 型源后, 光谱能量分布的宽度表明存在显著的加热和尘埃的再发射. 大部分这些物质可能位于围绕这颗星的吸积盘中. 也有直接证据表明存在围绕整个双星系统的大得多的吸积盘, 如我们将在第 17 章中讨论的.

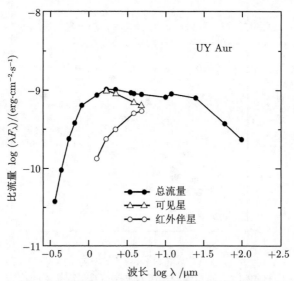

图 12.15　双星御夫座 UY 的光谱能量分布. 除了总流量, 图中还展示了可见恒星和红外伴星单独的贡献

两颗成员星都被深埋的双星很可能代表了我们到目前为止讨论过的系统的真正前身. 自 20 世纪 80 年代以来进行的射电和红外研究已经开始找到这些例子. 这些系统的总数对于研究它们的一般特征来说仍然太少. 此外, 在任何情况下都不可能通过它们的自行或径向速度令人信服地证明这些星是引力束缚的. 然而我们将把术语原双星 (protobinary) 应用于任何一对看起来可能是束缚系统的光学被遮蔽的恒星.

搜寻原双星的一种方法是研究分子外流的驱动源. 这些运动气体的延展瓣似乎从红外明亮的致密区域发散开. 用阵列探测器对这些位置进行更仔细的检查常常会发现更致密的点源团簇. 外流偶尔源自相对孤立的恒星对.

一个典型的例子是蛇夫座 ρ 区域中的 IRAS 16293-2422. 这个源位于一个复杂的强大外流系统的中心, 由两对红移和蓝移的瓣组成. 瓣中的流动速度属于分子外流中较快的, 表明驱动恒星特别年轻. 对中心区域的红外和亚毫米波测量证实了这一点. 尽管总光度超过 $30L_\odot$, 但这个源在波长短于 25 μm 是探测不到的, 光谱能量分布可以很好地归入 0 型.

这个系统的双星本质只有在更高空间分辨率下才变得明显. 厘米和毫米波段的干涉成图揭示了两个分立的致密源, 投影间隔 840 AU. 厘米波辐射可能源自星风引起的激波 (第 13 章). 如果每个源都驱动一对外流瓣, 那么就可以预期会有星风. 围绕其中一颗恒星的是一组紧密的 H_2O 脉泽, 这是星风的另一个迹象. 毫米波连续谱就像红外一样, 源自温暖的尘埃颗粒. 每颗成员星的拱星气体质量略低于 $1M_\odot$. 当然, 这些数字只代表被恒星加热的那部分气体. 此外, 从分子谱线辐射可以看到更大的母体致密云核或板状云. 进一步研究会阐明这个天体的形态, 以及每颗星和延伸到最致密的气体之外的分子外流的联系.

12.3 双星的起源

关于深埋恒星对的信息仍然太少, 无法证明它们代表了所有双星的前身. 随着观测情况持续改善, 我们也可以寻找暴露得更好的主序前系统, 寻找它们起源的线索. 在本节的后面, 我们将看到关于分子云演化的哪些理论观点可能是相关的.

12.3.1 成员星的年龄

对于起源的问题, 任何对恒星年龄的测量明显都是非常重要的. 如果双星中两个成员的年龄接近相同, 那么这两颗成员星一定是作为一个引力束缚的单元同时形成的. 相反, 年龄相差很大意味着在非常不同的时候和空间位置诞生的两颗星通过某种捕获机制结合在一起. 可以想象发生在大型母星团中的这种事件. 然而, 观测数据让这种情形变得不太可能, 如我们现在将要通过具体例子说明的那样.

　　我们从分光双星开始. 要得到任何年轻恒星的年龄需要把它放到赫罗图上. 于是我们需要确定成员星的等效温度和热光度. 对于掩食的双线系统, 我们已经看到, 可靠的 T_{eff} 和 L_{bol} 来源于对光变曲线的仔细建模. 在把每颗星放到赫罗图上后, 我们可以从合适的主序前序列读出它的年龄和质量. 但我们也已经看到两个质量是如何从速度曲线的分析和倾角 i 得出的. 没有先验的理由解释为什么从光谱得到的 M_1 和 M_2 应该和从主序前轨迹得到的测光值相符. 因此食双星在测量恒星年龄和确定演化轨迹的准确性方面提供了非常有利但非常罕见的机会.

　　图 12.16 的上图在 L_{bol}-T_{eff} 平面内展示了之前在图 12.12(c) 中描绘的食双星南冕座 TY 的主星和次星. 在当前的图像中, 主星位于零龄主序下方一点, 质量接近 $3.0M_\odot$. 后一个值与更精确的光谱测定的 $3.16M_\odot$ 符合得相当好. 次星光谱测得的质量为 $1.64M_\odot$, 确实正好在 $1.5M_\odot$ 演化轨迹上方. 因此, 得到成员星质量的这两种独立方法基本一致.

　　恒星质量是多少? 不幸的是, 主星的位置太接近零龄主序, 所以不可能确定可靠的收缩年龄. 然而, 这颗星照亮了南冕座分子云中的一块明亮的反射星云, 这个系统的光谱能量分布在中红外波段向更长的波长上升. 所以, 主星不可否认是位于星际和拱星气体和尘埃中的年轻的、典型的赫比格 Be 星. 我们初步给出它的年龄为一颗 $3M_\odot$ 的刚刚到达零龄主序的恒星的主序前年龄, 即 2×10^6 yr. 如虚线所示的相应的等年龄线会经过靠近次星的位置. 因此, 尽管数据无法进行更定量的估计, 南冕座 TY 的成员星应该是同龄的.

　　当两颗星都位于零龄主序上方时, 年龄估计更值得信赖. 有很多这类食双星, 但都没有得到可靠的性质. 然而, 有很多非食双星的双线系统. 图 12.16 的下图展示了一个这种系统, 属于弱线金牛座 T 型星的金牛座 V733 和它的伴星. 在没有掩食的情况下, 我们必须通过仔细分析合成的光谱能量分布和窄波段谱线的移动来得到每颗星的 T_{eff} 和 L_{bol}. 然后我们发现金牛座 V773 的成员星具有大致相同的年龄, 也正好是大约 2×10^6 yr. 在这种情况下, 主星和次星的测光质量为 $M_1=1.7M_\odot$ 和 $M_2=1.2M_\odot$. 我们可以将它们的比值 $M_1/M_2=1.4$ 和通过应用方程 (12.15) 从光谱得到的值 1.32 进行比较. 这两个估计值的相似性令人满意, 进一步增强了我们用演化轨迹得到年龄和质量的信心.

　　从未分辨的恒星对中得出相对光度不是一件简单的事, 前面的结果也有一定的不确定性. 当我们考虑更广泛的、空间上可以分辨的双星时, 情况会进一步改善. 然而, 在这种情况下, 我们没有光谱质量可供比较. 图 12.17 展示了金牛座-御夫座和猎户座中的三个系统. 对于其中两个系统, 成员星位于接近理论等年龄线的位置, 而 WSB 18 中的年龄明显相差了一个 3 的因子. 这里的采样在统计学意义上具有代表性. 也就是说, 大致上, 主序前的目视双星中三分之一的成员星年龄不一致.

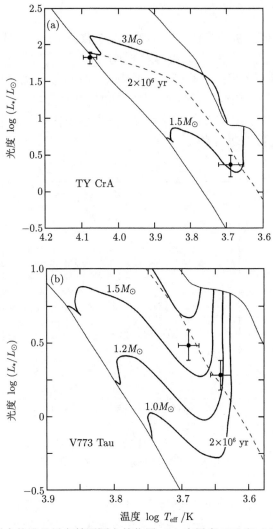

图 12.16 分光双星中的成员星在赫罗图上的位置, (a) 南冕座 TY 和 (b) 金牛座 V773. 展示了诞生线、零龄主序和所选的演化轨迹. 虚线是对应 2×10^6 yr 的理论等年龄线

更仔细的研究发现, 一些这种双星被证明是三星或者四星系统. 其余年龄不一致的恒星对的性质仍不清楚. 无论如何, 我们可以确信, 大多数双星是由几乎同时诞生的恒星组成的. 从一个延展的星团中随机抽取的恒星不会有这种巧合. 因此, 典型的双星一定是原位产生的, 而不是俘获的. 然而, 注意, 捕获机制可能仍然适用于年龄确实不同的双星以及大质量恒星对, 如我们将在后面 12.5 节中讨论的.

12.3.2　分裂假说

那么, 实际的形成机制是什么呢? 图 12.17 展示了年轻双星在赫罗图中如何分布, 从诞生线往下到主序. 因此束缚对的形成一定不是发生在主序前时期, 而是在更早的原恒星内落阶段. 这些成员星最初是一颗分裂的原恒星吗? 例如, 可以想象, 天体从内落物质获得了很多角动量, 其快速转动导致了巨大变形, 然后分裂成不同的实体. 这是分裂假说的一个变种. 分裂假说在现代双星研究之前几十年是一个受到广泛支持的著名想法.

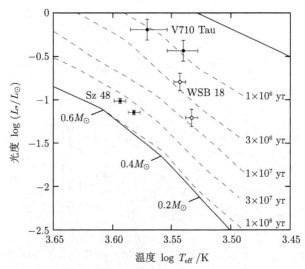

图 12.17　三个主序前目视双星系统在赫罗图上的位置. 展示了零龄主序、诞生线和等年龄线, 以及所示质量的零龄主序的位置

测量深埋恒星的表面速度仍然是不可行的, 因此我们忽略了它们快速转动的可能性. 因此, 分裂假说的可行性依赖于获得越来越多角动量的恒星的物理行为. 分裂假说的倡导者从不可压缩流体位形的经典研究中获得灵感. 这种转动液体团在加速旋转时确实会变形.[①] 另一方面, 恒星是高度可压缩的天体, 内部密度有很大变化. 因此, 它们经历截然不同的转变.

当我们增加恒星的角动量时, 转动最快的流体元受到离心斥力, 这种斥力和内部质量的引力相当. 随后, 赤道区域开始分裂. 图 12.18 展示了含时数值模拟的快照. 这里, 假设天体在 $t = 0$ 时快速转动. 因为角动量在局域守恒, 这个天体在

---

① 考虑一系列密度均匀的均匀转动的自引力平衡态. 序列中每个成员都可以用第 9 章中引入的单个无量纲参数 $T/|W|$ 表征. 对于较小的这个参数, 稳定位形是扁的麦克劳林椭球. 对于 $T/|W| > 0.27$, 平衡态对于将它们转变为翻滚的长椭球位形的扰动是动力学不稳定的.

演化中产生较差转动. 这些图展示了赤道面上的密度等值线, 所经历的时间是相对于沿中心轴的初始周期度量的. 我们看到, 这个天体快速抛出气体形成两个后随的旋臂. 在更长时间的计算中, 喷出物围绕残余的中心核形成一个分离的环.

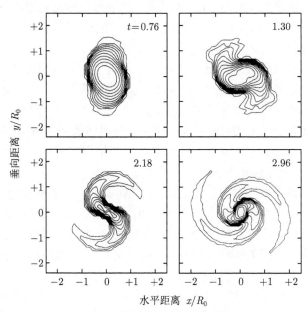

图 12.18　快速转动云的碎裂. 图示的是赤道面上的密度等值线. 时间是相对沿分子云的轴的初始转动周期度量的

　　这个环的质量相对较小, 但包含了系统的大部分角动量. 这种不平衡分布是高效引力扭转的结果. 因此赤道抛射阻止了分裂所需的整体变形. 事实上, 一颗原恒星是否会加速到足以让这种抛射开始是值得怀疑的. 即使最年轻的光学主序前恒星的旋转速度也远低于解体速度, 这可能是磁化星风造成的. 没有理由认为这种星风在原恒星阶段不起作用. 一部分内落角动量被引入这种星风中, 而其余大部分将被引入增长的原恒星盘中.

　　双星伴星有可能是这些吸积盘碎裂的结果么? 这里的情形类似于恒星分裂. 从高度不稳定的拱星盘开始的数值计算确实发现它们会分裂为很多碎块, 每块的大小和盘的局域厚度相当. 其中一些碎块随后可能会合并, 但没有迹象表明它们会进一步坍缩到恒星密度. 此外, 假设的初始条件不太可能适用. 如我们在第 11 章中看到的, 原恒星盘在变得引力不稳定时会产生内部螺旋波. 这些波产生的力矩可能会向内转移足够的质量, 抑制不稳定性的快速增长.

12.3.3　准静态碎裂

双星起源的一个重要线索是次星质量的分布. 我们已经看到, 目前不完备的数据如何与主星和次星都从场星初始质量函数抽取这个假设相一致. 这意味着这些成员星是独立形成的, 但空间上是接近的. 间隔最大的目视双星的间距为 0.1 pc 的量级, 绝大多数目视双星要密近得多. 因此, 我们应该探索两颗原恒星产生于一个致密云核的可能性.

我们之前对动力学碎裂的处理表明了一块自引力云如何能碎裂, 但前提是它的质量超过 M_J 或类似的转动天体. 我们进一步注意到, 这些天体不可能达到平衡态. 因为它们的内部力是不平衡的, 它们马上开始坍缩. 虽然这个性质使得理论家研究坍缩动力学非常方便, 但这也使得这些天体成为不可信的致密云核模型. 为了解释不含恒星的云核, 内落之前一定有一个质量积累阶段. 坍缩事件终止了这些位形的增长. 每个位形都是动力学平衡态.

当我们把注意力转移到更接近力平衡的结构时, 碎裂的概念就发生了变化. 我们不再关心伴随自由坍缩的快速碎裂. 相反, 我们要探索在缓慢收缩的母体内逐渐出现的单独的密度峰. 每个峰独立于它的邻居演化并最终积累足够的质量来经历动力学内落. 我们把这整个过程称为准静态碎裂. 虽然这个想法来源于理论考虑, 但它和展示出团块状子结构的致密云核的高分辨率成图一致. 然而, 仍然缺少详细的处理. 因此, 我们需要把我们的讨论建立在已知结果的合理延伸上.

强调平衡初始态使得长期以来坍缩模拟的传统不那么直接适用. 另一方面, 这些模拟仍然可以提供有价值的见解. 例如, 回忆一下, 密度均匀的转动球仅在无量纲质量超过 $m_{crit}(\beta)$ 时碎裂, 如图 12.4 所示. 质量较小的结构作为稳定平衡态会反弹, 而接近临界条件的天体演化到更高密度而不会碎裂. 其他坍缩研究表明, 密度对比度很大的球, 例如真正平衡态中的球, 仍然完好无损. 因此, 即使是最简单的准静态碎裂的理论描述也一定会偏离球对称初始条件.

12.3.4　拉长的云

最后这一点可能会给读者留下相当理想化的印象, 因为观测到的致密云核远不是完美的球形. 真正的信息是, 云的空间位形在其随后的演化中起到关键性作用. 承认这个位形是非球形的之后, 我们还必须超越热压强作为唯一的支持机制. 考虑磁化的结构是很自然的. 我们注意到, 相对于周围的磁场方向, 这些云可能是变平的或者拉长的.

迄今, 拉长的云的平衡态理论研究仅限于最简单的无限长圆柱的情形. 首先考虑压强为 P_0 的背景介质中内埋的非磁化等温圆柱. 就像我们研究的球形和扁椭球位形一样, 它们可以用它们从中心到边缘的密度对比度 ρ_c/ρ_0 表征. 利用 G、P_0 和声速 a_T, 我们可以用基准长度 $(P_0 G)^{1/2}/a_T^2$ 定义无量纲圆柱半径 ϖ_0. 求解这些流体静力学平衡方程表明, ϖ_0 从 $\rho_c/\rho_0 = 1$ 处的 0 增大到 $\rho_c/\rho_0 = 4$ 处的最大值 $1/\sqrt{2} = 0.71$, 然后逐渐降低到大密度对比度处的零. 这个行为让人想起其他类型的平衡态. ρ_c/ρ_0 较小的结构受外压强约束, 而密度较大的结构在自引力的影响下收缩.

接下来考虑柱状云的动力学稳定性. 按照金斯的做法, 我们可以让一个正弦波在位形中传播, 求出波幅指数增长的最小波长. 数值计算表明, 我们记作 $\lambda_{\rm cyl}$ 的无量纲波长还是从 $\rho_c/\rho_0 = 1$ 处的零开始, 在适中的密度对比度时达到量级为 1 的值, 然后下降. 注意, 低密度模型中的不稳定性并非源于整体收缩; 例如, 在等温球中不存在不稳定性, 它在此情形是动力学稳定的. 低密度圆柱的失稳是由与波传播相关的表面翘曲导致的.

最后, 我们引入一个沿轴向的均匀磁场 $\boldsymbol{B}_0$. 平衡模型的结构不变, 因为均匀磁场不产生力. 然而, 如果我们假设磁通量冻结, 那么磁场会被波弯曲. 尽管如此, 我们发现对于 $\rho_c/\rho_0 \gtrsim 4$ 的模型, $\lambda_{\rm cyl}$ 几乎不变. 对于具有最大半径的圆柱, $\lambda_{\rm cyl}/\varpi_0$ 从非磁化情形的 3.7 增加到无限强磁场情形的 4.0. 这种不敏感的原因在于, 波导致气体沿轴成团, 纯纵向的磁场不能阻碍这个运动. 相反, 压强约束的低密度圆柱对于适中的磁场强度也会导致 $\lambda_{\rm cyl}$ 的急剧增大. 这里磁张力高效地防止表面起皱和屈曲.

我们已经注意到, 金斯长度或与其类似的量的实际用处不是用来诊断虚拟的无限长位形的稳定性, 而是用来划定有界位形的空间范围. 在这种情况下, 我们看到磁场可以支撑一个长的柱体, 只要这个结构具有相对小的密度对比度. 这个结果与丝状云的观测大体一致, 至少在那些磁场看起来沿轴向的情形是这样的. 此外, 分析表明, 任何内埋的密度较大的结构一定具有较小的长宽比. 但这些实体会如何随时间演化呢?

磁化云中的气体通过双极扩散缓慢地漂移穿过内埋的磁场. 这个过程设定了准静态收缩的基本时标. 我们在第 10 章看到初始扁平的结构如何以这种方式变化到引力坍缩的状态. 对于这种几何结构, 分子云中心达到密度最大值并保持最大值. 现在的问题是, 在拉长的结构中是否可以出现两个或多个偏离中心的峰.

没有研究直接涉及这一点, 所以我们必须转向类似的涉及动力学坍缩的非磁化的计算. 我们在前面看到了适度伸长但包含数倍金斯质量的云如何在横向收缩成细的纺锤形状, 随后又沿主轴碎裂 (回忆图 12.5). 另一个极端是质量足够小的天体, 它们只有微弱的自引力. 它们简单地变形为压强约束的球体. 因此, 靠近一端的流体元主要经历朝向或远离中心的纵向运动. 最有趣的情形是中间状态, 其中横向和纵向运动都会发生.

这种情形下的数值模拟发现了各种结果, 依赖于精确的初始条件. 这里, 我们将注意力集中在密度均匀的天体上. 它们由于初始结构而不易碎裂. 因此, 坍缩圆柱迅速在末端形成两个自凝聚体. 这些结构聚集周围的物质相向坠落. 对于足够大质量的云, 它们的局域密度在并合之前表现出失控的增长. 相同质量逐渐变窄的结构, 例如长椭球, 在内落过程中不会出现两个分立的凝聚点, 只会在中心出现一个凝聚点. 这里最初可能会出现一个纺锤形, 但随着密度增加而变为球形. 从一块更大的云开始会导致更结实的纺锤形. 这个结构随后在压强开始阻碍轴向收缩时开始碎裂. 图 12.19 通过数值计算的快照展示了两个基本坍缩模式. 两个研究都是从相同的刚好符合圆柱边界的长宽比 2 : 1 的长椭球开始的. 如图所示, 这些云有不同的质量, 并很快在凝聚过程中变得差距明显.

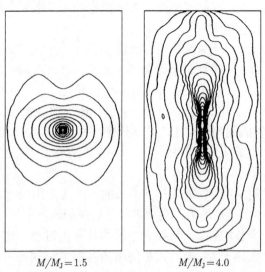

$$M/M_{\rm J} = 1.5 \qquad\qquad M/M_{\rm J} = 4.0$$

图 12.19　拉长的云的两种坍缩模式. 每幅图的矩形边界是刚好包含了初始椭球位形的圆柱的投影. 图示是坍缩开始后大约 $1.1t_{\rm ff}$ 的密度等值线

　　磁化平衡态的准静态演化遵循相似的路径. 假设内埋的磁场绑定在均匀的背景上, 如图 10.8 所示. 在内压强很大的情况下, 双极扩散使磁场变直并减轻内部磁张力. 图 10.8 中单星的结果会出现在初始质量较大但对于维持纺锤形来说太小的情况下. 最终, 质量足够大的云会再次沿其轴收缩并产生两个或多个最终经历坍缩的高密度中心. 新生恒星会在扩散时标上缓慢地漂移到一起. 注意, 如果分子云有适度的转动, 直接的并合就可以轻松避免.

12.3.5　盘的影响

　　以这种方式形成的任何原始双星都应该是高度偏心的系统, 最大间距超过大部分光学可见的恒星对. 所以轨道能量一定要减小. 总角动量 $J_{\rm tot}$ 一开始也非常大, 但没大太多倍. 如果原初质量为 $M_{\rm tot}$ 的致密云核以角速度 $\Omega_{\rm cloud}$ 转动, 那么

$$J_{\rm tot} \approx \frac{2}{5} M_{\rm tot} R_{\rm tot}^2 \Omega_{\rm cloud}$$

$$= 2 \times 10^{54} \text{ g} \cdot \text{cm}^2 \cdot \text{s}^{-1} \left(\frac{M_{\rm tot}}{1 M_\odot}\right) \left(\frac{R_{\rm cloud}}{0.1 \text{ pc}}\right)^2 \left(\frac{\Omega_{\rm cloud}}{1 \text{ km} \cdot \text{s}^{-1} \cdot \text{pc}^{-1}}\right). \quad (12.22)$$

这里, 我们粗略将云模拟为一个半径 $R_{\rm cloud}$ 的球, 取了第 3 章中有代表性的角速度. 假设这块云最终变成一个周期 P、由两颗质量为 $M_{\rm tot}/2$ 的恒星组成的圆轨道系统. 那么现在角动量为

$$J_{\rm tot} = \frac{\pi}{2} \frac{M_{\rm tot} a_{\rm tot}^2}{P}. \quad (12.23)$$

用方程 (12.15) 替代 $a_{\rm tot}$, 我们发现

$$J_{\rm tot} = \left(\frac{P}{128\pi}\right)^{1/3} M_{\rm tot} (GM_{\rm tot})^{2/3}$$

$$= 1 \times 10^{53} \text{ g} \cdot \text{cm}^2 \cdot \text{s}^{-1} \left(\frac{M_{\rm tot}}{1 M_\odot}\right)^{5/3} \left(\frac{P}{200 \text{ yr}}\right)^{1/3}. \quad (12.24)$$

注意, 我们的数值表达式使用了观测的 G 型矮星双星的平均周期. 比较方程 (12.22) 和 (12.24) 表明 $J_{\rm tot}$ 必须减小一个量级. 为了解释观测到的最密近的双星, 轨道能量必须减少得更多.

由于双星和残余气体相互作用, 角动量和能量都会减小. 例如, 考虑拱星盘的效应. 可信的是, 两颗星彼此接近到和盘半径相当的距离. 如果是这样的话, 那么在这个近星点之外的物质会被剥离. 图 12.20 显示较小的盘也会受到极大的扰动. 这里, 没有吸积盘的伴星沿围绕图中心恒星的抛物轨迹运动. 中心天体的吸积盘半径最初是近星点距离的 4/5. 在图示的时刻, 伴星刚刚穿过右边界, 超过半个盘受到扰动. 一些物质被抛出到宽的膨胀的潮汐尾中, 而一些物质被伴星捕获形成一个新的吸积盘.

这种拱星气体的散开要对轨道产生重大影响, 必须有两个条件. 首先, 盘应该以和伴星相对速度相同的方向转动, 以使相互作用最大化. 这种同向运动很可能发生在正在形成的双星中. 其次, 能量损失很小, 除非至少有一个吸积盘质量和母星相当. 这些观测到的主序前恒星周围的吸积盘只占恒星质量的一小部分 (第 17 章). 然而, 我们已经看到, 理论确实假设了更大质量的结构, 至少在中心天体处于原恒星阶段时如此. 也就是说, 任何恒星-吸积盘交会实际上都发生在一个致密的坍缩包层中.

持续的内落将优先在质量更大的恒星附近聚集, 要么直接落到恒星表面或者进入围绕恒星的轨道中. 角动量更大的内落物质落在更远的地方形成一个拱星盘. 恒星与这个更大的吸积盘发生引力相互作用, 这个盘会表现为角动量和能量的汇.

这种扭矩在远星点 (即双星间距最大时) 特别强, 会增加轨道偏心率. 作为对引力扭矩的响应, 拱星盘在接近双星轨道处被大致掏空. 计算表明某些盘物质也会吸积到伴星. 这些物质通常具有比恒星本身更高的比角动量, 它的吸积减小偏心率. 显然, 正是这种降低最终变得主导, 但对于图 12.14 中明显的偏心率和周期之间的相关性仍然没有理论解释. 双星演化的重要方面可以在图 12.21 中看到, 这幅图展示了涵盖几个轨道周期的 SPH 模拟的快照. 气体的清除在一周内变得明显, 因为恒星会产生波浪状的扰动. 我们将在第 17 章中看到红外和毫米波波段的高分辨率观测如何为这种中心掏空的环绕双星的结构提供证据.

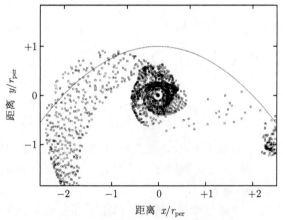

图 12.20　吸积盘被经过的伴星破坏. 图中画出了这个点质量伴星的抛物线轨道. 这些粒子代表了赤道面中的气体密度

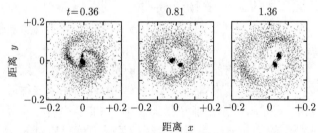

图 12.21　围绕双星的吸积盘中心间隙的清空. 粒子还是代表赤道面上的密度, 时间以任意单位表示

12.3.6　潮汐圆化

我们先前注意到, 任意一组双星的圆轨道的最短周期随该组的年龄稳定增加. 这一趋势表明, 即使是没有拱星气体的双星轨道也会继续演化. 潜在的物理效应

是恒星相互的潮汐产生的相互扭转. 这和双星起源有关, 因为当恒星有最大半径时 (即在主序前阶段), 潮汐效应最强.

图 12.22 展示了所涉及的基本过程. 这里, 我们以非常夸张的方式描绘了质量 M_2 的次星在质量 M_1 的主星中产生的两个潮汐隆起. 我们假设次星在偏心轨道上运动, 为了简单起见, 把它展示为一个引力点源. 如果主星同步转动, 其转动周期和次星的轨道周期相匹配, 那么两个隆起将沿两颗星中心的连线. 在此情形, 不会有扭矩. 然而, 任何内摩擦都会在主星对潮汐扰动的响应中产生相位延迟. 隆起会错开角度 α. 这个结果如图 12.22 所示, 会产生一个扭矩, 将主星拉回同步状态. 同时, 隆起减缓了次星的运动, 减小了轨道偏心率. 系统向低能量状态演化, 同时保持总 (自旋加轨道) 角动量守恒. 双星的最终状态是处于自旋同步的圆轨道运动.

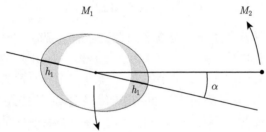

图 12.22 双星中主星的潮汐扭转. 用点质量代表的次星产生潮汐隆起, 相对中心连线有一定倾斜

实际的演化速率随恒星之间的距离和内摩擦的大小变化. 关于第一点, 我们注意到, 隆起是由次星局域施加的引力和施加在主星中心的引力的差造成的. 这个单位质量的潮汐力大小近似为 GM_2R_1/a_{tot}^3. 这里, R_1 是主星未受扰动的半径, a_{tot} 是双星间距, 在方程 (12.16) 中定义. 与这个力相关的单位质量的势能大约是 $GM_2R_1^2/a_{\text{tot}}^3$. 在存在主星自身引力场的情况下, 这个能量足以将表面的一个流体元举到 h_1 的高度, 其中

$$\frac{GM_1h_1}{R_1^2} \approx \frac{GM_2R_1^2}{a_{\text{tot}}^3}. \tag{12.25}$$

所以, 如图 12.22 所示, 隆起的典型高度 h_1 是

$$h_1 \approx \left(\frac{M_2}{M_1}\right)\left(\frac{R_1}{a_{\text{tot}}}\right)^3 R_1. \tag{12.26}$$

这个隆起所含的质量, ΔM_1 正比于 $(h_1/R_1)M_1 = (R_1/a_{\text{tot}})^3 M_2$. 最终, 同步扭矩的大小为

$$\Gamma_{\text{synch}} \approx \frac{G\Delta M_1 M_2 R_1^2}{a_{\text{tot}}^3}\sin\alpha, \tag{12.27}$$

正比于 a_{tot}^{-6}. 由开普勒第三定律, 方程 (12.15), Γ_{synch} 以 P^{-4} 变化. 这种敏感的依赖解释了圆轨道非常陡峭的截止周期.

主星内摩擦确定了滞后角 α 的大小. 在对流区内, 涡旋的湍流混合提供的有效黏度远大于原子和分子随机运动产生的黏度. 小质量主序前恒星要么部分对流, 要么完全对流 (第 16 章). 因为这些天体也具有较大半径, 并且 Γ_{synch} 以 R_1^5 变化, 所以偏心率的减小非常高效. 但没有靠外对流的更大质量的恒星组成的年轻双星又如何呢? 观测表明, 这些双星也有圆轨道, 至少在足够短的时期内如此. 在这种情况下, 系统的能量损失源自偏心绕转的伴星产生的内波的阻尼. 总而言之, 虽然潮汐理论在两种形式上仍然有很大差距, 但它为理解双星的早期和长期演化奠定了坚实的基础.

12.4　星群的形成

在探寻类似束缚星团这样成员众多的聚集体的起源时, 我们转向研究产生了它们的更大的分子云结构. 巨分子云或暗云复合体中有团块. 在这些复合体中探测到大量红外源使人们能够一瞥星团的形成. 经验上, 只有质量最大的团块, 通常是 $10^3 M_\odot$ 或更大的团块才有内埋星团. 根据维里定理, 这些天体密度在中心达到最大并且是引力束缚的. 也就是说, $|\mathcal{W}| \gtrsim |\mathcal{T}|$, 其中动能项从观测的示踪分子 (一成不变的 CO 同位素分子) 的线宽得到. 使这个不等式反过来的那些小质量团块一定是复合体中环境压强约束的. 系统性的观测, 尤其是在玫瑰分子云中的观测, 证实了后一种团块中没有恒星形成.

12.4.1　母分子云收缩

一个大质量团块如何演化到产生大量致密云核以及最终产生大量恒星? 很容易将星群视为源于母分子云的碎裂, 即动力学碎裂过程. 多年来, 许多人以不同形式表达了这一观点, 分裂要么迅速发生, 要么通过一系列层级化的步骤发生. 然而, 观测和理论积累的结果和这种观点不一致. 我们认为, 一个更吸引人的图景是, 母分子云经历了缓慢的准静态收缩. 致密云核从背景结构中积累质量.

动力学碎裂在此失效的原因和产生双星的致密云核的动力学碎裂失效的原因基本相同. 从一开始就偏离力平衡的大质量分子云没有一个连贯的前身天体. 然而巨分子云复合体确实含有没有红外源的引力束缚的团块. 这些团块可能是无星的致密云核的类似天体. 在目前的情况下, 这些团块的一部分随后应该会演化到产生内部星团. 同样, 这一发展涉及收缩, 而不涉及整体坍缩或碎裂. 我们已经在数值研究中看到, 以后一种方式碎裂的位形要么是拉长的纺锤形, 要么是平板, 取决于初始云的形状. 这两个结果都不能描述目前形成星群的团块, 也不能描述产生了膨胀的 OB 星协的重构的位形 (回忆图 4.16).

在早期对分子云平衡态的研究中, 我们注意到, 大质量团块的三维形状得益于由 MHD 波产生的磁支撑. 这些云的波支撑和自引力近似平衡, 所以一定会由于二者稍微的不平衡而收缩. 最终驱动这种准静态演化的能量净损失在这种情况下来源于湍流耗散. 这种耗散如何产生吸积还不清楚. 当然, 我们在 MHD 波阻尼中引入的离子-中性粒子漂移在典型团块的尺度是低效的. 如 10.3 节中讨论的, 也不清楚宁静的致密云核如何在相对较小尺度上从这种相对湍动介质中分离出来. 最后, 完整的理论必须确定团块的哪个性质决定了它是产生一个 T 星协、束缚星团还是 OB 星协.

12.4.2 得出光度函数

让我们暂时抛开与凝聚过程本身有关的这些基本问题, 转而专注于由此产生的星群. 其中最年轻的星群是通过近红外巡天发现的内埋星团. 我们在第 4 章中看到, 多波段观测如何开始得到这些系统的热光度函数, 即单位 (对数)L_* 的天体的数量. 在任意系统中, 这个函数一定会因为成员星变老而随时间变化. 现在假设星团确实是通过广泛散布在母分子云中的致密云核坍缩形成的. 我们将展示, 这个基本图景有助于我们定量理解光度函数的演化, 从而提升它们作为潜在观测工具的作用.

不管最初是如何形成的, 假设这些云核都以速率 $C(t)$ 坍缩. 这个速率从零开始, 随后是时间的光滑函数. 这里的这个行为可能取决于母分子云的整体收缩. 一旦云核开始坍缩, 它就会以内落速率 $\dot{M}$ 构建一颗原恒星. 在任何时刻 t, 星团成员都包含原恒星和演化到内落阶段之后的天体. 现在理论提供了一颗恒星在任意演化阶段的光度 $L_*(M_*, t)$. 对于给定的形成速率 $C(t)$, 我们可以将这些贡献加起来得到热光度函数, 我们将其记作 $\Phi_*(L_*, t)$.

这个项目最严重的障碍是我们对原恒星内落如何停止的无知. 只要一颗恒星从云核获得质量, 我们就可以通过方程 (11.24) 来计算它的光度. 在固定质量的准静态收缩阶段, L_* 遵循主序前的理论 (第 16 章). 然而, 什么时候会发生这种转变呢? 我们不能从第一性原理回答这个问题, 但观测提供了一个线索. 随着星团成员年龄增加, 我们知道它们最终将出现在主序上, 质量分布类似于场星的初始质量函数. 这个经验事实告诉我们内落什么时候终止, 至少从统计上.

图 12.23 有助于使我们的推理更加明确. 令 $p(M_*, t)\Delta M_*$ 表示任意时刻 t, 质量处于 $M_* - \Delta M_*/2$ 和 $M_* + \Delta M_*/2$ 之间的原恒星数量. 类似地, 令 $s(M_*, t)\Delta M_*$ 为同样质量区间的 "内落后" 天体的数量; 这包括主序前和主序恒星. 参照这幅图, 我们看到, 内落过程会在时间间隔 $\Delta t = \Delta M_*/\dot{M}$ 掏空中心部分的原恒星. 这里为了简单, 可以把 $\dot{M}$ 取为常量. 然而, 并非所有这些原恒星都变成质量更大的天体. 我们假设比例为 $\nu(M_*)\Delta t$ 的天体停止吸积. 在同样的时间间隔, 中心部

分也部分地得到更小质量的原恒星的补充. 这些进入中心部分的原恒星的比例是 $[1 - \nu(M_* - \Delta M_*)]\Delta t$. 原恒星族群的净变化遵循

$$[p(M_*, t + \Delta t) - p(M_*, t)]\Delta M_*$$
$$= p(M_* - \Delta M_*, t)[1 - \nu(M_* - \Delta M_*)\Delta t]\Delta M_* - p(M_*, t)\Delta M_*.$$

对这个方程取小 ΔM_* 和 Δt 的极限, 并使用 $\Delta M_* = \dot{M}\Delta t$, 我们发现

$$\left(\frac{\partial p}{\partial t}\right)_{M_*} + \dot{M}\left(\frac{\partial p}{\partial M_*}\right) + \nu(M_*)p(M_*, t) = 0. \tag{12.28}$$

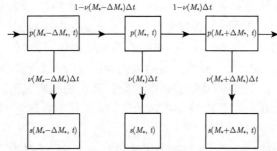

图 12.23　正在形成的星团中原恒星 (p) 和主序前天体 (s) 之间的质量转移. 恒星以所示的概率移动到相邻的质量区间

方程 (12.28) 满足最初没有原恒星的边界条件:

$$p(M_*, 0) = 0. \tag{12.29a}$$

此外, 新的致密云核的坍缩持续提供质量为零的原恒星. 因为这些原恒星通过内落被转移到更大质量的区间, 我们有

$$[p(0, t + \Delta t) - p(0, t)]\Delta M_* = C(t)\Delta t - p(0, t)\Delta M_*.$$

和之前一样取极限, 我们得到方程 (12.28) 的第二个边界条件:

$$p(0, t) = C(t)/\dot{M}. \tag{12.29b}$$

现在容易推导吸积后恒星的类似方程. 如图 12.23 所示, 这样的天体仅来源于结束了内落的同样质量的原恒星. 所以, $s(M_*, t)$ 和 $p(M_*, t)$ 的关系为

$$[s(M_*, t + \Delta t) - s(M_*, t)]\Delta M_* = \nu(M_*)p(M_*, t)\Delta M_*\Delta t. \tag{12.30}$$

取极限, 我们发现

$$\left(\frac{\partial s}{\partial t}\right)_{M_*} = \nu(M_*)p(M_*, t).$$

最后, 我们还要求内落后族群从零开始:

$$s(M_*, 0) = 0. \tag{12.31}$$

给定函数 $C(t)$ 和 $\nu(M_*)$ 以及 $\dot{M}$, 我们可以求解方程 (12.28)~(12.31) 得到 $p(M_*, t)$ 和 $s(M_*, t)$. 无论显式形式为何, $C(t)$ 最终一定会降到零, 我们将这个时刻记作 t_{cutoff}. 函数 $\nu(M_*)$ 是单位时间一颗原恒星停止吸积新的质量的概率. 注意, 我们已经默认相关物理过程仅依赖于 M_*, 而不依赖于例如星团的演化状态. 这个假设只能通过理论和星团数据的比较来证明. 我们的方法是选择 $C(t)$, 求解任意 $\nu(M_*)$ 的方程, 然后调整这个函数直到内落后的族群满足场星的初始质量函数. 使用 4.5 节中的符号, 我们要求

$$\lim_{t \gg t_{\text{cutoff}}} s(M_*, t) = N\xi(M_*). \tag{12.32}$$

这里 $N \equiv \int_0^{t_{\text{cutoff}}} C(t)dt$ 是产生的恒星的总数.

在得到恒星族群的时间依赖后, 乘以合适的光度导出 $\Phi_*(L_*, t)$. 图 12.24 展示了数值计算的结果. 这里, 为了简单, 令 $C(t)$ 在 $t = 0$ 到 $t_{\text{cutoff}} = 1 \times 10^7$ yr 为

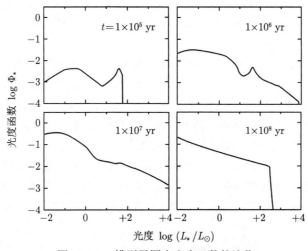

图 12.24 模型星团中光度函数的演化

常量. 原恒星内落速率设为 $\dot{M} = 1 \times 10^{-5} M_\odot \ \mathrm{yr}^{-1}$. 在早期, 光度函数有两个不同的极大. 左边的极大代表主序前恒星数量的稳步增加, 而右边的来源于吸积的原恒星. 原恒星对光度函数的贡献产生了非常陡的峰, 因为 L_{acc} 正比于 M_*/R_* (方程 (11.5)). 反过来, 由于氘燃烧的恒温作用, 这个比值几乎是恒定的. 因此, 光度在很大的质量范围几乎不变.

假设 $C(t)$ 不变暗示了总的星团族群随时间线性增加. 在短暂的过渡期之后, 这种增加完全发生在主序前恒星中. 也就是说, 原恒星总数饱和, 达到一个稳定值. 回想一下, 原恒星是由新的云核坍缩产生的, 并且由内落高效地摧毁. 内落最终会将它们转变为主序前恒星. 如果 C 现在表示整体形成速率的平均, $\bar{M}$ 表示典型的恒星质量, 那么稳态原恒星数量大约为 $C\bar{M}/\dot{M}$. 因此, 在时间间隔 $\bar{M}/\dot{M} \lesssim t < t_{\mathrm{cutoff}}$, 族群比例为

$$f_{\mathrm{proto}} \approx \frac{\bar{M}}{\dot{M} t}. \tag{12.33}$$

根据方程 (4.6) 的初始质量函数, $\bar{M}$ 大约为 $0.2 M_\odot$. 这里我们假设了初始质量函数在 $0.1 M_\odot$ 以下是平的. 因此, 在我们的模型星团中, f_{proto} 在仅仅 $10^6 \ \mathrm{yr}$ 就降低到 0.02. 一般来说, 预期这个比例很小明显对原恒星的搜寻很重要.

回到光度函数, 图 12.24 展示了主序前恒星的贡献是如何很快变得主导的. 这条曲线变得非常宽, 反映了质量和收缩年龄较宽的分布. 尽管在 $1 \times 10^7 \ \mathrm{yr}$ 之后没有新的原恒星出现, 但由于这种收缩, $\Phi_*(L_*, t)$ 还是保持演化. 质量最大的恒星首先到达主序. 相应地, Φ_* 接近从相对高的 L_* 开始的一条没有特征的曲线. 这条曲线是 $\Psi(L_*)$, 4.5 节中讨论的 "初始" 光度函数. 回忆一下, Ψ 是通过初始质量函数和主序光度卷积得到的. 在 $t = 1 \times 10^8 \ \mathrm{yr}$, 随着大多数明亮恒星演化离开主序, Φ_* 的靠上部分被严重截断. 在数值计算中, 这些恒星被直接从星团中拿走.

这个理论和观测符合得有多好? 对于真正的内埋星团, 有热光度观测的恒星的比例仍然很小. 所以, 完全的比较还有待未来. 然而, 图 12.25 告诉我们, 已有的结果是令人鼓舞的. 这里, 我们已经再现了蛇夫座 ρ 中的 L1688 星团的光度函数, 如首先在图 4.6 中所示的那样. 光滑的曲线是来自和图 12.24 同样序列的 Φ_*. 在这个例子中, 我们得到星团年龄的最佳拟合是 $1 \times 10^6 \ \mathrm{yr}$. 此外, 这种符合仅在最高的光度成立. 在较低的 L_*, 经验函数急剧下降, 表明观测的有限灵敏度. 同时, 理论曲线上升到一个高得多的水平. 这个假设的族群几乎全部由靠近诞生线的主序前恒星组成. 这样的预测当然是合理的, 因为近红外巡天显示, 成员数远高于直方图所示.

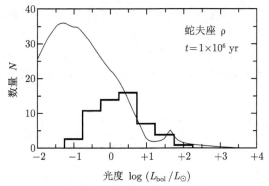

图 12.25 蛇夫座 ρ 星团中理论热光度函数 (细线) 和经验热光度函数 (粗的直方图) 的比较. 理论曲线对应所示的星团年龄

12.4.3 年龄直方图

更完整的光度函数可以从更多成员能够进行光学观测的系统中得到. 考虑金牛座-御夫座, 它的光度函数如图 4.13(a) 所示. 在那里我们注意到经验曲线在适当低的光度但在灵敏度下降之前上升超过 $\Psi(L_*)$. 这种超出同样源于年轻的主序前恒星, 从图 12.24 中的几条理论曲线可以明显看出. 然而, T 星协的演化状态可以用更直接和更精确的方式来衡量. 因为我们可以把大多数恒星放在赫罗图上, 所以通过和主序前轨迹的比较单独读出它们的年龄是可行的. 得到的分布是一个强大的诊断工具.

图 12.26(a) 展示了金牛座-御夫座族群的年龄, 合并成了 10^6 yr 的间隔. 这里我们已经使用了图 4.9(a) 中的赫罗图. 靠近主序拥挤的等年龄线使得不可能确定一些较老的质量更大的恒星的年龄. 这个限制应该始终牢记于心, 但在目前的情况并不严重, 我们的图包含了赫罗图中 103 颗恒星中的 87 颗. 从右到左看年龄直方图告诉我们这个区域的恒星形成历史. 很明显, 恒星诞生开始于大约 10^7 yr 以前, 并一直加速到当前时期. 类似的历史在图 12.26 中很明显, 它展示了豺狼座星协 (回忆图 4.9(b)).

我们在第 4 章看到了赫罗图中的主序起始拐点如何使得我们可以量化一个区域剧烈恒星形成的开始时间. 年龄直方图更进一步, 详细演示了这种活动如何进行. 任何单个致密云核的收缩 (最终都会导致其坍缩) 都是由自引力和局部磁场扩散导致的. 目前还不知道发生在一个地方的什么过程可以激发另一个距离几个秒差距位置的收缩. 但图 12.26 显示了许多云核中精巧的坍缩模式. 因此, 云核一定随着共同环境的变化而演化. 特别是恒星形成速率的加快再次表明, 母分子云在收缩, 因此更多的地方在积聚质量.

只有少数几个最近的 T 星协得到了足够详细的研究, 获得了年龄直方图. 但即使这些结果也一定会随着观测的改进而发生变化. 然而, 我们的两个例子中显示的模式似乎非常普遍. 特别值得注意的是, 没有一个系统的年龄超过 5×10^6 yr. 也就是说, 在这之前的任何恒星形成都是零星发生的, 与当前的速率相比处于较低水平. 如果这个特征持续存在, 那么推断的最大年龄应该是这种星群真实寿命的一个度量.

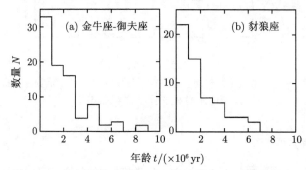

图 12.26　　(a) 金牛座-御夫座和 (b) 豺狼座中 T 星协的年龄直方图

12.4.4　T 星协的消亡

较年老的 T 星协会怎么样? 注意, 它们的大部分成员的收缩寿命远远超过 10^7 yr. 例如, 一颗通常的 $0.3M_\odot$ 的恒星需要 2×10^8 yr 才能到达主序. 纯粹从统计学的角度看, 接近这个年龄的天体似乎比实际看到的年轻天体的数量多. T 星协中较老族群的稀缺在历史上被称为后金牛座 T 型星问题 (post-T Tauri problem). 然而, 如果这些星群在较早期就分散开了, 这个问题就不再是问题了. 一旦这种情况发生, 变老的主序前恒星在观测上就和普遍的场星混在一起, 变得更加难以识别.

星协的投影恒星密度并没有大大超过背景的密度. 因此, 星群的物理尺度只需要适当增大, 就无法辨认. 伴随膨胀的是母分子云气体的消散. 事实上, 这两个现象是有因果联系的. 为了定性地看待这一点, 考虑质量 M, 半径 R 的球形云的总能量. 分子云由气体和内埋恒星组成, 而后者只占总质量的一小部分. 我们把能量写成动能和引力势能的总和:

$$E = \frac{1}{2}MV^2 - \frac{\eta GM^2}{R} \tag{12.34a}$$

$$= -\frac{\eta GM^2}{2R}. \tag{12.34b}$$

其中, V 是气体和恒星的平均随机速度, 而 η 是量级为 1 的无量纲因子, 其精确值依赖于质量分布. 在这个高度简化的模型中, 我们认为云完全由内部运动产生的等效压强支撑, 忽略了与热能和静磁场有关的支撑. 方程 (12.34b) 随后应用维里定理.

假设现在有一小部分气体被从云中去除. 在这个短暂的时间间隔内, 我们假设 V 和 R 都不变. 然而, 剩余位形的能量会发生变化, V 和 R 必须通过不断调整来保持力平衡. 对方程 (12.34a) 求导得出

$$
\begin{aligned}
\frac{dE}{dM} &= \frac{1}{2}V^2 - \frac{2\eta GM}{R} \\
&= \frac{3E}{M},
\end{aligned}
\tag{12.35}
$$

其中我们再次使用了维里定理. 使用下标表示初始值, 我们积分得到

$$
\frac{E}{E_0} = \left(\frac{M}{M_0}\right)^3.
\tag{12.36}
$$

由方程 (12.34b), 我们最终得到

$$
\frac{R}{R_0} = \frac{M_0}{M}.
\tag{12.37}
$$

当 M 降低到 M_0 以下时, 方程 (12.37) 告诉我们, 半径会不断增大. 这种膨胀是气体提供的引力束缚减弱造成的. 由方程 (12.34a) 可知, M 的减小既降低了动能, 又增加了 (负) 势能. 因为后者随质量平方变化, 所以净的效果是 E 向 0 增大, 这也可以从方程 (12.36) 看到. 当然, 系统质量不可能真正消失, 因为它最终会到达恒星系统的组成部分中. 此时, 恒星的束缚很弱, 容易被附近分子云的潮汐力等外力驱散.

系统能量的增加来源于任何驱散气体的因素. 这里我们涉及这个图景的另一个关键但知之甚少的方面. 长期以来, 人们一直认为分子云复合体中的恒星导致气体的散失, 可能是通过恒星强烈的星风. 我们将在第 13 章中看待这些星风如何准直并成为细的喷流, 搅动周围的气体产生外流. 在一些分子云复合体, 例如英仙座的 NGC 1333 中, 有大量喷流. 其他类似金牛座-御夫座的系统相比之下似乎是宁静的, 至少就其总体的星团来说是这样的. 回忆一下, 在金牛座-御夫座中, 分子气体总质量大约为 $10^4 M_{\odot}$, 比恒星的贡献高两个量级. 单颗恒星产生外流的时间只有 10^5 yr, 之后它们会被一个数量相当的新族群取代. 这些相对较少的天体能在几百万年内驱散整个分子云复合体么?

另外一种选择是外部气体驱散方法. 分子云形态再次排除了邻近大质量恒星的强烈星风造成的破坏. 另一种可能性是同样这些天体的辐射加热产生的耗散. 这种光致蒸发确实可能发生, 但只发生在距离所讨论的大质量恒星几个秒差距的云中, 因此它会被扩展的电离氢区吞没 (第 15 章). 这种情况的 T 星协的分子云

即使有也很少. 更一般地说, 任何涉及外部加热的机制都必须面对整个问题: 为什么云没有在恒星形成开始之前蒸发掉.

我们之前推测, 分子云首先经历准静态收缩, 既产生致密云核, 又产生随后加速的恒星形成. 这种收缩源自能量减少, 我们将其归因于内部耗散. 不管潜在原因为何, 气体的驱散都高效地增加了系统的能量. 实际上, 这两种效应同时发生. 我们可以想象分子云缓慢收缩并产生恒星, 同时向周围介质流失质量. 最终, 它的质量会下降到收缩停止的程度. 越来越稀薄的云随后向外膨胀直到恒星散开到星场中.

这个图景的关键是我们假设恒星总质量相对于气体质量较小. 如果不是这样, 即恒星形成效率很高, 那么分子云就不能通过气体耗散而重新膨胀很多. 如我们已经提到的, 产生 T 星协的分子云似乎以 1% 的效率在这样做. 还要注意, $3M_\odot$ 的典型致密云核通常会产生总质量为 $0.33M_\odot$ 的恒星或双星. 因为云核总共包含大约 10% 的母分子云质量, 我们对质量分数的全局估计是合理的. 在更大的尺度上, 可以将 OB 星协外推的质量与它们母分子云的质量进行比较. 这个操作也会得到 1% 的比例. 这两种类型的星协在银河系中提供了相当的质量, T 星协个体的质量较小, 但更常见. 因此, 对于星群的一般理论解释, 典型的效率是基本的经验输入.

12.4.5　疏散星团

现在让我们转向疏散星团, 看看它们的起源是否可以通过应用和扩展目前讲述过的想法来理解. 首先注意到大部分星团成员位于或者靠近主序, 所以构建它们的年龄直方图是不可行的. 此外, 这些系统当前的形态几乎不能说明它们的产生方式. 回忆例如, 昴星团包含一个紧致的相对大质量恒星的核区, 周围是一个较轻的恒星组成的膨胀的晕. 这个结构是动力学弛豫的表现, 这个效应即使在这个年龄 10^8 yr 的系统中也有足够的时间起作用. 大质量恒星逐渐通过重复的引力交会将能量传递给小质量恒星, 从而沉降到中心, 同时使晕膨胀. 而且, 随着外区膨胀, 最轻的恒星不断被银河系的潮汐引力剥离.

我们也可能希望通过探测更年轻的看起来注定要变得引力束缚的内埋星群来了解疏散星团的诞生. 最著名的例子是蛇夫座 ρ 中的星团. 这里, 分子云物质的密度使得没有办法研究其内部结构. 所以, 测量气体柱密度的传统技术是使用类似 $^{12}C^{18}O$ 的光学薄示踪分子. 探测方程 (6.1) 要求给定 T_{ex}, 这通常是用光学厚的 $^{12}C^{16}O$ 得到的 (回忆方程 (6.3)). 不幸的是, $^{12}C^{16}O$ 的轮廓是自蚀的, 表明大部分辐射来自一个相对较冷的外壳层. 结果, 测量的 T_{ex} 和得到的柱密度都只是下限. 一个更有前途的工具是来自温暖尘埃的毫米波连续谱. 观测者已经用这种技术对这个区域的很多致密云核进行了成图.

我们对蛇夫座 ρ 光度函数的分析表明其年龄为 1×10^6 yr. 在此期间, 整个金牛座-御夫座分子云复合体产生了更多恒星. 如果这个例子是典型的, 那么说明束缚星团的母分子云以相对高的速率形成恒星. 所以, 我们可以假设, 这些结构收缩得更快, 尽管还是以准静态的方式. 如果我们进一步假设在所有云中, 恒星形成以一个典型密度开始, 那么较快的收缩可能反映了更大的初始质量. 质量更大的分子云可能有更剧烈的内部运动, 从而增大了耗散.

和以前一样, 我们预期分子云收缩、恒星形成和气体驱散同时发生. 分子云质量的减小现在不能反转收缩, 但确实可以将其减慢, 避免失控的增长. 所以, 到大部分气体消失的时候, 这个结构比初始时更致密, 但没有致密特别多. 所需的典型时间为数百万年, 即长于蛇夫座 ρ 的年龄, 但短于 OB 星协的寿命. 在更长的时间间隔, 这个恒星系统动力学弛豫到形成今天看到的更延展的疏散星团.

有了这个图景, 我们开始明白为什么疏散星团在星群中是明显的少数. 在质量较小的母分子云中, 气体耗散是主要的效应. 也就是说, 收缩在初始时发生, 但很慢, 最终会反转. 另一方面, 在大质量分子云中, 自引力是最大的影响, 收缩很快加速. 我们很快将论证, 这种情况会导致有点自相矛盾的 OB 星协的膨胀. 只有处于中间的母分子云能够收缩并以差不多相同的速率损失质量, 所以它们演化为引力束缚的星群.

12.5 大质量恒星和它们的星协

我们最后考虑含有大质量恒星的星群的起源. 作为出发点, 我们回忆一个核心事实: 几乎所有 OB 星协都是在巨分子云复合体附近被发现的, 我们可以将这里视为它们的诞生地. 所以含有大质量恒星的系统是由最大的弥散物质聚集体产生的. 从更年轻的环境来看, 含有更明亮的红外源的内埋星团通常位于更大更致密的分子云中. 如果我们将 OB 星协放到包含束缚星团和 T 星协的家族中, 那么每种系统都一定来源于一个特别大质量的分子云团块的收缩.

12.5.1 最大的恒星质量

单颗 O 型或 B 型恒星如何形成完全是另一回事. 我们在第 11 章中强调了将传统的原恒星理论推广到这种情形的困难. 此外, 观测还没有提供令人信服的致密云核的类似物, 即似乎注定要形成大质量恒星的相对宁静的结构. 回忆一下, 典型的云核甚至没有足够的气体形成 $10M_\odot$ 的 B2 型星. 我们将在第 15 章研究被称为热云核的天体. 如它们的名字所暗示的, 这些天体已经含有明亮恒星, 通过辐射加热和星风的联合效应快速摧毁它们寄主的结构. 具有合适质量的更年轻、更原始的天体还不明显, 甚至可能不存在.

大质量恒星一个特别重要的特征是它们倾向于在拥挤的环境中形成. 极端的例子已经被注意到了. 和猎户座四边形星云相关的星团是银河系中密度最高的. 其他星系的星暴区拥有更多的 O 型星, 恒星密度更大. 如果最大质量的恒星不是通过孤立的宁静结构坍缩形成的, 那么这个经验趋势可能具有重要意义. 具体来说, 所讨论的恒星可能需要更高密度才能形成. 正如我们将要指出的, 它们甚至可能产生于先前形成的星团成员的并合. 不管这是不是真的, 观测结果确实表明这些恒星和它们的星群之间的关系比小质量天体更密切.

OB 星协中的恒星质量有多大? 这些信息是如何获得的? 第 4 章介绍了分光视差技术, 它确定了很多星群的距离. 对于任何不处于双星中的恒星, 这是测量质量的第一步, 因为它使得可以将天体的视星等 (通常为 m_V) 转换为绝对星等. 因此也可以得到总光度, 只要有可靠的热改正. 然后至少在原则上, 我们可以从宽带色指数中得到 T_{eff}. 然而, 对于大质量恒星, 类似 $B - V$ 的标准的色指数随光谱型几乎不变, 所以不是可靠的温度指示量. 实际做法是用恒星大气的理论模型拟合观测到的窄带光谱. 这些模型含有两个自由参数: T_{eff} 和重力加速度 $g \equiv GM_*/R_*^2$. 恒星的质量可以从它在 L_{bol}-T_{eff} 平面中主序上的位置读出. 或者, 通过 L_{bol} 和 T_{eff} 之间的黑体关系, 方程 (1.5) 确定 R_*. 使用从大气模型得到的最佳拟合的 g 得到 M_*.

对于覆盖了足够大体积的巡天, 这个基本方法得到了极高的 O 型星质量. 距离最近的是猎户座中的星协复合体. 质量最大的天体位于 1b 子群中, 猎户座 ζ 质量最大, 达到 $49M_\odot$. 相比之下, 猎户座四边形星团中最亮的恒星是猎户座 $C\theta^1$, 一颗 $33M_\odot$ 的 O6 型星. 船底座旋臂中的一个距离 7 kpc 的 H II 区, NGC3603 的密度达到或超过了猎户座星云周围非常高的密度 (底片 7). 在这里可以在小于 0.03 pc^{-3} 的体积中发现六颗大约 $50M_\odot$ 的恒星. 星团 Tr 14 和 Tr 16 距离 3 kpc, 每个星团都含有 $M_* \lesssim 100M_\odot$ 的 O3 型恒星. 在大麦哲伦云中的剑鱼座 30 的 R136 区域中, 有一些质量更大的天体 (底片 8).

12.5.2　星团分类

O3 型星的热光度为 $10^6 L_\odot$, 驱动的星风速度达到数千 km·s^{-1}. 考虑到它能通过热效应和机械效应排斥周围物质, 这种天体只能通过某种快速的积累事件形成. 我们已经暗示过, 任何新兴理论图景中的关键因素都会是周围物质的密度, 无论是气体密度还是恒星密度. 因此重要的是尽可能多地量化大质量天体成团的趋势.

解决这个问题的一个富有成效的方法是研究给定质量范围的被邻近的其他天体包围的年轻恒星的比例. 对于 O 型星, 答案是它们大多数位于星协或致密星团的中心. 这个规律的明显例外是星场中相对孤立的天体, 我们记得, 它们占大质量恒星族群的 25%. (然而, 其中很多可能是逃逸的恒星.) 另一个极端是金牛座 T 型星. 这里, 一个单独的天体可能是相似的恒星松散聚集体的一部分, 如我们在金牛座-御夫座中发现的那样 (图 4.8). 然而, 所研究的恒星并不倾向于待在拥挤的或许是引力束缚系统的密度峰值附近.

这两种情形之间的转换一定发生在某个中间质量. 很多赫比格 Be 星位于几十个部分内埋天体组成的星群中. 这里, 我们还记得第 4 章中的例子 BD+40°4124 (底片 5). 中心 Be 星质量和邻近低光度恒星的数量存在相关性. 甚至有一个相当明确的拐折. 因此, 赫比格 Ae 星从来没有明显的星群相伴. 相反, 恒星密度超过 10^3 pc^{-3} 的富星团只出现在比 B5(对应质量接近 $6M_\odot$) 更早型的恒星周围.

这个趋势可能代表一种演化效应么? 典型的赫比格 Ae 星年龄至少有数百万年, 不存在成团性可能反映了早先气体被驱散. 事实上, 数值实验表明, 适中族群大小的星群在几倍穿越时标上就会解体. 还有另一个动力学弛豫的例子, 其中质量最大的天体将足够的能量传递给较轻的成员, 使它们脱离束缚. 然而, 观测研究没有发现恒星年龄和星团的存在之间的关联, 似乎只有质量是最重要的.

12.5.3 重温猎户座

动力学弛豫在这些系统中不起重要作用的原因是这些系统中存在大量气体. 这些物质对任意一颗恒星施加的引力和其他星团成员施加的引力相当或更大. 更一般地, 云的内部结构大致决定了年轻恒星的分布, 包括大质量天体. 猎户座星云星团很好地说明了这个重要的观点. 图 12.27 左图展示了分子气体的脊状分布, 如 ^{13}C^{16}O 的等值线所示. 这幅图覆盖了 4 pc 宽的区域, 以恒星猎户座 Cθ^1 为中心. 右图展示了同样的区域, 但画的是恒星的面密度. 等密度轮廓明显不是球形的, 正如从一群点质量所预期的那样. 此外, 嵌套的形状通常是沿着分子脊排列的. 最后注意到猎户座 Cθ^1 是如何位于这个恒星系统的几何中心的.

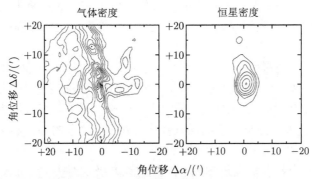

图 12.27　猎户座星云星团的分子气体 (左图) 和恒星 (右图) 的图像. 气体柱密度显示为 ^{13}C^{16}O 的等值线, 而恒星具有光滑的面密度. 两幅图都以恒星猎户座 Cθ^1 为中心

在这样一个拥挤的区域里, 要了解单颗恒星的性质并不容易. 尽管如此, 观测者已经成功定出了这个星团中 1600 个光学可见成员中一半的光度. 这个 L_* 值不是直接从流量积分得到的, 而是依赖于 I 波段观测的热改正. 图 12.28 展示了得到的光度函数. 同样展示了用之前给出的统计方法从理论上确定的 Φ_*. 对于最佳拟合的星团年龄 2×10^6 yr, 两条曲线在很宽的光度范围符合, 但对于 $L_* \lesssim 0.1 L_\odot$ 有偏离. 经验函数中的下降再次反映了巡天的不完备性.

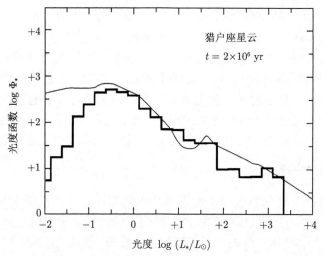

图 12.28　猎户座星云星团的热光度函数. 细线是所示星团年龄的理论预测

　　和具有相似年龄的蛇夫座 ρ 的情形一样, 这个理论预测绝大多数星团成员是质量相对较小的收缩的主序前恒星. 事实上, 我们稍后将讨论的其他观测证实, 恒星质量分布类似于场星的初始质量函数. (当然, 在理论模型中, Φ_* 是假设的.) 作为纯粹的统计, 说星团含有大质量恒星仅仅是因为它的成员总数足够大, 足以展示分布的尾部. 然而, 我们强调, 这样的观点并不能帮助我们理解这些天体形成的物理过程.

　　图 12.28 所示恒星研究得足够充分, 可以研究它们在可见波波段的窄带光谱. 因此, 可以确定这一大群恒星的光谱型和有效温度, 并把它们放到通常的赫罗图上, 结果如图 12.29 所示. 很明显, 星团成员质量跨越了两个数量级, 从接近褐矮星的天体到 O 型星. 注意后者明显偏离零龄主序. 这里的偏移不是真实的, 但反映了这种情况下 T_{eff} 值的不精确.

　　这张图的一个显著特点是在较小质量的地方极度拥挤. 汇总各种质量区间中的所有恒星证实了总的分布大致符合初始质量函数. 更让人感兴趣的是恒星的年龄还是从理论等年龄线得到的. 图 12.30 展示了这个星团的年龄直方图. 尽管所

涉及的数量比之前多得多, 但模式是相似的. 这个系统在过去 10^7 yr 展示了相对低水平的恒星形成活动, 逐渐加速, 最终在当前时期急剧加速. 现在清楚的是, 通过光度函数得到的系统 "年龄" 2×10^6 yr 只是最活跃的恒星形成时期的粗略测量. 所以, 统计模型中使用的诞生函数 $C(t)$ 应该更温和地随时间增加.

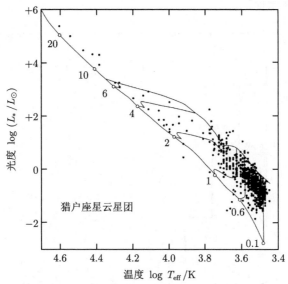

图 12.29　猎户座星云星团的赫罗图. 展示了诞生线、零龄主序和所选择的主序前轨迹. 轨迹对应的恒星质量以太阳质量为单位

　　图 12.30 与其他直方图的相似性实际上隐藏了一个重要的不同. 再考虑一下这个相当显著的事实: 尽管这个区域的恒星密度异常高, 但在猎户座四边形星团附近有数百颗恒星是光学可见的. 从观测的角度来看, 若我们接近星团中心的几个秒差距之内, 消光 A_V 实际上会下降. 相对低的气体密度意味着即使有深埋的恒星, 例如 I 型源, 数量也非常少. 所以, 恒星形成不再发生. 年龄直方图没有显示出相应的下降只是反映了有限的时间分辨率. 显然, 衰减发生在过去的 10^6 yr.

　　正是猎户座四边形星团中的 O 型星造成了这种形势的转变. 星风的动压以及紫外光子的电离和加热在快速膨胀的空间中将气体排空. 红外观测表明, 在可见的星团后面的分子气体中, 活跃的恒星形成仍在继续. 然而, 在前景中, 恒星的产生已经基本停止. 从猎户座来看, 天体的产生迅速清空气体是星群生命中的一个关键事件.

　　在气体被驱散之前恒星形成的增强再次表明, 母分子云经历了整体收缩, 可能是通过对它的支撑波的湍流耗散. 这种收缩导致比形成 T 星协或疏散星团的小质量分子云更高的密度. 此外, 在任何时候, 密度最大的区域都是中心区域. 在猎户座的例子中, 更详细的研究揭示了存在质量分离, 至少对于 $M_* \gtrsim 5M_\odot$ 的恒星是这样的. 数值 N 体模拟证实, 内部拥挤的大质量天体不可能是动力学弛豫的结果, 它要起作用需要长于数百万年的时间. 这些计算高度简化, 因为它们根本不包括背景气体. 然而, 基本结论似乎不可避免. 这些大质量恒星并不是漂移到现在的位置, 而一定是在本地形成的.

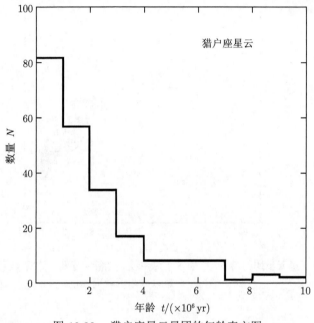

图 12.30　猎户座星云星团的年龄直方图

12.5.4　OB 星协的诞生

因此, O 型星本身的产生可以看作由于达到中心密度的某个阈值而触发的事件. 气体驱散会导致失去引力束缚, 从而导致系统的膨胀. 通过我们高度简化的由湍流运动支撑的球形云的模型来观察这个过程是很有启发性的. 新的特征是, 与系统的动力学时标相比, 气体的散开发生得很快.

再次考虑分子云的总能量. 如果我们给 M、V 和 R 加上下标, 那么方程 (12.34) 对初始值 E_0 仍然成立. 和以前一样, 我们假设 V 和 R 在短暂的气体驱散事件中不变. 然而, 我们必须考虑用有限的质量变化 ΔM 来代替方程 (12.35). 能量仍然增加, 新的值为

$$E = \frac{1}{2}(M_0 + \Delta M_0)V_0^2 - \frac{\eta G(M_0 + \Delta M)^2}{R_0}$$

$$= E_0 + \frac{1}{2}\Delta M V_0^2 - \frac{2\eta G M_0 \Delta M}{R_0} - \frac{\eta G \Delta M^2}{R_0}.$$

对 E_0 和 V_0 使用方程 (12.34), 我们发现

$$E = -\frac{\eta G M_0^2}{2R_0} - \frac{3\eta G M_0 \Delta M}{2R_0} - \frac{\eta G \Delta M^2}{R_0} \tag{12.38a}$$

$$= E_0 \left(1 + \frac{\Delta M}{M_0}\right)\left(1 + \frac{2\Delta M}{M_0}\right). \tag{12.38b}$$

E_0 后面的第一个因子表明, 如果所有质量都消失, 那么能量变为零 (回想一下, $\Delta M < 0$). 更有趣的是第二个因子, 它告诉我们 E 在 $|\Delta M| > M_0/2$ 时是正的. 所以, 如果半数质量快速消失, 那么这个系统会变得引力不稳定. 在之前气体慢速驱散的假设下, 这个气体球会保持球形, 但在同样的质量损失率下大小加倍 (回忆方程 (12.37)).

为了得到现在这个情形的半径变化, 在气体驱散之后, 我们再次使用力平衡. 使用维里定理, 如方程 (12.34b), 我们发现, 能量正比于新的值 M^2/R, 所以

$$\frac{E}{E_0} = \frac{(1 + \Delta M/M_0)^2}{R/R_0}. \tag{12.39}$$

结合方程 (12.38b) 和 (12.39), 我们容易发现

$$\frac{R}{R_0} = \frac{M_0 + \Delta M}{M_0 + 2\Delta M}. \tag{12.40}$$

这个关系证实了这个球还是因为耗散而膨胀. 此外, 如所预期的, 损失一半质量导致无穷大半径的邻近束缚态.

我们之前注意到, 银河系中分子气体转化为恒星的整体效率按质量算, 仅有百分之几. 我们进一步论证, 这个数字代表了大部分分子云形成星群的合理估计. 所以, 当 O 型星驱散一个系统中的气体, M 减小的比例一般超过 50%. 这个位形剩下正的净能量. 它以 OB 星协的形式扩展到空间中, 在其明亮成员的核反应寿命内逐渐消失.

我们提到的气体驱散仅仅依赖于母分子云的大质量恒星成分. 我们忽略了那些产生 T 星协和束缚星团的分子云中的完全不同的机制. 可能源自小质量恒星的这种不同形式的气体侵蚀, 肯定还在起作用, 但在较短的收缩周期内影响较小. 这里, 我们回到我们的核心假设, 较大质量的母分子云的湍流耗散更强. 更快演化到更致密的中心区域是我们的一般图景的逻辑延伸. 具有讽刺意味的是, 这种情况很快会导致非束缚的膨胀恒星系统.

但这确实是每个含有大质量恒星的系统的命运吗? 在第 4 章中, 我们注意到年轻的疏散星团和 OB 星协之间界限不明确. 当然有观测到的系统含有高空间密度的大质量恒星. 实际上, 猎户座星云星团就是一个很好的例子. 只有精确测量恒星的速度弥散才能回答这些星群是否真正束缚的问题. 相反, 一些已知存在于 OB 星协中的束缚小质量恒星系统可能是不完全的气体驱散的残余. 一个例子可能是仙后座-金牛座星协中的英仙座 α 星团 (图 4.14).

12.5.5 并合的云核和恒星

最后让我们简单介绍一下实际大质量恒星形成的动力学. 挑战仍然是如何快速形成恒星, 让它没有机会驱散自己的物质库. 在传统的原恒星理论中, 我们要求质量吸积率 $\dot{M}$ 至少比小质量情形的值高几个数量级. 然而, 方程 (10.31) 告诉我们, 实现这个目标的唯一途径是致密云核在坍缩前拥有较高的声速, 也就是温度. 例如, 超过 $10^{-4} M_\odot$ yr^{-1} 的 $\dot{M}$ 要求 $T \gtrsim 150$ K. 这个温度实际上是通过观测测量的, 但仅仅在被一两颗明亮恒星加热的分子云物质中, 例如已经提到过的热云核. 这个困难迫使我们考虑标准途径之外的可能性.

大质量天体形成的环境已经充满了恒星和气体. 因为小质量恒星形成在这段时间非常活跃, 气体成分包括很多致密云核. 背景介质的整体收缩意味着云核变得越来越拥挤. 因此, 这些实体开始接触和并合是合理的. 这种事件确实会增大一个致密云核的质量. 然而, 这个新的天体会面临之前通过坍缩形成大质量恒星同样的问题. 另一个有希望的可能性是, 并合的实体是已经包含恒星的致密云核, 在云核结合之后, 恒星也会并合. 通过这种方式, 我们可以避免恒星密度的长期积累.

所讨论的恒星可能是小质量的. 它们可能是吸积的原恒星, 或者仍然在从分子气体包层中获得质量的年轻的主序前天体. 一旦两个致密云核开始并合, 恒星 (以及任何相伴的吸积盘) 将在相互引力的影响下向彼此坠落. 这个图景让我们想起早先对密近双星形成的描述. 在这两种情况下, 恒星都应该进入高度椭圆的轨道, 这种轨道通过能量和角动量转移而减小. 在目前的情形, 更大的云核质量会产生更大的动力学影响, 使得旋进的恒星真正并合, 而不是形成一个密近双星系统. 从成团和质量分离的数据来看, 这样的初始并合可能产生 $M_* \gtrsim 5 M_\odot$ 的恒星. 这些中等质量天体反过来结合形成 B 型和 O 型天体. 最大的恒星质量可能通过母分子云中心附近的快速级联并合事件产生. 无论这个过程是否持续到这个时候, 最内区都应该包含大量中等质量和大质量天体. 这也是从已经离开这个区域的逃逸恒星得到的启示. (再次回忆我们在 4.3 节末尾的讨论.) 此外, 一些旋进的大质量恒星没有完成并合, 而是保持在密近轨道上. 因此, 我们可以解释观测到的两颗大质量恒星以一定比例组成的双星.

要将这一公认推测性的粗略解释转变为真正的理论需要巨大的努力和创造

力. 很多研究已经开始涉及分子云并合的问题, 通常是通过 SPH 模拟. 双星轨道衰减的研究也是相关的. 然而, 最富有成效的方法, 至少在不久的将来, 可能是关注这个图景的观测后果. 例如, 可以预期在正在形成的星团中心发现更多的双星. 最后, 最年轻的大质量恒星可能有异常的光谱或测光特征. 这些可能是它们独特起源的标记.

本 章 总 结

一块假想的自引力超过压强支撑的分子云迅速坍缩, 并在此过程中碎裂. 这种动力学碎裂的细节对初始条件敏感. 因此, 大质量旋转球在碎裂前形成环状位形, 而拉长的云首先变细为纺锤形. 在所有情形中, 压强在碎块中更为重要, 所以这些碎块不会以同样的方式坍缩.

从理论转向观测, 大部分成熟的恒星有绕转的伴星. 双星中每颗星的统计质量分布类似于场星. 主序前恒星中至少有同样高的双星比例. 在更密近的系统中圆轨道普遍存在, 表明这两颗星在轨道收缩时有潮汐相互作用. 一些可见的年轻天体有红外伴星, 但不是双红外源. 这种可能的双星前身仍然很少见.

主序前双星中的恒星有相似的年龄, 可能在一个致密云核内形成. 因为这块云在坍缩前近似处于力平衡, 它不容易发生动力学碎裂. 一个更可能的但仍然是定性的图景是准静态碎裂, 其中分子云逐渐形成两个凝聚态, 分别坍缩形成原恒星. 一旦形成, 这些恒星最初会被残余物质包围, 包括吸积盘, 它们吸收这个系统的能量和角动量, 将它推到一个更密近的轨道.

巨分子云复合体中无星团块的存在表明, 这些团块在产生星团之前也是准静态演化的. 即使不知道这个过程的细节, 人们也可以预测星团光度函数的演化. 观测结果基本上和这个预测一致, 但也表明, 在真实的星团和星协中, 恒星形成的速率会加快. 当变老的 T 星协中的气体开始消散 (可能是通过恒星外流) 时, 整个结构扩展到空间中. 当母分子云质量更大时, 可能会产生束缚星团, 它在损失气体的情况下也会收缩. 如果云的质量更大, 更强的收缩会导致 O 型和 B 型星从致密云核以及之前形成的恒星的并合中形成. 一旦形成了一些大质量天体, 它们会快速驱散母分子云, 导致星群自由膨胀.

建 议 阅 读

12.1 节 对无压球的坍缩和碎裂的经典分析见

Hunter, C. 1962, ApJ, 136, 594.

SPH 技术的引入见

Lucy, L. B. 1977, AJ, 82, 1013

Gingold, R. A. & Monaghan, J. J. 1977, MNRAS, 181, 375.

关于大质量分子云坍缩的两篇综述仍然有用

Tohline, J. 1982, Fund. Cosm. Phys., 82, 1

Boss, A. 1987, in *Interstellar Processes*, eds. D. J. Hollenbach and H. A. Thronson (Dordrecht: Reidel), p. 321.

12.2 节 近邻主序星多重性的研究见

Duquennoy, A. & Mayor, M. 1991, AA, 248, 485

Fischer, D. A. & Marcy, G. W. 1992, ApJ, 396, 178.

这些文献分别关注 G 型和 M 型主星. 主序前双星的巡天包括

Ghez, A. M., Neugebauer, G., & Matthews, K. 1993, AJ, 106, 2005

Reipurth, B. & Zinnecker, H. 1993, AA, 278, 81.

这篇文献对这个领域进行了很好的总结

Zinnecker, H. & Mathieu, R. D. (eds) 2001, The Formation of Binary Stars, (San Francisco: ASP).

12.3 节 关于主序前双星中成员星年龄的比较, 见

Hartigan, P., Strom, K. M., & Strom, S. E. 1994, ApJ, 427, 961.

分裂假设的讨论见

Tassoul, J.-L. 1978, in Theory of Rotating Stars (Princeton: Princeton U. Press), Chapter 11.

圆柱云的引力稳定性的分析见

Nagasawa, M. 1987, Prog. Theor. Phys., 77, 635.

年轻恒星和吸积盘的相互作用已经通过数值模拟研究, 例如,

Clarke, C. J. & Pringle, J. E. 1993, MNRAS, 261, 190.

对于双星轨道演化的潮汐理论在主序前双星中的应用见

Zahn, J.-P. & Bouchet, L. 1989, AA, 223, 112.

12.4 节 我们对光度函数演化的处理按照

Fletcher, A. B. & Stahler, S. W. 1994a, ApJ, 435, 313

Fletcher, A. B. & Stahler, S. W. 1994b, ApJ, 435, 329.

后金牛座 T 问题首先在这里讨论

Herbig, G. H. 1978, in *Problems of Physics and Evolution of the Universe*, ed. L. V. Mirzoyan (Yerevan: Armenian Academy of Sciences), p. 171.

T 星协中恒星形成活动的加速是这篇文章的主题

Palla, F. & Stahler, S. W. 2000, ApJ, 540, 255.

质量损失导致的星团膨胀首先在这里分析

Hills, J. G. 1980, ApJ, 225, 986.

这个效应的数值模拟见

Lada, C. J., Margulis, M., & Dearborn, D. 1984, ApJ, 285, 141.

12.5 节 质量最大的恒星的观测研究见

Massey, P., Lang, C. C., DeGioia-Eastwood, K., & Garmany, C. D. 1995, ApJ, 438, 188

Figer, D. F., McLean, I. S., & Morris, M. 1999, ApJ, 514, 202.

中等质量恒星周围的成团性见

Testi, L., Palla, F., & Natta, A. 1999, AA, 342, 515.

关于猎户座星云星团的动力学的证据见

Hillenbrand, L. A. & Hartmann, L. 1998, ApJ, 492, 540.

大质量恒星形成的并合图景见

Bonnell, I. A., Bate, M. R., & Zinnecker, H. 1998, MNRAS, 298, 93.

Stahler, S.W., Palla, F., & Ho, P. T. P. 2000, in Protostars and Planets IV, ed. V. Mannings, A. P. Boss, and S. S. Russell (Tucson: U. of Arizona Press), p. 327.

关于相反的观点, 参见

McKee, C. F. & Tan, J. C. 2003, ApJ, 585, 850.

第四部分
年轻恒星对环境的影响

第 13 章　喷流和分子外流

我们现在开始一系列章节, 描述新形成的恒星如何扰动周围的气体. 这里说的影响既是力学的又是热学的. 分子云物质被搅动产生湍流运动, 从恒星附近排出, 或者加热到很高的温度. 对于非常致密或者距离非常远的区域, 这些活动可能是解释恒星存在最好的也是唯一的方法. 我们将要研究的物理过程本身也相当有意思.

这个领域中一个令人惊讶的发现是小质量天体不成比例的影响. 在本章中, 我们将看到每一颗这样的恒星在内埋阶段如何产生一个强大的远远超出母体致密云核的外流. 恒星还喷出一股速度高得多的气体喷流, 这种喷流可以传播得更远, 进入几乎没有分子云物质的区域. 这些惊人的现象完全出乎理论家的预料, 他们仍然在努力理解星风产生和喷流传播的基本机制. 我们将介绍这两个正在发展的领域中的关键概念.

喷流由于它们产生的激波而现形. 如果激波作用后的气体密度足够高, 它可以通过受激发射的量子效应产生足够强的辐射. 这种星际脉泽已经得到广泛研究, 既研究了它们的固有性质, 也研究了产生它们的区域的动力学. 因此, 第 14 章专门讨论这个问题. 最后, 我们在第 15 章讨论大质量恒星高度破坏性的影响. 电离光子产生了电离氢区, 和星风一起破坏了整个分子云复合体. 荧光气体也可以作为恒星活动的指示器, 在我们的银河系和在其他遥远的星系都是如此.

13.1　来自内埋星的喷流

用来寻找金牛座 T 型星的发射线巡天偶尔会得到惊人的结果. 在本节中, 我们研究以这种偶然方式首先发现的强大流动. 人们花了几十年, 使用了全新的探测器才了解了这些恒星喷流显著的准直性质. 到目前为止的观测已经揭示了非常精细的结构, 这有助于解开这一领域剩余的谜团.

13.1.1　赫比格-哈罗天体

1950 年前后, 赫比格 (G. Herbig) 和哈罗 (G. Haro) 独立注意到猎户座中存在两个 Hα 明亮的斑块. 这两个斑块位于猎户座 A 分子云中, 靠近电离氢区 NGC 1999(见图 1.3). 已经知道这个区域含有金牛座 T 型星. 这些区域不寻常的光谱吸引了他们的注意. 除了 Hα 和其他巴耳末线, 这些天体发出宽的连续谱和一些禁戒的光学跃迁: [SⅡ]、[NⅡ] 和 [FeⅡ], 以及 [OⅠ]、[OⅡ] 甚至 [OⅢ]. 产生这些谱线的亚稳态在适中的密度也会碰撞退激发, 所以辐射介质不可能是星际云或团块. 另一方面, 中性原子和一次电离的原子排除了这是电离氢区, 那里的电离水平是一样高的.

我们回忆第 8 章, 强激波下游的流体层包含了广泛的物理条件, 气体从电离态冷却到原子态, 然后是分子态. 所以新发现的赫比格-哈罗天体 (后来发现了更多) 可能是由高速星风和分子云物质碰撞产生的. 这个假设最终被证明是对的, 但花了 25 年来验证, 首先是将观测的发射线光谱和已知的激波 (超新星遗迹) 的光谱进行比较, 然后是和直接数值模拟比较. 但这些激动人心的恒星是什么? 随着 20 世纪 70 年代红外天文学的出现, 人们清楚地知道, 驱动星风的天体并不在最初的星云中, 而是相隔一段距离. 到 20 世纪 80 年代早期, 灵敏的 CCD(电荷耦合元件) 测光技术发现了发出微弱光学发射线的明亮条带将发光斑块和它们的驱动恒星联系在一起. 赫比格-哈罗天体本身被视为这些延展喷流的示踪物.

来自哈勃太空望远镜的原始赫比格-哈罗 1/2 系统的现代图像概括了很多这些进展 (见本章末尾的底片 9). 这张照片实际上是三张照片合成的, 一张是通过宽带滤光片的, 两张分别是通过 6563 Å 的 Hα 和 [SⅡ] λλ 6716 Å, 6731 Å 双线窄带滤光片的. 我们看到, 位于驱动星 VLA 1(光学上看不到, 这里用叉表示) 两侧的两个赫比格-哈罗天体. 这两个天体不规则的外边界每个跨越大约 10^3 AU, 确实类似于致密物质以超声速撞到更弥散的介质所产生的弓形激波. 两个区域中较宽的 HH2 有更明显的子结构. 显然, 激波波前传播并不顺利, 正处于破碎过程中, 可能是由于某种内禀的不稳定性, 或者由于背景气体的团块性. 系统的快速演化还表现在其时间变化上. HH2 的一个显著的扭结 (knot) 结构的光学流量在十年内变化了 3 等.

我们对恒星 VLA 1 知之甚少, 它深埋在一块板状分子云中. 它是首先通过厘米波射电辐射被发现的, 它通过仔细追踪 HH 1 和 HH 2 的自行来定位. 这些研究表明, 这两个激波区域都以很大的速度离开 VLA 1, 切向速度为 350 km · s^{-1}. 这些天体的径向速度 (由多普勒移动给出) 要小得多. 所以, 运动几乎发生在天球切面上. 底片 9 展示了从 VLA 1 发出的、直接指向 HH 1 的红化的小喷流. 这种排列证实了射电源驱动外流的本质. 内埋较浅的科恩-施瓦茨星位于这个喷流和 HH 1 之间, 被认为与它们无关.

我们在 HH 1/2 系统中看到高度遮蔽的 (因而可能是非常年轻的) 恒星产生了近乎对称的一对激波区域. 这种双极性是这些含有赫比格-哈罗天体的基本性质. 另一方面, HH 1 和 HH 2 有相当不同的形态. 我们可以合理地把这些不同归结为分子云环境在 0.1 pc 距离上的空间变化. 这一细节不应分散我们对双极性本身的注意力, 这种现象反映了最终产生辐射的恒星喷流的性质.

HH 1/2 附近的分子云物质柱密度太高, 只有靠外最明亮的激波是可见的. 此外, 指向 HH 1 的相对暗弱的喷流在 VLA 1 的另一边没有对应. 在所有这种 "单极" 的情形中, 发射线的多普勒移动显示喷流的可见部分是蓝移的. 所以这些物质是离开背景产生遮蔽的尘埃, 朝向我们的. 红移的部分, 要么太暗弱, 要么光学上完全不可见, 是退行到分子云深处的.

13.1.2 喷流动力学和形态

猎户座另一个有趣的源如底片 10 所示. 这里我们看到 HH 111 喷流的蓝移部分. 驱动恒星位于喷流底部, 是一个大约 $25L_\odot$ 的红外天体 (I 型), 内埋在猎户座 B 的 L1617 云中. 在顶部, 有一个更宽的弧形的辐射区域, 看起来和 HH 1 和 2 中的弓形激波一样. 连接这个区域和恒星的是一系列明亮的扭结, 其中一些是看起来是小号的弓形激波. 喷流中段的平均宽度为 $0.8''$, 或者在猎户座的距离为 370 AU.

底片 10 实际上通过颜色描绘了 Hα 流量和 [SⅡ] 流量比的空间变化. 因为产生这些谱线需要不同的能量, 所以这个比例可以灵敏地指示湍流强度, 至少对于 $V_{\text{shock}} \lesssim 100\ \text{km} \cdot \text{s}^{-1}$ 是这样的. 较小的 Hα/[SⅡ] 产生在相对弱的激波中. 这里, 要么入流速度本身较低, 要么物质流入了一个已经在同样方向运动的区域, 故而相对速度降低. 反过来, Hα 在高速碰撞中主导.

底片 10 中深蓝色和黑色的区域表示 Hα 明亮的区域. 这些区域产生在喷流底部附近、每个内部扭结的边缘以及宽的弓形激波中. 图 13.1 也通过两条长缝光谱描绘了激波强度的变化. 在其中一条光谱中, 我们辨认出了主要的发射线. 上图中的光谱是将狭缝对准喷流明亮的中段而得到的. 我们再次看到总体上 [SⅡ] 双线超过 Hα 发射, 这是弱激波激发的特征. 反过来, Hα 在下图中更强, 这里狭缝穿过了底片 9 中弓形激波后面的一个宽的弓形激波.

然而大多数喷流和这个例子中一样是直的, 一些展现出强的弯曲或其他有趣的性质. 底片 11 显示了形态的变化. 每幅照片都只有喷流蓝移的一半, 尽管每个情形都有一些较暗的红移的发射. 驱动恒星用底部附近的叉表示. 左图还是显示 HH 111, 现在用 Hα(绿色) 和 [SⅡ](红色) 的合成图像表示. 我们看到之前描述的喷流的一部分如何最终导致图片上边缘附近的更宽的弓形激波. 这个结构的光谱如图 13.1 所示. 在明亮的中段的两边, 喷流异常弱, 其内部的扭结离恒星越远就变得越大、越弥散. 在通过去除发射线的滤光片后的 CCD 图像中, 这个中段消失了, 剩下顶部弓形激波的暗弱图像.

底片 11 中间的图展示了 HH 46/47 系统, 位于古姆星云 (Gum Nebula), 大约距离 450 pc. 这里驱动恒星只在红外和更长的波长可以探测到, 推测光度为 $15L_\odot$. 最明亮的中心的扭结 (HH 47A) 也有弓形激波的形态, 发射强烈的 [SⅡ] 线. 它上

面是更宽更暗弱的弧形 (HH 47D), 仅出现在 Hα 发射中. 接续的弓形激波的变宽
让人想起 HH 111.

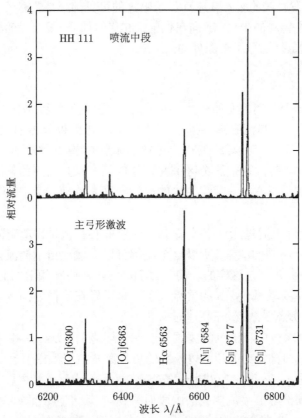

图 13.1　　HH 111 喷流的两条长缝光谱, 标出了主要的发射线. 在上图中, 长缝覆盖了喷流最
明亮的中段, 而下图对应底片 11 中可以看到的最顶部的弓形激波

在离恒星更近的地方, 宽大的抛物线形发射鞘 (HH 46) 围绕着喷流底部. 这
个区域非常弥散和没有特征的外观是典型反射星云的外观. 也就是说, 大部分观
测到的流量不是在激波处局域地产生的, 而是源于恒星, 然后被尘埃散射到观测
者. 这种来自 HH 46 的散射辐射在数年里交替变暗和变亮. 这种变化一定来源于
中心恒星. 光学和近红外的反射星云是喷流附近的共同特征, 在那里它们也表现
出线偏振的增强.

反射星云和 HH 47D 在图 13.2 都可见. 这幅用 [SⅡ] 和 Hα 滤光片结合得到
黑白图展示了这个系统在 Bok 球状体中的位置. 我们看到了喷流的蓝移部分是如
何伸出云的边缘的. 与这个结构一致但位于球状体另一边的是另一个孤立的弓形
激波. 这个区域标志了正在退行的红移的喷流从云中喷发的地方. 这张引人注目

的照片也应该提醒我们, 很多不在云边缘附近的年轻恒星可能驱动了难以观测的
喷流.

图 13.2   HH 46/47 喷流和形成它们的 Bok 球状体的光学照片. 这幅图片展示了 [SⅡ] 和 Hα
的发射. 注意喷流较明亮部分的多重弓形激波以及球状体右边小的反向喷流

在底片 11 的右图中展示的 HH 34 喷流中, 结构的主要部分非常细. 这个扭
结链和驱动源 (猎户座 A 的 L1641 分子云中的一颗暗弱的高度红化的恒星) 之间
没有明显的间隙. 这些扭结的分布比 HH 111 中更集中, 但末端的弓形激波是我
们的三个例子中最大的. 这个结构的顶点发射 [OⅢ]5007 Å 谱线. 这里, 电离态表
明激波速度相对较高. 发射线的完整模式和 120 km · s^{-1} 的撞击速度最符合, 这
个数值代表曲面上的平均值. 相比之下, 无明显 [OⅢ] 的 HH 47D 的相对谱线强度
给出接近 70 km · s^{-1} 的值.

HH 34 的数值模型给出激波前数密度 65 cm^{-3}, 低于恒星周围的密度. 在
120 km · s^{-1} 的激波速度, 这些激波前气体一定被激波波前本身产生的辐射强烈
电离 (回忆 8.4 节的讨论). 底片 11 中弓形激波的绿色表示的大量 Hα 发射源自下
游的电离中性氢的复合. 相比之下, 对与喷流主体相关的内激波的建模表明撞击

速度要低得多, 通常为 $30 \mathrm{~km} \cdot \mathrm{s}^{-1}$. 在这些较弱的弓形激波中看到的薄的 $\mathrm{H}\alpha$ 边缘源自喷流碰到的中性氢的碰撞电离. 最后, 我们从底片 11 注意到, HH 34 的末端弓形激波确实含有孤立的 [SⅡ] 发射区域. 这些区域中最大的被认为是系统的马赫盘 (Mach disk). 这是一种单独的发生在激波主波前之后的速度较低的激波. 马赫盘出现在所有星风驱动的激波中, 我们现在探索它们的起源.

13.1.3　弓形激波的光谱

图 13.1 所示的 HH 111 的光谱对于识别发射线的相对强度以及激波强度的分布很有价值. 另一方面, 观测的波长分辨率对于直接研究内部速度太差了. 我们的仪器, 例如光栅光谱仪, 可以提供好得多的谱分辨率, 但总的波长覆盖更有限. 观测者可以更仔细地研究各条谱线的特征.

一个很好的例子是 HH 32, 天鹰座中的金牛座 T 型星 AS 353A 驱动的一系列扭结. 这个系统的不寻常之处在于驱动恒星是光学可见的. 此外, 标记为 HH 32A 的最亮的赫比格-哈罗天体实际上相对于恒星是红移的. 图 13.3 展示了这个特别扭结的 $\mathrm{H}\alpha$ 发射. 注意, 望远镜波束覆盖了整个 HH 32A, 即观测的空间分辨率不是特别高. 所有发射都发生在正的径向速度, 所以这个天体实际在后退. 谱线本身非常宽, 总宽度大约为 $300 \mathrm{~km} \cdot \mathrm{s}^{-1}$. 激波后气体中的氢发射线的温度大约为 $10^4 \mathrm{~K}$. 相应的多普勒宽度, 由方程 (E.26), 仅有 $20 \mathrm{~km} \cdot \mathrm{s}^{-1}$. 所以, 展宽的轮廓表明发射气体有一定范围的超声速速度.

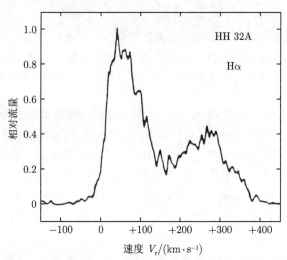

图 13.3　HH 32A 的 $\mathrm{H}\alpha$ 发射线轮廓. 这是光学可见的恒星 AS 353A 驱动的弓形激波. 径向速度是相对于恒星的

$\mathrm{H}\alpha$ 的另一个显著特征是双峰特征. 如果发射源自弯曲的弓形激波, 那么这个特征和很大的总宽度就都得到了很好的解释. 为了弄清楚原因, 首先考虑相对激波静止的观测者 (图 13.4). 周围的物质以速度 V_{shock} 流向右边. 在一个流体元穿过波前之后, 它速度的平行成分 $V_{\parallel}$ 不变, 而垂直成分 $V_{\perp}$ 下降到 1/4, 根据方程 (F.10). 激波后气体冷却到 10^4 K, Hα 才会产生. 在距离弓形激波不远的地方, $V_{\perp}$ 进一步下降. 发射谱线的气体的速度接近 $V_{\parallel}$, 几乎沿弯曲的激波波前的侧面移动. 再次参考图 13.4, 在距离轴 ϖ 处撞击的流体元被偏转一个角度 θ.

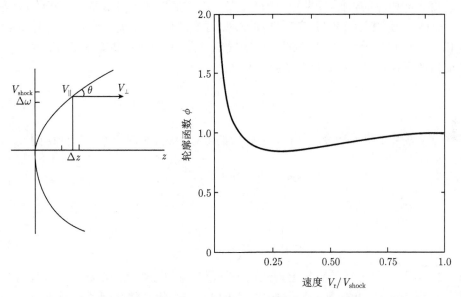

图 13.4 左图: 被静止弓形激波偏折的喷流气体. 只有激波后速度分量 $V_{\parallel}$ 保持不变. 弓形激波的弧用方程 (13.4) 描述. 右图: 沿喷流轴线的视线方向的理论发射线轮廓. 这里激波以速度 V_{shock} 离开观测者. 注意, 在 $V_{\text{r}} > V_{\text{shock}}$ 时, 轮廓函数为零

现在假设视线一直沿着中轴线. 把观测者探测到的激波后发出辐射的流体元的径向速度记作 V_{r}'. 这个速度就是 $V_{\parallel}$ (就是 $V_{\text{shock}} \cos\theta$) 在轴上的投影. 所以

$$V_{\text{r}}' = V_{\text{shock}} \cos^2\theta. \tag{13.1}$$

所讨论的流体元实际上是当前半径为 ϖ 的膨胀细环的一部分. 我们需要把所有这种环的流量加起来得到谱线轮廓. 这些环中表面积最大的贡献最大. 也就是说, 谱线强度正比于 $\Delta\mathcal{A} \equiv 2\pi\varpi\Delta s$. 这里, 如图 13.4 所示, 弧长 Δs 由环的宽度和高度给出, $\Delta s \equiv (\Delta z^2 + \Delta\varpi^2)^{1/2}$.

对谱线轮廓的几何贡献为

$$\phi_{\text{bow}} = \frac{d\mathcal{A}}{dV_{\text{r}}'}$$

$$= \frac{2\pi\varpi}{V_{\text{shock}}} \frac{ds}{d\cos^2\theta}$$

$$= \frac{\pi}{V_{\text{shock}}\sqrt{1 - \cos^2\theta}} \frac{d\varpi^2}{d\cos^2\theta}. \tag{13.2}$$

为了得到最后一个形式, 我们使用了关系 $dz/d\varpi = \cot\theta$.

　　方程 (13.2) 中的第一个因子表明, 强度向弓形激波的两边增大, 因为固定径向速度区间相应的表面积增大. 计算第二个因子需要关于弓形激波形状的具体知识. 流体动力学模拟和实验室研究都发现, 导数随倾角的增大而减小, 即以 $\cos^2\theta$ 变化. (读者可以验证, 这个性质对抛物线不成立, 只对开口更宽的曲线成立.) 一个简单的假设可以很好地模拟详细的结果

$$\frac{d\varpi^2}{d\cos^2\theta} = \varpi_0^2 \exp(-\cos^2\theta), \tag{13.3}$$

其中 ϖ_0 是某个基准半径. 为了得到相应的形状, 我们对这个方程积分得到

$$\cos^2\theta = -\ln\left(1 - \frac{\varpi^2}{\varpi_0^2}\right).$$

进一步处理得到

$$\frac{dz}{d\varpi} = \left[\frac{-\ln(1 - \varpi^2/\varpi_0^2)}{1 + \ln(1 - \varpi^2/\varpi_0^2)}\right]^{1/2}. \tag{13.4}$$

图 13.4 所示的弓形激波实际上是从这个方程数值积分得到的曲线. 把方程 (13.3) 代入方程 (13.2), 我们得到谱线轮廓. 在相差一个相乘常数因子的范围内, 这个轮廓是

$$\phi_{\text{bow}} = \frac{1}{\sqrt{1 - (V_{\text{r}}'/V_{\text{shock}})^2}} \exp[-(V_{\text{r}}'/V_{\text{shock}})^2]. \tag{13.5}$$

　　现在让我们把这个结果应用到 HH 32A 的情形. 这里, 大的径向速度表明喷流的轴确实接近视线方向. 然而, 合适的参考系是外部介质静止, 而弓形激波以速度 V_{shock} 退行的参考系. 所以, 观测到的径向速度为

$$V_{\text{r}} = V_{\text{shock}} - V_{\text{r}}'. \tag{13.6}$$

图 13.4 的下图展示了方程 (13.5) 中的轮廓作为 V_{r} 的函数. 注意, 计算的轮廓在 $V_{\text{r}} > V_{\text{shock}}$ 时变为零, 因为 V_{r}' 不能是负的. 显然, 我们纯粹的几何考虑已经抓住了这两个极大值的本质来源. 如我们已经注意到的, 较高的峰源自两边的辐射区域的增大. 当然, 对于小的 V_{r}, 真正的发射不会发散, 而是在 $\sin\theta = a_T/V_{\text{shock}}$ 时 (即碰撞速度降低到声速 a_T, 激波消失时) 变为零. 第二个弱得多的极大值代表顶点附近的物质. 这里的环面积较小, 但径向速度非常相似 ($V_{\text{r}} \approx V_{\text{shock}}$). 我们忽略的一个重

要因素是激波后发射率随碰撞速度 $V_\perp$ 的变化. 后者在顶点最大, 但在中等大小的 V_r 降低. 和图 13.3 比较发现, 这个区域确实展示出明显的下降. 最后注意到, 我们预测的总的线宽就是 V_{shock}, 对于目前的情形实际可能是大约 300 km · s^{-1}.

如果我们将观测者的方向改为垂直于喷流的轴, 那么所有环的前进和后退都对发射线有同样的贡献. 底片 11 中展示的三个喷流都恰好接近位于天球切面中. 来自主弓形激波的发射线仍然宽, 但比 HH 32A 的发射线更对称. 另一方面, 这种正面的方位有助于测量弓形激波的自行. 以背景恒星作为参考, 观测者比较数年来的 CCD 图像. 结果得到系统横向的速度.

13.1.4 扭结的运动

通过这个技术实际测量的是单独的发散扭结的自行. 这些扭结是激波激发的地方, 可能没有追随潜在流体的整体运动. 如果出现在充满团块的流体、有障碍的地方, 激波可能是静止的. 然而, 所有这种图景都被观测排除了, 观测发现典型的自行是数百 km · s^{-1}. 我们将看到, 这些速度和星风的速度相当. 所以这些扭结确实追踪了喷流, 这至少是合理的.

回到 HH 46/47, 我们发现自行矢量沿着喷流蜿蜒的路径分布. 从底部到 HH 47A 弓形激波, 速度逐渐增加, 然后突然下降, 然后在到达 HH 47D 之前进一步增大. 有趣的是, 用光谱得到的径向速度呈现出类似的模式. 后者的大小也系统性地较小, 正如人们对于近乎正对的方式所预期的. 将两个速度成分平方相加, 我们发现, 三维速度沿喷流路径变化. 因此, 径向速度的变化不仅仅是一种结构在天球切面内外弯曲导致的几何效应.

HH 34 的例子强化了这一结论. 在这里, 喷流明显是直的, 任何投影角度的变化都应该很小. 然而, 径向速度稳步向外增大. 较高的切向速度也有相同的趋势, 在主弓形激波处达到大约 300 km · s^{-1}. 图 13.5 展示了喷流头部附近的自行矢量. 底部的孤立扭结太暗弱, 在底片 11 中看不到, 但它们有相对高的速度, 几乎沿着主轴方向. 在较宽的弓形激波附近, 矢量的方向和大小明显更弥散. 在右图中, 这个模式变得清晰, 它在喷流参考系中展示出相同的速度, 即减去了代表平均轴向流的矢量. 除了少数以外, 这些扭结沿着激波波前弯曲的侧面, 如理论所预测的那样.

读者可能已经注意到 HH 34 的主弓形激波非常大的空间速度和从发射线的图样得出的适中的激波速度之间的差别. 考虑径向成分, 前者为 330 km · s^{-1}. 估计的顶点处的激波速度对应于图 13.4 中的 V_{shock}, 为 140 km · s^{-1}, 如从谱线相对强度和它们轮廓的宽度所得到的. 对于喷流内部的扭结, 这个差异更大. 这些扭结的空间速度也有数百 km · s^{-1}, 但 V_{shock} 的值低了一个量级.

这种降低的碰撞速度意味着 HH 34 中的激波不是进入静止介质, 而是进入已经在同一方向运动的介质. 这种激波在流体元超过前面一个速度较小的流体元时产生. 显然, 喷流主体中的速度差异只有 10% 左右. 这种相对弱的激波在流体静止系几乎以声速传播. 因为整体速度是高度超声速的, 所以扭结实际上很好地追踪了喷流的速度. 速度的变化在大的弓形激波处要大得多, 在那里介质的速度为 $330 - 140 = 190 \ (\mathrm{km \cdot s^{-1}})$. 如我们在后面将要讨论的, 这个情形中激波波前的空间运动依赖于激波前和激波后气体的密度对比度.

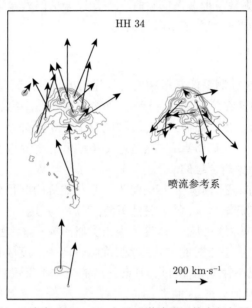

图 13.5   观测到的 HH 34 喷流 (HH 34S) 主弓形激波附近的自行矢量. 在喷流参考系 (右边) 中, 矢量方向几乎沿弓形激波表面

综上所述, 速度沿喷流路径变化的图景和自行数据以及径向速度数据符合得很好. 大部分系统, 包括 HH 46/47 和 HH 111 都展示出异常低的激波速度, 可以在这个框架内理解. (一个值得注意的例外是 HH 32, 那里我们看到最亮的扭结的 V_{shock} 为 $300 \ \mathrm{km \cdot s^{-1}}$.) 那么, 这种速度变化的原因是什么? 它们来源于流动和外面的分子云物质的相互作用, 还是它们继承了驱动恒星自身的时变?

尽管理论家已经进行了各种各样的计算来解决这个问题, 但观测本身提供了一个令人信服的答案. 图 13.6 是猎户座 B 的 L1630 区域的喷流系统 HH 212 的近红外图像. 巨大的末端弓形激波间隔 0.6 pc, 和 HH 1/2 类似. 和那个例子一样, 两个激波波前的形态差异反映了它们所在分子云环境在这个长度上的变化. 然而, 和 HH 1/2 的关键不同是在靠近光学可见的中心恒星的地方存在一系列紧密排列的扭结. 这些结构的高度对称性引人注意. 在中心恒星的两边, 这种链状结构的间隔是不规则的, 但基本上是镜像对称的. 唯一合理的解释是, 两个序列都是由驱动恒星以相同方式产生的. 所以, 这些扭结一定来源于星风中的速度 (或者更一般地, 动量) 涨落.

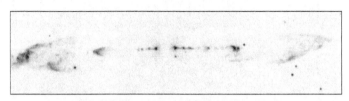

图 13.6　　HH 212 喷流的近红外 (K 波段) 图像. 注意最内的扭结展现出镜像对称性

我们看到, 喷流的内部结构记录了驱动它的星风. 让我们回到 HH 111 的例子. 底片 10 展示了喷流主体含有准周期分布的扭结. 这里, 典型的间隔是 3000 AU. 平均来说, 空间速度为 $300~\mathrm{km \cdot s^{-1}}$, 产生这些激波的小幅涨落在 40 yr 的间隔一定会重新产生. 注意到, 一些单独的弧形结构的指向离开了主轴. 这意味着星风在速度改变的同时稍微改变了方向. 终止主喷流的大弓形激波距离红外源 0.1 pc. 这个结构是在过去大约 300 yr 的一次较大的速度增长期间形成的. 最后, 底片 11 中看到的更宽的弧形结构距离恒星 0.3 pc, 以 $400~\mathrm{km \cdot s^{-1}}$ 运动. 产生它的事件一定发生在形成底片 10 的主弓形激波之前 500 yr.

新出现的情况是, 在几十年的时标上, 驱动喷流的各向异性星风在速度和方向上的变化相对较小. 对这些短期涨落平均, 速度仍然系统性地上升或下降, 在 10^3 yr 的时间内, 幅度变化大约两倍. 注意到, 跨越今天弓形激波的速度的强间断在实际离开恒星的物质中不一定存在. 高超声速星风速度的光滑变化在传播过程中也会自然变陡.

13.1.5　巨型流

底片 11 所示的例子清楚地表明, 较小的内部扭结会相对迅速地消失, 即在几个世纪内. 另一方面, 更大的弓形激波非常持久, 可以在距离驱动恒星相当远的地方看到. 从 20 世纪 90 年代初开始, 观测者有了覆盖了相对较大视场 (一边接近 1°) 的 CCD 探测器. 得到的图像揭示了链状分布的赫比格-哈罗扭结, 在我们到目前研究的喷流更明亮更连续的部分之外延伸了好几个秒差距. 这些巨型流 (giant flows) 追踪了长得多的时间内星风的历史.

图 13.7 展示了和 HH 34 喷流相伴的复杂的赫比格-哈罗天体. 这张光学照片的中心是内埋的驱动恒星, HH 34/IRS. 从恒星向南突出的短线段是底片 11 中所示的喷流. 我们再次看到喷流在间断之后是如何到达 "终端" 弓形激波 (这里标记为 HH 34S) 的. 正对着恒星的是一个类似的但更暗弱的结构, HH 34N, 由不可

见的反向喷流产生. 这些弓形激波仅组成了一个在北端以 HH 88 终止, 在南端以 HH 33 终止的一个长序列中最靠内的一对.

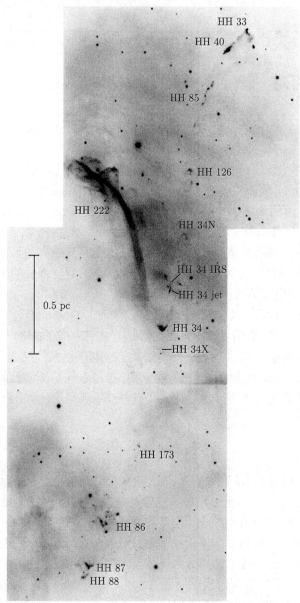

图 13.7　和 HH 34 喷流相伴的巨型赫比格-哈罗流. 标出了主弓形激波. 指向南边 (页面底部) 的短而连续的喷流是底片 11 所示的那个. 注意标为 HH 222 的明显弧形结构, 这和 HH 34 喷流没有关系

这些发出辐射的扭结的排列延伸显著超过 3 pc, 清楚地表明它们在物理上是相联系的. 速度测量证实了这种联系. 北边天体的光谱显示它们是红移的, 而南方的扭结是蓝移的. 顺便说一下, 同样的测量也表明, 这种类似 HH 34/IRS 北边的大弧的特征不是系统的一部分. 自行的研究发现链条中的每个弓形激波都朝着预期的方向远离恒星.

这个区域的 CO 成图表明, 流动的末端进入了基本没有分子气体的区域. 那么, 是什么产生了这些激波? 和以前一样, 答案是, 激波是气体追上前面较慢的喷流物质所产生的. 有趣的是, 这些激波的径向速度在远离恒星的地方系统性地下降. 两侧的降低几乎相同, 从中心恒星到最终的扭结相差因子 3.

其他特征也值得注意. 每个赫比格-哈罗天体的线尺寸向外增大. 这可能是因为喷流在侧向没有约束, 所以激波以纯弹道的方式扩张. 此外, 靠近驱动恒星的结构展现出特征的弓形激波形态: 沿主气体流动的清晰顶点以及向后拖向恒星的翼. 在更远的地方, 发射区失去了弓形激波的外观, 变得更加复杂, 内部有很多子凝聚体和丝状结构.

这些特征在迄今发现的几十个巨型流中或多或少都看到了. 一些喷流突出到非常疏散的区域, 在附近可以看到河外星系. 图 13.7 中的 HH 34 具有 S 形位形, 这一特征也很常见. 在这些情形, 离开恒星的双极喷流明显经历了方向的改变. 类似的例子包括剧烈变化的恒星仙王座 PV 驱动的复合体以及与猎户座中赫比格-哈罗天体 RNO 43 相伴的结构. 另一方面, 从 HH 111 喷流引出的链状结构从一端到另一端延伸了 8 pc, 几乎没有弯曲.

HH 34 复合体中测量的激波速度和间隔表明, 星风速度中大的变化大约每 800 yr 重新出现一次. 这里, 这个估计必然是粗略的, 因为观测只给出了弓形激波的速度, 而不是潜在喷流物质的速度. 如果后者在 HH 88 和 HH 33 还保持 $300 \text{ km} \cdot \text{s}^{-1}$ 的速度, 那么这些区域是在过去 5×10^3 yr 产生的. 如果喷流速度接近弓形激波的速度并向外减小, 那么这个时间将是两倍长. 无论如何, 与驱动恒星的演化时标相比, 这个间隔仍然很短. 因此, 我们已经注意到的系统趋势一定反映了流动本身的内在变化, 而不是驱动源的任何长期变化. 例如, 外部发射区的复杂性让人联想起 HH 1/2 中看到的发射区 (底片 9), 这可能是从激波波前通过快速冷却而破裂的内禀趋势引起的. 实际上, HH 1/2 本身驱动了一个巨型流, 其中末端区域比这里显示的任何区域都延展和破碎. 我们将在 13.5 节从更理论的角度讨论喷流传播的时候回到这些问题.

13.1.6 射电观测

到目前为止, 我们对喷流的处理仅涉及其光学表现. 然而, 假设我们想研究更接近驱动恒星的区域, 那么我们必须转向可以穿透尘埃的波长. 我们已经看到图

13.6 中的一个例子, 近红外观测如何在这方面有帮助. 另一个富有成果的领域是射电连续谱. 的确, 喷流发射的总射电流量比光学小得多. 另一方面, 甚大阵这样的干涉仪提供了非常高的角分辨率, 在厘米波达到 $0.1''$ 的量级. 让我们以这个领域中的发现的简短介绍来结束本节.

大部分光学喷流和赫比格-哈罗天体在其驱动源附近显示出射电发射. 事实上, 这些观测非凡的空间分辨率常常为恒星本身提供了最准确的位置. 我们在前面注意到 HH 1/2 的例子, 那里中心天体首先通过射电研究结合自行得到证认. 其他系统的厘米波成图已经在一组密集的红外星中找到了流动的真正来源.

让我们回到驱动 HH 1 和 2 的内埋天体 VLA 1 的例子. 图 13.8 是这个区域在 6 cm 的成图. 这里我们也已经标出了望远镜的有效波束. 这幅天图的取向使得连接赫比格-哈罗天体中心的连线是水平的, HH 1 在右边. 这条线也通过底片 9 中可见的暗弱的光学喷流. 很明显, 射电发射区域在同一方向上是拉长的. 这个区域真实的长宽比从图像中无法得到, 因为宽度没有分辨出来. 假设距离为 460 pc, 这个位形的物理长度为 390 AU. 喷流物质以 350 km · s^{-1} 运动, 这是赫比格-哈罗天体的速度. 所以它们在 3 yr 内穿过这个区域.

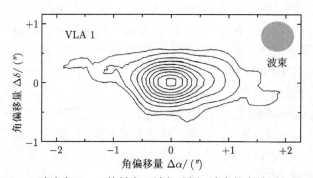

图 13.8　　VLA 1 喷流在 6 cm 的射电干涉仪成图. 波束的有效面积展示在右上角

其他赫比格-哈罗复合体, 包括 HH 111 和 HH 34 都有射电喷流. 这种辐射的物理机制是什么? 我们在第 3 章中看到被加热的尘埃颗粒如何产生了连续谱辐射. (回忆图 3.16) 这里, 光谱能量分布在毫米波或红外波段达到峰值, 依赖于尘埃温度, 在厘米波波段可以忽略. 另一个可能的源或许是来自绕局域磁场旋转的电子. 然而, 所需的磁场强度远远超过年轻恒星附近观测到的磁场强度.

剩下的最可能的机制是电离等离子体中电子的热辐射. 这种自由-自由发射源自电子靠近离子时的脉冲加速, 与可见的金牛座 T 型星产生的韧致辐射相同 (第 7 章). 在这种情况下, 我们注意到平均强度到截止频率 $\nu \approx k_BT/h$ 都几乎不变, 其中 T 是气体温度. 对于合理的喷流温度 10^4 K, 这个截止在光学波段, 所以射电流量几乎不依赖于频率. 观测发现这对于所有源都是成立的. 例如, 在 HH 1/2 的

‍

情形, 对中心喷流积分的总流量从波长 2 cm 到 20 cm 仅增加到 2 倍.

那么, 恒星是怎么产生必要的电离的呢? 大部分射电喷流 (也被称为热喷流 (thermal jet)) 源头的热光度小于 $100L_\odot$, 所以预期是小质量天体. 这里我们必须提醒一下, 这些恒星埋得太深, 无法直接评估它们的演化阶段. 然而, 无论它们处于原恒星还是主序前阶段, 它们发射光谱的紫外成分都应该相对较小. 特别地, 我们预期 100 AU 外的气体没有太多光致电离. 电离一定是通过超声速运动的气体的激波碰撞在本地产生的.

为了证实这个想法, 我们再次转向我们的原型系统. HH 1 和 HH 2 都表现出自己的射电发射, 光谱特征和中心喷流类似. 这里, 流量和赫比格-哈罗天体中最明亮的可见扭结有关, 和它们一样有很大的自行. 因为不可否认可见光辐射是激波产生的, 所以射电发射也来自同样的机制. VLA 1 附近的观测表明, 喷流底部的任何强激波一定开始于恒星的数十 AU 之内. 我们将在 13.5 节看到星风如何在变窄形成喷流时与这样的激波交会.

13.2 分子外流

喷流代表来自恒星本身的气体, 这些气体穿过周围的分子云, 甚至投射到外面的稀疏区域. 值得注意的是, 相对窄的结构在这么远的距离还能自我维持, 喷流的发现是 CCD 成像的一个胜利. 然而, 即使用最灵敏的阵列探测器也无法看到喷流最明亮的内部, 除非驱动恒星靠近其致密云核的边缘. 这可能因为天体迁移到那里, 或者因为分子云表面被邻近的大质量恒星侵蚀而发生. 这种侵蚀和相伴的电离在含有 HH 46/47 的 Bok 球状体被辐照的边缘很明显 (图 13.2).

当然, 位置没那么正好的年轻恒星也发射喷流, 其存在必须通过它们对周围物质的影响来推断. 分子外流是从恒星附近被推挤出来的大量湍动的分子云气体. 不需要特殊的环境就可以找到它们, 因为即使是埋得最深的天体也会在相当远的距离上搅动它的分子云. 因此, 虽然连续的光学喷流只有几十个, 但分子外流的总数有几百个.

13.2.1 双极瓣

第一个外流是 1980 年在金牛座-御夫座的 L1551 暗云中发现的. 在过去十年中, 射电观测者一直在使用 CO 的 2.6 mm 谱线研究这些区域的结构和运动学. 年轻恒星附近快速运动的证据已经很清楚了. 然而, L1551 中新的外流具有以前从未遇到过的独特形态. 读者应该回到图 1.13, 这个区域的 $^{12}C^{16}O$ 成图. 注意这两个瓣是很好地分开的, 它们共同的轴穿过中心源 IRS 5. 随后的观测发现, 这个源是一个双星系统, 总光度低于 $30L_\odot$. 这个事实也标志着一个变化, 因为星风产生的运动只和更明亮的恒星有联系.

　　最初以及随后所有的外流探测都是通过检查 CO 谱线轮廓来进行的. 图 13.9 展示了 L1551/IRS 5 数据的一部分. 上图展示了图 1.13 左瓣中心位置的 $^{12}\text{C}^{16}\text{O}$ $(J = 1 \to 0)$ 发射, 下图来自外流的另一边. 两个轮廓都在 L1551 分子云的平均径向速度 $V_r = +6.7 \text{ km} \cdot \text{s}^{-1}$ 附近有尖锐的极大. 大部分峰值发射来源于瓣前方或后方的气体. 从强度峰值的宽度判断, 这些物质没有表现出系统性的运动, 而是更随机的典型速度为几 $\text{km} \cdot \text{s}^{-1}$ 的速度场.

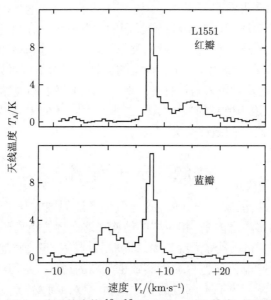

图 13.9　L1551/IRS 5 分子外流的 $^{12}\text{C}^{16}\text{O}(J = 1 \to 0)$ 轮廓. 上图展示了红移的瓣, 下图对应于蓝移的部分

　　然而, 其他气体正在以定向的方式以远超过环境水平的速度运动. 这个成分在每个轮廓中显示出额外的驼峰或 "基座" 特征. 基座相对于主尖峰的反转表明运动本身改变了方向. 所以, 最左边的瓣主要由向天平面退行的红移气体组成, 而右瓣主要是蓝移的. 当然, 这些径向速度测量只捕获了完整空间运动的一部分. 从天图上看, 气体正在从中心恒星向外运动. 对这个观点的支持来源于对蓝瓣内的两个赫比格-哈罗天体的观测. 这些光学可见的区域的自行矢量确实指向离开 IRS 5 的方向.

　　L1551 分子云本身是相对致密的结构, 范围有几个秒差距, 并且含有几颗其他的活跃的年轻恒星. IRS 5 的外流瓣的总长度超过 1 pc, 每个瓣似乎都在环境密度下降的地方终止. 因此, 这个外流占据的母分子云的体积虽然不大, 但也是可观的, 大约为总体积的 6%. 将 CO 测量转换为柱密度, 我们发现瓣的总质量为 $3M_\odot$, 占分子云总质量可观的一部分. 因此, 外流物质的平均体密度大约为 800 cm^{-3}, 也和环境相似. 这种符合并非偶然, 而是强调了这个事实, 外流确实是分子云气体, 是恒星喷流带动的.

观测者已经使用单天线和干涉阵列射电望远镜对数十个恒星形成区高速的 CO 进行了成图. 看起来似乎所有内埋恒星都在同样程度上驱动了分子外流. L1551/IRS 5 系统可以看作相当有代表性的, 但观测性质跨了很宽的范围. 例如, 很多外流的瓣没有很好地描绘出来. 在某些情形, 外流轴的方向更接近视线方向. 这里望远镜波束覆盖了红移和蓝移的物质, 这两个瓣变得难以识别. 在另一些情形, 系统的取向是有利的, 但瓣从中心恒星展开得更宽或更不光滑. 在周围分子云气体被耗尽的地方, 瓣也可能突然终止, 这可能是邻近恒星的作用. 在特别拥挤的区域, 可以观测到大量破碎的 CO 发射的壳层和丝状结构, 很难追溯到它们的驱动源.

13.2.2 窄外流

也有比 L1551 中看见的外流要窄的外流. 这些可能是由比 I 型源, 双星 IRS 5 遮挡更多的恒星产生的. 例如, 图 13.10 展示了英仙座分子云中的 IRAS 03282 外流. 这里, 激发恒星记作 IRAS 03282+3035, 位于 B1 附近的分子气体脊. 我们之前研究了这个区域的磁场结构 (第 6 章). 低光度恒星的光谱能量分布和 L1488 mm (图 4.4) 以及 B335(图 11.25) 类似, 这表明它是高度内埋的 0 型天体.

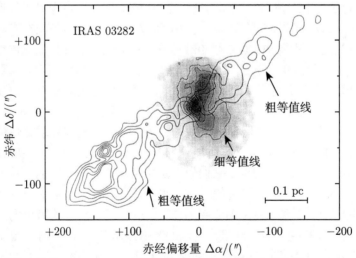

图 13.10　英仙座中的 IRAS 03282 外流的成图. 粗等值线代表 $^{12}C^{16}O(J = 2 \to 1)$ 谱线的发射, 而灰度图展示了 $NH_3(1,1)$ 发射. 角度偏移是从红外恒星的位置开始测量的

图 13.10 中的粗等值线代表 $^{12}C^{16}O$ $(J = 2 \to 1)$ 谱线的发射. 注意, 成图覆盖了小于 0 和大于 $+14 \text{ km} \cdot \text{s}^{-1}$ 的径向速度, 而周围气体的平均速度为 $+7.1 \text{ km} \cdot \text{s}^{-1}$. 所以只显示出了瓣本身. 这些瓣的总长度为 0.8 pc, 动力学上是很好地分开的, 左瓣

现在是蓝移的. 平均 (即质量加强的) 径向速度为 $20\ \mathrm{km\cdot s^{-1}}$, 是 L1551/IRS 5 速度的好几倍. 实际上, CO 测量的速度高达 $70\ \mathrm{km\cdot s^{-1}}$. 这些快速运动的气体位于中心轴附近, 在不宽于 0.02 pc 的条带中.

叠加在 CO 等值线上的是 $\mathrm{NH_3}(1,1)$ 发射的灰度图, 以及一些强度等值线. 我们看到 IRAS 03282+3035 和其他 0 型和 I 型源一样, 位于一个致密云核中. 致密云核有熟悉的性质: 峰值密度接近 $10^5\ \mathrm{cm^{-3}}$, 直径在 0.1 pc 和 0.2 pc 之间, 气体温度接近 10 K. 注意到高速 CO 发射在靠近恒星、$\mathrm{NH_3}$ 达到峰值的地方最弱. 因此, 中心天体发出的喷流以渐进的方式搅动周围的气体. 如 CO 外流所展现的, 这个物理影响逐渐在致密云核边界之外增加到最大.

分子外流另一个值得注意的特征是它团块化的外观. 我们容易想象这样一种不均匀的物质分布至少部分是由中心星风产生的搅动导致的. 在 L1551/IRS 5 的情形, 蓝移瓣的大部分有弥散的光学发射. 这种相对暗弱的发射是线偏振的, 电矢量的模式是相对 IRS 5 对称的. 实际上, 整个瓣就像一块巨大的反射星云. 为了实现这一点, 来自恒星的一些可见光子在被含有尘埃的团块散射之前, 必须能够穿透相当远的距离进入外流区域.

CO 发射的实际亮度也展示了团块性. 在一些情形, 可以同时用两种同位素分子观测一个系统. 使用第 6 章中给出的技术可以同时确定激发温度 T_{ex} 和光学厚度 $\Delta\tau$. 前者通常接近预期的气体动理学温度 $10\sim15$ K, 至少对于较宽的外流是这样的. 对于 $\Delta\tau$, $^{12}\mathrm{C}^{16}\mathrm{O}$ 的 $J=1\to0$ 和 $J=2\to1$ 两条线在离环境值不远的速度一般是光学厚的. 根据方程 (6.1), 在这些情形, 接收到的亮温度 T_{B} 应该接近等于 T_{ex}. 图 13.9 展示了 L1551/IRS 5 的天线温度在峰值处有预期的大小, 但在两边快速下降到这个值以下. 这种降低几乎可以肯定是由发射物质的团块性 (clumpiness) 导致的 (见方程 C.12). 最后, 我们注意到, IRAS 03282 的高分辨率 CO 成图揭示了团块性和外流速度之间的相关性. 之前提到移动最快的气体被局限在分立的气体团中, 或者说 "子弹" 中, 位于靠近轴的地方. 这些碎块大小只有 0.01 pc, 以原点对称成对. 所以, 它们似乎是由中央喷流中移动的脉冲产生的.

底片 12 展示了一个更极端的高速、窄外流的例子, 这是干涉仪成图. 这里我们看到 HH 211 系统, 埋在英仙座的 IC 348 星团中. 驱动恒星的总光度接近 $5L_\odot$, 仅在远红外和毫米波探测到. 白色的等值线示踪了 V_{r} 小于 $+2\ \mathrm{km\cdot s^{-1}}$ 和大于 $+18\ \mathrm{km\cdot s^{-1}}$ 的 $^{12}\mathrm{C}^{16}\mathrm{O}$ 的 $J=2\to1$ 谱线. 因为背景物质的径向速度为 $+9.2\ \mathrm{km\cdot s^{-1}}$, 我们在此聚焦在外流最快最靠内的部分. 注意到这个结构相对小的尺度, 整个结构都在图 13.10 中心的致密云核中.

很明显, HH 211 外流中的分子气体非常接近恒星喷流, 所以受其强烈影响. 这幅图中的红色等值线代表了 1.3 mm 的连续谱辐射. 在这个区域内, 激波相互作用加热了大约 700 AU 的直径范围的尘埃颗粒. 在 CO 瓣的末端, 激波有更为戏剧性的表现. 这里, 绿色的斑块表示 H_2 在 2.12 μm 的 $1 - 0$ $S(1)$ 发射. 这条谱线是温度大约 2000 K 的气体产生的. 当前情形的形态表明, 热气体示踪喷流产生的弓形激波. 这些区域在较低密度的环境就会是光学波段的赫比格-哈罗天体. 喷流速度在每个弓形激波前面一定会降低, 这样才能解释高速分子气体的突然截断.

13.2.3 速度嵌套

如果我们在底片 12 中放入低速 CO 气体, 那么我们会发现它在这里展示的瓣周围形成一层厚厚的鞘层. 这种速度嵌套不限于 O 型源产生的窄结构, 而是分子外流的普遍特征. 远离中心轴的速度下降反映了喷流本身的影响正在减弱. 为了更清楚地看到这个效应, 我们使用了通道图, 即示踪窄的径向速度范围的 CO 发射的图. 再次考虑 L1551/IRS 5 的情形. 图 13.11 是蓝移瓣的一系列 $^{12}C^{16}O$ 通道图, 速度区间如每幅图所示. 尽管拉长的形态不再明显, 但仍然有清楚的运动学结构. 径向速度接近背景值 $+6.7$ km·s^{-1} 的物质占据了刚好在瓣边界内的空间, 而高速气体聚集在越来越小的内部区域.

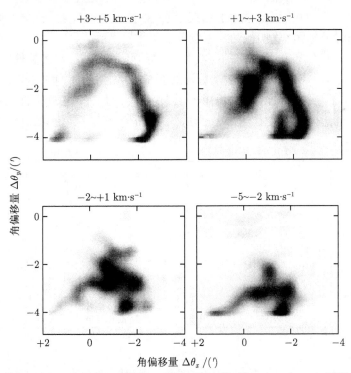

图 13.11　L1551/IRS 5 外流中蓝移瓣的通道图, 是用 $^{12}C^{16}O(J = 2 \rightarrow 1)$ 观测制作的. 每幅图都显示了速度区间. 角偏移是相对激发源 IRS 5 的

每个更高速的通道中观测到的总 CO 发射迅速减少. 为了补偿这个影响并减

小总的动态范围, 图 13.11 中较小成图的相对亮度被人为地增强了. 现在假设观测仅覆盖了外流最强、最低速的部分. 由此得到的图像将类似于左上图, 给人的印象是内部几乎被排空的膨胀壳层状结构. 这确实是 CO 观测的最初解释. 想法是, 巨大的星风吹出假设的分子壳层, 从而使中空的内部膨胀. 我们现在知道, 这个空间实际上充满了以更高速度运动的团块状气体. 星风本身主要局限在狭窄的中心喷流中, 证据是激波产生的辐射斑都沿着瓣的轴线. 最后, 应该强调, 每个小云块的速度在不考虑湍流贡献的情况下是平行于这根轴的, 并且没有垂直于瓣边界的显著分量.

除了占据更小的体积, 运动更快的气体也倾向于离驱动恒星更远. 这个效应在图 13.11 中很明显, 那里的坐标原点表示 IRS 5 的位置. 我们也可以通过位置-速度图探索外流结构的这个方面. 一个给定位置的 CO 频谱是比强度 (或天线温度) 对径向速度 V_r 的二维图. 明确的外流中光谱的系综给出了强度作为三个自变量的函数: V_r 和两个空间坐标. 现在假设我们考虑仅沿着一条特定的线进行的观测, 比如外流的中心轴. 在这个限制下, 我们可以把强度看作三维空间中的一个面. 这个面上有一些沿固定强度的曲线, 这些曲线是等强度线. 选择一些等值线并把它们画到二维平面, 我们得到一张位置-速度图.

图 13.12 提供了这种有用的可视化技术的两个例子. 左边是熟知的 L1551/IRS 5, 是用 $^{12}C^{16}O$ 的 $J = 2 \to 1$ 谱线画的. 右图展示了蛇夫座 ρ 中的 VLA 1623 的 $J = 1 \to 1$ 数据. 后者是被一个光度适中的 0 型源驱动的. 在两幅图中, 纵轴表示沿外流中心轴的位置. 等强度线的扇形图案是接近于相对同样的中心轴

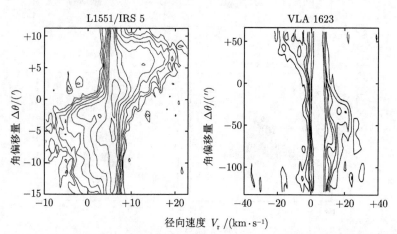

图 13.12   VLA 1623 外流和 L1551/IRS 5 的位置-速度图. 两幅图都是用 $^{12}C^{16}O$ 观测制作的, 第一幅图用的是 $J = 2 \to 1$ 谱线, 第二幅用的是 $J = 1 \to 0$ 谱线. VLA 1623 忽略了接近背景速度的发射. 注意, 两幅图的标度差异很大

位置对称的, 这个位置标记了驱动恒星的位置. 对于恒星两侧的位置, 气体主要是红移或者蓝移的. 这种分离还是因为外流几乎位于天平面上.

每张图上也可以明显看到一条厚而垂直的脊 (ridge). 这里, 等值线代表了最强的 CO 辐射挤在一起. (为了清楚, VLA 1623 的图中省略了这些严重拥挤的等值线.) 这条脊出现在代表母分子云整体运动的径向速度. 回想一下, 这里强烈发射来源于外流瓣后面或前面的气体. 所以这条脊的宽度度量了未受扰动的分子云环境的速度弥散.

图中最有趣的方面是等值线的扩展. 随着离驱动源的距离增加, 速度和最大可观测 V_r 的范围最初都增加. 然而, 最终, 最大速度达到峰值然后下降, 所以等值线回到脊的位置. 这种转变显然可能是突然的或者缓慢的, 标志着 CO 强度的一般性衰减. 也就是说, 峰值速度对应的轴上的位置大致是通常成图中瓣的边界. 注意, 最终 L1551/IRS 5 中的速度都比 VLA 1623(预期是一个更活跃的系统) 中小.

事实上, 我们发现, 外流从产生它们的恒星向外加速. 显然, 分子气体并不是简单地依靠自己的动量滑行, 像无约束星风中的物质一样. 它也不像膨胀壳层扫过周围气体那样减速. 这种加速是分子云物质被喷流持续向前拖动的迹象.

我们之前提到过, 瓣中的气体运动得相对慢. 反过来, 高速成分代表了被扰动的分子云气体中的一小部分. 量化这一趋势是有指导意义的, 即测量 dM/dV_r, 每个速度区间对应的外流质量. 在实际中, 必须仔细研究每幅通道图, 将每个位置的比强度转换为气体柱密度. 这个过程需要仔细考虑 CO 谱线的光深.

图 13.13 展示了这个操作的结果. 左图包含了 L1551/IRS 5 和 NGC 2071 外流. 后一个系统起源于猎户座 B 的 L1630 中的 NGC 2071 反射星云. 在这个外流的中心是一个红外源, 总光度 $600L_\odot$, 也为致密电离氢区提供了能量. 实际的驱动恒星可能比我们到目前遇到的质量更大. 从形态上看, 这个外流至少和 L1551/IRS 5 一样宽, 在中心轴附近有强烈的 2.12 μm 发射.

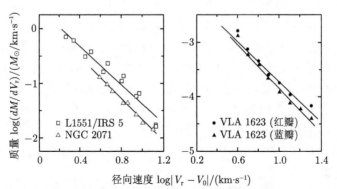

图 13.13 L1551/IRS 5、NGC 2071 和 VLA 1623 中, 总质量作为径向速度的函数. 所有图都展示出近似的幂律行为, 幂指数接近 −2

在图 13.13 的*右图*中, 我们分别展示了 VLA 1623 的红移瓣和蓝移瓣. 再次注意到从较宽的外流到这个 0 型系统质量和速度的变化. 除了这个差异, 所有三条曲线都惊人地相似. 它们展示出幂律行为

$$\frac{dM}{dV_{\mathrm{r}}} = k \left(\frac{V_{\mathrm{r}}}{V_j} \right)^{-\gamma}, \tag{13.7}$$

其中常量 k 显然在每个系统中不同. 两幅图都展示了对数据的最小二乘法拟合, 由此我们得出 $\gamma \approx 2$. 最后注意到, 物理量 V_j 也会变化, 它代表了喷流速度的时间平均. 经验关系 (13.7) 只是在 $V_0 \lesssim V_{\mathrm{r}} \ll V_j$ 范围建立的, 其中 V_0 是母分子云的径向速度. 实际上, 额外的测量表明, 当外流速度接近 V_j 时, 幂律失效. 然而, 我们将在 13.5 节中论证, 这种关系的存在为喷流-外流耦合的本质提供了进一步线索.

13.2.4 能量和动量

假设我们知道外流相对天平面倾斜的角度. 这个信息可能来源于对内埋的 HH 天体的自行和径向速度的测量. 我们也可以通过将外流瓣的几何模型和经验的位置-速度图匹配来推断角度. 在任何情况下, 倾角都使得我们可以把径向速度 V_{r} 转换为三维速度 u. 从质量分布 dM/du, 可以得到外流的*机械能光度* (mechnical luminosity):

$$L_{\mathrm{mech}} = \frac{\frac{1}{2} \int_{u_0}^{\infty} du u^2 dM/du}{t_{\mathrm{dyn}}}. \tag{13.8}$$

这里, 积分覆盖所有大约背景值 u_0 的速度. 动力学时标 t_{dyn} 是 $L/\langle u \rangle$, 其中 L 是瓣的长度, $\langle u \rangle$ 是瓣内的质量加权平均的速度. 对于典型的 L1551/IRS 5, 蓝移瓣有 0.8 pc 长, 偏离天平面 $15°$. 质量加权平均的速度为 $18 \ \mathrm{km \cdot s^{-1}}$, 得出的动力学时标为 $4 \times 10^4 \ \mathrm{yr}$.

机械能光度是外流输运动能的速率. 当然, 这个能量最终还是中心喷流提供的. 这个输运过程不是一个守恒过程, 也就是说, 我们预期在这个过程中会损失相当多的能量. 观测支持这个观点. 例如, L1551 分子云在远红外波段大量发射. 60 和 100 μm 的相对流量表明尘埃颗粒被加热到 25 K. 它们的弥漫辐射尽管分辨率低, 但大致遵循以 IRS 5 为中心的外流瓣的方向, 这是这块分子云中的主要辐射源. 相应的光度 L_{rad} 大约为 $7L_{\odot}$, 达到外流 L_{mech} 的大约三倍. 我们可以将 L_{rad} 视为源自外流中的湍流运动的耗散, 尽管细节远远没有搞清楚. 当然, 速度的这个随机分量没有包括在方程 (13.8) 中. 所以喷流必须以总的速率 $L_{\mathrm{mech}} + L_{\mathrm{rad}}$ 为母分子云提供能量.

因为辐射出的光度通常未知, 所以我们必须依赖 L_{mech} 来标定外流功率. 有趣的是将这个量和驱动恒星的 L_{bol} 进行比较. 如图 13.14 所示, 二者之间有明显

的关联. 在这幅图中, 实心和空心圆圈分别代表 O 型和 I 型源驱动的系统. 显然,
这两种类型都是以大约 L_{bol} 的百分之一的机械能光度来驱动外流的. 这个比例对
于 O 型源更高, 但观测过的系统仍然不多. 注意到我们实际上使用 L_{bol} 代替了喷
流内的能量输运速率, 后者的信息更难确定 (见后面的 13.5 节). 假设两个速率是
相联系的, 图 13.14 中的迹象表明 O 型源在驱动外流上更高效. 我们也已经看到
瓣在此情形更窄, $\langle u \rangle$ 更大. 因为 O 型恒星被认为是最年轻的, 分子外流一定随时
间变宽, 经历越来越大的耗散.

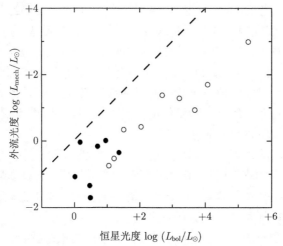

图 13.14　外流机械能光度作为 O 型 (实心圆圈) 和 I 型源 (空心圆圈) 热光度的函数.
虚线代表两个光度相等

我们也可以衡量外流的动量. 动量输运速率具有力的量纲, 所以类似方程
(13.8) 的表达式为

$$F_{out} = \frac{\int_{u_0}^{\infty} du\ u\ dM/du}{t_{dyn}}.\qquad(13.9)$$

这里, 我们再次将两个外流瓣的贡献加起来, 尽管它们的速度沿相反的方向. 实
际上, 我们预期两个外流瓣的总的矢量动量接近于零, 反映了喷流的对称性. 从喷
流到外流的输运过程是守恒的, 因为动量无法耗散. 所以, 一个瓣获得的动量应该
刚好平衡向外运动的星风物质的动量减小. 这个效应从喷流的数据来看还不明显.
如我们在 13.1 节中看到的, 观测到的在一系列赫比格-哈罗扭结中的速度变化可
能由星风速度的时变主导. 此外, 观测得最好的喷流可能有相对弱的外流, 因此详
细比较动量是不切实际的.

　　然而, 令人鼓舞的是, F_{out} 的典型值与喷流动量输运率的估计值大致相同,

这一点我们将在后面展示. 之前引用的 L1551/IRS 5 的数据给出 $F_{out} = 1 \times 10^{-3} M_\odot$ km $\cdot$ s^{-1} $\cdot$ yr^{-1}. 对于有良好成图的外流进行调查, 速率通常比这个值低, 而且差异很大. 还有一种趋势是, 具有较高 L_{bol} 的恒星会产生更大 F_{out} 的外流. 在所有情形中, 输运速率超过 L_{bol}/c 一到两个量级. 最后一个量是光学薄介质中辐射压所产生的力. 历史上, 这种不相等在早先就被注意到了, 它强调了这样的事实: 驱动是机械的, 而不是辐射的. [1]

13.2.5 热效应和化学效应

回到对能量的考虑, 我们注意到, 被扰动的分子云在很宽的温度范围辐射. 在 L1551 中, 我们不仅发现来源于暖尘埃的远红外连续谱, 还发现了来源于被加热到几千度的分子氢发出的 2.12 μm 谱线. 这种近红外发射也在光学喷流中探测到, 有时是和 2.25 μm 的 $2 - 1$ $S(1)$ 一起. 例子包括我们已经研究过的系统: HH 1/2、HH 111 和 HH 46/47. 即使在不含有可见的赫比格-哈罗天体的分子外流中, 近红外阵列探测器也允许人们以角秒量级的分辨率识别其中的激波. 这些氢线可能解释了分子云总能量耗散的大部分.

从喷流中排出的外流气体温度也会升高. 如我们所看到的, 这种加热在较宽的瓣中不明显, 但它确实出现在 O 型源驱动的窄外流中. 这里, 多条 CO 谱线的观测给出接近 40 K 的激发温度, 显著高于周围的介质. SiO 的转动谱线以及 NH$_3$ 的反转线在这个方面也被证明是有用的.

NH$_3$ 测量特别有趣, 因为这个分子是物理条件的敏感探针. 考虑由一个 $11L_\odot$ 的 O 型源驱动的高速的 L1157 外流. 这里有源自 NH$_3$(1,1) 转动能级的 1.27 cm 发射, 也有 (3,3) 态反转跃迁的 1.26 cm 发射. 观测到的线宽对于主线和卫星线在第一种情形都相对较窄, 峰值发射发生在周围介质的径向速度附近. 相反, (3,3) 线既宽, 又有移动. 图 13.15 展示了这些谱线也来源于不同位置. (1,1) 发射源于分子云内, 围绕恒星的宁静致密云核. 如所预期的, 强度在恒星附近达到峰值. 这正是没有 (3,3) 发射的区域, 它集中在两个瓣中. 对相对强度的分析得出云核中的温度接近 10 K, 外流中的温度在 50 到 100 K 之间.

同样的分析表明 NH$_3$ 分子的丰度在瓣中增加了一个量级. 更大幅度的增长来自在中心云核中探测不到的 SiO, 增幅至少达到 10^4. 更低阶转动跃迁的干涉仪成图表明, 瓣的发射源自以喷流轴为中心的弓形激波. 其他 O 型外流在这些 SiO 谱线强烈发射. 一些大质量恒星形成区也是如此, 包括 NGC 7538, 仙后座 OB2 星协中壮观的电离氢区 (底片 6).

---

[1] 外流物质实际上对来自恒星光球的辐射是不透明的. 因此光子向外扩散, 单位体积产生的力为 $\rho\kappa F_{rad}/c$. (回忆方程 (11.48) 后面的讨论.) 在粗略的近似下, 总的力为 $\Delta\tau L_{bol}/c$, 其中 $\Delta\tau$ 是有代表性的光学厚度. 大部分到达外流瓣内部的辐射已经退化为红外辐射, 其中 $\Delta\tau$ 远低于匹配 F_{out} 所需的辐射力要求的 10 到 100 的数值.

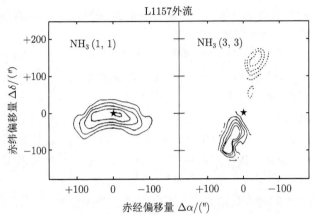

图 13.15   L1157 外流的 NH$_3$(1, 1)(左图) 和 NH$_3$(3, 3)(右图) 谱线成图. 右图的实线和虚线
等值线分别展示了红移和蓝移的发射. 每幅图中 0 型驱动源位于中心恒星

如我们提到的, 在产生 L1157 的致密云核中没有看到 SiO. 在有很好研究的
金牛座云核 TMC-1 或者 Bok 球状体 B335 中也没有探测到. 这些事实共同表
明这个分子实际上是在外流中产生的. 有充分的理由相信, 在致密、宁静的环境
中, 硅被锁在了尘埃中. 毕竟, 星际消光曲线中的 10 μm 吸收特征源自 Si-O 拉
伸模式 (回忆 2.4 节). 在伴随恒星喷流的激波中, 溅射和颗粒碰撞都会释放出硅
原子. 我们在 8.4 节中简短讨论了这两个效应, 在那里我们注意到尘埃破坏需要
200 km · s^{-1} 的激波速度. 然而, 在连续激波中, 带电尘埃和周围的中性粒子 (具
有不同的流动速度) 有增强的相互作用. 尘埃颗粒的幔对于 $V_{\rm shock} = 50$ km · s^{-1}
也会被完全摧毁, 而尘埃颗粒的核只是被部分侵蚀. 这些释放出来的硅与分子氧
以及羟基 (OH) 反应产生观测到的 SiO. 更温和的 NH$_3$ 增加源自尘埃幔的加热和
升华, 然后将分子完整地喷射出去. 类似的活动可以解释 L1157 和其他系统中甲
醇 (CH$_3$OH) 的增强. 注意, 甲醇是冰里面第二丰富的成分 (在水之后).

13.2.6   OMC-1 外流

我们看到恒星喷流和相伴的外流不仅在动力学上扰动了它们的寄主分子云,
还改变了它们的化学组成. 激波侵蚀或破坏尘埃颗粒, 而它们的加热驱动气相反
应 (不加热就不起作用). 所有这些活动在大质量恒星附近都大量增加. 这些天体
影响周围环境的各种方式将是第 15 章的主题. 在对此进行预期的同时, 我们看一
下研究得最好的 OMC-1 外流来结束当前的讨论.

非常密集的猎户座 A 的 OMC-1 区域包含 BN 天体和 KL 红外星团. 它也是
有活跃分子外流的地方. 在直径大约 0.2 pc 的体积内, 气体正在从 IRc2(KL 星云
中最明亮的源 ($L_{\rm bol} \lesssim 10^5 L_\odot$)) 向外运动. 物质的径向速度接近 150 km · s^{-1}, 但
其形态只有弱的双极性. 也就是说, 在大多数位置, CO 轮廓同时含有红移和蓝移

的物质, 任何 "瓣" 都极端地宽. 在外流边缘是两个激波作用过的分子氢明亮发射的区域. (回忆图 8.9 和相关的讨论.)

到目前为止, 我们的讨论可能适用于大质量的但在其他方面没特殊性的外流, 其中心轴恰好位于视线附近. 然而, 对这一系统的大量其他观测引起了对这个解释的怀疑, 表明这个外流不是由单个喷流驱动的. 朝向 IRc2 的是一个相对宁静的分子气体组成的致密热云核. 高温尘埃提供了丰富的红外连续谱辐射, 而大量分子谱线来源于诸如 SiO、HCO$^+$ 和 HCN 的分子. 这里环境的体密度超过 10^6 cm^{-3}. 诸如 $(10,10)$ 甚至 $(14,14)$ 的高阶 NH$_3$ 反转线的存在表明气体温度至少有 400 K. 这个值在更大的外流中降低到大约 150 K.

OMC-1 最显著的特点是延伸到主 CO 外流外的高速喷射. 底片 13 由 2.12 μm 图像拼接上色得到. 这里, 我们看到分子氢以分立的 "手指" 从 IRc2(正好在图的底部下方) 射出. 每根手指的尖端在 1.64 μm 的 [FeⅡ] 谱线处特别明亮, 它在比 H$_2$ 跃迁更高的温度被激发. 气相的铁和硅一样, 在宁静环境中会严重耗尽, 它的存在表明至少颗粒物质有部分的解体. 我们在其他喷流中看到的弯曲的弓形激波在这里明显消失了. 底片 13 中的白色等值线示踪了 NH$_3$$(1,1)$ 和 $(2,2)$ 发射. 这些充满团块的致密丝状结构延伸到大约 0.5 pc.

目前, 还没有一种公认的图景解释这些不同的现象. 底片 13 给人的视觉印象是剧烈的爆炸性事件, 喷发处组成扇形的一堆团块, 同时驱散了用 NH$_3$ 看到的气体. 这些激波手指实际上并不精确地回溯到 IRc2, 而是一个相邻的射电连续谱源. 显然, IRc2 本身是一群反射中心天体星光的小斑块. 或许广角的 CO 外流和致密碎块流都是一种特别高速的星风导致的, 这种星风在激波作用后无法有效冷却. 我们将在本章稍后的部分更仔细地研究喷流动力学时以及在第 15 章重新讨论这个问题. 在那里, 我们会发现大质量外流和小质量外流通常非常不同.

13.3 星风的产生: 压强效应

现在让我们把注意力从恒星喷流的大尺度效应转向外流本身的物理性质. 我们暂时不讨论这些气流是如何达到令人印象深刻的准直度的. 相反, 我们希望首先探讨年轻恒星如何产生强烈星风的更基本的问题. 这些天体在分子云物质中埋得太深, 无法直接观测. 因此, 我们在很大程度上将依赖于对可见的主序前恒星星风的认识. 如我们将要看到的, 即使在这里, 可用的信息也很少, 理论没有完全发展.

13.3.1 星风的类型

各种质量和年龄的恒星都会产生星风, 即大气层的剥离. 这些外流的观测性质会发生很大变化, 包括 $\dot{M}_\omega$, 总的质量损失率和 V_∞, 远离恒星表面的速度. 沿

主序, 最大的 $\dot{M}_\omega$ 值 ($10^{-5}M_\odot \ \mathrm{yr}^{-1}$) 源自早型恒星. 这里的收尾速度 (terminal velocity) 也相对较大, 在 $600 \sim 3500 \ \mathrm{km} \cdot \mathrm{s}^{-1}$. 在这个范围的低端, 量值接近驱动恒星的引力逃逸速度, 即在恒星半径 R_* 计算的 V_{ff}. 更高的星风速度可以达到这个值的 4 倍. 晚型矮星的质量损失率急剧下降. 然而, 对于巨星和渐近分支恒星来说, 它再次上升. 例如, 一颗质量 $16M_\odot$、半径 $400R_\odot$ 的 K5 型超巨星发出 $\dot{M}_\omega \approx 10^{-7}M_\odot \ \mathrm{yr}^{-1}$ 的星风. 奇怪的是, 这样冷的主序后天体的收尾速度小于相应的逃逸速度. 从最明亮的这些星 (类似 K5 型超巨星) 发出的星风展示出大量尘埃和规律脉动的证据. 最后, 远没有那么明亮的太阳类型主序前恒星也表现出大规模星风 ($\dot{M}_\omega \sim 10^{-8}M_\odot \ \mathrm{yr}^{-1}$), 但 V_∞ 值有数百 $\mathrm{km} \cdot \mathrm{s}^{-1}$, 即接近逃逸速度.

赫罗图中广泛的星风特征表明一定有很多过程在起作用. 在所有情形, 物质都以远小于逃逸速度的速度离开恒星表面. 因为初始速度也小于局域热速度, 所以需要某种机制加速气体直到其变成超声速. 这种机制对于不同类型的星风不同, 它很大程度上决定了 $\dot{M}_\omega$. 相比之下, V_∞ 的值主要取决于跨声速之后动量的增加. 源自 O 型和 B 型星的质量最大和最高速的星风的存在全靠这些天体极高的光度. 如我们将在第 15 章中描述的, 紫外光子被吸收然后被外流中的电离原子发射. 这种散射加速气体到声速以及更高的速度. 渐近巨星支的恒星也通过辐射驱动星风, 此时是通过施加在周围尘埃颗粒上的压强. 对于所有其他恒星, 包括这里最感兴趣的年轻的小质量恒星, 星风都是以机械模式推动的.

到目前为止, 研究得最好的星风是来自我们的太阳的风, 航天器长期以来都在对其进行原位 (in situ) 测量. 这个外流的质量损失率仅有 $2 \times 10^{-14}M_\odot \ \mathrm{yr}^{-1}$, 而在地球轨道处的速度大约为 $450 \ \mathrm{km} \cdot \mathrm{s}^{-1}$. 后一个量值代表通常看到的 $350 \ \mathrm{km} \cdot \mathrm{s}^{-1}$ 的 "宁静" 速度和 $800 \ \mathrm{km} \cdot \mathrm{s}^{-1}$ 的典型瞬时高速流动的平均. 相比之下, 太阳的逃逸速度是 $620 \ \mathrm{km} \cdot \mathrm{s}^{-1}$.

为了理解太阳风, 我们必须首先研究位于光球层外的稀薄气体. 根据定义, 这个区域对于携带了大部分太阳光度的可见光辐射是光学薄的. 另一方面, 它很容易受到较短波长光子以及从内部传出的声波和 MHD 波加热. 这种加热解释了为什么气体温度开始时从光球层的 5800 K 下降达到一个极小值 4300 K, 然后上升. 被称为色球层的相对薄的层在 HI 和诸如 CaII 和 MgII 离子的发射线的频率是明亮的. 一旦温度超过大约 10^4 K, 它上升就快得多, 在非常短的距离上升两个量级. 这个转换区标志着日冕的开始, 这是一个更稀薄的、物理上更延展的非常热的气体的区域.

太阳风开始于日冕底部附近, 在日心半径 $1.25R_\odot$ 处. 这里温度是 1.5×10^6 K, 大约是光球层温度的 250 倍. 正是热压强向外减小的分布加速了星风, 至少加速了宁静的成分. 注意, 这些高速流以及它们造成的地磁扰动以 27 天的周期重现. 这个间隔是从地球上看到的平均太阳转动周期. 20 世纪 70 年代的卫星观测显示,这些气流来自冕洞, 即 X 射线流量减小的区域. 在冕洞里, 磁场的拓扑结构从离开和进入太阳表面的闭合圈转变为伸向遥远太空的开放磁力线. 气流的额外速度可以由沿开放磁场传播的 MHD 波提供.

13.3.2 热流

我们有充分的理由相信, 所有主序附近的小质量恒星都发出与太阳类似的星风. 这里的证据是间接的, 因为所有这些气流的密度, 包括太阳的, 都太低了, 无法直接观测到所发出的辐射. 尽管有这一局限性, 人们对热日冕的热压如何加速太阳类型的星风有很好的理解. 现在让我们更详细地研究一下基础物理. 我们从一开始就强调, 这种热驱动并不是年轻恒星发出的强星风的原因. 不过, 我们将引入的概念对我们以后的讨论也是有用的.

为了简化问题, 让我们考虑一个稳态运动的纯径向星风, 速度为 $u(r)$, 密度为 $\rho(r)$. 这里, r 是与恒星中心的距离. 质量和动量守恒方程为

$$\frac{1}{r^2}\frac{d(r^2\rho u)}{dr} = 0, \tag{13.10}$$

$$u\frac{du}{dr} = -\frac{a_T^2}{\rho}\frac{d\rho}{dr} - \frac{GM_*}{r^2}, \tag{13.11}$$

其中 M_* 是恒星质量. 这里, 我们假设了星风是完全电离的, 传递热量非常高效, 因而保持严格等温, 相应的声速为 a_T. (关于类似的内落问题, 回忆方程 (10.27) 和 (10.29).) 展开方程 (13.10) 中的导数后, $d\rho/dr$ 项可以消去, 剩下 du/dr. 变形过的方程 (13.11) 为

$$\frac{(u^2 - a_T^2)}{u}\frac{du}{dr} = \frac{2a_T^2}{r} - \frac{GM_*}{r^2}. \tag{13.12}$$

我们现在将方程 (13.12) 从初始半径 r_0(这代表了日冕底部) 向外积分. 如果 u_0 是这个半径处初始亚声速的速度, 我们发现一般速度 $u(r)$ 的一个隐式关系式:

$$\left(\frac{u}{a_T}\right)^2 - 2\ln\left(\frac{u}{a_T}\right) = \left(\frac{u_0}{a_T}\right)^2 - 2\ln\left(\frac{u_0}{a_T}\right) + 4\ln\left(\frac{r}{r_0}\right) + \frac{4R_s}{r_0}\left(\frac{r_0}{r} - 1\right). \tag{13.13}$$

这里 R_s 是声速点:

$$R_s \equiv \frac{GM_*}{2a_T^2}$$

$$= 7R_\odot\left(\frac{M_*}{M_\odot}\right)\left(\frac{T}{10^6\,\mathrm{K}}\right)^{-1}. \tag{13.14}$$

在 R_s 的数值表达式中, 我们有代表性的星风温度 T 是从日冕底部到声速点的一个平均. 观测到的温度实际上随距离缓慢下降, 所以它在 1 AU($210R_\odot$) 低了一个量级. 相比之下, 星风中的数密度在相同的距离下降了 7 个量级.

图 13.16 展示了对于三个 u_0 的速度变化. 这里, 我们将 R_s/r_0 设为等于 10. 对于最小的值, $u_0/a_T = 7.0 \times 10^{-7}$, 速度首先上升, 在 $r = R_s$ 达到峰值, 然后下降, 保持完全亚声速. 随着 $u(r)$ 在大的距离处降低到几乎为零, 我们从方程 (13.11) 看到, 密度 $\rho(r)$ 线性上升, 和观测相反. 作为一个物理解同样不可接受的是对于最大的初始速度 $u_0/a_T = 1.2 \times 10^{-6}$ 的解. 现在加速持续到 du/dr 在某个半径 $r/r_0 = 6.2$ 处变为无穷大. 形式上, 如图所示, 这个解以超声速拐回较小的半径. 参考方程 (13.12), 很明显, 唯一实际的情况是 du/dr 的系数在右边达到零时 (即 $u(R_s) = a_T$) 变为零. 图中也画出了这条特别的速度轮廓, 在当前的例子对应于 $u_0/a_T = 9.2 \times 10^{-7}$. 外流现在平滑地通过以实心圆圈代表的声速点, $\rho(r)$ 单调下降.

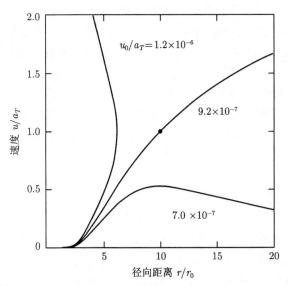

图 13.16　热压强驱动的球形等温星风中的速度作为半径的函数. 图中展示了每条曲线相对于声速 a_T 的速度初始值, 半径以日冕底部的值 r_0 为单位. 中间曲线上的实心圆圈标记了声速点

尽管我们的模型有简化, 但推导揭示了压强驱动膨胀的基本原理. 不等式 $R_s > r_0$ 等价于说日冕底部的流体元被引力紧紧束缚, 即使在热速度下也是如此. 然而, 在逐渐下降的热压强的推动下, 这个流体元缓慢而持续地向外漂移. 这种外流会使压强降低更多, 从而使内部层进一步膨胀. 更深层次的问题不是什么驱动了膨胀, 而是什么为日冕本身提供了热能. 我们对这个领域的了解很少, 这再次反

映了即使在太阳的情形也缺乏直接观测. 注意, 所需的总光度仅为 $10^{-4}L_\odot$ 的量级. 这个值不仅包括驱动星风和其他更具脉冲性的物质抛射, 还包括抵消日冕的辐射损失. 人们普遍认为, 这种能量来源于太阳外对流区的湍动流体的运动. 这种能量的转化仍然令人费解. 向外传播的 MHD 波的耗散可能会起作用, 就像纠缠或编织在一起的磁通量管中的磁重联一样.

13.3.3   阿尔芬波的影响

我们之前提到, MHD 波也与来自冕洞的高速流有关. 在太阳中, 这种波的存在不容置疑. 空间飞行器的观测表明, 风速的波动与当地磁场有关, 正如阿尔芬波所预期的那样. 我们记得在第 9 章, 磁场也可能携带快速和慢速的磁声波. 然而, 这些磁声波会造成等离子的周期性压缩, 进而导致变陡 (steepening) 和激波的形成. 能量在这些激波中的耗散增加了日冕的热量, 但只有阿尔芬波在远超过声速点处还依然存在.

在星风中传播的阿尔芬波对气体施加一个额外的力. 由方程 (9.91), 在任意点处波的压强正比于磁场扰动幅度的平方 $|\delta B|^2$, 因而正比于波的能量密度. 在膨胀流中, $|\delta B|^2$ 自然会减小, 所以净的力向外.[①]数学上, 可以在动量方程 (13.11) 中加入波压强梯度作为额外的一项. 净的结果是提高星风的有效温度. 由方程 (13.14), 声速点向内移动, 接近恒星表面. 通过这点的速度轮廓也有更高的 V_∞.

阿尔芬波导致的压强增大为太阳风的高速成分提供了一个自然的解释. 这个效应也更合理地解释了晚型巨星中产生的更大规模的星风. 即使母恒星的质量大于太阳, 其表面重力也减小到太阳表面重力的 10^{-4}. 所以, 太阳类型的阿尔芬波确实可以产生非常大的 $\dot{M}_\omega$. 问题是这个机制太高效了. 如果阿尔芬波确实持续到声速点之外, 如太阳风中那样, 那么它们不可避免地产生了大的 V_∞. 然而, 我们已经注意到, 观测到的巨星星风的收尾速度相对较小, 小于恒星的逃逸速度.

巨星没有表现出由炽热的大规模星冕产生的丰富的 X 射线. 所以, 它们的星风不可能是热驱动的, 温度可能比太阳低得多, 接近 10^4 K. 考虑到相对高的密度, 离子-中性粒子摩擦应该能抑制阿尔芬波. (回忆 10.1 节的讨论.) 只要这些波在声速点外很远的地方不存在, 它们就仍然能驱动大规模星风, 但 V_∞ 会减小. 这种对巨星的星风的解释是有希望的, 至少定性上是这样的. 然而, 计算表明, 如果阻尼稍大, 质量损失率就急剧下降. 相反, 太弱的阻尼会产生大得不可接受的 V_∞ 值. 如果阿尔芬波确实是驱动机制, 那么这些结果暗示存在某种反馈机制调节其产生和耗散. 我们也应该记住, 这里的计算是高度简化的. 例如, 大多数假设了完美的球对称星风, 而太阳的例子表明流动可能至少部分局限于离散的磁通量管中.

---

① MHD 波包的能量不守恒, 在没有耗散时也是如此. 在短波情形, 围绕分析表明守恒量是波作用量 (wave action). 这是波包中的能量除以共动频率, 即以平均星风速度运动的观测者测到的频率. 随着星风加速, 共动频率由于多普勒效应降低. 为了使波作用量守恒, 能量也会减小, 反映了波对背景流动做的功.

这些想法对于主序前恒星有多适用？这里，星风在能量中所占的比例大于巨星或我们太阳中的比例. 例如，考虑 $1M_\odot$、$3R_\odot$，光度为 $L_* = 3L_\odot$ 的金牛座 T 型星. 假设这个天体发出 $\dot{M}_\omega = 1 \times 10^{-8} M_\odot \, \mathrm{yr}^{-1}$ 的星风. 假设收尾速度等于逃逸速度 $360\ \mathrm{km \cdot s^{-1}}$，相应的机械光度为 $0.1L_\odot$，或者说恒星值的百分之四. 这样的外流肯定不是大规模星冕驱动的，这种星冕的 X 射线输出远超过恒星的光学光度，和观测对比鲜明. 阿尔芬波的压强至少在原则上可以缓解这一困难. 然而，计算表明，产生类似于我们例子中的星风需要波本身的机械光度接近 L_*. 这个能量连同来自辐射和背景星风的能量一定源自恒星，而显著增大的总能量很难与主序前恒星的理论相一致. 这里的主要问题是恒星表面附近相对较高的重力，使得波能量的向外输运比臃肿的巨星更低效. 而且，即使假设一个非常高的波光度，得到的 V_∞ 也一般会超过观测极限. 所以在声速点之外必须包括波的耗散，不论是通过离子-中性粒子碰撞还是通过快波和慢波模式的转换. 整个推理链会受到和巨星一样的诟病，即必须对物理条件进行微调才能得到合理的结果.

尽管阿尔芬波的机制没有给出最终答案，但我们的讨论已经引入了两个可能仍然存在的关键要素. 首先是存在恒星本身发出的强磁场. 如我们将在第 17 章中看到的，这个预言被经验性地验证了，这个发现为磁场在星风产生中起着重要作用的观点提供了依据. 第二个想法是，离开恒星附近的物质除了平滑向外的流动速度，还会受到类波运动或者可能的湍流运动的影响. 从观测上看，金牛座 T 型星的发射线比均匀星风中的发射线要宽得多并且通常要复杂得多.

13.4　星风的产生：转动和磁场

磁场与星风产生有关的另一个重要线索来自大量恒星转动的数据. 沿主序朝向更低的表面温度，我们发现 F 型恒星的转速突然下降. 这也是主序天体形成外对流区的点. 一般来说，恒星磁场被认为是由发电机作用产生的，即对流不稳定区内转动和湍流的相互作用. 现在假设一颗晚型恒星喷出的气体沿固定在恒星表面的转动磁力线向外运动. 如果磁场在一定距离保持刚性，那么喷出的物质在被抛入太空之前会获得较高的角速度. 所以这样的离心风可以为恒星提供有效的制动，从而解释观测结果. 这种星风更强大的版本可能发生在较年轻的恒星中. 实际上，内埋源外流的双极各向异性似乎源于磁场的反射对称性.

13.4.1　磁化星风的位形

现在让我们来探讨离心星风理论的要素. 我们的目标将在下面的方程 (13.36) 实现，导出一个压强驱动流的速度关系, 类似方程 (13.13). 在此过程中，我们还将对星风制动有更深入的了解. 我们从一开始就假设星风气体和磁场是在绕 z 轴的柱坐标系中环向对称的, 并且这根轴和恒星的自转方向一致. 所以把磁场 $\boldsymbol{B}$ 和速度 $\boldsymbol{u}$ 分解为极向和环向 (即方位角方向) 成分 (回忆图 10.13) 是方便的. 假设星风物质电离度足够高, 理想 MHD 方程 (9.45) 适用. 假设流动是稳态的, 磁通冻结的条件简化为

$$\nabla \times (\boldsymbol{u} \times \boldsymbol{B}) = 0. \tag{13.15}$$

受磁通冻结影响的物质只能沿磁力线滑动或者绕 z 轴转动. 为了从数学上发展这个图景, 我们注意到方程 (13.15) 表明 $\boldsymbol{u} \times \boldsymbol{B}$ 可以表示为某个标量场的梯度. 但没有物理量, 包括这个标量场, 沿方位角方向变化. 所以 $\boldsymbol{u} \times \boldsymbol{B}$ 本身一定是一个极向矢量. 如果我们现在写出 $\boldsymbol{u} = \boldsymbol{u}_p + \boldsymbol{u}_\phi$ 和 $\boldsymbol{B} = \boldsymbol{B}_p + \boldsymbol{B}_\phi$, 我们很快看到唯一对 $\boldsymbol{u} \times \boldsymbol{B}$ 的环向贡献是 $\boldsymbol{u}_p \times \boldsymbol{B}_p$. 为了使这一项为零, $\boldsymbol{u}_p$ 必须在任何地方都平行于 $\boldsymbol{B}_p$. 也就是说

$$\boldsymbol{u}_p = \kappa \boldsymbol{B}_p, \tag{13.16}$$

其中 κ 是位置的标量函数. 在任意子午面内, 物质确实沿不变的磁力线滑动.

去掉 $\boldsymbol{u} \times \boldsymbol{B}$ 的环向分量后, 方程 (13.15) 现在是

$$\nabla \times (\boldsymbol{u}_p \times \boldsymbol{B}_\phi + \boldsymbol{u}_\phi \times \boldsymbol{B}_p) = 0. \tag{13.17}$$

速度 $\boldsymbol{u}_\phi$ 可以重写为 $\varpi \Omega \boldsymbol{e}_\phi$, 其中 $\boldsymbol{e}_\phi$ 是环向单位矢量. 对 $\boldsymbol{u}_p$ 使用方程 (13.16), 方程 (13.17) 变为

$$\nabla \times (\boldsymbol{B}_p \times \alpha \varpi \boldsymbol{e}_\phi) = 0. \tag{13.18}$$

这里, α 是一个新的标量:

$$\alpha \equiv \Omega - \kappa B_\phi / \varpi. \tag{13.19}$$

这个方程和 (13.16) 一起表明

$$\boldsymbol{u} = \kappa \boldsymbol{B} + \alpha \varpi \boldsymbol{e}_\phi. \tag{13.20}$$

为了确定 α 的物理意义, 我们把方程 (13.18) 中的三重积展开.[①] 在轴对称情形, 麦克斯韦方程 $\nabla \cdot \boldsymbol{B} = 0$ 简化为 $\nabla \cdot \boldsymbol{B}_p = 0$, 而 $\nabla \cdot (\alpha \varpi \boldsymbol{e}_\phi)$ 也为零. 所以我们发现

$$\alpha \frac{\partial \boldsymbol{B}_p}{\partial \phi} - (\boldsymbol{B}_p \cdot \nabla)(\alpha \varpi \boldsymbol{e}_\phi) = 0. \tag{13.21}$$

注意到 $\partial \boldsymbol{e}_\varpi / \partial \phi = \boldsymbol{e}_\phi$ 以及 $(\boldsymbol{B} \cdot \nabla) \boldsymbol{e}_\phi = 0$, 这个方程简化为

$$\alpha B_\varpi - \boldsymbol{B}_p \cdot \nabla(\alpha \varpi) = 0,$$

[①] 适用的恒等式为 $\nabla \times (\boldsymbol{C} \times \boldsymbol{D}) = (\boldsymbol{D} \cdot \nabla)\boldsymbol{C} - \boldsymbol{D}(\nabla \cdot \boldsymbol{C}) - (\boldsymbol{C} \cdot \nabla)\boldsymbol{D} + \boldsymbol{C}(\nabla \cdot \boldsymbol{D})$, 对于任意矢量场 $\boldsymbol{C}$ 和 $\boldsymbol{D}$.

由此得到

$$\boldsymbol{B}_p \cdot \nabla\alpha = 0.$$

但根据对称性, $\boldsymbol{B}_\phi \cdot \nabla\alpha = B_\phi \partial\alpha/\partial\phi = 0$, 所以最终

$$\boldsymbol{B} \cdot \nabla\alpha = 0. \tag{13.22}$$

标量 α 沿 $\boldsymbol{B}$ 的方向不变. 这个物理量代表了每条磁力线绕 z 轴转动的角速度. 方程 (13.20) 说的是, 流体元总的环向速度是 $\alpha\varpi$ 加上沿磁力线的滑动, κB_ϕ. 如果磁力线形成拖尾的螺旋形, 那么这两个贡献符号相反, 如图 13.17 所示.

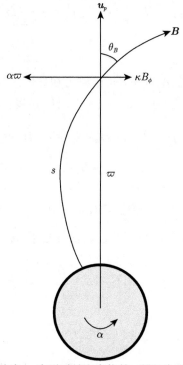

图 13.17　恒星磁场被以角速度 α 向逆时针方向拖拽. 图示为磁场和气体流在赤道面上的投影. 如图所示, 在径向距离 ϖ, 物质速度有极向和环向分量. 前者和磁场矢量 $\boldsymbol{B}$ 夹角为 θ_B. 坐标 s 是沿磁力线的距离

13.4.2　气流动力学

在磁通冻结施加的限制下, 星风被环境压强、引力和磁力加速. 在稳态, 动量方程 (3.3) 变为

$$\rho(\boldsymbol{u} \cdot \nabla)\boldsymbol{u} = -\nabla P - \rho\nabla\Phi_g + \frac{1}{4\pi}(\nabla \times \boldsymbol{B}) \times \boldsymbol{B}. \tag{13.23}$$

这里我们已经使用了安培定律, 方程 (9.32) 代替右边最后一项中的电流 $\boldsymbol{j}$. 这个方程在环向的投影是

$$\rho[\boldsymbol{u} \cdot \nabla(\varpi\Omega) + u_\varpi\Omega] = \frac{1}{4\pi}[(\nabla \times \boldsymbol{B}) \times \boldsymbol{B}]_\phi. \tag{13.24}$$

因为 $\boldsymbol{u} \cdot \nabla\varpi = u_\varpi$, 左边变为

$$\frac{\rho}{\varpi}\boldsymbol{u} \cdot \nabla(\Omega\varpi^2) = \frac{\rho\kappa}{\varpi}\boldsymbol{B} \cdot \nabla(\Omega\varpi^2), \tag{13.25}$$

而方程 (13.24) 右边展开为

$$\frac{1}{4\pi\varpi}\left[B_z\frac{\partial}{\partial z}(\varpi B_\phi) + B_\varpi\frac{\partial}{\partial \varpi}(\varpi B_\phi)\right] = \frac{1}{4\pi\varpi}\boldsymbol{B}_p \cdot \nabla(\varpi B_\phi)$$
$$= \frac{1}{4\pi\varpi}\boldsymbol{B} \cdot \nabla(\varpi B_\phi). \tag{13.26}$$

方程 (13.25) 中出现的组合 $\rho\kappa$ 也沿磁力线守恒. 为了看到这一点, 我们使用稳态质量连续性方程, $\nabla \cdot (\rho\boldsymbol{u}) = 0$. 和往常一样, 散度仅作用于 $\boldsymbol{u}_p$, 故而

$$0 = \nabla \cdot (\rho\boldsymbol{u}_p) = \nabla \cdot (\rho\kappa\boldsymbol{B}_p) = \rho\kappa\nabla \cdot \boldsymbol{B}_p + \boldsymbol{B}_p \cdot \nabla(\rho\kappa).$$

注意到 $\nabla \cdot \boldsymbol{B}_p = 0$ 而且算子 $\boldsymbol{B}_p \cdot \nabla$ 在这里等价于 $\boldsymbol{B} \cdot \nabla$(回忆方程 (13.22)), 于是如所要证明的,

$$\boldsymbol{B}_p \cdot \nabla(\rho\kappa) = 0. \tag{13.27}$$

结合方程 (13.25) 和 (13.26) 后, 除以常数项 $\rho\kappa$, 我们看到环向动量方程 (13.24) 等价于

$$\boldsymbol{B} \cdot \nabla\left[\Omega\varpi^2 - \frac{\varpi B_\phi}{4\pi\rho\kappa}\right] = 0.$$

于是我们可以写出

$$\Omega\varpi^2 - \frac{\varpi B_\phi}{4\pi\rho\kappa} \equiv \mathcal{J}. \tag{13.28}$$

其中 $\mathcal{J}$ 是另一个沿每条磁力线守恒的物理量. 为了解释 $\mathcal{J}$, 我们令 $\mathcal{A}$ 为任意磁通量管变化的截面. 方程 (13.28) 乘以质量流率 $\dot{M} \equiv \rho u_p\mathcal{A} = \rho\kappa B_p\mathcal{A}$, 我们发现

$$\dot{J} \equiv \rho u_p\mathcal{A}\Omega\varpi^2 - \frac{\varpi B_p B_\phi}{4\pi}\mathcal{A} \tag{13.29}$$

也守恒. 物理量 $\dot{J}$ 是角动量的 z 分量沿任意磁通量管输运的速率. 方程 (13.29) 右边第一项是星风物质绕轴转动导致的输运速率, 而第二项, 由方程 (10.41), 是磁张力的贡献, 即磁场的扭曲的贡献. 公式 (13.28) 中的 $\mathcal{J}$ 是磁通量管中单位质量的总角动量.

我们现在可以用方程 (13.19) 和 (13.28) 求解 B_ϕ 和 Ω 作为 ϖ 和 ρ 的函数. 我们发现

$$B_\phi = \frac{4\pi\rho\kappa(\alpha\varpi - \mathcal{J}/\varpi)}{1 - 4\pi\rho\kappa^2}, \tag{13.30a}$$

$$\Omega = \frac{\alpha - 4\pi\rho\kappa^2\mathcal{J}/\varpi^2}{1 - 4\pi\rho\kappa^2}. \tag{13.30b}$$

两个分母都在阿尔芬点为零. 在这个半径 $\varpi \equiv \varpi_\mathrm{A}$, 乘积 $4\pi\rho\kappa^2$ 增大到 1. 由方程 (13.16), 这个条件等价于

$$u_p^2 = \frac{B_p^2}{4\pi\rho} \equiv V_{\mathrm{A}p}^2. \quad \text{在} \varpi = \varpi_\mathrm{A} \tag{13.31}$$

也就是说, 极向速度等于和 B_p 相关的阿尔芬速度. B_ϕ 和 Ω 在这个位置仍然有限, 只要

$$\mathcal{J} = \alpha\varpi_\mathrm{A}^2. \tag{13.32}$$

所有磁通量管的阿尔芬点的系综构成了围绕恒星的阿尔芬面. 在这个体积内, 磁能密度超过了和流体运动相关的能量密度, 即 $B_p^2/8\pi > (1/2)u_p^2$. 尽管气体有惯性, 但内部磁场是刚性的. 根据方程 (13.32), 我们可以把这个区域中的流体元描绘为以角速度 α 旋转, 一直到阿尔芬面. 超过这一点, 系统会损失角动量, 而磁力线会向后拖尾. 这就是离心星风提供的制动作用的本质.

接下来我们考虑沿磁力线的动量守恒. 从方程 (13.23) 开始, 我们用矢量恒等式重写左边为

$$\rho(\boldsymbol{u} \cdot \nabla)\boldsymbol{u} = \rho\nabla(u^2/2) + \rho\boldsymbol{u} \times (\nabla \times \boldsymbol{u})$$
$$= \rho\nabla(u_p^2/2) - \rho\nabla(\varpi^2\Omega^2/2) - \rho\boldsymbol{u} \times (\nabla \times \boldsymbol{u}). \tag{13.33}$$

我们现在用方程 (13.23) 点乘 $\boldsymbol{u}$. 回忆 $\boldsymbol{u} \cdot \nabla = \boldsymbol{u}_p \cdot \nabla$ 并使用上面的方程 (13.33), 我们发现

$$\rho\boldsymbol{u}_p \cdot \nabla(u_p^2/2 + \varpi^2\Omega^2/2 - GM_*/r + a_T^2\ln\rho) = \frac{1}{4\pi}\boldsymbol{u} \cdot [(\nabla \times \boldsymbol{B}) \times \boldsymbol{B}]. \tag{13.34}$$

这里, 我们已经认识到引力势本质上仅是恒星的引力势, 我们已经假设气体是等温的, 以评估压强梯度. $\boldsymbol{u}$ 的方程 (13.20) 现在表明方程 (13.34) 右边为

$$\frac{\alpha\varpi}{4\pi}[(\nabla \times \boldsymbol{B}) \times \boldsymbol{B}]_\phi = \frac{1}{4\pi}\boldsymbol{B}_p \times \nabla(\alpha\varpi B_\phi)$$
$$= \rho\boldsymbol{u}_p \cdot \nabla(\alpha\Omega\varpi^2), \tag{13.35}$$

这里我们也使用了方程 (13.22)、(13.26) 和 (13.28). 总结起来, 方程 (13.34) 和 (13.35) 告诉我们

$$\mathcal{E} \equiv u_p^2/2 + \varpi^2\Omega^2/2 - GM_*/r + a_T^2 \ln\rho - \alpha\Omega\varpi^2 \tag{13.36}$$

沿磁力线不变. 这个物理量是星风物质单位质量的等效能量, 最后一项代表扭曲磁场做的功. 当然, 真正的机械能加上热能不守恒, 即使没有磁场也是如此, 因为必须注入热量维持膨胀气体的等温性.

　　到目前我们得到的这些结果都是有用的, 但仍然不足以完整描述任何实际系统. 当然, 一个问题是, 我们没有提到关于星风底部条件的任何事情, 比如在恒星表面附近磁力线如何转动. 更基本的问题是在子午面内但垂直于磁场的力平衡. 后一个问题非常困难, 无法求得离心星风问题的完全自洽的一般解. 理论家被迫采用了各种策略, 都涉及很多的近似或物理假设.

　　一种方法是特别假设一个极向磁场的空间位形. 最简单的选择也是历史上第一次采用的是韦伯-戴维斯模型. 这里假设磁场是分裂单极的, 只考虑赤道面附近的流动. 或者, 我们可以假设一个偶极磁场, 至少在靠近恒星表面. 我们将不再详述任何这些模型, 而只是指出它们共有的一个有趣特性.

13.4.3　临界点

　　假设我们想确定局域磁场方向的极向速度的变化率. 也就是说, 如果 s 代表沿任意磁通量管的距离, 我们要求 du_p/ds (见图 13.17). 这可以从动量方程 (13.34) 得到, 或者把方程 (13.36) 中的 $d\mathcal{E}/ds$ 设为零. 后一个操作仍然没有直接给出 du_p/ds, 因为这个方程含有其他变量, 比如 Ω 和 ρ. 为了测量它们的变化, 我们类似地要求 $d\alpha/ds$、$d\mathcal{J}/ds$ 和 $d\dot{M}/ds$ 为零, 对每个量使用合适的定义. 净的结果可以写成四个未知量 du_p/ds、$d\Omega/ds$、$d\rho/ds$ 和 $dB_\phi ds$ 的四个方程.

　　我们现在可以求解这些方程得到感兴趣的导数. 省略非常冗长的计算, 我们可以把结果方便地写为

$$\frac{\varpi}{u_p}\frac{du_p}{ds} = \frac{c_1 d\varpi/ds + c_2 dr/ds + c_3(\varpi/\mathcal{A})d\mathcal{A}/ds}{\mathcal{D}}. \tag{13.37}$$

无量纲项 $d\varpi/ds$、dr/ds 和 $(\varpi/\mathcal{A})d\mathcal{A}/ds$ 都量化了磁通量管扩张的弯曲程度. 它们的函数形式可以从唯象模型得到, 也可以自然地从最终的自洽计算得到. 分子中的三个系数为

$$c_1 \equiv (u_p^2 - V_{\mathrm{A}p}^2)u_\phi^2 + 2u_p u_\phi V_{\mathrm{A}p}^2 \tan^2\theta_B - 2u_p^2 V_{\mathrm{A}p}^2 \tan^2\theta_B \tag{13.38a}$$

$$c_2 \equiv -2(u_p^2 - V_{\mathrm{A}p}^2)a_T^2\varpi R_{\mathrm{s}}/r^2 \tag{13.38b}$$

$$c_3 \equiv (u_p^2 - V_{\mathrm{A}p}^2)a_T^2 + u_p^2 V_{\mathrm{A}p}^2 \tan^2\theta_B \tag{13.38c}$$

这里, θ_B 是极向磁场和矢量 $\boldsymbol{B}$ 的夹角 (图 13.17). 方程 (13.17) 的分母为

$$\mathcal{D} \equiv u_p^4 - (V_{\mathrm{A}}^2 + a_T^2)u_p^2 + a_T^2 V_{\mathrm{A}}^2 \cos^2\theta_B. \tag{13.39}$$

注意 V_{A} 表示 $\boldsymbol{B}$ 相应的阿尔芬速度, 如方程 (9.70) 中那样.

物理量 $\mathcal{D}$ 在气流中的某些点为零. 我们回想起各向同性热驱动的星风, 其中加速度发散, 除非在 R_s 精确达到声速. 我们也会想起磁声波的色散关系, 方程 (9.82). 除以 k^4, 我们看到相速度 ϖ/k 以 u_p 进入方程 (13.39) 中 $\mathcal{D}$ 的完全相同的方式进入色散关系. 换句话说, 我们发现, 这个分母在 u_p 等于快磁声波或慢磁声波 (这些波沿着 $\boldsymbol{B}_p$ 方向) 速度时为零. 在这些点, 方程 (13.37) 中的分子都必须等于零.

我们之前在方程 (13.30) 中看到, Ω 和 B_ϕ 在 u_p 达到极向磁场相应的阿尔芬速度时有类似的行为. 所以离心星风有三个临界点. 这些临界点在速度符合流体的一个特征信号传播速度时产生. 气流在临界点前对小扰动的敏感性反映了这个事实, 以合适的速度传播的扰动仍然可以向回传播. 速度为 a_T(这是非磁化等温气体中唯一的信号传播速度) 时就达到了热驱动星风的声速点. 更一般地, 如果速度场要描述真实的星风, 它必须顺序通过慢磁声速点、阿尔芬点和快磁声速点. 注意, 气体加速在慢磁声速点以内主要是热加速, 而磁力和离心力变得主导, 直到阿尔芬点.

这些考虑也得出了这样的结论：强磁化的星风一定是各向异性的. 即使某些磁通量管中的物质平稳地加速通过临界点, 其他地方的气体可能也不会. 一个区域是否产生星风依赖于局域磁场强度和气体惯性之间的对比. 所以气流的整体拓扑结构对星风底部的磁场结构非常敏感.

为了展示最后这一点, 图 13.18 描绘了一颗磁场在表面附近是完美的偶极场

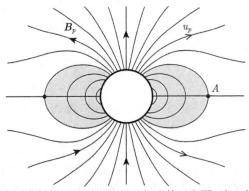

图 13.18 来自在恒星表面为偶极场的磁场的星风气流的示意图. 实心箭头表示极向场的方向, 而空心箭头表示流体速度的同一个分量. 闭合磁力线与赤道平面在 A 点相交. 在这个区域之内是静止区, 不参与气流

的恒星. 让我们忽略外部物质的温度, 这样就只有阿尔芬临界点适用. 在所有纬度, u_p 开始时比 $V_{\mathrm{A}p}$ 小得多. 因此, 磁场是相对刚性的, 气体流动最初遵循偶极位形. 接近极区的磁力线发散得足够快, 最终满足不等式 $u_p > V_{\mathrm{A}p}$. 这些磁通量管中的气体跨越阿尔芬点, 以更为径向的方向流出, 拖拽磁场. 然而, 更靠近赤道的地方, 磁力线在气体达到所需的速度前就弯回来了. 这里的物质沿刚性的磁环保持流体静力学平衡. 这个如图 13.18 阴影区所示的静止区 (dead zone) 和星风区之间的外边界标记为 A. 这个点代表着星风的阿尔芬面和赤道面的交点.

当然, 太阳研究中和静止区类似的是观测很多的和日冕有关的磁环结构. 正如太阳磁环是增强的 X 射线发射的场所, 人们可能希望注入年轻恒星闭合磁力线的波能量有助于解释它们在这个情形中的活动. 无论这些想法有什么吸引力, 我们都应该认识到, 静止区本身在很大程度上仍然是一种理论虚构, 缺乏实证基础. 让我们一般地问一下, 在多大程度上需要将转动和磁场结合起来解释年轻恒星的星风. 关于我们太阳的主序前晚期历史, 基于韦伯-戴维斯模型的估计和当前的 $\dot{M}_w$ 值给出了磁制动时标的合理值, 即比估计的太阳年龄要小得多. 这是一个令人鼓舞的迹象, 观测到的沿主序的转动速度模式确实是由同样的原因引起的. 然而, 太阳类型的星风本质上仍然是热驱动的. 也就是说, 测量到的表面速度太小, 无法帮助气体向外加速. 对于更年轻的主序前恒星也是如此. 金牛座 T 型星的典型表面速度为 $10 \ \mathrm{km \cdot s^{-1}}$, 它以碎裂速度的 10% 转动, 因此相应的离心力最多为重力的百分之几.

13.4.4 盘的作用

那么, 是什么为这些天体提供了相对高的 $\dot{M}_w$ 值? 面对热压和波压不足以及恒星转动速率低的问题, 许多理论家采取了这样的观点: $\dot{M}_w$ 最大的一部分根本不是来自恒星, 而是来自它周围的盘. 这个想法是, 物质从吸积盘向恒星旋进, 其中吸积盘大部分位于图 13.18 中的 A 点之外. 在接近静止区时, 一些气体沿闭合磁环流向恒星表面, 而剩下的气体以大规模星风的形式被抛出. 这种抛射沿着锚定在吸积盘中的开放磁力线产生. 这里的加速可能确实是离心加速, 因为吸积盘气体的旋转已经非常接近破裂速度. 还有一个相对较小的星风分量来自恒星的极区.

为了使这个图景成立, 主序前恒星一定同时经历了物质的内流和外流. 我们将在第 17 章中看到, 发射线和连续谱数据确实表明这两个过程都可能发生, 至少在经典金牛座 T 型星中是这样的. 然而, 即使在这里, 谱线轮廓的观测也不能证明离心流本身. 也没有任何直接证据表明恒星的吸积盘有强磁场穿过. 到目前为止, 吸积盘参与其中的唯一迹象是这个有趣的事实: 弱线恒星中不存在星风和内落的迹象. 我们还记得, 弱线恒星几乎没有红外超, 意味着它们缺少拱星盘.

我们不打算在这里回顾用于解释吸积盘产生的星风的各种详细模型. 我们限

于几个更一般性的观察. 假设中心思想是对的, 即吸积盘确实以适当的方式磁化, 主序前星风主要源自这些结构而非恒星. 那么我们最初的问题没有被真正回答, 而是变成了另外一个问题: 什么导致了吸积盘中所需的质量流率? 尽管对这一点进行了大量讨论, 但对于围绕金牛座 T 型星转动的物质如何能稳定地向中心天体漂移仍知之甚少. 具有讽刺意味的是, 在驱动喷流和分子外流的深埋恒星中, 这种情况可能更为有利. 如果这些源中有一些是真正的原恒星, 那么周围内落物质有一部分一定会撞击吸积盘. 如我们在第 11 章中看到的, 预期向吸积盘的持续内落会产生螺旋扰动, 将气体向内输运. 然后这个吸积盘将充当坍缩的分子云气体包层和抛射物质之间的中介. 如果同样的机制适用于经典金牛座 T 型星, 那么它们也一定被不断下落的包层包围, 尽管速度低一些. (回忆第 11 章中对 I 型源的讨论.)

物质沿闭合磁力线向恒星输运是这个图景最吸引人的方面之一, 但也引起了很多担心. 为了了解吸积过程是如何运作的, 想象一下静止区近乎刚性的磁环以恒星转动速率 Ω_* 均匀转动. (在此情形, 每个闭合磁通量管的 α 就是 Ω_*.) 吸积盘中远处物质的角速度远低于这个值. 然而, 随着气体向内旋进, $\Omega(\varpi)$ 会增大, 直到两个速率相等. 正是在这个共转半径内, 吸积才可能发生. 磁场将内流气体制动, 使其角速度不再增大, 而是保持在 Ω_*, 直到流体元落在恒星上. 因为这种制动也减少了流体元的离心支撑, 所以极向内流速度占了自由落体的很大一部分. 这么高的速度是通过观测恒星表面的热斑得到的, 我们将在后面讨论.

这里的困难在于气体的比角动量 $\Omega\varpi^2$ 最初超过了恒星表面的值. 诚然, 一旦 Ω 固定, $\Omega\varpi^2$ 就在内流过程中减小. 然而, 方程 (13.28) 告诉我们, 总的比角动量沿磁通量管守恒. 如果 B_ϕ 最初足够小, 那么气体随后的任何制动都由磁应力的增大所补偿, 最终会对恒星表面施加力矩. 换句话说, Ω_* 本身会因为吸积而增大. 但长时间的加速会破坏较低转动速度的状态. 这里的解决方案可能就是, 主序前恒星从未通过这个吸积过程获得的大量额外质量.

我们这里概述的这个图景面临的另一个一般性困难是它隐含假设了稳态流. 通过磁场的恒星-吸积盘相互作用的所有数值模拟都发现气体以间歇喷发的方式向内和向外运动. 为了简单起见, 考虑从恒星发出并穿过一个导电盘的纯偶极磁场. 如果后者最初在共转点之外截断, 那么这个磁场会迅速缠绕. 产生的对吸积盘物质的扭矩可能导致它向内运动, 就像在稳态模型中一样. 另一方面, 扭曲的磁场也容易发生剧烈的重联.

图 13.19 更详细地展示了这一系列事件. 在这个特别的模拟中, 中心的 $1M_\odot$ 恒星以 1.8 天的周期转动, 吸积盘在 5.7 倍恒星半径截断. 这些图展示了极向磁场结构和相同时间的密度分布. 甚至在一次完整的恒星转动完成之前 1.4 天, 最初的偶极场的扭曲就已经造成了严重的赤道箍缩. 在第二幅图中, 受到应力作用的

吸积盘向内移动. 到 4.2 天, 收缩的磁场重联形成了两个环向的闭合环. 作用在转动等离子体上的离心力使它向外移动. 在这个膨胀过程中, 闭合磁力线上的一些气体被驱动到中心轴, 形成喷流状的流动. 其他气体沿吸积盘表面掠过. 随着环的抛射, 吸积盘边缘后退, 松开的恒星磁场再次收拢, 这个过程重复发生.

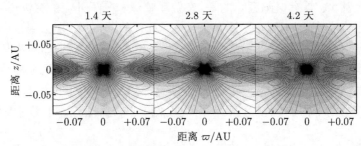

图 13.19　恒星吸积盘相互作用的数值模拟. 等值线示踪极向磁场, 而灰度图代表周围的密度, 以对数间隔表示. 这颗星最初有一个偶极磁场, 转动周期为 1.8 天. 显示了三个时刻的结果

这样的计算说明了吸积盘 (或其他拱星物质) 的存在如何极大地使流动复杂化, 即使对于相对简单的恒星磁场. 除了流动的某些一般特征, 恒星和内部吸积盘之外发生了什么还不清楚. 任何抛出的环最终都会消散, 这样星风就恢复到空间上平滑的但仍然是各向异性的分布. 这些向外运动的物质拖着减弱的磁场一起运动. 因为内部磁场仍然被包围, 最终的效果是 $\boldsymbol{B}$ 被向后拖动, 如高度简化的图 13.17. 也就是说, 在阿尔芬面之外, 强的分量 B_ϕ 得到保持, 无论精确的内部条件为何. 安培定律告诉我们, 必然存在一个沿中心轴方向的电流 $\boldsymbol{j}$. 于是施加在气体上的体积力 $\boldsymbol{j}/c \times \boldsymbol{B}$ 有一个向内的径向分量. 换句话说, 磁场的卷绕产生了磁箍缩.

箍缩是否会促使大部分气体转向轴线, 形成一个巨大的射流, 取决于许多因素. 向内的力必须和与 u_ϕ 相关的向外的离心力以及来自更靠近中心轴的气体的气压和磁压梯度竞争. 强烈扭曲的磁场可能本质上也不稳定, 即使它没有锚定在吸积盘上. 在经历了磁重联和欧姆耗散之后, 磁场会弛豫到一个更开放、更少扭曲的结构.

确定恒星和内吸积盘发出的星风的渐近形式可能最终被证明是一项相当理论性的工作. 最活跃的年轻恒星周围有大量物质. 实际上, 我们将在第 17 章中论证, 金牛座 T 型星星风主要的诊断谱线不是来源于星风本身, 而是来源于星风和周围气体的相互作用. 对于驱动分子外流的内埋更深的恒星来说, 只要知道星风是以各向异性和双极模式发出的就足够了. 我们现在探讨当这种流动在分子云介质中传播到更远的距离时控制它的过程.

13.5 喷流传播和卷吸

理论的一个主要问题是喷流如何保持其显著的准直结构. 此外, 我们想知道它们如何与分子云物质相互作用产生更宽的分子外流. 两个问题都没有明确的被普遍接受的答案. 这个情况类似于第 10 章描述的致密云核的磁化坍缩. 在两个情形, 我们都可以描述几乎肯定发挥了主要作用的物理效应, 但还不能把它们结合起来形成完整连贯的图景.

13.5.1 质量输运率

在讨论这些一般性问题之前, 让我们从一个纯粹经验性的问题开始: 沿一个典型喷流的实际质量输运率 $\dot{M}_j$ 是多少? 我们已经看到内部速度在空间上的变化, 这种变化产生了观测到的行进激波. 因此 $\dot{M}_j$ 也必须变化, 在一个完整描述中, 一个值是不够的. 然而, 即使只能达到有限的精度, 得到输运速率的空间平均值仍然是有意义的.

令 $V_\perp$ 表示喷流中某个观测到的部分内物质投影到天球切面的速度. 这个物理量是从发射扭结的自行得到的. 类似地, 令 $\Delta L_\perp$ 为这一段喷流的投影长度. 那么 $\Delta L_\perp / V_\perp$ 为运动时间, 不依赖于喷流相对天球切面的倾角. 质量输运率就是

$$\dot{M}_j = \Delta M_j V_\perp / \Delta L_\perp, \tag{13.40}$$

其中 ΔM_j 是这一段喷流含有的质量. 当然, 这些质量的大部分由氢组成, 但我们仍然可以通过痕量成分的发射找到它.

一个好的候选体是原子氧, 其 [OI]6300 Å 谱线是被周围的电子碰撞激发的. 在典型的激波后发射温度, 8000 K, 碰撞退激发的临界密度为 2×10^6 cm^{-3}. 如我们将要看到的, 因为实际的电子密度要低得多, 每次碰撞引起的向上跃迁都马上跟随着光子发射. 所以我们可以使用方程 (7.24), 在把右边的 n_H 换为 n_e 后得到体积冷却率, 乘以相关的发射体积, 我们得到这条谱线的光度:

$$L_{[OI]} = \frac{g_u}{g_1} N_1(O_I) n_e \gamma_{ul} \Delta E_{ul} \exp(-T_0/T_g). \tag{13.41}$$

这里, 和方程 (7.24) 中一样, u 和 l 分别表示跃迁的上能级和下能级, T_0 是跃迁的等效温度 2.2×10^4 K, $N_1(O_I)$ 是下能级的布居数. 因为上能级的比例相对较小, $N_1(O_I)$ 基本上是氧原子的总数. 所以, 如果我们使用已知的元素丰度 (见表 2.1), 我们可以反解方程 (13.41) 得到所需的用观测的光度 $L_{[O_I]}$ 和仍然未知的电子密度 n_e 表示的 ΔM_j.

为了得到 n_e, 我们考虑双线 [SII] $\lambda\lambda$ 6716, 6731 的发射. 这里的两个上能级都是从 SII 的同一个电子基态通过和周围的电子碰撞激发的. 然而, 8000 K 的临界密

度要低得多: 对于 6716 Å 跃迁为 4×10^4 cm^{-3}, 对于 6731 Å 跃迁为 1×10^4 cm^{-3}. 如果实际的 n_e 远低于任意一个 n_{crit}, 那么方程 (7.24) 可以预测对应于乘积 $g_u \gamma_{ul}$ 比例的谱线光度比, 因为能量 ΔE_{ul} 接近相等. 相反, 根据方程 (7.25), 在超临界情形, 光度比将依赖于 $g_u A_{ul}$. 在一般情况下, 要得到线强比就必须求解统计平衡的全套方程组, 但答案只取决于动理学温度和 n_e. 相反, 知道了温度为大约 8000 K, 我们可以用观测到的线强比推断 n_e.

例如, 考虑 HH 34 喷流的主体 (底片 11). [SII] 双线的流量比给出 n_e 为 650 cm^{-3}, 而扭结的自行表明在投影长度 $\Delta L_\perp = 1.4 \times 10^{16}$ cm 内, $V_\perp = 200$ km·s^{-1}. 观测到的 [OI] 6300 Å 光度为 $1.2 \times 10^{-4} L_\odot$, 由此, 方程 (13.40) 和 (13.41) 给出 $\dot{M}_j$ 为 $1.7 \times 10^{-7} M_\odot$ yr^{-1}. 比较观测到的线强比和激波冷却的详细数值模型的预测值可以得到类似的值. 后一种技术顺便给出, 发射区的总密度为 6×10^4 cm^{-3}, 故而电离分数只有百分之几.

这种质量输运率比光学可见的金牛座 T 型星 (用完全相同的方法得到, 见第 17 章) 高了一个量级. 另一方面, 0 型源的喷流, 例如 L 1448, 看起来有更高的 $\dot{M}_j$, 达到 $10^{-6} M_\odot$ yr^{-1} 的量级. 这里我们不能依赖光学谱线示踪质量或速度. 我们转而使用红外的 [OI]63 μm 发射线, 它最终提供了所有低于大约 $T_{cool} \equiv 5000$ K 的物质的大部分激波后冷却. (回忆 8.4 节中的讨论.) 也就是说, 这条谱线的光度应该大致等于 $\dot{M}_j \Delta E$, 其中 $\Delta E = k_B T_{cool}$. 虽然两种技术得到的单个 $\dot{M}_j$ 值自然是不确定的, 但它们的相对顺序支持了这样的想法, 随着驱动恒星的显现, 星风动量输出会下降.

13.5.2　作用面

让我们回到星风变化和由此产生的气流的特征. 图 13.20 由一维模拟的四幅快照组成. 最初, 速度分布是叠加在均匀流动上的单个高斯扰动. (这个基本速度没有显示.) 随着运动较快的流体元超过速度较慢的流体元, 分布的对称性很快就会改变. 在 $t = 1.98$ yr, 速度几乎线性增加到一个峰值, 然后急速下降, 代表形成了一个激波波前. 最后一幅图, 明显从最初平滑的起伏产生了两个激波.

这个发现是非常可靠的. 也就是说, 不断改变输入速度的结果通常不是产生一列单个激波, 而是产生一列激波对. 为了看到原因, 首先考虑理想化的情形, 喷流撞击完全静止的介质. 兰金-雨高尼奥跃变条件从入流密度、速度和温度给出了激波波前之外的压强. 如果喷流密度和环境密度差别不大, 并且入流速度是高超声速的, 那么这个激波后压强会远超过环境压强. 所以它们的差别驱动了第一个激波下游的第二个激波.

同样的结论也适用于更一般和更相关的运动的激波前介质的情形, 这可以通过转换到介质静止的参考系看到. 现在在一个真正的一维流中, 如图 13.20 所示,激波波前之间超出的压强最终迫使它们分开, 当它们向下游传播时, 两个激波同时减弱. 然而, 在有限截面的喷流中, 任何压强超出的物质都被从主流方向向侧边驱动, 并且激波保持相同的速度. 图 13.21 以高度示意性的方式说明了这个情况. 我们把整个双激波结构称为作用面 (working surface). 密度 ρ_1、速度 V_1 的入射喷流气体直接碰到的不是下游的密度为 ρ_2 较低速度 V_2 的气体, 而是处于增大的压强 P_{high} 的激波间物质. 撞击发生在马赫盘, 也被称为喷流激波. 穿过这个波前的气体进入下游气流, 在右边产生弯曲的弓形激波. 在两个波前之间, 物质从侧面溢出, 如图所示. 这种冷却的气体聚集在喷流侧面, 称为茧 (cocoon).

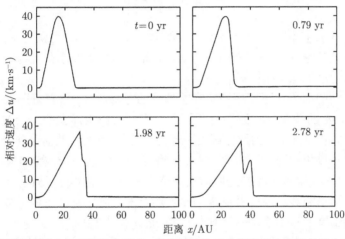

图 13.20 变化的喷流中双重激波的形成. 四幅图描绘了一维流动中相继的四个时刻. 在每幅图中, 展示了相对于底部喷流速度的速度作为距离的函数, 后者总是在脉冲开始的地方重置为零

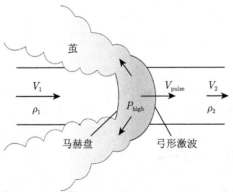

图 13.21 变化喷流中的作用面结构 (示意图). 在左边由恒星发出的密度为 ρ_1 速度为 V_1 的气体碰到密度 ρ_2 具有较低速度 V_2 的气流. 激波间区域大的压强值 P_{high} 将物质排到茧中. 马赫盘和弓形激波都以速度 V_{pulse} 运动, 处于 V_1 和 V_2 之间

作用面实际上是一个单一脉冲, 由最初的速度变化产生, 沿流动方向传播. 扰动本身的速度 V_{pulse} 是多少? 再看一下图 13.21, 我们看到 V_{pulse} 一定处于 V_1 和 V_2 之间. 对于随着两个激波运动的观察者来说, 物质以速度 $V_1 - V_{\text{pulse}}$ 流过马赫盘. 此外, 物质以 $V_{\text{pulse}} - V_2$ 的速度穿过弓形激波进入高压区域. 因此, 存在激波间物质的持续积累, 物质被侧向抛射到茧中抵消了这个增长. 激波间的压强 P_{high} 必须匹配上游的动压 $\rho_1(V_1 - V_{\text{pulse}})^2$ 和下游的 $\rho_2(V_{\text{pulse}} - V_2)^2$. 这里, 我们忽略了激波外有限气体温度相对小的效应. 令两个动压相等, 我们求解 V_{pulse} 发现

$$V_{\text{pulse}} = \frac{\beta V_1 + V_2}{1 + \beta}, \tag{13.42}$$

其中 $\beta \equiv \sqrt{\rho_1/\rho_2}$. 注意, 如果 $\beta \gg 1$, 我们有 $V_{\text{pulse}} \lesssim V_1$. 也就是说, 致密喷流以几乎没有降低的速度冲进它前面的介质中. 相反, 喷流稀薄段 ($\beta \ll 1$) 的脉冲只是缓慢进入上游气体, 因为 $V_{\text{pulse}} \gtrsim V_2$.

喷流扭结的高分辨率图像通常显示独特的弓形激波, 只有暗弱的马赫盘. (再次回顾 HH 34 的情况, 如底片 11 所示.) 为什么作用面上的一个波前比另一个亮? 我们对方程 (13.42) 的推导假设了动量流相等. 然而, 波前处能量耗散率正比于入流密度乘以相对速度的立方. 对于重喷流 (β 大) 的情形, 我们有 $V_1 - V_{\text{pulse}} < V_{\text{pulse}} - V_2$. 马赫盘的光度在此情形应该确实较小. 我们得出结论, 展示出一系列相对明亮的弓形激波和暗弱马赫盘的喷流的内部密度一定在下游方向降低.

观测到最宽的弓形激波有团块状外观, 展示出短时标起伏. 这里, 分子云环境肯定起了些作用, 特别是在解释一个给定系统中两个瓣的显著不同的时候. 还有一个重要的热效应. 在我们对工作面的理想化描述中, 我们把激波间物质当作均匀流体处理. 然而, 我们应该记住, 两种不同性质的气流进入这个区域, 不太可能完全混合. 来自较弱激波的气流以较低温度进入, 冷却得更快, 倾向于形成一个致密的壳层. 数值模拟发现, 即使有新的物质加入, 这个壳层也会破裂. 这种快速持续的碎裂合理地解释了观测到的辐射的团块形态和间歇性.

13.5.3　交叉激波

尽管难以测量相继脉冲之间的温度, 但在喷流中显示出或多或少连续的光学发射的部分, 这个值不能低于 10^4 K 太多. 因为, 如我们注意到的那样, 内部密度和云核的密度相当, 所以相对这些区域的环境而言, 喷流压强一定明显高得多. 因此, 我们又回到了准直性 (collimation) 的问题. 是什么造成了观测到的狭窄结构?

如果我们意识到即使一个理想化的平行喷流束也一定以局域声速 a_T 横向传播, 那么这个谜团就更加深了. 也就是说, 以平均速度 V_j 运动的喷流至少以马赫角扩张,

$$\theta_{\text{M}} \equiv \sin^{-1}(a_T/V_j). \tag{13.43}$$

图 13.22 的上图说明了几何情况. 使用有代表性的 V_j, 300 km·s^{-1} 和温度 10^4 K, 得到 θ_M 值为 2°. 所以, 和观测相反, 传播 0.1 pc 的喷流的全宽至少应该增加 1200 AU.

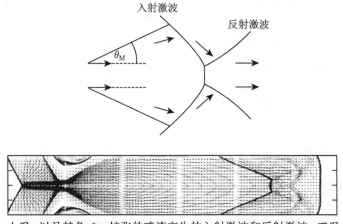

图 13.22　上图: 以马赫角 θ_M 扩张的喷流产生的入射激波和反射激波. 下图: 初始速度 100 km·s^{-1} 数密度 100 cm^{-3} 的喷流在左边收敛, 然后沿中心轴流动. 在图示的时间 ($t = 2070$ yr), 喷流在右边产生了入射和反射激波. 实线等值线代表了密度, 箭头代表了速度 (只有方向是重要的). 边上的每个刻度对应 1×10^{16} cm

　　然而, 假设喷流实际上是以这种方式开始膨胀的. 那么实验室结果和理论计算都表明会发生什么. 初始扩张快速降低了内部密度, 直到压强降低到外部值. 此时, 如图 13.22 所示, 横向膨胀被入射激波停止. 一条穿过这个斜的弯曲激波波前的喷流流线发生偏折, 转向中心轴. 这种汇聚流仍然是高超声速的. 因此出现第二个倾斜的波前, 反射激波, 使气流平行于轴. 然而, 在使气流转向时, 这第二个激波使压强升高到环境值以上. 因此, 注入点的初始条件——在高压下进入的准直的喷流——重复出现了. 喷流再次以半张角 θ_M 扩张, 一组新的激波出现在下游更远的地方. 这样, 当喷流进入周围分子云时会产生一系列内部的交叉激波.[①]

　　图 13.22 的下图是穿透初始静止介质的超声速喷流的含时数值模拟的快照. 在这个特别的例子中, 初始的高压强是通过在左边引入一个向轴线汇聚的气流实现的. 汇聚在这个部分产生了复杂的激波模式, 但净的结果只是向右运动的超压喷流. 在主弓形激波前明显有一对入射激波和反射激波, 这标志着此时流体到达的最远端.

　　考虑到它们无处不在, 所以很难不得出这样的结论: 交叉激波确实出现在天

[①] 如图 13.22 所示, 入射激波和反射激波可能不在中心轴相交, 而是在垂直于轴的第三个激波处相交. 流体动力学家把这种情况称为马赫反射, 把横向激波称为马赫盘. 我们将遵循天文学惯例, 保留后一个术语, 用于变化喷流产生的运动的工作面内的第一个激波.

体物理环境中, 并且它们有助于使喷流准直. 理论计算表明, 第一个入射激波最强, 其他激波逐渐减弱. 星风的任何初始转向都可能发生在光学发射都无法逃逸的稠密环境中. 然而, 一个足够强的激波会发射能被探测到的、激波后热电子产生的自由-自由辐射. 人们很容易将这种能量输出与厘米波长的射电喷流联系起来.

尽管有这么吸引人的迹象, 但在气流不那么模糊的部分 (交叉激波在那里可能在光学波段出现), 仍然没有明确的交叉激波. 这些激波波前相对于驱动恒星应该是静止的, 这一特征将它们与速度涨落产生的行进激波区分开来. 实际上, 很少有理论研究时变流动产生的交叉激波. 显然, 实际的激波波前足够倾斜, 所以它们的发射非常弱. 周围磁场产生的压强也有助于阻止横向膨胀, 在这种情况下, 交叉激波会更弱.

13.5.4　分子云的卷吸效应

稳态喷流的实验室研究和理论研究也为分子外流的起源提供了线索. 我们知道后者是由位于喷流外的分子云物质组成的. 然而, 即使这些环境气体最初是静止的, 喷流-分子云界面也会受到开尔文-亥姆霍兹不稳定性的影响. 相对运动的两种流体的边界的任何小的翘曲都会随时间快速增长. 这里, 结果是流动的喷流气体与分子云介质部分混合. 在研究得很好的地球上的喷流中, 在边界上会出现一个湍流鞘层. 这个混合层的厚度沿喷流方向增加. 喷流的层流核心同时变窄, 直到整个气流最终变为湍流. 通过这种方式, 注入的高速气流拖拽或卷吸着环境气体的一部分向前.

分子外流代表了被中心喷流卷吸的分子云气体的这个观点很有吸引力. 如 13.2 节所述, 喷流及其外流的动量输运率通常是相当的. 例如, 与深埋恒星金牛座 HL 相关的喷流的动量输运率估计为 $2 \times 10^{-5} M_\odot \ \mathrm{yr}^{-1} \cdot \mathrm{km} \cdot \mathrm{s}^{-1}$, 超过 CO 外流的 F_{out} 的两倍多一点. 当然, 这样的关系对于任何有效利用喷流动量的过程都是成立的. 更困难的问题是, 在稳态喷流中发现的特定类型的湍流卷吸效应是否确实会产生分子外流.

进行这种证认的一个问题是, 稳态喷流产生的混合层比大多数 (如果不是所有的话) 分子外流中看到较宽的范围要窄. 此外, 天体物理学中还没有记录在案的例子, 中心喷流在把所有动量传递给分子云气体后被阻塞. 对巨型赫比格-哈罗流的观测表明, 恰恰相反, 喷流可能在母分子云边界之外持续. 我们注意到, 这种突出的喷流可能会弹道发散. 对分子云内外流宽度最有希望的解释是, 虽然它们确实是由狭窄的喷流产生的, 但星风并不是稳定的, 而是随时间变化的. 喷射物从每个作用面的横向喷出, 如图 13.21 所示. 这种横向气流可以把分子云气体搅动到相当远的距离. 再说一次, 变化喷流的数值模拟对于检验这个想法是有用的.

回到稳态喷流的简化情形, 卷吸假设帮助我们理解观测到的外流速度的系统效应. 在实验室的卷吸流中, 速度 (适当对时间平均, 以消除随机的湍流成分) 总是在喷流附近最大. 当然, 这个情况让人想起了天体物理的卷吸流. 这种速度的空间分布使得它在以喷流轴为中心的嵌套的锥面上是恒定的. 此外, 气流中大部分体积被速度最小的气体占据. 图 13.23 用三个速度值展示了这个情形, 这里 $V_1 < V_2 < V_3$, 并且 $V_2 - V_1 = V_3 - V_2$. 我们必须记住, 实际的速度矢量不是沿着圆锥, 而是指向喷流方向.

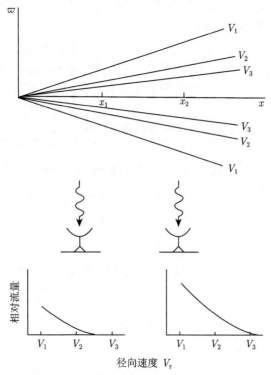

图 13.23 卷吸外流中加速的本质. 速度沿以喷流轴为中心的圆锥不变. 指向 x_1 的望远镜探测到 $V_1 < V_r < V_2$ 的有限强度, 但在更高的速度区间 $V_2 < V_r < V_3$ 探测不到. 在更下游的位置 x_2, 两个区间都可以探测到

假设一个观测者将望远镜波束置于距离驱动恒星 x_1 的地方. 假设相关的谱线是光学薄的, 那么接收到的任何速度区间内的强度都正比于柱密度. 那么有可能 $V_1 < V_r < V_2$ 的外流物质是可以探测的, 而 V_2 和 V_3 之间的外流物质柱密度太小. 把望远镜波束移到更外面的 x_2 会同时增大两个信号, 使得可以探测到更高速的气体. 沿中心轴的最大速度和平均速度的增大正是数据中看到的模式. (回忆图 13.12.)

最大速度的增加是显而易见的, 因为所有速度实际上存在于每个位置. 那么外流瓣中速度真实的空间分布是什么? 我们从方程 (13.7) 知道, 以接近任意 V_r 值的速度运动的总质量系统性地随速度下降. 有了这个信息, 空间分布一定是

$$V_r = V_* \eta^{-2/(\gamma-1)}. \tag{13.44}$$

这里, V_* 是一个基准速度, 对于不同的系统不同. 无量纲变量 η 定义为 $\varpi/\varpi_0(x)$, 其中 ϖ 是距离喷流轴的横向距离, $\varpi_0(x)$ 是外流瓣在每个点的宽度, 即 V_r 下降到背景值 V_0 的 ϖ 值. (在理想圆锥形外流的情形, 这个函数正比于 x.) 最后, γ 是方程 (13.7) 中引入的经验幂指数.

为了看到为什么方程 (13.44) 会成立, 考虑外流垂直于轴的环形切片 (见图 13.24). 令 $m(V_r, x)\Delta V_r \Delta x$ 为距离恒星 x 和 $x + \Delta x$ 之间和径向速度在 V_r 和 $V_r + \Delta V_r$ 之间的质量. 令 $\rho(x)$ 为分子云的质量密度. 那么我们有

$$m(V_r, x) = -2\pi\varpi\rho(x)\left(\frac{\partial V_r}{\partial \varpi}\right)_x^{-1}. \tag{13.45}$$

负号表明径向速度的偏导数为负. 用方程 (13.44) 计算这个导数我们发现

$$m(V_r, x) = \kappa(x)\left(\frac{V_r}{V_j}\right)^{-\gamma}, \tag{13.46}$$

其中 V_j 是一个合适的平均喷流速度. 系数 $\kappa(x)$ 包含了所有依赖 x 的因子. 将方程 (13.46) 对 x 沿瓣的长度 L 积分, 我们重新得到方程 (13.7), 只要我们把后者中的系数 κ 取为

$$\kappa \equiv \int_0^L \kappa(x)dx. \tag{13.47}$$

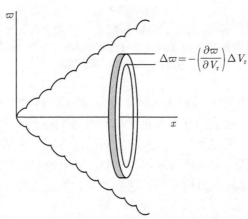

图 13.24   外流瓣的环形切片. 注意环的宽度 $\Delta\varpi$ 和相应的速度区间 ΔV_r 的关系中的负号

让我们通过更一般地讨论星风在清除分子气体、揭示被遮蔽的年轻恒星中的作用来结束本节. 首先讨论直接产生恒星的致密云核. 长期以来, 理论家一直认为它们的消失可能是由于强烈星风的爆发. 然而, 从经验上讲, 我们有足够的证据表明致密云核和星风共存. 所有的 O 型和 I 型源都位于这样的云核中, 并且大部分和 CO 外流相伴. 示踪的分子谱线在含有恒星的云核中确实有更大的宽度. (回忆图 3.13.) 在某些情形, 可以看到谱线在速度上沿与外流同样的方向移动. 然而, 无论原因为何, 实际的破坏更多是逐渐侵蚀, 而不是剧烈驱散.

每个分子外流都远远超出了原始致密云核的边界, 因此有充分理由在更大范围寻找结构的破坏. 喷流本身可能延伸得更远, 超越孕育整个云核和恒星的星团的单块暗云. 因此, 我们应该把分子外流描绘为只是追踪了星风的一部分. 每个外流瓣的动量肯定来源于喷流, 可能是通过作用面在中间传递. 当然, 即使周围没有分子云, 同样的机制也会消耗喷流的部分动量. 巨型赫比格-哈罗外流奇怪的减速可能就是这个过程的一个表现. 在任何情况下, 喷流驱动的外流驱散含有星群的分子气体这个模型都没有合理的替代方案. 一旦我们更明确地记录了处于逐渐消亡阶段的分子云, 我们就会有更多理解.

本 章 总 结

内埋的小质量恒星的星风产生双极形态的窄喷流. 在距离这颗恒星的几百 AU 内, 这些通过来自强激波的射电连续谱流量被看到. 同样由激波产生的 Hα 和其他光学谱线辐射的扭结串示踪这个流动到 0.1 pc 的尺度. 每个光学扭结, 或者说赫比格-哈罗天体都代表星风物质追上了前面较慢的之前喷出的气体. 相对小幅度的风速起伏发生在几十年内, 而最大的变化需要数千年时间. 最后一类表现为离散的赫比格-哈罗天体链, 从驱动恒星延伸数个秒差距.

远比光学或射电喷流更常见的是星风的另一种表现形式, 分子外流. 有更广阔的分子云气体区域被中心喷流搅动并向前拖曳. 它们主要是通过 CO 的毫米波发射线识别出来的, 具有团块状的双极外观. 深埋的 O 型源驱动比 I 型源更窄更快的外流. 外流瓣中的速度在喷流附近更快, 在横向下降, 下降的规律符合被卷吸的物质的特征. 进入气体的激波加热气体并产生新的分子, 如 SiO. 在更大的尺度, T 星协中的多个外流有助于驱散母分子云.

所有质量和年龄的恒星都会产生星风. 来自太阳的相对弱的外流是其延展的日冕中的热压驱动的. 这个机制不足以解释主序前星风, 正如来自阿尔芬波的机械压强不足以解释一样. 然而, 磁场仍可能起到了关键作用. 磁化恒星的转动会弯曲磁场, 产生一个使气体向外喷射的扭矩. 这样的离心星风也可能来自拱星盘的内区.

　　不管起源地为何, 磁化的主序前星风在发射时都至少是弱双极的. 这样的气流可以驱动周围介质中横向交叉的激波. 一系列交叉激波可以使喷流准直, 只要它仍然在母分子云中. 额外的观测上对应于赫比格-哈罗天体的激波是由星风的起伏引起的. 这些垂直于喷流的较弱的激波波前从喷流向侧面喷出物质, 促进了分子云气体被卷吸到分子外流中.

建 议 阅 读

13.1 节 最初赫比格-哈罗天体的发现见

Herbig, G. H. 1951, ApJ, 113, 697.

Haro, G. 1952, ApJ, 115, 572.

对这些区域和与它们相关的光学喷流的更现代的讨论, 见

Reipurth, B. & Bally, J. 2001, ARAA, 39, 403.

巨型赫比格-哈罗流的简单综述见

Bally, J. & Devine, D. 1997, in Herbig-Haro Flows and the Birth of Low-Mass Stars, ed. B. Reipurth and C. Bertout (Dordrecht: Kluwer), p. 29.

喷流的射电观测的总结见

Anglada, G., Villuendas, E., Estalella, R., Beltrán, M. T., Rodríguez, L. F., Torelles, J. M., & Curiel, S. 1998, AJ, 116, 2953.

13.2 节 第一个进行了成图的外流是 L1551 中的外流:

Snell, R. L., Loren, R. B., & Plambeck, R. L. 1980, ApJ, 239, L17.

两篇对观测现象有用而广泛的综述是

Bachiller, R. 1996, ARAA, 34, 111

Richer, J. S., Shepherd, D. S., Cabrit, S., Bachiller, R., & Churchwell, E. 2000, in Protostars and Planets IV, ed. V. Mannings, A. P. Boss, and S. S. Russell (Tucson: U. of Arizona Press), p. 867.

关于猎户座 A 中大质量系统的研究, 见

Chernin, L. M. & Wright, M. C. H. 1996, ApJ, 467, 676.

13.3 节 关于星风有很多文献. 一篇包含观测和理论的综合文献为

Lamers, H. J. G. L. M. & Cassinelli, J. P. 1999, Introduction to Stellar Winds, (Cambridge: Cambridge U. Press).

对太阳风是热驱动流的最初分析见

Parker, E. N. 1958, ApJ, 128, 664.

有关星风中的压强效应的清晰、面向物理的讨论, 参见

Holzer, T. E. 1987, in Proceedings of the Sixth International Solar Wind Conference, eds. V. J. Pizzo, T. E. Holzer, and D. G. Sime, (Boulder: NCAR), p. 3.

对阿尔芬波作为年轻恒星中可能的星风驱动机制的探索见

Hartmann, L., Edwards, S., & Avrett, E. 1982, ApJ, 261, 279.

13.4 节 我们对离心星风的处理遵循了

Mestel, L. 1968, MNRAS, 138, 359.

另一个使用极向场的分裂单极子模型对星风制动的有影响力的解释为

Weber, E. J. & Davis, L. 1967, ApJ, 148, 217.

吸积盘产生的星风的理论已经在很多文章中提到, 但这个课题的关键问题仍然没有解决. 一个重要的分析是

Blandford, R. D. & Payne, D. G. 1982, MNRAS, 199, 883.

两篇后来的综述为

Lovelace, R. V., Ustyugova, G. V., & Koldova, A. V. 1999, in Active Galactic Nuclei and Related Phenomena, eds. Y. Terzian, E. Kachikian, & D.Weedman (San Francisco: ASP), p. 208.

Shu, F. H., Najita, J. R., Shang, H., & Li, Z.-Y. 2000, in Protostars and Planets IV, eds. V. Mannings, A. P. Boss, & S. S. Russell (Tuscon: U. of Arizona), p. 789.

第一篇参考文献是一个统一的解释, 涵盖了年轻恒星和星系核的喷流. 第二篇文献描述了 X 星风模型, 它被广泛用于解释金牛座 T 型星的内落和外流特征.

13.5 节 喷流中的电离水平和质量输运率的问题在这里有分析

Hartigan, P., Morse, J., & Raymond, J. 1994, ApJ, 436, 125.

Bacciotti, F., Eislöffel, J. 1999, AA, 342, 717.

对变化喷流的一个有代表性的数值研究为

Stone, J. M. & Norman, M. L. 1993, ApJ, 413, 198.

对交叉激波和喷流物理的其他问题的经典处理见

Pai, S.-I. 1954, Fluid Dynamics of Jets (New York: Van Nostrand).

我们对分子外流中加速的产生的处理遵循

Stahler, S. W. 1994, ApJ, 422, 616.

底片 9　HH 1/2 喷流的光学照片. 这幅图是 Hα(表示为绿色)、[SⅡ](表示为红色) 和宽度连续
谱 (表示为蓝色) 合成的图像. 注意到驱动恒星用叉表示 (后附彩图)

底片 10　用颜色表示的 HH 111 喷流中 Hα/[SⅡ] 强度比. 这个比值从 0.1(红色) 变化到

0.3(绿色), 再到最大值 0.8(深蓝色)(后附彩图)

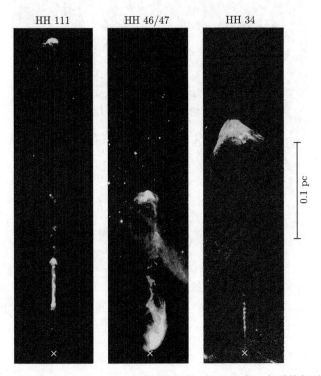

底片 11　HH 111、HH 46/47 和 HH 34 喷流的比较. 这些喷流以合适的相对尺度显示, 它们的驱动恒星用每幅图底部附近的叉表示. 这些图像是 [SⅡ](红色) 和 Hα(绿色) 的合成图像 (后附彩图)

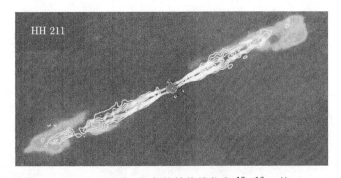

底片 12　喷流状的 HH 211 分子外流. 白色的等值线代表 $^{12}C^{16}O$ 的 $J = 2 \to 1$ 发射, 红色等值线代表 1.3 cm 的连续谱. 末端附近的绿色块代表激波作用过的 H_2 的 2.12 μm 谱线. 这些色块间隔 2100 AU(后附彩图)

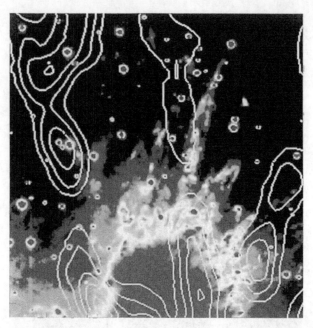

底片 13 OMC-1 中的分子外流. 彩图展示了 H_2 的 2.12 μm 谱线和 [FeⅡ] 的 1.64 μm 谱线的
合成辐射. 白色等值线代表 $NH_3(1,1)$ 和 $(2,2)$ 反转跃迁的 1.3 cm 辐射. 覆盖的区域为
0.4×0.4 pc(后附彩图)

第 14 章 星 际 脉 泽

量子理论描述的一个基本效应是, 一个入射到原子或分子的光子可能会使它产生另一个同样能量和动量的光子. 在合适的条件下, 这种受激发射放大初始的弱辐射源. 尽管牢牢根植于理论, 但这个效应直到 1955 年才找到实际应用. 那时, J. Gordon、H. Zeiger 和 C. Townes 发展了一种方法把一束激发的 NH_3 分子聚焦到一个谐振腔中. 实验室中的微波激射 (脉泽) 由此诞生, 随后, 它的光学对应, 激光也诞生了. 一个了不起的历史进程是, 在实验室实现仅十年后就在星际空间发现了脉泽现象. 这里没有谐振腔或镜子来辅助放大过程. 相反, 辐射强度通常通过稠密的分子气体区域一次会增强 10^{10} 倍. 这样具有明亮光斑团的区域出现在年轻恒星受到扰动的邻近区域. 它们也存在于许多其他环境中, 包括彗星、年老巨星的大气、超新星遗迹和河外星系的核心.

本章简要介绍了星际脉泽, 即恒星形成区的脉泽. 这个效应现在已经在各种分子谱线中被发现, 因此第 5 章和第 6 章中奠定的基础将再次证明对读者有用. 我们从对所有星际脉泽的共同经验性特征的描述开始. 接下来两节将深入研究这一现象背后的理论. 放大的基本要求是布居数反转. 这样的状态在低密度的星际云中相对容易实现. 虽然脉泽发射的很多性质已经得到了很好的理解, 但维持布居数反转的详细机制仍然不清楚. 在本章的最后一节, 我们描述外流中的脉泽如何能用来示踪气体的运动.

14.1 观 测 特 征

为了开始我们对脉泽活动的描述, 我们首先看一个大质量恒星形成区. 在与其他区域进行比较之前, 我们详细检查发射的性质. 在这个过程中, 我们将看到产生这些强烈谱线的各种物理跃迁.

14.1.1 W49 中的脉泽

考虑 W49, 银河系中最显著的脉泽发射源. 这个巨大的红外和亚毫米辐射区域位于天鹰座, 靠近银道面, 距离 11 kpc. 它在光学上是完全不可见的, 与一个最大质量的分子云复合体有关. 这个复合体里既有超新星遗迹, 还有一个高度扰动的气体区域, 命名为 W49N, 其总光度接近 $10^7 L_\odot$. 当用干涉仪对 W49N 进行成像时, 自由-自由发射产生的射电连续谱流量揭示了一个引人注目的超致密电离氢区. 这些由一颗或多颗 O 型星产生的局部电离斑沿着大约直径 2 pc 的椭圆环排列. (参见图 14.1 的上图.) 毫米波谱线的观测显示处红移的吸收坑, 表明前景气体正在流向椭圆环.

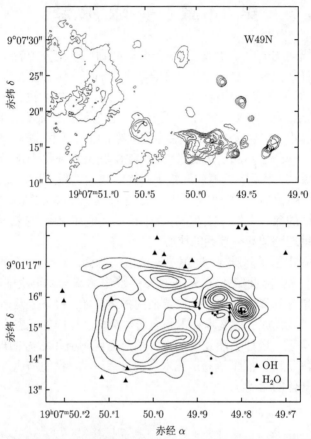

图 14.1　上图: 6 cm 连续谱辐射看到的 W49N 中的超致密电离氢区组成的环. 下图: 用 H_2O (实心圆圈) 和 OH 脉泽 (实心三角) 看到的这些区域中最大区域. 靠近射电连续谱峰值的那些较暗的 OH 脉泽斑没有显示

　　这种运动的起源本身是个有趣的问题, 但我们想聚焦于更小的尺度. 图 14.1 显示, 一个小的电离氢区比其他电离氢区亮得多; 下图是这个区域的展开视图. 这幅图是在波长 2 cm 处制作的, 线尺度大约为 0.5 pc. 在 2 cm 发射最大值附近是一个未分辨的中红外源. 这可能标记了大质量恒星的位置.

　　如果我们现在在 18 cm 看同样的电离区, 我们发现一些强的峰. 这些点 (在图中用实心三角形表示) 代表了 OH 分子的脉泽发射. OH 脉泽的聚集体遍布整个椭圆环, 它们集中在每个超致密电离氢区的外围. 然而, 这里展示的区域也有其他种类的脉泽发射. 这些更小的斑点在波长 1.35 cm 处变得明显, 紧密地聚集在 O 型星附近. 在这个情况, 每个源都是 H_2O 谱线的脉泽辐射.

让我们更仔细地研究一下这些 1.35 cm(22.2 GHz) 的 H_2O 脉泽. 这里显示的一组脉泽跨度大约为 $1''$, 在 W49 的距离处对应于 3×10^4 AU. 这种发射在频域也是高度局域化的. 图 14.2 是整个 W49N 区域的脉泽谱线的光谱, 是用单天线望远镜对发射进行空间平均得到的. 在 $+6.5$ $km \cdot s^{-1}$ 的径向速度 V_r 有个很强的强度极大, 对应于分子云的整体运动. 在两边也有非常尖锐的峰, V_r 延伸到几百 $km \cdot s^{-1}$. 用更高的谱分辨率和空间分辨率, 我们可以观测一个峰内的各个成分, 每个宽度 $\Delta V_r \gtrsim 0.5$ $km \cdot s^{-1}$. 注意, 在这个最小值之外有一个显著的宽度分布. 一般来说, 接近分子云静止速度的光谱特征往往比较大 V_r 值处那些罕见的峰更窄.

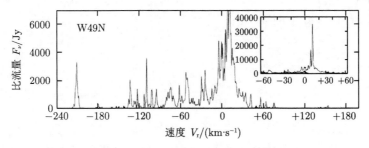

图 14.2　W49N 的 22 GHz 光谱

回到 W49 的空间分布图, 比较间隔一段时间的两张或多张图像给出了单个脉泽斑的自行. 干涉仪卓越的分辨率使得我们可以追踪小到每年 $0.001''$ 的位移. 这些数据可以结合图 14.2 中的多普勒移动得到完整的三维速度. 图 14.3 展示了大量 H_2O 脉泽的速度矢量. 这里, 角偏移量是从与射电连续谱辐射峰重合的一

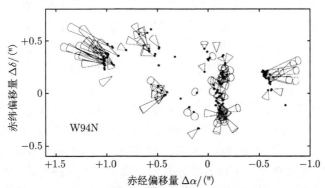

图 14.3　W49N 中 H_2O 脉泽的三维运动. 圆锥长度展示了每个点在 150 年里会运动多远. 角偏移量是从流动的动力学中心算起的. 这个中心和图 14.1 下图中的 6 cm 发射的峰重合

点算起的. 很明显这群脉泽斑正在从那个位置膨胀. 此外, 底层的流动显然不是球对称的, 而是限于一个有限的立体角. 在恒星左边有一个主导的红移速度, 右边有一个蓝移速度. 所以, 膨胀是双极的.

14.1.2 辐射的强度

脉泽异常的强度 (这是它们的显著特征) 有助于确定自行和径向速度. 为了计算质量, 让我们考虑 W49 中典型 H_2O 脉泽的亮温度. 我们从附录 C 的方程 (C.10) 回忆起, 这个量与线心频率 ν_0 处的比强度有关

$$T_B = \frac{c^2 I_{\nu_0}}{2\nu_0^2 k_B},\tag{14.1}$$

其中我们忽略了背景发射. 根据方程 (2.17), I_{ν_0} 等于 $F_{\nu_0}/\Delta\Omega$, 其中 F_{ν_0} 是比流量, $\Delta\Omega$ 是脉泽斑所张的小立体角. 这个体积角为 $\Delta D = (d/D)^2$, 其中 d 是脉泽斑的直径, D 是 W49 的距离. 结合这些项, 我们有

$$\begin{aligned}
T_B &= \frac{c^2 F_{\nu_0} D^2}{2\nu_0^2 k_B d^2}\\
&= 3\times 10^{15}\ \text{K} \left(\frac{F_{\nu_0}}{10^4\ \text{Jy}}\right)\left(\frac{D}{11\ \text{kpc}}\right)^2\left(\frac{d}{1\ \text{AU}}\right)^{-2}.
\end{aligned}\tag{14.2}$$

注意到我们有代表性的比强度——10^4 Jy 和图 14.2 中展示的光谱一致.

我们如何解释这么极端的亮温度? 回忆由黑体公式, 方程 (2.28) 的瑞利-金斯近似得到的 T_B 的定义. 这个方程描述了处于热平衡的物质的辐射. 无论 W49 中在发生什么物理过程, 它们都一定不会把这些区域加热到 10^{15} K, 远高于所有分子离解的温度. T_B 远超过任何合理的动理学温度的事实意味着气体本身不处于热平衡. 换句话说, H_2O 分子的相关能级布居数不遵循玻尔兹曼分布.

脉泽的亮温度由于非常小的发射尺度 d 和非常高的 F_{ν_0} 而升高. 而比流量那么大是因为能量是在异常窄的频率区间 $\Delta\nu$ 或等价的径向速度区间 ΔV_r 发出的. 这两个特征都很显著, 它们的起源并不明显. W49 中激发 H_2O 的物理过程在跨越 10^4 AU 的区域上这样做. 那么, 怎样才能在 1 AU 内产生物理条件的突变呢? 答案是星际激波提供了这么剧烈的转变. 我们还记得在第 8 章中提到, 在激波后的冷却区会产生一些分子, 包括 H_2O.

径向速度区间 ΔV_r 的狭窄也令人费解. 为了形成 H_2O, 激波后的温度必须降低到一个大约 500 K 的平台值. 与此温度相关的径向速度弥散为 0.5 km·s⁻¹. 我们应该在这个值上 (以正交的方式) 加上沿辐射传播路径的分子云的较差运动产生的速度弥散. 对相对宽的 CO 谱线的观测证实发生了这种运动. 然而, 我们已经看到 W49 中 H_2O 脉泽发射典型的速度宽度仅有 0.5 km·s⁻¹, 就是热展宽. 如何抑制额外的谱线展宽呢?

当我们考虑 W49 中的 OH 脉泽时, 这些问题仍然存在. 这里我们发现了与 1.35 cm 源大致相似的性质, 但也有一些系统性差异. 每个脉泽斑的直径大约为 10^{14} cm, 大了一个量级. 光谱特征速度宽度也很小, 介于 0.6 km·s^{-1} 和 1.5 km·s^{-1} 之间. 和 H_2O 的情形一样, 光谱中最强的峰出现在分子云整体速度附近. 在以后我们考虑辐射传播的几何结构时, 这个普遍的趋势将被证明是重要的. OH 脉泽较大的发射面积导致较低的 T_B 值, 尽管接近 10^{13} K 的实际值仍然大大超过了任何合理的气体温度. 最后, 对 W3(OH)(一个比 W49 近得多的电离氢区) 自行的观测再次表明, 围绕大质量恒星的脉泽以整体的形式膨胀.

脉泽辐射有一个特点, 在 OH 源中尤为明显. 就是观测到的偏振. 22 GHz 的 H_2O 脉泽是一定程度线偏振的, 在一个给定的电离氢区中偏振度从大约百分之一到百分之十. 另一方面, OH 的 18 cm 谱线展示出几乎完全的圆偏振. 我们回忆第 5 章和第 6 章, OH 发射在外磁场和未配对的电子相互作用时会产生偏振. 事实上, 对两种类型脉泽的塞曼分裂的观测使我们能够在电离氢区内探测这个磁场. 通常发现, 与 H_2O 脉泽相关的磁场强度 (通常为 50 mG) 比 OH 脉泽相关的磁场强度高一个量级, 这表明后者出现在分子云较低密度的部分.

14.1.3 光变和脉泽斑的成团

脉泽的另一个重要的一般特征使其强度强烈依赖于时间. 光变的研究主要集中在 22 GHz 脉泽中, 因为它们亮度较高. 一个特定的脉泽斑强度会增大, 达到最大值, 然后在几周内完全消失. 另一方面, W49 中的一些脉泽斑也持续了很多年. 通常情况下, 速度最高的特征也往往具有最短的寿命. 然而, 即使是最短暂的脉泽斑也聚集在持续时间长得多的 "活动中心". W49 的 H_2O 脉泽至少有三个这样的中心, 这在图 14.3 的速度矢量聚集中很明显. 最后注意到, 单个脉泽斑的扩张不会与恒星光度的任何增加同时发生. 因此, 无论是什么造成了这些变化, 都是在局部发生的.

事实上, 脉泽辐射的时间变化与它在湍流环境中的起源大体相符. 为了使这个想法更定量化, 考虑典型尺度 d 除以速度宽度 ΔV_r 也得到一个典型时标. 使用适合 W49 中较明亮的 H_2O 脉泽的值, $d = 1$ AU 和 $\Delta V_r = 0.5$ km·s^{-1}, 这个周期是 10 yr, 和观测到脉泽斑最长的寿命相当. 对于线宽较大的高速特征, 特征时间也会变短. 这个简单的计算暗示, 是分子云中的速度梯度导致了脉泽活动的中断.

许多其他大质量恒星形成区都有 H_2O 和 OH 脉泽聚集在共同的明亮源附近. 在这两种情形下, 脉泽斑都出现在大约 10^{17} cm 直径的区域内, 具有明显的次级聚集. OH 和 H_2O 脉泽群之间通常有一定程度的重叠. 另一方面, 每种脉泽类型也有其独特的分布模式. OH 产生的 18 cm 脉泽斑通常位于电离氢区边缘 (如连续谱流量下降所描绘的那样). 电离氢区本身可能有一个后掠的 "彗星" 外观, 表明这颗恒星正在电离一些密度梯度很大的介质. 这里, OH 脉泽斑倾向于产生在电离气体压缩更强的部分.

作为一个例子, 图 14.4 展示了位于一块具有较强恒星形成活动的分子云一端的 NGC 6334F 的射电连续谱和谱线合成的图像. 用实心三角表示的 OH 脉泽都位于恒星, 即射电连续谱峰值和母分子云的主体之间. 我们已经知道, H_2O 脉泽需要更高的密度. 这可能意味着, 如图 14.1, 它们嵌套分布在 OH 脉泽中. 然而, 图 14.4 中那样非常不同的情形也很常见. 这里我们确实看到一些 H_2O 源在 OH 脉泽附近, 但更多以排成一条线聚集在电离氢区之外.

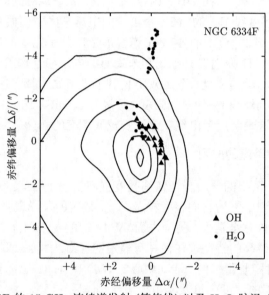

图 14.4   NGC 6334F 的 15 GHz 连续谱发射 (等值线) 以及 H_2O 脉泽 (实心圆圈) 和 OH 脉泽 (实心三角). 角偏移量是相对于连续谱流量峰值附近的一个点度量的

对 NGC 6334F 的进一步观测揭示了外部 H_2O 脉泽斑附近被加热的 NH_3 的发射. 升高的温度意味着有另一颗大质量恒星导致了这种脉泽活动, 尽管这个深埋的天体还没有产生自己的电离氢区. 这些发现强调了这样的事实, H_2O 脉泽活动性的基本因素是高密度激波. 被激发的气体可能位于更大的电离氢区内, 也可能通过星风和中性环境中的分子云物质碰撞产生.

另一方面, OH 脉泽似乎需要电离氢区及其周围特别的条件. 对小质量内埋恒星的研究增强了这个观点. 与这些天体相关的 H_2O 脉泽并不少见, 但根本没有 OH 脉泽. 这并不意味着每个 OH 脉泽都出现在可以探测的电离氢区内. 厘米波成图偶尔会发现一组明显孤立的 OH 脉泽斑. 在这些情形, 来自电离区的射电连续谱发射可能只是太弱了, 探测不到而已. 脉泽及其激发源附近的气体只能通过红外和毫米波研究发现.

和小质量恒星相关的 H_2O 脉泽位于恒星源附近, 但不和恒星源重合. 注意到, 通常为 0 型或 I 型源的恒星最准确的位置由射电喷流辐射峰值给出, 如果看到了射电喷流的话 (13.1 节). 这些脉泽本身通常偏离恒星 30 AU 到 100 AU, 对于 200 pc 外的天体, 这对应于几个角秒. 22 GHz 谱线的发射主要在同时驱动了 CO 外流的源中看到, 所以这两个现象——星风和脉泽——似乎是联系在一起的. 如我们将在 14.3 节中讨论的, 脉泽斑的分布通常暗示中心的恒星喷流是激发的潜在因素.

我们讨论的大质量恒星附近的 H_2O 脉泽的大部分性质似乎也适用于, 至少定性适用于, 光度低一些的源, 比如 $L_* \lesssim 100 L_\odot$. 成团脉泽斑的总强度较低, 近似正比于 L_*. 这个正比关系也适用于明亮的恒星, 系数相同. 并非所有的小质量和中等质量内埋恒星都和脉泽活动有关. 然而, 确实显示出至少 1.5 Jy 的 22 GHz 发射的比例随恒星光度急剧上升, 对 $L_* \gtrsim 25 L_\odot$ 接近于 1.

在年量级的时标上进行的观测确定了小质量恒星的 H_2O 脉泽也有剧烈变化. 在一些通常更弱的源中, 存在长时间的宁静, 其间夹杂着脉泽的爆发. 其他更强的源显示出更连续的活动水平. 图 14.5 显示了一个后一种类型的例子. 这里我们看到 SSV 13 的四条相继的低分辨率光谱. 这颗英仙座 NGC 1333 区域的红外星的热光度大约为 $25 L_\odot$, 除了驱动脉泽, 还驱动了被称为 HH 7-11 的一系列赫比格-哈罗天体. 显然, 22 GHz 发射的谱分布在一个月或更长的时标内发生了质的变化. 在任何时候, 峰值强度都明显偏离环境分子云的速度, +7.0 km · s^{-1}.

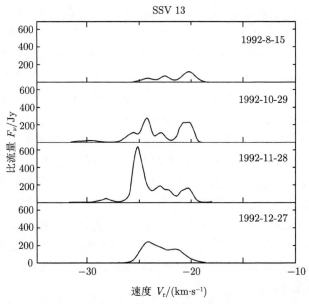

图 14.5　SSV 13 中的四条低分辨率 H_2O 脉泽光谱. 每条谱线在图示的日期记录

14.1.4　分子跃迁

到目前为止, 我们几乎没有提到实际产生脉泽谱线的跃迁. H_2O 的 1.35 cm 谱线源自 5.5 节中讨论的 $6_{16} \to 5_{23}$ 转动跃迁. 原则上没有理由同样分子的其他谱线不产生脉泽发射, 只要讨论的能级产生了布居数反转. 这个困难实际上是观测上的. 自 1.35 cm 谱线 1969 年发现以来, 到 20 世纪 80 年代才通过猎户座分子云的射电观测看到了 $4_{14} \to 3_{21}(789\ \mu m)$ 和 $3_{13} \to 2_{20}(1.64\ mm)$ 的脉泽发射. 注意到后一个跃迁发生在布居数较少的仲 (para) 转动态之间 (回忆图 5.16). 接下来的十年里又增加了更多谱线, 都在亚毫米波段. 这些谱线包括 $5_{15} \to 4_{22}$ $(923\ \mu m)$ 和 $10_{29} \to 9_{36}(934\ \mu m)$. 最后一个跃迁非常罕见, 因为上能级没在转动态主干上.

在某些亚毫米 H_2O 脉泽中涉及的高转动能级需要形成的地方有高的密度和温度. 在第 8 章我们对跃变激波的讨论中, 我们注意到, 当气体通过激波波前时, 所有的分子最初都是离解的. 然而, H_2O 和其他分子在下游重新形成, 只要气体冷却到低于 500 K. 这些条件足以解释 1.35 cm 脉泽谱线, 但不足以解释所有亚毫米跃迁. 对于这些跃迁, 我们需要引入星风撞击磁化分子云物质产生的连续激波. 分子现在完好无损地通过延展的激波区域, 在那里它们可能被暂时加热到超过 2000 K.

回到 OH 脉泽, 18 cm"谱线" 实际上是一组四条位于 1612 MHz、1665 MHz、1667 MHz 和 1720 MHz 的谱线. 它们都是在分子的转动基态通过 Λ 双重态和磁超精细结构分裂产生的. 基本物理, 如 5.6 节所述, 是单个的未成对的电子受到分子整体转动和自旋的氢原子核磁场的影响. 脉泽谱线最常在 1665 和 1667 MHz 的主线看到, 但也能看到两条卫星线. 最后, 观测者已经在其他射电谱线中发现了 OH 脉泽, 包括 6 cm 附近的那一组. 这些脉泽源自转动激发态内类似的跃迁.

除了 H_2O 和 OH, 还有许多其他分子显示出脉泽辐射. 其中研究得最好的是甲醇 (CH_3OH), 也是首次在猎户座发现的. 观测到的谱线源自 OH 键绕 CH_3 四面体的对称轴转动. 有两种类型的跃迁 (E 型和 A 型), 区别在于 OH 隧穿 CH_3 产生的复杂势垒的方式. 状态被标记为 J_K, 其中 J 是总角动量, K 是它在四面体轴上的投影. 已知的脉泽跃迁都发生在大质量恒星形成区内.

与 CH_3OH 相关的众多脉泽谱线可以根据经验分为互斥的两类. 一些被称为 "I 类" 的跃迁总是在偏离致密电离氢区的地方被发现. 和 NGC 6334F 中外部的 H_2O 脉泽一样, 它们一定是由星风撞击致密气体提供能量的. CH_3OH 的其他谱线统称为 "II 类", 仅在有电离气体的射电连续谱的情况下出现. 这些谱线, 和 OH 脉泽一样, 一定是大质量恒星的辐射提供能量的. 注意到这两类中每一类都含有 E 型和 A 型跃迁.

表 14.1 总结了 OH、H_2O、CH_3OH 和一些其他分子的最容易观测的脉泽谱

线. 对于每个跃迁, 我们给出 E_{upp}, 基态上方的上能级的能量 (以温度单位). 这给出了度量激发分子产生脉泽发射难易程度的方法. 我们列出了脉泽发射的密度和温度, n 和 T 的特征范围. 这些数值是从能级布居的数值模型得到的. [①] 对于 CH_3OH, 第一条线是 I 类, 第二条线是 II 类. 进一步注意到 SiO 的脉泽谱线源自邻近的转动能级. 在较高的振动态激发转动跃迁也不难, 因此产生了丰富的谱线. 恒星形成区中的 SiO 观测比晚型主序后恒星包层中少得多. 到目前为止, 无论是年轻的还是年老的, 看起来只有那些最明亮的天体才能激发这种分子的发射. 对于 NH_3 和 H_2CO 也是如此. 在第一种情形, 跃迁是氮原子隧穿通过氢原子的平面. H_2CO 脉泽发射源自原子非对称陀螺分子的转动. 这里的能级符号类似于 H_2O.

表 14.1   恒星形成区显著的脉泽线

分子	跃迁	波长/cm	(E_{upp}/k_B)/K	n/cm^{-3}	T/K
OH	$^2\Pi_{3/2}(J=3/2;\Delta F=0,\pm1)$	18	0.08	$10^5 \sim 10^7$	$100 \sim 200$
H_2O	$6_{16} \to 5_{23}$	1.35	640	$10^7 \sim 10^9$	$300 \sim 1000$
CH_3OH	$4_{-1} \to 3_0\ E$	0.83	29	$10^4 \sim 10^5$	$20 \sim 100$
	$5_1 \to 6_0\ A$	4.49	49	$10^4 \sim 10^5$	$20 \sim 100$
SiO	$v=1, J=2 \to 1$	0.35	1774	$10^9 \sim 10^{10}$	$700 \sim 1000$
NH_3	$(J,K)=(3,3)$	1.25	122	$10^4 \sim 10^5$	$60 \sim 150$
H_2CO	$1_{10} \to 1_{11}$	6.3	14	$10^4 \sim 10^5$	$20 \sim 40$

14.2   脉泽理论：基本原理

现在让我们讨论辐射放大的实际机制. 我们将看到一个关键因素是维持一定数量的激发分子. 这个见解有助于约束激发过程本身, 即产生这些发射的区域的物理特征.

14.2.1   能级布居

当某个特定频率的光子激发分子发射同样频率和方向的光子, 就会产生高强度的脉泽斑. 然后这些增强的光子产生更多的受激发射, 因此放大是指数形式的. 如我们将要看到的, 整个过程取决于这样的事实, 处于跃迁上能级的分子比下能级多. 回忆我们已经通过

$$\frac{n_u}{n_l} = \frac{g_u}{g_l} \exp\left(-\frac{\Delta E}{k_B T_{\text{ex}}}\right). \tag{14.3}$$

---

① 注意到 OH 能级的能量差和脉泽活动所需的温度之间的巨大差异. 为了激发这个活动, 这个分子必须首先激发到次高的转动能级. 根据图 5.18, 这个能级 $(J=5/2)$ 位于基态上方大约 120 K.

定义了二能级系统的激发温度. 这里 n_u 和 n_l 分别是上能级和下能级的数密度, g_u 和 g_l 是简并度, ΔE 是跃迁能量. 在布居数反转 (产生脉泽放大的必要条件) 的情况下, 我们有 $n_\mathrm{u}/g_\mathrm{u} > n_\mathrm{l}/g_\mathrm{l}$. 所以这个系统沿着发射增长的路径有负的激发温度.

我们再一次看到所研究的区域不可能处于激发温度等于局域气体动理学温度的热平衡状态. 图 14.6 使用方程 (14.3) 画出了 T_ex 的实际值 (以 $T_0 \equiv \Delta E/k_\mathrm{B}$ 为单位) 作为 $n_\mathrm{u}g_\mathrm{l}/n_\mathrm{l}g_\mathrm{u}$ 的函数. 随着后一个比值从下方趋近于 1, T_ex 趋向于正无穷, 然后对于很小的反转就变到非常大的负值. 如果 $n_\mathrm{u}g_\mathrm{l}/n_\mathrm{l}g_\mathrm{u}$ 变得非常大, T_ex 仍然是负的, 但是绝对值在减小.

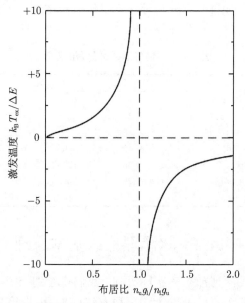

图 14.6　二能级系统的激发温度, 展示为布居比 $n_\mathrm{u}g_\mathrm{l}/n_\mathrm{l}g_\mathrm{u}$ 的函数. 注意到一旦这个比例超过 1, 温度就变为负的

维持反转的布居需要能量. 在脉泽理论中, 完成这个任务的过程被称为抽运 (pump). 对于微波谱线和典型的几百度的动理学温度, 我们有 $T_0 \ll T_\mathrm{kin}$. 所以在热平衡也有 $n_\mathrm{u}/g_\mathrm{u} \approx n_\mathrm{l}/g_\mathrm{l}$. 脉泽发射所需的实际布居数的变化相对较小, 显然在星际云中不难实现. 对于不同类型的脉泽, 人们提出了很多抽运机制. 我们将在本节末尾简要讨论其中的两个. 然而, 我们应该首先量化反转程度作为周围物理条件的函数.

不管具体性质如何, 抽运把分子从其他能级添加到实际与脉泽辐射相互作用的两个能级上.[1]因此我们把抽运速率 P_u 定义为单位时间单位体积上能级增加的

---

[1] 附录 B 显示, 孤立二能级系统的 T_ex 处于 T_kin 和 T_rad 之间, 它们都是正的物理量. 为了得到负的 T_ex, 两个能级一定和其他能级有物理联系.

分子的数量. 类似的 P_l 适用于下能级 (见图 14.7). 假设了我们的二能级系统和背景状态之间联系后, 我们进一步认识到跃迁可以以两种方式发生. 也就是说, 处于我们的两个能级的分子可以退激发回到这个背景状态. 单位时间发生这种跃迁的数量一定正比于当前上能级或下能级的布居数. 所以, 我们令 $n_u\Gamma_u$ 和 $n_l\Gamma_l$ 为分别的单位体积的损失速率.

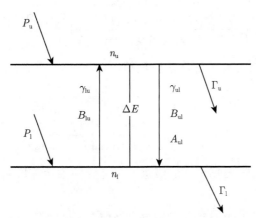

图 14.7 控制脉泽跃迁的能级布居的物理过程

能级布居数也通过与环境分子的碰撞而改变. 使用附录 B 中的符号, 我们令 n_{tot} 为背景气体的数密度, 而 γ_{lu} 和 γ_{ul} 是碰撞激发和退激发系数. 最后, 我们必须考虑辐射场的存在, 我们通过频率积分的平均强度 $\bar{J}$ 表征这个辐射场 (见方程 (B.1)). 每个能级的稳态布居数遵循所有速率之和为零:

$$0 = P_u - n_u\Gamma_u - (n_u B_{ul} - n_l B_{lu})\bar{J} - (n_u\gamma_{ul} - n_l\gamma_{lu})n_{tot} - n_u A_{ul} \tag{14.4a}$$

$$0 = P_l - n_l\Gamma_l + (n_u B_{ul} - n_l B_{lu})\bar{J} + (n_u\gamma_{ul} - n_l\gamma_{lu})n_{tot} + n_u A_{ul} \tag{14.4b}$$

我们还知道, 两个爱因斯坦 B 系数是通过方程 (B.8b) 联系起来的. γ_{ul} 和 γ_{lu} 之间有一个更复杂的关系, 方程 (B.4). 然而, 因为 $T_0 \ll T_{kin}$, 后者简化为 $\gamma_{ul}g_u \approx \gamma_{lu}g_l$. 于是我们有

$$0 = P_u - n_u\Gamma_u - (n_u - n_l g_u/g_l)(B_{ul}\bar{J} + \gamma_{ul}n_{tot}) - n_u A_{ul} \tag{14.5a}$$

$$0 = P_l - n_l\Gamma_l + (n_u - n_l g_u/g_l)(B_{ul}\bar{J} + \gamma_{ul}n_{tot}) + n_u A_{ul} \tag{14.5b}$$

14.2.2 反转度

我们的目标是推导布居数差的表达式. 为此, 我们现在采用两个更简单的假设. 首先, 我们忽略了方程 (14.5a) 中的自发发射项, 它在实际应用中总是相对较小的, 即与 Γ_u 或 Γ_l 相比, A_{ul} 可以忽略. (然而, 在考虑辐射转移时, 我们很快就

必须包含 A 系数了.) 第二, 我们假设这两个损失速率相等, 即 $\Gamma_{\mathrm{u}} = \Gamma_{\mathrm{l}} \equiv \Gamma$. 计算单独的速率并不难, 但只会使代数复杂化, 而不会增加物理理解.

简化方程 (14.5a) 和 (14.5b) 后, 我们现在求解能级布居数 n_{u} 和 n_{l}. 我们发现

$$n_{\mathrm{u}} = \frac{(P_{\mathrm{u}} - P_{\mathrm{l}}) + (P_{\mathrm{u}} + P_{\mathrm{l}})[1 + (2g_{\mathrm{u}}/g_{\mathrm{l}})(B_{\mathrm{ul}}\bar{J} + \gamma_{\mathrm{ul}}n_{\mathrm{tot}})/\Gamma]}{2\Gamma + 2(1 + g_{\mathrm{u}}/g_{\mathrm{l}})(B_{\mathrm{ul}}\bar{J} + \gamma_{\mathrm{ul}}n_{\mathrm{tot}})}, \tag{14.6a}$$

$$n_{\mathrm{l}} = \frac{(P_{\mathrm{u}} + P_{\mathrm{l}})[1 + 2(B_{\mathrm{ul}}\bar{J} + \gamma_{\mathrm{ul}}n_{\mathrm{tot}})/\Gamma] - (P_{\mathrm{u}} - P_{\mathrm{l}})}{2\Gamma + 2(1 + g_{\mathrm{u}}/g_{\mathrm{l}})(B_{\mathrm{ul}}\bar{J} + \gamma_{\mathrm{ul}}n_{\mathrm{tot}})}. \tag{14.6b}$$

我们可以通过物理量 Δn 描述布居数反转:

$$\Delta n \equiv n_{\mathrm{u}}/g_{\mathrm{u}} - n_{\mathrm{l}}/g_{\mathrm{l}}$$
$$= \frac{P_{\mathrm{u}}/g_{\mathrm{u}} - P_{\mathrm{l}}/g_{\mathrm{l}}}{\Gamma + (1 + g_{\mathrm{u}}/g_{\mathrm{l}})(B_{\mathrm{ul}}\bar{J} + \gamma_{\mathrm{ul}}n_{\mathrm{tot}})}. \tag{14.7}$$

这个方程表明, 反转需要每个子能级进入上能级的抽运速率高于进入下能级的抽运速率: $P_{\mathrm{u}}/g_{\mathrm{u}} > P_{\mathrm{l}}/g_{\mathrm{l}}$.

考虑没有辐射场也存在的反转, Δn^0 也是方便的. 即

$$\Delta n^0 \equiv n_{\mathrm{u}}^0/g_{\mathrm{u}} - n_{\mathrm{l}}^0/g_{\mathrm{l}}$$
$$= \frac{P_{\mathrm{u}}/g_{\mathrm{u}} - P_{\mathrm{l}}/g_{\mathrm{l}}}{\Gamma + (1 + g_{\mathrm{u}}/g_{\mathrm{l}})\gamma_{\mathrm{ul}}n_{\mathrm{tot}}}, \tag{14.8}$$

这里, n_{u}^0 和 n_{l}^0 是令 $\bar{J} = 0$ 得到的能级布居数. 结合方程 (14.7) 和 (14.8), 我们发现

$$\Delta n = \frac{\Delta n^0}{1 + \bar{J}/\bar{J}_s}, \tag{14.9}$$

其中

$$\bar{J}_s \equiv \frac{\Gamma + (1 + g_{\mathrm{u}}/g_{\mathrm{l}})\gamma_{\mathrm{ul}}n_{\mathrm{tot}}}{(1 + g_{\mathrm{u}}/g_{\mathrm{l}})B_{\mathrm{ul}}}. \tag{14.10}$$

方程 (14.9) 告诉我们, 对于 $\bar{J} < \bar{J}_s$, 辐射几乎不影响 Δn. 另一方面, 如果 $\bar{J}$ 被放大得太多而超过了 $\bar{J}_s$, 那么布居数的差会显著减小. 但正是这个差通过上能级的受激发射增加了 $\bar{J}$. 所以, 脉泽放大是一个自限过程.

14.2.3 增益和饱和

为了描述这种被称为饱和 (saturation) 的淬灭效应, 以及在此之前的放大效应, 我们转向辐射转移方程. 用附录 C 的符号, 我们有

$$\frac{dI_\nu}{ds} = -\alpha_\nu I_\nu + j_\nu. \tag{14.11}$$

对于发射和吸收系数, 分别使用方程 (C.4) 和 (C.7), 辐射转移方程变为

$$\frac{dI_\nu}{ds} = \frac{n\nu_0}{4\pi}\Delta n g_{\mathrm{u}} B_{\mathrm{ul}}\phi(\nu)I_\nu + \frac{h\nu_0}{4\pi}n_{\mathrm{u}} A_{\mathrm{ul}}\phi(\nu), \tag{14.12}$$

这里, ν_0 是线心频率. 归一化的轮廓函数 $\phi(\nu)$ 给出了在每个频率发射或吸收光子的分子所占的比例. 这个函数不描述 I_ν 的频率依赖, 那通常是不同的. 我们可以假设 $\phi(\nu)$ 是处于周围气体温度的多普勒轮廓. 由方程 (E.23), 我们得到一个 $\phi(\nu_0)$ 的表达式:

$$\phi(\nu_0) = \frac{1}{\sqrt{\pi}\Delta\nu_{\mathrm{D}}}, \tag{14.13}$$

我们现在将使用这个表达式. 这里 $\Delta\nu_{\mathrm{D}}$ 是多普勒宽度, 由方程 (E.24) 用动理学温度和分子量表示. 我们现在将方程 (14.12) 对频率积分. 定义 $I \equiv \int I_\nu\phi(\nu)d\nu$, 我们得到

$$\frac{dI}{ds} = \frac{h\nu_0\Delta n^0 g_{\mathrm{u}} B_{\mathrm{ul}}}{4\pi\Delta\nu(1 + \bar{J}/\bar{J}_s)} + \frac{h\nu_0 n_{\mathrm{u}} A_{\mathrm{ul}}}{4\pi\Delta\nu}. \tag{14.14}$$

注意我们已经用方程 (14.9) 代入了 Δn 对辐射强度的依赖. 我们也定义了脉泽辐射的有效宽度 $\Delta\nu$:

$$\Delta\nu \equiv \frac{\int I_\nu d\nu}{I}. \tag{14.15}$$

如果这条线比多普勒宽度窄 (通常如此), 那么由方程 (14.13) 有 $\Delta \approx \sqrt{\pi}\Delta\nu_{\mathrm{D}}$. 从现在起, 我们可以忽略 $\Delta\nu$ 的任何空间变化.

我们的目标是对方程 (14.12) 积分得到 $I(s)$. 首先, 我们需要对 $\bar{J}$ 以及上能级布居数 n_{u} 进行假设. 关于第一点, 脉泽斑非常小的尺度表明辐射是非常集束的. 令 $\Delta\Omega$ 是光子传播的小立体角, 沿光束取为常量. J_ν 的定义, 方程 (2.19) 告诉我们 $J_\nu = I_\nu\Delta\Omega/4\pi$. 用方程 (B.1) 计算 $\bar{J}$, 我们发现 $\bar{J} = I\Delta\Omega/4\pi$, 所以

$$\frac{\bar{J}}{\bar{J}_s} = \frac{I}{I_s}, \tag{14.16}$$

其中 $I_s \equiv 4\pi\bar{J}_s/\Delta\Omega$.

方程 (14.14) 右边第二项代表了自发发射的效应. 这个贡献很快被受激发射产生的光子淹没. 然而, 在没有背景辐射源的情况下, 没有其他初始辐射源. 因此, 我们的策略是保留方程 (14.14) 中相关的项, 但把 n_{u} 乘以 A_{ul} 替换为 $I = 0$ 时的布居数 n_{u}^0.

加入这个变化后, 我们可以把辐射转移方程写为

$$\frac{dI}{ds} = \frac{I}{L(1 + I/I_s)} + \beta\frac{I_s}{L}. \tag{14.17}$$

这里, 未饱和的增长长度 L 为

$$L \equiv \frac{4\pi \Delta\nu}{h\nu_0 \Delta n^0 g_{\mathrm{u}} B_{\mathrm{ul}}}. \tag{14.18}$$

无量纲量 β 为

$$\beta \equiv \frac{n_{\mathrm{u}}^0}{g_{\mathrm{u}} \Delta n^0} \left(\frac{\Delta\Omega}{4\pi}\right) \frac{A_{\mathrm{ul}}}{B_{\mathrm{ul}} \bar{J}_s}. \tag{14.19}$$

注意, 物理量 $g_{\mathrm{u}} \Delta n^0 / n_{\mathrm{u}}^0$ 是在能级布居被脉泽辐射改变之前, 反转过程效率的一个度量. 对于可行的抽运模型, 这个效率不比 1 低很多, 所以方程 (14.19) 中出现的反转不是一个非常大的数. 这个表达式的最后一项可以在方程 (14.10) 的帮助下重写为

$$\frac{A_{\mathrm{ul}}}{B_{\mathrm{ul}} \bar{J}_s} = \frac{(1 + g_{\mathrm{u}}/g_{\mathrm{l}}) A_{\mathrm{ul}}}{\Gamma + (1 + g_{\mathrm{u}}/g_{\mathrm{l}}) \gamma_{\mathrm{ul}} n_{\mathrm{tot}}}, \tag{14.20}$$

并且它通常很小. 因为 $\Delta\Omega$ 也小, 所以我们预期 $\beta \ll 1$.

方程 (14.17) 易于积分得到强度 $I(s)$ 的隐式表达式. 在小 β 极限, 我们发现

$$\frac{I(s)}{I_s} - \frac{I(0)}{I_s} + \ln\left[\frac{I(s)/I_s + \beta}{I(0)/I_s + \beta}\right] = \frac{s}{L}, \tag{14.21}$$

其中 $I(0)$ 代表背景源. 图 14.8 画出了这个结果. 在放大过程开始时, 我们处于未饱和情形. 这里, $I \ll I_s$, 方程 (14.21) 中的对数项主导了左边. 于是我们有近似解

$$I(s) = I(0) \exp(s/L) + \beta I_s[\exp(s/L) - 1]. \quad \text{未饱和} \tag{14.22}$$

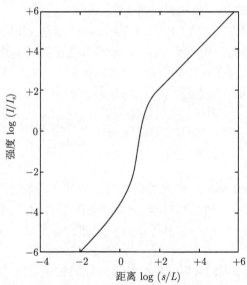

图 14.8   脉泽强度的放大. 这里, 我们在方程 (14.21) 中设 $\beta = 10^{-4}$, $I(0) = 0$. 注意, 在达到指数增长前, $I(s)$ 首先线性增长, 饱和后增长再次变为线性的

增长在此情形变为指数的, 无论初始流量是背景提供的还是仅仅是自发辐射提供的. 在前一种情形, 通常称为脉泽增益的物理量 $\ln[I(s)/I(0)]$ 随路径长度线性增长.

强度的快速增大持续到受激发射开始耗尽上能级. 在这个饱和情形, 我们有 $I \gg I_s$, 方程 (14.21) 中的对数项很小. 因为两种情形的转换发生在 $I \approx I_s$, 我们得到近似

$$I(s) = I_s + I_s \left(\frac{s - s_1}{L} \right). \quad \text{饱和的} \tag{14.23}$$

这里, 转换长度 s_1 可以在方程 (14.22) 中令 $I(s) = I_s$ 得到.

一旦达到饱和, 强度本身就只随路径长度线性增大. 等价地, 增益仅对数地变化. 方程 (14.5a) 连同 Δn 在方程 (14.7) 中的定义告诉我们上能级产生脉泽光子的体积速率为 $\mathcal{R} = g_u \Delta n B_{ul} \bar{J}$. 对 Δn 使用方程 (14.9), 我们看到 $\mathcal{R}$ 接近一个极限:

$$\begin{aligned} \mathcal{R} &\approx g_u \Delta n^0 B_{ul} \bar{J}_s \\ &= \frac{P_u - P_l \, g_u / g_l}{1 + g_u / g_l}. \end{aligned} \tag{14.24}$$

所以, 渐近的光子产生速率正比于单位子能级的两个抽运速率的差. 每个注入上能级的分子都有潜力产生一个脉泽光子, 而每个加入下能级的新的分子都可以吸收一个光子. 然而, 注意到, 实际的布居数反转在饱和情形趋向于零, 无论抽运速率的差是多少. 也就是说, 由方程 (14.9), 对于 $\bar{J} \gg \bar{J}_s$, Δn 为零.

14.3 脉泽理论：进一步的考虑

高的亮温度只是观测到的脉泽的一个性质. 我们现在转向其他令人费解的特征, 从非常窄的线宽开始. 我们还需要解释脉泽斑本身非常小的表观尺度. 这个特征和脉泽如何抽运的基本问题有关.

14.3.1 谱线窄化

脉泽谱线相对狭窄表明在传播过程中, 某些过程会使线宽减小. 不难看出, 非饱和状态下强烈的放大效应就有这样的效果. 回到频率依赖的辐射转移方程 (14.11), 我们注意到, 吸收系数 α_ν 正比于 $\phi(\nu)$, 如方程 (14.12) 所示. 因为我们假设了多普勒吸收轮廓, 我们可以写出

$$\alpha_\nu = \alpha_0 \exp\left[-\frac{(\nu - \nu_0)^2}{\Delta \nu_D^2} \right], \tag{14.25}$$

其中 α_0 是线心的系数.

假设我们忽略方程 (14.11) 中最后代表自发发射的一项. 那么, 传播一段路径 s 后, 背景比强度 $I_\nu(0)$ 增强为

$$I_\nu(s) = I_\nu(0)\exp(\alpha_\nu s),$$

故而

$$\frac{I_\nu(s)}{I_0(s)} = \frac{I_\nu(0)}{I_0(0)}\exp[(\alpha_\nu - \alpha_0)s]. \tag{14.26}$$

背景可能是某个连续谱源, 其中 $I_\nu(0)/I_0(0)$ 接近于 1. 然后方程 (14.25) 和 (14.26) 告诉我们, 在频率偏移 $\Delta\nu^*$ 处, 传播的强度下降到中心值的 e^{-1},

$$1 - \exp\left[-(\Delta\nu^*/\Delta\nu_{\rm D})^2\right] = \frac{1}{\alpha_0 s}. \tag{14.27}$$

展开指数得到 $\Delta\nu^*$ 的近似解

$$\Delta\nu^* = \Delta\nu_{\rm D}(\alpha_0 s)^{-1/2}, \tag{14.28}$$

它简洁地描述了谱线变窄作为路径长度的函数.

更详细地说, 在中心部分开始饱和之前, 这条谱线只能变窄有限的量. 因为线翼仍然指数增长, 谱线开始变宽并最终完全饱和. 超过这一点, dI_ν/ds 由 $\alpha_\nu I_s$ 而不是 $\alpha_\nu I_\nu$ 给出. [1]这里吸收系数 α_ν 的频率依赖仍然由方程 (14.25) 给出. 所以, 放大效应在所有频率都是线性的, 轮廓从此保持为不变的多普勒宽度.

14.3.2　几何集束

接下来我们考虑辐射场的几何形态. 观测到的脉泽斑的线尺度非常小, 强度在这么小的长度上无法大幅放大. 因此, 这些点代表了离开观测者的狭长路径的终点. 物理上没有什么东西限制光子沿着这样一条管状路径运动. 然而, 即使穿过一个更广阔的区域的辐射在传播过程中也有变得更集中的趋势. 这个过程类似于频域中的变窄, 称为集束 (beaming).

集束最简单的例子是发射脉泽辐射的球形区域 (见图 14.9(a)). 这里, 我们假设种子光子由球内的自发发射提供. 我们进一步假设, 至少在最初, 这个区域是完全未饱和的. 也就是说, 到达任意一点的积分强度 $\bar{J}$ 不足以影响布居数反转 (该反转由不明确的内部抽运维持). 唯一能观测到的是从球的近端发出的光, 它们有合适的方向. 所有这些光的强度 $I(s)$ 沿它们各自的弦指数增长. 如图所示, 增益沿球的直径最大, 向侧面迅速下降. 观测到的脉泽斑大小明显小于球所张的角度.

---

[1] 为了证明这个论断, 必须不是考虑方程 (14.5) 中的完整的能级布居, 而是只考虑对每个频率有响应的子集. 我们发现, 与辐射转移有关的布居数差 (在方程 (14.12) 中以 $\Delta n\phi(\nu)$ 出现) 下降为饱和情形的 I_s/I_ν.

大多数星际脉泽足够明亮, 其强度一定已经饱和了. 为了把这个元素融入到我们的图景中, 我们可以想象减弱整个球中的抽运. 也就是说, 我们降低了速率 P_u 和 P_l, 假设二者在空间上仍然是均匀的. 第一个饱和的区域是外边界, 在那里, 来自整个内部的辐射被放大得最多. 随着我们持续调低抽运速率, 饱和区向内推进. 球现在由一个饱和的幔和未饱和的中心核组成 (图 14.9(b)). 现在观测到的最强的光是穿过这个核区的那些, 因为它们至少经历了一些指数增长. 此外, 沿核区直径的路径仍然提供了比邻近路径更多的放大. 我们看到, 在这些更一般的条件下, 脉泽的表观角尺度更小.

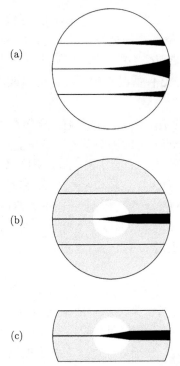

图 14.9　脉泽集束 (a) 未饱和的球, (b) 部分饱和的球, (c) 丝状结构. 水平线的厚度表示了向右边运动的辐射的放大. 这里我们忽略了饱和后的线性增长. 注意到 (b) 和 (c) 中, 辐射离开白色表示的未饱和的核区后, 强烈的放大效应是如何停止的

　　我们关于理想球形脉泽的例子没有观测或理论基础. 然而, 图 14.9(b) 中完全饱和路径的强度很弱, 它们对观测到的模式几乎没有贡献. 原始球体可以替换为圆柱或者丝状的发射区, 如图 14.9(c) 所示. 事实上, 这样的几何是相当合理的. 丝状结构不是通过密度对比和周围环境区分开, 而是通过其内部的速度连贯性. 考虑到所有分子云预期的较差运动, 只有发射和吸收分子具有基本相同的速

度, 即它们的相对多普勒移动不超过方程 (14.28) 中的 $\Delta\nu^*$, 脉泽放大才有可能.
我们理想化的丝状结构代表了一条路径, 沿此路径速度矢量恰好有正确的方向和
大小. 即使这样有限的连贯性也只是暂时的. 在较差运动的作用下, 这些矢量发
生错位, 脉泽斑逐渐消失. 正如我们在 14.1 节中所述, 这种观点与观测到的时变
一致.

14.3.3 H_2O 和 OH 的抽运

速度连贯性在脉泽抽运的任何详细解释中都扮演着重要的角色. 我们之前注
意到, 1.35 cm 的 H_2O 脉泽似乎需要高密度. 这个事实表明脉泽可能是碰撞抽运
的, 这一假设被详细的计算证实. 分子通过与周围主要为 H_2 的分子碰撞而达到
激发态. 最终的能量来源是气体的整体运动, 尤其是和高速星风有关的那些运动.
相比之下, OH 脉泽不需要那么高的密度, 而只出现在大质量的明亮恒星附近. 因
此, 我们可以合理地假设, 这种情况下的反转由恒星或周围的光子维持, 即脉泽是
辐射抽运的.

H_2O 的布居数反转的基本趋势不难理解. 再次参考图 5.16, 我们回想一下主
干态 (即每个 J 值的最低能级) 的独特状态. 最快的辐射退激发和碰撞跃迁速率
就在这些态之间, 以及具有相同 J 的状态之间. 所以, 处于主干态上方能级的分子
快速退激发到主干态. 对于沿主干态本身的跃迁, 相对大的爱因斯坦 A 系数意味
着发射的光子很容易被捕获. 频繁的向上和向下碰撞在促进这些跃迁时比辐射更
有效. 于是, 在任何时候, 大部分 H_2O 都处于主干态, 那里通过碰撞互相交流. 任
何其他能级, 例如 5_{23} 由最近的主干态 (这里是 6_{16}) 相对罕见的辐射退激发提供
能量的, 布居数较少.

那么, 分子是如何被抽运到主干态中相对高的能级的呢? 表 14.1 表明, 6_{16} 态
位于基态上方 640 K. 如我们在第 8 章中注意到的, 强的跃变激波在激波后的冷却
区产生 H_2O. 这个形成过程所需温度大约为 400 K. 较慢的连续激波也产生 H_2O
发射. 这里, 有点矛盾的是, 分子可能处于高得多的温度. 在任何情况下, 星风和
分子云之间的界面都是碰撞激发和脉泽发射的有利环境. 数值模型证实了, 分子
云物质一定被压缩到了 10^7 cm^{-3} 的密度才能产生激发. 注意到, 这些计算假设了
这个量级的激波前密度显著高于分子云的典型值. H_2O 实际的抽运是由于与高能
的 H_2 的碰撞, 而 H_2 本身要么来自分子云物质 (连续激波), 要么在下游的尘埃表
明重新形成 (跃变激波).

线性分布的 H_2O 脉泽斑, 如图 14.4 所示, 表明与之相关的激波位于靠近准直
喷流中心轴的地方. 我们还看到, 在 W49N 中, 这些脉泽点如何组成了持续时间
更长的活跃中心. 这种中心的典型尺度, 10^{14} cm 可能代表了一个被经过的激波加
热和压缩, 密度为 $10^8 \sim 10^9$ cm^{-3} 的分立团块的直径. 单个脉泽斑是每个团块内

瞬时的速度连贯路径的端点. 这些路径存在于片状激波波前产生的相对薄的加热气体层中. 事实上, 观测到的典型脉泽斑的直径, 10^{13} cm 与预期的激波后区域的厚度相符, H_2O 在那里产生和碰撞激发.

转向 OH 脉泽, 观测到的强度还是需要激发发生在密度较高的气体中, $n \sim 10^7$ cm^{-3}. 这个数值超过类似 W49N 和 W3(OH) 中的超致密电离氢区内部平均密度两个量级. 我们已经注意到, 18 cm 脉泽斑似乎在它们母电离氢区的外边缘成团, 只要后者能通过射电发射探测到. 这些发现共同表明, 脉泽出现在电离气体周围的凝聚壳层中. 理论确实预言存在这样一个区域. 正如我们将在下一章中描述的那样, 膨胀的电离氢区驱动激波波前进入周围气体, 在一个相对薄的层中将其压缩.

图 14.10 展示了脉泽放大路径如何位于电离氢区 (这里理想化为一个半径 R 的球) 的切线上. 假设我们把观测到的脉泽斑的尺度 d 看作和外壳层厚度相同. 那么, 所示的弦的长度为 l,

$$
\begin{aligned}
l &= 2(R + d) \sin \theta \\
&= 2(R + d) \left[1 - \left(\frac{R}{R + d} \right)^2 \right]^{1/2} \\
&\approx 2^{3/2} \sqrt{Rd}.
\end{aligned}
\tag{14.29}
$$

这里, 最后一个近似使用了 $d \ll R$. 代入 R 和 d 的典型值, 5×10^{16} cm 和 1×10^{14} cm, 我们发现 l 为 6×10^{15} cm. 这个数值给出了脉泽放大路径的上限, 这个放大路径处于弦的某些速度连贯的部分. 也就是说, 发射的丝状结构的纵横比最多为 60:1. 脉泽斑团的出现可能是因为真实的电离氢区明显翘曲, 因此有很多密近相间的切面.

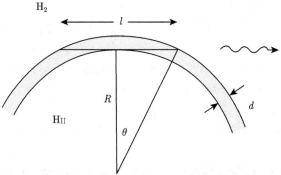

图 14.10   电离氢区激波后壳层中 OH 脉泽的放大. 电离氢区的半径为 R, 厚度为 d, 周围是分子气体. 脉泽沿长度为 l 的弦放大, 对区域中心的张角为 2θ

什么过程抽运产生了 OH 脉泽? 对于那些和主序后巨星相关的 OH 脉泽, 答案是确定知道的. 被归类为米拉 (Mira) 变星的恒星, 其光度在大约一年的时标上规律地起伏. 位于这些恒星之外的脉泽的强度经历相同的变化, 证明恒星辐射是背后的能源. 类似的情形对较长周期的 OH/IR 恒星也成立, 这些恒星的质量损失率也很惊人. 在这两种情形真正激发分子的是来自热尘埃颗粒的弥散的远红外辐射. 光子把 OH 激发到较高的转动能级, 它们随后通过碰撞和辐射退激发导致 18 cm 脉泽发射所需的基态反转.

同样的机制可能也适用于与电离氢区相关的 OH 脉泽, 但还没有完全自洽的图景. 不幸的是, 这些大质量恒星并没有表现出规律的光变. 脉泽亮度的实际波动也更零散, 可能源自湍流运动, 如 H_2O 的发射那样. 一个令人鼓舞的迹象是, 在大样本的电离氢区中, 远红外光度和 1665 MHz 脉泽斑的强度是相关的. 对于产生四个跃迁反转的能级布居计算需要接近 150 K 的尘埃和气体温度. 这些环境辐射场产生的反转是否能维持足够长的路径来产生强的脉泽发射还有待观察.

最后, 我们总结一下, 18 cm 脉泽发射仅在超致密电离氢区 (即直径 10^{17} cm 或更小的那些) 附近发现. 更常观测到的更年老、更大尺度的区域很少表现出脉泽活动, 无论是来自 OH 还是其他分子. 这一趋势也符合我们的理论预期. 随着电离氢区膨胀, 它的内部压强降低. 一旦这个压强达到环境值, 边界的激波波前就消失了. 我们再次看到, 在恒星生命早期, 脉泽发射是一个相对短期的暂现现象.

14.4 追踪喷流和外流

现在让我们更仔细地研究脉泽和外流气体之间的观测联系. 我们从喷流开始, 然后转向小质量和大质量恒星的更宽的分子外流. 在后一类中, 猎户座的 BN-KL 区域中产生的脉泽得到了特别充分的研究. 最后, 我们看到向外流动的脉泽的几何膨胀如何提供了测量源距离的一种有用的技术.

在进行描述之前, 我们指出, 脉泽的速度结构和它们的产生方式有关. 如果 OH 脉泽活动确实以图 14.10 所示的方式发生, 那么观测者应该看不到发射峰径向速度相对源的系统速度的偏移. 当然, 来自每条丝状结构的辐射以有限的角度发散, 所以丝状结构不需要精确地位于切线上就可以探测到它的发射. 与切线偏离越大的路径的强度峰值越低, 但径向速度偏移有限. 总而言之, 整个轮廓中最大幅度的特征的径向速度应该接近母分子云的径向速度, 通常红移或蓝移更多的峰强度会降低.

这确实是 OH 脉泽轮廓的特征. 我们的描述也能同样好地用于 1.35 cm 的 H_2O 发射, 如图 14.2 所示. 这里, 我们也在处理外流物质, 它们的发射在横向也是强烈集束的, 即在垂直于局域速度方向的平面内. 对于这两种类型的脉泽, 我们已经确定了这个平面是一个被压缩的气体组成的几何薄层.

14.4.1 喷流和电离氢区

我们从可探测最小的尺度 (即射电喷流) 开始. 回想一下, 这些结构追踪了准直星风最靠内的部分, 与驱动恒星的距离小于 10^3 AU. 它们的连续谱光度代表了来自强大的星风引起的激波的自由-自由发射. 这个图景被这个发现证实: H_2O 脉泽可能位于同一区域.

考虑天鹅座中的 W75N. 这个距离 2 kpc 的活跃大质量恒星形成中心, 和更大范围的 W49N 一样内埋, 但红外光度小得多, 接近 $10^5 L_\odot$. 有一些区域有特别强的射电连续谱. 图 14.11 是其中一个区域 (记作 VLA 1, 不要和猎户座中的 HH 1-2 的驱动源混淆) 的干涉成图. 等值线展示了 1.3 cm 的流量. 很明显, 发射区域在局域峰值附近被拉长, 这标记了这颗大质量驱动恒星的位置. 厘米波辐射跨越了大约 800 AU 的长度. 将这个射电喷流平分的线大致与秒差距尺度的 CO 外流重合.

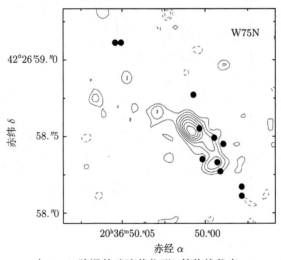

图 14.11　W75N 中 H_2O 脉泽的喷流状位形. 等值线代表 1.3 cm 连续谱发射, 而实心圆圈表示脉泽的位置

图 14.11 中的实心圆圈代表 1.35 cm 的 H_2O 脉泽. 这些脉泽靠近但不重合于喷流的轴, 距离这条线的平均距离大约为 100 AU. 脉泽斑拉长的分布使人想起图 14.4, 脉泽在图中位于离电离气体很远的地方. 除了少数例外, 图 14.11 中的脉泽斑的径向速度接近分子云的速度 $+10$ km·s^{-1}. 所以, 这个情形的喷流可能靠近天球切面. 也有可能脉泽不代表星风的速度, 如我们马上将要讨论的.

W75N 区域含有很多其他与 H_2O 脉泽成协的有射电发射的区域. 在其中记作 VLA 2 的一个区域中, 大约几十个脉泽斑更为各向同性地分布. 这里, 射电连续谱区域太小, 无法分辨. 第三个区域, VLA 3 比 VLA 1 更圆. VLA 2 和 VLA 3 都是超致密电离氢区的极端例子, 直径小于 10^{16} cm. 显然 H_2O 脉泽也可以出现在这些环境中, 那里的电离正在扩张扫过特别致密的气体.

　　H_2O 脉泽串不仅存在于电离氢区之外, 而且由小质量恒星星风产生. 我们之前在 14.1 节中讨论了内埋星 SSV 13 外的脉泽斑的变化. 同时考虑 0 型源 L1448/mm, 其光谱能量分布如图 4.4 所示. 这颗恒星驱动了剧烈的分子外流, 这些外流具有相对窄的 CO 轮廓和较高的内部速度. 如图 14.12 所示, 激波作用过的 H_2 的 2.12 μm 谱线的发射斑块沿外流的中心轴分布. 射电观测显示, 在恒星两侧有一些 1.35 cm 脉泽, 总的距离跨越大约 100 AU. 连接脉泽的线和 2.12 μm 发射描绘的大得多 (10^4 AU) 的喷流的方向相同. 此外, 脉泽斑的径向速度现在以预期的方式偏离了分子云的值. 所以, 图 14.12 中插图中的上面两个脉泽是蓝移的, 而下面三个是红移的.

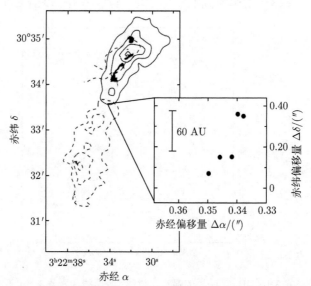

图 14.12　L1448 中的分子外流和 H_2O 脉泽. 实线和虚线等值线分别展示了 $^{12}C^{16}O J = 2 \to 1$ 的蓝移和红移的发射, 而暗的斑块是 H_2 的 2.12 μm 发射. 插图中的实心圆圈展示了 5 个最明亮的 H_2O 脉泽的位置. 角偏移量是相对 $\alpha = 3^h22^m34^s, \delta = 30°33'35''$ 测量的

　　另一个有启发性的例子是 HH 212 外流, 之前的图 13.6 展示了它相当对称的激波作用的 H_2 扭结. 这里, 几十个观测到的 H_2O 脉泽位于距离恒星 70 AU 内, 靠近从 H_2 和更宽的 CO 外流推测的喷流轴. 相隔几个月进行的射电干涉仪观测揭示, 脉泽斑在离开中心恒星. 所有这些特征的强度都是高度变化的. 其中一些沿一个弧形的结构分布, 就像更大的 H_2 弓形激波. 后一个观测特别重要, 因为它支

持了这个观点, H_2O 脉泽是通过星风气体的激波作用供能的.

14.4.2 团块状外流

L1448 和 HH 212 外流在脉泽活动性方面并不独特, 甚至并非不寻常. 对 100 多个分子外流的检查发现, 至少百分之五十有 1.35 cm 发射, 流量超过 1.5 Jy. 此外, 观测到的脉泽斑总是位于驱动恒星附近. 一些驱动恒星中, 例如 L1448/mm, 是 0 型源, 在这个区域有特别高的分子云密度. 然而, 很多外流由内埋较浅的天体驱动. 脉泽激发所需的 10^7 cm^{-3} 的激波前速度大于云核中的密度, 一定和星风产生的单个团块有关.

不管星风中实际形成这些团块并对它们进行激波作用的过程是什么, 它们都只在一颗小质量恒星的大约 100 AU 内起作用. 很自然地, 这种活跃的活动与驱动同一区域中自由-自由发射的过程有关. 也就是说, 1.35 cm 脉泽线的总光度和射电连续谱总光度之间有好的相关性. 另一方面, 对于大质量恒星, 我们已经从 NGC 6334F 的例子中看到 H_2O 脉泽可能位于离电离气体很远的地方, 尽管仍然相对靠近它们自己的热气体和星风动量的源.

对这种环境的研究表明, H_2O 脉泽出现在大质量恒星生命的极早期, 在电离氢区可以被探测到之前. 围绕这颗恒星并且含有脉泽的致密气体被称为热云核 (hot core), 我们将在第 15 章回到这个话题. 在较老的区域, 电离气体已经从恒星向外扩散. 由于没有分子能够在电离氢区的高温下存活, 因此 H_2O 的持续存在似乎令人费解, 例如 W49N. 在这种情形, 高分辨率观测揭示出, 电离是分块的, 脉泽活动只发生在中性区域, 这些区域可能受到了屏蔽, 不受破坏性紫外光子的影响.

暂时回到 NGC 6334F 和图 14.4, 巡天发现这种几何形态非常普遍. 也就是说, 彗星状的电离氢区在弯曲的弧形结构顶点之外通常含有团块化或线状分布的 H_2O 脉泽. 这个弧形结构告诉我们电离在什么地方由于周围物质密度的急剧上升而停止 (第 15 章). 在恒星的另一边, 电离扩散不受阻碍. 正如我们从它们附近存在被加热的分子这个事实所知道的, H_2O 脉泽从它们自己的大质量恒星延伸出来. 相关的热云核必须抑制局部电离, 防止产生任何可探测的电离氢区. 另一方面, 这颗内埋更深的恒星显然驱动了一股穿透这个热云核的喷流状气流.

对于大质量恒星来说, 致密气体究竟如何使星风准直并没有比小质量恒星理解得更好. 在两种情形, 如果激波作用的气体实际上是以当地星风速度运动的话, 我们更有希望梳理出它的动力学. 我们在第 13 章中论证了这个假设对赫比格-哈罗天体的合理性. 在那种情形, 内部的扭结代表了几乎以喷流速度传播的低强度激波. 然而, 对于脉泽来说, 激波相互作用的确切性质还不清楚. 抽运模型所需的高密度表明, 正如我们所注意到的, 发射是由内部团块的碰撞激发的, 每个团块的移动速度可能比推动它们的星风慢.

这方面的一个重要线索是观测到的径向速度的大小. 对于更广泛的脉泽斑流来说, 这些速度确实比合理的星风低得多. 图 14.13 展示了 W49N 中的 H_2O 脉泽速度作为距离膨胀中心角距离的函数. 实际显示的是 u_r, 投影到从这个中心出来的径向的速度分量. 在大约 $1''$ 的角度之外, 对应物理距离 1×10^{17} cm, 这个速度接近不变. 其平均大小为 17 km·s^{-1}, 仅为 O 型星星风速度的百分之几. 同样引人注目的是大半径处的急剧加速. 对于这些特殊的特征, 没有公认的解释. 然而, 它们强烈暗示, 观测到的速度并不代表从恒星发出的星风, 而是高速气体进入周围分子云时产生的湍流和团块状气体流.

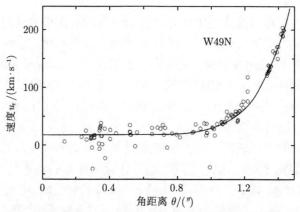

图 14.13   W49N 中的 H_2O 脉泽的速度作为距离碰撞中心角距离的函数. 图示的速度分量是沿半径到中性方向的分量. 光滑的曲线是对数据的解析拟合

14.4.3 猎户座脉泽

和 W49 中类似的加速也出现在超致密电离氢区 W3(OH) 和其他地方. 一个研究得特别好的例子是猎户座的 BN-KL 区域. 在这个情形, 强大的红外源 IRc2 周围只有一个很小的电离氢区. (对于这个区域的形态, 回忆图 1.7.) 然而, 有强有力的证据表明, 存在以这个位置为中心的膨胀流. 在此情形, 环境密度显然足够高, 足以抑制电离的增长, 但不足以使特别强的星风变准直. H_2O 脉泽的自行结合多普勒速度, 表明脉泽斑以各向异性, 大致为双极的形式离开 IRc2. 测量的速度到 2×10^{17}cm 都近乎不变. 这里, 速度大小为 18 km·s^{-1}, 非常接近 W49N 的值. 在内部区域可以看到类似 W49N 活动中心的脉泽团. 在更远的地方, 气流更加各向同性、速度更快, 最终超过 100 km·s^{-1}.

观测者用很多其他分子谱线仔细研究了 BN-KL 区域. 他们的发现支持了加速外流的图景, 也支持这样一个假设, H_2O 脉泽以局域气体速度移动, 即使这不是纯的星风速度. 在非常靠近 IRc2, 10^{15} cm 量级的距离内可以看到 SiO 脉泽的活动. 来自 SiO 振动激发 ($v = 1$ 和 $v = 2$) 的发射, 表明环境温度接近 2000 K. 这条线的多普勒移动产生了一个适中的速度, 与从 H_2O 发现的一致. 在大约 10^{16} cm 的半径, SiO 发射是热发射 (即非脉泽), 来自振动能级基态. 测得的径向速度也一直很低. 同样地, NH_3 的几条反转线产生的强的窄发射线也是如此. 在距离 IRc2 更远的地方, CO 的毫米波发射表明速度已经增大了一个量级. 在 CO 的外围, 超过 10^{17} cm 的距离处是 H_2 的 2.12 μm 谱线的峰值. 这个区域的高速气体温度升高, 意味着内部能量通过激波耗散. (回想图 8.9) 其中一些激波在底片 13 中表现为突出的手指.

猎户座中的 SiO 脉泽的观测值得借鉴, 一个现象的普遍物理解释可能会随着成像能力的提高而发生显著变化. BN-KL 区域的 $v = 1(J = 2 \rightarrow 1)$ 谱线是银河系中最强的, 早在 1974 年就已经探测到了. 这条谱线有两个明显的峰, 在径向速度上很好地分开. 从与主序后恒星成协的 OH 脉泽的类似观测判断, 辐射似乎来自一个膨胀的壳层, 其正面和背面被同时观测到.

到 1980 年, 干涉仪已经揭示出, SiO 信号和 IRc2 成协. 随后的观测表明, 两个峰实际上来自这个源每一边的不同区域. 实际上, 每个区域似乎追踪了一个椭圆弧的一部分. 从 20 世纪 80 年代到 90 年代末, 这种发射通常被归因于一个膨胀的转动环. 然而, 在更高的亚毫角秒分辨率, 原本看起来为弧形的结构被分解为许多分散脉泽斑的集合 (见图 14.14). 这个源一侧的所有脉泽斑相对于 IRc2 都是红移的, 而另一侧的则是蓝移的. 现在的总体印象是, 一个广角的外流参与了通过 H_2O 脉泽看到的更大外流.

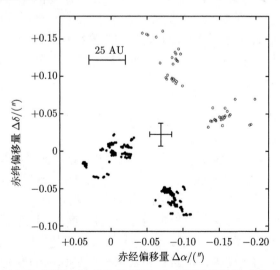

图 14.14 猎户座 BN-KL 区域中的 SiO 脉泽团. 实心圆圈代表相对于 IRc2 蓝移的脉泽, 空心圆圈代表红移的. 十字准线显示了 IRc2 中一个被称为源 I 的特征的重心位置和位置不确定度. 角偏移量是相对 $\alpha = 5^{\mathrm{h}}35^{\mathrm{m}}14.^{\mathrm{s}}5, \delta = -05°22'36''.3$ 测量的

14.4.4　膨胀星团视差

猎户座中的 H_2O 脉泽似乎正在从一个共同的源流走, 这个事实提供了一种实用的方法确定到这个源的距离, 即到 IRc2 本身的距离. 假设构建了这些脉泽斑运动的一个三维模型. 也就是说, 写下每个位置的速度分量作为距离膨胀中心距离的函数的解析表达式. 这个膨胀中心的位置作为一个未知参数. 观测数据包括所有脉泽斑在天球切面中的坐标, 以及它们的视向速度, V_r. 由这个模型, 可以预测脉泽斑的横向速度, $V_\perp$. 但我们也可以观测脉泽的自行. 这些角偏移量也可以转换为横向速度, 只要知道距离. 所以可以调整假设的膨胀中心和距离, 直到两组横向速度符合得最好.

从我们的描述中可以明显看出, 这种膨胀星团视差技术类似于用于测量毕星团距离的移动星团法 (第 4 章). 在猎户座 H_2O 脉泽流的情形, 视差法得到的距离为 480 pc, 接近通过其他方法得到的值. W49N 中的膨胀脉泽团也适用于这种研究. 这里得到的这个系统的距离为 11.4 kpc. 这个方法也适用于银心附近的恒星形成云 Sgr B2/North(图 5.3) 中的 H_2O 脉泽. 推测的 7.1 kpc 的距离略小于被普遍接受的银心半径 8.5 kpc.

我们在结束本章时强调, 脉泽所揭示的运动性质是正在进行的研究, 在某些情形仍然有问题. 情况因为脉泽发射的变化而变得复杂, 这使得难以分辨出稳定的脉泽斑. 有时, 靠近恒星的 H_2O 脉泽串并不与射电喷流或 CO 外流的轴对齐, 而是与这根轴垂直. 如果脉泽也表现出显著的径向速度梯度, 人们就容易认为它们处于一个拱星盘中, 可能是一个侧视的盘. 当然, 在这样的环境中, 所需的高密度是合理的. 然而, 目前还不清楚脉泽是如何被碰撞抽运的, 特别是当星风本身主要是垂直于盘的平面的情况下. 我们必须等待未来的高分辨率观测, 包括自行数据, 来阐明真实情况.

本 章 总 结

内埋年轻星产生了高强度射电发射的闪烁斑. 这些脉泽在星风或辐射场为致密气体环境中的分子提供能量时产生. 两种最常见的脉泽类型是 H_2O 的 1.35 cm 转动跃迁和 18 cm 附近的 OH 超精细结构谱线. 然而, 很多其他分子也展示出这种效应. 在所有情形, 脉泽斑不仅异常明亮, 而且尺度小, 并且频率范围窄.

脉泽在某种外部能源使一个跃迁的上能级布居数超出时产生. 受激发射会导致强度沿某条分子的速度接近的路径指数增长. 快速的强度增长产生几何集束, 使得脉泽斑越来越窄, 线宽也减小. 最终, 辐射强度变得非常高, 它开始减小上能级布居数, 放大达到饱和.

与星风相关的激波为 H_2O 脉泽提供能量. 这些激波发生在星风产生的致密

团块中. 在大质量和小质量恒星附近都发现了 H_2O 脉泽串, 它们通常与射电连续谱喷流或激波作用的 H_2 发射对齐. 这些脉泽斑观测的空间速度追踪了星风的流动模式. 相比之下, OH 脉泽只出现在大质量恒星周围的电离氢区外围. 在这种情况下, 抽运可能来自热尘埃的远红外辐射. 这两种机制都为 CH_3OH 的各自脉泽线提供能量, 这些脉泽线示踪了致密电离氢区附近的致密气体.

建 议 阅 读

14.1 节 关于这个课题的研究应该参考这本综合教材

Elitzur, M. 1992, *Astronomical Masers* (Dordrecht: Kluwer).

在各种天体物理背景下正在进行的研究见

Migenes, V. & Reid, M. (eds.) 2002, *Cosmic Masers: from Protostars to Black Holes* (San Francisco: ASP).

大质量恒星附近的 OH 和 H_2O 脉泽的位置的研究见

Forster, J. R. & Caswell, J. L. 1989, AA, 213, 339.

对于小质量恒星附近的 H_2O 脉泽, 见

Wilking, B. A., Claussen, M. J., Benson, P. J., Wootten, A., Myers, P. C., & Tereby, S. 1994, ApJ, 431, L119.

Brand, J., Cesaroni, R., Comoretto, G., Felli, M., Palagi, F., Palla, F., & Valdettaro, R. 2003, AA, 407, 573.

第二篇参考文献总结了这些源光变的长期研究, 包括那些和大质量成协的源. 对于 CH_3OH 的复杂特性, 见

Menten, K.M. 1991, in *Skylines: Proceedings of the Third Haystack Conference on Atoms, Ions, and Molecules*, eds. A. D. Haschick & P. T. P. Ho (San Francisco: ASP), p. 119.

14.2 节 脉泽的基本理论在更老的综述文章里已有很好的覆盖. 两篇特别清晰并且仍然有用的综述是

Moran, J. M. 1976, in *Frontiers of Astrophysics*, ed. E. H. Avrett (Cambridge: Harvard U. Press), p. 385.

Cohen, R. J. 1989, Rep. Prog. Phys., 52, 881.

14.3 节 一篇处理各种几何位形中的集束效应早期非常有影响力的文章是

Goldreich, P. & Keeley, D. A. 1972, ApJ, 174, 517.

H_2O 脉泽碰撞抽运的基本论点见

de Jong, T. 1973, AA, 26, 297.

随后用跃变激波对这个机制的详细阐述见

Elitzur, M., Hollenbach, D. J., & McKee, C. F. 1989, ApJ, 346, 983.

对于 OH 脉泽抽运的讨论, 见

Cesaroni, R. & Walmsley, C. M. 1991, AA, 241, 537.

14.4 节 H_2O 脉泽和超致密电离氢区的空间关系见

Hofner, P. & Churchwell, E. 1996, AAS, 120, 283.

小质量恒星的脉泽-喷流联系的一个例子是 HH 212 系统:

Claussen, M. J., Marvel, K. B., Wootten, A., & Wilking, B. A. 1998, ApJ, 507, L79.

W49N 的 H_2O 脉泽的运动学的分析见

Gwinn, C. R., Moran, J. M., & Reid, M. J. 1992, ApJ, 393, 149,

而猎户座 BN-KL 区域中的流动首先在这篇文章中研究

Genzel, R., Reid, M. J., Moran, J. M., & Downes, D. 1981, ApJ, 244, 884.

第 15 章 大质量恒星的影响

我们通过更系统地探索最大质量恒星影响周围物质的方式来结束第四部分. 任何大质量恒星的显著特征都是其极端的能量输出, 其中大部分在紫外波段. 因此, 从电离氢区的一般性讨论开始是合适的. 在介绍电离波前的基本理论之后, 我们描述了成熟的电离氢区和更年轻的超致密区域的观测特征, 这些区域的性质还不太清楚. 接下来我们将注意力转向最年轻的大质量恒星周围的热云核. 这里的气体密度非常高, 它减缓了电离的扩散. 虽然云核详细的结构和动力学尚未确定, 但红外观测和脉泽研究提供了有价值的信息.

强星风是大质量恒星的另一个特征, 与它们的高光度密切相关. 事实上, 这种星风是由紫外光子的动量向外驱动的, 这种加速机制与小质量天体的加速机制完全不同. 在描述了这个物理过程之后, 我们还展示了高速气体是如何产生射电和 X 射线发射的. 然后我们扩大研究范围, 涉及与单颗大质量恒星和星团相关的大型分子外流. 外流形态大体上类似于小质量的相似结构, 但也有有趣的定性差异.

我们的最后两个主题是大质量恒星对气体的破坏和清除. 我们从最小的尺度开始, 拱星盘的光致蒸发和电离氢区中致密云的侵蚀. 后者受到环境辐射的整体性压缩, 升高的密度可能会导致产生更多恒星. 最后, 我们描述了超新星如何喷射高速壳层, 同时粉碎和蒸发了周围的气体. 我们批判性地研究了伴生气体压缩产生新一代恒星的可能性.

15.1 电离氢区

考虑一颗埋在其诞生地所在分子云物质中的一颗大质量恒星. 为了简单起见, 让我们假设分子云最初由分子氢组成. 从恒星表面流出的高能光子离解 H_2 并电离由此产生的 H_I. 同时, 这种等离子体中的电子和质子复合, 产生新的原子氢. 因为每次电离都从束流中去掉一个光子, 一颗有固定紫外辐射输出的恒星只能电离周围分子云中一个有限的区域. 如果这些物质具有均匀的密度, 那么电离各向同性地扩张, 充满一个被称为斯特龙根球 (Strömgren sphere) 的区域. 让我们首先推导这个最简单的电离氢区的性质.

15.1.1　斯特龙根球

我们首先注意到这个区域内每个位置的电离条件. 也就是, 任意一团气体被电离的速率和同一团气体中电子和质子复合的速率相等. 对整个球积分, 单位时间总的电离事件数量等于总的复合速率. [①]但前者就是恒星发射电离光子 (即能量超过 13.6 eV 的光子) 的速率 $\mathcal{N}_*$. 这里的最小频率是赖曼极限, $\nu_1 \equiv 3.29 \times 10^{15}$ s^{-1}, 对应于 $\lambda_1 = 912$ Å. 表 15.1 列出了一个光谱型范围的恒星的 $\mathcal{N}_*$ 值. 这个表也给出了这些恒星的远紫外输出 (6 eV $< E <$ 13.6 eV), 我们随后的讨论将涉及这个数值 (15.4 节).

表 15.1　大质量恒星的紫外辐射

光谱型	质量 $/M_\odot$	$\log \mathcal{N}_*/\mathrm{s}^{-1}$	$\log \mathcal{N}_{\mathrm{FUV}}/\mathrm{s}^{-1}$
O4	70	49.9	49.5
O5	60	49.4	49.2
O6	40	48.8	48.8
O7	30	48.5	48.6
O8	23	48.2	48.4
O9	20	47.8	48.2
B0	18	47.1	48.1
B1	13	45.4	47.5
B2	10	44.8	47.1

为了定性描述复合, 我们引入复合系数, $\alpha_{\mathrm{rec}}(T)$. 这个量的单位是 cm$^3 \cdot$ s^{-1}, 它只是电离氢区环境温度的函数. 自由电子和质子复合产生原子氢的体积速率写为

$$\mathcal{R} = n_\mathrm{e} n_\mathrm{p} \alpha_{\mathrm{rec}}(T)$$
$$= n_\mathrm{e}^2 \alpha_{\mathrm{rec}}(T), \tag{15.1}$$

其中最后一个表达式使用了电离等离子体的电中性条件.

斯特龙根球内总的复合速率由 $\mathcal{R}$ 对体积积分得到. 为了简单起见, 假设 n_e 和 T 是空间上的常量, 我们令总的电离和复合平衡得到

$$\mathcal{N}_* = \frac{4\pi}{3} n_\mathrm{e}^2 \alpha'_{\mathrm{rec}}(T) R_\mathrm{S}^3. \tag{15.2}$$

物理量 R_S 是斯特龙根半径. 注意到, 这里加了一撇的复合系数和方程 (15.1) 中的不一样. 后一个复合系数包含了向所有可能的 HI 能级的复合, 包括基态 ($n = 1$).

[①] 如果周围密度足够低, 或者分子云气体是团块化的, 那么全局电离平衡的假设失效. 从多孔的电离氢区发出的电离光子可能是暖中性介质的能源, 回忆 2.1 节.

但在考虑全局电离平衡时, 我们可以忽略向 $n = 1$ 的复合. 每个这种复合事件都产生另一个电离光子, 很快在附近被吸收.

我们稍后将证明, 电离非常快地扩张到斯特龙根半径, 原始分子云密度不会显著改变. 所以, 我们可以在方程 (15.2) 中令 n_e 等于 R_S 之外的氢原子数密度, n_H^0. (因为假设是分子云, n_H^0 是 H_2 数密度 $n_{H_2}^0$ 的两倍.) 我们随后求解方程 (15.2) 得到

$$
\begin{aligned}
R_S &= \left[\frac{3\mathcal{N}_*}{4\pi\alpha'_{\rm rec}(n_H^0)^2} \right]^{1/3} \\
&= 0.4 \ {\rm pc} \left(\frac{\mathcal{N}_*}{10^{49} \ {\rm s}^{-1}} \right)^{1/3} \left(\frac{n_{H_2}^0}{10^3 \ {\rm cm}^{-3}} \right)^{-2/3}.
\end{aligned}
\tag{15.3}
$$

在数值表达式中, 我们使用了 $10^{49} \ {\rm s}^{-1}$ 的 $\mathcal{N}_*$ 值, 对应于 O6 型星. 我们也采用了 10^4 K 的温度计算 $\alpha'_{\rm rec}$, 得到 $2.6 \times 10^{-13} \ {\rm cm}^3 \cdot {\rm s}^{-1}$. 换句话说, 电离氢区的特征温度和中心恒星表面的值同量级, 但低一些. 我们将说明这个值是怎么得到的.

当电离氢区中的氢暴露在 O 型星或 B 型星的赖曼连续谱光子中, 单位事件电离一个原子的概率远远高于质子和它附近自由电子复合的概率. 因此, 为了使体积速率匹配, 中性原子的数密度必须远小于质子 (或电子) 的密度. 换句话说, 电离氢区内部是接近完全电离的. 中性粒子的密度仅在光子流量因为电离作用而减小时才变得显著. 因此, 电离氢区边界上的中性转变发生在完全中性的介质中几倍光子平均自由程上, 即发生在 Δr 上,

$$
\Delta r = \frac{1}{n_H^0 \sigma_{\nu_1}},
\tag{15.4}
$$

其中 σ_{ν_1} 是在赖曼极限计算的基态氢原子的光致电离截面. 使用 $\sigma_{\nu_1} = 6.8 \times 10^{-18} \ {\rm cm}^2$ 和代表性的 $n_H^0 = 2 \times 10^3 \ {\rm cm}^{-3}$, 我们发现 $\Delta r = 7.4 \times 10^{13}$ cm, 或者 R_S 的 5×10^{-5} 倍. 所以电离氢区的边缘非常锐利.

15.1.2 首次和二次膨胀

到目前为止, 我们将斯特龙根球处理为静态实体. 实际上, 电离区随时间膨胀. 在最早的阶段, 恒星周围根本不存在电离氢区, 我们现在将探讨这种情况. 随后, 这个区域首先迅速扩展到斯特龙根半径, 然后缓慢扩展到更远处. 让我们更详细地了解事件的经过. 现在, 我们保留我们的简化假设, 即母分子云在空间上密度均匀.

电离氢区移动的边缘被称为电离波前 (ionization front). 由我们前面所说的, 真正的边界有一个有限的宽度, 但足够窄, 我们可以把这个波前处理为一个锐利的间断. 在早期, 波前半径 R 小于 R_S 时, 电离氢区内总的复合速率不足以匹配恒

星的电离辐射输出. 所以有多余的光子到达波前, 这些光子将电离波前之外额外的气体电离. 通过这种方式, 波前膨胀.

图 15.1 更详细地展示了这种扩张如何发生. 令 $F_*(t)$ 为时刻 t 到达 R 的电离光子的流量. 在接下来的时间间隔 Δt, 波前推进了一个距离 ΔR, 单位面积吞没 $n_{H_2}^0 \Delta R$ 个氢分子. 每个分子首先在 Δt 内被离解, 产生 $2n_{H_2}^0 \Delta R$ 个中性原子. 每个原子随后被电离. 穿过波前的光子数为 $F_* \Delta t$. 我们回忆第 5 章, 一个氢分子的离解需要一个能量超过 14.7 eV 的光子. 电离两个氢原子还需要额外的两个能量超过 13.6 eV 的光子. 总结起来, 三个光子产生了两次电离. 所以

$$\frac{F_* \Delta t}{2n_{H_2}^0 \Delta R} = \frac{3}{2},$$

故

$$\begin{aligned}
\frac{dR}{dt} &= \frac{F_*}{3n_{H_2}^0} \\
&= \frac{2F_*}{3n_{H_2}^0}
\end{aligned} \tag{15.5}$$

这里我们隐含假设了恒星大于 13.6 eV 或 14.7 eV 的能量输出的比例基本相同.

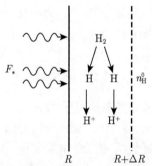

图 15.1　电离波前传播进入数密度为 n_H^0 的氢云. 每三个穿过 R 处电离波前的紫外光子, 一个离解氢分子, 两个进一步电离产生的原子

接下来考虑扩张的电离氢区中的复合. 这些导致 $n \geq 2$ 氢能级的事件的总速率现在是 $(4\pi/3)n_e^2 \alpha'_{rec} R^3$. 假设电离平衡仍然成立, 那么这个值也代表单位时间恒星光子由于电离而损失的光子数. 幸存光子通过电离波前的速率为 $4\pi R^2 F_*$. 于是我们发现

$$\mathcal{N}_* = 4\pi R^2 F_* + \frac{4\pi}{3}(n_H^0)^2 \alpha'_{rec} R^3, \tag{15.6}$$

其中我们再次令 n_e 等于 n_H^0.

结合方程 (15.5) 和 (15.6), 我们得到电离波前的运动方程:

$$\frac{dR}{dt} = \frac{\mathcal{N}_*}{6\pi n_{\rm H}^0 R^2} - \frac{2}{9}n_{\rm H}^0 \alpha'_{\rm rec} R. \tag{15.7}$$

我们定义无量纲半径 λ 为 $R/R_{\rm S}$ 和无量纲时间 $\tau \equiv t/t_{\rm rec}$. 这里, $t_{\rm rec}$ 是电离氢区中的复合时间:

$$t_{\rm rec} \equiv \frac{1}{n_{\rm H}^0 \alpha'_{\rm rec}}$$

$$= 61 \text{ yr} \left(\frac{n_{\rm H_2}^0}{10^3 \text{ cm}^2}\right)^{-1}. \tag{15.8}$$

用这些新变量, 方程 (15.7) 变为

$$\frac{d\lambda}{d\tau} = \frac{2}{9\lambda^2} - \frac{2\lambda}{9}. \tag{15.9}$$

满足 $\lambda(0) = 0$ 的解为

$$\lambda = [1 - \exp(-2\tau/3)]^{1/3}. \quad \text{首次膨胀} \tag{15.10}$$

方程 (15.10) 表明, 电离波前高速 (形式上在开始时无穷大) 向外运动, 然后缓慢向斯特龙根半径接近, 到这个半径速度为零. 特别地, 对于我们的标准参数, R 在时间 $3t_{\rm rec}/2$ 或 91 yr 内到达 $R_{\rm S}$ 的 $(1 - e^{-1})^{1/3} = 0.86$. 在这段时间里, 平均速度非常高, 大约为 $6 \times 10^3 \text{ km} \cdot \text{s}^{-1}$.

我们的分析是在这样的假设下进行的, 电离氢区内的质量密度和外部值匹配. 这个简化在早期是对的, 那时电离波前的速度超过电离区内的等温声速 a_1. 注意到, 这个速度在 10^4 K 中的电离气体中为 11 km·s^{-1}. 因为 a_1 代表了小扰动传播的速度, 密度没有时间重新调整. 然而, 电离氢区内外的压强非常不同. 在它大约 10^4 K 的温度, 内部的压强大了三个量级. 当 R 接近 $R_{\rm S}$ 并且电离波前速度开始减小, 压强差可以驱动电离氢区的第二阶段膨胀. 此外, 因为压强差太大, 电离波前之前有一个激波, 它首先扩展到周围的云中 (见图 15.2).

第二阶段在电离波前速度减小到内部声速时开始. 此时, 来自电离氢区内的压强扰动能够穿过电离波前并产生一个膨胀的激波. 穿过这个激波的外部物质被压缩为一个相对薄的中性壳层, 束缚着电离氢区. 激波和电离波前都以相同的速度向外运动, 速度很快降到 a_1 以下. 随着紫外光子撞击壳层内侧, 电离气体的质量持续增大. 同时, 膨胀使内部密度下降. 因此, 系统逐渐接近压强平衡.

壳层内的气体在前缘具有较低的温度, 在接近电离氢区时被加热到 10^4 K. 朝向这个内表面的物质在各个红外跃迁 (例如 [CII] 158 μm 和 [OI] 63 μm) 强烈发

射. 观测上, 这些区域表现为我们在 8.3 节中研究的光致离解区. 最著名的例子是
猎户座棒 (Orion Bar, 图 1.5). 这里, 各种原子和分子谱线出现在可见的电离波前
之前, 即远离猎户座四边形星团的恒星.

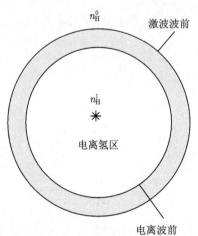

图 15.2   球形电离氢区的第二阶段膨胀. 大质量恒星周围的电离区域具有相对低的密度 n_H^1.
它被一个薄的中性物质壳层束缚. 这个壳层超声速地扩展到周围密度为 n_H^0 的云中, 产生一个
膨胀的激波波前

为了推导壳层的运动, 我们使用这个事实, 激波后的冷却非常高效, 激波可以
视为等温的. 读者可以使用附录 F 验证, 壳层内的压强等于 $n_H^0 m_H (dR/dt)^2$, 其中
m_H 是氢原子质量. 这个压强和电离氢区内的压强 $n_H^1 m_H a_1^2$ 匹配. 这里 n_H^1 是内
部氢原子的数密度, 现在降到了 n_H^0 以下. 所以我们有

$$n_H^1 a_1^2 = n_H^0 (dR/dt)^2. \tag{15.11}$$

在膨胀期间, 几乎所有电离光子仍然是被电离氢区消耗, 只有一小部分残留
的光子侵蚀中性壳层.[①]所以我们把方程 (15.3) 修改为

$$R = \left[\frac{3\mathcal{N}_*}{4\pi \alpha_{rec}' (n_H^1)^2} \right]^{1/3}. \tag{15.12}$$

消去方程 (15.11) 和 (15.12) 中的 n_H^1 得到二次膨胀期间的运动方程:

$$\left(\frac{dR}{dt} \right)^2 = \frac{a_1^2}{n_H^0} \left[\frac{3\mathcal{N}_*}{4\pi \alpha_{rec}' R^3} \right]^{1/2}. \tag{15.13}$$

---

① 离开电离氢区的能量在 11.2 eV 和 13.6 eV 之间的光子可以通过首先将 H_2 激发到维纳带而离解它. (回
忆 5.2 节.) 在二次膨胀的大部分时间里, 通过这种方式产生的 H_I 气体包围着激波和电离波前, 见第 18 章.

所以壳层的速度是 $a_1(R/R_S)^{-3/4}$. 为了得到每个时刻的半径, 我们再次令 $\lambda \equiv R/R_S$. 然而, 我们定义了一个新的无量纲时间, $\tau' = a_1 t/R_S$. 方程 (15.13) 变为

$$\frac{d\lambda}{d\tau'} = \lambda^{-3/4}. \tag{15.14}$$

因为初次接近斯特龙根半径花的时间相对很少, 我们采用初始条件 $\lambda(0) = 1$. 对方程 (15.14) 积分得到

$$\lambda = \left(1 + \frac{7\tau'}{4}\right)^{4/7}. \quad \text{二次膨胀} \tag{15.15}$$

15.1.3 香槟流

在最终的平衡态, n_H^1 一定会降低到 $(a_0/a_1)^2 n_H^0$, 即远低于外部密度. 由方程 (15.12) 得到最终半径 R_f 为

$$R_f = (a_1/a_0)^{4/3} R_S. \tag{15.16}$$

用温度表示, 膨胀因子为 $(2T_1/T_0)^{2/3}$, 故而半径膨胀了两个量级. 在实际中, 这样大的膨胀永远不会结束. 膨胀时间会变得非常长, 恒星本身在平衡达到之前就死亡了. 更实际地, 电离波前到达母分子云的边界. 也就是说, 电离氢区是密度定界 (density bounded) 的而不是电离定界 (ionization bounded) 的. 压强升高的电离氢气体从云中冲出进入周围介质, 形成香槟流 (champagne flow).

最简单的情形是恒星位于距离云边缘一个斯特龙根半径之内. 我们假设这个边缘之外是密度低得多的介质, 相应的温度高得多. 电离氢区的初始膨胀就像以前一样发生. 然而一旦电离体积的一部分穿过边缘进入低密度气体, 方程 (15.7) 表明, 波前的速度变快. 因此, 电离氢区的这一部分迅速扇状展开形成羽流状结构 (见图 15.3). 羽流内部的密度最初与外部介质的密度匹配. 所以, 在电离气体内有一个大压强间断. 一个激波向外冲去, 将它后面的物质加速到超过声速. 同时, 这个气体外流产生一种稀疏波, 它从被破坏的云边缘向内传播回恒星.

图 15.3 中的实线代表模拟的香槟流中的等密度线. 在这个特别的计算中, 母分子云是圆柱形的, 其边界表现为两条竖线. 最初的电离波前几乎穿过圆柱半径, 而这个波前的低密度部分远超出这个范围. 注意外流的电离气体是如何在到达膨胀波前大约一半的地方达到最大速度的. 这些气体既包括来源于云的物质, 也包括原始的未受扰动的介质.

图 15.4 展示了一个观测, 电离氢区 S88B. 左图是在 6563 Å 的 Hα 谱线拍的光学图像. 可见光发射的清晰边界给出了母分子云的边缘. 炽热的气体从这个边缘向右边散开. 在这个方向, Hα 的径向速度增加到比云的速度高 $7 \text{ km} \cdot \text{s}^{-1}$. 实

线等值线代表 6 cm 射电连续谱发射. 左边的半球是电离氢区从云中挖出的空腔发出的辐射. 这种辐射在恒星处达到峰值. 边缘右边的等值线还是来自外向流.

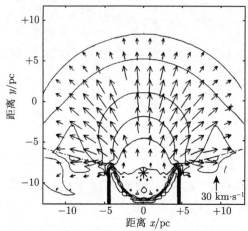

图 15.3　香槟流的数值模拟. $\mathcal{N}_* = 8 \times 10^{48}\ \mathrm{s}^{-1}$ 的 O 型星最初位于圆柱形云的边缘. 这颗恒星的位置用星号表示. 密度等值线和速度矢量显示是恒星核反应开始后 7×10^5 yr 的值. 最接近恒星的等值线对应 $\rho = 1 \times 10^{-22}\ \mathrm{g \cdot cm^{-3}}$. 相继的等值线间隔 $\Delta \log \rho = -0.5$, 直到密度到达 $\rho = 3 \times 10^{-24}\ \mathrm{g \cdot cm^{-3}}$ 的水平

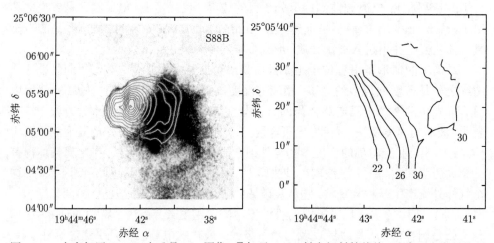

图 15.4　电离氢区 S88B. 左图是 Hα 图像, 叠加了 6 cm 射电辐射等值线. 注意到电离气体如何流向右边, 离开致密的分子云. 右图的等值线展示了气体的径向速度, 是用 3.6 cm 的 H92α 看的. 速度单位是 $\mathrm{km \cdot s^{-1}}$

　　图 15.4 右图显示了用氢的射电辐射性 H92α 看到的 S88B. 像 Hα 一样, 这样的谱线是在光致电离后的向下级联过程中产生的. 在此情形, 跃迁是 $n = 93$ 和 $n = 92$ 能级之间的. 非常大的 n 值意味着产生的发射在射电波段, 这里波长是

3.6 cm. 复合线, 包括氦和碳的复合线, 对于绘制径向速度分布特别有用. 图中的等速度线显示了电离物质在从云 (其径向速度为 22 km·s⁻¹) 向右流动时如何加速. 其他复合线研究通过比较平均径向速度和已知的银河系旋转模式有效地测量了电离氢区的距离. 图 2.3 的电离氢区成图是用这种方法得到的.

15.1.4 发射特征

传统上 Hα 线是探测光学可见电离氢区的主要工具. 如我们稍后将详细介绍的, 射电连续谱和谱线发射也是物理条件的重要诊断方法. 然而, 这个区域的大部分热能不是通过这些过程损失的. 氧、氮和碳等金属①离子提供了最大部分的冷却. 即使是这些最常见的离子, 其丰度也相对较低, 但它们都具有基态上方几个 eV 的亚稳电子态. 环境电子的撞击容易产生禁戒发射, 和我们在第 7 章中研究的冷却过程相同.

这种谱线发射这么强的原因是, 在接近 10⁴ K 的环境温度, 星云内典型的电子具有大约 1 eV 的能量, 比亚稳态跃迁本身低不了多少. 因此, 这条线的激发截面相对较大, 比电子-质子复合截面高一个量级. 同样的原因, 氢的复合级联中的发射, 人们所认为可能会主导的另一个冷却过程, 也不是很重要.

禁戒光学和紫外谱线源自多种电离成分, 例如 OⅡ、OⅢ、NⅡ 和 CⅣ. 这里明显缺少从恒星喷流中发射出来的中性原子. 对于大约 4 × 10⁴ K 或更低的有效温度, 最强的冷却谱线是双线 [OⅡ] λλ 3726, 3729. 对于更热的恒星, 发射主要来自 [OⅢ] λλ 4959, 5007. 注意, 所有这些线的临界电子密度是 10³ cm⁻³ 或更高. 所以, 在可见的电离氢区中碰到的较低的密度, 典型值为 10² cm⁻³, 每次电子碰撞都产生向下的辐射跃迁.

可以直接应用第 7 章的结果导出通过禁戒谱线发射进行的整体冷却的定量表达式. 考虑 [OⅡ] 线主导的情形. 方程 (7.24) 给出环境中的氢撞击时的亚临界速率. 所以, 我们应该用 n_e 代替 n_H, 但这两个量在完全电离的星云中是接近相同的. 简并度之比 g_u/g_l 对于 3726 Å 谱线为 1, 对于 3729 Å 谱线为 3/2, 所以我们取平均值 1.25. 跃迁能量是 3.4 eV, 对应于 3.9 × 10⁴ K 的温度. 假设所有的氧都是 OⅡ 形式的, 使用相对于氢的分数丰度 7 × 10⁻⁴, 我们发现

$$\Lambda_{O_I} = 7 \times 10^{-7} \left(\frac{n_H}{10^2 \text{ cm}^{-3}} \right)^2 \exp\left(-\frac{3.9 \times 10^4 \text{ K}}{T} \right) \text{ eV} \cdot \text{cm}^{-3} \cdot \text{s}^{-1}. \quad (15.17)$$

为了维持总体的能量平衡, 电离氢区的这种冷却应该抵消中心恒星的加热. 实际上, 令两个量相等给出了星云内部的温度. 氢原子的每次光致电离发出一个具有非零动能的电子. 这个电子和周围分子的碰撞是加热机制. 如果 ΔE 是平

---

① 译者注: 天文学中原子序数在氢之后的元素都称为金属.

均电子能量, 那么整块星云总的加热速率就是 $\mathcal{N}_* \Delta E$. 使用电离平衡条件, 方程 (15.2), 我们看到体速率为 $n_H^2 \alpha'_{sec}(T)\Delta E$.

　　发射出的电子的能量是能量超过 13.6 eV 的光子提供的. 但电离截面 σ_ν 在这个阈值之上迅速减小. 因此, 额外的能量相对较小, 并且取决于恒星的光谱能量分布. 计算表明, $\Delta E \approx k_B T_{eff}$, 其中 T_{eff} 是恒星的等效温度. (注意到 $k_B T_{eff} \ll 13.6 \text{eV}$.) 于是我们导出了光致电离导致的体加热速率的表达式:

$$\Gamma_{PI} = 9 \times 10^9 \left(\frac{n_H}{10^2 \text{ cm}^{-3}}\right)^2 \left(\frac{T_{eff}}{4.1 \times 10^4 \text{ K}}\right) \text{ eV} \cdot \text{cm}^{-3} \cdot \text{s}^{-1}. \qquad (15.18)$$

这里, 我们已经使用了我们的基准的 O6 型星的有效温度. 令加热和冷却速率相等, 我们发现在此情形, 电离氢区的温度为 8900 K, 和更精确的值符合得很好.

　　如我们之前所述, 电离氢区也会发射连续谱辐射. 其中一些是光学波段的, 代表了来自中心恒星被尘埃颗粒散射的光. 含有尘埃的分子云气体在照片中很显眼, 它部分地遮挡了星云的光. 被称为 "象鼻" 的光学厚的长柱可能从外部伸入电离氢区. 一个引人注目的例子是 M16 或者叫做老鹰星云, 如图 15.5 所示. 大部分浸没在这种电离气体中的尘埃颗粒会很快被摧毁. 靠外的含有尘埃的气体包层 (其中的尘埃颗粒通常被加热到大约 30 K) 通常包围着 HⅡ 区. 这种结构的发射处于中红外和远红外波段, 是另一种有价值的观测工具.

图 15.5　电离氢区 M16 中的象鼻. 这幅光学图像中的柱子代表还没有被紫外辐射耗散的致密气体. 注意到每个结构顶部发光的电离波前

在射电波段, 前面提到的复合线叠加在宽的连续谱上. 后者来源于自由-自由发射, 即热激发的电子在周围质子附近加速产生的辐射. 我们已经遇到两次这种过程——在靠近内埋星的喷流中 (第 13 章) 和主序前天体的 X 射线产生中 (第 7 章), 这种机制叫做轫致辐射. 和以前一样, 在截止频率 $k_\mathrm{B}T/h$ 之前, 发射率 j_ν 几乎不依赖于频率. 因为在厘米波长, $\nu \ll k_\mathrm{B}T/h$, j_ν 实际上对观测频率有适度依赖.

一个产生自由-自由发射的区域可能对其自身的辐射变得光学厚. 一个奇怪的事实是, 这发生在较低的频率而不是较高的频率. 为了了解原因, 我们回顾支配热发射的基尔霍夫定律, 吸收系数 α_ν 由 $j_\nu/B_\nu(T)$ 给出. (见方程 (E.20), 其中 α_ν 被写为 $\rho\kappa_\nu$.) 在射电波段, 瑞利-金斯近似成立, $B_\nu(T)$ 正比于 ν^2. (见方程 (C.11) 和后文.) 因为 j_ν 几乎不依赖于频率, 所以 α_ν 以 ν^{-2} 变化. 电离氢区变得光学厚的频率通常落在可观测范围内. 在这个值之下, 比强度 I_ν 就是 $B_\nu(T)$, 正比于 ν^2. 这个观测到的斜率为电离氢区的温度提供了一个直接的估计. 在更高的频率, I_ν 恢复为光学薄的形式, 实际上随着 ν 的增大而缓慢下降.

在这种光学薄的情形, 观测流量一定正比于电子密度和质子密度以及路径长度 L(即电离氢区的直径) 的乘积. 换句话说, 流量正比于 $n_\mathrm{e}^2 L$, 一个被称为辐射量 (emission measure) 的物理量. 这里比例常数仅依赖于温度, 我们已经看到, 它可以从光谱的光学厚部分得到. 如果电离氢区是空间上可以分辨的, 那么也可以得到 L, 然后得到 n_e.

15.2 超致密电离氢区和热云核

光学可见的或者经典电离氢区, 例如猎户座星云, 直径为 10^{18} cm 或更大, 具有相对低的电子密度, $n_\mathrm{e} \lesssim 10^4$ cm^{-3}. 人们对它们的前身——在光学波段完全不可见的电离氢区也有相当大的兴趣, 因为它们周围气体和尘埃的柱密度很高. 这些结构中最小的是第 14 章已经介绍过的, *超致密电离氢区*. 它们的直径 $L \lesssim 10^{17}$ cm, 电子密度 $n_\mathrm{e} \gtrsim 10^5$ cm^{-3}. 在远红外波段, 它们是银河系中最明亮的天体. 这种发射, 如我们所见, 原子电离气体中的热尘埃.

15.2.1 射电发射的形态

图 15.6 是距离 2 kpc 的超致密电离氢区 G5.89-0.39 的射电和远红外合成光谱. 电离区域的直径为 0.05 pc, 埋在一块质量 $30M_\odot$、直径 0.2 pc 的分子云中. 从左边开始, 我们看到在光学厚情形, 来自自由-自由发射的射电流量如何首先随频率增加. 在波长大约 3 cm 处的拐点之后, 流量仍然近乎平坦, 如理论所预言的. 随后急剧上升到接近 100 μm 附近显著的极大值, 代表了来自尘埃的红外贡献. 注

意到 10 μm 的坑是硅酸盐的吸收. 总光度是 $3 \times 10^5 L_\odot$, 几乎完全源自远红外贡献, 表明中心恒星的光谱型是 O6. 红外光谱能量分布的数值模型表明尘埃颗粒分布在一个厚壳层中, 外半径大约为 0.5 pc, 内部洞的半径小一个量级. 这个洞是在这个模型中限制近红外发射所必须的.

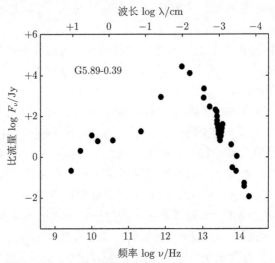

图 15.6　超致密电离氢区 G5.89-0.39 的光谱能量分布. 注意到 $\lambda = 3$ cm 附近的拐点和
$\lambda = 100$ μm 尖锐的极大

令人欣慰的是, 这一完全由宽带频谱推断出的空间结构, 至少在定性上和射电连续谱看到的相匹配. 图 15.7 的上图是同一区域的 6 cm 成图. 这里我们清楚地看到壳层状的形态. 跨越数年的测量发现, 这个壳层以大约 $30\ \mathrm{km \cdot s^{-1}}$ 的速度膨胀. 在很多厘米波段可以空间分辨的超致密电离氢区中, 只有大约 5% 有类似的结构. 大约 25% 展示出核-晕的形态, 如右上图中的例子 G43.18-0.52 中看到的. 最大的一群, 大约占综述的 30%, 是彗星状星云. 在第 14 章, 我们已经看到一个例子, NGC 6334F. 图 15.7 左下图给出了另一个例子, G34.26+0.15. 余下的电离区域归类为不规则的. 一些如右下图中的结构在发射上展现出多于一个峰.

射电干涉仪成图, 例如图 15.7 中那些, 已经使得我们可以非常详细地研究选定的超致密电离氢区. 正是它们强大的红外发射表明了它们的存在, 甚至在银河系的远端也是如此. 在实际中, 人们通过近红外到中红外波段的急剧上升的光谱来识别这些区域. 除了可能的双峰区域, 每个可能都是由一颗 O 型星驱动的. 巡视银河系, 我们发现大约 2000 颗处于这种深埋阶段的 O 型星. 这个数值代表了 O 型星总数的大约 10%. 虽然附近通常有气体, 但大部分这些星都是在分子云之外发现的.

这个可贵的比较告诉我们, 一颗典型的 O 型星花大约 10% 的主序寿命在内埋阶段. 因为主序寿命为 4×10^6 yr, 我们得出结论, 一个超致密电离氢区持续大约 4×10^5 yr. 困难在于理解它们较小的尺度. 如果我们假设每个区域处于二次膨胀阶段, 那么电离波前以大约内部声速 $10 \ \mathrm{km \cdot s^{-1}}$ 推进. 所以, 要覆盖观测到的最大尺度, 0.1 pc, 将需要大约 10^3 yr. 换一种说法, 对于它们年轻的动力学状态而言, 超致密电离氢区数量太多了.

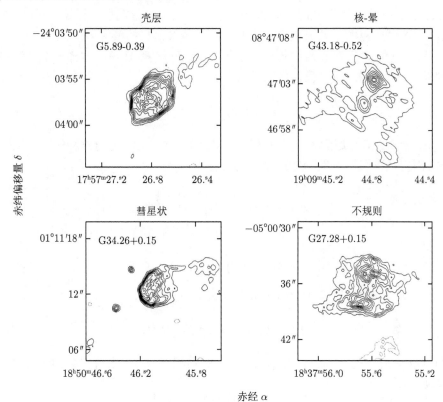

图 15.7　超致密电离氢区的形态. 这里显示的是有代表性的情形的 6 cm 连续谱成图. 最常见的是彗星状结构

这个问题在一定程度上因为观测到很多超致密电离氢区位于更大的电离结构中而得到缓解. 这种在射电连续谱中看到的更宽阔的发射可以扩展到 1 pc 量级的线尺度. 这种成分对总的射电连续谱的贡献超过中心源的贡献, 有时超过一个量级. 当然, 这种更大的电离结构和这种系统整体上较长的寿命更符合. 然而, 仍然不清楚致密的中心区域如何在这期间保持其完整性.

15.2.2 窒息电离

一个可能性是有持续的中性物质被引入这个区域. 因为赖曼连续谱光子被这些新鲜物质的电离所消耗, 电离氢区的首次膨胀就停止了. 作为一个例子, O 型星周围可能有一个大质量吸积盘. 这个盘的光致蒸发将物质抛射到周围的环境中. 我们后面将更仔细考虑这个过程.

中性物质也可能通过内落进入, 即通过含有新生恒星的母分子云的引力坍缩. 我们之前讨论过小质量恒星由内而外坍缩的图景可能不适合大质量恒星. 此外, 通过内落停止电离会产生一个不稳定的平衡, 其中热气体团持续逸出. (回忆图 11.23 的讨论.) 尽管如此, 有趣的是, 窒息 (至少部分窒息) 电离 (Stifling ionization) 氢区所需的质量吸积率不比典型的小质量恒星的值大多少.

然后, 考虑球形吸积流中的电离氢区. 我们回忆第 10 章, 这样一个区域中的密度以 $r^{-3/2}$ 变化. 所以我们可以写出电子密度

$$n_{\mathrm{e}} = n_*(r/R_*)^{-3/2}, \tag{15.19}$$

其中 n_* 和 R_* 指的是恒星半径处的密度和恒星半径. 为了测量这种情形下斯特龙根球的大小, 我们将方程 (15.2) 推广为

$$\mathcal{N}_* = 4\pi\alpha'_{\mathrm{rec}}(T)\int_{R_*}^{R_s} n_{\mathrm{e}}^2 r^2 dr, \tag{15.20}$$

由此我们得到

$$\mathcal{N}_* = 4\pi\alpha'_{\mathrm{rec}}(T)n_*^2 R_*^3 \ln(R_{\mathrm{S}}/R_*). \tag{15.21}$$

稍微修改方程 (10.34) 给出质量内落速率的表达式:

$$\dot{M} = 4\pi\sqrt{2GM_*}m_{\mathrm{H}}n_* R_*^{3/2}. \tag{15.22}$$

我们可以消去方程 (15.21) 和 (15.22) 中的乘积 $n_*^2 R_*^3$. 求解得到的表达式, 我们发现

$$R_{\mathrm{S}} = R_* \exp\left[\frac{8\pi m_{\mathrm{H}}^2 \mathcal{N}_* GM_*}{\alpha'_{\mathrm{rec}}(\dot{M})^2}\right]. \tag{15.23}$$

总之, 存在一个临界 $\dot{M}$ 值, 高于这个值, R_{S} 会接近恒星半径. 这是令指数的宗量等于 1 得到的:

$$\dot{M}_{\mathrm{crit}} = \left[8\pi\mathcal{N}_* GM_* m_{\mathrm{H}}^2 (\alpha'_{\mathrm{rec}})^{-1}\right]^{1/2}$$
$$= 6\times 10^{-5} M_\odot \mathrm{\ yr}^{-1}\left(\frac{\mathcal{N}_*}{10^{49}\mathrm{\ s}^{-1}}\right)^{1/2}\left(\frac{M_*}{30M_\odot}\right)^{1/2}. \tag{15.24}$$

这里论证的实质是, $\dot{M}$ 的增大会升高电离氢区内的密度. 因此, 体积复合速率会升高. 为了在固定的赖曼连续谱光子输出下保持电离平衡, 整个体积必须缩小. 内落实际的动力学不直接起作用. 实际上, 任何外部密度的增加也会限制电离

氢区的增长. 回忆一下, 一旦内部压强降低到周围的值, 二次膨胀阶段就结束了. 如果这个压强远高于我们假设的值, 那么结束时会达到较小的 R_S 值.

我们将很快看到, 外部密度实际上可能超过我们的标准值 10^3 cm^{-3} 三个数量级. 环境温度 T_0 也更高, 典型值为 40 K. 使用这个密度增大, 方程 (15.3) 告诉我们, 斯特龙根半径大大减小到仅有 1×10^{16} cm. 为了得到二次膨胀结束时的半径, 我们把方程 (15.16) 重写为

$$R_f = \left(\frac{2T_1}{T_0}\right)^{2/3} R_S. \tag{15.25}$$

内部温度 T_1 现在接近 5000 K, 因为较高的电子密度产生更多冷却. 所以我们发现, $R_f = 40 R_S$, 或者大约 0.1 pc. 这个数值确实在观测范围内. 电离氢区仍然只需要短于 10^4 yr 达到这个半径, 但随后可能会停滞一段时间.

15.2.3 最致密气体的性质

对最年轻的大质量恒星环境中物理条件新的评估来自分子谱线的研究. 观测者用超致密电离氢区的高红外光度来指导对谱线发射的搜寻. 水脉泽也发挥了作用. 探测到诸如 $^{12}C^{34}S$ 和 CH_3CN 的高阶转动跃迁证明了温度和密度的升高.

由这些研究, 我们知道了很多超致密电离氢区位于直径大约 1 秒差距的分子云团块中. 所得到这些区域中的数密度和温度接近刚刚给出的数值, 即 $n_H \sim 10^6$ cm^{-3} 和 $T_0 \sim 40$ K. 注意到密度值和猎户座四边形星团周围的气体的重构值相似. 因此, 很明显, 大质量恒星诞生的环境和 CO 观测探测到的环境大不相同.

当我们研究更小尺度时, 关于这个事实更具戏剧性的例证出现了. 同样的分子谱线观测揭示了热云核 (hot core) 的存在. 这是一种致密的、红外明亮的区域, 密度大约为 10^7 cm^{-3}, 温度为 100 K 或更高. 每个热云核的直径为 0.1 pc 量级, 总质量为几百倍太阳质量.

考虑到发现它们的途径, 很多这种天体位于超致密电离氢区附近就不足为奇了. 图 15.8 展示了一个例子. 这里, 电离氢区 G29.96-0.02 出现在左边, 是 1.3 cm 连续谱看到的彗星状结构. 右边的热云核是通过 2.7 mm 的 $CH_3CN(J = 6 \to 5)$ 等值线揭示出来的. 在云核的中心是一个 H_2O 脉泽团, 用实心圆圈表示. 在这个例子和很多其他例子中没有看到的是, 分子谱线等值线内明显的射电连续谱发射. 也就是说, 很多热云核缺少内部的电离氢区.

另一方面, 很明显热云核确实含有它自己的大质量恒星. 诸如 1.25 cm 的 $NH_3(4,4)$ 反转线这样的灵敏探针表明气体温度向中心升高. 在图 15.8 的例子中, 总的红外发射超过 $10^5 L_\odot$. 没有可分辨的电离氢区再次表明, 电离波前已经停止, 因为超常的密度. 最后, 我们注意到, 如我们在第 14 章中做的那样, 有充分观测的电离氢区彗星状的弧正对这个云核, 这是电离难以穿透这个区域的明显迹象.

　　我们在图 15.8 中看到的两颗大质量恒星并列的情形并不少见, 它说明了一个重要的事实, 这样的实体很少孤立地诞生. 在这个情形, 两颗恒星显然处于不同的演化阶段. 与热云核有关的物质仍然被其形成时存在的致密气体包围. 另一方面, 它的邻居有时间开始通过电离和加热来清除自己的残余物质, 因此平均内部密度下降了两个量级.

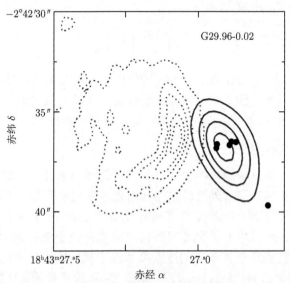

图 15.8　电离氢区 G29.96-0.02 附近的热云核. 点线等值线展示了这个电离氢区的 1.3 cm 连续谱发射. 实线等值线代表 CH_3CN 高阶转动跃迁的 2.7 mm 谱线发射. 实心圆圈是 H_2O 脉泽

　　通过分子谱线对热云核的研究得益于这些区域独特的化学组成. 存在着丰富的含氢分子, 例如 H_2O、NH_3、NH_3 和 H_2S. NH_3 的增丰特别有益, 因为它可以用作有价值的示踪物, 即使在较高能级的反转跃迁. 除 H_2S 外, 诸如 SO、SO_2 和 CS 的含硫分子的浓度也有所增加. 还观测到了许多其他分子, 包括有机物, 还有相邻区域之间相对丰度分化的迹象. 分子富集的一般模式让人想起我们在猎户座 BN-KL 区域碰到的情况 (第 5 章). 在这些加热环境中尘埃颗粒幔的蒸发几乎一定是它们化学历史中的一个主要因素.

　　和这些云核成协的 H_2O 脉泽是星风导致的速度的示踪物. 图 15.9 展示了一个有趣的例子, 红外源 IRAS 20216+4104. 在上图中, 光度大约为 $10^4 L_\odot$ 的激发恒星本身用 3.6 cm 发射等值线内中心的叉表示. 图中还展示了三团 H_2O 脉泽 (实心圆圈). 它们跨越了的总的距离大约为 2000 AU. 热云核本身由 1.3 mm 的 $CH_3CN(J = 12 \rightarrow 11)$ 发射描述, 这里用空心圆圈表示. 所以, 在此情形, 喷流以相对云核倾斜的角度喷出. 下图在较大尺度展示了 3.46 mm 的 $H^{13}C^{16}O(J =$

$1 \to 0)$ 以及 $2.12 \ \mu m$ 的 H_2O 的发射. 等值线描绘了一个延展了约 $20''$ 的双极结构, 在 $1.7 \ kpc$ 的距离对应 $0.2 \ pc$. 受到激发的 H_2 斑块类似地排列在一根轴上, 一定追踪了内部的喷流.

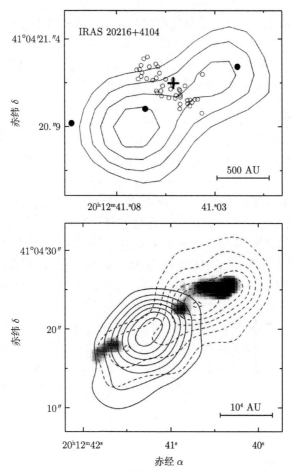

图 15.9   内埋星 IRAS 20216+4104 周围的热云核. 在上图中, 实线等值线展示了 3.6 cm 连续谱发射, 空心圆圈是 CH_3CN 的 1.3 mm 谱线发射, 实心圆圈是 H_2O 脉泽团. 这颗红外星本身用叉表示. 在下图中, 实线和虚线等值线分别是 $H^{13}C^{16}O$ 的 3.46 mm 的蓝移和红移的发射. 灰度表示的斑块展示了 H_2 的 2.12 μm 发射. 注意到两幅图不同的尺度

热云核似乎代表了大质量恒星的最早期环境. 然而, 为了完全回答这些恒星如何产生的问题, 我们最终必须寻找还没有明亮中心源的气体结构. 它们可能位于拥挤的星团中心附近. 所讨论的云可能是现在所知热云核的冷对应体, 即密度相似但温度相对较低的实体. 另一方面, 一旦分子密度上升, 形成过程可能进行得非常迅速, 人们只能找到不那么致密、或许已经含有了较小质量恒星的结构. 对星

团中这些密度最高的区域的分子谱线研究将最终澄清这个问题.

15.3   星风和分子外流

前面提到的从年轻大质量恒星发出的喷流状气流的例子并不罕见. 另一方面, 在这些环境中, 人们很少发现光学可见的赫比格-哈罗天体串. 就是因为环境密度和消光太高了, 尤其是靠近恒星本身的地方. 然而, 我们将在本节中看到, 有充分的证据表明存在高速星风和卷吸的云物质形式的外流气体.

15.3.1   辐射加速

我们在第 13 章中讨论了小质量恒星的星风如何通过离心力和磁力的组合效应产生. 大质量恒星也转动, 但它们的外层相对稳定. 所以, 它们没有产生磁场所需的内部发电机作用.[①] 取而代之的是, 物质被抬升到表面之上, 通过紫外光子的辐射压加速. 动量输运相当低效, 这里指的是星风的动量输运速率 $\dot{M}_w V_\infty$ 低于 L_*/c. 现在让我们更仔细地研究这个过程是如何发生的.

受到辐射直接影响的原子实际上是最常见的重元素离子, 比如碳、氮和氧. 要传递动量, 光子必须首先被吸收. 也就是说, 其能量必须与某个内部跃迁的能量一致, 这是紫外波段的电子跃迁. 在这方面特别重要的是共振线, 其中低能级为基态.

完整的相互作用是一个散射事件. 吸收光子后, 离子以随机方向发射另一个光子. 假设离子最初径向向外运动, 被同一方向的光子击中 (图 15.10). 计算表明, 在吸收和再发射后, 离子向外的动量平均增加了大约 $h\nu_0/c$. 这里, $h\nu_0$ 是跃迁能量. 重要的是意识到 ν_0 不是外部观测者看到的入射光子频率. 外部观测者看到的是 $\nu_0(1+u/c)$, 其中 u 是星风 (也就是离子) 速度. 离子看到光球层退行, 所以光

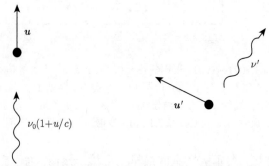

图 15.10   紫外光子被运动离子共振散射. 这个光子最初的频率为 $\nu_0(1+u/c)$, 其中 $h\nu_0$ 是跃迁能量, u 是离子的速度. 在吸收和再发射后, 新的光子的频率为 ν', 而离子速度为 u'

---

① 然而某些辐射恒星是有磁场的. A 型星的一个称为 Ap 的子类展示出强的表面磁场和异常的化学丰度. (Ap 中的 "p" 表示 "peculiar"(奇怪的).) 这种情形中的磁场可能是遗留的磁场, 即在形成阶段被困在恒星物质中的磁场.

子频率移动回 ν_0. 因为先前更深层中的吸收, 恒星实际上几乎不发射 ν_0 的光子. 因此, 频率移动使离子暴露在更大的流量下, 增大了加速度.

星风速度 $u(r)$ 是半径的某个单调函数, 从恒星表面的零迅速变到超声速, 最终达到收尾速度 V_{infty}. 在每个位置 r, 条件

$$\nu = \nu_0[1 + u(r)/c] \tag{15.26}$$

告诉我们, 从光球层发出的频率 ν 的光子通过能量 $h\nu_0$ 的跃迁和离子相互作用. 获得动量 $h\nu_0/c$ 后, 这个离子通过碰撞和周围的离子分享这些动量. 获得最大加速度的离子按照质量计算通常只占星风气体的 10^{-4}(回忆表 2.1).

方程 (15.26) 隐含假设了所研究的谱线宽度可以忽略. 实际上, 即使 ν 和 ν_0 不精确满足这个关系也有有限的吸收概率. 这个概率是我们熟悉的轮廓函数 $\phi(\nu)$, 它支配了谱线的不透明度 κ_ν 的频率依赖 (参见例如方程 (C.7)). 使用归一化的 ϕ, 我们可以写出

$$\kappa_\nu = \phi(\nu) \int_0^\infty \kappa_{\nu'} d\nu'. \tag{15.27}$$

注意到, $\phi(\nu)$ 的峰值不在 $\nu = \nu_0$, 而是在 $\Delta\nu = 0$, 其中 $\Delta\nu \equiv \nu - \nu_0[1 + u(r)/c]$.

我们现在想确定一条谱线产生的力. 首先考虑从光球到半径 r 相应的光学厚度. 这个光学厚度为

$$\begin{aligned}
\tau_\nu(r) &= \int_{R_*}^r \rho(r')\kappa_\nu dr' \\
&= \int_0^\infty \kappa_{\nu'} d\nu' \int_{R_*}^r \rho(r')\phi(\nu)dr'.
\end{aligned}$$

在最后一行的第二个积分中, 我们把自变量从 r 换为 $\Delta\nu$ 得到

$$\tau_\nu(r) = \int_0^\infty \kappa_{\nu'} d\nu' \int_{\Delta\nu_*}^{\Delta\nu} \rho(r')\phi(\Delta\nu') \left(\frac{\partial \Delta\nu'}{\partial r'}\right)^{-1} d\Delta\nu',$$

其中 $\Delta\nu_* \equiv \Delta\nu(\nu, R_*)$, r' 现在是 ν 和 $\Delta\nu'$ 的函数. 写出偏导数, 我们得到

$$\tau_\nu(r) = \frac{c}{\nu_0}\rho(r_1)\left(\frac{du}{dr}\right)_{r_1}^{-1}\Phi(\Delta\nu)\int_0^\infty \kappa_{\nu'}d\nu', \tag{15.28}$$

这里 r_1 是对于给定的 ν, $\Delta\nu$ 为零的半径. 我们已经使用 ϕ 在 $\Delta\nu' = 0$ 时达到尖锐峰值的事实从积分得到了密度和速度梯度的乘积. 方程 (15.28) 中的函数 $\Phi(\Delta\nu)$ 是

$$\Phi(\Delta\nu) \equiv \int_{\Delta\nu}^{\Delta\nu_*} \phi(\Delta\nu')d\Delta\nu', \tag{15.29}$$

它是正的, 因为在固定的 ν, $\Delta\nu < \Delta\nu_*$. 对于所有感兴趣的频率, 点 r_1 位于恒星表面之外. 也就是说, $\Delta\nu_*$ 是正的. 于是 Φ 对于负的 $\Delta\nu$ 为 1, 对于正的值为 0, 在 $\Delta\nu = 0$ 附近产生一个非常突然的转变. 总之, 我们可以写出

$$\tau_\nu(r) = \tau_1(\nu)\Phi(\Delta\nu), \tag{15.30}$$

其中

$$\tau_1(\nu) \equiv \frac{c}{\nu_0}\rho(r_1)\left(\frac{du}{dr}\right)_{r_1}^{-1}\int_0^\infty \kappa_{\nu'}d\nu'. \tag{15.31}$$

为了计算一个给定半径处单位质量的力, 我们必须考虑由于光学厚度导致的流量 $F_\nu(r)$ 的减小. 令 $F_0(r)$ 表示 ν_0 附近未衰减的连续谱流量. 那么, 如我们之前对 H_2 离解的处理 (第 8 章), 我们假设一个简单的指数规律:

$$F_\nu(r) = F_0(r)\exp[-\tau_\nu(r)]. \tag{15.32}$$

在任何体积 $\mathcal{V}$ 的气体中, 单位频率总的能量吸收速率为 $\rho\kappa_\nu F_\nu(r)\mathcal{V}$. 由我们之前的讨论, 我们乘以 $1/c$ 得到相应的动量积累速率, 除以质量 $\rho\mathcal{V}$ 并对频率积分得到力:

$$f_{\rm rad} = \frac{1}{c}\int_0^\infty \kappa_\nu F_\nu(r)d\nu. \tag{15.33}$$

我们现在将方程 (15.27)、(15.30) 和 (15.32) 用于方程 (15.33) 的被积函数. 我们发现

$$\begin{aligned}
f_{\rm rad} &= \frac{1}{c}F_0(r)\int_0^\infty k_{\nu'}d\nu'\int_0^\infty d\nu''\phi(\nu'')\exp[-\tau_{\nu''}(r)]\\
&= \frac{1}{c}F_0(r)\int_0^\infty k_{\nu'}d\nu'\int_0^\infty d\nu''\phi(\nu'')\exp[-\tau_1(\nu'')\Phi(\Delta\nu'')].
\end{aligned}$$

因为积分内的 ϕ 也在 $\Delta\nu'' = 0$ 达到峰值, 我们可以在 r 计算 τ_1. 我们随后用方程 (15.29) 得到

$$\begin{aligned}
f_{\rm rad} &= \frac{1}{c}F_0(r)\int_0^\infty \kappa_{\nu'}d\nu'\int_0^1 d\Phi\exp[-\tau_1\Phi]\\
&= \frac{1}{c}F_0(r)\int_0^\infty \kappa_{\nu'}d\nu'\frac{1-\exp(-\tau_1)}{\tau_1}.
\end{aligned} \tag{15.34}$$

如果这条谱线是热展宽的, 那么 $\int_0^\infty \kappa_{\nu'}d\nu' \approx \kappa_0\Delta\nu_{\rm D}$, 其中 $\Delta\nu_{\rm D}$ 是多普勒宽度, κ_0 是线心的不透明度. 我们有

$$f_{\rm rad} \approx \frac{1}{c}\kappa_0 F_0(r)\Delta\nu_{\rm D}\frac{1-\exp(-\tau_1)}{\tau_1}, \tag{15.35a}$$

$$\tau_1 = \kappa_0 \rho \Delta V_{\text{therm}} \left(\frac{du}{dr} \right)^{-1}, \tag{15.35b}$$

这里 ΔV_{therm} 是和热运动相关的一维速度弥散 (见方程 (E.24)).

我们的推导假设散射的紫外光子迅速逃离星风区. 这是一个合理的假设, 因为相邻离子之间的相对运动抑制了进一步吸收. 然而, 这个光子有可能被另一条谱线的离子吸收. 包含这种多重散射最多会使力增大到两倍. 在星风加速的完整计算中, 必须把数百条谱线的贡献加起来. 然后把总的 f_{rad} 加到动量平衡方程 (13.11) 右边, 这个方程适用于等温近似.

运动方程的解展示出我们在纯热星风中看到的相同的一般性质. 也就是说, 任意选择恒星表面的初始速度导致 $u(r)$ 保持很小并且渐近地降低或者在某个半径有一个发散的梯度. 只有一个选择导致速度持续单调增大. 为了实现这种情况, 气流必须平滑地通过一个类似方程 (13.14) 中的 R_{S} 的临界点. 实际的速度超过这一点的 a_T, 因为辐射力超过热压强梯度.

总的辐射力依赖于光学厚度 τ_1, 其中后者使用了不透明度 κ_0 的推广形式. 因为 τ_1 正比于 ρ, 临界解也决定了星风密度的变化和质量输运率 $\dot{M}_w$. 在热星风情形, 单位质量的力不依赖于密度, 运动方程只得到 $u(r)$(回忆方程 (13.13)). 可以首先在冕的底部指定密度, 然后用质量连续性方程得到密度.

最后进行一点技术上的说明是有意义的. 对于稳态星风, 密度 ρ 以 $1/(r^2u)$ 变化. 由方程 (15.35b), τ_1 依赖于组合 $(r^2u)du/dr$. 但 f_{rad} 正比于 $F_0(r)$, 以 r^{-2} 减小. 恒星引力以同样的方式减小. 一旦辐射力超过热压强产生的力, 我们看到 $(r^2u)du/dr$ 依赖于 τ_1, 这也是同一个物理量的函数. 唯一可能的解是, $(r^2u)du/dr$ 在空间上是常量. 求积分, 我们发现在超声速情形, 星风速度的变化规律为

$$u(r) = V_\infty \sqrt{1 - \frac{R_*}{r}}. \tag{15.36}$$

15.3.2 光学和射电发射

观测上, 大质量恒星附近星风的存在是通过光学和紫外谱线揭示的. 对谱线轮廓的分析不仅给出了收尾速度 V_∞, 也给出了质量输运速率 $\dot{M}_w$. O 型或早型的 B 型星的这两个物理量的值分别为 2000 km·s^{-1} 和 $10^{-6} M_\odot$ yr^{-1}, 不同光谱型会有很大变化. 源自多种电离元素的紫外谱线证实了星风温度很高, 大致等于恒星光球层的温度, 大约为 10^5 K.

这样的观测涉及相对成熟的恒星, 它们没有被高柱密度含有尘埃的气体所遮蔽. 同样这些天体有时会在红外和射电波段显示出过量的连续谱辐射. 在内埋更深的恒星中, 这种发射可能源于相关的电离氢区. 然而, 考虑来自暴露的恒星较长波长的贡献是有启发的, 可以看到它如何表明了存在电离星风.

图 15.11 展示了船尾座 ζ 的射电频谱. 这是一颗光度为 $8 \times 10^5 L_\odot$, 质量 $70 M_\odot$ 的 O4 型星. 这个天体位于古姆星云中, 距离大约 450 pc. 再次注意到, 图中所示的射电流量代表了高于正常光球值的辐射. 船尾座 ζ 的光度和有效温度表明它靠近但不精确地位于零龄主序. 这颗星实际上是一颗演化得更久的超巨星. 这种天体经历了比它们的主序对应体大得多的质量损失, 这有助于探测到自由-自由发射. 在此情形, 相对少的测量表明斜率为 $\alpha_{\rm radio} \equiv d \log F_\nu / d \log \nu = 0.71$. 这个值和光学厚 ($\alpha_{\rm radio} = 2$) 和光学薄 ($\alpha_{\rm radio} \lesssim 0$) 情形电离氢区的预期值不同.

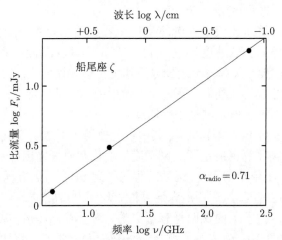

图 15.11　超巨星船尾座 ζ 的射电辐射超出. 给出了斜率的直线是对三个数据点的最佳拟合

电离星风如何揭示斜率的变化? 以发射性质来说, 星风和电离氢区的关键不同在于外流气体密度的陡峭下降. 假设射电流量来源于气体已经达到收尾速度的部分. 那么, 在稳态, 密度以 r^{-2} 降低. 如果我们进一步假设我们在观测光谱的光学厚 (即, 长波) 部分, 那么快速的密度变化表明不同频率来源于气流中迥然不同的位置.

为了定量表达这个想法, 令 R_ν 为产生频率 ν 的光子的有效半径. 这个半径位于从外部开始积分得到的光深达到 1 的量级的位置. 同样频率的光度 L_ν 为

$$L_\nu = 4\pi R_\nu^2 F_\nu, \tag{15.37}$$

这里, 比强度 F_ν 是在辐射表面计算的 $\pi B_\nu(T)$. (对于涉及 F_λ 的类似关系见方程 (2.34).) 因为温度梯度很小, 而且在瑞利-近似近似下 B_ν 正比于 ν^2, 我们看到 L_ν 以 $R_\nu^2 \nu^2$ 变化.

还需要确定 R_ν 如何随频率变化. 我们已经看到, 根据基尔霍夫定律, 自由-自由发射的 α_ν 以 ν^{-2} 变化, 也正比于电子和离子密度的乘积, 即在完全电离介质中

正比于 ρ^2. 考虑到密度的空间变化, 我们发现 $\alpha_\nu \propto \nu^{-2} \cdot r^{-4}$. 所以积分的光深以 $\nu^{-2} \cdot r^{-3}$ 变化. 我们得出结论, R_ν 值随增长的频率以 $\nu^{-2/3}$ 变化. 使用方程 (15.37) 的结果, 我们看到 $L_\nu \propto \nu^{-4/3}\nu^2 = \nu^{2/3}$. 光谱能量分布的斜率为 0.67, 和经验结果一致, 例如图 15.11 所示.

15.3.3 X 射线的产生

20 世纪 70 年代的卫星观测发现最明亮的光学可见恒星也发射 X 射线. 这个成分的总光度相对较小, 典型值为 $L_{\rm bol}$ 的 10^{-7}. 然而, 推测发射 X 射线的等离子体温度太高, 达到 10^7 K 的量级, 因此需要一些非常高能的过程. 使用恒星风解释是很自然的. 星风气体的温度太低了, 但有趣的是, 它的动能很高, 可以通过激波耗散加以利用. 根据方程 (8.50), 以 2000 km $\cdot$ s^{-1} 运动的完全电离星风 ($\mu = 0.61$) 在激波上产生 5×10^7 K 的温度.

图 15.12 的上图展示了 ROSAT 观测到的船尾座 ζ 的宽带 X 射线谱. 虽然存在一个能量范围, 但其分布在 1 keV 附近达到峰值, 即在软 X 射线波段. 图中的实线是假设一个温度 6×10^6 K 的稀薄成分混入相对冷的星风气体得到的理论结果. 如果激波确实产生了 X 射线发射, 那么观测表明它们一定以周期性的方式

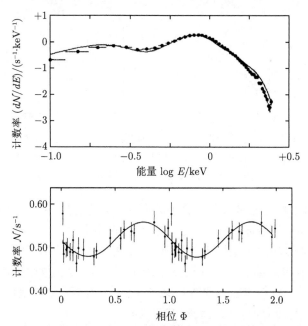

图 15.12 上图: 观测到的船尾座 ζ 的 X 射线发射. 所示的是单位能量的探测器计数率作为能量的函数. 实线显示了温度为 6×10^6 K 的气体的理论结果. 下图: 0.9 到 2.0 keV 的 X 射线发射的时间变化. 相位 1 的间隔对应于 16 h 的时间

随时间变化. 这幅图的下图详细展示了这个变化. 这里在所示能量范围的 X 射线强度在 16 h 的周期内幅度变化百分之六. Hα 的发射也变化, 周期相同, 但相位不同.

什么产生了激波？部分答案是, 辐射加速的星风是内禀不稳定的. 也就是说, 气流中任何的小扰动都会放大. 一旦扰动变得足够大, 它就产生激波, 产生高温和 X 射线发射.

为了理解这种不稳定的本质, 让我们将星风理想化为由一条光学厚谱线驱动. 假设方程 (15.35(a)) 中 $\tau_1 \gg 1$, 我们看到, 辐射力正比于速度梯度 du/dr. 图 15.13 展示了为什么星风在此情形是不稳定的. 在左图中, 我们在稳态速度场 (用虚线表示) 上叠加了一个小扰动. 在 A 点的物质有异常高的速度和速度梯度. 在一段时间 Δt 之后, 它运动得更远并且相对于对应的稳态流体元有更大的速度. 反过来, B 点开始时具有较小的速度和 du/dr 值. 因此, 它在 Δt 内移动的距离较短, 速度差增大. 最后, C 点的流体元加速得更快, 但开始时的速度较小. 这个流体元也运动了较短距离, 但速度更接近稳态值. 净的结果是, 在时刻 $t + \Delta t$, 如右图所示, 速度扰动增长.

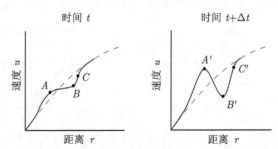

图 15.13 辐射驱动星风的不稳定性. 两幅图中的虚线代表未扰动的稳态速度分布. 在初始时刻 t(左图), 我们对这个分布施加扰动. 在随后的时刻 $t + \Delta t$(右图), 速度分布更扭曲, A 处的流体元运动到 A', 等等

然而, 星风不稳定性本身不是整个故事. 如果是这样, 那么即使是随机的初始扰动也会放大并产生激波. 然而, 我们已经看到, 船尾座 ζ 的 Hα 和 X 射线流量周期性变化. 类似的结果适用于猎户座 $C\theta^1$, 猎户座四边形星团最亮的恒星. 光学、紫外和 X 射线流量都变化, 但这次的周期是 15 天. 光学辐射的圆偏振表明存在磁场. 这个磁场可能将星风引导成某种各向异性的模式, 并通过气流碰撞产生激波. 辐射激波会随着恒星的转动扫过观测者.

15.3.4 大质量外流

现在让我们回到更直接感兴趣的更年轻的恒星上. 我们完全有理由相信, 这些恒星发出和它们暴露更充分同类一样强大的星风. 原因是, 首先, 人们确实偶尔发现 H$_2$O 脉泽和赫比格-哈罗天体和这种恒星成协, 直接表明存在激波和准直的星风. 第二, 我们观测到内埋天体周围的分子气体被搅动和向外拖出形成了分子外流.

我们已经看到, 在 IRAS 20126+4104 的情形 (图 15.9), 一颗明亮的恒星如何能在很远的距离激发分子谱线发射. 在此情形, H^{13}C^{16}O$^+$($J = 1 \to 0$) 流量展示了小质量情形熟悉的模式. 外流轴和位于中心的 H$_2$O 脉泽的对准强化了分子云气体被内部喷流卷吸的概念.

考虑到年轻的大质量恒星遥远的距离和严重的遮蔽, 这种喷流的光学表现难以发现 (至少在恒星附近难以发现) 就不足为奇了. 另一方面, 也有一些例子表明激波发射远远超出了分子谱线的等值线. 图 15.14 是 G192.16-3.82 系统的合成图像. 顶部用 [S$_{II}$] 拍摄的光学照片显示了位于中心星云状天体两侧的膨胀的、不规则的赫比格-哈罗天体. 从一端到另一端, 发射扭结的复合体跨越了 10 pc. 中心区域, 放大在下面的插图中, 包含一个高度规整的双极 CO 外流. 在它的强大峰值附近有一个致密云核和一个更小的热尘埃区域, 这里是通过 2.6 mm 连续谱看到的.

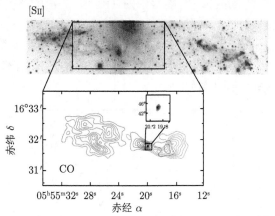

图 15.14　上图: 大型外流 G192.16-3.82 用 [S$_{II}$] 拍摄的光学照片. 注意到图中每一边的赫比格-哈罗扭结. 下图: 中心区域中的分子外流. 插图显示了 CO 强度峰值附近的致密云核的 2.6 mm 连续谱图像

中心恒星是一个总光度 $3 \times 10^3 L_\odot$ 的红外源. 假设这个天体位于主序上, 这个数值表明它的光谱型在 B2 和 B3 之间, 质量为 $9M_\odot$. 这样一颗恒星不能产生广泛的电离, 尽管存在一个小的发射射电连续谱的中心区域. 光学扭结的系统自然让我们想起小质量恒星驱动的巨型赫比格-哈罗流 (13.1 节). 在两个情形中, 底层的星风穿透母分子云, 进入相对空旷的空间. 不同的是, 从 B 型星喷出的激波没有那么准直. 因此, 喷流本身要么本征地更宽, 要么产生了更多的横向喷流气体溅射.

　　这个观察系统性地反映了一个更大的趋势. 不仅 B 型星驱动较宽的喷流, 而且质量更大天体的星风似乎也无法准直. 目前还不知道有光度 $10^5 L_\odot$ 或更高 (即 $M_* \gtrsim 20 M_\odot$) 的源驱动了真正的光学喷流. 当然, 从数量相对较少的内埋 O 型星得出结论时必须谨慎. 尽管如此, OMC-1 仍然提供了一个例子, 说明在这个质量范围一般可能会发生什么. 光学辐射以及 [FeⅡ] 和 NH_3 的激波发射产生于从 IRc2 附近伸出的很多细长的 "手指" 的尖端 (回忆底片 13). 虽然星风整体是不准直的, 但它也不是各向同性和均匀的.

　　尽管光学喷流消失了, 但最大质量的恒星还有分子外流. 这里也有一个准直度变低的趋势. 我们再次回想起 OMC-1, 其中蓝移和红移的 CO 瓣几乎完全重叠. 这个结果并不是一个简单的投影效应, 其他例子证明了这一点. 外流的长宽比, 包括最低速的 CO, 很少超过 2:1. 特别地, 我们没有发现类似 O 型源驱动的非常窄的外流.

　　从内埋的明亮源发出的外流系统性地比太阳类型恒星驱动的外流质量更大. 因此, G192.16-3.82 的瓣与 L1551/IRS 5(图 1.13) 的瓣大致相似, 但质量大约为 $100 M_\odot$, 这个值大了两个量级. 天鹅座中的 DR 21 外流的质量超过 $10^3 M_\odot$. 对于所有系统, 如果将估计的质量除以动力学时标 $t_{\rm dyn}$, 我们就得到净的质量外流率 $\dot{M}_{\rm out}$ 的一个度量. 图 15.15 展示了 $\dot{M}_{\rm out}$, 画成了恒星光度的函数. 虽然对于更明亮 (也就是质量更大) 的中心恒星, 输运速率确实越大, 但这些值持续平稳上升的趋势在小质量系统中已经很明显了.

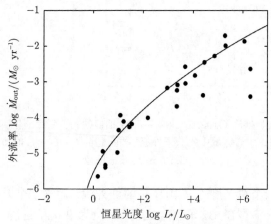

图 15.15　分子外流中的质量输运率作为驱动恒星光度的函数.
光滑曲线是对数据的一个近似拟合

　　在某种程度上, 外流质量和 $\dot{M}_{\rm out}$ 的增加可能是由于底层星风扩散较宽. 另一个因素一定是这些星风较高的速度, 如从相关的赫比格-哈罗天体的自行看到的, 可以超过 $1000~{\rm km \cdot s^{-1}}$. 此外, 间接证据来自光学可见的 O 型和 B 型星较大的

V_∞ 值. 在给定的外流中, 质量随速度的分布服从图 13.13 所记录的衰减规律, 但在较高速度展示出更陡的 (负) 斜率. 也就是说, 方程 (13.7) 中的指数 γ 增长到 2 以上. 所有这些研究都表明, 星风和分子云之间的基本相互作用可能在定性上是不同的.

理论上至少有一个暗示, 为什么会发生这样的变化. 通过交叉激波 (图 13.22) 导致星风准直的基础是假设激波后冷却相对高效. 所以, 大部分星风的能量是辐射掉的, 而它在喷流方向的动量是不变的. 然而, 来自大质量恒星较快的星风产生较高的激波后温度. 这里, 冷却变得更加困难. 辐射不再源自禁戒跃迁, 例如 [O II] $\lambda\lambda$ 3726, 3729 谱线, 而是源自更高电离态的共振线. 爱因斯坦 A 系数现在要大得多, 要维持一个激发的布居数就更难了. 对于超过 2000 km·s^{-1} 的激波速度, 唯一的冷却来源于与自由电子相关的相对弱的韧致辐射 (bremsstrahlung).

冷却减小的最终结果是, 大质量外流倾向于能量守恒而不仅仅是动量守恒. 也就是说, 星风的激波为热的激波后区域提供能量, 这个区域通过热压向外膨胀. 这个膨胀会产生第二个靠外的激波和压缩的外层, 就像一个超压的电离氢区那样 (图 15.2). 然而, 大质量外流就像它们的小质量对应体一样, 充满了湍流分子云气体, 而且大多数仍然是双极的. 即使在 OMC-1 的情形, 复杂的形态也表明球对称图景不适用于任何细节. 然而, 足够快的星风产生热气体气泡的基本想法应该仍然成立. 或许 OMC-1 的手指结构源自这种在很多位置向周围电离介质的物质抛射.

15.4 气体的光致蒸发

围绕新生大质量恒星母分子云的电离产生了额外的压强, 驱动气体离开. 类似的膨胀效应也发生在靠近暴露明亮源更致密的物质中. 所以, 围绕大质量恒星的拱星盘寿命受限于最终的光致蒸发. 同样的道理也适用于恰好靠近产生电离辐射恒星的小质量盘. 事实上, 任何离散的团块, 不管它是否包含自己的恒星, 一旦被电离氢区吞噬就会开始消散.

15.4.1 盘的辐照

O 型星或 B 型星周围盘的破坏是一种高度假想的情况, 因为仍然没有这类实体的证据. 在第 4 章介绍内埋星团的时候, 我们引述了 S106 的例子, 这是大质量云中的一个双极电离氢区. 这里, 两个电离瓣被一个消光的脊分开 (底片 2). 虽然容易将这一特征识别为一个盘, 但相关的厚度可能是巨大的, 大约为 10^{16} cm. 一个具有类似形态但小得多的系统是天鹅座中的 MWC 349. 这颗明亮的 B 型星有严重红化的光学光谱, 有丰富的发射线. 2 cm 的射电连续谱成图 (图 15.16) 展示了两个不同的瓣和一条紧的腰带, 让人想起 S106. 实际上, 后者在这个波段也有沙漏的形状.

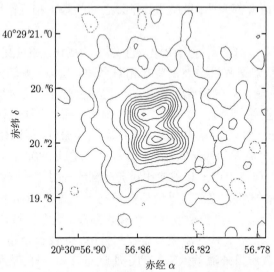

图 15.16   内埋星 MWC 349 的射电辐射.
等值线代表 2 cm 连续谱辐射流量. 注意沙漏状的形态

MWC 349 的外观也需要含有尘埃的气体具有平板位形. 然而, 注意到, 射电发射可以穿透尘埃而不受消光的影响. 图 15.16 的形态显示了赤道区域缺乏电离气体. 大量尘埃确实会吸收恒星光子, 从而阻止电离的进行. 增强的吸收可能来自平板或盘, 这个中心区域探测到近红外辐射这个事实支持这一观点. 也注意到电离星风存在于延展的瓣中, 因为积分的射电流量具有 0.6 的谱指数 α_{radio}, 接近理论预测. 从发射线宽度测量的星风速度低得惊人, 仅有 50 km · s^{-1}.

这些例子所指的是解释尚不清楚的特殊天体. 在进一步研究之前, 让我们暂时接受这样的事实: 大质量恒星周围确实可能存在盘, 或许是它们形成过程的一个结果. 这样的结构对紫外光子会有何反应?

图 15.17 的上图示意性地展示了预期的结果. 在小半径处, 恒星加热导致的向上膨胀力有效地被向下的引力分量抵消. 所以, 蒸发物质在盘上方和下方形成一个静态大气. 再往外, 引力的垂向分量变得太弱, 电离气体以热驱动星风的形式流走. 转变发生在引力半径 ϖ_{g}. 为了得到它, 我们首先注意到, 根据方程 (11.34), 在任意半径 ϖ 的大气标高近似为

$$\Delta z \approx \left(\frac{a_1}{V_{\mathrm{Kep}}}\right) \varpi. \tag{15.38}$$

这里 a_1 是大气内的等温声速, 其中预期温度接近均匀, 和普通电离氢区中的温度

相似. 因为 V_{Kep} 正比于 $\varpi^{-1/2}$, 我们看到标高随半径以 $\varpi^{3/2}$ 增大. 星风开始于 Δz 增大到等于 ϖ 的地方. 所以, 一个方便的定义是

$$\varpi_{\mathrm{g}} \equiv \frac{GM_*}{a_1^2}$$

$$= 5 \times 10^{15} \text{ cm} \left(\frac{M_*}{40M_\odot}\right)\left(\frac{a_1}{10 \text{ km} \cdot \text{s}^{-1}}\right)^{-2}. \tag{15.39}$$

注意到 ϖ_{g} 的定义和球对称等温星风声速点 (方程 (13.14)) 相似.

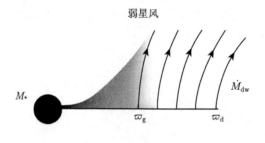

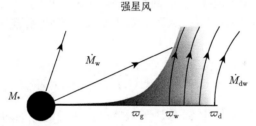

图 15.17 大质量恒星周围的盘的光致蒸发. 如果星风较弱 (上图), 气流从引力半径 ϖ_{g} 到 ϖ_{d} 处的盘边缘范围内流出. 在 ϖ_{g} 之内是一个静态大气. 对于强星风 (下图), 大气被抑制, 气流从较大的半径 ϖ_{w} 开始. 盘的总质量流速率为 $\dot{M}_{\mathrm{dw}}$

　　盘大气中的物质对于恒星辐射是光学厚的. 也就是说, 虽然大气上层沐浴在恒星的紫外光子中, 但内部的弥漫辐射场提供了真实的加热. 这种辐射来源于氢复合到基态. 这种情况还是类似球形电离氢区, 在那里加热也是内部的复合提供的. 在这两种情形下, 冷却主要来自金属的禁线. 假设盘大气是严格等温的, 读者可以证明, 密度在垂向以高斯函数下降. (回忆方程 (11.34) 前面的讨论.) 对于密度的完整分布, 我们需要知道它在大气底部的值, 即靠近盘表面的值. 我们一会儿再回到这个问题上来.

　　大气中弥漫辐射场的强度在盘表面下降到几乎为零. 如果不是这样, 那么更多气体将从盘上上升, 局域的柱体质量会过于巨大, 无法支撑引力. 适当部分气体会沉积下来. 当光子被一小部分中性氢原子吸收时, 辐射强度实际会减小.

相比之下, 有限的紫外光会照射在盘的 $\varpi \gtrsim \varpi_g$ 部分. 因为直射的星光大致是通过大气时吸收的, 所以环境辐射还是来自星风上游和 $\varpi = \varpi_g$ 处的大气的弥漫成分. 注意到, 星风内部仍然近似等温, 温度和电离氢区内的温度相似. 盘表面与电离波前重合, 缓慢向中间平面推进. 当中性气体盘被电离波前吞没和电离, 它迅速流走. 我们现在证明, 电离波前之后的速度约等于电离气体中的声速, 大约为 $10 \ \mathrm{km} \cdot \mathrm{s}^{-1}$.

15.4.2   盘气体的流出

考虑如图 15.18, 在电离波前参考系中的情形. 在电离波前中, 质量和动量守恒方程加上热量方程为

$$\rho u = \mathcal{C}_1, \tag{15.40a}$$

$$P + \rho u^2 = \mathcal{C}_2, \tag{15.40b}$$

$$\rho T \frac{Ds}{Dt} = \Gamma - \Lambda. \tag{15.40c}$$

这里, 所有变量都是垂向坐标 z 的函数. 物理量 $\mathcal{C}_1$ 和 $\mathcal{C}_2$ 是空间常量, 而 Γ 和 Λ 分别是体加热速率和冷却速率. 为了计算比熵 s, 我们使用这种形式的热力学第二定律

$$T \frac{Ds}{Dt} = \frac{D}{Dt}\left(\frac{3P}{2\rho}\right) - \frac{P}{\rho^2}\frac{D\rho}{Dt}, \tag{15.41}$$

其中我们已经使用了这个事实, 单原子气体单位质量的内能为 $(3/2)P/\rho$. 也就是说, 紫外辐射不能激发内部自由度, 而只能激发平动, 反映在压强中.

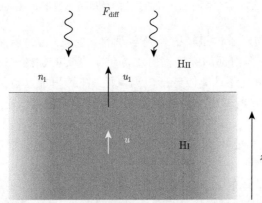

图 15.18   大质量恒星周围的盘的电离波前内. 来自星风的弥漫辐射照射中性盘. 作为回应, 气体向上流动并被电离. 这些物质离开盘的时候的流动速度和密度分别为 u_1 和 n_1

在稳态流中, 对流导数 D/Dt 就是 $u\,d/dz$. 在将方程 (15.40(b)) 对 z 求导并使用方程 (15.40(a)) 和 (15.41) 后, 热量方程变为

$$\rho u \frac{d}{dz}\left(\frac{1}{2}u^2 + \frac{5}{2}\frac{P}{\rho}\right) = \Gamma - \Lambda. \tag{15.42}$$

括号里的物理量是单位质量的焓. 就在电离波前内部, h 急剧上升, 因为电离加热超过了金属禁线或氢复合的冷却. 再往下游, Γ 和 Λ 近似平衡, h 趋向于一个更恒定的值. h 的峰值接近电离获得的单位质量的净热能. 这个量, 反过来, 大约为 $k_\mathrm{B}T_\mathrm{eff}/m_\mathrm{H}$, 其中 T_eff 是恒星的有限温度. (回忆方程 (15.18) 之前的讨论.)

另一方面, 质量和动量守恒也给出了一个 h 可能的最大值. 方程 (15.40(b)) 除以 (15.40(a)) 得到

$$\frac{a_T^2}{u} + u = \mathcal{C}_3, \tag{15.43}$$

其中 $a_T^2 \equiv P/\rho$ 是等温声速 (平方), $\mathcal{C}_3$ 是另一个常量. 于是我们可以把焓写为

$$h = \frac{5}{2}\mathcal{C}_3 u - 2u^2. \tag{15.44}$$

h 的最大值为 $25\mathcal{C}_3^2/32$, 在 $u = 5\mathcal{C}_3/8$ 时取得. 我们之前的论证告诉我们 $\mathcal{C}_3$ 为

$$\mathcal{C}_3 = \left(\frac{32 k_\mathrm{B} T_\mathrm{eff}}{25 m_\mathrm{H}}\right)^{1/2}. \tag{15.45}$$

方程 (15.43) 最后表明

$$\frac{a_T}{u} + \frac{u}{a_T} = \left(\frac{32 k_\mathrm{B} T_\mathrm{eff}}{25 m_\mathrm{H} a_T^2}\right)^{1/2}. \tag{15.46}$$

在波前之后的区域使用 $a_T \equiv a_1 \approx 10\ \mathrm{km \cdot s^{-1}}$ 和 T_eff 的典型值 3.8×10^4 K, 我们发现右边的无量纲量的数值接近 2. 所以波前之后的马赫数 u_1/a_T 接近于 1, 如所宣称的.

以风的形式离开盘的总质量流率为

$$\dot{M}_\mathrm{dw} = 4\pi m_\mathrm{H} u_1 \int_{\varpi_\mathrm{g}}^{\varpi_\mathrm{d}} n_1(\varpi)\varpi\, d\varpi. \tag{15.47}$$

这里, ϖ_d 是外盘半径, 而 $n_1(\varpi)$ 是盘表面外的电子 (或质子) 数密度. 在任意小于 ϖ_g 的半径, 电离流量在表面降到零. 为了确定 $n_1(\varpi)$, 我们可以使用方程 (15.3) 给出斯特龙根半径, 用 ϖ 代替 R_S 求解密度. 我们发现

$$n_1(\varpi) = \left(\frac{3\mathcal{N}_*}{4\pi \alpha'_\mathrm{rec} \varpi^3}\right)^{1/2}. \quad \varpi \lesssim \varpi_\mathrm{g}, \tag{15.48}$$

在 ϖ_{g} 之外, 密度下降更快. 电离流量不再在盘上为零, 而是释放出随风流走的电子-质子对. 这里, 辐射主要源自 ϖ_{g} 附近的复合原子. 数值计算发现, 相关的流量大致以 ϖ^{-4} 下降. 第一个 ϖ^{-2} 的因子是通常点源的因子. 一个额外的 ϖ^{-1} 的因子考虑了盘相对径向向外光子的倾斜程度的增加. 最后, 因为星风中的少量氢的吸收, 流量下降得更快.

实际上是流量的散度提供了电离盘所需的光子. 取散度引入另一个 ϖ^{-1} 的因子, 故局域电离速率以 ϖ^{-5} 降低. 我们令这个速率和复合速率 (正比于 n_1^2) 相等. 所以, 我们把密度写为

$$n_1(\varpi) = n_{\mathrm{g}} \left(\frac{\varpi}{\varpi_{\mathrm{g}}} \right)^{-5/2}, \quad \varpi \gtrsim \varpi_{\mathrm{g}}, \tag{15.49}$$

其中 n_{g} 是在方程 (15.48) 中令 $\varpi = \varpi_{\mathrm{g}}$ 得到的. 我们接下来把方程 (15.49) 代入方程 (15.47) 然后积分. 在 $\varpi_{\mathrm{d}} \gg \varpi_{\mathrm{g}}$ 的极限, 我们发现

$$\dot{M}_{\mathrm{dw}} = 8\pi m_{\mathrm{H}} u_1 n_{\mathrm{g}} \varpi_{\mathrm{g}}^2$$

$$= 1 \times 10^{-4} M_\odot \ \mathrm{yr}^{-1} \left(\frac{\mathcal{N}_*}{10^{49} \ \mathrm{s}^{-1}} \right)^{1/2} \left(\frac{M_*}{40 M_\odot} \right)^{1/2}. \tag{15.50}$$

为了得到这个方程的第二种形式, 我们已经假设了 u_1 和 a_1 精确相等, 然后在最后的表达式中消去.

之前提到的计算包含了盘大气和星风中辐射转移的解, 证实了方程 (15.50) 给出的 $\dot{M}_{\mathrm{dw}}$ 对 $\mathcal{N}_*$ 和 M_* 的依赖, 但得到的数值系数小了一个 3 的因子. 在任何情况下, 我们现在看到为什么延展的盘, 即那些 $\varpi \gtrsim \varpi_{\mathrm{g}}$ 的盘在观测到的大质量恒星周围应该不存在. $40 M_\odot$ 恒星周围的一个 $1 M_\odot$ 的大拱星结构仅存在大约 10^4 yr, 或者大约是中性天体主序年龄的百分之一. ϖ_{g} 以内盘物质的侵蚀还没有仔细考虑过, 但星风一定起了主要作用. 如果这些星风携带了足够的动量, 如 $40 M_\odot$ 的恒星中那样, 那么它会带走盘大气. (参见图 15.17 的下图.) 这种盘风的产生开始于 $\varpi_{\mathrm{w}} > \varpi_{\mathrm{g}}$ 的半径. 此时, 星风向外的动压下降到和蒸发物质的热压相当. 我们不进一步分析这个情形, 而只是注意到 $\dot{M}_{\mathrm{dw}}$ 增加了, 因为来自恒星本身的电离光子不再被大气衰减, 可以直接到达外盘.

15.4.3　猎户座中的原行星盘

除了驱散自己的拱星盘, 大质量恒星也影响其他恒星周围的盘. 这种情况的出现是因为大质量天体倾向于在拥挤的星群的中心附近形成. 毫不奇怪, 研究得最好的情形是和猎户座四边形成协的猎户座星云星团. 被猎户座四边形星团恒星光致蒸发的结构称为原行星盘 (proplyds, 是 protoplanetary disks 的缩写).

猎户座原行星盘的证据是逐渐积累起来的. 20 世纪 70 年代的光学成像显示, 猎户座 $C\theta^1$ 附近聚集了一些小斑块. 这些区域在诸如 $H\alpha$ 和 [OⅢ] λ 5007 的谱线强烈发射. 所以它们似乎代表了电离气体, 但低电离态的谱线 (表征赫比格-哈罗天体) 较弱. 后续用 VLA 干涉仪进行的射电连续谱观测分辨了最初的一组发射天体, 并揭示了其他几十个. 随后近红外巡天发现, 几乎所有这些结构都含有自己的小质量恒星. 因为这些区域无法产生本地电离, 明显的罪魁祸首就是猎户座 $C\theta^1$, 其他猎户座四边形星团成员影响较小. 但什么地方提供了被电离的中性物质? 可以探测到小质量中心天体这一点表明, 这种物质不是各向同性地分布在每颗这种恒星周围的. 另一方面, 几何薄的盘既可以提供足够的用于电离的物质, 也可以让中心恒星在光学或近红外可见.

随着哈勃太空望远镜在 20 世纪 90 年代的部署, 有了分辨率好于 0.05″ 的光学图像. 这些惊人的图像证实了盘假说. 同时, 这些图像揭示了各种很大程度上没有想象到的形态类型. 图 15.19 展示了从超过 100 个天体中挑选的两个突出例子. 上面的照片是用 $H\alpha$ 拍摄的, 展示了和很多原行星盘成协的泪滴状发射区域. 这里, 细长的尾端指向远离猎户座 $C\theta^1$ 的方向, 投影距离为 4×10^{17} cm. 盘本身是位于泪滴内部的暗平板结构. 在此情形, 盘确实遮蔽了中心恒星, 至少在 $H\alpha$ 处. 顶部明亮的新月形是主要的电离波前, 出现在来自猎户座 $C\theta^1$ 的紫外光子遇到盘中流出的中性物质的地方. 来自周围电离氢区的其他光子从后面加热了盘, 产生了离开猎户座 $C\theta^1$ 的气流. 这些中性气体几乎被赖曼连续谱侧面击中. 由此产生的电离波前呈锥形结构.

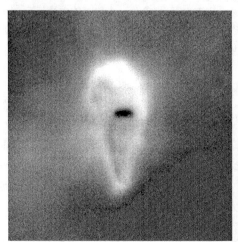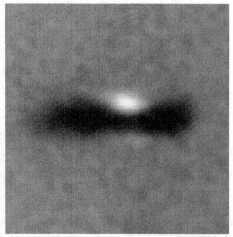

图 15.19 猎户座原行星盘的两个例子. 左面的 $H\alpha$ 图像是原行星盘 182-413. 注意到暗的内盘和亮的电离边缘. 右面的图是用以 5470 Å 为中心的滤光片拍摄的, 是 114-426 原行星盘. 这里我们看到的是两个盘的剪影和散射的星光

我们的描述突出了大质量恒星周围的盘和被外部光致蒸发的盘之间的一个重要不同. 在第一种情形, 电离波前和盘表面重合. 在第二种情形, 减弱的赖曼连续谱光子流量一般不能穿透到那个深度. 相反, 光子能量在 6 到 13.6 eV 之间的远紫外辐射照射到盘上, 将其表面加热到大约 10^3 K. 被加热的气体以星风的形式向外运动, 直到碰到赖曼连续谱辐射, 形成明亮的电离边缘 (见图 15.20). 对于图 15.19 左图中显示的原行星盘, 这个边缘与盘的距离为 6×10^{15} cm, 或者说大约为盘直径的两倍. 同样的加热过程发生在盘的背面, 不过是由弥漫的远紫外辐射引起的. 在两边, 中性星风都只能在超过方程 (15.39) 中的 ϖ_g 的盘半径处流动. 这里, M_* 指的是小质量的中心恒星, 而 $a_1 \approx 3$ km·s^{-1} 是加热的中性物质中的声速. 作为方便的参考, 表 15.1 列出了大质量恒星的远紫外输出量.

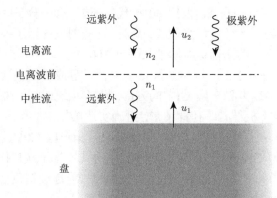

图 15.20　原行星盘气体的光致蒸发. 远紫外流量穿透盘表面, 产生一个向外的中性气流. 物质以速度 u_1 和密度 n_1 离开盘表面, 然后碰到极紫外光子产生的电离波前. 当气体穿过这个波前, 其速度增加到 u_2, 密度降低到 n_2

对于更靠近猎户座 Cθ^1 的原行星盘, 电离边缘和盘之间的间隙变窄, 而锥形的背面变成更细长的尾巴. 相反, 远离大质量恒星的原行星盘的电离波前可能太弱, 比背景的电离氢区还暗弱. 图 15.19 右图展示了这样的一个例子. 在这张引人注目的用中心为 5470 Å 的连续谱滤光片拍摄的图像中, 可以在剪影中清晰地看到盘. 结构上方的亮斑和下方暗得多的斑块是中心小质量恒星的反射光.

有趣的是, 这个宁静盘的直径为 1.5×10^{16} cm, 超过了经历严重光致离解的盘. 这种趋势是普遍的, 表明蒸发过程首先破坏面密度最低的最外区. 为了估计总的质量损失率, 我们再次使用方程 (15.47). 然而, 我们不再预期底部密度 $n_1(\varpi)$ 是半径的陡峭下降函数. 电离波前内的中性区域被来自大质量恒星宽阔的远紫外辐射加热. 在方程 (15.47) 中取 n_1 为空间常量, 我们积分得到

$$\dot{M}_{\mathrm{dw}} = 2\pi m_{\mathrm{H}} u_1 n_1 \varpi_{\mathrm{d}}^2, \tag{15.51}$$

其中我们再次使用了 $\varpi_{\mathrm{d}} \gg \varpi_{\mathrm{g}}$.

中性区域的厚度由远紫外流量在盘表面附近显著降低的条件给出. 这种衰减是星际尘埃造成的. 当然, 这个流量不会完全为零, 因为那样光致蒸发就停止了. 总之, 每个盘半径处的中性柱密度一定使得对远紫外光子的光深比 1 大一些. 但这个柱密度 N_1 大致为 $n_1 \varpi_{\mathrm{d}}$, 其中 n_1 还是代表膨胀气流底部的密度 (图 15.20). 最后注意到光深条件迫使 N_1 为 10^{21} cm^{-2} 的量级. (回忆方程 (2.43)、(2.44) 和 (2.47), $Q_\lambda \approx 1$.) 于是我们有

$$\dot{M}_{\mathrm{dw}} = 5 \times 10^{-8} M_\odot \ \mathrm{yr}^{-1} \left(\frac{N_1}{10^{21} \ \mathrm{cm}^{-2}} \right) \left(\frac{\varpi_{\mathrm{d}}}{10^{15} \ \mathrm{cm}} \right), \tag{15.52}$$

其中我们使用了 u_1 的值 3 km $\cdot$ s^{-1}. 分子谱线观测表明, 盘自身的质量为 $0.01 M_\odot$ 量级. 根据方程 (15.52), 原行星盘蒸发时标为 10^5 yr. 记住我们对 $\dot{M}_{\mathrm{dw}}$ 的估计相当不确定, 猎户座原行星盘不会存在超过星云年龄, 2×10^6 yr(第 12 章). 这意味着猎户座 Cθ^1 和其他猎户座四边形星团恒星是相对较晚形成的, 如我们之前所说.

15.4.4　球状体的破坏

靠近猎户座 Cθ^1 的原行星盘的不对称外观, 以及面对大质量恒星最亮的电离边缘, 表明了辐射场中相应的各向异性. 尽管所讨论的天体位于电离氢区深处, 但大多数电离光子直接从猎户座 Cθ^1 流出, 而不是直接来自周围空间中的复合过程. 在其他 HⅡ 区中, 内部气体的量比猎户座星云大, 通常以团块状分子气体的形式集中. 我们之前看到巨大的象鼻状结构向 M16 的 O 型星突出. 每个结构顶部的亮边缘在图 15.5 中很明显, 显然和围绕猎户座原行星盘的电离波前有类似的起源. 被电离氢区吞噬的单个球状体也以这种方式发光. 一个主要的例子是围绕 HH 46/47 喷流和外流的结构 (图 13.2). 这里, 来自超巨星船尾座 ζ 的辐射侵蚀了云足够多的部分, 使驱动 HH 46/47 的小质量内埋星接近表面.

还有其他自引力云被辐射场扭曲得更厉害. 图 15.21 展示了一个引人注目的例子. 这个彗星状球状体 (cometary globule) 位于玫瑰星云电离氢区边缘, 距离 1.5 kpc. 这个结构由一个变平的头部和分叉的尾部组成, 有 $2'$ 大 (1 pc). 头部明亮的电离边缘面对着为电离氢区提供能量的五颗 O 型星. 整个结构让人想起一些原行星盘, 但和其他球状体一样, 它是由致密分子气体组成的. 我们可以把这个天体想象为是从新形成的 O 型星周围不均匀的介质中雕刻出来的. 首先被驱散的物质是团块之间相对稀薄的气体. 位于这些团块后面的物质, 即不被恒星辐射直接照射的物质, 将存在更长时间. 这种选择性蒸发可能解释了象鼻状结构的形成, 也可能表明彗星状球状体源自更孤立的结构.

球状体明亮的边缘慢慢进入气体中, 最终导致其完全被驱散. 这个过程有多快? 原则上, 可以用方程 (15.5) 确定电离波前推进的速率. 困难在于入射到球状

体上的流量不再是大质量恒星发出的流量. 从云中流出的蒸发物质快速复合, 变得对紫外光子光厚. 因此, 在任何时候, 只有一小部分恒星流量 F_* 真正到达电离波前.

图 15.21　玫瑰星云中一个彗星状球状体 (记作球状体 1) 的 Hα 光学照片. 注意到右边明亮的电离边缘和左边分叉的尾巴

然而, 我们可以利用这个事实来得到蒸发速率的简单估计. 如果一个理想化的半径为 R 的球状体在其一半的表面上发出星风, 那么相应的质量损失为

$$\dot{M}_{\mathrm{gw}} = \pi m_{\mathrm{H}} u_1 n_1 R^2. \tag{15.53}$$

和通常一样, 下标表示电离波前下游的值, 在此情形, 是离开极半径的星风底部 (图 15.22 中的 $\theta = 0$). 我们假设速度在半球上是均匀的, 但底部密度以 $\cos\theta$ 变化, 即球状体暴露在恒星辐射中的投影面积. 方程 (15.53) 中的数值系数通过 $\cos\theta$ 对半球平均得到.

现在让我们假设从球状体极轴入射的恒星流量被完全吸收. 如果 d 是与恒星的距离, 这个条件为

$$\frac{\mathcal{N}_*}{4\pi d^2} = \int_R^\infty n_{\mathrm{gw}}^2 \alpha'_{\mathrm{rec}} dr, \tag{15.54}$$

其中 n_{gw} 是星风沿 $\theta = 0$ 的密度, 积分上限反映了 $d \gg R$. 为了简单, 我们假设速度在星风中保持 u_1 的值. 质量连续性的要求决定了 n_{gw} 从球状体中心随距离下降

$$n_{\mathrm{gw}} = n_1 \left(\frac{R}{r}\right)^2, \tag{15.55}$$

所以

$$\frac{\mathcal{N}_*}{4\pi d^2} = \frac{(n_1)^2}{3}\alpha'_{\rm rec}R. \tag{15.56}$$

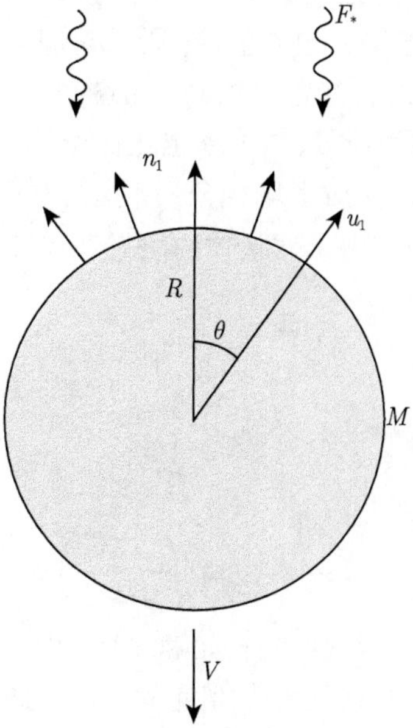

图 15.22　球形的球状体的光致蒸发. 恒星流量 F_* 导致质量 M 半径 R 的云在其一半的表面发出星风. 这个星风有均匀的速度 u_1, 底部密度随极角 θ 变化. 受到自身星风的反冲, 球状体以速度 V 远离恒星

我们求解这个关系式得到 n_1 并代入方程 (15.53) 得到

$$\dot{M}_{\rm gw} = \frac{\sqrt{3\pi}}{2}m_{\rm H}u_1\left(\frac{\mathcal{N}_*R^3}{\alpha'_{\rm rec}d^2}\right)^{1/2}$$

$$= 2\times10^{-5}M_\odot\ {\rm yr}^{-1}\left(\frac{\mathcal{N}_*}{10^{49}\ {\rm s}^{-1}}\right)^{1/2}\left(\frac{R}{0.1\ {\rm pc}}\right)^{3/2}\left(\frac{d}{1.0\ {\rm pc}}\right)^{-1}. \tag{15.57}$$

这里我们已经假设了 $u_1 = 10\ {\rm km}\cdot{\rm s}^{-1}$.

方程 (15.57) 表明一个几倍太阳质量的球状体一旦被电离氢区吞噬, 会相对快速地消失. 如果天体已经开始了内部的原恒星坍缩或者处于坍缩的边缘, 那么它可能在完成这个过程之前就散开了. 另一方面, 根据 CO 测量, 大多数彗星状球状体似乎质量要大一个量级. 它们应该持续更长的时间, 事实上确实很多球状体有红外星内埋在它们的头部中.

15.4.5　火箭效应

还有一个因素会延长云的寿命. 我们已经描述了球状体的电离如何产生风, 这种风有点矛盾, 是流回发光恒星的. 为了使这个方向的动量守恒, 球状体一定经历了反冲 (图 15.22). 最终的结果是发出风的云加速离开恒星. 原则上, 这种火箭效应可以驱动这些结构完全离开电离氢区, 所以它们可以避免进一步光致蒸发.

为了量化这个想法, 我们首先注意到, 由图 15.22, 恒星方向的星风速度为 $u_1 \cos\theta$. 在同样的纬度, 局域质量损失率也正比于 $\cos\theta$, 这个速率和 $u_1 \cos\theta$ 的乘积是对推力的微分贡献. 在对半球积分后, 我们发现作用于球状体的总推力为 $\frac{2}{3}\dot{M}_{\mathrm{gw}}u_1$. 如果 M 和 V 分别表示球状体的质量和速度, 则我们有

$$\begin{aligned} M\frac{dV}{dt} &= \frac{2}{3}\dot{M}_{\mathrm{gw}}u_1 \\ &= -\frac{2}{3}\frac{dM}{dt}u_1, \end{aligned} \tag{15.58}$$

积分得到

$$M = M_0 \exp\left(-\frac{3V}{2u_1}\right). \tag{15.59}$$

这里, M_0 是质量的初始值. 球状体的初始速度取为零.

下一步是用 $\dot{M}_{\mathrm{gw}}$、d 和 M 的初始值重写方程 (15.57):

$$\frac{dM}{dt} = -\dot{M}_0 \frac{d_0}{d}\left(\frac{M}{M_0}\right)^{1/2}. \tag{15.60}$$

这里我们已经假设了球状体半径以 $M^{1/3}$ 变化, 这对于适当密度对比度的等温球成立. (回忆方程 (9.15) 和相关的讨论.) 结合方程 (15.58)、(15.59) 和 (15.60) 得到

$$\frac{dV}{dt} = \frac{2u_1}{3}\frac{d_0}{d}\frac{\dot{M}}{M_0}\exp\left(\frac{3V}{4u_1}\right). \tag{15.61}$$

现在我们把左边重写为速度随距离的变化. 如果我们定义 $w \equiv V/u_1$ 和 $z \equiv d/d_0$, 那么方程 (15.61) 的无量纲形式为

$$w\frac{dw}{dz} = \frac{\beta}{z}\exp\left(\frac{3w}{4}\right), \tag{15.62}$$

其中

$$\beta \equiv \frac{2}{3}\frac{d_0}{u_1}\frac{\dot{M}_0}{M_0}. \tag{15.63}$$

注意到, 由 $\dot{M}_{\mathrm{gw}}$ 的方程 (15.57), β 依赖于 $\mathcal{N}_*$ 以及球状体的初始质量和半径, 但不依赖于位移 d_0.

方程 (15.62) 的积分给出速度的隐式解:

$$\frac{4}{3}\left(w+\frac{4}{3}\right)\exp\left(-\frac{3w}{4}\right)=\frac{16}{9}-\beta\ln z. \tag{15.64}$$

图 15.23 画出了 w 和无量纲质量 $m \equiv M/M_0 = \exp(-3w/2)$ 作为 z 的函数. 这里我们选择了有代表性的 β 值 1.0 和 0.5. 对于 $\beta = 1.0$, 云加速运动, 在这个结构显著离开初始位置前, 其质量就减小了很多. 把 β 变为 0.5(等价地, 把固定半径的初始质量和 $\mathcal{N}_*$ 翻倍), 我们发现, 云在质量下降到 1/10 前达到了初始距离的三倍. 此时, 速度为 $1.5u_1$, 或者大约 $15\ \mathrm{km \cdot s^{-1}}$. 因此, 这个火箭效应可以解释电离氢区外相对小质量的球状体, 但仅当这个天体展现出显著的速度.

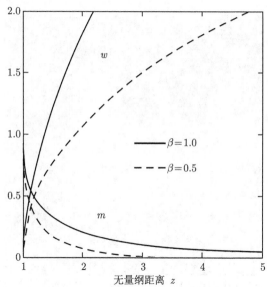

图 15.23 火箭效应导致的球状体加速和质量损失. 图示的无量纲距离 z 的函数是无量纲质量 m 和速度 w, 如文中所定义的. 曲线对应所示参数 β

15.5 诱发的恒星形成

我们之前提到, 彗星状球状体的头部经常含有一颗或多颗内埋星. 在某些情形, 毫无疑问, 这些天体确实是年轻的, 因为其中一些驱动了分子外流和赫比格-哈罗喷流. 一个有趣的问题是, 这些恒星是在电离氢区到达之前诞生的, 还是它们的形成是被电离辐射撞击中性的球状体诱发的 (induced). 类似的问题出现在结束了大质量恒星生命的超新星爆发中. 相伴而来的爆炸波中的高压会不会类似地触发周围的云形成新的恒星?

　　当然, 没有迹象表明大质量恒星附近所有, 甚至是质量最小的天体是以这种方式形成的. 我们已经看到, 猎户座星云星团中的数百颗主序前恒星可能平均来说比猎户座四边形星团本身老. 然而, 是否存在被电离氢区或超新星遗迹吞没的云确实产生恒星的例子?

15.5.1　辐射效应

　　首先考虑辐射驱动形成的证据. 图 15.24 是距离 1.9 kpc 的电离氢区 S199 中的一个彗星状球状体. 大的十字代表一个总光度 $1300L_\odot$ 的远红外源, 而较小的十字是暗一些的近红外星. 有两个特点值得注意. 首先, 几乎所有内埋星都位于靠近显著的电离边缘附近而不是后面. 第二, 星团成员倾向于位于远红外源和这个边缘之间, 而不是源的远端.

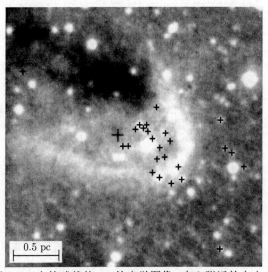

图 15.24　电离氢区 S199 中的球状体 13 的光学图像. 中心附近的大十字代表一个明亮的远红外源, 小的叉是较暗的近红外星. 这些天体优先出现在远红外源和明亮的电离边缘之间的压缩区域

　　很多其他彗星状球状体展现出同样的模式. 从我们对星团和它们产生大质量恒星的讨论 (第 12 章) 来看, 中等质量恒星附近存在小质量天体这个事实已经足够熟悉了. 正是星团分布的不对称性凸显出外部辐射场的因果联系. 毕竟, 正是这种辐射首先创造了球状体的独特形态. 我们想起了蛇夫座 ρ 复合体中一些暗云被扫过的样子 (回忆图 3.17 和图 4.15). 正是这些靠近天蝎座 OB 星协上部的区域是分子云复合体中恒星最密集诞生的地方. 重要的知识是, 明亮的大质量恒星可以通过增加附近气体的密度促进进一步的恒星形成. 在单个的球状体中, 这种堆积大部分发生在电离边缘内被扫过的物质中, 尽管在任意中等质量恒星的位置都

可能有一个次级峰.

很明显, 紫外辐射不仅仅通过光致蒸发侵蚀分子云. 它还对天体产生机械压强, 这可能从根本上改变其结构. 这个效应的基础是赖曼连续谱光子造成的表面加热. 如果我们想象这颗大质量恒星突然在一个已经存在的球状体附近开始发光, 那么这种加热会导致压缩波向内、向着云的中心运动. 同时, 这个天体通过蒸发损失能量, 同时加速离开大质量恒星. 云重新调整到动力学平衡会产生一种新的形态, 如我们所看到的, 这通常是明显不对称的, 即使最初的天体是更接近球形的. 大质量恒星的星风也会产生额外的影响, 其动压产生类似辐射场的影响, 但一般没那么重要.

球状体辐照的数值模拟从已经浸入热稀薄介质的云开始. 这个天体最初不是自引力束缚的, 而是被背景压强束缚的. 一旦有了辐射, 电离波前就覆盖了大部分表面. 波前中的压缩波变陡为激波, 迫使物质朝向对称轴. 展示这个效应的一个计算如图 15.25 所示. 短暂的内爆阶段之后是部分反弹, 之后被压缩的中心天体变为平衡的彗星状结构. 那么, 内部星团是怎么形成的? 传统观点认为, 恒星形成发生在球状体质量和附加的压强太大, 这个天体无法达到平衡态, 而是进入动力学坍缩的时候.

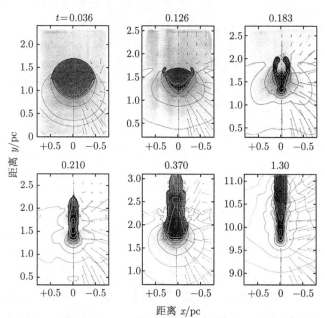

图 15.25　受到电离辐射的球状体的数值模拟. 每幅图顶部的时间的单位是 1×10^6 yr. 线段是速度矢量, 代表流体在 2×10^4 yr 中运动的距离. 暴露在来自下方的辐射中, 初始质量 $20 M_\odot$ 的球状体首先向对称轴坍缩, 然后部分重新膨胀, 然后在更晚的时候达到最终细长的位形. 辐射流量对应于 10 pc 处的 O5 型星的流量

　　然而, 这个观点和我们关于云的稳定性和星团形成的想法背道而驰. 假设初始球状体有来自内部磁场的有力支撑. 那么, 根据 9.4 节的讨论, 外部压强的增加不足以使其引力不稳定. 另一方面, 磁场可以忽略不计, 球状体最初可能和背景压强平衡. 一旦物体受到足够高的外部压强产生坍缩, 这种情况基本上就相当于从超过金斯极限的云质量开始. 在任何一种情况下, 结构都会失去力平衡, 经历动力学碎裂. 它分裂成许多本身引力稳定的小质量云, 因此不能产生恒星.

　　因此, 任何诱发的恒星形成都一定来自一个静态的或者最多是准静态演化的实体. 在目前的情形, 这个实体是电离氢区中的辐射场塑造的彗星状球状体. 这个结构在产生内部致密云核之前可以存在相当长的时间. 这些致密云核通过双极扩散损失磁通量, 坍缩成恒星. 确切地说, 卷吸的形态是如何激发云核增长的仍然不得而知. 然而, 没有理由怀疑这种机制与任何其他星团形成区的机制有根本的不同. 在任何情况下, 未来将球状体中的恒星放到赫罗图上的观测应该有助于阐明事件链.

15.5.2 超新星遗迹的动力学

　　大质量恒星还有一种途径对附近分子云施加动力学影响. 这就是超新星相关的压强增大. 如在第 1 章中讨论的, 所有质量超过 $8M_\odot$ 的恒星, 即光谱型 B3 和更早的恒星, 在它们的中心区域坍缩形成中子星时经历这种剧烈的爆炸. 变成白矮星的较小质量天体也会爆炸, 如果它们从双星系统的伴星得到了足够质量. 后一种情况被称为 Ia 型超新星, 与 Ib、Ic 和 II 型超新星不同, 这些超新星都源自大质量恒星. (这种分类方案基于光学光谱的外观.) 类似银河系的旋涡星系每世纪产生数次超新星爆发, 其中 Ia 型比其他类型的超新星少见. 在我们自己的银河系中, 金牛座中被称为蟹状星云的炽热气体复合体是最引人注目的超新星遗迹, 气体从爆发的位置飞驰而去. 如我们现在将要看到的, 存在这些遗迹与巨分子云相互作用的观测特征. 一些喷出气体产生了巨大的壳层和气泡, 并最终完全逃离银河系.

　　我们对超新星遗迹动力学的大部分理解基于考虑理想化的均匀背景, 就像对电离氢区相应的分析一样. 在恒星中心爆发后, 激波向外传播并喷射出恒星质量的百分之几. 这些气体的初速度巨大, 通常为 1×10^4 km · s^{-1}, 或者光速的百分之三. 在这个事件之前很长时间, 由于恒星的辐射场, 恒星附近的分子云物质已经膨胀到一定程度. 在任何情况下, 稀薄的环境气体对巨大而致密的包层几乎没有阻力. 然而, 通过膨胀, 遗迹不断清扫外部物质. 一旦总质量显著增大, 这个包层就开始减速. 对于有代表性的质量为 $0.2M_\odot$ 的初始包层, 最初的匀速阶段持续大约 100 yr, 假设背景数密度为 $n_{\rm tot} = 1$ cm^{-3}. 遗迹外边缘现在位于距离爆发点大约 1 秒差距的地方.

这个推进的边界是一个激波波前, 周围的气体流过它. ①尽管激波波前变慢了, 但它的速度一开始就很快, 受到激波作用的气体不能有效冷却. (作为比较, 回忆 15.3 节末尾对大质量外流的讨论.) 因此, 此时所谓谢多夫-泰勒阶段的膨胀是绝热的. 实际上, 因为运动气体对周围几乎不做功, 所以系统总能量保持初始值, 即爆发本身所传递的能量. 动理学贡献和热力学贡献都是显著的, 分别来自质量增加遗迹的整体运动和随机运动. 注意, 是激波作用的内部气体驱动了膨胀.

为了评估实际的减速率, 简单的量纲分析就足够了. 令 R_{shock} 表示激波波前前端的半径, 这个波前以速度 V_{shock} 进入静止的环境. 因为总能量是固定的, 所以超新星遗迹的体能量密度以 R_{shock}^{-3} 下降. 但任何非相对论性气体的平均内部压强就是能量密度的 2/3. 让我们进一步假设激波后的压强正比于这个平均值. (详细的分析表明它是平均值的两倍.) 激波后压强以 V_{shock}^2 变化, 例如, 如我们在方程 (8.50) 中所示. 结合这些结果, 我们得出结论, V_{shock} 以 $R^{-3/2}$ 减小. 因为 $V_{\text{shock}} = dR_{\text{shock}}/dt$, 也可以得到 R_{shock} 正比于 $t^{2/5}$, 和初始自由膨胀阶段的线性增长不同.

假设最初以 $1 \times 10^4 \text{ km} \cdot \text{s}^{-1}$ 运动的超新星遗迹在 100 yr 内膨胀到 1 pc 的半径, 此时速度开始下降. 激波后温度也降低. 当它达到大约 5×10^5 K 时, 金属离子的辐射冷却开始发挥作用. 方程 (8.50), 把 μ 设为 0.61, 表明所需的激波速度为 $200 \text{ km} \cdot \text{s}^{-1}$. 这个速度是半径增加到 $(5000/200)^{2/3} = 9$ 倍时达到的. 这里, 我们粗略解释了先前把谢多夫-泰勒阶段初始速度设为 $5 \times 10^5 \text{ km} \cdot \text{s}^{-1}$ 的减速. 在绝热过程中经历的时间变为 $(5000/200)^{5/3}$ 倍, 得到 2×10^4 yr. 积累的质量正比于扫过的体积, 这个质量为 $100 M_\odot$.

快速的激波后冷却现在导致运动的激波波前之后的压缩增强. 结果, 超新星遗迹基本变成了一个薄的壳层, 在持续膨胀过程中积累质量. 在这最后的扫雪阶段, 膨胀是动量驱动的. 根据我们之前的推理, 总质量正比于 R_{shock}^3. 但动量守恒要求质量也反比于 V_{shock}. 所以 V_{shock} 以 R_{shock}^{-3} 变化, R_{shock} 本身也 $t^{1/4}$ 增大. 一旦速度变得和表征星际介质的随机速度相当, 壳层就融入背景了. 在我们的例子中, 经历的总时间大约为 1×10^6 yr, 最终的半径为 23 pc. 这里, 我们已经假设了周围的速度弥散为 $10 \text{ km} \cdot \text{s}^{-1}$, 适用于占据大部分星际空间的温暖的中性气体.

超新星遗迹的壳层状结构在射电波段通常很明显, 这为探测银河系中的数百个这样的天体提供了方法. 射电波段的光谱能量分布和电离氢区有质的不同, 强度随频率急剧下降. 很明显, 发射机制不是轫致辐射, 而是一个非热过程. 这种发射通常是高度偏振的, 代表了同步辐射. 它是由相对论性电子绕随气体膨胀的内磁场旋转而产生的. 这些起源于周围介质的电子被推进的激波加速. 超新星遗迹

---

① 一个年轻的超新星遗迹的膨胀速度太快, 而背景密度足够低, 粒子间碰撞太不频繁, 无法促成激波转变. 相反, 周围的磁场起到了这个作用, 导致了一个无碰撞激波. 人们认为是波前中的纠缠的磁场造成了宇宙线的加速.

更重要的冷却来自 X 射线, 这实际上来源于受激波作用气体的轫致辐射. 始于 20
世纪 70 年代的 X 射线卫星拍摄的图像为我们提供了很多关于这些物质物理条件
的知识. 最后, 很多超新星遗迹, 从 300 年老的仙后座 A 到年龄 4×10^4 yr 的天
鹅座环, 在一个延展的丝状结构系统中展现出明亮的光学和紫外发射. Hα 和类似
[OⅢ] λ 5007 和 [SⅡ] λλ 6716, 6731 双线这种熟悉的谱线都证明了这个成分起源于
激波. 相比之下, 光学连续谱发射仍然是高度偏振的, 源自同步辐射.

15.5.3　爆炸波和云

我们主要关心的是爆炸波如何影响周围的分子云物质. 如果超新星前身星是
一颗 O 型星, 那么它在其主序寿命内已经从一个半径至少 15 pc 的空间内将分子
气体驱散. 这种驱散是通过相对弥散的团块间成分的热膨胀加上光致蒸发和施加
在团块本身的火箭效应而实现的. 爆炸后, 与超新星遗迹相关的激波在进入分子
物质之前被大大减弱. 相比之下, 光谱型 B3 到 B0 的恒星, 即 $(8 \sim 12)M_\odot$ 的恒
星在爆发时直接影响原始的分子云复合体.

超新星-分子云相互作用的观测例子实际上非常少. 在那些进行了分子谱线研
究的超新星遗迹中, 只有一些显示出受到强烈扰动的致密气体. 最好的例子是 IC
443, 双子座 OB 星协中一个年龄 10^4 yr 的超新星遗迹, 距离 1.5 kpc. 图 15.26 左
图在负片中显示了通过红色滤光片拍摄的光学照片. 这样的图像由激波后气体的
Hα 发射主导. 这里我们看到两个部分的壳层, 它们的曲率半径明显不同. 这意味
着左上角的分子云物质具有相对高的密度, 因此相关的激波推进得更慢. 注意从
右侧壳层中突出的丝状圆弧, 其半径为 13 pc. 两幅图中的符号标记了一个强的 X
射线点源的位置, 这个源被认为实际上是中子星.

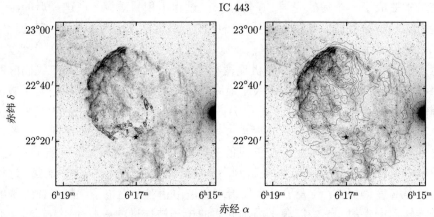

图 15.26　左图: 超新星遗迹 IC 443 的光学图像, 图示的是 H_2 的 2 µm 发射的等值线. 右图:
同样的光学图像, 但结合了 0.2 到 4.0 keV 的 X 射线发射的等值线.
中子星的位置在两幅图中都标出来了

左图也展示了 2.12 μm H_2 发射 (这种发射在这个源中非常强) 较粗的等值线. 从形态上看, 激波作用过的分子氢的弧形结构很好地延续了左边的壳层, 可能进入了分子云过于致密、看不到 Hα 或气体光学谱线的区域. 这一假设在 CO 观测中得到了证实, 它在光学的弧形结构之间展示了一大片对角线切割超新星遗迹的团块状分子气体. 在这个区域还探测到了很多来自其他分子的发射线, 例如 OH、HCO^+ 和 SiO. 所有这些谱线都相对较宽, 径向速度宽度达 90 km·s⁻¹. 此外, 这些跃迁既来自低能级也来自更高能级. 脉泽点团可以在 OH 1720 MHz 谱线中看到. 所有这些分子都被以大约 40 km·s⁻¹ 进入团块状气体中的激波激发并带动. 这些物质仍然部分包围着膨胀超新星遗迹的中间部分.

在图 15.26 的右图中, 我们再次在光学图像上展示了弥漫 X 射线发射的等值线. 这个形态明显和光学或近红外不同. 已经没有类似边缘结构的迹象, 而是在内部空间更均匀分布的热气体. 原始的谢多夫-泰勒解预测气体密度和 X 射线辐射确实应该在激波边界达到峰值. 这并不意味着大量物质被注入并加热到超过 10^6 K. 一个自然的假设是, 这种物质代表了最初被爆炸波超过的冷分子团块. 这些团块中较小的那些最初被周围增大很多的压强挤压. 在部分重新膨胀并建立动力学平衡后, 这些团块随后蒸发并合并到背景气体中.

15.5.4 气泡和壳层

单个的超新星遗迹通常跨越几十秒差距, 在 10^6 yr 左右之后显著冷却. 另一方面, 在银河系中有更大的区域, 直径从 10^2 pc 到 10^3 pc, 展现出相似的形态. 也就是说, 它们是由一个热的稀薄内部和周围相对冷的致密气体厚表面层组成的. 从测量到靠外部分的速度来看, 膨胀已经进行了大约 10^7 yr. 这个过程一定是在整个时期内以准连续方式发生的多重超新星爆发驱动的. 巨分子云存活一段时间, 可以产生很多大质量恒星形成地.

我们自己的太阳系就沉浸在这样一个炽热的膨胀区域中. 在第 7 章讨论星际辐射场时, 我们注意到存在一个软 X 射线的成分. 这里的光子来自直径大约 100 pc 的 10^6 K 等离子体. 这个本地气泡相比周围区域较低的 HI 密度也是值得注意的. 事实上, 21 cm 观测揭示了原子氢外壳层的存在, 这通常被称为林德布拉德环 (Lindblad's ring). 射电数据和在银道面内膨胀的椭圆形气体带一致 (见图 15.27). 虽然最初的壳层可能是以各向同性的方式运动的, 但向外的运动被产生了恒星较差运动的同样的引力场所剪切. 图 15.27 描绘了太阳系刚好在环边界内的位置如何产生了符合 21 cm 观测的径向速度模式.

如果我们比较图 15.27 和图 4.4, 我们会发现林德布拉德环椭圆形的轮廓和古德带 (Gould's belt) 惊人地相似. 我们还记得, 这个明亮恒星组成的庞大系统包含了许多重要的 OB 星协, 包括猎户座和天蝎座-半人马座的 OB 星协. 对这两种结构进行精确比较是不合适的, 因为对环的计算忽略了 HI 壳层因为遇到外部物质而减速的那些因素. 然而, 空间位形和膨胀速度的相似性肯定不是巧合. 人们普遍接受的图像是, 在现在已经基本散开的仙后座-金牛座星协中, 超新星在大约 6×10^7 yr 之前开始爆发. 多重膨胀的超新星遗迹加热的激波产生了本地气泡, 并将气体扫入了林德布拉德环和天蝎座-半人马座、猎户座、英仙座和蛇夫座 ρ 分子云复合体. 更近期的 OB 星协, 例如猎户座 OB 1 和英仙座 OB 2, 后来在这些气体中产生, 现在组成了古德带. 我们强调, 最初仙后座-金牛座超新星和今天 O 型星的因果联系是间接的, 前者有助于形成通常恒星形成过程所处的环境.

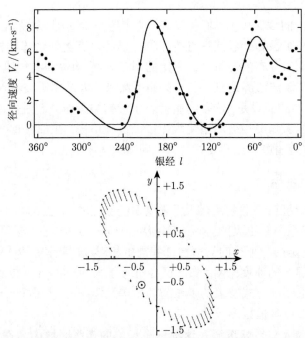

图 15.27　林德布拉德环的膨胀. 上图中的数据点是观测到的 HI 径向速度作为银经的函数. 光滑曲线展示了 HⅡ 气体如下所示膨胀情况下预期的径向速度分布. 椭圆的形状代表了 6×10^7 yr 演化后, 最初向银盘的各向异性膨胀. 计算出的速度是相对于图中所示太阳系在环内的位置

从 21 cm 成图上可以看到银河系中的其他很多壳层结构. 远离银道面的原子氢倾向于集中在丝状弧形结构中. 其中很多可能是闭合的接近球形结构的一部分. 在银道面内, 人们需要研究构建在窄速度切片上的天图, 以尽量减少前景和背景气体的污染. 这种图像同时显示了弧形结构和完整的壳层. 在某些情况下, 壳层直径随径向速度的系统性变化令人信服地定量证明了膨胀运动. 使用银河系旋转曲线, 我们可以给出结构的距离, 把角半径转换为物理半径. 后者大小的范围从分

辨率极限到比大约 250 pc 的林德布拉德环更大. 在标尺的最顶端是估计的质量 (超过 $10^6 M_\odot$) 和尺度需要爆发能量超过 10^{53} erg 的那些壳层. 后者超过单个 I 型超新星的能量至少两个量级. 然而, 这个估计的基本假设是, 能量注入是瞬时发生的. 如果能量以连续的方式添加, 那么壳层达到一个给定半径所需的总能量较少. 因此, 观测到的超大壳层可以通过星风和来自大 OB 星协的超新星的联合作用而形成.

超大壳层中是一个超大气泡, 这些结构也是通过 X 射线观测看到的. 一个经过充分研究的例子是天鹅座超级气泡, 位于 1.3 kpc 的距离. 这里, 一个直径 13°(或 300 pc) 发射 X 射线的气体占据的大区域被一个严重遮蔽的厚脊分开. 在这个脊中是非常明亮的天鹅座 OB 2 星协, 人们认为它为整个结构提供了能量. (这个星群的位置见图 4.14.)X 射线区域周围的区域包含发出 Hα 的激波加热的丝状结构, 和 HI 超大壳层重合. 沿着这个边界还发现了四个离散的 OB 星协. 一端是天鹅座 OB 7, 读者也可以在图 4.14 中看到. 伊巴谷卫星已经提供了这个外围区域中众多恒星的自行, 表明它们处于全局膨胀的状态.

气泡和它们周围的壳层构成了星际介质体积的一大部分. 特别是, 超大壳层的直径和 HI 气体的标高相当. 垂直于银道面的那部分壳层感受到来自局域盘引力的额外减速. 因此壳层的轮廓开始变平, 这种效应有时在 21 cm 成图中很明显. 随着持续的膨胀, 内部气泡从盘中完全破裂. 热气体向外喷发, 成为银河系喷泉 (Galactic fountain). 一旦这些物质冷却, 它可能回到盘上离注入点很远的地方. 观测到以大约 30 到 100 km·s^{-1} 接近银道面的原子氢云可能代表了这种再入的气体成分.

15.5.5 超新星引起的坍缩

因此, 超新星是银河系尺度上加热和搅拌气体的主要媒介. 评估它们的集体效应对于理解星际介质至关重要. 然而, 我们目前所关注的是探索这些高能事件可能导致新恒星形成的方式. 除了间接的途径, 即环境气体被压缩成相对致密的分子云之外, 单颗超新星是否可能引发附近球状体的坍缩?

从理论的角度看, 答案是明确的. 图 15.28 展示了模拟平面激波波前撞击孤立球状体的三维数值计算的快照. 这个 $1M_\odot$ 的天体最初是球形的, 几乎处于流体静力学平衡. 当激波从右侧进入, 云变平, 激波波前扭曲成一个宽而凹陷的结构. 相应的物质堆积最终驱动一些分子云气体到中心, 使那里的密度大大提高. 向着这个位置的局域速度增大, 这是坍缩迫在眉睫的迹象.

图 15.28 的特定的模拟采用了 25 km · s^{-1} 的激波速度, 没比推测的超新星遗迹 IC 443 的 40 km · s^{-1} 低太多. 其他实验发现, 高得多的激波速度不会导致坍缩, 而是导致剧烈的云碎裂和驱散. 相反, 太弱的激波导致分子云暂时的扭曲和压

缩, 然后反弹到球形的平衡态. 因此, 似乎在一定的激波速度范围, 包括那些分子环境中的一些超新星遗迹的激波速度, 先前存在的球状体才确实会坍缩.

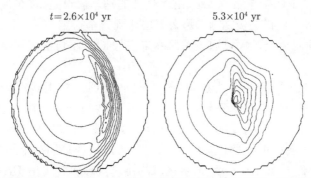

图 15.28　激波导致的分子云坍缩的数值模拟. 等值线代表质量密度, 相邻等值线相差因子 2. 云最初是球形的, 质量和半径分别为 $1M_\odot$ 和 10^4 AU. 在 $t = 0$, 它被一个从右侧以 25 km $\cdot$ s^{-1} 接近的平面激波撞击

　　然而, 即使分子云坍缩, 也不意味着新恒星总是或者通常会形成. 这里的推理和我们应用于电离氢区内彗星状球状体的推理一样. 事实上, 超新星情形的大部分压缩不是来自动压本身, 而是来自激波波前之后的温度升高, 这与紫外加热在球状体表面产生的效果类似. 在这两种情况下, 产生的坍缩都不太可能产生恒星内的密度, 除非施加的压强略超过引力稳定性所允许的最大值. 这种匹配只有通过超新星能量、距离和云周围介质密度的偶然组合才有可能, 否则诱发坍缩的结果是动力学碎裂.

15.5.6　消失的放射性核素

　　通过分子云的诱发坍缩形成小质量恒星似乎是罕见的事件. 即便如此, 许多行星科学家仍然坚持认为, 这个图景适用于我们自己的太阳系. 他们的证据是在某些陨石中发现的同位素丰度异常. 这种异常是一种短寿命放射性元素, 可能是在太阳系形成的时候注入的. 由于超新星遗迹携带着这些同位素, 有人认为爆炸本身引发了坍缩以及随后太阳的诞生.

　　陨石是小行星 (太阳系中质量小于行星的天体) 碎片. 反过来, 这些天体是太阳星云 (即形成行星的原行星盘) 的遗迹. 大多数岩质陨石 (与高金属含量的陨石相反) 被归类为球粒陨石, 正是这些陨石最忠实地代表了最初的星云的状态. [①] 球粒陨石不是均质岩石, 而是被称为球粒 (chondrule) 和富钙铝包体 (CAI) 较小物体的聚合体. 前者是毫米大小的液滴形物体, 富含铁、镁和硅酸盐. CAI 是 “富钙铝包体 (calcium-aluminum-rich inclusion)” 的缩写. 它们是更大的圆形结构, 最

---

① 对球粒陨石中长寿命放射性元素的丰度分析给出了目前公认的太阳系寿命, 4.6×10^9 yr.

大可达几厘米. 组成球粒的挥发性元素被耗尽, 这些元素含有一系列矿物, 每一种都有自己的晶体结构.

在大多数情况下, 球粒陨石中的相对元素丰度接近太阳大气中的观测值. 这个基本事实支持了这样的观点：最初的物质是均匀的气体, 后来分化成了中央恒星和盘. 更易挥发的元素 (例如富钙铝包体中的元素) 的耗尽可能反映了太阳星云中这些天体凝聚之处的高温. 给定元素的同位素丰度也有变化. 其中一些变化可以归结为分馏过程, 类似于改变了银河系 $[^{12}C/^{13}C]$ 比例的选择性化学反应 (第 6 章). 然而, 其他同位素变化不符合这个模式, 似乎是先前放射性衰变的结果.

让我们考虑一个情形, 富钙铝包体中 ^{26}Mg 的增丰. 这种同位素可能是由 ^{26}Al 衰变产生的. 有什么证据表明这种衰变实际发生在太阳星云中？图 15.29 展示了 1969 年在墨西哥发现的阿连德陨石的一个富钙铝包体的数据. 这个特殊的样品包含四种不同的晶相. 每种晶相都有两种主要同位素, ^{27}Al 和 ^{24}Mg 特征的丰度比; 这个比值画在水平轴上. 垂直轴展示的是 ^{26}Mg 和 ^{24}Mg 的比. 后一个量在富钙铝包体中会变化大约百分之十, 最小值为 0.140, 就是在地球和月球岩石中的值.

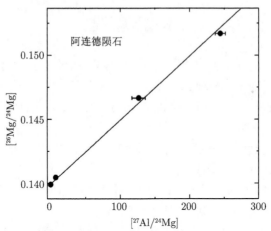

图 15.29   阿连德陨石中的 ^{26}Mg 超出. 图中画出了一个富钙铝包体中四种不同晶相的所示同位素比例. 直线是对数据的最佳拟合

图 15.29 最显著的特征是 ^{26}Mg 的局域增丰随 ^{27}Al 丰度线性增加. 一个合理的解释是, 包体凝固时, 一部分铝以 ^{26}Al 同位素的形式存在. 包体不同部分的铝含量不同, 取决于它们的晶相. 放射性同位素的原始分数 $[^{26}Al/^{27}Al]_0$ 可以从直线的斜率读出, 为 5×10^{-5}. 注意 ^{26}Al 的半衰期仅有 1.1×10^{6} yr. 假设这种同位素是在超新星爆发中产生的, 那么几乎没有时间让热气体进入太阳星云的形成过程. 所以有了触发坍缩的假说.

其他元素也讲述了类似的故事, 比例与消失的放射性同位素相当. 目前, 还没有一个定量模型能产生正确比例的所有这些污染物. 也不清楚这些放射性物质如何穿透坍缩的致密云核进入内部深处相对较小的盘. 一些理论家认为, 触发这个过程的根本不是超新星, 而是一颗小质量恒星在渐近巨星阶段释放的星风. 其他人指出, 与触发假说相反, 来自年轻太阳耀斑的高能质子可能与盘中的 ^{25}Mg 反应生成了 ^{26}Al. (同样的反应产生了超新星和巨星中的同位素.) 我们对球粒和富钙铝包体如何形成的一无所知令所有这些相互竞争的想法都黯然失色. 二者的形态表明, 它们的组成物质被加热到大约 1500 K, 并且在加热后的凝固速度非常快. 这个热力学事件的本质至少和同位素异常一样神秘.

最后回到恒星形成的一般问题上, 我们强调任何触发场景都依赖于致密云核和外部因素之间微调的关系. 这些条件不太可能在延展的星团或星协中都成立. 另一方面, 这些星群中恒星形成有序的模式确实表明存在环境的影响 (第 12 章). 这种影响的一部分很可能是附近大质量天体对较大的云事先进行了压缩. 如果我们拒绝任何直接的触发, 那么每颗小质量恒星的诞生都必须经历其母致密云核增长到不稳定点的过程.

本 章 总 结

大质量恒星的紫外辐射电离了周围的气体. 如果后者是典型的分子云, 那么电离波前最初高速冲出. 波前在光子被耗尽时减速, 然后开始以亚声速开始一个更长期的膨胀. 最终, 高压的电离氢区冲出这块分子云. 由此产生的香槟流可以通过光学和射电发射示踪.

观测表明, 大质量恒星实际上在比通常分子云致密得多的环境诞生. 这样的热云核在红外和射电分子谱线中大量发射, 但没有显示出内部的电离氢区. 在后面的阶段, 电离波前因为半径 0.1 pc 处的环境密度暂时停滞. 这些超致密电离氢区在热尘埃发出的远红外连续谱辐射特别明亮.

O 型星和 B 型星也通过它们的高速星风瓦解分子云. 这里, 电离气体被辐射压向外加速. 发出星风的恒星有过量的射电发射, 具有特征的谱指数. 它们也产生源自内部星风激波涨落的 X 射线. 较年轻的内埋天体驱动双极分子外流, 比低光度恒星的外流更宽, 质量也更大.

电离氢区中的任何盘都受到光致蒸发的影响. 如果紫外流量的源是盘本身的中心恒星, 那么该结构的内部因为恒星的重力而保持完整, 而外部以压强驱动的风的形式流走. 猎户座中猎户座 Cθ^1 附近的小质量恒星具有在光学波段发光的被称为原行星盘的正在蒸发的盘. 其他电离氢区中秒差距尺度的球状体类似地被摧毁. 辐射会挤压球状体, 而密度的增大会刺激产生新的小质量恒星. 最后, 最小的球状体被蒸发流的反冲力推离产生电离的恒星.

在恒星主序寿命中没有被星风或辐射驱散的分子云物质会受到最终超新星事件的影响. 从爆发恒星飞出的致密壳层在云中产生了一个激波, 通过宽发射线被观测到. 这个壳层内部发出 X 射线. 类似但尺度大得多的结构是由接连多次超新星爆发导致的. 这些超大壳层强烈扰动了银河系中的气体. 单颗超新星通常具有破坏性, 但会导致相对小的云坍缩. 这样快速的内爆更可能导致云碎裂而不是产生新的恒星.

建 议 阅 读

15.1 节 电离波前和电离氢区的基本性质在这里讲述

Dyson, J. & Williams, D. A. 1997, *Physics of the Interstellar Medium* (Bristol: Institute of Physics), Chapter 7

Spitzer, L. 1978, *Physical Processes in the Interstellar Medium* (New York: Wiley), Chapter 5.

对于电离氢区中原子过程的详细讨论和对电离氢区发出的辐射的讨论, 见

Osterbrock, D. E. 1989, *Astrophysics of Gaseous Nebulae and Active Galactic Nuclei* (Mill Valley: University Science Books).

15.2 节 对超致密电离氢区的第一个综合研究是

Wood, D. O. S. & Churchwell, E. 1989, ApJSS, 69, 831.

寿命问题之前已经在这里指出

Dreher, J. W., Johnston, K. J., Welch, W. J., & Walker, R. C. 1984, ApJ, 283, 632.

吸积导致的电离抑制, 参见

Yorke, H. W. 1983, in *Birth and Infancy of Stars*, eds. R. Lucas, A. Omont, and R. Stora (Amsterdam: North Holland), p. 645.

对热云核性质的综述见

Kurtz, S., Cesaroni, R., Churchwell, E., Hofner, P., & Walmsley, C. M. 2000, in *Protostars and Planets IV*, eds. V. Mannings, A. P. Boss, and S. S. Russell (Tucson: U. of Arizona Press), p. 299.

15.3 节 星风辐射加速的处理见

Lamers, H. J. G. L. M. & Cassinelli, J. P. 1999, *Introduction to Stellar Winds* (New York: Cambridge U. Press), Chapter 8.

关于大质量星风射电发射的理论, 见

Felli, M. & Panagia, N. 1981, AA, 102, 424.

大质量恒星分子外流的综述见

Beuther, H., Schilke, P., Menten, K. M., Walmsley, C. M., & Sridharan, T. K. 2002, in *The Earliest Stages of Massive Star Birth*, ed. P. A. Crowther, (San Francisco: ASP), p. 341.

15.4 节 我们对大质量恒星周围盘的侵蚀的处理遵循这篇文章

Kahn, F. D. 1969, Physica, 41, 172.

Hollenbach, D., Johnstone, D., Lizano, S., & Shu, F. 1994, ApJ, 428, 654.

对于猎户座原行星盘的观测和理论解释, 见

McCaughrean, M. J. & O'Dell, C. R. 1996, AJ, 111, 1977.

Johnstone, D., Hollenbach, D., & Bally, J. 1998, ApJ, 499, 758.

火箭效应是在这里发现的

Oort, J. H. & Spitzer, L. 1955, ApJ, 121, 6.

15.5 节 恒星辐射场对星际云的压缩是这些文章的主题

Dyson, J. E. 1973, AA, 27, 459.

Bertoldi, F. 1989, ApJ, 346, 735.

关于超新星遗迹的物理, 见

Woltjer, L. 1972, ARAA, 10, 129.

对相互作用超新星遗迹 IC 443 的多波段研究见

Mufson, S. L., McCollough, M. L., Dickel, J. R., Petre, R., White, R., & Chevalier, R. 1986, AJ, 92, 1349.

HI 超大壳层是在这里发现的

Heiles, C. 1979, ApJ, 229, 533.

陨石中消失的放射性核素的天体物理意义见

Zinner, E. 1998, AREPS, 26, 147.

Busso, M., Gallino, G. J., & Wasserburg, G. J. 1999 ARAA, 37, 239.

最后一篇参考文献介绍了太阳系被邻近巨星星风触发形成的情况.

第五部分
主序前恒星

第 16 章　准静态收缩

恒星演化的主序前阶段标志着结束和开始. 一方面, 它代表了恒星年轻时期, 进入漫长氢聚变时期之前的最后阶段. 随着恒星开始主序前收缩, 它也不再埋在不透明的尘埃云中. 辐射第一次可以从表面层自由地发出. 于是恒星在某些方面表现得像一个成熟的、大体上稳定的天体, 相对容易用传统方法观测. 然而, 一些现象表明, 年轻时期的活动没有完全停止. 半个多世纪以来, 正是这些特性使得主序前恒星成为天文研究的主要焦点.

在本章中, 我们首先从理论的角度来探讨这一演化阶段. 在研究了恒星诞生线的物理起源后, 我们讨论收缩如何持续相对较长时期的核心问题. 我们还描述了这期间发生的热变化和核变化. 氢的点燃结束了正常恒星的收缩. 在我们同样要讨论的褐矮星中, 中心温度通常高到足以燃烧氘, 但不能燃烧普通的氢, 收缩一定最终被电子简并压停止. 在两种情况下, 另一种轻元素, 锂的耗尽提供了一种有用的天文计时方法.

另一个主要关注的问题是恒星自转. 所有恒星生来都多少有一些角动量, 它们的自旋速率在收缩过程中如何变化的问题还没有完全被理解. 因此, 我们将在很大程度上依赖现有的观测结果来指导我们研究这个主题. 在第五部分剩下的章节中, 我们将总结我们目前对金牛座 T 型星和赫比格 Ae/Be 星的理解.

16.1　恒星的诞生线

在本书中, 我们频繁使用诞生线作为赫罗图中的一个理论模型. 我们将这条曲线描述为主序前轨迹下降的位置, 以及恒星年龄的基准零点. 但是从观测的角度看, 引入这个概念的动机是什么? 而且一旦这个想法被接受, 我们能以什么样的精度从观测或理论上确定这条曲线的位置? 我们在前面的章节中看到, 诞生线对最大质量的那些恒星不适用, 它们首先出现在主序上. 这个差异的恒星物理本质是什么? 本章的一个任务一定是讨论这些问题.

16.1.1　经验证据

诞生线的想法不是源于对单颗恒星的观测, 而是源自对星群的巡天. 首先考虑 T 星协. 如我们在第 4 章中描述的, 这些星协仍然含有大量分子气体, 尽管这些区域的光学消光已经足够低, 可以把大部分成员星放到赫罗图上. 只要浏览一下图 4.9 就可以立即看到存在一个分布模式. 在每个星协中, 几乎每颗恒星都位于主序上方. 这个事实, 加上存在分子气体, 让我们确信这些系统确实是年轻的. 同样引人注目的是每个分布中清晰的上边界. 这样的边界出现在每个具有足够数量且有很好观测的成员星的 T 星协中. 它也出现在包含大质量恒星成员的更多星群中. 一个好例子是猎户座星云星团, 它的赫罗图如图 12.29 所示. 总的印象是赫罗图上部在某种程度上是禁戒的, 即主序前恒星由于其本身的性质, 被限制在相对适中的光度范围.

然而, 这个解释立即受到了有力的批评. 主序前恒星的收缩随时间减慢. 我们也知道小质量恒星收缩时会变得更暗. 非常明亮天体的缺乏难道不是一种统计效应吗? 是不是有可能根本就没有清晰的上边界, 而仅仅是因为它们在那里停留的时间太短, 所以探测到赫罗图高处恒星的可能性越来越小?

为了量化这个论点, 我们回顾主序前收缩的特征时标. 这就是开尔文-亥姆霍兹时标:

$$t_{\rm KH} = \frac{GM_*^2}{R_* L_*},$$
(16.1)

最初是以方程 (1.6) 引入的. 我们回顾一下, 物理量 $t_{\rm KH}$ 测量了恒星半径显著减小所需要的时间. 也就是说恒星的收缩遵守

$$\frac{dR_*}{dt} = -n_1 \frac{R_*}{t_{\rm KH}},$$
(16.2)

其中 n_1 是正的量级为 1 的无量纲常量. 在本章的后面, 我们将更形式地推导这个方程, 给出数值系数. 我们还将指出另一个关于主序前演化的重要事实的起源. 这就是恒星有效温度近似不变, 特别是对于亚太阳质量恒星. 现在半径、有效温度和光度通过方程 (1.5) 联系起来:

$$L_* = 4\pi R_*^2 \sigma_{\rm B} T_{\rm eff}^4.$$
(16.3)

于是我们有

$$\frac{dL_*}{dt} = -n_2 \frac{L_*}{t_{\rm KH}},$$
(16.4)

其中, $n_2 \equiv 2n_1$. 也就是说, 对于固定质量的恒星, $t_{\rm KH}$ 本身以 $L_*^{-3/2}$ 变化. 如果赫罗图一个部分的恒星数量确实正比于处于这个部分的时间长度, 那么方程 (16.4) 表明单位对数光度区间的恒星数量以 $t_{\rm KH}$ 变化, 即以 $L_*^{-3/2}$ 变化.

用观测来检验这个预测是很直接的事. 图 16.1 展示了猎户座星云星团的结果. 这里我们选择了图 12.29 中赫罗图的一个竖条. 这个竖条中心位于 $\log T_{\rm eff} = 3.52$, 对应于恒星质量 $0.20M_\odot$. 这幅直方图展示了在固定 $\log L_*$ 区间内观测到的

恒星数量. 作为比较, 虚线是 $L_*^{-3/2}$ 的预测. 二者在整个光度范围内明显不同, 尤其是在 L_* 值较小的情况下. 我们对这种差异有什么看法?

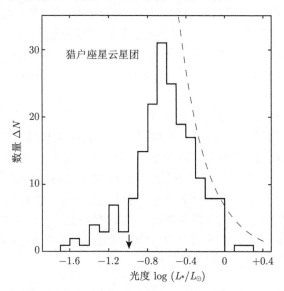

图 16.1　猎户座星云星团中恒星按光度的分布. 图中画的是每个光度区间 $\Delta \log(L_*/L_\odot) = 0.1$ 中的恒星数量. 这些恒星有 $\log T_{\text{eff}} = 3.52$, 宽度 $\Delta \log T_{\text{eff}} = 0.03$. 巡天标称的流量极限是 $0.1L_\odot$, 如水平轴上的垂直箭头所示. 虚线是稳态形成模型的预测

在我们的预测中, 一个隐含的假设是主序前恒星以稳定的速率出现. 我们从第 12 章知道, 真正的星群形成恒星的时间不会超过大约 10^7 yr. 因此, 直方图最终向低光度端 (即更老的恒星) 下降是意料之中的. 注意到, 所展示的光度延伸到这些观测的灵敏度极限 (大约 $0.1L_\odot$) 之下. 然而, 在那个极限处, 这种下降已经很明显了.

更有趣的是向更高光度方向的趋势. 图 16.1 展示了在这个方向的急剧下降以及在 $\log L_* \approx 0$ 处的突然下降. 包括猎户座星云星团在内的很多星群的产生率在当前时期都随时间的推移而加快 (12.4 节). 这种增大的速率部分抵消了在较高光度处 t_{KH} 的减小. 事实上, 从图中可以清楚地看到, 正如所预期的, 恒星数量的下降最初没有稳态那么急剧. 然而, 在某一时刻, 数量下降得更为显著. 即使在稳态假设下, 大约还有 17 颗额外的恒星满足 $\log L_* > 0$. 观测到的数量只有 2 颗.

在猎户座赫罗图的其他竖条中也可以看到恒星数量类似的急剧截断. 一种可能的解释是, 如果不是有现在的 O 型星 (它们在最近的过去已经剥离了分子气体), 更亮的天体仍然会形成, 然而, 对于其他星群, 例如豺狼座和金牛座-御夫座这些目前没有大质量的星群, 基本上也可以看到同样清晰的边界. 我们得出结论, 较明亮的小质量恒星不是在这些环境中很少, 而是根本没有出现过. 也就是说, 赫罗图中的禁区确实存在.

这个边界的物理实在性被这个事实证实, 恒星年轻时期的经验指标在这附近显示出显著的增强. 这些指标中的一些, 例如红外流量的超出和光学发射线将在接下来两章详细考虑. 而另一个指标, 外流活动性是第 13 章的主题. 在那里我们看到大部分驱动了喷流和分子外流的恒星自身内埋太深, 没法放到赫罗图上. 然而, 少数源展示出光球层. 它们的测量温度和光度总是让它们处于诞生线附近.

为了说明这一点, 我们在图 16.2 中画出了很多不同地方的几十颗赫比格 Ae 和 Be 星的合成赫罗图. 如预期的, 这些星的群体几乎完全位于诞生线和零龄主序之间, 二者都在图中画出来了. 实心符号代表一个质量范围的有 (用 CO 探测的) 分子外流的天体. 在某些情况下, 光学可见的恒星本身可能驱动了自己的外流. 在其他一些情况, 未分辨出来的, 可能内埋更深的双星伴星可能是驱动源. 我们从第 12 章知道, 这样的双星中的两颗星很可能是同时演化的, 所以外流仍然是可见恒星年轻的标志. 很明显, 在任何情况下, 与外流相关的恒星都出现在分布中相对高的地方, 并且大多数落在上边界附近.

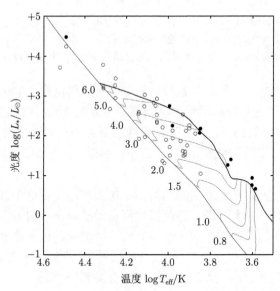

图 16.2　驱动分子外流的可见恒星在赫罗图中的分布. 空心圆圈代表一些恒星形成区中的赫比格 Ae/Be 星. 实心圆圈是与 CO 发射相关的一个子集. 图中还画出了理论诞生线、零龄主序和主序前演化轨迹. 这些轨迹的质量以太阳质量为单位标出

16.1.2　理论推导

在恒星演化理论的框架下, 诞生线的存在是很容易理解的. 填充了赫罗图的

主序前天体是内埋原恒星的光学可见的后代. 最明亮, 也就是最年轻的可见恒星具有的特征反映了它们起源于坍缩致密云核中的吸积天体. 原恒星的表面光度和温度都是由内落动力学设定的. (回忆方程 (11.5) 和 (11.8)) 一旦主吸积阶段结束, 预期这些量将发生显著变化. 另一方面, 天体的半径是由内部结构决定的, 即由自引力和热压强的平衡决定的. 这个性质对表面内落不敏感, 对于质量相同的原恒星和非常年轻的主序前恒星也是如此. 诞生线就是赫罗图中具有原恒星半径的主序前恒星的位置.

一旦认识到这一点, 就容易理解为什么非常高光度的可见恒星不存在, 即为什么存在一个禁区. 第 11 章中描述的理论计算发现, 原恒星半径比主序星半径大, 但从不会超过 10 倍. (回忆图 11.6) 主序前恒星的光度遵循方程 (16.3) 的光球关系. 如我们马上要详细讨论的, 对于亚太阳质量, 这些天体的表面性质产生比主序稍低的有效温度. 因此, 主序前恒星的初始光度不能超过零龄主序恒星两个量级. 与后来恒星演化中达到的值相比, L_* 值是适中的 (回忆图 11.5).

诞生线的理论构建首先要考虑一系列恒星模型, 每个模型代表各自质量最年轻的主序前恒星. 对于给定的 M_* 值, 我们可以求解四个恒星结构方程. 施加合适的边界条件就引入了半径. (见下面的 16.2 节) 因此, 一个表面条件是方程 (16.3), 其中 $R_*(M_*)$ 由原恒星理论得到. 求解结构方程得到每个质量的 $T_{\rm eff}$, 因而也得到 L_*. 我们到目前为止展示的诞生线使用了原恒星内落的球形计算得到的质量-半径关系, 其中 $\dot{M}$ 设定为等于常量 $1 \times 10^{-5} M_\odot$ yr^{-1}. 表 16.1 列出了这个假设下诞生线的基本性质. 第五列给出了随后的主序前阶段的活跃氘燃烧时间 (见下面的 16.3 节). 最后, 我们列出了每个质量收缩到主序所需的时间 $t_{\rm ZAMS}$.

表 16.1　理论诞生线

质量/$M_\odot$	半径/$R_\odot$	$\log L_*/L_\odot$	$\log T_{\rm eff}/$K	$\Delta t_{\rm D}/$yr	$t_{\rm ZAMS}/$yr
0.1	2.49	-0.28	3.49	1.5×10^6	3.7×10^8
0.2	2.52	-0.01	3.52	8.5×10^5	2.4×10^8
0.4	2.70	$+0.27$	3.56	3.0×10^5	1.1×10^8
0.8	4.32	$+0.78$	3.61	2.7×10^4	5.2×10^7
1.0	4.92	$+0.85$	3.63	6.9×10^3	3.2×10^7
1.5	5.09	$+0.89$	3.65	0	1.2×10^7
2.0	4.94	$+0.90$	3.67	0	8.4×10^6
3.0	5.66	$+0.94$	3.70	0	2.0×10^6
4.0	10.2	$+2.09$	3.84	1.4×10^4	8.2×10^5
5.0	8.20	$+2.83$	4.05	8.3×10^3	2.3×10^5
6.0	4.62	$+3.24$	4.27	1.1×10^3	2.9×10^4
7.0	3.28	$+3.40$	4.32	7.0×10^1	8.5×10^3
8.0	3.11	$+3.55$	4.36	0	0

预测的诞生线位置明显依赖于原恒星和主序前恒星理论的结果. 推迟对后者

的考虑, 这个位置对内落模型有多敏感? 鉴于内落阶段存在相当大的不确定性, 我们必然希望 $\dot{M}$ 的精确值、其时变行为或者甚至内落的几何形态不强烈影响这条曲线的位置. 幸运的是, 情况似乎就是这样的.

考虑 $\dot{M}$ 的值, 目前设为不随时间变化. 我们在第 10 章看到, 根据由内而外坍缩的动力学结合测量的致密云核温度可以得到速率为 $(10^{-6} \sim 10^{-5}) M_\odot \ \text{yr}^{-1}$. (联系 $\dot{M}$ 和温度的核心关系式是方程 (10.31).) 但诞生线本身是怎么响应内落速率的? 图 11.8 的左图展示了在给定质量, 原恒星半径随 $\dot{M}$ 的降低而减小. 较慢的质量积累给了原恒星更多的时间辐射内部能量, 从而收缩. 然而, 在所示的 $\dot{M}$ 范围, 在亚太阳质量, 半径变化严重受限. 我们回忆一下, 原因是氘聚变的恒温效应. 尽管数量少, 但这种燃料在主吸积阶段通过改变核能输出量有效地限制了半径. 在人为抑制氘聚变的计算中, 当 $\dot{M}$ 改变时, 质量-半径曲线会发生大的偏移. (参见图 11.8 右图.)

图 16.3 展示了在与图 11.8 相同的 $\dot{M}$ 范围内, 内落速率的改变对诞生线的影响. 正如预期的那样, 氘的加入保证了预测的诞生线的弥散相对较窄. 相反, 在氘丰度为零的假设情况下, 主序前恒星的最大光度会有更大的弥散. 总而言之, 我们现在有 "为什么观测到的星群在赫罗图中显示出一个相当明显的边界" 的线索. 顺便说一句, 这个推理意味着, 估计的星际介质中氘相对于氢的丰度的任何上升 (这是正在进行的研究, 这里取为 [D/H]= 2.5×10^{-5}), 都将使这个理论边界更加紧密.

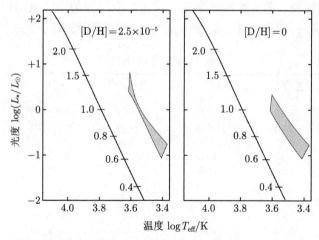

图 16.3 质量吸积率 $\dot{M}$ 的变化对理论诞生线的影响. 每个情形中上面的曲线是以 $\dot{M} = 1 \times 10^{-5} M_\odot \ \text{yr}^{-1}$ 构建的诞生线, 而下面的曲线对应于 $2 \times 10^{-6} M_\odot \ \text{yr}^{-1}$. 左图中, 计算假设了星际介质丰度, 而右图中将这个丰度人为地设为零

我们提出的另一个问题——$\dot{M}(t)$ 的时变行为和内落的空间分布模式尚未通

过详细的计算得到解决. 不过需要给出几点一般性评论. 诞生线的概念基于这样的假设, 主序前恒星的初始半径是从内落时期继承的. 因此, 与特征时标 t_{KH} 相比, 假设主吸积阶段很快结束. 如果不是这样, 那么恒星会开始收缩, 即使质量在以缓慢减小的速率增加. 理论家仍然远没有理解, 哪怕是定性地理解内落结束的机制. 然而, 观测本身提供了有价值的见解. 在第 17 章中, 我们将研究光学可见的金牛座 T 型星质量持续增加的证据. 虽然这种晚期的内落几乎肯定存在, 但估计的速率, 即使对于相对靠近诞生线的恒星, 也远低于方程 (10.31) 原恒星的值. 因此, 内落迅速减少的假设至少和观测一致.

关于内落气体的空间模式, 我们主要指的是角动量的效应. 正如我们在第 11 章中所作的那样, 确定转动的坍缩包层中的密度和流动速度并不难. 仍然悬而未决的真正问题是这些物质落在盘上之后的命运, 以及它最终是如何被输运到原恒星表面的. 我们在 11.4 节中提出, 表面上比熵的积累应该对这个输运过程的细节不敏感, 但还需要计算. 作为极限, 可以用方程 (16.3) 中的光球边界条件代替适用于球形内落的热边界条件, 方程 (11.25). 在固定的 $\dot{M}$, 这个变化对原恒星演化的影响也应该很小, 至少在亚太阳质量的情形是这样的. 原因是中心的氘燃烧对恒星内部熵的影响大于表面条件对内部熵的影响.

16.1.3 与零龄主序交叉

如果原恒星持续增加质量, 那么就会有别的效应. 我们在第 11 章中描述了氘如何在内部壳层中开始聚变, 以及这种燃烧如何使原恒星半径急剧膨胀的 (图 11.21). 在质量更大的情况下, 引力收缩变得更强, 原恒星迅速收缩. 这些事件在由方程 (11.44) 中 $\langle L_{int} \rangle$ 给出恒星内部光度变得太高, 超过 L_{acc} 时会发生. [①] 这两个过程显然都是独立于恒星表面的性质的. 因此, 精确的热边界条件也几乎对大质量原恒星的半径没有影响, 因此对这个情况的诞生线也几乎没有影响.

诞生线的形式自然地反映了刚才描述的演化过程. 再次参考图 16.2 中的曲线, 我们注意到, 随着 T_{eff} 的升高, 边界如何在 $\log T_{eff} = 3.70$(对应于 $M_* = 3M_\odot$) 附近向上转向. 这个变化使得诞生线包括了观测到的赫比格 Ae 星和 Be 星, 是由氘壳层燃烧引起的膨胀造成的. 对于更高的 T_{eff}, 当原恒星半径开始减小时, 上升减慢. 最后, 在 $\log T_{eff} = 4.33$ (对应于 $8M_\odot$) 时, 曲线和零龄主序相交.

考虑这个交叉点的物理意义. 一颗达到所讨论质量的恒星在内落结束的时候就进入了主序. 也就是说, 这个天体在变得光学可见的差不多同时开始其中心的氢聚变. 质量较小的天体在其主吸积阶段之后仍然太冷, 无法进行氢聚变. 这些光学可见的恒星因此进入一个准静态收缩时期——标准的主序前阶段. 相反, 质量大于交叉点值的恒星根本没有主序前阶段. 它们要么是内埋的原恒星, 要么是内

---

① 等价地, 和 $\langle L_{int} \rangle$ 相关的开尔文-亥姆霍兹时标 (控制了内部收缩速率) 变得小于演化时标 $M_*/\dot{M}$.

落结束后的主序天体.

对猎户座星云星团 (图 12.29) 和其他成员很多的星群的观测支持了这个理论预言. 在猎户座赫罗图中, 我们看到交叉点之上有一串明亮的天体. 这些天体至少大致沿零龄主序分布. 重要的是要记住, 这些天体在其主序出现之前一定与中小质量的原恒星非常不同. 如我们在第 12 章中所讨论的, 它们积累质量的时标必须大大缩短以避免星风和辐射压的破坏性影响. 与诞生线上的天体不同, 物质积累实际发生的时间间隔对内部结构影响不大. 相反, 在消散之后, 新生可见恒星的性质完全取决于维持稳定速率的氢聚变.

16.2 收 缩 过 程

尽管主吸积阶段涉及动力学过程, 但原恒星本身总是处于流体静力学平衡态的. 它的中心区域也足够热, 可以产生核聚变, 至少在部分时间可以. 这种实体与更成熟的天体的区别在于它从周围的云迅速不断地取得新鲜的物质. 在内落结束时, 这种区别就不存在了. 质量固定恒星的进一步演化几乎完全由表面层的辐射驱动. 现在让我们更仔细地研究一下发展过程.

16.2.1 追踪演化

辐射消耗内能. 因为天体是引力束缚的, 所以它的总能量 $E_{\rm tot}$ 是负的, 随着时间的推移负得更多. 然而, 维里定理告诉我们, 热能的贡献 U 是 $-E_{\rm tot}$. 所以 U 实际上是增加的, 内部温度也升高. 所以主序前恒星是一个负热容天体, 热量损失的结果是温度升高. 这个以地球上的标准看来奇怪行为的发生是因为引力束缚的增强.

辐射导致的能量损失使得恒星以特征时标 $t_{\rm KH}$ 收缩. 为了让演化是准静态的, 恒星内部必须持续调整维持力平衡. 这种调整是通过压强扰动实现的, 在声速穿越时标 $t_s \equiv R_*/a_s$ 内发生, 其中 a_s 是适当平均的声速. 被每个时刻的恒星当作流体静力学天体处理的理由是在主序前阶段, $t_{\rm KH} \gg t_s$.

值得通过一个数值例子来检验这个不等式. 根据表 16.1, 诞生线附近的一颗 $1M_\odot$ 恒星的半径为 $4.92R_\odot$. 由方程 (11.2(a)), 体积平均的声速为

$$
\begin{aligned}
a_s &= \sqrt{\frac{\gamma \mathcal{R} T}{\mu}} \\
&= \sqrt{\frac{\gamma G M_*}{3 R_*}},
\end{aligned}
\tag{16.5}
$$

对于 $\gamma = 5/3$ 为 150 km·s^{-1}. 所以 t_s 仅有 6.5 h. 因为 $L_* = 7.1 L_\odot$, 所以开尔文-亥姆霍兹时标为 8.7×10^5 yr. 此外, 比例 $t_{\rm KH}/t_s$ 以 $R_*^{-5/2}$ 变化, 所以随着收

缩的进行增加得更多.

主序前演化的数值计算使用了四个恒星结构方程, 以及理想气体的状态方程 (11.16). 如第 11 章所述, 头三个结构方程为

$$\frac{\partial r}{\partial M_r} = \frac{1}{4\pi r^2 \rho},\tag{16.6a}$$

$$\frac{\partial P}{\partial M_r} = -\frac{GM_r}{4\pi r^4},\tag{16.6b}$$

$$\frac{\partial L_{\text{int}}}{\partial M_r} = \epsilon - T\frac{\partial s}{\partial t},\tag{16.6c}$$

其中我们省去了偏导数中的所有下标. 在恒星中辐射稳定的区域, 第四个方程为

$$T^3 \frac{\partial T}{\partial M_r} = -\frac{3\kappa L_{\text{int}}}{256\pi^2 \sigma_{\text{B}} r^4}.\tag{16.7}$$

在内部深处的对流区中, 这个方程被替换为

$$\frac{\partial s}{\partial M_r} = 0.\tag{16.8}$$

主序前恒星的表面层中的对流是低效的, 即 $s(M_r)$ 以可以忽略的斜率下降. 这里, 标准程序是使用混合长理论来提供 $\partial s/\partial M_r$ 和 L_{int}.

在求解四个一阶微分方程所需的四个边界条件中, 有三个已经很熟悉:

$$r(0) = 0,\tag{16.9a}$$

$$L_{\text{int}}(0) = 0,\tag{16.9b}$$

$$L_{\text{int}}(M_*) = 4\pi R_*^2 \sigma_{\text{B}} T_{\text{eff}}^4.\tag{16.9c}$$

注意到方程 (16.9(c)) 并不是简单地作为 T_{eff} 的定义. 这个方程涉及三个因变量: L_{int}、r 和 T. 后者仅在恒星光球层中等于 T_{eff}, 这作为计算的外边界条件.

第四个边界条件代替了原恒星的方程 (11.23), 涉及光球层的压强. 将方程 (16.6(b)) 除以 (16.6(a)), 我们得到 $\partial P/\partial r$ 的表达式 (参见方程 (11.14)). 从光球层向外的空间积分得到

$$P_{\text{phot}} = \frac{GM_*}{R_*^2} \int_{R_*}^{\infty} \rho dr.\tag{16.10}$$

我们已经在我们的推导中假设了 M_r 和 r 在光球层已经达到了它们的最终值, 但 $\rho(r)$ 在此之外继续下降. 如果温度下降很慢, 那么我们可以将方程 (16.10) 近似重写为

$$P_{\text{phot}} \approx \frac{GM_*}{R_*^2 \kappa_{\text{phot}}} \int_{R_*}^{\infty} \rho\kappa dr$$

$$= \frac{GM_* \Delta \tau}{R_*^2 \kappa_{\text{phot}}}. \tag{16.11}$$

这里, κ_{phot} 是在光球本身估计的罗斯兰平均不透明度. 光学厚度 $\Delta \tau$ 是从表面径向向外传播的光子所看到的. 根据爱丁顿近似 (附录 G) 这个量是 2/3. 所以, 我们最终的边界条件是

$$P(M_*) = \frac{2GM_*}{3R_*^2 \kappa_{\text{phot}}}. \tag{16.12}$$

在质量最小的恒星中, 因为存在分子, 恒星外层的不透明度特别复杂. 最精确的演化计算通过在薄的、平面平行大气中积分完整的、频率依赖的辐射转移方程来补充结构方程. 计算得到的大气底部温度和压强提供了两个外边界条件来代替方程 (16.9(c)) 和 (16.12). 因为每次大气计算都需要知道辐射流量 F_{rad} 和表面重力 $g \equiv GM_*/R_*^2$, 所以求解是迭代的.

任何质量的恒星演化的数值计算都需要我们指定天体的初始条件. 其中包括初始半径, 我们从原恒星理论得到. 此外, 我们必须假设恒星的热结构, 即比熵 $s(M_r)$ 的分布. 这个函数也是从合适的原恒星模型得到的. 在任何随后的时间间隔, 通过热量方程 (16.6(c)) 求解熵, 然后通过对剩下三个方程的空间积分确定密度和温度分布.

16.2.2　完全对流阶段

表 16.2 给出了三个有代表性的恒星质量的数值结果. 这里我们限制于小质量天体. 大质量恒星的特殊问题将在第 18 章中讨论. 这张表展示了一些物理量的时间变化. 我们用 M_{con} 表示对流区中的质量. 光度 L_{nuc} 是核反应的贡献:

$$L_{\text{nuc}} \equiv \int_0^{M_*} \epsilon \, dM_r. \tag{16.13}$$

在收缩早期, 氘聚变释放能量, 而氢燃烧随后才变得重要. 在最初阶段, 情况与诞生线上的情况相同, 如表 16.1 所给出的. 列出的每个质量的最终时间接近 t_{ZAMS}.

这些数值解具有两个显著特点. 首先, 表面温度几乎是恒定的, 至少在收缩后期是这样的. 所以赫罗图中演化轨迹相应的部分是垂直的. 第二, 所有三个质量, 除了 $0.2M_\odot$ 相对短的初始阶段, 都是完全对流的天体 ($M_{\text{con}} = M_*$) 并维持相当长的时间. 对这些特征的物理解释是什么?

为了理解光球层温度的行为, 我们首先认识到恒星外层的不透明度主要由 H^- 离子提供. 如附录 G 中讨论的, 在低于 10^4 K 的情形, $\kappa(\rho, T)$ 会随温度的略微降低而显著降低. 但光球层的光深必须总是接近于 1. 这个要求严格限制了表面温度. 特别地, 固定质量和半径的恒星有一个允许的 T_{eff} 的最小值. 我们把这个值叫

做林-温度 (Hayashi temperature), 纪念第一个证明其存在的理论家. [1]

表 16.2 小质量主序前恒星的演化

时间/yr	$R_*/R_\odot$	$\log T_{\text{eff}}/K$	$\log L_*/L_\odot$	$\log T_c/K$	L_{nuc}/L_*	$M_{\text{con}}/M_\odot$
			$M_* = 0.2M_\odot$			
0	2.55	3.51	+0.02	5.81	0	0.06
1×10^5	2.29	3.51	−0.02	5.92	0.83	0.20
1×10^6	1.89	3.51	−0.57	6.08	0.12	0.20
3×10^6	1.30	3.52	−1.11	6.30	0	0.20
1×10^7	0.61	3.52	−1.40	6.48	0	0.20
3×10^7	0.41	3.52	−1.78	6.64	0	0.20
1×10^8	0.28	3.52	−2.10	6.75	0.40	0.20
2×10^8	0.26	3.52	−2.15	6.78	0.90	0.20
			$M_* = 0.6M_\odot$			
0	4.01	3.59	+0.54	6.04	0.85	0.60
1×10^5	4.00	3.59	+0.53	6.08	0.45	0.60
3×10^5	3.62	3.59	+0.43	6.17	0.09	0.60
1×10^6	2.13	3.59	−0.02	6.35	0	0.60
3×10^6	1.51	3.59	−0.35	6.51	0	0.60
1×10^7	0.90	3.58	−0.78	6.68	0	0.51
3×10^7	0.72	3.59	−0.98	6.77	0.06	0.30
9×10^7	0.58	3.61	−1.08	6.97	0.90	0.10
			$M_* = 1.0M_\odot$			
0	4.80	3.64	+0.85	6.20	0	1.00
1×10^5	4.25	3.63	+0.75	6.22	0	1.00
3×10^5	3.77	3.63	+0.62	6.26	0	1.00
1×10^6	2.59	3.63	+0.28	6.48	0	1.00
3×10^6	1.80	3.63	+0.00	6.64	0	1.00
1×10^7	1.22	3.64	−0.28	6.78	0.01	0.38
3×10^7	1.01	3.75	−0.02	7.09	0.90	0.30

如果 T_{eff} 有下界, 那么方程 (16.9(c)) 表明光球层发出的光度也有一个最小值. 对于足够大的恒星半径, 即使这个最小值也超过了辐射可以输运的值. 在一个内部质量壳层局域计算的临界光度由方程 (11.29) 给出. 我们更感兴趣 L_{crit} 的全局平均. 由方程 (11.44), 这个平均可以写为

$$\langle L_{\text{crit}} \rangle \approx 1 L_\odot \left(\frac{M_*}{1M_\odot} \right)^{11/2} \left(\frac{R_*}{1R_\odot} \right)^{-1/2}. \tag{16.14}$$

图 16.4 画出了沿表 16.1 中理论诞生线的恒星的 $\langle L_{\text{crit}} \rangle$ 作为 M_* 的函数. 图中还画出了 L_*, 表中实际的表面光度. 对于足够小的恒星质量, 我们看到 L_* 远远超过

---

[1] 译者注: 即林忠四郎.

$\langle L_{\text{crit}} \rangle$. 无论临界光度在局部如何变化, 处于这种状态的恒星一定是完全对流的, 至少在瞬时变化衰减后是这样的. 和 $0.2M_{\odot}$ 的情形一样, 如果天体最初是辐射主导的, 那么对流区会很快从表面扩展进来. 图 16.4 还表明, $M_* \gtrsim 2M_{\odot}$ 的较大质量天体是辐射稳定的.

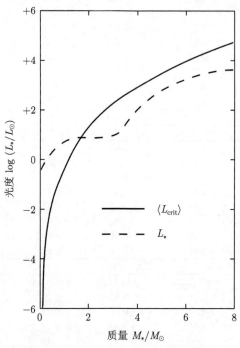

图 16.4　对流不稳定性的临界光度 $\langle L_{\text{crit}} \rangle$ 作为恒星质量的函数. 相应的半径是表 16.1 中沿理论诞生线的半径. 还画出了表面光度 L_*.

我们还没有解释什么设定了恒星真正的有效温度, 无论是沿着诞生线还是在它之下. 对于完全对流的恒星, 表面温度就是最小值, 林-温度. 为了弄清原因, 首先考虑比熵, 它对温度和密度的依赖在方程 (11.21) 中给出. 内部温度的标度关系为 $M_* R_*^{-1}$. (见, 例如方程 (11.2a).) 类似地, 平均密度的标度关系近似为 $M_* R_*^{-3}$. 我们得出结论, 一旦给定恒星质量和半径, 熵的平均值基本不变.

图 16.5 系统地展示了比熵 $s(M_r)$ 对于 M_* 和 R_* 相同但内部热状态不同的恒星的变化. 在完全对流的天体中 (曲线 1), $s(M_r)$ 近似为常量, 我们记作 s_0. 具有外部对流区的恒星中的熵 (曲线 2) 首先上升, 然后在某个内部半径变平. 为了维持平均值, 熵在内部深处一定小于 s_0, 但在表面大于 s_0. 最后, 完全为辐射区的恒星 (曲线 3) 中的 $s(M_r)$ 单调增加, 故而在外边界达到最大值. 注意到辐射部分中的熵增加实际上不是线性的, 这里是为了简单.

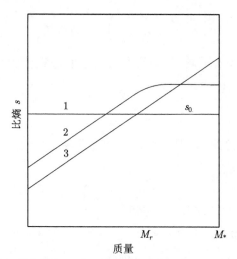

图 16.5 固定质量和半径的恒星中三种可能的内部熵分布 (示意图). 曲线 1 代表具有空间均匀熵 s_0 的完全对流恒星. 曲线 2 是具有内部辐射区和靠外对流区的恒星. 曲线 3 是具有完全辐射区的天体

我们学到的是, 任何完全对流的天体, 包括半径足够大的小质量主序前恒星, 其表面熵与质量和大小是相恰的. 由方程 (11.21), 组合 $T^{3/2}\rho^{-1}$ 在边界上一定达到最小值, 所以 $T^{5/2}P^{-1}$ 也是. 但方程 (16.12) 指出, P 反比于 κ, 所以我们需要使 $T^{5/2}\kappa$ 最小化. 因为不透明度随温度的降低而急剧下降, 具有最小表面熵的位形也具有最低的有效温度. [1]

随着恒星收缩, 其内部近乎常量的熵 s_0 减小. 由方程 (11.21) 和温度与密度的标度关系, 这个量随恒星半径的变化只是对数的. 也就是说, 光球层的熵也缓慢减小, 而有效温度近乎不变. 赫罗图中恒星演化曲线的垂直部分通常被称为林-轨迹 (Hayashi track). 如果我们将 T_{eff} 理想化为精确不变的, 那么恒星在这个时期的结构和演化都可以用简洁的方式描述.

16.2.3 多方分析

比熵在空间上不变表明, 由方程 (11.21), 局域压强和密度遵循多方关系

$$P = K\rho^{5/3}. \tag{16.15}$$

这里 K 是一个和 s_0 有关的时间依赖的系数. 如果我们用方程 (16.6b) 除以 (16.6a) 得到 $\partial P/\partial r$, 那么进一步求导得到

---

[1] 甚至 "完全" 对流的主序前恒星在其外层也是辐射稳定的. 向内, 比熵首先下降, 然后随着氢的电离而上升, 然后最终渐近达到某个内部值. 这种上升标志着一个超绝热区域 (回忆 11.2 节); 这里计算的热结构对采取的对流模型敏感. 所有这些变化都发生在质量可忽略的一层中, 光球中的熵和内部的渐近值同步变化. 这里, 我们关于表面温度的论证仍然成立.

$$\frac{1}{r^2}\frac{\partial}{\partial r}\left(\frac{r^2}{\rho}\frac{\partial P}{\partial r}\right) = -4\pi G\rho. \tag{16.16}$$

我们用方程 (16.15) 代入压强. 如果我们定义一个无量纲密度和半径,

$$\rho = \rho_c\theta^{3/2}, \tag{16.17a}$$

$$r = a\xi, \tag{16.17b}$$

得到的方程会简化. 这里 ρ_c 是中心密度. 假设我们令方程 (16.17b) 中的系数 a 为

$$a \equiv \left(\frac{5K}{8\pi G\rho_c^{1/3}}\right)^{1/2}. \tag{16.18}$$

于是读者可以验证, 方程 (16.16) 变为

$$\frac{1}{\xi^2}\frac{d}{d\xi}\left(\xi^2\frac{d\theta}{d\xi}\right) = -\theta^{3/2}. \tag{16.19}$$

方程 (16.19) 是莱茵-埃姆登方程, 指数 $n = 3/2$.[①]这个方程以边界条件

$$\theta(0) = 1, \tag{16.20a}$$

$$\theta'(0) = 0 \tag{16.20b}$$

积分. 第一个条件由 ρ_c 的定义得到, 而第二个条件是考虑了 $\partial P/\partial r$ 在小半径处的行为. 图 16.6 展示了 $\theta(\xi)$, 是从方程 (16.19) 数值积分得到的.

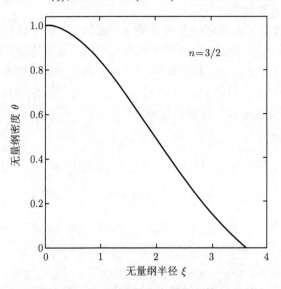

图 16.6　$n = 3/2$ 的多方球的函数 $\theta(\xi)$

① 在第 9 章中, 我们使用了等温莱茵-埃姆登方程, 等效于 n 为无穷大. 对比方程 (9.7).

函数 $\theta(\xi)$ 含有关于恒星内部的所有信息, 至少在我们有些理想化的模型里是这样的. 恒星的半径由

$$R_* = a\xi_0 \tag{16.21}$$

给出, 其中 ξ_0 是 $\theta(\xi)$ 降到零的点. 如图 16.6 所示, ξ_0 的数值为 3.65. 总质量为

$$
\begin{aligned}
M_* &= \int_0^{R_*} 4\pi r^2 \rho dr \\
&= 4\pi a^3 \rho_\mathrm{c} \int_0^{\xi_0} \xi^2 \theta^{3/2} d\xi.
\end{aligned}
$$

如果我们用方程 (16.19) 积分, 我们发现

$$
\begin{aligned}
M_* &= -4\pi a^3 \rho_\mathrm{c} \int_0^{\xi_0} \frac{\partial}{\partial \xi}\left(\xi^2 \frac{\partial \theta}{\partial \xi}\right) d\xi \\
&= -4\pi a^3 \rho_\mathrm{c} \left(\xi^2 \frac{\partial \theta}{\theta \xi}\right)_0.
\end{aligned}
\tag{16.22}
$$

括号中的项是在 ξ_0 计算的, 等于 -2.71.

16.2.4 熵减少

我们现在的目标是分析恒星的收缩. 为此, 我们对壳层上的热量方程 (16.6c) 进行积分. 忽略核能的贡献 ϵ 以及比熵的任何空间变化, 我们发现

$$L_* = -\dot{s}_0 \int_0^{M_*} T dM_r, \tag{16.23}$$

其中点表示时间导数. 使用方程 (11.21) 和 (16.15) 以及物态方程, 我们发现

$$\dot{s}_0 = \frac{3\mathcal{R}}{2\mu} \frac{\dot{K}}{K}.$$

方程 (16.18) 把 K 和另外两个时间依赖的物理量 a 和 ρ_c 联系起来. 因为后者是一个数值因子乘以 $M_* R_*^{-3}$, 我们有

$$
\begin{aligned}
\frac{\dot{R}_*}{R_*} &= \frac{\dot{a}}{a} \\
&= \frac{1}{2}\frac{\dot{K}}{K} - \frac{1}{6}\frac{\dot{\rho}_\mathrm{c}}{\rho_\mathrm{c}} \\
&= \frac{1}{2}\frac{\dot{K}}{K} + \frac{1}{2}\frac{\dot{R}_*}{R_*}.
\end{aligned}
$$

所以, 熵减少和收缩速率的联系为

$$\dot{s}_0 = \frac{3\mathcal{R}}{2\mu}\frac{\dot{R}_*}{R_*}. \tag{16.24}$$

仍需要计算方程 (16.23) 中的积分. 使用方程 (16.21) 和 (16.22),

$$\int_0^{M_*} T dM_r = \frac{2}{5}\frac{\mu}{\mathcal{R}}\frac{GM_*^2}{R_*}\frac{\mathcal{I}}{\xi_0^3(\partial\theta/\partial\xi)_0^2}. \tag{16.25}$$

这里, 我们已经使用了记号

$$\mathcal{I} \equiv \int_0^{\xi_0} \xi^2\theta^{5/2}d\xi. \tag{16.26}$$

这个无量纲量可以通过重复的分部积分并使用方程 (16.19) 计算. 如我们在附录 I 中展示的, 这个结果是

$$\mathcal{I} = \frac{5}{7}\xi_0^3\left(\frac{\partial\theta}{\partial\xi}\right)_0^2. \tag{16.27}$$

如果我们把这个 $\mathcal{I}$ 代入方程 (16.25), 那么方程 (16.23) 和 (16.24) 表明

$$L_* = -\frac{3}{7}\frac{GM_*^2\dot{R}_*}{R_*^2}. \tag{16.28}$$

如我们所知, 光度是恒星能量的一个汇. 所以方程 (16.28) 告诉我们任何时候的总能量为

$$E_{\text{tot}} = -\frac{3}{7}\frac{GM_*^2}{R_*}. \tag{16.29}$$

维里定理表明引力和热能分别为 $2E_{\text{tot}}$ 和 $-E_{\text{tot}}$.

方程 (16.28) 给出了恒星收缩速率, 我们现在写成

$$\frac{dR_*}{dt} = -\frac{7}{3}\frac{L_*R_*^2}{GM_*^2}$$

$$= -\frac{7}{3}\frac{R_*}{t_{\text{KH}}}. \tag{16.30}$$

所以, 方程 (16.2) 中的系数 n_1 是 7/3. 如果我们通过方法 (16.3) 计算 L_* 并把 T_{eff} 理想化为常量, 我们可以得到 R_* 作为时间的显式函数. 物理量 t_{KH} 以 R_*^{-3} 变化. 所以, 我们可以把方程 (16.30) 重写为无量纲形式:

$$\frac{d\lambda}{d\tau} = -\frac{7}{3}\lambda^4. \tag{16.31}$$

这里我们定义了

$$\lambda \equiv \frac{R_*}{R_0}, \tag{16.32a}$$

$$\tau \equiv \frac{t}{t_0}, \tag{16.32b}$$

其中 R_0 和 t_0 分别是 R_* 和 t_{KH} 的初始 (诞生线上的) 值.

对方程 (16.31) 积分现在就简单了. 使用初始条件 $\lambda(0) = 1$, 我们发现

$$\lambda = (1 + 7\tau)^{-1/3}. \tag{16.33}$$

图 16.7 将这个公式和 $0.6M_\odot$ 的恒星的完整恒星结构方程的数值积分结果相比较. 这里, R_0 和 t_0 的值分别是 $4.0R_\odot$ 和 8×10^5 yr. 虽然总体符合得很好, 但真正的收缩首先会短暂停滞, 半径会保持在略高于预测值一段时间. 初始延迟是内部氘聚变的结果, 我们稍后将讨论. 在 $\tau = 14$(对应于时间 1×10^7 yr) 时, 两条曲线相接. 从这时起, 数值曲线以更平坦的斜率偏离. 从表 16.2 可以看出, 到此时, 这颗恒星不再是完全对流的. 此外, 有效温度已经开始从林-温度上升. 这个温度升高在更大质量的恒星中更明显, 它们也更早地形成了辐射主导的内核. 这两个变化在物理上是相互联系的, 我们应该理解它们为什么会发生.

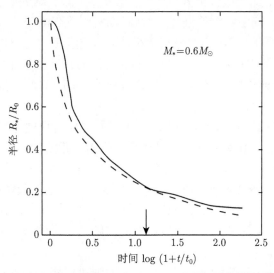

图 16.7　$0.6M_\odot$ 的主序前恒星的收缩. 实线展示了对完整恒星结构方程数值积分的结果, 而虚线来自正文中的方程 (16.33). 竖向箭头标记了恒星辐射主导内核的诞生

在这样做之前, 我们强调, 沿林-轨迹收缩的性质特别简单. 所有物理变量都是 $\theta(\xi)$ 的函数, 乘以时间依赖的有量纲的系数. 因此, 恒星在每个瞬间看起来都基本一样, 只是整体的尺度发生了变化. 这种同调 (homologous) 收缩源于比熵的空间均匀性. 在第 12 章中, 我们研究了具有零内部压强的星际云的同调坍缩. 这种高度理想化的情形在概念上是有用的, 但在实践中从来没有出现过, 这既是因

为有些压强的效应, 也是因为零压强的云在坍缩时对于扰动是不稳定的. 相比之下, 恒星内部熵由于湍流涡旋的旋转而变得均匀.

16.2.5　辐射主导内核的增长

随着完全对流恒星的收缩, 它的光度正比于表面积减小, 即正比于 R_*^2. 内部不透明度也下降, 因为它反比于温度. 所以, 辐射可以携带更大比例的 L_*. 由方程 (16.14), $\langle L_{\mathrm{crit}} \rangle$ 既正比于 $M_*^{11/2}$, 也以 $R_*^{-1/2}$ 增大. 即使在诞生线上 $L_* > \langle L_{\mathrm{crit}} \rangle$, 只要恒星质量足够大, 这两个光度也会逐渐接近相等并最终交叉. 如果质量足够小, 收缩在交叉发生之前就结束了, 恒星在主序前阶段保持完全对流. 到达主序就开始变为辐射主导天体的 M_* 转换值为 $0.4 M_\odot$.

辐射稳定性的出现让我们想起了中等质量原恒星的情形 (11.4 节). 然而, 有两个重要的不同. 对于原恒星, 是 M_* 的增大导致了 $\langle L_{\mathrm{crit}} \rangle$ 增大. 这里 M_* 是不变的. 此外, 吸积天体首先在某个内部半径变得辐射稳定. (回忆图 11.18.) 类似的事情发生在主序前恒星中心. 在没有任何核燃料的情况下, L_{int} 的局域值随包围的质量 M_r 的增加而缓慢上升. 所以, 当 $L_{\mathrm{crit}}(M_r)$ 最终超过 $L_{\mathrm{int}}(M_r)$, 它在 $M_r = 0$ 也是如此. 随着收缩的进行, 对流逐渐撤退到表面层.

在这个撤退过程中, 比熵的分布至少在示意图上类似于图 16.4 中的曲线 2. 平均熵继续下降, 所以中心附近 $s(M_r)$ 的随时间的减小只是部分地被平坦外区的熵增加补偿. 但表面层中任意的 $s(M_r)$ 增加都会提高光球层中的值. 结果, T_{eff} 超过之前的林-温度.

图 16.8 更详细地展示了表 16.2 中使用的同样质量的主序前演化轨迹. 我们用空心圆圈标记了恒星中心区域刚开始变得辐射稳定的地方. 对于 $0.2 M_\odot$ 的天体, 这件事从未发生, 而对于 $0.6 M_\odot$ 和 $1.0 M_\odot$ 的天体, 这分别发生在 $t = 6 \times 10^6$ yr 和 $t = 1 \times 10^6$ yr. 随着对流在这些更大质量的天体中撤退, 恒星光度更好地由 $\langle L_{\mathrm{crit}} \rangle$ 的方程 (16.14) 近似. 也就是说, L_* 停止下降并开始以 $R_*^{-1/2}$ 缓慢上升. 这个变化在图中很明显. 演化曲线中较为水平的部分传统上称为亨耶轨迹 (Henyey track).

亨耶轨迹覆盖了质量为 $0.4 M_\odot$ 及以上的恒星主序前的最后阶段. 在收缩过程的这个阶段, 天体的密度比处于林-轨迹上的时候更集中于中心. 不仅光度增大, 恒星的表面温度也升高. 由方程 (16.3) 和 (16.4), T_{eff} 以 $R_*^{-5/8}$ 升高. 另一方面, 中心温度继续近似地以 R_*^{-1} 升高, 其结果我们接下来研究.

然而, 注意到演化轨迹的另一个性质. 到目前为止, 我们展示的是假设气体为标准太阳成分得到的演化轨迹. 在金属丰度较低的恒星形成区, 我们预期曲线会变化. 为了测量这种变化, 回想一下林-温度是由光球光深量级为 1 所设定的. 重元素丰度越低, 给定温度下的不透明度就会降低. 处于之前林-温度下的物质现在是光学薄的, 真正的光球层向内移动, 达到更高的温度. 因此, 完整的演化曲线, 包括亨耶轨迹在赫罗图中向左移动. 温度改变很小, 例如, 在 $0.2M_\odot$ 的恒星中当金属丰度减半, 温度改变为 150 K. 然而, 这个变化对于定量研究是显著的.

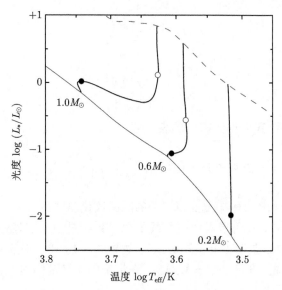

图 16.8　$0.2M_\odot$、$0.6M_\odot$ 和 $1.0M_\odot$ 的主序前恒星的演化轨迹. 空心圆圈和实心圆圈分别标记了辐射稳定开始和中心氢燃烧开始. 图中还画出了诞生线 (虚线) 和零龄主序

16.3　核 反 应

我们已经看到, 在主序前收缩过程中, 自引力如何不可避免地将内部温度提高. 更热的内部促进了一系列核反应, 最终导致了氢聚变, 使得收缩本身停止. 在这个过程中, 气态轻元素被消耗掉. 其中一种, 锂, 已经成为恒星年轻的观测标志.

16.3.1　氘的耗尽

让我们量化内部温度的升高. 首先考虑完全对流的阶段. 这里, 多方公式使得我们可以推导瞬时分布 $T(r)$. 由状态方程, 加上方程 (16.15) 和 (16.17(a)), 我们发现

$$T = \frac{\mu}{\mathcal{R}} \frac{P}{\rho}$$
$$= \frac{\mu}{\mathcal{R}} K \rho_{\rm c}^{2/3} \theta. \tag{16.34}$$

所以, 温度的空间分布就是图 16.6 所示的 $\theta(\xi)$ 的分布. 注意到图中无量纲半径 ξ 是 ξ_0 乘以比例 r/R_*.

　　温度的中心值明显是

$$T_c = \frac{\mu}{\mathcal{R}} K \rho_c^{2/3}.$$

恒星半径和质量分别使用方程 (16.21) 和 (16.22), 我们发现

$$T_c = n_3 \frac{\mu}{\mathcal{R}} \frac{GM_*}{R_*}, \tag{16.35}$$

其中系数为

$$n_3 \equiv -\frac{2}{5} \left(\xi \frac{\partial \theta}{\partial \xi} \right)_0^{-1}. \tag{16.36}$$

数值计算了 n_3 后, 我们得到有用的表达式

$$T_c = 7.5 \times 10^6 \text{ K} \left(\frac{M_*}{1 M_\odot} \right) \left(\frac{R_*}{1 R_\odot} \right)^{-1}. \tag{16.37}$$

收缩速率的知识给出了林-轨迹之下 T_c 的时间演化.

　　将方程 (16.37) 应用于构成诞生线的恒星系综是很有启发性的. 沿着上升的质量, 我们发现中心温度上升, 在 $0.4 M_\odot$ 达到 1×10^6 K. 然后, 温度在这个数值的 2 倍范围内徘徊, 直到 $M_* = 1.5 M_\odot$. 在很窄的质量范围内, T_c 值接近氘聚变

$$^2\text{H} + {}^1\text{H} \longrightarrow {}^3\text{He} + \gamma \tag{16.38}$$

的点火温度并非巧合. 在内落过程中, 氘的恒温机制不断调整恒星半径使得点火温度在中心得到维持. 同时, 氘丰度不断下降到低于星际介质值. 中心区域最终变得辐射稳定, 之后它会迅速消耗掉辐射壁垒中剩余的所有燃料. 供应减少的氘继续在厚的幔中燃烧, 这个幔不断向表面撤退 (图 11.20). 因此, 质量足够大的主序前恒星继承了在原恒星阶段燃烧中减小了的氘丰度. 对于以 $\dot{M} = 1 \times 10^{-5} M_\odot \text{ yr}^{-1}$ 构建的原恒星, 计算发现, 它们的氘丰度对于 $0.6 M_\odot$ 是星际值的一半, 而到 $0.9 M_\odot$ 下降到星际值的十分之一. 如果 $\dot{M}$ 更低, 相应的质量就更低, 因为原恒星有更多时间燃烧氘. 然而, 任意数量的燃料都会在一定程度上延缓主序前收缩. 质量壳层上热量方程 (16.6c) 的积分告诉我们, 熵的导数 $\dot{s}$ 以及 $\dot{R}_*/R_*$ 正比于降低的光度 $L_* - L_D$, 但是符号相反.

　　如果原恒星有可观的氘产生的光度, 那么同样质量的主序前恒星在收缩开始时的 L_D 接近 L_*. 质量较低的天体最初 $L_D = 0$, 但随后的收缩使 T_c 升高, 直到 L_D 升高到 L_*. 在两种情形, 收缩在消耗氘的时期内暂停 (即 $\dot{R}_* = 0$). 假设恒星在点火时是完全对流的, 那么这个间隔是

$$\Delta t_D = \frac{f_D [\text{D/H}] X M_* \Delta E_D}{m_H L_*}$$

$$= 1.5 \times 10^6 \text{ yr } f_D \left(\frac{M_*}{1 M_\odot} \right) \left(\frac{L_*}{1 L_\odot} \right)^{-1}. \tag{16.39}$$

这里, f_D 是恒星点燃氘之前, 这种同位素相对于星际介质的丰度. 我们的方程 (16.39) 的数值版本假设了 $[D/H] = 2.5 \times 10^{-5}$. 回忆第 11 章, ΔE_D 代表了每次聚变反应中的能量释放. 最后注意到, 如果恒星必须在氘点燃前收缩, 那么光度 L_* 要比诞生线的值小.

表 16.1 展示了一个质量范围内的 Δt_D. 这个量在 $1 M_\odot$ 附近 (在那里原恒星的 f_D 已经降到零) 为零, 但在 $4 M_\odot$ 以上又恢复到一个有限值. 中等质量的主序前恒星部分是辐射主导的, 仅在外层燃烧 (第 18 章). 因此, 不能再用方程 (16.39) 得到 Δt_D. 很明显, 在任何情况下, 这个间隔都只代表了这个天体总的主序前阶段的一小部分. 对于质量最小的恒星, Δt_D 大约为 10^6 yr, 因而和观测到最年轻星团的年龄相当. 一些星团成员应该正在经历活跃的氘燃烧. 这里有个历史注记很有趣. 在原恒星理论出现之前, 人们假设所有主序前恒星都是在氘的补充下开始收缩的, 且半径太大, 聚变不活跃. 赫罗图中随后发生点火的位置 (即 $T_c \approx 1 \times 10^6$ K 的位置) 被称为 "氘主序". 我们现在认识到, 聚变过程可以在原恒星阶段开始, 而聚变有助于设定收缩的初始半径. 因此, 现在的诞生线基本与旧的氘主序在亚太阳质量的范围内一致.

16.3.2 锂燃烧

年轻恒星中的氘是在宇宙演化中产生的, 其丰度大约是当前星际值的两倍. 通过这种原初核合成产生的其他元素包括氦、锂、铍和硼. 迄今在天体物理学中最有用的是锂. 在恒星内部, 主要的同位素 ^{7}Li 和质子聚合:

$$^7\text{Li} + {}^1\text{H} \longrightarrow {}^4\text{He} + {}^4\text{He}. \tag{16.40}$$

在这个情形, 点火温度大约是 3×10^6 K, 所以聚变发生在氘聚变之后.

相对于氢, 星际介质中锂的丰度为 $[Li/H] = 2 \times 10^{-9}$. 这个微小的比例比原始值高了一个量级. 这个增加主要来自宇宙线 α 粒子撞击星际云中的氦. 所以, 产生了大部分今天 $[Li/H]$ 的反应就是方程 (16.40) 中的逆反应.

尽管丰度很小, 但锂在恒星大气中很容易观测到. 中性 LiI 在 6708 Å 的电子跃迁中强烈吸收. 图 16.9 展示了金牛座 T 型星 BP Tau (丰度为星际丰度) 光谱的一部分. 这里我们看到深的吸收槽. 注意到这条谱线实际上是双线, $\lambda\lambda$ 6707.78, 6707.93, 但这个结构在实际中从未被分辨出来. 作为比较, 这幅图也展示了同样光谱型的主序恒星, 其中锂已经被摧毁. 两个天体都展示出 6718 Å 的 CaI 吸收线, 这是晚型光球的显著特征.

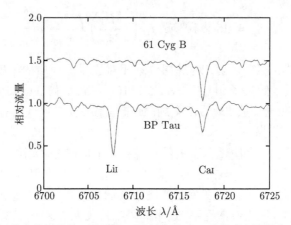

图 16.9　主序前恒星中的锂吸收. 图示是一颗光谱型 K7(对应于有效温度 4000 K) 的金牛座 T 型星 BP Tau 光学光谱的一部分. 作为比较, 图中也显示了同样光谱型的一颗主序恒星, 61 Cyg B. 我们仅在第一颗恒星中看到了 6708 Å 的 Li I 吸收线. 这两个天体也有中性钙的强线

　　小质量原恒星没有足够高的内部温度燃烧锂, 所以相应的主序前恒星继承了完整的星际介质中的锂. 在更大质量的原恒星中, T_c 实际上达到了 3×10^6 K, 此时中心的锂被快速消耗. 然而, 这个事件发生时, 原恒星内部深处已经是辐射主导的了. 对流区底部的温度低于点火值, 随后随着对流区向外退缩而下降. (回忆 11.4 节.) 因此, 所有质量的主序前恒星开始收缩时, 其表面的锂丰度等于星际值. 随后的燃烧对收缩没有影响, 但它是对演化轨迹的有趣检验, 也可以用作恒星的时钟.

　　图 16.10 展示了理论预测的主序前恒星表面随后的消耗模式. 在诞生线和零龄主序之间白色区域中的天体仍然保持原来的锂丰度. 浅灰区域表明, 表面的 [Li/H] 最多下降了 10 倍. 最后, 深灰色区域中的恒星经历了至少这么多的消耗. 例如, 考虑一个 $0.6 M_\odot$ 的天体. 一旦半径缩小到 1/1.7, 这颗恒星就开始完全对流并且在中心点燃锂. 然后对流开始向表面撤退, 但基础温度仍然足够高, 这种元素继续燃烧. 在此期间, 湍流涡旋的快速循环确保了锂丰度在整个对流区均匀下降. 最终, 基础温度下降到 3×10^6 K 以下, 但不是在锂被完全破坏之前. 在任何质量大于 $0.9 M_\odot$ 的恒星中, 对流区撤退得更早, 没有这种完全的消耗. $M_* > 1.2 M_\odot$ 的恒星的对流非常浅, 它们表面的锂在收缩阶段完全没有减少.

　　图 16.10 的一个有趣方面是阴影区域如何穿过恒星等年龄线. 例如, 考虑 $t = 3 \times 10^6$ yr 的等年龄线, 这里用虚线表示, 在精确具有这个年龄的一组主序前恒星中, 质量在 $(0.5 \sim 1.2) M_\odot$ 之间的锂被部分消耗, 而这个范围之外的天体含有全部的锂. 具有锂消耗的质量范围明显随着年龄的增长而变宽. 当然, 任何实际的星群由各种年龄的天体组成. 3×10^6 yr 之前形成的星团仍然含有更接近诞生线的恒

星. 这些恒星具有原始的星际 [Li/H] 值. 尽管如此, 关于质量足够低的年轻星群的所有成员没有锂消耗的预言是一个有用理论的佐证, 这个理论还需要通过观测直接加以检验.

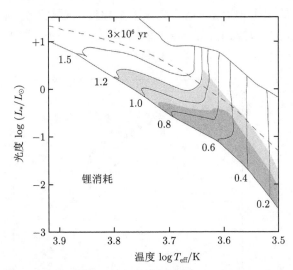

图 16.10 主序前锂消耗的理论预测. 在诞生线和零龄主序之间的白色区域中, 表面的 [Li/H] 等于星际值, 2×10^{-9}. 浅阴影区的恒星已经将锂消耗到 0.1 倍星际值. 深阴影区表示消耗至少有这么多. 同时注意到零龄主序上以太阳质量为单位的质量, 以及等年龄线

更多注意力集中在年龄稍大、成员接近零龄主序的星群. 这里, 图 16.10 的基本模式与可用的数据基本一致. 然而, 观测揭示了更多来源不明的特征. 一个例子是, 即使是具有非常相似光度和有效温度成员的星团, 表面的锂丰度也会有显著的弥散. 这种恒星中的锂消耗明显不仅依赖于质量和年龄.

图 16.11 展示了昴星团 (实心圆圈) 和毕星团 (空心圆圈) 中主序恒星中 [Li/H] 作为有效温度的函数. 两个星团中的锂丰度都一般性地随 T_{eff} 的降低而降低, 如图 16.10 所预期的. 刚才提到的弥散在昴星团 (年龄为 1×10^8 yr) 中最明显. 在毕星团的年龄 (6×10^8 yr), 这个弥散已经大大减小了. 此外, [Li/H] 急剧下降的温度现在更高了. 显然, 有一个过程持续将锂输运到热的中心区域, 甚至在主序恒星辐射稳定的内部. 这个过程产生了太阳中更低的丰度, 如图所示. 最后, 我们注意到, 对于毕星团, [Li/H] 在 T_{eff} 值接近 6600 K 急剧下降. 类似的锂下降 (lithium dip) 出现在其他年龄相当的星团和场星群体中.

16.3.3 进入主序

无论主序前恒星是否耗尽其表面的锂, 一旦中心温度达到大约 10^7 K, 进一步的收缩必然导致中心的氢聚变. 图 16.8 中的实心圆圈标记了对于所示三个质量,这个过程的开始. 随着燃烧增强, 核能释放可以最终平衡表面的辐射损失, 这个天体的半径稳定到零龄主序值. 在热量方程 (16.6(c)) 中, 右边的时间导数变得可以忽略, 内部光度在活跃燃烧的小区域之外是空间常量. (回忆图 1.16.) 达到这个热平衡态是渐进的, 因为增强的氢燃烧减缓了导致中心温度升高的收缩过程. 因此, 在定义所涉及的总时间上存在一些任意性. 表 16.1 中的物理量 t_{ZAMS} 代表了从诞生线到核反应光度占 L_* 的 90% 的间隔.

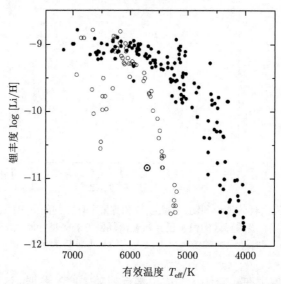

图 16.11　[Li/H] 的观测值作为有效温度的函数. 图中展示了昴星团 (实心圆圈)、毕星团 (空心圆圈) 和太阳 (用通常的符号表示) 的结果

基本的氢聚变反应包含了氦的产生:

$$4{}^1\mathrm{H} \longrightarrow {}^4\mathrm{He} + 2e^+ + 2\nu. \tag{16.41}$$

这个过程的能量释放是 26.7 MeV, 其中一部分被中微子带走, 对内部加热没有贡献. 四个质子实际上从不直接结合, 而是通过一系列中间步骤. 我们在第 11 章中描述了一个这种反应网络, CN 循环. 这里, 质子相继与重原子核聚合, 直到产物最终释放出一个 α 粒子 (见图 11.22). 这个序列是更大的 CNO 双循环的一部分, CNO 双循环是质量大于 $1.2 M_\odot$ 的主序恒星 (及光谱型 F7 及更早型的恒星) 的主要能源.

　　质量较小的恒星主要通过 pp 链燃烧氢, 第 11 章也已经介绍. 顾名思义, 这个反应网络以两个质子的聚合开始:

$$ {}^1\mathrm{H} + {}^1\mathrm{H} \longrightarrow {}^2\mathrm{H} + e^+ + \nu, \tag{16.42}$$

然后马上进行

$$^2\text{H} + {}^1\text{H} \longrightarrow {}^3\text{He} + \gamma. \tag{16.43}$$

在主要的 ppI 链中, ^{4}He 的产生通过

$$^3\text{He} + {}^3\text{He} \longrightarrow {}^4\text{He} + {}^1\text{H} + {}^1\text{H}. \tag{16.44}$$

或者, 方程 (16.43) 中的 ^{3}He 和周围的 ^{4}He 聚合:

$$^3\text{He} + {}^4\text{He} \longrightarrow {}^7\text{Be} + \gamma. \tag{16.45}$$

铍原子核随后的命运决定了这个反应网络是通过 ppII 链

$$^7\text{Be} + e^- \longrightarrow {}^7\text{Li} + \nu$$
$$^7\text{Li} + {}^1\text{H} \longrightarrow {}^4\text{He} + {}^4\text{He}, \tag{16.46}$$

还是通过 ppIII 链

$$^7\text{Be} + {}^1\text{H} \longrightarrow {}^8\text{B} + \gamma$$
$$^8\text{B} \longrightarrow {}^8\text{Be} + e^+ + \nu$$
$$^8\text{Be} \longrightarrow {}^4\text{He} + {}^4\text{He} \tag{16.47}$$

完成. 对于质量小于 $1.2M_\odot$ 的恒星, ppII 和 ppIII 链一共最多贡献了恒星光度的百分之十. 如我们已经看到的, 所有质量超过 $0.4M_\odot$ 的恒星沿更水平的亨耶轨迹接近主序. 从 16.8 节明显看到光度在最后接近的阶段不是单调增长的, 而是达到峰值然后在结束之前很短的时间减小. 在氢燃烧开始时, 恒星释放了太多能量, 无法达到热平衡. 这种过剩能量加热了恒星内部, 产生了一个中心对流区. 增加中心的熵使得 $L_r(M_r)$ 可以减小, 所以 L_* 最终降到了合适的平衡值. 在 $1M_\odot$ 的恒星中, 中心对流在此时消失. 然而, 在 CNO 双循环驱动的恒星中, 这个区域保持存在. 同时, 从收缩阶段继承的任何残余外部对流都会消失. 后一种趋势可以由较高内部温度下的不透明度下降预期. 总而言之, 主序上更大质量的恒星具有对流不稳定的中心和辐射稳定的包层, 而 $0.4M_\odot < M_r < 1.2M_\odot$ 的恒星恰好相反.

16.4 褐 矮 星

让我们更详细地研究最小质量的天体. 这里我们越过了能进行氢聚变的真正恒星和褐矮星之间的边界. 褐矮星已经被大量观测到, 这是一个令人兴奋的进展, 补充了我们对恒星诞生的认识.

16.4.1 电子简并压

质量较小的年轻恒星需要更长的时间达到主序, 因为它们提供热量逸散的表面积较小. 它们在最后阶段也具有更高的密度. 要想知道原因, 首先注意到氢点火温度随恒星质量增加而降低, 但速度很慢. 所以, 对于沿零龄主序的天体, R_* 大致正比于 M_*, 至少对于一个有限质量范围是这样的. 在同样的范围, 随着我们沿主序往下移动到具有更小质量和更低有效温度的天体, 中心密度以 $M_* R_*^{-3} \propto M_*^{-2}$ 增大.

现在回到收缩阶段. 对于质量足够小的天体, 增大的密度意味着中心温度永远不会增加到氢点火温度. 图 16.12 通过数值计算更详细地展示了会发生什么. 这里我们看到 $0.09 M_\odot$ 的恒星中 T_c 随时间稳步升高, 直到稳定到零龄主序的值 4.1×10^6 K. 然而, 在 $0.07 M_\odot$ 的天体中, T_c 首先升高, 在较低的仅产生适量燃烧的温度达到峰值, 然后随着收缩的进行而降低. 这个临界质量 $0.075 M_\odot$ 将普通恒星 (它们在长期的主序中聚合氢) 和褐矮星 (它们短暂地燃烧氢, 但最终冷却到零光度和零有效温度) 区分开.

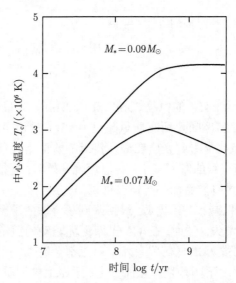

图 16.12 $0.09 M_\odot$ 和 $0.07 M_\odot$ 的收缩天体的中心温度作为时间的函数

如果中心温度可以降低而天体仍然在收缩, 那么方程 (16.35) 就一定不再正确. 我们使用流体静力学平衡加上引力场的泊松方程和理想的物态方程推导了这个关系. 当然, 头两个条件仍然成立, 但最后一个不成立. 在褐矮星相对高的密度下, 自由电子受到等效的相互排斥, 与周围的动理学温度无关. 随着这个天体收缩, 这个电子简并压逐渐取代普通的气体压. 和普通恒星中不一样, 这个内部温度可以随着天体将能量辐射到太空而下降. 最终, 简并压完全抵消引力, 半径稳定到一个有限值.

不难理解这种新效应的量子力学基础, 并推导电子简并压 P_{deg} 的定量表达式. 为了简单, 考虑仅由电子组成的零温气体. 我们可以用薛定谔方程的平面波解来描述电子. 这些解含有三个独立量子数, 对应于动量的三个空间分量. 此外, 必须给出电子自旋. 因为这些粒子是费米子, 泡利不相容原理要求两个粒子不能所有四个量子数都相同. 因此, 在零温时, 粒子填满所有可能的状态. 基本的计数表明, 单位体积中动量在 p 和 $p + dp$ 之间的粒子数为

$$dn_{\text{e}} = \frac{8\pi p^2 dp}{h^3}. \tag{16.48}$$

在得到这个结果时, 我们通过右边表达式分子中额外的因子 2 考虑了自旋的效应.

将方程 (16.48) 对所有动量积分得到总的电子密度

$$n_{\text{e}} = \frac{8\pi p_{\text{F}}^3}{3h^3}. \tag{16.49}$$

这里, p_{F} 是费米动量, 对于给定的 n_{e} 在零温时所能得到的最大值. 简并压的出现是因为即使气体在经典的意义下没有热能, p_{F} 也可以很可观. 实际上, 与差分量 dn_{e} 相关的真正的能量密度为

$$\begin{aligned} du_{\text{e}} &= \frac{p^2}{2m_{\text{e}}} dn_{\text{e}} \\ &= \frac{4\pi p^4 dp}{m_{\text{e}} h^3}. \end{aligned} \tag{16.50}$$

所以, 总能量密度为

$$u_{\text{e}} = \frac{4\pi p_{\text{F}}^5}{5m_{\text{e}} h^3}. \tag{16.51}$$

非相对论性气体的压强是这个量的 2/3, 所以

$$\begin{aligned} P_{\text{deg}} &= \frac{8\pi p_{\text{F}}^5}{15 m_{\text{e}} h^3} \\ &= \frac{h^2}{20 m_{\text{e}}} \left(\frac{3}{\pi} \right)^{2/3} n_{\text{e}}^{5/3}, \end{aligned} \tag{16.52}$$

这里我们已经使用了方程 (16.49).

把电子简并压重新用通常的密度 ρ 写出是方便的. 为此, 我们引入 μ_{e}, 每个自由电子对应的质量, 以 m_{H} 为单位. 也就是说, μ_{e} 遵守

$$\rho = n_{\text{e}} \mu_{\text{e}} m_{\text{H}}, \tag{16.53}$$

读者可以比较一下类似的平均分子量 μ 的方程 (2.2). 与方程 (2.3) 类似的推理表明, 完全电离气体中的 μ_e 几乎等于 $2/(1 + X)$, 或者对于太阳丰度, 等于 1.2. 将方程 (16.53) 代入方程 (16.52) 得出电子简并压的最终表达式:

$$P_{\deg} = \frac{h^2}{20 m_e} \left(\frac{3}{\pi}\right)^{2/3} \frac{1}{m_H^{5/3}} \left(\frac{\rho}{\mu_e}\right)^{5/3}$$

$$\equiv K_{\deg} \rho^{5/3}. \tag{16.54}$$

这里, $K_{\deg}$ 的数值在 cgs 单位制中为 7.7×10^{12}, 在此假定了太阳丰度.

参考方程 (16.15) 可以看出, 我们的简并褐矮星密度-压强关系是 $n = 3/2$ 的多方关系, 即和完全对流的普通恒星相同. 这两种情形中的物理是完全不同的. 完全对流的普通恒星具有对流维持的均匀比熵, 而简并天体的熵为零. 然而, 我们仍然可以使用之前的数学描述, 仅仅将 K 换为 $K_{\deg}$. 例如, 我们可以将方程 (16.18)、(16.21) 和 (16.22) 结合起来得到零温位形的质量-半径关系:

$$R_* = \frac{5 K_{\deg}}{4(2\pi^2)^{1/3} G} \left[-\left(\xi^5 \frac{\partial\theta}{\partial\xi}\right)_0\right]^{1/3} M_*^{-1/3}$$

$$= 0.084 R_\odot \left(\frac{M_*}{0.05 M_\odot}\right)^{-1/3}. \tag{16.55}$$

更详细的结构计算也说明了电子对周围离子的静电吸引. 这种库仑压强是负的, 导致半径偏离方程 (16.55). 当我们接近巨行星的范围, 即质量 $0.01 M_\odot$ 及以下, R_* 变平并开始减小.

我们强调方程 (16.55) 仅涉及褐矮星的终态. 对于任意有限内部温度, 压强是 $P_{\deg}$ 和离子及电子的理想气体表达式之和. 即使 $P_{\deg}$ 也仅在零温度时满足方程 (16.54), 因为否则电子只是部分简并的. 也就是说, 它们占据了比零温时所允许的最高能级更高的能级, 可以有超过 p_F 的动量. 然而, 随着时间的推移, 褐矮星冷却得足够快, 它的半径稳定到接近我们推导出的结果.

16.4.2　演化轨迹

图 16.13 在赫罗图中展示了非常小质量恒星和褐矮星的演化, 以及有代表性的等年龄线. 这里, 我们任意地让所有轨迹从 $\log L_* = -2$ 开始, 因为在这个质量范围, 没有对适当的初始条件进行详细计算. 我们看到在相对早期, 演化轨迹几乎是垂直的, 就像较大质量的恒星一样. 类似地, 目前结构的内部是完全对流的. 当电子简并压开始显现时, $T_{\rm eff}$ 在 L_* 下降时下降. 每条轨迹转向与固定半径 ($L_* \propto T_{\rm eff}^4$) 对应的对角线. 很明显, 根据方程 (16.55), 对于较小的质量, 这些渐近半径更大.

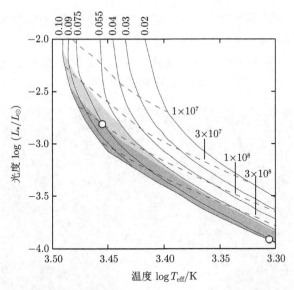

图 16.13　非常小质量的恒星和褐矮星的演化轨迹. 标出了相应的以太阳质量为单位的质量以及等年龄线. 浅阴影和深阴影表示预测的表面锂消耗, 如图 16.10. 图中还显示了 $0.075M_\odot$ 的恒星消耗 90% 的锂 (上面的空心圆圈) 和点燃氢 (下面的空心圆圈) 的地方

特别有趣的是定义了零龄主序的曲线. 在 $\log L_* = -3.07$ 时, $0.1M_\odot$ 的恒星达到这条曲线并停止收缩.[①] 对于 $0.09M_\odot$, 这条轨迹更缓慢地接近零龄主序, 直到 $\log L_*$ 下降到 -3.25 才达到零龄主序. $0.075M_\odot$ 的天体在 $\log L_* = -3.90$ 和 $\log T_{eff} = 3.31$ 时停止收缩. 此临界点由底部附近的空心圆圈表示. 所有较小的质量值代表褐矮星. 它们的轨迹永远不会结束, 但最终会沿着半径不变的对角线.

图 16.13 也以和图 16.10 同样的方式展示了轻微和严重的锂消耗区. 较深区域的上边界被称为锂边缘 (lithium edge). 这条曲线用恒星质量或年龄参数化, 其中年龄可以由这个边界和各条等年龄线的交叉读出. 注意到 $0.055M_\odot$ 和质量更小的褐矮星永远不会达到足以燃烧锂的中心温度. 相应地, 较浅色区域的上边界, 即锂点火曲线, 触及 $0.055M_\odot$ 的轨迹, 但不穿过它. 质量更小的褐矮星仍然是完全对流的, 但最终甚至不能点燃氘. 这个 $0.013M_\odot$(或者说 14 倍木星质量) 的边界值恰当地表明了这个巨行星情形的顶端.

16.4.3　观测性质

寻找褐矮星的主要障碍是它们本身的低光度. 一个合理的策略是寻找附近场星的暗淡伴星. 经过多年失败的尝试, 这种方法最终在 1995 年被证明是成功的,

<hr>

[①] 图 16.13 中 $0.1M_\odot$ 的轨迹和图 1.18 中的不一样, 那里在更高的光度到达零龄主序, 而这条轨迹仍然是接近垂直的. 图 16.13 中的计算包含了对大气的详细处理, 这对于非常小的质量是必须的.

格利泽 (Gliese)229B 被发现了. 这个天体在距离现在称为格利泽 229A 的 M 型星 7.6″ 的地方被发现 (见图 16.14). 格利泽 229A 的距离通过三角视差确定, 为 5.7 pc. 所以, 伴星的积分流量可以转换为热光度. 这个热光度只有 $6 \times 10^{-6} L_\odot$, 毫不含糊地表明这个暗弱的源确实是亚恒星的.

图 16.14   褐矮星 Gl 229B 的光学图像. 这里, 南边朝下, 东边朝左. 褐矮星是代表 M 型星 Gl 229A 的大圆下方孤立的点. 这颗 M 型星的图像不是恒星本身, 而是探测器饱和的人为效应. 注意到同样会在探测器中出现的显著的衍射峰

另一种同样卓有成效的策略是研究星群的小质量端. 如果星群足够年轻, 那么成员褐矮星的光度会显著高于星场中的褐矮星. 此外, 星群的距离通常已经通过更明亮成员星的主序拟合得到了. 这个距离使得我们可以通过使用热改正得到光度. 然而, 在实际中, 不确定的消光使得恒星形成区中的 L_* 比 $T_{\rm eff}$ 的问题更大. 于是图 16.13 显示了推断的天体质量主要取决于星团年龄, 而这些年龄可能还没有足够的准确度.

锂吸收线的观测在这方面具有相当大的价值, 并且对于确定星团成员的褐矮星本质至关重要. 例如, 考虑质量 $0.075M_\odot$ 的恒星. 这个天体在 $T_{\rm eff}$ 降到 2800 K 时消耗了百分之九十的锂. 赫罗图上相应的点在图 16.13 中用上面的空心圆圈标记. 从图中可以清楚地看到, 任何较冷的天体 (即光谱型 M7 或更晚的天体) 一定是褐矮星, 只要它具有强的锂吸收线. 更一般地, 对任意表面温度天体中锂的观测给出了质量和年龄的上限.

发现第一颗褐矮星的巡天研究了大约 200 颗其他恒星, 但结果是否定的. 因此, 这种组合的双星似乎很少. 星团中的单颗褐矮星更为常见. 大部分这些天体是通过近红外巡天发现的. 这些观测有助于描绘 $0.1M_\odot$ 以下的初始质量函数. (回忆 4.5 节.) 对星场的深度巡天也发现了很多具有 (较年老褐矮星所预期的) 低光度、非常低表面温度的天体.

对褐矮星的光谱分析显示出一些特殊性, 这些特征进一步将这些天体与质量最小的恒星区分开来. 褐矮星具有非常低的表面温度, 使得在主序前恒星中完全没有的尘埃颗粒能够在它们的大气中生长. 这个额外的成分在几个方面改变了光谱. 普通的 M 型恒星在近红外和光学波段展现出很多有稀有分子 (例如 TiO, 氧化钛) 产生的吸收线. 这些分子吸收带在较低的温度消失, 可能是因为相关的分子被吸附到尘埃颗粒. 同时, H_2 和 CO 的近红外谱线变得更加突出. 仍然处于气相的中性原子, 例如 Na 和 K, 其谱线因为较高的大气压强而大大展宽. 为了涵盖这一系列特征, 在传统的光谱型 M 型之下增加了 L 型. 这种新光谱型的有效温度从 2200 K 到 1300 K.

在更冷的天体中, 包括格利泽 229B 本身, 近红外光谱被 CH_4 的吸收线主导, 这种分子成了主要的碳存储库. 这些天体的光谱型被指定为 T 型. 如果尘埃仍然存在, 气相的 CH_4 和其他分子的存在是一个谜. 显然, 较低的环境温度促进了尘埃颗粒的快速生长, 它们从大气中最薄的地方沉积下来. 增大的尘埃继续下沉, 直到较高的环境温度使其部分升华并达到一个平衡水平. 但这种光学厚内部气体中的尘埃颗粒不再影响发射光谱. 这一假设也有助于解释一个奇怪的事实: 尽管表面温度较低, 但 T 型矮星在近红外波段比 L 型矮星颜色更蓝. 在颜色-颜色图中 (图 16.15 是一个例子), 这些天体占据了一个不同的区域, 不是 M 型和 L 型天体的扩展.

重要的是意识到任何褐矮星的有效温度和光谱型本质上都是依赖于时间的. 图 16.13 展示了, 所有这些天体在它们生命中足够早期的光谱型都应该是 M 型 ($3.35 < \log T_{\rm eff} < 3.58$). 随着冷却的进行, 表面不可避免地进入 L 型, 最终在天体变得不可见之前变为 T 型. 无论质量是多少, 只要质量小于临界值 $0.075M_\odot$, 这一系列事件都会发生.

一个典型星团或星协中产生的褐矮星的总数可能与普通恒星相当, 尽管其对

质量的净贡献很小.[①] 这些天体的起源为何? 为了解决这个问题, 重要的是记住,
初始的凝聚或坍缩过程的性质和最终的天体是否聚合氢没有关系. 因此, 原则上,
没有理由较大质量的褐矮星不能像小质量恒星那样从致密云核的坍缩中形成. 昴
星团中的一个褐矮星双星系统 PPl 15 的发现为这个观点提供了依据. 另一方面,
很难想象质量最小的褐矮星以这种方式形成. 除非它们的母云核质量比最终产物
大得多, 否则弥散结构的热压强会超过自引力. (也就是说, 云的质量会小于 M_J,
回忆方程 (9.24)) 在此情形, 褐矮星可能像行星一样, 通过从围绕真正恒星的尘埃
盘中凝聚而形成. 缓慢围绕 M 型母恒星的格利泽 229B 似乎是这样一个例子. 这
种系统的稀有性可能反映了能够从拱星盘凝聚的天体质量的一个物理极限.

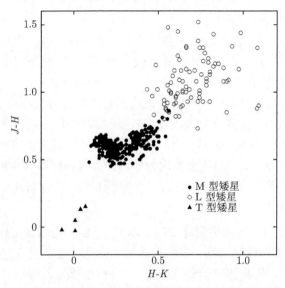

图 16.15   M 型矮星 (实心圆圈)、L 型矮星 (空心圆圈) 和 T 型矮星 (实心圆圈) 的近红外颜
色-颜色图. 这些天体来自很多区域. 注意到, L 型和 T 型矮星的典型测量误差很大, 大约为
0.13 星等

16.5   自转加速和自转减慢

在这段亚恒星情形的讨论之后, 我们准备探索主序前演化的另一个重要方面.
这就是准静态收缩如何影响恒星自转速率的问题. 不管原恒星坍缩的细节如何,
天体在诞生线上一定具有非零的角动量. 如果收缩的恒星也是完全对流的, 那么
湍流涡旋的快速循环可能会建立一个接近刚性转动的内部, 正如我们下面讨论的
那样. 多面体的转动惯量是某个固定的无量纲系数乘以 $M_* R_*^2$. 根据角动量守恒

[①] 如果初始质量函数在 $0.1 M_\odot$ 以下完全是平的, 那么方程 (4.6) 表明, 所有天体的 31% 具有比这个值小的
质量.

定律, 转动周期应该以 R_*^2 变化, 所以沿林-轨迹单调减小. 实际上, 观测表明, 在自转加速时, 它的变化方式和理论预期大不相同. 此外, 最终接近主序特征时自转减慢, 至少对于太阳类型的天体是这样的.

16.5.1 测量转动

在本节中, 我们将专注于单颗恒星, 忽略一个天体究竟是单星还是双星的一部分这个问题. 当然, 我们知道, 大部分恒星实际上是第二种情况. 伴星的存在如何改变天体的转动历史? 我们在第 12 章中看到双星中的成员互相施加力矩, 既减小了系统的偏心率, 也导致了恒星的自转同步. 然而, 产生这些影响的潮汐力随着距离的增加而迅速下降, 除了在最密近的系统中, 它都是可以忽略的. 在这些双星中, 圆化和同步在成员星经历准静态收缩时发生. 从诞生线开始对太阳质量恒星对的数值计算发现, 周期小于大约 8 天的太阳质量恒星对在到达主序时拥有圆轨道, 而间距较大的恒星对保持任意的初始偏心率. 这个值和第 12 章中引用的截止周期一致. 因为潮汐引力在收缩早期最有效, 那时恒星最大, 这种符合为初始半径以及诞生线位置的正确性提供了额外的支持.

回到单颗恒星及其自转, 观测图像不仅复杂, 而且不完整. 我们将在适当的时候调查目前的情况. 然而, 我们首先应该回顾一下我们所掌握的工具, 来评估任何给定恒星的自转, 不管它的年龄是多少. 一种方法是光谱法, 它依赖于吸收线轮廓的特征变化. 第二种方法是测光技术, 监测天体宽带流量的时间变化. 现在让我们更详细地研究每种方法的概念基础和具体实现.

首先考虑光谱方法. 从转动恒星发出的光子如果来自正在相对观测者退行的面元, 那么它是红移的. 向着观测者运动的面元产生蓝移的发射. 因为恒星表面在实际中从来都不可分辨, 所以转动的净效应是展宽任意谱线. 定性地, 中心波长为 λ_0 的原初谱线轮廓 $\phi(\lambda - \lambda_0)$ 被模糊到新的轮廓 $\bar{\phi}(\lambda - \lambda_0)$, 其中

$$\bar{\phi}(\lambda - \lambda_0) = \int_{-1}^{+1} d\xi \, \mathcal{B}(\xi)\phi(\lambda - \lambda_0 - \Delta\lambda_{\max}\xi). \tag{16.56}$$

这里, $\Delta\lambda_{\max}$ 定义为

$$\Delta\lambda_{\max} \equiv \lambda_0 \frac{V_{\text{eq}}}{c} \sin i, \tag{16.57}$$

代表了表面任意一点的最大多普勒移动. 物理量 V_{eq} 是恒星赤道上一个流体元的速度, i 是转动轴和视线的夹角. (所以, 赤道流体元的圆轨道在 $i = 90°$ 时是侧视的; 比较图 12.6.) 最后, $\mathcal{B}(\xi)$ 是展宽函数 (broadening function), 是从理论上对整个表面的经过多普勒移动的辐射积分得到的. 我们在附录 E 中推导了方程 (16.56) 和 $\mathcal{B}(\xi)$ 一个简单形式.

为了确定恒星的转动速度, 我们首先需要同样光谱型的无转动恒星的光谱. 我们使用方程 (16.56) 人为地将这条用于比较的光谱展宽到各种程度, 即一个假设的 $V_{eq} \sin i$ 范围. 一旦人为展宽的光谱和感兴趣的光谱符合, 就得到了正确的 $V_{eq} \sin i$ 值.

图 16.16 展示了一个典型的发现, 金牛座天体 DF Tau 的转动展宽. 上面的光谱是这颗金牛座 T 型星本身的光谱, 而下面的是用于比较的 DE Tau 的光谱, 它的转动可以忽略. 两个天体的光谱型都是 M1. 很明显这两条光谱几乎相同. 然而, DF Tau 的谱线没有那么深, 也更宽一些. 定量研究给出 $V_{eq} \sin i$ 为 20 km·s^{-1}. 注意到单靠自转加快不能把 DE Tau 的光谱转变为 DF Tau 的光谱. 这些谱线也必须部分被宽带能流填充. 这种额外的光度是很多金牛座 T 型星的一个重要特征, 将在第 17 章进一步讨论.

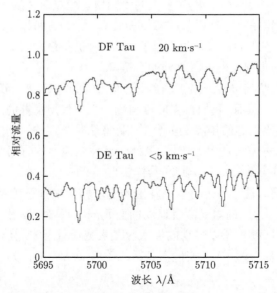

图 16.16   一颗金牛座 T 型星的转动展宽. 上面的光谱是 DF Tau(一颗金牛座 T 型星, 速度如图所示) 的光谱, 下面是 DE Tau(一颗同样光谱型的无转动天体) 的光谱

得到转动速度的测光方法使用了这个事实, 很多恒星在宽带发射中表现出稳定的周期性涨落. 在金牛座 T 型星中, 这些变化幅度适中, 在可见波波段典型值为 0.1 星等. 可能和其他不规则变化一起发生的这种调制的周期性表明它与恒星自转有关. 事实上, 我们将在下一章讨论的相关颜色变化表明了变暗或变亮是由恒星黑子 (starspot)[①]导致的. 这些区域, 和观测得更好但本质上弱得多的太阳黑子类似, 代表了磁通量强烈的局部集中. 主序前恒星的对流表面层被强磁场穿透,

---

① 译者注: 标准名词是星斑, 但实际这里与太阳黑子 (sunspot) 对应, 翻译为恒星黑子更合适.

因此特别容易出现恒星黑子. 接续的极小值和极大值之间的时间给出了转动周期的精确测量. 对光度和有效温度的了解可以得出恒星的半径, 从而得出 V_{eq} 本身, 无需倾角改正.

16.5.2 主序的趋势

任何有关年轻恒星自转的结果都应该放在上下文中看. 具体来说, 首先它有助于了解成熟天体在这方面的行为. 图 16.17 展示了星场中主序星的赤道速度随质量 (或等效地, 光谱型) 的变化. 每个实心圆圈代表通过光谱得到的很多同样质量恒星 $V_{eq} \sin i$ 的平均值. 注意, 未知的倾角在定性上几乎没有影响, 因为对于随机指向的轴的系综, $\sin i$ 的平均值为 $\pi/4 = 0.79$.

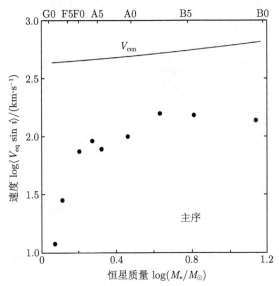

图 16.17 主序场星的转动速度. 图中所示是赤道速度作为恒星质量的函数. 图中还展示了相应的光谱型. 顶部的光滑曲线代表了每个质量处的离心碎裂的临界速度

从右到左看图 16.17, 我们可以看到表面速度是恒定的, 或者缓慢增加, 在晚 B 型星中达到一个极大值. 即使是这个极大值也远小于离心破碎的临界速度 $V_{cen} \equiv \sqrt{GM_*/R_*}$. 这个临界速度也在图中展示为恒星质量的函数. 对于 A 型或更晚的光谱型, 平均转动速度首先缓慢下降, 然后对于比早 F 型更晚的光谱型 (即对于 $M_* \lesssim 1.5M_\odot$) 急剧下降. 这个转换质量和靠外的对流首次出现的质量相差不大. 理论预言, 质量小于这个值的恒星会发出磁化星风, 我们在第 13 章中讨论了它们的角动量输运. 因为主序前恒星也有显著的外区对流, 所以图 16.17 中看到的 V_{eq} 的下降已经暗示, 这些年轻的收缩天体在从诞生线下降过程中不是单调地自转加快的.

太阳类型的恒星已经停止收缩, 正慢慢在主序上消耗它们的氢, 这类恒星自转的时间变化有最好的记录. 图 16.18 展示了四个疏散星团以及太阳的 $V_{\text{eq}}\sin i$ 的测量值作为年龄的函数. 和前一幅图中一样, 每个点代表对大量单个天体 (在此情形, 限制为光谱型从 F8 到 G8) 的平均. 观测揭示了一种一致的模式, 表明场星中的小质量恒星相对慢的转动是通过逐渐减速的过程实现的. 忽略倾角因子, 我们发现

$$V_{\text{eq}} \approx V_0 (t/10^9 \text{ yr})^{-\alpha}. \tag{16.58}$$

图 16.18 中的虚线是对数据的最小二乘拟合, 对应于 $V_0 = 4.5 \text{ km} \cdot \text{s}^{-1}$ 和 $\alpha = 0.51$. 所以 V_{eq} 近似以 $t^{-1/2}$ 下降, 这个结果传统上称为斯库曼尼奇定律 (Skumanich law). 这种自转减慢一定反映了星风带走角动量.

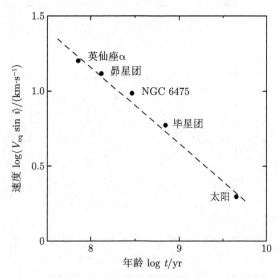

图 16.18   所选星团中的 G 型恒星和太阳的 $V_{\text{eq}}\sin i$ 的平均值

我们强调, 斯库曼尼奇定律只适用于转动速度的平均值. 事实上, 即使在图 16.18 中使用的相对较窄的质量范围内, 观测到的 $V_{\text{eq}}\sin i$ 值也显示出显著的弥散. 图中所示最年轻的星团, 英仙座 α 含有一些 G 型恒星, $V_{\text{eq}}\sin i$ 超过 200 km·s^{-1}. 值得注意的是, 测得的 G 型星速度的弥散随星团年龄的增加而减小, 在毕星团中非常小. 在英仙座 α 的年龄 (7×10^7 yr) 快速转动的恒星最初一定以比方程 (16.58) 更快的速率减速, 而转动较慢的恒星则以更为悠闲的节奏变慢.

16.5.3   猎户座和昴星团

在任何年轻的星团中, 所有质量的恒星的转动速度都有显著的弥散, 不仅仅是那些接近太阳质量的恒星. 速度分布如何随质量变化将最终揭示磁制动和内部

角动量重新分布的很多信息. 这个模式在昂星团中得到了很好的记录. 图 16.19 以图像的方式总结了几百次光谱速度测量的结果. 我们马上就可以看到大多数恒星表面速度相对较低, $V_{\rm eq} \ll V_{\rm cen}$. 在这个多数群体中, 很多 $V_{\rm eq} \sin i$ 值只是上限, 如图所示. 有斯库曼尼奇定律给出的 G 型星平均速度很大程度上受这些较低值的影响.

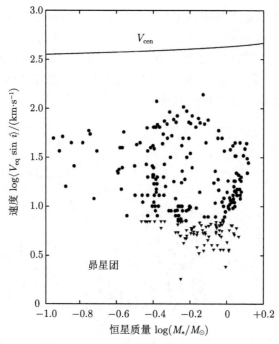

图 16.19 昂星团中 266 颗恒星 $V_{\rm eq} \sin i$ 的光谱测量值. 倒三角形代表上限. 图中还展示了离心破碎速度 $V_{\rm cen}$, 是使用每个恒星质量的主序半径计算的

图 16.19 揭示的最有趣的事实是, 许多恒星的旋转速度要快得多, $V_{\rm eq} \sin i$ 接近, 有时甚至超过 100 km·s^{-1}. 如图所示, 后一个值仍然只有 $V_{\rm cen}$ 的 1/3 左右. 对于质量在 $0.5 M_\odot$ 到 $1.0 M_\odot$ 之间的恒星, 点的密度有一个明显的空洞. 也就是说, 这一范围内的恒星相当整齐地分为两个子类——大部分是慢速自转的恒星, 另一类明显少数的快速自转的恒星.

对于 $M_* \gtrsim 1.0 M_\odot$, $V_{\rm eq} \sin i$ 的弥散变小. 在更小的质量 (即 $M_* \lesssim 0.5 M_\odot$), 弥散也变小. 我们应该谨慎看待这两个结果, 因为毫无疑问有更多恒星的速度低于探测极限. 然而, 值得注意的是, 中等速度的空洞在较低质量的情形消失, 并且这些恒星表现出相对较高的 $V_{\rm eq}$. 将图 16.17 外推到这个质量范围, 我们可以看到大部分昂星团天体一定随着年龄的增长而大幅减速. 然而, 注意到, 在一些主序 M

型场星中仍然保持了快速转动. 当然, 在所有质量范围昴星团转动速率的宽度与英仙座 α 数据一致, 但仍然是惊人的. 例如, 对于 $M_* \approx 0.8 M_\odot$, $V_{eq} \sin i$ 总的弥散至少有一个 15 的因子. 这太大了, 不能仅仅归因于成员星之间的年龄差异, 它们的年龄都在 10^7 yr 以内 (4.4 节). 更合理的是, 弥散反映了更早期的转动变化. 显然, 即使在 1×10^8 yr 的年龄, 星风的制动作用也不足以抹去对这些原初条件的记忆.

下一个逻辑步骤是系统性地探索更年轻的星团和星协中的转动速率. 这些研究同时采用了光谱和测光的方法. 到目前为止, 最丰富的结果来自猎户座星云星团. 在图 16.20 中, 我们展示了超过 300 颗恒星的转动速度, 质量从 0.1 到 $3M_\odot$. V_{eq} 值由测光周期得到, 使用了恒星已知的光度和有效温度计算恒星半径. 将每个天体放到赫罗图上也得出了合适的质量.

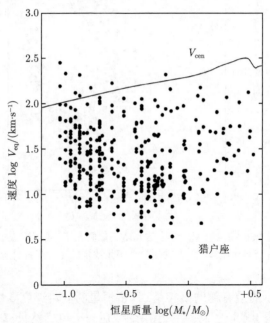

图 16.20　猎户座星云星团中 330 颗恒星的赤道转动速度 V_{eq}. 这些速度是用测光得到的. 图中还显示了临界破碎速度 V_{cen}. 这个速度采用了表 16.1 中每个质量的诞生线半径. 注意到 $M_* = 3M_\odot$ 附近的弯曲, 与氘壳层燃烧引起的膨胀有关

很明显, 这个系统中的恒星, 年龄约为 2×10^6 yr, 同样具有各种不同的转动速度. 事实上, 弥散比昴星团中更宽, 特别是当我们考虑到, 猎户座样本也是偏向于转动非常慢的天体. 注意到昴星团 (质量在 $0.5M_\odot$ 到 $1.0M_\odot$ 之间) 中 V_{eq} 的双峰分布不再明显.

猎户座的另一个显著特征是有大量小质量天体, 其转动速度超过 $100\,\text{km} \cdot \text{s}^{-1}$.

这里发现的最大速度比昴星团中更接近临界破碎值. 图 16.20 甚至显示了很多表面上超过 V_{cen} 的天体. 然而, 这里 V_{cen} 是用每个质量的诞生线半径计算的. 恒星的收缩增大了相关的 V_{cen} 值, 故而 V_{eq} 保持在极限值以下. 一些转动最快的天体可能是密近双星系统的成员. 未探测到的伴星的潮汐引力会迫使可见恒星转得比自身能维持的速度更快.

从猎户座到昴星团的平均速度降低表明存在逐渐的减速过程, 就像主序 G 型星那样, 在更远的过去和更宽的质量范围成立. 另一方面, 昴星团中快速转动恒星的存在表明很多在 2×10^6 yr 的年龄转动接近破碎的恒星在 1×10^8 yr 仍然转得很快. 减速时间一般应向较低恒星质量方向增加, 以解释某些 M 型星在主序时仍然快速转动. 大部分的转动数据与这个大的图景一致. 一个可能的例外是金牛座-御夫座. 因为这个系统比猎户座更老, 比英仙座 α 或昴星团更年轻, 人们希望找到相当一部分转得非常快的恒星. 然而, 光谱研究到目前为止仅发现了少数成员的 $V_{\text{eq}} \sin i$ 超过 50 km $\cdot$ s^{-1}, 没有一个超过 100 km $\cdot$ s^{-1}.

16.5.4 内埋星

探测比猎户座星云中恒星更年轻恒星的自转在技术上是有挑战性的. 这些天体往往是埋在拱星物质和分子云物质中的, 在光学波段很弱或无法探测. 原则上, 可以通过在近红外波段的监测进行测光. 2 μm 波段的高分辨率光谱取得了更大的进展. I 型天体被严重遮蔽, 根本没有吸收线. 然而, 极端的 II 型源, 即那些在 2.2 μm 到 10 μm 之间接近平坦的光谱能量分布偶尔在 CO 中显示出微弱的特征. 少数可用的测量得出的 $V_{\text{eq}} \sin i$ 值通常超过 20 km $\cdot$ s^{-1}.

这方面的理论预期是什么? 假设我们首先忽略原恒星吸积阶段的磁制动效应. 在这种极端简化之下, 大多数新形成的可见恒星已经从它们的母致密云核得到了很多角动量, 它们会以解体速度旋转. 事实上, 甚至在另一个与云自转相关的事件 (即拱星盘出现) 之前, 这个条件就已经满足了.

更详细地探讨这里的论据是有益的. 首先回想一下, 原恒星由于在相对较低质量的氘燃烧而变得对流不稳定. 一旦这个转变发生, 和对流相关的湍流应力就可以有效消除内部剪切. (不过, 请参见下面对太阳的讨论.) 在理想化的、或许不实际的无较差转动图景中, 我们可以把完全对流的原恒星表征为刚性转动的 $n = 3/2$ 的多方球. 如果这个天体确实以接近解体的速度转动, 那么它的角速度 Ω_{max} 为

$$\Omega_{\text{max}} = n_4 \left(\frac{GM_*}{R_*^3} \right)^{1/2}. \tag{16.59}$$

这里, n_4 是一个接近 1 的常数, 可以从转动多方球的数值研究中得出. 这颗恒星

的转动惯量为

$$I_* = n_5 M_* R_*^2, \tag{16.60}$$

其中 n_5 是另一个已知常数. 因此这个最快转动的结构中所含的角动量为

$$J_{\max} = I_* \Omega_{\max}$$
$$= n_4 n_5 (G M_*^3 R_*)^{1/2}. \tag{16.61}$$

我们的目标是观察在内落过程中什么时候达到这种状态. 我们将致密母云核看作一个以角速度 Ω_0 转动的奇异等温球. 使用方程 (9.8) 中的密度分布表明, 最终进入恒星的分子云角动量为

$$J_{\mathrm{cloud}} = \frac{2}{9} M_* \Omega_0 r_{\mathrm{cloud}}^2. \tag{16.62}$$

半径 r_{cloud} 是坍缩区域的外边界处的半径. 由方程 (9.8), 这个量为

$$r_{\mathrm{cloud}} = \frac{G M_*}{2 a_T^2}. \tag{16.63}$$

令 $J_{\max}$ 和 J_{cloud} 相等, 我们求解 M_* 发现

$$M_* = (18 n_4 n_5)^{2/3} \left(\frac{a_T^8 R_*}{G^3 \Omega_0^2} \right)^{1/3}. \tag{16.64}$$

原恒星以方程 (10.31) 给出的速率 $\dot{M}$ 增长. 所以, 积累质量 M_* 所需的时间为

$$t_{\mathrm{break}} = M_*/\dot{M}$$
$$= (18 n_4 n_5)^{2/3} \left(\frac{R_*}{m_0^3 \Omega_0^2 a_T} \right)^{1/3}. \tag{16.65}$$

前面提到的数值研究给出了 $n_4 = 1.02$ 和 $n_5 = 0.132$. 因此, 包含方程 (16.65) 这些常数的因子的数值为 1.80. 注意到我们的 t_{peak} 的表达式具有和 t_0(转动内落首次产生拱星盘的时间) 精确相同的代数形式. 由方程 (11.32), t_0 中相应的数值系数为 $16^{1/3} = 2.52$. 我们得出结论, t_{peak} 小于 t_0, 即恒星在盘形成之前达到解体速度.

对于 t_{peak} 和 t_0 之间的时刻, 恒星必须找到某种方式来丢掉它通过直接内落得到的多余角动量. 表面层的加速转动可能导致物质抛出, 即在 t_0 之前形成盘. 然而, 磁化星风在较年老的恒星中的扭矩作用已经为人所知, 它在这个较早的时期也起作用, 这是合理的. t_0 之后的某个时刻, 盘开始向恒星提供额外的质量和角动量 (11.3 节). 外流星风中磁力线的扭曲可能使恒星赤道速度接近但比解体值略低. 或者, 星风可以使天体转动变慢. 未来对深埋源 V_{eq} 的观测将告诉我们实际是哪种情况.

16.5.5 来自星风理论的见解

回到主序前阶段, 来自年轻星群的经验数据表明, 在收缩过程中发生了大量的角动量损失. 很难给出更加定量的结果, 但斯库曼尼奇形式的自转减慢可能在很大的质量范围内成立, 至少在这个时期的一部分是这样的. 假设扭矩作用完全是由磁化星风引起的. 那么简单的理论论证辅以观测输入, 给出了减速率的表达式. [①]

我们从方程 (13.32) 开始. 这个方程告诉我们, 任意磁通量管中的比角动量为

$$\mathcal{J} = \alpha \varpi_{\mathrm{A}}^2. \tag{16.66}$$

回想一下, ω_{A} 是 (柱) 阿尔芬半径, 而 α 沿所讨论的磁力线不变. 如果 $\boldsymbol{B}$ 在恒星表面附近只有一个小的环向分量, 那么方程 (13.19) 表明, α 接近恒星的转动速度 Ω_*. 现在假设整个阿尔芬面是一个半径为 r_{A} 的球面. 那么这个球面内的平均比角动量为

$$\mathcal{J}_{\mathrm{av}} = \frac{2}{3}\Omega_* r_{\mathrm{A}}^2. \tag{16.67}$$

为了得到角动量的总流出量, 我们乘以星风中的质量输运率:

$$\begin{aligned}\dot{J} &= -\frac{2}{3}\dot{M}_w \Omega_* r_{\mathrm{A}}^2 \\ &= -\frac{8\pi}{3}\rho_{\mathrm{A}} u_{\mathrm{A}} \Omega_* r_{\mathrm{A}}^4.\end{aligned} \tag{16.68}$$

这里 ρ_{A} 和 u_{A} 分别是 r_{A} 处的球面平均星风密度和径向速度.

当抛出的气体穿过 r_{A}, 径向速度匹配以磁场的极向分量计算的局域阿尔芬速度:

$$u_{\mathrm{A}}^2 = \frac{B_p^2(r_{\mathrm{A}})}{4\pi\rho_{\mathrm{A}}}. \tag{16.69}$$

我们可以进一步将 B_p 和恒星表面磁场 B_* 通过磁通量守恒联系起来:

$$B_p(r_{\mathrm{A}})r_{\mathrm{A}}^2 = B_* R_*^2. \tag{16.70}$$

所以, 方程 (16.68) 变为

$$\begin{aligned}\dot{J} &= -\frac{2}{3}\frac{B_p^2(r_{\mathrm{A}})}{u_{\mathrm{A}}} r_{\mathrm{A}}^4 \Omega_* \\ &= -\frac{2}{3}\frac{B_*^2}{u_{\mathrm{A}}} R_*^4 \Omega_*.\end{aligned} \tag{16.71}$$

[①] 一些研究者支持这个想法, 恒星通过与盘相连的磁场向盘转移角动量而制动. 如前所述, 角动量损失一定发生在盘出现之前. 无论如何, 我们不会在这里探讨这个图景. 回忆 13.4 节, 了解恒星-盘相互作用的复杂性.

　　阿尔芬半径距离恒星表面足够远, 径向速度几乎达到了收尾值 V_∞. 根据经验, 后者接近逃逸速度. 因此, u_A 值可能对 B_* 和 Ω_* 不敏感. 但这后两个量的关系是什么? 磁场是通过发电机效应 (即较差转动和对流的相互作用) 产生的. 因此我们预期 B_* 对 Ω_* 有一些依赖. 不幸的是, 发电机理论本身还不能给出所需的关系, 我们必须转向直接的观测比较.

　　恒星磁场的探测依赖于光学谱线的塞曼分裂. 在实际中, 人们比较所选谱线的轮廓和产生于类似深度但对磁场不太敏感的谱线轮廓. 通过这种方式, 我们可以同时得到视向磁场 $B_\parallel$ 和 f_B, 恒星表面被磁场覆盖的比例. 从 G 型和 K 型矮星得到的一个有趣结果是, $B_\parallel$ 依赖于光谱型而不依赖于观测到的 Ω_*. 另一方面, 乘积 $f_B B_\parallel$ 至少大致正比于 Ω_*. 所以, 更快的转动增加了穿透表面的磁通量管的数量, 但不改变每个磁通量管中的磁场强度. 在任何情况下, 影响磁制动的更大尺度磁场是由光球上方一段距离的单个磁通量管合并而来的. 方程 (16.71) 中的组合 $B_* R_*^2$ 正比于恒星半球总的磁通量, 因而以 Ω_* 变化.

　　我们的结论是, $\dot{J}$ 正比于 Ω_*^3. 对于刚刚进入主序的恒星, 转动惯量可以认为是固定的. 于是我们有

$$\frac{d\Omega_*}{dt} = -k\Omega_*^3, \tag{16.72}$$

其中 k 是一个正的常量, 仅依赖于光谱型. 这个方程的解是

$$\Omega_*^{-2} - \Omega_0^{-2} = 2kt, \tag{16.73}$$

对于任意初始速度 Ω_0. 在初始的暂态行为后, 赤道速度确实正比于 $t^{-1/2}$.

　　将方程 (16.72) 推广到包含恒星半径的收缩是一件简单的事. 然而, 更广泛的斯库曼尼奇型关系不足以描述整个主序前阶段. 如果在猎户座星云星团中 $\dot{J}$ 真的正比于 Ω_*^3, 那么星团的所有成员到达昴星团的年龄时都应该转得很慢. 结果, 磁力矩应该在较快的转动速度饱和. 也就是说, 制动在早期阶段一定是低效的. 一个可能的原因是, 在某个最小转动速度之上, 恒星被较大的磁通量完全覆盖. 支持这个图像的是一个相关的观测. 表面活动 (包括磁场的出现) 的一个标志是 X 射线发射. (也参见第 17 章.) 在给定光谱型的恒星中, X 射线光度通常和 $V_{eq}\sin i$ 相关, 但随后对于足够快的转动会趋于平稳.

　　理论面对的另一个复杂性是恒星仅部分对流的情形. 实际上, 这种情形出现在提供了斯库曼尼奇关系原始数据的恒星中. 虽然可以合理地假设靠外的对流区作为一个刚体自转减慢, 但内部会如何反应? 角动量是不是由于剪切层之间的某种有效黏滞应力而向外扩散的? 对流区的湍流涡旋会不会产生向内传播的波并且改变转动? 或者中心区域是否维持了从早先收缩所遗留下来的高自旋状态?

　　关于这些问题最详细的经验信息来自日震学领域. 将恒星表面振荡的观测和它的体简正模式的模型结合起来, 我们可以得到角速度的内部分布. 人们早就

知道表面角速度在赤道的值超过极区值大约百分之四十. 日震学表明这种差异持续到对流区底部, Ω 几乎没有径向变化. 在辐射主导的内部区域, 转动速率看起来是均匀的. 从较差转动向刚体转动的转变发生在非常薄的层中, 称为差旋层 (tachocline). 这些结果怎么扩展到更年轻、更完全对流的天体中还不清楚. 然而, 毫无疑问, 对太阳的持续分析将有助于我们理解这里提出的演化问题.

本 章 总 结

诞生线在赫罗图上表现为恒星成群分布在较高光度的一个截止. 这个上边界的出现是因为主序前恒星首次出现时, 其半径是由吸积的原恒星得到的. 而原恒星的半径在亚太阳质量天体中受到氘聚变的严格限制, 在中等质量天体中受到引力收缩的严格限制.

停止了原恒星吸积的恒星通过向太空辐射能量而缓慢收缩. 这颗恒星发出的光度最初足以驱动内部对流. 与湍动对流相关的混合使得比熵在空间上不变, 恒星以简单、同调的方式收缩. 因为有效温度几乎保持不变, 所以天体在赫罗图中垂直下降. 最终, 内部不透明度减小到辐射能提供能量输运的程度. 随后有效温度升高, 演化轨迹变得更加水平.

主序前恒星中升高的中心温度点燃了一系列核反应. 首先, 这个天体消耗从原恒星阶段剩下来的所有氘. 这个反应可以使质量最小恒星的收缩停止长达 10^6 yr. 随后的锂聚变在能量上微不足道. 然而, 由于这种元素容易在恒星光球中探测到, 所以其存在是恒星年轻的一个重要观测标志. 普通的氢最终会在质量大于 $0.075 M_\odot$ 的恒星中燃烧. 此时, 释放的能量完全中止了恒星的收缩.

质量更小的天体的中心温度峰值太低, 不足以点燃氢, 然后随着半径趋向一个有限值而进一步下降. 在这些褐矮星中, 电子简并压抵消了自引力. 表面存在锂是一个重要的证认工具. 这些有效温度非常低的光谱由于存在尘埃颗粒和 CH_4 这样的分子而呈现出奇特的特征. 星团中存在很多单独的褐矮星.

年轻恒星的一个重要但我们了解不多的性质是它们的转动, 这可以通过光谱和测光方法测量. 平均年龄 2×10^6 yr 的猎户座星云成员在转动速度上有很大的弥散, 一定是从原恒星阶段继承下来的. 这个弥散到昴星团的年龄 (1×10^8 yr) 时减小, 但仍有大量快速转动的恒星. 和磁星风理论一致、很好记录的主序恒星的自转减慢不适用于主序前阶段. 星风制动在这个时期存在, 但显然效率较低.

建 议 阅 读

16.1 节 恒星诞生线首先在这里描述

Stahler, S. W. 1983, ApJ, 274, 822

Palla, F. & Stahler, S. W. 1990, ApJ, 360, L47.

第一篇文章讨论了小质量恒星的诞生线, 而第二篇文章将这个概念扩展到了中等质量恒星.

16.2 节 我们现在的主序前收缩的概念来源于

Hayashi, C. 1961, PASJ, 13, 450.

这篇文章之后更细致的研究仍然是有价值的参考文献:

Hayashi, C., Hoshi, R., & Sugimoto, D. 1962, Progr. Theor. Phys. Supp., No. 22

Ezer, D. & Cameron, A. G. W. 1965, Can. J. Phys., 43, 1497

Iben, I. 1965, ApJ, 141, 933.

这个课题的历史发展的总结见

Stahler, S. W. 1988, PASP, 100, 1474.

16.3 节 已经引用的经典数值研究包含了氢聚变. 主序反应的标准参考文献为

Rolfs, C. E. & Rodney, W. S. 1988, *Cauldrons in the Cosmos* (Chicago: U. of Chicago).

氘主序的想法来自

Ushomirsky, G., Matzner, C. D., Brown, E. F., Bildsten, L., Hilliard, V. G., & Schroeder, P. C. 1998, ApJ, 497, 253.

观测的情况总结在这里

Martín, E. L. 1997, Mem. Soc. Astron. It., 68, 905.

16.4 节 褐矮星是由下面的文献在理论上发现的

Kumar, S. 1963, ApJ, 137, 1121

Hayashi, C. & Nakano, T. 1963, Prog. Theoret. Phys., 30, 460.

第一次目击是

Nakajima, T., Oppenheimer, B. R., Kulkarni, S. R., Golimowski, D. A., Matthews, K., & Durrance, S. T. 1995, Nature, 378, 463.

关于观测情形的总结, 见

Oppenheimer, B. R., Kulkarni, S. R., & Stauffer, J. R. 2000, in *Protostars and Planets IV*, ed. V. Mannings, A. P. Boss, & S. S. Russell, (Tucson: U. of Arizona), p. 1313.

当前研究活动的描述见

Martín, E. L. (ed.) 2003, *Brown Dwarfs* (San Francisco: ASP).

理论问题的概述见

Chabrier, G. & Baraffe, I. 2000, ARAA, 38, 337.

16.5 节 G 型矮星自转减慢的定量描述见

Skumanich, A. 1972, ApJ, 171, 565.

有很多文章研究年轻星团中的转动. 分别聚焦于猎户座和昴星团的两个例子为

Stassun, K. G., Mathieu, R. D., Mazeh, T., & Vrba, F. 1999, AJ, 117, 2941

Terndrup, D. M., Stauffer, J. R., Pinsonneault, M. H., Sills, A., Yuan, Y., Jones, B. F., Fischer, D., & Krishnamurthi, A. 2000, AJ, 119, 1303.

一种理论方法是采用参数化的角动量损失率并研究其结果:

Krishnamurthi, A., Pinsonneault, M. H., Barnes, S., & Sofia, S. 1997, ApJ, 480, 303.

需要解决的物理问题如下

Charbonneau, P., Schrijver, C. J., & MacGregor, K. B. 1997, in Cosmic Winds and the Heliosphere, ed. J. R. Jokipii, C. P. Sonett, & M. S. Giampapa, (Tucson: U. of Arizona), p. 677.

用日震学确定的太阳内部转动的方法见

Thompson, M. J. et al. 1996, Science, 272, 1300.

第 17 章　金牛座 T 型星

对恒星形成区的观测使用了波长范围很宽的探测器, 这是非常有利的. 然而, 我们对年轻但光学可见恒星的知识是最全面的. 那些质量大约等于或者小于 $2M_\odot$ 的恒星属于金牛座 T 型星, 已经在几十年间得到了深入研究. 在本书中, 我们有机会接触到这些天体的各种性质, 但从未以一种系统的方式给出经验数据或相关的理论. 本章的目的就是填补这个空白.

除了接近分子云之外, 金牛座 T 型星的年轻主要表现在它们过量的发射, 即超出同样有效温度主序恒星的光球辐射. 我们从描述这种出现在谱线和连续谱中的发射特征开始. 这里我们不仅讨论光学辐射, 也讨论紫外、红外、X 射线和射电辐射. 然后我们转向光学谱线更精细的细节, 以展示这些谱线如何揭示了外流和内落物质的存在 (17.2 节). 在 17.3 节中, 我们看到过量的连续谱辐射如何为拱星盘的存在提供了证据. 我们还总结了对盘热学结构和动力学结构的理论理解.

金牛座 T 型星的另一个基本特征是它们的时间变化 (17.4 节). 谱线和连续谱的起伏幅度有一个范围, 可以是随机的或周期性的. 对后者的讨论自然地把我们引到了金牛座 T 型星磁场和对它们进行观测的问题. 我们也对猎户座 FU 现象 (一种起源仍然不清楚的特别巨大的耀发现象) 给予了极大的关注.

在最后一节中, 我们描述仍然在收缩的、表面活动减少、具有过量发射的小质量天体. 这一类后金牛座 T 型星给出了与主序的观测联系. 演化程度更高的天体, 即相对年轻的矮星, 展现出正在进行的行星形成的诱人线索. 最后, 我们总结我们当前对这一复杂现象的理解.

17.1　谱线和连续谱发射

虽然金牛座 T 型星的个体性质表现出令人困惑的变化, 但它们仍然有一系列共同的特征. 从观测的角度看, 这些内禀特征比恒星在赫罗图中合适区域的位置更为可靠. 对于后一个目的, 必须指定一个有效温度, 通常基于光学吸收线的模式. 这些东西有时几乎看不见, 因为它们被填得很满, 很难辨识潜在的光谱型. 这里的污染是由于在主序星中没有发现的一个额外连续谱辐射成分造成的. 不管是否存在这种遮掩 (veiling), 一些通常出现在吸收中的谱线出现在发射中. 实际上, 存在显著的发射线是定义金牛座 T 型星的一个基本性质. 这些背景光谱上的峰通常但不总是包含明显的吸收坑. 让我们从描述发射和吸收特征开始.

17.1.1 光学光谱

金牛座 T 型星的光学发射线来自氢以及中性和一次电离的金属. 分别位于 3968 Å 和 3934 Å 的显著的 CaII H 和 K 线属于后一类. 此外, 所有金牛座 T 型星在 X 射线波段都有显著的流量. 光学发射线和 X 射线也都存在于晚型的主序恒星中. 这里, 它们是由位于恒星表面上方延展的色球层和星冕中机械能和磁能耗散产生的 (回忆第 13 章). 这种活动反过来是表面下对流的一种表现. 因为小质量的主序前恒星也被认为是对流不稳定的, 所以我们列出的最小金牛座 T 型星的性质并不令人惊讶. 然而, 我们应该看到, 表面活动的程度通常远大于主序恒星. 此外, 许多金牛座 T 型星显示出额外的特征, 这些特征在这个框架内是难以理解的.

这里氢线说的是巴耳末线系的氢线, 主要是 6563 Å 处的 Hα. 因此, 绝大多数金牛座 T 型星都是通过对光学遮挡的区域发出 Hα 或 X 射线的源的宽视场巡天发现的. 因此有必要进行额外的研究以确认任何候选体的主序前性质. 探测到 6708 Å 处强的锂吸收线是一个经常使用的判据. 通过这种方法, 观测者已经证认并记录了数百个天体.

在这个大数据集中, 那些显示明显吸收特征的光学光谱具有相应的光谱型. 范围从晚 G 型到中 M 型. 光谱型和有效温度的对应类似于主序星 (表 1.1), 但由于较低的表面重力而略有不同. 重要的是意识到, 具有相等 $T_{\rm eff}$ 值的恒星仍然可能有非常不同的光谱. 这种差异反映了连续谱和谱线中的过量发射.

为了说明这种情况, 图 17.1 展示了三颗金牛座 T 型星的光谱, 波长从紫外到光学的红光部分. 所有恒星都具有从晚 K 型到早 M 型的光谱型. 从底部开始, 这些天体在光球外显示出不断增加的发射. 因此, 弱线金牛座 T 型星 V830 Tau 有明显的吸收坑. BP Tau 中的谱线浅一些, 这是连续谱遮掩的结果. 最后, 极端金牛座 T 型星 DR Tau 显示出非常少的吸收线, 但发射线要多得多. 它的光谱型相应地非常不确定.

其他趋势也值得注意. 每条光谱最蓝的区域被巴耳末连续谱 (即通过俘获自由电子到氢的 $n = 2$ 能级所释放的光子) 主导. 经典金牛座 T 型星在电离阈值 3647 Å 以下显示出一个向上跃变. 在主序天体和类似 V830 Tau 的弱线金牛座 T 型星中, 这部分光谱被压低到更长波长的水平之下. 注意 BP Tau 和 DR Tau 中跃变旁边红端密集的发射线. 这些谱线是巴耳末线系更高阶的成员: Hγ($n = 5 \to 2$)、Hδ($n = 6 \to 2$) 等等. 同样位于这个区域的是 CaII 的 H 和 K 线. 在 DR Tau 中, 有一组 FeII 线, 比 4861 Å 处的 Hβ 偏红. 5893 Å 处的 NaI D 双线在极端金牛座

T 型星中是发射线, 而它在其他光谱图中表现为吸收特征.

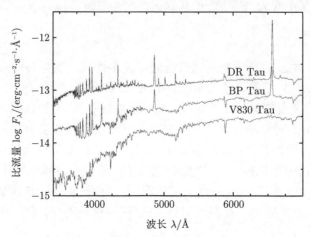

图 17.1　三颗金牛座 T 型星的中分辨率光谱. 流量仅对 BP Tau 是对的. 为了方便, 其他两条光谱进行了竖向移动

　　表 17.1 列出了在经典金牛座 T 型星中发现的主要发射线. 这里我们覆盖了红外、光学和紫外波段. 第二列给出了电子跃迁的光谱学符号, 而爱因斯坦 A 系数列在最后. 在光学谱线中, 我们注意到 [OI]6300 Å 和 [SII]4076 Å 的自发发射速率都比其他谱线小了几个量级. 这些跃迁是相对低密度物质的禁戒跃迁. 我们随后将看到这些谱线对于探测金牛座 T 型星的星风是有价值的, 就像它们对于探测内埋更深恒星的喷流有价值一样. 然而, 现在, 我们聚焦于其他容许跃迁.

表 17.1　经典金牛座 T 型星中的主要发射线

谱线	跃迁	波长/Å	A_{ul}/s^{-1}
红外			
Br γ	$n = 7 \to 4$	21661	3.0×10^5
Pa β	$n = 5 \to 3$	12822	2.2×10^6
CaII	$^2P_{1/2} \to\,^2D_{3/2}$	8662	2.8×10^5
CaII	$^2P_{3/2} \to\,^2D_{5/2}$	8542	1.2×10^6
CaII	$^2P_{3/2} \to\,^2D_{3/2}$	8498	6.3×10^5
光学			
[SII]	$^2D_{3/2} \to\,^4S_{3/2}$	6731	8.8×10^{-4}
[SII]	$^2D_{5/2} \to\,^4S_{3/2}$	6716	2.6×10^{-4}
Hα	$n = 3 \to 2$	6563	1.0×10^8
[OI]	$^1D_2 \to\,^3P_2$	6300	6.3×10^{-3}
NaI D_1	$^2P_{1/2} \to\,^2S_{1/2}$	5896	6.2×10^7
NaI D_2	$^2P_{3/2} \to\,^2S_{1/2}$	5890	6.2×10^7
HeI	$^3D_3 \to\,^3P_2$	5876	7.1×10^7

续表

谱线	跃迁	波长/Å	$A_{\mathrm{ul}}/\mathrm{s}^{-1}$
FeII	$^6\mathrm{P}_{3/2} \to\, ^6\mathrm{S}_{5/2}$	4924	3.3×10^6
Hβ	$n = 4 \to 2$	4861	3.8×10^7
Hγ	$n = 5 \to 2$	4340	1.6×10^7
FeI	$^3\mathrm{F}_3 \to\, ^3\mathrm{F}_2$	4132	1.2×10^7
[SII]	$^2\mathrm{P}_{1/2} \to\, ^4\mathrm{S}_{3/2}$	4076	9.1×10^{-2}
CaII H	$^2\mathrm{P}_{1/2} \to\, ^2\mathrm{S}_{1/2}$	3969	1.4×10^8
CaII K	$^2\mathrm{P}_{3/2} \to\, ^2\mathrm{S}_{1/2}$	3934	1.5×10^8
光学			
MgII h	$^2\mathrm{P}_{1/2} \to\, ^2\mathrm{S}_{1/2}$	2803	2.6×10^8
MgII k	$^2\mathrm{P}_{3/2} \to\, ^2\mathrm{S}_{1/2}$	2796	2.6×10^8
CIV	$^2\mathrm{P}_{3/2} \to\, ^2\mathrm{S}_{1/2}$	1548	2.7×10^8
SiIV	$^2\mathrm{P}_{1/2} \to\, ^2\mathrm{S}_{1/2}$	1403	7.6×10^8
OI	$^3\mathrm{S}_1 \to\, ^3\mathrm{S}_1$	1305	2.0×10^8
SI	$^3\mathrm{P}_1 \to\, ^3\mathrm{P}_2$	1296	4.9×10^8
Lyα	$2\mathrm{p} \to 1\mathrm{s}$	1216	6.3×10^8

17.1.2 Hα 发射

回到图 17.1, BP Tau 和 DR Tau 中最强的线都是 Hα. 相比之下, V830 Tau 在同一区域几乎是平坦的. 事实上, Hα 的存在是将经典金牛座 T 型星和弱线金牛座 T 型星区分开的决定性光谱特征之一. 从我们的例子可以明显看出, 这条特定谱线的强度增大不是一个孤立现象, 而是伴随着其他活动指标——金属发射线和巴耳末线系其他谱线的增强、更明显的遮掩和巴耳末连续谱的提升.

对于光谱的详细分析而言, 对任何谱线的强度有一个定量度量是方便的, 无论是吸收线还是发射线. 这个度量是等值宽度 (equivalent width). 首先考虑吸收线. 和通常一样, 我们令 F_λ 表示从恒星接收到的比流量. 然后我们用所研究谱线的积分定义等值宽度:

$$W_\lambda \equiv \int (1 - F_\lambda/F_0)d\lambda. \tag{17.1}$$

这里, F_0 是吸收坑每一侧的连续谱流量. 图 17.2 展示了 W_λ 是具有矩形轮廓、和真实吸收线相对连续谱缺失的积分流量相同的一条假想谱线的宽度. 此外, 矩形轮廓的深度取为刚好将总流量降为零. 我们也可以将方程 (17.1) 中的定义应用于发射线. 这里 W_λ 形式上是负的, 在实际中使用绝对值.

现在回到金牛座 T 型星中的 Hα 以及弱线和经典金牛座 T 型星之间的区别. Hα 的等值宽带在不同源之间变化很大, 在极端情况下可能达到 150 Å 或更大. 相反, 在 V830 Tau 这样的天体中, 这个宽度变得非常小. 如果 $W_{\mathrm{H}\alpha}$ 小于 10 Å, 那么中 K (mid-K) 型金牛座 T 型星被认为是弱线的.[①] 在实际中, 这样的天体也很少有或没有连续谱遮掩. 它仍然通过 CaⅡ H 和 K 发射表现出表面活动性. 此外, 6708 Å 处的 LiⅠ 吸收线比主序光球中的还深.

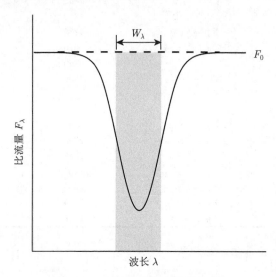

图 17.2   吸收线等值宽度的定义

表 17.2 总结了经典和弱线恒星的性质. 我们强调, 这两种类型的天体不仅在分子气体附近被发现, 在赫罗图上也靠得很近. 因此, 弱线恒星是真正的主序前天体, 它们周围的环境缺少某种或某些关键成分. 我们想深入探讨一下这个问题. 关于 Hα, 我们通常注意到, 在弱线恒星中已经存在的发射线和在经典恒星中非常强的发射线正是在太阳色球层和活动的小质量矮星中观测到的发射线. 无论是什么物理机制驱动了主序星的色球层, 它们都应该在这个更早的时期起作用. 另一方面, 金牛座 T 型星 Hα 发射的范围非常大, 这条线以及巴耳末线系的气体谱线不太可能纯粹起源于色球层.

我们可以先考虑一颗主序 G 型星来更好地理解这个事实. 这里, Hα 是一条吸收线, 就像在所有主序星中那样.[②]如果我们接下来研究更年轻的天体, 比如毕星团中的 G 型矮星, Hα 仍然为吸收线, 但要浅一些. 差别在于发射线核心叠加在通常的光球吸收线上. 假设我们画出 Hα 表面流量 (即单位时间单位面积离开恒星的能量) 作为恒星年龄的函数. 如图 17.3 中所见, 这个量随年龄减小, 减小的方式至少非常粗略地和斯库曼尼奇型定律 ($t^{-1/2}$) 一致. 无论其真实形式为何, 下降

---

① 弱线恒星的定义准则因光谱型而异. 考虑 G 型和 K 型的金牛座 T 型星, 二者都有 $W_{Hα} = 10$ Å. 前者 Hα 流量更高, 因为背景连续谱更强. 所以 G 型金牛座 T 型星是经典金牛座 T 型星. 等效地, 早型的光谱型具有较小的 $W_{Hα}$ 阈值.

② 例外的是光谱型 B 和 M 的异常恒星, 分别称为 Be 和 dMe 星. 这里 "e" 指的是存在发射线.

仅对 $t \gtrsim 2 \times 10^8$ yr 适用. CaII H 和 K 线的强度以及表面转动速度也有类似的下降 (方程 (16.57)). 这些平行的趋势强化了主序星 Hα 发射的色球起源.

表 17.2　经典和弱线金牛座 T 型星

	经典	弱线
Hα	$W_{\mathrm{H}\alpha} \gtrsim 10$ Å	$W_{\mathrm{H}\alpha} \lesssim 10$ Å
其他容许发射线	非常强、非常宽	强度适中且窄
禁戒发射线	是	否
Li 吸收线	是	是
光学遮掩	是	否
红外超 (infrared excess)	是	否
X 射线发射	是	是
射电发射	自由-自由	非热
	延展的	致密的
测光变化	周期性/非周期性	周期性

如果我们现在外推回到年龄为数百万年的太阳质量金牛座 T 型星, 预测的 Hα 流量落在宽得多的观测范围内 (图 17.3). 最活跃的经典金牛座 T 型星流量比预测高至少一个量级. 因此, 这些天体中的 Hα 不太可能主要起源于色球层, 尽管这种成分几乎肯定存在. 同样有趣的是, 最不活跃的金牛座 T 型星, 也就是那些被称为弱线金牛座 T 型星的, 其流量低于外推值, 但与年龄接近 10^8 yr 的相当. 因

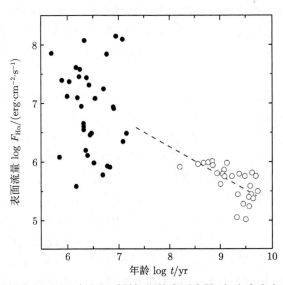

图 17.3　Hα 发射的演化. 图示为太阳质量恒星的表面流量, 如文中定义. 实心圆圈是金牛座-御夫座中的金牛座 T 型星, 空心圆圈是这个天区的主序星. 注意到这两群之间的空白, 这是后金牛座 T 型星问题的一个表现. 虚线代表 $t^{-1/2}$ 下降

此, 任何简单的幂律在早期就都失效了, 即使对于最小的流量也是如此. 开始为弱线金牛座 T 型星的收缩天体可能从色球层以大致稳定的水平产生 Hα 长达 10^8 yr 之久, 之后这种活动逐渐消失. 相比之下, 经典金牛座 T 型星开始产生更多的 Hα, 但强发射在 10^7 yr 内快速消失.

17.1.3   连续谱遮掩

是什么产生了非色球的 Hα 是一个远未解决的难题. 在深入研究这个问题之前, 让我们先完成我们对金牛座 T 型星发射特征的一般描述. 光谱中紫外区的谱线也证明了活动性增强. 1978 年发射的国际紫外探测器 (IUE) 卫星首次对这种辐射进行了广泛研究. 经典金牛座 T 型星 1100 ∼ 3100 Å 的光谱在中等分辨率下呈现出叠加了发射线的平滑连续谱. 跃迁部分来自中性和一次电离的原子, 和光学跃迁一样. 最大的流量来自 2800 Å 附近的 MgⅡ h 和 k 双线. 然而, 也有来自 CⅣ 和 SiⅣ 这样离子的谱线. 后一种跃迁要求环境温度接近 10^5 K.

紫外发射线的列表和流量比都和活跃的矮星 (包括太阳) 中观测到的类似. 这种对应关系再次暗示主序前天体中有色球层和冕. 另一方面, 单颗恒星的流量水平可以远高于太阳三个量级甚至更高. 我们关于 Hα 的推理表明紫外谱线的起源是非色球的. 使这一难题复杂化的是, 在最短波长处光谱的丰富程度与光学波段中的发射线强度几乎没有关系. 仅举一个例子, 极端金牛座 T 型星御夫座 RW 近乎没有源自非常高温气体的远紫外谱线.

我们强调, 只有谱线才有这种明显矛盾的行为. 经典金牛座 T 型星的紫外连续谱流量总是高于弱线金牛座 T 型星或主序星, 并且在一定程度上与光学发射活动密切相关. 也就是说, 在最短的可观测波长处的过量发射似乎是在光学波段看到的平滑延伸.

是什么产生了额外的连续谱辐射? 如果不首先确定发射的波长依赖, 我们就别指望解决这个问题. 也就是说, 我们必须将连续谱超 (excess) 的光谱能量分布和光球的光谱能量分布分开. 这种分离目前只在光学波段可行, 那里的光谱分辨率最高, 但即使如此也需要小心. 假设我们有经典金牛座 T 型星和弱线金牛座 T 型星的光谱, 它们有效温度几乎相同, 但连续谱遮掩 (continuum veiling) 可以忽略. 那么我们就不能简单地将两条光谱相减得到连续谱超. 所有观测到的流量必须首先去红化以消除尘埃的影响. 反过来, 去红化需要将天体的表观颜色和靠近恒星的观测者看到的颜色进行比较. 对于弱线星, 这种改正是直接的. 然而, 在经典金牛座 T 型星中, 观测到的颜色既受到红化的影响, 也受到连续谱超的影响.

我们可以通过细致对比经典和弱线星的吸收线区分这两个效应. 回忆一下, 前者的谱线由于连续谱遮掩而比较浅. 有了这两个天体的高分辨率光谱, 我们可以在小的波长区间内得到相对的超出.

假设如图 17.4 上图所示, 我们有弱线和经典星的部分光谱, 连续谱流量都是 F_0. 进一步假设弱线和经典星中某一特定吸收线的观测深度分别为 δF_0 和 δF_1. 如果我们在弱线光谱上添加一个宽带的遮掩流量 ΔF_λ, 我们保持了谱线的深度, 但是将背景连续谱从 F_0 抬升到了 $F_0 + \Delta F_\lambda$. 然后我们重新标度增强的弱线光谱直到连续谱流量再次为 F_0. 如果我们添加了合适的遮掩流量, 那么新的谱线深度与经典金牛座 T 型星中的 δF_1 符合:

$$\delta F_0 \left(\frac{F_0}{F_0 + \Delta F_\lambda} \right) = \delta F_1.$$

我们定义经典金牛座 T 型星的**遮掩指数**r_λ 为 $\Delta F_\lambda / F_0$. 读者可以验证, 在 $r_\lambda = 1$ 的波长区间, 我们有 $\delta F_0 = 2\delta F_1$. 也就是说, 经典金牛座 T 型星中的谱线的深度是没有连续谱遮掩的弱线天体的一半.

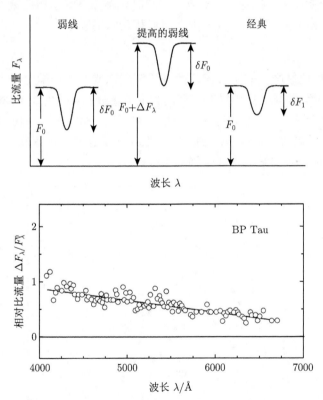

图 17.4　上图: 确定经典金牛座 T 型星中的遮掩流量. 下图: 恒星 BP Tau 中遮掩发射的光谱能量分布. 流量比归一化到弱线模板星在 5500 Å 处的 F_λ^0. 曲线是对数据的线性拟合

这个过程的最后一步是获取弱线星的去红化的低分辨率光谱并在每个波长处乘以 r_λ. 于是我们得到适当去红化的连续谱超 ΔF_λ. 图 17.4 展示了 BP Tau 的

计算结果. 这是一颗中等活跃程度的金牛座 T 型星, 我们之前展示了它的完整光谱. 这里, 我们展示了 5500 Å 处相对于弱线模板星的流量比. 很明显, 在这个波长范围内光学超占了恒星辐射输出的一大部分. 如果不考虑观测噪声, 那么流量分布似乎没有什么特征, 从 4000 ~ 6800 Å 缓慢下降. 与这个结果一致的最简单模型是温度接近 10000 K 的几何薄气体平板. 因为 BP Tau 的吸收线只是部分填充的, 即 r_λ 从来不会超过 1 太多, 所以假设的气体平板一定只覆盖了恒星表明的一小部分 (在此情形是百分之几).

其他经典金牛座 T 型星也可以使用这样的模型, 尽管气体平板的参数变化很大. 这个结果不难找到一个更物理的基础. 如我们将在 17.2 节中看到的, 有充足的证据表明有很多金牛座 T 型星周围有内落气体. 奇怪的是, 通常在同一个天体中也有外流的迹象. 被粗略描述为均匀气体平板的热气体实际上一定出现在恒星表面或上方的激波中. 典型气体平板的稀疏区域覆盖反映了相应激波位置的稀疏, 其中外流气体碰撞外部物质, 或者内流气流和表面层碰撞.

17.1.4　红外超

金牛座 T 型星产生的连续谱超的波长范围比紫外和光学宽得多. 图 17.5 展示了图 17.1 所示的同样三颗星的完整的光谱能量分布. 弱线星 V830 Tau 的发射峰在 1 μm 附近, 与同样光谱型的主序星差别不大. 相比之下, BP Tau 的宽带光谱向红外方向的减小要慢得多. 最后, DR Tau 在所有波长都有非常多的连续谱发射, 其光谱能量分布的峰值向红端移动了很多.

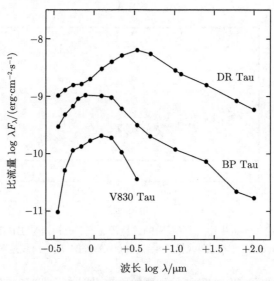

图 17.5　图 17.1 中的三颗恒星的宽度光谱能量分布. DR Tau 和 V830 Tau 的光谱分布向上和向下平移了 $\Delta \log F_\lambda = 0.5$. 注意到 BP Tau 和 V830 Tau 的流量已经去除了星际消光

当然, 我们以前也遇到过红外超 (infrared excess). 根据第 4 章介绍的分类方法, V830 Tau 这样的弱线星属于 III 型天体, 因为它们在近红外没有超. 中等活跃的 BP Tau 是一个 II 型源. 极端 (或 "连续谱") 星 DR Tau 也是这样, 因为 λF_λ 在 $2.2 \sim 10\ \mu m$ 之间仍然下降. 我们回忆一下, 一个真正的 I 型天体在这个区间流量上升, 光谱能量分布可能在长达 $100\ \mu m$ 波长处达到峰值. 我们在第 11 章中论证, 这些源也可能是主序前恒星, 但是埋在质量特别大和特别致密的气体包层中的.

回到图 17.5, 恒星 BP Tau 是唯一一颗我们可以可靠地得到红外超的星. 弱线星基本没有辐射超, 而 DR Tau 不能精确测光. 这种极端天体只占所有经典金牛座 T 型星的大约百分之十. 因此, 存在大量记录在案的红外超. 如我们将在 17.3 节中讨论的, 这种发射最可能的来源是拱星盘. 大部分辐射 "超" 仅仅代表入射光子被尘埃变为红外光子. 在某些情形, 盘本身可以提供额外的能量. 如果是这样, 其背后的物理仍然不清楚.

红外超改变了用标准带通测量的恒星内禀颜色. 我们在第 4 章中讨论了近红外颜色-颜色图如何在成员众多的星群中挑选出经典金牛座 T 型星. 图 4.2 特别展示了, 对于感兴趣的天体, 即使考虑到星际红化, 观测到的 $H - K$ 值相比 $J - H$ 也太大了. 当然, 对于 A_V 的可靠估计可以让我们对任一色指数去红化. 和主序颜色的比较给出辐射超的定量度量.

因此, 去红化的颜色, 诸如 $(H - K)_0$ 或 $(K - L)_0$ 是有用的, 并且远比直接估计更长波长总的额外光度要方便. 图 17.6 比较了这样一个指数 $(K - L)_0$ 和另一个表面上不相关的指数, $H\alpha$ 的等值宽度. 这里, 样本包括金牛座-御夫座的恒星. 尽管弥散很大, 但两个数字之间显然有联系. 弱线星, 即 $W_{H\alpha} \lesssim 10\ \text{Å}$ 的那些星, $(K - L)_0$ 从 0.1 等到大约 0.3 等. 这也是适当光谱型的主序星的预期范围. 具有更高 $H\alpha$ 流量的经典金牛座 T 型星相应地显示出更强的红外超. 这个趋势说明, 容许的谱线发射和连续谱红外辐射都依赖于拱星物质的存在.

17.1.5 X 射线和射电流量

最后让我们来研究两种和恒星磁场密切相关的连续谱辐射. 我们注意到, 金牛座 T 型星的 X 射线活动普遍存在, 是识别弱线天体的主要手段. 我们之前在第 7 章中讨论了这种辐射如何成为分子云的一种重要加热机制. 任何一颗恒星的流量在时间上大多是稳定的, 有适度的起伏, 但偶尔被强烈的耀发打断. 这些流量代表了长期能量输出的很大一部分. 稳态光度 L_X 通常占 L_{bol} 的 10^{-4}. 然而, 真实的比例对不同的源变化相当大. 几乎没有源的 L_X/L_{bol} 超过 10^{-3}, 这也是小质量主序星的观测上限.

图 17.7 展示了已知最强的主序前 X 射线源 V773 Tau 稳态发射的光谱能量分布. 这颗弱线星也是一个分光双星系统中的主星. X 射线光谱峰值在 1 keV

附近, 展现出热轫致辐射的特征. 如图所示, 温度 $T_{\mathrm{X}} = 1.5 \times 10^7$ K 和柱密度 $N_{\mathrm{H}} = 3 \times 10^{21}$ cm^{-2} 的等离子体给出最佳拟合. 这两个数值一般对于金牛座 T 型星来说都是正常的. 另一方面, 估计 L_{X} 为 1×10^{31} erg $\cdot$ s^{-1}. 由于 $L_{\mathrm{bol}} = 3L_{\odot}$, 比值 $L_{\mathrm{X}}/L_{\mathrm{bol}}$ 接近最大值 10^{-3}.

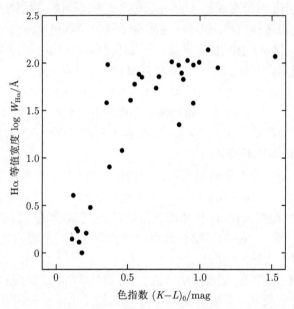

图 17.6   金牛座 T 型星的 Hα 的等值宽度和它们去红化的 $K - L$ 色指数. 所有恒星都位于金牛座-御夫座星协中

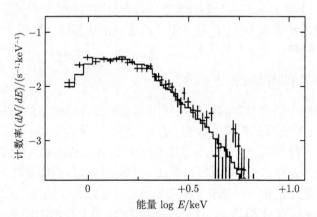

图 17.7   V773 Tau 的稳态 X 射线发射的光谱能量分布. 连续的台阶状曲线代表了计算得到的一团均匀等离子体的发射

来自这个源的耀发也比平均强度强很多. 在几分钟内, 耀发光度可以达到恒星光度的百分之十, 然后在几个小时内消失. 在发射峰值, 光谱能量分布的特征是 $T_X \gtrsim 10^8$ K. 这种光谱的硬化虽然在此情形极端, 但也是一个一般特征. 在任意成员多的金牛座 T 型星星群中, 大约百分之五的成员星在任意时间展现出耀发.

在考虑 X 射线发射的起源时, 与太阳进行比较是有帮助的, 因为太阳有详细的资料. 这里, 我们也发现水平低很多的稳态和耀发成分. 稳态部分来自太阳外流的日冕, T_X 的量级为 10^6 K. 与耀发相关的温度也是更高. 单个耀发源自闭合的磁环. 嵌入光球层中的磁环端点由于表面下的对流而移动. 磁环内的应力最终导致磁重联和能量的突然释放.

这个图景有多么适用于金牛座 T 型星? 一个关键的经验事实是, 大的 L_X 值并不意味着强的 Hα 发射. (记住, 我们之前的例子 V773 Tau 是一颗弱线星.) L_X 也不与紫外、光学或红外连续谱超出相关. 因此, 观测到的 X 射线不依赖于拱星物质的存在. 和太阳中一样, 这种辐射一定起源于涉及发电机产生的磁场在表面的活动. 另一方面, 与发射的稳态成分有关的光谱温度 T_X 太高, 不可能起源于冕. 相反, 即使这种 "宁静的" 输出实际上也是众多未分辨耀发的总和. 这些耀发可能还是源于闭合磁环中的磁重联过程, 但只有异常强时才作为离散事件出现.

磁场还涉及射电连续谱中的另一种发射特征. 我们在本书的其他地方看到了厘米波热轫致辐射 (自由-自由辐射) 电离星风中有价值的示踪物, 既来自深埋星在周围介质中产生的激波 (第 13 章), 也来自通过辐射加速表面热气体的暴露的大质量天体 (第 15 章). 只有最近的星协中的少数金牛座 T 型星有可探测的自由-自由发射. 使用甚大阵 (VLA) 的观测证实, 这些流量源自大小为 10^{14} cm 的区域, 和光学喷流有关.

有趣的是, 只有经典金牛座 T 型星, 或者更确切地说是其中一小部分, 表现出延展的电离气流. 更大部分弱线星产生厘米波流量, 但是从小得多的体积中发出的. 此外, 这里的输出在时间上变化更大, 偶尔出现耀发. 一个引人注目的例子是 DoAr 21, 蛇夫座 ρ 中的一颗相对明亮的弱线星. 这里, 6 cm 处的宁静态流量在 2 mJy 到 5 mJy 之间变化. 在 1983 年几个小时的时间里, 流量从 34 mJy 上升到 48 mJy.

致密射电发射的本质是什么? 再次考虑 V773 Tau. 这颗星不仅产生丰富的 X 射线, 而且是金牛座-御夫座中最明亮的射电源, 有很多记录在案的耀发. 亚角秒分辨率的 6 cm 干涉仪测量揭示了宁静态发射, 即适度变化的发射源自 15 倍恒星半径以内. 作为频率的函数, 频谱在这个波段基本是平的. 因此, 无论在静止大气还是电离星风中, 我们都直接忽略光学厚辐射. (回忆第 15 章中对谱指数的讨论.) 此外, 高的射电流量不能代表轫致辐射产生的光学薄频谱的长波部分, 因为那样得到的 X 射线强度将远远大于观测值. 我们不得不得出这样的结论, 这种发射是非热的. 注意, V773 Tau 的射电连续谱是圆偏振的, 这是磁场影响的标志. 一个可能的发射过程是电子绕恒星磁力线旋转的回旋同步辐射.

当然, 寻找射电和 X 射线活动性的共同起源是很有吸引力的. 在长期散布着耀发的宁静态发射中看到的两种发射在这方面是令人鼓舞的. 磁重联可以释放大量高能电子的理论预言也是如此. 另一方面, 射电耀发远比 X 射线耀发少见. 另一个相当令人惊讶的现象是, 明显与稳态射电发射有关的磁力线延伸到 15 倍恒星半径. 这比从 X 射线推断的磁环大得多, 因此这两种类型的发射一定出现在不同的位置.

17.2　外流和内落

在金牛座 T 型星的早期研究中, 人们发现, 很多光学发射线轮廓表明存在外流气体. 即使从现有的粗略估计来看, 很明显, 质量外流的典型速率也远远大于太阳的质量外流速率. 强星风是主序前演化的一个关键方面这一观点因此得到了认可. 后来的发现——更年轻的、内埋更深的天体驱动了能量更大的外流证实了这一观点. 然而, 其他光谱证据无可争辩地表明, 气体有时在接近母星. 更奇怪的是发现同一个天体可以表现出两种运动. 因此, 拱星环境在几何和动力学上都是复杂的.

在本节和本章剩下的大部分中, 我们将给出主要的证据, 用于描绘金牛座 T 型星外部物质的图景. 我们一开始就强调, 这一过程正在进行, 因为还没有自洽的物理描述. 在适当的情况下, 我们将总结被证明有用的定量模型. 在其他方面, 我们提供了定性的想法, 可以作为未来研究的指导方针.

17.2.1　Hα 轮廓

正如我们所指出的, 谱线轮廓的研究一直是主要的信息来源. 让我们从最明显的发射线 Hα 开始. 事实上, 在经典金牛座 T 型星中看到非常高的 Hα 流量是理论要解决的主要问题之一. 得到这种发射线的基本要求是在光球层外有一个温度从 5000 K 到 10000 K 的区域, 温度足够高, 可以显著布居氢的 $n = 3$ 能级, 但对于完全电离又太低. 我们可以假设存在一个类似于普通色球的层, 但是具有更高的温度极小和更大的几何厚度. 然而, 这样的结构并不能产生所需的发射. 当向外进入较低密度的区域时, $n = 3$ 能级的布居不能通过碰撞维持, 即使局部动理学温度继续上升. 增加的 $n = 2$ 布居导致 Hα 光子的吸收. 谱线轮廓形成了一个深的中央槽, 总流量减小.

通常, 观测到的 Hα 轮廓没有这么深的自蚀, 但它们的结构仍然令人感兴趣. 事实上, 我们看到了一系列谱线形状, 一颗给定恒星的谱线形状可以在几天内发生变化. 图 17.8 展示了两个有代表性的轮廓, 它们的形状解释了大部分观测. 大约四分之一的轮廓基本上是对称的, 如上图中的 FM Tau 所示. 数量最多的, 大约占总数的三分之一, 是不对称的, 类似于下图中 CI Tau 的轮廓. 这里, 主峰仍然靠近线心. 相对较小幅度的次级大位于较短波长处. 这种双峰结构是由具有宽线翼的对称发射线叠加吸收坑产生的. 反过来, 这种吸收坑一定源自一层离开内部发射源的部分透明气体. 在这样气体层中的观测者看到由于多普勒效应而移向红端的入射辐射. 故而吸收发生在更蓝的光子上, 它们的波长在共动参考系中移动回线心. 总结起来, 图 17.8 中 CI Tau 那样的轮廓揭示了星风的存在.

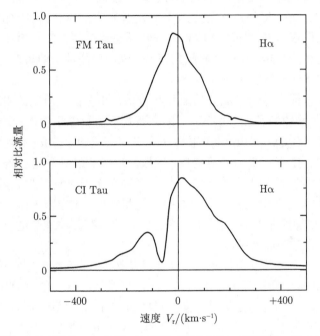

图 17.8   两个有代表性的 Hα 轮廓. 注意到, 只展示了相对流量比. 线心用竖线表示

从 Hα 线总体宽度来看, 高速运动也是明显的. 对于 FM Tau 的对称发射, 这个宽度 (半高全宽) 是 $200 \ \mathrm{km \cdot s^{-1}}$. 如果只是热展宽, 那么需要 9×10^5 K 的温度, 足以电离所有的氢, 远高于之前估计的范围. 如我们在 17.1 节中讨论的, 必须有更高的温度才能产生 X 射线发射. 这个成分一定源于和 Hα 不同的区域. 最后注意到 Hα 的展宽不可能仅源于湍流, 因为内部激波会很快使涡旋耗散. 总结起来, 大的 Hα 谱线宽度一定来源于发射气体的整体运动.

这种整体运动的本质是什么? 首先, 重要的是认识到, 蓝移的吸收坑相对线心的偏移量直接测量了产生吸收的星风物质的速度. 在 CI Tau 的情形, 这个位移是 $70 \ \mathrm{km \cdot s^{-1}}$. 用这种方式得到的速度与通过另一种诊断方式, 光学禁线得到的

速度一致 (见下文). 另一方面, CI Tau 的完整 Hα 轮廓延伸到高得多的蓝移和红移速度. 因此, Hα 发射源自某种非湍流运动, 和相对远离恒星的平滑星风几乎没有相似之处. 后者只能部分吸收向外的辐射.

对于这两个成分, 一个关键问题是什么加热了气体. 我们面对和第 13 章中讨论内埋更深的恒星的光学喷流时同样的问题. 在那里, 我们发现展宽的谱线辐射, 包括 Hα, 是由导致气流部分中断的倾斜激波引起的. 倾斜激波也可能激发了经典金牛座 T 型星中的 Hα 发射, 无论这些激波是否产生于喷流中. 靠近恒星的气流被限制在一个可能相当复杂的磁场后面, 这个磁场既有紧致的环, 也有更开放的部分. 回忆 17.1 节, 那些具有最强烈 Hα 发射的恒星也有大量的拱星物质, 如它们的近红外超所揭示的. 外流气体和外部物质碰撞产生的激波系统可以产生一条宽而对称的谱线, 只要激波有大的倾角范围. 磁场拓扑结构的短期起伏, 例如太阳上观测到的起伏或许解释了时间变化.

再考虑一下标志着星风成分的蓝移吸收坑. 在有很好研究的主序星和巨星的星风中, 类似的吸收特征通常强得多, 因此蓝端的流量低于相邻的连续谱. 这样的天鹅座 P 轮廓 (P Cygni profile) 很少在金牛座 T 型星的 Hα 中看到. 在 CI Tau 这样的天体中一定有连贯的外流物质, 但较浅的吸收意味着这种外部气体具有相对低的柱密度. 同时, 它的温度一定仍然足够高来显著填充氢的 $n = 2$ 能级. 于是我们的图景是, Hα 发射主要来自相对靠近恒星的中心位置内的多个激波. 至少在很多源中, 在更加膨胀和有更好方向性的星风中也有激波加热的气体. 后一种物质解释了轮廓中的吸收特征.

在这种情况下重要的是注意到, 尽管明显是少数, 但有一些经典金牛座 T 型星驱动着第 13 章中所描述的延展气流. 我们可以回忆 AS 353A 的例子, 其中 Hα 被认为源自几个不同的弓形激波, 包括明亮的 HH 32A. 这些赫比格-哈罗天体证明了星风在大约 0.1 pc 的距离上是准直的. 大多数金牛座 T 型星缺乏必要的环境来产生这种狭长的气流.

强大的成像技术, 例如自适应光学, 揭示了 Hα 发射的小尺度特征, 即使对于没有延展喷流的恒星也是如此. 图 17.9 的上图展示了来自经典金牛座 T 型星 DG Tau 的蓝移的 Hα 成图. 这里, $100 \ \mathrm{km \cdot s^{-1}}$ 到 $250 \ \mathrm{km \cdot s^{-1}}$ 的速度区间是相对于恒星的. 我们注意到, 从灰度图看, 最大的流量来自一个未分辨出来的中心源. 右边还有一个局部极大, 以及一个连接到内部区域的桥. 整个投影结构被称为一个微喷流 (microjet). 在气流的终点附近, 等值线类似于内埋天体驱动的弓形激波. (回想一下, 例如图 13.5.) 在当前的例子中, 横的弧距恒星仅有 4″, 或者 560 AU.

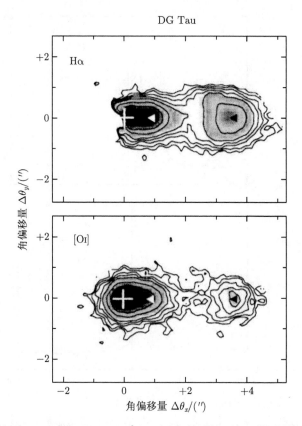

图 17.9　在蓝移的 Hα(上图) 和 [OI]6300 Å(下图) 中看到的 DG Tau 的微型喷流. 白色的十字标记了恒星的位置. 实心三角代表最大速度的位置和弓形激波的顶点. 角偏移量是相对于恒星的

17.2.2　禁线发射

同样详细的关于金牛座 T 型星环境的补充信息可以从另一个来源获得: 禁线发射. 如前所述, 这种辐射来自相对较低的密度, 它专门探测了星风区域. 表 17.1 包含了一些经常用到的谱线——6300 Å 的 [OI] 跃迁和 [SII] λλ 6716, 6731 双线. 在形成谱线的特征温度 10^4 K, 相应的临界密度分别为 $n_e = 10^6$ 和 10^4 cm^{-3}. 注意到这些密度是关于电子的, 这是对于碰撞激发最有效的成分.

最强的发射是 [OI]6300 Å. 大约百分之二十的金牛座 T 型星有可观的谱线流量, 即等值宽度超过 1 Å. (已发现的最大的等值宽度大约为 10 Å, 比 Hα 最大值小一个量级.) 图 17.10 展示了两种最常见观测轮廓类型. 上面的例子有一个峰, 但谱线重心移到蓝端. 下面的 DG Tau 的轮廓有一个明显的次级峰. 这里, 几乎所有发射都在恒星光球层的蓝端.

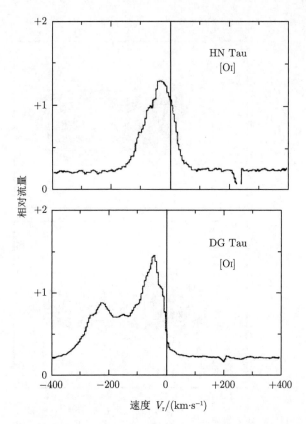

图 17.10   [OI]6300 Å 的两条代表性的谱线轮廓. 细的竖线给出了恒星的静止速度

禁线发射的蓝移是一个普遍特征, 适用于其他源和观测到的其他跃迁. 为了理解其重要性, 我们首先注意到它们发射区的低密度意味着禁线是光学薄的. 因此, 辐射源自所有激发气体. 缺少红移的发射意味着后退的星风物质被一些延展的不透明天体挡住了. 这个天体很有可能是拱星盘.

除了盘的存在, 禁戒线轮廓告诉了我们关于星风本身的什么? 在所示的两个例子中, 完整线宽有几百 km·s^{-1}, 与我们用 Hα 发现的类似. 更详细的星风形态, 包括气体密度和速度的分布, 难以单从谱线轮廓确定. 然而, 人们早就接受了次级峰的存在 (例如 DG Tau 那样) 代表了气流的定向部分, 其速度弥散相对较小. 额外的证据来自长缝光谱, 它高效地沿一个固定方向产生许多连续的谱线轮廓. 这项技术表明, 在离恒星更近的地方存在额外的物质, 这些物质也发射禁线. 这里的气体速度范围更广, 但平均而言, 移动速度更慢.

这些来自光谱学的推论得到了高分辨率空间成图的补充. 有趣的是, 外部星风成分似乎和 Hα 中的星风成分一致. 图 17.9 的下图是 DG Tau 区域在 [OI] 6300

Å 的图像. 空间分辨率和所选的速度区间都和上图相同. 我们再次看到, 发射源自类似喷流的结构, 这个结构终止于一个明显的弓形激波. 为了证实后者, 读者应该将图 17.10 和图 13.3 (HH 32A 的 Hα 的谱线轮廓) 进行比较. 这两个轮廓除了速度反转, 基本相同. 相隔几年拍摄的 DG Tau 在 [OI] 的图像显示, 终端扭结以 $200\ \mathrm{km\cdot s^{-1}}$ 向外移动. 因此, 激波本身相对较弱, 产生于更深处的星风速度波动. 缺少更高阶激发的谱线 (例如 [OIII] 发射) 支持这个观点.

微型喷流的发现首先是通过光谱, 然后通过直接成像, 这是我们理解的重要一步. 和金牛座 T 型星有关的所有光学谱线都需要接近 10^4 K 的温度. 类似图 17.9 的那些图像告诉我们, 至少有些激发发生在可见的类似喷流的星风所产生的激波中. 还不清楚多少比例的金牛座 T 型星有这种结构的气流. 我们也不理解内部谱线发射未分辨部分的加热机制. 如果像我们在 Hα 情形所论证的, 激波再次起作用, 那么它们的形态是未知的. 我们还应该认识到, Hα 和其他容许谱线在中心区域可能是光学厚的. 这种情况增加了理论建模的难度.

在气流更稀疏、更延展的部分, 我们可以用禁线发射来量化沿微型喷流的质量输运. 这里的方法和 13.5 节描述的对于内埋星喷流的方法相同. 也就是我们首先由 [SII] 6716 Å 和 6731 Å 流量比得到周围的电子密度. 这个密度结合观测的 [OI] 6300 Å 光度, 得到发射气体的质量 (方程 (13.40)). 最后, 弓形激波的自行和微型喷流的投影长度给出穿越时间. 这个 DG Tau 微型喷流的计算结果表明 $\dot{M}_j$ 是 $8\times 10^{-9}M_\odot\ \mathrm{yr}^{-1}$. 在两倍以内, 这个数值代表了总的星风损失率, $\dot{M}_w$. 这个速率和其他金牛座 T 型星相当, 但不同的源有很大变化.

并非所有金牛座 T 型星都有可探测的光学禁线. 为了看到这个趋势, 图 17.11 画出了 [OI] 6300 Å 等值宽度对盘热发射的替代指标, $(K-L)_0$ 色指数的图. 这里展示的恒星样本和图 17.6 中相同. 除了 Hα 等值宽度的系统性减小, 模式是类似的. 谱线发射强度和近红外超之间有一个明显的相关性. 此外, 具有低的或探测不到的 [OI] 流量的恒星还是 $(K-L)_0 \lesssim 0.3$ mag 的那些, 即看起来缺少含有尘埃拱星盘的弱线天体.

我们要怎么解释这些事实? 因为禁线示踪星风, 很多人得出结论, 实际上是拱星盘产生了这些星风. 因此, 没有 (标志盘存在的) 近红外超的恒星也不会有外流物质, 因而没有禁线发射. 盘和星风确切的因果联系尚不清楚. 如我们在第 13 章中描述的, 可能是盘本身在物质向恒星旋进时离心地甩出这些物质.

不管这个想法多么有吸引力, 我们都应该认识到, 它并不是从手头数据中必然得出的结论. 我们实际观测到的是, 经典金牛座 T 型星 (其中很多肯定有盘) 也发出禁线. 为了论证, 假设相关的星风不是源自盘, 而是源自恒星本身. 那么, 年龄和转动周期和经典天体类似的弱线天体可能有类似的星风. 然而, 这些气流也比观测到的微型喷流更加各向同性, 因为母恒星缺少起到准直作用的拱星物质. 这

些星风 (我们强调, 到现在还没有证据) 可能没有可探测的禁线发射. 因此, 寻找更冷的来自弱线恒星的外流气体将有潜在的吸引力.

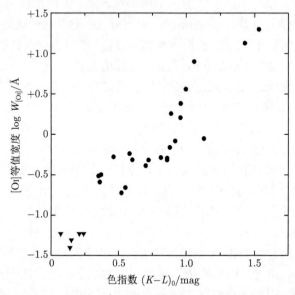

图 17.11　　金牛座 T 型星 [OI] 6300 Å 等值宽度对去红化的 $K - L$ 色指数的图. 恒星和图 17.6 中的相同. 反三角形代表上限

　　即使金牛座 T 型星也几乎一定大部分由中性气体组成. 只有这些物质通过激波被局部加热, 它才变为部分电离的, 产生揭示星风本身的光学谱线. 碰撞电离也产生在 DG Tau 这样的天体中看到的射电自由-自由发射. 顺便说一句, 同样的过程可能也解释了为什么经典金牛座 T 型星缺乏非热射电光度. 适量等离子体可以通过自由-自由吸收淬灭来自更深内部的射电光子. 有可能大部分金牛座 T 型星实际上产生了同步辐射, 但这个成分仅在弱线天体相对透明的环境中出现.

17.2.3　猎户座 YY 型星

　　在整个讨论过程中, 我们区分了围绕金牛座 T 型星的两个空间区域: 一个是明确的星风区域, 另一个区域中气流的几何知之甚少. 我们也强调了, 包括 Hα 在内的大部分容许线源自第二个区域. 很多恒星在光学谱线中表现出红移的吸收这个事实强调了这个区域的复杂性. 由我们之前的讨论, 谱线轮廓中在波长长于线心的地方的吸收坑标志着向恒星的运动, 即引力内落.

　　为了让这个光谱特征显露出来, 恒星必须有强而宽的发射线. 因此, 这一现象基本上仅限于经典金牛座 T 型星. 具有内落光谱特征的天体构成了猎户座 YY 型星这个子类. 根据定义, 轮廓变形一定发生在氢的一条巴耳末线中. 这一群恒星总是在更多的谱线中显示处内落, 例如 CaII H 和 K 或者 Na D 双线.

图 17.12 展示了一颗典型猎户座 YY 型星, S CrA 的发射模式. 和其他同类型恒星类似, 这个天体有特别强的连续谱遮掩, 在光谱的蓝区几乎没有吸收线. 这里我们展示了巴耳末线系最低的四条发射线. Hα 的轮廓没有红移的吸收坑, 但是有一个小的蓝移吸收坑, 和图 17.8 中的 CI Tau 类似. 红移的吸收首先出现在 Hβ, 还有一个更靠近线心的吸收坑. 内落特征在线系中更高阶的谱线中更深. 注意到和这个特征相关的速度对于不同的线几乎相同, 大约为 $250\ \mathrm{km\cdot s^{-1}}$. 也注意到红移的吸收坑, 如果存在, 会低于连续谱流量. Hβ、Hγ、Hδ 复杂的轮廓被认为展示了天鹅座 P 和反天鹅座 P 特征.

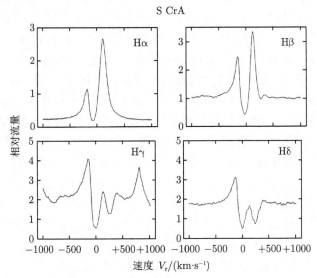

图 17.12　猎户座 YY 型星 S CrA 的巴耳末线轮廓. Hγ 图靠外的吸收线和发射线分别来自 FeI 和 FeII

当我们试图理解这里的趋势, 一个重要的考虑因素是光深. 纵观表 17.1, 从 Hα 到 Hβ 爱因斯坦 A 系数减小, 这种衰减在更高阶的谱线上继续. 因为 A 与光深成正比 (见方程 (C.15)), 因此介质对 Hα 最不透明. 这条谱线的辐射源于更靠外的气体. 相应的轮廓只显示了星风特征这个事实再次证明了内落一定发生在距离恒星相对较近的地方. 这里, 沿闭合磁环流动的气体可能高速返回表面.

尽管猎户座 YY 型星的 Hα 轮廓随时间变化, 但它们和更高阶的跃迁相比相对稳定. 在 S CrA 中, 红移的 Hδ 吸收在几个小时里消失又重新出现. 看起来内落不是一个稳态现象, 而是起伏的, 可能伴随着相似的尺度上的外流. 复杂和变化的巴耳末轮廓也产生在一颗极端金牛座 T 型星, DR Tau 中.

猎户座 YY 现象并不罕见. 按照传统的定义, 多达一半的金牛座 T 型星属于这一类. 在其他恒星波长较长的氢线 (例如帕邢线系的近红外谱线) 中看到了反天鹅座 P 轮廓. 内落气体一定有共同特点, 只要在足够接近中心天体的地方探测. 在某种意义上, 那些在光深更大的谱线中显示出红移的吸收的恒星有更广范围的内落. 这些相同的天体位列光谱变化最大的天体, 并且有较高水平的连续谱遮掩, 这绝非巧合.

17.2.4 连续谱遮掩的起源

我们之前注意到, 经典金牛座 T 型星的连续谱输出可以粗略模拟为来自部分覆盖恒星表面的均匀平板. 向内和向外快速运动的光谱迹象证明了流量源于辐射激波的观点. 理论家已经超越了平板模型, 用数值方法确定了这种激波的发射, 但仅限于只有内落的情形. 在每个磁通量管的底部, 物质和恒星表面的碰撞让人想起发生在内埋原恒星中的过程. 只要气体从距离恒星几倍恒星半径或更大的距离开始, 那么在进入激波波前所达到的速度就还是接近自由落体. 所以, 激波后的温度也是类似的, 是 10^6 K 的量级. 这足以使气体发出软 X 射线. 另一方面, 所有磁通量管的总内落率 $\dot{M}$ 一定比原恒星的值低很多, 故而吸积光度不超过恒星光度.

吸积的计算帮助解释了均匀平板模型所需 10000 K 温度的来源. 每个激波实际上产生了两个不同的连续谱源. 大部分能量来自恒星表面. 这里的气体辐射比通常多, 因为它被每个激波后区域中产生的 X 射线加热. (回忆图 11.5 和 11.2 节的讨论.) 激波产生的光子也向外流动, 在那里它们遇到了在每个磁通量管中下落的气体. 当 X 射线被吸收, 它们电离并将物质加热到 $10000 \sim 20000$ K 的峰值温度. 这些激波后气体的光学辐射组成了总的超出辐射的另一个成分.

匹配观测到的任意金牛座 T 型星的光学连续谱需要 $\dot{M}$ 达到典型的 $10^{-8} M_\odot$ yr^{-1} 量级. 令人鼓舞是, 这个速率和微型喷流观测得出的星风速率一致. 内落模型也发现磁通量管覆盖了一部分恒星表面. 对磁化表面层更详细的处理对于改进这些激波计算至关重要. 例如, 我们需要知道, 不含内落物质的磁通量管底部的温度, 以便准确测量吸积的加热效应. 这里, T_{eff} 一定低于周围气体, 就像太阳上的情形一样. 对恒星变化的观测清楚地表明, 许多恒星斑确实较冷, 而其他星斑的温度比未受扰动的光球层高出几千度. (见下面的 17.4 节.) 因而多重吸积激波的基本思想很有吸引力. 最终必须对星风激波进行类似的计算, 以说明谱线轮廓和容许发射线的整体强度.[①]

17.3   拱 星 盘

虽然激波可以解释金牛座 T 型星中的光学连续谱, 但它们在红外和更长的波

---

① 在纯吸积的情形, 这种激波前气体也发射谱线, 包括 Hα. 然而, 加热区域太小, 无法产生观测到的大的等值宽度.

段几乎不起作用. 的确, 激波会产生射电自由-自由光子, 但这类天体的总光度很小. 另一方面, 图 17.5 显示, 红外超通常包含能量输出的很大一部分. 此外, 短波和长波发射的量是明显相关的. 这种经验关系自然地提醒我们光学谱线流量和近红外连续谱之间的关系 (图 17.6 和图 17.11). 所有这些趋势都反映了拱星物质的重要性, 无论是对于提供落向恒星的物质, 还是对于部分阻止外流气体.

至少有一部分这种外部物质位于一个盘中. 猎户座原行星盘的图像, 如图 15.19, 显示了围绕小质量主序前天体的扁平结构. 我们将在本节后面看到, 毫米波干涉观测也揭示了这种结构.

17.3.1   尘埃发射: 光学厚情形

盘在历史上第一个主要证据是红外超. 按照这里的推理链, 它有助于接受一个相反的假设. 假设 BP Tau 这样的经典金牛座 T 型星周围根本没有盘. 这个源光谱能量分布的长波部分是否可以来源于球形分布的物质? 有趣的物质是尘埃颗粒, 它们既吸收星光又将这些能量重新辐射到红外波段. 忽略这个假设的尘埃包层的动力学, 它能解释长波辐射超么?

在这一点上, 回顾 11.5 节关于内埋更深的星的讨论是有帮助的. 在那里, 我们展示了, 至少在某些情况下, I 型源的光谱能量分布可以用尘埃壳层模型重现 (图 11.24(b)). 关键的区别在于, 像 BP Tau 这样的恒星, 尽管有丰富的红外发射, 但仍然是光学可见的. 事实上, 观测到的光学光谱非常符合普通的光球和图 17.4 的连续谱超的总和, 加上适度的恒星消光 ($A_V = 1$ mag). 如果我们加入足以提供完整的中红外和远红外光度的额外尘埃, 那么产生的柱密度就太高了. 也就是说, 和这个包层相关的 A_V 值将大大超过从光学观测得到的值.

得出的真正结论是, 真正提供了长波发射的尘埃颗粒是各向异性分布的. 此外, 近红外发射的存在表明, 一些尘埃非常靠近恒星, 在几十倍恒星半径内. 一个自然的假设是, 这些物质正在经历轨道运动.

一旦我们接受了盘存在且产生了大部分红外发射, 那么我们也可以确定温度在这个结构中的变化. 我们首先从完全的光谱能量分布中分离出光球的贡献和光学连续谱超. 如果我们把剩余的发射仅仅归结为盘, 那么接收到的流量为

$$F_\lambda = \int I_\lambda \mu d\Omega. \tag{17.2}$$

积分是对盘所张立体角进行的. 这个立体角又依赖于盘的投影表面积. 参考图 17.13, 我们有

$$F_\lambda = \frac{2\pi}{D^2} \int_{\varpi_0}^{\varpi_D} I_\lambda \cos\theta \varpi d\varpi, \tag{17.3}$$

其中 ϖ_0 和 ϖ_D 分别是内盘和外盘的半径, D 是系统的距离. 角度 θ 测量了相对视线的夹角.

　　我们接下来计算比强度. 对尘埃发射率和不透明度使用基尔霍夫定律, 辐射转移方程 (2.20) 的解为

$$I_\lambda = B_\lambda(T)[1 - \exp(-\Delta\tau_\lambda)], \tag{17.4}$$

其中 $B_\lambda(T)$ 是普朗克函数, $\Delta\tau_\lambda$ 是每个半径处盘的光学厚度 (见图 17.13). 实际上, 对于合理的盘面密度, $\Delta\tau_\lambda \gg 1$, 只要我们关注红外波段, 即 $\lambda \lesssim 100~\mu m$. 于是我们可以忽略方程 (17.14) 中的第二个因子, 并把 I_λ 近似为 B_λ 本身. 对后者使用方程 (2.29), 我们发现

$$F_\lambda = \frac{4\pi \cos\theta}{D^2} \frac{hc^2}{\lambda^5} \int_{\varpi_0}^{\varpi_{\mathrm{D}}} d\varpi \frac{\varpi}{\exp(hc/\lambda k_{\mathrm{B}}T) - 1}. \tag{17.5}$$

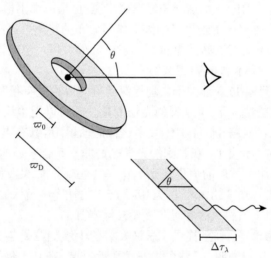

图 17.13　拱星盘的尘埃发射. 这里内半径和外半径分别记作 ϖ_0 和 ϖ_{D}. 下图展示了光学厚度如何依赖于盘相对于视线的倾角

　　作为径向温度分布的一阶近似, 我们采用幂律:

$$T(\varpi) = T_0(\varpi/\varpi_0)^{-q}, \tag{17.6}$$

其中 T_0 是内边缘温度, q 是某个正的常数. 我们定义一个无量纲变量 x

$$x \equiv \left(\frac{hc}{\lambda k_{\mathrm{B}}T_0}\right)^{1/q} \frac{\varpi}{\varpi_0}, \tag{17.7}$$

故而方程 (17.5) 变为

$$F_\lambda = \frac{4\pi\varpi_0^2 \cos\theta}{D^2} \frac{hc^2}{\lambda^5} \left(\frac{hc}{\lambda k_{\mathrm{B}}T_0}\right)^{-2/q} \int_{x_0}^{x_{\mathrm{D}}} dx \frac{x}{\exp(x^q) - 1}. \tag{17.8}$$

在无量纲的积分中, 上限 x_D 可以设为无穷大, 因为被积函数在大 x 处急速下降. 相应的内边缘下降使得我们可以把 x_0 取为零, 只要盘一直向内延伸到恒星. 基于这些简化, 积分只依赖于幂指数 q.

光谱能量分布一般用 λF_λ 展示. 由方程 (17.8), 这个乘积的波长依赖为

$$(\lambda F_\lambda)_{\text{disk}} \propto \lambda^{(2-4q)/q}, \quad \text{光学厚} \tag{17.9}$$

其中我们强调了这部分流量仅源自盘. 这个预测的关系如何与观测比较? 在图 17.14 的上图中, 我们回到原型例子, BP Tau. 数据和图 17.5 中相同, 但我们增加了一个 1.3 mm 处的点. 我们还用虚线表示了光球的贡献, 这里理想化为处于恒星有效温度 4060 K 的黑体. 显然, 红外流量确实以近似幂律的方式随波长下降, 直线代表 $2 \sim 100$ μm 的最佳拟合. 由这条线的斜率, 我们可以使用方程 (17.9) 推出 q 值为 0.65.

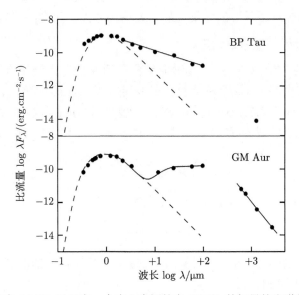

图 17.14 有尘埃盘 (上图) 以及有一个中心有洞的盘 (下图) 的恒星的光谱能量分布. 实线是从文中的理论推导出的. 虚线代表两颗星的光球的贡献

对于一些恒星, 红外数据清楚地表明了对我们简单假设温度的偏离. 最常遇到的异常是近红外和中红外波段流量的下降. 在图 17.14 下图中, 我们使用 GM Aur 作为一个例子. 同样明显的是, 观测流量大大超过了光球在较长波长处的贡献. 然而, λF_λ 实际对波长的依赖在红外之外, 对于 $\lambda > 100$ μm (那里辐射是光学薄的) 只能用幂律合理地拟合.

那么, 是什么造成了光谱能量分布较宽的吸收坑呢? 一个有趣的可能性是, 这个特征告诉了我们关于盘的几何的一些信息. 具体地说, 盘在这种情形下可能会

在变得太热之前截断, 即在离恒星表面更远的内半径 ϖ_0 处. 再次参考方程 (17.8), 我们仍然可以把 x_D 设为无穷大, 但我们不能再忽略 x_0. 方程 (17.7) 告诉我们, 把 ϖ 取为 ϖ_0 后, x_0 反比于波长. 随着 λ 减小, x_0 的增加导致方程 (17.8) 中的无量纲积分的数值减小. 相应地, 盘的 λF_λ 减小到小于方程 (17.9) 所预言的值.

在我们考虑在实际中如何出现这样一个内部的洞之前, 让我们看看这个想法在 GM Aur 的情形是如何生效的. 首先注意到观测的光谱能量分布在 λ 从下方接近 100 μm 时变平. 如果我们假设此时内部盘截断的影响可以忽略不计, 那么温度分布一定有一个接近 0.5 的 q 值 (见方程 (17.9)). 在固定 q 后, 一旦我们进一步指定 θ、ϖ_0 和 T_0, 在 $\varpi = \varpi_0$ 计算的方程 (17.7) 和方程 (17.8) 一起就给出了盘的 λF_λ. 为了简单, 我们取 $\theta = 0$, 对应于正对的盘. 我们随后变化 ϖ_0 和 T_0 直到两个条件同时满足. 首先, 我们要求在 100 μm 计算的盘流量等于观测值. 其次, 我们要求来自盘和光球的总光谱能量分布在 $\lambda < 100$ μm 尽可能符合经验函数. 图 17.14 中的实线展示了最好的结果, 是对 $\varpi_0 = 0.3$ AU 和 $T_0 = 270$ K 得到的.

17.3.2 尘埃发射: 光学薄情形

我们已经注意到, GM Aur 光谱能量分布的亚毫米波部分确实展示出幂律行为. 不难追踪这个趋势 (这个趋势也在很多其他源中看到) 的来源. 因为辐射现在是光学薄的, 方程 (17.5) 不再适用. 相反, 我们回到方程 (17.4). $\Delta\tau_\lambda$ 较小表明我们现在可以把 I_λ 近似为 $B_\lambda \Delta\tau_\lambda$. 对于普朗克函数, 我们使用长波近似的瑞利-金斯形式:

$$B_\lambda \approx \frac{2ck_B T}{\lambda^4}. \tag{17.10}$$

读者可以再次参考图 17.13 验证光学厚度为

$$\Delta\tau_\lambda = \frac{\kappa_\lambda \Sigma}{\cos\theta}. \tag{17.11}$$

这里 κ 是尘埃颗粒导致的不透明度, Σ 是这个成分在盘中的面密度. 把这些结果代入方程 (17.3) 得到

$$F_\lambda = \frac{4\pi ck_B \kappa_\lambda}{D^2 \lambda^4} \int_{\varpi_0}^{\varpi_D} T(\varpi)\Sigma(\varpi)\varpi d\varpi. \tag{17.12}$$

F_λ 的波长依赖包含在方程 (17.12) 积分之前的因子中. 我们在第 2 章中提到, 星际介质的观测和尘埃不透明度在亚毫米波段随波长以固定的幂指数下降是相恰的. 把相关的指数记作 β, 方程 (17.12) 预测了光谱能量分布应该符合

$$(\lambda F_\lambda)_{\text{disk}} \propto \lambda^{-3-\beta}. \quad \text{光学薄} \tag{17.13}$$

当然, 盘的贡献在此情形是唯一重要的, 因为恒星流量已经下降到相对可以忽略的水平. GM Aur 光谱能量分布的经验衰减和方程 (17.13) 一致, 即 β 值几乎恒

定. 最佳拟合的斜率, 如图 17.14 所示, $\beta \approx 0.7$. 这个值小于星际介质尘埃中观测到的值, 那里 β 一般在 1 和 2 之间. κ_λ 较小的斜率表明尘埃更大, 或许是因为盘中发生了凝聚. 其他在亚毫米波观测的金牛座 T 型星得出类似的结果.

方程 (17.12) 和类似的方程 (17.5) 之间的一个关键区别是, 只有前者含有盘的面密度. 物理上, 探测到的亚毫米光子来自视线上的每一点, 而较短波长的光学厚辐射只是从盘表面附近的一个薄层发出. 所以亚毫米波观测对于探测盘的质量 M_d 是有用的. 实际上我们要做的是把方程 (17.12) 反过来, 求解 $\Sigma(\varpi)$ 合适的积分作为某个波长 λ 处经验上已知流量的函数. 然后通过假设尘埃和气体质量密度比为标准的星际比值得出 M_d.

这个方法的实施有几个实际限制. 首先, 不透明度 κ_λ 的实际值知道得不准确, 即使它的波长依赖由特定源的观测得到了很好的限制 (回忆 2.4 节). 其次, 不可能一般性地从方程 (17.12) 中的积分得到温度. 迄今对 M_d 的计算都假设了 $T(\varpi)$ 遵守方程 (17.6) 并且 $\Sigma(\varpi)$ 本身以 ϖ 的固定的 (不同的) 幂律下降. 第一个假设通常有很好的经验基础, 正如我们已经证明的那样, 而第二个假设则不是这样. 最终的结果是, M_d 的估计只在一个量级内是可靠的. 尽管如此, 所引用的数值是有趣的, 因为它们一致地降低到相关的恒星质量以下, 通常为百分之几的水平.

17.3.3 成像研究

我们再次强调, 到目前为止讨论的观测仅对盘的尘埃成分敏感. 这里通过尘埃质量外推得到的 M_d 大部分由气体组成. 相对较低的温度 (在一个给定的系统中从大约 10 K 变化到 10^3 K.) 表明, 为了观测气体, 我们应该使用在探索星际云中被证明富有成效的分子跃迁. 这一期望完全有道理, CO 再次发挥主导作用. 已经利用近红外和毫米波谱线进行了高分辨率光谱研究. 这些研究分别探测了被加热盘的内区和包含大部分表面区域较冷的物质中的气体运动.

让我们把重点放在使用 CO 直接对盘成像上. 由于这里需要的是非常高的空间分辨率, 观测者们已经开始使用毫米波波段的干涉仪. 图 17.15 显示了 GM Aur 在 1.3 mm 的 $^{12}C^{16}O(J = 2 \to 1)$ 发射的等值线. 实线代表径向速度相对恒星红移了 0.5 km $\cdot$ s^{-1} 的气体, 而虚线是蓝移了同样数值的气体. 显然, 恒星一侧的大部分气体正在远离我们, 而另一侧大部分气体正在接近我们. 如果我们假设瓣的几何长宽比源自相应薄盘的倾斜, 那么倾角为 56°. 我们早先对 ϖ_0 的估计应该增加 $1/\cos\theta$, 大约一个 2 的因子.

持怀疑态度的读者可能会问, 我们怎么*知道*这些红移和蓝移的等值线代表盘, 而不是另一个分子外流. 一个原因是恒星本身适度的消光 ($A_V = 0.1$ mag), 这对于一个外流源是异常低的. 然而, 更有说服力的是径向速度的详细模式. 如图所示, 假设我们画一条直线穿过两个瓣的公共长轴. 沿这条线的每个位置, 我们可以

得到对应最大 CO 强度的 V_r 值. 这些数值在红移瓣中为正, 在蓝移瓣中为负. 远离恒星, $|V_r|$ 近似以 $\varpi^{-1/2}$ 下降, 其中 ϖ 是距离. 这正是我们期望的绕质量 M_* 的恒星做开普勒转动的物质的衰减. 这里我们有

$$V_r = \sqrt{\frac{GM_*}{\varpi}} \sin\theta, \tag{17.14}$$

其中最后一个因子来源于向天球切面的投影.

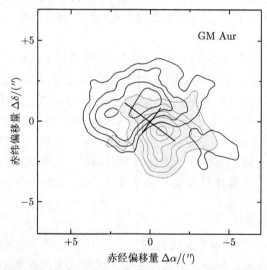

图 17.15　GM Aur 的 $^{12}C^{16}O$ 发射的等值线. 实线代表相对恒星红移了 $0.5 \text{ km} \cdot \text{s}^{-1}$ 的发射, 而包围阴影区域的虚线表示蓝移了同样数值的发射. 十字准线表示盘的长轴和短轴

因为我们之前从观测推测了 θ 并且也知道了 $V_r(\varpi)$, 所以我们可以使用方程 (17.14) 得出恒星质量. 答案是 $M_* = 0.8M_\odot$. 另一方面, 我们也可以通过把恒星放到赫罗图上得到 M_*. 也就是说, 我们可以使用这个天体已知的 L_* 和 T_{eff} 把它放到合适的主序前演化轨迹上. 这里, 得到的质量还是接近 $0.8M_\odot$. 用这种方式研究的十几颗金牛座 T 型星中的大部分都类似地符合.

再次回到 GM Aur 的情形, 我们也可能会问, 前面讨论的盘截断如何与 CO 数据相匹配. 如果气体中也存在内部的洞, 那么它的跨度仅有大约 1 AU, 远小于目前的空间分辨率. 作为比较, 图 17.15 中最靠外 CO 瓣的半径大约为 500 AU. 如果还要显示探测到的来自热尘埃的 1.3 mm 连续谱发射, 那么相应的半径大约为 200 AU. 没有理由认为在更远的距离不存在尘埃, 但下降的面密度和温度结合起来使得它不可见. 另一方面, 用于探测外区的 $^{12}C^{16}O$ 跃迁是光学厚的, 所以不能可靠地示踪局域的柱密度. 我们目前关于盘的真实尺度和气体分布的不确定性进一步使盘质量的问题复杂化.

注意到这一基本限制后, 我们还指出, 有一些情况, 不需要通过宽带流量推测内部的洞, 而是可以直接观测. 所讨论的天体都是拱星盘, 即围绕一对恒星的两个成员的气体和尘埃的扁平结构. 我们之前在 12.3 节中描述了这些结构如何自然地在产生了恒星本身的云坍缩过程中出现. 如图 12.21 所示的数值模拟发现这两颗原恒星迅速在轨道平面内的气体中清理出一道空隙. 观测结果表明, 这一空隙在云内落截断之后仍然存在, 并一直持续到主序前收缩阶段.

图 17.16 展示了最引人注目的例子, 与双星 GG Tau 成协的大尺度盘. 我们看到了等值线和 1.4 mm 连续谱辐射的灰度图像. 这幅图还显示了两颗星的位置, 很明显这两颗星位于椭圆形环状结构的中心. 考虑到有限的倾角, 这种来自暖尘埃的发射从 180 AU 延展到 260 AU, 其中距离是相对双星质心测量的. 作为对比, 恒星本身间距 44 AU. 近红外图像证实了内部空隙真实存在. 它们显示了来自中心天体的光从内边缘散射, 内边缘的半径与从 1.4 mm 数据得出的数值相符.

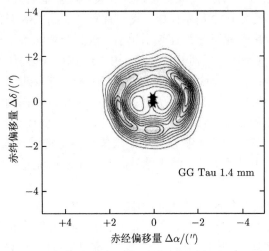

图 17.16　GG Tau 的 1.4 mm 连续谱辐射成图. 图中画出了中心双星中恒星的位置. 角偏移量是相对双星重心测量的. 看起来距离恒星大于 $1.5''$ 的窄的内部空隙实际上是一个强的团块化辐射区

虽然内部洞的尺寸远大于 GM Aur 盘中的洞, 但热尘埃和冷气体的相对分布是相似的. 因此, 这里对在 1.4 mm 的 $^{13}C^{16}O$ $(J = 2 \to 1)$ 的观测表明盘中分子气体至少延伸到 800 AU. 双星 CO 径向速度的衰减同样以很高的精度遵循方程 (17.14). 在此情形, 推断的中心质量 $1.28M_{\odot}$ 代表双星中两颗星的和. 我们也可以把两颗星放到赫罗图上, 独立得出它们各自的质量为 $0.78M_{\odot}$ 和 $0.54M_{\odot}$. 二者之和 $1.32M_{\odot}$ 和动力学测量符合得非常好.

在 UY Aur 周围看到了类似的气体和尘埃结构. 这个在第 12 章中讨论过的

双星系统由一颗光学可见的恒星和一颗红外伴星组成 (见图 12.15). 在近红外波段出现了一个疏散的散射光环, 在 CO 波段出现了一个更大的盘. 因为可见的天体是一颗金牛座 T 型星, 具有红外超, 所以它可能有自己的拱星盘. 类似的侧向结构可以解释朝向伴星的高消光.

这样看来, 年轻的双星系统可以同时拥有两种盘——双星周围的盘和拱星盘. 这种弥散的层级结构只是反映了轨道动力学. 远离双星的质心, 流体元的轨道几乎和中心点质量势中的轨道无法区分. 靠近其中一颗恒星, 轨道再次退化为椭圆和圆. 中间区域有复杂的引力势, 几乎不存在稳定轨道. 顺便说一句, 我们也看到了紧密结合的双星系统可能有严重截断的拱星盘. 从经验上讲, 一旦双星间距小于大约 100 AU, 来自恒星对的亚毫米波连续谱辐射就开始下降.

17.3.4   盘的出现频次

然而, 让我们回到没有这种相对接近的、破坏性伴星的天体, 探讨我们能以多高的频次找到相伴的盘这个基本问题. 我们首先注意到, 所有经典金牛座 T 型星都表现出红外流量超和亚毫米波连续谱辐射. 这两个观测特征探测的是同样的拱星盘, 尽管空间尺度不同. 任何有红外超 (由大约 10 AU 内做轨道运动的尘埃产生) 的恒星也有亚毫米波连续谱, 证明了在 100 AU 量级的距离上有尘埃颗粒存在. 然而, 相反的情况不成立. 也就是说, 在亚毫米波可以探测到的恒星可能根本没有红外超. 所讨论的天体构成了一个子集, 也许只有弱线金牛座 T 型星数量的 10%. 因此, 它们也缺乏标志着更接近中心天体的拱星物质的强光学谱线. 它们拥有的延展盘一定是相对稀疏的. 弱线星最高的 1.3 mm 流量比经典星中看到的最小值低一个量级.

因为弱线和经典金牛座 T 型星在年龄上有重叠, 这些事实让我们更清晰地聚焦于一个基本的谜团. 由于一些仍然不清楚的原因, 大部分新的可见天体要么没有盘, 要么被面密度非常低的物质包围. 此外, 还无法通过我们当前关于之前坍缩阶段及其后果的理论来预测更为结实的盘的总体性质, 包括它们的外半径. 我们在第 11 章中看到, 通过转动内落快速增加质量的盘仍然有相对小的尺度. 尽管人们相信问题内部扭矩可以在内落过程中和内落之后合理地扩张这些结构, 但这个想法还没有在演化计算中实现.

在观测方面, 关于原恒星周围的盘以及它们直接后代的证据很少, 但正在增多. 任何光学或近红外盘的迹象在内埋的 0 型或 I 型源中都自然不存在. 由于其他物质的污染, 长波发射通常缺乏明确的解释. 因此, 亚毫米波辐射确实存在于这些源中, 但主要来自更大的云核, 例如图 3.16 所示. 此外, 已知在某些情况下存在亚毫米波源. 这些源可能代表了拱星盘. 但是, 没有像那些可见的金牛座 T 型星那样的干涉仪图像.

17.3.5 表面辐照和扩张

金牛座 T 型星盘的红外数据表明, 我们最初公认简单假设的幂律温度分布实际上可能在很多情形成立. 这背后的物理原因是什么? 我们现在展示, 对盘物质热平滑的简单考虑确实会产生幂律分布. 然而, 需要其他概念来解释观测到相对较小的温度梯度.

让我们想象一下, 如图 17.17, 盘的一块区域被中心恒星辐照. 中心恒星的半径为 R_*, 其中心位于距离 ϖ 处. 我们用阴影标出了表面上的一个窄环, 从我们感兴趣的点看, 它的角尺度为 θ. 如阴影所示, 只有一半的环辐照盘的上表面. 对于一个有限的环宽度 $\Delta\theta$, 对应于一个小的立体角 $\Delta\Omega$, 我们可以将照到这一块的流量增量写为

$$\Delta F_{\mathrm{rad}} = f_\theta \Delta\Omega \int d\lambda B_\lambda. \tag{17.15}$$

这里, f_θ 是引入用来描述光子和小区域的法线夹角的因子. 我们也有积分的比强度, 假设这个比强度在所有波长都为黑体.

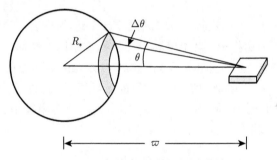

图 17.17　一小块盘区域被球形恒星辐照

根据方程 (2.34) 和 (2.35), B_λ 的积分给出 $\sigma_{\mathrm{B}} T_{\mathrm{eff}}^4/\pi$. 直接计算也给出 $\Delta\Omega = \pi \sin\theta \Delta\theta$. 为了推导 f_θ, 我们必须对半个环里的每个小单元相应的投影因子进行平均. 我们略去必要的几何操作, 仅给出结果:

$$f_\theta = \frac{2}{\pi} \sin\theta. \tag{17.16}$$

因此

$$\Delta F_{\mathrm{rad}} = \frac{2}{\pi} \sigma_{\mathrm{B}} T_{\mathrm{eff}}^4 \sin^2\theta \Delta\theta. \tag{17.17}$$

我们通过将 ΔF_{rad} 对 θ 积分得到总流量, 其中 θ 的范围从 0 到 $\theta_{\max} \equiv \arcsin(R_*/\varpi)$. 于是我们有

$$F_{\mathrm{rad}} = \frac{2}{\pi} \sigma_{\mathrm{B}} T_{\mathrm{eff}}^4 \int_0^{\theta_{\max}} \sin^2\theta d\theta$$

$$= \frac{1}{\pi} \sigma_{\mathrm{B}} T_{\mathrm{eff}}^4 \left[\arcsin \left(\frac{R_*}{\varpi} \right) - \frac{R_*}{\varpi} \sqrt{1 - \left(\frac{R_*}{\varpi} \right)^2} \right]$$

$$\approx \frac{2}{3\pi} \sigma_{\mathrm{B}} T_{\mathrm{eff}}^4 \left(\frac{R_*}{\varpi} \right)^3. \tag{17.18}$$

最后一步, 我们假设比例 R_*/ϖ 很小, 进行了展开.

为了让盘保持一个稳定的温度, 由 F_{rad} 给出的单位面积总热量输入必须等于相应的出射辐射能量. 让我们进一步假设盘对于自己的冷却辐射是光学厚的. 那么从上表面发出的流量为

$$F_{\mathrm{disk}} = \sigma_{\mathrm{B}} T^4. \tag{17.19}$$

令 F_{rad} 和 F_{disk} 相等, 我们得到 T 作为 ϖ 的函数:

$$T = \left(\frac{2}{3\pi} \right)^{1/4} \left(\frac{R_*}{\varpi} \right)^{3/4} T_{\mathrm{eff}}. \tag{17.20}$$

这个表达式仅适用于 ϖ 远远超过 R_* 故而 $T(\varpi)$ 远小于 T_{eff} 的情形.

方程 (17.20) 确实指出, 盘温度随半径呈幂律下降. 然而, 相应的 q 为 0.75, 大于我们先前对 BP Tau 的推断 (0.65) 或对 GM Aur 更粗略的估计 (0.50). 一般来说, 很少有金牛座 T 星型的盘具有我们的推导所预测那样的快速温度下降. 为了从另一个角度看这个困难, 我们可以将 $2F_{\mathrm{disk}}$ 对所有半径积分以得到从盘两面发出的总光度 L_{D}. 基于方程 (17.20), 结果为

$$L_{\mathrm{D}} = \frac{2}{3\pi} \left(\frac{R_*}{\varpi_0} \right) L_*, \tag{17.21}$$

其中 L_* 是恒星光度, 我们已经假设了 $\varpi_{\mathrm{D}} \gg \varpi_0$. 因为 ϖ_0 最小的可能值是 R_*, 所以方程 (17.21) 表明 L_{D}/L_* 的上限大约为 0.2. 大部分经典金牛座 T 型星的积分光谱能量分布给出的分数盘光度 (fractional disk luminosity) 高于这个极限.

我们对温度的推导假设了一个非常薄的盘, 也就是说, 与典型半径 ϖ 相比, 我们忽略了标高 Δz. 然而, 如图 17.18 所示, 任何 Δz 随 ϖ 的增加使得盘从恒星截获更多光子. 这个结构将比之前预测的更热, $T(\varpi)$ 会降低得更慢. 表面的这种扩张确实是预料之中的, 可以通过标度论证来量化.

让我们假设盘在每个半径处都是垂向等温的. 然后, 根据方程 (11.34) 给出的量纲分析, 标高和局部等温声速 a_T 的关系为

$$\Delta z \approx \left(\frac{a_T}{V_{\mathrm{Kep}}} \right) \varpi.$$

因为 $a_T \approx T^{1/2}$, 并且因为开普勒轨道速度以 $\varpi^{-1/2}$ 变化, 我们显然有

$$\Delta z \propto T^{1/2} \varpi^{3/2}.$$

典型恒星光子的掠射角 (图 17.18 中标为 $\langle \theta \rangle$), 等于 $\varpi d(\Delta z/\varpi) d\varpi$, 至少对于 $\varpi \gg R_*$ 是这样. 所以这个角正比于 $\Delta z/\varpi$, 我们有

$$\langle \theta \rangle \propto T^{1/2} \varpi^{1/2}. \tag{17.22}$$

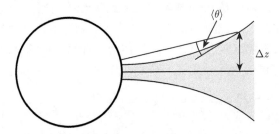

图 17.18　扩张盘的辐照. 图中描绘了一个典型的从恒星表面传播过来的光子

我们以推广的形式, 重复我们早先对 $T(\varpi)$ 的推导来完成论证. 对于小的掠射角, 入射流量 F_{rad} 正比于 $\langle \theta \rangle \varpi^{-2}$. 另一方面, 出射流量仍然遵守方程 (17.19), 正比于 T^4. 因此盘温度现在遵守

$$T \propto \langle \theta \rangle^{1/4} \varpi^{-1/2}. \tag{17.23}$$

方程 (17.22) 和 (17.23) 共同给出了两个有趣的关系:

$$\langle \theta \rangle \propto \varpi^{2/7}, \tag{17.24a}$$

$$T \propto \varpi^{-3/7}. \tag{17.24b}$$

第一个方程验证了扩张的发生, 因为 $\langle \theta \rangle$ 随径向距离增加. 方程 (17.24(b)) 给出了一个新的 q 值, 0.43. 所以, 扩张确实产生了温度随距离较缓慢的下降.

同样清楚的是, 我们的论证还需要进一步发展以重现观测到的光谱能量分布. 根据方程 (17.9), 任意小于 0.5 的 q 值都在光学厚情形产生随 λ 增加的 λF_λ. 这样的趋势很少看到. 更仔细的推导考虑了这个事实, 表面附近的尘埃颗粒实际上比中间平面的尘埃颗粒更热. 前者直接暴露在恒星辐射中, 但通过红外光子 (Q_λ 随 λ 下降, 回忆 2.4 节) 相当低效地冷却. 在足够大的半径, 我们的隐含假设, 盘的主体产生黑体辐射, 开始失效. 最后, 必须考虑盘相对于视线的倾角对观测流量的影响.

17.3.6　磁效应

这些技术和物理问题都很重要, 并且对最终的光谱能量分布有重大影响. 因此, 一个主要的原则问题仍然没有答案. 所有这些数据都能符合被动盘模型 (也就是仅仅将恒星辐射再发射的那些盘) 么？或者, 某些情形下, 非光球的贡献是否需要一个活跃盘, 即产生部分自己光度的盘？

主动盘的想法至少得到了金牛座 T 型星发射线观测的部分支持. 我们已经看到, 许多恒星, 包括猎户座 YY 型星, 都经历了拱星气体的内落. 为了达到观测到的速度, 这些物质只需要从几个恒星半径的距离开始内落, 这远小于与红外超有关的距离. 尽管如此, 还是值得探讨, 是否某些机制既能破坏盘靠内的部分, 使得物质落向恒星, 又能导致轨道上更远的气体向内迁移. 在这种迁移过程中释放的引力势能可以提供盘的一部分光度 (图 17.19).

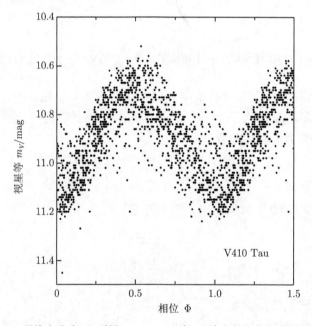

图 17.19　弱线金牛座 T 型星 V410 Tau 在 V 波段的相位折叠的光变曲线

磁场在观测到的星风中一定起了作用, 它也能够破坏内部盘. 在非常靠近被磁化的恒星时, 磁场强度足以同时控制物质向外和向内的运动. 在更远的地方, 物质在流体运动过程中拖拽磁场. 通过令局域磁能密度和动能密度相等得到临界边界. 对于已知外流速率 $\dot{M}_w$ 的离心星风 (13.4 节), 计算至少在原则上是简单的. 盘的问题更大, 因为物质的动能以及甚至整个盘结构都依赖于更远处产生质量输运的任意扭矩机制. 然而, 一定有某些区域, 其中的盘气体不再保持平面轨道. 如果要连接到恒星上, 这种气体必须沿基本为刚性的磁力线运动.

我们这里描述的是在第 13 章中我们对星风理论的讨论中引入的磁宁静区 (magnetic dead zone). 在那里我们注意到任意向恒星的吸积都发生在盘的共转半径 (即角速度 $\Omega(\varpi)$ 等于恒星角速度 Ω_* 的半径) 内. 如果达到稳态, 连接盘和恒星的磁场在一个轨道时标内没有变化, 那么这个磁场连接和物质内落一定精确发生在共转处. 为了看到原因, 让我们把这个半径记作 ϖ_c. 首先假设我们有一个盘, 其中 $\varpi_0 < \varpi_c < \varpi_D$. 那么在内边缘 ϖ_0 和 ϖ_c 之间的所有流体元在没有磁场的情况下会比恒星转得快. 如果有磁场连接, 那么这个环向前拖动磁场. 反过来, $\varpi_c < \varpi_0$ 的条件意味着盘中的所有点转得比恒星慢. 任意穿透盘的恒星磁力线会被拉回来, 磁场会再次包裹起来.

一般来说, 稳态确实成立这一点并不明显. 连接盘和恒星的磁场会不断缠绕, 只是周期性地通过磁重联释放能量. (回忆图 13.19 和相关的讨论.) 即使从精确地以 Ω_* 转动的盘开始的内落也会加速恒星, 除非磁场只有环向分量.

尽管有这些缺陷, 但一些理论家认为恒星和盘一定会快速自我调整, 直到达到稳态. 也就是说, 他们假设 $\varpi_0 = \varpi_c$ 在任何时候都成立, 并且向恒星的内落只发生在那个半径. 这个等式至少在原则上可以通过观测检验. 我们容易计算 ϖ_c 为

$$
\begin{aligned}
\varpi_c &= \left(\frac{GM_*}{\Omega_*^2}\right)^{1/3} \\
&= 12R_\odot \left(\frac{M_*}{0.5M_\odot}\right)^{1/3} \left(\frac{\Omega_*}{1\times10^{-5}\ \mathrm{s}^{-1}}\right)^{-2/3}.
\end{aligned}
\tag{17.25}
$$

这里, 我们在数值计算中代入了从表面转动速度导出的有代表性的 Ω_* 值 (16.5 节). 我们看到, 作为盘的内边缘, ϖ_c 是一个合理的值, 意思是它轻易地超过了恒星半径. 另一方面, 回到我们 GM Aur 的例子. 这里观测到的 Ω_* 是 $1.3\times10^{-5}\ \mathrm{s}^{-1}$, 而 M_* 是 $0.8M_\odot$. $12R_\odot$ 的 ϖ_c 值远小于我们用光谱能量分布改正盘倾角后得到的 0.6 AU. 当然, 任何从宽带流量对 ϖ_c 的测定都一定是不精确的. 但如果我们的 ϖ_0 是对的, 那么恒星速度和盘的速度应该不等. 在 0.6 AU 的半径, 盘的温度和它内部的电离都非常低. 因此, 我们期望磁场和主要以中性物质为主的物质之间的任何机械耦合都很弱.

最后一个例子表明, 恒星磁场的动力学影响是有限的, 因此可以产生内流的区域也是有限的. 然而, 让我们把注意力集中在一个假设的足够温暖的 (因而内边缘有足够的电离, 使得耦合很强的) 盘上. 也就是说, 磁场被高效冻结到物质上了. 此外在这个区域还有另一个过程, 可能对金牛座 T 型星很重要. 有一种与穿过较差转动结构的磁力线相关的不稳定性.

考虑直线磁场正交穿过盘的理想情况. 进一步假设每根磁力线在垂直方向延伸到无穷远, 没有 (或者更准确地说, 当前没有) 外部物质存在. 这个盘的动力学

状态不受磁力线扰动, 磁力线只是被转动流体元带着转动. 现在想象将一个流体元在盘内沿径向向外移动. 那么相连的磁力线会弯曲以抵抗剪切 (图 10.12). 也就是说, Ω 在小的偏移过程中几乎保持不变. 然而, 背景的 Ω 值在所有实际的盘中向外减小, 即 $d\Omega/d\varpi < 0$. 受扰动的流体元受到的单位质量的离心力 $\Omega^2\varpi$ 太大, 把流体元进一步向外推.

将这种磁转动不稳定性与 9.2 节中讨论的纯转动稳定性进行比较是有益的. 在那里我们发现只要比角动量 $j \equiv \Omega^2\varpi$ 向外增加, 盘就是稳定的. 然而, 即使满足这个判据, 如果 $\Omega(\varpi)$ 减小, 这个结构仍然是动力学不稳定的. 我们只需要一个弱磁场. 事实上, 如果磁场太强, 即相应的阿尔芬速度 V_A 超过局域声速 a_T, 盘就会重新稳定下来. 在靠近恒星和盘的内边缘时, 后一个判据最终得到满足.

数值计算已经研究了不稳定性的非线性演化. 这些研究很大程度上聚焦于一个独立盘区域中的动力学. 这个区域中任意小的初始扰动都迅速增长, 导致磁场结构和流体轨道大的时间变化的扰动. 这种湍流是否能在盘的大部分中持续多个轨道周期仍然是个未解决的问题. 如果湍流确实持续, 那么它可以提供盘的环形区域之间的有效黏滞, 促进向恒星的质量输运. 任何旨在证明这种长期、整体效应的计算也必须涉及穿透盘磁场的起源和维持. 它是完全由恒星产生的, 还是部分由盘内部的发电机活动再生的? 此外, 人们还需要将湍流区域中的行为和内边缘附近以及更远的较冷动力学稳定外区的行为联系起来.

17.4 时 间 变 化

历史上, 很早就认识到金牛座 T 型星本质上是变化的, 这实际上是它们最初的决定性特征之一. 这些天体在光学和紫外波段表现出不稳定的波动. 观测到的变化通常相对较小, 但在某些天体中, 宽带流量的幅度可以达到几个量级. 乔伊 (Joy) 在 20 世纪 40 年代首次将这些变星完全证认为经典金牛座 T 型星. 随着后来更多弱线天体的加入以及专门的测光监测, 也发现了其他变化模式. 金牛座 T 型星群在每个时间尺度上都表现出起伏, 从数小时到数十年不等. 关于这些天体本身和它们的环境, 这些信息提供了什么进一步线索?

17.4.1 冷斑

打破历史发现的顺序, 我们从研究弱线星开始. 这里, 变化模式更清晰, 物理解释也是如此. 任何一个天体的流量变化通常都比经典星小. 例如, V 波段的波动幅度小于 1 mag. 另一个更显著的区别是, 这些变化往往是周期性的. 观测周期通常以天或星期为单位, 可以在相隔多年的观测中保持稳定.

恒星交替变暗变亮的一个可能原因是其表层的脉动. 这种类型的振荡运动在太阳和其他矮星中有很好的记录, 在一些主序前天体中也观测到了 (第 18 章). 然而, 相应的周期比我们现在考虑的那些要短得多. 脉动也会造成恒星径向速度的变化, 这些变化没有探测到. 在周期为恒星转动周期这一个假设下, 对光变的观测有更好的解释.

图 17.19 是弱线星 V410 Tau 的光学光变曲线. 在这幅几十年观测组成的图中, 自变量不是时间, 而是一个周期的比例, 即转动相位. 周期本身是通过使画出的点的弥散最小而经验地得到的. 这个情况得出的结果是 1.87 天. 这个数值和恒星半径 R_* 独立的已知值以及 $V_{\text{eq}} \sin i = 77 \text{ km} \cdot \text{s}^{-1}$ 一致, 后者由吸收线的转动展宽确定. 因为 $R_* = 3.46 R_\odot$, 我们得出倾角 i 为 54°.

在这颗以及其他很多弱线恒星中, V 波段流量中看到的变化基本在其他波段也能观测到, 例如 R 和 I 波段. 更具体地说, 波动的周期是相同的, 但振幅不同. 后者随波长的增加而减小. 这种减小是逐渐的, 表明调制源于相对冷的表面转动到了视野内.

为了理解这里的推理, 考虑一个简化的模型是有帮助的. 假设恒星的光球温度为 T_{star}, 含有一个面积为 $\mathcal{A}_{\text{spot}}$、温度为 T_{spot} 的斑块. 进一步假设转动将这个斑块带到了投影的恒星表面 (面积为 $\mathcal{A}_{\text{star}}$) 的正中心. 在这个相位, 接收到的总流量为

$$F_1 = c[\mathcal{A}_{\text{spot}} B_\lambda(T_{\text{spot}}) + (\mathcal{A}_{\text{star}} - \mathcal{A}_{\text{spot}}) B_\lambda(T_{\text{star}})], \qquad (17.26)$$

其中系数 c 包含了恒星距离. 这里我们将未扰动的光球和斑块理想化为黑体. 半个转动周期后, 这个斑块从视野中消失. 流量为

$$F_2 = c\mathcal{A}_{\text{star}} B_\lambda(T_{\text{star}}). \qquad (17.27)$$

这两个流量的比用星等表示, 就是在光变曲线中能看到的最大变化范围. 这个范围是

$$\begin{aligned} \Delta m_\lambda &= -2.5 \log(F_1/F_2) \\ &= -2.5 \log\left\{ 1 - f_{\text{B}} \left[1 - \frac{B_\lambda(T_{\text{spot}})}{B_\lambda(T_{\text{star}})} \right] \right\}. \end{aligned} \qquad (17.28)$$

这里, f_{B} 是覆盖恒星投影表面的比例:

$$f_{\text{B}} \equiv \mathcal{A}_{\text{spot}}/\mathcal{A}_{\text{star}}. \qquad (17.29)$$

图 17.20 画出了 $T_{\text{star}} = 4000$ K 和 $f_{\text{B}} = 0.2$ 情形下 Δm_λ 作为 λ 的函数. 对于一个冷斑, $T_{\text{spot}} = 3000$ K, Δm_λ 确实随 λ 缓慢下降 (实线). 读者可以验证, 对于 $B_\lambda(T)$ 使用方程 (2.29), 方程 (17.28) 中对数的宗量从零波长的值 $1 - f_{\text{B}}$ 增加

到 1, 所以 Δm_λ 本身减小. 定性地, 这是在弱线星中看到的行为. 对于任意特定天体, 可以使用 Δm_λ 的实际变化估计温度和斑块覆盖恒星表面的比例的降低. 温度的降低通常为 1000 K 左右, 而面积覆盖可以明显大于我们所使用的百分之二十. 即使是百分之二十与太阳上类似的斑块[①]相比也是巨大的.

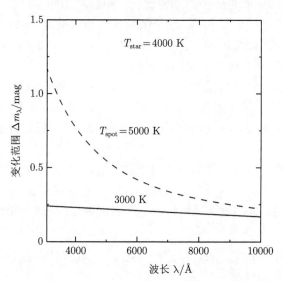

图 17.20　具有冷斑 (实线) 和热斑 (虚线) 的恒星的流量的理论变化范围. 这个范围用幅度表示, 展示为波长的函数

　　到目前为止, 我们只讨论了通过测光得到的结果. 谱线的多次观测会产生多得多的信息. 通过这种被称为多普勒成像的技术, 我们可以详细地重建转动恒星表面的 $T_{\rm eff}$ 分布. 从把恒星表面分为许多小区域的模型开始. 在每个区域中, 假设的 $T_{\rm eff}$ 值加上已知的表面重力, 使得我们可以求解任何感兴趣的谱线轮廓的辐射转移方程. 注意到, 这个结果还依赖于小区域相对视线的倾角, 因而依赖于转动的相位. 把所有小区域加起来就可以得到预言的谱线轮廓. 最后, 改变 $T_{\rm eff}$ 分布得到与观测的轮廓序列最佳匹配.

　　为了使这种技术可行, 谱线轮廓的转动展宽必须大大超过热展宽的贡献. 只有少数金牛座 T 型星符合这一要求, 包括 V410 Tau. 图 17.21 展示了这个情形中多普勒成像的结果. 这里使用了 6400 Å 附近的六条吸收线轮廓的时间序列. 在这四幅图像中, 旋转相位等距, 暗区域代表 $T_{\rm eff}$ 值比未扰动的光球值低 500 K 以上的位置. 我们看到星斑的活动主要集中在高纬度地区, 即靠近恒星极点的地方. 与早先观测结果的比较表明, 这个温度分布至少持续了七年.

[①] 太阳上的这种斑块称为黑子.

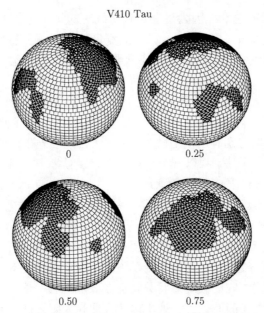

图 17.21 V410 Tau 的多普勒成像, 展示了图示的转动相位. 暗区域代表比周围光球冷了至少 500 K 的区域

17.4.2 金牛座 T 型星的磁场

冷区域的存在表明, 和太阳一样, 集中的磁场束正在穿透恒星表面. 这些磁场局部地抑制了对流过程, 而对流过程从下面输运热能. 当然, 这不是我们第一次看到金牛座 T 型星被磁化的迹象. 我们在本章前面注意到, 光学发射线的名录和太阳活动区中的类似. X 射线和射电连续谱不仅进一步表明了静态场的存在, 还证明了迁移的磁通量管中有剧烈的复合. 将这些观测和磁场联系起来的推理是相当间接的, 并且是以类似太阳的情形为指导的. 谱线的塞曼分裂将提供更令人信服的证据以及对表面磁场强度的测量. 让我们暂时离题来考虑这种研究的结果.

回顾这种技术的基本逻辑 (6.3 节). 原子中未配对的电子产生圆偏振辐射. 在存在磁场时, 两条普通偏振的谱线向相反方向移动. 每一对这样的谱线对总的观测间隔给出了纵向场 $B_\parallel$ 的大小, 而偏移的情况 (即哪个偏振成分波长增加) 给出了场的方向. 如表 9.1 所总结的, 这种方法在很多环境中都被证明是成功的, 而且在金牛座 T 型星中似乎特别有希望, 那里的磁场是最强的. 然而, 偏振观测并没有发现任何可探测到的光学吸收线移动. 原因一定仍然是金牛座 T 型星表面磁场在几何上是复杂的. 相邻的离开和进入光球层的磁通量管结合起来使得任意一条偏振谱线的净移动为零.

另一方面, 考虑不分偏振的情况下对谱线的观测. 这种情况下探测到的强度代表偏振的谱线对的总和. 因为磁场导致谱线对的每个分量的波长发生移动, 所以总的谱线轮廓会变宽. 重要的一点是, 展宽量并不依赖于磁场的方向, 只依赖于其大小. 然而, 一个潜在的困难是, 其他物理效应, 如恒星转动, 也会使谱线展宽并可能产生混淆.

诀窍是观测大量具有不同磁灵敏度 (例如, 不同朗德 g 因子, 回忆 6.3 节) 的谱线. 谱线等值宽度随着灵敏度的增加而系统性增加揭示了磁场的存在, 也得到了磁场的强弱. 这里特别有用的是较长波长 (包括近红外) 的谱线. 由方程 (6.33), 塞曼分裂频率 $\Delta\nu$ 等于 $B_{\parallel}$ 乘以一个不依赖于谱线频率 ν 的系数. 所以, 波长的移动 $\Delta\lambda = -\lambda^2\Delta\nu/c$ 对于较大 λ 的跃迁更大.

塞曼展宽的观测到目前为止给出了一些弱线和经典金牛座 T 型星, 包括恒星金牛座 T 本身的磁场强度. 测量值都处于 10^3 G 的量级. 这个数值实际上代表了 $f_B B_{\parallel}$, 平均磁场强度和磁场覆盖恒星表面比例的乘积. 如我们已经指出的, f_B 在弱线星中至少为百分之二十, 在很多情况下这个比例甚至更高. 有趣的是, 太阳磁场强度为同样的量级, 它的磁通量管只覆盖了表面的百分之几. $B_{\parallel}$ 值也和更年轻的主序恒星相当, 那里的面积覆盖处于弱线天体和太阳之间 (16.5 节).

17.4.3 热斑

回到本节的主题, 现在让我们看看经典金牛座 T 型星的光变和弱线天体相比是怎么样的. 一个一般性的不同是, 波动的幅度倾向于更大, 特别是考虑较短的波长时. 尽管历史上把这些天体证认为不规则变星, 但仍然有相当一部分确实在明确的时间间隔内变化, 时间间隔从几天到一周或更长. 然而, 即使在这种情况下, 调制也只在有限的时间内显示出这种特征, 通常不超过几个月. 在经历了一个看似随机波动的时期后, 可能会建立起一个与旧的周期相差达 20% 的新周期. 对许多恒星的分析显示根本没有周期, 即使在相对短的时期里也没有.

现在考虑一颗确实显示出流量的 (至少是暂时的) 规律变化的经典金牛座 T 型星. 和弱线天体一样, 在一个波长范围内的观测也会得到同样的周期. Δm_λ 仍然随 λ 的增大而减小. 然而, 这种情况的衰减要快得多. 这种趋势最好用比周围光球更热的区域的转动来解释.

我们先前的简化模型仍然有助于阐明这种情况. 图 17.20 中的虚线显示了假定一个斑块具有 5000 K 的温度 (即, 比恒星光球高 1000 K) 时 Δm_λ 作为 λ 的函数. 因为 F_1 现在比方程 (17.28) 中的 F_2 大, 所以 Δm_λ 形式上是负的, 尽管如此, 我们还是在图上把这个值画成了正的. 如果我们考虑短波长的情况, 曲线较陡的斜率容易理解. 在此极限, 我们有

$$\frac{B_\lambda(T_{\text{spot}})}{B_\lambda(T_{\text{star}})} \approx \exp\left[\frac{hc}{\lambda k_B}\left(\frac{1}{T_{\text{star}}} - \frac{1}{T_{\text{spot}}}\right)\right].$$

在冷斑的情形小得可以忽略的指数现在变得发散, 并且主导了方程 (17.28) 中对数的宗量. 于是我们发现

$$\Delta m_\lambda \approx -2.5(\log e) \frac{hc}{\lambda k_{\mathrm{B}}} \left(\frac{1}{T_{\mathrm{star}}} - \frac{1}{T_{\mathrm{spot}}} \right). \tag{17.30}$$

现在我们看到为什么经典金牛座 T 型星的 U 波段观测为什么倾向于有大幅波动, 以及为什么这个幅度在可见光和近红外波段快速消失.[①]

变化性仍然与星斑和转动有关的假设立刻引发了几个问题. 在什么情况下表面会出现热斑而不是冷斑? 恒星明显的转动周期怎么会在几周或几个月内发生变化? 最后, 为什么许多经典金牛座 T 型星的流量变化完全没有规律?

为了解决第一个问题, 考虑通过对 Δm_λ 更仔细建模得到星斑温度的实际值. 未受扰动光球的对比度比弱线天体大, 典型的 T_{spot} 为 7000 K. 相反, 星斑覆盖占总表面积的比例要小得多, 大约为百分之一的量级. 这两个数值与连续谱遮掩的平板模型中得到的数值非常相似 (17.1 节). 这个事实反过来表明这两种现象有共同的起源. 热斑似乎代表了外部物质落到恒星表面, 通过激波产生高温的区域.

如我们已经强调的, 这些物质的精确轨迹及其起源仍然不清楚. 气体沿着磁环流动仍然是吸引人的图景. 对光度变化的详细建模发现, 热斑和冷斑的结合与数据最相符. 在这些恒星中, 一些磁环表观上含有流动的气体, 而其他磁环不含. 两种磁结构都应该参与了局部的表面转动, 就像太阳上那样. 按照这个类比, 我们可以把周期变化归结为最大星斑随纬度的迁移. 这里, 我们进一步假设表面像太阳一样处于较差转动状态.

17.4.4 非周期变化

尤其令人费解的是那些看似随机的波动. 磁环的排列, 或者至少是相关的质量流, 可能在这样的时期快速变化. 变化发生的时标一定相当于或小于恒星的转动周期. 重复一个熟悉的主题, 这里的激波可能不仅来源于表面的内落, 也来源于外流和拱星气体的相互作用. 在任何情况下, 人们几乎不知道这种更混乱的情况为什么在很多天体中主导.

现在回到局部内落引起的热斑. 表面转动不仅会将这些特征移入或移出视野, 而且还会导致连续谱遮掩同时发生变化. 令人鼓舞的是, 连续谱超 (由 r_λ 度量) 确实在很多被仔细跟踪的天体中波动, 而且这些变化有时是周期性的. 对于其他恒星来说, 连续谱遮掩的变化是不稳定的. 同时得到测光和高分辨率光谱是困难的, 通常不可能认为这两种变化是实际上同相的. DR Tau 这样的极端天体是例

[①] 我们的模型也预言, 当星斑从视场中消失 (即光度最小) 时, 光球应该是正常的. 事实上, 在这个阶段, 经典恒星的测光颜色和天体的 T_{eff} 值最为一致. 在最大光度时颜色异常温暖.

外. 这里光球由特别强的连续谱流量主导. 因此, 可以肯定的是, 任意亮度调制都和连续谱遮掩一致, 即使两者都是非周期性的.

经典金牛座 T 型星强而宽的发射线也随时间变化. 之前, 我们提到了 Hα 轮廓的不稳定性. 我们不详细讨论这个问题. 相反, 我们只是注意到轮廓变化并不表现出偶尔在测光数据中发现的周期性. 尽管很难将任意天体中的这两种变化定量联系起来, 但在经典星中确实存在一种有趣的模式. 假设测量了一组这种恒星中 Hα 等值宽度的变化范围. 这个量和任何固定波段的测光范围有很好的相关性. 换句话说, Hα 流量波动很大的恒星的光度波动也很大.

到目前为止我们描述的所有变化都发生在几天到几个月的时标上. 金牛座 T 型星在较短和较长的时间间隔也显示出有趣的变化. 记录这些变化自然会带来挑战, 但仍然有大量数据. 在短时间情形, 相比更长的波长, 弱线星通常在 U 和 B 波段展现出更不稳定的行为. 这些叠加在通常的周期性光变曲线上的波动源于耀发活动. 在包括 V410 Tau 在内的一些天体上, 亮度的实际上升在几个小时内发生, 而衰减更为持久.

这些事件至少在表面上让人想起了发生在 X 射线波段的那些事件 (17.1 节). 这些耀发的详细特征, 包括它们在较短波长的突出特征和时变行为类似于在 (被称为 dMe 星的) 小质量矮星中看到的那些行为. 在这里, 活动性源自磁化表面区域上方的能量释放. 对于弱线星这一解释的佐证是, 测光的耀发最常出现在最小光度附近, 即冷斑最明显的时候. 类似的事件一定会发生在经典金牛座 T 型星上, 至少会发生在那些混合了冷斑的星上. 从观测上看, 这些天体中的任何快速亮度变化往往在时间上更加对称. 发射线的强度偶尔也会激增. 这些光谱事件和测光事件之间的关系尚不清楚. 快速上升之后跟随同样快速的衰减可能意味着向明亮热斑的内落速率的变化, 而不是一个星冕中的事件.

17.4.5 猎户座 FU 的爆发

在本节结尾, 我们描述一个特征完全不同的时间变化. 这些现象持续几十年, 是迄今我们考虑过的最长时间间隔. 前面描述的短期现象确实在这些时期表现出长期漂移. 例如, 弱线星可能会在每个周期内逐渐改变其变化幅度和时变形式. 然而我们感兴趣的是恒星外观的另一种更剧烈的变化, 即光度在一年或更长的时间内上升两个量级, 然后又相对缓慢地变暗. 尽管很少真正看到这种猎户座 FU 爆发, 但这一现象代表了主序前阶段的一个重要方面.

所发现的第一个天体, 猎户座 FU(FU Ori) 本身, 在至少十年时间里是暗云 B35 中一个不显眼的源. 这块暗云刚好位于延展的猎户座 λHⅡ 区球形边缘之外. 在 1936 年, FU Ori 被发现在变亮. 在几个月里, 光度达到峰值, 自那以后都在缓慢下降. 图 17.22 展示了 FU Ori 和其他两个有很好记录的例子的 B 波段光变曲线. 注意到 m_B 增加在 4 到 6 等之间, 在 V1515 Cyg 中的变化相对较慢. 所有这三个源都位于恒星形成区中, 有强的锂吸收线. 这些事实加上这些天体在爆发前不规则的光变, 表明它们是小质量主序前恒星. 只有 V1057 Cyg 在其较早阶段进行了光谱观测, 尽管分辨率低. 光谱显示出标准金牛座 T 型星发射线.

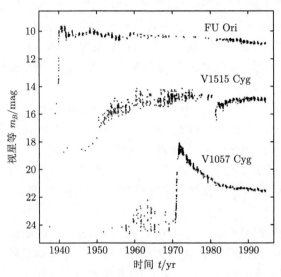

图 17.22　三颗光学爆发猎户座 FU 型星的历史光变曲线. V1515 Cyg 纵向向下移动了 1 个星等, V1057 Cyg 移动了 8 个星等

自 FU Ori 耀发以来发现的其他事件可能也代表了同样的现象. 例如, 与归档图像的比较表明, 一些内埋天体在过去某个时候变亮了. 我们也可以把目前所有光谱特征类似于处于爆发后状态的最初三颗恒星的那些恒星算作 "FU" 类天体 (见下文). 即使是这个扩展的列表也只包含了十几个源, 我们所描述的效应似乎意义不大. 然而, 考虑新爆发的出现率. 在 60 年的观测时间中, 这个出现率 (基于扩展的列表) 为 0.2 yr^{-1}. 假设这个源可以在 $d = 1$ kpc 处探测到. 根据第 1 章, 银河系的局域恒星诞生速率为 $\dot{m}_* = 5 \times 10^{-9} M_\odot \ \mathrm{yr}^{-1} \cdot \mathrm{pc}^{-2}$. 所以, 在一个半径 d 的圆柱内, 新恒星以速率 $\pi \dot{m}_* d^2$ 出现. 这个数值对于所引用的数为 0.02 yr^{-1}. 所以, 平均来说, 每颗恒星在其主序前阶段会经历十次爆发. 如果只涉及一部分年轻恒星, 那么这个数会更大. 总结起来, 爆发似乎是恒星早期阶段的重复特征.

从我们到目前为止对主序前演化的研究来看, 没有明显的理由解释为什么恒星会经历亮度的大幅波动. 事实上, 金牛座 T 型星处于静态收缩的对流阶段, 理论预测光度会持续下降. 我们稍后将描述中等质量天体在其收缩阶段开始前后如何确实会变亮. 然而, 这个变化是永久性的, 而不是周期性的耀发, 在任何情况下相关的年轻恒星都只是一小部分. 如果猎户座 FU 爆发和我们统计论证所给出的一样, 那么要么小质量恒星的收缩理论需要修改, 要么这个效应源自外部, 通过恒星和周围环境的某种相互作用产生.

每一次耀发是否仅仅是由于对星光遮挡的移除或移动而产生的? 答案是否定的, 有几个原因. 首先, 最近的两个有充分证据的例子在爆发前不是红外天体. 其次, 恒星的有效温度在这一过程中发生了明显变化. 在 1057 Cyg 的情形, 之前提到的发射线和爆发前光谱中的宽带流量都和金牛座 T 型星一致. 只是在后面, 这个天体缺少这些发射线, 并且颜色符合一颗 A 型星. 类似地, FU Ori 首先在明亮态表现为一颗 G 型星. 这种剧烈的温度变化要么反映了恒星光球层的变化, 要么反映了拱星物质的加热.

在第一个假设下, 对于其光谱型而言, 这个天体变得太明亮了, 即使在诞生线上, 所以它半径很大. 对吸收线的分析得出, 实际上, 在所有三个情形, 表面重力非常小. 膨胀和相伴的光谱特征都随恒星的变暗而改变. V1057 Cyg 的表观光谱型在峰值光度后 2 年内由 A 变为 F. 在这颗恒星和其他恒星中, Hα 表现出天鹅座 P 型轮廓, 具有一个深的蓝移吸收坑. 也就是说, 当前天体发出了强烈的星风.

光谱的其他特征更成问题. 光学吸收线很宽, 表面上表明转动速度很快. 这个性质必须与增大的半径相协调. 再次考虑 V1057 Cyg, 其谱线展宽得出 $V_{eq} \sin i \approx 50$ km·s^{-1}. 由估计的表面重力, 爆发后的半径大约为 $12R_\odot$. 这里我们假设了质量为 $0.5M_\odot$, 适合金牛座 T 型星. 同一个天体的爆发前半径最多有 $3R_\odot$ (表 16.1). 如果角动量在膨胀过程中守恒, 那么初始转动速度会超过解体值 180 km·s^{-1}.

另一个奇怪的事实是, 谱线展宽本身在不同的波段不同. 趋势是表观转速随 λ 的增加而减小. 所以, V1057 Cyg 的近红外谱线的轮廓得到的 $V_{eq} \sin i$ 仅有大约 30 km·s^{-1}. 这种情形中吸收线的模式, 特别是 2.2 μm 处深的 CO 特征, 是晚型巨星大气的特征, 和光学数据的推断也不一致.

图 17.22 中的三个源的光谱能量分布都显示出较大的红外超. 因此, 每个天体有自己的拱星盘是有道理的. 爆发的源头可能是一个非常热而明亮的盘, 而不是恒星本身么? 我们将巧妙地解决一些观测问题. 考虑低表面重力和高转速的组合. 延展盘中的垂向引力加速度远小于恒星表面值 (图 11.10). 以开普勒速度转动的环产生的吸收线会显著展宽. 这样就避免了快速转动的巨星这一令人不安的概念. 在盘中, 近红外谱线一定源于相对冷的物质, 而光学特征出现在较热的气体中. 因此, 如果盘温度随着与恒星的距离而下降, 人们自然会期望谱线展宽在较长波长会减小. 推断出的光谱型在此情形也会是更晚型的.

虽然盘的图景提供了关于猎户座 FU 光谱令人费解的那些方面的见解, 但它对最基本的问题, 即爆发本身的起源问题, 没有多大帮助. 与恒星相比, 盘能存储的热量很少. 所以, 它只能通过轨道衰减 (即通过向中心天体吸积) 产生光度. 快速的质量输运原则上可以被伴星的近距离交会所激发. 不幸的是, 已知的 FU 型恒星不是分光双星. 我们在第 11 章论证了持续向盘的内落也会通过引力扭矩导致质量输运. 这里, 内落源于母分子云的坍缩. 然而, 最初的三颗恒星中没有一颗位于致密云核中. 最后, 许多理论家研究了可能自发产生的盘不稳定性和恒星吸积. 这些模型依赖于特定的内部黏性将物质带到恒星上. 因为假定的黏性起源未知, 必须承认盘中的重复爆发不比源于恒星爆发容易理解.

我们注意到, 有充分记录的 FU 型星通过它们的 Hα 轮廓显示出强星风的证据. 在其他一些恒星中这一特征使得它们被归类为爆发后天体. 无论这种证认是否正确, 人们都容易猜测, 每次耀发都伴随着增强的恒星或盘的气体喷射. 这样的星风爆发会在附近的云物质中产生赫比格-哈罗激波. 当然, 这不意味着, 所有观测到的赫比格-哈罗天体都一定由这种脉冲事件驱动. 图 13.20 展示了行进激波如何由星风的连续变化产生. 更一般地, 仍然没有证据表明驱动喷流的深埋天体作为一个群体, 受到主要在光学可见恒星中看到的耀发的影响.

一小部分金牛座 T 型星的涨落在几个方面介于猎户座 FU 事件和主要群体的小尺度不规则性之间. 这一子类的成员有时被称为 "EX" 型星. 这个名字源于类似的 FU 型星以及原型恒星, EX Lupi. 这个天体大约每个月会产生几次几个星等的爆发. 更大的爆发大约每十年发生一次, 明亮的阶段持续大约一年. 图 17.23 展示了一个特别强的耀发, 强度和猎户座 FU 爆发相当.

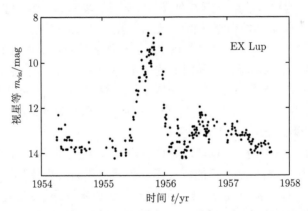

图 17.23　EX Lup 在 20 世纪 50 年代的爆发. 注意到视星等是在可见光波段测量的

即使在最大光度, EX Lup 的光谱仍然和之前一样显示出同样的金牛座 T 型星发射线. 此外, 最强的那些谱线有明显的反天鹅座 P 型轮廓. 在变亮的过程中, 原来存在的吸收光谱被连续谱遮掩填满. 和猎户座 YY 型星 (17.2 节) 中一样, 这两次观测表明, 每个事件都源于偶发的内落, 可能来自离恒星表面不远的物质. 与猎户座 FU 型星观测的差异是值得注意的. 在猎户座 FU 型星中, 光谱变化太剧烈, 不再有原来的强发射线. 其中也没有任何内落特征, 无论是反天鹅座 P 型谱线轮廓还是升高的连续谱都没有. 一个可行的较大爆发的理论必须自然地解释这些事实.

17.5   后金牛座 T 型星及其他

所有金牛座 T 型星特有的特征在主序前收缩过程中自然消失. 我们已经看到, 其中一些性质是由内流和星风相关的激波产生的, 另一些源自拱星盘, 而还有一些, 如 X 射线发射则与强磁场有关. 所有性质的衰减速率相同 (甚至在固定的恒星质量) 这一点并不是很明显. 事实上, 各种速率的经验值可能有助于阐明金牛座 T 的环境.

17.5.1   金牛座 T 型星性质的衰退

回过头来看图 17.3, 我们立即看到这个问题的根本复杂性. 虽然从图中可以清楚地看出, Hα 表面流量通常随时间衰减, 但在基本同样年龄的子样本之间有相当大的变化. 这种变化本身逐渐减小, 但即使达到主序也不会完全消失. 量化演化趋势唯一可行的方法是比较不同年龄的星群. 得到的任何结果都是一个平均值, 既与恒星间的变化有关, 又与质量的弥散有关.

图 17.24 将这种方法用于近红外发射. 这里, 我们画出每一群中由近红外颜色-颜色图判断有辐射超的恒星比例. (图 4.2 用 $J - H$ 和 $H - K$ 色指数展示了这样一张图.) 图 17.24 中每个系统的 "年龄" 是从赫罗图上得到的值的平均. 我们看到, 有超出流量的恒星比例随时间光滑下降, 在 6×10^6 yr 完全消失. 这个数值严重依赖于对单个星团的观测, 不应赋予太多权重. 在任何情况下, 所讨论的发射都源自加热到大约 10^3 K 的尘埃颗粒. 因此, 这里看到的衰减反映了位于几倍恒星半径处尘埃颗粒的升华或轨道衰减.

恒星周围的大部分物质, 包括所有延展盘都太冷了, 在近红外波段看不见. 如 17.3 节所描述的, 距离恒星更远的较冷尘埃仍然在亚毫米波段发射. 我们回忆, 每颗金牛座 T 型星都在这个波段发射, 而大部分弱线源探测不到. 除了发射在大约 10^7 yr 的恒星年龄消失之外, 到目前为止的观测没有显示出任何明显的演化趋势. 盘的气体示踪物, 例如图 17.15 所示的 $^{12}C^{16}O$ 谱线发射, 给出了类似的结果.

金牛座 T 型星也展示出和表面磁场、对流和星风有关的活动性. 虽然小质量矮星仍有一定程度的活动性, 但年轻恒星不稳定的光学耀发特征最终在除了一小部分的所有恒星中消失. 要记录这种衰减, 必须首先确定任意给定星群中的耀发天体. 为此, 必须重复进行光谱或测光观测. 这样一项对金牛座-御夫座的研究表明, 百分之八十的弱线恒星会经历耀发, 相比之下, 百分之五十六的经典天体会发生耀发. 对于年龄为 7×10^7 yr 的英仙座 α 星团中的零龄主序星, 这个数值降到 16%.

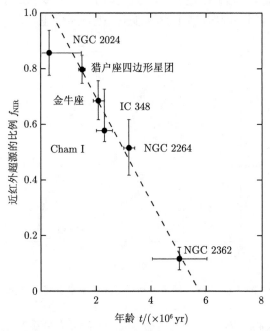

图 17.24　近红外超随时间的下降. f_{NIR} 是 (通过用 J、H、K 和 L 波段流量画的颜色- 颜色图测量的) 表现出辐射超的源的比例. 星团年龄是每个星群中的平均值. 误差棒表示有限样本大小导致的统计不确定性. 直线是最小二乘拟合

我们还讨论了表明活动性的另一种表现, X 射线发射, 如何同时对耀发和稳态发射有贡献. 卫星观测告诉了我们稳态 X 射线光度 L_{X} 在密集星群中的分布. 图 17.25 显示了有代表性的发现, 这里展示为积累光度函数 Φ_{X}. 这是一个星群中 L_{X} 超过某个给定值的源的比例. 这幅图展示了金牛座-御夫座和昴星团以及毕星团中 K 型星的结果. 第一个样本缺失了很多相对暗弱的源, 它们的加入可能会显著改变直方图. 注意到这一点后, 平均的 L_{X} 显然有一个稳定的下降, 尽管上限从昴星团年龄 (1×10^8 yr) 到毕星团年龄 (6×10^8 yr) 没有明显的变化.

所有这些观测结果表明, 在主序前收缩及其后发生的变化是连续的. 那么, 一个给定的小质量天体什么时候不再是一颗金牛座 T 型星呢? 任何精确的划分显然是一个习惯问题. 然而, 这个问题是有意义的, 因为有些现象在氢聚变开始之前就消失了. 因此, 有一个后金牛座 T 型星阶段.

人们可能会把这些天体定义为那些无论在红外还是亚毫米波段都没有盘特征的天体. 然而, 这样的定义包含大部分弱线金牛座 T 型星, 包括那些靠近诞生线的恒星. 一个更相关的性质是 X 射线光度, 它在经典和弱线天体中都很大. 不幸的是, 即使在固定的质量和年龄, L_X 也有广泛的分布, 部分原因是恒星自转的影响. 另一个性质是表面锂丰度. 在足够年轻的天体中, 锂丰度总是超过星际值的. 虽然在相同 L_* 和 $T_{\rm eff}$ 的恒星中丰度仍然有变化, 但在零龄主序前, 丰度大幅下降.

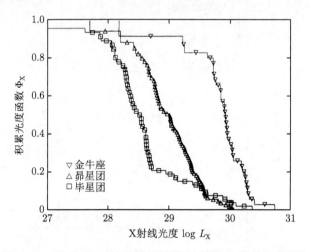

图 17.25 金牛座、昴星团和毕星团的积累 X 射线光度函数

图 17.26 用空心圆圈展示了一些金牛座-御夫座成员星的 LiI $\lambda 6708$ 的等值宽

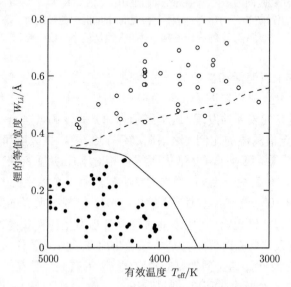

图 17.26 金牛座-御夫座 (空心圆圈) 和昴星团 (实心圆圈) 中 LiI 6708 Å 吸收线的等值宽度. 等值宽度画为恒星有效温度的函数

度. 这里, 数据展示为恒星有效温度的函数. 很明显, 几乎所有点都落在对应百分之五十损耗的轨迹 (虚线) 之上. 图中实心圆圈代表昴星团中的测量.[①]

在这张图中很明显的是虚线和昴星团的上包络线 (这里用另一条实线表示) 之间不断扩大的间隙. 我们可以方便地定义后金牛座 T 型星为落在这个楔形区域的天体. 注意, 交叉点 ($T_{\text{eff}} \gtrsim 4800$ K) 左边较温暖的恒星到昴星团年龄时损耗不到百分之五十, 甚至在到达零龄主序时还具有完全的星际值 (回忆图 16.10). 根据我们的定义, 这些天体在氢点火之前没有后金牛座 T 阶段.

感兴趣的区域中稀疏的点 (也参见图 17.3) 是第 12 章中介绍的古老的 "后金牛座 T 型星问题" 的图示. 多年来, 在金牛座-御夫座和其他成员众多的星协中, 这种天体的缺乏一直是个谜. 因为恒星的主序前收缩率随时间的推移而减慢, 可以特别好地代表后面阶段的收缩率, 只要星协在必要的时间内保持完整. 但很显然不是这样的. 母分子云是如何在几百万年后消失, 让成员星漂到太空中的, 人们知之甚少 (12.4 节).

17.5.2 较老的星协

大规模巡天发现了一些恒星, 它们显示出主序前天体的特征, 但不位于任何分子云中. 这些星群明显是正在分散的 T 星协, 或者这种星协的子群. 具有讽刺意味的是, 缺乏含尘埃的气体是证认这些系统的不利因素, 因为这些成员星容易与场星混淆. 然而, 金牛座 T 型星特征的持久性使得人们可以挑选出感兴趣的天体.

研究得最好的例子是长蛇座 (Hydrae)TW 星协. 这个 24 颗星组成的星群平均距离只有 55 pc, 在天空中有整整 20°. 我们之前在图 4.7 中描述了这个已知最近的星协. TW Hya 这颗星本身是一颗经典金牛座 T 型星, 具有强烈的 Hα 发射和近红外超. 赫罗图中的位置给出它的年龄为 1×10^7 yr. 其他成员星有相当的年龄. 虽然没有一颗成员星有 TW Hya 中发现的 Hα 发射, 但有少数通过中红外和更长波长的流量显示存在残余的拱星盘. 围绕 A 型星 HR 4796A 的椭圆环已经在光学和红外波段直接成像. 这种结构似乎是一个含有内部大空洞的盘 (另见第 18 章).

正是红外超提供了延展的 TW Hya 星群存在的第一个证据. 随后通过 X 射线观测发现了其他天体, 并通过它们锂吸收线的光谱观测进行了确认. 这里的距离足够小, 可以通过视差测量单独确定. 这些天体也有共同的自行, 可以进一步证认成员星. 这些恒星大的物理直径 (大约 30 pc) 和观测到的星流运动至少与这个小星群起源于天蝎座-半人马座 OB 星协的图景大体一致. 在 10^7 yr 间, 这些恒星分散开来, 同时保留了从它们的母分子云中继承下来的整体运动.

---

① 图 17.26 中的昴星团数据相当于图 16.11 中已经展示过的数据. 在那里, 我们展示了推断的表面锂丰度, 而不是直接观测到的等值宽度. 推断的表面锂丰度通过生长曲线 (curve of growth) 从理论上得到的. 求解谱线的辐射转移方程, 可以得到等值宽度作为模型恒星大气中锂柱密度的函数.

在蝘蜓座区域, X 射线研究揭示了另一群相似年龄的恒星. 这个观测工具已经发现了很多远离分子云的恒星 (图 4.11). B 型星蝘蜓座 η 的光度大约为 $100L_\odot$, 被位于同样 100 pc 距离的至少十二个天体紧密围绕. 这个星群也叫做 η Cha, 角尺度只有 $0.5°$, 对应于 0.8 pc 的物理尺度. 所以, 这些恒星可能代表了一个束缚的星团. 几乎所有其他成员星都是晚型天体, 显示出光学光变、红外超和适中的 $H\alpha$ 发射.

η Cha 和 TW Hya 星群的锂线观测得出和金牛座-御夫座类似的等值宽度. 也就是说, 大部分天体位于图 17.26 中虚线的上方. 真正的后金牛座 T 型星的连贯星协可能并不存在, 或者至少难以通过观测追踪. 到锂降低到初始水平的一半时, 这些天体显然已经分散得太广, 不再能与场星群体区分开.

17.5.3　碎屑盘

当恒星结束收缩并开始主序阶段时, 标志拱星物质存在的连续谱超继续减小. 然而, 灵敏的阵列探测器探测到相当一部分矮星中多余的长波流量. 发射水平远低于方程 (17.8) 的预测. 所以, 热尘埃对于它发出光子一定是光学薄的. 此外, 对毫米波谱线 (主要是 CO 谱线) 的搜索几乎探测不到伴生气体. 这种在相对较晚时期探测到的拱星结构基本上由轨道上的尘埃颗粒组成, 被称为碎屑盘 (debris disks).

具有碎屑盘测光特征的主序天体通常被称为类织女星的 (Vega-like). 织女星本身是一颗 A 型星, 和这一类的很多其他成员一样, 包括前面提到的 HR 4796A. 较大质量 (因而内禀更稀有的) 恒星的这种奇特优势是一种选择效应. 这些天体更容易提供加热尘埃到可探测水平所需的光度. 无论如何, 我们将在第 18 章描述赫比格 Ae/Be 星阶段的结果时重新讨论中等质量恒星周围的结构.

关于太阳类型的天体, 碎屑盘的证据来源于远红外和亚毫米波连续谱巡天. 探测到的总超出光度最多是恒星光度的 10^{-3}. 这一比例随母星年龄的增长而稳步下降. 和通常一样, 如果天体位于可放在赫罗图上的一个星团中, 那么年龄可以很好地确定.

有时, 带有盘的恒星可能距离很近, 该结构可以在空间上被分辨出来. 这样一个巧合的例子是波江座 ϵ, 一颗距离太阳仅 3.2 pc 的 K2 型星. 850 μm 的观测揭示了宽的正视的环, 具有团块状子结构 (图 17.27). 这个环在大约 60 AU 达到流量峰值. 对多个波段的光谱能量分布的拟合加上光学薄发射的假设, 得到总的尘埃质量为 4×10^{-3} 地球质量, 或者 $1 \times 10^{-8} M_\odot$.

从 CaII H 和 K 发射推测的 ϵ Eri 的年龄大约为 1×10^9 yr. 如果前身星是一颗经典金牛座 T 型星, 那么现在观测到的这点微小数量的拱星物质是一个质量远大得多的盘的残余. 这个盘由气体和尘埃组成, 大体上在恒星寿命的第一个 10^7 yr

就消失了. 这些物质接下来的演化路径就很不清楚了. 尤其令人费解的是中央的洞. 这似乎违背了我们的预期, 即任何盘内的质量密度都向着中心恒星上升.

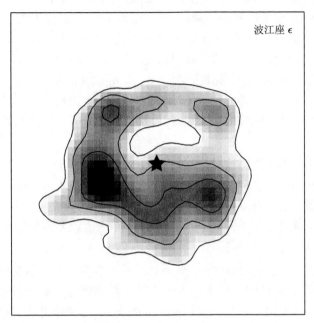

波江座 ϵ

图 17.27　波江座 ϵ 周围的碎屑盘. 图中的灰度和等值线是 $850\,\mathrm{\mu m}$ 连续谱流量

　　我们观测的尘埃颗粒和与星际气体相伴的那些非常不同. 多波段观测使得我们可以估计它们的平均大小为 $30\,\mathrm{\mu m}$, 比通常看到的大. 此外, 简单的理论论证表明, 当前的尘埃颗粒并不是直接从星际尘埃凝聚而来的, 而是不断从其他来源补充. 原因在于, 任何给定的尘埃颗粒都会在 $10^6\,\mathrm{yr}$ 的时标上与相邻的尘埃颗粒碰撞. 这些碰撞是因为碎屑盘厚度有限. 轨道相对于盘面是倾斜的, 至少是适度倾斜的. 相交轨道之间的碰撞能量足够大, 它们会粉碎两个尘埃颗粒, 而不是导致合并. 这些更小的碎片很容易受到来自恒星的辐射压的影响, 这些辐射压要么驱使它们向外移动, 要么导致它们在比恒星年龄短的时标内旋入恒星. 我们将在第 18 章重新考虑辐射效应.

　　总结起来, 很多过程可以清空碎屑盘, 除非物质以补偿速率重新提供物质. 引入更大的天体仍然是吸引人的. 在这种情形, 它们的相互碰撞可能会产生碎屑的喷射, 可能包括目前观测到的 $30\,\mathrm{\mu m}$ 的尘埃颗粒. 最初碰撞的天体可能是小行星、行星或更小的行星的前身, 称为星子 (planetesimal).

17.5.4 行星形成

这些支持大的绕转天体的论据当然是间接的, 并非铁证如山. 然而由这个事实可以知道它们获得了额外的质量: 一些主序恒星, 包括很多类似 ϵ Eri 的恒星, 确实有一颗或更多的巨行星, 即质量从木星质量 ($1 \times 10^{-3} M_\odot$) 到十倍这个质量的氘聚变极限 (第 16 章). 1995 年, M. Mayor 和 D. Queloz 宣布发现了距离 14 pc 的一颗 G 型星飞马座 51 周围的一颗行星. 实际探测的不是行星本身, 而是恒星视向速度的微小周期性变化. 这个位移被解释为绕转的质量引起的摆动. 因为轨道倾角未知, 观测者只能给出质量下限, 即 0.5 倍木星质量. 大量类似的探测接踵而至.

系外行星的发现证实了这些天体的形成在太阳类型的恒星中是常见现象. 在结束本章时, 我们提出并至少试图回答以下问题是恰当的. 为什么年轻恒星的演化通常伴随行星. 为了有上下文, 让我们首先简要描述形成过程中的物理步骤 (见图 17.28). 这个理论框架, 不可否认是不完整的, 很大程度上仍然基于我们自己的太阳系积累的大量数据.

行星, 或者至少它们的固体核, 是通过拱星盘内尘埃颗粒的聚集形成的. 很多详细研究都将我们自己的太阳系作为一个特定的盘模型, 最小质量太阳星云. 据推测, 这个结构与太阳的化学组成相同. 据观测, 以这个标准, 今天的行星的重元素是大大超丰的. 如果这些元素是从原始时期继承下来的, 那么人们可以容易地确定恢复每个天体的平衡所需的氢和氦. 这项工作的结果是, 30 AU 以内的盘有 $0.01 M_\odot$, 即今天行星所含总质量的 10 倍. 这个数值代表了一个下界, 因为其他从未形成行星的物质可能已经从盘中散失了. 通过考虑这些天体的轨道间距可以进一步得出结论, 最小质量星云中的面密度随日心半径 ϖ 以 $\varpi^{-3/2}$ 下降. 形成行星系统的第一步是组成盘的尘埃和气体的物理分离. 即使尘埃最初与气体混合, 它也不可能永远悬浮, 因为单独的尘埃颗粒有在重力作用下沉降的趋势. 这个漂移是朝向中间平面的, 相关的重力来自中心恒星的垂向分量 (回忆图 11.10). 当尘埃颗粒以空气阻力设定的缓慢收尾速度下落, 它碰并相邻的尘埃颗粒. 因此, 盘的中间平面中的固体颗粒稳步增加, 这些颗粒的大小和质量都比星际空间的值要高.

有两种情况使这个图景复杂化. 首先, 盘表面附近的气体以亚开普勒轨道速度绕恒星转动. 除了恒星重力向内的分量, 每个流体元还经历由热压强梯度产生的向外的力 (方程 (9.25(a))). 虽然轨道速度的降低相对较小, 但它更远离中间平面. 这里, 气体富集了尘埃, 尘埃有惯性但没有相应的压强. 因此, 由尘埃和夹带的气体组成的每个流体元的转动速度更接近开普勒速度. 最终的结果是每个半径处有垂向速度的剪切. 随着持续沉降, 流体最终变得容易受到开尔文-亥姆霍兹不稳定性的影响, 这个现象我们在 13.5 节讨论传播的喷流时碰到过. 盘中产生的湍流一定抑制了尘埃颗粒的任何平缓的向下漂移.

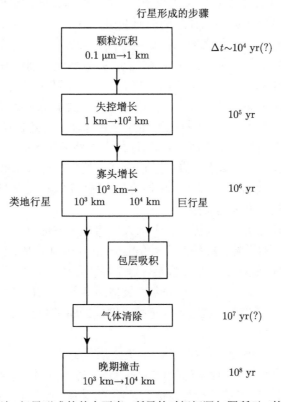

图 17.28　根据理论, 行星形成的基本要素. 所需的时间间隔如图所示. 基于最简单的宁静盘模型, 尘埃颗粒沉降所需的时间是一个下限

第二个复杂因素是, 在垂向作用的同样的阻力也会从粒子的轨道运动中带走能量. 这个损失对于最小的颗粒来说可以忽略不计, 它们和本地的气体很好地耦合, 一起转动. 相反, 最大固态天体的惯性压倒了阻力, 阻力也没什么影响. 轨道衰减在中等尺度下最强. 在最小质量太阳星云中, 在日心距 1 AU 处, 临界尺度大约为 1 m. 这么大的固态天体会以极快的速度在大约 100 年内螺旋进入太阳.

迄今为止, 还没有关于尘埃沉降和聚集的理论模型可以成功解决这些问题. 轨道衰减问题意味着, 无论增长过程如何详细, 都必须快速通过米尺度形成天体. 具有讽刺意味的是, 湍流实际上可能通过增加粒子交会的频率来促进这种快速增长. 另一方面, 即使相对速度稍微增大, 也会导致破碎, 正如我们在碎屑盘的情形看到的. 固态物质达到任意平均尺寸所需的总时间的估计值相差很大, 这一点也不奇怪. 如果忽略湍流, 那么在交会中发生粘连的概率仍然很高, 在 1 AU 处即使增长到千米的尺度所需的时间也短于 10^4 yr. 在这个宁静的图景中, 最终的尺寸增大是通过已经位于中间平面附近增大的颗粒的引力聚集而发生的.

通常, 大约 1 km 的直径定义了星子的下限. 由这种天体组成、仍然埋在原始气体中盘的演化主要由固态天体之间成对的引力控制. 这种吸引扰动了它们围绕中心恒星转动的轨道. 星子之间的物理碰撞要么导致并合, 要么导致碎裂成更小的碎片. 由于近邻天体的引力拖拽, 单个星子的路径会发生脉冲性变化. 在统计学意义上, 这种互相扰动的效应是在天体群中引入一个随机运动, 即除了和圆形共面轨道相关的速度分量之外, 还有一个速度分量. 大量的扰动导致了这种随机动能在星群中均分. 因此, 更大质量的天体往往具有较小的随机速度. (比较 4.4 节中关于动力学弛豫的讨论.) 这种速度降低, 加上这些天体更强的引力, 增加了它们与其他星子的碰撞截面. 此外, 碰撞过程中产生的任何碎片都倾向于向主天体回落, 而不是逃逸. 结果是失控增长. 在盘的某一特定区域, 质量最大的星子会通过吞噬它的邻居而获得更大的质量.

随着失控增长的进行, 最初大量千米大小的星子被部分转化为较少的半长轴有规则间隔的较大的天体. 在寡头增长 (oligarchic growth) 阶段, 当背景粒子继续通过碰撞被吸收时, 这个群体协同发展. 这个过程最终产生几百颗原行星 (protoplanets), 大小从 10^3 km 到大一个量级. 类似地球的类地行星通过合并较小的原行星在 10^8 yr 里缓慢增长. 这些原行星扰动彼此的轨道直到大的径向偏移导致轨道交叉和高强度碰撞.

巨行星通过另一条途径形成. 这里, 更大质量的原行星能够从周围的盘吸收气体. 据推测, 这种向岩石行星的吸积非常迅速. 另一方面, 这个过程也必然突然结束, 如我们太阳系自己的巨行星组成所证明的. 相对于其重元素, 木星所含有的氢和氦只有太阳丰度十分之一. 导致这种终止的一个吸引人的想法是, 不断增长的天体最终通过引力扭矩的作用在盘上打开一条缝隙. 在形成缝隙之前, 这些相同的力矩也会导致行星向中心恒星迁移. [1]

最后回到这些中心天体以及本章核心的观测数据. 刚刚概述的理论对恒星生命中何时开始形成行星几乎没有限制. 尘埃沉积可以在任何盘中进行, 包括在原恒星内落期间产生的盘. 另一方面, 经典金牛座 T 型星的毫米波流量源自小的尘埃颗粒, 更里面的红外光度也是如此. 因此, 在原恒星坍缩后的大约 3×10^6 yr 之后, 沉积并没有消耗掉所有的尘埃. 显然, 沉积理论最简单的版本中所设想的宁静盘环境没有得到维持.

在更大的年龄, 经典金牛座 T 型星的观测告诉我们, 尘埃的两个特征都消失了. 行星在此时形成了么? 我们不知道, 但大部分尘埃颗粒合并为星子确实会降低

---

[1] 理论家还在模拟的基础上提出, 巨行星可能通过盘迅速的动力学碎裂而整体地形成. 和分子云中星团形成的类似假设一样 (12.1 节), 很难看出母天体如何演化出易受这种分裂影响的位形. 系外行星快速增长的数据最终将检验这个图景以及气体吸积的图景.

毫米波和红外流量. 值得注意的是, 恒星观测也没有表明盘中有大量气体成分, 无论是冷的 CO, 还是温暖的 H_2. 这些气体要么是被吸积到恒星上, 要么是由于光致蒸发或星风的作用被驱散到太空中. 我们对这一重要事件的无知构成了恒星和行星理论的重大缺陷. 无论如何, 巨行星的形成必须在散失之前发生. 相对较长的类地行星增长发生在后金牛座 T 型星阶段, 很可能在展现出碎屑盘的年轻矮星中继续.

本 章 总 结

经典金牛座 T 型星有大量宽的光学和紫外发射线, 其中 Hα 最强. 弱线天体, 顾名思义, 缺少这些谱线. 经典天体中同样存在的是在蓝波段和紫外波段以及红外波段的连续谱超. 蓝波段和紫外波段的连续谱超与星风及内落相关的激波有关, 红外波段的连续谱超来自拱星热尘埃. 所有金牛座 T 型星都有增强的 X 射线发射, 似乎是众多未分辨的耀发的叠加. 有些星也在射电连续谱中表现出耀发. X 射线和射电耀发都是由恒星表面外的磁力线重联产生的.

大部分 Hα 发射起源于相对靠近恒星的众多激波, 尽管在方向性更好的星风中也经常有激波加热的气体. 这些微型喷流的尺度小于 10^3 AU, 比内埋更深恒星的喷流小得多. 微型喷流也出现在光学禁线发射中, 例如 OI. 对禁线的分析表明, 金牛座 T 型星星风的平均质量损失率大约为 $10^{-8} M_\odot$ yr^{-1}. 一个被称为猎户座 YY 的子类还通过光学容许线轮廓显示了内落的证据. 质量内落速率似乎和星风中的速率相当, 并且两种流动都随时间快速变化.

经典金牛座 T 型星在红外的光谱能量分布显示了尘埃温度随拱星盘半径的变化. 观测的温度的缓慢下降表明盘是显著扩张的. 光谱能量分布中观测到的坑明显表明面密度有个中心空洞. 在任何情况下, 尘埃总质量都可以通过亚毫米波段连续谱辐射粗略估计. 气体成分通过毫米波谱线揭示, 谱线的多普勒移动反映了绕中心天体的转动. 来自盘的总发射至少包括这颗恒星光的再发射. 可能也有内部物质扭矩释放的能量, 包括与磁力线缠绕和重联有关的能量.

金牛座 T 型星的发射既有规律的变化, 也有不稳定的变化. 第一类是在弱线星中看到的, 来自冷斑的转动, 那里磁场来自恒星表面. 经典金牛座 T 型星显示出更多的非周期性涨落, 并且经常有冷斑和热斑. 光学波段的耀发也是年轻主序前恒星的一个标志. 被称为 EX Lup 型星的一类星在十年时标上显示出巨大的爆发. 猎户座 FU 型星表现出最巨大的变化. 这里, 光度在差不多一年时间增长两个量级. 这些未知来源的爆发在主序前收缩期间重复发生.

即使是最年轻的弱线天体也很少有拱星盘的观测证据, 而经典星的特征在 10^7 yr 内就消失了. 这两类都在随后的后金牛座 T 型星阶段继续展现出 X 射线发射和表面的锂. 观测到的星协中包含的这些较老天体太少, 它们一定相对快速地散开了. 一些最近散开的成员星作为离散的星群仍然可以看到. 更老的小质量恒星可以拥有由尘埃颗粒组成的稀疏的遗迹盘. 这些尘埃颗粒一定是由固态轨道物质相互碰撞产生的. 系外巨行星的发现表明这些天体通常是在气体盘消失前, 在金牛座 T 型星周围形成的.

建 议 阅 读

17.1 节 金牛座 T 型星的一般性质的总结见

Bertout, C. 1989, ARAA, 27, 351.

关于它们的 X 射线和射电发射, 见

Feigelson, E. D. & Montmerle, T. 1999, ARAA, 37, 363.

Güdel, M. 2002, ARAA, 40, 217.

17.2 节 容许的光学发射线, 包括 Hα 已经得到了广泛的观测研究. 见, 例如

Alencar, S. H. P. & Basri, G. 2000, ApJ, 119, 1881.

巴耳末发射线的内落模型见

Calvet, N. & Hartmann, L. 1992, ApJ, 386, 239.

禁线以及用它们探测星风的讨论见

Edwards, S., Ray, T. P., & Mundt, R. 1993, in *Protostars and Planets III*, ed. E. H. Levy & J. I. Lunine (Tucson: U. of Arizona), p. 567.

Hirth, G. A., Mundt, R., & Solf, J. 1997, AAS, 126, 437.

光学连续谱辐射的激波解释详见

Lamzin, S. A. 1998, Astron. Rep., 42, 322.

17.3 节 关于如何由观测到的光谱能量分布得到盘性质, 见

Beckwith, S. V. W. 1999, in *The Origin of Stars and Planetary Systems*, ed. C. J. Lada & N. D. Kylafis (Dordrecht: Reidel), p. 579.

一个关于盘扩张和表面加热有影响力的工作见

Chiang, E. I. & Goldreich, P. 1997, ApJ, 490, 368.

毫米波成像研究之前已经有更大尺度的光学偏振成图. 这里, 偏振矢量的几何图案表明存在变平的结构. 见

Bastien, P. 1996, in *Polarimetry in the Interstellar Medium*, ed. W. G. Roberge & D. C. B. Whittet (San Francisco: ASP), p. 297.

基本的磁转动不稳定性早已为人所知, 并在吸积盘领域被重新发现

Balbus, S. A. & Hawley, J. F. 1991, ApJ, 376, 214.

17.4 节 对金牛座 T 型星的详细解释见

Herbst, W., Herbst, D. K., Grossman, E. J., & Weinstein, D. 1994, AJ, 108, 1906

Menard, F. & Bertout, C. 1999, in *The Origin of Stars and Planetary Systems*, ed. C. J. Lada & N. D. Kylafis (Dordrecht: Reidel), p. 341.

关于恒星磁场的测量, 见

Johns-Krull, C. M., Valenti, J. A., Piskunov, N. E., Saar, S. H., & Hatzes, A. P. 2001, in *Magnetic Fields Across the HR Diagram*, ed. G. Mathys, S. K. Solankik, & D. T. Wickramasinghe (San Francisco: ASP), p. 527.

对猎户座 FU 爆发的观测知识的总结见

Herbig, G. H. 1977, ApJ, 217, 693.

这里也有很多有用的信息

Hartmann, L. 1998, *Accretion Processes in Star Formation*, (New York: Cambridge U. Press), Chapter 7.

这本专著通过唯象盘模型分析了年轻恒星的很多特征.

17.5 节 记录了金牛座 T 型星耀发的演化的统计分析见

Guenther, E. W. & Ball, M. 1999, AA, 347, 508.

不同作者描述了正在进行的对较老的星协的搜寻

Jayawardhana, R. & Greene, T. P. (ed.) 2002, *Young Stars Near Earth: Progress and Prospects*, (San Franscisco: ASP).

围绕主序星的第一颗系外巨行星的发现见

Mayor, M. & Queloz, D. 1995, Nature, 378, 355.

对这个正在发展的领域的综述见

Marcy, G. W., Cochran, W. D., & Mayor, M. 2000, in *Protostars and Planets IV*, ed. V. Mannings, A. P. Boss, & S. S. Russell, (Tuscon: U. of Arizona), p. 1285.

对行星形成理论的总结见

Lissauer, J. J. 1993, ARAA, 31, 129.

Ruden, S. P. 1999, in *The Origin of Stars and Planetary Systems*, eds. C. J. Lada & N. D. Kylafis (Dordrecht: Reidel), p. 643.

第 18 章 赫比格 Ae/Be 星

在这关于主序前阶段的最后一章中, 我们描述中等质量天体. 这些赫比格 Ae/Be 星有些关键性质和金牛座 T 型星相同, 其他性质和质量更大更明亮的 O 型和 B 型星相同. O 型星和 B 型星在开始氢聚变之后首次在光学上可见. 所以, 我们现在讨论的恒星是仅存的纯粹通过引力收缩演化的一类年轻天体.

对 Ae/Be 星的研究比相应小质量星的研究要落后一些. 主要的障碍是这类天体相对稀少. 根据初始质量函数方程 (4.6), 在感兴趣的范围 $(2 \sim 10)M_\odot$ 产生的恒星的数量仅仅是 $(0.1 \sim 2)M_\odot$ 范围内的 3%. 使问题变得棘手的是在较大的质量下收缩时间缩短. 另一方面, 更高的光度确实有助于发现, 已知源的数量现在超过了 100 个.

我们从总结这一类星的一般性质开始这一章. 我们不仅考察了恒星本身的观测特征, 还考察了它们与邻近天体的空间关系. 18.2 节从这些经验问题转向理论. 我们证明了这个质量范围内的准静态收缩与金牛座 T 型星的准静态收缩有质的不同. 这种差异反映了能量输运的内部模式. 理论还预测, 较大质量的天体应该经历一个短暂的整体振荡时期, 这已经观测到了.

在最后两节, 我们将注意力转移到恒星环境上. 我们展示了红外和毫米波研究提供了含有尘埃的拱星物质证据, 而又未能阐明其结构或动力学. 我们还讲述了 Ae/Be 星的星风, 它们驱散了残余的分子云气体. 这些外流的起源还不清楚, 它们显然是观测到 X 射线发射的原因. 包括恒星光谱中紫外成分在内的高能辐射电离并加热了周围的物质. 最后, 18.4 节着重于拱星盘和它们尘埃成分的逐渐耗尽.

18.1 基 本 性 质

在赫罗图中, 赫比格 Ae/Be 星位于诞生线和零龄主序交叉点下方附近. 如包含了几十个这种天体的图 16.2 所示, 它们的光度范围约为 $(10 \sim 10^3)L_\odot$, T_{eff} 值从 $8000 \sim 20000$ K. 一个自然的问题是去哪里找具有这些特征的主序前天体. 如我们所知, 真正大质量的恒星诞生在巨分子云复合体最拥挤的区域. 小质量金牛座 T 型星也在这些地方发现, 但也出现在较稀疏的星协和更孤立的暗云中. 什么样的环境会产生中等质量天体?

18.1.1   诞生环境

人马座向着银心的方向是一个引人注目的电离氢区, 礁湖星云 (M8). 这片电离气体虽然距离有 1.8 kpc, 但仍然明亮到可以用肉眼看到. 它位于一块大质量分子云前面, 包含了一个叫做 NGC 6530 的星团. 附近的其他星团也是从背景的分子气体中诞生的. 所有这些都是延展的 Sgr OB1 星协的一部分.

许多表观上位于 NGC 6530 所包含区域内的恒星实际上是前景天体. 在这种情况下确定星团成员的身份不是个简单的任务. 此外, 巨大的距离限制了对系统中更明亮天体的观测. 图 18.1 展示了几十颗进行了测光和光谱研究的恒星的赫罗图. 在大多数情况下, 成员星是通过它们异常的色余比选择的, 这表明它们的红化来自拱星物质和星团内物质, 而不是仅仅来自位于视线上的星际尘埃颗粒.

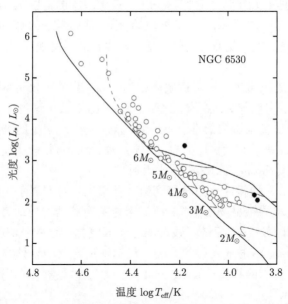

图 18.1   人马座中的 NGC 6530 星团的赫罗图. 实心圆圈代表具有光学发射线的成员星. 图中显示了诞生线和零龄主序, 以及选定的主序前轨迹 (实线) 和 5×10^6 yr 的主序后等年龄线 (虚线)

在图 18.1 的赫罗图中, 大部分恒星非常接近主序, 但在这条曲线的大质量端和小质量端弥散都在增大. 如果大质量效应反映了真实的主序后演化, 那么相应的恒星诞生于至多 5×10^6 yr 前. 我们在图中展示了对应于这个年龄的等年龄线. 中等质量成员星之间的弥散是由主序前收缩引起的, 尽管图中的有些弥散代表观测误差. 虽然对 $(3 \sim 10)M_\odot$ 范围的天体进行了大量采样, 但很少有天体符合真正赫比格 Ae/Be 星的所有判据. 根据定义, 源不仅必须具有 A 型或 B 型光谱型并且位于分子云气体附近, 而且还必须显示光学发射线, 如其名称所示. [①]图 18.1 中的实心圆圈代表少数具有最后这个性质的恒星.

NGC 6530 星群在这方面并不算不寻常. Sgr OB1 星协中的另一个星团, NGC 6611 中也有大量中等质量恒星, 其中可能有 4 个天体有发射线. 我们分别在图 4.9(d) 和图 12.29 中给出了 NGC 2264 和特别拥挤的猎户座星云星团的赫罗图. 在两幅图中, 有很多天体处于中等质量范围. 但是对 Hα 发射的研究只发现了几个源. 注意在进行这种评估时所面临的技术问题有时会误导观测者. 因为在所有这些区域有更多大质量的电离恒星, 因此必须首先在每个位置减去弥散气体产生的环境 Hα 发射.

年轻星团中发射线天体的稀少与金牛座 T 型星的情况截然不同. 如果有人假设赫比格 Ae/Be 星与经典金牛座 T 型天体基本相似, 那么弱线天体将构成大多数中等质量星群. 但是, 这种基本的假设并不可靠. 正如我们将要描述的, Ae/Be 星通常表现出其他与小质量天体的关键差异.

大分子云并不是产生中等质量恒星的唯一结构. 虽然巨分子云复合体确实产生了最大的连续星群, 但在更孤立的暗云中也看到了个别的源. 另一方面, Ae/Be 星很少出现在产生 T 星协的较稀疏的分子气体中. 这些发现只是中等质量天体统计上稀有性以及较大质量的云倾向于形成更多恒星这一不起眼事实的表现.

更令人感兴趣的是邻近的分子云环境, 例如, 距离恒星本身大约 0.1 pc 的物质. 在最初的定义中, 要求赫比格 Ae/Be 星照亮光学反射星云. 加上这一条是为了保证恒星和云物质有物理联系, 而不是前景或背景天体. 毫米波谱线或连续谱观测达到了同样的目的. 此外, 射电成图提供了关于附近气体状态的更多细节.

虽然发现了各种结果, 但图 18.2 展示了极端情况. 这里, 我们通过 2.7 mm 的 $^{13}C^{16}O(J = 1 \rightarrow 0)$ 发射看到仙王座气泡 (仙王座 OB2 星协中的大质量恒星产生的一个大壳层 (图 4.14)) 边缘附近的一部分云物质. 所示区域在光学上与一个被称为 NGC 7129 的反射星云重合, 含有三颗可见的赫比格 Ae/Be 星. 在左上角, 一个名为 LkHα 234 的 B6 型天体仍然埋在分子云物质中. 这颗恒星和气体中的一个局部峰 (类似于产生小质量天体的致密云核) 重合. 相比之下, 其右边的恒星, BD+65°1637 位于相对稀疏的 HI 气体中, 并且显然已经排空了它自己局部的空腔, 进一步压缩了邻近的云物质. 中间的例子是位于这两颗星下方的恒星 BD+65°1638, 它正好位于分子气体的边缘.

---

① 在赫比格 Ae/Be 类中加入 F 型主序前恒星是一种常见做法. 原因很简单, 金牛座 T 型星通常被限制为具有晚于 G0 的光谱型. 这样就避免了单独为 F 型星建立第三个类. 我们不反对扩展的定义, 但在本章中我们将重点讨论 A 型和 B 型星.

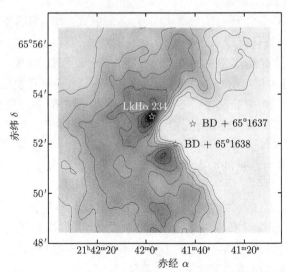

图 18.2   NGC 7129 区域的三颗赫比格 Ae/Be 星. 等值线和灰度图代表了
$^{13}C^{16}O(J = 1 \rightarrow 0)$ 发射. 在 1250 pc 的距离, 这幅图的物理尺度大约为 3×3 pc

从几十个这样的观测结果来看, 有两个因素促进了我们在 BD+65°1637 中看到的气体驱散. 首先是恒星年龄. 毫不奇怪, 最年轻的 Ae/Be 星也是遮挡最严重的, 并且通常位于毫米波发射峰的附近. 第二个因素是有效温度. 早型 Be 天体更能清除大量分子云气体. 恒星 BD+65°1637 的光谱型是 B3, 位于诞生线和零龄主序交叉点附近. 可以驱散气体的物理因素有恒星风和紫外辐射. 我们将在下面的 18.3 节中探讨这两个问题.

18.1.2   小质量伴随星*

回到图 18.2 中围绕 LkHα 234 的分子气体团块. 如果这个实体真的和致密云核类似, 那么它应该在最近通过由内而外的坍缩产生了内部的恒星. 是不是所有赫比格 Ae/Be 星都是通过和小质量天体类似的方式形成的? 我们已经在本书中论证过, 大部分明亮的大质量恒星可能不是通过致密云核堆积到引力坍缩临界点的过程形成的, 而是通过之前形成的恒星并合形成的. 支持这一观点的主要证据是发现最年轻的大质量恒星总是位于星团最拥挤的中心. 令人欣慰的是, 中等质量天体显示了两种形成模式的证据.

如我们在 12.5 节中所讨论的, 仍然存在根据光谱型的划分. 虽然赫比格 Ae 星是相对孤立的实体, 但较热的恒星经常 (尽管不总是) 被较小质量的伴随星 (即金牛座 T 型星) 包围. 我们在底片 5 中展示了一个例子, 一颗 Be 星 BD+40°4124 及其伴随星 (都是可见和内埋的) 的红外图像. 在这些伴随星中, 有 40 颗有红外

---

* 译者注: 指周围的星, 不一定是互相绕转的, 所以不是伴星.

超, 因此不可能是背景源. 图 18.2 中的恒星 BD+65°1637 被很多图中没有显示的小质量恒星围绕. 这些天体是通过中心天体有助于驱散附近的分子云气体这个事实而发现的. 更年轻的小质量星无疑位于厚的壳层中. 我们强调, 这类星群虽然可能在视觉上给人印象深刻, 但其密度仍然低于在 O 型星周围新形成的那些星群, 例如猎户座星云星团, 也就是 NGC 3603(底片 7). 然而, 聚集体中心存在一颗 Be 星确实表明更大质量的中心天体是通过某种凝聚过程形成的.

对这一假说的额外支持来自对 Ae 和 Be 星轨道伴星的研究. 对可见系统的高分辨率巡天发现, $\log P$ 在 5 到 7 之间的双星比例至少有 0.5. 这里 P 是以天为单位的轨道周期, 是用总的系统质量和投影改正过的间距计算的. 图 12.7 和图 12.13 表明, 这个比例是同样周期区间内 G 型矮星的两倍还多, 也超过了金牛座 T 型星的数值. 这表明拥挤环境中的中等质量恒星的形成过程常常导致邻近恒星的捕获. 相比之下, 对于间距最宽的金牛座 T 型双星, 捕获也不是一个合理的起源.

这种双星的超丰对于较短的周期是否也成立还很难说. 与 O 型星一样, 高的流量比和这些系统较远的距离使得对更密近恒星对的成像更成问题. 也有可能将围绕某一颗恒星的小质量星团的成员星误认为引力束缚的伴星. 在不到 100 天的时间里, 人们可以通过光谱探测到主星的视向速度变化. 虽然这种密近双星总体的比例很小, 但这个数量和金牛座 T 型星 (和 G 型矮星主星类似) 的数量相当 (图 12.13). 第 12 章详细讨论了 TY CrA 系统, 包括一颗 $3.2M_\odot$ 的主星和一颗金牛座 T 型星伴星. 这里, 主星已经到达主序 (图 12.16). 在其他观测到的系统中, 更大质量的成员星仍然在经历主序前收缩.

18.1.3 转动

我们强调, 目前对具有中等质量主星的密近双星的普查无疑是不完整的. 另一个困难是赫比格 Ae/Be 星转得非常快. 我们在第 16 章中看到表面转动如何展宽了所有光球吸收线. 因此, 区分轨道伴星的引力拖曳产生的线心周期性移动变得更加困难.

当然, 赫比格 Ae/Be 星较快的转动本身就令人感兴趣. 图 18.3 总结了投影的赤道速度 $V_{eq} \sin i$ 的观测结果, 这里展示为恒星质量的函数. 这些速度是通过将部分光学光谱和同样光谱型的无转动恒星的光谱相比得到的. 因此, 阻碍双星探测的展宽提供了恒星本身的关键信息, 就像金牛座 T 型星一样. Ae/Be 星典型的赤道速度大约为 $150 \ \mathrm{km \cdot s^{-1}}$. 这里我们可以回忆图 16.20, 那里展示了猎户座星云星团 $M_* < 3M_\odot$ 的 V_{eq}. 虽然一些猎户座恒星的速度超过 $100 \ \mathrm{km \cdot s^{-1}}$, 但大部分 V_{eq} 值要小得多. 另一方面, 中等质量天体的转动速度仍然远低于它们的解体速度 V_{cen}, 图 18.3 展示了诞生线上的恒星.

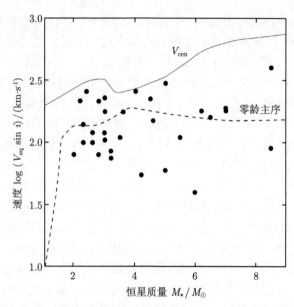

图 18.3　光谱测量的赫比格 Ae/Be 星的转动速度. 实线代表诞生线上每个恒星质量对应的解体速度. 主序转动速度用虚线表示

回忆我们之前的讨论, 太阳类型的年轻恒星转得比零龄主序上的恒星慢. 中等质量的情况并没有那么清晰. 图 18.3 中的虚线展示了主序天体的 $V_{eq} \sin i$ 的平均观测值. 赫比格 Ae/Be 星的转动速度大致与这条曲线一致, 但在上面和下面有相当大的弥散. 这些赤道速度最小的天体在赫罗图中主序上方偏移最大. 假设角动量严格守恒, 那么它们未来在半径上大约两倍的收缩将使它们加速到接近主序速度.

18.1.4　光谱特征

只有赫比格 Ae/Be 星吸收线的展宽给出了转动速度. 叠加在光谱上额外的发射线具有更复杂的轮廓, 不能简单地由转动表面上的多普勒频移得到. 和金牛座 T 型星一样, 发射线一定来自拱星激波. 为这些激波提供能量的内落和星风的物理起源和分布至少和更大质量的天体中一样问题很大.

赫比格星的吸收线种类和质量相似的主序天体基本相同. 也几乎没有连续谱遮掩, 所以相对谱线强度是真实的光球值. 因此光谱型的确定没有特别的困难, 即使对于光学探测的最年轻的源也是如此. 图 18.4 展示了有代表性的赫比格 Be 星 LkHα 220 的光谱. 这个 $4M_\odot$ 的天体光度为 $170L_\odot$, T_{eff} 为 1.4×10^4 K, 位于大犬座的 R 星协中, 距离 1 kpc. 这个恒星形成区是一个大分子云中一个环形星云的一部分.

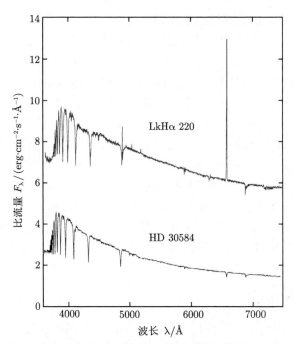

图 18.4 有效温度几乎相同的赫比格 Be 星 (上) 和 B6 型主序星 (下) 的光学光谱. 注意赫比格星中显著的 Hα 发射

在蓝端附近, 光谱特征是连续谱向长波急剧上升. 这个上升发生在 3647 Å 的巴尔默跃变之后. 回想一下图 17.1, 经典金牛座 T 型星在这里也表现出不连续性, 但方向相反, 即连续谱在长波被抑制. 金牛座 T 型星在这个降低的连续谱上还显示出一组发射线. 这些谱线包括 4861 Å 处的 Hβ 以及更高阶谱线, 这些谱线在巴耳末跃变处截止. 在 Be 星中, 同样的跃迁表现为深的吸收槽, Hβ 有一个发射线核心. 这里 5876 Å 和 5900 Å 附近的两条 NaI D 谱线也是吸收线.

作为对比, 图 18.4 包含了一颗接近同样光谱型的主序恒星. 很明显, 连续谱和显著吸收线的形状都重现了. 一个明显区别是赫比格星中存在发射线. 这些发射线包括最强的 6563 Å 处的 Hα. 其他谱线是 Hβ 的核心, FeⅡ 在 5000 Å 附近的三重线, 以及 6300 Å 处弱的 [OⅠ] 线. 参考表 17.1 可以看出, 所有这些特征也出现在经典金牛座 T 型星中.

强的 Hα 发射线是在巡天中定位赫比格 Ae/Be 星的有力工具. 对这条谱线的监测表明, 轮廓至少在短至几天的时标上变化. 虽然经典金牛座 T 型星也是如此, 但也有不同. 在小质量情形, 我们记得, 大部分轮廓要么有蓝移的吸收坑, 要么是对称的 (图 17.8). 吸收坑在赫比格 Ae/Be 星中也常见, 我们将在下面的 18.3 节讨论它们的动力学意义. 另一方面, 对称的 Hα 轮廓只是偶尔看到. 这个奇特性质最终可能为拱星环境的建模提供重要线索.

重要的是区分赫比格 Be 星和另一组光谱型相同并且也有 Hα 发射的较老的天体. 这些*经典 Be 星*位于主序上, 或者已经穿过了主序, 实际上数量是非常多的, 占了 B 型星总数的百分之十五. 这里的光学发射线也是高度变化的, 可以发生在氢的其他巴耳末线中. 这些恒星的快速转动是最显著的特征之一. 平均的 $V_{\rm eq}\sin i$ 是 250 $\rm km\cdot s^{-1}$, 比典型的赫比格星要大, 但仍然小于解体速度. 一些间接证据以及一些情形的干涉成像表明, 发射气体处于一个变平的盘中, 受到中心恒星的辐照. 一些天体也通过窄的吸收线表明存在不转动的拱星物质. 这个 "壳" 在一个天体中断断续续地出现, 代表了从侧向看产生吸收的盘物质. 盘自身是由赤道面上恒星脱落的物质形成的. 也有更高速度主要从两极发出的星风. 最后注意, 经典 Be 星表现出适中的红外超, 归结为来自热的拱星气体的自由-自由发射. 如我们将在 18.4 节再次看到的, 大部分赫比格 Ae/Be 星具有更大的来自热尘埃发射的红外超.

18.1.5　UX Ori 型星

Ae/Be 星中谱线轮廓的变化不仅是在 Hα 中存在的普遍现象. 例如, 研究得很好的 Ae 星 AB Aur 展现出 2800 Å 附近的 MgII h 和 k 双线. 这些轮廓有周期性强度变化的蓝移吸收坑. 其他谱线, 包括纯吸收特征, 要么不稳定地变化, 要么周期性地变化. 在宽带流量中也发现了这两种变化. 一些恒星在几十年的测光观测中表现出长期的变暗或变亮. 很多恒星在短得多的时间间隔上有小幅波动. 然而, 类似弱线金牛座 T 型星中观测到的那些宽带流量严格的周期性变化很少见.

最显著的光度变化是 UX Ori 型星的变化. 这些天体以随机的方式经历光学光度的突然下降. 这种变化在 V 波段可以达到 3 等 (流量变化 16 倍). 在极小值之后几天会相对慢地恢复到正常亮度, 通常持续数周. 有趣的是所有记录有这种行为的源的光谱型都是 B8 或者更晚. UX Ori 现象发生在大约四分之一的赫比格 Ae 星中, 也出现在 F 型和 G 型天体中.

伴随急剧变暗的其他效应帮助我们理解其起源. 来自赫比格 Ae/Be 星的光通常是线偏振的, 尽管偏振度通常较低而且是不稳定地变化的. 在 UX Ori 型天体变暗过程中, 偏振度显著增加, 在光极小时达到百分之八. 偏振度随波长的变化表明, 我们正在目睹拱星尘埃的散射效应. 视线上额外的尘埃颗粒可能是造成光度变暗的原因.

如果后一种说法是对的, 那么我们预期星光会随它变暗而红化. 实际的行为更加有趣和复杂. 图 18.5 是原型天体 UX Ori 3 年的测光星等和颜色的记录. 这里画的是表观 V 星等和 $B-V$ 色指数. 回顾一些, $B-V$ 数值的增长表示红化. 在变暗的早期部分, 当 $V\lesssim 11.5$ mag, 确实发生了逐渐的红化. 随着 V 波段流量继续减小, $B - V$ 达到极大, 然后开始减小. 这个蓝化 (blueing) 现象是所有 UX Ori 型星的共同特征.

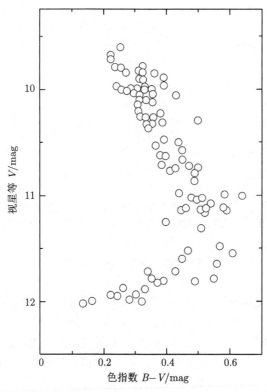

图 18.5　恒星 UX Ori 的表观 V 星等作为 $B - V$ 颜色的函数. 随着亮度减小, 恒星首先红化, 然后变得更蓝

　　图 18.6 描绘了一系列事件, 清楚地解释了这些观测. 假设一块光学厚的尘埃云从恒星前面经过. 进一步假设恒星和云的大小相当. 一开始, 云同时使流量减小和红化, 因为光子被尘埃颗粒吸收并在更长的波长重发射. 一部分入射辐射也含有不在视线上的尘埃所散射的光子. 最终, 云的消光变得太大, 观测到的大部分辐射都来自散射. 这个过程在较短的波长最为有效, 而且任何不对称的尘埃分布也会产生线偏振辐射. 因此我们可以理解最小光强附近的蓝化效应和增强的偏振.

　　尘埃云本身的起源就没那么清楚了. 这些云可能是围绕恒星的轨道上的团块, 或许位于一个接近侧视的盘中. 如果是这样, 那么非周期性的变暗意味着我们在不同半径看到了很多团块. 同样的恒星在氢和重元素中也展现出暂现的吸收线. 这些吸收坑是红移的, 和猎户座 YY 天体一样 (17.2 节). 因此, 完整的动力学图像还必须包括拱星气体的内落运动. 或许大部分赫比格 Be 星周围存在扁平分布的旋转和内落团块, 但只有 UX Ori 类天体的这种物质有相对我们视线方向合适的取向.

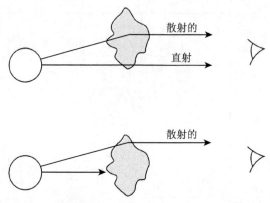

图 18.6   UX Ori 现象的理论解释. 部分遮挡恒星的尘埃云既红化直接传播的光, 也散射蓝的
光子. 最终, 遮挡太严重, 只有散射成分出现在大幅减小的流量中

18.2   非同调演化

现在让我们从赫比格 Ae/Be 星的经验性描述转向更理论的考虑. 我们一开始就注意到, 至少在任何细节上, 理论还没有成功地解释这些天体的众多特征, 例如它们的发射线光谱或我们稍后将要讨论的 X 射线. 另一方面, 图 16.2 表明, 最基本的性质, 赫罗图中的恒星族群分布基本上是可以理解的. 计算还表明这些恒星的结构和演化与小质量天体不同. 我们在本节中的目的是描述这些差异.

18.2.1   热弛豫

赫比格 Ae/Be 星从中等质量原恒星演化而来. 我们之前在 11.4 节中看到, 一旦质量超过大约 $2M_\odot$, 原恒星就变得稳定. 在内落结束后, 新变得可见的主序前天体也是辐射稳定的, 和较小质量的完全对流恒星形成鲜明对比. 因此, 内部能量输运的模式发生了变化, 对收缩过程本身产生了影响.

此时, 我们应该回忆原恒星中向辐射稳定态转变的物理基础. 首先考虑那些质量相对较小的. 这里, 主要由中心氘聚变提供内部光度超过了通过辐射所能输运的最大值. 后者表示为恒星内部的平均值, 由方程 (16.14) 中的 $\langle L_{crit} \rangle$ 给出. 根据这个方程, $\langle L_{crit} \rangle$ 随着质量 M_* 的增加急剧增大. 这种上升反过来反映了整颗原恒星的不透明度的下降. 最终, $\langle L_{crit} \rangle$ 超过了氘产生的光度, 它因此可以通过辐射扩散穿过内部.

中等质量原恒星的另一个关键因素是变化的氘燃烧位置. 一旦恒星的中心部分变得辐射稳定, 氘就会被迅速消耗, 仅存在于靠外的幔中. 聚变发生在幔的底部, 导致恒星半径急剧膨胀 (图 11.21). 这种膨胀使得适当质量范围内的年轻主序前恒星有更大的光度. 赫罗图中诞生线的抬升才能把已知赫比格 Ae/Be 星位置包住 (图 16.2). 随着质量进一步增加, 原恒星半径缩小, 引力收缩成为光度的主要来源.

刚刚完成吸积的中等质量恒星处于一种特殊的状态. 根据图 16.4, 光度 $\langle L_{\text{crit}} \rangle$ 比表面层发出的 L_* 大. 但是 $\langle L_{\text{crit}} \rangle$ 不仅是辐射所能携带的最大光度. 它还是在相同近似程度下, 任何辐射稳定恒星实际的内部光度. 因此, 感兴趣的主序前天体至少在最初产生了比它能辐射到太空的光度更大的光度. 这种不平衡不可能无限期地持续下去. 恒星内部和表面层都必须改变, 直到 $\langle L_{\text{crit}} \rangle$ 和 L_* 相等. 换句话说, 恒星一定会经历热弛豫 (thermal relaxation).

任何恒星的内部结构都是由其比熵 $s(M_r)$ 的变化决定的. 我们回忆第 11 章, 由于吸积过程本身, 一层一层添加在原恒星上的比熵往往随时间增加. 如果氘聚变驱动全局的对流, 那么无论恒星的吸积历史为何, 湍流元混合都会产生一个空间均匀的 $s(M_r)$. 然而, 在辐射稳定的天体中, 熵增加准确地反映了这个积累过程. 没有理由预期在年轻的主序前天体中, $s(M_r)$ 对应于光度分布 $L_{\text{int}}(M_r)$(它平滑地变化到新的表面值 L_*). 热弛豫改变 $s(M_r)$ 直到内部光度和表面光度确实一致.

一个具体的例子有助于说明这个过程. 图 18.7 取自数值计算, 即带有光球边界条件的恒星结构方程的解, 如 16.2 节所讲述的. 这张图展示了一颗 $3.5 M_\odot$ 的主序前恒星的比熵和光度. 在 $t = 0$ 时, 即原恒星内落停止后, $s(M_r)$ 缓慢上升到 $M_r = 2.8 M_\odot$, 之后就不变了. 轮廓外部较平的部分出现在残余的氘燃烧形成的对流幔中. 在右图中, 我们展示了相应的光度分布. 函数 $L_{\text{int}}(M_r)$ 增加到接近 $60 L_\odot$ 的极大值, 然后急剧下降. 这颗恒星的靠外部分相对于热弛豫后的天体异常地冷. 相应地, 不透明度太高, 能量外流受阻.

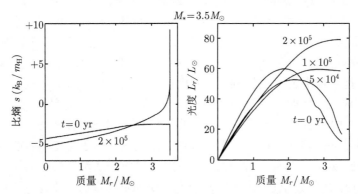

图 18.7 $3.5 M_\odot$ 恒星的热弛豫. 左图显示了比熵的演化, 而右图追踪了内部光度. 两幅图都覆盖了准静态收缩的头 2×10^5 yr. 比熵的零点任意地设在 $T = 2.05 \times 10^5$ K, $\rho = 5.16$ g·cm^{-3}

我们至少可以定性地参考热力学方程 (16.6(c)) 观察这个系统会如何演化. 在内部光度上升的区域内, $\partial L_{\text{int}}/\partial M_r > 0$. 所以 $\partial s/\partial t$ 是负的, 即比熵随时间减小. 反过来, 在光度峰值之外的区域中熵一定随时间增加. 因此热量从内部深处输运到更靠外的层. 这种向外的输运促进了内部的收缩. 然而, 它也会导致表面区域暂时的膨胀. 很明显, 恒星的演化比完全对流的小质量天体更为复杂. 在那里, 空间均匀的熵整体下降, 恒星经历同调 (homologous) 收缩 (16.2 节). 目前由热能的内部输运和表面损失驱动的演化明显是非同调的.

回到图 18.7 的左图, 我们看到恒星的对流部分最终消失了, 而熵的分布产生了一个非常陡峭的外部尖峰. 同时, 外层的光度衰减变得更浅. 最后, $L_{\text{int}}(M_r)$ 是一个单调递增函数. 在这一点处, $\partial s/\partial t < 0$, 恒星可以认为是热弛豫完成了的.

18.2.2　光度跃变

在热弛豫过程中, 恒星的表面光度从原恒星初始条件相对低的值增加到和内部深处能量输运一致的较高值. 如我们从图中看到的, 净增长在本例中几乎有一个量级. 我们可以把这种变化描述为光度跃变. 如这个术语所表明的, 这种上升相当快. 任何整体热变化的时标都是开尔文-亥姆霍兹时标, 由方程 (16.1) 给出. 然而, 如果将低的初始光度代入 L_*, 那么 t_{KH} 就高估了时标. 这个变化实际上发生在使用 $\langle L_{\text{crit}} \rangle$ 的较短开尔文-亥姆霍兹时标. 在我们的例子中, 这个时标为 10^5 yr 的量级.

图 18.8 显示了赫罗图中 $3.5 M_\odot$ 的演化轨迹. 由于有早期光度跃变和同时的半径膨胀, 主序前轨迹看起来非常不同于太阳类型的天体. 这条轨迹首先在热弛豫期间陡峭上升, 然后暂时穿过诞生线的高光度端. 然后当恒星半径开始减小时, 这条轨迹变得更平缓. 最后的轨迹对应于小质量恒星中的亨耶轨迹.

我们还在同一幅图中展示了其他质量的主序前轨迹. 一颗 $2.0 M_\odot$ 的恒星开始时是一个完全对流的天体. 因此它开始同调收缩, 在赫罗图中几乎沿着垂直的轨迹. 然而, 在 2×10^6 yr 年内, 中心不透明度降到很低, 形成一个辐射稳定的核. 这个核随时间扩展, 将对流推到表面. 同时, 从内部深处排出的一些热量被后退的慢吸收, 恒星半径膨胀. 这种膨胀以及相伴的光度上升比 $3.5 M_\odot$ 的恒星要温和得多. 一旦变成完全辐射的, 这个天体就再次遵循图中较平缓的轨迹.

图 18.8 中也包含了一颗 $5.0 M_\odot$ 的恒星, 开始时根本没有对流. 在原恒星阶段, 这个质量的天体通过快速的引力收缩产生光度. 对于这里显示的主序前恒星也同样正确. 这个天体是完成了热弛豫的, 所以每个质量壳层中的比熵随时间减小.[①]相应地, 光度分布 $L_{\text{int}}(M_r)$ 在任意时期都单调增加. 因为恒星是完全辐射

---

① 因为所讨论的天体已经收缩为一颗原恒星, 它的初始熵分布并不是通过内落形成的. 这个先前的演化解释了主序前恒星如何在辐射稳定的同时避免非同源演化.

的, 方程 (16.14) 告诉我们, 表面光度 L_* 在收缩过程中以 $R^{-1/2}$ 平缓变化.

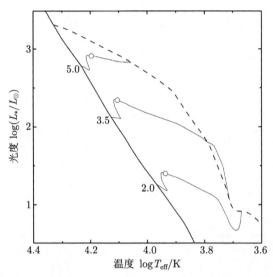

图 18.8　三颗中等质量恒星在赫罗图中的演化. 这些天体的质量用太阳质量做单位. 空心圆圈表示氢聚变导致的中心对流的开始. 还展示了恒星诞生线和零龄主序

　　表 18.1 给出了同样这三个质量的详细结果. 和类似的小质量天体的表 16.2 中一样, 初始条目代表诞生线的条件, 而最后一个对应于零龄主序. 我们立刻注意到中等质量恒星的演化时标要短得多. 当然, 主要的原因是 t_{KH} 在增大的光度下较小. 另一个相关的原因是, 最初的原恒星半径更接近主序值. $5M_\odot$ 的恒星几乎没有主序前阶段, 因为一颗质量稍大的原恒星会在燃烧中心氢的同时仍然在吸积.

18.2.3　核燃烧

　　中等质量年轻恒星含有除氢以外的轻元素, 至少在原则上, 这些元素在主序前演化期间更容易聚变. 如我们在 16.3 节中讨论的, 所有恒星在诞生线上的锂丰度为星际丰度. 然而, 在 $1.2M_\odot$ 的恒星中, 对流区都太薄了, 底部温度无法超过点火温度 3×10^6 K. 因此, 赫比格 Ae/Be 星在向主序演化时保留了它们最初的锂丰度.

　　氘的情况更为复杂. 回到原恒星, 在辐射壁垒建立时, 只有它们的外层幔中含有燃料, 而内部很快就被完全耗尽了 (11.4 节). 幔中的氘燃烧, 但也通过吸积不断得到补充. 实际上, 这个对流区退后太快, 净的氘丰度首先随着原恒星质量增大而上升, 然后逐渐下降到零.

　　中等质量范围内的主序前恒星继承了丰度增加的幔. 表 16.1 列出了 Δt_D, 消耗氘所需要的时间. 小质量 Ae 星开始时氘丰度很小, 这个时间可以忽略. 然而,

表 18.1　　中等质量主序前恒星的演化

			$M_* = 2.0 M_\odot$			
时间/yr	$R_*/R_\odot$	$\log T_{\rm eff}/{\rm K}$	$\log L_*/L_\odot$	$\log T_{\rm c}/{\rm K}$	$L_{\rm nuc}/L_*$	$M_{\rm con}/M_\odot$
0	4.94	3.67	+0.90	6.54	0	1.60
1×10^5	4.14	3.67	+0.87	6.56	0	1.54
3×10^5	3.83	3.67	+0.81	6.58	0	1.35
1×10^6	3.18	3.68	+0.68	6.67	0	0.81
3×10^6	3.21	3.73	+0.86	6.85	0	0.05
8×10^6	1.77	3.94	+1.19	7.26	0.90	0.28

			$M_* = 3.5 M_\odot$			
时间/yr	$R_*/R_\odot$	$\log T_{\rm eff}/{\rm K}$	$\log L_*/L_\odot$	$\log T_{\rm c}/{\rm K}$	$L_{\rm nuc}/L_*$	$M_{\rm con}/M_\odot$
0	4.23	3.71	+1.04	6.81	0	0.72
5×10^4	4.89	3.72	+1.21	6.81	0	0.17
1×10^5	7.15	3.77	+1.73	6.83	0	0
3×10^5	5.94	3.88	+2.03	6.96	0	0
5×10^5	4.44	3.99	+2.20	7.10	0	0
1×10^6	2.52	4.09	+2.11	7.32	0.90	0.72

			$M_* = 5.0 M_\odot$			
时间/yr	$R_*/R_\odot$	$\log T_{\rm eff}/{\rm K}$	$\log L_*/L_\odot$	$\log T_{\rm c}/{\rm K}$	$L_{\rm nuc}/L_*$	$M_{\rm con}/M_\odot$
0	6.73	4.07	+2.89	7.08	0	0
1×10^4	5.93	4.08	+2.81	7.12	0	0
3×10^4	5.33	4.10	+2.80	7.16	0	0
5×10^4	4.88	4.13	+2.84	7.20	0	0
1×10^5	3.89	4.20	+2.91	7.32	0.03	0.04
2×10^5	3.09	4.18	+2.66	7.35	0.90	1.04

$4M_\odot$ 恒星薄的幔中增丰的氘导致一个有限的燃烧时间. 在这个相对短时间间隔内, 聚变反应驱动的对流消失, 如我们已经看到的. 辐射层和对流的外层中燃烧产生的光度永远不会和 L_* 相当, 这个过程不影响恒星的力学演化.

　　中等质量恒星的收缩最终引发了普通的氢聚变. 就像在小质量天体中一样, 核能的产生速率随中心温度 $T_{\rm c}$ 升高而快速增大. 对于超过 10^7 K 的 $T_{\rm c}$, 这个能量产生变得足够大, 可以支持全部内部光度, 收缩停止. 从氢到氦的聚变通过 CN 循环进行, 详见方程 (11.46). 再次注意到这些反应在太阳类型的恒星中不重要. 太阳类型恒星的中心温度太低, 不足以克服质子和 $^{13}{\rm C}$ 这样的重原子核之间的库仑斥力.

　　再次参考方程 (11.46), 我们看到 CN 循环的一种中间产物是 $^{15}{\rm N}$. 如方程所示, 质子和这种原子核聚变通常产生 $^{12}{\rm C}$ 和 α 粒子. 然而, 偶尔会产生 $^{16}{\rm O}$. 这个氧原子核随后进一步和质子反应, 启动另一个循环, 最终重新产生 $^{15}{\rm N}$:

$$^{15}{\rm N} + {}^1{\rm H} \longrightarrow {}^{16}{\rm O} + \gamma$$
$$^{16}{\rm O} + {}^1{\rm H} \longrightarrow {}^{17}{\rm F} + \gamma$$

$$^{17}\mathrm{F} \longrightarrow {}^{17}\mathrm{O} + e^+ + \nu$$
$$^{17}\mathrm{O} + {}^1\mathrm{H} \longrightarrow {}^{14}\mathrm{N} + \alpha$$
$$^{14}\mathrm{N} + {}^1\mathrm{H} \longrightarrow {}^{15}\mathrm{O} + \gamma$$
$$^{15}\mathrm{O} \longrightarrow {}^{15}\mathrm{N} + e^+ + \nu \tag{18.1}$$

上面这个循环的净效应和方程 (11.46) 一样, 是消耗四个质子产生一个 ^{4}He. 同时注意到, 这里的最后两个反应也包含在另一组中. 所以, 这两个循环是互相连接的, 构成了 CNO 双循环, 如图 18.9 所示. 注意到由 ^{15}N 形成 ^{16}O 的概率只有形成 ^{12}C 的大约 10^{-3}. 因此方程 (18.1) 的反应对恒星总能量产生几乎没有贡献. 另一方面, 这个侧环对核合成很重要, 是 ^{17}O 等原子核的主要来源.

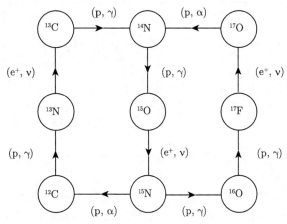

图 18.9　CNO 双循环耦合的反应. 比较图 11.22, 那里只显示了左边的循环

主序上的中等质量天体缺少太阳质量及太阳质量以下天体的那种表面对流. 反过来, 所有质量大于大约 $1.5M_\odot$ 的恒星有一个紧紧围绕核燃烧核区的中心对流区. 原因是 CNO 反应对温度高度敏感. 因此, 所有光度都在非常靠近中心的地方产生. 根据方程 (16.7), 温度梯度 $\partial T/\partial M_r$ 随半径 r 的减小而陡峭上升. 最终, 比熵也上升, 这是对流不稳定性的标志. 主序前收缩期间中心对流区的诞生用图 18.8 中的三条演化轨迹上的空心圆圈表示. 这个事件在表 18.1 中也可以看到, 就是在 $(3.5 \sim 5.0)M_\odot$ 的模型中, 对流质量 M_{con} 最终的上升. 对于 $2M_\odot$ 的恒星, 初始的表面对流直到 3×10^6 yr, 新的中心区出现之前不久才完全消失.

18.2.4　恒星脉动

再次回到赫比格 Ae 星的早期收缩, 例如我们的 $2M_\odot$ 的例子. 其中一个微妙的演化效应与天体外层的力学稳定性有关. 在恒星主序前阶段的一小部分时间里,这一区域受到交替膨胀和收缩的影响. 这种恒星脉动在理论上有很好的解释, 因为同样的基本效应产生在赫罗图中的众多其他天体中.

脉动在观测上表现为恒星亮度小的时变. 图 18.10 是赫比格 Ae 星 V351 Ori U 波段流量的简短记录. 这个天体的观测光度为 $14L_\odot$, 有效温度 7400 K, 理论质量为 $1.8M_\odot$, 处于赫比格 Ae 星的小质量端. 在图 18.10 所示的区间中, U 波段星等周期性地增大减小, 但是幅度也在变化. 这些数据可以用五个正弦振荡的组合很好地重现. 振幅最大的正弦函数的周期为 0.0841 天, 或者两个小时多一点. 令人欣慰的是, 理论预测了在适当质量和光度的模型中相同的振荡周期. 事实上, 这种符合有力地证实了对主序前的计算.

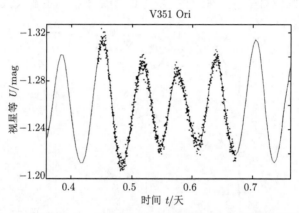

图 18.10　赫比格 Ae 星 V351 Ori 的振荡. 图示的是相对于一个任意的值的 U 星等作为时间的函数. 这些数据是在 2000 年 12 月的一个晚上记录的. 光滑曲线是五个频率组合的最佳拟合

脉动最初是如何产生的? 这里的关键事实是, 对于恒星的 $T_{\rm eff}$ 值, 氢和氦在内部电离, 但离光球层不太远. 也就是说, 电离发生在一个密度足够低的区域, 它可以经历明显幅度的运动. 想象一下, 由于压强波动, 恒星外壳稍微向内收缩. 周围的气体层挤压这个外壳. 这种外部做功导致氢和氦的进一步电离, 而不增加气体的动理学温度. 因为密度在收缩过程中增大, 局部不透明度也增大. 结果, 更多的恒星光度被吸收, 为被压缩的气体层增加了热能. 然后这个壳层更猛烈地膨胀, 直到密度降到初始值以下. 此时, 不透明度下降. 在恒星引力的影响下, 壳层在向起始位置坍缩时损失热能. 于是, 这个区域发生振幅增大的振荡运动, 这种情况被称为过稳定 (overstability). [①]

这种通过不透明度变化产生自激发的径向振荡的方式称为 κ-机制. 计算表明,

---
① 在线性扰动分析中, 假设所有物理变量随时间的变化为 $\exp(i\omega t)$. 对于过稳定, ω 是复数, 故而时间函数有振荡的和指数增长的因子. 比较 9.1 节中等温云动力学更简单的情况.

驱动这种运动最主要的气体层是氦被双重电离的地方. 从 HeII 到 HeIII 的转变发生在 4×10^4 K 的温度. 看一下附录 G 中的图 G.2 可以发现, 在这种情况下, κ 随 T 的减小比随密度 ρ 的增大更强烈. 氦电离区往内一点, 温度在壳层收缩时上升. 局部不透明度下降, 运动在该区域趋于受到阻碍. 事实上, 这种阻碍最终限制了径向偏移的增长幅度.

到目前为止, 我们的描述适用于单一的简正模式. 如果这样的模式可以在一颗给定恒星中激发, 那么其他模式也可以. 每个正则模式有其特征周期. 在 V351 Ori 的情形, 数值 0.0841 天是基模周期, 即所允许的最长周期. 观测表明也存在其他模式, 但是幅度较低. 这些是周期比基模短的谐波. 这颗恒星给出了一个特别清晰的例子, 其中流量变化可以简单地通过离散模式的组合再现. 在其他天体中, 波动没有那么好的理解. 可能存在更复杂的非径向振荡, 或者流量变化来自拱星尘埃消光的变化.

18.2.5 不稳定带

我们强调, 简正模式的自激发需要与电离有关的偶然条件. 在与 V351 Ori 质量相同但更年轻的恒星中, 表面温度较低. 因此, 氦电离的深度太深, 不会发生振荡运动. 相反, 电离在更老、更热的恒星中发生在很浅的深度, 在壳层收缩过程中向外的光度无法被吸收. 所以, 具有固定质量的恒星只会在有限的年龄和有效温度范围内受到脉动的影响. 在赫罗图上, 这些天体一定落在主序前不稳定带中. 图 18.11 展示了通过数值计算确定的这个区域. 这里, 各种质量和年龄的恒星模型受到三个最低径向模式扰动的影响, 并且在多个周期里追踪了振荡以检查增长或衰减. 注意到 V351 Ori 的光度和温度正好处于这个区域的中间, 如图所示.

不稳定带左边缘在 7100 K 的 T_{eff} 值与诞生线接触, 对应于早 F 型光谱. 因为这条带随着光度的降低而转向更高的 T_{eff}, 所以大部分脉动天体应该是 Ae 星, 这一预测与目前已知的十几个例子一致. 依赖于质量, 一颗给定恒星在不稳定带中的寿命仅为主序前寿命的 5% 到 10%. 因此, 候选源的潜在数量相当有限. 然而, 在赫罗图的这个区域中也观测到了更多脉动恒星. 这些较老的天体也是中等质量的, 要么仍然处于主序或者最近经过了主序. 这些盾牌座 δ 变星的光变幅度和周期类似于赫比格星的相关子类. 因此, 我们可以将后者视为另一个有很好记录的盾牌座 δ 型星的变种.

前面提到的一点值得详细阐述. 尽管预测的 V351 Ori 基模周期与观测一致, 但目前关于这颗星和其他年轻脉动星的测光数据非常少, 因此通常难以明确地识别振荡模式. 当卫星开始监测测光和光谱变化时, 情况将得到极大改善. 更精确和广泛的观测不仅能确定非双星系统中恒星的质量, 而且还能用于探测天体的内部结构, 就像日震学对太阳做的那样.

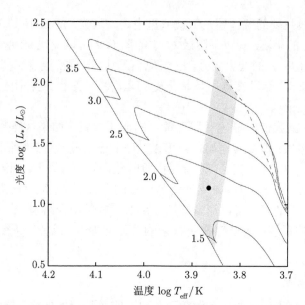

图 18.11　赫罗图中的主序前不稳定带. 这个阴影区域中的恒星有自激发的径向脉动. 图中还显示了诞生线、零龄主序和所示质量 (以太阳质量为单位) 的演化轨迹. 实心圆圈表示 V351 Ori

当我们离开恒星脉动的话题时, 让我们开阔我们的视野, 注意图 18.11 中划定的阴影区域实际上是一个大得多的不稳定带最低的部分. 有效温度和我们这里所关注的恒星类似但光度从 $(500 \sim 3 \times 10^4) L_\odot$ 的那些恒星是造父变星 (Cepheid variables). 这些恒星是主序后的超巨星, 要么燃烧一个薄壳层中的氢, 要么燃烧中心核区的氢. 当其主序后演化轨迹在赫罗图中打转, 一颗恒星可以多次穿过不稳定带. κ 机制驱动的径向脉动的周期比盾牌座 δ 变星大一个量级. 此外, 这个周期对于平均光度较高的恒星会系统性地比较长. 历史上, 最后这个事实是最为重要的, 因为它使得观测者可以测量一颗脉动星的绝对星等, 从而测量其距离. 正是通过这个方法测量了我们自己的银河系的结构以及类似的邻近星系的位置.

18.3　热效应和力学效应

所有赫比格 Ae/Be 星都在不同程度上展现出光学红化和较长波长的相对于光球发射的辐射超. 造成这两种效应的尘埃颗粒位于源和地球之间稀疏的介质中, 也位于恒星周围相对致密的位形中. 为了分析这种情况, 我们采取了和金牛座 T 型星相同的方法. 也就是, 我们首先得到每个源的光谱能量分布, 适当增加每个波段的流量以补偿星际尘埃的消光. 正如我们现在看到的, 结果给出了 Ae/Be 星和它们的小质量对应体之间的关键区别.

18.3.1 红外超

实际观测到的各种光谱能量分布很好地分为三类. 通过有代表性的例子在图 18.12 中展示了这三类. 这幅图也用虚线展示了恒星光球在每个波长的预期流量. 当然, 构建这些曲线需要事先确定每颗恒星的光谱型. 在比较观测颜色和固有颜色 (即对完整的光谱能量分布去红化) 时也需要这些信息. 在 18.1 节中已经提到的 Ae/Be 星的一个重要特征是, 它们的可见光吸收线没有被连续谱部分填充. 因此, 光谱型和恒星自身流量的贡献是相对可靠的.

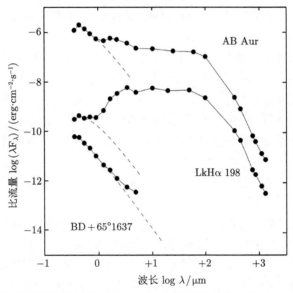

图 18.12 三颗有代表性的赫比格 Ae/Be 星的光谱能量分布. AB Aur 的图向上移动了 $\Delta\log(\lambda F_\lambda) = +1.5$, 而对于 BD+65°1637, 向下移动了 $\Delta\log(\lambda F_\lambda) = -2.5$. 虚线是相应等效温度的黑体辐射

在上图所示的一颗 A0 型星 AB Aur 中, 对于超过 1 μm 的波长, 流量上升到恒星值以上. 另一方面, λF_λ 在近红外之外仍然随 λ 下降. 这种所谓 "I 组 (Group I)" 光谱能量分布表征了大部分赫比格 Ae/Be 星. 可能有四分之一观测到的源归为 II 组, 如中间图中的 LkHα 198 所示. 这里, λF_λ 是平的或者上升的, 至少在 3 到 10 μm 之间. 在剩下的 III 组中, λF_λ 不仅在这个范围内急剧下降, 而且完整的去红化光谱能量分布和恒星的光谱能量分布几乎无法区分. 我们这里的例子是 B3 型星 BD+65°1637, 之前展示在图 18.2 中. 仅在最长波长看到辐射超的迹象.

将 III 组 (Group III) 恒星和较低光度源的 III 型 (Class III) 子类联系起来是很吸引人的. 我们已经知道, 特别地, BD+65°1637 已经清空了它周围的大部分环境. 微小的红外超似乎源于热的拱星气体的自由-自由发射, 就像经典 Be 星中那样.

这种缺乏尘埃的环境确实容易让人想起 III 型星的情形. 另一方面, BD+65°1637 和所有赫比格 Ae/Be 星一样产生 Hα 发射, 而 III 型天体要么是弱线金牛座 T 型星, 要么是后金牛座 T 型星, 谱线中没有显著的流量. 无论我们的 B3 型星中 Hα 的起源为何, 它肯定与盘的存在无关, 没有盘存在的证据.

在另一个极端, 因为它们展现出最大的红外超, II 组天体应该也是内埋最深的. 这个预期也通过分子谱线观测得到证实. 在我们的样本恒星 LkHα 198 周围跨度 10^4 AU 的区域中探测到了致密示踪分子 CS 和 HCN. 这个包层中的, 或者可能来源于一个内盘的热尘埃一定提供了丰富的红外发射. 在低光度区域, 最接近的类似天体是 I 型源. 然而, 我们强调, 尽管 A_V 值相当高, 但 II 组恒星仍然是光学可见的.

最详细的研究集中在数量相对较多的 I 组源. 再次参考图 18.12, AB Aur 中 λF_λ 在中红外和远红外的下降让我们想起 II 型金牛座 T 型星光谱 (我们将其归结为具有幂律温度分布的盘, 17.3 节). $1 \sim 3$ μm 之间的近红外吸收坑也可以通过盘上的中心洞来解释, 和金牛座 T 型星 GM Aur 一样. 然而, 更仔细的观察会发现这种解释存在问题. 在所有 I 组源中, 红外超非常大, 足以和恒星光度相比 (对于 AB Aur, $L_{IR}/L_* = 0.48$.) 这样就排除了一个变平的被动盘. 扩张的结构会截取更多恒星辐射, 从而得出更大的比值 L_{IR}/L_*. 然而, 由此产生的光谱能量分布峰值波长比观测到的更长.

有人可能会说, 这个盘是自己发光的, 即它以某种方式释放出足够的能量, 使得可以向中心恒星大量吸积. 然而, 我们已经看到, Ae/Be 星缺少产生激波的吸积流所产生的光学连续谱超. 更一般地, 我们还记得, 盘用来解释金牛座 T 型星光谱, 因为更为各向同性的尘埃分布会在可见光波段遮挡中心天体. 然而, 如果盘吸积光度接近恒星光度, 我们会有

$$\frac{GM_*\dot{M}_d}{R_*} \approx L_*, \tag{18.2}$$

其中 $\dot{M}_d$ 代表从盘向恒星表面的质量输运速率. 这里我们已经使用了这个事实, 大部分能量释放发生在恒星附近, 因为其较深的引力势阱. 我们也知道 M_* 超过盘的质量 M_d, 所以我们发现

$$\frac{M_d}{\dot{M}_d} < \frac{GM_*^2}{R_*L_*}. \tag{18.3}$$

右边的表达式是恒星的开尔文-亥姆霍兹时标. 显然, 与恒星演化的时标相比, 自己发光的盘会在短时间内耗尽自己的质量. 这个盘必须不断得到补充, 可能是来自更大内落包层的物质. 因此, 我们被引导回到最初试图避免的结构. 总之, 无论是主动盘还是被动盘似乎都不能解释 I 组天体的红外超.

18.3.2 尘埃包层

这个矛盾的解决有两个方面. 首先, I 组源中的大部分辐射超一定不起源于自己发光的盘, 而是起源于某种更延展的结构. 其次, 这种尘埃结构必须具有足够低的柱密度, 使得中心恒星在光学上可见. 这里, 赫比格 Ae/Be 星较大的内禀光度帮助了我们. 但很明显, 拱星物质不能像我们在第 11 章中描述球形原恒星的内落包层那样, 那样得到的密度实在太大了. 一个较稀疏的, 很少或没有内落的结构是必要的.

理论家们为赫比格 Ae/Be 星周围的球形包层提供了许多详细说明, 都是为了匹配观测到的光谱能量分布而设计的. 在一些模型中, 包层包围着一个小得多的内部盘. 后者用于解释亚毫米波流量, 这种辐射在尘埃壳层中很难产生. 其他模型通过减小 β (表征尘埃不透明度随波长减小) 解释这种长波成分. 有证据表明, 通过比较色余得知, Ae/Be 星周围的尘埃颗粒比一般星际介质中的尘埃颗粒大. 尘埃颗粒凝聚确实会使 κ_λ 在较大 λ 处产生相对缓慢的下降.

从我们的简要描述中应该可以清楚地看到, 在构建此类模型时有相当大的自由度. 即使在一个完美球形包层的任意限制性框架内, 人们也不仅可以自由地改变尘埃的空间分布, 还可以改变尘埃颗粒本身的组成和大小. 当然, 这种自由反映了我们对真实拱星环境的无知. 人们可能希望至少分辨出那些成功再现观测光谱的模型的共同特征. 我们发现, 如所预期的, 平均密度低于标准的原恒星包层, 但也高于形成金牛座 T 型星的云核. $n_H \sim 10^{15}$ cm^{-3} 的数值具有代表性, 相关的线尺度为 10^3 AU. 这些数值要么是指孕育恒星的单个分子云碎块内部被加热的部分, 要么是指通过先前存在的云核合并形成的实体.

盘模型中所要求的内部空洞和包层的图景类似. 正如我们在讨论原恒星内落时所看到的, 太靠近中心天体的尘埃会热得足以升华. 因此, 无论模型的细节如何, 尘埃分布都确实有个洞. 另一方面, 应该相应地缺乏气体这一点不那么明显. 即使是相对适中的气体密度, 在受到恒星丰富的紫外光子照射时也能产生可观的辐射. 早型的赫比格 Be 型星应该会产生一个内部的电离氢区. 离开这个区域的光子能量低于 13.6 eV, 但仍然电离了更靠外的碳和其他元素 (见下文). 这些元素的自由-自由以及束缚-自由跃迁贡献了近红外光谱能量分布.

在一些情况下已经对赫比格 Ae/Be 星环境进行了直接成像. 在 0.1 pc 的尺度, 光学反射星云和 18.1 节中提到的单天线射电观测揭示了团块结构. CO 谱线成图也给出了非对称的等值线, 以恒星为中心, 但是伸长的. 我们将在下一节中, 当我们总结拱星盘证据时回到这些后期的观测. 在相同的尺度范围内, 从 10^2AU 到 10^3 AU, 干涉仪观测展示了散射的红外光晕, 特别是 LkHα 198 这样内埋更深的天体周围. 正如理论上尘埃壳层模型所表明的那样, 这些结构可能在非常靠近恒星的地方长期存在. I 组天体原型, AB Aur 在一个横跨 0.6 AU 的大致对称区域中散射红外光. 请注意, 很少有金牛座 T 型星显示出类似真实三维尘埃分布的直接证据.

拱星尘埃颗粒不仅散射连续谱辐射, 而且也产生自己的谱线. 在中红外对赫比格 Ae/Be 星的飞机和卫星观测解释了尖锐的发射特征. 3.3 μm 和 6.2 μm 处这样的谱线有多环芳香烃 (PAH, 分子大小的微小颗粒) 的特征. 这种辐射在 Be 星附近更为突出, 它们提供了更多激发这些跃迁的紫外光子 (2.4 节).

研究得最好的谱线是 10 μm 附近宽的特征, 和硅酸盐颗粒中的 SiO 键有关. 回忆一下, 深埋的小质量恒星在这个波长范围有一个强吸收 (见图 11.24). 光学看到的金牛座 T 型星通常在 10 μm 展现出发射, 但很大一部分展现出吸收. 那些吸收特别深的星在光学波段也有最高的偏振. 这种趋势的一个合理解释是, 硅酸盐主要位于拱星盘中. 当从侧面看这些盘时, 来自恒星附近的红外连续谱被强烈吸收, 导致光谱能量分布中明显的吸收. 接收到的光学辐射经过盘的上表面和下表面散射, 产生偏振.

很多赫比格 Ae/Be 星也在 10 μm 展现出光谱特征. 我们还是看到发射线和吸收线. 那些有吸收坑的恒星通常在光学波段有偏振. 然而, 偏振度和尘埃吸收深度不再有相关性. 这一推论再次表明, 拱星尘埃颗粒并不完全局限于扁平的结构中. 另一方面, 偏振的存在表明对散射的光学光子有部分影响的拱星环境不能是球对称的. 我们将在 18.4 节回到这一点, 以及 10 μm 的光谱特征.

18.3.3 光致离解区

围绕某些赫比格 Be 星的分子云物质在远红外波段发出明亮的光. 这个光度太大了, 不能代表被散射的恒星发射. 相反, 辐射一定来自加热的尘埃颗粒. 早些时候, 我们注意到从电离氢区逃逸的远紫外光子仍然可以电离碳和其他元素, 从而对光谱能量分布的近红外成分有贡献. 我们回忆第 8 章, 同样的光子也加热尘埃和气体. 对气体的加热是通过尘埃颗粒的光电效应. 换句话说, 赫比格 Be 星产生了光致离解区, 就像它们的主序对应体一样.

虽然大部分辐射在远红外连续谱中, 但原子禁线中也有相当多的流量, 尤其是 [OI]63 μm 和 [CII]158 μm. 再次考虑图 18.2 所示的 NGC 7129 区域. 卫星研究发现两条线的发射都在内埋 B6 型星 LkHα 234 处达到峰值. BD+65°1637 周围也有更多的弥漫辐射. 事实上, 似乎有两个光致离解区, 每个都与一颗恒星有关. LkHα 234 产生的光致离解区在 64 μm 的流量是 158 μm 流量的大约两倍. 考虑到冷的 OI 沿视线的自吸收, 内禀的比例 $\Lambda_{OI}/\Lambda_{CII}$ 更大. 在 8.3 节中, 我们知道这个比例在更密的分子云物质中更大. 实际上, 从 LkHα 234 附近的气体中得出的 n_H 的量级为 10^5 cm^{-3}, 远紫外增强因子 $G_0 \sim 100$. BD+65°1637 产生的光致离解区位于空腔左边的分子气体脊中. 这里 n_H 只有前面的 $\frac{1}{100}$.

在远红外波段, 更致密更紧凑的光致离解区也发出分子谱线. 卫星观测到了 CO 的各种转动跃迁. 这里, 高阶的 J 值非常大, 从 14 到 19. 激发这些能级需要一颗相对邻近的恒星的紫外辐射照射分子云介质. 另一种机制, 星风的激波加热被观测排除了. 在连续和跃变激波中, 主要的冷却剂是在激波后气体下游形成的 H_2O. 在 LkHα 234 附近确实看到了一些 H_2O 脉泽, 表明确实存在星风. 然而, H_2O 谱线的总流量远低于激波模型的预言.

进入光致离解区的远紫外光子破坏了很大体积内的所有分子氢. 能量在 11.2 ~ 13.6 eV 之间的光子将分子激发到更高的电子态, 这些分子从这些态分裂为孤立的原子 (5.2 节). 整体地看, 在这个范围内发射的所有光子中有 $\langle \beta_i \rangle \approx 0.15$ 的一部分会破坏这个区域中某个地方的氢分子. 其他光子以更长的波长重新发射并逃逸. 在稳态, 每次离解都局域地和一对氢原子产生 H_2 所平衡. 因此, 我们可以用得到 (标记电离氢边界的) 斯特龙根半径基本相同的方法确定离解 H_2 的半径 R_{H_2}.

我们回忆一下, H_2 通过原子在尘埃颗粒表明复合形成. 体形成速率由方程 (5.10) 给出:

$$\mathcal{R}_{H_2} = \frac{1}{2} \gamma_\mathrm{H} n_\mathrm{d} \sigma_\mathrm{d} n_\mathrm{HI} V_\mathrm{therm}. \tag{18.4}$$

这里 n_d 和 σ_d 分别是尘埃颗粒数密度和几何截面, 而 γ_H 是每个以热速度 V_therm 运动的氢原子在碰撞后粘到尘埃颗粒上的概率. 为了和电离氢区进行类比, 我们首先根据方程 (2.42) 将 $n_\mathrm{d} \sigma_\mathrm{d}$ 重写为 $n_\mathrm{H} \Sigma_\mathrm{d}$. 进一步令 n_H 和 n_HI 相等, 我们有

$$\mathcal{R}_{H_2} = \alpha_\mathrm{rec}(HI) n_\mathrm{HI}^2. \tag{18.5}$$

HI 气体的复合系数为

$$\alpha_\mathrm{rec}(HI) \equiv \frac{1}{2} \gamma_\mathrm{H} \Sigma_\mathrm{d} V_\mathrm{therm}, \tag{18.6}$$

在有代表性的光致离解区温度 500 K 有数值 3.3×10^{-13} cm$^{-3} \cdot$ s^{-1}.

用 $\mathcal{N}_\mathrm{diss}$ 标记中心恒星在 11.2 eV 到 13.6 eV 之间光子发射率. 那么, 电离氢区的半径由类似于方程 (15.3) 的一个表达式给出:

$$\begin{aligned} R_\mathrm{HI} &= \left[\frac{3 \langle \beta_i \rangle \mathcal{N}_\mathrm{diss}}{4\pi \alpha_\mathrm{rec}(HI) n_\mathrm{H}^2} \right]^{1/3} \\ &= 0.01 \text{ pc} \left(\frac{\mathcal{N}_\mathrm{diss}}{10^{45} \text{ s}^{-1}} \right)^{1/3} \left(\frac{n_{H_2}}{10^5 \text{ cm}^{-3}} \right)^{-2/3}. \end{aligned} \tag{18.7}$$

在这个方程的第二项中我们已经使用了有代表性的 $\mathcal{N}_\mathrm{diss}$ 值, 周围的密度 n_{H_2} 适合于 LkHα 234.

尽管 HI 区的典型尺寸看起来很小, 但应该记住, 对于同一块分子云中的同一颗恒星, 对应的斯特龙根半径更小. 在方程 (18.7) 中, 系数 $\alpha_{\text{rec}}(\text{HI})$ 比方程 (15.3) 中的 α'_{rec} 小四个量级, 而 $\mathcal{N}_{\text{diss}}$ 总是大于同一颗恒星的电离流量. 对于 LkHα 234 这样的 B6 型星, 这个流量比是 2×10^4. 对 R_{HI} 更准确的评估说明了尘埃颗粒对向外光子的部分吸收, 并将方程 (18.7) 中的数值系数在 B6 光谱型处降低到原来的 $\frac{1}{2}$.

在赫比格 Ae/Be 星周围形成的 HI 区最初相对周围环境压强较大. 所以相应的体积向分子云膨胀. 这种膨胀在 LkHα 234 的情形可能已经被周围的压强停止了. 相比之下, BD+65°1637 周围的大部分分子云物质被向外驱动, 只留下一个相对薄的被加热和离解的气体脊.

18.3.4   星风

赫比格 Ae/Be 星也通过强星风扰动了周围的环境. 和它们的小质量对应体一样, 星风的主要证据是发射线轮廓. 考虑所有谱线中最强的, Hα. 一颗给定恒星的详细轮廓可以在非常短的时间内不规则地变化. 然而, 这些变化一般发生在明确的形态类别中. 大部分 Hα 轮廓是双峰的. 和金牛座 T 型星中一样, 中心吸收特征通常稍微蓝移了一个速度. (回忆图 17.8 中看到的 CI Tau 的情形.) 和 FM Tau 类似的例子较少. 然而, 有一小部分恒星表现出真正的天鹅座 P 型轮廓, 其中蓝移的吸收成分降到连续谱以下. 总而言之, 大部分赫比格 Ae/Be 星通过 Hα 显示出物质从中心天体退行 (即星风) 的证据.

图 18.13 展示了来自 AB Aur 的 Hα 发射. 在这个时期, 轮廓是明确的天鹅座 P 型. 蓝移吸收坑的最小值出现在径向速度 $V_r = -200 \text{ km} \cdot \text{s}^{-1}$. 这个数值一定代表了向我们运动的相对较冷物质相对于恒星外激波发出的热气体的速度. 和金牛座 T 型星一样, Hα 大的总宽度表明激波作用气体的运动是复杂的, 速度矢量有很多方向.

然而, 还有其他迹象表明, 星风最终会形成有序的各向异性结构. 像 AB Aur 这样的恒星, Hα 有天鹅座 P 型轮廓, 也展示出传统上与色球活动相关的其他谱线发射, 包括 2800 Å 附近的 MgII 双线. 图 18.14 显示了卫星探测到的这个光谱区域在接连两天中的流量. MgII k 线 (中心为 2796 Å) 和 MgII h 线 (中心为 2803 Å) 都具有天鹅座 P 轮廓, 有强的吸收成分. 同样清楚的是, 即使在这么短的时间间隔内, 细节的轮廓也会随时间变化. 特别是 MgII k 吸收槽的蓝端向负速度方向移动.

吸收边缘示踪了任何时候星风中存在的最高速物质. 如果我们画出在更长时间内的这个速度 V_{max}, 我们发现它是正弦变化的, 如图 18.15 所示. 得出的周期是 45 h. 注意到, 从光学吸收线展宽得到的这颗恒星的赤道速度是 $V_{\text{eq}} \sin i =$

75 km · s⁻¹. 这个天体的等效温度和光度表明半径是 $3R_\odot$. 所以, 对应于倾角 $i = 90°$ 的最大转动周期为 49 h.

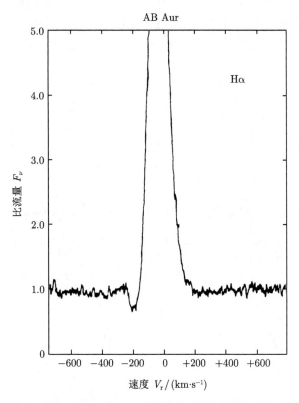

图 18.13　赫比格 Ae 星 AB Aur 的 Hα 观测轮廓. 比流量是相对邻近的连续谱测量的

因此, 似乎来自 AB Aur 的星风被恒星自转调制. 外流气体在发生 MgⅡ 吸收的地方显然不是球对称的, 而是示踪了它从恒星表面发出的条件. 一个有趣的可能性是, 星风由高速和低速气流组成, 每一种气流从表面不同部分发出. 当高速气流指向观测者时, 速度 V_{max} 达到峰值.

少数 Ae/Be 星在紫外波段表现出星风特征: 1216 Å 处 Lyα 的红移或蓝移的发射. 也有间接证据, 一些源似乎在驱动 CO 外流. 图 16.2 在赫罗图中展示了不均匀的中等质量恒星的集合, 挑出了有外流的那些. 我们注意到这个子类在图中的位置特别高, 就在诞生线下面. 我们还提醒读者, 至少在某些情况下, 实际驱动快速运动 CO 的恒星可能是一颗未分辨的近邻恒星或双星伴星.

对于赫比格 Ae/Be 星来说, 这种潜在的源混淆是一个普遍问题, 这既是因为它们处于拥挤的区域, 也是因为它们距离较远. 关于喷流的讨论也有同样的问题. 几十颗 Ae/Be 星曾一度被证认为连续喷流源或者离散的赫比格-哈罗扭结. 这里的另一个困难是, 中等质量天体可能会产生一块反射星云, 其连续谱发射超过相对较弱的喷流. 在任何情况下, 高分辨率成像有时会导致我们收回最初的论断. 一个很好的例子是赫比格 Be 星 LkHα 234(图 18.2), 从光学图像上看, 它似乎驱动了一股沿大反射星云轴的喷流. 此外, 毫米波和中红外研究表明, 这股喷流以及方向相反的 CO 外流瓣的源头更有可能是一个位于附近的内埋更深的天体.

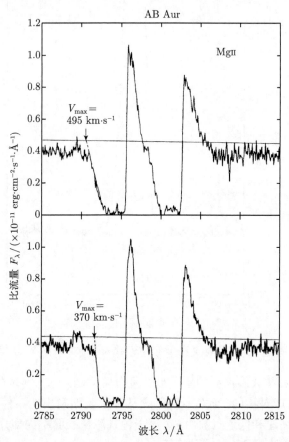

图 18.14   在接连两晚上拍摄的 AB Aur 中的 MgⅡ h 和 k 的轮廓. 每幅图都显示了连续谱水平. 还给出了 V_{max}(MgⅡ k 线吸收坑边缘的速度) 值

因此, 有关分子外流和喷流的情况并不像人们所希望的那么确定. 然而, 来自 Hα 和其他谱线的光谱证据无疑地表明 Ae/Be 星确实驱动了星风. 但是这个事实自身就提出了一个重大难题. 我们在 13.4 节中对主序前星风的理论解释集中在磁化天体离心喷射的机制上. 反过来, 这个图景是由我们的这个认识推动的, 即金牛座 T 型星至少是部分对流的, 因此通过发电机活动产生了磁场. 对于中等质量天体, 情况完全不同. 除了热弛豫过程中的瞬态效应, 这些恒星对于对流是稳定的.

任何表面磁场一定有不同的起源.

事实上, 关于赫比格 Ae/Be 星磁场的经验证据很少. 塞曼展宽的测量到目前为止还没有定论. 确实有十几个天体有厘米波射电流量. 然而, 这些发射通常是无偏振的, 看起来是热发射, 可能来源于星风的电离成分. 同样, 这种情况不同于 V773 Tau 这样的金牛座 T 型星, 其紧凑的偏振射电发射表明存在一个磁场 (17.1 节).

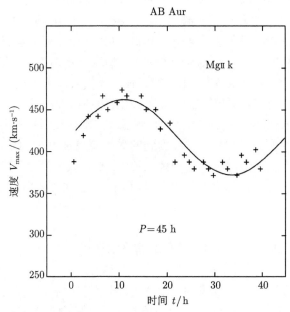

图 18.15　AB Aur 中的 MgⅡ k 吸收坑的边缘速度 $V_{\max}$ 的时间变化. 光滑曲线是最佳拟合的正弦函数, 周期如图中所示

那么, 什么驱动了赫比格 Ae/Be 星的星风? 我们之前关于星风起源的一般性讨论进一步加剧了这个困境. 最早型的赫比格 Be 星的光度仍然太小, 不足以通过辐射加速驱动星风. 此外, 即使对 Ae/Be 星质量损失最粗略的估计 (通常 $\dot{M} \lesssim 10^{-7} M_{\odot} \, \mathrm{yr}^{-1}$) 也表明星风不能被热压驱动. 相关的冕很容易通过其强大的 X 射线探测到, 这与观测相反. 在缺少好的表面磁场证据的情况下, 推测另一种传统上考虑的驱动机制, 阿尔芬波压强似乎为时过早. 目前, Ae/Be 星的星风起源仍然是个谜.

18.3.5　X 射线发射

尽管 X 射线太弱, 无法帮助解释星风的起源, 但这个发射成分确实存在, 其特征正逐渐变得清晰. 从爱因斯坦卫星开始, 一系列星载仪器在十几颗恒星中发现了 X 射线, 大约占观测样本的一半. 虽然这样的数字使得归纳变得困难, 但数据显示光度 L_X 是相应恒星光度的 10^{-6} 到 10^{-5}.

作为比较, 我们可以先回顾一下, 金牛座 T 型星的 L_X/L_* 往往更大, 约为 10^{-4} 的量级. 另一方面, O 型和 B 型星也发出 X 射线, 通常 $L_X/L_* \sim 10^{-7}$. 这两组恒星发射的物理起源也非常不同. 在金牛座 T 型星中, X 射线似乎是由恒星表面通过发电机机制产生的磁环重联产生的 (17.1 节). 缺少靠外对流区的大质量恒星通过星风中的不稳定性产生的激波导致这种发射 (15.3 节).

这两种解释中的哪种适用于赫比格 Ae/Be 星? 当然, 我们的问题假设 X 射线不是源自看不见的小质量伴星, 这是一个非平凡的论断. 一些赫比格 Be 星具有比金牛座 T 型星大得多的 L_X. 对于其他恒星, 情况仍不清楚. 在任何情况下, 太阳类型的发电机机制不适用于辐射稳定的天体. 我们只能考虑星风的假设. 在更好地理解气流本身的起源和结构之前, 我们无法估计内部激波的可能性, 无论是来自星风本身还是来自与静止物质的碰撞. 注意到, X 射线所需的温度 $(T \sim 10^7 \text{ K})$ 确实可以 (至少原则上可以) 由与观测到的最高星风速度 (大约 $500 \text{ km} \cdot \text{s}^{-1}$) 相当的激波速度产生. 随着恒星变老和星风消失, X 射线流量也随之消失. 这个图景至少和这个事实一致, 在光谱型从中 B 型到早 F 型的主序恒星中, L_X 下降到探测不到的水平.

18.4　气体盘和碎屑盘

我们已经看到用盘的热发射难以解释大部分赫比格 Ae/Be 星红外超. 然而, 这些实体一定存在, 我们看到了它们的遗迹——轨道中尘埃的扁平结构——围绕同样质量范围的年老天体. 现在让我们更系统地回顾 Ae/Be 星周围盘的观测研究, 包括这些结构的演化.

18.4.1　谱线研究

图 18.12 中 AB Aur 和 LkHα 198 的光谱能量图包括了毫米波波段明显的成分. 历史上, $\lambda \gtrsim 1 \text{ mm}$ 的强连续谱用于支持恒星周围有个尘埃盘的想法. 基本的论点是一种常见的观点, 即具有这种长波发射尘埃的球形分布可以在光学波段完全遮挡这个天体. 然而, 如前所述, 壳层模型本身可以通过适当改变尘埃体密度和内部组成来适应不同的观测结果. 此外, 直接成像无法分辨 AB Aur 这样相对少受遮挡的天体的连续谱发射. 类似 LkHα 198 和 LkHα 234 这样内埋更深的星, 确实具有空间上延展的发射, 但这可能来源于它们团块环境中的暖尘埃.

产生于气体的谱线是盘潜在的有力证据. 这里, 人们希望能拍摄到围绕中心恒星扁平结构的图像, 就像通过所讨论谱线的多普勒频移所看到的那样. 这种希望在某种程度上已经实现了, 尽管盘仍然没有金牛座 T 型星那么明显. 图 18.16 提供了 CO 干涉成像的两个例子. 作为比较, 我们还展示了每种情况下的望远镜波束. 左边是围绕 AB Aur 的气体结构, 是用 $^{13}C^{16}O(J = 1 \to 0)$ 跃迁看到的. 虽然这个位形是明显不对称的, 但它的真实形状很难辨别, 因为短轴只能勉强分辨. 强度加权平均的径向速度沿长轴显示出光滑的梯度, 总的变化范围是 $2 \text{ km} \cdot \text{s}^{-1}$. 这个变化是否代表了开普勒运动还不清楚. 在右图中, 我们展示了恒星 HD 163296 周围的气体, 现在是用 1.3 mm 的 $^{12}C^{16}O(J = 1 \to 0)$ 谱线成图的. 这里, 完整的结构得到了更好的分辨, 但形状也更不规则. 平均径向速度还是沿长轴变化.

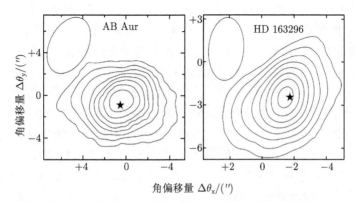

图 18.16 恒星 AB Aur(左图) 和 HD 163296 (右图) 周围的 $^{13}C^{16}O(J = 1 \to 0)$ 发射的干涉成像. 角偏移量是相对每个视场的相位中心 (这里象征性地显示) 的, 和恒星位置并不精确重合. 每种情况还显示了波束的大小和方向

AB Aur 和 HD 163296 的光谱型都是早 A 型. 重要的是, 几乎所有具有毫米波连续谱或谱线辐射超的天体都是 Ae 星或晚 Be 星. 相反, 光谱型早于 B5 的恒星在这个波段很少有显著的流量. 更大质量的恒星往往距离更远, 这是事实, 但较高的毫米波光度是可以探测到的. 这意味着, 通过这些观测到的拱星气体和尘埃在较大质量的恒星群体中不存在.

我们已经碰到过这种情况, 语境略有不同. 注意到 O 型主序星周围盘的证据不足之后, 我们在第 15 章中看到它们的紫外光子如何能通过光致蒸发破坏从形成时期继承下来的任何结构. 然而, 这一机制对于这里所关注的天体来说是不够的. 方程 (15.50) 给出了盘在其引力半径 ϖ_g 之外的理论外流速率. 考虑光谱型 B4 的赫比格星, 对应于 $T_{\text{eff}} = 1.7 \times 10^4$ K. 如果我们在方程 (15.50) 中代入 $M_* = 7M_\odot$ 并使用合适的电离光子输出 $\mathcal{N}_* = 6 \times 10^{42} \text{ s}^{-1}$, 那么我们得到质量损失速率 $3 \times 10^{-8} M_\odot \text{ yr}^{-1}$. 所以, 初始质量为十分之一 M_* 的盘需要 2×10^7 yr 才能蒸发, 远长于天体的主序寿命. 要么盘从来没有形成过, 要么有其他因素主导,例如星风侵蚀.

即使在具有毫米波流量的天体中, 在金牛座 T 型星中发现的额外的盘特征也异常微弱或不存在. 例如, 我们回忆光学禁线 (最明显的是 [OI] 6300 Å) 往往是蓝移的. 对这一事实的一般解释是, 星风中退行气体产生的红移发射被一个不透明的盘遮挡. 很多赫比格 Ae/Be 星也显示出 [OI] 发射, 可能是由它们的星风产生的激波引起的. 然而, 通常情况下, 谱线轮廓要么是对称的, 要么只是在红翼被适度压低. 这个发现可能意味着星风是相对宽的, 明显缺少分子外流和喷流也表明了这一点 (18.3 节).

赫比格 Ae/Be 星中的光学容许线, 例如巴耳末线系的谱线, 通常不会在红端表现出深的吸收坑. 这样的反天鹅座 P 型轮廓是金牛座 T 类天体中内落的光谱标志. 当然, 即使在这些天体中, 我们也不知道内落气体的真正来源. 但是, 如果有一部分物质来自盘内区, 那么这种效应在中等质量恒星中的罕见就令人费解了. 我们顺便注意到, 内落特征在紫外谱线中出现得更频繁. 或许有三分之一的赫比格 Ae 星显示出这种效应, 这在更早型光谱型的恒星中是看不到的.

这些负面或模棱两可的结果不应该让我们忽略一个确定的事实, 即赫比格 Ae/Be 星外的物质是各向异性分布的. 困难在于建立特定的盘状几何结构和运动学. 作为各向异性的进一步证据, 我们只需要回忆一下, 光学发射通常是线偏振的. 光子显然是被恒星环境中的尘埃颗粒散射的. 这些颗粒不能停留在一个完全球形的包层中, 这不会产生偏振. 在前面讨论过的 UX Ori 型星中, 这种效应最强, 变化最大. 注意到, 这些源的光谱型都是 A 型或晚 B 型. 看起来还是更大质量的赫比格 Be 型已经有效地清空了它们的周围.

18.4.2   尘埃颗粒的处理

如 18.3 节所述, 仍然保留了尘埃物质的恒星通常在 10 μm 附近表现出宽的发射. 这种光谱特征的详细轮廓对尘埃颗粒的结构很敏感. 因此, 有趣的是, 这个轮廓随时间变化. 图 18.17 通过两条有代表性的光谱展示了这一点. 上图展示了现在熟悉的 AB Aur(一颗年龄为 2×10^6 yr 的 A0 型星) 的观测. 下图是 HD 100546, 一个类似光谱型 (B9) 的天体, 但更接近主序, 年龄大约为 1×10^7 yr. 轮廓最明显的变化是峰值的移动, 从 AB Aur 的 9.7 μm 到更老的那个天体的 11.3 μm.

在这个波段辐射的尘埃被加热到了大约 500 K. 实验室研究加上理论建模发现这是更小、更无定形的硅酸盐, 发射峰值接近 9.7 μm. (星际介质中的尘埃参数同样的特征, 通常是吸收.) 反过来, 较大更接近晶体的物质的轮廓峰值在更长的波长. HD 100546 中看到特定的 11.3 μm 表明存在镁橄榄石 (Mg_2SiO_4), 它也和多环芳香烃的发射特征一致.

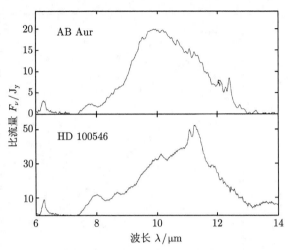

图 18.17　来自 AB Aur(上图) 和较老恒星 HD 100546 (下图) 的中红外发射光谱. 注意峰值流量随年龄变化

　　因此, 尘埃颗粒虽然受热, 但仍然处于宁静的环境中, 这使得它们能够凝聚在一起, 并逐渐呈现出更为有序的结构. 这一发现符合基于光学颜色的推论, 即赫比格 Ae/Be 星附近的尘埃颗粒平均来说比星际介质中的大. 最后, 我们之前注意到, 球形包层模型需要尘埃不透明度在毫米波波段对波长有相对较弱的依赖, 以和观测的流量值匹配. 增大的尘埃颗粒尺寸自然地给出了这种性质.

　　图 18.18 的上图显示了 HD 100546 的完整光谱能量分布. 很明显这个天体在红外波段仍然大量发射. 长波的超出光度为恒星光度 $32L_\odot$ 的 0.51. 事实上, 流量从近红外到中红外的增加让人想起 II 组赫比格 Ae/Be 星 (回忆图 18.12). 然而, 在当前的情形, 光学消光太小, 恒星不可能内埋在一个大质量的不透明包层中. 同样, 扁平结构更合适. 注意, 光谱能量分布在 10 μm 的短波端显示出强的吸收. 我们在第 17 章看到的这种凹陷表明盘在内边缘被截断了.[①]

　　缺少靠近恒星的气体并不奇怪. 来自这个 B9 型天体的紫外光子可以离解周围的分子并电离原子成分. 然而, 光谱能量分布中的凹陷表明在距离恒星表面大约 10 AU 内缺少尘埃. 在这个距离之外有丰富的物质, 通过大的红外超可以看到. 于是, 看起来轨道运动的尘埃颗粒系统已经被清除了, 或许内落进入了恒星. 内落运动直接在紫外看到, 那里的气体发射线显示出红移的吸收. 奇怪的是, 显示出这个效应的原子要么是中性的 (例如 CI), 要么是轻微电离的 (SII). 根据我们之前的评论, 存在相对靠近恒星的高速运动气体是出乎预料的. 或许这些气体是内落固态物质蒸发产生的.

---

　　① 图 18.18 中的三个光谱能量分布在 0.4 μm 的短波端也有强的吸收坑. 这个特征是光球层固有的, 代表了恒星外层部分电离的氢的吸收.

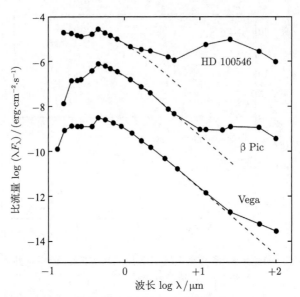

图 18.18　靠近主序或在主序上的中等质量恒星的光谱能量分布. 从上到下, 三个天体年龄增大红外超减小, 这是通过相对于合适等效温度的黑体 (虚线) 测量的. 注意到 $\log \lambda = -0.4$ 附近光球流量的强吸收坑. 上面的曲线向上移动了 $\Delta \log(\lambda F_\lambda) = +2.5$, 下面的曲线向下移动了

$$\Delta \log(\lambda F_\lambda) = -4.0$$

HD 100546 周围盘的尘埃成分可以通过散射的光学和近红外光直接观测. 因为这颗恒星相对明亮并且距离近 (100 pc), 所以这个结构被详细地进行了观测. 它可以沿半径追踪到 500 AU, 具有向内上升的柱密度, 至少到 (未分辨的) 截断边缘. 一些暗线可能是更大螺旋结构的片段. 在盘面上方和下方还有一个密度较低的尘埃颗粒包层, 半径约为 1000 AU. 这种更弥散的物质在散射光中表现为薄雾.

另一个研究得很充分的盘是 A0 型星 HR 4796A 的盘. 这颗星是 TW Hya 星协最亮的成员星, 早先在 17.5 节描述过. 因此知道 HR 4796A 的年龄大约为 1×10^7 yr, 接近 HD 100546. 然而, 长波光度超小得多, 仅有恒星值的 5×10^{-3}. CO 的谱线观测没有探测到任何流量. 看起来大部分拱星气体已经被驱散了, 留下我们称其为碎屑盘的尘埃聚集体.

图 18.19 的左上图展示了盘散射近红外光的图. 为了降低对比度, 这颗恒星被星冕仪挡住了, 如图所示. 我们非常清楚地看到, 在这种情况下, 拱星物质实际上被限制在一个高度倾斜的狭窄环中. 经测量, 这个环的宽度为 17 AU. 在它以内, 也就是恒星外大约 60 AU 的半径, 所有尘埃颗粒都被清除了. 我们想起了位于太阳附近的 K 型矮星 ϵ Eri(天苑四) 碎屑盘内部的缝隙. 另一个相似性是两种情况下观测到的尘埃颗粒都大于通常星际介质中的那些.

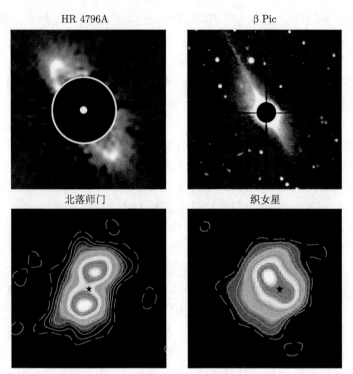

图 18.19 四颗主序 A 型星周围的碎屑盘. 上面的两幅图是散射光 (光学和红外) 产生的, 而下面两幅图展示了尘埃颗粒的亚毫米波热辐射

18.4.3 主序盘

盘的散射光图像在细节上非常醒目, 但仅有少数相对较近的系统有这种图像. 探测到恒星未分辨的红外流量提供了拱星物质的最初证据. 长波辐射代表了受热尘埃的发射. 因为它们较高的光度, A 型星, 例如零龄主序天体 HR 4796A 和它们较老的对应天体, 组成了这个样本的一大部分. 总而言之, 场星中有相当一部分 (但数量上不确定) 类似于织女星, 即显示出过量的热发射, 但几乎没有拱星气体的迹象.

研究最深入的碎屑盘是绘架座 β (一颗距离 19 pc 的南天恒星) 周围的碎屑盘. 我们可以用这个事实估计这个 $1.8M_\odot$ 天体的年龄, 即它正在穿过含有一些仍然处于主序前演化轨迹上的较小质量伴随天体的空间. 通过这种方法得到, 年龄似乎是 1.5×10^7 yr, 不比 HR 4796A 老太多. 图 18.18 中的光谱能量分布表明, 红外光度超略低, 大约为 $8.5L_\odot$ 的 L_* 值的 3×10^{-3}.

星冕光学成像揭示了一个非常狭窄的结构 (图 18.19, 右上图). 显然, 我们几乎正好从侧面看这个碎屑盘. 同样引人注目的是明显的不对称性. 虽然盘的东北部分从恒星向外延伸到 790 AU, 但在另外一边只能看到延伸到 650 AU. 另一个天体 (不管是行星还是经过的恒星) 的引力影响都可能造成这种扭曲.

众多的观测设备, 包括太空望远镜和地面望远镜已经提供了更多细节. 无论如何, 一般图像都遵循我们已经看到的模式. 通过热红外发射, 我们知道轨道上的尘埃颗粒相对较大, 通常尺寸有 10 μm. 在离中心恒星几十 AU 的范围内, 这种物质急剧减少, 但较小的尘埃颗粒存在于更远的内部. 有相对少量的气体存在, 其中一些位于距离恒星 1 AU 的环内. 我们注意到, 所有注意力都集中在一个总质量相当于地球质量百分之十的结构上. 人们的兴趣主要在于这种物质的产生和侵蚀性损耗, 以及更大质量的轨道天体中两种过程的证据.

随着恒星不断变老, 其拱星尘埃最终变得无法通过散射光探测到. 然而, 亚毫米波段的热辐射仍然会产生图像, 如图 18.19 下面两幅图所示. 左边的是 8 pc 外一颗 A3 型星北落师门 (南鱼座 α) 的 850 μm 成图. 包括这颗星在内的所有主序场星的年龄都非常不确定. 在这里, 附近恰好有一颗 K 型星具有相同的自行和径向速度. 假设两个天体一起诞生, 我们可以使用这个事实确定两颗星的年龄为 2×10^8 yr: 较小质量的伴星具有可探测的锂丰度. 北落师门的亚毫米波图像显示了一个侧视的环状碎屑盘, 也就是基本上看到了横截面. 中心空腔半径达 30 AU. 环内有相对较大 (10 μm) 的尘埃颗粒, 但没有观测到气体.

所有具有长波辐射超但几乎没有相伴气体的天体原型是织女星 (天琴座 α), 如图 18.19 下图所示. 图 18.18 画的光谱能量分布表明, 尘埃实际的光度贡献减少到了 $2 \times 10^5 L_*$. 从它在赫罗图上的位置判断, 这颗星已经离开了零龄主序, 其年龄为 4×10^8 yr. 图 18.19 中的 850 μm 成图展示了一个从正面看的盘. 除了恒星周围 60 AU 的低发射间隙, 还有一个内部偏离中心的明亮峰. 然而, 注意这个区域仅在图像上勉强分辨出来.

表 18.2 总结了我们讨论的碎屑盘的关键性质. 这里我们包含了 L_{IR}/L_*, 恒星在长波重新发射的光度所占比例, 以及盘的内半径 ϖ_{in} 的上限. 虽然年龄的不确定度很大, 但轨道尘埃的总质量显然有一个随时间减小的趋势. 侵蚀显然在内部进行得更快, 中央的洞就证明了这一点. 是什么导致了这些趋势?

表 18.2　　有碎屑盘的近邻恒星

名称	距离/pc	光谱型	$M_*/M_\odot$	$L_*/L_\odot$	L_{IR}/L_*	ϖ_{in}/AU	年龄/($\times 10^6$ yr)
HD 100546	103	B9	2.4	32	0.51	< 50	10
HR 4796A	67	A0	2.5	20	5×10^{-3}	55	10
β Pictoris	19	A5	1.8	8.5	3×10^{-3}	< 15	15
北落师门 (Fomalhaut)	7	A3	2.0	13	8×10^{-5}	30	200
织女星 (Vega)	8	A0	2.5	60	2×10^{-5}	60	400

18.4.4 辐射的效应

首先要注意的是, 不管起源为何, 所有小于某个最小尺寸的尘埃颗粒都快速被恒星辐射排出. 为了简单起见, 假设尘埃完美地吸收了所有光子, 然后各向同性地重新辐射. 回想一下, 每个能量为 ϵ 的光子携带动量 ϵ/c. 于是施加在每个截面为 σ_{d} 的尘埃颗粒上的辐射力 f_{rad} 是

$$f_{\mathrm{rad}} = \frac{\sigma_{\mathrm{d}} L_*}{4\pi c \varpi^2}, \tag{18.8}$$

其中 ϖ 是与恒星的距离. 这里, 我们忽略了散射并假设吸收效率是 1, 所以截面是几何面积. 对应质量为 m_{d} 的尘埃颗粒, 反向的引力为

$$f_{\mathrm{grav}} = \frac{GM_* m_{\mathrm{d}}}{\varpi^2}. \tag{18.9}$$

我们现在通过假设尘埃颗粒是半径 a_{d}、内部密度 ρ_{d} 的球来估计 σ_{d} 和 m_{d}. 令 f_{rad} 和 f_{grav} 相等给出了所需的最小半径:

$$\begin{aligned} a_{\min} &= \frac{3L_*}{16\pi c \rho_{\mathrm{d}} GM_*} \\ &= 1\ \mathrm{\mu m} \left(\frac{L_*}{10 L_\odot}\right) \left(\frac{M_*}{2 M_\odot}\right)^{-1}. \end{aligned} \tag{18.10}$$

在进行数值估计时, 我们已经令 ρ_{d} 等于 $3\ \mathrm{g \cdot cm^{-3}}$. 在 A 型星周围的碎屑盘中看不到普通星际尘埃大小的尘埃颗粒就不足为奇了. 辐射压很早以前就在最多一个轨道周期之内把它们驱散了.

更大的尘埃颗粒同样脆弱. 奇怪的是, 辐射压使得它们螺旋向内朝向中心恒星运动. 图 18.20 解释了为什么. 在恒星参考系中, 光子撞击以轨道速度 V 在径向距离 ϖ 运动的尘埃颗粒的侧面. 横向力如果小于引力, 那么它的唯一影响是稍微增加 ϖ 超过开普勒值. 然而, 在尘埃参考系中, 每个入射的恒星光子得到了一个小的反向转动的速度分量. 也就是说, 传播方向倾斜了一个角度 $\Delta\theta$,

$$\Delta\theta \approx V/c. \tag{18.11}$$

光子方向的倾斜意味着尘埃颗粒等效地受到一个入射辐射场的阻力. 这个力被称为坡印廷-罗伯特森阻力 (Poynting-Robertson drag).

尘埃颗粒螺旋向内, 因为这个阻力产生了一个力矩, 大小等于 $\varpi f_{\mathrm{rad}} \Delta\theta$. 这个力矩反过来消耗轨道角动量 (瞬时值为 $\varpi m_{\mathrm{d}} V$). 因为轨道衰减在实际中非常缓慢, 我们可以在任意时刻把 V 近似为开普勒值. 令力矩等于角动量变化速率并使用方程 (18.8) 和 (18.11), 我们发现轨道半径的演化为

$$\frac{d\varpi}{dt} = -\frac{\sigma_{\mathrm{d}} L_*}{2\pi m_{\mathrm{d}} c^2 \varpi}. \tag{18.12}$$

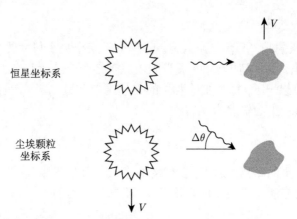

图 18.20　坡印廷-罗伯特森阻力的机制. 在恒星参考系, 光子路径垂直于尘埃颗粒的 V. 在尘埃颗粒参考系, 这个路径倾斜了一个小角度 $\Delta\theta$, 产生了一个阻力

注意, 由这个方程, 轨道衰减在最开始最慢, 然后随着尘埃颗粒向内运动而加快. 于是, 移动到恒星所需的总时间可以通过从初始半径 ϖ_0 到 $\varpi = 0$ 积分得到. 把坡印廷-罗伯特森衰减时间 (Poynting-Robertson decay time) 记作 t_{PR}, 我们发现

$$t_{\mathrm{PR}} = \frac{\pi m_{\mathrm{d}} c^2 \varpi_0^2}{\sigma_{\mathrm{d}} L_*}. \tag{18.13}$$

我们再次将尘埃颗粒理想化为半径 a_{d} 的均匀密度球. 那么 t_{PR} 变为

$$t_{\mathrm{PR}} = \frac{4\pi a_{\mathrm{d}} \rho_{\mathrm{d}} c^2 \varpi_0^2}{3 L_*}$$

$$= 2 \times 10^7 \ \mathrm{yr} \left(\frac{a_{\mathrm{d}}}{10 \ \mu\mathrm{m}} \right) \left(\frac{\varpi_0}{100 \ \mathrm{AU}} \right)^2 \left(\frac{L_*}{10 L_\odot} \right)^{-1}. \tag{18.14}$$

更仔细的推导可以恰当地解释这个事实: 波长较长的恒星光子被低效地吸收, 而所有光子都可能被散射. 然而, 我们的结果足以说明阻力的主要影响. 很明显, 即使是相对较大的尘埃颗粒也会在短于恒星年龄的时间内向内旋进. 此外, 在较小的轨道半径, 坡印廷-罗伯特森衰减时间更短. 因此, 内盘是通过这种方式清除的第一个区域.

18.4.5　偶发内落

在第 17 章中讨论天苑四碎屑盘的时候, 我们得到了相同的结论. 相对短的轨道衰减时间和辐射驱散时间意味着目前观测到的尘埃颗粒不是原始的, 而一定是不断补充的. 一个吸引人的物质来源还是更大固态天体 (例如小行星和行星) 的相互碰撞. 这些天体可能潜伏在目前观测到的盘中, 但还没有被探测到. 它们所产生的任何碎片都会进一步碰撞和粉碎. 当前的尘埃颗粒一定是这种输入源和辐射清除平衡的结果.

固定在固态天体中的总质量很难确定, 关于这个效应的论据必然是间接的. 除了作为尘埃颗粒的潜在来源, 这些天体可能也提供了观测到的气体. 回想 HD 100546 在紫外谱线中展现出红移的吸收槽. 跃迁发生在中性或一次电离的原子中. 我们推测这种物质代表了内落天体的蒸发. 吸收特征随时间变化, 并且可以完全消失. 因此作为母天体的固态天体的内落似乎是偶发的, 而不是连续的.

类似的现象也出现在气体碎屑盘中, 并且已经在绘架座 β 中得到了广泛监测. 图 18.21 展示了相关几年拍摄的两条 CaII K 谱线. 我们看到的实际上是转动展宽的光球吸收槽的底部. 谱线正中心是一个额外的更窄的吸收坑, 不随时间变化. 然而, 这个特征的红端在后期出现了一个新的吸收坑. 这个凹陷意味着 CaII 离子的向内运动, 在这个情况下径向速度为 $25 \ \mathrm{km \cdot s^{-1}}$.

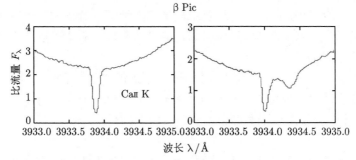

图 18.21 向绘架座 β 的偶发内落 (episodic infall) 的证据. 左边和右边的 CaII K 谱线分别在 1984 年和 1986 年拍摄

虽然 CaII 特征在天的时间间隔来回变化, 但 MgII h 和 k 这样的紫外谱线会在数小时内发生变化, 并且内落速度高达 $400 \ \mathrm{km \cdot s^{-1}}$. 事件总数每年大约有几百个. 一个已经详细阐述过的模型假设, 最终起作用的天体是彗星. 它们起源于碎屑盘的某个地方, 沿着高度偏心的轨道向恒星俯冲. 来自中心天体的热量增加最终把尘埃颗粒从彗星表面驱散. 它们在彗核周围形成一个尘埃彗发, 如在太阳系天体中中看到的. 紫外辐射使这些尘埃颗粒升华, 产生原子和离子, 我们通过它们对星光的吸收来探测它们.

根据这个图景, 气体内落的间歇特征表明彗星的流量有类似的时变模式. 吸收几乎总是红移的而不是蓝移的, 这个事实令人好奇. 我们可以预期有同等数量的天体在近距离经过恒星后接近我们. 同样令人费解的是谱线中心窄的吸收坑. 产生这种特征的原子和离子的径向速度很小. 然而, 它们受到了强烈的辐射压, 这应该会很快将它们驱散.

太阳系中的彗星由于与巨行星的引力交会而从外盘向内运动. 按照这个类比, 绘架座 β 的彗星可能受到了一颗没看到的行星的扰动, 它们细长的轨道锁定在这颗行星上. 数值计算发现它们的长轴可以和行星的长轴对齐, 使接近较大天体的距离最小. 行星每经过恒星一次就在光谱中产生一连串吸收事件. 如果彗星在环绕恒星之前完全蒸发, 那么只会产生红移. 当然, 新的彗星需要不断由这颗行星或另一颗行星供给. 这样的想法还是猜测. 在这一点上最受欢迎的应该是行星本身的直接证据, 无论是围绕绘架座 β 还是其他带有碎屑盘的恒星. 这样的发现将明确, 这些天体的形成并不局限于太阳类型的天体.

本 章 总 结

在赫罗图中展示的很多年轻星团含有大量中等质量的主序前恒星. 但只有少部分有光学发射线的这种天体被归类为赫比格 Ae/Be 星. 每一颗这种星都被尘埃云物质包围, 这些物质是在光学反射或毫米波连续谱中看到的. 一些恒星产生了局域的气泡, 通过辐射加热和星风将邻近的气体驱散. 那些有较早光谱型的恒星被金牛座 T 型星包围.

赫比格 Ae/Be 星的转动比小质量天体快, 但仍然远低于解体速度. 几乎没有恒星在宽带发射中展现出显著的周期性变化. UX Ori 子类中的那些恒星经历突然的变暗, 伴随着偏振增强和颜色蓝化. 这两个结果都表明恒星被周围的尘埃云暂时遮蔽.

从理论上讲, 中等质量天体的演化受 "内部深处为辐射稳定" 这一事实的影响. 恒星开始时表面光度适中, 然后经历热弛豫. 这里, 中心区域收缩, 同时将热量转移到靠外膨胀的幔. 在相对较短的时间后, 表面光度突然变大. 随后向主序的收缩更加均匀. 然而, 理论预言恒星的外层在有限的时间内对脉动不稳定. 这些脉动已经观测到了. 到达主序后, 恒星形成了一个中心对流区, 在这个对流区中, 氢通过 CNO 双循环聚变.

所有赫比格 Ae/Be 星的光谱能量分布都显示出一定程度的红外超. 作为其中的大部分, I 组天体的红外超太大, 不可能仅来源于盘. 需要一个额外的尘埃包层. 红外更明亮的 II 组恒星也是这情况. 这些包层中的一些已经用干涉仪直接成像. III 组恒星中相对小的红外超似乎源于炽热的拱星气体.

紫外辐射在周围的分子云物质中产生了光致离解区. 这些区域是在红外波段, 通过连续谱尘埃发射和原子以及分子跃迁观测到的. 加热以及恒星风的动压将分子云气体驱散. 虽然星风是通过天鹅座 P 型轮廓很好地记录下来, 但它们的起源并不清楚. 同样神秘的是 X 射线光度, 它的强度介于金牛座 T 型星和大质量主序天体之间.

盘的直接观测证据很少, 对于较早型的赫比格 Be 星则完全没有. 尽管如此, 我们确实在较老的天体周围看到了残留的碎屑盘. 一颗老化的主序前恒星周围的尘埃会逐渐凝聚成更大更多的颗粒. 恒星光子的坡印廷-罗伯特森阻力导致这些颗粒向内旋进. 尘埃颗粒必须得到补充, 大概是通过较大轨道天体的相互碰撞. 在任何情况下, 光学和亚毫米波观测都表明, 碎屑盘在主序阶段逐渐消失. 通过气体吸收谱线可以看到偶发的内落. 这种物质可能来源于掠过恒星的彗星的蒸发.

建 议 阅 读

18.1 节 赫比格 Ae/Be 星的最初证认见

Herbig, G. H. 1960, ApJSS, 4, 337.

两篇较新的综述见

Pérez, M. & Grady, C. A. 1997, Sp. Sci. Rev., 82, 407.

Waters, L. B. F. M. & Waelkens, C. 1998, ARAA, 36, 233.

对于这些天体周围的其他恒星的成团性, 见

Testi, L., Palla, F., & Natta, A. 1999, AA, 342, 515.

赫比格 Ae/Be 星和经典 Be 星的一个有用的比较见

T. Böhm & L. A. Balona 2000, in "The Be Phenomenon in Early-Type Stars," eds. M. A. Smith, H. F. Henricks, & J., Fabregat (San Francisco: ASP), p. 103.

18.2 节 中等质量恒星收缩中的热弛豫的数值研究见

Palla, F. & Stahler, S. W. 1993, ApJ, 418, 414.

对 CNO 双循环的说明见

Rolfs, C. E. & Rodney, W. S. 1988, *Cauldrons in the Cosmos* (Chicago: U. of Chicago), Chapter 6.

主序前不稳定带的首次描述见

Marconi, M. & Palla, F. 1998, ApJ, 507, L141.

18.3 节 根据光谱能量分布进行的赫比格 Ae/Be 星的分类见

Hillenbrand, L. A., Strom, S. E., Vrba, F. J., & Keene, J. 1992, ApJ, 397, 613.

这篇文章对 I 组天体的盘解释随后受到了挑战, 部分由于近红外干涉成像的结果. 见, 例如

Millan-Gabet, R., Schloerb, F. P., & Traub, W. A. 2001, ApJ, 546, 358.

光致离解区的理论分析见

Diaz-Miller, R. I., Franco, J., & Shore, S. N. 1998, ApJ, 501, 192.

星风的存在首先在这篇有影响力的文献中进行了研究:

Finkenzeller, U. & Mundt, R. 1984, AAS, 55, 109.

18.4 节 支持赫比格 Ae/Be 星周围存在盘的观测证据总结在

Natta, A., Grinin, V. P., & Mannings, V. 2000, in *Protostars and Planets IV*, eds. V. Mannings, A. P. Boss, & S. S. Russell (Tucson: U. of Arizona), p. 559.

碎屑盘已经被深入研究了很多年. 有两篇综述

Backman, D. E. & Paresce, F. 1993, in *Protostars and Planets III*, ed. E. H. Levy & J I. Lunine (Tucson: U. of Arizona), p. 1253

Zuckerman, B. 2001, ARAA, 39, 549.

第一篇文章早于亚毫米观测, 仍然提供了物理清除机制的清晰总结. 关于绘架座 β 的内落彗星模型, 见

Beust, H. 1994, in *Circumstellar Dust Disks and Planet Formation*, eds. R. Ferlet & A. Vidal-Madjar (Gif-sur-Yvette: Editions Frontières), p. 35.

第六部分
恒星组成的宇宙

第 19 章　星系尺度的恒星形成

我们对恒星诞生的探索引领我们穿越了很多不同的环境. 这些环境有广泛的物理条件, 从年轻恒星致密的核燃烧内核到产生这些天体的最大连续气体云. 基本的经验数据几乎全部来自我们自己的银河系, 实际上大部分来自太阳系附近. 在组成第六部分的最后两章中, 我们从两个方面拓宽我们的视角. 首先, 我们描述了在整个星系尺度上关于恒星形成活动已经知道的事. 我们看到弥散气体的消耗如何受到这些系统形态的影响, 进而可能影响这些系统的形态. 我们在这里的描述相比邻近区域必然是更定性、更粗略的. 第 20 章将试图以总结的方式从整体上重新考虑恒星形成的物理问题. 我们评估了已经获得的见解和理解得仍然很差的领域.

我们对星系的研究从银河系自身开始. 在描述了我们自己星系的恒星诞生模式后, 我们在 19.2 节转向其他旋涡星系, 以及其他两大类, 椭圆星系和不规则星系. 在椭圆星系中, 恒星形成早就停止了. 我们描述了使我们可以重建早期活动历史的线索. 在富含气体的不规则星系中, 包括我们附近的小星系, 正在产生新恒星.

这种活动在星暴系统 (19.3 节的主题) 中达到极端情形. 这里, 星系的一个区域, 通常靠近中心, 正在经历一个戏剧性的非常短暂的剧烈恒星形成活动. 如我们将要看到的, 为这种爆炸性事件提供燃料的内流气体通常是由与邻近星系的相互作用或并合引起的. 奇异的现象也发生在更古老的系统中, 包括一些已经看不到的类型, 还有一些似乎比现在的星系更早的类型 (19.4 节). 当我们在 19.5 节将我们的研究扩展到最早的恒星形成时, 我们达到了现有知识在时间和空间上的极限.

19.1　重访银河系

在第 1 章中, 我们介绍了我们银河系恒星形成的两个基本测量量. 一个我们记作 $\dot{m}_*$, 是局域诞生速率, 用 $M_\odot \, \mathrm{yr}^{-1}$ 每平方秒差距银盘为单位. [①]这个数值指的是太阳附近的活动性. 第二个量 $\dot{M}_*$ 是对整个盘求和的总的速率 (单位为 $M_\odot \, \mathrm{yr}^{-1}$). 这些数是怎么得到的? 此外, 如果 ϖ 表示银心半径, 那么对

---

① 我们把讨论限制在传统 "薄" 盘, 标高为 100 pc 量级. 也有厚盘的证据. 它的标高要大一个量级.

于 $\dot{m}_*(\varpi)$ (恒星形成率的径向变化) 我们知道什么? 我们的首要目标应该是为这些关键的活动性提供经验基础. 然后我们就可以对比我们自己的银河系和其他星系.

19.1.1　盘中的活动

我们处于银盘内这个事实使得我们不可能观测到所有遥远的年轻星群, 因而也无法得到它们相应的诞生速率. 可见光被星际尘埃强烈吸收, 因此必须转向红外和射电. 图 1.19 展示了近红外光子如何穿透到银河系中心核球. 然而, 大部分这种光是由红巨星贡献的. 在整个盘上分离出年轻恒星成分的艰巨任务仍然没有完成. 一个更可行的方法是调查远红外和射电发射, 已经知道这些发射只来自大质量恒星. 因为这些天体的寿命相对较短, 所以人们基本上可以得到它们的瞬时形成速率, 而不需要考虑那个地方之前的历史. 把所有质量恒星的诞生速率加起来需要我们用初始质量函数补充大质量恒星的数量.

让我们把重点放在射电发射上, 它有热辐射和非热辐射. 第一类中包括充满星际空间的厘米波辐射的弥散背景. 虽然接收到的流量比其他星际源弱, 但它还是太强了, 不可能源于恒星光球. 相反, 它代表了大质量天体周围电离氢区的自由-自由发射. 我们在第 15 章中描述了这些空间是如何被赖曼连续谱光子电离的. 将厘米波流量 (作为银经的函数) 转换为相应的恒星电离光子的发射率 (表示为银心半径的函数) 是很简单直接的, 至少在原则上是这样的. 后一个函数反过来又得到了 O 型星和早 B 型星的面密度. 它们的诞生速率用适当的主序寿命得到 (表 1.1).

一个非常类似的分析可以应用到两种具有非热射电流量的源, 同样, 最方便的是在厘米波波段. 一种是来自超新星遗迹的同步辐射 (15.5 节). 经验表明, 表面亮度 (即比流量除以源所张的立体角) 随遗迹表面的物理直径急剧下降. 这种关系允许人们评估单个遗迹的距离, 只要它们在空间上是分立的. 这些天体的空间密度随后转换为前身星, 大质量恒星的分布.

最后, 广泛的射电巡天已经探测到了数千颗银河系脉冲星. 我们回忆一下, 每颗脉冲星都是一颗快速转动的中子星. 这种情况的距离是用星际色散现象确定的. 这种源发出短促而重复的宽带射电脉冲. 随着光子穿过星际气体的电离成分, 较短波长的光子有较大的群速度. 净的结果是最初的脉冲散开 (色散) 一个正比于距离的量.[①]同样, 源的区域分布可以重新解释为相应的大质量恒星诞生率的空间变化.

---

① 色散实际上依赖于辐射量 (emission measure), 即电子密度平方对距离积分 (15.1 节). (译者注: 这里说错了, 色散依赖于色散量, 是电子密度对距离的积分.) 因此, 得到大量脉冲星的距离需要银盘中电子密度的全局模型.

我们强调, 由此得到的诞生率仅代表恒星分布大质量尾端的一小部分. 如果我们假设初始质量函数在盘中是相同的, 那么我们可以画出完整的归一化到 $\dot{m}_*(\varpi_\odot)$(太阳附近的值) 的经验诞生率. 图 19.1 展示了结果. 考虑到相当大的测量不确定性, 这三种方法都表现出相似的趋势, 这是非常重要和令人满意的. 恒星形成率稳定地向内增加到 $\varpi \approx 3$ kpc. 有迹象表明, 在这个半径以内会急剧下降.

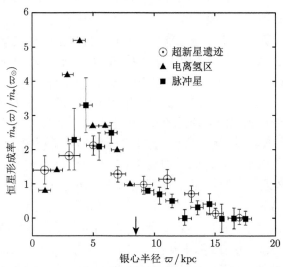

图 19.1 单位面积银盘的恒星形成率. 这个表示为银心半径函数的速率归一化为太阳系 (其径向位置在这里用竖向箭头表示) 的值

为 $\dot{m}_*(\varpi)$ 赋一个值现在只需要一个数, 总诞生速率. 这里, 我们回想用于建立初始质量函数的方法 (4.5 节). 方程 (4.4) 明确展示了如何用 $\dot{m}_*(\varpi)$ 将今天的光度函数 $\Phi(M_V)$ 转换为初始的 $\Psi(M_V)$. 后者又通过方程 (4.5) 得到初始质量函数 $\xi(M_*)$. 因为光度函数 $\Phi(M_V)$ 是用物理单位表示的 (见图 4.21), 转换到 $\Psi(M_V)$ 得到一个 $\dot{m}_*(\varpi_\odot)$ 真实值. 在局域诞生率为时间常量 (见下文) 的附加假设下, 我们发现 $\dot{m}_*(\varpi_\odot) \approx 3 \times 10^{-9} M_\odot$ yr$^{-1} \cdot$ pc^{-2}, 每个方向有百分之五十的不确定度. 对图 19.1 中的点光滑近似后积分得到盘中的全局恒星形成率. 如第 1 章所引述的, 这个量为 $\dot{M}_* \approx 4 M_\odot$ yr^{-1}.

我们知道恒星诞生于分子云中. 那么, $\dot{m}_*(\varpi)$ 的径向变化和 H_2 面密度的径向变化相比如何呢? 图 2.3 展示了实质上的定性一致性. 气体面密度还是缓慢向内上升, 在 $\varpi \approx 4$ kpc 达到峰值. 在内部有一个明显的下降, 这也与恒星诞生率的空间模式一致.

19.1.2　银心

图 2.3 中 H_2 分布的另一个显著特征是高的中心峰. 靠近银心是否有相应的恒星形成率的上升? 如果是这样的话, 那么这种上升在图 19.1 中肯定不明显. 然而, 我们必须记住我们测量 $\dot{m}_*(\varpi)$ 的经验方法的内禀局限性. 例如, 位于银河系致密中心区域的脉冲星色散太大, 单个脉冲都被抹平了. 单个超新星遗迹的证认也变得问题很大. 然而, 图 2.3 分子物质的峰给出的结论是真实的. 在银河系中心附近确实有非常强的恒星形成活动.

然而, 在深入研究这个主题之前, 再次考虑盘中空间延展气体及其转化为恒星的速率. 在第 2 章中, 我们引用了银河系 H_2 总质量 $2 \times 10^9 M_\odot$(见表 2.2). 使用 $\dot{M}_* = 4 M_\odot \, \text{yr}^{-1}$, 所有分子气体应该在 5×10^8 yr 内消失, 这只是银河系年龄 1×10^{10} yr 的一小部分. 当然, 我们必须考虑到一部分分子气体由于星风、新星和超新星而重新进入星际介质的事实. 但这种 $\dot{M}_*$ 的等效减小可能只有百分之二十五, 不改变基本结果. 另一方面, 盘中原子氢的质量更大, 大约为 $7 \times 10^9 M_\odot$. (表 2.2). 所以总的气体耗尽时间增加到 2×10^9 yr, 这是一个更可接受的结果. 在整个过程中, HI 必须稳定地转变为 H_2. 因为 HI 面密度在大的 ϖ 非常平, 所以气体也有明显的径向输运.

其中一些气体进入银心. 在第 5 章中, 我们讨论了图 5.3 通过亚毫米波发射展示的一块巨分子云 Sgr B2 的丰富化学成分. 虽然 Sgr B2 保持着银河系中质量最大的分子云的纪录, 但它只是该区域六个类似实体中的一个. 所有这些分子云的质量都超过 $10^6 M_\odot$, 密度 $n_H \gtrsim 10^4 \, \text{cm}^{-3}$, 更具周围盘中致密云核的特征. 这些云中的动理学温度也相对较高, 通常为 70 K, 它们的内部速度弥散也较大, 从 $15 \, \text{km} \cdot \text{s}^{-1}$ 到 $50 \, \text{km} \cdot \text{s}^{-1}$.

巨分子云都位于银河系平面中. 围绕它们的是一个大质量环, 也由分子氢组成. 这个结构的半径大约为 200 pc, 相对于银河系平面倾斜. 这个环和其中的分子云共同组成了中心分子区 (central molecular zone). 毫高斯强度的磁场渗透到气体中. 这个磁场通过同步射电辐射的长丝状结构显现出来. 其他高能现象包括在 X 射线看到的热 $(T \gtrsim 10^7 \, \text{K})$ 等离子体, 半径 100 pc. 也有证据表明更靠近中心的强射电源 Sgr A* 中潜伏着一个大质量黑洞.

但是, 让我们回到我们的主题, 恒星形成活动. 使用之前描述的射电连续谱方法, 加上类似的远红外发射的分析, 得出中心分子区的恒星形成率为 $0.3 M_\odot \, \text{yr}^{-1}$, 大约是整个银河系的百分之十. 确切地说, 新的恒星是在哪里诞生的? 首先考虑 Sgr B2. 从 VLA 干涉测量的射电连续谱发射看, 这个复合体分解为几十个电离氢区, 分布在 9×11 pc 的区域中. 很多电离氢区是极端致密的, 展现出彗星状或壳层状的形态 (回忆图 15.7). 连续谱观测也揭示了分立的电离氢区周围更延展的辐射晕. 我们再次目睹了大质量恒星的加热效应和电离效应. 毫无疑问, 相伴的还有更多小质量天体, 但探测不到, 至少通过这样的方法探测不到.

中心分子区内的一些分子云似乎是惰性的, 而其他分子云形成了类似数量的大质量恒星, 如连续谱和复合线的射电观测所揭示的. 复合线给出了外流电离物质的速度. 然而, 最强烈的恒星形成活动发生在三个没有嵌埋在巨分子云中的星团中, 可能是因为气体已经被驱散了. 一个这种星团, 半径大约 1 pc, 围绕中心黑洞和射电源 Sgr A*. 事实上, 黑洞质量 ($2 \times 10^6 M_\odot$) 已经通过追踪成员星的自行得到了. 就在星群外面是一个气体盘或环, 其内边缘被恒星辐射辐照, 被星风侵蚀.

另外两个孤立星团也只能在红外看到, 位于距离中心投影距离大约 30 pc 处. 其中一个被称为拱门星团 (Arches), 是用附近的射电丝状结构系统命名的. 在意识到这些结构的发射是热发射 (因而需要一个外部热源) 之后, 一次深度的近红外搜索发现了这些恒星. 这个星团是一个令人印象深刻的实体. 虽然大小只有十分之几秒差距, 但它包含了 150 多颗 O 型星. 外推给出星团的总质量超过 $10^4 M_\odot$. 一个类似的星群是五合星团 (Quintuplet Cluster). 这个星团也被发现靠近一个延展的射电发射区. 图 19.2 展示了一些比较突出的恒星, 以及射电源, 通常被称为手枪星云 (The Pistol). 星团本身的名称来自最初在近红外巡天中发现的一组五颗恒星. 哈勃太空望远镜后来观测了数千颗其他的成员星. 颜色-星等图展示出了主序结束拐点, 给出一个大致的年龄 4×10^6 yr. 这个数值是拱门星团的两倍.

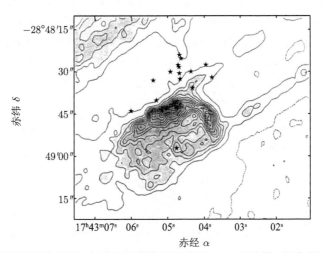

图 19.2　银心附近的五合星团. 灰度图和等值线展示了 6 cm 连续谱. 图中还给出了一些最亮的红外恒星

　　中心星团、拱门星团和五合星团是银河系中质量最大的年轻恒星聚集体. 例如, 它们总共占据了所有 O 型星的百分之十. 它们的中心密度超过猎户座星云星团两个量级. 然而, 这些致密星群一定是短命的, 因为我们在银心没有发现年龄 10^7 yr 或更长的类似系统. 此外, 这些星团总的恒星产生速率虽然惊人, 但只占中心分子区的一小部分. 我们应该把这些星团视为具有持续恒星形成的更大区域中壮观但短暂和高度局域活动性增强的结果.

　　进一步拓宽我们的视野, 银河系中心的恒星产生依赖于从盘稳定流入的气体. 不难理解为什么会出现这种流动. 回想一下我们对原恒星盘的讨论 (第 11 章), 在较差转动的扁平结构中, 自引力是如何建立曳旋臂 (trailing spiral arm) 的. 和这些旋臂相关的引力扰动产生内部扭矩, 进而导致质量内流. 原恒星盘是气态实体, 而星系主要由分立的恒星组成. 然而, 同样的基本物理适用, 如我们星系和类似星系的旋臂所展示的. 因此, 我们可以理解, 至少在一般意义上, 银心如何得到它的气体库来形成新恒星. 最后注意, 中心密度的尖峰产生了强大的引力潮汐力. 因此向内运动的物质最终被破坏. 这个过程解释了拱门星团和五合星团这样密集星团的短暂寿命.[①]

19.1.3　施密特定律

　　我们之前注意到, 在 $\varpi \lesssim 4$ kpc, H_2 面密度和环向平均的恒星形成率 $\dot{m}_*(\varpi)$ 都下降. 类似地, 气体的体密度和恒星形成速率也一起变化, 向着银心达到它们的最大值. 在任何地方, 新恒星的产生都依赖于分子气体形式燃料的可用性, 这毫不奇怪. 一个简单的函数关系是否在整个银河系中都成立是另一个问题, 已经讨论了很多年了. 1959 年, M. 施密特最早提出, 太阳附近的恒星形成率正比于局域气体密度的平方, 这两个量都是以单位体积测量的. 他引用年轻恒星的标高 (大约是弥散气体的一半) 作为证据. 注意后者指的是原子氢. 然而, 可以合理地假设相关的量是总的气体密度, 原子加分子. 这个假设和施密特的原始假设一致, 因为在太阳附近 HI 远多于 H_2(图 2.3).

　　大尺度恒星形成和盘气体循环的模型使用了一个类似但数学上完全不同的关系式. 施密特定律最常见的形式是

$$\dot{m}_*(\varpi) = A\left[\Sigma_{\text{gas}}(\varpi)\right]^N. \tag{19.1}$$

这里 A 和 N 是常量, Σ_{gas} 是星际气体总的面密度. 图 2.3 和图 19.1 的直接比较表明方程 (19.1) 不可能完全正确. 另一方面, 这个关系符合 $\dot{m}_*$ 和 Σ_{gas} 都在 $\varpi = 4$ kpc 达到峰值的事实. 仅考虑这一内部区域, 可以得出结论 $N \sim 1$. 另一

---

① 潮汐力在 $\varpi = 0$ 消失, 因此可能不会破坏中心星团. 不幸的是, 从它的颜色-星等图上也更难确定这个星群的年龄, 它受到银心核球更老的恒星的污染.

方面, $\Sigma_{\rm gas}$ 在 $8 \lesssim \varpi \lesssim 16$ kpc 大致为常量, 而 $\dot{m}_*$ 在这个区间降到零. 有可能恒星形成需要一个阈值面密度, 这个阈值在外区太大了. 事实上, 我们很快就会看到, 施密特定律的另一种全局形式似乎适用于其他旋涡星系, 只要 $\Sigma_{\rm gas}$ 超过某个最小值.

为什么方程 (19.1) 中的幂律关系应该成立, 从理论上看一点也不清楚. 原则上, $\dot{m}_*(\varpi)$ 一定 (至少) 依赖于新分子云的产生速率和这些分子云在消亡之前形成恒星的速率. 我们在第 5 章和第 8 章中已经看到, HI 气体向 H_2 转变作为一个局域过程得到了很好的理解. 原子气体形成分子云复合体的形成速率就是另一回事了. 关于这些云形成后的恒星产出, 我们的理解也同样有限. 因此, 施密特定律必须被看作一个严格的观测结果. 它的简单性使得它成为银河系模型的一个关键组成部分, 尤其是化学演化模型.

19.2　其他星系

当我们把注意力转向河外星系, 我们立刻被它们各种各样的形状和大小所震撼. 正如我们将要展示的, 这些形态上的差异和恒星形成模式中同样的多样性有关. 这里的联系并不明显. 就恒星形成而言, 一些高光度的巨型系统是完全不活跃的. 相反, 一些内禀暗弱的星系产生恒星的速度比银河系快得多.

19.2.1　哈勃序列

我们首先给出基本的分类和命名. 像银河系这样的旋涡星系有一个中心核球和一个延展的扁平盘. 类似图 19.3 中 NGC 4472 这样的椭圆星系是完全三维的实体, 基本上仅仅由核球组成. 它们展现出一系列投影形状, 从球到雪茄. 这个序列的另一端是不规则星系, 如图中的大麦哲伦云 (一个围绕银河系的伴星系) 所示. 这个星系有旋臂结构的痕迹, 但在这幅图中不明显, 没有中心核球. 这两个极端之间的是旋涡星系, 根据哈勃分类法分为 Sa 到 Sd. 这里的顺序是核球大小减小和盘的旋臂模式的开放程度. 图 19.3 给出了一个早型 (Sa) 和一个晚型 (Sd) 系统的例子. 我们也可以回想展示了 M51(一个分类为 Sc 的系统) 的图 1.20. 我们自己银河系的形态被认为处于 Sb 和 Sc 之间. 最后, 我们注意到, 在最细长的椭圆星系和最早型的旋涡星系 Sa 之间有一个过渡类型 (S0).

这个序列仅仅基于星系的光学外观. 然而, 排序和其他观测特征有很好的相关性. 其中之一就是通过光谱测量的恒星本身的径向速度. 对这些速度的详细研究加上理论建模, 表明椭圆星系中的恒星处于几乎径向的倾斜轨道中, 轨道平面是随机取向的. 正如人们可以预期的, 旋涡星系的盘由在基本共面的圆轨道中运动的天体组成. 中心核球还是显示出更随机的速度.

NGC 4472 椭圆星系　　　　　　　　　　NGC 4111 星型旋涡星系

NGC 45 晚型旋涡星系　　　　　　　　　LMC 不规则星系

图 19.3　　四个样本星系横跨哈勃序列. 所有照片都是光学图像

我们将各种星系类型如何在宇宙中产生这一至今知之甚少的基本问题推迟到 19.4 节和 19.5 节. 现在, 我们只需指出, 哈勃序列中一个系统的位置主要并不是反映其年龄, 而是反映其起源的详细情况. 也就是说, 大部分相对邻近的星系有差不多的年龄, 大约 1×10^{10} yr. 原初气体中一个给定区域凭借其质量和速度分布以及相关的暗物质的量, 发展成某种哈勃类型. 我们记得, 暗物质显然仍然存在于今天旋涡星系的晕中, 并且实际上主导了系统的总质量. 一个关键的事实肯定和这个讨论有关, 就是大多数椭圆星系是在星系团中心发现的. 另一方面, 旋涡星系可以作为孤立的天体出现, 也可以出现在拥挤的区域.

尽管椭圆星系和旋涡星系可能有相同的年龄. 但它们的恒星形成历史完全不同. 看待这个事实的一个有趣的方法是看沿哈勃序列的测光颜色的变化. 图 19.4 展示了数百个星系的平均 $B - V$ 色指数作为哈勃类型的函数. 椭圆星系是最红的, 而旋涡星系的颜色逐渐变蓝. 解释是, 来自早型星系的大部分光来自当前处于红巨星阶段的相对较老的小质量恒星. 晚型星系含有大量大质量和高有效温度的主序星. 图 1.20 的两幅图展示了 M51 的情况, 旋臂主要发出蓝光. 大质量的热恒星一定是年轻的. 总结起来, 恒星形成活动在椭圆星系中结束得很早, 但在旋涡星系和不规则星系中还在进行. 对椭圆星系的这种观点得到了射电观测的支持, 观测发现它们缺乏分子和原子气体.

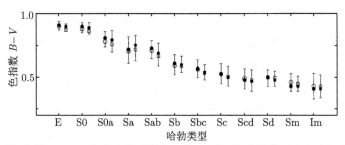

图 19.4　星系色指数 $B - V$ 作为哈勃类型的函数. 注意到, 哈勃类型含有中间的旋涡星系类型 (例如 Sbc), 以及麦哲伦不规则星系 Sm 和 Im(见正文). 这两组数据点是通过对两个不同的星系列表平均得到的. 误差棒代表集数的统计误差

19.2.2　早型和晚型旋涡星系

现在回到旋涡星系和它们的积分光学光谱. 图 19.5 给出了代表很多系统平均的两个例子. 这里我们看到较早哈勃类型较红的颜色如何与光谱中较短波长的抑制有关. 这种抑制充满了 Sd 系统. 另一个沿哈勃序列发生的变化是强发射线的外观, 特别是 5000 Å 附近的 [OⅢ] 双线和 6563 Å 的 Hα. 这些线不是来自恒星光球 (它产生了蓝的连续谱), 而是来自围绕年轻大质量恒星的电离氢区. 大质量恒星是和数量多得多的小质量恒星一起形成的, 比例由初始质量函数决定. 所以, 一个星系的 Hα 光度等效地测量了它的总恒星形成率, 并且实际上成为使用最广泛的手段. 这个技术不能用于我们自己的银河系, 因为银盘里有非常大的消光. 甚至对于侧视的河外星系 (例如图 19.3 中的 NGC 4111) 也必须改正消光. 最后注意到, 还使用了紫外、红外和射电波段的其他诊断方法作为 Hα 数据的补充.

图 19.6 展示了很多单个旋涡星系根据哈勃类型分组的 Hα 等值宽度. 为了作比较, 图中还包括了少量椭圆星系 (这里标记为 E/S0) 和不规则星系 (Sm/Im). 如图所示, 观测到的流量包括附近 [NⅡ] 线发射, 必须减去这个额外的分量才能得到恒星形成率. 回顾方程 (17.1) 和相关的讨论, 谱线的等值宽度测量了它相对附近连续谱的强度. 所以, 图 19.6 实际上给出了单位星系红波段光度而非总光度的内禀恒星形成活动. 在任何情况下这个趋势都是明显的. 如所预期的, 椭圆星系根本没有恒星形成活动. 晚型旋涡星系展现出活动性增加, 最大活动性系统性地沿哈勃序列增加. 当数据被转换为真正的恒星形成率, 平均来说, 从 Sa 到 Sc 增大到 20 倍. Sc 的典型 $\dot{M}_*$ 值为 $10 M_\odot \ \mathrm{yr}^{-1}$.

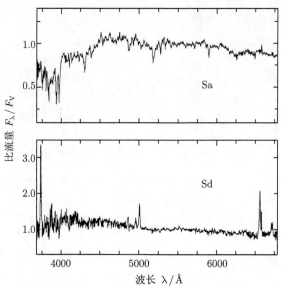

图 19.5　沿哈勃序列的星系光谱. 上图是 11 个 Sa 型星系的平均光谱. 下图代表了 7 个分类为 Scd 和 Sd 的系统的平均光谱. 在两幅图中, 比流量归一化到 5500 Å 的值

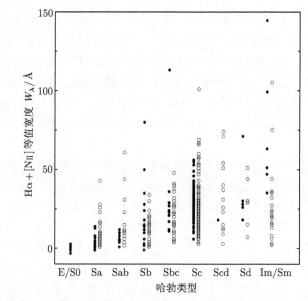

图 19.6　场星系 (实心圆圈) 和室女团 (空心圆圈) 中的星系的 Hα 和 [NII] 组合的等值宽度. 这些星系按哈勃类型进行了划分. 再次注意到中间类型, 例如 Sab

将旋涡星系中的活动性和它们的星际介质进行比较也很有趣. 根据方程 (19.1),

图 19.7 画出了单位面积银盘的总恒星形成率 $\langle \dot{m}_* \rangle$ 和弥散气体平均面密度 $\langle \Sigma_{\mathrm{gas}} \rangle$ 的关系图. 后者是 CO 和 HI 测量的分子和原子气体的总质量除以盘面积得到的. 尽管有明显的弥散, 但这些点在对数图中显示出了线性趋势. 也就是说, 旋涡星系大致遵循全局形式的施密特定律:

$$\langle \dot{m}_* \rangle = A_1 \langle \Sigma_{\mathrm{gas}} \rangle^{N_1}. \tag{19.2}$$

图中给出的最佳拟合曲线对应于 $N_1 = 1.4$.

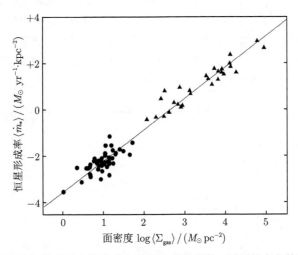

图 19.7　单位盘面积的恒星形成率作为总气体面密度的函数. 圆圈代表宁静星系, 三角代表星暴星系 (见 19.3 节). 对于后者, 气体面密度是由 CO 观测得到的核区周围的值

19.2.3　密度阈值

前面我们在讨论银河系的 $\dot{m}_*$ 时引入了气体面密度阈值的想法, 在这个阈值之下不可能维持强烈的恒星形成活动. 这个概念实际上来源于对其他旋涡星系有很好分辨率的观测, 在那里恒星形成活动的空间限制更明显. 因此, 我们经常看到星系的恒星盘延伸到 Hα 发射区之外. 后者随半径有一个陡的截断. 在这个截断之外, 仍然可以发现单独的电离氢区, 但它们的面密度低得多.

鉴于这一发现, 我们现在可以用更精确的方式重新讨论阈值密度. 在任何星系中强的 Hα 发射边界附近, 我们应该考察总的气体面密度 Σ_{crit}. 实际上, 对这个量有一个简单的理论描述被证明惊人地精确. 假设我们认为星系中的气体构成了它的盘. 让我们进一步假设分子云以及恒星仅在这些流体引力不稳定的半径处形成. 自引力盘的稳定性由方程 (11.41) 中给出的图姆尔 (Toomre)Q 参数决定. 设

$Q = 1$ 并重新排列各项, 得到 Σ_{crit} 的表达式:

$$\Sigma_{\mathrm{crit}} = \frac{\kappa a_s}{\pi G}. \tag{19.3}$$

我们计算方程 (11.42) 中的本轮频率 (epicyclic frequency)κ, 使用了观测的 H I 气体的转动速度分布 $\Omega(\varpi)$. 此外, 我们把声速 a_s 解释为每个半径处原子和分子物质的加权平均速度弥散. 这个量也由观测给出.

　　方程 (19.3) 能多好地解释恒星形成阈值? 图 19.8 展示了大量旋涡星系中面密度的变化. 这里 Σ_{gas} 归一化到 Σ_{crit}. 半径类似地归一化到 Hα 截断的位置 $\varpi_{\mathrm{H II}}$. 在一个典型星系中, Σ_{gas} 本身从中心到 $\varpi_{\mathrm{H II}}$ 可以下降两个量级, 而 $\Sigma_{\mathrm{gas}}/\Sigma_{\mathrm{crit}}$ 仅仅变化了一个因子 3. 因此, 内部气体永远不会远离临界稳定. 更令人吃惊的是, $\Sigma_{\mathrm{gas}}/\Sigma_{\mathrm{crit}}$ 在 $\varpi/\varpi_{\mathrm{H II}} = 1$ 的点达到了一个接近普适的值. 于是, 方程 (19.3) 似乎很好地预测了观测到的截断, 特别是如果我们在右边加一个数值系数 (大约 0.7).

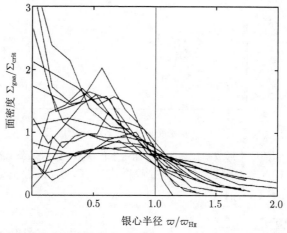

图 19.8　旋涡星系盘中总的气体密度作为半径的函数. 面密度归一化到临界值, 半径归一化到 Hα 测量的恒星形成阈值. 水平直线对应于方程 (19.3) 左边的数值系数 0.67

　　尽管取得了这一成功, 但导出方程 (19.3) 的基本模型肯定是过于简化了, 难以在任何细节上加以证明. 弥散气体占典型旋涡星系质量的一小部分. 所以, 是恒星提供了大部分作用在气体流体元上的引力. 这个事实从观测到的转动速度分布是很清楚的. 也就是说, 在任意半径得到的 $\Omega(\varpi)$ 等于从积分的恒星光谱的多普勒移动得到的值. 那么气体的引力不稳定性是怎么依赖于 Σ_{gas} 的?

　　对于为什么方程 (19.3) 如此有效, 目前还没有完全令人满意的解释, 但我们至少可以指出一个有共识的关键点. 正确评估星系的引力稳定性必须同时考虑气体和恒星. 为了进行这种分析, 我们可以把恒星看作一种有内压强的流体. 这种压强来源于恒星有限的速度弥散, 即它们对完美圆周运动的偏离. 此外, 我们自己的银河系中这种高达 35 km·s^{-1} 的速度弥散远大于气体的速度弥散. (在银河系中局域值大约为 8 km·s^{-1}.) 但每个流体成分的压强加上它的转动, 抵抗了引力. 所以, 恒星-气体组合系统的稳定性对气体敏感, 即使其质量分数很小.

"恒星形成最终由星系的引力不稳定性引起" 是一个吸引人的观点, 激发了很多研究. 不幸的是, 在这方面的全局计算和单块云演化和坍缩的计算之间仍然存在巨大的差距. 这个图景中的一个重要元素 (至少对于我们现在考虑的星系) 是驱动旋臂形成的自引力, 即使没有气体也是如此. 我们从观测知道 HI 沿旋臂聚集, 可能沉降到它们提供的引力槽 (gravitational trough) 中. 由此引起的柱密度增加促进了自遮蔽和分子气体的产生. 高分辨率 CO 研究发现它也显示出旋臂结构 (图 1.21). 环向平均的 CO 强度也是首先向中心上升然后可能下降, 有时在 $\varpi = 0$ 达到峰值. 我们自己星系的分子环在其他这些星系中找到了类似的结构.

我们注意到 Hα 是由或者间接由短寿命的大质量恒星产生的. 任何基于这种技术对恒星形成活动进行的评估都仅针对今天的条件. 关于星系尺度的活动历史, 我们知道什么? 为了解决这个问题, 最广泛使用的方法是星族合成建模 (population synthesis modeling). 这里的想法是将一系列恒星光球的光结合起来, 以匹配星系的观测光谱, 即其宽带流量分布和分立的吸收线. 另一方面, 解释星系的发射线更为困难, 因为这需要处于各个时期的星际云模型.

在任何情况下, 首先从理论上得到单颗恒星的流量作为其质量和演化年龄 τ 的函数来影响拟合. 固定 τ, 将多颗恒星的流量按照初始质量函数的权重相加, 得到 $f_\lambda(\tau)$, 每个时刻的星系光谱能量分布. 使用恒星形成率 $\dot{M}_*(t)$ 并对一个时刻的结果积分得到时刻 t 的预测流量:

$$F_\lambda(t) = A \int_0^t \dot{M}_*(t - \tau) f_\lambda(\tau) d\tau. \tag{19.4}$$

这里, A 是归一化常数, 单位是 $M_\odot^{-1}$. 任意时刻 t 的积分都有来自很多时期的贡献. 物理上, 观测的光谱能量分布对之前的历史敏感, 因为质量足够小的年老恒星仍然存在. 我们的做法是先确定当前的星系年龄, 然后改变恒星形成率, 假设一个简单的指数时间依赖关系. 将气体的*初始金属丰度* (自然是远低于太阳金属丰度) 作为一个自由参数是常见做法. 金属丰度通过假设恒星风和超新星遗迹与先前存在的气体迅速混合而变化.

通过这种建模得到的最佳拟合参数表明, 即使在同一哈勃类型的星系之间, 演化历史也有显著不同. 然而沿着哈勃序列也一个明确的趋势. 在较早型的旋涡星系中, 今天的恒星形成率差不多比整个星系寿命平均的恒星形成率低一个量级. 在 Sc 星系中, 当前的和平均的恒星形成率更接近, 表明变化相对缓慢. 因此, 用于推导初始质量函数的"银河系恒星形成率不变"这个简化假设不是不合理的. 在任何情况下, 旋涡星系历史的模式与我们之前的评论是一致的. 考虑哈勃序列的一端, 椭圆星系今天没有恒星形成, 而在富气体的不规则星系中恒星形成率超过了平均值. 然而, 这些发现现在仍然是个谜. 每个 Sc 星系在其早期一定是气体主导的. 可以推测 $\langle\Sigma_{gas}\rangle$ 随时间下降. 但是, 每个时期的施密德类型的定律都会和稳态消耗速率不一致. 一个重要的警告是, 星系在形成恒星时会继续吸积新鲜气体. 这一点将在后面讨论.

19.2.4　不规则星系中的活动

当前具有相对高 $\dot{M}_*$ 值星系的光学图像显示出更多的电离氢区. 而且, 每个区域的平均大小都比较大. 在一个典型的 Sa 星系中, 一块 Hα 发射区只需要少数 O 型星就可以提供观测到的光度. 在 Sc 型系统中, 这个数字上升到几百. 当我们沿哈勃序列来到不规则星系时, 我们发现巨型电离氢区占主导地位. 实际上, 不规则星系斑驳的外观在很大程度上反映了大质量恒星形成的地点在一个盘状几何结构中的不对称分布.

不规则星系的一个原型例子是大麦哲伦云 (图 19.3). 它位于相对靠近银河系的地方 (50 kpc), 是这一类系统中研究得最充分的. 如外围 HⅡ 气体的速度所示, 明亮的光学部分内的总质量为 $4 \times 10^9 M_\odot$. 这个数值是典型旋涡星系的百分之几. 不规则星系通常也是较暗弱的星系. 然而, 这些大小和质量都不起眼的低光度天体在所有已编目的系统中占了很大比例, 至少有三分之一. 它们的高恒星形成活动水平不仅反映在它们较蓝的颜色中 (图 19.4), 而且更直接地反映在存在巨大的电离氢区.

在大麦哲伦云中, 最令人印象深刻的区域是剑鱼座 30(30 Doradus). 这是位于图 19.3 星系主体左上方的亮斑块 (也回想一下底片 8). 整个复合体的直径有 1 kpc. 它含有超过 100 颗 O 型星, 包括这个区域中一个被称为 R136 的特别致密的聚集体. Hα 图像表明存在很多壳层, 一些壳层包围了发射 X 射线的空腔. 大部分这些热气体由超新星爆发提供能量. 其他膨胀壳层是沃尔夫-拉叶星 (Wolf-Rayet star) 的星风产生的. 这种星是大质量的主序后天体, 已经将大部分富氢的气体慢抛出. 暴露的氦组成的核区发出快速的星风, 当星风冲入先前抛出的幔时产生激波. 图 19.9 展示了一个例子, 剑鱼座 30 外面的一个特别对称的星风驱动的壳层. 这里, 从一个 OB 星协流出的气体撞击周围的 HI 云.

当然, 快速移动的壳层、热气体和其他高能现象只是一个涉及很多更小质量天体的过程中最壮观的表现. 大麦哲伦云足够近, 这个更大的群体可以通过直接成像进行研究. 现在已经通过 Hα 分辨出了数百颗经典金牛座 T 型星, 对单个天体的详细光谱研究也已经开始了. 由这些研究和其他研究, 我们推断出金属丰度平

N70

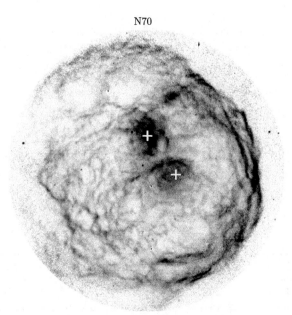

图 19.9 大麦哲伦云中一个 OB 星协的星风产生的 N70 壳层的 Hα 图像. 这个壳层半径是 55 pc. 两颗 O 型星用十字叉表示

均仅有太阳金属丰度的四分之一, 这是先前较低活动性的另一个迹象. 新恒星的大量产生与星际气体的量相符, 星际气体约占银河系总质量的百分之十五. 奇怪的是, 几乎所有弥散物质都是 HI, CO 光度只代表一小部分分子成分.

大麦哲伦云的巨型电离氢区虽然其发光引人注目, 但本质上和晚型旋涡星系中观测到的许多其他区域没有区别. 很明显, 一旦一个区域达到足以快速产生大质量恒星的密度, 更大环境的性质就不那么重要了. 第二个有价值的信息是, 星系中剧烈的恒星形成并不需要有很好的旋臂. 如本节前面所述, 这样的结构实际上存在于大麦哲伦云中, 但旋臂是破碎的, 对比度相对较低.[①]

大部分其他不规则星系的一般特征类似于两个最近的例子, 大麦哲伦云和 HI 更丰富的小麦哲伦云. 小部分所谓无定形不规则星系显示出更光滑的光学外观. 然而, 不能推测缺少电离氢区. 积分光谱仍然有明显的发射线, 特别是 Hα 光度相对较高. 一个更可靠的结论是, 恒星形成过程很强烈, 和麦哲伦类型的不规则星系中一样, 但在空间上更为弥散. 蓝矮星系的活动性也很强. 这些星系被认为是不规则星系的第三个子类, 它们是具有异常蓝的测光颜色和强发射线的小系统.

[①] 不规则星系也缺少旋涡星系中明显的不透明尘埃带. 尘埃颗粒的缺乏与这些系统中的低金属丰度一致. 注意到, 周围的紫外辐射在低尘埃介质中破坏性更大. 因此, 我们可以理解在这些系统中分子气体的量比较少.

19.2.5　本星系群

　　麦哲伦云不仅是我们的近邻星系, 也是组成本星系群 (the Local Group) 的三十多个星系中最明亮的星系之一. 这个引力束缚的实体, 延伸到接近 2 Mpc 的半径, 其中银河系是最突出的成员. 第三明亮的系统是仙女座星系 (M31), 一个 Sb 型旋涡星系. 仙女座星系和银河系加起来占据了这个星系群的几乎所有可见质量. 其余的成员包括第三个旋涡星系 (M33) 以及一组更小的低光度 (即矮的) 不规则星系和椭圆星系. 在大多数情况下, 小星系围绕两个大质量成员成团. 那些恒星密度没有中心峰的椭圆星系也被称为矮椭球星系 (dwarf spheroidal). 大约二十多个本星系群中的星系属于这后一类. 表 19.1 中列出了一些近邻星系的基本性质. 注意到我们已经将 B 波段光度 (大质量恒星成分的常规测量量) 制成了表格.

表 19.1　一些近邻星系的性质

名称	类型	距离/kpc	$L_B/L_\odot$	$M_{\rm HI}/M_\odot$	$M_{\rm H_2}/M_\odot$	$M_{\rm tot}/M_\odot$
银河系	Sbc		2×10^{10}	6×10^9	2×10^9	2×10^{11}
大麦哲伦云	Im	50	3×10^9	7×10^8	6×10^7	1×10^{10}
小麦哲伦云	Im	60	9×10^8	6×10^8	4×10^6	9×10^8
Leo I	dSph	250	1×10^6	$< 10^4$		7×10^8
NGC 185	dE	630	6×10^8	1×10^5	4×10^4	7×10^8
M31	Sb	750	6×10^{10}	5×10^9	5×10^8	3×10^{11}
M33	Scd	840	6×10^9	2×10^9	2×10^8	5×10^{10}

注意光度只是 B 波段 (光谱宽度 1000 Å) 光度. 除了 Leo I 和小麦哲伦云的所有系统的总质量都基于 HI 旋转速度, 所以包含了暗物质.

　　所有本星系群中的星系都足够近, 我们可以在空间上分辨出主序和主序外的单颗大质量和中等质量恒星. 于是可以构建颜色-星等图. 在这些图中可以区分不同年龄的族群. 最明亮天体的光谱观测也给出了子星群的金属丰度. 换句话说, 可以通过恒星产生和化学增丰读出星系的详细历史.

　　基本方法再清楚不过, 但对颜色-星等数据的解释不是件简单的事. 必须考虑不可避免的测光误差, 星系中的零星消光以及通常较远的距离. 一个有价值的方法是搜寻赫罗图或特殊恒星类型的特征. 例如, 远高于主序的水平分支表明相应的族群金属丰度较低, 年龄大于 10^{10} yr. 红巨星支的斜率和位置也对金属丰度敏感. 由大量 O 型星和早 B 型星的存在可以得出结论, 恒星是最近形成的, 即在过去 2×10^7 yr. 另一方面, 沃尔夫-拉叶星的缺失意味着这种活动在超过 6×10^6 yr 前停止了, 这是这种天体消失所需的时间.

　　图 19.10 展示了银河系的一个矮椭球伴星系 Leo I 的颜色-星等图 (使用了 V 和 I 波段). 我们把这个系统放在了表 19.1 中, 它的总质量和光度很低, 引人注意. 这幅图用 28000 颗观测到的恒星构建, 展示了主序和红巨星支. 主序的异常厚度

在很大程度上反映了测光的随机误差, 这些误差在最低的亮度有显著影响. 然而, 仍然有一个明确的转折点, 这意味着最小的恒星年龄是 1×10^9 yr.

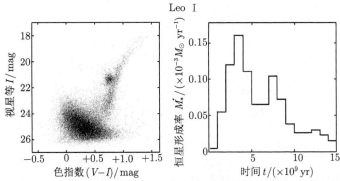

图 19.10　**左图**: Leo I 星系中的 28000 颗恒星的颜色星等图. 颜色和 I 波段星等都用空间平均的红化 $E(V - I) = 0.04$ mag 进行了改正. **右图**: 得出的整体恒星形成率作为回溯到过去的时间 t 的函数

Leo I 的红巨星支由中等年龄 (即从 1×10^9 yr 到 1×10^{10} yr) 的恒星组成. 这些经历了中心氦燃烧的恒星形成了左边明显的团簇. 同时注意到整个红巨星支相对于太阳附近的恒星向蓝端移动. 这个变化表明了金属丰度较低. 用于构建右图中恒星形成历史的 Z 的最佳拟合值为 4×10^{-4}, 或者太阳值的百分之二. 如这里所述, 这个历史实际上是从恒星年龄构建的 $\dot{M}_*(t)$ 的一个记录. 注意到遥远过去的低恒星形成水平. 这个时期的活动在颜色星等图中会显现为一个水平分支. 恒星形成在最近的一个尖峰很奇怪, 因为在目前没有探测到星际气体 (见表 19.1).

图 19.11 展示了一个非常不同的历史, 代表另一个本星系群成员 NGC 185 的数据. 这个仙女座星系的矮椭球卫星星系有强烈的中心恒星聚集. 基于 16000 颗恒星的颜色-星等图包含了中心区域和不太拥挤的区域 (那里的测光精度较高). 在这张图 (基本由一条加厚的红巨星分支组成) 中, 主序和水平分支都低于流量极限. 这里有年龄 1×10^{10} yr 或更大的小质量天体. 因此, 重建的恒星形成历史显示了强的初始爆发活动, 随后急剧下降. 观测结果显示, 中心区域有少量原子和分子气体 (表 19.1). 这些物质不是原始的, 而是经过行星状星云阶段的恒星喷射出来的.

对本星系群中其他星系的类似分析揭示了多种多样的恒星形成历史. 多样性本身可能是星系质量低的结果. 和 NGC 185 的情形一样, 从垂死恒星再生的新鲜气体在任何时期往往都构成了星际介质的主体. 这种气体很容易被一些超新星驱散. 于是恒星形成活动将出现滞后, 当老化的恒星族群提供更多的气体, 这种滞后可能会结束. 在一个具有质量更大、更深的引力势阱的星系中, 这种全局范围的间歇行为不会发生, 它可以将大部分气体保留更长的时间.

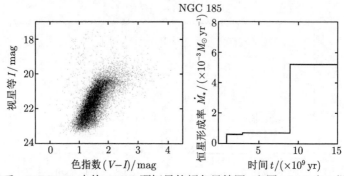

图 19.11   左图: NGC 185 中的 16000 颗恒星的颜色星等图. 和图 19.10 中一样, 颜色和星等都已经去红化了, 这里使用了 $E(V - I) = 0.22$ mag. 右图: 恒星形成率作为向过去回溯时间的函数

19.3   星 暴 现 象

我们已经看到我们自己的星系团中大部分星系是质量和光度相比银河系和 M31 非常小的天体. 矮星系主导似乎在更遥远的区域也成立. 从形态上看, 我们再次发现本星系群之外的矮星系要么是椭圆星系, 要么是不规则星系. 第一类星系中的少量星际气体可能是年老的恒星族群产生的. 不规则矮星系和邻近的一样, 有丰富的气体, 大部分是 HI. 这种气体金属丰度很低, 通常是太阳值的百分之十. 因此, 连续几代恒星的核合成并不多.

另一方面, 很多不规则矮星系确实含有一些局域的地点, 不仅活跃地产生新恒星, 而且速率异常. 在这种直径大约 300 pc 的星暴区域, 相应的 $\dot{M}_*$ 超过整个银河系的值一到两个量级. 注意到寄主星系本身只有几个 kpc 大, 但通常还有数个这种区域. 其他质量更大的星系可能也有星暴, 如我们将要描述的. 在所有情况下, 有限的气体供应告诉我们, 这种活动不可能持续很长时间. 星族合成模型给出了持续时间的定量估计, 通常为 10^8 yr.

19.3.1   异常的光谱和颜色

星暴在不规则矮星系中最为明显, 因为来自年老恒星的背景流量相对较低. 因此, 我们从这些富气体但贫金属的系统中开始. 星暴的光学光谱特征是有氢和其他电离元素的强发射线. 这些谱线和晚型旋涡星系的谱线相同 (图 19.5), 但由于较大的对比度, 现在这些谱线有更大的等值宽度. 这些谱线还是由 O 型和早 B 型星 (在一个地方可能有数百颗) 周围的气体包层产生的. 实际上, 星暴的光谱和任何邻近的电离氢区都非常像, 除了物理尺度不同. 背景光暗到探测不到的不规则星暴星系因此被称为 "电离氢星系" 或 "河外电离氢区".

在我们对最邻近的真正的星暴区域剑鱼座 30 的描述中, 我们注意到存在沃尔夫-拉叶星. 这里, 我们回想一下, 周围的包层是星风提供的. 包层中的电离原子产生了发射线, 和电离氢区中一样, 但还是有所不同. 因为较高的星风速度, 观测到的谱线是显著展宽的. 这种特征的 4686 Å HeⅡ 发射线已经用来证认了超过一百个不规则星暴星系. 特别是在这些系统中, 在过去的 $(3 \sim 6) \times 10^6$ yr(对应于单颗大质量恒星的现象预测的间隔), 剧烈的恒星形成就开始了.

关于剑鱼座 30 的另一点是, 它含有一个明亮的核, 命名为 R136. 这是一个紧凑的区域, 直径只有 5 pc, 其中包含了质量最大的恒星以及大量较暗弱的天体. 类似的星团有些密度更大, 位于更遥远的星系中. 例如, 不规则矮星系 NGC 1569 有两个这样的发光扭结 (见图 19.12). 在这两个区域, 我们都探测到了沃尔夫-拉叶星展宽的 HeⅡ 发射线. 其他星暴区域可能有很多这种致密结构, 空间上还没有分辨出来. 如果这些星群在气体散失后仍然保持束缚, 那么它们可能会慢慢演化为球状星团, 就像那些在银晕中绕转的球状星团一样.

NGC 1569

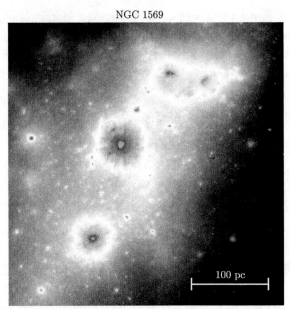

100 pc

图 19.12　在 V 波段看到的不规则矮星系 NGC 1569 的中心部分. 下面两个星团周围的暗环是原始图像中使用的伪彩色造成的人为效应. 上面较膨胀的斑块是电离氢区的复合体

较大星系中的星暴首先在 20 世纪 70 年代通过它们对整个系统颜色的影响被发现. 这里的论据不仅具有历史意义, 而且值得重复. 图 19.4 展示了沿哈勃序

列的星系的 $B-V$ 颜色, 虽然每种类型都有弥散, 但系统性地发生变化. 这种变化反映了每种类型的整体恒星形成率下降的不同速率. 类似的图适用于其他任何色指数, 例如 $U-B$. 因此, 星系的 $U-B$ 和 $B-V$ 颜色之间存在相关性. 这个经验关系在图 19.13 的左图中很明显. 这里的每个点代表一个星等极限巡天得到的一个星系.

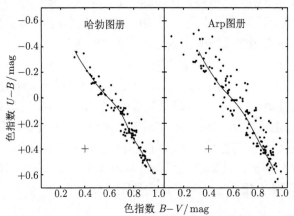

图 19.13   左图: 哈勃图册中星系的颜色-颜色图; 这些系统大部分是正常的旋涡星系. 右图: 同样的图, 但是对于 Arp 图册中的星系; 这些星系在形态上都很奇特. 两幅图中的实线代表了正常星系经过平滑平均的颜色-颜色图. 十字表示两种色指数的平均误差

我们接下来考虑光度和第一组相当, 但在形态的某些方面奇特的那些星系. 除了标准核球和盘, 旋涡星系显示出狭窄的不对称特征, 标记为潮汐尾 (tail)、丝状结构 (filament) 或桥 (bridge). 我们稍后将看到一些例子. 目前重要的一点是, 图 19.13 右图中显示的这群星系的颜色-颜色图也是奇异的. 有些星系仍然位于代表通常 $(U-B, B-V)$ 关系的平均曲线附近, 其他星系位于其上方. 在给定的 $B-V$ 值, 这些星系的 $U-B$ 指数很小, 也就是说, 这些星系异常地蓝.

蓝星系通常是含有很大一部分热的大质量天体的星系. 因此, 它正在活跃地形成恒星. 然而, 在我们这个特殊的星群中, 这种活动一定是相对短暂的, 这样不断增加的年老族群不会改变颜色, 也不会使 $U-B$ 指数回到正常范围. 星族合成对 $(U-B, B-V)$ 值或光学光谱建模证实了大规模恒星形成活动无法持续超过大约 10^7 yr. 此外, 这个事件不可能在超过 10^8 yr 的过去就已经结束了. 换句话说, 许多奇特的星系都有持续的或相对较新的星暴.

光学成像显示恒星形成活动发生在星系中心附近. 这个半径小于 1 kpc 的环核区域是蓝色的, 使得整个星系具有不寻常的测光流量比. 此外, 这个区域的光谱也显示出我们在电离氢区和矮不规则星系的星暴中发现的同样发射线. 我们还探测到了厘米波长的非热射电连续谱流量, 这是许多超新星遗迹穿过当地星际介质的特征. 很明显, 我们又一次目睹了大量恒星在有限的体积中产生.

这种恒星的产生当然需要一定量的燃料. 回到图 19.7, 实心三角现在代表核区周围有星暴的单个旋涡星系. 推测的单位盘面积的恒星形成率几乎完全来自中心区域, 与总的气体面密度有明显的相关性. 有趣的是, 这些点仍然位于代表普通旋涡星系的施密特定律的直线附近. 这个结果, 除了证实了一般的潜在关系外, 也开始澄清星暴本身的性质. 关键问题是这个系统如何在相对较短的时间内在一个局部区域积累大量星际物质. 注意, 施密特定律的指数 N_1 并不远大于 1. 这些气体一旦就位, 就会以某个单位质量的速率形成恒星, 这个速率没有超过正常旋涡星系太多.

19.3.2 红外星系

图 19.7 中星暴系统的 $\dot{M}_*$ 的实际值不是像另一个样本中那样从 Hα 光度得到的. 环核区域的尘埃消光足够高, 使用流量的远红外成分变得更方便 (和准确). 我们假设这种较长波长的辐射源于主要由大质量恒星加热的尘埃颗粒. 因此, 远红外光度和 Hα 一样, 用于证认大质量族群, 从而确定总的恒星诞生率.

在表现出星暴活动的星系中, 红外波段能量输出的比例随着总光度的增加而急剧上升. 因此, 最极端的系统不是通过光学发现的, 而是在 20 世纪 80 年代中期通过红外卫星 IRAS 发现的. 直到后来, 光学研究才发现这些星系具有星暴特征的、有发射线的环核区域.

图 19.14 展示了更高红外亮度处的总体趋势. 这里, 我们再现了三个研究得很好的星系的光谱能量分布. 在旋涡星系 M51 中, 我们看到流量有两个主要的峰, 在近红外和远红外, 它们的强度相当. 本星系群外侧视的不规则星系 M82 中, 长波长部分开始主导. 这个系统 $L_{\mathrm{IR}} > 10^{11} L_\odot$, 是明亮红外星系 (luminous infrared galaxy) 的一个例子. 这里, 物理量 L_{IR} 表示 $8 \sim 1000$ μm 的能量输出. 类似 Arp 220, $L_{\mathrm{IR}} > 10^{12} L_\odot$ 的罕见星系被归类为极亮红外星系. 这些星系中总的恒星形成率接近 $10^3 M_\odot \ \mathrm{yr}^{-1}$, 而 100 μm 处的 λF_λ 超过 1 μm 处两个量级.

红外星系的大部分恒星形成活动以及实际上它们的大部分长波辐射来自含有尘埃的环核区域. 人们可能会认为, 陡峭的中心尘埃颗粒聚集体应该伴随着丰富的气体, 这似乎就是事实. $^{12}\mathrm{C}^{16}\mathrm{O}(J = 1 \to 0)$ 发射的干涉仪测量表明, 流量在星系中心达到峰值. 新的恒星基本在一个靠内的气体和尘埃盘中形成.

虽然这个定性图景已经很好地建立起来了, 但对中心气体质量以及恒星形成率的准确估计并不那么简单. 使用 CO 作为氢的示踪物, 即, 用方程 (6.14) 引入的 X 因子, 会得到高的柱密度. 在某些情形, 包括 M82, 总的质量显然太大了, 因为它超过了使用 CO 线宽的维里定理估计值. 这意味着, 对于给定的 CO 流量, 氢一定更少. 换言之, CO 的辐射更强烈, 可能是因为它的激发温度比我们银盘中 (校准 X 因子的地方) 要高. 难点在于如何系统地解释这种影响. 目前还不清楚这种修正如何改变环核区域的各种面密度估计值, 包括图 19.7 中使用的星暴系统的估计值.

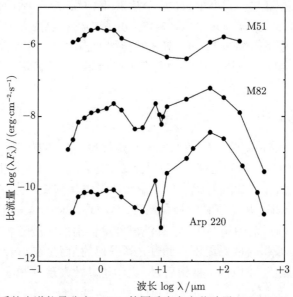

图 19.14　三个星系的光谱能量分布. M51 的图垂直向上移动了 $\Delta \log \lambda F_\lambda = +2$, 而 Arp 220 向下移动了 0.5. 注意到 M82 和 Arp 220 中 10 μm 附近明显的硅酸盐吸收特征

　　然而, 其他证据证明星暴星系中心附近气体体密度增加. CS 和 HCN 这样的分子示踪物的观测得出 $n(\mathrm{H_2})$ 的典型值在 $10^5 \sim 10^7 \ \mathrm{cm}^{-3}$, 而动理学温度从 $60 \sim 90$ K. 这两个数值都让人想起我们银河系中的分子云 Sgr B2. 另一方面, CO 成图表明, 在星暴系统中, 填充因子要高一些, 分子云在较大的星系中心半径处还持续存在.

　　在这样致密的环境中, 明亮的大质量恒星的涌现有利于脉泽活动. 实际上, 1665 MHz 和 1667 MHz 处的 OH 强发射线首先于 1982 年在 Arp 220 中看到. 从那以来, 在很多气体星暴星系中也探测到了. 射电干涉仪已经展示了 Arp 220 的大部分发射来自很多秒差距尺度的斑块. 在所有系统中, 这种发射都非常强, 流量等价于接近 $10^{14} L_\odot$ 的各向同性光度. 因为这个数值达到了最强的河内源的 10^6 倍, 所以说红外星系驱动了 OH 超 (兆) 脉泽 (megamaser). 来自尘埃的丰富远红外辐射可能起了抽运的作用, 使得 OH 分子可以放大背景的射电连续谱流量. 后者似乎源于附近的超新星遗迹.

怎么解释令人印象深刻的转瞬即逝星暴星系的能量来源呢？ 在最高光度下, 光学和近红外发射线模式开始类似于活动星系核和密切相关的类星体. 因此, 在这些情况下, 一些能量来源于中心黑洞的吸积. 然而, 大多数红外星系的大部分光度来源于大质量年轻恒星. 如前所述, 一个基本问题是这些恒星的分子燃料是如何输运到环核区域的. 即使对 CO 流量的转换因子进行了合理的修正, 该区域的弥散质量仍然为 $10^{10} M_\odot$. 这个数值可能代表了这个系统聚集在中心 kpc 半径内的所有星际介质.

19.3.3 并合和潮汐相互作用

为了在输运问题上取得进展, 让我们强化之前的评论, 即星暴星系在形态上是 "奇特的". 我们从 Arp 220 开始. 这个星系位于 75 Mpc 的距离, 是最近的极亮红外星系之一. 尽管和远红外相比很暗弱, 但光学发射仍然明显 (见图 19.15). 大部分光来自或多或少球形的中心区域. 我们还看到右边有两个强度较低的羽流. 另一个相关的特征在使用更高分辨率的近红外成像探测中心区域时变得明显. 这里, 我们对一组恒星进行采样, 其中很多是红超巨星. 如插图所示, 恒星密度不只有一个峰, 而是至少有两个. 射电连续谱分布图也显示了两个最强的聚集体, 仅间隔 360 pc. 非常有趣的观点是, Arp 220 根本不是一个单独的星系, 而是一对正在并合的星系. 光学羽流是并合过程的副产品.

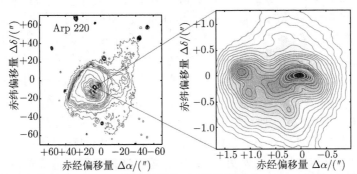

图 19.15 极亮红外星系 Arp 220 的光学图像. 插图是核区的 2.2 μm 图像. 主图中偏移量是相对星系的 IRAS 标称位置测量的. 插图中的偏移量相对 2.2 μm 发射的峰值位置

这个一般图像肯定不仅仅由当前这个例子确定. 然而, 当我们观察更多的星暴星系时, 它很快就被确定下来. 图 19.16 的左图时天线 (触须) 星系 (The Antennae, Arp 244) 的光学图像. 两个明亮的瓣很明显, 还有一对引人注目的暗弱细潮汐尾. 这两个瓣状结构从光谱上看得很清楚, 是两个并合盘星系的主体. 它们目前的间隔是 15 kpc. 潮汐尾也由恒星和 HI 气体组成.

天线(触须)星系

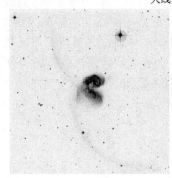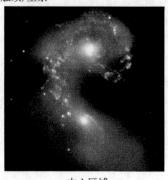

中心区域

图 19.16   左图：天线 (触须) 星系 * 的光学图像, 跨度 18′. 右图：最内 2.5′(在 19 Mpc 的距
离对应 14 kpc) 的 2.12 μm 图像

图 19.16 右图是近红外拍摄的相互作用区的近景. 这里我们可以更清楚地看到
两个星系核, 每个都有相应的旋臂. 我们还看到一座连接两个星系的恒星桥. 这个桥
结构内外的每个团块都是一个大质量星团. 星族合成模型给出了星团的一系列年龄,
从桥结构中小于 10^7 yr, 到最大值 5×10^8 yr. 有趣的是, 最年轻的星群比年老的星
群 (和球状星团类似) 大一个量级. 星系核之间的区域也有很强的分子气体聚集.

对很多密近星系对的巡天发现, 它们的总恒星形成率 (由远红外光度测量) 随
着星系间距的减小而急剧增加. 相反, 和近邻星系有明显相互作用的星系的比例
随着 L_{FIR} 增加而增加, 当 $L_{FIR} > 10^{12} L_\odot$, 几乎为 1. 我们不能从这些结果中得
出结论, 星暴是由并合产生的. 回想一些矮不规则星系, 它们中很多都表现出相似
的活动性, 但似乎相对孤立. 研究确实清楚地表明, 动力学相互作用是星系的星暴
的有效触发因素, 对于旋涡星系可能是最重要的触发因素. 那么, 两个星系的近距
离交会如何激发恒星的形成? 伴随这个事件的结构变化的起源是什么?

我们从第二个问题开始, 这个问题已经得到了更全面的理解. 从 20 世纪 70
年代开始的一系列数值模拟表明, 桥结构、潮汐尾和相关的特征是由伴星系引力
从每个星系中分离出来的恒星和气体流. 关键点是意识到这种相互作用的潮汐本
质. 每个星系除了拉扯它的邻居, 还沿着两个质心拉伸它. 最近的恒星被吸引向
它, 形成一座桥. 反面的恒星被相对于质心向外推, 可能无法完成轨道运动, 而是
作为潮汐尾飞走. 当靠近的星系以目标星系内部转动相同的方向绕转时, 这两种
效应最强. 此外, 目标星系中角速度与相邻星系的最大轨道角速度接近的那些恒
星的效应最强. 这种共振条件解释了许多观测到的恒星和气体流惊人地狭窄.

---

* 译者注: 应该翻译成触须星系, 但天线星系已经变成了习惯叫法.

星系之间的密近相互作用不都会产生星暴. M51 伸向较小伴星系的膨胀旋臂 (图 1.20) 是另一座潮汐桥. 然而, 主星系是一个正常的 Sc 星系, 没有明显增强的恒星形成. 另一个普遍观点是, 任何诱发的狭窄特征都是瞬态的. 膨胀的潮汐尾中的恒星逃离这两个星系, 而桥中的物质要么被伴星系捕获, 要么落回最初的星系. 最后, 数值研究表明, 即使两个星系被锁定到双星轨道中, 也不可能经历多次相互作用. 每次交会期间抛出的恒星都会从大尺度轨道运动中带走能量和角动量. 仅在几次近距离交会之后, 一对引力束缚的星系就旋进并且真正并合了, 产生一个和原始的系统非常不同的系统. 暗物质晕的存在加速了这个过程, 一方面增大了几何截面, 另一方面通过暗物质晕转动加速, 进一步减小了可见成分的轨道角动量.

星系对中的每个旋涡星系含有大约 10^{11} 颗恒星. 然而, 这些恒星分布非常稀疏, 即使系统部分或完全并合, 也不可能发生直接碰撞. 两个星群只是相互穿透. 在随后的所有运动中, 包括恒星的剧烈抛出, 总能量都是守恒的. 对于气体不能给出类似的论断. 这个质量相对小的成分对恒星产生的引力场的变化有反应. 流线可能会交叉, 即使星系之间还有一段距离. 流线交叉产生激波, 辐射能量.

每个星系中绕转气体的能量损失使得物质可以快速旋进, 深入引力势阱. 如果气体反复受到激波作用, 那么旋进只发生在几个轨道周期 (或者 10^8 yr 量级的时间间隔) 内. 这个时标符合星暴现象的经验推断. 因此我们至少可以广义地理解核区周围的气体是如何积聚的. 但具体来说, 恒星是如何在这种新的介质中形成的呢? 导致交叉的流线和激波扰动的本质是什么?

星暴区域分辨率最好的例子展示了在分立星团中发生的恒星形成活动. 其中最年轻的星系内部或星系之间差异不大. 尽管内部恒星密度可能是最活跃的河内区域的 100 倍, 但推测的星团形成时间 10^7 yr 是相似的. 因此, 这表明尽管处于异常密集和大质量的环境中, 局部区域是通过通常的过程形成恒星的.

事实上, 我们注意到, 在星暴中产生单个星团的分子云可能更类似于 Sgr B2, 而不是太阳附近的分子云. 关于正在形成的恒星的质量分布还一直存在一个不确定性. 研究得最好的例子是剑鱼座 30. 这里, 颜色-星等图产生了一个分布, 在大 M_* 处以类似于银河系初始质量函数的方式下降. 在另一个方向, 变平和随后的反转可能发生在更大的 M_* 值. 如果是这样, 那么这个区域就正在形成更大比例的大质量恒星. 然而, 我们必须牢记在非均匀、含有尘埃的环境中正确去红化的程序这样的技术问题. 高的消光等效地将天体从亮度极限样本中去除. 修正是有问题的, 但很重要, 因为它们改变了分布的小质量端.

19.3.4 恒星棒结构

再次回到大尺度图像, 我们注意到能量耗散促进了气体输运. 如果要向内旋进, 物质也需要损失角动量. 对恒星面密度的任何非轴对称扰动都会对气体施加引力扭矩, 拖曳的螺旋波产生正确方向的质量流. (回想一下我们对银心的讨论.) 为了产生非常大的质量流, 扰动必须异常强. 数值模拟已经证明了这方面的两个基本结果. 首先, 拖曳的螺旋扰动可以通过和近邻星系的潮汐相互作用增强. 其次, 一个足够大幅度的扰动在中心区域变成一个线状的棒结构 (bar).

图 19.17 通过一个有代表性的计算展示了这两点. 这个序列显示了正视 (face-on) 旋涡星系对另一个路过的旋涡星系的反应. 后一个星系相对我们视线的倾角为 71°, 仅出现在第二帧中, 即最接近的时候. 两个系统都模拟为包含恒星和气体, 后者占盘质量的百分之十. 还有大质量的暗物质晕, 未显示. 恒星 (上图) 被视为点质量, 仅通过引力进行相互作用. 气体元 (下图) 有一个额外的排斥力来模拟压强, 遵循 SPH 技术 (第 12 章). 每单位无量纲时间对应 2.5×10^8 yr.

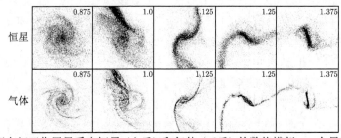

图 19.17　两个相互作用星系中恒星 (上图) 和气体 (下图) 的数值模拟. 一个星系相对我们视线的倾角为 71°, 仅在第二帧中出现. 图示的每单位无量纲时间对应于 2.5×10^8 yr

在伴星系出现之前, 气体和恒星都呈现出清晰的旋臂模式, 其幅度适中, 尤其是恒星成分. 当近邻星系中心到达距离靶核 8 kpc 时, 这些模式在第二帧中受到极大扰动. 在这次近距离交会后, 两个旋臂变得更加开放, 振幅更大. 在后面显示的帧中, 中心棒结构形成并主导. 正视星系的转动方向是顺时针方向. 因此, 气体棒结构稍微领先于恒星棒结构 (stellar bar). 恒星对气体施加制动力矩, 消耗气体的角动量.

虽然激波在图 19.17 中不明显, 但它们在模拟的气体中产生. 激波和引力扭矩一样由棒的非轴对称引力势产生. 在随棒转动的参考系中, 沿棒的方向和垂直于棒的方向都有稳定轨道. 很多轨道有尖点部分或内环. 一个理想化的试探粒子可以顺利示踪这样的区域, 但真实流体会经历激波. 在这样的转变之后, 流体暂时沿另一个轨道进入内部, 直到再次产生激波. 这样, 气体就不可避免地流向中心.

大部分观测到的旋涡星系都不和近邻的伴星系相互作用. 因此, 旋臂模式必须能够在系统内自发产生. 中心的棒结构也是如此. 星暴星系的一部分, 包括低光度端, 是孤立的棒旋星系. 这些星系显示出环核的恒星形成活动, 并且有一个强烈受到棒结构影响的中心结构. 这种性质的扰动模式也可以在 $\dot{M}_*$ 值更接近我们的那些星系中发现. 图 19.18 的上面两张图提供了一个有趣的例子. 左边是星系 NGC 4314 的大尺度图像, 显示了源于中心棒结构的旋臂. 右边的插图显示了被一个团块环包围的核区. 在这个半径 320 pc 的环内是一条暗的尘埃条. 很明显, 棒结构导致了气体从盘向内流动, 但这些物质已经停止了足够长的时间, 其中一些产生了新的恒星.

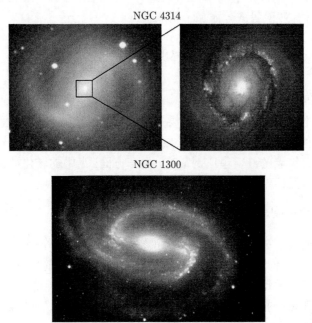

图 19.18　有棒结构的星系的光学图像. 左上图和插图显示了 NGC 4314 的棒结构和中心环, 而下图突出显示了旋涡星系 NGC 1300 的棒结构

也可以在很多正常旋涡星系中心看到棒. 根据哈勃分类法, 它们被归类为 "棒旋星系 (SB)", 沿着与没有棒结构的系统平行的一个序列. 图 19.18 的下图显示了一个特别引人注目的例子, NGC 1300. 这个星系除了有一个直径 14 kpc 的清晰棒结构, 还有一个显著的内部核球和相对紧密的靠外旋臂. 因此它被归为哈勃类型 SBbc. 我们预期曳旋臂和棒结构都激发弥散气体内流. 然而, 无论是在核区还是环核的环内, 这种输运都没有产生真正的星暴.

银河系内也有类似的情况. 来自中心核球 (图 1.19, 上图) 的近红外光在银心的一侧比另一侧亮一些. 这些光主要由年老的恒星发出, 仅受到尘埃的轻微消光. 对于这种不对称性的一个合理解释是恒星分布在一个棒状结构中, 相对我们的视线倾斜. 棒结构的半长轴相比银河系半径一定很可观, 这样它较近的一面才会明显地更亮. 事实上, 这个长度估计在 3~4 kpc, 因此整个结构跨越了 CO 看到的分子环. 相应的质量为 $10^{10} M_\odot$ 量级. 我们自己的棒结构, 和其他星系的棒结构一样, 决定了当地星际介质的速度模式. 事实上, 正是 Hɪ 气体的非圆周运动提供了棒结构存在的第一个线索. 许多其他研究证实了这一发现, 并提供了其他细节. 我们描述的银心中的独特实体, 例如巨分子云 Sgr B2, 在主要由棒结构产生的非轴对称引力势中运动. 这些天体缓慢但持续地向内旋进, 由外部供应的新鲜物质代替. 我们在这个区域目睹了复杂的相互影响, 年老恒星的分布产生了气体流和分子云的凝聚. 后者为恒星成分添加了新成员.

19.4　年轻时期的星系

星系随时间演化. 从银河系开始, 我们知道, 在各个区域中正在发生的过程已经有了定性的不同. 在过去的某个时候, 银河系完全由气体组成, 根据位置它们以不同的速率转化为恒星. 这种活动在显著的恒星晕和中心核球中最活跃, 因为这些部分目前含有年老的红巨星比例最高. 另一方面, 盘中的转化被延迟了很多, 使得它正以一个大致稳定的速率进行.

19.4.1　G 型矮星问题

银河系是如何形成今天的结构的? 我们还远远没有完全回答这个问题. 正如刚才提到以及先前通过本星系群所证明的, 从赫罗图推断的恒星年龄为星系历史的经验重建提供了关键输入. 另一个有价值的线索是观测到的恒星金属丰度. 随着一代代天体死亡并把处理过的物质返回到星际介质中, 任何区域内的重元素质量都不可避免地上升. 元素丰度在太阳附近有很好的记录, 至少已经排除了银河系中我们这一片演化的最简单图像. 恒星金属丰度模式和基本理论预期之间的矛盾传统上被称为 G 型矮星问题.

理论预测很容易掌握, 至少在定性上是如此. 任何最初在银河系中形成的恒星都应该是完全不含金属的. 虽然这个群体中的大质量成员很快死亡并使气体环境增丰, 但质量足够小的天体应该仍然可以观测到. 根据表 1.1, 任何对应晚于 G2 型的 $M_* < 1 M_\odot$ 的恒星会存活超过 1×10^{10} yr. 事实上, 稍晚诞生的小质量恒星包含了被重元素污染的气体, 但增丰一定只是逐渐的. 因此, 应该仍然有相当一部分非常贫金属的恒星.

为了量化这个论点, 分别考虑太阳附近气体质量 $M_{\mathrm{gas}}(t)$ 和长期存在恒星的质量 $M_{\mathrm{star}}(t)$ 的演化. 第二个量以第一个量为代价而增加, 因此它们的和是个常量, 等于 $M_{\mathrm{gas}}(0)$. 我们还追踪了气体中的金属增丰, 特别关注氧的质量分数 $X_{\mathrm{O}} \equiv M_{\mathrm{O}}(t)/M_{\mathrm{gas}}(t)$. 氧是在 II 型超新星中产生的. 这种超新星源于 (从星系演化角度看) 短寿命的前身星. 因此, 这些大质量天体不会进入感兴趣的长寿命族群, 但它们贡献了质量正比于 Δt(银河系经历的时间) 的氧. 因为 $\Delta M_{\mathrm{stars}}$ 也正比于 Δt, 在这个时间间隔产生的氧的质量可以写为 $y_{\mathrm{O}} \Delta M_{\mathrm{stars}}$. 这里 y_{O} 是氧的产

率 (yield). 这个假设的时间常量依赖于初始质量函数. 和通常一样, 我们也令初始质量函数在银河系历史中不变.

在超新星散布新鲜的氧元素时, 新的小质量恒星的产生已经消耗了气体中的一些氧元素. 净的变化是

$$
\begin{aligned}
\Delta M_O &= y_O \Delta M_{stars} + X_O \Delta M_{gas} \\
&= (X_O - y_O) \Delta M_{gas}.
\end{aligned}
\tag{19.5}
$$

其中我们已经使用了 $\Delta M_{stars} = -\Delta M_{gas}$ 的事实. 注意到 ΔM_O 是正的而 ΔM_{gas} 是负的, 所以 $X_O < y_O$. 使用方程 (19.5), 我们发现 X_O 随 Δt 的变化是

$$
\begin{aligned}
\Delta X_O &= \frac{\Delta M_O}{M_{gas}} - \frac{M_O}{M_{gas}^2} \Delta M_{gas} \\
&= -y_O \frac{\Delta M_{gas}}{M_{gas}}.
\end{aligned}
\tag{19.6}
$$

我们可以很容易地积分最后一个方程. 由于 $X_O(0) = 0$, 我们有

$$
M_{gas}(t) = M_{gas}(0) \exp\left[-X_O(t)/y_O\right],
\tag{19.7}
$$

这可以方便地重写为

$$
M_{stars}(t) = M_{gas}(0) \left\{1 - \exp\left[-X_O(t)/y_O\right]\right\}.
\tag{19.8}
$$

现在假设我们观测一部分长寿命恒星的金属丰度. 氧的质量分数在 X_O 和 $X_O + \Delta X_O$ 之间的天体的预期数量 ΔN_* 是多少? 在银河系区域, 在这个丰度范围内恒星的积累质量为

$$
\Delta M_{stars} = \frac{M_{gas}(0)}{y_O} \exp(-X_O/y_O) \Delta X_O.
$$

这里我们结合了方程 (19.6) 的第二种形式和方程 (19.7), 并再次使用了质量守恒. 我们仅对这些恒星的某个比例 f (由同样的光谱型范围设定) 感兴趣. 如果 $\langle M_* \rangle$ 标记了在任意时刻产生的平均恒星质量, 那么

$$
\begin{aligned}
\Delta N_* &= f \frac{\Delta M_{stars}}{\langle M_* \rangle} \\
&= f \frac{M_{gas}(0)}{\langle M_* \rangle} \exp(-X_O/y_O) \frac{X_O}{y_O}.
\end{aligned}
\tag{19.9}
$$

在当前的银河系年龄 t_0, 我们样本中有完整氧丰度恒星的总数是 $N_{tot} = f M_{stars}(t_0)/\langle M_* \rangle$. 让我们用 $\alpha_{max} y_O$ 表示这个样本中最大的氧质量分数, 其中

$\alpha_{\max}$ 是另一个无量纲量. 这个最大分数应该超过太阳的值 (我们记作 $\alpha_\odot y_O$). 于是方程 (19.8) 给出

$$N_{\text{tot}} = f\frac{M_{\text{gas}}(0)}{\langle M_* \rangle}[1 - \exp(-\alpha_{\max})]. \tag{19.10}$$

结合方程 (19.9) 和 (19.10), 我们发现

$$\frac{\Delta N_*}{\Delta x_O} = \frac{\alpha_\odot N_{\text{tot}}}{1 - \exp(-\alpha_{\max})}\exp(-\alpha_\odot x_O). \tag{19.11}$$

这里, 我们定义了 $x_O \equiv X_O/(\alpha_\odot y_O)$, 相对于太阳值的氧质量分数.

我们对方程 (19.11) 的最后一个变换是将恒星分为等 $\log x_O$(一个通常记作 [O/H] 的量) 间距的区间. 于是我们把我们的方程重写为

$$\frac{\Delta N_*}{\Delta[\text{O/H}]} = \frac{\alpha_\odot x_O N_{\text{tot}}}{\log e[1 - \exp(-\alpha_{\max})]}\exp(-\alpha_\odot x_O), \tag{19.12}$$

其中 $x_O = 10^{[\text{O/H}]}$. 图 19.19 中的虚线是这个理论预测. 为了给定 $\alpha_\odot$ 和 $\alpha_{\max}$, 我们首先使用核合成计算, 得到 $y_O = 0.016$. 结合太阳光球中观测到的氧丰度, 我们发现 $\alpha_\odot = 0.52$. 本地 G 型矮星的最大丰度给出 $\alpha_{\max} = 0.82$. 图 19.19 中的柱状图总结了 231 颗恒星的数据, 光谱型从 G2 到 G9, 都位于太阳系位置 25 pc 圆柱半径之内. 在 [O/H] 高于和低于大约 -0.2 的恒星中, 显然有一个陡峭的衰减, 这与方程 (19.12) 矛盾. 这个与理论的矛盾是 G 型矮星问题的本质. 真正低金属丰度的恒星在哪儿?

一个可能的答案是我们所在的银河系区域中的气体在其恒星开始形成时已经增丰了. 或许重元素是由中心核球喷出的, 它在更早的时期产生了恒星. 无论如何, 初始增丰本身并不能解决这个问题. 在 $t = 0$ 以有限 X_O 水平重复前面的推断并不困难. 虽然这一假设为今天的氧丰度设定了一个下限, 在该点之上分布仍然缓慢上升.

另一种可能的答案是, 最早的贫金属星都是快速爆炸的大质量天体. 因此, 假设初始质量函数在低金属丰度分子云环境中向大 M_* 倾斜. 到目前为止, 很少有经验证据支持这个观点. 我们已经看到剑鱼座 30, 那里的平均金属丰度是太阳的三分之一, 其恒星分布的上端有一个类似我们自己的衰减. 金属丰度低两个量级的球状星团初始质量函数也接近本地的结果, 至少对于 $M_* < 1 M_\odot$ 是这样的. 在 19.5.3 小节中, 我们将描述在一个真正零金属环境中云的坍缩如何产生大质量天体.

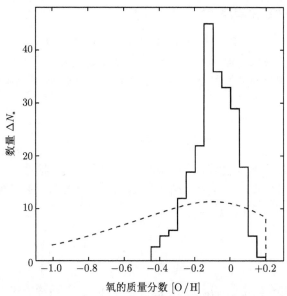

图 19.19 太阳附近的 231 颗恒星的氧丰度分布. 自变量是氧的质量相对于太阳光球的比例的对数. 图示为间隔 $\Delta[\text{O}/\text{H}] = 0.05$ 的恒星数量. 虚线是来自方程 (19.12) 的理论预测

第三种解决方案也许是概念上最激进的, 但也是最吸引人的. 想法是放弃我们理论模型的 "密封箱" 的性质, 允许气体流入. 例如, 假设最初没有恒星的银河系质量比今天小得多. 当这个结构开始产生恒星, 新鲜气体不断从外面流入. 这些物质大概是不含金属的. 已有恒星产生的重元素被混合到一个总质量较小的存储库, 增丰作用快速增强. 随着更多气体的进入, 它也吞没了不断增长的恒星族群散布的金属. 这些族群中非常贫金属的现有成员数量会很少.

无论过去还是现在, 仍然没有明确证据表明存在稳态气体吸积, 因此几乎没有依据以定量方式修改我们的简单模型.[①]然而, 一般来说, 吸积的图像与过去星系并合更为常见的观测结果一致. 我们将很快讨论这些观测. 另外值得注意的是, 正在进行的零金属丰度或 "星族 Ⅲ" 恒星的搜寻仍然没有在盘中找到合适的天体, 但在银晕中找到了有趣的候选体. 这里, 单颗恒星的金属丰度远低于球状星团中的金属丰度. 位于距离 11 kpc 处的 $0.8M_\odot$ 的红巨星 HE 0107-5240 具有 $[\text{Fe}/\text{H}] = -5.3$. 也就是说, 铁的质量分数为太阳值的 5×10^{-6}. 找到其他这种性质的天体将有助于填补银河系早期历史.

① 多年来, 猜测的焦点一直是物质向银河系吸积时产生的高速云. 这些 HI 气体块是在 21 cm 巡天中看到的. 如果位于银河系之外但在本星系群内, 它们的大小和质量对应于矮星系.

19.4.2　随红移的变化趋势

对于星系起源这一大问题, 最直接的方法是探测演化远没我们银河系充分的系统, 即那些在更接近大爆炸时期形成的星系. 这些较年轻的实体可以通过它们所有光谱的红移来证认. 如果 λ_{obs} 和 λ_0 分别是代表性谱线的观测和实验室波长, 那么我们可以定义红移为

$$z \equiv \frac{\lambda_{obs}}{\lambda_0} - 1. \tag{19.13}$$

这种波长增加对应于光子能量减小, 来源于背景引力场. 根据广义相对论, 宇宙在光子发出和探测的时刻之间发生膨胀. 星系以径向速度 V_r 离开我们. 这个速度在一阶近似下正比于星系的距离:

$$V_r = H_0 D. \tag{19.14}$$

这里, 经验得到的哈勃常数 H_0 为 $70 \text{ km} \cdot \text{s}^{-1} \cdot \text{Mpc}^{-1}$, 不确定度大约为百分之五.

重要的是记住我们没有直接观测 V_r, 而只观测了红移. 通常的做法是通过多普勒关系 $V_r = zc$ 来确定退行速度. 然而, 红移并不是多普勒效应的简单表现. 理论表明, 方程 (19.14) 的右边实际上是以 D 展开的级数的初始项. 更高阶的系数通常是在均匀各向同性宇宙学模型中得到的. 同样的模型还从红移为我们提供了星系的年龄和精确的距离. 例如, 红移 $z = 2$ 对应于自大爆炸以来 $3 \times 10^9 \text{ yr}$ 的时间和 1700 Mpc 的距离.[①] 这些数值与一组特定的宇宙学参数有关, 我们将在后面描述. 在目前可接受的参数范围内的其他模型给出了相似的年龄和距离, 模型结果之间的差异在红移越大时越明显.

那么, 我们如何在视场中的无数天体中发现红移的星系呢? 一种传统而有效的方法是对相对暗弱的系统进行测光巡天. 这里, 波段的选择很重要. 一个 $z = 1$ 在其静止系中有高的 B 波段光度 (表明正在进行恒星形成) 的星系看起来在 I 波段明亮. 在后一个波段使用地面望远镜进行的巡天已经收集了数千个候选星系. 光谱观测随后挑选有可观红移的系统.

这些巡天在 20 世纪 80 年代已经得到的一个关键结果是, 随着红移的增大, 星系的颜色发生了显著变化. 例如, 根据它们静止系 $U - V$ 色指数的测量, 较高 z 的系统倾向于更蓝. 由 19.2 节的讨论, 这些星系的恒星形成活动在过去较高. 另一个重要的趋势是低光度星系数量迅速增加. 总而言之, 内禀蓝色的矮星系成为 $z \lesssim 1$ 族群的一个主要成分.

---

① 我们观测的是星系的过去, 那时这些实体之间的距离更小. 这里引述的距离是一个固有值. 具体来说, 这是年轻的银河系和一个星系在实际发出光的时候的距离. 同样令人感兴趣的是共动距离 $1700 \times (1 + 2) = 5100$ Mpc. 这是如果这个星系持续遵循宇宙膨胀到现在应该达到的距离.

　　星系的空间成像使我们能够从形态上证认它们, 并且有助于阐明情况. 经过研究发现, 大部分暗弱的蓝星系是经历星暴的不规则星系. 回想一下, 现在的许多不规则星系也是蓝色的, 并且产生大量恒星. 然而, 从宇宙学的角度看, 它们的活动性最近才开始出现. 换一种说法, 在深度巡天中发现的较老的不规则星系太多了, 不可能是当前族群的祖先. 图 19.20 左图展示了一个特定巡天 (红移的中位数为 $z \approx 0.5$) 中星系数量作为表观 I 星等的函数. 这里, 被归类为不规则星系的星系与被怀疑代表了并合的特殊系统合在了一起. 很明显, 星系数量的上升向较暗的 I 星等变陡, 比由本地的族群 (实线和虚线) 的简单外推要陡.

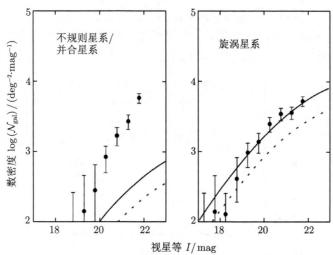

图 19.20　星系密度作为 I 波段星等的函数. 物理量 $\mathcal{N}_{gal}$ 是在单位平方度天空中在单位 I 星等范围观测到的星系数量. 左图展示了不规则星系和并合系统的组合, 而右图显示了旋涡星系. 光滑的实线和虚线是基于星系分布不随时间演化的假设给出的预测. 这两条曲线基于对本地星系密度的不同估计

　　同样的论述不适用于椭圆星系或旋涡星系. 在图 19.20 右图中, 我们看到旋涡星系数量随星等增加, 正如预期的那样. 换句话说, 从 $z \approx 1$ 到现在, 星系族群变化不大, 至少从光度分布来说是这样. 然而, 随着恒星形成速度变慢, 旋涡星系的内禀颜色变得不那么蓝了. 这个趋势虽然显著, 但不如不规则矮星系明显, 因为大部分不规则矮星系已经不复存在了. 它们的消失可能意味着个体的不规则星系仍然保持完整, 但光度减小了. 它也可能表明了一些非常不同的情况, 大部分小的系统已经通过与较大的系统并合而消失了. 后一个图景得到了已经提到的一般发现的支持, 即并合系统和近距离交会的形态特征随红移增加.

　　通过测量来自很多星系不同波段的流量, 我们可以重建一个对演化问题至关重要的物理量. 这就是共动光度密度 (comoving luminosity density), $\mathcal{L}(\lambda, z)$. 为了得到这个量, 我们首先测量一组窄的红移区间和波段中星系的总光度. 我们用所讨论星系群的共动体积来考虑期间的整体膨胀. 从观察到的红移重建这个体积需要采用宇宙学模型.

重要的一点是, $\mathcal{L}(\lambda, z)$ 和这个群体总的恒星形成率 $\dot{M}_*$ 有关, 这个速率还是以单位共动体积测量的. 实际上, 单个星系的紫外能量输出几乎完全源自大质量恒星. 于是, 在星系静止参考系中测量的紫外光度与其瞬时恒星形成率相关, 不依赖于过去的历史. 对于邻近的系统, 在假设初始质量函数和金属丰度后, 我们通过星族合成模型来量化这种相关性. 图 19.21 通过展示体积恒星形成率作为红移的函数总结了这些分析. 我们看到, $\dot{M}_*$ 从 $z = 0$ 到 $z = 1$ 急剧增加. 这种增加在很大程度上反映了早期不规则矮星系的出现. 在更大的红移, 总的恒星形成率似乎趋于平稳, 甚至略有下降. 不用说, 在这个看似简单的数值中隐藏着大量的信息. 为什么 $\dot{M}_*$ 有这段特殊的历史仍然不清楚.

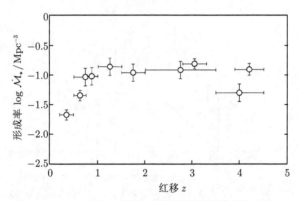

图 19.21　　显示为红移的函数的全局体积恒星形成率

19.4.3　赖曼间断星系

在深入研究更大的演化问题之前, 我们需要解释红移显著高于 1 的单个星系是如何探测到的. 之前描述的在一个波段进行的巡天已经不够了. 随着我们寻找越来越暗的天体, 它们的数量急剧上升, 直接用光谱测定红移变得不可行. 我们需要的是年轻星系的一些光谱特征. 在一个大的群体中搜寻这个特征比逐个分析光谱要有效得多.

已经利用的两个这种特征, 都来自原子氢. 一个是 1216 Å 的赖曼 α 跃迁. 虽然在许多系统中探测到了这条线的发射, 但它的吸收被证明更有用. 策略是在光学波段观测一个遥远的类星体. 任何位于我们和这个类星体之间的 HI 气体会部分吸收其辐射. 最强的吸收在 HI 的静止系中发生在 1216 Å. 如果这个实体的红移为 z, 那么我们在增加了一个 $1 + z$ 的波长探测到谱线, 对于 $z \gtrsim 2$, 这条谱线移动到光学波段.

事实上, 很多类星体显示出大量密集的吸收线. 这种赖曼 α 森林 (Lyman α forest) 通过上述机制由具有各种距离和红移的 HI 云中产生. (见图 19.26 上图和后面的讨论.) 在阻尼赖曼 α 系统 (damped Lyman α system) 中, 可以在某个波长看到额外的更深的吸收. 这个名字来源于这样一个事实, 即线翼具有自然展宽的轮廓特征, 模仿了摩擦阻尼 (附录 E). 与增强的吸收有关的柱密度足够高 $(N_\mathrm{H} \gtrsim 2 \times 10^{20}~\mathrm{cm}^{-2})$, 这些系统可能代表了年老的星系盘的气体成分. 进一步的光谱观测揭示了关于这些物质的丰富信息, 包括其重元素增丰和运动学.

然而, 让我们转向其他直接观测恒星本身辐射的补充研究. 我们现在利用第二个光谱特征, 赖曼连续谱间断 (Lyman continuum discontinuity). 考虑一个年轻星系中的一颗典型 O 型星. 来自这个天体及其同类的光主导了恒星形成系统的紫外连续谱. 如果 $\lambda < 912$ Å, 那么从恒星大气输运到恒星表面的辐射有更大的光深, 其中阈值对应于氢中 $n = 1$ 电子的电离能. 在这个短波波段, 出射流量减小. 如图 19.22(上图) 的模型光谱能量分布所示, 来自整个星系的积分流量在这一点也有强烈的不连续性. 事实上, 这个间断在星系的流量中更高, 因为星际 HI 气体吸收了恒星发出的另一部分短波光子.

图 19.22 所示的间断发生在远紫外波段. 但这只是在星系静止系中如此. 如果这个系统有红移, 比如说 $z = 3.0$, 那么这个特征会出现在波长 $912 \times 4.0 = 3648$ Å. 这个变长的波长正好位于以 3600 Å 为中心的 U 波段附近, 因此, 所讨论的星系的测光会得到一个相对低的 U 波段流量以及在 B 波段的明显向上跳变. 这里, 我们记得 B 波段的中心是 4400 Å, 对应于星系静止系中的 1100 Å, 这个波长在间断的长波端. 事实上, 已经发现了许多这样的 "U 波段丢失" 星系. 图 19.22 底部的两幅图展示了一个例子. 这里, 一个星系在 B 和 V 波段可见, 在 U 波段消失了.

我们刚刚描述的通常称为赖曼间断 (Lyman-Break) 技术的方法是用来寻找高红移星系的. 在一组暗弱的源中, 那些在两个相邻波段之间表现出流量跃变的源是好的初始候选体. 然后, 我们在测光巡天后续通过对每个天体进行光谱观测从而确定其精确红移. 这个技术不局限于 U 波段和 B 波段. 在比较 B 波段和 V 波段流量来寻找 B 波段丢失星系时, 我们是在选择 $z \approx 4$ 的候选星系. 随着背景流量增加和灵敏度降低, 扩展到 V 波段和 R 波段的问题更大. 考虑到 U 波段滤光片仍然代表了地基观测和卫星观测的短波极限, 赖曼间断星系目前的红移范围是 $2.5 \lesssim z \lesssim 5$.

光谱研究得到的远远不仅是 z 的数值. 记住我们能在远紫外 (这个波段是大质量恒星主导的) 高效地探测这些系统. 发射线的模式和强度以及连续谱水平清楚地表明我们正在目睹星暴. 事实上, 每星系的恒星形成率和本地看到的相当. 一个重要的警告是, 我们必须正确地考虑每个系统中的星际尘埃. 尘埃既降低了紫外流量, 又使辐射在很宽的波长范围内重新分布, 特别是在远红外波段. 这种复杂性是评估单个星系恒星产量和图 19.21 所示总体体积恒星形成率 $\dot{M}_*$ 不确定性的主要来源.

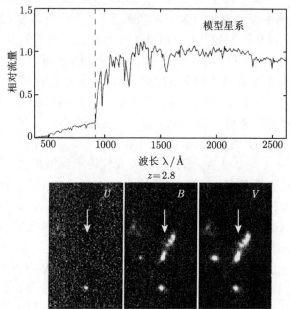

图 19.22　赖曼间断技术. 上图: 在静止系中看到的星暴星系的模型光谱. 注意到 912 Å 的短波长端的剧烈下降. 赖曼极限用竖的虚线表示. 下图: 一个 $z = 2.8$ 的星系在 U、B 和 V 波段的哈勃太空望远镜图像

借助哈勃太空望远镜的成像能力, 可以分辨出很多赖曼间断星系的空间结构. 我们发现了广泛的形态, 但这些形态和标准的哈勃类型并不像. 事实上, 有一部分这种系统的面亮度分布是平滑的, 这让人想起今天的椭圆星系. 然而, 大多数星系显示出明亮的扭结结构埋在更暗的弥散背景中 (见图 19.22). 有些星系显然是破碎的. 这些图像加强了我们之前基于光谱数据的结论, 即这些系统类似于本地的星暴星系 (源自并合和相互作用). 赖曼间断星系可能是椭圆星系和今天旋涡星系中心核球的前身. 这两种系统都是在遥远的过去形成的, 或许是以我们看起来为爆发的方式形成的.

本地宇宙中最强大的星暴星系是极亮红外星系, 例如 Arp 220(图 19.15). 它们在紫外的辐射太弱, 无法用赖曼间断技术探测. 因此可能存在一批比我们看到的更强大的古老星暴星系. 一个富含尘埃的星系在远红外波段辐射其大部分能量, 以足够高的红移来看, 它应该在亚毫米波波段明亮. 实际上, 巡天已经探测到了许多这种特征的源. 在某些情况下, 这种系统可能和光学发现的赖曼间断星系相匹配. 然而, 一般来说, 亚毫米波段相对较差的角分辨率阻碍了这种证认. 这个族群的本质及其在星系早期演化中的意义仍然是未来的关键问题.

19.5 第一代恒星

如果吸积和并合在过去很常见, 那么在恒星形成开始时, 任何特定星系内的气体储量可能都相对较小. 尽管如此, 这些物质一定已经演化到了可以产生类似于今天致密云核的程度, 而致密云核随后就坍缩了. 这个图景的一个关键是云可以在经历收缩时高效地辐射能量. 这种冷却保证了最终产生引力不稳定性. 我们面对的第一个困难是第 7 章描述的机制, 在缺少金属时, CO 谱线和尘埃的红外连续谱就都没有了.

19.5.1 复合和分子合成

一般的问题是, 在仅由大爆炸产生的氢、氦和少量其他轻元素组成的气体中, 冷却如何发生? 答案取决于气体中离子、原子和分子的相对数量. 早期, 宇宙充满了参与宇宙膨胀的电离等离子体. 自由电子和质子沉浸在黑体辐射的海洋中. 光子在被电子散射之前只传播了很短的距离. 当物质和辐射温度都通过绝热膨胀下降时, 质子和电子开始复合形成中性氢. 当任何体积内的赖曼连续谱光子数少于氢原子数时, 这个过程就会加速. 复合时期发生在 4×10^3 K 的温度, 大约为恒星内部等效跃迁值的一半. 一旦氢变为中性, 其不透明度急剧下降. 现在光子可以自由传播, 其中一些可以传播达到我们这里所需的距离和时间. 所以, 复合代表了今天可以看到的宇宙历史中最早的事件. 达到我们的光子组成了微波背景辐射, 测量到的准确黑体温度为 $T_0 = 2.73$ K.

一个简单的论证可以给出复合时期的时间, 或者等效的红移. 把光子本身看作一种相对论性气体, 从复合开始绝热膨胀直到现在. 热力学第一定律告诉我们, 当代表性的体积 V 增大, 它所包围的能量密度和辐射压遵从

$$0 = \Delta(u_{\mathrm{rad}}V) + P_{\mathrm{rad}}\Delta V. \tag{19.15}$$

我们现在使用方程 (2.37) 和 (11.48) 将 u_{rad} 和 P_{rad} 与辐射温度 T_{rad} 联系起来. 我们很快发现

$$\frac{\Delta T_{\mathrm{rad}}}{T_{\mathrm{rad}}} = -\frac{1}{3}\frac{\Delta V}{V}. \tag{19.16}$$

方程 (19.16) 告诉我们 T_{rad} 以 $V^{-1/3}$ 减小. 如果 V_0 是当前的体积, 那么体积在红移 z 是 $V_0(1+z)^{-3}$. 因此, 复合时的红移为

$$z_{\mathrm{rec}} = \left(\frac{V_{\mathrm{rec}}}{V_0}\right)^{-1/3} - 1$$

$$= \frac{T_{\text{rec}}}{T_0} - 1$$

$$\approx 1500, \tag{19.17}$$

其中我们再次使用了近似的复合温度, $T_{\text{rec}} = 4 \times 10^3$ K.

如果氢在这个阶段末完全转化为 H_I, 那么随后恒星的形成就难以解释. 温度低于 4000 K 的纯氢冷却非常低效, 任何初期的收缩都会很快被逆转. 解决方案是, 在 $z < z_{\text{rec}}$ 的时期, 有一个很小但非零的自由质子和电子群体.

两个因素抑制了气体中的复合. 一个是对源自电子从高能级或连续能级级联到 $n = 1$ 态放出的紫外光子的吸收. 氢有时可以通过释放一对较低能量的光子产生从 $n = 2$ 到 $n = 1$ 的跃迁, 这个事实改善了这种辐射激发. 这种双光子跃迁很罕见, 但对确定总的复合速率很重要. 第二个抑制因素是全局膨胀本身. 回想一下, 体积复合速率与电子和质子乘积成正比 (方程 (15.1)). 二者都随时间下降. 因此, 气体中不断下降的电子比例在某一点 "冻结". 对于感兴趣的宇宙学参数, 残余比例为 10^{-4} 量级.

质子和电子本身都不能提供显著的冷却. 然而, 它们导致了氢分子的产生, 而氢分子最终可以提供显著的冷却. 第一步是在后复合时期, 质子和占主导地位的 HI 气体反应:

$$\begin{aligned} H + H^+ &\longrightarrow H_2^+ + h\nu, \\ H_2^+ + H &\longrightarrow H_2 + H^+. \end{aligned} \tag{19.18}$$

在早先第 5 章中介绍的这个反应序列导致了红移 300 时小的 H_2 丰度, 10^{-7}. 到 $z \approx 100$, 丰度通过形成 H^- 以及随后和 H^- 的反应又增加了一个量级:

$$\begin{aligned} H + e^- &\longrightarrow H^- + h\nu, \\ H^- + H &\longrightarrow H_2 + e^-. \end{aligned} \tag{19.19}$$

H_2 丰度的逐步增加以及先前电子的冻结如图 19.23 所示. 注意, H^- 很容易被背景辐射电离, 因此解释了它的产生相对于 H_2^+ 延迟.

最后这一点使我们得出一个更一般的看法. 追踪膨胀气体中分子丰度的演化需要充分考虑物质和环境辐射的相互作用. 如前所述, 光子被自由电子散射. 这个过程加热气体, 只要辐射温度超过物质温度. 辐射也被新形成的分子吸收. 如果被激发的分子在自发衰变之前与气体原子碰撞, 那么气体的温度就再次升高.

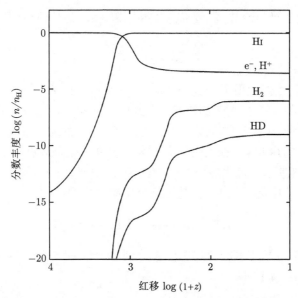

图 19.23　膨胀宇宙中分子丰度的增长. 图示为所示成分相对氢的数密度作为红移的函数

图 19.24 更详细地展示了辐射和气体温度随红移下降的情况. 在复合之前, T_{rad} 和 T_{gas} 通过频繁的光子-电子散射保持几乎相等. 光子的热容大大超过了气体的热容. 因此, 实际上 T_{gas} 被锁定到 T_{rad}(以 $(1+z)^{-1}$ 下降). 复合过程中留下的少量电子使两个温度保持接近, 直到 $z \approx 500$, 之后 T_{gas} 下降得更快.

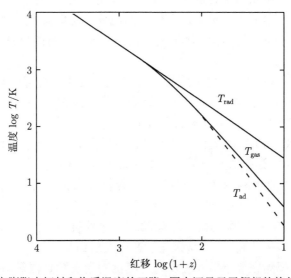

图 19.24　在宇宙膨胀中辐射和物质温度的下降. 图中还显示了假想的绝热膨胀气体的温度

假设气体随后绝热冷却, 温度 T_{ad} 不断下降. 那么类似于方程 (19.15) 的表达式将得到

$$\frac{\Delta T_{ad}}{T_{ad}} = -\frac{2}{3}\frac{\Delta V}{V}. \tag{19.20}$$

这里对于纯氢气, 我们使用了 $u_{gas} = 3\rho k_B T_{ad}/(2m_H)$ 和 $P_{gas} = (2/3)u_{gas}$. 我们也使用了 ρV 在膨胀中保持不变的事实. 由方程 (19.20) 得到, T_{ad} 以 $(1+z)^{-2}$ 下降. 图 19.24 表明, 实际气体温度下降的速度略慢. 这种差异反映了 H_2 对辐射的吸收和随后的碰撞退激发. 在大爆炸后不久产生氢的核合成也产生了氦、氘和锂. 最重要的是氘. 实际上, 氘化的分子氢 HD 和 H_2 一起出现 (图 19.23). 这种分子在随后气体的冷却中起了作用. 它是由这个反应产生的:

$$D^+ + H_2 \longrightarrow HD + H^+. \tag{19.21}$$

如图所示, HD 的分数丰度在全局膨胀中达到 10^{-9}. 在这个时期也形成了较低浓度的 HeH^+、LiH 和 LiH^+.

19.5.2　暗物质的作用

到目前为止我们对膨胀宇宙的描述包括了气体的电离成分和中性成分, 以及背景辐射场. 然而, 我们知道, 有相当数量的物质以某种不发光的形式存在. 再说一次, 旋涡星系通过它们的光学和射电旋转曲线揭示了暗物质的存在. 外围的恒星和气体轨道运动速度太快, 产生引力的物质不可能只有直接看到的那些. 类似的结果适用于其他星系类型. 在本星系群中, 我们测量了矮椭球星系中心的速度弥散或矮不规则星系的旋转曲线. 与系统总光度相比, 运动由暗晕支配. 椭圆星系中的恒星速度弥散也揭示了这个额外的成分. 在更大的尺度上, 富星系团中星系的运动速度不可理解地快, 除非我们假设在这些绕转的星系之间有丰富的暗物质.

这些观测表明, 在大小适中的体积中平均的暗物质密度超过普通 ("重子") 物质一个量级. 因此宇宙学模型需要包含这个成分, 即使我们完全不知道它的本质. 实际上, 它的存在对于宇宙中结构的增长是关键的.

星系一定是以均匀膨胀流体中的小密度扰动开始的. 这样团块的自引力阻碍了它的膨胀. 最终, 这个天体开始收缩并形成产生早期恒星的分子云. 理论的一个绊脚石是密度扰动的初始增长在时间上不是指数增长, 就像在 (虚拟的) 静止介质中的金斯分析中一样 (9.1 节). 相对于不断变化背景测量的密度在时间上仅以代数方式增长, 就像在一个均匀坍缩球的动力学碎裂中一样 (12.1 节). 定量上, $\Delta\rho/\rho_0$ 在复合时必须达到 10^{-3} 量级才能在今天达到 1.

这个预测与观测完全矛盾. 假定的密度扰动会在背景辐射场上留下印记, 产生仍然可以探测到的 T_{rad} 在角度分布上的起伏. 然而, 很多实验表明如果在固有

参考系中测量, 微波背景的各向异性要小得多. 实际的起伏表明复合时的 $\delta\rho/\rho_0$ 为 10^{-5} 量级. 对这个难题公认的解决办法是, 必要的初始扰动不是发生在重子物质中, 而是发生在占主导地位的暗物质中. 重子物质落入这些扰动产生的局域势阱中, 然后演化到引力坍缩的程度. 在后面这个演化过程中, 分子辐射起了至关重要的作用.

在描述这一发展之前, 让我们进一步考虑暗物质的成团. 自引力的有效性取决于组成粒子的速度. 如果速度是相对论性的, 也就是说, 如果暗物质是 "热的", 那么粒子可以轻易地从被扰动的区域中流出. 实际上, 这种泄露抑制了密度增长, 除非扰动具有非常大的物理尺度. 数值模拟证实了这个事实, 并发现暗物质凝聚成一个巨大的薄片网络, 每个薄片在共动坐标系中的尺度为 100 Mpc. 单个星系只能是最近从这些结构中分离出来, 和 $z \gtrsim 5$ 处类星体的观测矛盾.

我们被迫转向冷暗物质图景. 这里, 粒子以非相对论速度运动. 初始均匀的物质海洋分裂为更随机分散的小团块集合. 这些团块以等级的方式成团, 逐渐创造更大规模的结构. 同时, 重子物质也在凝聚. 和前一个图景不同的是, 星系是通过并合的暗物质团块中心含气体的部分并合形成的. 这种活动在观测到最古老的类星体形成之前就已经开始了.

并合过程的数值模拟已经给出了一个关于各种哈勃类型起源的有趣观点. 任何聚集在暗物质势阱中的气体都有有限的角动量. 但是旋转的云会沿中心轴自然变平, 如果它能辐射掉大部分初始能量的话. 以这种方式形成的第一批盘的质量远小于今天的旋涡星系中的盘. 因此我们必须考虑当两个或多个小的盘并合时会发生什么. 一个结果是, 组合形成的新实体再次膨胀形成一个更像三维的结构. 并合引发星暴也是有道理的. 一旦所有气体被消耗或驱散, 我们就剩下一个不能再消耗能量的恒星系统. 这个基本图像虽然在许多方面是不完整的, 但可以解释椭圆星系和旋涡星系的核球. 或许旋涡星系盘代表了后来吸积的额外气体, 没有参与最初的星暴.

我们对现代宇宙景观的描绘还需要最后一个元素. 微波背景辐射的各向异性测量也告诉我们, 从复合时期至今, 光子路径是如何在引力作用下弯曲的. 这个曲率反过来取决于 ρ_{tot}, 即今天宇宙的总密度. 根据广义相对论, 感兴趣的量实际上是 $\Omega_{\text{tot}} \equiv \rho_{\text{tot}}/\rho_{\text{c}}$. 这里, ρ_{c} 是临界密度, 定义为

$$
\begin{aligned}
\rho_{\text{c}} &\equiv \frac{3H_0^2}{8\pi G} \\
&= 9 \times 10^{-30} \text{ g} \cdot \text{cm}^{-3}.
\end{aligned}
\tag{19.22}
$$

对于 H_0 我们使用了 70 $\text{km} \cdot \text{s}^{-1} \cdot \text{Mpc}^{-1}$.

各向异性观测表明, Ω_{tot} 接近于 1. 另一方面, 原初核合成的计算告诉我们, 为

了产生今天的氘丰度, 重子密度 Ω_B 只能有百分之几. 星系和星系团的观测加上维里定理, 表明暗物质密度可以超过这个密度一个量级, 但不会更多. 宇宙中剩余的密度归结为另一种普遍存在的成分, 称为暗能量. 这种奇异的成分提供了一种斥力. 它在过去扰动增长初期不重要, 但现在正导致宇宙膨胀加速. 它的起源和本质比冷暗物质更不为人所知. 流行的 "ΛCDM" 模型通常设定重子密度 $\Omega_B = 0.05$, 冷暗物质成分 $\Omega_{DM} = 0.25$, 暗能量 $\Omega_\Lambda = 0.7$. [①]

19.5.3   原恒星坍缩

回到暗物质团块中气体的重力沉降. 在凝聚过程中, 物质首先绝热加热. 然而, 分子氢继续通过前面提到的过程形成. 在 H_2 的分数丰度达到 10^{-3} 时达到临界点, 此时气体密度 n_H 为 10 cm^{-3} 的量级. 这个事件可能早在 $z \approx 20$ 就发生了. 随后振转谱线发射造成温度急剧下降, 稳定在 200 K 附近. 随着气体进一步积累, 密度和温度都再次升高. 如果计算一直进行到 n_H 超过 10^8 cm^{-3}, 那么所有的氢都通过三体反应迅速变成分子:

$$\text{H} + \text{H} + \text{H} \longrightarrow \text{H}_2 + \text{H}, \tag{19.23a}$$

$$\text{H} + \text{H} + \text{H}_2 \longrightarrow 2\text{H}_2, \tag{19.23b}$$

温度此时达到一个 1500 K 的平台.

我们不知道质量比单颗恒星大很多的原初分子云是否能达到这么高的密度. 在这方面, 我们对当前暗云和分子云复合体动力学平衡的有限理解应该是不足的. 早期的压缩可能受到内部湍流运动的阻碍, 至少暂时受到阻碍. 在模拟中, 气体宁静的沉降往往被母暗物质团的并合所破坏. 尽管如此, 分子发射和缓慢凝聚的共同作用最终一定会导致许多地方真正的原恒星坍缩.

最终变得不稳定的分子云碎块仍然比它产生的恒星密度低得多. 在今天的恒星形成中, 唯一已知实现这种转变的方式是通过由内而外向一个中心核的坍缩. 据推测, 盘充当了较高角动量物质内落的中间通道. 如果我们所引述的温度适用于这个类似致密云核的客体, 那么方程 (10.31) 给出的原恒星内落速率比当前高三个量级. 因此, 原初的原恒星非常明亮.

在 11.4 节中, 我们描述了形成大质量原恒星的一个主要障碍: 作用于内落包层的辐射压. 然而, 缺少尘埃颗粒意味着不透明度要低得多. 靠近恒星的内落物质是完全电离的, 因此合适的 κ 值是电子散射值 (附录 G). 因此, 即使在简化的球形坍缩图景中, 中心原恒星也有可能获得更大的质量.

---

① 和暗物质相关的符号 Λ 代表宇宙学常数. 这是在爱因斯坦广义相对论场方程的普通物质的应力-能量张量中添加的一项.

图 19.25 展示了以 $\dot{M} = 4 \times 10^{-3} M_\odot \; \mathrm{yr}^{-1}$ 吸积的原恒星的质量-半径关系. R_* 的初始增长和以更温和的速率形成的小质量原恒星类似. (见图 11.6, 但是注意不同的半径尺度.) 同样类似的还有第一次反转 (和图 11.21 比较). 这还是由于引力收缩开始而导致的. 这个过程一直持续到氢在质量达到 $80 M_\odot$ 时点燃. 产生的光度增加对恒星外层施加了额外的压强, 表现为 R_* 的二次增长. 同时, L_{acc} 下降, 恒星暂时收缩. 如果恒星质量达到 $300 M_\odot$, 那么急剧增大的核反应光度会造成非常迅速的表面膨胀. 此时的 L_* 值已经达到 $6 \times 10^6 L_\odot$.

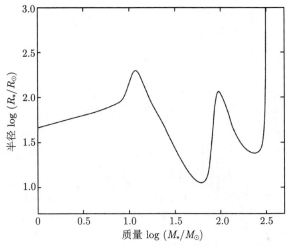

图 19.25　以 $\dot{M} = 4 \times 10^{-3} M_\odot \; \mathrm{yr}^{-1}$ 吸积的原恒星的质量-半径关系. 注意在 M_* 达到 $300 M_\odot$ 时极其快速的膨胀

有趣的是, 即使这样一个异常明亮的天体也不会产生电离氢区. 紫外光子在大规模吸积流中被完全吸收. 辐射向外扩散通过吸积激波外一个光学厚的前驱体, 最终在相关的色温度降到 6000 K 时逃逸. 这种性质的恒星受到其中心核反应驱动的内部脉动影响. 这些脉动反过来又可以驱动星风. 尽管如此, 上述计算至少表明形成了非常大质量的零金属天体, 以及晕族星 HE 0107-524 所代表的质量低得多的族群.

19.5.4　再电离

从另一个角度看, 大质量原初天体的想法很有趣. 在吸积阶段和内落包层消失之后, 每颗恒星都大量发射紫外辐射. 事实上, 在一个给定质量, 有效温度高于星族 I 对应天体的有效温度, 因为表面不透明度较低 (16.2 节). 这些大质量恒星的紫外光度合在一起可以电离大片气体. 有这个效应的实际证据么?

答案是有. 我们再次转向那些遥远的灯塔, 类星体. 和以前一样, 我们利用了这样的事实, 即这些天体在很宽的波长范围发射紫外连续谱. 如果我们和类星体之间的氢气主要是中性的, 那么它会在赖曼 α 跃迁处强烈吸收这些辐射. 电离的星系际介质则不会.

这个论点听起来很熟悉, 它和我们用于解释很多类星体中观测到的赖曼 α 森林的论点非常类似. 图 19.26 的上图显示了一个例子. 在这个 $z = 3.54$ 的类星体光谱中, 我们看到了显著的 Ly α 峰, 红移到了波长 $1216 \times 4.54 = 5520$ (Å). 这

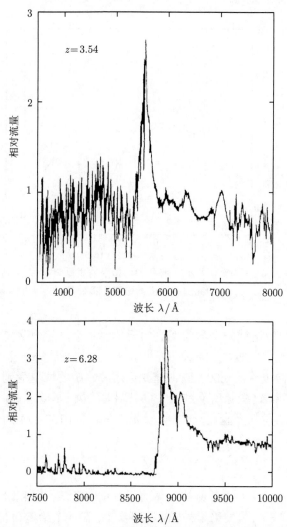

图 19.26 甘-皮特森效应. 上图: $z = 3.54$ 的类星体的光学光谱, 展示了对红移了的 Ly α 谱线对称的发射. 这条线短波端的赖曼 α 森林也很明显. 下图: $z = 6.28$ 处类星体的光谱, 展示了 Ly α 短波端的连续谱凹槽

个峰的蓝端的一系列谱线来源于很多单独的 HI 云. 每个这种实体都在 Ly α 吸收, 但每个的红移都比背景类星体小, 所以这些谱线出现在比主要发射线特征波长短的地方.

然而, 假设有额外的中间气体不局限于离散的云中. 这些物质会跨越一个连续的红移范围, 都比类星体红移小. 我们现在可以观测叠加在赖曼 α 森林上光谱中的一个宽的凹槽. 这种甘-皮特森效应 (Gunn-Peterson effect) 在图 19.26 上图中没有看到, 那里的光谱关于 Ly α 的峰基本是对称的. 我们得出结论, 在对应于 $z = 3.54$ 的宇宙学时间, 这种星系际介质大体上是电离的. 因为这些介质在复合后几乎是完全中性的, 我们可以说宇宙经历了一个再电离时期. 这种转变是大质量原初恒星的紫外发射产生的.

图 19.26 下图有助于确定这个时期. 这里, 我们看到一个更遥远的类星体 ($z = 6.28$), 它确实显示了甘-皮特森效应. 光谱在 Ly α(现在发生在 8850 Å) 的蓝端强烈下降. 因此星系际气体在 $z = 6.28$(或者用现在的标准宇宙学参数对应大爆炸后 9×10^8 yr) 仍然为中性. 恒星形成还没有开始. 其他研究证实临界红移值接近于 6.

到目前为止, 读者不会惊讶于事情比刚才指出的要复杂一些. 首先, 不清楚发出紫外流量的天体实际是恒星, 还是其他类星体, 即吸积黑洞. 其次, 在恒星形成中起作用的氢分子很容易被紫外辐射离解. 因此必须注意大质量恒星在云中的位置. 最后, 显然有一个明显的较早再电离时期.

对微波背景辐射的卫星观测发现它是线偏振的. 虽然偏振度微小, 处于 10^{-6} 量级, 但它有重要的意义. 这个效应源于自由电子对光子的散射. 从观测到偏振结构的角尺度可以得出结论, 所需的电离在 $z = 17$ 就已经存在了. 或许是大爆炸后仅仅 2×10^8 yr 诞生的非常早期的一代大质量恒星造成的. 如果是这样, 那么星系际介质的完全电离直到另一个恒星族群在 $z = 6$ 出现才发生. 第二次恒星诞生事件是否标志着现在观测到的最原始星系的形成? 上一代恒星是在什么环境下形成的? 这些只是我们等待答案的少数问题.

本 章 总 结

银河系中的恒星产生率随银心半径变化. 我们通过观测来自年轻大质量恒星的发射测量这个变化然后外推得到所有族群. 形成率和分子气体供应都向内增加, 在大约 4 kpc 开始减小, 然后在中心又增大. 中心区域异常活跃, 含有巨分子云复合体和银河系中成员最多的年轻星团.

大部分相对近邻的星系有相似的年龄, 无论形态类型为何. 在椭圆星系中, 早期恒星产量很高, 现在已经降低了. 这种活动在旋涡星系盘中还在进行, 如 Hα 发射所测量的. 许多星系中恒星形成的空间变化似乎与气体供应有简单的相关 (施密特定律), 但仅在气体面密度阈值之上如此. 对星系光学光谱的理论建模得到了活动性的历史. 目前恒星产量上升最大的星系是富气体和贫金属的不规则星系, 这种星系在我们的本星系群中有很多. 这个系统中的其他星系, 矮椭球星系更像椭圆星系.

恒星形成活动在某些不规则星系中的局部达到异常高的水平. 这些星暴是通过与一大群大质量恒星相关的发射线辨认的. 较大的旋涡星系也可能含有星暴, 位于中心附近. 在这些情形中, 这种星系似乎受到潮汐扰动或者在和近邻的星系合并. 潮汐力导致弥散气体的快速内流, 通常通过中心恒星棒的形成. 最活跃的星暴星系被厚厚的尘埃包裹, 主要在红外波段看到.

在太阳附近缺乏极端贫金属的小质量恒星表明我们所在的银河系区域不是孤立地演化的. 一种可能性是新鲜气体从外部吸积. 对更老的红移星系巡天发现了相互作用的额外证据. 许多正在发生星暴的矮不规则星系在过去存在, 但现在已经消失, 或许是并合的结果. 赖曼间断技术发现了更高光度正在经历星暴活动的更原始的系统.

原始气体必须经历冷却和极大的收缩才能产生第一代恒星. 在现代宇宙学模型中, 气体首先聚集在暗物质团块 (之前从更均匀的膨胀背景中分离出来) 中心. 气体冷却受到氢分子的影响. 一旦气体密度达到远远超过今天的分子云的数值, 这些云就会大量形成. 因此第一批原恒星在它们的主吸积阶段经历了快速的内落. 这些天体的形成使弥散的星系际气体再电离.

建 议 阅 读

19.1 节 对于恒星形成在银河系中的径向分布的观测, 见

Prantzos, N. & Aubert, O. 1995, AA, 302, 69.

关于银心的研究总结在

Morris, M. & Serabyn, E. 1996, ARAA, 34, 645.

施密特定律的原始文献为

Schmidt, M. 1959, ApJ, 129, 243.

19.2 节 关于星系的本科高年级水平的一般参考文献是

Sparke, L. S. & Gallagher, J. S. 2000, *Galaxies in the Universe: An Introduction* (New York: Cambridge U. Press).

沿哈勃序列的恒星形成见

Kennicutt, R. C. 1998, ARAA, 36, 189.

通过二流体分析研究星系稳定性的经典文献是

Jog, C. & Solomon, P. M. 1984, ApJ, 276, 114.

关于星族合成建模, 见

Bruzual, G. & Charlot, S. 1993, ApJ, 405, 538.

19.3 节 星暴现象的观测和理论方面在这里都有描述

Kennicutt, R. C., Schweizer, F, & Barnes, J. E. (ed) 1998, *Galaxies: Interactions and Induced Star Formation*, (Berlin: Springer).

明亮红外星系的观测是这篇文献的主题

Sanders, D. B. & Mirabel, I. F. 1996, ARAA, 34, 749.

银河系中心棒状结构的证据的总结见

Blitz, L., Binney, J., Lo, K. Y., Bally, J., & Ho, P. T. P. 1993, Nature, 361, 417.

19.4 节 对 G 型矮星问题的完整讨论见

Pagel, B. E. J. 1997, *Nucleosynthesis and the Chemical Evolution of Galaxies*, (New York: Cambridge U. Press), Chapter 8.

对现代宇宙学方法和关键结果的清晰引述见

Longair, M. 1998, *Galaxy Formation* (New York: Springer-Verlag).

首次给出宇宙学恒星形成率的研究为

Madau, P., Ferguson, H. C., Dickinson, M. E., Giavalisco, M., Steidel, C. C., & Fruchter, A. 1996, MNRAS, 283, 1388.

对赖曼间断星系的详细综述见

Giavalisco, M. 2002, ARAA, 40, 579.

19.5 节 再电离时期的过程在这里描述

Peebles, P. J. E. 1993, *Principles of Physical Cosmology*, (Princeton: Princeton U. Press), Chapter 6.

Galli, D. & Palla, F. 1998, AA, 335, 403.

气体进入暗物质势阱的想法来源于

White, S. D. M. & Rees, M. J. 1978, MNRAS, 183, 341.

关于 ΛCDM 宇宙学中对这个效应的数值模拟, 见

Yoshida, N., Abel, T., Hernquist, L., & Sugiyama, N. 2003, ApJ, 592, 645.

这篇文献确认三体反应作为产生分子氢的一种途径

Palla, F., Salpeter, E. E., & Stahler, S. W. 1983, ApJ, 271, 632.

遥远类星体中的甘-皮特森效应的证据首先在这里给出

Becker, R. H. et al. 2001, AJ, 122, 2850.

第 20 章　物理问题：回看

现在从对主题的技术介绍中后退一步, 以总结的方式评估我们对要点的把握. 当然, 只有通过这项研究, 我们才对突出的问题有了认识. 总的来说, 我们能够提出的问题反映了我们理解的局限性. 随着知识的增多, 很多当前的窘境将变得不重要, 甚至完全失去意义. 尽管如此, 还是让我们试着看看我们已经取得了多大进展, 以及今后在哪里可以取得进展.

20.1　云

所有恒星的一半或更多形成于巨分子云复合体中. 这些复合体从何而来? 我们对这个问题的讨论非常轻描淡写, 部分是因为它与恒星形成知识稍微沾边, 也因为它还没有被完全理解. 分子云从 HI 气体中凝聚的观点已经流行了几十年, 并且得到了氢自遮蔽理论的有力支持 (8.1 节). 这种转变是如何在星系尺度上发生的还不太清楚, 尽管这是一个数值模拟仍然可以取得重大进展的问题. 使问题复杂化的是, 通过恒星辐射在光致离解区的作用, 大量、但比例不确定的分子气体正被转换回原子形式.

巨分子云诞生大约 10^7 yr 后, 它消失了, 留下分散在太空中的多群恒星. 分子云的分子谱线成图和新生星团的光学成像结合起来显示了这个驱散过程 (3.1 节). 显然是大质量恒星通过星风和电离辐射产生了作用. 一个更令人烦恼的问题是较小的不含大质量恒星的暗云复合体的消失. 恒星喷流似乎是罪魁祸首, 至少默认是这样的, 但这个理论还远远不够完善 (12.4 节). 在这方面, 观测年老的金牛座 T 型星或后金牛座 T 型星周围的 HI 气体将非常有益.

另一个核心问题是云对抗引力的力学支撑. 对于产生恒星的最小实体, 致密云核, 这个问题在原则上得到了解决. 热压强加上内嵌的很大程度上静态的磁场的张力组合起来似乎就足够了. 这两种力是如何使云核达到它们观测到的细长结构的, 这就不那么确定了 (9.4 节). 在更大尺度的暗云和巨分子云复合体中, 事情才真正变得模糊不清. 热压显然不重要, 磁场是主要影响因素. 云的形态以及它们巨大的内部线宽告诉我们, 气体和磁场都不是均匀和静态的. 由平面阿尔芬波组成的磁场和通过湍流运动纠结起来的磁场都不太可能持续存在 (9.5 节). 需要另一个图像, 其中磁化气流相互作用, 但以某种方式避免产生激波而快速耗散能量.

　　考虑到我们对云大尺度支撑的无知，子结构的起源也有问题就不足为奇了．巨型复合体中的分子气体以团块形式存在，其简单的质量分布可能是形成过程的线索 (3.1 节)．只有质量最大的团块在形成恒星．然而，这些实体中的孤立区域失去了它们有效的磁压，沉入宁静核区，随后经历原恒星坍缩．这种转变如何发生是一个至关重要的问题，因为它是恒星形成低效的原因．只有一小部分 (或许百分之几的) 巨分子云或暗云的总质量最终形成恒星．为什么是这样的？换一种问法，为什么一块云注定要变成一颗恒星，而大多数邻近的云不变成恒星？

　　已知的星协和星团历史所显示的恒星诞生的经验模式提供了一个有趣的线索．有一个连贯的模式，即在分子气体丰富的区域，全局恒星形成率增大，这是非常重要的 (12.4 节)．这种增加表明，致密云核的形成不是分子云介质中的随机事件，而是对介质中某种全局变化的响应．一个这种变化可能是母分子云的大尺度引力收缩．这种收缩可能是通过逐渐失去力学支撑而发生的．在更好地确定这种支撑的本质之前，理论能说的不多．

　　在这种情况下，过去的两种有影响力的传统思想可以不再考虑．一种是等级分裂，已经在 12.4 节简述．物理图像是，一块相对弥散的大分子云分阶段转变为小的致密的恒星．通过引力作用，原始的分子云收缩并分裂为很多碎块．每个这种碎块都有相似的结局，进一步分裂为更致密的实体．最终产生一组恒星．

　　恒星形成的低效立即告诉我们，这样的过程不可能在巨分子云复合体或暗云中普遍发生．但即使对于大部分质量注定要成为恒星的一个假想区域，等级碎裂也不是合理的系列事件．自引力云分裂的一种方式是通过动力学碎裂 (12.1 节)．这里，原初的天体一定失去了力平衡．假设每块观测到的巨分子云本质上处于自由落体坍缩状态是不可信的．但即使是这样，分裂也会持续到最新碎片中的热压和磁压的组合变得显著为止．在那时，碎块会作为一个静态平衡天体反弹．

　　另一种可能性是由内而外的坍缩．这确实是已知分子云可以产生形成恒星所需巨大密度增加 (10^{20} 倍) 的唯一一种方式．必要的初始条件是云处于力平衡状态，但自引力刚好超过动力学稳定所允许的最大值．这种微妙的条件不太可能是通过一个较大的实体碎裂而达到的．更为合理的是，这些区域演化到这个状态．因此，目前观测到的无星致密云核未来可能从周围获得质量，直到它们达到临界稳定状态．在这个时期，气体会沿磁力线移动 (10.1 节)．总结起来，恒星不是通过较大实体"由上而下"(top-down) 的碎裂形成的．产出它们的致密云核是通过"由下而上"的方式从一个不那么静态和均匀的介质 (其本身可能也在缓慢收缩) 中产生的．随之而来的由内而外的核坍缩不涉及动力学碎裂．

　　第二个传统观点是双模恒星形成 (bimodal star formation)．由于星风和辐射压的排斥作用，通过由内而外的坍缩形成大质量恒星是有问题的．在解决这一困难之前，人们可能会得出这样的结论：某个临界质量之上的恒星以一种完全不同的方式形成. 我们已经在本书中说过很多并且赞成这个很大程度上未经证实的观点, 即大质量天体是由一个密集环境中的致密云核和之前已经形成的恒星的并合形成的 (12.5 节).

　　另一方面, 双模恒星形成涉及大分子云的动力学碎裂. 更接近力平衡的较小的云通过由内而外的坍缩产生小质量恒星, 较大的云通过快速分裂产生大质量恒星. 这里的反对意见和以前一样. 这种分裂不能导致云密度变为恒星密度. 此外, 观测表明, 每一群大质量恒星都伴随着更多的小质量天体. 真实的情况并不是双模的, 而是不同环境中恒星形成模式连续变化. 我们将很快回到这个问题.

20.2　恒　　星

　　考虑一个致密云核中正在经历由内而外向内埋星及其盘坍缩的区域. 首先注意到, 通常有两个这样的区域, 因为大多数恒星是以双星的形式诞生的 (12.1 节). 观测到致密云核的几何伸长可能促进两个分立聚集体的增长 (12.3 节). 它们通过对周围环境的吸积和进一步引力沉降逐渐演化到真正的坍缩状态. 由于大多数双星的间隔远小于 0.1 pc, 这些恒星必须将大部分角动量转移到周围的气体中.

　　然而, 让我们把注意力集中在单星上发生的内落. 一个未解决的关键问题是, 什么结束了这个过程. 同样地, 我们要问, 什么情况一般性地限制了恒星的质量. 如果初始质量函数是简单的幂律, 后一个问题就没有意义了. 事实上, 大多数恒星在 $(0.1 \sim 1)M_\odot$(4.5 节). 在确定了存在一个特征恒星质量后, 自然要寻找其起源.

　　分子云研究的一个基本认识是, 物质的潜在储量非常大. 确实, 估计的致密云核质量没有大大超过恒星质量 (3.3 节). 但这些数值仅仅代表了来自分子谱线或热尘埃的积分信号, 二者本质上都代表了高的柱密度. 这种示踪物最外围的等值线并不表示介质中真正的间断. 从更物理的角度看这个问题, 我们记得致密云核被磁场穿透, 这个磁场被挤压在恒星附近 (见图 10.8). 一旦云坍缩开始, 为什么云的气体不继续沿弯曲的磁力线滑动, 补充被抽运到中心天体上的物质?

　　在这方面可能相关的两点值得重复. 首先, 当我们离开致密云核常规边界足够远的距离, 气体就不再是宁静的. 很难定量描述这种转变, 因为外部的低密度区域通常是用 CO 成图的, 空间分辨率比内部的成图要差. 对致密云核起源的改进的理论处理可能会澄清, 云的这种变化在多大程度上抑制了向恒星的吸积. 第二个重要的事实或者更确切地说是从其他数据得到的推断, 是原恒星本身可能驱动星风. 这个气流可能逆转内落, 甚至对于小质量天体也是如此.

　　由于我们没有直接证据表明任何特定的内埋源是真正的原恒星, 即其光度主要源于内落动能的释放 (11.5 节), 所以目前还不能完全肯定原恒星是否真的会驱动强的星风. 然而, 事实是, 基本上所有内埋星都有相伴的分子外流, 对于内埋更深的天体, 这些外流往往有更高的机械光度 (13.2 节). 强星风可能是内落过程中恒星角动量积累导致的. 这里, 应该回想我们在 16.5 节中的演示, 一颗从转动云吸积的完全对流原恒星在任何拱星盘出现之前会达到解体速度. 因此, 星风的喷发一定发生得很早, 如外流观测所示.

分子外流本身并不是由星风气体组成的, 而是被内部喷流搅动并向外拖曳的分子云物质. 这种喷流是进入一个狭窄的双极结构的星风 (13.1 节). 即使在离开恒星时, 由于旋转和磁力, 星风已经是各向异性的了. 在更大距离上的分流 (chan-neling) 是如何发生的还没有完全理解. 具有讽刺意味的是, 喷流最初是通过星风中相对小的波动产生的激波 (赫比格-哈罗天体) 显现出来的. 原则上, 激波的间隔记录了这些波动. 强度最大的激波发生在离恒星很远的地方, 相关的间隔为 10^3 yr. 较弱的激波发生在 0.1 pc 内, 代表了长达十年的变化.

盘的增长代表了原恒星对角动量增加的另一种反应. 如果物质旋转太快而无法到达恒星表面, 那么内落的气体就会进入围绕中心天体的轨道. 认识到这种说法的局限性是很重要的. 想象一下极端情况, 一个区域内的所有物质基本都坍缩到一个旋转平板. 如果这样的平板可以冷却到一个几何薄的位形, 那么它会分裂为许多碎块, 没有一块达到恒星密度. 恒星的形成需要低角动量气体的初始供给, 可能来自缓慢转动的致密云核的中心 (10.4 节).

因为我们观测到光学发现的恒星周围的盘 (17.3 节), 所以应该有某种东西阻止了更早期的原恒星盘积累质量到破碎的程度. 通过螺旋波的扭转作用将这个过程视为自限性的是很有吸引力的. 螺旋波既驱动质量向内, 也使这个位形扩展开 (11.3 节). 这个想法在概念上是可靠的, 但仍然需要发展一个演化的图景. 更复杂的相互作用发生在离恒星更近的地方, 局域磁场在那里施加动力学影响.

盘向恒星的吸积似乎在可见的主序前阶段仍在继续. 至少这是对金牛座 T 型星的子类猎户座 YY 星 (17.2 节) 中明显内落光谱特征的一个相对简单的解释. 质量输运率的估计是粗略的, 但表明它是相对较低的. 因此, 忽略恒星质量变化的准静态收缩的数值计算仍然是可信的. 对微型喷流的观测表明, 不仅有内落. 对于主序前天体附近的完整气体运动还没有定量的模型. 无论具体性质如何, 这一活动产生的激波都会产生强发射线, 有助于确定经典金牛座 T 型星 (17.1 节). 一个主要的谜团是, 在质量和年龄都与经典星相同的弱线星中缺少气体的强发射线以及 (表明附近盘存在的) 热尘埃.

金牛座 T 型星的整体收缩是一个相对简单的过程, 这在物理上有很好的理解. 不同质量的双星成员星的相似收缩年龄为基本理论提供了很好的佐证 (12.3 节). 这个发现不仅告诉我们一些关于双星起源的重要信息, 而且除非年龄本身相当准确, 否则这些发现不会成立. 准静态收缩的一个关键特征是恒星光度的稳定下降

(16.2 节). 主序前恒星在氢聚变之前很久都是相对明亮的. 它们的能源是自引力. 因此, 在任何意义上, 年轻恒星都不会因为核点火而 "耀发".

中等质量恒星在概念上是重要的, 它是起源于单个致密云核的太阳类型天体和真正大质量天体之间的桥梁. 在 $2M_\odot$ 之上, 准静态收缩过程本身变得更复杂, 因为部分辐射恒星会调整到热平衡态 (18.2 节). 中等质量恒星的一个自然上界大约为 $10M_\odot$. 质量比这大的恒星根本没有主序前阶段, 而是还在经历内落时就开始氢聚变了.

这些发现比那些关于恒星环境的发现更可靠. 我们不理解为什么中等质量恒星的发射线相对罕见 (18.1 节). 有可能小质量天体外往往没有复杂的流动. 这种变化是否反映了恒星形成的具体情况? 当然, 关于盘的证据较少, 尤其是在 Be 型星中. 大质量 O 型星周围的空间可能非常干净, 因为任何残留物质都会被强烈的辐射和星风吹走.

这样的天体产生的电离氢区扫过母分子云的一大部分 (15.1 节). 被电离波前超越的团块同时经历压缩和表面蒸发. 第一个过程明显诱发了团块内的小质量恒星形成 (15.5 节), 这可能是由于致密云核被刺激产生以及它们随后的坍缩导致的. 但是 O 型星对周围环境的净效应是破坏性的. 如果在恒星产生超新星爆发之前, 分子云还没有被完全驱散, 那么超新星爆发的激波会完成这项工作.

一个涉及所有质量恒星的形成以及分子云动力学的问题是星群的起源. 为什么一个区域形成 OB 星协, 另一个形成束缚星团, 而第三个产生 T 星协? 这里只能猜测, 如我们在第 12 章中所做的. 我们注意到, 恒星形成记录表明分子云经历了大尺度收缩, 即使它们正在形成 (进一步产生小质量恒星和双星的) 致密云核. 因为推测的收缩是自引力驱动的, 它导致了质量最大的母分子云中最大的密度增加. 因此, 它们的中心是并合形成大质量恒星的成熟环境. 一旦形成, 这些天体就快速驱散周围气体.

收缩也发生在质量较小的云中, 但这里它被能量输入和恒星外流的破坏所逆转. 因此, 在形成一个松散的小质量恒星集团, 即 T 星协后分子云就不能再继续收缩了. 处于中间的是收缩并在同样时标上通过恒星外流抛出物质的实体. 在这些环境中, 致密云核变得足够拥挤, 在所有背景气体被驱散之后, 它们所产生的恒星仍然是一个束缚星团. 在探索这个图景时, 对非常年轻的束缚星团理论分析和观测都应该起作用.

20.3 星　系

最大的恒星群是星系. 在这些星系中, 可以看到所有类型的恒星形成活动. 一个极端是垂死的椭圆星系, 由年老的主序星和红巨星组成. 另一个极端是旋涡星系和不规则星系中的星暴区域 (19.3 节). 很多这种区域都被星际尘埃深埋. 因此我们可以放心的是, 为银河系附近恒星提供原料的分子气体即使在这种情况下也起着类似的作用. 但分子云本身密度更大温度更高, 更高的温度无疑是强烈的恒星形成本身引起的. 一个有很好分辨率的例子, 大麦哲伦云的剑鱼座 30 区域, 我们在其中直接观测到大质量恒星是与占主导地位的太阳类型天体一起产生的. 更令人欣慰的是看到后者是在致密云核中形成的, 但这些致密云核在被其最明亮的产物彻底破坏的气体中很难找到.

一般来说, 星系给我们提供了一个视角, 让我们目睹大尺度过程, 这些过程在局域也一定会发生. 例如, 我们知道太阳附近的气体并不是简单地被消耗而产生目前的恒星族群. G 型矮星问题 (19.4 节) 的基本教训是, 即使这种产生过程继续, 新的物质也会进入该区域. 这种吸积的一部分可能代表了银河系内气体的全局输运, 由旋臂的扭矩作用引起. 银心的异常活动性 (19.1 节) 最终必然源于这种效应. 表现为分子环的气体堆积是否反映了同样的输运过程还有待观察.

即使抛开质量输运的问题, 旋臂也是分子云形成以及恒星形成的核心问题. 这些旋臂从根本上说是恒星群的扰动. 因为是恒星提供了星系盘中的大部分引力, 气体的反应是聚集成螺旋形状. 我们在 M51(图 1.21) 和许多其他系统的 CO 图像中非常清楚地看到了这个结果.

同样引人注目的是环向平均的恒星形成率的模式. 尽管旋臂很复杂, 但单位面积的恒星形成率随总的气体密度平稳变化. 这种行为, 也就是施密特的定量全局模式, 仍然缺乏令人信服的理论基础. 在任何星系中, 恒星形成也会在一个明确的气体面密度以下突然截断 (19.2 节). 从这个简单事实我们还有很多东西要学.

任何认为星系结构是一个古老且已经解决的问题的自满情绪都一定会被暗物质的存在动摇. 这种未知物质贡献了旋涡星系的大部分质量, 并且至少和近邻不规则矮星系中一样主导. 毋庸置疑, 在星系尺度恒星形成的任何讨论中都必须包括暗物质. 例如, 旋臂经常被伴星系激发. 这种旋臂产生的模式尤其适用于具有星暴核区的系统, 它们几乎都是相互作用对的成员. 然而, 这种相互作用不是恒星盘之间的, 而是包含恒星和普通气体的暗晕之间的. 模拟证明了这些情况下动力学的复杂性 (19.3 节).

回溯到更久远的时间, 我们对早期星系演化的认识正通过直接观测迅速发展. 在适中的红移 $(z \lesssim 2)$, 全局的恒星形成率迅速增大, 主要由与现在的不规则矮星系类似的星系提供. 在更高的 z 下, 全局的恒星形成率的行为远没有那么确定. 然而, 似乎清楚的是, 通过光谱和测光巡天揭示的原始系统与今天的系统几乎没有共同之处 (19.4 节).

回顾过去, 这种显著的差异也许并不令人惊讶. 当然, 按照我们的标准, 第一批星系中的星际介质是奇异的. 低金属丰度意味着环境气体中的冷却效率要低得多. 实际产生的发射来自最初在宇宙膨胀过程中产生的分子 (19.5 节). 自引力仍然必须超过热压才能产生恒星. 因此, 至少就附近的例子而言, 只有异常致密的云才容易坍缩. 这些实体的探测代表了理解这个遥远时代的一个关键进展.

建 议 阅 读

20.1 节 对于大多数银河系 HI 由分子气体光致离解产生的非正统观点, 见

Allen, R. J. 2001, in *Gas and Galaxy Evolution*, eds. J. E. Hibbard, M. Rupen, & J. H. Van Gorkom, (San Francisco: ASP).

等级碎裂的原始物理图像来自

Hoyle, F. 1953, ApJ, 118, 513.

在这个模型中, 碎裂是以准静态方式发生的. 然而, 分子云内部密度结构的影响被忽略了. 霍伊尔的想法后来的一个有影响力的实例是

Low, C. & Lynden-Bell, D. 1976, MNRAS, 176, 367.

双模恒星形成假说的一个变体见

Larson, R. B. 2002, in *Modes of Star Formation and the Origin of the Field Population*, eds. E. K. Grebel & W. Brandner (San Francisco: ASP), p. 442.

20.2 节 年轻恒星中一些仍然不清楚的过程可能被其他地方的类似发现所澄清. 例如, 有趣的是, 赫比格-哈罗喷流可以由演化时间较长的红巨星产生:

Cohen, M., Dopita, M. A., Schwartz, R. D., & Tielens, A. G. G. M. 1985, ApJ, 297, 702.

形成大质量天体的并合过程可能类似于产生了被称为 "蓝离散星" 的异常主序恒星的并合过程. 关于蓝离散星的综述见

Lombardi, J. C. & Rasio, F. A. 2002, in *Stellar Collisions, Mergers, and their Consequences*, ed. M. M. Shara (San Francisco: ASP), p. 35.

20.3 节 星暴星系不仅含有大量弥散气体和尘埃, 还以异常的速率驱散这些物质. 对于这些环境中超星风的探测, 见

Lehnert, M. D. 1999, in *Wolf-Rayet Phenomena in Massive Stars and Starburst Galaxies*, eds. K. A. van der Hucht, G. Koenigsberger, & P. R. J. Eenens (San Francisco: ASP), p. 645.

我们还不能详细描述星系盘是如何在暗物质晕中沉降的. 一项有影响力的理论研究是

Fall, S. M. & Efstathiou, G. 1980, MNRAS, 193, 189.

ΛCDM 宇宙学模型虽然成功重现了最大尺度的结构, 但仍然面临困难. 见, 例如

Moore, B., Ghigna, S., Governato, F., Lake, G., Quinn, T., Stadel, J., & Tozzi, P. 1999, ApJ, 524, L19.

这些作者展示了, 模拟的暗物质分裂在每个星系周围产生了过多的小卫星星系.

附录 A 天文学惯例

A.1 单位和常量

这里我们列出一些天文学标准单位. 我们也列出了其他在本书中用到的物理常量.

名称	符号	值
埃	Å	10^{-8} cm
天文单位	AU	1.496×10^{13} cm
玻尔磁子	μ_B	5.788×10^{-3} eV $\cdot \mu G^{-1}$
玻尔兹曼常量	k_B	1.381×10^{-16} erg $\cdot K^{-1}$
电子电量	e	4.803×10^{-10} esu
电子质量	m_e	9.110×10^{-28} g
电子伏特	eV	1.602×10^{-12} erg
气体常量	$\mathcal{R}$	8.314×10^7 erg $\cdot g^{-1} \cdot K^{-1}$
引力常量	G	6.672×10^{-8} cm$^3 \cdot g^{-1} \cdot s^{-2}$
哈勃常量	H_0	70 km $\cdot s^{-1} \cdot$ Mpc^{-1}
央斯基	Jy	10^{-23} erg $\cdot s^{-1} \cdot$ cm$^{-2} \cdot$ Hz^{-1}
核磁子	μ_N	3.152×10^{-6} eV $\cdot \mu G^{-1}$
秒差距	pc	3.086×10^{18} cm
普朗克常量	h	6.626×10^{-27} erg $\cdot s$
	$\hbar$	1.055×10^{-27} erg $\cdot s$
质子质量	m_p	1.673×10^{-24} g
辐射密度常量	a	7.565×10^{-15} erg $\cdot$ cm$^{-3} \cdot K^{-4}$
太阳光度	$L_\odot$	3.827×10^{33} erg $\cdot s^{-1}$
太阳质量	$M_\odot$	1.989×10^{33} g
太阳半径	$R_\odot$	6.960×10^{10} cm
光速	c	2.998×10^{10} cm $\cdot s^{-1}$
斯特藩–玻尔兹曼常量	σ_B	5.670×10^{-5} erg $\cdot s^{-1} \cdot$ cm$^{-2} \cdot K^{-4}$
汤姆孙截面	σ_T	6.652×10^{-25} erg $\cdot s$

A.2　测　光　系　统

这里列出的波长是等效波长, 用滤波片的传递函数进行了加权. 我们也列出了传输强度的半高全宽.

系统	滤波片	波长	宽度
约翰逊-摩根 (Johnson-Morgan)	U	3600 Å	700 Å
	B	4400 Å	1000 Å
	V	5500 Å	900 Å
红外	R	7000 Å	2200 Å
	I	9000 Å	2400 Å
	J	1.22 μm	0.26 μm
	H	1.65 μm	0.29 μm
	K	2.18 μm	0.41 μm
	L	3.55 μm	0.57 μm
	M	4.77 μm	0.45 μm
	N	10.5 μm	5.2 μm
	Q	20.1 μm	7.8 μm
斯特龙根 (Strömgren)	u	3500 Å	340 Å
	v	4100 Å	200 Å
	b	4700 Å	160 Å
	y	5500 Å	240 Å
	β	4860 Å	150 Å

A.3　赤道坐标系和银道坐标系

从我们的视角看, 天体看起来位于一个以我们为中心的二维球面上. 由于周日转动, 这个天球本身带着行星和恒星包括太阳从西向东转动. 天赤道是我们的赤道向外投影, 它的北极和南极是地球自转轴假想的延伸 (见图 A.1). 在更长的时标, 太阳和恒星沿黄道运动. 黄道是代表太阳系轨道平面和天球面相交的一条线. 黄道面相对赤道面有 23° 的倾斜.

一些天文坐标用于在天球面上定位天体, 使得其位置不依赖于周日运动. 如图 A.1 所示, 在赤道坐标系中, 我们测量天体的赤经 (α), 沿天赤道向东位移的角度. 注意到这个角是用时、分、秒度量的, 其中 1 小时对应 $360°/24 = 15°$. 这个测量的零点是春分点 (vernal equinox). 这是太阳沿黄道向北运动穿过天赤道的点. 春分点位于白羊座, 在图 A.1 中用一个空心圆圈表示. 赤道坐标系中的第二个坐标是赤纬 (δ). 这是向北或向南偏离天赤道的角度 (用度、角分 ($'$)、角秒 ($''$) 度量). 正的赤纬表示北边.

地球转动轴随时间缓慢进动, 周期为 26000 年. 结果, 赤道坐标系的北极和南极以及天赤道本身会相对于遥远的恒星背景漂移. 这个现象被称为岁差 (precession of the equinoxes), 它不断改变所有天体的坐标值. 在任意特定观测中, 这些值都参考合适的历元, 目前是参考 2000 年. 本书中的天图再现了文献中发表的坐标. 需要任何天体的精确位置的读者应该参考原始文章, 如 "源" 一节中所列, 以确定所用的历元. 如有必要, 标准程序可以将坐标值移到当前值.

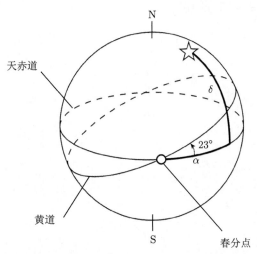

图 A.1　赤道坐标系. 观测者位于天球中心, 图中标出了北天极和南天极. 赤经 α 是相对春分点 (空心圆圈) 测量的. 春分点是天赤道和黄道北段的交点. 赤纬 δ 从天赤道开始测量

在银道坐标系中, 人们相对于银河系平面定位天体 (见图 A.2). 这个平面和

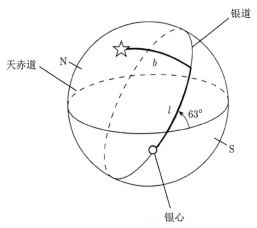

图 A.2　银道坐标系. 银道是银河系平面和天球面的交线. 银道相对天赤道是倾斜的, 图中标出了北银极和南银极. 银经 l 是相对于银心 (空心圆圈) 测量的. 银纬 b 是银道上方和下方偏离银道的角距离

天球面相交于银道, 这是相对天赤道倾斜 63° 的一条带. 天体的银经 (l) 是沿银道向西测量的. 这里, 零点是银心 (图中的空心圆圈), 位于射手座, 在南半球. 对于银纬 (b), 我们测量向北和向南偏离银道的角度. 银经和银纬都是用度、角分和角秒度量的. 正的 b 值表示天体位于银道北边. 原点 ($l = 0, b = 0$) 对应于赤道坐标 ($\alpha = 17^{\text{h}}45^{\text{m}}37^{\text{s}}, \delta = -28°56'10''$).

附录 B 二能级系统

我们考虑一种分散在总密度为 n_{tot}、成分均匀的气体中, 数密度为 n 的原子或分子. 这种成分只有两个能级, 间距 ΔE(图 B.1). 在真实系统中, 总会有通过可能的物理跃迁相联系的其他能级. 我们的二能级近似在其他跃迁比感兴趣的跃迁慢的情况下是正确的. 我们考虑了可能的简并性, 即, 我们假设在上能级和下能级分别存在 g_u 和 g_l 个能量相等的子能级. 我们的问题是, 求解能级布居数 n_u 和 n_l 作为周围动理学温度 T_{kin} 和密度 n_{tot} 的函数.

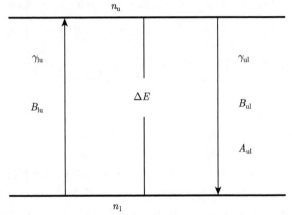

图 B.1　控制二能级系统布居数的过程. 包括和气体分子碰撞, 和周围的辐射相互作用, 以及自发辐射

如图所示, 每个处于低能级的原子都可以碰撞或辐射激发. 单位时间单位体积的总碰撞激发速率可以写为 $\gamma_{lu} n_{tot} n_l$, 其中系数 γ_{lu} 依赖于感兴趣的成分以及背景气体的原子性质, 以及它们的相对速度分布. 一个原子在单位时间被辐射激发的概率必然正比于周围的辐射强度. 所以, 我们把这个概率写为 $B_{lu} \bar{J} n_l$. 这里 B_{lu} 是吸收的爱因斯坦系数. 物理量 $\bar{J}$ 和平均强度 J_ν 的关系为

$$\bar{J} \equiv \int_0^\infty J_\nu \phi(\nu) d\nu, \tag{B.1}$$

其中 $\phi(\nu) d\nu$ 是频率 ν 到 $\nu + d\nu$ 之间的光子激发向上跃迁的相对效率. 这个吸收

轮廓归一化为

$$\int_0^\infty \phi(\nu)d\nu = 1. \tag{B.2}$$

注意到 $\phi(\nu)$ 总是在 $\nu_0 \equiv \Delta E/h$ 处有强的峰值. 决定这个函数的那些因素在附录 E 中讨论.

　　转到向下跃迁, 体积碰撞速率为 $\gamma_{ul}n_{tot}n_u$, 其中 γ_{ul} 是退激发系数. 可以发生两种辐射跃迁. 第一种, 原子可以自发发射一个能量接近 $h\nu_0$ 的光子, 降到较低能级. 对应的速率为 $A_{ul}n_u$, 其中爱因斯坦自发辐射系数 A_{ul} 只是原子性质的函数. 第二种, 周围合适频率的光子可以激发受激原子发出相同能量和动量的光子, 原子也降到较低能级. 这里, 相应的体积跃迁速率为 $B_{ul}\bar{J}n_u$, 其中 B_{ul} 是爱因斯坦受激辐射系数.

　　为了使两个能级的布居数保持不变, 需要

$$\gamma_{lu}n_{tot}n_l + B_{lu}\bar{J}n_l = \gamma_{ul}n_{tot}n_u + B_{ul}\bar{J}n_u + A_{ul}n_u. \tag{B.3}$$

γ_{lu} 和 γ_{ul} 的关系可以通过考虑 n_{tot} 高到辐射跃迁和碰撞跃迁相比可以忽略的情况得到. 从方程 (B.3), 我们有 $\gamma_{lu}/\gamma_{ul} = n_u/n_l$. 在高密度极限, 这个二能级系统和温度 T_{kin} 的周围达到局域热动平衡 (LTE), 能级布居符合玻尔兹曼关系. 所以我们得到

$$\frac{\gamma_{lu}}{\gamma_{ul}} = \frac{g_u}{g_l}\exp\left(-\frac{\Delta E}{k_B T_{kin}}\right), \tag{B.4}$$

这是在任意 n_{tot} 都成立的方程.

　　我们接下来寻找爱因斯坦系数之间的关系. 相应地, 我们考虑相反的极限, 即 n_{tot} 非常低, 辐射跃迁完全主导的情形. 在这些条件下, 这个二能级系统和辐射场热动平衡. 能级布居数遵守玻尔兹曼关系, 是在表征光子能量分布的辐射温度 T_{rad} 计算的. 忽略方程 (B.3) 中的 n_{tot}, 求解 J, 我们得到

$$\begin{aligned}
\bar{J} &= \frac{A_{ul}n_u}{B_{lu}n_l - B_{ul}n_u} \\
&= \frac{A_{ul}/B_{ul}}{(g_l B_{lu}/g_u B_{ul})\exp(\Delta E/k_B T_{rad}) - 1},
\end{aligned} \tag{B.5}$$

其中第二个形式使用了 n_u/n_l 的玻尔兹曼关系.

　　使用假设的热动平衡条件, 辐射强度 J_ν 遵守普朗克定律:

$$\begin{aligned}
J_\nu &= B_\nu \\
&= \frac{2h\nu^3/c^2}{\exp(h\nu/k_B T_{rad}) - 1}.
\end{aligned} \tag{B.6}$$

这个分布比方程 (B.1) 中的轮廓函数 $\phi(\nu)$ 宽得多, 方程 (B.6) 代入方程 (B.1) 得到

$$
\bar{J} \approx B_{\nu_0}
$$

$$
= \frac{2h\nu_0^3/c^2}{\exp(\Delta E/k_B T_{\text{rad}}) - 1}. \tag{B.7}
$$

将方程 (B.7) 和方程 (B.5) 比较给出所需的爱因斯坦系数之间的关系:

$$
A_{\text{ul}} = \frac{2h\nu_0^3}{c^2} B_{\text{ul}}, \tag{B.8a}
$$

$$
g_l B_{\text{lu}} = g_u B_{\text{ul}}, \tag{B.8b}
$$

这些关系, 和方程 (B.4) 中的一样, 对于远离热动平衡的环境也是对的.

在方程 (B.3) 中使用方程 (B.4) 和方程 (B.8) 推导 n_u/n_l 对任意 n_{tot} 和 T_{kin} 都成立的表达式. 我们得到

$$
\frac{n_u}{n_l}\left[1 + \frac{n_{\text{crit}}}{n_{\text{tot}}}\left(1 + \frac{c^2\bar{J}}{2h\nu_0^3}\right)\right] = \frac{g_u}{g_l}\left[\exp\left(-\frac{\Delta E}{k_B T_{\text{kin}}}\right) + \left(\frac{n_{\text{crit}}}{n_{\text{tot}}}\right)\frac{c^2\bar{J}}{2h\nu_0^3}\right], \tag{B.9}
$$

其中 $n_{\text{crit}} \equiv A_{\text{ul}}/\gamma_{\text{ul}}$ 是 5.2 节中引入的临界密度. 方程 (B.9) 可以通过方程 (B.7), 用 T_{rad} 代替 $\bar{J}$ 重新写为物理上更清晰的形式. 注意到实际的辐射场不需要是普朗克形式的. 如果我们进一步像方程 (5.14) 中那样通过激发温度 T_{ex} 表示 n_u/n_l, 我们最终导出

$$
\exp\left(-\frac{\Delta E}{k_B T_{\text{ex}}}\right) = f_{\text{coll}}\exp\left(-\frac{\Delta E}{k_B T_{\text{kin}}}\right) + (1 - f_{\text{coll}})\exp\left(-\frac{\Delta E}{k_B T_{\text{rad}}}\right). \tag{B.10}
$$

这里, 参数 f_{coll} 代表碰撞导致的向下跃迁的比例:

$$
f_{\text{coll}} \equiv \frac{n_{\text{tot}}}{n_{\text{tot}} + n_{\text{crit}}(1 + c^2\bar{J}/2h\nu_0^3)}. \tag{B.11}
$$

对于固定的 n_{tot}、T_{kin} 和 T_{rad} 值, 我们可以求解方程 (B.10) 得到 T_{ex}, 也就是得到 n_u/n_l. 进一步使用 $n_u + n_l = n$ 得到单独的能级布居数 n_u 和 n_l.

方程 (B.10) 表明, T_{ex} 总是处于 T_{rad} 和 T_{kin} 之间. 当碰撞相对稀少 ($f_{\text{coll}} \ll 1$), n_u 和 n_l 和辐射场平衡, $T_{\text{ex}} \approx T_{\text{rad}}$. 随着 n_{tot} 增加, 碰撞变得更重要, 比例 n_u/n_l 首先正比于 n_{tot} 地增大. 对于 n_{tot} 比 n_{crit} 大很多的情形, 方程 (B.11) 表明 $f_{\text{coll}} \to 1$, 故 $T_{\text{ex}} \to T_{\text{kin}}$, 系统趋向局域热动平衡. 图 B.2 展示了 T_{ex} 作为 $n_{\text{tot}}/n'_{\text{crit}}$ 函数的行为, 其中 $n'_{\text{crit}} \equiv n_{\text{crit}}(1 + c^2\bar{J}/2h\nu_0^3)$. T_{ex} 以及 n_u/n_l 的平稳增长表明 $J = 1 \to 0$ 跃迁的发射也会平稳增长, 然后饱和. 特别地, 图 5.4 中看到的

发射率的局域极大不存在, 反映了这样的事实, CO 的转动能级不能很好地近似为一个二能级系统, 即使在动理学温度相对低的宁静分子云中也不行.

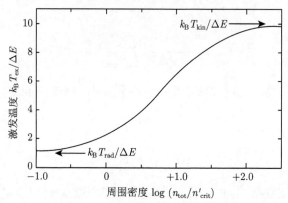

图 B.2　激发温度 T_{ex} 作为周围密度 n_{tot} 函数的变化. 在这个数值例子中, $T_{rad} = \Delta E/k_B$, 其中 $T_{kin} = 10 T_{rad}$

附录 C 谱线的辐射转移

如我们在第 2 章中 (方程 (2.20)) 看到的, 比强度 I_ν 的转播由基本方程

$$\frac{dI_\nu}{ds} = -\alpha_\nu I_\nu + j_\nu \tag{C.1}$$

描述, 其中 α_ν 写为 $\rho\kappa_\nu$. 我们假设穿过感兴趣的介质 (例如, 一块分子云) 的一条视线的总路径长度 $s = \Delta s$, 其中 $s = 0$ 是介质的背面 (见图 C.1). 一般地, 吸收系数 α_ν 和发射系数 j_ν 是 s 的函数. 注意到

$$\frac{dI_\nu}{ds} + \alpha_\nu I_\nu = \exp\left[-\int_0^s \alpha_\nu(s')ds'\right]\frac{d}{ds}\left(I_\nu \exp\left[\int_0^s \alpha_\nu(s')ds'\right]\right),$$

我们可以写下方程 (C.1) 的通解. 方程 (C.1) 变为

$$\frac{d}{ds}\left(I_\nu \exp\left[\int_0^s \alpha_\nu(s')ds'\right]\right) = j_\nu \exp\left[\int_0^s \alpha_\nu(s')ds'\right].$$

从 $s = 0$ 到 $s = \Delta s$ 积分得到通解:

$$I_\nu(\Delta s) = I_\nu(0)\exp\left[-\int_0^{\Delta s}\alpha_\nu(s')ds'\right]$$

$$+ \int_0^{\Delta s} ds' j_\nu(s')\exp\left[-\int_{s'}^{\Delta s}\alpha_\nu(s'')ds''\right]. \tag{C.2}$$

这里, $I_\nu(0)$ 是 $s = 0$ 处背景辐射场的比强度 (图 C.1). 如果我们现在考虑 α_ν 和 j_ν 在空间上都为常量的均匀介质, 方程 (C.2) 简化为

$$I_\nu(\Delta s) = I_\nu(0)\exp[-\alpha_\nu \Delta s] + \frac{j_\nu}{\alpha_\nu}(1 - \exp[-\alpha_\nu \Delta s]). \tag{C.3}$$

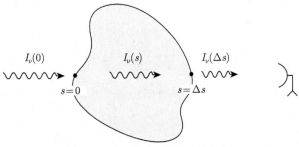

图 C.1 辐射在气体介质中的传播. 介质的吸收和发射在路径 Δs 上都会改变比强度 I_ν

我们考虑发射和吸收都是由原子或分子的两个分立能级之间的跃迁导致的情形. 使用附录 B 中的符号, 自发发射的体跃迁速率是 $A_\mathrm{ul}n_\mathrm{u}$. 我们假设这个发射是各向同性的, 故而系数 j_ν(单位立体角的量) 为

$$j_\nu = \frac{h\nu_0}{4\phi} n_\mathrm{u} A_\mathrm{ul} \phi(\nu). \tag{C.4}$$

这里, $\phi(\nu)$ 是发射一个在线心频率 ν_0 附近频率 ν 的光子的相对概率. 这个轮廓函数可以一般地取为等同于附录 B 中相同符号的吸收轮廓.

体吸收速率为 $B_\mathrm{lu}\bar{J}n_\mathrm{l}$. 因此, 单位时间单位立体角吸收的能量为 $(h\nu/4\pi)$ $B_\mathrm{lu}\bar{J}n_\mathrm{l}$. 单位频率对吸收系数的贡献为

$$(\alpha_\nu)_\mathrm{true} = \frac{h\nu_0}{4\pi} B_\mathrm{lu} n_\mathrm{l} \phi(\nu). \tag{C.5}$$

读者可以检查这个表达式, 对立体角和频率积分后得到正确的各向同性辐射场情形的体吸收速率 $(J_\nu = I_\nu)$. 然而, 方程 (C.5) 在辐射场非各向同性时也成立. 下标表示这是一个真吸收过程. 相反, 受激发射可以看作负吸收. 这样的认同是自然的, 因为受激发射速率也正比于周围辐射场的强度. 类比方程 (C.5), 我们可以写下相应的系数

$$(\alpha_\nu)_\mathrm{stim} = \frac{h\nu_0}{4\pi} B_\mathrm{ul} n_\mathrm{u} \phi(\nu). \tag{C.6}$$

改正了受激发射的总吸收系数为

$$\alpha_\nu = \frac{h\nu_0}{4\pi} (n_\mathrm{l} B_\mathrm{lu} - n_\mathrm{u} B_\mathrm{ul}) \phi(\nu). \tag{C.7}$$

由方程 (C.4) 和 (C.7) 我们得到

$$\begin{aligned} \frac{j_\nu}{\alpha_\nu} &= \frac{n_\mathrm{u} A_\mathrm{ul}}{n_\mathrm{l} B_\mathrm{lu} - n_\mathrm{u} B_\mathrm{ul}} \\ &= \frac{2h\nu_0^3/c^2}{\exp(h\nu_0/k_\mathrm{B} T_\mathrm{ex}) - 1}, \end{aligned} \tag{C.8}$$

其中我们已经使用了方程 (B.8) 和方程 (5.14) 中 T_ex 的定义. 在方程 (C.3) 中取定 $\nu = \nu_0$, 将 (C.8) 代入得到

$$I_{\nu_0}(\Delta\tau_0) = I_{\nu_0} e^{-\Delta\tau_0} + \frac{2h\nu_0^3/c^2}{\exp(h\nu_0/k_\mathrm{B} T_\mathrm{ex}) - 1} \left(1 - e^{-\Delta\tau_0}\right). \tag{C.9}$$

这里我们已经令 $\Delta\tau_0 \equiv \Delta\tau_{\nu_0}$, 这里介质的光学厚度 $\Delta\tau_\nu$ 定义为 $\alpha_\nu \Delta s$.

观测者感兴趣的量不是 I_ν 本身, 而是 I_ν 和背景强度的差异. 对应地, 我们定义一个亮温度 T_B,

$$T_\mathrm{B} \equiv \frac{c^2}{2\nu^2 k_\mathrm{B}} [I_\nu(\Delta\tau_\nu) - I_\nu(0)]. \tag{C.10}$$

为了理解这个定义, 回忆温度 T 的黑体源在频率 ν 处比强度的普朗克公式:

$$B_\nu = \frac{2h\nu^3/c^2}{\exp(h\nu/k_B T) - 1} \tag{C.11}$$

在适用于低能跃迁 $(h\nu \ll k_B T)$ 瑞利-金斯极限, 我们看到 $T/B_\nu \to c^2/2\nu^2 k_B$. 同时注意到方程 (C.8) 和方程 (C.11) 表明, 一个被称为源函数的量 j_ν/α_ν, 在谱线辐射的情形就是 $B_{\nu_0}(T_{ex})$. 方程 (C.9) 进一步表明, 如 6.1 节所述, 在 $\Delta\tau_0 \gg 1$ 极限, $I_{\nu_0} \to B_{\nu_0}(T_{ex})$.

射电天文学家通常用天线温度 T_A,

$$T_A \equiv \eta \frac{\Omega_S}{\Omega_A} T_B. \tag{C.12}$$

报告观测结果. 这里 η 是波束效率, 反映了系统光路中的损失. 物理量 Ω_S 和 Ω_A 分别是源和望远镜波束的立体角. 这两个立体角的比, 称为波束稀释因子, 在观测有很多团块的分子云时可以小于 1, 对于星际脉泽总是非常小的.

如果我们最后假设背景辐射场是温度 T_{bg} 的普朗克函数, 那么定义 (C.10) 应用于 (C.9) 得到 6.1 节中引入的探测方程:

$$T_{B_0} = T_0[f(T_{ex}) - f(T_{bg})] \left[1 - e^{-\Delta\tau_0}\right], \tag{C.13}$$

其中 $T_{B_0} \equiv T_B(\nu = \nu_0)$, $T_0 \equiv h\nu_0/k_B$,

$$f(T) \equiv [\exp(T_0/T) - 1]^{-1}. \tag{C.14}$$

因为吸收系数 α_{ν_0} 正比于感兴趣成分的总体积密度 n, 光学厚度 $\Delta\tau_0$ 也可以用柱密度 $N \equiv n\Delta s$ 写出. 对 α_{ν_0} 使用方程 (C.7), 我们有

$$\begin{aligned}
\Delta\tau_0 &= \frac{h\nu_0}{4\pi}(n_l B_{lu} - n_u B_{ul})\phi(\nu_0)\Delta s \\
&= \frac{c^2 A_{ul}(g_u/g_l)}{8\pi\nu_0^2}\left[1 - \exp\left(-\frac{\Delta E}{k_B T_{ex}}\right)\right]\frac{n_l \Delta s}{\Delta\nu}. \tag{C.15}
\end{aligned}$$

这里, 我们再一次使用了联系爱因斯坦系数的方程 (B.8) 和关于 T_{ex} 的方程 (5.14). 此外, 我们用特征频率宽度 $\Delta\nu$ 的倒数代替 $\phi(\nu_0)$. 这个量在多普勒展宽轮廓的情形 (附录 E) 等于谱线的半高全宽.

对于附录 B 中考虑的二能级系统, 有 $n_l \approx n$ 和 $n_l \Delta s \approx N$, 故方程 (C.15) 给出了 $\Delta\tau_0$ 和 N 的关系. 然而, 这个近似对于在能级图上间隔近的两个能级并不准确. 如 6.1 节, 考虑 CO 的最低阶转动跃迁. 这里, 上能级对应 $J = 1$, 下能级对应 $J = 0$. 假设一个单独的激发温度表征了所有能级布居, 重复使用 T_{ex} 的定义得到

$$n = n_0\left[1 + \frac{g_1}{g_0}\exp\left(-\frac{\Delta E_{10}}{k_B T_{ex}}\right) + \frac{g_2}{g_0}\exp\left(-\frac{\Delta E_{20}}{k_B T_{ex}}\right) + \cdots\right]$$

$$\equiv n_0 Q, \tag{C.16}$$

其中配分函数 Q 在此情形为

$$Q = \sum_{j=0}^{\infty} (2J + 1) \exp\left[-\frac{BhJ(J+1)}{k_B T_{\text{ex}}}\right]$$
$$= \sum_{j=0}^{\infty} (2J + 1) \exp\left[-\frac{T_0 J(J+1)}{2 T_{\text{ex}}}\right]. \tag{C.17}$$

在写方程 (C.17) 时, 转动能量使用了公式 (5.6). 如果 $T_{\text{ex}} \ll T_0$, 我们等效地得到一个二能级系统, 因为 $Q \to 1$ 和 $n_0 \to n$. 然而, 因为 $^{12}\mathrm{C}^{16}\mathrm{O}$ 的 T_0 仅有 5.5 K, 更有用的是考虑相反的情形. 因为指标 J 在方程 (C.17) 中以单位间隔增加, 我们可以采用近似

$$Q \approx \int_{j=0}^{\infty} dJ (2J + 1) \exp\left[-\frac{T_0 J(J+1)}{2 T_{\text{ex}}}\right]$$
$$= 2 T_{\text{ex}} / T_0. \tag{C.18}$$

把这个结果代入方程 (C.15), 重新排列后得到方程 (6.9).

附录 D　维里定理的推导

我们取位置矢量 $\boldsymbol{r}$ 和运动方程 (3.6) 的标量积并对体积积分. 对于随后的处理, 最方便的是在笛卡儿坐标系中进行, 其中 $\boldsymbol{r}$ 有分量 $x_i (i = 1, 2, 3)$. 我们采用标记

$$\partial_i \equiv \frac{\partial}{\partial x_i},$$

并对重复指标使用爱因斯坦求和规则. 恒等式 $\partial_i x_i = 3$ 和 $\partial_i x_j = \delta_{ij}$ 将广泛使用.

使用定义 (3.4), 方程 (3.6) 左边变为

$$\int \rho x_i \left(\frac{\partial v_i}{\partial t} \right)_{\boldsymbol{x}} d^3 \boldsymbol{x} + \int \rho x_i v_j \partial_j v_i d^3 \boldsymbol{x}.$$

第一个被积函数可以写为[①]

$$\rho x_i \left(\frac{\partial v_i}{\partial t} \right)_{\boldsymbol{x}} = \rho \left[\frac{\partial (x_i v_i)}{\partial t} \right]_{\boldsymbol{x}}, \tag{D.1}$$

而第二个被积函数为

$$\begin{aligned}
\rho x_i v_j \partial_j v_i &= \rho v_j \partial_j (x_i v_i) - \rho v_j v_i \partial_j x_i \\
&= \partial_j (\rho v_j x_i v_i) - (x_i v_i) \partial_j (\rho v_j) - \rho v_j v_i \delta_{ij} \\
&= \partial_j (\rho v_j x_i v_i) + \left(\frac{\partial \rho}{\partial t} \right)_{\boldsymbol{x}} (x_i v_i) - \rho v_i v_i,
\end{aligned} \tag{D.2}$$

这里我们使用了连续性方程 (3.7) 替换 $\partial_j (\rho v_j) \equiv \nabla \cdot (\rho \boldsymbol{v})$.

方程 (D.2) 最终形式的右边第一项是一个矢量的散度. 在对体积积分后, 这一项产生一个面积分, 在没有任何外质量流时为零. 将方程 (D.1) 加上方程 (D.2) 并积分, 我们得到

$$\int \rho x_i \left(\frac{\partial v_i}{\partial t} \right)_{\boldsymbol{x}} d^3 \boldsymbol{x} + \int \rho x_i v_j \partial_j v_i d^3 \boldsymbol{x} = \frac{\partial}{\partial t} \int \rho x_i v_i d^3 \boldsymbol{x} - 2\mathcal{T}, \tag{D.3}$$

其中动能 $\mathcal{T}$ 在方程 (3.10) 中定义. 右边的被积函数为

$$\rho x_i v_i = \frac{1}{2} \rho v_i \partial_i (x_j x_j)$$

---

① 译者注: 根据偏导数的性质, $\frac{\partial x_i}{\partial t} = 0$.

$$= \frac{1}{2}\partial_i(\rho v_i x_j x_j) - \frac{1}{2}x_j x_j \partial_i(\rho v_i)$$

$$= \frac{1}{2}\partial_i(\rho v_i x_j x_j) + \frac{1}{2}\left(\frac{\partial \rho}{\partial t}\right)_{\boldsymbol{x}} x_j x_j.$$

再一次使用外质量流为零的条件, 我们得到

$$\int \rho x_i v_i d^3\boldsymbol{x} = \frac{1}{2}\frac{\partial I}{\partial t}, \tag{D.4}$$

其中 I 是一个类似于转动惯量的标量:

$$I \equiv \int \rho x_j x_j d^3\boldsymbol{x}. \tag{D.5}$$

使用方程 (D.4), 方程 (D.3) 现在变为

$$\int \rho x_i \left(\frac{\partial v_i}{\partial t}\right)_{\boldsymbol{x}} d^3\boldsymbol{x} + \int \rho x_i x_j \partial_j v_i d^3\boldsymbol{x} = \frac{1}{2}\frac{\partial^2 I}{\partial t^2} - 2\mathcal{T}. \tag{D.6}$$

我们接下来转向方程 (3.6) 的右边. 我们首先有

$$-\int x_i \partial_i P d^3\boldsymbol{x} = -\int \partial_i(x_i P)d^3\boldsymbol{x} + \int (\partial_i x_i)P d^3\boldsymbol{x}$$

$$= -\int P\boldsymbol{r} \cdot \boldsymbol{n} d^2\boldsymbol{x} + 3\int P d^3\boldsymbol{x},$$

其中$\boldsymbol{n}$表示面积分中向外的法矢量. 对于非相对论性流体, 内压强是热运动能量密度的三分之二, 所以我们发现

$$-\int x_i \partial_i P d^3\boldsymbol{x} = -\int P\boldsymbol{r} \cdot \boldsymbol{n} d^2\boldsymbol{x} + 2U, \tag{D.7}$$

其中 U 是方程 (3.11) 中的总热能.

为了处理方程 (3.6) 中的引力项, 我们首先把势 $\Phi_g(\boldsymbol{r})$ 写成对体积中的所有质量元的积分:

$$\Phi_g(\boldsymbol{r}) = -G\int \frac{\rho(\boldsymbol{r}')}{|\boldsymbol{r}-\boldsymbol{r}'|}d^3\boldsymbol{x}.$$

于是我们发现

$$-\int \rho x_i \partial_i \Phi_g d^3\boldsymbol{x} = -G\iint \rho(\boldsymbol{r})\rho(\boldsymbol{r}')\frac{x_i(x_i-x_i')}{|\boldsymbol{r}-\boldsymbol{r}'|^3}d^3\boldsymbol{x}'d^3\boldsymbol{x}, \tag{D.8}$$

其中我们使用了恒等式

$$\partial_i \frac{1}{|\boldsymbol{r}-\boldsymbol{r}'|} = -\frac{(x_i-x_i')}{|\boldsymbol{r}-\boldsymbol{r}'|^3}.$$

在方程 (D.8) 中的二重积分中, 我们接下来交换 r 和 r'. 改变积分次序, 我们可以把得到的表达式加到原始的积分中, 使其值加倍. 我们得到结论

$$
\begin{aligned}
-\int \rho x_i \partial_i \Phi_{\mathrm{g}} d^3\boldsymbol{x} &= -\frac{1}{2}G \int \int \rho(r)\rho(r')\frac{|\boldsymbol{r}-\boldsymbol{r}'|^2}{|\boldsymbol{r}-\boldsymbol{r}'|^3}d^3\boldsymbol{x}'d^3\boldsymbol{x} \\
&= \frac{1}{2}\int \rho(\boldsymbol{r})\Phi_{\mathrm{g}}(\boldsymbol{r})d^3\boldsymbol{x} \\
&= \mathcal{W},
\end{aligned}
\tag{D.9}
$$

其中 $\mathcal{W}$ 是方程 (3.12) 的引力势能.

最后, 我们考虑方程 (3.16) 的两个磁场项. 对第一项积分得到

$$
\begin{aligned}
\frac{1}{4\pi}\int x_i B_j \partial_j B_i d^3\boldsymbol{x} &= \frac{1}{4\pi}\int \partial_j(x_i B_j B_i)d^3\boldsymbol{x} - \frac{1}{4\pi}\int B_i \partial_j(x_i B_j)d^3\boldsymbol{x} \\
&= \frac{1}{4\pi}\int \partial_j(x_i B_j B_i)d^3\boldsymbol{x} - \frac{1}{4\pi}\int B_i B_i d^3\boldsymbol{x} \\
&= \frac{1}{4\pi}\int (\boldsymbol{r}\cdot\boldsymbol{B})\boldsymbol{B}\cdot\boldsymbol{n}d^2\boldsymbol{x} - 2\mathcal{M},
\end{aligned}
\tag{D.10}
$$

其中 $\mathcal{M}$ 是方程 (3.13) 中定义的磁能. 这里我们已经使用了麦克斯韦方程 $\partial_j B_j \equiv \nabla\cdot\boldsymbol{B} = 0$ 消去方程 (D.10) 第二行中的一个积分. 方程 (3.6) 的最后一项积分得到

$$
\begin{aligned}
-\frac{1}{8\pi}\int x_i \partial_i(B_j B_j)d^3\boldsymbol{x} &= -\frac{1}{8\pi}\int \partial_i(x_i B_j B_j)d^3\boldsymbol{x} + \frac{1}{8\pi}\int (\partial_i x_i)B_j B_j d^3\boldsymbol{x} \\
&= -\frac{1}{8\pi}\int B^2\boldsymbol{r}\cdot\boldsymbol{n}d^2\boldsymbol{x} + 3\mathcal{M}.
\end{aligned}
\tag{D.11}
$$

方程 (D.6)、(D.7)、(D.9)、(D.10) 和 (D.11) 加起来得到维里定理:

$$
\begin{aligned}
\frac{1}{2}\frac{\partial^2 I}{\partial t^2} =&\, 2\mathcal{T} + 2U + \mathcal{W} + \mathcal{M} \\
&- \int \left(P + \frac{B^2}{8\pi}\right)\boldsymbol{r}\cdot\boldsymbol{n}d^2\boldsymbol{x} + \frac{1}{4\pi}\int(\boldsymbol{r}\cdot\boldsymbol{B})\boldsymbol{B}\cdot\boldsymbol{n}d^2\boldsymbol{x}.
\end{aligned}
\tag{D.12}
$$

附录 E 谱 线 展 宽

E.1 自 然 宽 度

我们考虑一个孤立的静止原子或分子, 具有能量差 ΔE 的上能级 (u) 和下能级 (l). 令 $\nu_0 \equiv \Delta E/h$ 为向下跃迁发出的谱线的线心频率. 我们的第一个目标是确定谱线的自然展宽, 即辐射强度在 ν_0 附近如何随频率变化. 所以我们会得到发射轮廓函数 $\phi(\nu - \nu_0)$. 在此过程中, 我们将得到爱因斯坦系数 A_{ul} 的量子力学表达式.

令 $\Psi(t)$ 为描述原子及其周围辐射场的波函数. 这个函数遵守薛定谔方程:

$$H\Psi = i\hbar \frac{\partial \Psi}{\partial t}. \tag{E.1}$$

我们将哈密顿算符 H 分解为

$$H = H^0 + V. \tag{E.2}$$

这里 V 代表原子核电磁场的相互作用, 而 H^0 控制未受扰动的原子和电子场系统. 我们假设扰动是相对弱的, 并使用微扰论的方法.

如果 V 严格为零, 会有一组满足方程 (E.1) 的波函数. 这些解记作 $\Psi_n(t)$, 每个对应一个组合系统的能量 E_n, 对时间的依赖为

$$\Psi_n(t) = \Psi_n e^{-i\omega_n t}, \tag{E.3}$$

其中 $\omega_n \equiv E_n/\hbar$. 此外, 每个仅为空间坐标函数的 Ψ_n 是不含时薛定谔方程

$$H^0 \Psi_n = E_n \Psi_n \tag{E.4}$$

的一个解. 因为我们现在关心发射, 我们令初态 Ψ_0 代表激发原子的上能级且辐射场中没有光子, 而 Ψ_1 代表原子基态和一个光子.

我们现在用未扰动的本征函数展开 $\Psi(t)$:

$$\Psi(t) = \sum_{n=0}^{1} c_n(t) \Psi_n(t)$$

$$= \sum_{n=0}^{1} c_n(t) \Psi_n e^{-i\omega_n t}. \tag{E.5}$$

每个系数 $c_n(t)$ 是一个复数, 其模方 $c_n^*(t)c_n(t) \equiv |c_n(t)|^2$ 给出了系统在时刻 t 处于相应本征态的概率. 物理上, 我们预期 $|c_1(t)|^2$ 会增大, 而 $|c_0(t)|^2$ 会减小. 将方程 (E.5) 代入方程 (E.1) 得到

$$i\hbar \sum_{n=0}^{1} \left[\frac{dc_n}{dt} - i\omega_n c_n \right] \Psi_n e^{-i\omega_n t} = \sum_{n=0}^{1} c_n(t) \left[H^0 \Psi_n + V\Psi_n \right] e^{-i\omega_n t}$$

$$= \sum_{n=0}^{1} c_n(t) \left[E_n \Psi_n + V\Psi_n \right] e^{-i\omega_n t}. \tag{E.6}$$

这里我们已经使用了方程 (E.4). 我们接下来使用未扰动本征函数的正交性:

$$\int \Psi_m^* \Psi_n d^3 \boldsymbol{x} = \delta_{mn}. \tag{E.7}$$

方程 (E.6) 乘以 Ψ_0^* 并积分, 化简得到

$$i\hbar \frac{dc_0}{dt} = c_0 V_{00} + c_1 V_{01} e^{i(\omega_0 - \omega_1)t}, \tag{E.8}$$

其中我们使用了方便的标记

$$V_{mn} \equiv \int \Psi_m^* V \Psi_n d^3 \boldsymbol{x}.$$

类似地, 方程 (E.6) 乘以 Ψ_1^*, 积分给出

$$i\hbar \frac{dc_1}{dt} = c_0 V_{10} e^{i(\omega_1 - \omega_0)t} + c_1 V_{11}. \tag{E.9}$$

现在的任务是求解耦合的微分方程 (E.8) 和 (E.9). 这些方程的初始条件为

$$c_0(t=0) = 1, \quad c_1(t=0) = 0. \tag{E.10}$$

对于足够短的时间, $|c_1(t)|^2$ 还没有增长到接近于 1, 一个合理的近似是忽略方程 (E.9) 中的 c_1, 写为

$$i\hbar \frac{dc_1}{dt} = c_0 V_{10} e^{i(\omega_1 - \omega_0)t}, \tag{E.11}$$

积分解为

$$c_1(t) = -\frac{iV_{10}}{\hbar} \int_0^t c_0(t') e^{i(\omega_1 - \omega_0)t'} dt'. \tag{E.12}$$

把方程 (E.12) 代入方程 (E.8), 我们得到一个 $c_0(t)$ 的微分方程:

$$\frac{dc_0}{dt} = -\frac{|V_{10}|^2}{\hbar^2} \int_0^t c_0(t') e^{i(\omega_1 - \omega_0)(t'-t)} dt' - \frac{ic_0 V_{00}}{\hbar}. \tag{E.13}$$

方程 (E.13) 用傅里叶变换求解最方便. 忽略细节, $t \gg (\omega_0 - \omega_1)^{-1}$ 时的结果是

$$c_0(t) = \exp\left\{ -\frac{i}{\hbar}\left[V_{00} + \frac{|V_{00}|^2}{E_0 - E_1} - i\pi|V_{10}|^2\delta(E_1 - E_0) \right]t \right\}, \tag{E.14}$$

其中 $\delta(E_1 - E_0)$ 是狄拉克 δ 函数.

$c_0(t)$ 的这个表达式有清晰的物理解释. 再次参考方程 (E.5) 的第二个形式, 我们看到上面指数中的两个虚数项等效地构成了初始能量 E_0 的移动. 这个移动很小, 因为 $V_{00} \ll H_{00}^0 = E_0$. 剩余的项导致了占据概率 $|c_0(t)|^2$ 的指数衰减. 这个行为表明从初态到终态的跃迁速率不随时间变化. 方程 (E.14) 中 δ 函数的存在意味着, 除非终态有相同的总能量, 即除非发射的光子能量等于原子能级之差, 否则不会产生跃迁. 实际上, 存在很多具有相同能量的最终复合态, 每个态由发射光子的方向区分, 即通过矢量波数 $\boldsymbol{k}$ 区分, 其中 $k \equiv E/\hbar c$. 假设在能量区间 dE 有 $\rho_E dE$ 个这种态. 那么跃迁到这些态的总跃迁速率为 $\gamma \equiv |c_0(t)|^2$, 或者

$$\begin{aligned} \gamma &= \frac{2\pi|V_{10}|^2}{\hbar} \\ &= A_{\mathrm{ul}}. \end{aligned} \tag{E.15}$$

如前所述, 计算的速率也等于和这个原子跃迁相应的自发跃迁的爱因斯坦系数.

抛开对振动波函数 $\Psi_0(t)$ 相移有贡献的初始状态的微小变化, 我们可以写出 $c_0(t)$ 的简化形式

$$c_0(t) = e^{-\gamma t/2}. \tag{E.16}$$

为了得到 $c_1(t)$, 我们现在把这个表达式代入方程 (E.12) 的右边. 我们得到

$$\begin{aligned} c_1(t) &= -\frac{iV_{10}}{\hbar}\int_0^t e^{i(\omega_1 - \omega_0)t' - \gamma t'/2}dt' \\ &= \frac{V_{10}}{\hbar}\frac{1 - e^{i(\omega_1 - \omega_0)t - \gamma t/2}}{(\omega_1 - \omega_0) + i\gamma/2}. \end{aligned} \tag{E.17}$$

这里, 原子跃迁到低能级的概率为

$$\begin{aligned} |c_1(t)|^2 &= \frac{|V_{10}|^2}{\hbar^2}\frac{1 - 2e^{-\gamma t/2}\cos(\omega_1 - \omega_0)t + e^{-\gamma t}}{(\omega_1 - \omega_0)^2 + \gamma^2/4} \\ &\approx \frac{|V_{10}|^2}{(E_1 - E_0)^2 + \gamma^2/4}, \end{aligned} \tag{E.18}$$

其中极限表达式对 $\gamma t \gg 1$ 的时间成立. [①]

---

① 严格地说, 方程 (E.18) 中 $|c_1(t)|^2$ 的表达式违反了概率守恒, 即 $|c_0|^2 + |c_1|^2 \neq 1$. 这个误差源自我们忽略了方程 (E.16) 中的相位因子, 对方程 (E.19) 的最终结果有个小的影响, 等效地使中心频率 ν_0 移动了一点.

只要回忆起 $E_1 - E_0 = h\nu - \Delta E = h(\nu - \nu_0)$, 我们看到 $|c_1(t)|^2$ 最终的渐近形式给出发射一个频率 ν 光子的概率. 这个概率, 归一化使得其积分为 1, 是洛伦兹轮廓函数:

$$\phi_L(\nu) = \frac{\gamma/4\pi^2}{(\nu - \nu_0)^2 + (\gamma/4\pi)^2}, \tag{E.19}$$

我们已经在图 E.1 中画出了这个函数的图像. 有趣的是, 在经典电磁理论中, 同样的这个公式描述了单位质量阻力为 γ 乘以其速度的振荡带电粒子的辐射谱. 然而, 在我们考虑多个能级时, 这个类比不具有指导性. 作为最简单的例子, 假设我们的初始 $(n = 0)$ 能级可以跃迁到 $n = 1$ 或更低的用 $n = 2$ 标记的能级. 进一步假设 $n = 1$ 不能跃迁到 $n = 2$, 故 $V_{12} = 0$. 那么我们之前的求解方法表明 $|c_0(t)|^2$ 仍然指数衰减, 但是时间常数等于

$$\gamma = \frac{2\pi|V_{10}|^2}{\hbar} + \frac{2\pi|V_{20}|^2}{\hbar}.$$

$0 \to 1$ 谱线的轮廓仍然由方程 (E.19) 给出, γ 取这个更大的值. 最一般的情况是辐射跃迁连接的很多能级的集合. 我们把一个能级的 "宽度" 定义为跃迁到所有更低能级的爱因斯坦 A 系数的和. 那么连接任何两个能级的谱线正确的 γ 是它们各自宽度的总和.

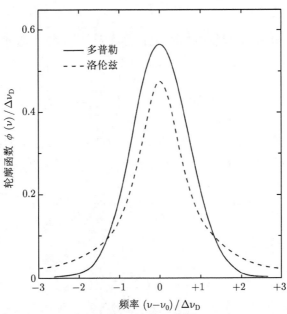

图 E.1　多普勒 (实线) 和洛伦兹 (虚线) 谱形. 频率写为 $(\nu - \nu_0)/\Delta\nu_D$, 轮廓方程写为 $\phi(\nu)/\Delta\nu_D$. 我们已经取 $\Delta\nu_D = 1.5 \times \gamma/4\pi$

方程 (E.19) 尽管是对发射情形推导的, 但也描述了相应的吸收谱线的轮廓. 为了看到这是为什么, 考虑温度 T 的封闭空间中的辐射原子组成的空间分布均匀气体. 如果这个系统处于热平衡, 那么辐射谱是各向同性的, 是普朗克谱. 参考辐射转移方程 (2.20), 我们有 $I_\nu = B_\nu(T)$ 和 $dI_\nu/ds = 0$. 所以发射系数 j_ν 和不透明度 κ_ν 的关系为

$$j_\nu = \rho \kappa_\nu B_\nu(T), \tag{E.20}$$

其中 ρ 是气体密度. 方程 (E.20) 被称为基尔霍夫定律, 适用于任何发射仅依赖于温度和内部性质的物质. 方程 (E.20) 中 j_ν 的频率依赖由方程 (E.19) 给出. 在 $|\nu - \nu_0| \sim \gamma$ 的窄区间, $B_\nu(T)$ 的变化可以忽略. 所以, κ_ν 和 j_ν 一定有相同的轮廓.

E.2　热展宽、湍动展宽和碰撞展宽

回到发射线, 让我们假设这个原子沿视线方向的速度分量为 V_r. 这里, 正的 V_r 描述离开观测者的速度. 作为多普勒效应的结果, 任何以频率 ν_0 发射的光子实际是在不同的频率 ν 接收到的,

$$\frac{\nu_0 - \nu}{c} = \frac{V_r}{c}, \tag{E.21}$$

其中我们假设 $V_r \ll c$. 如果发射物质处于温度 T 的热平衡, 速度处于 dV_r 范围的概率 $p_{\mathrm{therm}}(V_r)dV_r$ 由麦克斯韦-玻尔兹曼关系

$$p_{\mathrm{therm}}(V_r)dV_r = A \exp\left(-\frac{mV_r^2}{2k_B T}\right) dV_r \tag{E.22}$$

得到, 其中 m 是原子质量, A 是归一化常数. 因为速度通过方程 (E.21) 和频率相联系, 所以这个概率就等效于发射的轮廓函数. 归一化之后我们得到

$$\phi_D(\nu) = \frac{1}{\sqrt{\pi}\Delta\nu_D} \exp\left[-\frac{(\nu - \nu_0)^2}{\Delta\nu_D^2}\right], \tag{E.23}$$

其中 $\Delta\nu_D$, 多普勒宽度为

$$\Delta\nu_D \equiv \frac{\nu_0}{c}\left(\frac{2k_B T}{m}\right)^{1/2}. \tag{E.24}$$

注意到我们通过对 $\nu - \nu_0$ 从 $-\infty$ 到 $+\infty$ 积分得到了方程 (E.23) 中的系数, 即做合理的假设, $\Delta\nu_D \ll \nu_0$. 多普勒轮廓如图 E.1 所示.

前面的讨论假设了发射线在原子的静止系中是无限锐利的. 实际上, 谱线有自然展宽. 对于每个速度 V_r, 洛伦兹发射轮廓为 $\phi_L(\nu - \nu_0 V_r/c)$. 所以, 原子集合的轮廓为

$$\phi(\nu) = \int_{-\infty}^{+\infty} dV_r p_{\text{therm}}(V_r) \phi_L(\nu - \nu_0 V_r/c). \tag{E.25}$$

这个函数的显式形式 (称为福格特 (Voigt) 轮廓) 不如其定性特征让人感兴趣. 在大多数天体物理条件下, $\Delta\nu_D \gg \gamma/4\pi$, 所以线核 (line core) $|\nu - \nu_0| \lesssim \nu_D$, 准确地遵守方程 (E.23). 然而, 高斯轮廓的快速下降表明洛伦兹轮廓主导了线翼. 这里, 强度下降慢得多, $|\nu - \nu_0|^{-2}$.

在射电天文中, 谱线观测通常是用天线温度给出的, 自变量为径向速度 V_r. 由方程 (E.22), 纯热展宽谱线的半高全宽为

$$\Delta V_{\text{FWHM}}(\text{therm}) = \left(\frac{8\ln 2 k_B T}{m}\right)^{1/2}$$
$$= 2(\ln 2)^{1/2}\left(\frac{\Delta\nu_D}{\nu_0}\right)c, \tag{E.26}$$

其中 $(\Delta\nu_D/\nu_0)c$ 是一维速度弥散, 即方均根值. 如果射电波束包含了很多有湍流运动的气体团, 这种大范围随机速度产生了额外的展宽. 假设沿视线方向的湍流速度 V_{turb} 的分布也是高斯的. 那么类似方程 (E.22) 的概率分布 $p_{\text{turb}}(V_{\text{turb}})$ 为

$$p_{\text{turb}}(V_{\text{turb}}) = A' \exp\left[-\frac{4\ln 2 V_{\text{turb}}^2}{\Delta V_{\text{FWHM}}^2(\text{turb})}\right], \tag{E.27}$$

其中 A' 是另一个归一化常数, $\Delta V_{\text{FWHM}}(\text{turb})$ 是分布的宽度. 这个宽度是相应的一维速度弥散的 $2(\ln 2)^{1/2}$ 倍. 对于任何 V_{turb} 的固定值, 仅当额外的热成分为 $V_r - V_{\text{turb}}$ 时, 观测者探测到总的速度 V_r. 所以净轮廓函数为

$$p(V_r) = \int_{-\infty}^{+\infty} dV_{\text{turb}} p_{\text{turb}}(V_{\text{turb}}) p_{\text{therm}}(V_r - V_{\text{turb}})$$
$$= A'' \int_{-\infty}^{+\infty} dV_{\text{turb}} \exp\left[-\frac{4\ln 2 V_{\text{turb}}^2}{\Delta V_{\text{FWHM}}^2(\text{turb})}\right] \exp\left[-\frac{4\ln 2(V_r - V_{\text{turb}})^2}{\Delta V_{\text{FWHM}}^2(\text{therm})}\right].$$

提出涉及 V_r^2 的项, 对 V_{turb} 的积分可以将指数中的变量凑完全平方进行计算. 结果是另一个高斯函数:

$$p(V_r) = A''' \exp\left[-\frac{4\ln 2 V_r^2}{\Delta V_{\text{FWHM}}^2(\text{tot})}\right], \tag{E.28}$$

其中总宽度现在为

$$\Delta V_{\mathrm{FWHM}}^2(\mathrm{tot}) = \Delta V_{\mathrm{FWHM}}^2(\mathrm{therm}) + \Delta_{\mathrm{FWHM}}^2(\mathrm{turb}).\tag{E.29}$$

在足够高的密度, 和相邻原子的直接碰撞导致了任何发射 (或吸收) 谱线额外的展宽. 因为我们不会定量地用到这种碰撞展宽, 我们仅限于对其起源给出启发性的解释. 我们对二能级原子的分析表明任何增强激发能级的向下跃迁的过程必然也会使相应的谱线展宽. 实际上, 如果 γ_{coll} 是碰撞跃迁的平均速率, 我们预期 $c_0(t)$ 以时间常数 $2/(\gamma + \gamma_{\mathrm{coll}})$ 指数衰减. 因此, 在没有热运动时, 轮廓函数应该是一个洛伦兹函数, 不过现在相应的宽度是 $\gamma + \gamma_{\mathrm{coll}}$. 详细的计算证实了洛伦兹谱形, 给出真正的宽度为 $\gamma + 2\gamma_{\mathrm{coll}}$.

E.3　恒星谱形的转动展宽

转动恒星在热、湍动或碰撞效应之外, 显示出额外的谱线展宽. 原因是恒星的两边有不同的径向速度. 相应的频率移动没有直接看到, 因为无法分辨恒星表面. 实际上, 投影表面上总的发射轮廓混在一起, 造成的展宽正比于转动速度. 现在我们来推导这种展宽的定量表达式.

图 E.2 描绘了半径 R_*, 以角速度 Ω_* 转动的一颗球形恒星. 我们建立一个以恒星中心为原点, z 轴指向观测者的坐标系. 我们进一步限制转动轴位于 y-z 平面内, 相对 z 轴的倾斜角为 i. 现在考虑位于表面上的一个点. 如果 $r \equiv (x, y, z)$ 是这个点相对原点的位移矢量, 那么其转动速度为

$$\boldsymbol{v} = \Omega_* \hat{\boldsymbol{n}} \times \boldsymbol{r},\tag{E.30}$$

其中 $\hat{\boldsymbol{n}} \equiv (0, \sin i, \cos i)$ 是沿转动轴的单位矢量. 从一点发出的辐射会有多普勒频移, 频移量取决于速度分量 v_z. 使用方程 (E.30), 这个量为

$$v_z = -x\Omega_* \sin i$$
$$= -\frac{x}{R_*} V_{\mathrm{eq}} \sin i.\tag{E.31}$$

这里, $V_{\mathrm{eq}} \equiv \Omega_* R_*$ 是恒星的赤道速度.

在我们的图像中, 具有正 v_z 的表面单元朝向观测者. 所以, 任意谱线的中心波长从 λ 变为 λ', 其中

$$\lambda' - \lambda = -\lambda_0 \frac{v_z}{c}$$
$$= \lambda_0 \frac{x}{R_*} \frac{V_{\mathrm{eq}}}{c} \sin i.\tag{E.32}$$

注意到我们使用了 λ, 而不是 ν, 作为自变量. 因为前者对恒星的光学观测更合适. 最大的波长移动发生在 $x = R_*$ 时:

$$\Delta\lambda_{\mathrm{max}} = \lambda_0 \frac{V_{\mathrm{eq}}}{c} \sin i. \qquad (E.33)$$

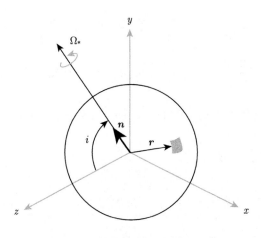

图 E.2　一颗旋转恒星的几何. 转动轴在 y-z 平面内, 相对 z 轴的倾角为 i. z 轴和观测者的视线方向重合. 单位矢量 $\boldsymbol{n}$ 也沿转动轴. 图中也画出了表面上一个典型面元及其相对原点的位移矢量 $\boldsymbol{r}$

为了推导谱线展宽, 我们首先令 $I_\lambda^{\mathrm{NR}}(x,y)$ 为同样半径的无转动恒星投影表面的任意一点 (x,y) 发出的比强度. 我们可以把这个强度写为

$$I_\lambda^{\mathrm{NR}}(x,y) = I_{\mathrm{c}}\Delta\lambda_0 \phi(\lambda - \lambda_0). \qquad (E.34)$$

这里, I_{c} 是连续谱强度, 即在所关心的谱线之外一点的波长观测到的强度. 为了简单, 我们假设 I_{c} 在恒星盘面上不变. 物理量 $\Delta\lambda_0$ 表征谱线的本征宽度, 依赖于轮廓 $\phi(\lambda - \lambda_0)$. 后者是由已经讲过的各种物理效应决定的. 在转动的影响下, 强度变为 $I_\lambda(x,y)$. 这个函数和 $I_\lambda^{\mathrm{NR}}(x,y)$ 一样, 但是 λ_0 换为了 λ_0'. 由方程 (E.32) 我们有

$$I_\lambda(x,y) = I_{\mathrm{c}}\Delta\lambda_0 \phi\left(\lambda - \lambda_0 - \lambda_0 \frac{x}{R_*}\frac{V_{\mathrm{eq}}}{c}\sin i\right). \qquad (E.35)$$

盘面上每一点贡献一个上述形式的强度. 于是, 接收到的等效的总轮廓是对盘面的平均:

$$\bar{\phi}(\lambda - \lambda_0) = \frac{\displaystyle\iint dx\,dy\,I_\lambda(x,y)}{I_{\mathrm{c}}\Delta\lambda_0 \pi R_*^2}$$

$$= \frac{1}{\pi R_*^2} \int_{-R_*}^{+R_*} dx \int_{-\sqrt{R_*^2-x^2}}^{+\sqrt{R_*^2-x^2}} dy \phi \left(\lambda - \lambda_0 - \lambda_0 \frac{x}{R_*} \frac{V_{eq}}{c} \sin i \right). \quad \text{(E.36)}$$

y 的积分是平凡的, 我们得到

$$\bar{\phi}(\lambda - \lambda_0) = \frac{2}{\pi R_*^2} \int_{-R_*}^{+R_*} dx \sqrt{R_*^2 - x^2} \phi \left(\lambda - \lambda_0 - \lambda_0 \frac{x}{R_*} \frac{V_{eq}}{c} \sin i \right) \quad \text{(E.37a)}$$

$$= \frac{2}{\pi} \int_{-1}^{+1} d\xi \sqrt{1 - \xi^2} \phi(\lambda - \lambda_0 - \Delta\lambda_{max}\xi). \quad \text{(E.37b)}$$

为了得到最后一个表达式, 我们引入了无量纲变量 $\xi \equiv x/R_*$, 对 $\Delta\lambda_{max}$ 进一步使用了方程 (E.33).

将方程 (E.37b) 改写为

$$\bar{\phi}(\lambda - \lambda_0) = \int_{-1}^{+1} d\xi \mathcal{B}(\xi) \phi(\lambda - \lambda_0 - \Delta\lambda_{max}\xi). \quad \text{(E.38)}$$

也就是说, 新的轮廓是原始轮廓和展宽函数

$$\mathcal{B}(\xi) = \frac{2}{\pi} \sqrt{1 - \xi^2} \quad \text{(E.39)}$$

的卷积. 读者可以验证, 这个展宽函数是归一化的, $\int_{-1}^{+1} d\xi \mathcal{B}(\xi) = 1$.

图 E.3 展示了纯热谱线的转动变形. 这里, 令 $\Delta\lambda_{max}$ 为 $\Delta\lambda_D \equiv (c/\nu_0^2)^2 \Delta\nu_D$ 的 2.0 倍和 1/2. 为了更好地理解图中的结果, 考虑一颗非常快速转动的恒星, 即 $\Delta\lambda_{max} \gg \Delta\lambda_0$, 展宽函数比内禀轮廓宽得多. 把后者近似为德尔塔函数, 我们得到

$$\bar{\phi}(\lambda - \lambda_0) \approx \mathcal{B} \left(\frac{\lambda - \lambda_0}{\Delta\lambda_{max}} \right). \quad \text{快速转动} \quad \text{(E.40)}$$

相反, 一颗慢速转动的恒星有小的 $\Delta\lambda_{max}$, 我们可以在方程 (E.38) 中忽略这一项. 我们得到本征轮廓:

$$\bar{\phi}(\lambda - \lambda_0) \approx \phi(\lambda - \lambda_0). \quad \text{慢速转动} \quad \text{(E.41)}$$

对转动展宽更详细的分析考虑了连续谱强度 I_c 在恒星盘面的空间变化. 主要的效应是临边昏暗 (limb darkening), 即从边缘发出的辐射强度较低, 因为它涉及温度较低的气体. 这个复杂性改变了 $\mathcal{B}(\xi)$ 简单的椭圆形式.

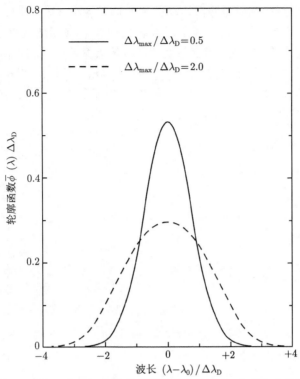

图 E.3 谱线的转动展宽. 无转动恒星的谱线轮廓具有热轮廓. 虚线和实线展示了对于图示 $\Delta\lambda_{\max}$ 与 $\Delta\lambda_D$ 之比, 使用简化的展宽函数, 方程 (E.39) 得到的结果

E.4 两个例子: 分子云中的 H_2 和 CO

我们已经讨论的各种展宽机制中什么是相对重要的? 例如, 考虑辐射穿过分子云. 预期分子氢对外面恒星光子的吸收线轮廓是怎么样的? 我们回忆 H_2 在分子云表面通过电子激发核辐射跃迁被离解 (8.1 节). 尽管很多能级对此过程有贡献, 但导致初始激发的紫外光子的典型频率为 $\nu_0 = 3 \times 10^{15}$ s^{-1}. 吸收线的核心部分主要由湍流运动展宽, 对于一维速度弥散 $\Delta V = 1$ km·s^{-1}, $\Delta V_{\mathrm{FWHM}}(\mathrm{turb}) = 1.67$ km·s^{-1}. 相反, 在 8.1 节中一般的分子云边界的温度, 37 K, 热展宽仅为 $\Delta V_{\mathrm{FWHM}}(\mathrm{therm}) = 0.92$ km·s^{-1}, 对应于频率宽度 8×10^9 s^{-1}. 这个宽度超过了这些谱线典型的自然展宽, $\gamma \approx 2 \times 10^9$ s^{-1}. 所以, 谱线核心部分确实符合 (非热的) 多普勒轮廓. 然而, 线翼是自然展宽的, 这个事实我们用在了 8.1 节的详细分析中. 为了看到这一点, 注意到由方程 (B.4), 碰撞激发的速率乘以热玻尔兹曼因子在 $\Delta E \gg k_B T$ 时是非常小的. 所以我们在这个特殊情形有 $\gamma_{\mathrm{coll}} \ll \gamma$.

分子云中的另一个重要例子是 $^{12}\mathrm{C}^{16}\mathrm{O}$ 的 $J = 1 \to 0$ 发射线. 再说一次, 低

的气体温度表明热展宽相对湍流运动的展宽通常较小. 一个重要的例外是致密云核, 那里不等式反过来了 (见 3.3 节). 在任何情况下, 谱形核心部分有方程 (E.25) 的形式. 线翼有洛伦兹谱形, 但自然展宽和碰撞展宽此时不相上下. 为了看到它们的关系, 注意到, 用附录 B 的符号, γ_{coll} 等于 $\gamma_{10}n_{\mathrm{tot}}$. 所以, 当 n_{tot} 等于 5.3 节引入的临界密度 n_{crit} 时, γ_{coll} 等于自然展宽 γ. 对于低于大约 3×10^3 cm^{-3} 的 n_{tot}, 自然展宽主导线翼, 而碰撞展宽在更高的密度主导.

附录 F　激波跃变条件

考虑密度 ρ_1、压强 P_1 沿 x 方向以速度 u_1 运动的流体 (见图 F.1). 流动发生在均匀、无摩擦矩形截面的管道中, 其侧面位于 $x\text{-}y$ 和 $y\text{-}z$ 平面. 在 $x = s(t)$, 流动碰到一个激波面, 这个激波面以速度 $u_0 = ds/dt$ 运动. 在激波的下游, 流体有不同的密度、压强和速度, 在此每个量用下标 2 表示. 在任意一点, 我们考虑 $y\text{-}z$ 平面内在激波前和激波后的两个假想面. 这两个面分别位于 $x_1(t)$ 和 $x_2(t)$, 和流体共同运动, 使得 $dx_1/dt = u_1$ 以及 $dx_2/dt = u_2$.

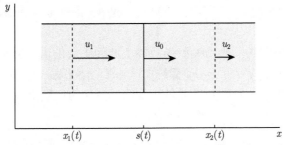

图 F.1　含有激波流体的管子的一部分. 这根管子有矩形截面, 在 z 方向延伸, 即离开纸面的方向. 两条虚线代表以所示速度跟随流体运动的面. 内部, 实线是激波波前

为了推导跃变条件, 我们首先注意到没有物质离开共动面所包含的体积. 所以我们有

$$\frac{d}{dt}\int_{x_1(t)}^{x_2(t)} \rho dx = 0, \tag{F.1}$$

这里我们已经除以了管子的截面积. 上游从外面作用到左边的面上的压强 P_1 增大了流体的线动量, 而动量被右边表面作用在外面介质的压强 P_2 减小. 所以

$$\frac{d}{dt}\int_{x_1(t)}^{x_2(t)} \rho u dx = P_1 - P_2. \tag{F.2}$$

最终, 我们注意到单位面积净的机械功率为 $P_1u_1 - P_2u_2$, 使得两个面之间流体的能量增加:

$$\frac{d}{dt}\int_{x_1(t)}^{x_2(t)} \rho \left(\frac{u^2}{2} + \epsilon\right) dx = P_1u_1 - P_2u_2, \tag{F.3}$$

其中 ϵ 是单位质量的内能. 这里, 我们已经忽略了引力势能, 它在激波面上没有显著变化. 如果流体不通过辐射损失能量, 方程 (F.3) 是正确的, 我们下面考虑这种情况.

方程 (F.1)~(F.3) 左边具有如下形式:

$$\frac{dJ}{dt} \equiv \frac{d}{dt} \int_{x_1(t)}^{x_2(t)} \Psi(x,t)dx,$$

其中 $\Psi(x,t)$ 在 $x = s(t)$ 是空间间断的. 如果我们在微分之前把积分分为上游和下游, 我们得到

$$\frac{dJ}{dt} = \frac{d}{dt}\int_{x_1(t)}^{s(t)} \Psi dx + \frac{d}{dt}\int_{s(t)}^{x_2(t)} \Psi dx$$

$$= \int_{x_1(t)}^{x_2(t)} \frac{\partial \Psi}{\partial t} dx + \Psi_1 u_0 - \Psi_1 u_1 + \Psi_2 u_2 - \Psi_2 u_0,$$

其中 Ψ_1 和 Ψ_2 分别是一般的被积函数在上游和下游的值. 因为共动面的位置是任意的, 我们考虑 $x_1(t)$ 和 $x_2(t)$ 都趋向于 $s(t)$ 的极限. 我们取这个极限的动机是因为激波波前实际的厚度几乎总是比我们感兴趣的尺度要小. $\partial\Psi/\partial t$ 是有限的, 所以上面第一项等于零. 我们得出结论

$$\lim_{x_1,x_2 \to s} \frac{dJ}{dt} = \Psi_2 v_2 - \Psi_1 v_1, \tag{F.4}$$

其中 $v_1 \equiv u_1 - u_0$ 和 $v_2 \equiv u_2 - u_0$ 分别是上游和下游相对于激波波前的速度. 在 8.4 节中, 我们把 v_1 称为 "激波速度", V_{shock}.

将方程 (F.4) 应用于 (F.1), 我们得到

$$\rho_2 v_1 = \rho_1 v_2. \tag{F.5}$$

转向方程 (F.2), 我们发现, 在使用 (F.5) 后,

$$P_2 + \rho_2 v_2^2 = P_1 + \rho_1 v_1^2. \tag{F.6}$$

最终, 方程 (F.3) 变为

$$\frac{1}{2}v_2^2 + \epsilon_2 + \frac{P_2}{\rho_2} = \frac{1}{2}v_1^2 + \epsilon_1 + \frac{P_1}{\rho_1}. \tag{F.7}$$

方程 (F.5)~(F.7) 组成了 "绝热"(即无辐射) 激波的兰金-雨果尼奥跃变条件. 一般来说, 含有激波的流动问题的完整解需要知道七个物理量——上下游的速度

和两个热力学变量 (例如 P 和 ρ), 加上激波自身的速度. 如果给出了激波一边的三个变量, 使用三个跃变条件仍然留下了一个未知变量. 例如, 在球对称原恒星吸积激波问题中 (第 11 章), 我们给定了气体的上游状态, 取激波波前 (即原恒星表面) 速度为零.

跨过激波的温度增加多少? 如果感兴趣的流体是理想气体, 那么内能由 $\dfrac{1}{\gamma-1} \cdot \dfrac{P}{\rho}$ 给出, 其中 γ 是定压比热和定容比热之比. 把这个关系代入 (F.7) 得到

$$\frac{1}{2}v_2^2 - \frac{1}{2}v_1^2 = \frac{\gamma}{\gamma-1}\left(\frac{P_1}{\rho_1} - \frac{P_2}{\rho_2}\right). \tag{F.8}$$

方程 (F.5) 和 (F.6) 表明

$$v_2 - v_1 = \frac{P_1 - P_2}{\rho_1 v_1}. \tag{F.9}$$

方程 (F.9) 乘以 $1/2(v_2+v_1)$, 结合方程 (F.5) 和方程 (F.8) 的结果, 我们得到

$$\frac{P_2 - P_1}{2}\left(\frac{1}{\rho_1} + \frac{1}{\rho_2}\right) = \frac{\gamma}{\gamma-1}\left(\frac{P_2}{\rho_2} + \frac{P_1}{\rho_1}\right),$$

由此, 我们可以求解用 P_2/P_1 表示的 ρ_2/ρ_1:

$$\begin{aligned}
\frac{\rho_2}{\rho_1} &= \frac{(\gamma+1)P_2/P_1 + (\gamma-1)}{(\gamma-1)P_2/P_1 + (\gamma+1)} \\
&= \frac{v_1}{v_2},
\end{aligned} \tag{F.10}$$

其中最后一个等式来自方程 (F.5). 对于理想气体, T_2/T_1 等于 $P_2\rho_1/P_1\rho_2$, 所以

$$\frac{T_2}{T_1} = \frac{(\gamma-1)(P_2/P_1)^2 + (\gamma+1)P_2/P_1}{(\gamma+1)P_2/P_1 + (\gamma+1)}. \tag{F.11}$$

对于非常弱的激波 ($P_2 \approx P_1$), T_2/T_1 接近 1, 但方程 (F.11) 表明这个比值在 P_2/P_1 变得非常大的时候的增长没有上限. 另一方面, 方程 (F.10) 表明, 在同样的极限下, ρ_2/ρ_1 趋向于 $(\gamma+1)/(\gamma-1)$, 在单原子理想气体的情形 ($\gamma = 5/3$) 等于 4.

在方程 (F.10) 和 (F.11) 中, 我们用比例 P_2/P_1 测量激波强度. 或者, 我们可以用上游马赫数 $M_1 \equiv v_1/a_1$, 其中 a_1 是激波前的绝热声速. 对于理想气体, 我们有 $a_1 = (\gamma P_1/\rho_1)^{1/2}$. 为了将 M_1 和 P_2/P_1 相联系, 我们首先将方程 (F.7) 除以 v_1, 然后用方程 (F.10) 将 v_2/v_1 用 P_2/P_1 表达. 结果可以表示为

$$\rho_1 v_1^2 = \frac{P_1}{2}[(\gamma+1)P_2/P_1 + (\gamma-1)]. \tag{F.12}$$

但我们也知道

$$\rho_1 a^2 = \gamma P_1. \tag{F.13}$$

方程 (F.12) 除以 (F.13) 得到所需的关系：

$$M_1^2 = \frac{1}{2\gamma}[(\gamma+1)P_2/P_1 + (\gamma-1)]. \tag{F.14}$$

我们现在可以用方程 (F.14) 将方程 (F.10) 和 (F.11) 用 M_1 表示为

$$\frac{\rho_2}{\rho_1} = \frac{v_1}{v_2} = \frac{(\gamma+1)M_1^2}{(\gamma-1)M_1^2 + 2} \tag{F.15}$$

和

$$\frac{T_2}{T_1} = \frac{[2\gamma M_1^2 - (\gamma-1)][(\gamma-1)M_1^2 + 2]}{(\gamma+1)^2 M_1^2}. \tag{F.16}$$

　　如果激波后温度足够高, 流体可以通过辐射损失能量. 如 8.4 节中所讨论的, 这个能量损失发生在一个比表征激波波前的粒子平均自由程宽得多的弛豫区域中. 然而, 如原恒星的情形, 有时候将整个区域视为一个单独的辐射激波波前是恰当的. 跨越这个增宽的波前, 跃变条件 (F.5) 和 (F.6) 仍然成立, 但能量关系 (F.7) 不成立. 为了查看所需的修改, 我们回到方程 (F.3), 这个方程现在变为

$$\frac{d}{dt}\int_{x_1(t)}^{x_3(t)} \rho(u^2/2 + \epsilon)dx = P_1 u_1 - P_3 u_3 - 2F_{\mathrm{rad}},$$

其中 F_{rad} 是 $+x$ 或 $-x$ 方向的辐射流量, 激波后的点 $x_3(t)$ 位于弛豫区域之外 (见图 8.9). 使用和之前一样的取极限过程, 我们发现

$$\frac{1}{2}v_3^2 + \epsilon_3 + \frac{P_3}{\rho_3} = \frac{1}{2}v_1^2 + \epsilon_1 + \frac{P_1}{\rho_1} - \frac{2F_{\mathrm{rad}}}{\rho_1 v_1}. \tag{F.17}$$

注意到, 对于绝热激波, 压缩比 ρ_3/ρ_1 现在可以比 ρ_2/ρ_1 高得多. 例如, 假设激波后气体冷却到激波前温度 T_1. 那么 $a_3 = a_1$, 结合方程 (F.5) 和 (F.6), 得到 $\rho_3/\rho_1 = M_1^2$. 这一项可以任意大, 是等温马赫数的平方, 即 v_1 和等温声速 $a_T \equiv (P/\rho)^{1/2}$ 的比.

附录 G　辐射扩散和恒星不透明度

在非常光学厚的介质中, 例如恒星内部, 比强度 I_ν 非常接近普朗克函数 $B_\nu(T)$. 温度 T 也和动理学温度相同. 为了理解这是为什么, 我们首先回忆附录 C, 在这个极限, 任何谱线的 I_ν 都趋向于 $B_\nu(T)$, 其中 T_{ex} 是相关跃迁的激发温度. 我们进一步注意到, 由附录 B, 对于 $n_{tot} \gg n_{crit}$ 的密度, T_{ex} 变成 T_{kin}. 这些结果只是重新表述了, 在这些条件下, 普遍达到局域热动平衡.

另一方面, I_ν 不会准确地等于 $B_\nu(T)$. 因为后者是各向同性的, 由方程 (2.17) 中的积分给出的单色流量 F_ν 等于零. 假设局域净流量沿 z 方向, 考虑 $I_\nu(z,\theta)$ 随光子传播方向 $\hat{n}$ 和 $\hat{z}$ 的夹角 (见图 G.1) θ 的变化. 如果 $\mu = \cos\theta$, 那么倾斜的路径长度 $\Delta s = \Delta z/\mu$. 所以, 我们可以把辐射转移方程 (2.20) 重写为

$$\mu \frac{\partial I_\nu(z,\mu)}{\partial z} = -\alpha_\nu I_\nu + j_\nu. \tag{G.1}$$

我们假设发射是热发射, 所以 j_ν 由基尔霍夫定律, 方程 (E.20) 给出. 把 α_ν 替换为 $\rho\kappa_\nu$, 我们可以把方程 (G.1) 重写为

$$I_\nu(z,\mu) = B_\nu - \frac{\mu}{\rho\kappa_\nu} \frac{\partial I_\nu}{\partial z}. \tag{G.2}$$

在热动平衡[①]下, I_ν 应该没有空间变化. 于是方程 (G.2) 精确了证实 $I_\nu = B_\nu$. 对于对这个态的微小偏离, 我们可以在推导中用 B_ν 代替 I_ν. 注意到 B_ν 仅仅是 T 的函数, 我们得到所需的角度依赖:

$$I_\nu(z,\mu) \approx B_\nu(T) - \frac{\mu}{\rho\kappa_\nu} \frac{dB_\nu}{dT} \frac{dT}{dz}. \tag{G.3}$$

当我们在方程 (2.17) 中使用这种形式的 I_ν 计算 F_ν, 各向同性的部分为零. 然而, 第二部分在积分中留下来得到

$$\begin{aligned} F_\nu(z) &= \int I_\nu \mu d\Omega \\ &= 2\pi \int_{-1}^{+1} d\mu \mu I_\nu \end{aligned}$$

---

① 译者注: 原文为 "局域热动平衡".

$$= -\frac{4\pi}{3\rho\kappa}\frac{dB_\nu}{dT}\frac{dT}{dz}. \tag{G.4}$$

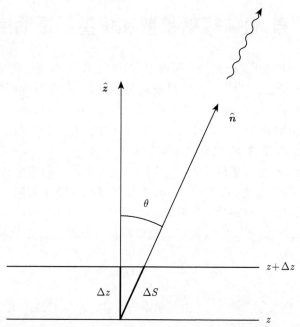

图 G.1   辐射强度随角度的变化. 尽管净流量沿 z 方向, 但我们考虑沿倾斜角度 θ 的 $\hat{n}$ 方向的比强度

我们通常对频率积分的量 F_{bol} 更感兴趣, 在本书中也记作 F_{rad}. 我们有

$$F_{\text{rad}} = \int_0^\infty F_\nu d\nu$$
$$-\frac{4\pi}{3\rho}\frac{dT}{dz}\int_0^\infty \frac{1}{\kappa_\nu}\frac{dB_\nu}{dT}d\nu. \tag{G.5}$$

如果我们定义罗斯兰平均不透明度 κ

$$\frac{1}{\kappa} \equiv \frac{\int_0^\infty \kappa_\nu^{-1} dB_\nu/dT d\nu}{\int_0^\infty dB_\nu/dT d\nu}, \tag{G.6}$$

那么方程 (G.5) 变为辐射扩散方程:

$$F_{\text{rad}} = -\frac{16\sigma_{\text{B}}T^3}{3\rho\kappa}\frac{dT}{dz}. \tag{G.7}$$

这里, 我们已经使用了

$$\int_0^\infty \frac{dB_\nu}{dT} d\nu = \frac{d}{dT} \int_0^\infty B_\nu d\nu$$
$$= \frac{c}{4\pi} \frac{d}{dT} \int_0^\infty u_\nu d\nu,$$

这里 u_ν 是黑体辐射场的能量密度 (回忆方程 (2.18)). 因为 $\int_0^\infty u_\nu d\nu = 4\sigma_{\rm B} T^4/c$, 我们得到了所需的结果.

尽管我们的推导在恒星内部严格成立, 但方程 (G.7) 给出了恒星表面附近温度变化的一个有用的表达式. 在此情形, $F_{\rm rad}$ 可以认为是在空间上不变的. 从稀薄的外部向内积分, 我们得到

$$\sigma_{\rm B} T^4 = \frac{3F_{\rm rad}}{4} \tau + \sigma_{\rm B} T_0^4. \tag{G.8}$$

这里, 光深 τ 向大气深处增加:

$$\tau \equiv \int_z^\infty \rho \kappa dz.$$

边界温度 T_0 是 $\tau = 0$ 处的值. 为了推导 T_0 的表达式, 我们采用爱丁顿近似. 我们假设大气顶部的 I_ν 在向外的方向是各向同性的, 即对于 $0 \leqslant \mu \leqslant 1$ 是均匀的, 其他情况为 0. 从方程 (2.17) 和 (2.18), 我们发现在那里

$$F_\nu = \frac{c}{2} u_\nu.$$

对所有频率积分得到

$$F_{\rm rad} = 2\sigma_{\rm B} T_0^4. \tag{G.9}$$

最后, 把方程 (G.9) 代入方程 (G.8) 得到所要的温度变化规律:

$$\sigma_{\rm B} T^4 = \frac{3F_{\rm rad}}{4} \left(\tau + \frac{2}{3} \right). \tag{G.10}$$

恒星光球层可以定义为局域气体温度 T 和 $T_{\rm eff}$ 相等的地方. 后一个量与流量通过方程 (2.35) 相联系, 我们将其重写为

$$F_{\rm rad} = \sigma_{\rm B} T_{\rm eff}^4.$$

于是方程 (G.10) 表明光球层的光深为 2/3.

使用辐射扩散方程需要知道 κ, 对于化学组成固定的气体, 它是 ρ 和 T 的函数. 有时把单色不透明度对频率的依赖在某些特定区间近似为幂律是有用的:

$$\kappa_\nu \approx \kappa_0 \left(\frac{\nu}{\nu_0} \right)^n$$

$$= \kappa_0 \left(\frac{k_{\mathrm B}T}{h\nu_0} \right)^n x^n,$$

其中 $x \equiv h\nu/k_{\mathrm B}T$. 假设我们令 $\partial B_\nu/\partial T d\nu = A f(x) dx$, 其中 A 是有合适量纲的因子. 把这个形式代入方程 (G.6) 的定义, 我们发现

$$\frac{1}{\kappa} = \frac{1}{\kappa_0} \left(\frac{h\nu_0}{k_{\mathrm B}T} \right)^n \frac{\int x^{-n} f(x) dx}{\int f(x) dx}. \tag{G.11}$$

两个积分的上下限我们都没有给出, 它们的商是一个纯数. 我们看到, 在感兴趣的频率范围, κ 正比于 T^n.

对于更精确的数值工作, 罗斯兰平均不透明度必须数值地得到, 并且已经在过去的一些年间由很多研究者制成了表格. 一般来说, $\kappa(\rho, T)$ 在较高的恒星温度确定得很好, 而其在小质量恒星光球条件下的准确确定是一个相当重要且持续进行的事业. 图 G.2 列出了对于一个密度范围, κ 作为温度的函数的现代结果. 这些曲线明显有一些一般特征, 反映了消光背后最重要的物理过程.

不透明度在 10^4 K 以上的峰主要是由于氢的光致电离. 这是一种束缚-自由跃迁, 电子从最低的 $n = 1$ 轨道跃迁到连续谱. 在较低的温度, 不透明度急剧下降, 因为普朗克分布中极少有光子能量超过 13.6 eV 或者将氢的电子从 $n = 1$ 激发到 $n = 2$ 所需的 10.2 eV. 后者是束缚-束缚跃迁的一个例子.

对于 5000 K 的低温, 气体中的大部分自由电子来源于更容易电离的金属. 小部分原子氢捕获额外的电子变为 H^- 离子. 其电离势为 0.75 eV, 这种离子可以更容易被周围的辐射场光致电离, 提供了晚型矮星外层和主序前恒星主要的不透明度. 不透明度随着温度下降而下降在 10^3 K 停止, 在那里, 主要的过程是分子中的束缚-束缚跃迁. $\kappa(\rho, T)$ 在此情形的复杂行为没有包含在图 G.2 中. 在 $T \leqslant 10^3$ K 主导的尘埃颗粒的吸收和散射也没有包含在图中.

在远高于 10^4 K 的温度, 不透明度近似以 $\rho T^{-7/2}$(所谓的克莱默定律) 降低和变化. 起初, 主要的消光机制仍然是束缚-自由吸收, 不仅是氢和氦的束缚-自由吸收, 还有诸如碳、氮和氧的金属[①]的束缚-自由吸收. 更高能量的光子向束缚电子传递动量的效率较低. 单色不透明度随频率升高而降低, 罗斯兰平均具有随温度

---

① 译者注: 天文中, 氦以后的元素都称为金属.

升高下降的特征. 克莱默定律的行为对自由-自由跃迁主导的更高密度和温度也成立. 这里, 光子被自由电子吸收, 其反冲被附近的金属离子吸收. 对于图 G.2 中所示的两个最低的密度, 不透明度在 10^5 K 有一个局域的峰, Z 鼓包. 这个特征来源于涉及更重的金属 (主要是铁) 的内层电子的束缚-束缚跃迁.

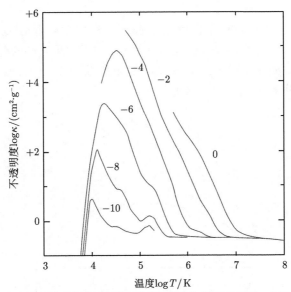

图 G.2　具有太阳丰度的气体的罗斯兰平均不透明度作为温度的函数. 标记每条曲线的数字是质量密度的数值, 展示的是 $\log \rho$

最高温度时的不透明度是电子散射造成的. 完全电离等离子体中的一个自由电子吸收一个光子并将其重新发射而不改变频率. 对于低于电子静止能 $m_e c^2$ 的光子能量, 可以使用经典理论分析这个过程. 这里, 把散射看作在平面电磁波影响下振荡的电子发出的偶极辐射. 辐射总功率除以入射流量是一个电子的**汤姆孙散射截面**, $\sigma_{\mathrm{T}} = (8\pi/3) r_0^2 = 6.65 \times 10^{-25}$ cm^2. [①]物理量 $r_0 \equiv e^2/m_e c^2 = 2.28 \times 10^{-13}$ cm 是电子的经典半径, 令其静止质量和经典势能相等而得到. 注意到 σ_{T} 的表达式不涉及波的频率. 我们通过 σ_{T} 乘以每克的自由电子数 (只要气体是完全电离的, 这个数就不依赖于密度和温度) 得到不透明度. 故罗斯兰平均不透明度达到图 G.2 所示的恒定值 0.3 cm^2.

---

① 译者注: 原文单位 cm^{-2} 有错误.

附录 H 双星关系的推导

为了得到方程 (12.17), 我们更仔细地研究图 12.6(a) 所示双星系统中任意一颗星的轨道. 图 H.1 展示了焦点 (用十字表示) 位于双星质心的椭圆. 恒星在与焦点最小距离 $r_{\min}$ 处获得最大速度 $V_{\max}$. 反过来, 最小速度 $V_{\min}$ 产生于最大半径 $r_{\max}$. 这两个距离和半长轴的关系为

$$r_{\min} = a(1 - e), \tag{H.1a}$$

$$r_{\max} = a(1 + e), \tag{H.1b}$$

其中 e 是偏心率.

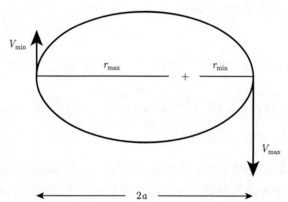

图 H.1 双星系统中一颗星的椭圆轨道. 这个椭圆的半长轴为 a, 焦点位于十字处. 当恒星到达最小和最大径向距离, 它分布达到最大和最小速度

我们现在使用整个系统角动量守恒这个事实. 速度矢量和径矢量在极端点处垂直. 使用下标区分主星和伴星, 我们有

$$M_1(V_{\max})_1(r_{\min})_1 + M_1(V_{\max})_2(r_{\min})_2$$

$$= M_1(V_{\min})_1(r_{\max})_1 + M_1(V_{\min})_2(r_{\max})_2. \tag{H.2}$$

回想一下, 由方程 (12.14), 这两个轨道的半径和速度和相应的质量成反比. 所以, 我们有

$$\frac{(r_{\min})_2}{(r_{\min})_1} = \frac{(r_{\max})_2}{(r_{\max})_1} = \frac{(V_{\min})_2}{(V_{\min})_1} = \frac{(V_{\max})_2}{(V_{\max})_1} = \frac{M_1}{M_2}. \tag{H.3}$$

把这些关系用于方程 (H.2) 将其简化为

$$(V_{\max})_1 (r_{\min})_1 = (V_{\min})_1 (r_{\max})_1. \tag{H.4}$$

类似地, 双星能量守恒写为

$$-\frac{GM_1 M_2}{(r_{\min})_1 + (r_{\min})_2} + \frac{1}{2} M_1 (V_{\max})_1^2 + \frac{1}{2} M_2 (V_{\max})_2^2$$
$$= -\frac{GM_1 M_2}{(r_{\max})_1 + (r_{\max})_2} + \frac{1}{2} M_1 (V_{\min})_1^2 + \frac{1}{2} M_2 (V_{\min})_2^2. \tag{H.5}$$

我们再次使用方程 (H.3) 消去伴星的半径和速度. 于是得到

$$GM_2 \left[\frac{1}{(r_{\min})_1} - \frac{1}{(r_{\max})_1} \right] = \frac{1}{2} \left(1 + \frac{M_1}{M_2} \right)^2 [(V_{\max})_1^2 - (V_{\min})_1^2].$$

将这个方程和方程 (H.4) 结合得到

$$GM_2 = \frac{1}{2} \left(1 + \frac{M_1}{M_2} \right)^2 (V_{\max})_1^2 [(r_{\max})_1 + (r_{\min})_1] \left(\frac{r_{\min}}{r_{\max}} \right)_1.$$

于是我们用方程 (H.1) 得到

$$\frac{GM_{\mathrm{tot}}}{a_1} = \left(1 + \frac{M_1}{M_2} \right)^3 \left(\frac{1-e}{1+e} \right) (V_{\max})_1^2. \tag{H.6}$$

这里, $M_{\mathrm{tot}} = M_1 + M_2$. 最后, 我们使用开普勒第三定律, 方程 (12.15). 结合方程 (12.15) 和方程 (H.6) 得到 $(V_{\max})_1$ 的表达式:

$$(V_{\max})_1 = \frac{2\pi a_1}{P} \left(\frac{1+e}{1-e} \right)^{1/2}. \tag{H.7}$$

现在考虑主星的径向 (视向) 速度. 这个量最大值为 $[V_{\mathrm{cm}} + (V_{\max})_1] \sin i$. 这里 V_{cm} 是双星质心的速度, i 是图 12.6(b) 中画的倾角. 类似地, 最小值为 $[V_{\mathrm{cm}} - (V_{\min})_1] \sin i$. 令幅值 K_1 为总的径向速度范围的一半. 使用方程 (H.1) 和 (H.3) 我们得到

$$K_1 = \frac{1}{2} [(V_{\max})_1 + (V_{\min})_1] \sin i$$
$$= \frac{(V_{\max})_1}{1+e} \sin i.$$

我们从方程 (H.7) 计算 $(V_{\max})_1$ 得到

$$K_1 = \frac{2\pi a_1}{P} (1 - e^2)^{-1/2} \sin i, \tag{H.8}$$

等价于方程 (12.17).

为了推导方程 (12.19) 得到函数 $f(M)$, 我们首先把方程 (H.8) 重写为

$$K_1^3 P^3 = (2\pi)^3 a_1^3 (1-e^2)^{-3/2} \sin^3 i. \tag{H.9}$$

方程 (12.15) 取平方得到 P^2 的表达式, 和上面这个表达式结合得到

$$\begin{aligned}
K_1^3 P &= \frac{2\pi G(M_1+M_2)a_1^3}{(a_1+a_2)^3}(1-e^2)^{-3/2}\sin^3 i \\
&= \frac{2\pi G M_2^3 (1-e^2)^{-3/2}\sin^3 i}{(M_1+M_2)^2}.
\end{aligned}$$

这里我们也使用了 $a_1/a_2 = M_2/M_1$. 我们可以把上面这个方程重写为

$$\frac{M_2^3 \sin^3 i}{(M_1+M_2)^2} = \frac{1}{2\pi G}(1-e^2)^{3/2} K_1^3 P, \tag{H.10}$$

这也是方程 (12.19).

附录 I 多方积分的计算

在第 16 章中, 我们碰到了下面的无量纲积分:

$$\mathcal{I} = \int_0^{\xi_0} \xi^2 \theta^{5/2} d\xi. \tag{I.1}$$

这里 $\theta(\xi)$ 是指数 $n = 3/2$ 的莱茵-埃姆登函数. 这个函数遵守方程 (16.19):

$$\frac{1}{\xi^2} \frac{d}{d\xi} \left(\xi^2 \frac{d\theta}{d\xi} \right) = -\theta^{3/2}, \tag{I.2}$$

初始条件为

$$\theta(0) = 1, \tag{I.3a}$$

$$\theta'(0) = 0. \tag{I.3b}$$

我们已经把 $\theta(\xi)$ 降为 0 的点记作 ξ_0.

为了计算 $\mathcal{I}$, 我们首先用方程 (I.2) 替代被积函数:

$$\mathcal{I} = -\int_0^{\xi_0} \theta \frac{\partial}{\partial \xi} \left(\xi^2 \frac{\partial \theta}{\partial \xi} \right) d\xi. \tag{I.4}$$

然后分部积分:

$$\mathcal{I} = -\int_0^{\xi_0} \frac{\partial}{\partial \xi} \left(\xi^2 \theta \frac{\partial \theta}{\partial \xi} \right) d\xi + \int_0^{\xi_0} \xi^2 \left(\frac{\partial \theta}{\partial \xi} \right)^2 d\xi \tag{I.5a}$$

$$= \int_0^{\xi_0} \left(\xi^2 \frac{\partial \theta}{\partial \xi} \right)^2 \xi^{-2} d\xi. \tag{I.5b}$$

这里, 方程 (I.5a) 中的第一项为零, 因为 $\theta(\xi_0) = 0$. 我们现在再次分部积分:

$$\mathcal{I} = -\int_0^{\xi_0} \frac{\partial}{\partial \xi} \left[\left(\xi^2 \frac{\partial \theta}{\partial \xi} \right)^2 \xi^{-1} \right] d\xi + \int_0^{\xi_0} 2\xi \frac{\partial \theta}{\partial \xi} \frac{\partial}{\partial \xi} \left(\xi^2 \frac{\partial \theta}{\partial \xi} \right) d\xi \tag{I.6a}$$

$$= -\xi_0^3 \left(\frac{\partial \theta}{\partial \xi} \right)_0^2 - 2 \int_0^{\xi_0} \xi^3 \frac{\partial \theta}{\partial \xi} \theta^{3/2} d\xi \tag{I.6b}$$

$$= -\xi_0^3 \left(\frac{\partial\theta}{\partial\xi}\right)_0^2 - \frac{4}{5}\int_0^{\xi_0} \xi^3 \frac{\partial}{\partial\xi}\theta^{5/2}d\xi, \tag{I.6c}$$

其中我们再次在方程 (I.6) 右边第二项使用了方程 (I.2).

最后考虑方程 (I.6c) 中剩下的积分. 如果将其分部积分, 我们得到

$$\mathcal{I} = -\xi_0^3 \left(\frac{\partial\theta}{\partial\xi}\right)_0^2 - \frac{4}{5}\int_0^{\xi_0} \frac{\partial}{\partial\xi}\left(\xi^3\theta^{5/2}\right)d\xi + \frac{12}{5}\int_0^{\xi_0} \xi^2\theta^{5/2}d\xi \tag{I.7a}$$

$$= -\xi_0^3 \left(\frac{\partial\theta}{\partial\xi}\right)_0^2 + \frac{12}{5}\mathcal{I}, \tag{I.7b}$$

因为方程 (I.7a) 中的第二项为 0. 求解方程 (I.7b) 得到 $\mathcal{I}$,

$$\mathcal{I} = \frac{5}{7}\xi_0^3 \left(\frac{\partial\theta}{\partial\xi}\right)_0^2, \tag{I.8}$$

这和方程 (16.27) 相同.

表、图和照片

下面是用到的杂志和综述的缩写:

AA	Astronomy and Astrophysics
AAS	Astronomy and Astrophysics Supplements
AJ	Astronomical Journal
ApJ	Astrophysical Journal
ApJSS	Astrophysical Journal Supplement Series
ApSS	Astrophysics and Space Science
ARAA	Annual Reviews of Astronomy and Astrophysics
AREPS	Annual Reviews of Earth and Planetary Sciences
AstL	Astronomy Letters
Astron. Rep.	Astronomy Reports
BAN	Bulletin of the Astronomical Institute of the Netherlands
Can. J. Phys.	Canadian Journal of Physics
Fund. Cosm. Phys.	Fundamentals of Cosmic Physics
Mem. Soc. Astron. It.	Memorie della Società Astronomica Italiana
MNRAS	Monthly Notices of the Royal Astronomical Society
PASJ	Publications of the Astronomical Society of Japan
PASP	Publications of the Astronomical Society of the Pacific
Phys. Rev. Lett.	Physical Review Letters
Planet. Sp. Sci.	Planetary and Space Science
Prog. Theor. Phys.	Progress of Theoretical Physics
Rep. Prog. Phys.	Reports of Progress in Physics
Sp. Sci. Rev.	Space Science Reviews
ZAp	Zeitschrift für Astrophysik

第 1 章

表 1.1——数据来源于 Lang 1992 年的《天体物理数据: 行星和恒星》(Astrophysical Data: Planets and Stars, (New York: Springer-Verlag))p. 132. 对于 $M_* \leqslant 0.8M_\odot$ 的恒星, 数据来源于 Baraffe et al. 1997, AA, 337, 403 的理论计算.

图 1.2——左图: Maddalena et al. 1986, ApJ, 303, 375 图 6 和图 7 的结合. 右图: 来自 Lada 1992, ApJ, 393, L25 图 2.

图 1.3——来自 Lang 1992, Astrophysical Data: Planets and Stars, (New

York: Springer-Verlag), p. 365.

图 1.4——图片由红外处理和分析中心的 C. Beichman 提供.

图 1.5——左图: 哈勃太空望远镜照片由 C. R. O'Dell 拍摄, 太空望远镜科学研究所提供. 右图: 照片由 M. McCaughrean 提供.

图 1.6——主体图改编自 Zuckerman 1973, ApJ, 183, 863 的图 1. 插图来自 Gordon & Churchwell 1970, AA, 9, 307 的图 1.

图 1.7——来自 Cameron et al. 1992, in *Progress in Telescope and Instrumentation Technologies*, ed. M.-H. Ulrich (Munich: ESO Conf. and Workshop Proc.), p. 705 图 1.

图 1.8——来自 Barnard 1927, *A Photographic Atlas of Selected Regions of the Milky Way*, Carnegie Inst. of Washington Publ. 247, (Washington: Carnegie Inst.) 照片 5.

图 1.9——来自 Ungerechts & Thaddeus 1987, ApJS, 63, 645 图 4.

图 1.10——上图: 来自 Mizuno et al. 1995, ApJ, 445, L161 照片 L19. 下图: 来自 Abergel et al. 1994, ApJ, 423, L59 图 5.

图 1.11——来自 Kenyon et al. 1990, AJ, 99, 869 图 1.

图 1.12——来自 Benson & Myers 1989, ApJS, 71, 89 图 14.

图 1.13——来自 Pound & Bally 1991, ApJ, 383, 705 图 1.

图 1.14——来自 Binney & Tremaine 1989, *Galactic Dynamics*, (Princeton: Princeton U. Press), p. 10 图 1-1.

图 1.15——来自 Palla & Stahler 1993, ApJ, 418, 414 图 13, Sweigart & Gross 1978, ApJS, 36, 405 图 1c, Schönberner 1983, ApJ, 272, 708 图 2.

图 1.18——基于作者的计算.

图 1.19——上图: 图片由 COBE 科学工作组的 M. Hauser 提供. 下图: 隆德天文台提供.

图 1.20——来自 Elmegreen 1981, ApJS, 47, 229 照片 1.

图 1.21——来自 Garcia-Burillo et al. 1993, AA, 274, 123 图 4.

第 2 章

表 2.1——太阳系的数据来自 Anders & Grevesse 1989, Geochim. et Cosmochim. Acta 53, 197 表 1. M42 的结果来自 Rubin et al. 1991, ApJ, 374, 564.

表 2.2——H_2 总质量来自 Dame 1993, in Back to the Galaxy, ed. S. Holt and F. Verter (New York: AIP), p. 267. Dame 也引用 HI 巡天, 给出了温中性介质和冷中性介质的总质量. 这两个成分的相对质量来自 E. Corbelli 2002 (personal communication) and Haynes & Broeils 1997, in *The Insterstellar Medium in*

Galaxies, ed. J.M. Van der Hulst (Dordrecht: Kluwer), p. 75. 填充因子和气体数据来自 Dopita & Sutherland 2002, Astrophysics of the Diffuse Universe (Berlin: Springer-Verlag).

图 2.2——来自 Radhakrishnan et al. 1972, ApJS, 24, 15 图 13.

图 2.3——Dame 1993, in Back to the Galaxy, ed. S. Holt and F. Verter, (New York: AIP), p. 267 图 1 和 Lockman 1990, in *Radio Recombination Lines: Twenty-five Years of Investigation*, ed. M. A. Gordon and R. L. Sorochencko (Dordrecht: Kluwer), p. 225 图 5 的结合. H_2 的中心密度来自 Blitz et al. 1995, AA, 143, 267.

图 2.4——来自 Wilson & Pauls 1984, AA, 138, 225 图 2.3.

图 2.5——来自 Wolfire et al. 1995, ApJ, 443, 152 图 3(a) 和图 3(b).

图 2.7——来自 Whittet 1992, *Dust in the Galactic Environment* (Bristol: Institute of Physics Publishing) 图 3.3.

图 2.14——来自 Sellgren 1984, ApJ, 277, 623 图 5.

图 2.15——来自 Puget & Leger 1989, ARAA, 27, 161 图 5.

第 3 章

图 3.1——来自 Solomon & Rivolo 1987, in *The Galaxy*, ed. Gilmore and Carswell, (Dordrecht: Reidel), p. 105 图 1.

图 3.2——来自 Dame 1993, in Back to the Galaxy, ed. S. Holt & F. Verter, (New York: AIP), p. 272 图 2(a).

图 3.3——Blitz & Thaddeus 1980, ApJ, 241, 676 图 2(a) 和 Raimond 1966, Bull. Astr. Inst. Neth., 18, 191 图 28 的结合.

图 3.4——来自 Blitz & Stark 1986, ApJ, 300, L89 图 2.

图 3.5——来自 Blitz & Stark 1986, ApJ, 300, L89 图 3.

图 3.6——根据 Williams & Blitz 1994, ApJ, 428, 693 表 2 构建.

图 3.7——来自 Knapp 1974, AJ, 79, 527 图 3.

图 3.8——来自 Leisawitz 1989, ApJS, 70, 731 图 47.

图 3.9——来自 Myers & Goodman 1988, ApJ, 329, 392 图 3.

图 3.10——来自 Solomon & Rivolo 1987, in *The Galaxy*, ed. Gilmore & Carswell, (Dordrecht: Reidel), p. 124 图 9.

图 3.11——来自 Fuller & Myers 1993, ApJ, 418, 273 图 2.

图 3.12——来自 Myers et al. 1991, ApJ, 376, 561 图 1a.

图 3.13——来自 Benson & Myers 1989, ApJS, 71, 89 图 41.

图 3.16——(a) 来自 Benson & Myers 1989, ApJ, 71, 89 图 27. (b) 来自 Ward- Thompson et al. 1999, MNRAS, 305, 143 图 1, 图由 P. André 提供.

图 3.17——结合了 Loren 1989, ApJ, 338, 902 图 7 和 Goodman et al. 1990, ApJ, 359, 363 图 8.

图 3.18——来自 Goodman et al. 1993, ApJ, 406, 528 图 3a.

图 3.19——来自 Bok 1977, PASP, 89, 597 图 4.

图 3.20——来自 Frerking et al. 1987, ApJ, 313, 320 图 1.

图 3.21——根据 Frerking et al. 1987, ApJ, 313, 320 表 3 做出.

第 4 章

表 4.1——数据来自 Racine 1968, AJ, 73, 233 和 Herbst 1975, AJ, 80, 503. 注意到多个系统的距离已经更新.

表 4.2——数据来自 de Zeeuw et al. 1999, AJ, 117, 354. 猎户的数据来自 Brown et al. 1994, AA, 289, 101.

表 4.3——来自 Mermilliod, J.-C. 1995, in Information and On-Line Data in Astronomy, ed. D. Egret and M. A. Albrecht (Dordrecht: Reidel) 第 127 页. 关于更新的电子版, 见 http://obswww.unige.ch/webda/和 http://cfa~www.harvard.edu/~stauffer/opencl/.

图 4.1——来自 Koornneef 1983, AA, 128, 84 图 1 和表 3、表 4.

图 4.2——来自 Lada & Lada 1995, AJ, 109, 1682 图 3.

图 4.3——来自 Wilking et al. 1989, ApJ, 340, 823 图 3a、图 3c 和图 3d.

图 4.4——来自 Barsony, Ward-Thompson, & O 'Linger 1997 未发表的数据. 图的版权归 J.O'Linger.

图 4.5——根据 Wilking et al. 1989, ApJ, 340, 823 表 3 和 Greene et al. 1994 ApJ, 434, 614 表 1 制作.

图 4.6——根据 Wilking et al. 1989, ApJ, 340, 823 表 3 制作.

图 4.8——来自 Gomez et al. 1993, AJ, 105, 1927 图 8.

图 4.9——(a) 来自 Kenyon & Hartmann 1995, ApJS, 101, 117 图 15; (b) 来自 Hughes et al. 1994, AJ, 108, 1071 表 3; (c) 来自 Lawson et al. 1996, MNRAS, 280, 1071 表 6, 但调整到了 Gauvin & Strom 1992, ApJ, 385, 217 给出的距离, 215 pc; (d) 来自 Cohen & Kuhi 1979, ApJS, 41, 743 图 4 和 Penston 1964, Observatory, 84, 141 图 3.

图 4.10——来自 Murphy et al. 1986, AA, 167, 234 图 2.

图 4.11——来自 Alcalá et al. 1995, AAS, 114, 109 图 1.

图 4.12——结合了 Herbig 1954, ApJ, 119, 483 图 1 和 Margulis & Lada 1986, ApJ, 309, L87 图 1.

图 4.13——(a) 根据 Kenyon & Hartmann 1995, ApJS, 101, 117 表 A4 制作. (b) 根据 Prusti et al. 1992, MNRAS, 254, 361 表 4 制作. 初始光度函数基于

Basu & Rana 1992, ApJ, 393, 373 图 1b 以及正文中的方程 (4.6).

图 4.14——来自 de Zeeuw et al. 1999, AJ, 117, 354 图 1.

图 4.15——结合了我们的图 3.15 和图 4.9 以及 Blaauw 1991, in The Physics of Star Formation, ed. C. J. Lada and N. D. Kylafis (Dordrecht: Kluwer), p. 125 图 1.

图 4.16——来自 Blaauw 1978, in Problems of Physics and Evolution of the Universe, ed. L. Mirzoyan, (Yerevan USSR), p. 101 图 3 和图 4.

图 4.17——来自 de Geus et al. 1989, AA, 216, 44 图 6b.

图 4.18——来自 Blaauw 1991, in The Physics of Star Formation, ed. C. J. Lada and N. D. Kylafis (Dordrecht: Kluwer), p. 125 图 7.

图 4.19——来自 Churchwell 1991, in The Physics of Star Formation, ed. C. J. Lada and N. D. Kylafis (Dordrecht: Kluwer), p. 221 图 10.

图 4.20——基于 Meynet et al. 1993, AAS, 98, 477 和 Stauffer 1984, ApJ, 280, 189, 以及 J.-C. Mermilliod 额外提供的数据.

图 4.21——来自 Basu & Rana 1992, ApJ, 393, 373 图 2.

图 4.22——来自 Basu & Rana 1992, ApJ, 393, 373 图 4.

图 4.23——(a) 来自 Hambly et al. 1991, MNRAS, 253, 1 图 9 和 Moraux et al. 2003, AA, 400, 891 的数据. (b) 来自 Hillenbrand et al. 1993, AJ, 106, 1906 图 10.

底片 1——光学图像来自美国国家光学天文台的 R. Probst. 近红外图像来自 Haisch et al 2001, AJ, 121, 1512 图 1.

底片 2——照片来自日本国立天文台昴星团 (Subaru) 望远镜.

底片 3 和 4——照片版权归 H. Zinnecker & M. McCaughrean.

底片 5——图片由西班牙拉帕尔马伽利略望远镜国家望远镜的 L. Testi 拍摄.

底片 6——照片版权归 J. Rayner, H. Zinnecker, and M. McCaughrean.

底片 7——来自 Brandl et al. 1999, AA, 352, L69 图 1. 照片版权归 B. Brandl.

底片 8——照片来自欧洲南方天文台.

第 5 章

表 5.1——TMC-1 中的相对丰度来自 Ohishi et al. 1992, in Astrochemistry of Cosmic Phenomena, ed. P. D. Singh, (Dordrecht: Kluwer), p. 171. 用于计算 n_{crit} 的碰撞速率来自 Danby et al. 1988, MNRAS, 235, 299.

图 5.2——来自 Van Dishoeck et al. 1993, in Protostars and Planets III, ed. E. H. Levy and J. I. Lunine, (Tucson: U. of Arizona Press), p. 163 图 9.

图 5.3——来自 Lis & Carlstrom 1994, ApJ, 424, 189 图 2.

图 5.4——根据 Herzberg 1950, Molecular Spectra and Molecular Structure: I. Diatomic Molecules, (New York: Van Nostrand), p. 532 表 39 的数据制作.

图 5.5——来自 Shull & Beckwith 1982, ARAA, 20, 163 图 1 和 Herzberg 1950, Molecular Spectra and Molecular Structure: I. Diatomic Molecules, (New York: Van Nostrand), p. 532 表 39 的数据.

图 5.6——根据 Table 39 of Herzberg 1950, Molecular Spectra and Molecular Structure: I. Diatomic Molecules, (New York: Van Nostrand), p. 522 的数据制作.

图 5.7——基于 W. Welch 未发表的计算.

图 5.8——来自 Scoville et al. 1979, ApJ, 232, L121 图 1.

图 5.9——来自 Carr & Tokunaga 1992, ApJ, 393, L67 图 2.

图 5.12——来自 Ho & Townes 1983, ARAA, 21, 239 图 1.

图 5.13——函数 U 是牛顿-托马斯势, 由 Townes & Schawlow, Microwave Spectroscopy, (New York: McGraw-Hill), p. 306 给出.

图 5.14——来自 Ho & Townes 1983, ARAA, 21, 239 图 2.

图 5.16——用 G. Melnick 提供的数据制作.

图 5.18——结合了 Moran 1976, in Frontiers of Astrophysics, ed. E. H. Avrett (Cambridge: Harvard U. Press), p. 406 图 9-9 和 Destombes et al. 1977, AA, 60, 55 图 1.

第 6 章

图 6.1——来自 Frerking et al. 1982, ApJ, 262, 590 图 1.

图 6.3——来自 Mihalas & Binney 1981, Galactic Astronomy, (San Francisco: Freeman), p. 216 图 4-3.

图 6.5——来自 Benson & Myers 1980, ApJ, 242, L87 图 2.

图 6.6——来自 Heiles et al. 1993, in Protostars and Planets III, ed. E. H. Levy and J. I. Lunine (Tucson: U. of Arizona Press), p. 279 图 2.

图 6.7——来自 Goodman 1989, unpublished PhD. thesis, Harvard University 图 1.

图 6.8——来自 Powell & Crasemann 1961, Quantum Mechanics, (Reading: Addison- Wesley), p. 352 图 10-5.

图 6.9——下图来自 Goodman et al. 1989, ApJ, 338, L61 图 1.

第 7 章

图 7.1——结合了 Wefel 1992, in The Astronomy and Astrophysics Encyclopedia, ed. S. P. Maran, (New York: Van Nostrand Reinhold), p. 134 图 1 和 Seo et al. 1991, ApJ, 378, 763 图 9a.

图 7.4——来自 Black 1994, in The First Symposium on the Infrared Cirrus and Diffuse Interstellar Clouds, eds. R. M. Cutri & W. B. Latter, (San Francisco: ASP), p. 360 图 1.

图 7.8——来自 Melnick 1990, in Molecular Astrophysics, ed. T. W. Hartquist, (Cambridge: Cambridge U. Press), p. 273 图 14.1.

图 7.9——基于本书作者的数值计算.

第 8 章

图 8.2、图 8.4 和图 8.6——基于本书作者的数值计算.

图 8.5——来自 Tielens & Hollenbach 1985, ApJ, 291, 722 图 1.

图 8.8——结合了 K. Birkle 提供的光学照片和 Zhou et al. 1993, ApJ, 419, 190 图 1 的 CII 辐射等值线.

图 8.9——来自 Hasegawa et al. 1987, ApJ, 318, L77 图 1.

图 8.10——来自 Shull & McKee 1979, ApJ, 227, 131 图 3 和 Hollenbach & McKee 1989, ApJ, 342, 406 图 1, 补充了本书作者的数值计算.

图 8.12——来自 Wardle 1999, ApJ, 525, L101 图 1.

第 9 章

表 9.1——来自 Myers et al. 1995, ApJ, 442, 177; Heiles 1988, ApJ, 324, 321; Crutcher et al. 1999, ApJ, 275, 285; Goodman et al. 1989, ApJ, 338, L61; Roberts et al. 1995, ApJ, 442, 208; Plante et al. 1995, ApJ, 445, L113; Baart et al. 1986, MNRAS, 219, 145 的数据.

图 9.1 和图 9.2——来自 Chandrasekhar & Wares 1949, ApJ, 109, 551 的表.

图 9.7——来自 Stahler 1983, ApJ, 268, 165 图 1 和 10.

图 9.8——来自 Stahler 1983, ApJ, 268, 165 图 9.

图 9.9——来自 Stahler 1983, ApJ, 268, 165 图 7.

图 9.12——来自 Tomisaka et al. 1988, ApJ, 335, 239 图 1d 和 1g.

图 9.13——结合了 Tomisaka et al. 1988, ApJ, 335, 239 图 4 和 6.

第 10 章

图 10.3——来自 Fiedler & Mouschovias 1993, ApJ, 415, 680 图 2.

图 10.4——来自 Fiedler & Mouschovias 1993, ApJ, 415, 680 图 1a.

图 10.5——来自 Foster & Chevalier 1993, ApJ, 416, 303 图 1a.

图 10.6——来自 Foster & Chevalier 1993, ApJ, 416, 303 图 3a 和 3b.

图 10.9——来自 Black & Scott 1982, ApJ, 263, 696 图 12.

图 10.10——来自 Parker 1979, Cosmical Magnetic Fields, (Oxford: Clarendon Press), p. 395 图 15.2.

图 10.11——来自 Mestel & Strittmatter 1967, MNRAS, 137, 95 图 3.

图 10.18——F. Wilkin 制图, 也参见 Cassen & Moosman 1981, Icarus, 48, 353 图 2.

第 11 章

图 11.1——来自 H. Masanuga, S. M. Miyama, & S.-I. Inutsuka 未发表的计算. 图片版权归 S.-I. Inutsuka.

图 11.2——来自 Stahler et al. 1980, ApJ, 241, 637 图 1.

图 11.3——来自 Kenyon et al. 1993, ApJ, 414, 676 图 1d.

图 11.4——来自 Chick et al. 1996, ApJ, 461, 956 图 10.

图 11.5——基于 Stahler et al. 1980, ApJ, 241, 637 图 5.

图 11.6——来自 Stahler 1988, ApJ, 332, 804 图 5.

图 11.8——来自 Stahler 1988, ApJ, 332, 804 图 7.

图 11.9——由 Palla & Stahler 1991, ApJ, 375, 288 中描述的数值计算制作.

图 11.12——基于 Stahler et al. 1994, ApJ, 431, 341 图 7.

图 11.13——来自 Stahler et al. 1994, ApJ, 431, 341 图 11.

图 11.16——来自 Laughlin & Bodenheimer 1994, ApJ, 436, 335 图 5.

图 11.17——来自 Laughlin & Bodenheimer 1994, ApJ, 436, 335 图 9.

图 11.18——来自 Palla & Stahler 1991, ApJ, 375, 288 图 5.

图 11.19——来自 Palla & Stahler 1991, ApJ, 375, 288 图 7.

图 11.20——来自 Stahler & Walter 1993, in Protostars and Planets III, ed. E. H. Levy and J. I. Lunine (Tucson: U. of Arizona), p. 405 图 3.

图 11.21——来自 Palla & Stahler 1991, ApJ, 375, 288 图 1.

图 11.22——取自 Rolfs & Rodney 1988, Cauldrons in the Cosmos, (Chicago: U. of Chicago), p. 366 图 6.19.

图 11.24——经验数据来自 Ladd et al. 1991, ApJ, 366, 203 图 1. 轮廓基于本书作者的数值计算.

图 11.25——经验数据来自 Chandler et al. 1990, MNRAS, 243, 330. 理论曲线基于本书作者的计算.

图 11.26——来自 Zhou et al. 1994, ApJ, 421, 854 图 19 的 (b) 和 (c).

第 12 章

图 12.3——来自 Miyama et al. 1984, ApJ, 279, 621 图 6 和 11.

图 12.4——来自 Stahler 1983, ApJ, 268, 165 图 16.

图 12.5——来自 Monaghan 1994, ApJ, 420, 692 图 10d.

图 12.7——G 型矮星的直方图基于 Duquennoy & Mayor 1991, AA, 248, 485 图 7. M 型矮星的结果取自 Fischer & Marcy 1992, ApJ, 396, 178 图 2b.

图 12.8——来自 Duquennoy & Mayor 1991, AA, 248, 485 图 10 和 Fischer & Marcy 1992, ApJ, 396, 178 图 3.

图 12.9——来自 Duquennoy & Mayor 1991, AA, 248, 485 图 5.

图 12.10——来自 Herbst et al. 1997, AJ, 114, 744 图 2.

图 12.11——来自 Chen et al. 1990, ApJ, 357, 224 图 1.

图 12.12——图 (a) 和 (b) 分别来自 Mathieu et al. 1989, AJ, 98, 987 图 3a 和图 3d. 图 (c) 来自 Casey et al. 1998 AJ, 115, 1617 图 1 和 3.

图 12.13——来自 Mathieu 1994, ARAA, 32, 465 图 1.

图 12.14——来自 Mathieu 1994, ARAA, 32, 465 图 2a.

图 12.15——来自 Koresko et al. 1997, ApJ, 480, 741 图 1g.

图 12.16——上图来自 Casey et al. 1998, AJ, 115, 1617 的数据. 下图取自 Welty 1995, AJ, 110, 776 图 2.

图 12.17——来自 Kenyon & Hartmann 1995, ApJS, 101, 117 和 Brandner & Zinnecker 1997, AA, 321, 220 的数据.

图 12.18——来自 Durisen et al. 1986, ApJ, 305, 281 图 4.

图 12.19——来自 Bonnell et al. 1996, MNRAS, 279, 121 图 1c 和 2a.

图 12.20——来自 Clarke & Pringle 1993, MNRAS, 261, 190 图 1b.

图 12.22——来自 Bonnell & Bate 1994, MNRAS, 269, L45 图 2.

图 12.23——来自 Fletcher & Stahler 1994, ApJ, 435, 313 图 5.

图 12.24——来自 Fletcher & Stahler 1994, ApJ, 435, 329 图 6、7 和 8.

图 12.25——来自 Fletcher & Stahler 1994, ApJ, 435, 329 图 17, 这篇文章也用到了 Wilking et al. 1989, ApJ, 340, 823 的数据.

图 12.26——基于 Kenyon & Hartmann 1995, ApJS, 101, 117 和 Hughes et al. 1994, AJ, 108, 1071 的数据.

图 12.27——J. Bally 和 L. Hillenbrand 提供的未发表数据.

图 12.28——来自 Palla & Stahler 1999, ApJ, 525, 772 图 2.

图 12.29——来自 Palla & Stahler 1999, ApJ, 525, 772 图 3.

图 12.30——来自 Palla & Stahler 1999, ApJ, 525, 772 图 5.

第 13 章

图 13.1——来自 Reipurth 1989, Nature, 340, 2 图 2.

图 13.2——来自 Heathcote et al. 1996, AJ, 112, 1141 图 1. 图由 J. Morse 提供.

图 13.3——来自 Hartigan et al. 1987, ApJ, 316, 323 图 5a.

图 13.4——弓形激波曲线 (左边) 和理论谱线轮廓 (右边) 基于本书作者的计算.

图 13.5——来自 Eislöffel & Mundt 1992, AA, 263, 292 图 3 和 8.

图 13.6——照片版权归 M. McCaughrean.

图 13.7——来自 Devine et al. 1997, AJ, 114, 2095 图 1. 图由 D. Devine 提供.

图 13.8——来自 Rodriguez et al. 1990, ApJ, 352, 645 图 4.

图 13.9——来自 Snell et al. 1980, ApJ, 239, L17 图 1.

图 13.10——来自 Tafalla et al. 1993, ApJ, 415, L139 图 1. 图由 M. Tafalla 提供.

图 13.11——来自 Moriarty-Schieven et al. 1987, ApJ, 319, 742 图 5.

图 13.12——左图: 来自 Levreault 1988, ApJS, 67, 283 图 17. 右图: 来自 André et al. 1990, AA, 236, 180 图 5.

图 13.13——来自 Figure 2 of Masson & Chernin 1992, ApJ, 387, L47 (L1551/ IRS 5; NGC 2071) 图 2 和与 P. André 的私下讨论.

图 13.14——基于 Cabrit & Bertout 1992, AA, 261, 274 和 André et al. 2000, in Protostars and Planets IV 的数据.

图 13.15——来自 Bachiller et al. 1993, ApJ, 417, L45 图 2.

图 13.16——基于本书作者的计算.

图 13.19——来自 Goodson et al. 1997, ApJ, 489, 199 图 6.

图 13.20——来自 Hartigan & Raymond 1993, ApJ, 409, 705 图 1.

图 13.22——下图: 来自 Tenorio-Tagle et al. 1988, AA, 202, 256 图 2d.

底片 9——来自 Stapelfeldt et al. 1998, ApJ, 116, 372 图 2. 图由 K. Stapelfeldt 提供.

底片 10——来自 Reipurth et al. 1997, AJ, 114, 757 图 12. 图由 J. Morse 提供.

底片 11——来自 Reipurth et al. 1997, AJ, 114, 757 图 18. 图由 P. Hartigan 提供.

底片 12——来自 Gueth & Guilloteau 1999, AA, 343, 57 图 4.

底片 13——来自 Wiseman & Ho 1996, Nature, 382, 139 图 2b. 图由 J. Wiseman 提供.

第 14 章

图 14.1——上图: 来自 Welch et al. 1987, Science, 238, 1550 图 4. 下图: 来自 Dreher et al. 1984, ApJ, 283, 632 图 1 和 3.

图 14.2——来自 Walker et al. 1982, ApJ, 255, 128 图 2.

图 14.3——来自 Gwinn 1994, ApJ, 429, 241 图 1.

图 14.4——来自 Gaume & Mutel 1987, ApJS, 65, 193 图 24. H$_2$O 脉泽的位置来自 Forster & Caswell 1999, AAS, 137, 43 表 2.

图 14.5——来自 Claussen et al. 1996, ApJS, 106, 111 图 2.

图 14.8——基于本书作者的计算.

图 14.11——来自 Torrelles et al. 1997, ApJ, 489, 744 图 4.

图 14.12——由 Bally et al. 1993, ApJ, 418, 322 图 4 和 Chernin 1995, ApJ, 440, L99 图 2 制作.

图 14.13——来自 Gwinn et al. 1992, ApJ, 393, 149 图 5.

图 14.14——来自 Greenhill et al. 1998, Nature, 396, 650 图 1a.

第 15 章

表 15.1——来自 Diaz-Miller et al 198, ApJ, 501, 192 的数据.

图 15.3——来自 Yorke 1986, ARAA, 24, 49 图 3.

图 15.4——上图：来自 Felli & Harten 1981, AA, 100, 42 图 4. 下图：来自 Garay et al. 1998, ApJ, 501, 710 图 2.

图 15.5——哈勃太空望远镜的照片由 J. Hester 和 P. Scowen 拍摄. 图片版权归哈勃太空望远镜科学研究所.

图 15.6——来自 Wood & Churchwell 1989, ApJS, 69, 831 图 91. 350μm 和 7 mm 的数据来自 Hunter et al. 2000, AJ, 119, 2711.

图 15.7——来自 Wood & Churchwell 1989, ApJS, 69, 831 图 2a、14a、42 和 75.

图 15.8——来自 Kurtz et al. 2000, in Protostars and Planets IV, eds. V. Mannings, A. P. Boss, and S. S. Russell (Tucson: U. of Arizona Press), p. 299 图 1.

图 15.9——上图：来自 Moscadelli et al. 2000, AA, 360, 663 图 1. 下图：来自 Cesaroni et al. 1997, AA, 325, 725 图 8.

图 15.11——来自 Leitherer & Robert 1991, ApJ, 377, 629 图 3.

图 15.12——上图：来自 Kudritzki et al. 1996, MPE Report, 263, 9 图 3. 下图：来自 Berghöfer et al. 1996, AA, 306, 899 图 10.

图 15.14——来自 Devine et al. 1999, AJ, 117, 2919 图 1、Shepherd & Kurtz 1999, ApJ, 523, 690 图 1 和 Shepherd et al. 1998, ApJ, 507, 861 图 1.

图 15.15——来自 Henning et al. 2000, AA, 353, 211 图 11.

图 15.16——来自 White & Becker 1985, ApJ, 297, 677 图 2.

图 15.17——基于 Hollenbach et al. 1994, ApJ, 428, 654 图 1.

图 15.19——左图：来自 Bally et al. 2000, AJ, 119, 2919 图 7b. 右图：来自 McCaughrean & O'Dell 1996, AJ, 111, 1977 图 1.

图 15.21——来自 White et al. 1997, AA, 323, 931 图 2.

图 15.23——基于本书作者的计算.

图 15.24——来自 Sugitani et al. 1995, ApJ, 455, L39 图 3.

图 15.25——来自 Lefloch & Lazareff 1994, AA, 289, 559 图 4.

图 15.26——光学照片来自数字巡天, 版权归哈勃太空望远镜科学研究所. 近红外图片版权归 M. Burton. X 射线图像版权归 F. Seward.

图 15.27——来自 Lindblad et al. 1973, AA, 24, 309 图 2 和 3.

图 15.28——来自 Boss 1995, ApJ, 439, 224 图 2d 和 2e.

图 15.29——来自 Lee et al. 1977, ApJ, 211, L107 图 1.

第 16 章

图 16.1——基于 Hillenbrand 1997, AJ, 113, 1733 的数据.

图 16.2——赫比格 Ae/Be 星来自 Berilli et al. 1992, ApJ, 398, 254 和 Testi et al. 1999, AA, 342, 515. CO 外流源来自 Levreault 1988, ApJ, 330, 897.

图 16.3——来自 Stahler 1988, ApJ, 332, 804 图 11.

图 16.5——基于 Stahler 1988, PASP, 100, 1474 图 2.

图 16.7 和图 16.8——基于 Palla & Stahler 1999, ApJ, 525, 772 的计算.

图 16.9——图片由 G. Basri 提供.

图 16.10——基于 Siess et al. 2000, AA, 358, 593 计算的锂丰度.

图 16.11——数据由 S. Randich 提供.

图 16.12 和图 16.13——来自 I. Baraffe 的计算.

图 16.14——来自 Golimowski et al. 1998, AJ, 115, 2579 图 1. 图由 B. Oppenheimer 提供.

图 16.15——M 型恒星来自 Leggett 1992, ApJS, 82, 351; Gizis et al. 2000, AJ, 120, 1085. L 型矮星来自 Kirkpatrick et al. 2000, AJ, 120, 447. 对于 T 型矮星, 见 Burgasser 2001, in Galactic Structure and the Interstellar Medium, ed. M. Bicay and C. Woodward (San Francisco: ASP), p. 411 列出的参考文献.

图 16.16——图片由 G. Basri 提供.

图 16.17——基于 Fukuda 1982, PASP, 94, 271 表 II 的数据.

图 16.18——NGC 6475 的速度来自 Jeffries et al. 1998, MNRAS, 300, 550. 所有其他点来自 Bouvier 1997, Mem. Soc. Astr. It., 68, 885.

图 16.19——基于 Queloz et al. 1998, AA, 335, 183 and Terndrup et al. 2000, AJ, 119, 1303 的数据. 图在 K. Stassun 协助下准备.

图 16.20——基于 Stassun et al. 1999, AJ, 117, 2941; Herbst et al. 2000, AJ, 119, 261 和 Rhode et al. 2001, AJ, 122, 3258 的数据. 图在 K. Stassun 协助下准备.

第 17 章

表 17.1——使用美国国家标准局原子光谱数据库制作, 见 http://physics.nist. gov/cgi-bin/AtData/lines_form.

图 17.1——图片版权归 C. Johns-Krull 和 J. Valenti.

图 17.3——基于 Kenyon & Hartmann 1995, ApJS, 101, 117 和 Herbig & Bell 1988, Lick Obs Bull, 1111 (对于金牛座 T 型星) 以及 Herbig 1985, ApJ, 289, 269 (对于主序星) 的数据.

图 17.4——来自 Hartigan 1991, ApJ, 382, 617 图 7c.

图 17.5——基于 Kenyon & Hartmann 1995, ApJS, 101, 117 的数据.

图 17.6——基于 Herbig & Bell 1988, Lick Obs Bull, 1111 和 Hartigan et al. 1995, ApJ, 452, 736 的数据.

图 17.7——来自 Tsuboi et al. 1998, ApJ, 503, 894 图 4.

图 17.8——来自 Beristain et al. 2001, ApJ, 551, 1037 图 15.

图 17.9——来自 Lavalley-Fouquet et al. 2000, AA, 356, L41 图 1.

图 17.10——来自 Hartmann & Raymond 1989, ApJ, 337, 903 图 1.

图 17.11——基于 Hartigan et al. 1995, ApJ, 452, 736 的数据.

图 17.12——来自 Krautter et al. 1990, AA, 236, 416 图 8.

图 17.14——BP Tau 的数据来自 Kenyon & Hartmann 1995, ApJS, 101, 117; Beckwith et al. 1990, AJ, 99, 924. GM Aur 的数据来自 Kenyon & Hartmann 1995, ApJS, 101, 117;Weaver et al. 1992, ApJS, 78, 239; Beckwith & Sargent 1991, ApJ, 381, 250; Dutrey et al. 1998, AA, 338, L63.

图 17.15——来自 Simon et al. 2000, ApJ, 545, 1034 图 1.

图 17.16——来自 Guilloteau et al. 1999, AA, 348, 570 图 1.

图 17.19——基于 W. Herbst 维护的数据, 见 http : //www.astro.wesleyan. edu/~bill/research/ttauri.html.

图 17.21——来自 Hatzes et al. 1995, ApJ, 451, 784 图 13.

图 17.22——来自 Ibragimov 1997, AstL, 23, 103 图 4.

图 17.23——来自 Herbig, 1977, ApJ, 217, 693 图 14.

图 17.24——来自 Haisch et al. 2001, ApJ, 553, L153 图 1.

图 17.25——来自 Stelzer & Neuhaüser 2001, AA, 377, 538 图 6b.

图 17.26——理论的锂消耗曲线来自 Martín et al. 1997, AA, 321, 492 和 Zapatero- Osorio et al. 2002, AA, 384, 937. 金牛座恒星的数据指的是弱线的成员, 来自 Martín et al. 1994, AA, 282, 503. S. Randich 友情提供了昴星团的数据.

图 17.27——图由 J. Greaves 提供.

第 18 章

表 18.1——数据来自 Palla & Stahler 1991, ApJ, 375, 288.

表 18.2——遗迹盘的内边缘来自 Grady et al. 2001, AJ, 122, 3396 (HD 100546); Koerner et al. 1998, ApJ, 503, L83 (HR 4796A); Heap et al. 2000, ApJ, 539, 435 (β Pic); Holland et al. 1998, Nature, 392, 788 (Fomalhaut); Wilner et al. 2002, ApJ, 569, L115 (Vega).

图 18.1——恒星数据来自 Sung et al. 2000, ApJ, 120, 333. 主序前轨迹来自 Palla & Stahler 1999, ApJ, 525, 772. 主序后等年龄线来自 Schaller et al. 1992, AAS, 96, 269.

图 18.2——来自 Fuente et al. 2001, AA, 366, 873 图 1.

图 18.3——主序前转动速度来自 Finkenzeller 1985, AA, 151, 340; Böhm & Catala 1995, AA, 301, 155; Mora et al. 2001, AA, 378, 116. 主序的数据来自 Fukuda 1982, PASP, 94, 271 表 II.

图 18.4——赫比格 Be 星的光谱来自 Tjin A Djie et al. 2001, MNRAS, 325, 1441 图 5. 我们也感谢 P. Manoj 帮助制作这幅图. 主序 B6 型星的光谱来自 Jacoby et al. 1984, ApJS, 56, 257 图 2b.

图 18.5——来自 Grinin et al. 1994, AA, 292, 165 图 2.

图 18.7——来自 Palla & Stahler 1993, ApJ, 418, 414 图 8.

图 18.8——基于 Palla & Stahler 1999, ApJ, 525, 772 中的计算.

图 18.10——来自 Marconi et al. 2001, AA, 372, L21 图 3.

图 18.11——来自 Marconi & Palla 1998, ApJ, 507, L141 图 3.

图 18.12——所有恒星的光学和红外数据来自 Hillenbrand et al. 1992, ApJ, 397, 613, 额外的 Aur AB 的远红外数据来自 Meeus et al. 2001, AA, 365, 476. 亚毫米波数据来自 Mannings 1994, MNRAS, 267, 361.

图 18.13——来自 Finkenzeller & Mundt 1984, AAS, 55,109 图 1.

图 18.14——来自 Praderie et al. 1986, AA, 303, 311 图 4.

图 18.15——来自 Praderie et al. 1986, AA, 303, 311 图 6a.

图 18.16——来自 Mannings & Sargent, 1997, ApJ, 490, 792 图 3.

图 18.17——来自 Bouwman et al. 2001, AA, 375, 950 图 4. 原始图由 G. Meeus 友情提供.

图 18.18——HD 100546 和 β Pic 的数据来自 van den Ancker et al. 1997, AA, 324, L33 图 2. Vega 的光学和近红外流量来自 Malfait et al. 1998, AA, 331, 211. 更长波长的数据来自 Backman & Paresce 1993, in Protostars and Planets III, ed. E. H. Levy & J. I. Lunine (Tuscon: U. of Arizona), p. 1253 图 1.

图 18.19——HR 4796A 的图像来自 Schneider et al. 1999, ApJ, 513, L127 图 1, 而 β Pic 的图像由 P. Kalas 友情提供. 底下两幅图都来自 Holland et al. 1998, Nature, 392, 788 图 1.

图 18.21——来自 Beust 1994, in Circumstellar Dust Disks and Planet Formation, eds. R. Ferlet & A. Vidal-Madjar (Gif-sur-Yvette: Editions Frontières), p. 35 图 1.

第 19 章

表 19.1——大部分数据来自 S. Van den Bergh 2000, The Galaxies of the Local Group, (New York: Cambridge U. Press). 额外的分子气体质量的参考文献为: Mizuno et al. 2001, PASJ, 53, 971 (Large Magellanic Cloud); Mizuno et al. 2001, PASJ, 53, L35 (Small Magellanic Cloud); Young 2000, AJ, 120, 2460 (NGC 185); Heyer 2003 (personal communication) (M31); Corbelli 2003, MNRAS, 342, 199 (M33).

图 19.1——HII 区数据来自 Güsten & Mezger 1982, Vistas Astron, 26, 159. 脉冲星和超新星遗迹的数据分别来自 Lyne et al. 1985, MNRAS, 213, 613 and Leahy & Wu 1989, PASP, 101, 607.

图 19.2——来自 Glass 1994, in The Nuclei of Nearby Galaxies, ed. R. Genzel & A. I. Harris (Dordrecht: Kluwer), p. 209 图 7.

图 19.3——所有图片来自 NASA/IPAC 河外数据库, http://nedwww.ipac. caltech/edu.

图 19.4——来自 Roberts & Haynes 1994, ARAA, 32, 115 图 5.

图 19.5——来自 Gavazzi et al. 2002, ApJ, 576, 135 图 3.

图 19.6——实心圆圈来自 Kennicutt & Kent 1983, AJ, 88, 1094 表 2. 空心圆圈来自 Gavazzi et al. 2002, AA, 396, 449 表 4. 原始数据由 G. Gavazzi 友情提供.

图 19.7——来自 Kennicutt 1998, in Starbursts: Triggers, Nature, and Evolution, ed. B. Guiderdoni & A. Kembhavi (Berlin: Springer-Verlag), p. 1 图 15.

图 19.8——来自 Kennicutt 1989, ApJ, 344, 685 图 11.

图 19.9——来自 Skelton et al. 1999, PASP, 111, 465 图 1a.

图 19.10——颜色——星等图来自 Gallart et al. 1999, AJ, 118, 2245 图 1. 恒星形成历史来自 Hernandez et al. 2000, MNRAS, 317, 831 图 1.

图 19.11——颜色——星等图来自 Martinez-Delgado et al. 1998, AJ, 115, 1462 图 4. 恒星形成历史来自 Martinez-Delgado et al. 1999, AJ, 118, 2229 图 15.

图 19.12——来自 O'Connell et al. 1994, ApJ, 433, 65 图 1a.

图 19.13——来自 Larson & Tinsley 1978, ApJ, 219, 46 图 1.

图 19.14——光谱能量分布来自 Silva et al. 1998, ApJ, 509, 103：图 10(M51)、图 6(M82) 和图 9(Arp 220).

图 19.15——光学图像来自 Sanders et al. 1988, ApJ, 325, 74 图 1. 近红外图像来自 Scoville et al 1998, ApJ, 492, L107 图 3.

图 19.16——光学图像来自 NASA/IPAC 河外数据库. 近红外 (2.12 μm) 图像版权归 B. Brandl 和康奈尔大学 WIRC 团队和帕罗马天文台.

图 19.17——来自 Barnes 1998, in Galaxies: Interactions and Induced Star Formation, ed. Kennicutt, Schweizer, & Barnes (Berlin: Springer), p. 275 图 43.

图 19.18——NGC 3351 的图像来自 Colina et al. 1997, ApJ, 484, L41 图 1. NGC 1300 的图像来自 Aguerri et al. 2000, AA, 361, 841 图 1.

图 19.19——来自 Rocha-Pinto & Maciel 1996, MNRAS, 279, 447 收集的数据.

图 19.20——来自 Glazebrook et al. 1995, MNRAS, 275, L19 图 1.

图 19.21——来自 Steidel et al. 1999, ApJ, 519, 1 图 9.

图 19.22——来自 Dickinson 1998, in The Hubble Deep Field, ed. M. Livio, S. M. Fall, & P. Madau (New York: Cambridge U. Press), p. 219 图 1.

图 19.23——来自 Galli & Palla 1998, AA, 335, 403 图 4.

图 19.24——基于 D. Galli and F. Palla 未发表的计算.

图 19.25——来自 Omukai & Palla 2001, ApJ, 561, L55 图 1.

图 19.26——上图来自 Lyons et al. 1995, AJ, 110, 1544 图 3. 下图来自 Becker et al. 2001, AJ, 122, 2850 图 1.

附录 G

图 G.2——来自 Rogers & Iglesias 1992, ApJS, 79, 507 的表.

所有来自 AA、AAS 和 BAN 的图都经过欧洲南方天文台授权复制. 来自 ApJ、ApJS、AJ 和 Icarus 的图的复制得到美国天文学会同意.

索 引

彩　图

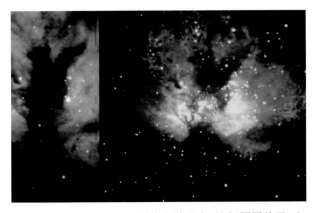

底片 1　左：猎户座 B 中的 NGC 2024 星团的光学照片. 这幅图覆盖了 $4' \times 10'$ 的角尺度, 或者 0.4 pc ×1 pc. 右：同一个星团的近红外图像. 垂向标高和光学图像相符. 这是综合了 J、H 和 K 波段的合成照片. 颜色编码分别为蓝、绿和红

底片 2　S106 双极星云的近红外图像. 这是 J、H 和 K 波段的合成图. 这幅图和其他合成图的颜色编码和底片 1 相同

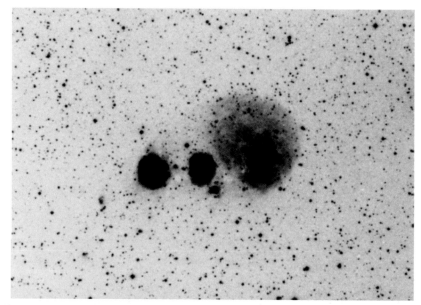

底片 3 双子座 OB1 星协中的三个电离氢区的光学负片. 这个区域跨越了 9 pc 的距离

底片 4 双子座 OB1 扩展的近红外 (J、H 和 K) 图像. 中心明亮的星云位于底片 3 的左边和中心电离氢区之间, 光学可见

底片 5 赫比格 Be 星 BD+40°4124 周围区域的合成的近红外图像 (J、H 和 K). 这个天体是最亮的中心点. 最突出的伴星是一颗发射线星 V1686 Cyg, 也是光学可见的, 但其他大部分近邻的天体只能在近红外波段看到

底片 6 NGC 7538 的近红外图像 (J、H 和 K). 整幅图覆盖 $12' \times 12'$, 或者在 2.7 kpc 距离上覆盖 9.5 pc ×9.5 pc. 红色的小块是看起来比突出的电离氢区年轻的内埋星团

底片 7　密集星团 NGC 3603 的 *J*、*H* 和 *K* 波段合成的近红外图像. 视场是 3′.5 × 3′.5, 或者在 6 kpc 距离上为 6 pc ×6 pc

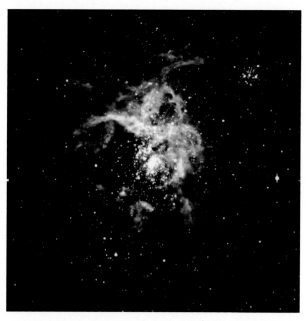

底片 8　小麦哲伦云中的剑鱼座 30 的 *B*、*V* 和 *R* 波段的合成图像. 中心星团周围气体组成的丝状结构跨越大约 50 pc

底片 9 HH 1/2 喷流的光学照片. 这幅图是 Hα(表示为绿色)、[SⅡ](表示为红色) 和宽度连续
谱 (表示为蓝色) 合成的图像. 注意到驱动恒星用叉表示

底片 10　用颜色表示的 HH 111 喷流中 Hα/[SⅡ] 强度比. 这个比值从 0.1(红色) 变化到 0.3(绿色), 再到最大值 0.8(深蓝色)

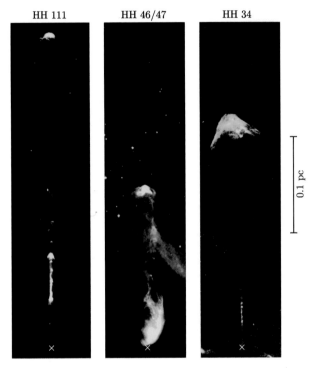

底片 11　HH 111、HH 46/47 和 HH 34 喷流的比较. 这些喷流以合适的相对尺度显示, 它们的驱动恒星用每幅图底部附近的叉表示. 这些图像是 [SⅡ](红色) 和 Hα(绿色) 的合成图像

底片 12　喷流状的 HH 211 分子外流. 白色的等值线代表 $^{12}C^{16}O$ 的 $J = 2 \rightarrow 1$ 发射, 红色等值线代表 1.3 cm 的连续谱. 末端附近的绿色块代表激波作用过的 H_2 的 2.12 μm 谱线. 这些色块间隔 2100 AU

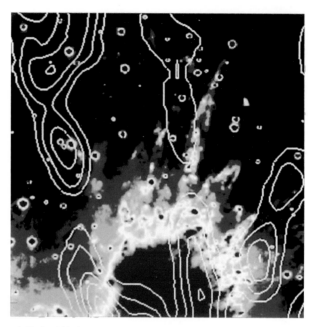

底片 13 OMC-1 中的分子外流. 彩图展示了 H_2 的 2.12 μm 谱线和 [FeII] 的 1.64 μm 谱线的
合成辐射. 白色等值线代表 $NH_3(1,1)$ 和 $(2,2)$ 反转跃迁的 1.3 cm 辐射. 覆盖的区域为
0.4×0.4 pc